Vogelbeobachtungsplätze in Deutschland – Band Süd

Hinweise zur Benutzung

Liebe Vogelbeobachterin, lieber Vogelbeobachter,

zunächst erst einmal ganz herzlichen Dank dafür, dass Sie dieses Buch erworben haben! Damit Sie es optimal nutzen können, möchten wir Ihnen dessen Aufbau ganz kurz erläutern:

Eine Übersicht aller in diesem Band enthaltenen Bundesländer auf Seite 6 führt Sie jeweils zu einer Übersichtskarte der Region mit den eingezeichneten, nummerierten Beobachtungstipps sowie zu einem Inhaltsverzeichnis aller Plätze in diesem Bundesland. So können Sie schnell und unkompliziert die Beobachtungsplätze in Ihrer Nähe oder der gewünschten Gegend finden. Soweit möglich haben unsere Autorinnen und Autoren neben Ansprechpartnern vor Ort auch Übernachtungsmöglichkeiten recherchiert. Im Informationsteil, am Schluss jedes Artikels, finden Sie, neben Tipps zur Anreise mit öffentlichen Verkehrsmitteln, auch die GPS-Daten, die Sie entweder unmittelbar zum Beobachtungsplatz, zu Sehenswürdigkeiten oder in den nächstgelegenen Ort führen.

Die Autorinnen und Autoren der Beiträge widmen sich ganz bewusst den besonderen Vogelarten in den jeweiligen Beobachtungsgebieten. Das bedeutet, dass "Allerweltsarten", wie sie fast überall vorkommen, hier keine Erwähnung finden, sofern sie im jeweiligen Beobachtungsgebiet nicht selbst als Besonderheit zu werten sind.

Eine praktische Orientierung ermöglicht die Tabelle ab Seite 411. Diese sagt Ihnen nämlich, wo Sie welche besonderen Arten antreffen können – die passende Jahreszeit natürlich vorausgesetzt! Sie ist nach deutschen Artnamen aufgebaut. Wer nach wissenschaftlichen Namen sucht, findet ab Seite 419 ein entsprechendes Verzeichnis. Und ab Seite 422 gibt es eine alphabetische Übersicht über alle in diesem Band enthaltenen Beobachtungsplätze.

Abschließend eine Bitte: Obwohl wir kurz vor Redaktionsschluss noch einmal alle Daten und Informationen abgefragt haben, kann sich jederzeit etwas ändern. Bitte teilen Sie uns mit, wenn Sie vor Ort feststellen, dass eine Information nicht mehr zutrifft, damit wir dies bei der nächsten Auflage berücksichtigen können. Hier die Kontaktadresse: Redaktion „Der Falke", AULA-Verlag GmbH, Industriepark 3, 56291 Wiebelsheim, E-Mail: beobachtungsplaetze@aula-verlag.de

Viel Spaß und Erfolg bei Ihrer Beobachtungstour wünscht Ihnen

Ihre
FALKE-Redaktion

Empfehlenswerte
Vogelbeobachtungsplätze
in Deutschland

87 Hotspots zwischen Duisburg, Dresden und München

bearbeitet von
Thomas Brandt, Cordula Jülch, Kilian Wasmer, Felix Weiß, Christopher König, Christoph Moning, Christian Wagner, Madeleine Flür, Andrea Maier, Thomas Büttel, Alexander Neu, Jens Hering, Till Jonas Linke, Udo Kolbe, Yannick Otto, Ekkehard Mantel, Stefan Stübing, Ralf Eichelmann, Julia Wittmann, Tim Korschefsky

zusammengestellt von der Falke-Redaktion

AULA Verlag, Wiebelsheim

Die Angaben in diesem Buch sind von den Autorinnen und Autoren sowie dem Verlag sorgfältig erwogen und geprüft, dennoch kann keine Garantie übernommen werden. Eine Haftung der Autorinnen und Autoren sowie des Verlags und seiner Beauftragten für Personen-, Sach- und Vermögensschäden ist ausgeschlossen.

Bibliografische Information der Deutschen Nationalbibliothek
Die Deutsche Nationalbibliothek verzeichnet diese Publikation in der Deutschen Nationalbibliografie; detaillierte bibliografische Daten sind im Internet über http://dnb.d-nb.de abrufbar.

Die Vorauflage erschien unter dem Titel "Die 100 besten Vogelbeobachtungsplätze in Deutschland".

Umschlagabbildungen: U1: Adobe Stock (Wildblick Muenchen (o. l.), Reinhard (o. m.), Christina (o. r.), Drepicter (Hintergrund), pawle (Person), pusteflower9024 (Schild))
Druck und Verarbeitung: Plump Druck & Medien GmbH, Rheinbreitbach
Printed in Germany/Imprimé en Allemagne
ISBN 978-3-89104-867-2

Inhaltsverzeichnis

Übersicht nach Bundesländern

Nordrhein-Westfalen

Tipp Nr.	Beobachtungsplatz
1	Die Senne S. 8
2	Das Zwillbrocker Venn und das Ellewicker Feld S. 13
3	Die Wahner Heide S. 17
4	Das Große Torfmoor S. 21
5	Die Dingdener Heide S. 25
6	Der Möhnesee S. 29
7	Die Lippeaue S. 33
8	Die Königshovener Höhe S. 37
9	Der Nationalpark Eifel S. 41
10	Kuhlenvenn und Fürstenkuhle S. 45
11	Das Recker Moor S. 49
12	Die Medebacher Bucht S. 54
13	Stilleking und Ebbemoore S. 59
14	Kiebitzwiese und Apricke S. 64
15	Die Drover Heide S. 70
16	Die Bislicher Insel S. 76

Foto: C. Jülch

Die Senne

Vögel des „desertum sinithi“, der Wüste Senne

Zwischen Bielefeld und Paderborn haben die Gletscher der Saaleeiszeit mächtige Sandmassen abgelagert, so dass am Fuße des Teutoburger Waldes ein großes Sandgebiet entstand, die Senne. Weitläufige Sandheiden, auf denen Besenheide dominiert, sowie großflächige Sandmagerrasen bestimmen das Bild. In dem großen Gebiet finden sich zahlreiche natürliche Bachläufe, feuchte Täler, kleine Moore, Birken-Eichenwälder, Ausblasungswannen sowie Binnendünen und Kiefernwälder. Die Senne ist Lebensraum für viele seltene und spezialisierte Tier- und Pflanzenarten. Neben Brutvögeln wie Ziegenmelker, Schwarzstorch, Heidelerche und Wespenbussard kommt besonders unter den Insekten eine große Vielfalt vor.

Herzstück der Region ist der ca. 120 km² große Truppenübungsplatz Senne, der teilweise bereits seit Ende des 19. Jahrhunderts bis heute militärisch genutzt wird. Durch diese Nutzung wurde ein weitgehend unbesiedeltes Gebiet erhalten, das in dieser Größe heute einmalig im ansonsten dicht besiedelten Nordrhein-Westfalen ist. Die Weite und Unzerschnittenheit der historischen Kulturlandschaft ist beeindruckend.

Der Truppenübungsplatz Senne ist ein militärisches Sperrgebiet, das nicht betreten werden darf. Nur außerhalb der Schießzeiten darf das Gebiet auf wenigen Straßen durchfahren werden. Doch nicht nur der Truppenübungsplatz, sondern auch mehrere Naturschutzgebiete (NSG) wie „Moosheide“, „Augustdorfer Dünenfeld“ und „Schluchten und Moore am Oberen Furlbach“ bieten eine abwechslungsvolle, artenreiche Landschaft. Der Truppenübungsplatz Senne und angrenzende Teilgebiete der Senne sind als Natura 2000-Gebiet (FFH- und EU-Vogelschutzgebiet) gemeldet.

Lebensräume

Die Senne ist kein einheitlicher Naturraum. Sie umfasst vielmehr drei Teilräume: Obere, Untere und Drumlin-Senne. Allen drei Teilräumen war früher ein großer Heideanteil gemeinsam, der durch das in der frühen Neuzeit einsetzende Heidebauerntum entstand. Die nährstoffarmen Böden waren der Grund, warum das schon im Jahre 1001 von Kaiser Otto III als „desertum sinithi“ („Wüste Senne“) bezeichnete Gebiet lange unbesiedelt blieb. Durch die Plaggenwirtschaft der Heidebauern wurde die Nährstoffarmut noch verstärkt, so dass großflächige Sandmagerrasen und Heidegebiete, durch Übernutzung teilweise sogar offene Sandflächen entstanden. Mit dem Aufkommen von Mineraldünger wurde die Plaggenwirtschaft allerdings aufgegeben und große Heide- und Magerrasenflächen gingen verloren, vielfach auch durch Besiedlung, Industrialisierung, Straßenbau, Abgrabungen und Aufforstung. Heute sind die Reste der Heideflächen, die noch immer ca. 3000 Hektar ausmachen, im Wesentlichen auf den Truppenübungsplatz Senne beschränkt. Kleinere Vorkommen finden sich vor allem in den angrenzenden Naturschutzgebieten „Moosheide“ und „Augustdorfer Dünenfeld“.

Die Obere Senne, auch Trockensenne genannt, grenzt unmittelbar an die Höhenzüge des Teutoburger Waldes und hat einen tiefen Grundwasserstand. Hier finden sich die mächtigsten Sandablagerungen mit charakteristischen Sandginster-Heiden und Sandmagerrasen, weiterhin Ausblasungswannen, Binnendünen, Trockentäler und Wasser führende Kastentäler sowie Kiefernforste. Die Trockensenne wird hauptsächlich vom Truppenübungsplatz eingenommen. Durch die frühe militärische Nutzung wurden auf großen Flächen die Böden niemals mit chemischen Düngemitteln oder Pestiziden belastet. Neben den durch den militärischen Übungsbetrieb bedingten Prozessen wie Feuer und mechanische Störungen werden auf dem Übungsplatz großflächige Pflegemaßnahmen und Beweidung mit Heidschnucken durchgeführt, um Gehölzaufwuchs zu verhindern.

In der Unteren Senne (Feucht-Senne) rund um Hövelhof steht das Grundwasser hoch an, die Bäche treten aus ihren Erosionsbetten heraus, lagern mitgeführte Sande ab und schaffen sich so „Dammbetten“, auf denen sie weiter fließen. Die hier einst landschaftsbestimmenden Feuchtwiesen verschwanden bis auf wenige Relikte im Zuge umfangreicher Entwässerungsmaßnahmen. Die Drumlin-Senne zwischen Brackwede und Stukenbrock unterscheidet sich von den anderen beiden Naturräumen durch zahlreiche 0,5 bis 2,5 km lange Drumlins. Diese langgezogenen, stromlinienförmigen Hügel entstanden durch abgelagertes Grundmoränenmaterial. Interessant ist in diesem Teilgebiet der Holter Wald, ein Primärwald mit einer von Buchen-Eichenwald dominierten Naturwaldzelle.

Mit 250 Revieren beherbergt die Senne nahe zu ein Drittel des Bestandes der Heidelerche in Nordrhein-Westfalen. Foto: H. Glader.

Besondere Vogelarten

Die Vielfalt der Lebensräume spiegelt sich auch in der Avifauna der Senne wider. Mehr als 100 Brutvogelarten konnten bisher nachgewiesen werden. Die

Typische Vogelarten der Senne, deren Status und günstige Beobachtungszeit in der Senne (in Klammern)
h = häufiger, r = regelmäßiger, s = seltener; J = Jahresvogel, B = Brutvogel, W= Wintergast, D = Durchzügler, N = Nahrungsgast
Schwerpunktgebiete (wenn relevant): *= Truppenübungsplatz; **= NSG Moosheide; *** = NSG Furlbachtal

Art	Status (beste Beobachtungszeit)
Baumfalke	rB (Mai–Aug.)
Baumpieper	hB (März–Okt.)**
Braunkehlchen	sB (April–Sept.)*
Eisvogel	rB (ganzjährig)***
Fischadler	sD (Aug.–Sept.)
Gartenrotschwanz	rB (Mai–Aug.)**
Gebirgsstelze	rB (März–Okt.)***
Graugans	rB (ganzjährig)
Großer Brachvogel	sB (März–Juli)
Grünspecht	rB (ganzjährig)
Heidelerche	hB (März–Sept.)*/**
Hohltaube	rB (März–Okt.)
Kiebitz	sB (März–Sept.)
Kolkrabe	sB (ganzjährig)*
Kornweihe	sW (Nov. –März)*
Kranich	hD (Okt.–Apr.)*
Nachtigall	rB (April–Juli)

Art	Status (beste Beobachtungszeit)
Neuntöter	sB (Mai–Aug.)*
Pirol	rB (Mai–Aug.)
Raubwürger	sB (Apr.–Sept., sW (Nov.–März)*
Raufußkauz	sB (ganzjährig)
Reiherente	rB (ganzjährig)
Schellente	rD, B? (Sept.–April)
Schwarzkehlchen	rB (April–Sept.)*
Schwarzspecht	rB (ganzjährig)
Schwarzstorch	sB (April–Aug.)*
Silberreiher	sD (Sept.–Apr.)
Uhu	sB (ganzjährig)
Waldohreule	rB (März–Juli)
Wanderfalke	sB (ganzjährig)*
Wasseramsel	rB (ganzjährig)***
Wespenbussard	sB (Mai–Aug.)
Ziegenmelker	rB (Mai–Juli)*
Zwergtaucher	rB (März–Okt.)

Senne beherbergt mit ca. 250 Revieren der Heidelerche nahezu ein Drittel des nordrhein-westfälischen Landesbestandes. Der melodische Gesang der Heidelerche dominiert schon im zeitigen Frühjahr die akustische Kulisse der Offenlandgebiete des Truppenübungsplatzes und der NSGs „Moosheide“ und „Augustdorfer Dünenfeld“. Auch den Balzflug des Baumpiepers kann man hier gut beobachten. In den offenen Gebieten brüten Schwarzkehlchen (30 bis 40 Paare) und – allerdings erstaunlich selten – auch Neuntöter und noch seltener Raubwürger. Über den offenen Heideflächen jagen gelegentlich Baumfalken Libellen oder Kleinvögel. Eine Besonderheit der Region ist der in NRW seltene Wiesenpieper, der mit über 50 Brutpaaren auf dem Truppenübungsplatz vorkommt. In den Wäldern brüten unter anderem Schwarzspechte, Hohltauben, Wespenbussarde und Habichte. Halboffene, parkartig strukturierte Gebiete mit Calluna-Heideflächen und lichte Kiefernforste sind Lebensraum von Ziegenmelker und Gartenrotschwanz, letzteren kann man besonders regelmäßig im NSG „Moosheide“ beobachten.

Der Ziegenmelker ist mit über 40 Brutpaaren in der Senne vertreten – nach dem Schwalm-Nette-Kreis das zweitgrößte Vorkommen in NRW. Da die Ziegenmelker fast ausschließlich auf dem Truppenübungsplatz brüten, ist ihre Beobachtung für Kurzzeitbesucher allerdings fast unmöglich. An den über weite Strecken natürlichen Fließgewässern kann man Wasseramseln (obere Bachläufe), Eisvögel und Gebirgsstelzen antreffen. Die Bäche sind auch Nahrungshabitat der ein bis zwei Paare Schwarzstörche, die jährlich in der Senneregion siedeln.

In der Feuchtsenne zwischen Hövelhof und Delbrück findet man noch Kiebitze und (selten) Große Brachvögel. Auf den Gewässern sind Reiher- und Tafelenten zu sehen, manchmal auch Schellenten.

Reisezeit

Die Senne bietet besonders im Frühjahr und Frühsommer schöne Beobachtungsmöglichkeiten. Spechte und andere Waldbewohner lassen sich am besten im zeitigen Frühjahr sehen. Große Brachvögel, Kiebitze, Heidelerchen und Schwarzkehlchen erscheinen im frühen März, Schwarzstörche erreichen das Gebiet meist in der zweiten Märzhälfte. Baumfalken und Gartenrotschwänze kommen Mitte April in ihr Brutgebiet. Als letzte kehren Ziegenmelker und Neuntöter im Mai aus Afrika zurück. Die typischen Fließgewässervögel sind

Trocken- und Feuchtbiotope liegen in der Senne dicht beieinander. Das Betreten des Truppenübungsplatzes ist allerdings stark reglementiert. Foto: C. Jülch.

meist ganzjährig im Gebiet. An den Stillgewässern (überwiegend Abgrabungsseen) kann man im Frühling und Herbst durchziehende Enten und sonstige Wasservögel beobachten, im Spätsommer gelegentlich auch Fischadler.

Beobachtungsmöglichkeiten

Die gesamte Senne-Region ist durch Radwege gut erschlossen. Wegen der Größe des Gebietes benötigt man für schöne Beobachtungen Zeit und Geduld. Ein schnelles „Abhaken" vieler Arten innerhalb kurzer Zeit ist nicht möglich. Man sollte sich vielmehr Zeit nehmen, um diesen einzigartigen Landschaftsraum kennen zu lernen. Heidelerchen findet man in nahezu allen halboffenen Gebieten mit Heidestrukturen und trockenen Kiefernwäldern. Besonders geeignet zur Heidelerchen-Beobachtung ist das NSG „Moosheide". Die mancherorts selten gewordenen Gartenrotschwänze sind hier auch regelmäßig zu finden.

Die typischen Bachvögel findet man zum Beispiel am Furl- und Ölbach, sowie an der Strothe und der Ems. Das NSG „Schluchten und Moore am Oberen Furlbach" bietet sich an, um Schwarzspechte und Hohltauben zu beobachten. Der Raufußkauz ist seltener Brutvogel im an die Senne angrenzenden Teutoburger Wald.

Sondergebiet Truppenübungsplatz

Das Betreten des Truppenübungsplatzes Senne ist streng verboten, da es sich um ein militärisches Sperrgebiet handelt. Es empfiehlt sich aus eigenem Interesse, die Schranken und Hinweisschilder des Truppenübungsplatzes, der ein Schieß- und Infanterie-Übungsplatz ist, unbedingt zu beachten.

Außerhalb der Schießzeiten ist die Durchfahrt über den Truppenübungsplatz auf bestimmten Durchgangsstraßen mit dem Pkw oder mit dem Fahrrad gestattet (Öffnungszeiten sind der lokalen Presse zu entnehmen oder auf www.augustdorf.de zu finden). Auf dem gesamten Platz gilt Halteverbot. Aus Sicherheitsgründen ist es nicht erlaubt anzuhalten und zu Fuß ins Gelände auszuschwärmen (Blindgängergefahr!). Die Einhaltung der Sicherheitsmaßnahmen wird von der „Range Control" streng überwacht. Besucher, die die sich nicht an die Vorschriften halten, riskieren eine hohe Geldbuße!

Aber auch die Durchfahrt über den Truppenübungsplatz Senne gestattet einen guten Überblick über die dortigen Lebensräume. Der Truppenübungsplatz wird je etwa zur Hälfte von Offenland und Wald- oder Forstflächen eingenommen. Im Offenland finden sich noch weiträumig die Reste der alten Westfälischen Heidelandschaft mit trockenen und feuchten Heideflächen, Heidemooren und offenen Binnendünen.

Mit etwas Glück sieht man am Straßenrand ein Schwarzkehlchen, einen Neuntöter, einen Raubwürger oder einen Baumfalken auf der Jagd. Seit 2006 brütet ein Wanderfalkenpaar auf dem Truppenübungsplatz Senne. Aber nicht nur die Vogelwelt lohnt einen Besuch: Im Mai und Juni ist die Luft erfüllt vom lauten Zirpen der Feldgrillen. Schalenwild (Damm- und Rothirsche, Rehe, Wildschweine) ist ausgesprochen zahlreich und verleiht dem Gebiet fast schon ein wenig afrikanisches Flair.

Durchfahrtsstraßen (vielfach Kopfsteinpflaster) führen von Augustdorf, Oesterholz, Schlangen, Bad Lippspringe, Sennelager und Staumühle aus in den Truppenübungsplatz hinein.

Ähnliche Lebensräume wie auf dem Truppenübungsplatz – wenn auch kleinflächiger – finden sich im westlich angrenzenden 440 ha großen Naturschutzgebiet „Moosheide", das – unabhängig von den Sperrzeiten des Truppenübungsplatzes – auf schönen Sandwegen und einem Naturlehrpfad entdeckt werden kann (Infobroschüre mit Wegbeschreibung erhältlich). Auch hier gibt es große Sandmagerrasen- und Heideflächen von teilweise mehr als 5 ha. Im Naturschutzgebiet entspringt die Ems. Ihre Quellen wurden wieder in einen natürlichen Zustand versetzt. Zur Landschaftspflege werden hier teilweise Senner-Pferde, die älteste deutsche Pferderasse, eingesetzt. Die schönen Tiere kann man vom Mai bis September auf einer großen Weidefläche am „Emsquellen-Parkplatz" im Naturschutzgebiet „Moosheide" bestaunen.

Im Naturschutzgebiet „Moore und Schluchten am oberen Furlbach" kann man eine schöne Wanderung entlang des Furlbaches (Infobroschüre mit Wegbeschreibung erhältlich) unternehmen, wobei man im Frühjahr verschiedene Spechtarten und Hohltauben entdecken kann. Der naturnahe Wald beeindruckt durch Schluchten, Riesenschachtelhalm und moorige Flächen. In allen Naturschutzgebieten sollte es selbstverständlich sein, die Wege nicht zu verlassen. Wer die Feuchtsenne entdecken will, sollte die Espelner und die Rengerings Wiesen sowie das Naturschutzgebiet „Erdgarten-Lauerwiesen" westlich von Hövelhof besuchen. Dort können Vogelarten des Feuchtgrünlandes, z. B. Großer Brachvogel und Kiebitz beobachtet werden. Bei einem längeren Aufenthalt im Gebiet der Senne lohnt zudem ein Besuch des Holter Waldes bei Schloß Holte, hier brüten mehrere Paare des Mittelspechts.

Weitere Freizeitmöglichkeiten

Ein sehr lohnenswertes Ziel für Vogelbeobachter in der näheren Umgebung ist das NSG „Steinhorster Becken" bei Delbrück-Steinhorst. Es handelt sich um ein ca. 85 Hektar großes Wasservogelreservat, das in den 80er Jahren des vorigen Jahrhunderts im Retentionsraum eines Hochwasserrückhaltebeckens an der oberen Ems künstlich angelegt worden ist. Vom Abschlussdeich, der das Gebiet hufeisenförmig umgibt, sowie einem Aussichtsturm aus hat man sehr gute Möglichkeiten, zahlreiche Wat- und Wasservogelarten zu beobachten. Das Gebiet ist ganzjährig einen Besuch wert, denn neben

Infomaterial/Literatur

Naturschutzzentrum Senne e.V. (Hrsg.) (2008): Senne und Teutoburger Wald. Verlag Kiper.

Kiper, T. (Hrsg.) (2001): Faszinierende Senne zu Fuß – das Wanderbuch für die Senne. (Detaillierte Beschreibung von 21 Wanderrouten in der Senne-Region). Verlag Kiper.

Kiper, T., P. Rüther & Ch. Venne (2007): Senne – Die Natur mit dem Rad erleben. (Detaillierte Beschreibung von Rad-Wanderrouten durch die Senne-Region.) Verlag Kiper.

Kiper, T., P. Rüther & C. Venne (2008): Radwanderkarte für die gesamte Senne. 1:50.000. Verlag Kiper.

Eine gute Informationsquelle mit der Möglichkeit eigene Routen zu planen: www.senne-portal.de

den Brutvögeln bieten insbesondere die Gastvögel (Durchzügler, Wintergäste, Nahrungsgäste) manche ornithologische Kostbarkeit.

Die Biologische Station Kreis Paderborn-Senne bietet zahlreiche geführte Exkursionen zu verschiedenen Lebensräumen der Senne an (auch innerhalb des für die Öffentlichkeit gesperrten Truppenübungsplatzes Senne). Zu den Exkursionen sind teilweise Anmeldungen erforderlich. Einzelheiten sind im Internet unter www.bs-paderborn-senne.de zur erfahren. Die Station ist in Hövelhof-Riege im ehemaligen Schulgebäude untergebracht, in dessen Nähe bis 1925 Wiedehopfe brüteten. Hier erhält man Informationsmaterial über die NSGs „Moosheide" und „Moore und Schluchten am Oberen Furlbach" (keine festen Öffnungszeiten; Broschüren werden gegen Portokosten zugesandt). Einen schönen Eindruck vom Gebiet bekommt man bei der Radtour „Senne-Parcours Hövelhof" (ausgeschildert, Infobroschüre erhältlich) mit Start am Bahnhof Hövelhof.

Thomas Brandt, Cordula Jülch, Kilian Wasmer

GPS

Augustdorf (Ortsmitte)	51°54'26.82" N	8°43'59.39" O
Oesterholz (Ortsmitte)	51°50'13.29" N	8°49'48.01" O
Schlangen (Ortsmitte)	51°48'32.48" N	8°50'36.26" O
Bad Lippspringe (Ortsmitte)	51°46'57.09" N	8°49'07.06" O
Sennelager (Ortsmitte)	51°46'26.81" N	8°42'43.58" O
Staumühle (Ortsmitte)	51°49'13.30" N	8°43'20.89" O
Hövelhof (Ortsmitte)	51°49'12.43" N	8°39'28.63" O
Riege (Ortsmitte)	51°50'57.59" N	8°37'21.42" O

Anfahrt

Mit der Bahn

Die „Sennebahn" verbindet Bielefeld mit Paderborn und durchquert dabei die Senne in Nord-Süd-Richtung. Von den Regionalbahnhöfen kann man per Rad die Senne erkunden. Fahrräder können nach Reservierung (Tel.: 01805-600161) mitgenommen werden. Als Ausgangspunkte empfehlen sich Hövelhof (NSG Moosheide, Furlbach) und Schloss Holte-Stukenbrock (Holter Wald).

Mit dem Auto

Über die A 33 bis Abfahrt 23 Stukenbrock-Senne, Richtung Stuckenbrock-Senne, ab hier sind Parkmöglichkeiten für das NSG Moosheide ausgeschildert (Parkplatz „Emsquellen"). Von der Abfahrt 23 nach Hövelhof, im Ort links Richtung Bentlake/Staumühle.

Adressen

Biologische Station Kreis Paderborn-Senne, Junkernallee 20, 33161 Hövelhof-Riege, Tel.: 05257-940905, info@bs-paderborn-senne.de; www.bs-paderborn-senne.de

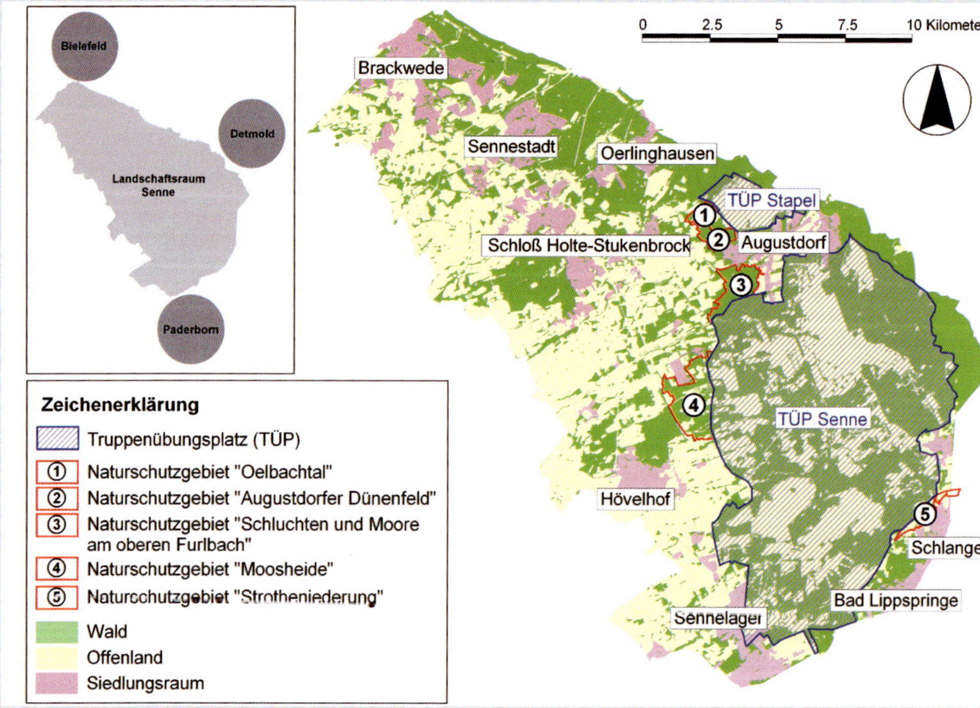

Blick über die weiten Heideflächen im östlichen Teil des Zwillbrocker Venns.
Foto: C. König. Dezember 2009.

Das Zwillbrocker Venn und das Ellewicker Feld

Exotische Brutvögel an der deutsch-niederländischen Grenze

Das Zwillbrocker Venn liegt im äußersten Westen des Münsterlandes im Kreis Borken an der deutsch-niederländischen Grenze. Hauptattraktion des 185 Hektar großen Gebietes ist die seit 1983 bestehende Flamingokolonie. In dieser weltweit nördlichsten Kolonie sind drei Flamingoarten vertreten. Neben den exotischen rosafarbenen Vögeln bietet das Zwillbrocker Venn reizvolle Einblicke in eine mehrere Tausend Brutpaare umfassende Lachmöwenkolonie. Vor allem zwischen März und Oktober kann man im Gebiet zahlreiche interessante Brut- und Zugvögel beobachten. Doch auch im Winter lohnt sich ein Besuch. Im angrenzenden Ellewicker Feld können zu dieser Zeit oft Gänsetrupps (überwiegend Blässgänse) beobachtet werden. Im Rahmen einer Eintagesexkursion lassen sich alle Bereiche des Zwillbrocker Venns sowie das Ellewicker Feld umfassend erkunden.

Landschaftsgeschichte und Lebensräume

Früher bildete eine Reihe von Moor- und Heidegebieten eine natürliche Grenze zwischen Deutschland und den Niederlanden. Das Zwillbrocker Venn stellt den Rest eines solchen Hochmoores dar, ist heute jedoch fast vollständig abgetorft. Lediglich im Süden des Gebietes wachsen noch Torfmoos und andere moortypische Pflanzenarten. In einigen Bereichen haben sich große Heideflächen gebildet, während man in den Randbereichen heute Birkenbruchwälder vorfindet. Nach Beendigung des Torfabbaus Anfang des 20. Jahrhunderts entwickelte sich durch Aufstaumaßnahmen mit dem Lachmöwensee ein großer Flachsee, der heute den ornithologischen Mittelpunkt des Zwillbrocker Venns bildet. Nachdem sich schon 1934 die ersten Lachmöwen als Brutvogel angesiedelt hatten, stieg der Bestand in den Folgejahren schnell an. Der starke Koteintrag der zahlreichen Möwen führte zu einem außergewöhnlich hohen Planktonaufkommen. Dieses bildet heute wiederum die wichtige Nahrungsbasis der Flamingos. Das Gebiet wurde 1938 zum Naturschutzgebiet erklärt und ist heute zusammen mit dem benachbarten Ellewicker Feld Bestandteil des EU-Vogelschutzgebietes „Moore und Heiden des westlichen Münsterlandes“.

Rosaflamingos bilden die Minderheit in der Flamingokolonie des Zwillbrocker Venns.
Foto: C. Moning. Lesbos, April 2009.

Die Lachmöwe brütet mit mehreren Tausend Paaren im Zwillbrocker Venn.
Foto: E. Lietzow. Rieselfelder Münster, April 2009.

Besondere Vogelarten und Reisezeit

In der einzigartigen Flamingokolonie leben drei verschiedene Flamingoarten. 1983 gelang die erste erfolgreiche Brut der häufigsten im Venn anzutreffenden Art, des Chileflamingos. Die genaue Herkunft der Tiere ist unklar, es handelt sich aber zweifelsohne um Gefangenschaftsflüchtlinge. Heute sind die Chileflamingos mit bis zu 30 Individuen die dominierende Art der Kolonie. Die in Europa heimischen Rosaflamingos treten mit bis zu 13 Individuen im Venn auf und brüten seit 1993 teilweise auch in Mischbruten mit den anderen Arten. Der intensiv rot gefärbte Kubaflamingo stellt die dritte Flamingoart im Zwillbrocker Venn dar, von der sich seit Jahren ein Einzelvogel in der Kolonie aufhält.

Die Flamingos sind nicht das ganze Jahr über im Gebiet zu sehen. Die ersten Tiere treffen im März ein und verbleiben in der Regel bis August, bevor sie zum Überwintern ins niederländische Rheindelta fliegen. Einzelne Flamingos lassen sich in diesem Zeitraum auch immer wieder an den Kleingewässern im benachbarten Ellewicker Feld beobachten. Eine weitere Besonderheit des Zwillbrocker Venns sind einige Schwarzkopfmöwen (13 Brutpaare 2009), die sich alljährlich unter die etwa 3000 bis 4000 Lachmöwen-Brutpaare in der Möwenkolonie mischen.

Weitere interessante Brutvögel im Zwillbrocker Venn sind Knäk- und Krickenten, Baumfalken, Turteltauben und Grünspechte. Schwarzhalstaucher brüteten bis vor wenigen Jahren noch im Gebiet, treten heute jedoch nur noch als Gastvögel auf. In den Sommermonaten lassen sich teilweise große Scharen von Ringeltauben beobachten, unter die sich dann auch Hohltauben mischen. Zu den bemerkenswerten Brutvogelarten unter den Singvögeln zählen Pirole, Braun- und Schwarzkehlchen, Gartenrotschwänze und Baumpieper. Während der Zugzeiten lassen sich im Zwillbrocker Venn neben Gründelenten auch verschiedene Limikolenarten entdecken. Zur Beobachtung von Wiesenlimikolen ist jedoch eher das Ellewicker Feld zu empfehlen, wo Kiebitze, Große Brachvögel und Uferschnepfen brüten. Im März/April lassen sich hier die eindrucksvollen Balzflüge dieser Arten erleben.

Botanisch beeindruckt ab Ende Mai ein Blütenteppich aus rotblühenden Kuckuckslichtnelken und gelbem Hahnenfuß. Im Juni lassen sich auf den Magerwiesen viele Orchideen wie das Gefleckte Knabenkraut entdecken.

Beobachtungsmöglichkeiten

Von Osten kommend weist am östlichen Ortseingang von Zwillbrock ein Schild nach rechts zur „Biologischen Station Zwillbrocker Venn", deren Auffahrt man nach wenigen Metern auf der linken Seite erreicht (1). Hier kann man sich mit Informationsmaterial versorgen und sich nach aktuellen Beobachtungen und Veranstaltungen erkundigen. Die Station bietet außerdem eine moderne Ausstellung zur Natur- und Landschaftsgeschichte der Region. Auf dem Stationsgelände erwarten den Besucher zudem ein künstlich angelegtes Moor sowie ein kleines Gewässer. Den 5,8 km

Typische Vogelarten im Zwillbrocker Venn und Ellewicker Feld, deren Status und günstige Beobachtungszeit.
r = regelmäßiger, s = seltener; B = Brutvogel, W = Wintergast, D = Durchzügler, * = Schwerpunktgebiet Ellewicker Feld

Art	Status (beste Beobachtungszeit)
Baumfalke	sB (Mai–Aug.)
Baumpieper	rB (April–Sept.)
Blässgans	rW (Okt.–März)
Braunkehlchen	sB, rD (Mai–Sept.)
Chileflamingo	rB (April–Aug.)
Gartenrotschwanz	rB (April–Aug.)
Großer Brachvogel*	rB (März–Aug.)
Grünspecht	rB (ganzjährig)
Kiebitz*	rB, hD (März–Sept.)
Knäkente	sB, rD (März–Sept.)
Krickente	rB (März–Nov.)
Lachmöwe	rB (Feb.–Nov.)
Löffelente	sB, rD (März–Okt.)
Pirol	rB (Mai–Aug.)
Rosaflamingo	rB (April–Aug.)
Rotschenkel	sB (April–Sept.)
Schwarzhalstaucher	sD (April–Okt.)
Schwarzkehlchen	rB (April–Sept.)
Schwarzkopfmöwe	rB (April–Aug.)
Turteltaube	sB (Mai–Aug.)
Uferschnepfe*	rB (März–Juni)

langen Rundweg um das Zwillbrocker Venn erreicht man über zwei Zugänge. Um am schnellsten zu den Flamingos zu gelangen, biegt man von der L608 von Vreden kommend etwa 150 m hinter dem „Hotel zum Möwenparadies" (2) nach links ab. Hier befindet sich auch die Bushaltestelle „Möwenkolonie". 350 m nach dieser Abzweigung erreicht man einen Parkplatz (3) in der Nähe eines Sportgeländes. Geht man hier ein kurzes Stück geradeaus, gelangt man zum Rundweg Zwillbrocker Venn und folgt diesem gegen den Uhrzeigersinn. Bereits nach 400 m erreicht man eine Beobachtungshütte (4) mit Blick auf die Flamingoinsel (5). Dies ist die zuverlässigste Beobachtungsstelle für Flamingos in ganz Deutschland. Die Insel beherbergt außerdem einen Großteil der Möwenkolonie. Nach einem weiteren Kilometer entlang des Rundweges erreicht man eine weitere Zugangsmöglichkeit mit Parkplatz (6). Von Zwillbrock ist dieser erreichbar, indem man von Vreden kommend 400 m nach der Biologischen Station oder 8 km westlich von Vreden in einer Rechtskurve zwischen der „Gaststätte/Pension Reinrink", dem „Hotel zum Kloppendiek" und der Barockkirche einem weißen Schild nach links in Richtung „Zwillbrocker Venn" (7) folgt. Hier befindet sich auch die Bushaltestelle „v. d. Berg". Nach weiteren 350 m erreicht man den Parkplatz bei (6). Entlang des Rundweges liegt eine weitere interessante Beobachtungshütte bei (8). Bei (9) führt ein ausgeschilderter Pfad zum etwa 30 Hektar großen Naturpark Lemputten auf die niederländische Seite der Grenze. Das Gebiet bietet Beobachtungsmöglichkeiten für eine Reihe von Wasservogelarten und Wiesenlimikolen. Außerdem lassen sich auf dem 3 km langen Rundweg Arten der Wälder und des Kulturlandes wie Grünspechte beobachten. Bei Haak en Hoek (10) und Overkamp (11) bestehen Einkehrmöglichkeiten und Parkplätze.

Am Ende des Rundweges, nicht weit vom Ausgangsparkplatz entfernt, befindet sich ein Beobachtungsturm (12), der hervorragende Aussicht auf Heideflächen und den Lachmöwensee bietet. Wer nicht den ganzen Rundweg gehen will, sollte sich auf die Unterstände bei (4) und (12) konzentrieren.

Für eine Rundtour durch das Ellewicker Feld fährt man vom „Hotel zum Möwenparadies" (2) 300 m in Richtung Vreden und verlässt die L608 nach rechts in Richtung Südost (13). Nach weiteren 400 m hält man sich an einer Kreuzung links und folgt immer weiter geradeaus den Schildern der „Flamingoroute". Nach weiteren 1,2 km knickt die Straße wiederum links ab, bevor man nach etwa 700 m einen Aussichtsturm (14) mit guter Übersicht über die Wiesen und Wasserflächen erreicht. Folgt man der Straße weiter nach Osten, passiert man rechterhand den Ferienpark Seerose und biegt an einer Kreuzung mit der Bushaltestelle „Seerose" links ab. An der nächsten Kreuzung fährt man wiederum links und durchfährt ab hier interessante, jedoch oft schlecht einsehbare Blänken und Feuchtwiesen. Zwischen dem 15. März und 30. Juni brüten in diesem Abschnitt störungsempfindliche Arten, weshalb Radfahrer diese Strecke meiden und Autofahrer ihre Fahrzeuge möglichst nicht verlassen sollten. An der nächsten Kreuzung biegt man rechts ab und gelangt so zum Ausgangspunkt auf der L608.

In den Feuchtwiesen des Ellewicker Feldes lassen sich vor allem Wiesenlimikolen beobachten. Foto: C. König. Dezember 2009.

Weitere Beobachtungs- und Freizeitmöglichkeiten

Der Kreis Borken bietet neben dem Zwillbrocker Venn eine Reihe weiterer interessanter Moor- und Feuchtgrünlandgebiete. Rund 20 km nordöstlich von Zwillbrock liegen die Naturschutzgebiete Amtsvenn und Hündfelder Moor. Diese Gebiete stellen als Reste eines ehemals ausgedehnten Hochmoorkomplexes einen wichtigen Rückzugsort für bedrohte Tier- und Pflanzenarten dar. In den Sommermonaten kann man abends am Rand der Birkenbestände den schnarrenden Gesang des Ziegen-

Im März und April beeindrucken die Uferschnepfen den Beobachter mit ihren Balzflügen. Foto: E. Lietzow. Dümmer, Juni 2009.

melkers hören. Weitere bemerkenswerte Brutvögel sind Knäkente, Blau- und Schwarzkehlchen. Aus herpetologischer Sicht lockt das Amtsvenn mit einem der größten Moorfrosch-Vorkommen in Westfalen.

Für naturinteressierte Radfahrer ist das Gebiet aufgrund seiner flachen Topographie und des guten Wegenetzes interessant. Die Natur und Kultur der deutsch-niederländischen Grenzregion kann man auf der „Flamingoroute" entdecken. Sie verbindet grenzübergreifend die interessantesten Gebiete auf einem über 300 km ausgeschilderten Radwegenetz mit über 30 km Wanderwegen. Unterwegs weisen mehr als hundert Informationstafeln den Weg und Aussichtstürme bieten Aussichten auf ausgedehnte Moore, Heiden und Feuchtwiesen. Ein 2001 erschienener Rad- und Wanderführer zur Flamingoroute kann z. B. in der Biologischen Station Zwillbrock gekauft werden.

Nicht nur an Regentagen lohnt sich außerdem ein Besuch der Barockkirche Zwillbrock. Die prächtige Barockausstattung aus dem 18. Jahrhundert gilt heute als die reichste und besterhaltene im gesamten Münsterland.

Christopher König, Christoph Moning, Christian Wagner, Felix Weiß

GPS

Biologische Station (1)	52°03'16" N	6°41'35" O
Parkplatz (3)	52°03'01" N	6°42'12" O
Beobachtungshütte (4)	52°02'52" N	6°41'54" O
Haak en Hoek (10)	52°02'28" N	6°40'55" O
Beobachtungsturm (12)	52°02'54" N	6°42'15" O
Aussichtsturm (14)	52°02'15" N	6°43'35" O

Infomaterial/Literatur:

Biologische Station Zwillbrock e. V. 2001: Die Flamingo-Route: Ein Rad- und Wanderführer. – Selbstverlag, Vreden.

Moning C, Weiß F 2007: Vögel beobachten in Norddeutschland – Die besten Beobachtungsgebiete zwischen Sylt und Niederrhein. Franckh-Kosmos Verlag, Stuttgart.

Treep J, Ikemeyer D 2006: Flamingos im Zwillbrocker Venn. Entstehung und Etablierung einer deutsch-niederländischen Population. LÖBF-Mitteilungen 3/2006, S. 12–16.

Anfahrt

Mit Bahn und Bus

Die Anbindung an den öffentlichen Nahverkehr ist leider sehr schlecht und nur unter der Woche gegeben. Vreden ist außerdem nicht an den Bahnverkehr angeschlossen.

Mit dem Auto

Über die A 31 von Süden, Anschlussstelle „Gescher/Coesfeld", nach Stadtlohn bzw. von Norden Anschlussstellen „Heek" oder „Legden/Ahaus" nach Ahaus und jeweils weiter nach Vreden auf der L 608 Richtung „Groenlo". Ab hier sind es 7,6 km bis zur „Biologischen Station Zwillbrocker Venn" (1).

Adressen

Biologische Station Zwillbrock e. V., Zwillbrock 10, 48691 Vreden,
Tel.: 02564/98600, info@bszwillbrock.de; www.bszwillbrock.de.

Öffnungszeiten: Nov. – Osterferien: Mo. – Do. 8 – 16:30 Uhr, Fr. 8 – 14:30 Uhr; Osterferien – Okt.: Mo. – Fr. 8 – 16:30 Uhr, Sa., So. & Feiertag 12 – 17 Uhr.

Die Station bietet auch ein interessantes Programm mit naturkundlichen Seminaren und Exkursionen für alle Altersgruppen an.

Ellewicker Feld:

Zwillbrocker Venn:

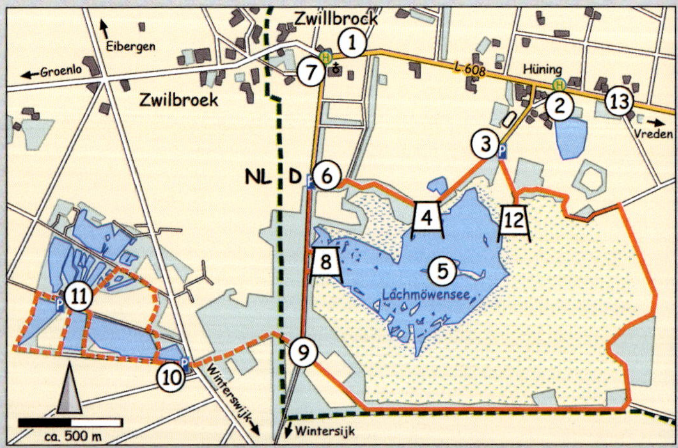

Karten aus Moning & Weiß (2007): Vögel beobachten in Norddeutschland. Kosmos, Stuttgart.

Das Heideareal „Geisterbusch“ ist ein Refugium für Vogelarten des Offenlandes. Foto: C. König. März 2010.

Die Wahner Heide

Artenreiche Heidelandschaft vor den Toren Kölns

Die Wahner Heide liegt im Ballungsraum Köln zwischen den Städten Köln, Rösrath, Lohmar und Troisdorf. Das gesamte Gebiet umfasst 5200 Hektar, wovon etwa 1000 Hektar auf das Gelände des Flughafens Köln/Bonn entfallen. Aufgrund des sehr kleinräumigen Wechsels verschiedener Lebensräume beeindruckt die Wahner Heide mit einer außergewöhnlich hohen Artenvielfalt und gilt als eines der artenreichsten Heide-, Moor- und Waldgebiete Mitteleuropas. Rund 700 Tier- und Pflanzenarten der Roten Listen finden hier ihren Lebensraum. 3000 Hektar der Wahner Heide sind als Europäisches Vogelschutzgebiet ausgewiesen sowie im Rahmen der Flora-Fauna-Habitat-Richtlinie in das europaweite Schutzgebietsnetz integriert. Insbesondere im Frühjahr und Sommer lohnt sich ein Besuch. Zu dieser Zeit bilden verschiedene Orchideen und Nelken beeindruckende Blütenteppiche. Aus ornithologischer Sicht lassen sich dann hier auch alle interessanten Brutvogelarten antreffen. Darunter Mittelspechte, Heidelerchen und Schwarzkehlchen. Das Gebiet kann im Rahmen einer Tagesexkursion erkundet werden.

Landschaftsgeschichte und Lebensräume

Bis zum Anfang des 20. Jahrhunderts wurde in der Wahner Heide traditionelle Heidewirtschaft betrieben. Durch die Beweidung mit Schafen, Ziegen, Rindern und Schweinen wurde der Baumwuchs durch starken Verbiss gehemmt und dem Boden wurden Nährstoffe entzogen, sodass es zu einer Verarmung der Böden kam. Diesen extremen Wuchsbedingungen konnten nur besonders widerstandsfähige Pflanzenarten wie die Besenheide standhalten. Im Zuge der allgemeinen Intensivierung der Landwirtschaft waren die Grenzertragsböden nicht mehr gewinnbringend zu bewirtschaften und fielen brach. Schutzmaßnahmen zur Offenhaltung der Heiden unterblieben – und da nur durch ständige Nutzung die offenen Heideflächen bestehen blieben, bildete sich auf weiten Teilen der Heide ein Birken-Pionierwald, der schließlich von Buchen und Eichen abgelöst wurde. Heute werden einige Flächen des Naturschutzgebiets zum Erhalt der verbliebenen Heidereste gezielt beweidet. Das beliebte Naherholungsgebiet war bis 2004 militärischer Sperrbezirk. Danach wurde ein Besucherlenkungssystem entwickelt und so kann die Heide inzwischen auf 130 km Wanderwegen sowie 30 km Reitwegen erkundet werden. Eine Vielzahl unterschiedlichster Lebensraumtypen von sehr trockenen Binnendünen und Sandmagerterrassen bis hin zu sehr feuchten Heidemooren, Auwäldern und Feuchtwiesen sind nun auf dem vielfältigen Areal erlebbar.

Besondere Vogelarten und Reisezeit

Im Jahr 2005 konnte die 1987 ins Leben gerufene Ornithologische Kartiergemeinschaft Wahner Heide 101

Die Heidelerche ist auch in der Wahner Heide der Charaktervogel offener Gehölzstrukturen. Foto: C. Moning. Linum, Juli 2007.

Schwarzkehlchen bevorzugen offene Heide- und Buschflächen, wie sie beispielsweise für den „Geisterbusch" typisch sind.

Foto: C. Moning. Chiemsee, März 2007.

Brutvogelarten im Gebiet nachweisen. Hinzu kommt eine beachtliche Zahl von Durchzüglern und Wintergästen. Andernorts seltene Schwarzkehlchen sind als typische Offenlandbewohner eine der Charakterarten des Gebiets. In der Wahner Heide befindet sich eines der größten und stabilsten Vorkommen der Art in ganz Nordrhein-Westfalen. Die Vögel bauen ihre Nester in gehölzarmen Heideflächen am Boden oder in kleinen Büschen und nutzen exponierte Sträucher als Singwarte. Einen ähnlichen Lebensraum bewohnen Heidelerchen. Die Bestände dieser Art, die in ganz Europa seit den 1960er Jahren starke Bestandseinbrüche erleidet und als Wappenvogel des „Informationszentrums Wahner Heide" gewählt wurde, gelten im Gebiet als gesichert. Neben dem Heidelerchen-Bestand führten auch die bedeutenden Mittelspechtvorkommen, in den alten Eichenwäldern, im Jahr 1990 zur Ausweisung zum „Important Bird Area". Neben den Mittelspechten brüten Wendehälse, Grau-, Grün- und Schwarzspechte sowie Bunt- und Kleinspechte in der Wahner Heide. Eine große Besonderheit stellt das Brutvorkommen des Orpheusspötters dar. Nachdem die Art 2001 erstmals als Brutvogel nachgewiesen wurde, scheint sich die hauptsächlich in Südwesteuropa verbreitete Vogelart in der Wahner Heide zu etablieren. Die Besiedlung folgt einer schon seit Jahrzehnten festgestellten Ausbreitung nach Nordosten. Weitere interessante Brutvögel in der Wahner Heide sind Wespenbussarde, Ziegenmelker, Neuntöter, Feldschwirle, Trauerschnäpper, Gartenrotschwänze, Wiesen- und Baumpieper.

Unter den Greifvogelarten sind die vorwiegend Insekten jagenden Baumfalken mit zwei bis vier Brutpaaren zu finden. In den Sommermonaten kann man den Vögeln mit etwas Glück bei der akrobatischen Jagd nach Libellen zuschauen. Bemerkenswert ist das unregelmäßige Auftreten von Schlangenadlern. In den vergangenen Jahren wurden in den Sommermonaten wiederholt Einzelvögel beobachtet, die sich teilweise mehrere Wochen im Gebiet aufhielten. Die nächsten Brutvorkommen dieser Adler befinden sich in Frankreich. Auch im Winter lohnt sich ein Besuch in der Wahner Heide. Zu dieser Zeit kann man in den größeren Offenlandbereichen mit etwas Glück Kornweihen und Raubwürger beobachten.

Aus herpetologischer Sicht kann die Wahner Heide mit Vorkommen von Kreuzkröten und einer kleinen Gelbbauchunken-Population beeindrucken. Außerdem kommen die ungiftigen Schlingnattern und Zauneidechsen vor. Botaniker werden neben vielen Besonderheiten durch neun verschiedene Orchideenarten in die Wahner Heide gelockt.

Beobachtungsmöglichkeiten

Vom Parkplatz „Paradeplatz" (1) geht man auf der Panzerstraße noch ein Stück nach links (Westen) und biegt kurz vor der Kreuzung rechts in einen Waldweg ab. Man folgt dann dem ersten Weg nach links und gelangt so in einen großen Eichenwald, die Hardt (A). Dieses Gebiet lässt sich von da an unter anderem auf den in der Karte orange markierten Wegen erkunden. Dabei lassen sich neben den hier häufigen Mittelspechten auch Schwarzspechte, Hohltauben und Trauerschnäpper beobachten.

Eine weitere lohnende Stelle erreicht man, indem man der „Alten Kölner Straße" rund 1,7 km nach Osten folgt, bis man auf der linken Seite einen weiteren Parkplatz erreicht (2), von dem aus man dem „Rösrather Weg" in den Geisterbusch (B) folgt. Der Geisterbusch ist die größte freie Heidefläche der Wahner Heide. Kuckucke, Neuntöter, Schwarzkehlchen und Baumpieper sind hier häufig. Der Geisterbusch ist auch die beste Stelle, um den rasanten

Typische Vogelarten der Wahner Heide, deren Status und günstige Beobachtungszeit.
h = häufiger, r = regelmäßiger, s = seltener; B = Brutvogel, S = Sommergast, W = Wintergast

Art	Status (beste Beobachtungszeit)
Baumfalke	sB (Mai–Aug.)
Baumpieper	hB (April–Sept.)
Feldschwirl	rB (Mai–Juni)
Gartenrotschwanz	rB (April–Aug.)
Grauspecht	sB (März–April)
Grünspecht	rB (ganzjährig)
Heidelerche	hB (Ende März–Sept.)
Hohltaube	rB (März–Sept.)
Kleinspecht	rB (März–April)
Kornweihe	rW (Nov.–März)
Kuckuck	hB (Mai–Juli)

Art	Status (beste Beobachtungszeit)
Mittelspecht	hB (März–April)
Neuntöter	hB (Mai–Aug.)
Orpheusspötter	sB (Ende Mai–Juli)
Raubwürger	rW (Nov.–März)
Schlangenadler	sS (Juli–Sept.)
Schwarzkehlchen	rB (April–Sept.)
Schwarzspecht	rB (ganzjährig)
Trauerschnäpper	hB (Mai–Juli)
Wendehals	sB (Mai–Juni)
Wespenbussard	sB (Mai–Aug.)
Wiesenpieper	rB (April–Sept.)

Trauerschnäpper brüten in den höhlenreichen Eichen- und Buchenaltholzbeständen der Wahner Heide.

Foto: E. Lietzow. Espelkamp, Mai 2009.

Gesang der Orpheusspötter zu hören. Die Männchen tragen ihn meist exponiert von Büschen aus vor. Die größte Gesangsintensität ist vor allem frühmorgens und spätnachmittags. Ein offener Hang am Busenberg (3) lädt zur Greifvogelbeobachtung ein. Von dieser Stelle wurden auch schon Schlangenadler beobachtet.

In der Nähe befindet sich der so genannte „Turmhof". Hier gibt es u. a. eine Auffangstation für Greifvögel, einen Hofladen, eine Bibliothek sowie eine Ausstellung über Biodiversität. Außerdem werden Exkursionen und Führungen für Jung und Alt angeboten. Ein Besuch hier lohnt ebenso wie im „Informationszentrum Wahner Heide", dass sich an der Flughafenstraße in Altenrath befindet (4). Neben einer Ausstellung und einem 1000 m² großen Schaugarten wird hier ein reichhaltiges Angebot an Exkursionen, Radwanderungen und weiteren Veranstaltungen geboten. Etwa 200 m westlich des Zentrums liegt rechter Hand ein Parkplatz, von dem aus man der Straße weiter folgend, in den Bereich der Altenrather Tongrube (C) wandern kann. Hier kann man insbesondere im Bereich einer gehölzfreien Düne Heidelerchen antreffen (5, 6). Die nächsten Bushaltestellen „Jägerhof" und „Altenrath-Mitte" werden von Troisdorf angefahren.

Folgt man vom Kreisverkehr südlich von Altenrath der „Altenrather Straße" nach Süden in Richtung Troisdorf, gelangt man nach 3 km an eine Heidefläche (D), an der sich links und rechts der Straße je ein Parkplatz befindet (7). Folgt man in diesem Bereich den in der Karte orange eingezeichneten Wegen, kann man Vögel wie Neuntöter, Heidelerchen, Schwarzkehlchen und Baumpieper beobachten.

Weitere Beobachtungs- und Freizeitmöglichkeiten

Eine Besonderheit unter den Brutvögeln Deutschlands sind die in Köln mittlerweile etablierten Papageien. Die hellgrünen Halsbandsittiche in vielen Teilen Kölns entdecken. Weniger zahlreich sind Alexandersittiche, die sich am besten im Bereich des Botanischen Gartens und des Zoos beobachten lassen. Der größte Papageienschlafplatz mit bis zu 2000 Vögeln befindet sich direkt nordöstlich des Zoos in den frei zugänglichen Riehler Heimstätten. Die Papageien schlafen hier in der Regel ganzjährig in einer Kastanienallee im parkartigen Innenhof oder in Ahornbäumen südöstlich davon. Im Sommer sammeln sich die Vögel hier etwa 30 Minuten vor Sonnenuntergang. Im Winter wird der Schlafplatz meist erst rund 15 Minuten nach Sonnenuntergang aufgesucht. Die nächste U-Bahn-Haltestelle, direkt östlich der Heimstätten, heißt „Slabystraße".

Am Rhein zwischen Bonn und Bad Honnef befindet sich nördlich der Ortschaft Rhöndorf der eindrucksvolle Drachenfels. Dieser Felsen ist Lebensraum der wenig scheuen, aber unauffälligen Zippammer. Direkt nordöstlich der Ausfahrt Rhöndorf der B 42 liegt das Restaurant „Weingut Pieper / Weinhaus Domstein". Von dort erschließen für den Privatverkehr gesperrte Wirtschaftswege die Weinberge unterhalb der Felsen. Ein traditionelles Zippammerrevier befindet sich unmittelbar links der Wirtschaft im Bereich des Flaschenlagers. Weite-

Die großen zusammenhängenden Eichenwälder der Hardt sind der Lebensraum der Mittelspechte.

Foto: C. König. März 2010.

Anfahrt

Mit Bahn und Bus

Den Nordteil der Wahner Heide erreicht man am besten über den Bahnhof „Rösrath-Stümpen“, den südlichen Teil über den Bahnhof „Troisdorf“. Von dort liegen die Beobachtungsstellen jeweils nur wenige Kilometer entfernt.

Mit dem Auto

Von der A 59 fährt man zwischen Köln und Troisdorf am Autobahnkreuz Flughafen in Richtung „Flughafen Köln/Bonn“ und verlässt die „Kennedystraße“ an der ersten Ausfahrt (Anschlussstelle „Grengel“) auf den „Grengler Mauspfad“. Diesem folgt man in Richtung „Bensberg“ und biegt gleich darauf rechts Richtung „Troisdorf“ in die „Alte Kölner Straße/Panzerstraße“ ab. Nach 300 m erreicht man auf der rechten Seite den Parkplatz (1).

GPS		
Parkplatz Paradeplatz (1)	50°53'12" N	7°06'25" O
Parkplatz (2)	50°53'11" N	7°07'49" O
Informationszentrum Wahner Heide (4)	50°51'28" N	7°11'44" O
Parkplätze (7)	59°49'56" N	7°10'24" O

Adressen

Naturschutzzentrum Turmhof Bündnis Heideterasse e.V.
Kammerbroich 67, 51503 Rösrath, Tel.: 02205/9477800,
info@turmhof.net; www.turmhof.net
Informationszentrum Wahner Heide Flughafenstraße 33, 53842 Troisdorf-Altenrath, info@heideterrasse.net; www.wahnerheide.net
Öffnungszeiten: Apr.–Okt.: So. & Feiertag 10–17 Uhr. Für Gruppen können gesonderte Termine vereinbart werden.

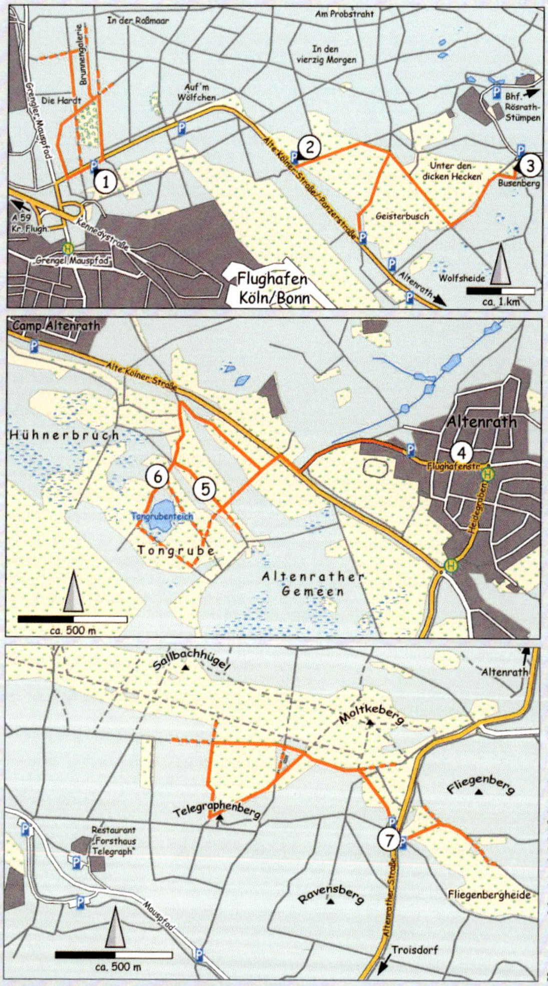

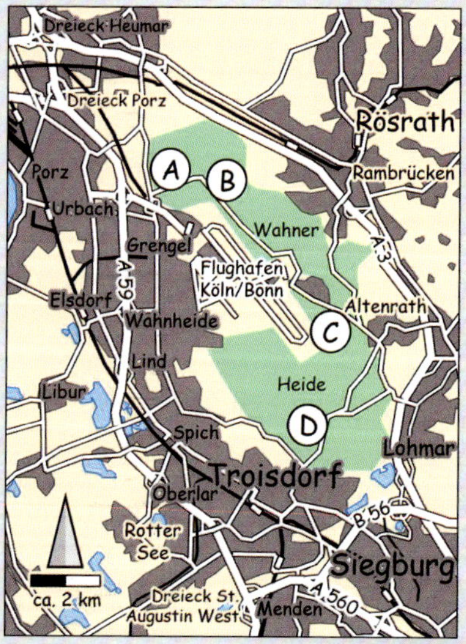

Karten aus Moning & Weiß (2007): Vögel beobachten in Norddeutschland. Kosmos, Stuttgart. Anmerkung: Die gestrichelten Linien sind Trampelpfade, deren Nutzung eine Ordnungswidrigkeit darstellt und die nur der Vollständigkeit halber aufgeführt sind!

re vom Weg einsehbare Reviere folgen an einer Stelle, an der der Weg oberhalb des Weingutes in einem Durchstich durch den Felsen verläuft. Auch im Bereich des Weinbergtürmchens gut 300 m rechts/südlich des Weingutes kann man auf Zippammern treffen. Am Drachenfels lassen sich außerdem die in der Felswand brütenden Wanderfalken beobachten. Im Jahr 2007 wurde hier der erste Nachweis der Zaunammer in Nordrhein-Westfalen seit dem Aussterben der Brutpopulation in den 1950er Jahren erbracht. Seitdem konnten alljährlich zwischen April und Juli bis zu zwei singende Männchen am Drachenfels festgestellt werden. Der nur 500 m vom Weingut entfernte Bahnhof Rhöndorf ist von Bonn aus sehr gut erreichbar.

Christopher König, Christoph Moning, Christian Wagner, Felix Weiß

Infomaterial/Literatur:

Moning C, Weiß F 2007: Vögel beobachten in Norddeutschland. Kosmos, Stuttgart.

Sticht HM 2005: Natur- und Kulturführer Wahner Heide – Die 9 Rundwanderwege. Gaasterland-Verlag, Düsseldorf.

Den zentralen Bereich des Großen Torfmoores bildet ein weitläufiges Netz von Moorgewässern.
Foto: C. König. 19.1.2011.

Das Große Torfmoor

Ein bedeutender Hochmoor-Regenerationskomplex

Zwischen Wiehengebirge und Mittellandkanal liegt in den Gemeinden Lübbecke und Hille im nordöstlichen Nordrhein-Westfalen das rund 550 Hektar große Naturschutzgebiet Großes Torfmoor. Es zeichnet sich durch eine reiche Auswahl seltener, teilweise vom Aussterben bedrohter, hochmoortypischer Tier- und Pflanzenarten auf großer Fläche aus. Das Große Torfmoor ist Teil des Schutzgebietssystems Natura 2000. Die Lage am Rande der Diepholzer Moorniederung und in der Nähe der Weseraue verdeutlicht die Bedeutung im Biotopverbund.

Landschaftsgeschichte und Lebensräume

Erdgeschichtlich entstand das Große Torfmoor aus der Verlandung eines von der eiszeitlichen Weser gebildeten Sees vor zirka 11 000 Jahren. Über ein Nieder- und Zwischenmoor entwickelte sich in gemäßigtem Klima mit hohen Niederschlägen ein riesiges bis zu 6000 Hektar großes nährstoffarmes Hochmoor. Mit Beginn der Besiedlung versuchten die Menschen, das Moor für sich nutzbar zu machen und stachen den Torf als Brennstoff. Die Abtorfung erfolgte lange Zeit im bäuerlichen Handtorfstichverfahren. In den frühen 1830er-Jahren wurden dann erstmals einfache Entwässerungsgräben und befahrbare Dämme zur Torfabfuhr angelegt. Dennoch blieb das Moor in einem ursprünglichen Zustand mit großen Moorseen erhalten. Erst als 1918 damit begonnen wurde, das Moorwasser durch Stichgräben in die Flöthe abzuleiten, kam es zu maßgeblichen Veränderungen. Diese Entwässerung wurde bis in die 1960er-Jahre weiter verstärkt, sodass neben der Flöthe auch die Bastau mit schweren Maschinen zur Wasserableitung ausgebaut wurde. Durch den sinkenden Grundwasserspiegel konnten sich die wichtigen Torfmoose nur noch in wenigen Bereichen halten und es kam zu einer Degeneration des Moorkörpers. Insbesondere höher gelegene Bereiche trockneten stark aus und es breiteten sich Pfeifengras- und Birkenbestände aus. 1969 gab es sogar konkrete Pläne, im Großen Torfmoor Klärschlamm zu deponieren und die Flächen nach Abtrocknung forstwirtschaftlich zu nutzen. Dieses Vorhaben konnte jedoch durch die damalige Vogelschutzwarte in NRW, zahlreiche Ornithologen sowie die breite Unterstützung der lokalen Bevölkerung verhindert werden. Nach dem Ankauf

Der Brutbestand der Krickente stieg seit Beginn der Renaturierungsmaßnahmen auf bis zu 60 Brutpaare an.
Foto: E. Lietzow. Enger Bruch, 21.3.2009.

umfangreicher Hochmoorflächen und Feuchtwiesen durch einen privaten Investor in den 1970er-Jahren und dem späteren Erwerb dieser Flächen durch das Land Nordrhein-Westfalen wurden erste umfangreiche Wiedervernässungs- und Pflegemaßnahmen eingeleitet. Es entstanden durch den Bau von Bohlenstauen wieder größere Gewässer. Durch regelmäßige Enfernung des Birkenaufwuchses wurden die Hochmoorflächen offen gehalten. Aufgrund dieser und vor allem der seit 2003 im Rahmen eines EU-LIFE-Natur-Projektes durchgeführten Regenerationsmaßnahmen konnte die über Jahrhunderte zwar massiv gestörte, aber dennoch in weiten Bereichen erhaltene Flora und Fauna bis heute bestehen.

Das Landschaftsbild wird vor allem durch die gehölzfreie Kernzone geprägt. Hier gibt es heute wieder ausgedehnte, verzweigte Moorblänken, die verschiedenen Entenarten als Brut- und Rasthabitat dienen. Im südlichen Randbereich des Moores befinden sich auf Niedermoorböden Birken-Moorwälder.

Besondere Vogelarten und Reisezeit

Innerhalb einer Tagesexkursion lässt sich das komplette Moor erkunden. Ein Besuch lohnt vor allem im Sommerhalbjahr, allerdings bieten auch die Wintermonate besondere Beobachtungen. Bis in den März hinein streifen Kornweihen über die noch winterliche Moorlandschaft und an den Gräben und Gewässern lassen sich einzelne Silberreiher entdecken. Zahlreiche Brutvögel wie Fitisse und Braunkehlchen kehren aus ihren Winterquartieren zurück. Insgesamt 73 Vogelarten brüten im Großen Torfmoor, von denen 28 auf der Roten Liste der gefährdeten Vogelarten stehen. An den großen Freiwasserflächen versammeln sich zu dieser Zeit große Trupps rastender Kiebitze. In der Deckung der Ufervegetation versteckt stochern Bekassinen im weichen Bodensubstrat nach Nahrung. Diese bedrohte Art gehört zu den typischen Moor- und Feuchtwiesenvögeln. Ihr Bestand im Großen Torfmoor ist ebenso bedeutend wie der von Krickente und Wasserralle. Der Brutbestand letzterer Art ist einer der größten in ganz Nordrhein-Westfalen. Zu den regelmäßig im Moor auftretenden Limikolen zählen auch Große Brachvögel. Nachdem der Brutbestand 1966 erloschen war, ertönt der markante Flötenruf der Art in den letzten Jahren wieder häufiger im Zentralmoor, sodass auf eine Wiederbesiedlung des alten Lebensraumes gehofft werden kann.

Im Bereich der Freiwasserflächen hat sich seit dem Jahr 2000 eine 10–30 Brutpaare umfassende Lachmöwenkolonie etabliert. Einige Jahre später kam es in deren Umgebung zur Bildung einer kleinen Kolonie von Zwergtauchern, der sich unregelmäßig auch die seltenen Schwarzhalstaucher mit einzelnen Paaren anschließen. Graugänse sowie Schnatter-, Knäk- und Löffelenten brüten mit schwankenden Beständen in den wiedervernässten Flächen im Moor. Zu den regelmäßig im Großen Torfmoor brütenden Vogelarten zählen auch Wespenbussarde und Baumfalken. Letztere lassen sich von den Beobachtungstürmen sehr schön bei ihrer spektakulären Luftjagd auf Libellen über dem zentralen Kernbereich des Moores beobachten. Nicht brütend, sondern regelmäßige Nahrungsgäste sind Rohrweihen. Herausragend ist das Vorkommen der Kraniche. Erste Sommerbeobachtungen gelangen in den 1990er-Jahren. 2008 wurde dann die erste Kranichbrut Nordrhein-Westfalens dokumentiert, bei der ein Jungvogel ausflog. 2009 und 2010 kam es erneut zu Bruten im Großen Torfmoor, die jedoch leider keinen Erfolg hatten. Aufgrund der Ausdehnung der geeignet erscheinenden Flächen könnten sich auf Dauer möglicherweise trotzdem mehrere Kranichpaare im Gebiet ansiedeln. Der teilweise undurchdringliche Randgürtel ist außerdem Lebensraum von Pirolen und Nachtigallen. In hoher Brutdichte besiedeln Wiesenpieper und Wiesenschafstelzen die offenen Hochmoorflächen. Schwarzkehlchen lassen sich, nachdem der Bestand zwischen 1961 und 1997 erloschen war, wieder regelmäßig beobachten. Starken Schwankungen ist auch die Brutpaarzahl der Neuntöter im Großen Torfmoor unterlegen. Relativ häufig lassen sich Kuckucke und Feldschwirle beobachten oder zumindest hören.

Typische Vogelarten im Großen Torfmoor, deren Status und günstige Beobachtungszeit (in Klammern)
h = häufiger, r = regelmäßiger, s = seltener; B = Brutvogel, W= Wintergast, D = Durchzügler, N = Nahrungsgast

Art	Status (beste Beobachtungszeit)
Baumfalke	rB (Mai–Aug.)
Baumpieper	hB (April–Sept.)
Bekassine	rB, hD (April–Okt.)
Blässgans	rD (Nov.–März)
Feldschwirl	hB (Mai–Aug.)
Graugans	hB, hW (ganzjährig)
Großer Brachvogel	rD, rN (März–Aug.)
Kiebitz	hB, hD (März–Nov.)
Knäkente	sB (April–Aug.)
Kornweihe	rW (Okt.–März)
Kranich	sB, rD (Feb.–Nov.)
Krickente	rB, rD (März–Nov.)
Kuckuck	hB (Mai–Juli)
Lachmöwe	rB, rD (Feb.–Okt.)
Löffelente	sB, rD (März–Okt.)

Art	Status (beste Beobachtungszeit)
Nachtigall	rB (April–Juli)
Neuntöter	hB (Mai–Aug.)
Pirol	rB (Mai–Aug.)
Rohrweihe	rD, rN (März–Okt.)
Schnatterente	sB, rD (April–Okt.)
Schwarzhalstaucher	sB (April–Okt.)
Schwarzkehlchen	rB, rD (März–Sept.)
Silberreiher	rW (Okt.–März)
Waldwasserläufer	rD (April–Sept.)
Wasserralle	hB, rW (ganzjährig)
Weißstorch	rB, rN (April–Sept.)
Wespenbussard	rB, rD (Mai–Aug.)
Wiesenpieper	hB (März–Okt.)
Wiesenschafstelze	hB (April–Sept.)
Zwergtaucher	hB (März–Okt.)

Im Jahr 2008 konnte im Großen Torfmoor der erste Brutnachweis des Kranichs für Nordrhein-Westfalen erbracht werden.
Foto: E. Lietzow. Rehdener Geestmoor, 23.10.2008.

Beobachtungsmöglichkeiten

Man verlässt die B65 zwischen Lübbecke und Minden im Ortsteil Lübbecke-Gehlenbeck und biegt an einer Ampelkreuzung nach Norden in Richtung Isenstedt ab. Hier hält man sich sofort rechts, folgt der L771 für 3,4km und biegt dann direkt vor der Mittellandkanal-Brücke nach rechts in die „Moorbadstraße“ ein. Dieser folgt man parallel am Kanal entlang. Bereits nach etwa 900m erreicht man einen ersten Wanderparkplatz (1), es ist jedoch empfehlenswert, der Straße noch weiter zu folgen. Man passiert nach weiteren 1,3km eine kleine Kreuzung und fährt hier weiter geradeaus am Kanal entlang und nicht über die Brücke. 200m weiter befindet sich hinter einer Rechtskurve ein weiterer Wanderparkplatz (2), auf dem man sein Auto abstellen kann. Dieser Parkplatz im nördlichen Randbereich ist ein idealer Ausgangspunkt sowohl für Besucher, die nur einen kleinen Abstecher ans Große Torfmoor machen, als auch für Beobachter, die eine längere Wanderung um das gesamte Moor planen.

Vom Parkplatz aus folgt man im Uhrzeigersinn dem rot gekennzeichneten 7,5km langen Rundwanderweg, auf dem man die interessantesten Stellen des Großen Torfmoores passiert und dabei einen guten Eindruck der verschiedenen Habitate rund um den zentralen Hochmoorkörper bekommt. Bereits etwa 500m nach dem Parkplatz erreicht man, nachdem man einen kleinen Holzsteg passiert hat, den ersten Beobachtungsturm am Großen Moorsee (3). Dieser ist ideal geeignet, um sich einen Überblick über die weite Moorlandschaft zu verschaffen. Vom Turm lassen sich bei schönem Wetter kreisende Greifvögel beobachten und er bietet außerdem den besten Blick auf die großen Wasserflächen mitsamt der leider recht weit entfernten Lachmöwenkolonie. Weitaus besser lassen sich von dieser Stelle Graugänse, die zahlreichen Enten sowie rastende Kiebitze beobachten. Vom Beobachtungsturm geht man weiter durch die offene Moorlandschaft und vorbei an zahlreichen kleinen und größeren Gewässern. Nach 1,2km und nachdem man eine Schutzhütte passiert und einen abgestorbenen Pappelwald durchquert hat, verändert die Landschaft plötzlich ihr Bild. Man hat den Rand des Moores erreicht und geht nun knapp 1km durch extensiv genutzte Wiesen bis zum nächsten Beobachtungsturm (4). Dieser ist auch mit dem Auto erreichbar, indem man von der B65 am westlichen Rand des Ortsteils Lübbecke-Nettelstedt in den „Moorweg“ abbiegt und diesem bis zum Ende folgt. Vom Turm geht es auf befestigtem Weg weiter zum Moorschutzhof (5). Auf der vom NABU Minden-Lübbecke betriebenen Anlage informieren verschiedene Lehrtafeln über Flora und Fauna. Außerdem befindet sich auf dem Gelände eine Schäferei, an deren Schafstall im Jahr 2010 erstmals ein Weißstorch-Paar auf einem Pfahlnest gebrütet hat. Der Rundwanderweg verläuft nun weiter durch Wiesen und vorbei an Kopfweiden, bis man nach rund 1,3km wieder in den Kernbereich des Großen Torfmoores eindringt. Ein Bohlenweg führt nun an kleinen Moorgewässern vorbei bis zu einem Auwald und dem dritten Beobachtungsturm (6) am Westrand. Unterwegs bestehen gute Chancen, den wohltönenden Gesang der Nachtigall zu hören. Von diesem Aussichtsturm kann man in den Sommermonaten mit etwas Glück Schwarzkehlchen und Neuntötern bei der Aufzucht ihrer Jungen zusehen. Dieser Ort ist außerdem die beste Stelle, um nach den Kranichen Ausschau zu halten. Da sich in unmittelbarer Nähe des Turmes ein Parkplatz befindet, besteht hier die Möglichkeit, auch ohne längere Wanderung einen Blick auf das faszinierende Hochmoor zu werfen. Man erreicht den Parkplatz, indem man auf etwa halber Strecke zwischen Abzweig B65 in Gehlenbeck und dem Mittellandkanal von der L771 nach rechts in den „Moorwiesenweg“ einbiegt und diesem bis zum Ende folgt. Rund 700m nördlich des Beobachtungsturms in der Nähe des Gehlenbecker Freibades liegt das Er-

Die Wasserralle ist die häufigste Rallenart im Gebiet, jedoch aufgrund ihrer heimlichen Lebensweise nur selten so frei zu beobachten. Foto: E. Lietzow. Rieselfelder Münster, 8.9.2009.

lebniszentrum Moorhus mit einer gut 160 m² großen Ausstellung. Es werden Führungen durch das Moor angeboten und im Café lässt sich von der Wanderung ausruhen. Der Rundwanderweg führt den Beobachter dann weiter durch einen Weiden- und Birkenbestand, bis man schließlich wieder das offene Zentralmoor erreicht. In diesem Bereich bestehen noch einmal gute Beobachtungsmöglichkeiten der verschiedenen im Großen Torfmoor vorkommenden Singvogelarten, bevor man in einen Birkenbruch gelangt und so wieder den Ausgangspunkt erreicht hat.

Wem 7,5 km Rundwanderweg zu lang sind, der hat vom Wanderparkplatz bei (1) sowie den Parkplätzen an den Beobachtungstürmen bei (3) und (6) die Möglichkeit kürzere, nur etwa 2 km lange und durch unterschiedliche Farben gekennzeichnete Rundwege zu gehen.

Weitere Freizeitmöglichkeiten

Mit der „Storchenroute" liegt einer der attraktivsten Radwanderwege Norddeutschlands nur rund 35 km vom Großen Torfmoor entfernt an der Weser bei Petershagen. Die etwa 50 km lange Strecke führt durch typische Weserdörfer von Horst zu Horst der Weißstörche, die in diesem Bereich mittlerweile wieder in einer für Nordrhein-Westfalen einmaligen Dichte brüten. Es erwarten den Besucher unterwegs zahlreiche Wind- und Wassermühlen sowie verschiedene Museen. Da die Storchenroute durch mehrere große Natur- und Vogelschutzgebiete führt, ist sie insbesondere für Vogelbeobachter hochinteressant. Nur der Weißstörche wegen muss man den Weg an die Weser jedoch nicht auf sich nehmen. Auch in direkter Nähe zum Großen Torfmoor gibt es mehrere seit Jahren besetzte Horste zu denen das Aktionskomitee „Rettet die Weißstörche im Kreis Minden-Lübbecke" e. V. auf seiner Homepage zahlreiche detaillierte Informationen bereitstellt.

Christopher König, Christoph Moning, Christian Wagner, Felix Weiß

Infomaterial/Literatur

Bulk, E-G 2007: Das Große Torfmoor im Wandel der Zeiten. Uhle & Kleimann, Lübbecke.
www.life-torfmoor.de

Anfahrt

Mit Bahn und Bus

Die nächsten Bahnhöfe liegen in Lübbecke und Espelkamp. Von hier kann man jeweils mit der Buslinie 630 bis zum ZOB Lübbecke fahren. Dort nimmt man die Buslinie 581 bis zur Haltestelle „Lk-Gehlenbeck, Freibad". Die Haltestelle befindet sich am Westrand des Moores, von wo aus man einfach der Beschilderung bis zu einem der Wanderparkplätze folgt. Mit dem Fahrrad erreicht man das Große Torfmoor vom Bahnhof Lübbecke nach rund 6 km.

Mit dem Auto

Man verlässt die A 2 an der Ausfahrt 29 „Herford/Bad Salzuflen", folgt der B 239 bis nach Lübbecke und biegt dort rechts auf die B 65 in Richtung Minden ab, auf der man nach 1,5 km den Ortsteil Lübbecke-Gehlenbeck erreicht.

Adressen

Moorhus Besucherzentrum NABU Minden-Lübbecke
Frotheimer Straße 57a, 32312 Lübbecke, Tel.: 05741/2409505,
info@moorhus.eu; www.moorhus.eu; www.nabu-minden-luebbecke.de

Aktionskomitee „Rettet die Weißstörche im Kreis Minden-Lübbecke" e. V.,
Portastr. 13, 32423 Minden, Tel.: 0571/8072427,
aktionskomitee@minden-luebbecke.de; www.stoerche-minden-luebbecke.de

GPS

Wanderparkplatz (1)	52°20'05.4" N	8°40'35.0" O
Wanderparkplatz (2)	52°19'55.4" N	8°41'47.9" O
Beobachtungsturm Großer Moorsee (3)	52°19'46.3" N	8°41'57.7" O
Beobachtungsturm (4)	52°19'04.2" N	8°41'41.2" O
Moorschutzhof (5)	52°18'53.3" N	8°41'11.2" O
Beobachtungsturm am Westrand(6)	52°16'25.6" N	8°40'37.6" O

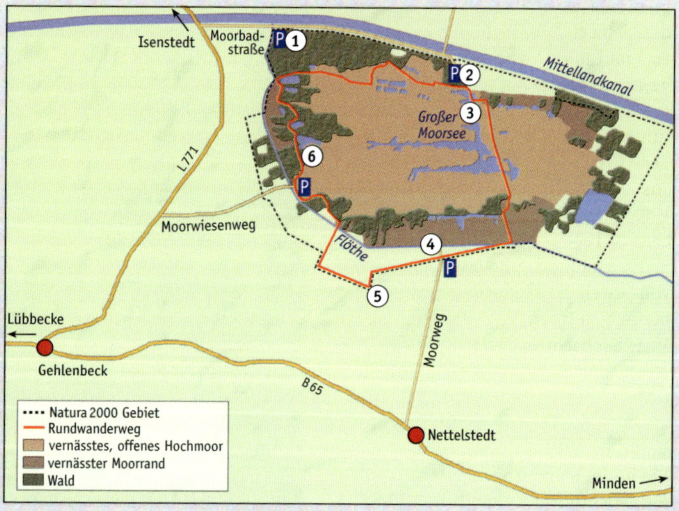

Das Gebiet zeichnet sich durch eine große Aus-wahl unterschiedlicher Habitate aus. Neben Wiesen und Feldgehölzen gibt es auch binsenreiche Feuchtweiden. Foto: C. König. 20.4.2013.

Die Dingdener Heide

Ein bedeutendes Feuchtwiesenschutzgebiet im Wandel der Zeit

An der Grenze von Münsterland und Niederrhein liegt zwischen Bocholt und Wesel die Dingdener Heide. Das durch wechselnde Nutzungen in den letzten Jahrhunderten mehrfach gewandelte Landschaftsbild des Gebiets von Wald zu Heide, Heide zu Wald und Wiesen zu Äckern kann heute im Projekt „Erlebte Kulturlandschaft" auf einer Art „Zeitreise" durch fünf verschiedene Zonen erkundet werden. Das abwechslungsreiche Mosaik aus Feuchtwiesen, Weiden, Äckern, Wäldchen, Wallhecken und Heideflächen ist Lebensraum einer außerordentlich vielfältigen Vogelwelt. Besonders von zwei Beobachtungskanzeln aus können zu jeder Jahreszeit interessante Vogelbeobachtungen gemacht werden.

Landschaftsgeschichte und Lebensräume

Bis in die frühe Neuzeit war der Wald die wichtigste Lebensgrundlage der Menschen. Neben Baumaterial- und Brennholzlieferant für die Menschen der Region war er vor allem auch Weideland für das Vieh. Beim sogenannten Plaggenhieb wurden die obersten Schichten des Waldbodens zur Streugewinnung abgetragen und als Einstreu in den Ställen verwendet. Mit Viehdung angereichert wurde die Streu anschließend als Dünger auf die Felder getragen. Es entstanden fruchtbare Plaggenesche mit meterdicken Humusschichten. Der Wald selbst wurde durch Holzeinschlag, Plaggenhieb und Waldweide zunehmend nährstoffarm. Um 1800 war aus den einst dichten Wäldern somit eine fast baum- und strauchlose Heidelandschaft geworden. Diese futterarmen Flächen konnten nur noch mit Schafen beweidet werden. Als Mitte des 19. Jahrhunderts preiswerte australische Wolle auf den europäischen Markt drängte, wurde die Schafhaltung in der Dingdener Heide unrentabel. Da der ausgezehrte Boden für den Anbau heimischer Laubbaumarten nicht mehr geeignet war, wurden große Heideflächen mit Kiefern aufgeforstet. Der Holzbedarf der Montanindustrie im Ruhrgebiet versprach gute Absatzmöglichkeiten. Weitere Heideflächen wurden mithilfe von Guano- und Kunstdünger kultiviert. Anfang der 1920er Jahre vernichtete ein Flächenbrand große Teile der Kiefernforste. Die Brandflächen und verbliebenen Heidereste wurden anschließend in Grünland umgewandelt und – anfangs noch extensiv – für die Milchwirtschaft genutzt. Große Flächen der Dingdener Heide außerhalb des Schutzgebiets wurden jedoch vor allem seit den 1970er Jahren im Zuge einer starken Intensivierung der Landwirtschaft in großflächige Maisäcker verwandelt.

Das heutige rund 370 ha umfassende Naturschutzgebiet Dingdener Heide repräsentiert im Konzept der Zeitreise diese Epoche der Landnutzung mit großen extensiv genutzten Feuchtwiesenflächen. Seit 1976 erwarben ver-

Neuntöter sind in der Dingdener Heide regelmäßig zu beobachten..
Foto: E. Lietzow. Steinhuder Meer, 11.8.2012.

Die Uferschnepfe (hier ein nicht flügger Jungvogel) hat in Mitteleuropa einen Verbreitungsschwerpunkt in Nordwestdeutschland und in den Niederlanden. Die Dingdener Heide gehört zu den wenigen Brutgebieten der Art in Nordrhein-Westfalen. Foto: E. Lietzow. Dümmer, 2.6.2012.

schiedene Institutionen große Flächen der Dingdener Heide und sicherten sie für den Naturschutz. Sie sind heute Brutgebiet vielerorts selten gewordener Wiesenvögel.

Besondere Vogelarten und Reisezeit

Wegen des vielfältigen Landschaftsmosaiks hat sich in der Dingdener Heide eine reiche Tier- und Pflanzenwelt angesiedelt. Insbesondere der zentrale Bereich mit dem Naturschutzgebiet ist von überregionaler Bedeutung. In den feuchten Wiesen und Weiden mit eingebetteten, flachen Blänken brüten in Nordrhein-Westfalen vom Aussterben bedrohte Wiesenvögel wie Große Brachvögel, Uferschnepfen oder Rotschenkel. Erfreulich zahlreich sind auch Kiebitze vertreten. Wachteln, Weißstörche, Wiesenpieper und Wiesenschafstelzen brüten ebenfalls im Gebiet. Neben den Brutvögeln nutzen zahlreiche weitere Vogelarten das Gebiet als Zwischenstopp auf dem Weg in ihre nördlichen Brutgebiete im Frühjahr oder in die Winterquartiere im Herbst. Pfeif-, Krick-, Spieß-, Knäk- und Löffelenten, auch Bekassinen, Günschenkel, Wald- und Bruchwasserläufer sowie Kampfläufer sind regelmäßig auf dem Durchzug zu beobachten. Die Wallhecken und Kleingehölze der Feuchtwiesenränder werden von zahlreichen Singvogelarten wie Baumpieper, Neuntöter, Gelbspötter und Dorngrasmücke genutzt. In den Laubmischwäldern brüten Wespenbussarde, Habichte, Schwarzspechte und Waldlaubsänger. Doch nicht nur zur Brutzeit lohnt die Dingdener Heide einen ausgedehnten Besuch. Mittlerweile zählt das Gebiet zu den wichtigsten Überwinterungsplätzen nordischer Gänse in Nordrhein-Westfalen. Zu Tausenden können von Oktober bis März vor allem Blässgänse beim äsen beobachtet werden. Regelmäßig sind auch Tundrasaatgänse und Weißwangengänse, selten Kurzschnabel-, Zwerg- und Rothalsgänse vertreten. Kornweihen streichen im Winterhalbjahr bei der Nahrungssuche über die Wiesen, während Raubwürger von erhöhten Warten nach Beute Ausschau halten.

Ebenso erwähnenswert ist auch eines der größten Laubfrosch-Vorkommen Nordrhein-Westfalens. Die Art konnte 1994 erfolgreich wieder angesiedelt werden. Für botanisch Interessierte sind die Feuchtwiesen ab April mit einem bunten Blütenmeer aus Wiesenschaumkraut, Kuckuckslichtnelke und Hahnenfußgewächsen besonders attraktiv. Floristische Raritäten wie Lungenenzian und Sonnentau sowie verschiedene Orchideen sind zahlreich zu finden. Im nordwestlichen Teil der Dingdener Heide prägt im Spätsommer die violette Blütenpracht des Heidekrauts einen circa 7 ha großen Bereich.

Typische Vogelarten der Dingdener Heide, deren Status und günstige Beobachtungszeit (in Klammern)
h = häufiger, r = regelmäßiger, s = seltener; B = Brutvogel, W = Wintergast, D = Durchzügler, N = Nahrungsgast

Art	Status (beste Beobachtungszeit)
Tundrasaatgans	rW (Okt.–März)
Blässgans	hW (Okt.–März)
Krickente	rD, rW (ganzjährig)
Spießente	sD (März–April)
Knäkente	sD (April)
Löffelente	rD (März–April, Sept.–Okt.)
Rebhuhn	sB (ganzjährig)
Zwergtaucher	rB (März–Okt.)
Silberreiher	rD, rW (Okt.–März)
Weißstorch	sB, rD (April–Sept.)
Wespenbussard	sB, rN (Mai–Aug.)
Kornweihe	rD (Okt.–März)
Rohrweihe	rB (März–Sept.)
Rotmilan	rN (März–Okt.)
Habicht	sB (ganzjährig)

Art	Status (beste Beobachtungszeit)
Baumfalke	sB (Mai–Aug.)
Großer Brachvogel	hB (Feb.–Sept.)
Uferschnepfe	sB (März–Juni)
Bekassine	sB, hD (März–Sept.)
Rotschenkel	sB, rD (April–Sept.)
Grünschenkel	rD (April–Mai, Aug.)
Kampfläufer	rD (April–Mai, Juli–Sept.)
Schwarzspecht	rB (ganzjährig)
Pirol	rB (Mai–Aug.)
Neuntöter	sB (Mai–Aug.)
Raubwürger	rW (Nov.–März)
Feldschwirl	rB (Ende April–Aug.)
Braunkehlchen	rD (April–Aug.)
Schwarzkehlchen	rB (April–Sept.)
Gartenrotschwanz	rB (Mai–Aug.)

Überstaute Wiesen und Blänken bieten im Frühjahr hervorragende Bedingungen für rastende Limikolen. Foto: C. König. 20.4.2013.

Beobachtungsmöglichkeiten

Die Dingdener Heide ist durch ein gut ausgebautes Netz aus Wegen erschlossen. Besonders empfehlenswert sind zwei 5 bzw. 6 km lange Rundwege durch das Gebiet. Vom Parkplatz an der Klausenhofstraße (1) startet der sowohl ornithologisch als auch landschaftlich reizvollere östliche Weg. Im Uhrzeigersinn geht der Weg anfangs vorbei an kleineren Wiesen, Äckern und durch ein Wäldchen mit Kiefern und Birken, an dessen Rand sich die sogenannte „Alte Beobachtungshütte" (2) befindet. Von hier aus hat man einen schönen Blick über binsenreiche Feuchtweiden und mehrere kleinere Gewässer. Diese sind Brutplatz von Zwergtauchern, die oft durch ihr langes Trillern auf sich aufmerksam machen. Auch lassen sich von hier Weißstörche bei der Aufzucht ihrer Jungen beobachten. Deren Nest im zentralen Bereich der Wiesen ist von der Hütte aus einsehbar. In den Sommermonaten können regelmäßig Baumfalken bei der Jagd auf Libellen beobachtet werden. Auch Rohrweihen kommen gelegentlich zur Nahrungssuche hierher. An lauen Sommerabenden kann man von der Hütte aus dem heuschreckenartigen Gesang der Feldschwirle lauschen, während sich im Winter in diesem Bereich oft ein Raubwürger aufhält. Von (2) geht es weiter durch den Wald nach Nordosten. Unterwegs sollte man auf Schwarzspechte und Pirole achten. Auch Waldlaubsänger kommen hier vor. Am Ende des Waldweges geht es rechts ab auf einen Schotterweg, der im weiteren Verlauf in eine asphaltierte, aber sehr wenig befahrene Straße übergeht. In den Wiesen beiderseits der Straße (3) kann man Kiebitze und Große Brachvögel sehen. In den randlichen Hecken und Baumreihen sollte man auf Gartenrotschwänze achten. Nach rund 1,3 km erreicht man eine Straßenkreuzung und biegt hier rechts ab. Vor allem auf der östlichen Seite liegen nun teils sehr feuchte Wiesen mit kleineren Tümpeln. Nach 800 m erreicht man eine weitere Kreuzung und macht hier einen kurzen Abstecher nach links, bis zum Ende eines kleinen Wäldchens, an dem sich die „Neue Beobachtungshütte" (4) befindet. Von der Kanzel aus hat man eine herrliche Aussicht über die für Vogelkundler interessanteste Fläche der Dingdener Heide. Brandgänse sind hier Brutvögel, während sich verschiedene Entenarten vor allem auf dem Durchzug beobachten lassen. Während der Zugzeiten sind die Feuchtwiesen und Blänken auch beliebte Rasthabitate verschiedener Limikolen. Für die seltenen Wiesenbrüter wie Uferschnepfen und Rotschenkel sind hier die besten Beobachtungsbedingungen. Der Rundweg führt anschließend auf der Straße in Richtung Westen durch etwas trockenere Wiesen und Weiden (5) bis zum Parkplatz zurück. In der Feldflur sollte man auf Kiebitze und Rebhühner achten. Die Zaunpfähle sind beliebte Warten der hier brütenden Schwarzkehlchen. Auf dem Durchzug nutzen auch Braunkehlchen und Steinschmätzer regelmäßig diese Strukturen.

Der zweite Rundweg führt durch die „Kleine Dingdener Heide" (6). Als Ausgangspunkt eignet sich neben dem Parkplatz an der Klausenhofstraße auch der Parkplatz an der Krechtinger Straße (7). Die „Kleine Dingdener Heide" ist der trockenere Teil der Dingdener Heide, in dem vor allem Kiefernwälder dominieren. Eingestreut sind aber

Kampfläufer rasten während der Zugzeiten regelmäßig im Gebiet. Besonders attraktiv sind die prächtigen Männchen. Foto: E. Lietzow. Dümmer, 24.4.2012.

immer wieder auch Wiesen und Äcker sowie die typische Heide des 16. bis 19. Jahrhunderts. Baumpieper lassen sich hier bei ihren melodischen Singflügen beobachten. Da viele Wege befestigt sind, kann das Gebiet auch gut mit dem Fahrrad erkundet werden.

Weitere Freizeitmöglichkeiten

Rund 30 km südwestlich von Dingden befinden sich der Archäologische Park und das Römer-Museum in Xanten. Rund vierhundert Jahre lang war Xanten einer der bedeutendsten römischen Orte in Germanien. Auf dem Gelände der einstigen Römerstadt Colonia Ulpia Traiana befindet sich heute Deutschlands größtes archäologisches Freilichtmuseum. In den weitläufigen Grünanlagen des Parks vermitteln originalgetreue Nachbauten wie der Hafentempel und das Amphitheater, die Stadtmauer, Wohnhäuser und Badeanlagen einen Eindruck vom Leben der Römer. Seit August 2008 führt im preisgekrönten Römer-Museum ein chronologischer Rundgang von der Zeit Cäsars bis zur Frankenzeit durch die ereignisreiche römische Geschichte Xantens. Unter den gezeigten Funden beeindrucken besonders die Überreste eines römischen Schiffes, das in zwölf Metern Höhe frei schwebend im Raum hängt.

Christopher König, Christoph Moning, Christian Wagner & Felix Weiß

Infomaterial/Literatur

NRW-Stiftung 2003: Dingdener Heide – Zeitreise in die Geschichte einer alten Kulturlandschaft. www.nrw-stiftung.de/infomaterial/download/dingdener_heide.pdf

LÖBF 2004: NaTourZeit: Dingdener Heide. www.lanuv.nrw.de/veroeffentlichungen/loebf_shop/startseite2_pdf.htm?/veroeffentlichungen/loebf/oekologie/fb_dingdener_heide_pdf.pdf

Wir danken Hans Glader von der Biologischen Station im Kreis Wesel für hilfreiche Tipps und die Durchsicht des Manuskripts.

Anfahrt

Mit Bahn und Bus

Das Gebiet ist leider nur schlecht mit öffentlichen Verkehrsmitteln erreichbar. Der nächstgelegene Bahnhof ist Dingden, rund 4 km westlich des Parkplatzes an der Klausenhofstraße. Die nächstgelegene Bushaltestelle ist „Akademie Klausenhof“, etwa 1,5 km vom Parkplatz entfernt. Sie wird jedoch nur wenige Male täglich angefahren.

Mit dem Auto

Man verlässt die A 3 an der Ausfahrt „Hamminkeln (5)“ und folgt der B 473 und anschließend der L 896 bis nach Dingden. Dort biegt man nach rechts auf die Bocholter Straße und nach weiteren 750 m nach links in die Klausenhofstraße ab, an deren Ende sich der Parkplatz (1) befindet.

Adressen

Biologische Station im Kreis Wesel e. V., Freybergweg 9, 46483 Wesel, Tel.: 0281/962520; info@bskw.de; www.bskw.de sowie www.dingdener-heide.com.

Ornithologische Arbeitsgemeinschaft Dingdener Heide, Matthias Bussen, Tel.: 02852/968663; bussen@nabu-wesel.de; www.nabu-wesel.de.

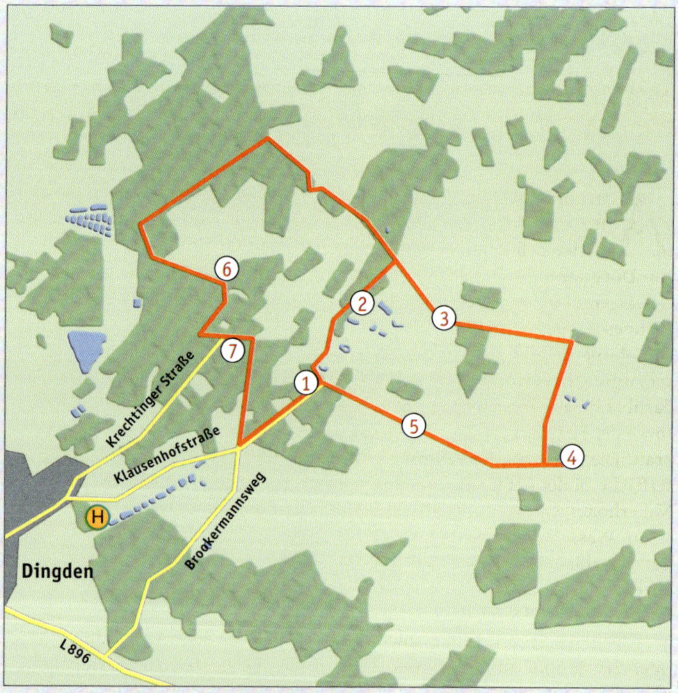

Karte aus Wagner & Moning (2009): Vögel beobachten in Ostdeutschland. Kosmos, Stuttgart.

GPS		
Parkplatz Krechtinger Straße	51°46'53" N	6°38'39" O
Alte Beobachtungshütte (2)	51°47'30" N	6°39'25" O
Neue Beobachtungshütte (4)	51°46'34" N	6°40'37" O
Parkplatz Klausenhofstraße (7)	51°46'48" N	6°39'11" O

Im Verbund mit sich in südwestlicher Richtung anreihenden weiteren großen Gewässern bildet der Möhnesee ein attraktives Gebiet für rastende und überwinternde Wasservögel. Foto: C. König. 16.11.2013.

Der Möhnesee

Erholung und Naturschutz am Westfälischen Meer

Am nordwestlichen Rand des Naturparks Arnsberger Wald befindet sich rund 40 km östlich von Dortmund das bei Vollstau größte Gewässer Nordrhein-Westfalens. Der Möhnesee sichert die Niedrigwasseraufhöhung der Ruhr und die Wasserversorgung des Ruhrgebietes und dient darüber hinaus dem Hochwasserschutz sowie der Stromerzeugung aus Wasserkraft. Die bis über 1000 ha große Wasserfläche bildet heute ein bedeutendes Naherholungsgebiet mit umfangreichem Wassersportangebot. Trotzdem nutzen alljährlich Tausende Wasservögel das Gewässer zur Brut, Rast und Überwinterung. Durch die Ausweisung großflächiger Schutzgebiete sowie die intensive Aufklärung der Menschen über die Schutzziele ist hier ein Miteinander von Naturschutz und Erholung entstanden.

Landschaftsgeschichte und Lebensräume

Die Talsperre wurde in den Jahren 1908 bis 1913 erbaut, um den Bedarf an Trink- und Brauchwasser des wachsenden Ruhrgebietes zu stillen. Im Jahr der Einweihung war der Möhnesee die größte Stauanlage Europas. Der Ort Kettlersteich fiel vollständig, das Dorf Delecke zum Großteil dem Bau zum Opfer. Im Zweiten Weltkrieg wurde die Staumauer im Mai 1943 während der „Operation Züchtigung“ durch britische Bomben zerstört. Speziell für diesen Zweck konstruierte, sogenannte Roll- oder Rotationsbomben sprangen dabei durch Eigendrehung über die Torpedofangnetze hinweg, sanken nach leichtem Einschlag hinab und rissen schließlich durch Detonation am Grund ein Loch in die Staumauer, durch das sich eine bis zu 15 m hohe Flutwelle bis weit ins Ruhrtal ergoss. Mehr als 1200 Menschen kamen bei dieser Tragödie ums Leben, teils noch über 100 km von der eigentlichen Staumauer entfernt. Unmittelbar nach der Zerstörung wurde trotz kriegsbedingt angespannter Material- und Kräftelage mit dem Wiederaufbau der Staumauer begonnen. Weniger als fünf Monate später wurde der Bau abgeschlossen und das Ergebnis in der Nazipropaganda als großer Erfolg gefeiert. Der rund 134 Millionen Kubikmeter Wasser fassende See ist mehr als zehn Kilometer lang und lässt sich durch Brücken in vier Abschnitte unterteilen. An der tiefsten Stelle ist der Möhnesee 36 m tief.

Talsperren unterscheiden sich durch Wasserspiegelschwankungen und den Tiefenabfluss erheblich von natürlichen Seen und sind deswegen meist nicht besonders attraktiv für brütende Wasservögel. Die „Natur aus zweiter Hand“ am Möhnesee besitzt im Vergleich zu den innersauerländischen Talsperren jedoch aus mehreren Gründen eine besonders hohe Attraktivität für Vögel. Der See liegt auf einer markanten Landschaftsgrenze zwischen der weitgehend landwirtschaftlich genutzten Westfälischen Bucht und dem bewaldeten Nordrand des Sauerlandes und bildet somit einen Anziehungspunkt für der Möhne-Ruhr-Linie folgende Zugvögel. Da die Talsperre schon sehr alt ist, konnte sie sich in Verbindung mit weiteren in (süd)westlicher Richtung anreihenden Gewässern wie dem Hengsteysee bei Hagen, dem Kemnader Stausee bei Bochum oder dem Baldeneysee bei Essen als traditionelles Rast- und Überwinterungsquartier etablieren. Durch seine Größe, die breiten, flachen Ufer sowie das durch Fischbesatz und Bänke der

Gänsesäger sind häufige Wintergäste am Möhnesee und zwischen November und März zu beobachten. Foto: E. Lietzow. Werre Herford, 25.1.2013.

Wandermuschel enorme Nahrungsangebot bietet der Möhnesee einer besonders großen Zahl von Wasservögeln günstige Lebensbedingungen. Die Bestände der Wandermuschel betragen an einigen Stellen des steinigen Untergrundes mehrere Tausend Tiere pro Quadratmeter. Insgesamt dreizehn Fischarten wurden bei Probebefischungen festgestellt. Die größten Bestände haben Fluss- und Kaulbarsche sowie Rotaugen.

Besondere Bedeutung für Wasservögel besitzen die Naturschutzgebiete Hevesee, Hevearm und Möhneaue. Letzteres stellt ein hervorragendes Beispiel für die Vegetationsentwicklung in einer natürlichen Flussaue dar. Neben offenen Flach- und Tiefwasserbereichen finden sich Röhrichte und Auengebüsche, denen sich Feuchtgrünländer und ein Erlenbruchwald anschließen.

Besondere Vogelarten und Reisezeit

Die Zusammensetzung der Vogelbestände ändert sich jahreszeitlich, hat sich aber auch über die Jahrzehnte stark verändert. Durch verbesserte Abwasserbehandlung im Einzugsbereich der Möhne sank der Nährstoffgehalt der Talsperre im Laufe der letzten sechzig Jahre. Während in den 1960er Jahren noch bis zu 12 000 Stockenten und ebenso viele Blässhühner gezählt wurden, sind seit den 1980er Jahren mehr Arten gleichmäßiger vertreten. Es kamen außerdem neue Arten wie Kormorane, Kanada-, Grau- und Nilgänse sowie Silberreiher hinzu.

Ein Besuch am Möhnesee lohnt sich vor allem im Winter, wenn dort Tausende Gänse, Enten, Lappentaucher und Möwen die Wasserfläche bevölkern. Höckerschwäne sind ganzjährig in geringer Zahl am See zu beobachten, während die Bestände von Kanada- und Graugänsen bis zu mehrere Hundert Vögel umfassen. In weit geringerer Zahl, jedoch ebenfalls das ganze Jahr über halten sich Nilgänse am Möhnesee auf. Am häufigsten sind im Winterhalbjahr neben Stockenten und Blässhühnern Reiherenten. Als weitere Tauchenten sind Tafel- und Schellenten zu dieser Zeit zahlreich anzutreffen. Gründelenten sind abgesehen von Stockenten eher selten. Lediglich Pfeif-, Schnatter- und Krickenten können regelmäßig beobachtet werden. Gänsesäger lassen sich in der Winterzeit sehr zuverlässig beobachten, während man für Zwergsäger etwas Glück benötigt. Mittelsäger besuchen den See nur ausnahmsweise. Zu den fast alljährlich im Winter zu beobachtenden Meeresenten

Typische Vogelarten am Möhnesee, deren Status und günstige Beobachtungszeit (in Klammern).
h = häufiger, r = regelmäßiger, s = seltener; B = Brutvogel, W = Wintergast, D = Durchzügler, J = Jahresvogel, N = Nahrungsgast.

Art	Status (beste Beobachtungszeit)
Höckerschwan	rB (ganzjährig)
Kanadagans	rJ (ganzjährig)
Graugans	hJ (ganzjährig)
Nilgans	rJ (ganzjährig)
Pfeifente	rD, rW (Nov.–März)
Tafelente	rD, hW (Sept.–März)
Reiherente	sB, hD, hW (ganzjährig)
Bergente	sW (Nov.–März)
Samtente	rW (Dez.–Jan.)
Schellente	rD, hW (Okt.–Apr.)
Zwergsäger	rW (Nov.–März)
Gänsesäger	rD, hW (Nov.–März)
Haubentaucher	rB, hW (ganzjährig)
Rothalstaucher	rD (Sept.–März)
Prachttaucher	sD, sW (Okt.–März)
Kormoran	hD, hW (Okt.–Apr.)

Art	Status (beste Beobachtungszeit)
Silberreiher	rD, rW (Okt.–März)
Graureiher	rB (ganzjährig)
Schwarzstorch	sN (April–Aug.)
Fischadler	rD (Apr., Aug.–Sept.)
Lachmöwe	hD, hW (Sept.–März)
Trauerseeschwalbe	rD (Mai, Aug.)
Eisvogel	rB, rW (ganzjährig)
Grauspecht	rB (ganzjährig)
Grünspecht	rB (ganzjährig)
Schwarzspecht	rB (ganzjährig)
Mittelspecht	rB (ganzjährig)
Kleinspecht	rB (ganzjährig)
Waldbaumläufer	rB (ganzjährig)
Wasseramsel	rB, rW (ganzjährig)
Gebirgsstelze	rB (ganzjährig)

Während Rothalstaucher selten und Zwergtaucher in der Regel nur in geringer Zahl am Möhnesee zu beobachten sind, brüten Haubentaucher regelmäßig und überwintern auch in großer Zahl.

Foto: E. Lietzow. Obersee Bielefeld, 18.11.2011.

zählen Samt- und Bergenten. Von September 2001 bis Dezember 2006 hielten sich als Besonderheit ganzjährig einige Eiderenten am Möhnesee auf. Im Juli 2006 kam es zur ersten Brut dieser Art für Nordrhein-Westfalen. Als aber der Wasserspiegel im Dezember stark sank und große Teile der Muschelbänke abstarben, verließen die Eiderenten den See wieder. Lappentaucher kommen ganzjährig am See vor. Besonders häufig sind Haubentaucher, die am Möhnesee auch brüten. Zwergtaucher findet man vorwiegend in der kalten Jahreszeit, ebenso wie Rothalstaucher, die auch schon mehrfach erfolglose Brutversuche unternommen haben. Im Winterhalbjahr werden regelmäßig auch Seetaucher, vor allem Prachttaucher auf der weiten Seefläche entdeckt. Kormorane sind zu dieser Zeit sehr zahlreich mit bis zu mehreren Hundert Vögeln bei der gemeinsamen Fischjagd zu beobachten. Während Graureiher ganzjährig an den Ufern der Talsperre nach Nahrung suchen und im Wald bei Völlinghausen auch seit vielen Jahren brüten, sind Silberreiher ausschließlich auf dem Durchzug und im Winter anwesend. Der seit einigen Jahren auch wieder im angrenzenden Arnsberger Wald heimische Schwarzstorch kann am Möhnesee mit Glück als Nahrungsgast angetroffen werden. Im Durchzug statten Fischadler und Trauerseeschwalben dem fischreichen Gewässer regelmäßig Besuche ab. Die große Wasserfläche des Möhnesees nutzen ganzjährig Hunderte Lach- und wenige Großmöwen als Schlafplatz. An den Bachmündungen sowie vor allem entlang der umgebenden Flüsse und Bäche kommen Eisvögel, Wasseramseln und Gebirgsstelzen vor. Die Wälder rund um den Möhnesee sind außerdem Heimat von insgesamt sechs Spechtarten, darunter Grau-, Schwarz-, Mittel- und Kleinspechte. Auch Waldbaumläufer sind regelmäßige Brutvögel in der Umgebung.

Beobachtungsmöglichkeiten

Alle Bereiche des Möhnesees können zu bestimmten Zeiten ornithologisch interessant sein. Durch Störungen ziehen sich die Vögel oftmals – jedoch vor allem während der stark frequentierten Sommermonate – in die unter Schutz stehenden Bereiche zurück. Einige Stellen mit guten Beobachtungsmöglichkeiten sind im Folgenden beschrieben.

Auf dem Ausgleichsbecken im Nordwesten des Sees halten sich meist kleine Trupps verschiedener auch auf dem See vertretener Arten auf. Der Ausfluss kann auf einer rund 2,5 km langen, oft lohnenden Wanderung umrundet werden, die auch eindrucksvolle Ausblicke auf die Staumauer (1) bietet, die man unterwegs überschreitet. Am Wehr lassen sich hin und wieder Wasseramseln beobachten. Auf mehreren Informationstafeln werden technische und geschichtliche Hintergründe erläutert. Im Inneren der Staumauer ist der Nachbau einer Rotationsbombe ausgestellt. Am Rundweg befindet sich auch das Landschaftsinformationszentrum „Wasser und Wald" mit Ausstellungen zur Talsperre und ihrer Vogelwelt. Neben naturkundlichen Exkursionen werden hier auch Vorträge und Fortbildungen angeboten.

Der Hevearm im Süden der Talsperre ist für Vogelbeobachter besonders im Herbst und Winter zu empfehlen. Günstige Ausblicke auf die Vogelansammlungen auf dem Hevearm sowie auf dem benachbarten Hevesee bieten sich vom Hevedamm (2). In diesen Bereichen des Möhnesees lassen sich oftmals größere Ansammlungen von Reiher- und Schellenten sowie Gänsesägern beobachten. Im Winter rasten bis zu 400 Kormorane. Sehr lohnenswert kann auch der Forstweg entlang des Südufers sein (3). Hier hat man von zahlreichen Stellen schöne Beobachtungsmöglichkeiten. Für eine Wanderung empfiehlt sich der Weg über die „Naturpromenade" vom Restaurant Torhaus bis zur Delecker Brücke (4).

Die mittleren Bereiche des Möhnesees, der Delecker und Körbecker Seeabschnitt, sind von verschiedenen Stellen entlang des Südufers gut zu überblicken. Besonders im Bereich vor Südrandweg (5) lassen sich Lappentaucher und gelegentlich auch Seetaucher beobachten. Dort sammeln sich abends bis zu mehrere Hundert Lachmöwen sowie wenige Silbermöwen.

Besonders interessant zur Vogelbeobachtung sind die östlichen Seeflächen. Auf dem Wameler Becken sind oftmals die größten Vogelkonzentrationen zu finden. Ganzjährig halten sich hier viele Haubentaucher, im Winter auch Zwergtaucher auf. Im Winterhalbjahr gibt es hier viele Hundert Reiherenten und viele Schellenten. Am Möhneeinfluss am Ostende der Talsperre schließt sich das Naturschutzgebiet Möhneaue (6) an das Wameler Becken an. Das Naturschutzgebiet kann auf einem rund 2,4 km langen Rundweg erkundet werden. Ausgangspunkt ist der Wanderparkplatz an der Kanzelbrücke. Von dieser lassen sich verschiedene Entenarten beobachten. Entlang des Rundweges durch einen Auwald kommen Kleinspechte vor, an der Möhne brüten

Eisvögel, Wasseramseln und Gebirgsstelzen. Informationstafeln erläutern die Natur und Geschichte des Gebietes. An der gesamten Südseite der Talsperre schließt sich der Arnsberger Wald mit seinen Spechten an.

Weitere Freizeitmöglichkeiten

Soester Kaufleute waren im Mittelalter maßgeblich an der Gründung des mächtigen Städtebundes „Hanse" beteiligt. Noch heute lässt sich die Geschichte der Stadt Soest anhand zahlreicher erhaltener historischer Gebäude erleben. Neben dem Anfang des 18. Jahrhunderts im Barockstil erbauten Rathaus oder dem Turm von St. Patrokli lockt vor allem die noch zu zwei Dritteln erhaltene Stadtumwallung, auf der man heute herrliche Spaziergänge durch die Stadt machen kann. Besonders empfehlenswert ist dieser Weg im April und Mai während der Baumblüte. Die Altstadt wird durch hübsche Fachwerkzeilen und enge Gässchen geprägt.

Christopher König, Christoph Moning, Christian Wagner, Felix Weiß

Infomaterial/Literatur

Moning C, Weiß F 2010: Vögel beobachten in Norddeutschland. Franckh-Kosmos, Stuttgart.

Stichmann W, Stichmann-Marny U 2008: Der Möhnesee. Ein Wasservogel-Paradies im Wandel der Zeit. Heimatverein Möhnesee.

Anfahrt

Mit Bahn und Bus

Das Landschafsinformationszentrum in Günne erreicht man vom Bahnhof Soest mit der Buslinie C4. Körbecke und Delecke sind von Soest über die Linie R49 erreichbar. Von Süden kommend gelangt man ab Arnsberg mit der Buslinie 548 in Richtung Delecke zu Hevearm und Hevesee. Das NSG Möhneaue erreicht man über die Bushaltestelle „Kanzelbrücke" mit der Linie 552.

Mit dem Auto

Von der A44 ist der Möhnesee über die Abfahrt Soest (56) erreichbar. Bereits von hier ist der See ausgeschildert, an den man schließlich bei Delecke kommt. Am See sind die meisten Bereiche sehr gut über die Uferstraßen erreichbar.

Adressen

Landschaftsinformationszentrum Wasser und Wald Möhnesee e. V., Brüningser Straße 2, 59519 Möhnesee-Günne, Tel.: 02924/84110, info@liz.de; www.liz.de

GPS

Parkplatz Staumauer (kostenpflichtig)	51°29'32" N	08°03'39" O
Parkplatz Restaurant Torhaus	51°28'18" N	08°05'57" O
Parkplatz Kanzelbrücke	51°28'38" N	08°11'00" O

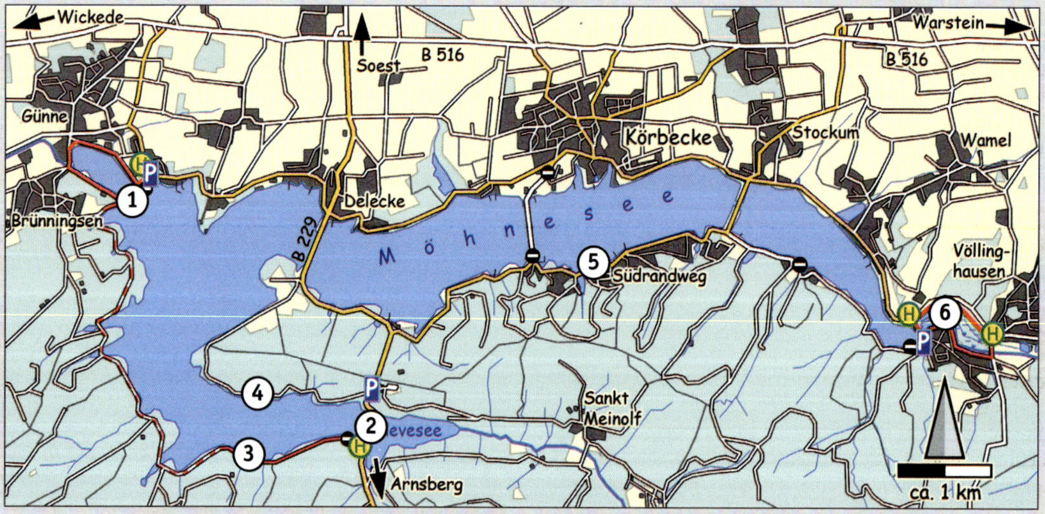

Karte aus „Vögel beobachten in Norddeutschland" (Moning & Weiss, 2010).

Die durch Taurusrinder und Konikpferde beweidete Hellinghauser Mersch gehört zu den ornithologisch interessantesten Bereichen der Lippeaue. Foto: C. König. 17.5.2014.

Die Lippeaue zwischen Vellinghausen und Lippstadt

Naturerlebnisse im Auenland

In den Jahren 2009 bis 2013 wurden zwischen Vellinghausen und Lippstadt die Auen der Flüsse Lippe und Ahse im Rahmen des Programms „Erlebnis.NRW“ abschnittsweise renaturiert. Neben der Schaffung und Renaturierung von Auengewässern und Feuchtgebieten lag ein Schwerpunkt dabei auch auf dem Aufbau neuer Möglichkeiten für Naturerlebnisse. Insbesondere entlang des „Auenland-Radwegs“ lassen sich Vogelarten wie Weißstörche, Krickenten und Neuntöter beobachten. Das Gebiet lohnt sich zu allen Jahreszeiten für einen Besuch.

Landschaftsgeschichte und Lebensräume

Flussabwärts von Lippstadt ist die Lippe ein erdgeschichtlich junger Fluss. Noch bis vor rund 11 500 Jahren verlief er westlich von Lippstadt nach Norden und stellte den Oberlauf der Ems dar. Erst als zum Ende der Weichsel-Eiszeit während eines Hochwasserereignisses ein niedriger Geländerücken nach Westen durchbrochen wurde, suchte sich die Lippe ihr neues Bett. Aufgrund der geringen Neigung des Tals bildeten sich große Mäander, Flutrinnen, Altwasser und Sümpfe. Zu jener Zeit nutzten die Menschen die Aue lediglich zur Jagd und zum Fischfang sowie den Fluss als Transportweg. Erst mit dem Einzug der Landwirtschaft vor etwa 6000 Jahren wurde die fruchtbare Flussaue auch als Weideland und für den Ackerbau interessant. Mit der Entwicklung des Mühlengewerbes im 13. Jahrhundert griffen die Menschen zum ersten Mal mithilfe von Wehren und befestigten Uferabschnitten in den Flusslauf ein und versuchten ihn zu zähmen. Mit einer zunehmenden landwirtschaftlichen Entwicklung wurden Sümpfe trockengelegt und Auwälder gerodet. Dank des mächtigen Mühlengewerbes blieb die Lippeaue jedoch trotzdem noch lange Zeit recht naturnah. Um über die Wehre möglichst große Wasserkraft für die Mühlen zu erzeugen, musste der Fluss hoch aufgestaut werden. In der Folge versumpften die Flächen der Bauern flussaufwärts. Erst 1815, mit dem Übergang in preußische Verwaltung, begann man die Lippe schiffbar zu machen. Flussschlingen wurden durchstoßen und das Profil des Flusses zunehmend verengt, vertieft und begradigt. Um die Kähne auch flussaufwärts ziehen zu können, wurde außerdem stets eine Seite des Flussufers gerodet. Weitere Ausbaupläne erübrigten sich durch eine zunehmende Versandung der Lippemündung im Bereich der Stadt Wesel. Mit dem Aufbau des Eisenbahnnetzes Mitte des 19. Jahrhunderts wurde die Schifffahrt auf der Lippe schließlich eingestellt. Übrig blieb eine dramatisch veränderte Landschaft. Die ehemals breite, flache Lippe hatte rund 20 % ihrer ursprünglichen Länge verloren und grub sich durch Uferbefestigungen bis zu 4 m tief ein. Auwälder waren gerodet, Flutrinnen in Entwässerungsgräben umgewandelt und Feuchtwiesen drainiert oder bereits in Äcker umgebrochen. Als Schutz vor Überschwemmungen hielten kleine Deiche entlang des Ufers Fluss und Aue unweigerlich getrennt. Lange Zeit blieb der Fluss in einem naturfernen Zustand und diente vorwiegend zum Abtransport der Abwässer aus Siedlungen und Gewerbegebieten, des Grubenwassers aus dem angrenzenden Bergbau sowie zur Ableitung des Kühlwassers der Kraftwerke. Erst mit dem 1990 ins Leben gerufenen Gewässerauenprogramm setzte ein Umdenken ein.

Dieses verfolgte das Ziel, die großen Gewässer und Auen Nordrhein-Westfalens in einen naturnahen Zustand zurückzuführen, um eine möglichst natürliche Überflutungsdynamik zu ermöglichen. Inzwischen konnten an der Lippe mehrere bundesweit beispielhafte Projekte realisiert werden. Hierzu zählen umfassende Renaturierungen wie in der Klostermersch, Auenreaktivierungen durch die Anlage von Flutrinnensystemen wie in der Disselmersch und naturnahe Weidelandschaften wie in der Hellinghauser Mersch.

Heute zeigt die Lippeaue zwischen Vellinghausen und Lippstadt auf vielen Kilometern Länge wieder ein naturnahes Bild. Auengewässer mit reichhaltiger Amphibien- und Wirbellosenfauna werden von zahlreichen Vogelarten zur Brut und Rast genutzt. Entlang von Terrassenkanten wurden durch den Anstau von Entwässerungsgräben Randsümpfe wiederhergestellt, an deren Ufern sich vielfältige Röhrichte ausbilden. Kleine Nebenbäche wurden in die Aue umgelenkt und sorgen so für naturnahe Feuchtwiesen, die bis in den Sommer hinein überflutet sind. Halbwilde Taurusrinder und Pferde lassen durch Beweidung eine Mosaiklandschaft aus Weiderasen, Hochstaudenfluren und Dornenbüschen entstehen. Die abwechslungsreiche Auenlandschaft bietet vielen Vogelarten hervorragende Brut- und Rastbedingungen.

Besondere Vogelarten und Reisezeit

Nachdem Weißstörche für mehr als 60 Jahre aus der Lippeaue verschwunden waren, kam es 2007 erstmals wieder zu einer Brut in der renaturierten Hellinghauser Mersch. Der bisherige Höchstbestand wurde 2012 mit fünf Weißstorchpaaren erreicht. Auch andere Vogelarten der Feuchtlebensräume sind in die Auenlandschaft zurückgekehrt. Neben Stockenten brüten Schnatter-, Krick-, Knäk- und Löffelenten an den vielgestaltigen Gewässern. Die Stillgewässer der Aue sind Brutplatz von Zwergtauchern. Durch die wiederhergestellte Dynamik des Wassers brechen immer wieder Ufer ab und lassen so neue Abbruchkanten entstehen, in denen Eisvögel und Uferschwalben brüten. Sandige Bereiche werden von Flussregenpfeifern zur Brut aufgesucht. Auch Röhrichtbewohner finden in der Lippeaue eine Heimat. So lassen sich Wasserrallen, Teichrohrsänger und Rohrammern beobachten. Die ausgeprägten Schilfzonen bieten auch Rohrweihen ausreichend geschützte Brutbedingungen. Als weitere Greifvogelarten können Schwarzmilane, Baum- und Wanderfalken beobachtet werden. Die attraktiven Pirole machen meist nur durch ihren auffälligen Gesang auf sich aufmerksam und lassen sich,wie auch die ebenfalls in der Lippeaue brütenden Nachtigallen, kaum einmal zu Gesicht bekommen. Auf den Weiden und Brachflächen brüten Neuntöter, Feldschwirle, Sumpfrohrsänger und andere Offenlandarten in teils sehr hoher Dichte. Die Wiesen sind Lebensraum von Kiebitzen und Großen Brachvögeln. Letztere haben mit etwa zehn Paaren in den Ahsewiesen ihr größtes Brutvorkommen im Kreis Soest. In den extensiv genutzten Feuchtweiden brüten fast unsichtbar auch Wachtelkönige. Sie lassen sich nahezu ausschließlich durch ihren auffälligen Gesang bemerken.

Abseits der Brutzeit dient die Flussaue vielen Vogelarten als „Tankstelle“ auf dem Zug zwischen Brut- und Winterquartier. Im zeitigen Frühjahr fallen regelmäßig Kraniche zum Übernachten ein, zu dieser Zeit lassen sich bei Hochwässern außerdem große Entenschwärme, darunter auch Pfeif- und Spießenten, beobachten. Verschiedene Watvögel wie Bekassinen, Grünschenkel, Wald- und Bruchwasserläufer sowie Kampfläufer rasten in überschwemmten Bereichen oder an schlammigen Ufern. Auf dem Herbstzug patrouillieren Fischadler den Fluss entlang und lassen sich regelmäßig bei der Jagd beobachten. Neben den ganzjährig anwesenden Kanada-, Grau- und Nilgänsen finden sich im Winterhalbjahr auch Tundrasaat- und Blässgänse in der Aue ein.

Besonders reichhaltig ist das Vogelleben während der Frühjahrshochwasser und ein Frühlingsspaziergang belohnt

Typische Vogelarten der Lippeaue zwischen Vellinghausen und Lippstadt, deren Status und günstige Beobachtungszeit (in Klammern).
h = häufiger, r = regelmäßiger, s = seltener; B = Brutvogel, W = Wintergast, D = Durchzügler

Art	Status (beste Beobachtungszeit)
Kanadagans	hB, hD, hW (ganzjährig)
Tundrasaatgans	rW (Okt.–März)
Blässgans	hW (Okt.–März)
Schnatterente	rB, rD (März–Juli)
Pfeifente	rD (Okt.–Mai)
Krickente	sB, rD (ganzjährig)
Spießente	rD (März/April)
Knäkente	sB, rD (März–Aug.)
Löffelente	sB, rD (März–Okt.)
Silberreiher	rD, rW (ganzjährig)
Weißstorch	rB (April–Aug.)
Fischadler	rD (April, Aug./Sept.)
Rohrweihe	rB (April–Sept.)
Schwarzmilan	rB (März–Aug.)
Baumfalke	sB (Mai–Aug.)

Art	Status (beste Beobachtungszeit)
Kranich	rD (Feb.–April)
Wasserralle	rB (März–Aug.)
Wachtelkönig	sB (Mai–Juli)
Großer Brachvogel	sB, rD (März–Aug.)
Bekassine	sB, hD (März–Sept.)
Grünschenkel	rD (April/Mai)
Waldwasserläufer	rD (März-Sept.)
Bruchwasserläufer	rD (Mai, Juli/Aug.)
Kampfläufer	rD (März–Sept.)
Eisvogel	rB (ganzjährig)
Pirol	sB (Mai–Aug.)
Neuntöter	rB (Mai–Aug.)
Uferschwalbe	hB (April–Sept.)
Feldschwirl	rB (April–Aug.)

Weißstörche waren lange Zeit als Brutvögel der Lippeaue verschwunden. Durch Renaturierungen konnten artenreiche Lebensräume wiederhergestellt werden, sodass heute wieder mehrere Horste besetzt sind.

Foto: E. Lietzow. Füllenbruch Herford, 17.6.2014.

Rohrweihen sind regelmäßige Brutvögel der Lippeaue zwischen Vellinghausen und Lippstadt und können oft bei der Jagd über den Wiesen, Weiden und Röhrichten beobachtet werden.

Foto: E. Lietzow. Enger Bruch, 23.5.2010.

durch sein vielstimmiges Vogelkonzert. Mit der Mahd der Wiesen im Juli wird es etwas ruhiger in der Aue, bevor mit dem einsetzenden Herbstzug wieder laufend neue Vögel die Lippeaue für einen Zwischenstopp nutzen. Generell bietet jede Jahreszeit interessante Aspekte und Beobachtungsmöglichkeiten.

Beobachtungsmöglichkeiten

Gerade wenn man das Gebiet mit dem Fahrrad erkundet, lassen sich entlang des Weges vielerorts interessante Beobachtungen machen und regelmäßig erhält man Einblicke in geschützte Bereiche und naturnahe Lebensräume. Die zahlreichen Maßnahmenpunkte entlang des Auenland-Radwegs laden zu einer Rast ein. Eine ganze Reihe von Beobachtungshütten und Aussichtstürmen bieten gute Möglichkeiten zur Vogelbeobachtung. Das Seggenried „Im Winkel" (1) bei Lippborg bildet am westlichen Ende des Radweges eine gute Gelegenheit für einen ersten Halt. In der sehr feuchten Fläche brüten Bekassinen und Wasserrallen. Von einer Beobachtungshütte lassen sich an einem Stillgewässer verschiedene Entenarten beobachten. Von April bis Juni hört man Laubfrösche aus dem flach überströmten Ried rufen. Dem Lauf der Lippe flussaufwärts folgend, erreicht man bereits nach rund einem Kilometer die nächste Beobachtungshütte an der Disselmersch (2). Die Hütte bietet einen umfassenden Blick auf die weiten Grünlandflächen und Gewässer, die bei Hochwasser komplett überströmt werden. Bei sinkenden Wasserständen bleiben Stillgewässer sowie feuchte Senken und Flutrinnen ein Magnet für zahlreiche Vogelarten, sodass besonders zu den Zugzeiten sehr viele Vögel zu beobachten sind. Seit 2010 brüten Weißstörche auf einem benachbarten Masten. Von der Disselmersch kann man dem Radweg entweder ostwärts in Richtung Hultrop folgen oder bei Heintrop einen sehr lohnenswerten Abstecher in die rund 2,5 km südlich liegenden Ahsewiesen machen. Die Beobachtungshütte „Berwicker Weg" (3) an einem Stillgewässer im Westen sowie ein großer Aussichtsturm (4) im zentralen Bereich bieten sehr gute Möglichkeiten, den großflächigen Grünlandkomplex zu überblicken. Im März und April suchen Kraniche die Wiesen zum Schlafen auf, zur Brutzeit locken Knäkenten, Große Brachvögel und Neuntöter. Zurück am Lippeufer passiert man bei Hultrop die Ostmersch (5). Von einem Freisitz überblickt man einen angestauten, ehemaligen Entwässerungsgraben mit Rastmöglichkeiten für verschiedene Wasser- und Watvögel. Zur Brutzeit jagen Rohrweihen über den Wiesen. Weiter nach Osten in Richtung Lippstadt führt der Radweg vorbei an weiteren Infotafeln und erlaubt Einblicke in die Lippeaue zum NSG Wulfesknapp (6). Bei hohen Wasserständen rasten in den Senken des Naturschutzgebiets verschiedene Gänse- und Entenarten, im Sommer kann man aus dem Randsumpf die knipsenden Laute der stark gefährdeten Sumpfschrecke (*Stethophyma grossum*) vernehmen. Von einem Freisitz aus lassen sich durch den guten Überblick oft Greifvögel wie Wespenbussarde, Rohrweihen, Rot- und Schwarzmilane beobachten. Der Weg führt anschließend über Eickelborn weiter ostwärts. Hier hat man erneut die Möglichkeit zu einem attraktiven Abstecher nach Süden. Etwa 3 km südlich befindet sich bei Ostinghausen das Niedermoor „Woeste" (7). Mit ihren Gewässern, Röhrichten und Weidengebüschen weist die Woeste bedeutende Vorkommen von Libellen, Fröschen und natürlich auch Vögeln auf. Von einer Beobachtungsplattform im Südosten des Gebiets überblickt man eine interessante Fläche mit Flachwasserbereich, die von Wasserbüffeln beweidet wird. Im Frühjahr rasten Limikolen wie Grünschenkel, Bruchwasserläufer und Kampfläufer.Zum Lippeufer zurückgekehrt, führt der Weg weiter nach Osten zu einer der lohnenswertesten Flächen des Gebiets. In der bereits 1997 renaturierten Klostermersch (8) wurde die Lippe erheblich verbreitert und ihre Sohle angehoben. Große Teile des Gebiets unterliegen einer Ganzjahresbeweidung mit Taurusrindern und Konikpferden. Die Hochstaudenfluren und Schlehenbüsche bieten mehreren Neuntöterpaaren Brutplätze. Aus den Ufergehölzen rufen mit Glück Pirole. Beobachtungsmöglichkeiten bietet neben der

Fußgängerbrücke bei Eickelborn vor allem eine Aussichtsplattform bei Benninghausen. Von einem Aussichtsturm an der Schleuse Benninghausen kann durch die hoch gewachsene Vegetation leider kaum noch gesehen werden. Östlich schließt sich ein weiteres Kerngebiet der Lippeauen-Renaturierung an. Große Grünlandkomplexe mit extensiver Beweidung, durch Hecken, kleine Wäldchen und Gewässer strukturiert, prägen die Hellinghauser Mersch. Gerade zu den Zugzeiten versammeln sich bei Hochwasser Hunderte Wasservögel, aber auch in der Brutzeit ist das Gebiet, das von einem Aussichtshügel am Anglerweg (9) zwischen Benninghausen und Hellinghausen aus hervorragend überblickt werden kann, sehr lohnenswert. Neben Schnatter-, Krick- und Löffelenten können Schwarzmilane und Baumfalken beobachtet werden. In den Büschen machen Kuckucke und Gelbspötter auf sich aufmerksam. Ein besonderes Highlight stellen die seit vielen Jahren hier brütenden Weißstörche dar, denen man vom Hügel aus praktisch fast in den Horst schauen kann. Wer noch abends spät unterwegs ist, kann den Rufen von Wachtelkönigen und Laubfröschen lauschen. Dem Lippeauen-Radweg weiter nach Osten folgend erreicht man vor den Toren Lippstadts eine weitere gute Gelegenheit für eine Pause. An der Kirche Hellinghausen bietet der „Aussichtshügel Pastorat“ (10) einen herrlichen Blick über einen Komplex aus Feuchtwiesen, die Kiebitzen als Brutplatz dienen. Rohrweihen jagen über den Schilfflächen und im Winterhalbjahr rasten in diesem Bereich große Trupps von Bläss- und Tundrasaatgänsen.

Christopher König, Christoph Moning, Christian Wagner, Felix Weiß

Infomaterial/Literatur

ABU Soest 2013: Auenland an Lippe und Ahse im Kreis Soest. Naturkundliche Fahrradkarte zum „Radweg Auenland“. Publicpress, Geseke.

ABU Soest 2013: Naturerlebnis Auenland. Broschüre und Projektfaltblatt.

Wir danken Ralf Joest für hilfreiche Anmerkungen zu diesem Beitrag.

Anfahrt

Mit Bahn und Bus

Sehr gut lässt sich die Tour auf dem Auenland-Radweg von den Bahnhöfen Hamm im Westen oder Lippstadt im Osten starten. Einzelne Stationen entlang der Route können auch per Bus von Hamm oder Lippstadt aus erreicht werden.

Mit dem Auto

Von der A 2 erreicht man Lippborg im Westen über die Abfahrt Hamm-Uentrop (19) und die L 822. Den östlichen Teil der Route bei Lippstadt erreicht man von Süden über die A 44, Abfahrt Erwitte/Anröchte (59) und die B 55 oder von Norden über die A 2, Abfahrt Rheda-Wiedenbrück (23) und die B 61. Die meisten der beschriebenen Stationen lassen sich gut mit dem Auto erreichen.

Adressen

www.naturerlebnis-auenland.de, Internetseite zur Lippeaue zwischen Lippstadt und Vellinghausen sowie der Ahsewiesen mit zahlreichen Karten und hilfreichen Informationen.
Arbeitsgemeinschaft Biologischer Umweltschutz im Kreis Soest e. V., Teichstr. 19, 59505 Bad Sassendorf–Lohne, Tel.: 02921/969878-0, abu@abu-naturschutz.de, www.abu-naturschutz.de (mit Übersicht aktueller Vogelbeobachtungen).

GPS		
Beobachtungshütte Disselmersch (2)	51°39'51" N	8°01'16" O
Aussichtsturm Ahsewiesen (4)	51°38'15" N	8°03'16" O
Beobachtungsplattform Woeste (7)	51°37'40" N	8°12'35" O
Hellinghauser Mersch: Hügel am Anglerweg (9)	51°39'41" N	8°16'07" O
Hellinghauser Mersch: „Aussichtshügel Pastorat“ (10)	51°40'08" N	8°17'31" O

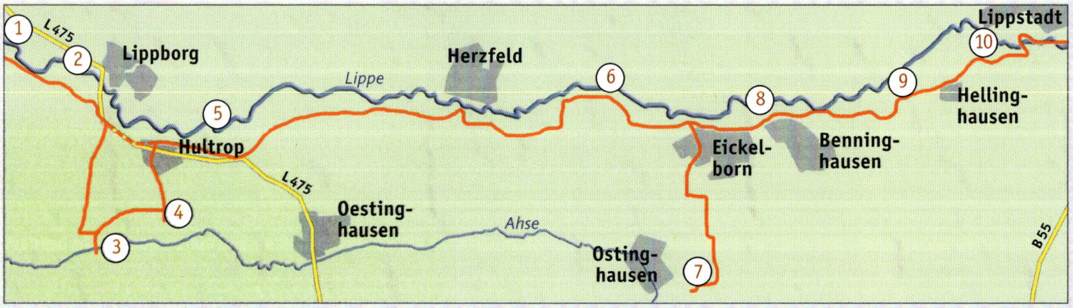

Im Hintergrund schichtet ein Absetzer Abraum auf, während im Vordergrund die schon wiederhergestellte Agrarlandschaft den Offenlandbewohnern bereits einen Lebensraum bietet.
Foto: M. Flür. Königshovener Höhe, 19.4.2013.

Die Königshovener Höhe

Neuer Lebensraum für Schwarzkehlchen & Co.

Zwischen Bedburg im Süden und Grevenbroich im Nordosten liegt das ehemalige Abbaugebiet des Tagebaus Garzweiler: die Königshovener Höhe. Unter den lokalen Vogelkundlern ist es ein schon lange beliebtes Gebiet, da sich hier im Zuge der Rekultivierung der Landschaft, unterstützt durch eine Vielzahl von lebensraumgestaltenden Maßnahmen durch den Tagebaubetreiber, eine besonders artenreiche Feldvogelfauna entwickelt hat. Entgegen den Bemühungen des Umwelt- und Naturschutzes wurde im Jahr 2014 im Gebiet ein Windpark errichtet. Trotzdem ziehen die frisch wiederhergestellten Ackerflächen nach wie vor viele selten gewordene Vogelarten der offenen Kulturlandschaft an. Hier lassen sich vor allem Schwarzkehlchen, Grauammern, Steinschmätzer und viele Greifvogelarten sehr gut beobachten.

Landschaftsgeschichte und Lebensräume

Das Rheinische Braunkohlerevier liegt in der Niederrheinischen Bucht, zwischen Köln, Aachen und Mönchengladbach und umfasst das größte zusammenhängende Braunkohlevorkommen Mitteleuropas. Aus ehemals vielen kleinen Gruben sind die drei großen, noch fördernden Tagebaue Garzweiler, Hambach und Inden hervorgegangen. Diese haben zusammen eine Förderkapazität von 100 Millionen Tonnen Braunkohle pro Jahr, die mit 86 % größtenteils zur Stromerzeugung genutzt werden.

Die Braunkohle kann wegen der lockeren Deckschichten aus Kies, Sand und Ton nur im Tagebau gewonnen werden. Das bedeutet einen Eingriff in die dicht besiedelte Kulturlandschaft, die zunächst dem Bergbau weichen muss. Jedoch beginnt die Wiederherstellung der Landschaft, sobald die ersten Partien eines Kohleflözes abgebaut sind: Was die Schaufelradbagger auf der Gewinnerseite an Abraum abtragen, schichten die Absetzer auf der Verkippungsseite auf und bereiten der Rekultivierung den Boden.

Schwarzkehlchen brüten seit mehreren Jahren in der rekultivierten Feldflur auf der Königshovener Höhe.
Foto: Yasin / Stock.Adobe.com

Kornweihen gehören zu den regelmäßigen Wintergästen auf der Königshovener Höhe.
Foto: AGAMI / Stock.Adobe.com

Wie in anderen Abbaustätten ist die Landschaft auch hier dynamisch. Gerade auf frisch wiederhergestellten Flächen ist die Artenvielfalt besonders hoch. In der landwirtschaftlichen Rekultivierung werden zur Wiederherstellung der Lebensraumfunktionen einer Kulturlandschaft vielfältige Sonderflächen angelegt und gepflegt: Blühstreifen, Feldraine, Hecken, Obstwiesen, Baumreihen und Feldgehölze. Diese erhöhen die Strukturvielfalt der Feldflur und machen sie somit auch auf lange Sicht attraktiv für die Vögel des Offenlandes, feldbewohnende Säugetiere sowie Insektenarten und tragen somit zum ökologischen Ausgleich für den Tagebau bei. Die vielfältigen Aktivitäten des Landschafts-, Arten- und Naturschutzes gestalten die neu entstehende Landschaft meist vielfältiger und strukturreicher als vor dem Tagebau. Die Artenvielfalt auf den wiederhergestellten Flächen ist beeindruckend. Im gesamten Gebiet des Braunkohlenreviers wurden, neben Nachweisen von über 1000 Pflanzen- und mindestens 80 Moosarten, unter den über 2200 nachgewiesenen Tierarten (1500 Insektenarten) eine ganze Reihe besonderer, seltener und gefährdeter Arten registriert. So wurden beispielsweise allein in der Königshovener Mulde 647 Schmetterlingsarten gefunden. Darunter befinden sich sieben Arten, die nach der Roten Liste in Nordrhein-Westfalen als stark gefährdet oder ausgestorben gelten. Beispiele sind der Kurzschwänzige Bläuling (*Cupido argiades*) oder *Aethes fennicana*, ein kleiner Nachtfalter aus der Gruppe der Wickler.

Besondere Vogelarten und Reisezeit

Die wiederhergestellten Flächen der Königshovener Höhe haben sich zu einem Paradies für Vogelarten des Offenlandes entwickelt. Das ausdauernde Trällern der überall aufsteigenden Feldlerchen ist im Frühling und Sommer allgegenwärtig. Die Bestandsdichte ist hier mit 4,8 Revieren je 10 ha im Vergleich zu anderen landwirtschaftlich genutzten Gebieten in Deutschland besonders hoch. Gründe dafür sind unter anderem die Kombination aus dem hohen Anteil von Brach- und Luzerneflächen sowie Maßnahmen wie das Anlegen von Feldlerchenfenstern. Letztere bieten der Feldlerche die Möglichkeit zu einer zweiten Brut, da zu dieser Zeit das Wintergetreide hoch und dicht gewachsen ist.

Es ist auch die Zeit, in der Schwarzkehlchen in den Heckenrainen balzen, während auf den Apfelbäumen oder Sitzwarten Grauammern ihren unverwechselbaren Gesang schmettern. Auch Dorn- und Klappergrasmücken geben ihren geschwätzigen und kratzigen bzw. klappernden Gesang zum Besten, während Wiesenpieper auf den unbefestigten Wegen unauffällig Staubbäder nehmen. Ein paar Meter weiter spießt ein Neuntöter Insekten für seine Vorratskammer auf und Steinschmätzer-Männchen sitzen wachsam auf den Lesesteinhaufen, um rechtzeitig Feinde von ihren Jungen wegzulocken.

Später im Jahr sieht man Familien von Schwarzkehlchen in den Heckenstreifen umherfliegen oder in den Luzernefeldern zusammen mit durchziehenden Braunkehlchen auf Insektenjagd gehen. Mit etwas Glück können einem im Juli und August farbenprächtige Bienenfresser begegnen.

Vor allem während des Herbstzugs sind die frisch beackerten Felder ein Eldorado für Greifvögel. Neben den ganzjährig anwesenden Mäusebussarden, Turmfalken, Sperbern, Habichten, Rohrweihen und Wanderfalken gleiten nun auch die Durchzügler Korn- und Wiesenweihen im Suchflug über die Felder. Zudem kreisen regelmäßig Rot- und Schwarzmilane auf Nahrungssuche am Himmel.

Typische Vogelarten auf der Königshovener Höhe, deren Status und günstige Beobachtungszeit (in Klammern)
h = häufiger, r = regelmäßiger, s = seltener; B = Brutvogel, W = Wintergast, D = Durchzügler, N = Nahrungsgast

Art	Status (beste Beobachtungszeit)	Art	Status (beste Beobachtungszeit)
Rebhuhn	sB (Juli–Apr.)	Bienenfresser	sB (Juli/Aug.)
Silberreiher	hW (Okt.–Apr.)	Sumpfohreule	rW (Sept.–März)
Kornweihe	rW (Nov.–März)	Neuntöter	rB (Mai–Aug.)
Wiesenweihe	rD (Apr./Mai, Sept.)	Steinschmätzer	rB, hD (Apr.–Sept.)
Steppenweihe	sD (Sept./Okt.)	Schwarzkehlchen	rB (Apr.–Sept.)
Rohrweihe	sB, rD (Apr./Mai, Sept./Okt.)	Braunkehlchen	rD (Apr./Mai, Sept.)
Raufußbussard	rW (Nov.–März)	Dorngrasmücke	rB (Apr.–Juni)
Wanderfalke	rB (ganzjährig)	Wiesenpieper	rB (Apr.–Nov.)
Baumfalke	sB (Juli–Aug.)	Feldlerche	hB, rW (ganzjährig)
Mornellregenpfeifer	sD (Sept.–Okt.)	Bluthänfling	rB (ganzjährig)
Goldregenpfeifer	rD (Sept.–Okt.)	Rohrammer	rB (März–Sept.)
Hohltaube	hN, hW (Okt.–Apr.)	Grauammer	rB (Apr.–Sept.)

Zu dieser Zeit lohnt es sich ebenfalls, auf regelmäßig im Gebiet rastende Goldregenpfeifer zu achten. In den letzten beiden Jahren haben auch Mornellregenpfeifer die Felder als Rastplatz genutzt.

Regelmäßige Wintergäste des Gebiets sind Silberreiher, Kornweihen und Merline. Mit etwas Glück kann man auch Raufußbussarde antreffen.

Beobachtungsmöglichkeiten

Die Königshovener Höhe ist sehr weitläufig und momentan gibt es nur einen öffentlichen Parkplatz im Osten des Gebiets, der über die L 116 erreicht wird. Die Weiterfahrt mit dem Auto ist ab dort verboten und man muss zu den interessanten Punkten die langen Wirtschaftswege gehen. Man sollte deshalb einen ganzen Tag einplanen. Die Tour kann natürlich auch bequem mit dem Fahrrad gemacht werden. Die vorgegebene Route ist als Empfehlung zu verstehen. Vom Parkplatz geht oder radelt man zunächst durch die Königshovener Mulde (1) an dem älteren, wiederhergestellten Bereich im Norden vorbei. Nach circa 3 km zweigt der Kapellenweg nach links ab. Wer sein Glück auf Bienenfresser erhöhen möchte, kann sich hier für den Weg entlang des Gehölzstreifens an der Aschedeponie entscheiden (2). Wer nicht abbiegt, geht bzw. radelt weiter geradeaus, vorbei an der Aufforstungsfläche „Wald der Zukunft" auf der rechten Seite (3). Sobald man auf die landwirtschaftliche Fläche kommt, sollte man auf Baumfalken achten, die in der Nähe ihren Brutplatz haben. Auf dem Damm auf der rechten Seite kommen regelmäßig Schwarzkehlchen vor. Der von der Rekultivierungsstelle angelegte Grünstreifen (4) zieht sich durch das ganze Gebiet und bietet gute Beobachtungsmöglichkeiten für Dorn- und Klappergrasmücken, Neuntöter, Schwarzkehlchen, Wiesenpieper und Grauammern. Hier befinden sich auch zwei Rastmöglichkeiten für eine gemütliche Brotzeit (4). In den Wintermonaten sollte man im Randstreifen auf dem Feld (5) auf Sumpfohreulen achten, die dort regelmäßig rasten und sich mit viel Glück vor allem in der Abenddämmerung zeigen. Während des Limikolenzugs im Herbst sollte man im Feld (6) auf Gold- und Mornellregenpfeifer achten. Im südlicheren Teil des Grünstreifens (4) befinden sich angelegte Lesesteinhaufen, in deren Umgebung sich häufig Steinschmätzer aufhalten und sehr gut aus der Nähe zu beobachten sind. Dort befindet sich außerdem eine wasserführende Senke, in der im Herbst durchziehende Braunkehlchen rasten. Es lohnt sich dann auch das Feld (8) zu umrunden, da Braunkehlchen im Grünstreifen (7) nun zusammen mit Schwarzkehlchen und Steinschmätzern beobachtet werden können. In den Wintermonaten konnten auf dem Feld (8) in den letzten Jahren am zuverlässigsten Raufußbussarde beobachtet werden. Die übrigen Greifvogelarten, wie unter anderem Korn-, Rohr-, Wiesenweihen oder Wanderfalken, können im gesamten Gebiet angetroffen werden. Als Tipp gilt, dass Greifvögel die Winterbestände der Luzerne oder die Felder bevorzugen, die gerade frisch beackert wurden. Gleiches gilt für Hohltauben als Nahrungsgäste im Winter. Auf dem Weg entlang der

Steinschmätzer brüten seit mehreren Jahren erfolgreich in den von der Forschungsstelle Rekultivierung angelegten Lesesteinhaufen.

Foto: hornyteks / Stock.Adobe.com

Der Grünstreifen und die Lesesteinhaufen wurden von der Forschungsstelle Rekultivierung angelegt. Die Errichtung des Windparks im Jahr 2014 war seitens des Umwelt- und Naturschutzes umstritten.

Foto: M. Flür. Königshovener Höhe, 23.12.2015.

Obstbaumreihe (11), die Grauammern oft als Singwarte dient, sollte man in den Grünstreifen (9) nach Rebhühnern und auf dem Hochsitz links neben dem Strommast nach (10) Habichten Ausschau halten.

Weitere Freizeitmöglichkeiten

Südöstlich der Königshovener Höhe liegt der historische Bedburger Stadtteil Alt-Kaster, der aufgrund seiner denkmalgeschützten mittelalterlichen Häuser vom Tagebau unberührt geblieben ist. Hier gibt es mehrere Einkehrmöglichkeiten, wie zum Beispiel das mittelalterliche Gut Hohenholz, das sich südwestlich in der Nähe der Königshovener Höhe befindet. Außerdem liegen mit dem Auto circa 20 Minuten entfernt nördlich und südlich des Tagebaus Garzweiler jeweils ein Tagebau-Aussichtspunkt. Die Forschungsstelle Rekultivierung befindet sich von der Königshovener Höhe mit dem Auto circa 30 Minuten entfernt am Tagebau Hambach im 1. Stock des Restaurants „Forum: Terra Nova" bei Elsdorf.

Madeleine Flür, Christoph Moning, Christopher König, Christian Wagner, Felix Weiß

Infomaterial/Literatur

Albrecht C, Dworschak U, Esser T, Klein H, Weglau J 2005: Tiere und Pflanzen in der Rekultivierung. Verlag Natur & Wissenschaft, Solingen.

Hille B 2009: Untersuchung zur Luzerne-Präferenz der Grauammer (*Miliaria calandra*) im landwirtschaftlichen Rekultivierungsgebiet Garzweiler (Rheinisches Braunkohlenrevier) mit Hilfe künstlicher Singwarten – Einschließlich einer Avifaunistischen Erfassung. Diplomarbeit, Universität Münster.

Flür M 2013: Entwicklung von Feldlerchenpopulationen in der rekultivierten Feldflur im Rheinischen Braunkohlenrevier. Bachelorarbeit, Universität Koblenz-Landau.

Zu empfehlen ist der fünfteilige Exkursionsführer, der auf www.forschungsstellerekultivierung.de unter dem Punkt „Unterwegs" kostenlos heruntergeladen werden kann.

Wir danken Norbert Wolf und Ulf Dwor-schak für die Hilfe bei diesem Beitrag.

Anfahrt

Mit der Bahn

Mit der Regionalbahn kann man die Königshovener Höhe vom Haltepunkt Frimmersdorf über die Erftstraße erreichen. Zu Fuß sollte man nochmal 30 Minuten zusätzlich einplanen oder alternativ das Fahrrad in der Bahn mitnehmen.

Mit dem Auto

Die Königshovener Höhe ist mit dem Auto über die L 116 erreichbar. Von der A 61 kommend, nimmt man die Ausfahrt „Bedburg/Grevenbroich" und hält sich Richtung Grevenbroich. Nach circa 10 km nimmt man die Abzweigung rechts, die mit „Frimmersdorf", „Motocross-Gelände" und „Tagebau Garzweiler" ausgeschildert ist. Gleich darauf direkt nochmal rechts der Ausschilderung „Motocross-Gelände" folgend, befindet sich nach 900 m geradeaus der Parkplatz nach einer Kreuzung auf der linken Seite. Von der A 46 kommend, nimmt man die Ausfahrt „Grevenbroich" und folgt der L 116 Richtung Grevenbroich/ Frimmersdorf. Die Abzweigung befindet sich dann auf der linken Seite. Die Weiterfahrt mit dem Auto ist ab dem Parkplatz verboten.

Adressen

Informationen zur Rekultivierung und aktuellen Geschehnissen im Braunkohlentagebaugebiet bietet die Forschungsstelle Rekultivierung auf www.forschungsstellerekultivierung.de.

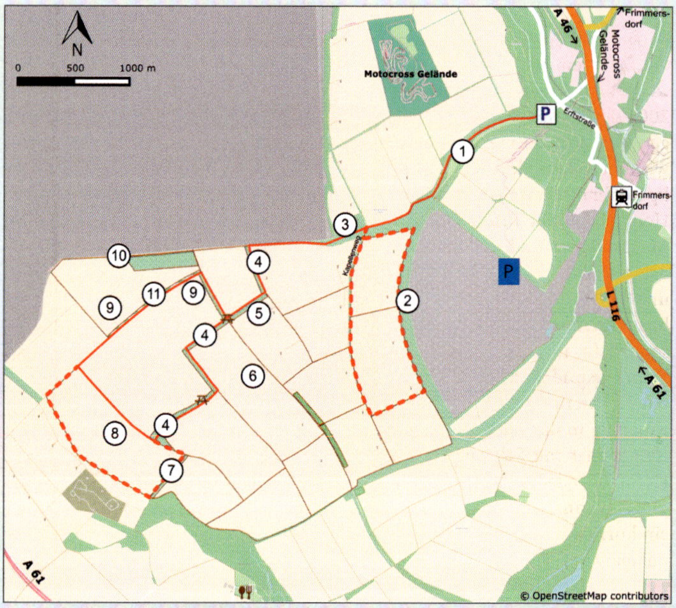

GPS		
Parkplatz Königshovener Höhe (P)	51°03'08.10" N	6°33'28.00" O
Gut Hohenholz	51°00'53.90" N	6°31'13.20" O
Tagebau Garzweiler, Aussichtspunkt Nord	51°05'42.70" N	6°29'51.90" O
Tagebau Garzweiler, Aussichtsplattform Süd „Skywalk"	51°02'47.10" N	6°27'51.50" O
Forschungsstelle Rekultivierung im „Forum: Terra Nova"	50°54'52.30" N	6°35'30.50" O

Auf der Dreiborner Hochfläche liegt im Frühjahr häufig noch Schnee.
Foto: F. Weiß. NP Eifel, 27.2.2016.

Der Nationalpark Eifel

Wildnis von morgen

Als erster Nationalpark in Nordrhein-Westfalen und einer der jüngsten in Deutschland wurde 2004 der Nationalpark Eifel ins Leben gerufen, der viel mehr ist als nur ein weiterer Waldnationalpark: Die einmalige offene Landschaft der Dreiborner Hochfläche mit ihren Ginsterheiden, Magerwiesen und Gebüschen beherbergt so seltene Arten wie Raubwürger und Orpheusspötter, an den naturnahen Mittelgebirgsbächen suchen Wasseramseln und Schwarzstörche nach Nahrung und an der Urfttalsperre brüten Kormorane in einer von wenigen Kolonien in der Eifel. Fantastische Buchenwälder mit Schwarzspechten und Hohltauben laden zu einem Besuch ein, und so kann man im Frühling mühelos ein kurzweiliges Wochenende im Nationalpark verbringen.

Landschaftsgeschichte und Lebensräume

Die Schaffung des Nationalparks Eifel wurde möglich, als die belgische Armee 2001 ihren Rückzug vom ehemaligen Truppenübungsplatz Vogelsang ankündigte. Wenige Jahre später im Januar 2004 wurde ein 11 000 ha großes Gebiet mit dem damals noch bestehenden Truppenübungsplatz zum Nationalpark erklärt. 2005 zog die belgische Armee ab und 2006 konnten auch diese bisher nicht zugänglichen Bereiche für Besucher geöffnet werden. Der Nationalpark schützt einen Landschaftsraum, der sich von Nideggen im Norden bis zur Landesgrenze zu Belgien bei Höfen erstreckt und eine bemerkenswerte Vielfalt an Lebensräumen aufweist. Prägend in der Eifel sind die ausgedehnten Wälder, wobei im Nationalpark ganz unterschiedliche Waldtypen vorherrschen. So wird der nördliche Teil von Eichenwäldern geprägt, die teilweise von Hainbuchen durchsetzt sind. Das Herzstück des Nationalparks, der Kermeter, wird von Buchenwäldern geprägt. Ziel der Nationalparkverwaltung ist es, dass bis zum Jahr 2034 75 % der Nationalparkfläche sich selbst überlassen werden können und mit der Zeit wieder zu Wildnis werden. Bis dahin greift man der Natur noch etwas unter die Arme und so werden im Bereich des Kermeter zahlreiche Waldentwicklungsmaßnahmen durchgeführt, um den Wald wieder in einen standorttypischen Zustand zu versetzen, der in den meisten Bereichen ein Buchenwald ist. Insbesondere Bestände der aus Nordamerika stammenden Douglasie werden entfernt und das Holz für die Wegweiser, Bänke und Hütten an den Wanderwegen genutzt. Im Süden des Nationalparks, an der Grenze zu Belgien dominieren Fichten das Waldbild, die auf die Wiederaufforstung der riesigen Schadflächen des 2. Weltkriegs und nachfolgende Repara-

Schwarzspechte sind Charaktervögel der Buchenwälder im Nationalpark.
Foto: C. Moning. Tirol, 5.6.2011.

Auf der Hochfläche des Kermeter wandert man durch große Buchenwälder.
Foto: F. Weiß. NP Eifel, 27.2.2016.

tionseinschläge zurückgehen. Auch hier werden zahlreiche Maßnahmen unternommen den Wald umzugestalten, unter anderem indem Fichtenbestände mit Buchen unterpflanzt werden. Die bewaldeten Höhenrücken werden von tief eingeschnittenen Tälern durchzogen, in denen zahlreiche Bäche fließen, von denen im Rahmen eines EU-LIFE-Projektes in den letzten Jahren viele renaturiert und für wandernde Fischarten wieder durchgängig gemacht wurden. Das Wasser fließt in den zwei großen Stauseen im Nationalpark zusammen, der Urfttalsperre und der Rurtalsperre. Beide sind von starken Wasserstandsschwankungen geprägt, sodass sich an den steilen Ufern praktisch keine Verlandungszone ausbilden kann. Das Wasser des Obersees der Rurtalsperre ist sehr nährstoffarm, weshalb die zweitgrößte Talsperre Deutschlands unter anderem den Großraum Aachen mit Trinkwasser versorgt. Das Wasser der bereits 1905 fertiggestellten Urfttalsperre wird auch für die Stromproduktion genutzt und über einen Stollen bis unterhalb der Staumauer der Rurtalsperre geleitet.

Die großflächig offenen Plateauflächen südlich der Urfttalsperre bilden den zentralen Bereich des ehemaligen Truppenübungsplatzes Vogelsang. Die frühere militärische Nutzung ist an zahlreichen Stellen sichtbar. Die Landschaft ist geprägt von weiten Weiden und Wiesen, die zu den Rändern über eine breite Gebüschzone mit Schlehen, Weißdorn und Besenginster in die angrenzenden Wälder übergeht. Der nördliche Teil der Dreiborner Hochfläche wird regelmäßig mit Schafen beweidet und gemäht, um den offenen Charakter zu erhalten. Das Dorf Wollseifen musste 1946 dem entstehenden Truppenübungsplatz weichen. Die Ruine der Kirche und einige weitere Gebäude sind als Denkmäler erhalten und zeugen von dieser Geschichte. In unmittelbarer Nachbarschaft liegt ein monumentaler, düsterer Gebäudekomplex, die NS-Ordensburg Vogelsang, in der die Nationalsozialisten ihre Parteiführungskader drillten. Nach dem 2. Weltkrieg wurden die Gebäude zunächst von der britischen und ab den 1950er Jahren von der belgischen Armee genutzt. Seit deren Abzug werden sie zu einer internationalen Begegnungsstätte umgebaut, dem Vogelsang IP (1) – Internationaler Platz –, in dem 2016 auch das zentrale Informationszentrum des Nationalparks Eifel eröffnet werden soll.

Besondere Vogelarten und Reisezeit

Im Nationalpark Eifel wurden bisher über 130 Vogelarten nachgewiesen, von denen mindestens 100 hier brüten. Besonders lohnend ist ein Besuch zur Brutzeit zwischen März und Juni. Die Wälder sind besonders im März und April reizvoll, wenn Buchen und Eichen noch nicht ausgetrieben haben und die Aktivität der Spechte ihren Höhepunkt erreicht. Charaktervögel der Buchenwälder sind Schwarzspechte, die mit ihren Bruthöhlen auch für weitere Arten wie Hohltauben Nistmöglichkeiten schaffen. In den Eichenwäldern kommen Mittelspechte in teilweise hohen Dichten vor. Schwarzstörche brüten mit ein bis zwei Paaren in den Wäldern des Nationalparks und suchen ihre Nahrung überwiegend an den zahlreichen Mittelgebirgsbächen, an denen Wasseramseln und Gebirgsstelzen verbreitet und häufig sind. Besonders zeitig beginnt das Brutgeschehen bei Uhus und Kolkraben, die in wenigen Paaren in der Region brüten. In den Fichtenwäldern im südlichen Teil des Nationalparks wurden vereinzelt Reviere von Raufuß-

Typische Vogelarten im Nationalpark Eifel, deren Status und günstige Beobachtungszeit (in Klammern)
h = häufiger, r = regelmäßiger, s = seltener; B = Brutvogel, W = Wintergast, D = Durchzügler

Art	Status (beste Beobachtungszeit)	Art	Status (beste Beobachtungszeit)
Kormoran	hB, (März–Juni)	Mittelspecht	hB, (März–April)
Schwarzstorch	sB, (April–Juni)	Grauspecht	sB, (März–April)
Rotmilan	hB, (März–Sept.)	Neuntöter	hB, (Mai–Juli)
Habicht	hB, (ganzjährig)	Raubwürger	sB, rW (ganzjährig)
Kranich	hD, (Feb./März, Okt./Nov.)	Kolkrabe	sB, (ganzjährig)
Hohltaube	hB, (April–Juni)	Wasseramsel	hB, (ganzjährig)
Uhu	sB, (ganzjährig)	Feldlerche	hB, (März–Juli)
Raufußkauz	sB, (März)	Orpheusspötter	sB, (Mai–Juni)
Schwarzspecht	hB, (ganzjährig)	Goldammer	hB, (März–Aug.)

Wasseramseln leben an vielen klaren Bächen der Eifel.
Foto: E. Lietzow. Bad Salzufen, 23.4.2008.

Schwarzspechte sind Charaktervögel der Buchenwälder im Nationalpark. Foto: C. Moning. Wien, Lainzer Tiergarten, 26.10.2013.

käuzen erfasst. Die großen Talsperren sind im Gegensatz zu den Wäldern eher vogelarm. Haubentaucher, Kanadagänse sowie im Winter Gänsesäger und Reiherenten gehören zu den wenigen regelmäßigen Gästen. Bemerkenswert ist eine Kolonie von Kormoranen an der Urfttalsperre.

Im Offenland der Dreiborner Hochfläche kommen Feldlerchen in sehr hohen Dichten von lokal bis zu sechs Brutpaaren auf 10 ha vor. Wiesenpieper und Goldammern sind weitere typische Bewohner dieses Lebensraumes. In den letzten Jahren gelangen hier auch Brutnachweise von so seltenen Arten wie Steinschmätzern und Braunkehlchen. Wachtelkönige besetzten vereinzelt Reviere, ohne dass bisher eine Brut nachgewiesen wurde. In den verbuschten Bereichen sind Neuntöter verbreitete Brutvögel und auch Raubwürger und Orpheusspötter konnten nachgewiesen werden. Die weite, offene Landschaft und die erhöhte Lage bieten gute Voraussetzungen, um den Vogelzug zu beobachten. Der Nationalpark liegt im Zugkorridor der Kraniche. Im Februar/März und Oktober/November sind die laut rufenden Formationen ein vertrauter Anblick. Auch Schwarzstörche kann man hier regelmäßig beobachten, wenn sie zwischen Nahrungsflächen und Brutplätzen wechseln.

Aber nicht nur für Vögel stellt der Nationalpark ein Refugium dar. Zu den weiteren Kostbarkeiten gehören Flussperlmuscheln (*Margaritifera margaritifera*) im Perlenbach, die hier ihr letztes Vorkommen in Nordrhein-Westfalen haben, die Blauschillernden Feuerfalter (*Lycaena helle*) in den Wiesen mit Schlangenknöterich (*Bistorta officinalis*) und Gelben Narzissen (*Narcissus pseudonarcissus*) und das landesweit größte Vorkommen von Mauereidechsen (*Podarcis muralis*) an den beiden großen Talsperren.

Beobachtungsmöglichkeiten

Der Nationalpark bietet mit 240 km bestens ausgeschilderten Wanderwegen schier endlose Erkundungsmöglichkeiten, weshalb hier nur eine Auswahl der interessantesten Bereiche vorgestellt werden kann. Einen besonders guten Eindruck von den Buchenwäldern des Nationalparks bekommt man im Kermeter nördlich der Urfttalsperre. Von der B 266 in Gemünd ist die Straße zum Parkplatz Wilder Kermeter (2), an dem sich auch eine Bushaltestelle befindet, gut ausgeschildert. Am Parkplatz beginnt ein barrierefrei ausgebauter Naturlehrpfad, der einen guten Eindruck über viele Aspekte des Nationalparks vermittelt. Am Ende des Lehrpfads biegt man wieder auf den Hauptwanderweg ab, dem man nach rechts zu einer großen Wegkreuzung dem „Schwarzen Kreuz“ (3) folgt, an der man sich halbrechts hält und auf einem Rundweg die alten Buchenbestände des Wilden Kermeter durchwandern kann. Entlang des Weges liegt der Hirschley, ein Aussichtspunkt mit spektakulärem Blick über die Rurtalsperre. Der Rundweg kann über eine Variante am südlichen Abbruch des Kermeterplateaus verlängert werden. Diese führt auch durch Nadelwald und entlang von Traubeneichenwäldern an den steilen südlichen Hängen des Kermeter zurück zum Parkplatz. Ausgangspunkt für eine Erkundung der nördlichen Dreiborner Hochfläche ist der Parkplatz Walberhof (4) bzw. die Bushaltestelle Vogelsang-Walberhof an der B 266 westlich von Gemünd. Ein empfehlenswerter Rundweg führt von hier zunächst zum Vogelsang IP (1). In den Gebäuden brüten einige Paare Dohlen und auch Turmfalken sind hier heimisch. Der Weg führt weiter hinab zur Urfttalsperre und über die neu errichtete Victor-Neels-Brücke zum nördlichen Ufer der Talsperre. Hier folgt man dem Uferweg nach links bis zur „Bird-Watching-Station“, an der zwei Ferngläser fest installiert sind und von der aus man zur Rechten in die Kormorankolonie blickt. Über der Talsperre jagen im Sommerhalbjahr Schwarz- und Rotmilane und in den steilen Hängen des Kermeter kommen Mittelspechte, Trauerschnäpper und Kernbeißer vor. In den Abendstunden sind mit Glück Uhus zu hören. Man nimmt den gleichen Weg zurück zum Vogelsang IP und folgt oberhalb des Sportplatzes dem Wanderweg nach Wollseifen. Der Weg führt zunächst bergab über einen Bach und windet sich dann aus dem Wald heraus zur Wüstung Wollseifen (6). Die Landschaft um das ehemalige Dorf Wollseifen ist sehr abwechslungsreich und hier haben sich Strukturen mit einer begleitenden artenreichen Singvogelwelt erhalten, wie sie vor einem halben Jahrhundert für viele Mittelgebirgsregionen typisch waren. Ein lohnender Abstecher führt von der Wüstung Wollseifen hinab zur Urftstaumauer (7). Der Weg hierhin führt durch weitere gebüschreiche Landschaft. Von Wollseifen gelangt man über einen gut ausgebauten Wanderweg, auf dem auch Kutschen verkehren, zurück zum Parkplatz. Den südlichen Teil der Dreiborner Hochfläche erkundet man am besten vom gleichnamigen Parkplatz südlich von Dreiborn (8). Zunächst überquert man die ehemalige Panzerstraße mit einem Sichtschutzriegel aus Fichten und befindet sich dann in einer weiten, offenen Landschaft, die von Wiesen und Besenginster geprägt ist. An der ersten Weggabelung nach wenigen Metern hält man sich rechts und geht circa 1,3 km geradeaus über die Hochfläche bis zu einer weiteren Weggabelung. Hier hält man sich rechts und durchquert großflächige Bestände des Besenginsters bis zur nächsten Weggabelung, an der man scharf links geht und dem Weg bis Leykaul folgt. Eine Abzweigung nach 500 m lässt man rechts liegen. An den verlassenen Häusern bei Leykaul biegt man an einer Wegkreuzung links ab und gelangt über den Müsauelsberg zurück zum Ausgangspunkt. Südlich der Dreiborner Hochfläche durchquert die B 258 ausgedehnte Fichtenwälder. Diesen Teil des Nationalparks kann man vom Parkplatz Wahlerscheid (9) erkunden. Am besten folgt man hierfür dem „Wildnistrail“, einem Fernwanderweg mit vier Etappen, von dem ein Abschnitt beiderseits der B 258 durch die Wälder führt und mit dem Symbol einer Wildkatze ausgeschildert ist. An vielen Stellen erkennt man bereits den Aufwuchs von Buchen unter den alten Fichten. Neben typischen Vogelarten wie Tannenmeisen und Wintergoldhähnchen konnten hier vereinzelt auch Raufußkäuze beobachtet werden. Etwas weiter westlich, kurz vor Höfen erschließt ein weiterer Wanderparkplatz (10) das Fuhrtsbachtal, in dem in den Bachwiesen im März/April wilde Gelbe Narzissen blühen und Wasseramseln sowie Gebirgsstelzen beobachtet werden können.

Anfahrt

Mit Bahn und Bus

Die nächsten Bahnhöfe liegen in Heimbach und Kall. Von Kall besteht eine gute Anbindung mit dem Nationalpark Shuttlebus nach Gemünd und zum Vogelsang IP.

Mit dem Auto

Von Köln kommend erreicht man den Nationalpark über die A1 Abfahrt Wißkirchen und weiter über die B 266 bis Gemünd, dem zentralen Ausgangsort für die oben beschriebenen Routen.

Adressen

Landesbetrieb Wald und Holz NRW; Nationalparkforstamt Eifel;
Urftseestraße 34; 53937 Schleiden-Gemünd; Tel.: 02444-95100
Vogelsang IP; 53937 Schleiden; Tel.: 02444-915790

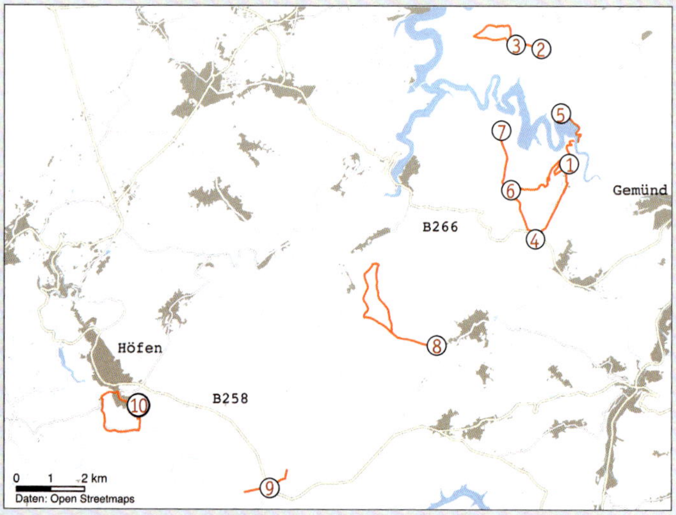

GPS		
Parkplatz Kermeter (2)	50°36'56.60" N	6°26'16.40" O
Parkplatz Vogelsang (4)	50°34'3.80" N	6°26'8.90" O
Parkplatz Dreiborner Hochfläche (8)	50°32'24.00" N	6°23'40.00" O
Parkplatz Wahlerscheid (9)	50°30'11.80" N	6°19'34.40" O
Parkplatz Narzissenwiesen Höfen (10)	50°31'28.50" N	6°16'17.30" O

Infomaterial/Literatur

www.nationalpark-eifel.de ist das offizielle Informationsportal zum Nationalpark.

www.vogelsang-ip.de ist das Portal des Internationalen Platzes Vogelsang mit der entstehenden Nationalparkausstellung.

Wir bedanken uns bei Annette Simantke, Michael Röös, Roland Wollgarten und Sönke Twietmeyer von der Nationalparkverwaltung für die Anregung zu diesem Artikel, Unterstützung bei der Recherche und Anregungen zum Manuskript.

Weitere Freizeitmöglichkeiten

Südwestlich des Nationalparks, an der Grenze zu Belgien, liegt im Tal der Rur das malerische Städtchen Monschau. Ehemals ein Zentrum der Tuchmacher und der frühen Modeindustrie ist der Ort mit über 300 Baudenkmälern heute ein beliebtes Ziel für Gäste aus dem In- und Ausland. Die weißen Fachwerkhäuser mit ihren Schieferdächern drängen sich zwischen Rur und den steil aufragenden Talwänden. Weltberühmt ist der alljährliche Weihnachtsmarkt, aber auch zu den übrigen Jahreszeiten lohnt sich ein Besuch.

Felix Weiß, Christopher König, Christoph Moning, Christian Wagner

Ein typischer Heideweiher bildet den Kern des NSG Fürstenkuhle.
Foto: C. König. 17.9.2016

Kuhlenvenn und Fürstenkuhle

Reste einer Moorlandschaft

Am Rande der Heubachniederung liegen mit dem Kuhlenvenn und der Fürstenkuhle zwei Fragmente des bis Mitte des 20. Jahrhunderts größten Moorgebiets Westfalens, dem Weißen Venn. Auch wenn von dem ehemals großflächigen Moor nur noch Bruchteile vorhanden sind, haben sich hier typische Arten der Hochmoore und ihrer Umgebung erhalten oder die Gebiete inzwischen wiederbesiedelt. Neben zahlreichen Vogelarten sind Kuhlenvenn und Fürstenkuhle für ihren Libellenreichtum bekannt und für das Erleben des Konzerts der Moorfrösche gibt es im gesamten Münsterland keinen besseren Ort.

Landschaftsgeschichte und Lebensräume

Das Weiße Venn umfasste ursprünglich etwa 4500 ha Moore. Durch Besiedlung und Kultivierung besteht es heute vorwiegend aus Äckern, Wiesen und Weiden. Die Erschließung der Moorlandschaft vollzog sich hauptsächlich im 19. Jahrhundert. Zuerst wurde der wertvolle Torf nahezu vollständig abgebaut, anschließend gingen die Flächen in die landwirtschaftliche Nutzung über. Immer stärker wurde die damals noch wilde Landschaft außerdem besiedelt. Nur noch kleine Reste vermitteln heute einen Eindruck, wie große Teile des Münsterlandes damals ausgesehen haben.

Das Kuhlenvenn wurde vollständig abgetorft und die Landschaft komplett überformt. Im Gegensatz zur benachbarten Fürstenkuhle haben sich hier keine Reste des früheren Hochmoores erhalten. Das Gebiet wird heute extensiv bewirtschaftet und bietet dadurch vielen, teils seltenen Tier- und Pflanzenarten eine neue Heimat. Es umfasst heute vor allem extensiv genutzte Grünländer und Feuchtwiesen mit einzelnen Blänken. Im Zentrum des Venns liegt ein künstlich geschaffener, rund 10 ha großer See, aus dem in den 1980er Jahren Sand für den Straßenbau abgebaut wurde. Nach der Ausweisung als Naturschutzgebiet 1988 und einer deutlichen Erweiterung 1994 stehen heute 67 ha des Kuhlenvenns unter Schutz. Alle Flächen befinden sich im Eigentum der öffentlichen Hand und werden von der Biologischen Station Zwillbrock betreut. In den Pachtverträgen wurde mit Landwirten eine späte Mahd sowie geringe Viehdichte vereinbart, um Gelege von Wiesenvögeln zu schützen.

Mit 99 ha Größe ist das nur rund 2 km entfernte Naturschutzgebiet Fürstenkuhle etwas größer als das Kuhlenvenn. Der industrielle Abbau des Hochmoortorfs begann hier 1938 und wurde etwa zwanzig Jahre später beendet. Bereits ab 1942 wurde die Fürstenkuhle Schritt für Schritt zum Naturschutzgebiet erklärt. So konnte sich hier um einen zentralen Heideweiher ein Hochmoorrest erhalten. Die noch gut 5 ha degradiertes Hochmoor mit Besen-, Glocken- und Rosmarinheide bilden den Kern des Gebiets. Durch Anstau von Gräben und Rückbau von

Schwarzkehlchen sind regelmäßige Brutvögel im Kuhlenvenn.
Foto: E. Lietzow. Dümmer, 30.4.2013.

In den tief eingeschnittenen Tälern fließen naturnahe Mittelgebirgsbäche.
Foto: F. Weiß. NP Eifel, 27.2.2016.

Drainagen konnten diese Flächen wiedervernässt und durch Pflegemaßnahmen von aufwachsendem Gehölz befreit werden. In alten Torfstichen haben sich Moorschlenken-Pioniergesellschaften mit typischen Hochmoorpflanzen wie Torfmoosen, Rundblättrigem Sonnentau und mehreren Wollgrasarten gebildet. Die Torfschicht ist bis zu 1,5 m dick. Den Großteil der Fürstenkuhle nimmt ein pfeifengrasreicher Birkenbruchwald ein. In dessen Unterwuchs finden sich neben Heidel- und Preiselbeeren auch die einzigen Vorkommen der Rauschbeere im Kreis Borken. Das Waldgebiet wird von extensiv genutztem Grünland, Feuchtwiesen und im Rahmen der naturschutzfachlichen Aufwertung angelegten Blänken umsäumt. Um einer Eutrophierung vorzubeugen, wird in diesen Bereichen auf Düngung verzichtet. Die Wiedervernässung der Fürstenkuhle hält noch an und durch Entnahme lebensraumuntypischer Nadelbäume soll die Landschaft zunehmend ihren ursprünglichen Charakter zurückerhalten.

Besondere Vogelarten und Reisezeit

Das Kuhlenvenn hat mit seinen weitläufigen Grünländern heute vor allem für Wiesenvögel eine Bedeutung. Kiebitze und Große Brachvögel können in diesen Bereichen – anders als in der weithin intensiv genutzten Agrarlandschaft der Umgebung – noch erfolgreich brüten. Uferschnepfen und Bekassinen sind jedoch leider bereits vor vielen Jahren ausgestorben und kommen derzeit nur noch zu den Zugzeiten als Gastvögel vor. Ihnen schließen sich an den Blänken regelmäßig Austernfischer, Kampfläufer, Grün- und Rotschenkel sowie selten auch Strandläufer an. Mit dem zentralen See und verschiedenen Kleingewässern bietet das Kuhlenvenn darüber hinaus geeignete Lebensräume für verschiedene Entenarten. Neben den regelmäßig brütenden Stock-, Reiher- und Krickenten haben auch Schnatter- und Löffelenten bereits hier gebrütet. Weitere Entenarten sind auf dem Durchzug zu beobachten. Regelmäßig treten – insbesondere im Frühjahr – Spieß- und Knäkenten auf. Unter den Singvögeln sind Wiesenschafstelzen und Schwarzkehlchen als regelmäßige Brutvögel erwähnenswert. Der Bestand der Feldlerche ist in den letzten Jahren – vermutlich unter anderem aufgrund der Wiedervernässung zugunsten der Wiesenlimikolen – nahezu erloschen. Sehr auffällig sind die seit 1999 im Kuhlenvenn brütenden Graugänse. Mit dem zentralen Gewässer als sicherem Schlafplatz und den umliegenden Grünländern zur Nahrungssuche hat sich das Gebiet zu einem bedeutenden Mauserplatz für bis zu 500 Individuen entwickelt. Die Anzahl kann sich auf dem Herbstzug im August und September noch verdoppeln, bevor die Rastbestände im Winter wieder sinken. Doch auch im Winter halten sich bis zu 300 Graugänse hier auf. Diese mischen sich dann mit sibirischen Blässgänsen, die erst seit 2006 alljährlich im Kuhlenvenn beobachtet werden. Ihre Winterbestände schwanken stark, können aber über 2000 Individuen erreichen. Immer wieder sind darunter auch Tundrasaat- und Weißwangengänse zu finden. Für die Blässgänse ist durch Ringablesungen ein Austausch mit den großen Rastbeständen am Niederrhein belegt. Im Winter sollte man in den Wiesen auch auf Raubwürger, jagende Kornweihen und rastende Silberreiher achten. Ganzjährig kann man mit etwas Glück Eisvö-

Typische Vogelarten in Kuhlenvenn und Fürstenkuhle, deren Status und günstige Beobachtungszeit (in Klammern)
h = häufiger, r = regelmäßiger, s = seltener; B = Brutvogel, D = Durchzügler, W = Wintergast

Art	Status (beste Beobachtungszeit)
Blässgans	hD, hW (Okt.–März)
Tundrasaatgans	rD, rW (Okt.–März)
Krickente	sB, hD, hW (ganzjährig)
Knäkente	sD (April)
Kornweihe	rD, rW (Okt.–März)
Baumfalke	sB (Mai–Aug.)
Großer Brachvogel	sB (Feb.–Sept.)
Waldschnepfe	rB (März–Juli)
Bekassine	rD (März/April, Sept./Okt.)

Art	Status (beste Beobachtungszeit)
Kampfläufer	rD (April/Mai, Aug./Sept.)
Steinkauz	sB (ganzjährig)
Eisvogel	rB (ganzjährig)
Pirol	rB (Mai–Aug.)
Waldlaubsänger	rB (Mai–Aug.)
Trauerschnäpper	rB (Mai–Juli)
Braunkehlchen	rD (April/Mai, Aug./Sept.)
Schwarzkehlchen	rB (April–Sept.)
Gartenrotschwanz	rB (Mai–Aug.)

gel beobachten. Oft verraten sich diese durch ihre scharfen Rufe, während sie pfeilschnell über die Wasseroberfläche fliegen.

Einige der bereits für das Kuhlenvenn beschriebenen Arten lassen sich auch in der Fürstenkuhle beobachten. Hier bieten die Feuchtgrünländer je nach Wasserstand ebenfalls Rastmöglichkeiten für verschiedene Enten- oder Limikolenarten. Aufgrund der abweichenden Lebensraumstruktur bietet die Fürstenkuhle jedoch ein deutlich anderes Artenspektrum – was durch die geringe Entfernung beider Gebiete einen besonderen Reiz für einen Besuch darstellt. In den Moorbirken-Bruchwäldern findet man im Sommerhalbjahr Waldlaubsänger, Trauerschnäpper und Gartenrotschwänze. Sehr scheu, heimlich und eher zu hören als zu sehen sind die farbenfrohen Pirole. Noch schwieriger ist die Beobachtung der dämmerungs- und nachtaktiven Waldschnepfen, die ebenfalls hier brüten. Beste Chancen hat man am Waldrand oder im Bereich des Heideweihers. In den Sommermonaten lassen sich regelmäßig auch Nahrungsspezialisten mit einer Vorliebe für Insekten über der Fürstenkuhle blicken. Während Baumfalken nach den zahlreichen Libellen jagen, sind in der Umgebung brütende Wespenbussarde auf der Suche nach Wespennestern. In den Randbereichen der Fürstenkuhle sind Baumpieper und mit Glück auch Steinkäuze zu sehen.

Die Fürstenkuhle beherbergt darüber hinaus eine bedeutende Moorfroschpopulation von geschätzten 3000 Alttieren. An ersten warmen Tagen im März lässt sich deren stimmungsvolles Konzert am besten erleben. Zu dieser Zeit erwachen auch die hier ebenfalls noch vorkommenden Kreuzottern aus dem Winterschlaf.

Beobachtungsmöglichkeiten

Als Startpunkt für eine Rundwanderung um das Kuhlenvenn bietet sich einer der beiden Beobachtungsstände mit Parkmöglichkeiten an. Der größte Teil der Strecke ist asphaltiert, jedoch wenig befahren und eignet sich demnach auch für Rollstuhlfahrer und Kinderwagen oder eine Radtour. Die hier beschriebene Route beginnt an der mit dem Auto erreichbaren Beobachtungshütte im Osten des Gebietes (1). Nach einem ersten Blick aus der Hütte auf den See mit den dort zu beobachtenden Gänsen und Enten folgt man dem asphaltierten Weg nach Norden und biegt an der T-Kreuzung nach etwa 800 m links ab. Entlang des Weges überblickt man nach Westen die nördlich an das zentrale Gewässer angrenzenden Wiesen. Der Weg führt in südwestlicher Richtung für etwa 1 km bis zu einer weiteren Kreuzung, an der man sich links hält. Insbesondere vor und hinter dieser Kreuzung kann man vom Weg aus über den nassen nordwestlichen Teil des Kuhlenvenns blicken. Hier fallen je nach Bedingungen teilweise interessante Schlammflächen trocken, auf denen sich dann zu den Zugzeiten Limikolen einfinden. Nachdem man weitere 200 m nach Süden gegangen ist, erreicht man einen kleinen Aussichtsturm mit Infotafel (2), der ebenfalls einen Blick in die Feuchtwiesen eröffnet. Nach weiteren 200 m kann man von der Straße nach links (Osten) abbiegen und auf unbefestigtem Feldweg wieder zum Ausgangspunkt an der Beobachtungshütte am See gelangen. Diese Rundtour gegen den Uhrzeigersinn ist etwa 2,8 km lang. Wer auch den südlichen Teil des Kuhlenvenns erkunden möchte, folgt der Straße weiter nach Süden und biegt nach rund 1 km scharf links ab, um über einen weiteren Kilometer asphaltierter Strecke bis zum Ausgangspunkt zurückzukehren. Von diesem südlichen Streckenteil lassen sich die weitläufigen Wiesenbereiche sehr gut überblicken. Neben Wiesenlimikolen sollte man auf dem Durchzug auch auf hier rastende Zugvögel wie Braunkehlchen oder Steinschmätzer achten. Die zahlreichen Weidepfähle dienen diesen Arten als Sitzwarten.

Die erst seit etwa zehn Jahren regelmäßig im Kuhlenvenn zu beobachtenden Blässgänse erreichen im Winter mitunter vierstellige Rastbestände.
Foto: E. Lietzow. Dümmer, 3.1.2014.

Im Nordwesten des Kuhlenvenns blickt man auf Feuchtwiesen und je nach Wasserstand auch auf offene Schlammflächen. Foto: C. König. 17.9.2016.

Auch die rund 2 km entfernte Fürstenkuhle kann auf einem Rundwanderweg erkundet werden, der an einer Parkmöglichkeit mit Infotafel (3) im Südwesten des Gebiets beginnt. Als schmaler Pfad schlängelt sich der Weg unbefestigt, aber gut begehbar durch unterschiedliche Habitate und Moorstadien. Zu Beginn geht man durch dichten Moorbirken-Bruchwald, in dem die Vögel oft eher zu hören als zu sehen sind. Nachdem man etwa 400 m nach Norden gegangen ist, öffnet sich die Landschaft und man betritt über einen Holzbohlenweg die feuchte Uferzone des Moorsees. Anschließend geht man weiter durch von Birken und Kiefern dominierten Wald bis zum Nordrand der Fürstenkuhle mit extensiv genutztem Grünland, dem man 300 m folgt, bevor die Kurve einer asphaltierten Straße erreicht ist. Man kann links 250 m bis zu einer weiteren Infotafel gehen oder biegt direkt rechts ab und folgt dem Feldweg weiter nach Süden durch die Fürstenkuhle. Von Flachgewässern und Staudenfluren auf einer ehemaligen Viehweide zeugen heute nur noch Hinweistafeln entlang des Weges. Durch die fortschreitende Sukzession sind diese Flächen kaum mehr ornithologisch attraktiv und bieten keinen Einblick mehr. 600 m folgt man dem Weg bis zur Straße und biegt rechts ab. Nach noch einmal 450 m hat man den 2 km langen Rundweg komplettiert und befindet sich wieder am Ausgangspunkt.

Je nach Lust und Kondition lassen sich die beiden beschriebenen Gebiete durch ein Netz gut asphaltierter Straßen in der Umgebung über verschieden lange Rundtouren kombinieren.

Blick in die Umgebung

Etwa 7 km Luftlinie nordöstlich vom Kuhlenvenn entfernt liegt die Stadt Coesfeld, die auf eine wechselvolle 800-jährige Geschichte zurückblickt, die vielfältige Spuren hinterlassen hat. Aus der ehemaligen romanischen Lamberti-Kirche wurde im Laufe der Jahrhunderte eine gotische Hallenkirche entwickelt. Im Innern befindet sich hinter dem Hochaltar das sehenswerte Coesfelder Kreuz, ein Gabelkreuz aus dem 14. Jahrhundert.

Christopher König, Christoph Moning, Christian Wagner, Felix Weiß

Anfahrt

Mit Bahn und Bus

Der nächstgelegene Bahnhof ist Coesfeld, von dem aus halbstündlich die Haltestelle „Pappelallee" in Gescher-Hochmoor angefahren wird. Von hier sind es zu Fuß nur noch drei Minuten bis zur Fürstenkuhle. Zum Kuhlenvenn gibt es keine näher gelegene Bushaltestelle. Es bietet sich daher ein Fahrrad oder die Anreise mit dem Auto an.

Mit dem Auto

Von der A 31 Abfahrt Borken (34) folgt man der B 67 für 3 km in Richtung Dülmen und nimmt dann die L 608 in Richtung Gescher. Nach 8,5 km biegt man am Ende des Ortsteils Gescher-Hochmoor rechts in den Vennetütenweg ab und erreicht nach wenigen Metern die Parkmöglichkeit an der Fürstenkuhle (3). Zum Kuhlenvenn fährt man den Vennetütenweg weiter bis zum Ende und biegt links ab. Nach 200 m teilt sich die Straße. Hier erreicht man rechts folgend nach 1 km die Parkmöglichkeit an der Beobachtungshütte (1).

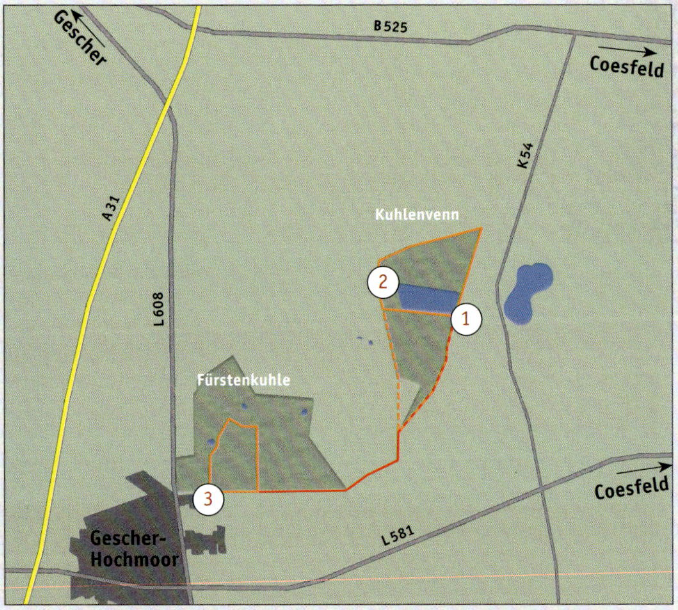

GPS		
Parkplatz Kuhlenvenn (1)	51°54'57" N	7° 4'30" O
Aussichtsturm Kuhlenvenn (2)	51°55'6" N	7° 3'57" O
Parkplatz Fürstenkuhle (3)	51°54'10" N	7° 2'42" O

Infomaterial/Literatur

Strotmann A 2004: Vogelbeobachtungen im Naturschutzgebiet Kuhlenvenn. Rehms Druck, Borken.
www.lanuv.nrw.de/fileadmin/lanuv/veroeffentlichungen/loebf/oekologie/fb_fuerstenkuhle.pdf

Der Winter bietet besonders stimmungsvolle Eindrücke, ornithologisch ist jedoch das Frühjahr im Recker Moor am interessantesten. Foto: C. König. 8.2.2018.

Das Recker Moor

Ein letztes Stück Moor

Rund 25 km nordwestlich von Osnabrück, direkt an der Landesgrenze zu Niedersachsen gelegen, bildet das Recker Moor als Teil des FFH-Gebiets „Mettinger und Recker Moor" einen der am besten erhaltenen Moorreste Nordrhein-Westfalens. Während in weiten Teilen der Umgebung Torfabbau und Entwässerung zur vollständigen Zerstörung der ehemaligen Landschaft führten, finden Krickenten und Bekassinen sowie als große Besonderheit unregelmäßig sogar Sumpfohreulen hier noch geeignete Bruthabitate. Besonders eindrucksvoll ist ein Besuch Anfang April, wenn in das Blubbern der Moorfrösche die Blaukehlchen mit einstimmen, oder im Mai, wenn sich das Moor in ein weißes Meer aus Scheiden-Wollgras verwandelt und das Brutgeschäft der Vögel seinen Höhepunkt erreicht.

Während die meisten Moore Nordwestdeutschlands nach der letzten Eiszeit entstanden, ist das Recker Moor ein vergleichsweise junges Moor. Erst vor rund 6000 Jahren setzte in der nassen Niederung mit Kiefern-Birken-Bruchwäldern die Entwicklung zu einem Hochmoor ein. Der Beginn der Torfbildung ließ sich anhand von Torfproben auf 200 bis 460 n. Chr. datieren. Über Jahrhunderte wuchs die Moorfläche, ohne durch menschliche Einflüsse gestört zu werden, und erreichte im 17. Jahrhundert ihre größte Ausdehnung von ungefähr 5000 ha. Die heutige rund 150 ha große Moorfläche des Recker Moores ist ein winziger Rest des ehemaligen „Vinter Moores", das bis weit nach Niedersachsen reichte. Die Nutzung des Moores führte zum fortschreitenden Niedergang der einzigartigen Urlandschaft aus unwegsamen Sumpfgebieten. An seinen Rändern entstanden Entwässerungsgräben, um den Torf als Stalleinstreu und Heizmaterial stechen zu können. Großflächig wurde das Moor vor allem durch die sogenannte Moorbrandkultur zerstört. Die Hochmoorflächen wurden dabei im Herbst flachgründig entwässert und im darauf folgenden Frühjahr in Brand gesteckt. Anschließend wurde Buchweizen in die noch heiße Asche eingesät. Der in dieser Form kultivierte Moorboden konnte sechs Jahre bestellt werden, danach war eine 30-jährige Brache nötig. 1870 begann mit dem Bau des Südlichen Moorkanals die systematische Entwässerung und 1915 setzte die großräumige Erschließung ein, die 1926 mit der Gründung des Dorfes Rothertshausen mitten im Moor gipfelte. Dass die einzigartige Moorlandschaft für immer zu verschwinden drohte, erkannte schon 1915 die Preußische Staatliche Stelle für Naturdenkmalpflege, die den Schutz und Erhalt der Hochmoore empfahl. Für das Recker Moor hatte dies jedoch keine Konsequenzen. Ganz im Gegenteil wurde 1918 das Mettinger Torfwerk in Betrieb genommen und die Torfgewinnung ausgeweitet. 1939 entstand auch im Norden ein über zwei Meter tiefer Moorkanal zur weiteren Entwässerung des Recker Moores. Im und vor allem nach dem Zweiten Weltkrieg war der Torf in der Region ein wichtiger Brennstoff in der Notzeit. Zu Beginn der 1950er Jahre setzte der maschinelle Torfabbau ein. In dieser Zeit stellten Landeskulturamt und Landwirtschaftskammer bei einem Erörte-

Rund 60 % des bundesweiten Steinkauzbestandes brüten in Nordrhein-Westfalen – auch in der Umgebung des Recker Moores.
Foto: E. Lietzow. Osterfeine, 20.2.2018.

rungstermin erstmals fest, dass selbst die letzten Moorflächen mittlerweile zu verschwinden drohten. Nach jahrelangen Verhandlungen wurden 1971 schließlich 53 ha Kernfläche unter Naturschutz gestellt – gerade einmal 1 % des ursprünglichen Hochmoores. Das Landschaftsbild des Recker Moores hatte sich bis zu diesem Zeitpunkt bereits maßgeblich verändert. Trockengefallene Torfrücken waren von Heidekraut bedeckt, ein dichter Birkenwald hatte sich angesiedelt. Ab 1975 begannen ehrenamtliche Naturschützer mit der Rodung der Birken und dem Verschluss der Gräben und 1983 erfolgte die einstweilige Sicherstellung weiterer Moorflächen für den Naturschutz sowie einer Grünlandpufferzone, die auch als hydrologische Schutzzone dient. Mit dem Ende des gewerblichen Torfabbaus begann 1991 die bis heute andauernde Wiedervernässung des Recker Moores durch die Anlage von Torfdämmen. Heute zeichnet sich das Recker Moor durch ein Mosaik aus Feuchtgrünländern, Heideflächen und von Moorwäldern umgebenen Hochmoorresten aus. Jahr für Jahr finanzieren das Land Nordrhein-Westfalen und der Landkreis Steinfurt Arbeiten zur Offenhaltung des Moores. Die Beseitigung des nachwachsenden Gehölzaufwuchses („Entkusselung“) erfolgt überwiegend durch die „Arbeitsgemeinschaft für Naturschutz Tecklenburger Land“ (ANTL). Ohne diese Arbeiten würde das Recker Moor seine Bedeutung als Lebensraum der Brutvögel des Offenlandes schnell verlieren. Von den Maßnahmen profitieren auch die hier lebenden Schlingnattern, die sich häufiger an den Wegrändern sonnen, sowie einige vom Aussterben bedrohte Schmetterlinge wie die Hochmoor-Bodeneule (Coenophila subrosea) oder der Heide-Bürstenspinner (Orgyia antiquoides). Das Recker Moor ist Teil des Vogelschutzgebietes Düsterdieker Niederung, das mit fast 2700 ha zu den größten Schutzgebietskomplexen in Nordrhein-Westfalen gehört. 480 ha sind als FFH-Gebiet „Mettinger und Recker Moor“ ausgewiesen, knapp 350 ha des Recker Moores stehen unter Naturschutz. Die enthaltenen Grünlandflächen wurden im Zuge eines Flurbereinigungsverfahrens in öffentliches Eigentum überführt und später an örtliche Landwirte zur extensiven Nutzung zurückverpachtet.

Besondere Vogelarten und Reisezeit

Ein Besuch im Recker Moor lohnt sich zu allen Jahreszeiten, auch wenn es im Winter allgemein ruhiger zugeht, als während der Brutzeit oder zu den Zugzeiten. Mehrere Hundert Bläss- und Tundrasaatgänse nutzen die Feuchtwiesen des Recker Moores im Winter zur Rast. Krickenten und Silberreiher sind zwar ganzjährig anzutreffen, aber im Winterhalbjahr besonders zahlreich. Über den Moorflächen jagen ab Oktober Kornweihen, die hier im Kernbereich auch einen Schlafplatz haben. Auf erhöhten Sitzwarten lassen sich Raubwürger und Schwarzkehlchen entdecken. Letztere sind ganzjährig im Recker Moor leicht zu beobachten. In den Feuchtwiesen am Moorrand tummeln sich im Winter Wacholderdrosseln und Wiesenpieper kann man das ganze Jahr über hier finden.

Zwei Türme laden vor Wind und Wetter geschützt zur Beobachtung der Vogelwelt ein. Foto: C. König. 8.2.2018.

Deutlich artenreicher wird es im Frühjahr. Weißstörche erbeuten streng geschützte Moorfrösche und den Luftraum teilen sich Rohrweihen mit Rotmilanen und Baumfalken. Kiebitze, Große Brachvögel, Uferschnepfen und Bekassinen brüten im Recker Moor, Austernfischer, Rot- und Grünschenkel sowie Kampfläufer kommen nur auf dem Durchzug vorbei. Während Steinkäuze im Münsterland noch erfreulich häufig vorkommen, sind Sumpfohreulen in ganz Nordrhein-Westfalen vom Aussterben bedroht, sodass das seit 2009 bestehende unregelmäßige Vorkommen im Recker Moor eine große Besonderheit darstellt. In das beeindruckende Vogelkonzert stimmen unter anderem Kuckucke, Feldlerchen, Gelbspötter und in größerer Zahl auch Baumpieper mit ein. Nicht nur akustisch, sondern vor allem auch optisch gehören Blaukehlchen zu den Höhepunkten der Brutvogelfauna im Recker Moor. Zu den späten Ankömmlingen zählen Pirole und Neuntöter.

Nicht nur im Frühjahr, sondern auch im Herbst rasten Braunkehlchen und Steinschmätzer am Moorrand. Als Brutvögel sind beide leider verschwunden. Kraniche nutzen das Recker Moor ab Oktober in kleiner Zahl als Schlafplatz, sind aber überwiegend im Frühjahr hier anzutreffen. Die nächsten Jahre werden zeigen, ob sie sich vielleicht auch als Brutvogel im Moor ansiedeln.

Sumpfohreulen sind vorwiegend in der Dämmerung aktiv, können, insbesondere zur Brutzeit, aber auch tagsüber, beobachtet werden. Im Recker Moor brütete die Art in den letzten Jahren unregelmäßig.

Foto: E. Lietzow. Ochsenmoor, 8.4.2013.

Beobachtungsmöglichkeiten

Vom Parkplatz am südlichen Moorrand (1) sind es nur rund 300 m nach Nordosten bis zum „Moorturm“ (2). Dieser bietet einen guten Überblick über die Hochmoorflächen. Auf einem der Moortümpel bestand über Jahre eine Lachmöwenkolonie mit zwischenzeitlich über 300 Paaren, die aktuell allerdings erloschen ist. Im Schutz der Woll- und Pfeifengrasbulten brüten Krick- und Löffelenten. Im Winter kann man jagende Kornweihen beobachten, mit viel Glück sind von hier auch die Sumpfohreulen zu erspähen. Vom Moorturm, in dessen Umgebung mit Glück auch Blaukehlchen und Neuntöter zu finden sind, geht man wenige Meter in Richtung Parkplatz zurück, um dann links ab auf einem Moordamm dem ausgeschilderten Rundweg zu folgen. Nach Osten geht es nun direkt am Moorrand entlang. Nördlich überblickt man die Moorflächen mit einzelnen Gewässern. Baumfalken jagen hier im Sommer nach Insekten. Kuckucke lassen sich in der weitgehend baumfreien Landschaft gut beobachten. Auf der gegenüberliegenden Seite des Weges

Auf dem Durchzug rasten Bekassinen in großer Zahl in den Feuchtwiesen um das Recker Moor. Wenige Paare brüten auch im Gebiet. Foto: E. Lietzow. Ochsenmoor, 2.4.2012.

überblickt man die Feuchtwiesenbereiche des Moorrands. Hier ertönt ab März der flötende Gesang der Großen Brachvögel. Auch Uferschnepfen kann man hier entdecken. Scheunen in den Wiesen sind Brutplatz von Steinkäuzen. An heiteren Tagen kann man sie mit etwas Glück beim Sonnenbad auch tagsüber beobachten. Immer wieder lohnt ein gezielter Blick auf die Spitzen der Büsche, die gern von Schwarzkehlchen als Singwarte genutzt werden. Nach gut 1 km erreicht man am sogenannten „Schnepfenturm" (3) einen Feldweg, der in Nord-Süd-Ausrichtung das östliche Ende des Recker Moores durchquert. Der Schnepfenturm bietet erneut einen guten Überblick über das Hochmoor sowie eine große Feuchtwiese (4), auf der zu den Zugzeiten regelmäßig Limikolen rasten. Es lohnt sich, dem Feldweg für einen Abstecher ein Stück nach Norden in Richtung Rothertshausen zu folgen. Einerseits erhält man so noch einmal aus anderem Blickwinkel Einsicht in die nördlich gelegene Feuchtwiese, darüber hinaus führt der Weg aber durch die besten Bereiche im Recker Moor, um balzende Bekassinen (2–3 Brutpaare) und Blaukehlchen (5–7 Brutpaare) zu beobachten. Erreicht man den nördlichen Moorrand, sollte man auch auf Pirole achten. Vom Schnepfenturm geht es anschließend entlang des Rundwegs 200 m nach Süden, bis man auf eine Straße trifft, der man nach rechts entlang des Moorkanals folgt. Nach rund 1 km durch Feuchtwiesen und -weiden erreicht man den Ausgangspunkt am Parkplatz (1). Der beschriebene Rundweg ist mit den genannten Abstechern etwa 3,4 km lang. Wer eine längere Wanderung machen möchte, der kann eine weitere 3,1 km lange Rundtour an den Westrand des Recker Moores anschließen. Vom Parkplatz aus läuft man dafür auf der Straße entlang des Moorkanals nach Nordwesten. Dabei passiert man die wohl interessantesten Feuchtwiesenbereiche (5) mit brütenden Kiebitzen, Großen Brachvögeln und Uferschnepfen, selten auch Knäkenten. Auf dem Durchzug gesellen sich weitere Limikolenarten dazu. Die Weidezäune werden zu dieser Zeit von

Typische Vogelarten im Recker Moor, deren Status und günstige Beobachtungszeit (in Klammern)
h = häufiger, r = regelmäßiger, s = seltener; B = Brutvogel, W = Wintergast, D = Durchzügler, S = Sommergast, N = Nahrungsgast

Art	Status (beste Beobachtungszeit)
Blässgans	hD, rW (Okt.–Feb.)
Tundrasaatgans	hD, rW (Okt.–Feb.)
Krickente	rB, hD, rW (ganzjährig)
Löffelente	sB, rD (Mrz.–Aug.)
Knäkente	sB, sD (Apr.–Jun.)
Rebhuhn	sB (ganzjährig)
Silberreiher	rD, rW (ganzjährig)
Weißstorch	rD, rN (Apr.–Aug.)
Kornweihe	rW (Okt.–Apr.)
Rohrweihe	sB, rD (Apr.–Sep.)
Baumfalke	sB (Mai–Aug.)
Kranich	rD, rW (Okt.–Apr.)
Kiebitz	rB, hD, rW (ganzjährig)
Großer Brachvogel	rB, hD (Mrz.–Aug.)
Uferschnepfe	rB, rD (Mrz.–Jun.)
Bekassine	sB, hD (Mrz.–Sep.)
Kuckuck	rB, rD (Mai–Jul.)

Art	Status (beste Beobachtungszeit)
Steinkauz	sB (ganzjährig)
Sumpfohreule	sB, sD (Apr.–Jul.)
Pirol	sB (Mai–Jul.)
Neuntöter	sB, sD (Mai–Sep.)
Raubwürger	rW (Okt.–Mrz.)
Feldlerche	hB, hD (Mrz.–Aug.)
Gelbspötter	hB (Mai–Jul.)
Braunkehlchen	hD (Apr./Mai, Aug./Sep.)
Schwarzkehlchen	hB, hD, rW (ganzjährig)
Blaukehlchen	sB (Apr.–Jul.)
Steinschmätzer	rD (Apr./Mai, Aug./Sep.)
Baumpieper	hB (Apr.–Aug.)
Wiesenpieper	hB, hD, rW (ganzjährig)
Wasseramsel	rB (ganzjährig)***
Wespenbussard	sB (Mai–Aug.)
Ziegenmelker	rB (Mai–Juli)*
Zwergtaucher	rB (März–Okt.)

Braunkehlchen und Steinschmätzern zur Rast genutzt. Rohrweihen sind sehr regelmäßig zu sehen, Schwarzkehlchen kann man kaum verfehlen. Gleich zu Beginn liegt rechts in den Wiesen eine Scheune, in der Steinkäuze brüten. Im Winter dienen die Wiesen arktischen Gänsen zur Rast und im zeitigen Frühjahr versammeln sich bis zu 200 Große Brachvögel am Schlafplatz. Nach 1 km biegt man links ab auf einen (für ein kurzes Stück) unbefestigten Weg und nach weiteren 500 m noch einmal links ab. Parallel zum Hinweg geht es nun am „Bardelgraben“ entlang (6) und an Brutvorkommen von Rebhühnern, Kiebitzen, Großen Brachvögeln und Feldlerchen vorbei, bis man nach gut 1 km auf eine Kreuzung trifft. Hier links ab, sind es nur noch 300 m bis zum Parkplatz. Die beschriebene Strecke kann aufgrund der gut befestigten bzw. weitgehend asphaltierten Wege auch mit dem Auto zurückgelegt werden.

Weitere Freizeitmöglichkeiten

Rund 20 km südlich des Recker Moores liegt im Ibbenbürener Ortsteil Dörenthe im Umfeld eines alten Gutshofes der Naturerlebnispark „NaturaGart“, in dem Ideen für eine naturnahe Gartengestaltung vorgestellt werden. Eine über 40 000 m² große Teichlandschaft aus unterschiedlichen Typen von Teichen und Bachläufen kann über Trittsteine, Brücken und Stege durchlaufen werden. Sogar Eisvögel brüten innerhalb der Anlage. Spektakulär ist neben dem größten Kaltwasseraquarium Deutschlands auch der angeschlossene Unterwasserpark. Im weltweit größten auf Teichfolie angelegten Tauchsee können Höhlen, ein Schiffswrack und riffähnliche Felswände erforscht werden. Wer noch keine Erfahrung hat, kann an der angeschlossenen Tauchschule einen Schnuppertauchgang machen.

Christopher König, Christoph Moning, Felix Weiß

Infomaterial/Literatur

Seidl R 2012: Fortschritte im Naturschutz: Das „Recker Moor“. Mach mit! 20: 4–9.

Wir bedanken uns bei Robert Tüllinghoff für hilfreiche Informationen und die Durchsicht des Beitrags.

Anfahrt

Mit Bahn und Bus

Der nächstgelegene Bahnhof ist Ibbenbüren, aber auch vom Hauptbahnhof Osnabrück gibt es stündliche Busverbindungen bis „Recke Schulzentrum“. Von dort sind es knapp 4 km zu Fuß oder mit dem Fahrrad bis zum Parkplatz am Recker Moor. Alternativ nimmt man die unregelmäßig verkehrende Linie 205 bis zur Bushaltestelle „Recke, Meimann“, von wo es noch etwa 1 km bis zum Parkplatz ist.

Mit dem Auto

Recke erreicht man entweder über die A 1, Abfahrt Osnabrück-Hafen und anschließend über Westercappeln oder über die A 30, Abfahrt Ibbenbüren. Im Norden von Recke biegt man von der Hauptstraße/Rothertshausener Straße rechts ab in die Straße „Am Wall“. Nach 1 km ist das Recker Moor ausgeschildert.

Adressen

Biologische Station Kreis Steinfurt e. V., Bahnhofstr. 71, 49545 Tecklenburg; Tel.: 05482-92910, info@biologische-station-steinfurt.de; www.biologische-station-steinfurt.de

Arbeitsgemeinschaft für Naturschutz Tecklenburger Land e. V., Bahnhofstr. 73, 49545 Tecklenburg; Tel.: 05482-929290, naturschutzzentrum@antl-ev.org; www.antl-ev.de

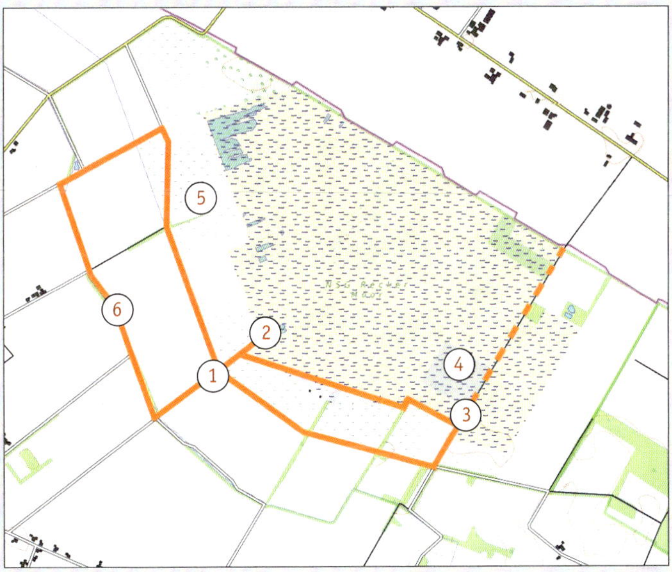

GPS		
Parkplatz am Moorturm (1)	52°22'37" N	7°45'14" O
Schnepfenturm (3)	52°22'30" N	7°46'13" O

Die Medebacher Bucht wird aufgrund ihres Landschaftscharakters sowie ihrer klimatischen Begünstigung auch „Toskana des Sauerlandes" genannt. Foto: C. König. 3.6.2018.

Die Medebacher Bucht

Toskana des Sauerlandes

Im Südosten des Sauerlandes, an der Grenze zu Hessen, liegt die hügelige Gebirgssenke der Medebacher Bucht. Die kleinteilige, teilweise extensiv bewirtschaftete Kulturlandschaft weist einen hohen Anteil artenreicher Hecken- und Saumstrukturen auf. Dornstrauchreiche Gebüsche und Kuppen mit heideähnlicher Vegetation bieten Neuntötern und Raubwürgern am Gelängeberg und im Gelängebachtal geeignete Brutplätze. Die Nuhnewiesen sind das größte zusammenhängende Mähwiesengebiet Nordrhein-Westfalens und bilden einen landesweiten Verbreitungsschwerpunkt des Braunkehlchens. Daneben kann die vielerorts verschwundene Vogelwelt der bäuerlichen Kulturlandschaft in ihrer ursprünglichen Vielfalt erlebt werden. Insbesondere das Frühjahr und der Frühsommer sind für einen Besuch empfehlenswert.

Das Rothaargebirge ist die höchstgelegene Region des Sauerlandes. Als Teil des Rheinischen Schiefergebirges begann seine Entstehung bereits zum Ende der Karbon-Zeit vor etwa 300 Millionen Jahren. Das damals entstandene Rumpfgebirge wurde schließlich im Tertiär – vor rund 3 Millionen Jahren – erneut angehoben. In Form eines Senkungsfeldes entstand dabei die Medebacher Bucht, die aus Kulmschiefern im Wechsel mit schmalen Grauwacken- und Kieselsteinzügen aufgebaut ist. Flache Bereiche zeichnen sich heute durch teilweise tiefgründige, relativ fruchtbare Braunerden aus, während auf trockeneren höheren Standorten flachgründige und nährstoffarme Ranker und Braunerden verbreitet sind, deren landwirtschaftlicher Ertrag sehr gering ist.

Die Medebacher Bucht liegt im Regenschatten des Rothaargebirges. Dementsprechend verzeichnet das Gebiet deutlich geringere Niederschlagsmengen und wärmere Temperaturen als das Bergland der Umgebung. Dieser Umstand, zusammen mit dem sanft hügeligen, halboffenen Landschaftsbild, brachte der Medebacher Bucht den Namen „Toskana des Sauerlandes" ein. Auf Olivenhaine und mediterrane Vogelarten wird man bei einem Besuch dennoch verzichten müssen. Aufgrund der abgelegenen Lage im Hochsauerland und der teilweise unfruchtbaren Bereiche hat sich bis heute eine land- und forstwirtschaftlich geprägte Kulturlandschaft erhalten. In Teilräumen weist die Medebacher Bucht noch ein von der gebietstypischen traditionellen Landnutzung geprägtes kleinteiliges Nutzungsmosaik mit einem hohen Anteil von Saumstrukturen und Dauergrünländern auf. Auf wenig produktiven Flächen haben sich wertvolle Magerwiesen und Feuchtgrünländer erhalten.

Die Nuhnewiesen weisen einen hohen Anteil artenreicher, unterschiedlich feuchter Grünländer auf. Die selten gewordenen Lebensraumtypen Berg-Mähwiesen und Glatthaferwiesen haben aufgrund ihrer Ausdehnung europaweite Bedeutung. Sie sind von Ackerschlägen, Hecken und Besenginsterflächen durchsetzt. Diese Vielfalt bildet die Grundlage für den Reichtum der hier vorkommenden Tier- und Pflanzenarten. Dies gilt auch für das Gebiet um den Gelängeberg mit seinem großen Spektrum unterschiedlicher Grünlandgesellschaften. Im zentralen Vogelschutzgebiet dient der Bereich vor allem der Vernetzung von Wald- und Offenlandhabitaten. Doch das Gelängebachtal wird heute in weiten Teilen von Intensivweiden bestimmt und einzelne Parzellen wurden in den letzten Jahrzehnten aufgeforstet.

Die frühesten Spuren einer Besiedlung des Sauerlandes bereits in der Steinzeit, werden auf ein Alter von mehr als 50 000 Jahren datiert. Die Römer nahmen nur kurz Einfluss auf die Gegend, nach Beendigung der römischen Vorherrschaft wurde das Sauerland bis zum Ende des 8. Jahrhunderts nach und nach von den aus dem Westen einrückenden Franken in Besitz genommen. Es entstanden Reichshöfe, Klöster und Grafschaften. Im 9. Jahrhundert verfiel das fränkische Reich zusehends. Mit dem beginnenden Zerfall der kaiserlichen Zentralmacht nach dem Tod Karls des Großen setzte auch im Sauerland allmählich die Territorialisierung ein. Der östliche Teil des Sauerlandes mit der Medebacher Bucht gehörte schließlich zur Grafschaft Arnsberg. Das Kölner Erzbistum, das bereits enorme Besitztümer im Sauerland sein Eigen nennen konnte, kaufte Mitte des 14. Jahrhunderts die gesamte Grafschaft. Beim Wiener Kongress im Jahr 1815 wurde das Sauerland als Teil des Herzogtums Westfalen dem Königreich Preußen zugeteilt. Später gehörte es zum Freistaat Preußen, dem größten Gliedstaat des Deutschen Reiches. Dank der abseitigen Lage fern der Verkehrsströme haben sich typische Landschaftsbestandteile bis heute erhalten können und blieben von Flurbereinigungsverfahren verschont. Architektonisch sind vor allem die landwirtschaftlichen Gebäude den hessischen Bautypen (Verbau kräftiger Hölzer, malerische Strebenformen und Schnitzereien) zuzuordnen.

Neuntöter finden in den Wiesen und Weiden der Medebacher Bucht ausreichend Nahrung und sind noch bemerkenswert häufig. Foto: E. Lietzow. Steinhuder Meer, 2.7.2011.

Mit mehr als 138 km² gehören heute über 75 % der Medebacher Bucht zum gleichnamigen EU-Vogelschutzgebiet. Die Ausweisung war 1990 durch den Verein für Natur- und Vogelschutz im Hochsauerlandkreis (VNV) beim Internationalen Rat für Vogelschutz vorgeschlagen und 1998 umgesetzt worden. Von 2005 bis 2009 lief im Vogelschutzgebiet Medebacher Bucht ein LIFE-Projekt der Europäischen Union. Zur Förderung der Landschaftspflege, unter anderem durch Mahd von Brachflächen und das Anlegen von Obstwiesen, gründeten Naturschützer, Landwirte sowie Vertreter von Vereinen und Kommunen den von der Biologischen Station Hochsauerlandkreis geführten „Landschaftspflegeverein Medebacher Bucht".

Typische Vogelarten der Medebacher Bucht, deren Status und günstige Beobachtungszeit (in Klammern)
h = häufiger, r = regelmäßiger, s = seltener; B = Brutvogel, N = Nahrungsgast, D = Durchzügler, W = Wintergast

Art	Status (beste Beobachtungszeit)
Schwarzstorch	rB (Mrz.–Sep.)
Rotmilan	hB, rD (Mrz.–Sep.)
Schwarzmilan	rN (Mai–Jul.)
Turteltaube	rB (Mai–Aug.)
Grauspecht	rB (ganzjährig)
Grünspecht	hB (ganzjährig)
Schwarzspecht	rB (ganzjährig)
Neuntöter	hB (Mai–Aug.)
Raubwürger	rB, rW (ganzjährig)
Kolkrabe	hB (ganzjährig)

Art	Status (beste Beobachtungszeit)
Feldlerche	hB, rD (Mrz.–Aug.)
Feldschwirl	rB (Mai–Jul.)
Ringdrossel	rD (Apr./Mai)
Braunkehlchen	hB, rD (Apr.–Aug.)
Schwarzkehlchen	rB, rD (Mrz.–Sep.)
Gartenrotschwanz	rB, rD (Apr.–Jul.)
Steinschmätzer	rD (Apr./Mai, Sep.)
Wiesenpieper	rB (Mrz.–Aug.)
Bluthänfling	rB (ganzjährig)

Braunkehlchen lassen sich am einfachsten bei der Ansitzjagd auf Buschspitzen, Weidepfählen und Drähten entdecken. Foto: E. Lietzow. Enger Bruch, 16.9.2011.

Besondere Vogelarten und Reisezeit

Mit ihrem offenen Landschaftscharakter und der Vielzahl kleinparzelliger Lebensräume ist die Medebacher Bucht Heimat zahlreicher Offenland sowie Wald bewohnender Vogelarten. Die Fließgewässer Orke und Nuhne bilden die Lebensadern der regenarmen Gegend. In den natürlich fließenden Bächen sind noch Mühlkoppen, Bachneunaugen und Bachforellen zu finden, die die Nahrungsgrundlage der in der Umgebung brütenden Schwarzstörche darstellen. Trotz ihrer Größe sind die scheuen Waldbewohner aber nur selten zu beobachten. Weitaus einfacher sind Rotmilane zu sehen. Häufig kann man den Gabelweihen bei ihren Flugmanövern während der Nahrungssuche über den Wiesen zusehen. Die nahe verwandten Schwarzmilane sind hier seltener, aber ebenfalls regelmäßig anzutreffen. Weltweit bereiten die Bestandsrückgänge der Turteltaube Naturschützern große Sorgen. Im Bereich des Gelängeberges kann man sie mit etwas Glück noch beobachten. Dort sollte man auch auf Grauspechte achten. Ihre Rufe darf man nicht mit denen der häufigeren Grünspechte verwechseln. Aus der Reihe der Spechte seien auch Schwarzspechte erwähnt, die man in den Wäldern westlich von Medebach ebenfalls antrifft. Grünländer, umsäumt von Hecken mit hohem Anteil an Dornsträuchern wie Weißdorn und Schlehe, bieten Würgern ideale Bedingungen. Neuntöter und Raubwürger sind daher die Leitarten dieses Lebensraumes. Die Vorkommen in der Medebacher Bucht sind jeweils die bedeutendsten in ganz Nordrhein-Westfalen. Kolkraben machen durch ihre tief grollenden Rufe auf sich aufmerksam und sind sehr verlässlich zu beobachten. Noch erfreulich häufig sind Feldlerchen in der Medebacher Bucht zu hören. In den Feuchtwiesen sirren Feldschwirle in den Abendstunden ihren an Heuschrecken erinnernden Gesang. Wer im April oder Mai unterwegs ist, sollte in der offenen Landschaft auf rastende Ringdrosseln und Steinschmätzer achten. Die von Grünland dominierte Offenlandschaft der Medebacher Bucht beherbergt mit rund 40 Brutpaaren eines der wichtigsten Vorkommen von Braunkehlchen in Nordrhein-Westfalen. Auch Wiesenpieper und Schwarzkehlchen lassen sich gut beobachten. In den Randbereichen sollte man auf Gartenrotschwänze und Bluthänflinge achten.

Um ein möglichst großes Artenspektrum zu erleben, empfiehlt sich der Besuch im späten Frühjahr oder Frühsommer. Auch die letzten Langstreckenzieher haben dann ihre Reviere besetzt und man kann den Vögeln beim Brutgeschäft zusehen. Landschaftlich ist die Medebacher Bucht durch ein Meer von Blüten dann besonders reizvoll. Im Herbst und Winter geht es hingegen deutlich ruhiger zu. Auch diese Phase des Jahres kann jedoch die eine oder andere interessante Entdeckung mit sich bringen. Raubwürger halten als Charakterart beispielsweise ganzjährig die Stellung.

Beobachtungsmöglichkeiten

Die Medebacher Bucht bietet durch ihren Strukturreichtum eine Vielzahl möglicher Exkursionsziele. Im Folgenden werden zwei Wanderungen durch die typische Kulturlandschaft beschrieben, die gleichzeitig ideale Möglichkeiten zum Studium der Charaktervogelarten ermöglichen.

Die Nuhnewiesen im Süden der Medebacher Bucht am Südufer des Flusses Nuhne bestehen vor allem aus extensiv genutzten Nasswiesen und -weiden. Auf dem 3 km langen „Naturweg Nuhnewiesen“ mit geringen Steigungen lässt sich die Gegend erkunden. Eine Parkmöglichkeit besteht am Friedhof am südlichen Ende der Stadt Hallenberg (1). Von dort führt der ausgeschilderte Rundwanderweg über die Straße „Am Scheidt“ und biegt nach rund 170 m halbrechts nach Süden auf den Weg entlang der alten Bahntrasse ab, von wo aus man einen weiten Blick über das Tal der Nuhne hat. Nach einem Kilometer knickt der Rundwanderweg an der nordrhein-westfälisch-hessischen Landesgrenze nach links ab und führt ab hier unbefestigt nach Osten in die Wiesen hinein. Erste Feldlerchen machen durch ihren Gesang auf sich aufmerksam. Nach weiteren 500 m erreicht man einen größeren Weg und damit den zentralen Bereich der Nuhnewiesen (2). Wiesenpieper sind hier zuverlässig zu sehen und man sollte auch nach Neuntötern Ausschau halten. Biegt man nach rechts ab, kann man den beschriebenen Weg beliebig verlängern. Insbesondere zur Beobachtung von Raubwürgern ist die Verlängerung in den südöstlichen Teil der Wiesen zu empfehlen. Der „Naturweg Nuhnewiesen“ führt hingegen nach links in Richtung Nordwesten weiter und biegt bereits nach nur 200 m erneut links ab. Der Rundwanderweg führt nun vorbei an mehreren Feldlerchen- und Braunkehlchenrevieren durch die Wiesen. Im Bereich einer Infotafel zur Medebacher Bucht (an der Stelle eines früheren, heute jedoch leider nicht mehr existierenden Aussichtsturmes) hat man gute Chancen Feldschwirle zu hören und Schwarzkehlchen zu sehen. Folgt man dem Weg anschließend für weitere 400 m, so erreicht man die alte Bahntrasse und kurze Zeit später wieder den Ausgangspunkt am Parkplatz.

Eine längere Rundwanderung von etwa 9 km Länge startet am Sportzentrum des TuS Medebach (4). Der Ausganspunkt ist Luftlinie etwa 15 km von den Nuhnewiesen entfernt. Entlang dieser Strecke westlich von Medebach über Gelängeberg, die Medeloner Höhe und durch das Gelängebachtal lässt sich die gesamte Vielfalt der Medebacher Bucht erleben. Von den Parkplätzen am Sportzentrum geht es die Schützenstraße etwa 200 m nach Osten (Richtung Hauptstraße) und anschließend rechts entlang des Alten Medeloner Weges nach Südwesten. Am zweiten Stichweg, den man nach rund 850 m am Ende einer Baumreihe und an einer Infotafel erreicht, biegt man rechts ab. An dieser Stelle startet der ausgeschilderte „Naturweg Gelängebachtal", dem man bei der hier beschriebenen Rundwanderung für weite Teile der Strecke folgt. Nach 300 m geht es nach links und vorbei an einem Fichtengehölz. Der Wanderweg führt nun leicht abwärts ins Tal und man erreicht nach Überquerung des Gelängebaches ein Wegekreuz (5), an dem man sich links hält und nach 300 m wieder rechts abbiegt. Man erreicht offenere Bereiche (gute Übersicht zur Greifvogelbeobachtung) und unter Beachtung der Schilder „Naturweg Gelängebachtal" schließlich einen der für die Medebacher Bucht typischen „Ginsterköpfe". Die 426 m hohe Kuppe „Auf dem Knapp" (6) ist von kargen Magerrasen mit Besenginster bedeckt. In diesem Bereich der Strecke sind neben Feldlerchen mit Glück auch Braun- und Schwarzkehlchen sowie Gartenrotschwänze oder sogar Raubwürger zu entdecken. Während des Durchzugs sollte man auf den Flächen rund um den Ginsterkopf auf alljährlich rastende Ringdrosseln und Steinschmätzer achten. Dem Naturweg folgt man weiter (Achtung: am Abzweig vor dem Bach Heimecke nach Norden fehlt ein Wegweiser; Stand Juni 2018) und nach rund 2 km wird wieder das Wegekreuz (5) erreicht, wo man links abbiegt. Insbesondere im letzten Abschnitt vor dem Wegekreuz hat man gute Chancen auf Neuntöter. In Richtung Nordwesten führt der Weg durch arten- und strukturreiches Grünland (7). In diesen Bereichen sind Raubwürger zu finden. Nach gut einem Kilometer endet der Weg hinter einem kleinen Bach an einer T-Kreuzung. An dieser

Ganzjährig kann man in der Medebacher Bucht Raubwürger entdecken.
Foto: E. Lietzow. Dümmer, 30.1.2012.

Die weitläufigen Nuhnewiesen bilden einen landesweiten Verbreitungsschwerpunkt des Braunkehlchens. Foto: C. König. 3.6.2018.

Stelle biegt man rechts ab und folgt der Straße über die Gelänge-Brücke in Kurven den Hügel hinauf und vorbei an einer Bodendeponie. Achtung: Der ausgeschilderte „Naturweg Gelängebachtal" folgt ab hier einer anderen Strecke in großem Bogen über Medebach zurück zum Ausgangspunkt (Gesamtlänge 11,2 km). Hinter dem Eingangstor zur Deponie biegt man rechts ab (weitere gute Stelle für Raubwürger) und läuft durch die Wiesen und entlang eines Wäldchens, in dem Schwarzspechte und Turteltauben vorkommen (8). Der Weg macht zwei 90-Grad-Kurven und verläuft anschließend nach Osten in Richtung Sportzentrum anfangs durch Wiesen, später vorbei an einer Neubausiedlung und Pferdekoppeln, wo man auf Bluthänflinge achten sollte. Rund einen Kilometer nach dem Wäldchen ist der Ausgangspunkt der Wanderung erreicht.

Weitere Freizeitmöglichkeiten

Nur wenige Hundert Meter nördlich vom Parkplatz zum „Naturweg Nuhnewiesen" (1) liegt der historische Stadtkern der Stadt Hallenberg mit zahlreichen malerischen alten Fachwerkhäusern. Der Straßenverlauf der Altstadt geht auf die Zeit um 1780 zurück. Ihren Kern bildet die katholische Pfarrkirche St. Heribert mit Barockausstattung aus dem 13. Jahrhundert. Bereits aus dem 12. Jahrhundert stammt die Wallfahrtskirche Mariä Himmelfahrt. Der historische Petrusbrunnen auf dem Marktplatz wurde 1756 aus Sandsteinplatten errichtet und ist mit einer Petrusfigur vom Anfang des 20. Jahrhunderts bekrönt. Insgesamt findet man in Hallenberg mehr als fünfzig Baudenkmäler.

Christopher König, Christoph Moning, Felix Weiß

Infomaterial/Literatur

Moning C, Weiß F 2010: Vögel beobachten in Norddeutschland. Franckh-Kosmos Verlag, Stuttgart.

www.medebacher-bucht.de; Internetseite zum LIFE- Projekt „Medebacher Bucht – Baustein für Natura 2000" der Biologischen Station Hochsauerlandkreis e. V.

Anfahrt

Mit Bahn und Bus

Nach Medebach gelangt man über die Bahnhöfe Olsberg und Korbach. Von Olsberg nimmt man die Buslinie S 30 bis „Medebach Schulzentrum" oder „Medebach Marktplatz", von Korbach die Linie 550 bis „Medebach Marktplatz". Nach Hallenberg gelangt man vom Bahnhof Olsberg mit der Buslinie S 50 bis „Heinrich-Hugo-Platz, Hallenberg".

Mit dem Auto

Medebach kann von Westen (B 480) über Winterberg, von Norden (B 251) über Brilon und Willingen, von Osten (B 252, B 251) über Korbach sowie von Süden über Hallenberg (B 236) erreicht werden.

Adressen

Naturschutzzentrum – Biologische Station – Hochsauerlandkreis e. V., Am Rothaarsteig 3, 59929 Brilon; Tel.: 02961-9891300; info@biostation-hsk.de; www.biostation-hsk.de

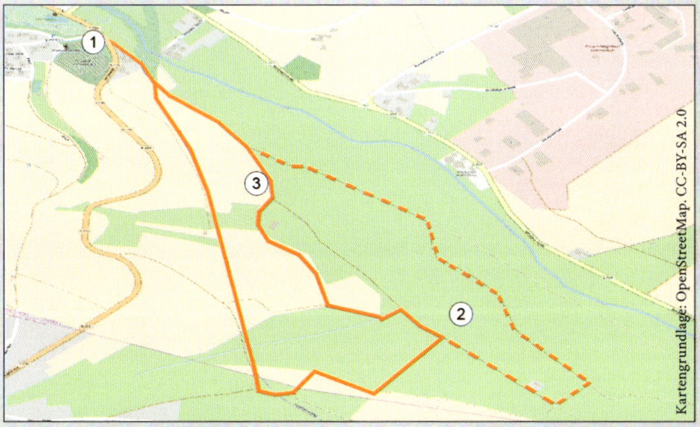

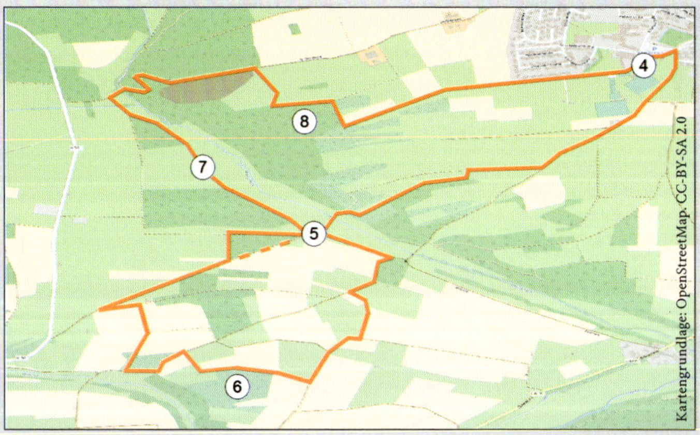

GPS

Parkplatz „Naturweg Nuhnewiesen" (1)	51° 6'26" N	8°37'41" O
Infotafel (ehem. Aussichtsturm) Nuhnewiesen (3)	51° 6'11" N	8°37'60" O
Parkplatz am Sportzentrum Medebach (4)	51°11'33" N	8°42'40" O
Wegekreuz Gelängebachtal (5)	51°11'30" N	8°41'40" O

An den Rändern der offenen Moorflächen finden Baumpieper geeignete Singwarten. Foto: C. König. 22.4.2019.
Stilleking und Ebbemoore

Juwelen des Süderberglandes

Etwa 60 km nordöstlich von Köln prägen ausgedehnte Wälder und Wiesentäler die Landschaft des bis zu 662 m hohen Ebbegebirges im Sauerland. Doch bei genauerer Betrachtung findet man noch weitere interessante Lebensräume, die Rückzugsorte für vielerorts selten gewordene Tier- und Pflanzenarten sind. In den Hochlagen des Ebbegebirges haben sich einige kleine montane Quell-, Übergangs- und Heidemoore gehalten. Vor allem botanische Besonderheiten wie Sonnentau, Moosbeere und der Eisenhutblättrige Hahnenfuß sind hier zu finden. In den ausgedehnten Wäldern werden die Höhlen der Schwarzspechte unter anderem auch von Sperlings- und Raufußkäuzen genutzt. In dieser Landschaft liegt der Stilleking, ein ehemaliger Truppenübungsplatz im Süden der Stadt Lüdenscheid. Die jahrzehntelange militärische Nutzung hat dazu geführt, dass sich dort ohne Düngung ausgedehnte Magerweiden, Zwergstrauchheiden und Buchenwälder entwickelten. Der Stilleking ist heute unter anderem Brutgebiet von Grauspechten und Wiesenpiepern.

Das Ebbegebirge gehört zu den ältesten Gesteinsformationen des Rheinischen Schiefergebirges. Vor etwa 500 Millionen Jahren lagerten sich hier Sedimente in einem offenen Schelfmeer ab. Im Unterkarbon, vor etwa 350 Millionen Jahren, wurde das gesamte Gebiet von der variszischen Gebirgsbildung erfasst und die abgelagerten Gesteine wurden gefaltet und zusammengeschoben. Durch Erosionsprozesse entstand im Laufe der Erdgeschichte schließlich das heutige Sattelgebirge mit seinen charakteristischen Bergrücken und Gebirgsrümpfen. Zahlreiche Schichtverwerfungen kennzeichnen als Resultat der Gebirgsbildung mit einem Wechsel von wasserstauenden und wasserspeichernden Gesteinsschichten die tektonische Situation. Für eine ganzjährige Wasserversorgung und Dauervernässung der bis über 7000 Jahre alten Moorflächen im Ebbegebirge sind aber die hohen Niederschläge von bis zu 1300 mm jährlich eine unabdingbare Voraussetzung. Die Region gehört damit zu den niederschlagsreichsten Gebieten Mitteleuropas. Ursache dafür ist vor allem die Ausrichtung des Gebirges quer zu den vorherrschenden Südwestwinden. Die von Westen eingetragenen in der Luft gelösten Wassermassen regnen an den Gebirgsketten des Sauerlandes durch Aufsteigen und somit Kondensation ab. Die höchsten Niederschlagswerte werden im Oktober und Dezember erreicht, die niedrigsten im Mai. Etwa ein Viertel der Niederschläge fällt als Schnee.

Wiesenpieper sind in Nordrhein-Westfalen nur noch sehr lückenhaft verbreitet, sodass die Vorkommen am Stilleking eine Besonderheit darstellen.

Foto: E. Lietzow. Sylt, 15.4.2018.

Man nimmt an, dass die erste Besiedlung des Ebbegebirges vor etwa 6000 bis 7000 Jahren stattfand. Unterschiedlich starke Siedlungstätigkeiten lassen sich während der weiteren Kulturentwicklung für die Bronzezeit und die Eisenzeit nachweisen. Für die Bronzezeit lässt sich anhand von Pollenanalysen außerdem die Entwicklung buchenreicher Hutewälder belegen. Eisenverhüttung und -verarbeitung haben im Mittelalter durch enormen Holzeinschlag zu einer umfassenden Umwandlung in Buchen-Niederwälder und Eichen-Birken-Niederwälder geführt. Die Prozesse der Waldveränderung hielten bis in die Neuzeit an und erreichten erst da ihre größte Ausdehnung. Der Holzbedarf der Industrialisierung und der beiden Weltkriege vernichtete die ursprünglichen Laubwälder im Ebbegebirge nahezu vollständig, Kahlflächen wurden großflächig mit Nadelgehölzen aufgeforstet. Zum Glück wurden die erkennbar vermoorten Bereiche jedoch mit Weitsicht von diesen Aufforstungen ausgenommen und damit ein Grundstein für den Schutz der Ebbemoore gelegt. Heute sind viele Moorflächen, von denen früher möglicherweise auch einige zusammenhängend waren, separiert. Häufig sind sie von Fichtenbeständen umgeben. Durch die gezielte Entfernung von Fichten aus den Moorflächen und vom Moorrand wird den Entwicklungen in den Mooren wieder mehr Raum gegeben. Natürlich vorkommende Laubgehölze wie Moorbirke und Erle werden gefördert. Die Kleinstmoore im Ebbegebirge weisen in Abhängigkeit von kleinräumigen Reliefunterschieden alle Übergänge von echten Hochmoorkomplexen bis hin zu Niedermooren auf. Das heutige, im Rahmen der FFH-Richtlinie geschützte Gebiet „Ebbemoore" umfasst gut 1000 ha.

Der Stilleking, dessen Name auf eine alte Hoflage östlich des Gebiets zurückgeht, stellt einen Sonderstandort des Ebbegebirges dar. Seit den 1930er Jahren wurde das Gelände als Truppenübungsplatz und Panzerübungsgelände genutzt. Mit seinen Steilhängen, flachen Kuppen und einem Mosaik aus Offenland und Waldstücken bot das Gelände ideales Areal für die militärische Nutzung. Der Panzerbetrieb schuf offene Bodenstellen ohne Humus, auf denen sich nährstoffarme Borstgrasrasen entwickelten. Fehlende landwirtschaftliche Düngung ermöglichte die Bildung ausgedehnter Magerweiden und Zwergstrauchheiden. Trockene Kuppenlagen sind von Besenheide, Feldthymian und dem leuchtend gelb blühenden Färberginster bewachsen. Anfang der 1990er Jahre wurde der Übungsbetrieb eingestellt und die militärische Nutzung aufgegeben. Ein Großteil des mehr als 150 ha großen Areals wurde in ein Naturschutzgebiet umgewandelt. Seit 2002 grasen am Stilleking etwa 40 Heckrinder ganzjährig auf einer etwa 60 ha

Typische Vogelarten im Gebiet, deren Status und günstige Beobachtungszeit (in Klammern)
h = häufiger, r = regelmäßiger, s = seltener; B = Brutvogel, N = Nahrungsgast, D = Durchzügler, W = Wintergast

Art	Status (beste Beobachtungszeit)	Art	Status (beste Beobachtungszeit)
Wespenbussard	sB, rD (Mai–Aug.)	Raubwürger	sW (Nov.–Mrz.)
Habicht	sB (ganzjährig)	Kolkrabe	rB (ganzjährig)
Rotmilan	rN, sB (Mrz.–Okt.)	Feldlerche	hB (Mrz.–Nov.)
Schwarzmilan	sN, sB (Apr.–Jul.)	Waldlaubsänger	rB (Apr.–Jun.)
Baumfalke	sB (Mai–Aug.)	Waldbaumläufer	rB (ganzjährig)
Hohltaube	rB (Mrz.–Sep.)	Ringdrossel	sD (Apr., Okt.)
Grauspecht	sB (ganzjährig)	Trauerschnäpper	rB (Apr.–Jun.)
Grünspecht	rB (ganzjährig)	Steinschmätzer	rD (Mai, Sep.)
Schwarzspecht	rB (ganzjährig)	Baumpieper	rB (Apr.–Sep.)
Mittelspecht	sB (ganzjährig)	Wiesenpieper	sB (Mrz.–Okt.)
Kleinspecht	sB (ganzjährig)	Fichtenkreuzschnabel	rB (ganzjährig)
Neuntöter	hB (Mai–Aug.)	Bluthänfling	rB (Mrz.–Okt.)

Der Gesang der Feldlerchen ist am Stilleking zur Brutzeit noch allgegenwärtig. Foto: E. Lietzow. Sylt, 18.4.2018.

großen Weidefläche im Zentrum des Gebiets.

Besondere Vogelarten und Reisezeit

Bei einem Besuch im Ebbegebirge sollte man den Luftraum stets gut im Auge behalten. So ergeben sich die besten Chancen, die scheuen und heimlichen Schwarzstörche einmal zu Gesicht zu bekommen. Deutlich einfacher sind die verschiedenen Greifvogelarten der Region zu entdecken. Wespenbussarde, Habichte, Rot- und seltener auch Schwarzmilane kreisen am Himmel, am Stilleking auch Baumfalken. Mittel-, Klein-, Bunt-, Schwarz-, Grün- und Grauspechte kommen vor. Hohltauben und selten auch Raufuß- und Sperlingskäuze nutzen die von Spechten angelegten Höhlen zur Brut. Die halboffene Landschaft des ehemaligen Truppenübungsplatzes Stilleking mit eingestreuten Gebüschstrukturen ist von Neuntötern besiedelt. Während diese den Winter südlich der Sahara verbringen, nehmen Raubwürger ihre Plätze ein. Kolkraben sind im Ebbegebirge weit verbreitet und ihre lauten Rufe selbst auf große Entfernung zu hören. Im Vogelkonzert am Stilleking kann man zwischen den Gesängen der Feldlerchen und Baumpieper auch noch

Die großräumigen Weideflächen des ehemaligen Truppenübungsplatzes Stilleking sind Brutgebiet von Wiesenpiepern. Foto: C. König. 22.4.2019.

Wiesenpieper hören. Waldlaubsänger, Waldbaumläufer und Trauerschnäpper lassen sich in den größeren Waldgebieten entdecken. Zu den Zugzeiten ist der Stilleking ein beliebter Rastplatz von Ringdrosseln und Steinschmätzern. Bluthänflinge nutzen die samenreichen Flächen ganzjährig. In den Nadelwäldern des Ebbegebirges brüten auch Fichtenkreuzschnäbel.

Der Besuch der Ebbemoore ist ganzjährig empfehlenswert, da sich viele der interessanteren Vogelarten das ganze Jahr über im Gebiet aufhalten. Besonders stimmungsvoll ist der Besuch im späten Frühjahr, wenn auch Waldlaubsänger und Trauerschnäpper ihre Gesänge vortragen. Die Spechte werden zu dieser Zeit allerdings schon merklich ruhiger, sodass man sich vorab überlegen sollte, welche Arten besonders im Fokus stehen. Der ehemalige Truppenübungsplatz Stilleking hat vor allem zur Brutzeit, besonders im April/Mai seinen Reiz. Die Artenvielfalt ist am höchsten, die Vegetation steht in voller Pracht und auch die Niederschlagswahrscheinlichkeit ist am geringsten.

In den Nadelwäldern um die Ebbemoore lassen sich Fichtenkreuzschnäbel beobachten. Foto: E. Lietzow. Dammer Berge, 6.4.2010.

Beobachtungsmöglichkeiten

Für einen Besuch des Stilleking bietet sich der Start am Wanderparkplatz (1) unterhalb des Homertturms an. Hier beginnt der rund 6,4 km lange Rundweg „Ochsentour", der über eine Ergänzungsstrecke auf 7,8 km verlängert werden kann. Vom Parkplatz aus überquert man die Werkshagener Straße und folgt der kleinen Straße bergauf, um bereits nach etwa 400 m eine Schutzhütte und den 1893 erbauten Homertturm (2) zu erreichen. Dieser kann von April bis Oktober an Sonn- und Feiertagen von 11 bis 17 Uhr gegen eine geringe Gebühr bestiegen werden. Von hier führt der Rundweg auf einem Waldweg durch von Fichten dominierten Wald. Etwa 1,4 km nach dem Start am Wanderparkplatz erreicht man die große Weidefläche (3) des Stilleking. Es lohnt sich, hier einen Moment zu verweilen und mit Blick hinab auf das ehemalige Panzerübungsgelände und über die umliegenden Wälder nach und nach die Vogelarten des Gebiets zu entdecken. Der Wanderweg führt nun im Uhrzeigersinn einmal um die komplette Weidefläche herum. Gerade auf dem ersten Stück entlang des Waldrandes sollte man auf Schwarzspechte achten, in den Büschen nördlich des Weges auf Neuntöter. Der Gesang der Feldlerchen prägt die Geräuschkulisse im Sommerhalbjahr. Der westliche und nordwestliche Teil ist im weiteren Verlauf besonders zur Beobachtung von Baum- und Wiesenpiepern geeignet. Nach etwa 1,2 km biegt der Weg in Richtung Osten ab und führt entlang eines Fichtenwalds ins Tal hinab. Dort durchquert man einen feuchten Wald und erreicht die nordöstlichen Bereiche der Weidefläche. Etwa 100 m nachdem man eine Holzbrücke passiert hat, erreicht man auf einer kleinen Anhöhe mit Bank ein Wegekreuz. Für die 5-km-Variante folgt man dem Weg hier für weitere 600 m geradeaus und durch mehrere Feldlerchen-Reviere bis zum nordöstlichen Ende des Stilleking, wo der Weg scharf nach rechts und Richtung Süden abknickt. Es lohnt sich aber durchaus, die erweiterte Route zu nutzen, die nach Norden durch das Tal des Baches Normecke führt. Hier hat man Chancen auf Hohltauben und Grauspechte. Vorbei an einem alten Panzerwaschplatz erreicht man schließlich wieder die Heckrindweide und den Rundweg der Ochsentour. Etwa 850 m führt der Weg entlang des Zauns über die Offenlandfläche, bis man die Stelle erreicht, an der man die Rundtour um die Weide begonnen hat. Auf bekanntem Weg geht man dann über den Homertturm zurück zum Parkplatz.

Die Ebbemoore lassen sich auf verschiedenen Routen nördlich des Meinerzhagener Stadtteils Valbert erkunden. Zwei der Rundwege beginnen an der Ebbestraße (L 707) im Bereich des Wanderparkplatzes zur Nordhelle, dem mit 663 m Höhe höchsten Berg des Ebbegebirges. Der etwa 3,6 km lange Rundweg zum Naturschutzgebiet „Wilde Wiese" verläuft vom Parkplatz aus in südlicher Richtung auf einem Waldweg („Alter Valberter Skiweg") parallel zur Straße. Nach 1,4 km erreicht man ein Wegekreuz, an dem man links abbiegt. 700 m weiter hält man sich rechts und folgt dem „Auerhahnbergweg". Der Name weist darauf hin, dass dies eines der letzten Gebiete war, in denen Auerhühner in Nordrhein-Westfalen bis in die 1950er Jahre gebrütet haben. Wiedereinbürgerungsversuche um 1960 misslangen. Nachdem man dem Weg für etwa 500 m gefolgt ist, erreicht man das Ebbemoor „Wilde Wiese" (4). Auf einem Bohlenweg geht es nun am Rand des Kleinods entlang. An der Nordseite des Moores mündet der Weg auf einen Wanderweg („Südhangweg“). Hier biegt man links ab und erreicht in weniger als 500 m den Ausgangspunkt am Parkplatz. Um das Kammmoor westlich der Straße zu besuchen, folgt man anfangs erneut dem Waldweg parallel zur Straße nach Süden. Nach gut 500 m führt ein keiner Stichweg zur Straße. Diese muss man etwa 200 m auf dem breiten Seitenstreifen entlanggehen, um anschließend auf der gegenüberliegenden Seite in den „Hubertusweg“ einzubiegen. Der erste Teil der Strecke führt auf einer für den Straßenverkehr gesperrten Asphaltstraße durch älteren Nadelwald, in dem Sperlings- und Raufußkäuze sowie Fichtenkreuzschnäbel vorkommen. Einige Hundert Meter später erreicht man von Laubhölzern dominierte Bereiche. Hier sollte man auf den Gesang der Waldlaubsänger achten. An einer Lichtung mit Picknickplatz biegt man rechts in den „Kammweg“ ab und geht auf einem Schotterweg weiter durch abwechslungsreichen Wald mit Vorkommen von Klein- und Schwarzspechten. Nach gut 1 km erreicht man das etwa 8 ha große Kammmoor (5). Hier brüten Baumpieper und die offene Landschaft ermöglicht den Blick in den Himmel, wo oft Habichte, Rotmilane und Kolkraben kreisen.

Weitere Freizeitmöglichkeiten

Im Phänomenta Lüdenscheid, dem ersten Science-Center Nordrhein-Westfalens, lässt sich die Welt der Wissenschaft hautnah erleben. Physik und Technik werden durch Experimente zum Mitmachen zu einem Erlebnis. Das Museum bietet Besuchern unter anderem 180 interaktive Exponate. Eintauchen in eine Seifenblase, ein begehbares Kaleidoskop oder die unendliche Tonleiter warten darauf, erforscht und ausprobiert zu werden.

Christopher König, Christoph Moning, Felix Weiß

Infomaterial/Literatur

Salm P, Beckers B, Klein A, Koch K, Krafft H, Obergruber H, Schubert W & U Siebel 2014: Naturschätze Südwestfalens entdecken. 50 ausgewählte Gebiete für Naturliebhaber. Zwickau.

Anfahrt

Mit Bahn und Bus

Die nächsten Bahnhöfe sind Lüdenscheid und Meinerzhagen. Von dort ist sowohl der Parkplatz am Homertturm als auch der Wanderparkplatz Nordhelle vom 1. Mai bis 3. Oktober mit dem „NahTourBus“ 252 sonn- und feiertags jeweils viermal täglich erreichbar. Bis zum Homertturm sind es 20 bzw. 55 Minuten, bis zur Nordhelle 50 bzw. 25 Minuten Fahrt.

Mit dem Auto

Den Parkplatz am Homertturm (1) erreicht man über die A 45 Abfahrt Lüdenscheid-Süd (15) stadteinwärts und die Werkshagener Straße. Der Parkplatz Nordhelle ist von Süden kommend über die A 45 Abfahrt Meinerzhagen (16) und die L 539 erreichbar. Aus Richtung Norden nimmt man die Abfahrt Lüdenscheid-Süd (15) und folgt der L 561 über Herscheid und der L 696 über Reblin.

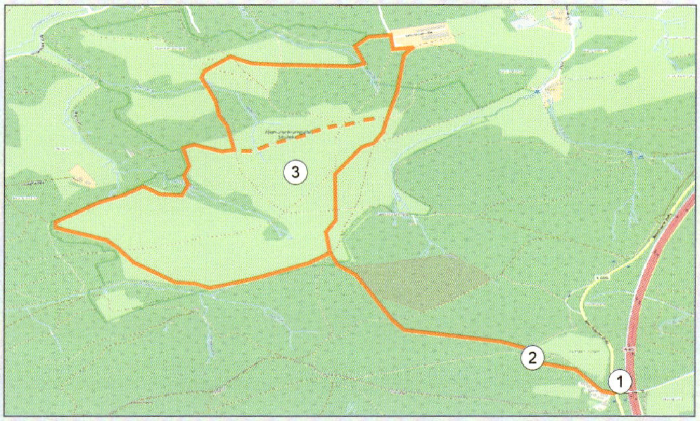

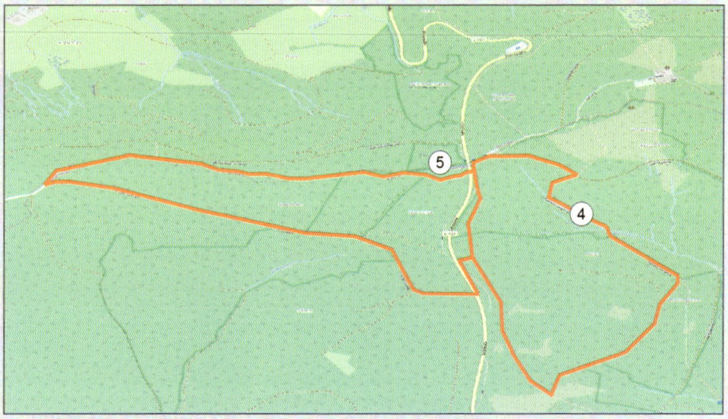

GPS		
Parkplatz Homertturm (1)	51°10'35" N	7°38'58" O
Parkplatz Nordhelle	51°08'38" N	7°44'47" O

Eine Heckrindherde sorgt dafür, den offenen Charakter der Kiebitzwiese zu erhalten. Foto: C. König. 20.6.2019.

Kiebitzwiese und Apricke

Heckrinder als Landschaftspfleger

Im Übergangsgebiet von Ruhrgebiet und Sauerland liegen mit dem NSG Kiebitzwiese und dem ehemaligen Truppenübungsplatz Apricke zwei zur Vogelbeobachtung interessante Gebiete mit verhältnismäßig junger Geschichte. Beide Gebiete wurden über lange Zeit stark durch menschliche Nutzungen geprägt. Erst seit wenigen Jahren steht die Natur wieder im Vordergrund und seltene Lebensräume und Arten werden mit großem Aufwand erhalten oder wiederhergestellt. Beide Gebiete haben gemein, dass zur Landschaftspflege unter anderem Heckrinder eingesetzt werden. Die Kiebitzwiese wird vor allem von verschiedenen Wasser- und Watvogelarten genutzt, aber auch Neuntöter und Schwarzkehlchen lassen sich hier beobachten. Diese findet man ebenfalls auf dem ehemaligen Truppenübungsplatz Apricke, dazu unter anderem Grau- und Schwarzspechte.

Das NSG Kiebitzwiese, rund 11 km südöstlich von Unna gelegen, umfasst Grünlandflächen der Fröndenberger Ruhraue. Während der Saaleeiszeit bis vor etwa 128 000 Jahren reichte die Vergletscherung Norddeutschlands bis an den Haarstrang heran, das Ruhrtal wurde jedoch vermutlich nicht erreicht. Die Oberflächengestalt des Ruhrtals wurde dennoch durch den Wechsel der Kalt- und Warmzeiten mit den Prozessen der Aufschotterungen und Eintiefungen geformt, Haupt- und Niederterrassen bildeten sich aus. Im Bereich Fröndenberg wurden erste Spuren menschlicher Besiedlung in Form eines Dorfes aus der Eisenzeit (800 bis 100 v. Chr.) ausgegraben. Die frühesten Grabungen nach Kohle werden auf das Jahr 1575 datiert. Steinkohle wurde ab dem 18. Jahrhundert bis zur Mitte des 19. Jahrhunderts und noch einmal nachkriegsbedingt bis in die 1950er Jahre über Stollen abgebaut. Später nahm die Ketten- und Papierindustrie in der Region eine zentrale Rolle ein. Doch maßgeblichen Einfluss auf den Bereich der heutigen Kiebitzwiese hatten seit Anfang des 20. Jahrhunderts vorwiegend der Wasserbau und die Elektrizitätsgewinnung. Um 1840 war die Kiebitzwiese noch ein zusammenhängendes Grünlandgebiet an der unregulierten und durch Inseln und Uferabbrüche gekennzeichneten Ruhr. Mit dem Bau des Wasserkraftwerks Schwitten 1923 und mehreren Wehranlagen wurde dem Fluss seine Dynamik genommen. Die Ruhraue wurde weiträumig trockengelegt und fortan für den Ackerbau genutzt. Der

Anteil der Wiesen und Weiden sank bis in die 1970er Jahre auf weit unter 50 %. Ein erster Schritt in Richtung Wiederherstellung der Aue wurde 2002 durch die Ausweisung als Naturschutzgebiet mit dem Ziel der Wiederherstellung einer grünlandbetonten Auenlandschaft erlangt. Doch die Verhandlungen über konkrete Maßnahmen gestalteten sich schwierig. Einziger Erfolg blieb anfangs die Begründung einer Heckrindherde zur langfristigen Erhaltung offener und halboffener Lebensraumstrukturen. Der Durchbruch der Gebietsentwicklung gelang 2011 mit der Wiedervernässung durch einen Stichgraben zum Rammbach, einem Nebenfluss der Ruhr. Innerhalb weniger Tage bildeten sich Flachwasserbereiche. Seit 2013 kann die einlaufende Wassermenge über einen Schieberegler noch exakter reguliert werden und 2016/2017 wurden zwei Gräben ausgehoben, um den Zufluss auch im westlichen Teil des Gebiets zu gewährleisten. Heute prägen großflächige Feuchtgrünländer und flache Blänken die Kiebitzwiese. In vielen Bereichen haben sich dichte Hochstaudenfluren entwickelt. Die offenen Wasserflächen sind Anziehungspunkt für zahlreiche Wasservögel.

Der frühere Standortübungsplatz Apricke liegt etwa 8 km östlich von Iserlohn am Nordrand des Sauerlandes. Das Gestein hier entstand vorwiegend während des Devons vor rund 380 Millionen Jahren, als das Gebiet Teil eines seichten Meeres war, das damals weite Teile Nordrhein-Westfalens bedeckte. Tonschiefer und Kalkstein bestimmen die Geologie. Für die Umgebung von Apricke sind erste menschliche Spuren aus der Bronzezeit (2200 bis 800 v. Chr.) belegt. Die Lebensweise war über Jahrhunderte bäuerlich geprägt, bis im 16. Jahrhundert die metallverarbeitende Industrie entstand. Während des Ersten Weltkriegs profitierte die lokale Industrie von einer Umstellung auf Rüstungsprodukte. Die Zivilbevölkerung litt allerdings unter unzureichender Versorgung und Epidemien. Anfang der 1930er Jahre führte der Höhepunkt der Weltwirtschaftskrise zur Schließung zahlreicher Industriebetriebe in der Umgebung von Apricke. 1934 wurde die benachbarte Stadt Hemer Garnisonsstadt. Getreidefelder um Apricke sollten Übungsgelände der Wehrmacht werden, rund 200 Bauern wurden enteignet. Doch nach Beginn des Zweiten Weltkriegs wurden die Pläne geändert und auf dem Gebiet entstand eines der größten Kriegsgefangenenlager des Dritten Reiches. Im April 1945 befreite die US-Armee das Lager friedlich. Für zehn Jahre nutzten anschließend belgische Truppen das etwa 360 ha große Gelände. Mit Einführung der Allgemeinen Wehrpflicht 1956 wurde Hemer mit dem Übungsplatz Apricke zu einem der ersten Standorte der Bundeswehr. Nachdem sich die Zahl der stationierten Soldaten schon in den 1990er-Jahren zunehmend reduzierte, wurden 2007 auch die letzten Soldaten abgezogen und die Kaserne geschlossen. Der ehemalige Standortübungsplatz Apricke wurde von der Stadt Hemer und der NRW-Stiftung erworben mit dem Ziel, das Gebiet sowohl für den Naturschutz als auch die Naherholung zu optimieren. Heute wird das Gelände extensiv mit Heckrindern, Dülmener Wildpferden sowie einer Schafherde und Ziegen beweidet. Im Westen ist das Gebiet von nährstoffarmem Grünland auf kalkhaltigen Böden geprägt, weiter östlich wechseln artenreiche Glatthaferwiesen mit naturnahem Laubwald. Im Nordosten entwickelt sich kleinräumig Heide. Rund 60 ha des Gebiets sind eingezäunt, um die Flächen vor Störungen zu bewahren. Nahe des Eingangs wurde ein Obstsortengarten mit fast 200 Sorten angelegt.

Besondere Vogelarten und Reisezeit

Das NSG Kiebitzwiese wird im Jahresverlauf von zahlreichen Vogelarten genutzt. Mehr als 160 Arten sind inzwischen nachgewiesen worden. Auch wenn hin und wieder nordische Gän-

Die weitläufigen Grasländer des ehemaligen Truppenübungsplatzes Apricke werden von Heckrindern, Pferden, Schafen und Ziegen beweidet.
Foto: C. König. 20.6.2019.

Weißstörche nutzen das NSG Kiebitzwiese regelmäßig zur Nahrungssuche und haben 2019 erstmals erfolgreich auf der angebotenen Nisthilfe gebrütet. Foto: E. Lietzow. Dümmer, 5.8.2013.

se das Gebiet zur Rast nutzen, dominieren unter den Gänsen eher die hier auch brütenden Neozoen. Ganzjährig mit bis zu 200 Individuen auffallend zahlreich sind Kanadagänse. Nilgänse haben ebenfalls schon dreistellige Zahlen erreicht, während Rostgänse nur in kleiner Zahl vorkommen. Im Winterhalbjahr suchen Pfeif- und Krickenten die Gewässer der Kiebitzwiese auf, während Gänsesäger die angrenzende Ruhr nutzen. Vor der Brutsaison 2012 wurde eine Storchennisthilfe in der Kiebitzwiese aufgestellt, 2019 brüteten dann erstmals Weißstörche im Gebiet erfolgreich. Unter den Greifvögeln nutzen Rot- und Schwarzmilane sowie Baumfalken das Gebiet zur Nahrungssuche. Der namensgebende Kiebitz ist nach vielen Jahren der Abwesenheit als Brutvogel auf „seine" Wiese zurückgekehrt. Zu den regelmäßig rastenden Limikolenarten gehören Bekassinen, Wald- und Bruchwasserläufer. Eisvögel nutzen die Gewässer ganzjährig. Neuntöter und Schwarzkehlchen sind seltene Brutvögel, während Braunkehlchen und Wiesenschafstelzen nur auf dem Durchzug anzutreffen sind. Im Winter nutzen Wiesen- und Bergpieper die Kiebitzwiese.

Luftlinie etwa 10 km südlich des NSG Kiebitzwiese bieten die Offenländer des ehemaligen Truppenübungsplatzes Apricke ein etwas anderes Vogelartenspektrum. Neben Rotmilanen kann man hier am Himmel mit Glück auch Wespenbussarde und Kolkraben beobachten. Die umgebenden Wälder sind Brutgebiet von Hohltauben, Grün-, Grau- und Schwarzspechten. Regelmäßige Brutvögel und zur richtigen Jahreszeit leicht zu beobachten sind Neuntöter. Der Gesang von Feldlerchen und Baumpiepern schallt weit über die offenen Flächen, die auf dem Durchzug gerne von Steinschmätzern zur Rast genutzt werden. Gebüschstrukturen werden von Schwarzkehlchen genutzt, die seit 2014 hier brüten. In den mit Nadelwald bestandenen Randbereichen kommen Fichtenkreuzschnäbel vor. Als herpetologische Besonderheit kann man im Sommer nach Einbruch der Dunkelheit den Rufen der Geburtshelferkröten lauschen.

Beide Gebiete lohnen vor allem zur Brutzeit einen Besuch. Während die Kiebitzwiese aber auch ganzjährig attraktive Vogelarten zu bieten hat, wird es im Winter auf dem ehemaligen Übungsplatz Apricke recht ruhig.

Beobachtungsmöglichkeiten

Die Kiebitzwiese verfügt über keinen Rundweg, lässt sich aber durch mehrere Wanderwege Stück für Stück erkunden. Seit 2011 bildet ein Beobachtungshügel (1) mit Sichtschutz den zentralen Anlaufpunkt für Vogelbeobachter. Er liegt knapp südlich der Werner-von-Siemens-Straße, an der sich Parkmöglichkeiten befinden. Der Hügel entstand aus angefallenem Bodenaushub für ein neues Gewässer im westlichen Bereich der Kiebitzwiese. Es lohnt sich einige Zeit zu verweilen und die von hier aus gut zu überblickenden Gewässer und Grünländer nach interessanten Vogelarten abzusuchen. Vor allem Gänse und Enten, aber auch die zur Zugzeit im Gebiet rastenden Limikolen sind von hier aus meist am besten zu beobachten. Ganzjährig lassen sich Grünspechte und Eisvögel entdecken. Zur Brutzeit lohnt es sich die Zäune nach Neuntötern und Schwarzkehlchen abzusuchen, auf dem Durchzug rasten hier Braunkehlchen. Im Winter sollte man die Gewässerränder auf Wiesen- und Bergpieper sowie Bekassinen kontrollieren. Von den Parkmöglichkeiten an der Werner-von-Siemens-Straße führt ein Wanderweg am Rand der Kiebitzwiese und an einem Gehölzstreifen entlang nach Südwesten, bis nach knapp 1 km ein Stauwehr der Ruhr (2) erreicht wird. In diesem Bereich sind ganzjährig Gebirgsstelzen zu finden, im Winter auch Gänsesäger. Der Wanderweg führt noch für insgesamt 900 m weiter am Ruhrufer entlang, wo gute Chancen auf Eisvögel bestehen. Ein weiterer rund 1,4 km langer Stichweg beginnt an den Parkmöglichkeiten am östlichen Ende der Werner-von-Siemens-Straße. Von hier aus führt der Weg zwischen Kiebitzwiese und Äckern nach Osten um den östlichen Teil der Kiebitzwiese (3). Dieser zeichnet sich durch ausgedehnte Hochstaudenfluren mit Gebüschstrukturen aus, die Neuntöter zur Brut nutzen. Der hintere Teil des Wegs führt direkt am von Eisvögeln frequentierten Ufer der Ruhr entlang. Während die Wege im Gebiet nur zu Fuß begehbar sind, kann der Beobachtungshügel auch mit dem Fahrrad erreicht werden. Nur wenige Meter nördlich führt der Ruhrtal-Radweg vorbei.

Kanadagänse nutzen die Ruhraue und das Naturschutzgebiet Kiebitzwiese in großer Zahl.
Foto: E. Lietzow. Enger Bruch, 9.1.2018.

Der ehemalige Truppenübungsplatz Apricke lässt sich über mehrere unterschiedlich lange Rundwege erkunden, die am kostenlosen Parkplatz am Felsenmeerstadion (4) starten. Von hier führt der Weg auf einer breiten ehemaligen Panzerstraße nach Norden am westlichen Rand der Offenfläche entlang. Bereits nach wenigen Metern erreicht man erste Feldlerchenreviere. Im Westen befindet sich der Sauerlandpark Hemer, ein Freizeitpark auf dem ehemaligen Gelände der Landesgartenschau 2010. In dem bewaldeten Areal leben Grünspechte und Hohltauben. Wer nur eine kurze Runde durch den Südteil des ehemaligen Übungsgeländes machen möchte, der kann bereits nach 550 m an einer ehemaligen Panzerwäsche rechts abbiegen und im Uhrzeigersinn in einem rund 1,5 km langen Bogen wieder zurück zum Parkplatz laufen. Für eine längere Variante folgt man der Straße weiter nach Norden und erreicht hinter der Panzerwäsche einen Bereich, in dem sich Neuntöter gut beobachten las-

Typische Vogelarten, deren Status und günstige Beobachtungszeit (in Klammern)
h = häufiger, r = regelmäßiger, s = seltener; B = Brutvogel, W = Wintergast, N = Nahrungsgast, D = Durchzügler
K = Kiebitzwiese, A = Apricke

Art	Status (beste Beobachtungszeit)	Art	Status (beste Beobachtungszeit)
Kanadagans	rB, hN, hW (ganzjährig) K	Hohltaube	rB (ganzjährig) A
Nilgans	rB, hN, rW (ganzjährig) K	Eisvogel	rN (ganzjährig) K
Rostgans	sB, rN, rW (ganzjährig) K	Grünspecht	hN (ganzjährig) K, A
Pfeifente	rD, rW (Okt.–Mrz.) K	Grauspecht	sB (ganzjährig) A
Krickente	rD, rW (Sep.–Apr.) K	Schwarzspecht	rB (ganzjährig) A
Gänsesäger	rW (Nov.–Mrz.) K	Neuntöter	rB, rD (Mai–Aug.) K, A
Wespenbussard	rN (Mai–Aug.) A	Kolkrabe	rN (ganzjährig) A
Weißstorch	sB, rN (Mrz.–Sep.) K	Feldlerche	hB, rD (Mrz.–Nov.) A
Rotmilan	sB, rN (Mrz.–Okt.) K, A	Braunkehlchen	rD (Apr./Mai, Aug./Sep.) K, A
Schwarzmilan	sB, rN (Apr.–Jul.) K	Schwarzkehlchen	sB, rD (Mrz.–Okt.) K, A
Baumfalke	sB, sN (Mai–Sep.) K	Wiesenpieper	rD, rW (Okt.–Apr.) K
Bekassine	rD, rW (Sep.–Apr.) K	Baumpieper	rB, rD (Apr.–Jul.) A
Waldwasserläufer	rD (Mrz./Apr., Jun./Jul.) K	Bergpieper	rW (Okt.–Apr.) K
Bruchwasserläufer	rD (Apr./Mai, Jul./Aug.) K	Fichtenkreuzschnabel	rB (ganzjährig) A

Der Gesang von Feldlerchen erfüllt im Frühjahr die offene Landschaft des ehemaligen Truppenübungsplatzes Apricke. Foto: E. Lietzow. Sylt, 18.4.2018.

sen (5). Auch auf die im Vergleich zum Grünspecht trauriger klingenden Rufe der Grauspechte sollte man hier achten. Der Weg macht einen Bogen und führt nun direkt nach Osten vorbei an weiteren Feldlerchen und Neuntötern. Nach 1,8 km erreicht man eine Beobachtungsplattform (6) mit Blick in den nördlich angrenzenden Kalksteinbruch und etwa 200 m weiter eine T-Kreuzung. Hier besteht die nächste Möglichkeit, den Rückweg einzuschlagen. Biegt man hier rechts in Richtung Süden ab, führt der Weg im Uhrzeigersinn rund um die große Offenlandfläche zurück zum Ausgangspunkt. Diese Variante hat eine Gesamtlänge von etwa 4,3 km. Für die komplette Runde hält man sich an der T-Kreuzung links und läuft damit in einem großen Bogen um die Ortschaft Apricke herum, die vollständig vom ehemaligen Truppenübungsplatz umschlossen ist. Im nördlich angrenzenden von Nadelholz dominierten Wald brüten Fichtenkreuzschnäbel. Etwa 800 m nach der T-Kreuzung besteht die Möglichkeit, die Strecke abermals durch einen Stichweg in den nordöstlichen Teil des Gebiets zu verlängern. Die offene Landschaft ist hier von kleineren Gebüschgruppen durchsetzt. Ideale Bedingungen für Neuntöter. Der Rundweg führt weiter nach Süden in bewaldetere Bereiche (7). Neben Baumpiepern kommen hier auch Grün- und Grauspechte vor. Nach insgesamt 4,5 km hat man die Ortschaft Apricke umrundet und erreicht wieder die offenen Flächen des ehemaligen Übungsgeländes. Der Weg verläuft anfangs nach Westen und knickt dann nach Süden ab. Unterwegs sollte man auf Feldlerchen, Neuntöter und Schwarzkehlchen achten. Dort, wo der eingangs erwähnte Weg von der

Die ehemaligen Panzerstraßen dienen heute Erholungssuchenden als Wegenetz. Foto: C. König. 20.6.2019.

GPS		
Beobachtungshügel Kiebitzwiese (1)	51°28'26" N	7°48'02" O
Ruhrstauwehr Kiebitzwiese (2)	51°28'06" N	7°47'41" O
Parkplatz am Felsenmeerstadion (4)	51°22'59" N	7°47'15" O
Plattform am Steinbruch Apricke (6)	51°23'30" N	7°48'03" O

Panzerwäsche wieder auf den Rundweg trifft, startet der Obstsortengarten Hemer. Die letzten rund 750 m des Weges führen an zahlreichen Apfel-, Birn-, Kirsch- und Zwetschgenbäumen vorbei zurück zum Parkplatz am Stadion. Die lange Variante des Rundwegs ist insgesamt 6,5 km lang. Da die Rundwege größtenteils die ehemaligen Panzerstraßen nutzen, lassen sich diese auch mit dem Fahrrad zurücklegen.

Weitere Freizeitmöglichkeiten

Unmittelbar südlich des Parkplatzes am Felsenmeerstadion (4) liegt das namensgebende Felsenmeer Hemer. Es handelt sich dabei um ein in Deutschland einmaliges Geotop, das ganzjährig kostenfrei besucht werden kann. Durch Verwitterung und Abtragung wurde hier eine Kegelkarstlandschaft mit ausgedehnten Höhlen teilweise freigelegt. Der überwiegende Teil des eigentlichen Felsenmeeres ist allerdings von einem bis zu 250 Jahre alten Waldmeister-Buchenwald bedeckt. Dank des hohen Totholzanteils kann man hier verschiedene Spechtarten, darunter auch Mittelspechte, beobachten.

Ein Rundweg führt außen um das insgesamt rund 3 km² große Gebiet mit bizarren Felsformationen und Schluchten.

Christopher König, Christoph Moning, Felix Weiß

Infomaterial/Literatur

Für die Durchsicht des Manuskripts bedanken wir uns bei Falko Prünte, der hilfreiche Informationen zum NSG Kiebitzwiese beisteuerte.

Anfahrt

Mit Bahn und Bus

Die der Kiebitzwiese nächstgelegenen Bushaltestellen „Werner-von-Braun-Straße" (Buslinie C 74) und „Graf-Adolf-Str." (Buslinie B 4) sind regelmäßig vom circa 2,5 km entfernten Bahnhof Fröndenberg erreichbar. Bis ins Gebiet sind es dann nur noch wenige Meter.

Um den Ausgangspunkt der Rundwege Apricke zu erreichen, nimmt man vom Hauptbahnhof Iserlohn oder dem Bahnhof Menden eine der verschiedenen Buslinien zum Busbahnhof Hemer. Der Bürgerbus Hemer 3 fährt wochentags viermal täglich von dort zur Haltestelle „Felsenmeer", samstags nur vormittags. Von hier ist es ein kurzer Fußweg bis zum Parkplatz am Felsenmeerstadion. Alternativ kann man auch vom Bahnhof Binolen der Hönnetalbahn eine reizvolle, circa 5 km lange Wanderung durch das Tal (mit Wasseramseln und Gebirgsstelzen) und dann hinauf zur Apricke unternehmen.

Mit dem Auto

Das NSG Kiebitzwiese erreicht man über die A 44 bis Unna-Ost und weiter auf der L 679 Richtung Unna. Im Kreisverkehr die erste Ausfahrt in die Max-Planck-Straße nehmen und an deren Ende links in den Kessebürener Weg einbiegen. Am Ortsausgang Kessebüren links in die Baumstraße abbiegen. Nach 6,3 km rechts in die Palzstraße in Richtung Stentrop/Frohnhausen abbiegen. Nachdem man im Fröndenberger Stadtteil Neimen einen Bahnübergang überquert hat, biegt man rechts in die Westicker Straße und nach 450 m links in die Werner-von-Braun-Straße ab. Diese führt nun direkt auf die Kiebitzwiese und die Parkmöglichkeiten am Beobachtungshügel zu.

Zum ehemaligen Truppenübungsplatz Apricke auf der A 46 bis Iserlohn und weiter auf der B 7 bis Hemer fahren. Hier den Schildern zum Sauerlandpark und anschließend der Deilinghofer Straße bis zum Parkplatz am Stadion folgen.

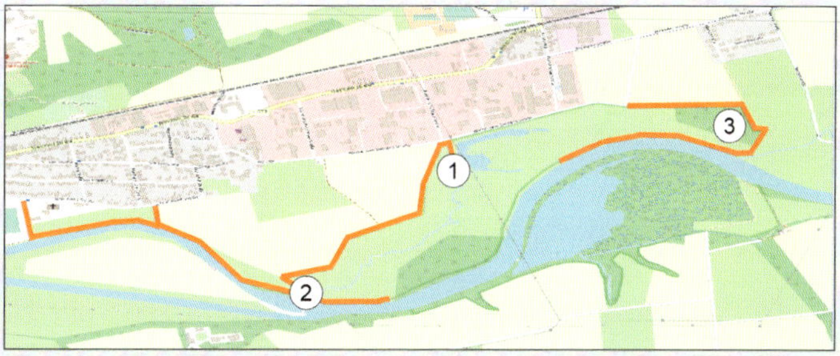

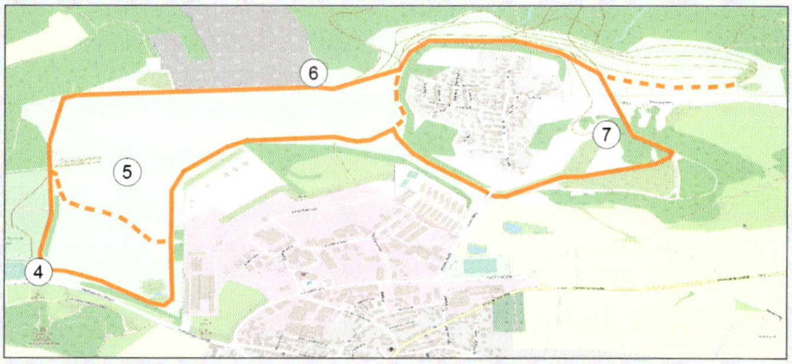

Über den weiten Offenlandflächen erklingt im Frühjahr und Sommer der Gesang der Feldlerchen. Foto: C. König. 18.7.2020.

Die Drover Heide

Spuren von 100 Jahren militärischer Nutzung

Vor den Toren der Stadt Düren, rund 35 km südwestlich von Köln, erstreckt sich auf rund 670 ha eines der bedeutendsten Naturschutzgebiete der Region. Im Übergangsbereich zwischen Rheinischer Bucht und Eifel kann mit der Drover Heide heute auf zahlreichen Wanderwegen ein Schutzgebiet von europäischer Bedeutung erkundet werden, das sich noch bis vor wenigen Jahren in militärischer Nutzung befand. Große, beweidete Offenländer prägen das Bild der zentralen Heide, umschlossen von einem Waldgürtel aus Eichen und Birken. Charakteristische Vogelarten der Drover Heide sind unter anderem Ziegenmelker, Heidelerchen und Neuntöter. Innerhalb von ein bis zwei Tagen kann man alle Bereiche des Gebiets erkunden.

Die Drover Heide liegt im Grenzbereich der Eifel, als Teil des Rheinischen Schiefergebirges, und der Düren-Jülicher Börde, einem Teil der Niederrheinischen Bucht. Während die Eifel klimatisch und geologisch kaum für den Ackerbau geeignet war, gab es in der Börde seit jeher hervorragende Bedingungen für die Landwirtschaft. Darum ist die Gegend von Drove ein uralter Siedlungsraum. Bodenfunde lassen auf eine keltoromanische Besiedlung schließen. Mindestens seit der Römerzeit war Drove Erzabbaugebiet. Vor allem Kupfererz wurde von hier in das niederländische Delft gebracht und dort zur Blaufärbung der weltberühmten Keramik genutzt. Eine archäologische Besonderheit ist der Drover-Berg-Tunnel, das mit einer Länge von 1660 m längste römische Tunnelbauwerk nördlich der Alpen. Vermutlich wurde mithilfe dieses Tunnels Wasser aus einer am Rande der Drover Heide gelegenen Quelle zu einer römischen Villa geleitet. Bauschächte dieses Tunnels sind heute noch teilweise als Erdtrichter sichtbar und der „Drover-Berg-Tunnel-Wanderweg" mit zahlreichen Infotafeln verläuft quer durch die Drover Heide. Der Ort Drove wurde im Jahr 1251 erstmals urkundlich erwähnt. Damals bestand hier eine Turmhügelburg, von der heute nur noch ein von Gräben umschlossener Hügel erkennbar ist. Die Burg selbst wurde während der Kriege im 17. Jahrhundert zerstört, Anfang des 18. Jahrhunderts dann in der Nähe neu errichtet. Diese neue Wasserburg Drove ist heute noch erhalten und in Privatbesitz. Die Drover Heide wurde über lange Zeit vor allem als Waldweide genutzt oder als Niederwald bewirtschaftet. Dies änderte sich mit Beginn des Ersten Weltkriegs, als die Heide von 1914 bis 1918 als Exerzierplatz für die Rekrutenausbildung der neu gebildeten Garnison Düren diente. Unmittelbar nach Kriegsende übernahmen englische, kurze Zeit später französische Truppen bis 1929 das Gelände. Während des Nationalsozialismus wurde 1938 eine neue Panzerkaserne errichtet und der Truppenübungsplatz bis 1945 reaktiviert. Unmittelbar nach Ende der Kampfhandlungen des Zweiten Weltkriegs marschierten belgische Truppen als Besatzer in die britische Zone ein. Dieser Besatzungsstatus endete 1955 mit der offiziellen Aufnahme der Bundesrepublik in die Nato. Durch eine Vereinbarung mit der Bundesrepublik Deutschland wurde eine fortsetzende Stationierung der belgischen

Schwarzkehlchen sind regelmäßige Brutvögel und recht zuverlässig zu entdecken.
Foto: E. Lietzow. Osterfeiner Moor, 17.6.2017.

Truppen in Deutschland festgeschrieben. 1950 zogen dann die ersten belgischen Streitkräfte auch in die Dürener Panzerkaserne ein und nutzten ebenso das Gelände der Drover Heide bis 1980. Ab 1981 nutzte die Bundeswehr den Standort, der im März 1997 schließlich aufgegeben wurde. 2004 wurde das Gelände für die Öffentlichkeit freigegeben und dient seitdem als Naherholungsgebiet.

Die fast 100-jährige militärische Nutzung des Geländes hat die Landschaft auf ganz besondere Weise geprägt. Stark verdichtete Panzerspuren führten zu unzähligen Kleinstgewässern und fast vegetationslosen Bereichen. Magere Grasfluren sind in der intensiv genutzten Bördelandschaft kaum noch zu finden. In der Drover Heide nehmen sie immerhin noch eine Gesamtfläche von rund 70 ha ein. Etwa 18 % der Gesamtfläche entfallen auf die eigentliche Heide, die sich im August in ein purpurnes Blütenmeer verwandelt. Rund 250 ha entfallen insgesamt auf Offenland mit Zwergstrauchheiden,

Typische Vogelarten der Drover Heide, deren Status und günstige Beobachtungszeit (in Klammern)
h = häufiger, r = regelmäßiger, s = seltener; B = Brutvogel, N = Nahrungsgast, D = Durch-zügler, W = Wintergast

Art	Status (beste Beobachtungszeit)		Art	Status (beste Beobachtungszeit)
Wespenbussard	rB (Mai–Aug.)		Pirol	rB (Mai–Jul.)
Kornweihe	rW (Nov.–Mrz.)		Neuntöter	hB (Mai–Jul.)
Habicht	rN (ganzjährig)		Kolkrabe	rB (ganzjährig)
Rotmilan	hN (Mrz.–Okt.)		Heidelerche	hB, rD (Mrz.–Jul.)
Baumfalke	rB (Mai–Aug.)		Feldlerche	hB, rD (Mrz.–Aug.)
Waldschnepfe	rB (Mai–Jul.)		Waldlaubsänger	rB (Mai–Jun.)
Turteltaube	sB (Mai–Jul.)		Feldschwirl	rB (Apr.–Jul.)
Sumpfohreule	sW (Nov.–Mrz.)		Gelbspötter	rB (Mai–Jul.)
Waldkauz	rB (ganzjährig)		Schwarzkehlchen	rB, rD (Mrz.–Okt.)
Ziegenmelker	rB (Mai–Jul.)		Baumpieper	hB (Apr.–Jul.)
Schwarzspecht	rB (ganzjährig)		Wiesenpieper	sB, sW (ganzjährig)
Mittelspecht	sB (ganzjährig)		Bluthänfling	hB (ganzjährig)
Kleinspecht	sB (ganzjährig)			

Borstgrasrasen und Magergrünland. Den größten Flächenanteil, knapp die Hälfte des Gebiets, nehmen aber Waldflächen ein. Naturnahe Buchenwälder sind im Zuge der Niederwaldwirtschaft im Bereich der Drover Heide vollständig verschwunden. An ihre Stelle sind Eichen-Birken-Mischwälder getreten, die heute das Bild prägen. Die 50- bis 80-jährigen Bestände sind zum Teil aus der natürlichen Sukzession erwachsen und wurden nie forstwirtschaftlich genutzt. Während der militärischen Nutzung als Truppenübungsplatz wurden kleinflächige Nadelholzbestände als Sichtbarrieren gepflanzt.

Die Drover Heide wurde 2004 als Europäisches Vogelschutzgebiet gemeldet. 2005 wurde der europäische Schutz durch die Ausweisung als Naturschutzgebiet in nationales Recht umgesetzt. Im Jahr 2015 wurde die Fläche als Nationales Naturerbe an die Nordrhein-Westfalen-Stiftung übertragen, die damit die Verantwortung für den langfristigen Erhalt der wertvollen Offenland-Lebensräume übernommen hat. Dies erfolgt vor allem mithilfe einer extensiven Beweidung mit Schottischen Hochlandrindern und Thüringer Waldziegen sowie durch Entbuschung. Regelmäßig wird die Heide seit 2007 außerdem im Winter kontrolliert abgebrannt. Diese durch die „Arbeitsgruppe Feuerökologie" des Max-Planck-Instituts für Chemie in Freiburg wissenschaftlich begleitete Maßnahme imitiert die Entwicklung nach natürlichen Bränden durch Blitzeinschläge. Gemeinsam mit der Biologischen Station im Kreis Düren e.V. wird ein Besucherlenkungskonzept umgesetzt.

Besondere Vogelarten und Reisezeit

Die außergewöhnlichen, hoch dynamischen und in der heutigen Kulturlandschaft kaum zu findenden Lebensräume der Drover Heide haben zur Besiedlung einer ganz besonderen Flora und Fauna geführt. Mehr als 460 Farn- und Blütenpflanzen wurden bislang in der Drover Heide festgestellt, darunter der winzige Fadenenzian (*Cicendia filiformis*), der hier eines seiner letzten Refugien in Deutschland findet. Unter den mehr als 130 bislang in der Drover Heide nachgewiesenen Vogelarten sind sämtliche derzeit in Nordrhein-Westfalen brütenden charakteristischen Vogelarten der Heidegebiete zu finden. Die dämmerungs- und nachtaktiven Ziegenmelker sind typische Bewohner abwechslungsreicher Heidelandschaften wie der Drover Heide. Die wenigen Vorkommen in Nordrhein-Westfalen konzentrieren sich auf aktive oder ehemalige Truppenübungsplätze. Mit rund 30 Brutpaaren befindet sich eines der bedeutendsten Vorkommen in der Drover Heide und im Mai und Juni hat man in den Randbereichen gute Chancen, die eigentümlichen Balzrufe zu hören oder die gut drosselgroßen Vögel sogar im Mond-

Die vielfältigen Strukturen in den Randbereichen der Drover Heide beherbergen eine reiche Vogelwelt. Foto: C. König. 18.7.2020.

licht zu erahnen. Ebenfalls typisch sind Heidelerchen und Schwarzkehlchen mit bedeutenden Brutbeständen. Die Gebüschstrukturen werden von zahlreichen Neuntötern besiedelt, die im Sommer hier leicht zu beobachten sind. Am Himmel lassen sich im Sommerhalbjahr Wespenbussarde, Habichte, Rotmilane, Baumfalken und ganzjährig Kolkraben entdecken, im Winter sind Kornweihen im Offenland auf Nahrungssuche. Wer sich auf die Suche nach Ziegenmelkern begibt, wird in den Abendstunden auch Waldschnepfen entdecken, die entlang der Waldränder entlang ihres „Schnepfenstrichs" patrouillieren. Der in ganz Nordrhein-Westfalen inzwischen sehr selten gewordene Vogel des Jahres 2020, die Turteltaube, kann in der Drover Heide ebenfalls noch angetroffen werden. Einfacher zu finden sind aber Kuckucke, deren bekannter Gesang weithin hörbar ist. Unter den Eulen wird man am ehesten Waldkäuze antreffen, während im Winter selten auch Sumpfohreulen im Gebiet beobachtet werden. In den umgebenden Wäldern sind Grün- und Schwarzspechte häufig, Mittel- und Kleinspechte seltener zu finden. Erfreulich hoch sind die Bestände der Pirole. Im Frühjahr singen im Offenland zahlreiche Feldlerchen und einige Feldschwirle, während am Waldrand Baumpieper trillern und aus dem Waldinneren hin und wieder der Gesang der Waldlaubsänger ertönt. Zu den seltenen Brutvögeln gehören Wiesenpieper, die in vielen Gegenden seit einigen Jahren erhebliche Bestandsabnahmen verzeichnen. Beim Gesang der Gelbspötter sollte man genau hinhören, mehrfach wurden in den vergangenen Jahren auch die südwestlicher verbreiteten Orpheusspötter in der Drover Heide nachgewiesen.

Bluthänflinge sind entlang der Wanderwege durch die Heide regelmäßig zu sehen.
Foto: E. Lietzow. Osterfeiner Moor, 1.5.2019.

Beobachtungsmöglichkeiten

Durch ein reich verzweigtes Wegenetz bieten sich viele verschiedene Möglichkeiten, die Drover Heide zu erkunden. Ausgeschilderte, farblich markierte Wanderwege variieren zwischen 1,6 und 14 km Länge. Als Ausgangspunkt empfiehlt sich der Wanderparkplatz (1) im Nordosten des Gebiets. Von hier sind die ornithologisch interessantesten Bereiche leicht zu erreichen. Schon im Umfeld des Parkplatzes lohnt es sich auf Kleinspechte und Gelbspötter zu achten. Auch Feldschwirle singen hier gelegentlich. Vom Parkplatz aus führt der 5,4 km lange „Neuntöterweg" nach Westen in die Heide hinein. Für die ersten etwa 1,3 km auf dem nördlichen Querweg durch die größte Offenlandfläche des Gebiets sollte man sich etwas Zeit nehmen. Mehrere Bänke laden zur Rast ein. In diesem Bereich können alle Charakterarten des Gebiets beobachtet werden. So brüten Neuntöter im Buschwerk entlang des Weges sowie in eingestreuten Gebüschkomplexen im Offenland, während Baumpieper, Heide- und Feldlerchen im Singflug für die passende Geräuschkulisse sorgen. In den etwas höher bewachsenen Bereichen singen Spötter. Meist sind es Gelbspötter, aber auch auf den Gesang der Orpheusspötter sollte man vorbereitet sein. Mit Glück lassen sich in den Randbereichen des Offenlandes auch Turteltauben beobachten. Baumfalken sind hier regelmäßig bei der Insektenjagd zu sehen. 1,2 km nach dem Start erreicht man ein Wegekreuz. Hier lohnt sich ein nur 150 m kurzer Abstecher nach Norden zum barrierefreien Beobachtungshügel (2) mit schönem Rundumblick, bevor der „Neuntöterweg" nach Süden durch den Rand der Heide führt. Aus den westlich des Weges gelegenen Eichen-Birken-Mischwäldern ertönen die Gesänge von Pirolen und Waldlaubsängern, die sich jedoch nur mit etwas Glück entdecken lassen. Die offenere Ostseite des Weges ist Lebensraum von Feldschwirlen, Schwarzkehlchen und Neuntötern. Doch dieser Weg ist vor allem auch für Ziegenmelker empfehlenswert. Auf den gesamten rund 1,2 km, die der Weg nach Süden führt, hat man in den Abendstunden zur richtigen Jahreszeit gute Chancen auf eine Beobachtung. Man erreicht daraufhin ein Wegekreuz mit einer als „Waldpilz" bezeichneten Schutzhütte (3). Der „Neuntöterweg" knickt hier nach rechts in Richtung Westen ab und etwa 250 m später nach Norden, um dann auf der Grenze des Naturschutzgebietes entlang durch den Mischwald zu verlaufen. Unterwegs sollte man Augen und Ohren nach Schwarzspechten und Pirolen offen halten. Nach weiteren 1,25 km wird ein Wegekreuz erreicht, wo der Weg nach Osten zurück zur bekannten Offenlandfläche führt. Auf dem nördlichen Querweg geht man nun noch einmal 1,4 km durch die Heide mit einer zweiten Chance auf die eingangs beschriebenen Arten.

Ein weiterer Rundweg führt für 3,3 km durch die Ostseite der Drover Heide. Dieser „Ziegenmelkerweg" macht seinem Namen zwar eher weniger Ehre, dennoch lassen sich entlang des Weges interessante Arten entdecken. Vom Parkplatz (1) aus führt der Weg diesmal in südöstlicher Richtung auf der Grenze des Naturschutzgebietes entlang. Während linkerhand landwirtschaftlich genutzte Flächen dominieren, liegt rechterhand der die Heide umgebende Eichen-Birken-Mischwald. Wenn auch weniger häufig als im Westteil, werden auch in diesem Bereich regelmäßig Pirole entdeckt. Insgesamt 1,45 km führt der Weg am Rand des Gebiets entlang, bevor er rechts in den Wald hinein abknickt (4). Der folgende Bereich ist besonders für Schwarzspechte eine gute Stelle. Der Weg macht einen

Neuntöter brüten an vielen Stellen der Drover Heide. Foto: C. Moning. Linum, 13.7.2007.

Im Waldgürtel um die Drover Heide brüten Pirole. Sie sind jedoch scheu und nur schwer zu beobachten. Foto: C. König. 18.7.2020.

leichten Bogen nach Nordwesten und knickt nach 500 m nach Norden ab. An dieser Stelle führt links der mittlere Querweg nach Westen durch die Heide bis zur Schutzhütte (3) am „Neuntöterweg“. Beide Wege lassen sich hier also kombinieren, allerdings ist dieser Querweg nur vom 16. August bis 14. März für die Öffentlichkeit geöffnet, um Störungen zur Brutzeit möglichst zu vermeiden. Der „Ziegenmelkerweg“ führt rund 1,3 km weiter durch mal dichtere, mal offenere Waldbereiche sowie vorbei an einer weiteren Schutzhütte als Rastplatz zurück zum Parkplatz. Unterwegs durchquert man Reviere von Mittelspechten, Pirolen und Baumpiepern.

Die beschriebenen Wege sind nur beispielhaft und lassen sich mit verschiedenen anderen Wanderwegen in der Drover Heide kombinieren und so abkürzen oder verlängern. Auch die Nord- und Südteile des Gebiets sind ornithologisch nicht uninteressant und viele der genannten Arten können mit Glück auch dort entdeckt werden. Ein die Heide im Süden querender Weg ist im Winterhalbjahr jedoch zum Schutz der Wintergäste gesperrt.

Weitere Freizeitmöglichkeiten

Nur etwa 5 km Luftlinie nördlich der Drover Heide liegt das Schloss Burgau. Es war nach seiner Zerstörung im Zweiten Weltkrieg über Jahrzehnte eine Ruine und wurde erst 1998 wiederhergestellt. Heute ist das romantische Wasserschloss ein Schmuckstück der Region. Der umgebende Burgauer Wald beherbergt Schwarz-, Mittel- und Kleinspechte sowie Waldlaubsänger. Nach einem Spaziergang lädt das Schlosscafé zum Verweilen ein.

Christopher König, Christoph Moning, Felix Weiß

Infomaterial/Literatur

Biologische Station im Kreis Düren e.V. (Hrsg.) 2007: Die Drover Heide – ein Kleinod vor der Haustür. In: Jahrbuch des Kreises Düren, S. 66–76.

Anfahrt

Mit Bahn und Bus

Der nächstgelegene Bahnhof ist Düren. Von dort fährt die Buslinie 291 in Richtung Nideggen innerhalb von 24 Minuten bis nach Soller. Von der Haltestelle ist es noch 1 km Fußweg bis zum Wanderparkplatz (1).

Mit dem Auto

Von der A 4 zwischen Köln und Aachen nimmt man die Ausfahrt 6 („Düren“) und folgt der Bundesstraße 56 über Düren bis zur Ortschaft Soller. Dort biegt man am Dorfplatz rechts ab in die Drover Straße, an deren Ende sich der Wanderparkplatz (1) im Nordosten des Gebiets befindet.

Adressen

Biologische Station im Kreis Düren e. V., Zerkaller Straße 5, 52385 Nideggen, Tel.: 02427-949 87 0, info@biostation-dueren.de; www.biostation-dueren.de

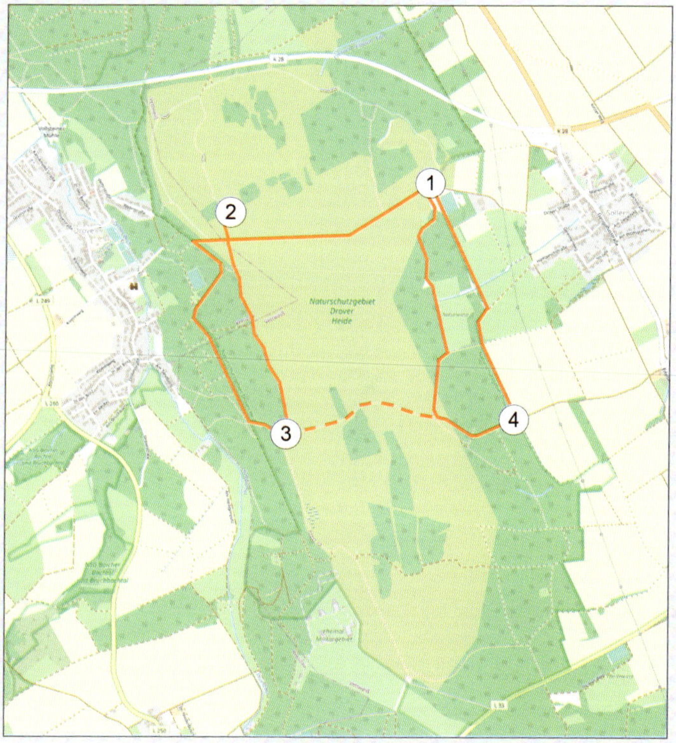

GPS		
Wanderparkplatz (1)	50°44'04" N	6°32'29" O
Beobachtungshügel (2)	50°43'59" N	6°31'29" O
Schutzhütte Westseite (3)	50°43'19" N	6°31'46" O
Schutzhütte Ostseite (4)	50°43'22" N	6°32'55" O

Blick auf die Bislicher Insel

Foto: Four888 / Stock.Adobe.com

Die Bislicher Insel

Flussauen-Juwel am Niederrhein

Rund 30 km nordwestlich von Duisburg befindet sich mit der Bislicher Insel im Kreis Wesel eine der letzten naturnahen Auenlandschaften des Niederrheins. Zigtausende arktische Gänse finden hier auf über 1000 ha Fläche ein international bedeutsames Rastgebiet vor. Zu den weiteren ornithologischen Höhepunkten zählen Seeadler und Löffler, deren einzige Brutvorkommen Nordrhein-Westfalens sich seit einigen Jahren auf der Bislicher Insel befinden, die darüber hinaus auch die größte Kormorankolonie dieses Bundeslandes beherbergt. Die ehemaligen Abgrabungsgewässer Xantener Nord- und Südsee kann man im Winterhalbjahr gut mit einem Besuch der Bislicher Insel verbinden, die zu allen Jahreszeiten ein attraktives Beobachtungsziel darstellt.

Noch zu Zeiten der Römer war der Rhein ein wilder Fluss, der sein Flussbett immer wieder verlagerte. Vor circa 250 Jahren floss der Hauptstrom des Rheins im Bereich des heutigen Xantener Altrheins. Um 1786 musste Friedrich der Große durch diese Rheinschleife einen Umweg in Kauf nehmen und ließ dem Rhein daraufhin durch den Bislicher Graben begradigen, der etwa dem heutigen Verlauf des Rheins entspricht. Durch diesen Eingriff wurde der frühere Hauptarm zu einem Altarm und die Flussregulierung führte zu einer starken Einschränkung der früheren Dynamik der Aue. Dies setzte sich fort, als man um 1820 damit begann, den neuen Flusslauf mit Buhnen und Deichen zu befestigen. Es kam zu Verlandungsprozessen, die nur die südlichen und südwestlichen Teile des Altrheins überstanden. Sie weisen heute den Charakter eines Stillgewässers auf und sind nur noch durch einen Graben sowie bei Hochwasser mit dem Rhein verbunden.

Der Xantener Altrhein umschließt mit dem aktuellen Lauf des Rheins seit der Begradigung den Kernbereich der neu entstandenen Bislicher Insel – bei der es sich allerdings um keine echte Insel handelt. Die Bislicher Insel umfasst heute weit mehr Wasserflächen als nur den alten und neuen Verlauf des Rheins. In der Nachkriegszeit entstanden durch Kiesabbau weitere Stillgewässer.

Bereits Anfang der 1980er Jahre begann der Kommunalverband Ruhrgebiet damit, einen Teil der Bislicher Insel zu erwerben und die noch bestehenden Reste der ursprünglichen Aue zu erhalten. 1983 wurde das Gebiet als Teil des Feuchtgebietes „Unterer Niederrhein“ nach der Ramsar-Konvention unter Schutz gestellt und der Auen-Biotopschutz oberstes Ziel. Der Kreis Wesel, die Biologische Station und ehrenamtliche Naturschützer erarbeiteten einen Pflege- und Entwicklungsplan, um die Entwicklung einer möglichst natürlichen, standortgerechten Hart- und Weichholzaue zu fördern. Die durch Auskiesung entstandenen Steilufer wurden abgeflacht, weitere Gewässer geschaffen und miteinander verbunden, Infrastrukturen und Bodenversiegelungen zurückgebaut und Flächen renaturiert.

Künftig soll dem Wasser des Rheins wieder stärker die Möglichkeit gegeben werden, die Aue zu durchfließen und gestaltend einzuwirken. Einige Bereiche der Bislicher Insel werden dank Rückdeichung sowie der Anlage von Flutmulden inzwischen bei hohen Wasserständen wieder regelmäßig überflutet. Zu besonderen Anziehungspunkten für rastende Vögel haben sich die beiden Flutmulden im östlichen Teil des Gebiets entwickelt, die heute zu den interessantesten Bereichen zur Vogelbeobachtung gehören.

Dank zahlreicher Maßnahmen haben sich im Bereich der Bislicher Insel vielfältige Lebensräume wie Auenwälder mit Weiden, Eschen und Ulmen, Schlammufer, Flutrasen, Schilfgürtel und Röhrichten sowie feuchte Hochstaudenfluren entwickelt. Einen großen Teil der Fläche nehmen extensiv bewirtschaftete Grünländer ein. Im Norden der Bislicher Insel ergänzen Streuobstwiesen das Lebensraummosaik.

Etwa 5 km nordwestlich der Bislicher Insel befinden sich mit der Xantener Nord- und Südsee zwei etwa 110 ha große ehemalige Abgrabungsgewässer. Die Baggerarbeiten der Xantener Nordsee erfolgten bereits ab 1966. Von Beginn an war eine Anschlussnutzung als Naherholungsgebiet vorgesehen. 1992 wurden die Abgrabungen beendet und heute wird der See vor allem zum Segeln und Windsurfen genutzt. Die Geschichte der Xantener Südsee ist ähnlich, hier starteten die Abgrabungen jedoch erst 1982 und wurden 1994 beendet. Abbau und Gestaltung als Bade- und Freizeitsee gingen auch hier Hand in Hand. Die Wassertiefen betragen circa 20 m in der Xantener Nordsee und bis zu 15 m in der Xantener Südsee, was die Seen für tauchende Vogelarten attraktiv macht. Im Winter können zahlreiche Wasservogelarten beobachtet werden, im Sommer sind die Gebiete hingegen aufgrund der Freizeitnutzung nicht zur Vogelbeobachtung geeignet.

Besondere Vogelarten und Reisezeit

Eine besondere Bedeutung hat die Bislicher Insel für die im Winterhalbjahr hier rastenden arktischen Gänse. Blässgänse sind mit mehreren Tausend Individuen am zahlreichsten anzutreffen; sie treffen ab September ein und verweilen bis in den März. Ebenfalls in großen Trupps lassen sich zu dieser Zeit Weißwangengänse beobachten. Wer sich die Mühe macht, die Trupps aufmerksam durchzumustern, kann mit seltenen Gästen wie einzelnen Rothals- oder Kurzschnabelgänsen belohnt werden. Bemerkenswert ist die große Zahl der über das gesamte Jahr im Gebiet anwesenden Rostgänse. Der Brutbestand ist klein, auf dem Durchzug rasten Rostgänse aber in großer Zahl und sind auch im Winter regelmäßig zu finden. Unter den rastenden und überwinternden Enten sind vor allem Löffelenten hervorzuheben, deren Rastbestände mehrere Hundert Individuen umfassen. Ebenfalls in größerer Zahl sind Pfeif- und Krickenten vertreten. Von November bis März lassen sich Gänse- und Zwergsäger beobachten. Diese beiden Arten kann man ebenso wie Schellenten auch an den beiden ehemaligen Abgrabungsgewässern Xantener Nord- und Südsee finden. Zwischen den vielen Blässhühnern und Reiherenten sollte man nach Bergenten Ausschau halten. Neben vielen Haubentauchern wurden auf den Wasserflächen auch schon Sterntaucher sowie Rothals- und Ohrentaucher festgestellt.

Eine absolute Besonderheit stellen die Löffler der Bislicher Insel dar, die seit 2003 regelmäßig zu sehen sind. Im Sommerhalbjahr können bis zu 100 Individuen dieser ansonsten eher von der Nordseeküste bekannten charismatischen Vögel beobachtet werden. Was sich bereits seit einigen Jahren abzeichnete, wurde 2020 Gewissheit: Zum ersten Mal brüteten Löffler im Gebiet, das damit gleichzeitig den einzigen deutschen Brutplatz abseits der Küste darstellt. Der Brutbestand beläuft sich auf bemerkenswerte 10 bis 15 Paare (Stand 2021). Das mehrere Quadratkilometer große, unzerschnittene Mosaik aus Auwald, Wasser, Grünland und Schilf bietet offenbar ideale und gleichzeitig störungsarme Bedingungen. Nicht jeder weiße Schreitvogel im Bereich der Bislicher Insel ist jedoch ein Löffler. Silberreiher sind im Winter ein gewohnter Anblick und Weißstörche sind vor allem im Sommerhalbjahr zu sehen, wenn einige Paare das Gebiet auch zur Brut nutzen. Könige der Lüfte sind die Seeadler. Im Winter mischen sie die arktischen Gänse auf, sind aber inzwischen sogar ganzjährig zu sehen. 2017 gelang der erste nordrhein-westfälische Brutnachweis auf der Bislicher Insel. Weitere bemerkenswerte Greifvogelarten sind Schwarzmilane und Baumfalken. Vor allem die flachen Ufer der Flutmulden werden von durchziehenden Limikolen zur Rast genutzt. Zu den regelmäßigen Gästen zählen Uferschnepfen, Bekassinen, Dunkle Wasserläufer, Rotschenkel, Grünschenkel, Bruchwasserläufer, Kampfläufer und Alpenstrandläufer. Austernfischer, Kiebitze und Flussregenpfeifer kommen als Brutvögel im Gebiet vor. An Seltenheiten wurden bereits Triel, Graubrust-Strandläufer und Stelzenläufer hier entdeckt sowie als extreme Rarität 2015 auch Deutschlands dritter Sandstrandläufer. Anfang der 1950er Jahre siedelte sich eine große Kolonie Flussseeschwalben auf der Bislicher Insel an. Bestände von bis zu 100 Brutpaaren gab es allerdings nur in den ersten Jahren. Aufgrund von Prädation durch Ratten verkleinerte sich die Kolonie leider schnell. Derzeit ist die Flussseeschwalbe als sehr seltener und nicht alljährlicher Brutvogel zu bezeichnen, der jedoch von den neu geschaffenen Flutmulden profitiert, sodass auf einen

Löffler, hier zwei Altvögel im Brutkleid, haben auf der Bislicher Insel ihren einzigen Brutplatz im deutschen Binnenland.

Foto: E. Lietzow. Greetsiel, 16.3.2017.

Der offene Charakter der Flutmulden und ihre flachen, breiten Ufer machen sie zu den Zugzeiten zu beliebten Rastplätzen verschiedener Limikolenarten.

Foto: ksch966 / Stock.Adobe.com

erneuten Aufschwung dieser Art im Gebiet gehofft werden kann. Die Streuobstwiesen um die Höfe im nördlichen Bereich der Bislicher Insel werden von Steinkäuzen besiedelt, die hier durch Niströhren unterstützt werden. Ebenfalls ganzjährig im Gebiet anzutreffen sind Eisvögel und Kleinspechte. Unter den Singvögeln sind Feldschwirle, Nachtigallen und Gartenrotschwänze zu erwähnen. Während Braunkehlchen nur auf dem Durchzug zu sehen sind, brüten Schwarzkehlchen inzwischen auch auf der Bislicher Insel. Wiesenpieper sind das ganze Jahr über zu beobachten, von Oktober bis März sollte man im Bereich der Flutmulden aber auch auf Bergpieper achten. Zu den seltensten Brutvögeln gehören Grauammern. Es handelt sich um eines der wenigen Vorkommen Nordrhein-Westfalens abseits von Zülpicher Börde und Niederrheinischer Bucht.

Sowohl zur Brutzeit, um die einzigen brütenden Löffler und Seeadler des gesamten Bundeslandes zu sehen, als auch im Winterhalbjahr, wenn Tausende arktische Gänse die Grünländer bevölkern, ist die Bislicher Insel einen Besuch wert. Wer die Monate November bis März wählt, sollte auch die wenige Kilometer nördlich gelegenen Gewässer Xantener Nord- und Südsee besuchen und auf seltenere Taucher und Meeresenten kontrollieren.

Beobachtungsmöglichkeiten

Als Ausgangspunkt für die Erkundung der Bislicher Insel bieten sich die Parkplätze am RVR-NaturForum Bislicher Insel an (1). Es handelt sich dabei um ein Besucherzentrum mit der Dauerausstellung „AuenGeschichten“, in der spielerisch und lehrreich die Landschaftsgeschichte und Natur der Bislicher Insel nahegebracht werden. Wenige Meter westlich des NaturForums startet auf der gegenüberliegenden Straßenseite der Weg ins Kerngebiet. Vorbei an Streuobstwiesen mit Steinkäuzen und Gartenrotschwänzen bieten sich bereits nach 200 m rechterhand weite Blicke über die Grünländer, auf denen im Winter Blässganstrupps rasten. Linkerhand blickt man über Hochstaudenfluren mit Feldschwirlen auf ein erstes Gewässer mit einigen abgestorbenen Bäumen. Der befestigte Weg führt nun nach Süden vorbei an einem Auwald, bevor man nach 500 m zwei Beobachtungshütten (2) erreicht. Rechts ab, von der westlich des Weges gelegenen Hütte, überblickt man eine ehemalige Auskiesung, auf der im Winter Gänse- und Zwergsäger fischen. Aus der Hütte links des Weges mit Blick in Richtung Osten hat man ganzjährig gute Chancen Eisvögel zu entdecken. Von den Hütten aus führt der Weg weiter nach Süden, wo man auf Kleinspechte achten sollte, und man erreicht rund 300 m später eine offenere, von Gebüschen durchsetzte Landschaft, die mit Rindern beweidet wird. Zur Brutzeit machen hier Gartenrotschwänze, Gelbspötter und Nachtigallen auf sich aufmerksam. Etwa 900 m führt der Weg nun durch diesen Kernbereich der Bislicher Insel und vorbei an einzelnen Gebäuden bis zu einer dritten Beobachtungshütte (3). Hier lohnt es sich zu verweilen und den weiten Blick über die Auenlandschaft zu genießen. Besonders den Luftraum sollte man an dieser Stelle aufmerksam

Die großen Wasserflächen der ehemaligen Kiesabgrabungen bei Xanten sind Rast- und Überwinterungsgebiet verschiedener Wasservogelarten, unter denen sich auch hin und wieder seltenere Arten entdecken lassen.

Foto: C. König. 18.12.2021.

betrachten, um Seeadler, Habichte und Baumfalken nicht zu verpassen. Auch Löffler passieren hier zur Brutzeit in Richtung ihrer nicht einsehbaren Neststandorte. Frei ist hingegen der Blick auf einige Nester der großen Kormorankolonie. Aufgrund der größeren Entfernungen ist besonders von dieser Hütte aus die Nutzung eines Spektivs ratsam. Der Rückweg zurück zum Parkplatz erfolgt auf demselben Weg. Hin und zurück beträgt die Strecke rund 4,2 km. Der Weg ist barrierefrei und auch per Fahrrad zu befahren.

Neben dem Blick über Wiesen und Weiden vom bereits beschriebenen Weg, bietet sich für die arktischen Gänse vor allem die Beobachtung aus dem Auto heraus vom Eyländer Weg an, der im nördlichen Bereich der Bislicher Insel zwischen Xanten und der Ortschaft Werrich quer durch das Gebiet führt. Solange man das Auto nicht verlässt, ist die Fluchtdistanz der Gänse oft gering, sodass man die Vögel sehr schön studieren kann.

Etwa 800 m östlich des RVR-NaturForums Bislicher Insel befinden sich zwei Flutmulden, die besonders im Sommerhalbjahr attraktive Stellen zur Beobachtung darstellen. Die größere und ältere, südlich der Straße gelegene „Große Flutmulde“ (4) mit Anschluss an den Xantener Altrhein ist vor allem für verschiedene Entenarten attraktiv, doch an ihren Ufern rasten zu den Zugzeiten auch immer wieder verschiedene Limikolen. Ein etwas kleineres und noch jüngeres Gewässer ist die „Kleine Flutmulde“ (5) nördlich der Straße. Sie ist der beste Platz der Bislicher Insel, um Löffler zu beobachten, und bietet auch rastenden Limikolen die besten Bedingungen. In den letzten Jahren haben hier vereinzelt Flussseeschwalben gebrütet, die ansonsten bei der Nahrungssuche über der Wasserfläche der Großen Flutmulde zu sehen sind. Wiesenpieper sind im Bereich der Flutmulden ganzjährig zu sehen, im Winter kommen Bergpieper dazu. Vor allem zwischen RVR-NaturForum Bislicher Insel und den Flutmulden sowie weiter östlich in Richtung Ortschaft Werrich sollte man auf singende Grauammern achten.

Die Xantener Seen verfügen aufgrund ihrer Nutzung als Freizeitseen über verschiedene Parkplätze, sodass man die Seeflächen von allen Seiten aus einsehen kann. Für die Xantener Südsee bie-

Seit 2017 bereichern Seeadler, wie dieser diesjährige Jungadler, die Brutvogelfauna der Bislicher Insel. Es ist der bislang einzige Brutplatz in Nordrhein-Westfalen.
Foto: E. Lietzow. Dümmer, 14.8.2014.

Typische Vogelarten der Bislicher Insel, deren Status und günstige Beobachtungszeit (in Klammern)
h = häufiger, r = regelmäßiger, s = seltener; B = Brutvogel, N = Nahrungsgast, D = Durchzügler, W = Wintergast

Art	Status (beste Beobachtungszeit)
Weißwangengans	hW (Dez.–Apr.)
Blässgans	hW (Sep.–Mrz.)
Rostgans	sB, hD, rW (ganzjährig)
Pfeifente	hW (Okt.–Mrz.)
Krickente	rD, hW (Okt.–Feb.)
Löffelente	hD, hW (Okt.–Apr.)
Gänsesäger	rW (Nov.–Mrz.)
Zwergsäger	rW (Nov.–Mrz.)
Löffler	sB, hN (Mai–Okt.)
Weißstorch	rB, rD, sW (ganzjährig)
Schwarzmilan	sB, rN (Apr.–Aug.)
Seeadler	sB (ganzjährig)
Baumfalke	sB, rN (Apr.–Sep.)
Austernfischer	sB, rN (Mrz.–Aug.)
Flussregenpfeifer	rB, rD (Mrz.–Sep.)
Uferschnepfe	rD, rN (Mrz.–Aug.)
Bekassine	rD (Mrz./Apr., Jul.–Okt.)
Dunkler Wasserläufer	rD (Apr., Aug./Sep.)

Art	Status (beste Beobachtungszeit)
Rotschenkel	sB, rD (Mrz.–Aug.)
Grünschenkel	rD (Apr./Mai, Jul.–Sep.)
Bruchwasserläufer	rD (Apr./Mai, Jul./Aug.)
Kampfläufer	rD (Mrz./Apr., Aug./Sep.)
Alpenstrandläufer	rD (Sep./Okt.)
Flussseeschwalbe	sB, rN (Apr.–Aug.)
Kuckuck	rB (Apr.–Jul.)
Steinkauz	rB (ganzjährig)
Eisvogel	sB (ganzjährig)
Kleinspecht	sB (ganzjährig)
Feldschwirl	rB (Mai–Jul.)
Braunkehlchen	rD (Apr./Mai, Aug./Sep.)
Schwarzkehlchen	rB (Mrz.–Okt.)
Nachtigall	rB (Apr.–Jun.)
Gartenrotschwanz	rB (Apr.–Aug.)
Wiesenpieper	sB, rD, rW (ganzjährig)
Bergpieper	rW (Okt.–Mrz.)
Grauammer	sB (Apr.–Jun.)

tet sich ein Blick vom Hafen Lüttingen (6) für den Südteil des Sees an, während man für den nördlichen Teil am besten den Parkplatz am Vossekuhlsweg in Xanten-Wardt anfährt (7). Die Xantener Nordsee lässt sich sehr gut vom Hafen Wardt (8) aus überblicken. Bis zum gegenüberliegenden Ufer sind es jedoch 1,5 km, sodass sich zusätzlich ein Stopp am Hafen Vynen (9) anbietet. Beide Seen können bei Interesse auch auf 7,2 bzw. 8,2 km langen Wegen zu Fuß oder per Fahrrad umrundet werden.

Weitere Freizeitmöglichkeiten

Nach Gründung eines Militärlagers im Jahr 12 v. Chr. entwickelte sich Xanten für rund vierhundert Jahre zu einem der bedeutendsten römischen Orte in Germanien. Bereits 1977 wurde daher der Archäologische Park Xanten eröffnet, der sich direkt neben der Xantener Südsee befindet. Römische Gebäude wie Stadtmauer, Hafentempel, Herberge und das einst bis zu 10 000 Menschen fassende Amphitheater wurden auf dem großen, parkähnlichen Ausgrabungsgelände rekonstruiert und machen die Geschichte am originalen Standort erlebbar. Seit 2008 ist das LVR-RömerMuseum mit zahlreichen Originalfunden das Herzstück des Archäologischen Parks.

Christopher König, Christoph Moning, Felix Weiß

Anfahrt

Mit Bahn und Bus

Mit dem ÖPNV ist die Bislicher Insel praktisch nicht erreichbar. Der nächstgelegene Bahnhof ist Xanten, von wo aus es rund 5 km bis zum RVR-NaturForum (1) sind.

Mit dem Auto

Die Autobahn 57 von Krefeld in Richtung Kleve/Nijmegen verlässt man an der Anschlussstelle 6 „Apen“ und folgt der B 58 in Richtung Wesel. Nach 5 km biegt man links ab auf die B 57 in Richtung Xanten. Nach 8,8 km und nachdem man den Xantener Altrhein bereits rechterhand überblickt hat, biegt man rechts ab in die Gelderner Straße, die bis zum Rhein führt und von dort als Eyländer Weg in Richtung Südost bis zum RVR-NaturForum (1) führt. Um Xantener Nord- und Südsee zu erreichen, biegt man nicht ab, sondern folgt der B 57 noch weitere 1,6 km, um den Parkplatz am Hafen Lüttingen (6) zu erreichen.

GPS		
RVR-NaturForum (1)	51.6544	6.5005
Nördliche Beobachtungshütten (2)	51.6491	6.4964
Südliche Beobachtungshütte (3)	51.6406	6.4958
Parkplatz am Hafen Lüttingen (6)	51.6690	6.4543
Parkplatz am Hafen Wardt (8)	51.6937	6.4318

Adressen

RVR-NaturForum Bislicher Insel, Bislicher Insel 11, 46509 Xanten. Tel.: 02801-988-230, naturforumbislicherinsel@rvr.ruhr; www.rvr.ruhr/?id=342

LVR-Archäologischer Park Xanten, Am Rheintor, 46509 Xanten. Tel.: 02801-988-9213, xanten@kulturinfo-rheinland.de; www.apx.lvr.de

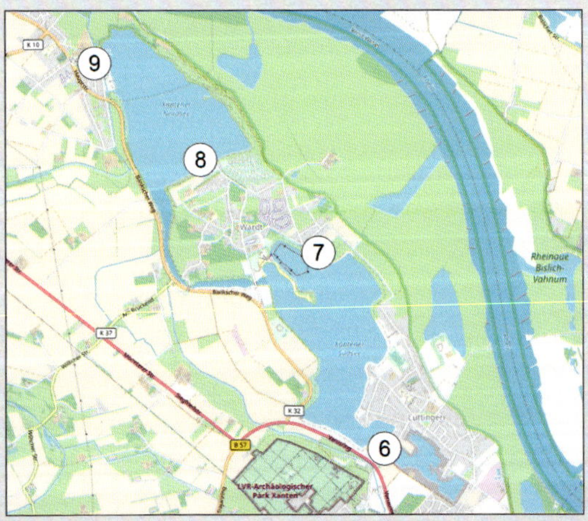

Tipp Nr. **Beobachtungsplatz**

Typischer Abschnitt des Altrheinarmes am Kühkopf. Foto: H. Zettl.

Die Kühkopf-Knoblochsaue

Naturschutzgebiet nahe Frankfurt (Main)

Der Rhein bildete vor vielen Jahrhunderten zwischen den Städten Gernsheim und Oppenheim seinen längsten Mäander am Oberrhein. Bei der Begradigung dieses Rheinabschnittes wurde die über 10 km lange Schleife 1828/1829 durchstochen. Hierdurch entstand, nur 30 km südlich von Frankfurt und 15 km westlich von Darmstadt, die Rheininsel „Kühkopf". Dieses Gebiet und die nördlich anschließenden Wälder der „Knoblochsaue" sind bereits seit 1952 mit ca. 2400 ha als Hessens größtes Naturschutzgebiet „Kühkopf-Knoblochsaue" geschützt. Das Prädikat Europareservat und der Schutz als EU-Natura 2000 Gebiet belegen seine ökologische Bedeutung.

Lebensräume

An den noch durchströmten „Altrhein" schließen sich im alten Flussbett umfangreiche Verlandungszonen an. Stillwasserzonen in ruhigen Altarmen wechseln sich mit Weichholzauen ab, die ihr Gesicht auch heute noch erkennbar verändern. In den ausgedehnten Kopfweidenwäldern, die einst auf dem Niveau der Weichholzaue angelegt worden sind, wurde die traditionelle Nutzung der Bäume vielerorts aufgegeben, so dass lichte Silberweidenwälder entstehen. Durch dauernde Auflandung (Sedimentation) bei Hochwassern haben hier bereits Pflanzengesellschaften der Hartholzaue Fuß gefasst. Die nach dem 2. Weltkrieg gepflanzten Hybridpappel-Plantagen werden an vielen Stellen durch Stieleichen ersetzt. Übrig bleiben Stümpfe und abgestorbene Stämme als neue Lebensräume – nicht nur für viele Vogelarten.

Die Hartholzauewälder, die in Mitteleuropa zu den artenreichsten natürlichen Lebensgemeinschaften zählen, liegen vor allem im Nordwesten der Insel und in der Knoblochsaue. Waldfreie Gebietsteile werden als Mähwiesen gepflegt.

Besondere Vogelarten

In den vergangenen 20 Jahren wurden im Naturschutzgebiet und der näheren Umgebung 250 Vogelarten beobachtet, 121 davon brüten hier. Das Gebiet ist auffallend reich an Spechten. Sechs Arten leben hier in hoher Dichte. Der Mittelspecht hat seinen Bestand seit 20 Jahren auf ca. 100 Brutpaare vervierfacht, was örtliche Beobachter auf die Aufgabe der Waldbewirtschaftung zurückführen. Wald- und Gartenbaumläufer kann man schon im Spätwinter am südlichen Altrheinarm nebeneinander singen hören. Auf den Dammwegen fallen im März die zahlreichen Schwanz- und Weidenmeisen auf. Das Blaukehlchen besiedelt das Gebiet mit wachsendem Bestand und brütet neuerdings auch am Rande der Rapsfelder mitten in der

Feldflur. Das Gesamtgebiet ist dicht von Greifvögeln besiedelt. Im Jahre 2001 brüteten allein 62 Schwarzmilanpaare innerhalb des NSG, darüber hinaus auch Mäuse- und Wespenbussard, Rotmilan, Habicht, Sperber, Rohrweihe, Turm- und Baumfalke. Fischadler rasten auf dem Zug im April und im Spätsommer regelmäßig, Kornweihen überwintern im Gebiet. Der Kühkopf ist ein traditioneller Überwinterungsplatz für ca. 3000 Saatgänse, die dort schlafen und tagsüber in den nahe liegenden Feldern äsen. In wachsender Zahl überwintern auf den Rapsäckern der Umgebung Höcker- und Singschwäne.

Charaktervogel des Kühkopfes und gleichzeitig Symbol des Naturschutzes ist der Schwarzmilan. Foto: H. Zettl.

Reisezeit

Zahl und Artenvielfalt der Wasservögel ist sehr stark vom Wasserstand abhängig. Da das Naturschutzgebiet zur Überschwemmungsaue des Rheins gehört, können Schwankungen bis zu 7 m betragen. Bei Niedrigwasser sind daher die Altarme trocken; bei Hochwasser ist das Gebiet stellenweise nicht zugänglich. Wasservögel sind also nicht oder kaum zu sehen.

Die besten Beobachtungsmöglichkeiten sind bei Mittelwasser, das etwa einen Wasserstand von 1,5 bis 3 m am Pegel Worms entspricht und in der meisten Zeit des Jahres auftritt. Ab 5 m am Pegel Worms ist der Kühkopf unzugänglich. Vogelbeobachter finden optimale Bedingungen, wenn zu Zugzeiten nach Hochwasser auf den Wiesen noch Restwassertümpel stehen. Ab Mai und bei hohen Wasserständen können die dann häufig auftretenden Stechmücken („Rheinschnaken") das entspannte Beobachten stark behindern. Abwehrmittel werden empfohlen!

Beobachtungseinrichtungen

Das beschriebene Gebiet ist recht groß und lohnt mehr als nur einen Tagesausflug. Auf dem Kühkopf selbst kann man in einer mehrstündigen Wanderung zwischen Erfelden im Osten und dem Rhein im Westen die größte ökologische Vielfalt auf dem nördlichen Dammweg erleben. Auf einer Beobachtungsstrecke von rund 6 km finden sich dort drei Beobachtungsstände und viele Informationstafeln an geeigneten Plätzen. Der Dammweg ist schmal und für Fußgänger und Radfahrer gleichermaßen zugelassen. Zur Schonung der Nerven wird empfohlen, früh aufzubrechen und die Sonntage zu meiden. Für den Rückweg sollte dann der auf Teilstrecken von Obstbäumen gesäumte, zentrale Weg der Insel benutzt werden, der durch Offenland führt und für die

Typische Vogelarten, deren Status (günstige Beobachtungszeit)
h = häufig, r = regelmäßig, s = selten, J = Jahresvogel, B = Brutvogel, W= Wintergast, D = Durchzügler

Art	Status (beste Beobachtungszeit)
Baumfalke	sB, rD (April–Sept.)
Beutelmeise	rB (April–Sept.)
Blaukehlchen	hB (April–Sept.)
Blässgans	rW (Okt.–März)
Fischadler	rD (April, Aug.–Okt.)
Gartenrotschwanz	hB (Mai–Aug.)
Grauammer	rB, rD (März–Sept.)
Graugans	hJ (ganzjährig)
Grauspecht	rJ (ganzjährig)
Grünspecht	rJ (ganzjährig)
Haubentaucher	rJ (ganzjährig)
Kampfläufer	rD (März–April, Juli–Sept.)
Kleinspecht	hJ (ganzjährig)
Kornweihe	rW (Okt.–März)
Kranich	hD (Okt.–Nov.)
Krickente	hD, hW (Aug.–April)
Mittelspecht	hJ (ganzjährig)

Art	Status (beste Beobachtungszeit)
Pfeifente	hD, hW (Okt.–März)
Pirol	hB, hD (Mai–Aug.)
Rohrweihe	sB, sD (April–Sept.)
Rotmilan	rB, hD (März–Aug.)
Saatgans	hW (Okt.–März)
Schafstelze	hB, hD (April–Sept.)
Schellente	hW (Okt.–März)
Schnatterente	hD, hW (Aug.–April)
Schwarzkehlchen	rB, rD (März–Sept.)
Schwarzmilan	hB (April–Aug.)
Schwarzstorch	rD (April–Aug.
Spießente	rD, sW (Febr.–April)
Weißstorch	rB (hD (April–Aug.)
Wespenbussard	sB, rD (Mai–Aug.)
Zwergsäger	rW (Okt.–März)
Zwergtaucher	rJ (ganzjährig)
Zwergtaucher	rB (März–Okt.)

Beobachtung von Greifvögeln günstig ist. Er führt auch zum Informationszentrum des Naturschutzgebietes bei Stockstadt.

In der Knoblochsaue bieten ein Beobachtungsstand gegenüber einem ständig wasserführenden Seitenarm mit dem ungewöhnlichen Namen „Aquarium“ sowie der „Mistweg“ nahe dem Forsthaus Knoblochsaue gute Beobachtungsmöglichkeiten. Beide Plätze sind vom Parkplatz am Eingang des Waldes auf einem Dammweg erreichbar. Auch die Brücke über den Schusterwörther Altrhein im Norden des NSG ist als Beobachtungsplatz besonders zu empfehlen.

Weitere Freizeitmöglichkeiten

Das Informationszentrum Kühkopf-Knoblochsaue, nahe der Stockstädter Brücke informiert über das Naturschutzgebiet, bietet Führungen und Vorträge an. Literatur über das Gebiet kann hier erworben werden. Eine Ausstellung, in der auf einem Modell des Gebiets per Knopfdruck Hochwasser simuliert werden kann, informiert über den Lebensraum Aue inklusive Tier- und Pflanzenwelt. Außerhalb findet sich ein Auenerlebnispfad. Öffnungszeiten: Samstag, Sonntag und Feiertags 9.00–17.00 Uhr. Fachexkursionen ins Gebiet werden von dort auf Anfrage durchgeführt. Das Hofgut Guntershausen, direkt neben dem Infozentrum, fördert Umweltpädagogik, Kultur und Geschichte im ländlichen Raum, wobei verschiedene Veranstaltungen angeboten werden (www.hofgut-guntershausen.de).

Thomas Brandt, Cordula Jülch, Kilian Wasmer

Infomaterial

Klemp, H. (1997): Der Atem der Auen – Streifzüge durch Kühkopf und Knoblochsaue. Fraund, Mainz.

50 Jahre Naturschutzgebiet Kühkopf-Knoblochsaue. Bezug: Regierungspräsidium Darmstadt, Wilhelminenstraße 1–3, 64278 Darmstadt.

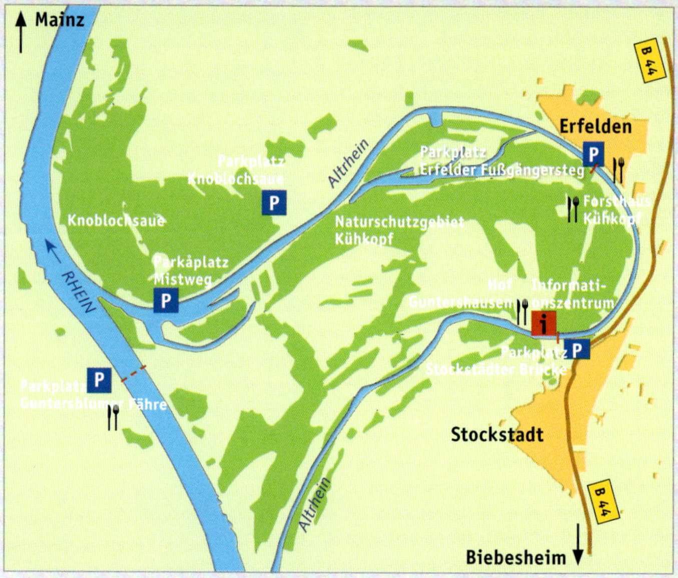

GPS		
Erfelden (Ortsmitte)	49°50'06.12" N	8°28'08.78" O
Stockstadt (Ortsmitte)	49°48'33.57" N	8°28'01.15" O

Anreise

Der Kühkopf ist jederzeit über je eine Brücke (Parkplätze s. Karte) in Stockstadt oder Erfelden zu Fuß oder per Fahrrad zugänglich.

Mit der Bahn

Regelmäßig verkehren die Bahnlinien S7 des RMV oder ein RE ab Frankfurt oder Mannheim nach Stockstadt oder Riedstadt/Goddelau. Von hier aus sind jeweils noch etwa eine halbe Stunde Fußweg zu den Brücken zu rechnen. Von Darmstadt aus sind die beiden Orte mit dem Bus 5505 zu erreichen.)

Mit dem Auto

Über die Autobahnen A67 bzw. A5 auf die B44. Zwischen Gernsheim und Groß-Gerau liegen Stockstadt und Erfelden. Ausgeschilderte Parkplätze gibt es an beiden Brücken. Der Kühkopf ist nicht befahrbar.

Adressen

Schatzinsel Kühkopf
Umweltbildungszentrum
Außerhalb 27, 64589 Stockstadt am Rhein, Tel.: 06158/1886039,
ralph.baumgaertel@forst.hessen.de, www.schatzinsel-kuehkopf.de

Öffnungszeiten:
1. Apr. – 31. Okt.: Di. – Fr. 14 – 18 Uhr; Sa., So. & Feiertag 10 – 18 Uhr
1. Nov. – 31. März: Di. – Fr. 14 – 17 Uhr; Sa., So. & Feiertag 09 – 17 Uhr.

In der Schiersteiner Aue brütet der Weißstorch auf Bäumen.
Foto: C. Jülch., April 2006.

Der Biebricher Schlosspark und die Schiersteiner Aue

Lebensräume in Wiesbaden

Inmitten eines der am dichtest besiedelten Gebiete Deutschlands kann man auf einer kurzen Exkursion eine „merkwürdige“, jedoch interessante Vogelgemeinschaft kennen lernen: In der hessischen Landeshauptstadt Wiesbaden ist es vor allem die mittlerweile stattliche Zahl frei lebender Papageien, die immer wieder Vogelbeobachter in den Schlosspark des Stadtteils Biebrich nahe des Rheins lockt. Und nur wenige Kilometer entfernt, in der Schiersteiner Aue am westlichen Stadtrand findet sich die größte Ansammlung von Weißstörchen in Hessen, die – weil sie hier besonders gut zu beobachten sind – viele Besucher anzieht. Beide Gebiete sind stark frequentierte Naherholungsgebiete, daher leicht erreichbar und auch eine nette Abwechslung, wenn es einen in die Rhein-Main-Gegend führt.

Das Biebricher Schloss in Wiesbaden und der angrenzende Schlosspark sind ein gutes Ziel für kulturell und ornithologisch interessierte Besucher. Foto: C. Jülch.

Lebensräume

Der von einer Mauer umgebene Biebricher Schlosspark hat bedeutende alte Baumbestände. Die meisten der größeren Bäume sind Platanen, Rosskastanien und Stieleichen. Wie es für einen Park typisch ist, besteht ein Großteil der Fläche aus Rasen und Gebüschstreifen. Im Norden steht die Ruine der Moosburg mit einem kleinen künstlichen See. Der Park wird im Süden durch das Schloss vom nahen Rhein abgegrenzt.

Nur sechs Kilometer entfernt an der Westgrenze Wiesbadens erstreckt sich die Schiersteiner Aue, innerhalb der das Naturschutzgebiet Niederwallufer

In Wiesbaden kann man vielerorts ganze Schwärme von Halsbandsittichen sehen. Foto: M. Schäf.

Bucht mit einem Auwaldrest und dem Gebiet des Wasserwerkes mit einigen Teichen, Röhricht und Wiesen liegt. Das NSG beginnt am Schiersteiner Hafen und verläuft von dort beidseitig des Rheindeiches in westliche Richtung.

Besondere Vogelarten

Im Biebricher Schlosspark sind es vor allem „Neubürger" unter den Vögeln, die besonders auffällig und in der Tat auch spannend sind. Hunderte von Halsbandsittichen *(Psittacula krameri)* und auch ein paar Dutzend der farblich sehr ähnlichen, aber deutlich größeren Alexandersittiche *(Psittacula eupatria)* brüten in den Höhlen der Platanen. Meist erkennt man schon an den abgebissenen Blüten oder Trieben am Boden, wo sich die langschwänzigen Sittiche bevorzugt aufhalten. Die Alexandersittiche sind außer an ihrer Größe (deren Einschätzung zu Beginn der Beobachtungen ohne direkte Vergleichsmöglichkeit mit dem kleineren Halsbandsittich schwer fällt) an ihrem rotbraunen Fleck am Flügelbug und dem vollständig roten Schnabel zu erkennen.

Die Wiesbadener Halsbandsittiche wurden erstmalig Mitte der 1970er Jahre beobachtet. Unklarheit besteht darüber, woher die Vögel kommen. Da die ersten beobachteten Papageien nicht beringt waren, gingen die Beobachter anfangs davon aus, dass jene auf die frei fliegenden Sittiche von Köln zurückgingen und von dort aus den Rhein hinaufgewandert seien. Später wurden

Vor allem die zahlreichen Höhlen in den Platanen bieten Papageien und Staren Nistmöglichkeiten. Foto: C. Jülch.

Die Wiesbadener Halsbandsittiche wurden erstmalig Mitte der 1970er Jahre beobachtet. Foto: M. Braun.

auch beringte Papageien gesehen, was auf verschiedene Quellen der Wiesbadener Population hindeutet. Andere Beobachter vermuten deshalb, dass die ersten Vögel in Wiesbaden bei einer Exotenausstellung geflohen sind. Wie auch immer, heute können Halsbandsittiche im gesamten Stadtgebiet beobachtet werden. Vorkommensschwerpunkte im Stadtgebiet sind der Schlosspark Biebrich mit mehreren hundert Vögeln und der Kurpark am Staatstheater mit einigen Dutzend.

Die ersten Alexandersittiche wurden 1987 im Biebricher Schlosspark entdeckt, 1988 wurde das erste Brutpaar festgestellt, und bereits 2001 gab es im Park 60 Vögel. Sie sind scheuer als die Halsbandsittiche und schwieriger zu sehen.

Selbst weniger häufige, heimische Vogelarten sind in der Stadt zu entdecken. So konnten wir 2006 in der Nähe der Moosburgruine ein Mittelspechtrevier ausfindig machen. Buntspecht und Grünspecht besiedeln die Anlage ebenfalls. Mitten im Park existiert eine kleine Saatkrähenkolonie (2006: 12 Nester). Schwarzmilane kreisen häufig, mitunter überraschend im Tiefflug über den Park. Sie brüten vermutlich in den Auwäldern der Rheininseln, über denen wir – vom Biebricher Schloss aus – Mitte April mehrere Schwarzmilane gleichzeitig sehen konnten. Die Artenzusammensetzung der Kleinvögel entspricht der einer typischen Park-Artengemeinschaft. Trauerschnäpper, Kernbeißer und Gartenrotschwanz gehören zu den selteneren (wahrscheinlichen) Brutvögeln. Nicht so richtig auf seine Kosten kommt, wer Wasservögel erwartet. Dafür ist der Teich an der kleinen Moosburgruine doch zu unnatürlich.

In der Schiersteiner Aue sind zwar auch Halsbandsittiche zu sehen, hier ist es jedoch die große Zahl der brütenden Weißstörche, die das Gebiet interessant macht. Rund 20 % aller hessischen Brutpaare sind hier auf einer kleinen Fläche konzentriert. Nester werden vor allem auf den hohen Strommasten angelegt, auf einem befinden sich sogar neun Nester. Andere Paare brüten auf Bäumen, auf eigens hierfür aufgestellten Masten mit Nisthilfen, auf einem Hochsitz und auf einer Gartenlaube. Wasservögel wie Haubentaucher und Löffelente sind in kleiner Zahl auf den Teichen zu sehen, Wasserrallen hört man aus dem Röhricht rufen. Im Schilf lebt auch eine kleine Zahl von Blaukehlchen, Rohrammern und Teichrohrsängern. Einige Grauganspaare brüten ebenfalls hier. Nachtigallen singen in den Auwaldresten und feuchten Gebüschen vor allem zwischen dem Deich und dem Rhein. In Wiesbaden-Schierstein liegt auch ein wichtiger Schlafplatz der Papageien.

Beobachtungszeit

Eine günstige Zeit für einen Besuch ist der zeitige Frühling, wenn die Bäume noch unbelaubt sind. Die Sittiche sind dann auf Brutplatzsuche und rivalisieren laut lärmend um die zahlreichen Höhlen in den Platanen und Kastanien. Man kann dann auch die Spechte noch gut finden. Später im Jahr sind die Vögel in den dicht belaubten Bäumen

Typische Vogelarten, deren Status und günstige Beobachtungszeit (in Klammern) im Biebricher Schlosspark (B) und in der Schiersteiner Aue (S)
h = häufiger, r = regelmäßiger, s = seltener; B = Brutvogel, D = Durchzügler

Art	Status (beste Beobachtungszeit)
Alexandersittich (B)	hB (ganzjährig)
Blaukehlchen (S)	sB (April–Sept.)
Buntspecht (B,S)	rB (ganzjährig)
Eisvogel (S)	sB (ganzjährig)
Gartenrotschwanz (B)	sB (Mai–Sept.)
Graugans (S)	rB (ganzjährig)
Grünspecht (B, S)	sB (ganzjährig)
Halsbandsittich (B, S)	hB (ganzjährig)
Haubentaucher (S)	sB (ganzjährig)

Art	Status (beste Beobachtungszeit)
Kernbeißer (B)	rB (ganzjährig)
Löffelente (S)	D (Aug.–Mai)
Mittelspecht (B)	sB (ganzjährig)
Nachtigall (S)	sB (Mai–Aug.)
Nilgans (B)	sB (ganzjährig)
Saatkrähe (B)	rB (ganzjährig)
Schwarzmilan (B, S)	rB (April–Aug.)
Wasserralle (S)	rB (ganzjährig)
Weißstorch (S)	hB (ganzjährig)

nur schwierig zu entdecken. Im Winter halten sich die Papageien tagsüber im Park auf, abends fliegen sie in Trupps zu ihren Schlafplätzen außerhalb des Parks. Am Pfingstwochenende ist der Park wegen eines Reitturniers für den Publikumsverkehr nur gegen Eintritt begehbar.
Die Schiersteiner Aue ist vor allem im Frühling und frühen Sommer ein lohnendes Reiseziel. Dann bauen die Störche ihre Nester, und auch die anderen Brutvögel sind vergleichsweise auffällig, sodass man auch eine Chance hat, Blaukehlchen und Nachtigall zu sehen.

Ein recht großer Teil der Weißstörche bleibt über den Winter im Gebiet. Dann werden sie gefüttert. Auf den Teichen sind auch während der Zugzeit Wasservögel zu sehen, im Winter ist der Rhein ein gutes Ziel, um Wasservögel zu beobachten.

Im Gebiet unterwegs

Der Biebricher Schlosspark ist von einem dichten Wegenetz (befestigte und unbefestigte Wege) durchzogen. Viele Bänke laden zum entspannten Vogelbeobachten ein.

Die Schiersteiner Aue ist von den Parkplätzen am Hafen leicht erreichbar (ca. 200 m). Das Gebiet erstreckt sich beiderseits des Rheindeiches, auf dem ein befestigter Weg angelegt wurde. Von diesem Weg blickt man von oben auf die nahen Teiche und Röhrichtflächen. Die dahinter liegenden Wiesen und die vielen Storchennester sind von hier ebenfalls einsehbar. Ein zweiter Weg führt nur etwa 100 m parallel dazu am Rheinufer entlang, er ist im Spätwinter oder Frühling gelegentlich überschwemmt.

Vom Rheinufer in Höhe des Biebricher Schlosses kann man häufig Schwarzmilane bei der Nahrungssuche beobachten. Manchmal überqueren sie dabei auch den Schlosspark.

Foto: H.-J. Fünfstück.

Weitere Freizeitmöglichkeiten

Für interessierte Obstkundler bietet sich ein Besuch des pomologischen Gartens an, der am Westrand des Biebricher Schlossparks liegt.

Nur rund 30 km westlich von Wiesbaden liegt das Europareservat Rheinauen mit seiner hohen Bedeutung vor allem für überwinternde Vögel.

Thomas Brandt, Cordula Jülch, Kilian Wasmer

Anreise

Mit Bus und Bahn

Biebricher Schlosspark: Von Wiesbaden Hauptbahnhof mit dem Bus 14 bis zur Haltestelle Schloss, Wiesbaden Biebrich (Richtung Wal-Markt, Wiesbaden Biebrich, 14 Min; an Sonntagen Richtung Oderstraße, Wiesbaden-Schierstein), von hier sind es nur wenige Minuten bis zum südlichen Parkeingang. Der Schiersteiner Hafen wird vom Bus 23 angefahren.

Mit dem Auto

A66 (Rhein-Main-Schnellweg) bis zur Abfahrt 4 „Wiesbaden Biebrich“, Biebricher Allee nach Süden Richtung Biebrich, nach den Bahnschienen rechts in die Äppelallee, sofort wieder links in die Straße „Am Schlosspark“. An der Parkmauer stehen Parkplätze zur Verfügung. Zum Schiersteiner Hafen folgt man einfach der Äppelallee in westliche Richtung, überquert die A643 folgt anschließend der Rheingaustraße (K648), in Schierstein links Richtung Hafen.

GPS

Schierstein (Ortsmitte)	50°02'44.39" N	8°11'38.64" O
Biebrich (Ortsmitte)	50°02'41.47" N	8°14'27.79" O

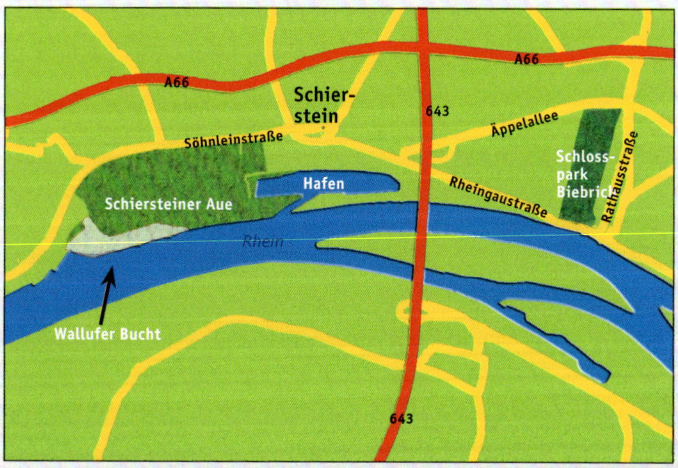

Die Vogelsbergteiche

Wat- und Wasservögel am Rande des Vulkans

Zwischen Frankfurt und Fulda liegen die erloschenen Vulkane des Vogelsberges. Sie sind das größte zusammenhängende Basaltmassiv Europas und heute überwiegend bewaldet. Da hier natürliche Stillgewässer fehlen, wurden bereits während des Mittelalters in Lössmulden flache Stauteiche zur Fischzucht angelegt. Die Teiche liegen durchschnittlich auf einer Höhe von 450 m ü. NN am südöstlichen Rand des Vogelsbergplateaus. Sie wurden über lange Zeiträume vergleichsweise extensiv genutzt, sodass sich eine seltene Teichbodenvegetation ausbilden konnte und die Gewässer eine überragende Bedeutung für Brut- und Rastvögel erlangten: Obwohl die Teiche relativ klein sind, haben sie besondere Bedeutung als Rastplatz für ziehende Wasservögel, da in der weiteren Umgebung vergleichbare Feuchtgebiete fehlen. Zum Schutz der über die Jahrhunderte entstandenen Kulturbiotope wurden Mitte der 1970er Jahre, als die traditionelle Karpfenwirtschaft nicht mehr kostendeckend betrieben werden konnte, drei der sechs größeren Teiche, der Ober-Mooser Teich (31 ha), der Reichloser Teich (11 ha) und der Rothenbachteich (11,2 ha), als Naturschutzgebiet ausgewiesen und so vor Wassersportnutzung geschützt. Die drei Teiche liegen nur wenige Kilometer auseinander. Trotz der Unterschutzstellung wurden Ober-Mooser und Reichloser Teich, die sich bisher in privater Hand befanden, zunehmend intensiv fischereiwirtschaftlich genutzt, mit negativen Auswirkungen auf die Vogelfauna. Ende 2003 wurden die beiden Teiche vom Naturschutzbund (NABU) Hessen erworben. Sie werden seither im Rahmen eines umfangreichen Managementprojektes mit heimischen Fischarten extensiv bewirtschaftet. Die Gewässer sind Teil des EU-Vogelschutzgebietes „Vogelsberg“ (63 500 ha) und als FFH-Gebiet gemeldet.

Lebensräume

Durch die lange extensive Bewirtschaftung mit regelmäßigem Ablassen der Teiche konnte sich eine in Mitteleuropa seltene Teichbodenvegetation (Nanocyperion) ausbilden, die sich bei abgesunkenem Wasserstand auf dem entblößten Uferschlamm einstellt. Uferwärts folgen in der Regel ausgedehnte Schachtelhalmbestände, Röhrichtgürtel und Seggenwiesen. Im tieferen Wasser findet sich eine artenreiche Wasserpflanzengesellschaft. Alle drei Teiche zeichnen sich durch seltene Pflanzenarten aus. Die weitere Umgebung der Gewässer wird durch Land- und Forstwirtschaft bestimmt, große Flächen sind mit Fichten bepflanzt.

Der 31 ha große und nur 1 bis 1,5 m tiefe Ober-Mooser Teich, der sich aus mehreren kleinen Teichen zusammensetzt, grenzt direkt an die Ortschaft Ober-Moos. Er wird von Grünland und einem Fichtenforst begrenzt und bildet mit angrenzenden Wiesen, Weiden und Waldflächen ein 56,5 ha großes Naturschutzgebiet.

Der Reichloser Teich, der im Jahr 1717 angelegt wurde, weist im Nordwesten einen breiten Röhrichtsgürtel auf und wird im Süden von Forst begrenzt. Da der Teichdamm relativ nährstoffarmes Wasser bis zu einer Höhe von 4 m aufstaut, ist die Sommertemperatur des Wassers recht niedrig.

Als einziger der Vogelsbergteiche ist der Rothenbachteich komplett von Wald umgeben. Da er niemals in Privatbesitz war, fand hier keine auf Ertrag ausgerichtete fischereiliche Nutzung statt.

Alle drei Teiche werden durch den NABU weiterhin extensiv bewirtschaftet und in regelmäßigem Rhythmus abgelassen und abgefischt. In den „Hälterteichen" werden die auf diese Weise abgefischten Fische sortiert. Ein Teil von ihnen setzt man wieder zurück in die Teiche. Bei dieser Bewirtschaftung sind ausschließlich einheimische Arten im Spiel. Im Ober-Mooser Teich läuft zudem ein Ansiedlungsprojekt des seltenen Schlammpeitzgers. Die extensive Bewirtschaftung ist für die Erhaltung des seltenen Ökosystems wichtig. Auch Brutvögel wie der Schwarzhalstaucher profitieren sehr vom Abfischen der größeren Fische.

Schwarzstörche sind an den Vogelsbergteichen regelmäßige Nahrungsgäste. Im Bild ein Vogel im 2. Kalenderjahr. Foto: H.-J. Fünfstück.

Besondere Vogelarten

Ihre größte Bedeutung haben die vergleichsweise kleinen Vogelsbergteiche als nahrungsreiche „Trittsteine" für verschiedene Vogelarten vor allem auf dem Zug. Hier wurden schon fast alle in Mitteleuropa zu erwartenden Enten- und Watvogelarten beobachtet. Allein auf dem Ober-Mooser Teich kann man im Herbst Entenansammlungen von bis zu 1200 Vögeln antreffen, darunter regelmäßig Krick-, Knäk-, Pfeif-, Schnatter-, Spieß-, Löffel-, Reiher- und Tafelenten. Gänse- und seltene Zwergsäger sind ebenfalls regelmäßige Gäste. Im Herbst suchen seit einigen Jahren zunehmend Silberreiher das Gebiet auf. Sie sind auch im Winter anwesend, solange die Teiche nicht zugefroren sind.

Typische Vogelarten, deren Status und günstige Beobachtungszeit (in Klammern) an den Vogelsbergteichen.
h = häufiger, r = regelmäßiger, s = seltener; B = Brutvogel, J = Jahresvogel (kein Brutvogel), W= Wintergast, D = Durchzügler, N = Nahrungsgast

Art	Status (beste Beobachtungszeit)
Alpenstrandläufer	rD (März–Mai, Aug.–Sept.)
Baumfalke	rN (Mai–Sept.)
Bekassine	rD (März–Sept.)
Bruchwasserläufer	rD (Mai, Juli/Aug.)
Fischadler	rD (März/April, Aug/Sept.)
Flussregenpfeifer	rD (April–Aug.)
Flussuferläufer	rD (Mai–Aug.)
Grünschenkel	rD (April–Mai)
Haubentaucher	rB (März–Nov.)
Kampfläufer	sD (März–Sept.)
Kiebitz	rD (ganzjährig)
Knäkente	sD (März–Aug.)
Kolkrabe	rJ (ganzjährig)
Kormoran	rJ (ganzjährig)
Kornweihe	sW (Okt.–März)

Art	Status (beste Beobachtungszeit)
Krickente	sB, rW (ganzjährig)
Löffelente	sB, rD (März–Okt.)
Merlin	sW (Okt.–April)
Neuntöter	sB (Mai–Aug.)
Pirol	sB (Mai–Aug.)
Raubwürger	sW (Okt.–März)
Rohrweihe	sB (April–Sept.)
Schnatterente	rD (März–Juli)
Schwarzhalstaucher	rB (April–Sept.)
Schwarzstorch	rN, rD (April–Aug.)
Silberreiher	rD (Aug.–Dez.)
Teichrohrsänger	rB (Mai–Aug.)
Tüpfelsumpfhuhn	sB (April–Juni)
Waldwasserläufer	rD (März–Sept.)
Zwergtaucher	rB (April–Okt.)

Auch Merline kommen im Winter in das Gebiet, in dem man sie mit etwas Glück bei der Vogeljagd beobachten kann. Für den Fischadler sind die Teiche ein wichtiger Rastplatz in Hessen. Besonders im Herbst können hier regelmäßig mehrere Individuen bei der Jagd beobachtet werden. Bei niedrigen Wasserständen nutzen Limikolen die trockenfallenden Uferbereiche der Teiche als Nahrungsquelle. Langbeinige Limikolen wie Rotschenkel, Uferschnepfe und Großer Brachvogel überwiegen. Für Trauerseeschwalbe, Bruchwasserläufer und Bekassine ist das Teichgebiet ebenfalls einer der wichtigsten hessischen Rastplätze: Trupps mit mehr als 30 Individuen wurden hier beobachtet.

Mehr als 100 Brutvogelarten leben an und in Nähe der Teiche. Hauben- und Zwergtaucher ziehen hier regelmäßig ihre Jungen groß, ebenso Schwarzhalstaucher mit zwei bis drei Brutpaaren am Ober-Mooser Teich, einer der wenigen Brutplätze der Art in Hessen. Der Schwarzhalstaucher ist auf eine extensive Bewirtschaftung der Teiche angewiesen. Durch die Pflegemaßnahmen könnte – das ist zumindest die Hoffnung der Naturschützer – das Vorkommen in den kommenden Jahren noch wachsen. Von den Entenvögeln brüten mehrere Paare Krickenten, meist im flachen Einlauf der Teiche. Tafelenten und Reiherenten besitzen einen großen Mauserplatz mit mehr als 150 Exemplaren. Als Folge der maßvollen Beweidung auf den Feuchtwiesen des Ober-Mooser Teiches gehören Tüpfelsumpfhühner und Teichrohrsänger zu den Brutvögeln. Im Röhricht brüten Teichrohrsänger und gelegentlich Rohrweihen. Für Graureiher aus der Kolonie im nahen Naturschutzgebiet „Wäldchen am Oppenrod“ und Kormorane stellen die Teiche ein wichtiges Nahrungsgebiet dar. Die in den Waldgebieten des Naturparks „Hoher Vogelsberg“ brütenden Schwarzstörche (2006 mehrere Paare) nutzen die Teiche ebenfalls als Nahrungsgewässer.

Reisezeit

Ein Besuch lohnt sich besonders zur Zugzeit von August bis November sowie während der Zeit des Frühjahrszuges. Zwischen Dezember und Februar frieren die Teiche häufig zu, sodass keine Wasservögel da sind. Man kann neben den häufiger überwinternden Singvögeln wie Rot- und Wacholderdrossel dann mit Glück überwinternde Raubwürger sehen.

Im Sommer bieten insbesondere der Ober-Mooser und der Rothenbachteich gute Beobachtungsmöglichkeiten für Brutvögel. Die Schwarzhalstaucher treffen im April ein. Von Mai bis September jagen oft Baumfalken an den Teichen, dann sind auch Teichrohrsänger im Schilf und die Neuntöter in den Randbereichen des Ober-Mooser Teichs anwesend. Bei der Reiseplanung ist zu berücksichtigen, dass das Vogelsbergplateau relativ hoch liegt, und daher hier häufig die Temperaturen deutlich niedriger sind als in tieferen Lagen.

Der Rothenbachteich ist als einziger Teich komplett von Wald umgeben. Foto: T. Brandt.

Beobachtungsmöglichkeiten

Alle drei Teiche haben eine überschaubare Größe und lassen sich gut mit dem Fernglas oder Spektiv absuchen, sodass das Verhalten der Wasservögel schön zu beobachten ist. Der Ober-Mooser Teich lässt sich auf Wegen und einer kleinen Straße bequem umrunden (eine Stunde), vom Rundweg aus kann man die Wasserfläche zumeist gut überblicken. Im Herbst 2010 wurde am Südufer des Ober-Mooser Teichs eine Vogelbeobachtungshütte errichtet. Am Rothenbachteich hat man den besten Überblick vom „Mönch“, der direkt an einer für Fahrzeuge gesperrten Forststraße liegt. Von hier kann man Reiher und manchmal sogar Schwarzstörche am gegenüberliegenden Ufer gut beobachten. Der Reichloser Teich lässt sich von Wegen entlang der Nordost- und Westseite gut überblicken. Ein Verlassen der Wege ist an allen Teichen unnötig und störend.

Fischreiche Bäche wie hier am Rothenbachteich sind wichtige Nahrungsressourcen für Schwarzstörche. Foto: T. Brandt.

GPS

Reichlos (Ortsmitte)	50°27'37.22" N	9°25'37.84" O
Bermuthshain (Ortsmitte)	50°28'25.63" N	9°18'52.23" O
Ober-Moos (Ortsmitte)	50°27'25.03" N	9°22'02.08" O
Parkplatz Teichhaus Obermoser Teich	50°27'28" N	9°21'43" O
Wanderparkplatz Rothenbachteich	50°28'03" N	9°20'16" O

Weitere Beobachtungs- und Freizeitmöglichkeiten

- Der nahegelegene Klesberger Weiher (1,45 ha) bei Steinau, der ebenfalls vom NABU gepflegt wird, lohnt sich auch zur Vogelbeobachtung.
- Das Touristenziel im Naturpark „Hoher Vogelsberg" ist der 763 m hohe Hoherodskopf. Neben zahlreichen Ausflugslokalen findet sich hier ein Naturschutz-Infozentrum, das mit einer schönen Ausstellung über Tiere und Lebensräume des Naturparks informiert. Auf dem Hoherodskopf startet auch der 2,5 bis 3-stündige Höhen-Rundweg „H", auf dem sich mit Buchenwald, Hochmoor, Forellenteichen und Heidelandschaft eine vielseitige Landschaft sowie eine gute Aussicht bietet. Im Naturpark brüten Schwarzstorch, Kolkrabe, Tannenhäher und weitere Waldvögel.
- Im Vogelsberggarten (6 ha) auf dem Schlossberg Ullrichstein wird das alte Kulturland rund um die Burgruine wieder nach alten Wirtschaftsverfahren gepflegt und bewirtschaftet. Parkplatz am Museum im Vorwerk, der Eintritt in den Garten ist frei. Infos: http://www.vogelsberggarten.de
- In Schotten findet sich ein Vogelpark: www.vogelpark-schotten.de

Thomas Brandt, Cordula Jülch, Kilian Wasmer

Infomaterial/Literatur

Bibelriether, H. (1997): Naturland Deutschland. Kosmos-Verlag, Stuttgart.

Anfahrt

Mit Bus und Bahn

Das Teichgebiet ist leider mit öffentlichen Verkehrsmitteln nur sehr schlecht zu erreichen. Von Fulda oder Gießen mit dem RE nach Lauterbach, weiter mit dem Bus nach Grebenhain, von dort mit dem Bus nach Freiensteinau-Ober-Moos Kirche, dann ist es nur noch ein kurzer Fußweg zum Ober-Mooser-Teich. Auf der Strecke fahren teilweise Anruf-Sammeltaxis. Nähere Infos zur Anfahrt: Verkehrsgesellschaft Oberhessen: www.vgo.de, hier werden sogar Karten angezeigt. Gute Verbindungen dauern von Fulda oder von Gießen ca. drei Stunden.

Mit dem Auto

Über die A66/B40 Frankfurt/Fulda bis Abfahrt 47 Steinau oder Fliedern. Weiter in Richtung Freiensteinau und Ober-Moos. Zwischen Ober-Moos und Nieder-Moos direkt an der Landstraße findet sich ein Parkplatz nahe des kleinen Teichhauses (Ober-Mooser Teich). Von Ober-Moos nach Reichlos, ca. 200 m vor dem Ortsschild die erste Straße rechts runter. Am Ende der Ortschaft parken, zu Fuß ca. 10 min bis zum Teich (Reichloser Teich). Der Rothenbachteich findet sich direkt an der Landstraße zwischen Ober-Moos und Bermuthshain, Parkplatz auf der rechten Seite. Von hier sind es nur wenige Meter bis zum Gewässer.

Adressen

Informationen zum NABU-Projekt finden sich im Internet:
www.hessisches-naturerbe.de

Ansprechpartner: Maik Sommerhage, NABU Hessen,
Friedensstraße 26, 35578 Wetzlar, Tel.: 06441/6790422,
Maik.Sommerhage@NABU-Hessen.de

Das Naturschutz-Informationszentrum auf dem Hoherodskopf
(Auf dem Hoherodskopf, unmittelbar nach Einfahrt auf den großen Parkplatz rechts), Tel.: 06044/9669330, info@naturerlebnis-vogelsberg.de;
www.naturerlebnis-vogelsberg.de

Öffnungszeiten:
1. Mai – 31. Okt.: tägl. 10 – 17 Uhr
1. Nov – 30. Apr: Mo. – Fr. 11 – 17 Uhr, Sa., So. & Feiertag 10 – 17 Uhr

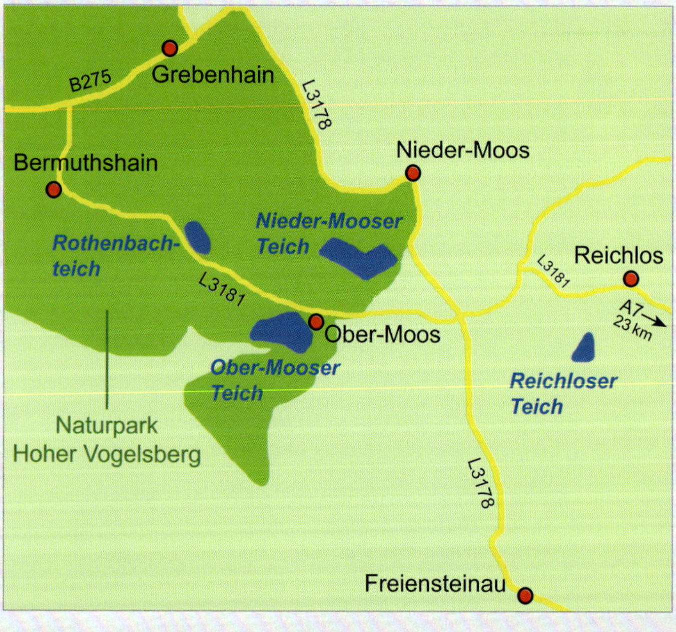

Blick vom Beobachtungsturm NSG Burg über die Kuhweide zum Unteren Knappensee.
Foto: S. Roscher. 12.5.2007.

Die Horloffaue zwischen Hungen und Reichelsheim

Wasservögel in der Wetterau nordöstlich von Frankfurt

Die Tallandschaft der Horloff bildet ein überregional bedeutendes Brut- und Rastgebiet. Dass dieses Juwel in einem intensiv genutzten Raum 35 km nördlich von Frankfurt entstehen und gesichert werden konnte, ist den Bemühungen der Hessischen Gesellschaft für Ornithologie und Naturschutz (HGON) zu verdanken.

Die von der HGON erbrachten Leistungen und Bemühungen zur Erhaltung der Flussauenlandschaft Horloffaue fanden früh Anerkennung und wurden bereits 1988 als „Auenverbund Wetterau" mit dem Europäischen Umweltpreis ausgezeichnet. 1989 wurde ein rund 7400 ha großes Areal als Landschaftsschutzgebiet „Auenverbund Wetterau" ausgewiesen. Darin eingebettet liegen 33 kleine Naturschutzgebiete mit einer Gesamtfläche von circa 1400 ha. Die Horloffaue wurde schon früh in das Natura- 2000-Programm aufgenommen und ist als Europäisches Vogelschutzgebiet gesichert.

Lebensräume

Die Wetterau gliedert sich in das Großenlindener Hügelland, den Münzenberger Rücken sowie in die für Vogelbeobachter besonders interessante Horloffsenke. Der gesamte Naturraum wird geologisch von tertiären Lockersedimenten geprägt, die von mächtigen quartären Löss-Deckschichten überlagert sind. Aufgrund dieser fruchtbaren Böden werden 70 % der Wetterau landwirtschaftlich genutzt. Wälder und Auen säumen nur die Randbereiche. Die allgemeine Seltenheit von stehenden Gewässern in Hessen bewirkt, dass die Niederung ein starker Magnet für Zugvögel ist.

Drei Beobachtungsgebiete sind besonders lohnend:

Im Zentrum des **NSGs „Mittlere Horloffaue"** liegt der Untere Knappensee, ein ehemaliger Braunkohlentagebau, der renaturiert und 1984 unter Naturschutz gestellt wurde. Im Verlauf der Renaturierungsarbeiten entstanden ausgedehnte Flachwasser- und röhrichtbestandene Verlandungsbereiche. Senken mit periodisch trockenfallenden Mulden, umgeben von Feuchtbrachen und artenreichem frisch-feuchten Grünland, wurden im Nordosten des NSG geschaffen. Östlich an den Knappensee schließt die Kuhweide an, ein extensiv genutztes Wiesengebiet, das von der Horloff durchquert wird.

Das **NSG „Teufelsee und Pfaffensee"** wird durch die gleichnamigen tiefen Tagebaurestlöcher geprägt. Hier wurde von 1842 an im Tiefbau und von 1962 bis 1989 im Tagebau Braunkohle abgebaut. Die Ufer sind steiler als am Knappensee, sodass sich ein Röhrichtgürtel kaum ausbilden konnte. Umgeben sind die beiden Seen von intensiv genutztem Ackerland.

Das **NSG „Bingenheimer Ried"** zwischen Echzell und Reichelsheim ist eines der Kernstücke im „Auenverbund Wetterau". Das Gebiet wurde im Jahr 1985 unter Schutz gestellt. Seit 1991 kann der Wasserstand durch Hochwas-

Rothalstaucher haben am Pfaffensee ihren einzigen Brutplatz in Hessen und einen ihrer südwestlichsten Verbreitungsvorposten überhaupt; sjährlich brüten hier bis zu 8 Paare.
Foto: C. Wagner. Stuer, Juni 2007.

Blick über die Talaue der Horloff. Foto: S. Roscher. 12.5.2007.

sereinlass gesteuert werden. Zusätzlich angelegte Flachwasserteiche und Flutmulden haben das Gebiet noch einmal aufgewertet. Mit schwankendem Wasserstand haben sich neben zeitweilig offenen Flachwasserbereichen vor allem ausgedehnte Seggen- und Röhrichtbestände etabliert. In den Randbereichen wird Rinderbeweidung oder extensive Wiesennutzung durchgeführt.

Besondere Vogelarten

Das Bingenheimer Ried ist eine gute Adresse für Enten und Rallen. In den flach überschwemmten Wiesen brüten Schnatter-, Löffel- und Knäkenten sowie Wasserrallen und – als Besonderheit – Tüpfelsumpfhühner. Von beiden Arten konnten in Spitzenjahren bis zu 40 Reviere gezählt werden. Seit 2008 bestand in mehreren Jahren Brutverdacht für Zwerg- und kleines Sumpfhuhn. Rothalstaucher besetzen am Pfaffensee ihren einzigen Brutplatz in Hessen. Durch das Aufstellen von mehreren Nisthilfen konnten Weißstörche angesiedelt werden, im Gebiet brüten mittlerweile sieben Weißstorchpaare. Wie überall in Deutschland nimmt in der Horloffaue der Bestand der wiesenbrütenden Vogelarten stark ab. So ist die Uferschnepfe an ihrem einzigen Brutplatz zwischen Norddeutschland und Bayern verschwunden, vom Großen Brachvogel gibt es weniger als zehn Brutpaare. Die Zahlen der Bekassine sind ebenfalls rückläufig. Kibitz und Wachtelkönig konnten sich hingegen stabilisieren. Auch Beutelmeisen, Schwarzkehlchen, Nachtigallen, Blaukehlchen, Wiesenschafstelzen, Grauammern und sogar Drosselrohrsänger brüten in den entsprechenden Lebensräumen. Als weitere Besonderheit konnten in den letzten Jahren bis zu drei Zwergdommel-Reviere festgestellt werden.

Die Horloffaue ist ein wichtiger Durchzugs- und Rastplatz. Außerhalb der Brutsaison können zur richtigen Zeit auf den Seen und den angrenzenden Gebieten Bläss- und Saatgänse, alle binnenländischen Entenarten sowie Zwerg- und Gänsesäger, Lappen- und Seetaucher, Fischadler, Korn- und Rohrweihen, verschiedene Limikolen und neben Trauer- auch fast alle weiteren heimischen Seeschwalben beobachtet werden. Alljährlich nutzen mehrere Hundert Kraniche vor allem im Oktober/November die Kuhweide zur Rast. Vom 5. bis 9. November 2002 waren es sogar circa 10 000 Vögel. In jedem Herbst können an den Massenzugtagen der Art mehrere 10 000 überfliegende Kraniche beobachtet werden.

Silberreiher haben wie fast überall stark zugenommen und sind beinahe das ganze Jahr über zu sehen. Maximalzahlen liegen bei mehr als 40 Tieren, die sich am Schlafplatz versammeln.

Typische Vogelarten der Harloffaue, deren Status und günstige Beobachtungszeit (in Klammern)
h = häufiger, r = regelmäßiger, s = seltener; J = Jahresvogel (kein Brutvogel), B = Brutvogel, W = Wintergast, D = Durchzügler.

Art	Status (beste Beobachtungszeit)
Bekassine	rB (März–Nov.)
Bergpieper	rW (Nov.–April)
Beutelmeisen	sB (April–Aug.)
Blaukehlchen	rB (April–Aug.)
Blässgans	rW (Nov.–März)
Braunkehlchen	sB (Ende April–Sept.)
Fischadler	rD (April, Aug.–Sept.)
Goldregenpfeifer	rD (März)
Grauammer	rB (April–Juli)
Großer Brachvogel	sB (März–Nov.)
Gänsesäger	rW (Nov.–März)
Kiebitz	hB (März–Nov.)
Knäkente	sB, rD (März–Sept.)
Kormoran	hD, hW (Juli–April)
Kornweihe	rW (Nov.–März)
Kranich	rD (Okt.–Nov.)
Krickente	rB, rW (ganzjährig)
Löffelente	sB, rD (März–Okt.)
Merlin	sW (Mitte Sept.–April)
Mornellregenpfeifer	sD (Mitte Aug.–Mitte Sept.)
Nachtigall	rB (Mai–Aug.)

Art	Status (beste Beobachtungszeit)
Raubwürger	rW (Nov.–März)
Rohrweihe	rB, rD (März–Okt.)
Rothalstaucher	sB, sD (März–Okt.)
Schilfrohrsänger	sB (Ende April–Aug.)
Schwarzhalstaucher	rd (März bis Sept.)
Schwarzkehlchen	rB (Mitte März–Okt.)
Schwarzkopfmöwe	sD (März–Sept.)
Seeadler	sW (Dez.–Feb.
Silberreiher	rJ, hW (ganzjährig, ab März)
Spießente	rD (März/April)
Steinkauz	hB (ganzjährig)
Trauerseeschwalbe	rD (Mai, Aug./Sept.)
Tundrasaatgans	rW (Nov.–März)
Tüpfelsumpfhuhn	sB (April–Juli)
Waldsaatgans	sW (Nov.–März)
Wanderfalke	rJ (ganzjährig)
Wasserralle	rB, rW (ganzjährig)
Weißstorch	rB (April–Sept.)
Wiesenschafstelze	rB (April–Sept.)
Zwergsäger	sW (Nov.–März)
Zwergtaucher	rB, rD (ganzjährig)

Vor allem auf dem Teufelsee und dem Pfaffensee, aber auch auf den Knappenseen findet sich im Winter eine große Anzahl überwinternder Wasservögel ein.

Raubwürger und Bergpieper kann man ebenfalls im Winterhalbjahr erwarten. Im Frühjahr sind die Wiesen- und Schilfflächen des Bingenheimer Rieds regelmäßig überschwemmt und bieten dann sehr gute Beobachtungsmöglichkeiten für durchziehende Enten und Limikolen. Ebenso im August und September, wenn der Wasserstand so niedrig ist, dass mehr und mehr Schlammbänke frei werden.

Reisezeit

Die Horloffaue ist während des gesamten Jahres eine Reise wert. Die Vielzahl an interessanten Brutvogelarten macht einen Besuch zur Brutzeit sehr lohnend. Ab Ende April ziehen neben vielen weiteren wassergebundenen Vogelarten auch die Seeschwalben durch, darunter in den letzten Jahren Weißbart- und Weißflügel-Seeschwalben. Ebenfalls im Frühjahr ist ein Besuch im Bingenheimer Ried sehr ergiebig. Da das Ried dann meistens flach überschwemmt ist, rastet hier eine große Zahl an Wasservögeln. Im gewässerarmen Hessen bilden die beschriebenen Gebiete einen Magneten für durchziehende Gänse, Enten, Limikolen, Möwen und Seeschwalben. Das Bingenheimer Ried und der Untere Knappensee mit ausgedehnten Schlammflächen weisen auch im Herbst einen hohen Artenreichtum auf.

Der Spätherbst ist Kranichzeit. Auch wenn die Kranichzahlen nicht denen der Rügen-Region, der Diepholzer Moorniederung oder von Linum entsprechen, ist das Kranichspektakel mit einigen Hundert Individuen sehenswert, zumal es sich um den einzigen größeren, regelmäßig genutzten Rastplatz der Art in Südwestdeutschland handelt. Da Teufelsee und Pfaffensee tiefer als die anderen sind, bleiben sie im Winter am längsten offen und bieten oftmals die interessantesten Beobachtungsmöglichkeiten. Seetaucher werden selten sowohl auf dem Teufel- und Pfaffensee, als auch auf den beiden Knappenseen beobachtet. Saat- und Blässgänse sowie Kornweihen und Merline nutzen die offene Feldflur zur Nahrungssuche.

Beobachtungsmöglichkeiten

NSG Mittlere Horloffaue (A)

Der Obere Knappensee kann vom Friedhof Utphe erreicht werden. Dazu nimmt man am nördlichen Ortsrand von Utphe die erste/letzte innerörtliche Straße nach Osten und erreicht ausgeschildert nach 400 m den Friedhof. Von dort sind es 100 m nach Norden bis zum Oberen Knappensee (1).

Den Unteren Knappensee erreicht man, wenn man am Friedhof rechts abbiegt, sich kurz darauf links und gleich wieder rechts hält. Der kurz darauf folgende Parkplatz auf der linken Seite ist nur einen kurzen Fußweg von einer guten Beobachtungshütte am Nordufer (2) des Sees entfernt. Von einem Fußweg, dem sogenannten Viehtrieb, hat man einen Blick auf die nördliche Kuhweide. Er beginnt östlich von Utphe. Man kann kurz nach der Horloff-Brücke parken. Der Asphaltweg (3) führt in südöstlicher Richtung, geradeaus quer durch die Horloffaue. Das NSG selbst weist ein ganzjähriges Betretungsverbot auf.

Die Kraniche beobachtet man am Besten vom Beobachtungsstand im NSG Burg (4). Der auffällige Parkplatz liegt an der L 3188 zwischen Echzell und Unter-Widdersheim.

NSG Teufelsee und Pfaffensee (B)

Es gibt drei Beobachtungsstände rund um die Seen. Zum Beobachtungsstand am Teufelsee (5) gelangt man über Weckesheim. Im Ort verlässt man die L 3186 auf der K 179 nach Norden Richtung „Wölfersheim" und biegt 1,4 km nach dieser Kreuzung auf der freien Feldflur nach rechts (Osten) in einen asphaltierten Wirtschaftsweg ein. Auf diesem erreicht man nach 500 m eine Parkmöglichkeit in unmittelbarer Nähe des Beobachtungsstands. Der Bahnhof in Weckesheim befindet sich an der Kreuzung L 3186/K 179 und ist somit 1,9 km vom Teufelsee entfernt. Für den Beobachtungsstand am Südufer des Pfaffensees (6) parkt man am nördlichen Ortsausgang von Heuchelheim am Bauhof und geht zuerst geradeaus und dann rechts über die Felder bis zum Beobachtungsstand. Ein weiterer Parkplatz befindet sich an einer etwas nach hinten versetzten Scheune am westlichen Ortsausgang von Gettenau. Der Feldweg nach Westen führt in 1,7 km zu einem Beobachtungsstand am Nordufer des Pfaffensees (7).

Steinkäuze wärmen sich in der Märzsonne. Foto: H. Glader. Niederrhein, 2006.

NSG Bingenheimer Ried (C)

Parken sollte man an der Hauptstraße („Raunstraße", L 3188) am Südrand von Bingenheim. Der für den Fahrzeugverkehr gesperrte „Riedweg" führt dort nach Westen aus dem Ort und nach 600 m zu einem Aussichtsturm (8), der einen hervorragenden Überblick über die Fläche bietet.

Ein weiterer Zugang besteht vom Friedhof Gettenau am Südrand von Echzell, wo ein Teerweg an der Westseite des NSG entlangführt. Hier lässt sich von einem Beobachtungsstand (9) der nördliche Gebietsteil einsehen.

Weitere Beobachtungs- und Freizeitmöglichkeiten

Der Raum Frankfurt ist ein wichtiges Zentrum des hessischen Steinkauzvorkommens. So brüten im Main-Kinzig-Kreis, der südöstlich an den Wetteraukreis anschließt, und in der Wetterau mehr als 150 Paare des kleinen Kauzes.. Sehr gute Chancen zur Beobachtung der Art findet man 11 km nordöstlich der Innenstadt von Frankfurt oder 30 km südlich von Utphe in den ausgedehnten Obstwiesen am nördlichen Ortsrand von Hochstadt, die eine stattliche, Nistkasten gestützte Steinkauzpopulation beherbergen. Die Eule kann im Vorfrühling beim Sonnen nahe ihrer Bruthöhle beobachtet werden und ist zur Brutzeit teilweise tagaktiv.

GPS

Friedhof Utphe	50°26'12" N	8°53'24" O
Horloff-Brücke (3)	50°26'08" N	8°53'47" O
Beobachtungsstand Teufelssee (5)	50°22'22" N	8°50'46" O
Raunstraße Bingenheimer Ried	50°22'02" N	8°53'38" O

Normalerweise ist die Dämmerung die Hauptaktivitätszeit. Am auffälligsten ist der durchdringende Reviergesang, der im Herbst und besonders während der Hauptbalzzeit im Februar und März zu hören ist. Auch andere interessante Tierarten sind in großer Zahl hier anzutreffen: bis zu 2000 rufende Laubfrösche, 4000 Knoblauchkröten, 10 000 Kammmolche oder 40 verschiedene Libellenarten. An Artenvielfalt hat die Gegend einiges zu bieten.

Die Anfahrt erfolgt über die A 66 Anschlussstelle „Maintal/Dörnigheim". Man fährt zuerst nach Nordwesten Richtung „Bergen-Enkheim" und biegt an der ersten Ampel nach rechts Richtung „Hochstadt" ab. Schon 200 m weiter kann man an einem nach links in die Obstwiesen führenden, für den Verkehr gesperrten Feldweg parken. Der Wirtschaftsweg führt 200 m nach Norden und stößt dort auf einen Teerweg. Diesem folgt man nach rechts und durchquert dabei zentrale Bereiche der Obstwiesen. Zur richtigen Jahres- und Tageszeit hat man gute Chancen auf den Steinkauz, aber auch auf Kleinspecht, Grünspecht und Gartenrotschwanz.

Thomas Brandt, Christoph Moning, Christian Wagner

Infomaterial/Literatur

Moning, C. & C. Wagner (2005): Vögel beobachten in Süddeutschland. Franckh-Kosmos-Verlag, Stuttgart.

Informationsflyer über die Gebiete sind bei der HGON erhältlich (s. Adressen).

Die Karten sind dem Kosmos-Buch „Vögel beobachten in Süddeutschland" von C. Moning und C. Wagner (2005) entnommen.

Anfahrt

Mit Bahn und Bus:

Die Beobachtungsgebiete sind gut an das öffentliche Verkehrsnetz angeschlossen. Es gibt Bahnhöfe in Hungen und Trais-Horloff, die für Touren in das NSG Mittlere Horloffaue geeignet sind, sowie in Weckesheim, Reichelsheim und Echzell/Gettenau, die eine Wanderung zum NSG Teufelsee und Pfaffensee und NSG Bingenheimer Ried ermöglichen.

Mit dem Auto

Die A 45 schneidet die Horloffaue und trennt sie in einen Nordteil mit dem NSG Mittlere Horloffaue und Südteil mit den NSG Teufelsee und Pfaffensee sowie das NSG Bingenheimer Ried. Für alle Exkursionsziele verlässt man die A 45 bei Wölfersheim.

Adressen

HGON e. V., Lindenstraße 5, 61209 Echzell, Tel.: 06008/1803, Fax: 06008/7578, info@hgon.de; www.hgon.de.

Im HGON-Birdnet auf der Internetseite der HGON werden tagesaktuell Beobachtungen aus diesen und vielen weiteren Gebieten in Hessen zusammengestellt.

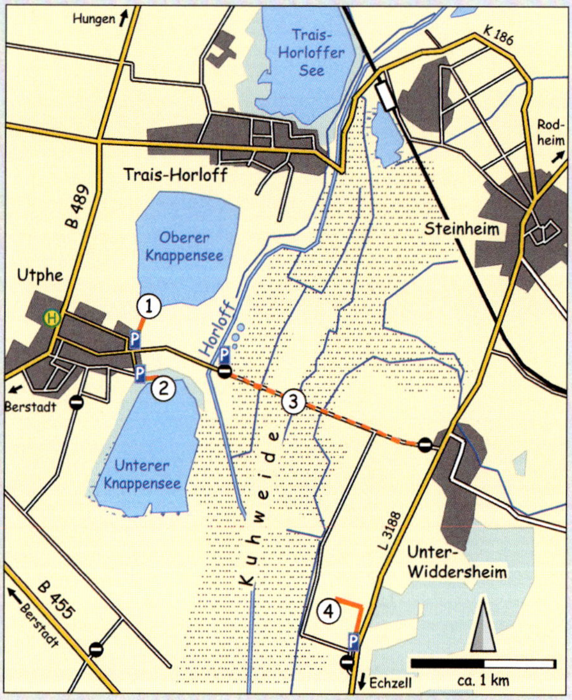

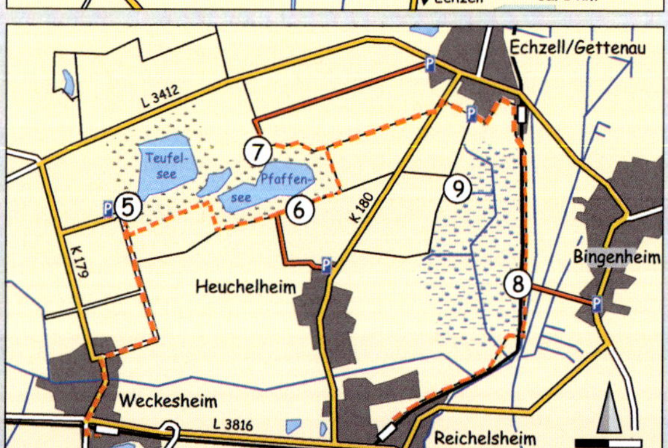

Das Gewässer in der Fuldaaue wurde für die Bundesgartenschau 1981 angelegt. Foto: F. Weiß. Fuldaaue, 7.7.2016.

Die Fuldaaue

Von der Bundesgartenschau zum Naturschutzgebiet

Im Zentrum des Hessischen Berglands schlängelt sich die Fulda gen Norden. Bei Kassel weitet sich die Talaue und beherbergt mit dem barocken Staatspark Karlsaue und der Fuldaaue, die auf die BUGA 1981 zurückgeht zwei sehr unterschiedliche Landschaftsparks, die nicht nur Kassels wichtigste Naherholungsgebiete sind, sondern auch eine artenreiche Vogelwelt beherbergen. Die Fulda wirkt als Leitlinie für Zugvögel und so manche seltene Art konnte über die Jahre nachgewiesen werden.

Landschaftsgeschichte und Lebensräume

Bundesgartenschauen, kurz BUGA, finden seit 1951 im zweijährigen Rhythmus als Leistungsschau des deutschen Gartenbaus statt. Kassel war seither zweimal Schauplatz der BUGA. 1955 war die Stadt nach Ende des zweiten Weltkriegs noch immer gezeichnet von schweren Bombenangriffen, die etwa 70 % der Stadtfläche zerstört hatten. Die Initiatoren der ersten BUGA nutzten diese erste Ausstellung daher, um dem ebenfalls stark zerstörten barocken Landschaftspark Karlsaue mit der Orangerie wieder zu seinem alten Glanz zu verhelfen. Als Begleitveranstaltung zur BUGA 1955 fand die erste documenta statt, mit der den Besuchern die unter den Nazis verunglimpfte abstrakte Kunst nahegebracht werden sollte und die seither alle fünf Jahre das mittlerweile weltweit bedeutendste Forum für internationale moderne Kunst darstellt. Die 14. documenta findet vom 10. Juni bis zum 17. September 2017 statt. Der Staatspark Karlsaue entstand um 1700 als barocker Landschaftspark. Aus vogelkundlicher Sicht sind insbesondere die beeindruckenden alten Laub- und Nadelbäume hervorzuheben, die eine reiche Brutvogelwelt mit vielen Höhlenbrütern beherbergen. Zahlreiche Kanäle und Bassins bringen zudem Wasserflächen

Flussregenpfeifer haben das Gelände der Bundesgartenschau schon kurz nach seiner Entstehung besiedelt. Foto: J. Voß. Kassel, Mai 2015.

in die Landschaft. 1981 war die Karlsaue dann erneut Schauplatz einer BUGA. Der Fokus lag hierbei natürlich nicht mehr auf dem Wiederaufbau, vielmehr lautete das Motto: „Das verändernde Verhältnis des Menschen zu seiner natürlichen Umwelt – vom rücksichtslosen Ausbeuter zum behutsamen Gestalter". Doch trotz dieses fortschrittlichen Ansatzes standen der BUGA 1981 auch kritische Stimmen entgegen. So veröffentlichte der Deutsche Werkbund eine Broschüre mit dem Titel „Durch Pflege zerstört. Die Kasseler Karlsaue vor der Bundesgartenschau." Diese Kritik bezog sich insbesondere auf Baumpflegemaßnahmen in der Karlsaue. Zentraler Bestandteil dieser zweiten BUGA war ein neu geschaffener Kiessee am östlichen Ufer der Fulda und dem Motto folgend wurde dessen nördlicher Teil für die Natur reserviert. Es wurde eine Insel mit Flachwasserzonen angelegt und Beobachtungsverstecke errichtet. Der Bootsverkehr auf dem südlichen Teil des Gewässers wurde über eine Bojenkette ferngehalten und das Gelände als Naturschutzgebiet ausgewiesen. Diese Flächen stellen noch heute den vogelkundlich interessantesten Teil der Fuldaaue dar. Der südlich angrenzende Gewässerteil wird intensiv von Wassersportlern, Anglern und Badegästen genutzt. Seit einiger Zeit besteht kein Wasseraustausch mehr mit der benachbarten Fulda, worunter die Wasserqualität leidet, und so muss der Badebetrieb im Sommer regelmäßig wegen Algenblüten eingestellt werden. Die Ufer des Gewässers sind von künstlichen Sandstränden, schmalen Röhrichtstreifen und einer Weichholzaue geprägt.

Besondere Vogelarten und Reisezeit

Der Kiessee in der Fuldaaue ist eines von wenigen Stillgewässern im Hessischen Bergland und übt daher eine magische Anziehungskraft auf zahlreiche Zugvögel aus. Die Schlammflächen um die Insel im Naturschutzgebiet sind im Spätsommer und Herbst weitgehend bewachsen, dennoch rasten regelmäßig Flussuferläufer, Grünschenkel und Kampfläufer. Bekassinen halten sich gerne versteckt in der Ufervegetation auf und überwintern in milden Jahren. Im Oktober wird die Vegetation auf der Insel gemäht und bleibt bis ins Frühjahr kurz, sodass sich dann oft bessere Rastmöglichkeiten und Beobachtungsbedingungen für Limikolen bieten als im Spätsommer. Die meisten Rastvögel verweilen nur kurz im Gebiet und jeden Tag präsentiert sich zu dieser spannenden Jahreszeit eine neue, veränderte Vogelgesellschaft. Ab September rasten vermehrt auch Gründelenten am Kiessee. Krick- und Löffelenten sind regelmäßig in größerer Zahl anzutreffen und vereinzelt erscheinen auch Spieß- und Knäkenten. Im fortschreitenden Herbst rasten oft größere Zahlen Pfeifenten in der Fuldaaue, die bis weit in den Winter verbleiben. Die Fuldaaue liegt am südlichen Rand des Zugkorridors von Kranichen, die im Oktober und November an ruhigen, sonnigen Tagen in großen Scharen über das Hessische Bergland ziehen. Das Tal der Fulda übt eine deutliche Leitwirkung auf den Vogelzug aus, sodass an guten Zugtagen auch zahlreiche ziehende Sing- und Greifvögel beobachtet werden können.

Im Winter haben die Vögel auf dem Kiessee ihre Ruhe, die sommerlichen Badegäste sind lange verschwunden und auch die Wassersportler lagern ihre Boote bis zum nächsten Frühjahr ein. Die Ruhe nutzen Schellenten, Gänsesäger und Zwergsäger, die auf dem Kiessee, aber auch auf der angrenzenden Fulda, zu beobachten sind.

Zeitig beginnt die Brutsaison in der Karlsaue mit ihren alten Baumbeständen. Bereits im Februar beginnen Misteldrosseln mit ihrem melancholischen Gesang. Kleiber, Gartenbaumläufer und Buntspechte singen und trommeln im März besonders intensiv. Vereinzelt ist das Quäken von Mittelspechten zu hören. In den Abendstunden erklingt der Gesang der Waldkäuze, die mit den hier zahlreichen Waschbären um Baumhöhlen konkurrieren. Auf den Gewässern im Park können die hübschen Mandarinenten beobachtet werden. In der benachbarten Fuldaaue bauen derweilen Höckerschwäne, Graugänse, Blässhühner und Haubentaucher ihre Nester im Röhricht. Die exotischen Nilgänse sind ebenfalls häufig. Grünspechte lassen ihren lachenden Gesang aus der Weichholzaue erklingen. In manchen Jahren brüten Eisvögel und Flussregenpfeifer im Gebiet. Ab Mai ist im Auwald der Gesang der Nachtigallen zu hören, Teichrohrsänger besetzen ihre Reviere am Kiessee und Gelbspötter in den Baum- und Buschgruppen des BUGA-Geländes. Im Sommer wird es ruhig um die Vogelwelt in der Fuldaaue. Immer weniger Gesänge sind zu hören und der Kiessee ist fest in der Hand der Badegäste und Wassersportler. Mauersegler und Rauchschwalben nutzen zu dieser

Regelmäßig werden seltene Gäste in der Fuldaaue entdeckt, wie dieser Sichler im Frühjahr 2016. Foto: J. Voß. Fuldaaue, April 2016.

Zeit den Kiessee, um im niedrigen Flug Wasser von der Oberfläche zu schöpfen.

Die isolierte Lage der Gewässer im Hessischen Bergland und die häufigen Kontrollen des Gebietes durch die lokalen Beobachter haben über die Jahre eine lange Liste außergewöhnlicher Beobachtungen hervorgebracht. Darunter unter anderem Braune Sichler, Bairdstrandläufer, Dreizehenmöwen, Raubseeschwalben, Rötelschwalben und Seidenreiher.

Im Staatspark Karlsaue beeindrucken stattliche Baumveteranen. Foto: F. Weiß. 7.7.2016.

Beobachtungsmöglichkeiten

Ausgangspunkt für einen etwa 4 km langen Rundweg durch die Fuldaaue ist der Parkplatz (1) am Seglerheim, das im zentralen Bereich am östlichen Ufer des Kiessees liegt. Der Rundweg führt von hier durch die offene Landschaft des BUGA-Geländes nach Norden. Zur Rechten liegt eine kleine Erhebung (2), von der sich ein weiter Blick über das Fuldatal bietet und von der sich im Herbst der Vogelzug gut beobachten lässt. Der Weg folgt weiter dem Seeufer nach Norden. Der Beginn des NSG am nördlichen Ende des Kiessees ist durch eine Bojenkette auf dem Wasser gekennzeichnet. Von einer Sichtschutzwand (3) aus lässt sich die Insel mit den umgebenden Schlammflächen im zentralen Teil des NSGs bestens einsehen. Dieses ist der ergiebigste Beobachtungspunkt in der Fuldaaue mit zahlreichen rastenden Wat- und Wasservögeln und sollte bei keinem Besuch ausgelassen werden. Der Weg verläuft weiter um das nördliche Ende des Kiessees. Hier lohnt sich ein Blick auf die nördlich anschließenden extensiv genutzten Äcker und Wiesen (4), die zu den Zugzeiten rastende Braun- und Schwarzkehlchen, Steinschmätzer, Stelzen und Pieper anlocken. Der Weg verläuft weiter nach Süden zwischen Kiessee und Fulda zu einer weiteren Sichtschutzwand (5), die ebenfalls einen sehr guten Blick auf die zentralen Flächen des NGSs erlaubt. Der Weg schlängelt sich weiter zwischen einem Altarm der Fulda und dem Kiessee gen Süden. Aus dem Auwald erklingt im Frühjahr der Gesang der Nachtigallen und man sollte auf die feinen hohen Rufe der Beutelmeisen achten, die hier in manchen Jahren vorkommen. Immer am Ufer entlang und über zwei Brücken verläuft der Weg um das südliche Ende des Sees zurück zum Seglerheim.

Der Staatspark Karlsaue am anderen Ufer der Fulda lohnt besonders zur Brutzeit im Frühjahr einen Abstecher. Hierzu biegt man vom Rundweg um den Kiessee bei (6) nach Norden ab und erreicht über eine Fahrrad- und Fußgängerbrücke das gegenüberliegende Ufer, überquert eine Straße und befindet sich nach wenigen Metern zwischen mächtigen alten Eichen. Von hier gelangt man zum zentralen Bassin des Staatsparks mit einer kleinen Insel (7), die ein geschützter Rückzugsort für mausernde Grau- und Nilgänse ist und an der auch regelmäßig Mandarinenten beobachtet werden können. Etwas südlich liegt die Blumeninsel Siebenbergen (8), die von Ende März bis Anfang Oktober täglich von 10 bis 18 Uhr geöffnet ist und mit ihren unzähligen Gehölzen und bunten Blumen ein vornehmlich botanisch interessantes Kleinod innerhalb der Karlsaue darstellt. Vom großen Bassin verläuft der Weg entlang der zentralen Achse des Parks in Richtung der Orangerie (9) und durchquert dabei alte Baumbestände, die auch auf einigen Seitenwe-

Typische Vogelarten in der Karlsaue und in der Fuldaaue, deren Status und günstige Beobachtungszeit (in Klammern).
h = häufiger, r = regelmäßiger, s = seltener; B = Brutvogel, W = Wintergast, D = Durchzügler, N = Nahrungsgast

Art	Status (beste Beobachtungszeit)
Höckerschwan	hB (ganzjährig)
Nilgans	hB (ganzjährig)
Mandarinente	sB (ganzjährig)
Löffelente	rD (März–April, Aug.–Nov.)
Gänsesäger	rW (Okt.–März)
Zwergsäger	sW (Okt.–März)
Haubentaucher	hB, rD, rW (ganzjährig)
Flussregenpfeifer	rB, rD (April–Juni)
Flussuferläufer	hD (April–Mai, Juli–Okt.)

Art	Status (beste Beobachtungszeit)
Eisvogel	rB, rD, sW (ganzjährig)
Mauersegler	hN (Mai–Aug.)
Grünspecht	hB (ganzjährig)
Mittelspecht	sB (März–April)
Gelbspötter	rB (Mai–Juni)
Nachtigall	rB (Mai–Juni)
Beutelmeise	sB, sD (April–Juni)
Weidenmeise	rB (ganzjährig)

gen erkundet werden können. Etwa auf halbem Weg (10) zur Orangerie gibt es die Möglichkeit über eine weitere Brücke (11) die Fulda zurück zum NSG am Kiessee in der Fuldaaue zu überqueren.

Weitere Freizeitmöglichkeiten

Der Bergpark Wilhelmshöhe erstreckt sich westlich des Kasseler Stadtzentrums. Über dem 240 h großen barocken Landschaftspark thront eine Herkulesstatue, von deren Fuß sich die berühmten Wasserspiele bis zum Schloss Wilhelmshöhe ziehen. Das Wasser stürzt, das natürliche Gefälle nutzend, über unzählige Kaskaden und künstliche Wasserfälle 250 Höhenmeter hinab und speist schließlich eine bis zu 52 m hohe Fontäne in einem künstlichen See vor dem Schloss. Die Gestaltung der künstlichen Wasserläufe ist so gut gelungen, dass sich hier auch Gebirgsstelzen und Wasseramseln heimisch fühlen. Seit 2013 ist dieses einmalige Zeugnis europäischer Gartenbaukunst als Welterbestätte der UNESCO anerkannt. Das Gelände befindet sich im Besitz der Stadt Kassel und ist ganzjährig frei zugänglich.

Etwas nordwestlich von Kassel liegt der Dörnberg mit den Helfensteinen, einer Bergkuppe mit Kalkmagerrasen und einigen eingestreuten Felsen, die zu den Zugzeiten regelmäßig Rastplatz von Ringdrosseln sind und wo im Zuge des Einflugs 2016 sogar Alpenbraunellen beobachtet wurden. Neuntöter sind hier alljährliche Brutvögel und die erhöhte Lage bietet beste Bedingungen zur Beobachtung des Greifvogel- und Kranichzugs. Parkmöglichkeiten bestehen am Naturzentrum Habichtswald. Die Helfensteine sind von dort einfach zu erwandern.

Felix Weiß, Christopher König, Christoph Moning, Christian Wagner

Infomaterial/Literatur

Lohmann M, Haarmann K 1989: Vogelparadiese 122 Biotope zwischen Wattenmeer und Bodensee Band 1 Norddeutschland. Verlag Paul Parey, Berlin.

Wir bedanken uns bei Jens Voß für viele wertvolle Anregungen zu diesem Beobachtungstipp.

Anfahrt

Mit Bahn und Bus

Vom Kasseler Hauptbahnhof gelangt man zu Fuß in 10 Minuten an den Nordeingang des Staatsparks Karlsaue.

Mit dem Auto

Von der A 7 Kreuz Kassel Mitte fährt man auf der A 49 bis zur zweiten Ausfahrt Waldau und überquert die B 38. Auf der gegenüberliegenden Seite folgt man der Damaschkestraße vorbei an der Messe Kassel, unterquert eine Eisenbahnbrücke und biegt direkt danach rechts in die Straße Fuldaaue. Nach 900 m zweigt links die Auffahrt zum Parkplatz an der Seglergaststätte des Kiessees ab. In der Umgebung gibt es zahlreiche weitere Parkplätze, die an sonnigen Sommerwochenenden allerdings oft überfüllt sind.

Adressen

Die Kreisgruppe Kassel der Hessischen Gesellschaft für Ornithologie und Naturschutz e. V. (HGON) bietet auf ihrer Internetseite zahlreiche Informationen zur Vogelwelt der Region an. www.hgon.de/vor-ort/hgon-vor-ort/unsere-arbeitskreise/kassel

Das Naturzentrum an den Helfensteinen: Naturparkzentrum Habichtswald, Auf dem Dörnberg 13, 34289 Zierenberg, www.naturpark-habichtswald.de

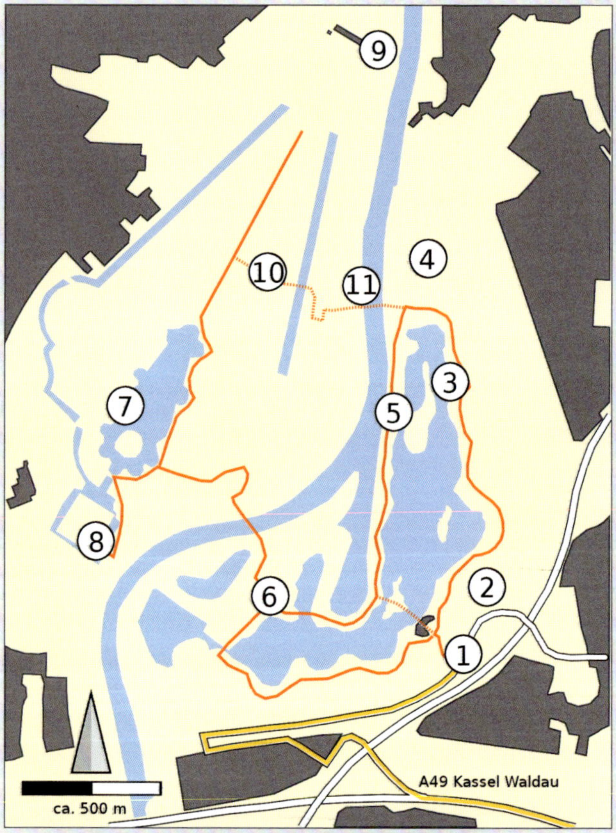

GPS

Parkplatz Seglerheim (1)	51°17'29.10" N	09°30'19.85" O
Aussichtshügel (2)	51°17'36.54" N	09°30'27.17" O
Hide (3)	51°17'56.52" N	09°30'21.20" O
Hide (5)	51°17'54.25" N	09°30'10.26" O
Naturzentrum Habichtswald (Helfensteine)	51°21'50.43" N	09°20'36.88" O

Blick auf den südlichen Lampertheimer Altrhein, das sogenannte Heegwasser. Foto: C. König. 11.8.2018.

Der Lampertheimer Altrhein

Ein Stück wilder Rhein

Luftlinie nur rund 5 km von Worms und etwa 15 km von Mannheim entfernt, liegt im Dreiländereck Hessen – Baden-Württemberg – Rheinland-Pfalz der Lampertheimer Altrhein. Das in der ehemaligen Mäanderzone des Rheins gelegene Naturschutzgebiet gehört zu den ältesten und größten in Hessen. Hier ist großflächig eine Auenlandschaft erhalten, wie sie vor den zahlreichen Regulierungsmaßnahmen typisch für das gesamte Rheintal war. Schwarzmilane und nicht weniger als sechs Spechtarten besiedeln die verschieden alten Auwälder, Nachtigallen und Pirole sind häufig. Blaukehlchen nutzen die Röhrichte, Neuntöter die Randbereiche der Aue. Der Lampertheimer Altrhein beherbergt zudem eine der größten Kormorankolonien Hessens. Das Gebiet lässt sich auf verschiedenen Wegen und von zwei Beobachtungseinrichtungen aus erkunden. Jede Jahreszeit hat ihre Reize, die Brutzeit ist jedoch zweifellos am artenreichsten.

Erst vor rund einer Million Jahren bildete sich der Rhein aus drei Vorläufern, die bereits vor 25 bis 50 Millionen Jahren unabhängig voneinander durch die Bildung der Alpen und eine Anhebung Süddeutschlands entstanden waren. Im Laufe der Zeit änderte sich der Verlauf des Rheins mehrfach und erst vor etwa 30 000 Jahren fand der Fluss sein heutiges Mündungsgebiet. Der Lampertheimer Altrhein fand erstmals 1354 Erwähnung. In einem Dokument wurde damals das noch heute existierende Teilgebiet Biedensand erwähnt. Der Verlauf des Stroms und seiner Mäander unterschied sich zu jener Zeit beträchtlich vom heutigen Bild. Der Lampertheimer Altrhein entstand in seiner aktuellen Form im Jahr 1802. Anders als bei vielen anderen gegenwärtig noch existierenden Altrheinarmen war es nicht die Rheinbegradigung, sondern ein starkes Hochwasser, das zum Durchbruch einer Engstelle des weit ausschwingenden Rheinmäanders führte. Aus dem Biedensand wurde eine Insel, an der Durchbruchstelle entstand das sogenannte Welsche Loch, der größte Flachwassersee Südhessens. Aufgrund seiner Unpassierbarkeit, führte die Schifffahrt jedoch vorerst weiterhin über den Altrhein. Erst 1879 bekam Lampertheim seinen Neurhein und die Rheinschlinge um den Biedensand wurde endgültig zum Altrhein.

Durch wechselnde Wasserstände hervorgerufen, wurde das Gebiet von einer artenreichen Tier- und Pflanzenwelt besiedelt. Bereits früh setzte sich der Apotheker und Botaniker Dr. Eduard Feldhofen II. für deren Erhalt ein und erreichte, dass der Lampertheimer Altrhein 1928 als eines der ersten Gebiete in Hessen unter Naturschutz gestellt wurde. 1937 wurde es großflächig beinahe auf seine heutige Größe von mehr als 500 ha erweitert. Doch damit wurde die Natur keinesfalls sich selbst überlassen. Eine starke Verlandung des nördlichen Altrheins und der Mündung führte dazu, dass die Verbindung zum Rhein bei Niedrigwasser unterbrochen wurde. Um dies zu verhindern, begannen im Frühjahr 1954 umfangreiche Ausbaggerungen, bei denen das heutige Fretter Loch im Norden des Gebiets entstand. Durch Ausbaggerung auf eine Tiefe von 4,5 m wurde auch das Befahren des Altrheins mit Schiffen wieder möglich. Zu Beginn der 1960er Jahre entstand rund 2,5 km von der Mündung entfernt der neue Industriehafen Lampertheim. Heute werden dort über 500 000 Tonnen Güter pro Jahr gelöscht und weiterverarbeitet. Der Lampertheimer Altrhein wird außerdem von Fähren- und Personenschiffen nach Worms und Mannheim und verschiedenen Yachtvereinen genutzt.

Die alte Naturschutzgebietsverordnung von 1937 wurde erst im Jahr 1970 aktualisiert und Verbotstatbestände sowie das Befahren mit Wasserfahrzeugen geregelt. 1976 wurde mit dem Inkrafttreten der noch heute gültigen Verordnung mit der Ludwigsinsel erstmals in Hessen ein Naturreservat ausgewiesen. Dieser nordwestliche Teil des Lampertheimer Altrheins darf ganzjährig nicht betreten werden und bleibt vollständig sich selbst überlassen. Ohne jemals forstwirtschaftlich bewirtschaftet worden zu sein, wachsen hier Silberweidenwälder in hessenweit einmaliger Ausdehnung und Dynamik.

Trotz seiner Geschichte und dem nicht immer einfachen Nutzungskonflikt zwischen Naturschutz, Naherholung und Landwirtschaft, hat sich am Lampertheimer Altrhein ein charakteristischer Ausschnitt der Überflutungsaue in der Mäanderzone des Rheins erhalten. Weich- und Hartholzauwälder, Hochstaudenfluren, Auenwiesen, Röhrichte und Gewässer bieten Lebensraum für typische Tier- und Pflanzengemeinschaften. Zu den Besonderheiten der Vegetation zählt der bundesweit vom Aussterben bedrohte Eichen-Ulmen-Auwald. Ein besonderer Stellenwert gilt auch den Brenndolden-Auenwiesen mit vielen stark gefährdeten Pflanzenarten, von denen einige am Lampertheimer Altrhein an ihre nordwestliche Verbreitungsgrenze stoßen. Mit dem Langblättrigen Ehrenpreis (Veronica longifolia) ist auch Deutschlands Blume des Jahres 2018 hier zu finden. In der Bonnaue am südwestlichen Lampertheimer Altrhein erweitern Reste der traditionellen Kulturlandschaft mit Kopfweiden und Obstbäumen das Habitatmosaik.

Der Lampertheimer Altrhein ist FFH- und Vogelschutzgebiet im europäischen Schutzgebietsnetzwerk Natura 2000. Forstwirtschaftlich motivierte Einschläge fanden in den Auwäldern bereits seit Ende der 1960er Jahre nicht mehr statt, seitdem lediglich Waldverjüngungs- und Pflegemaßnahmen. Rund 90 % der Grünlandbestände am Altrhein unterliegen einer landwirtschaftlichen Nutzung, vorwiegend zur Heuwerbung. Pflege und Entwicklung des Gebiets liegen in den Händen des Forstamtes Lampertheim, im Auftrag und mit Mitteln der Oberen Naturschutzbehörde.

Besondere Vogelarten und Reisezeit

Als der Lampertheimer Altrhein 1937 als Naturschutzgebiet ausgewiesen wurde, war nicht die besondere Vogelwelt dafür ausschlaggebend, sondern die Vorkommen seltener Wasserpflanzen. Wie sich die Avifauna des Gebietes vor rund achtzig Jahren darstellte ist nicht genau bekannt, man nimmt jedoch an, dass damals viele heute verschwundene Arten wie Flussseeschwalben und Rohrdommeln im Gebiet brüteten. Die intensive avifaunistische Erfassung begann nach dem Ende des Zweiten Weltkriegs. Mittlerweile weiß man um die besondere Stellung nicht nur als Brut-, sondern auch als Rast- und Überwinterungsgebiet zahlreicher Vogelarten. Rund 250 verschiedene Arten wurden bislang am Lampertheimer Altrhein registriert.

Eine deutschlandweite Besonderheit stellen die in der Umgebung in geringer Zahl brütenden Schwanengänse dar. Die hierzulande mittlerweile als Brutvogel etablierte asiatische Art hat hier eines ihrer wenigen regelmäßigen Vorkommen. Unter den Entenvögeln sind Rastbestände von mehreren Hundert Krickenten sowie winterliche Ansammlungen von Gänsesägern erwähnenswert. In den landwirtschaftlich genutzten Randbereichen brüten noch wenige Paare Rebhühner. Weitaus zahlreicher sind Kormorane, die am Lampertheimer Altrhein in der ältesten Kolonie Hessens brüten. Ebenfalls im gesamten Gebiet ganzjährig leicht zu beobachten sind Silberreiher. Purpurreiher ziehen alljährlich durch, sind aber nur mit etwas Glück zu entdecken. Unter den Greifvögeln sind Wespenbussarde, Rohrweihen, Rot- und Schwarzmilane – letztere mit mehr als

In der reich strukturierten Bonnaue lassen sich unter anderem Neuntöter beobachten. Foto: C. König. 11.8.2018.

Am Lampertheimer Altrhein existiert eine der größten und ältesten Kormorankolonien Hessens. Foto: E. Lietzow. Enger Bruch, 15.10.2012.

zehn Brutpaaren – ebenso wie Baumfalken regelmäßig zu sehen. Die Rastbedingungen für Limikolen sind stark von den Wasserständen abhängig. Am zuverlässigsten sind Bekassinen und Waldwasserläufer zu sehen. Der Bestand der Turteltauben steht hier wie in vielen anderen Gebieten vor dem Erlöschen. Als sich ausbreitender Neubürger sind die farbenfrohen Halsbandsittiche zu hören und zu sehen. Ebenfalls weit schallen die Rufe der Kuckucke durch den Lampertheimer Altrhein. Eisvögel kommen an allen Gewässern im Gebiet vor. Die unterschiedlichen Auwaldtypen werden von nicht weniger als sechs Spechtarten besiedelt, darunter Grau-, Grün-, Schwarz-, Mittel- und Kleinspecht. Pirole sind häufige Brutvögel, aber dennoch schwer zu sehen. Auch Feldschwirle singen meist eher verdeckt. Auffälliger sind Neuntöter. Ebenfalls als Brutvögel am Lampertheimer Altrhein vertreten sind Grauschnäpper, Nachtigallen und Blaukehlchen. Bergpieper können im Winter in größerer Zahl auftreten.

Beobachtungsmöglichkeiten

Der Lampertheimer Altrhein ist durch ein Wegenetz gut erschlossen und an zwei Stellen bieten Beobachtungseinrichtungen zusätzlich gute Möglichkeiten zur Vogelbeobachtung. Im Folgenden wird ein rund 6 km langer Rundweg beschrieben sowie die Option der Verlängerung durch die Bonnaue mit einer Runde von weiteren 6 km.

Die Tour beginnt in Lampertheim am Parkplatz „Alter Hafen" (1) an der Brücke über den Altrhein. In diesem Bereich sollte man auf die exotischen Schwanengänse und Halsbandsittiche achten. Rund 200 m hinter der Brücke biegt man links in einen unbefestigten Weg ab und folgt diesem durch einen naturnahen Auwald (2). Mittel- und Kleinspechte, Pirole und Grauschnäpper lassen sich hier beobachten. Nach einigen Hundert Metern erreicht man Wiesen und anschließend eine große Streuobstwiese. Hier lohnt es sich auf Gartenrotschwänze und Neuntöter zu

Typische Vogelarten des Lampertheimer Altrheins, deren Status und günstige Beobachtungszeit (in Klammern)
h = häufiger, r = regelmäßiger, s = seltener; B = Brutvogel, N = Nahrungsgast, D = Durchzügler, W = Wintergast

Art	Status (beste Beobachtungszeit)
Schwanengans	rB (ganzjährig)
Gänsesäger	rW (Dez.–Feb.)
Rebhuhn	sB (ganzjährig)
Kormoran	hB, rD, rW (ganzjährig)
Silberreiher	rN, hW (ganzjährig)
Purpurreiher	sD (Jul.–Sep.)
Rotmilan	rB (Mrz.–Sep.)
Schwarzmilan	hB (Apr.–Aug.)
Baumfalke	rB (Mai–Sep.)
Bekassine	rD (Apr., Aug./Sep.)
Turteltaube	sB (Mai–Jul.)
Halsbandsittich	rN (ganzjährig)
Kuckuck	hB (Apr.–Jul.)
Eisvogel	rB (ganzjährig)

Art	Status (beste Beobachtungszeit)
Grauspecht	rB (ganzjährig)
Grünspecht	hB (ganzjährig)
Schwarzspecht	rB (ganzjährig)
Mittelspecht	hB (ganzjährig)
Kleinspecht	hB (ganzjährig)
Pirol	rB (Mai–Aug.)
Neuntöter	hB (Mai–Aug.)
Feldlerche	hB, rD (Mrz.–Jul.)
Feldschwirl	sB (Mai–Jun.)
Waldbaumläufer	sB (ganzjährig)
Nachtigall	hB (Apr.–Jul.)
Blaukehlchen	rB (Apr.–Jun.)
Gartenrotschwanz	sB, rD (Apr.–Aug.)
Bergpieper	rD, rW (Nov.–Mrz.)

Schwarzmilane brüten in großer Zahl in den Auwäldern und sind leicht zu beobachten.

Foto: E. Lietzow. Feldberger Seen, 17.6.2009.

Sechs Spechtarten besiedeln die naturnahen Waldbereiche am Lampertheimer Altrhein, darunter auch Mittelspechte.

Foto: E. Lietzow. Bad Salzuflen, 18.3.2009.

achten. Kurz hinter der Streuobstwiese erreicht man die Beobachtungsplattform am Rallengraben (3) mit Blick über weite Schilfbestände. Wie es der Name vermuten lässt, ist dies eine verlässliche Stelle, um Wasserrallen zu hören. Es lohnt sich, eine Zeit lang zu verweilen und dabei auf Blaukehlchen und Feldschwirle zu achten. Im Winter hat man gute Chancen auf Bergpieper. Die Gehölzstrukturen der Umgebung werden von Grau- und Schwarzspechten sowie Waldbaumläufern besiedelt. 800 m hinter der Plattform am Rallengraben und nachdem man sich an einem Picknickplatz links gehalten hat, erreicht man eine Abzweigung (4), an der man links über eine Brücke in die Bonnaue geht. Von der Brücke aus lassen sich Wasserrallen, Eisvögel und Blaukehlchen beobachten. Beschränkt man sich auf die 6-km-Variante, überquert man nicht die Brücke, sondern folgt dem Weg für 400 m weiter geradeaus und biegt dann links auf einen Pfad zum Beobachtungsturm am Welschen Loch (5) ab. Fallen am Gewässerrand Schlammflächen trocken, werden diese oft von Bekassinen und Waldwasserläufern zur Rast genutzt. Vom Welschen Loch sind es nur wenige Meter bis an das Fretter Loch (6). In diesem recht tiefen Gewässer jagen im Winter Gänsesäger. In einem rund 2 km langen Bogen folgt man nun dem Weg im Uhrzeigersinn um den Biedensand zurück zum Weg über die Altrheinbrücke und zum Parkplatz. Auf dem Weg dorthin lohnt es sich noch einmal auf Grau- und Schwarzspechte zu achten.

Wer die längere Variante über die Bonnaue wählt und die Rundtour damit auf etwa 12 km erweitert, biegt bei (4) in den Weg über die Brücke ab. Der Weg führt anfangs nach Westen in eine alte Kulturlandschaft mit mächtigen Kopfweiden (7). Neben Gartenrotschwänzen und Neuntötern besteht in diesem Bereich auch die Chance auf Turteltauben. Der Weg knickt nach Süden ab und man folgt kurze Zeit später einem Schotterweg halblinks bis zur Straße „Weidweg“ (8). Hier besteht eine alternative Parkmöglichkeit. Der wenig befahrenen Straße folgt man nach Osten in Richtung Lampertheim. Man durchquert landwirtschaftlich genutzte Bereiche (9), in denen die Artenliste durch Feldlerchen, Wiesenschafstelzen, Bluthänflinge und mit viel Glück auch Rebhühner erweitert werden kann. Bevor man nach knapp 2 km entlang der Straße die Brücke über den Holländergraben erreicht, biegt man links ab in einen unbefestigten Fahrweg. Durch reich strukturierte Landschaft führt der Weg zurück bis zur Brücke (4). Unterwegs bieten sich Gelegenheiten zur Beobachtung von Nachtigallen und Pirolen.

Weitere Freizeitmöglichkeiten

Luftlinie rund 10 km von Lampertheim entfernt liegt das Kloster Lorsch aus dem Jahr 764. Die ehemalige Benediktinerabtei wurde 1991 zum UNESCO-Weltkulturerbe ernannt. Die Torhalle des Klosters, auch Königshalle genannt, ist mit ihrer weltberühmten bunten Sandsteinfassade der architektonische Höhepunkt des Klosters und eines der wenigen vollständig erhaltenen Baudenkmale aus der Zeit der Karolinger. Berühmtheit erlangte die Abtei durch ihr Skriptorium und ihre umfangreiche Bibliothek, eine der größten und bedeutendsten des Mittelalters, die heute auf verschiedene Bibliotheken aufgeteilt wurde. Entlang eines etwa 3 km langen Rundweges kann man das Kloster und seine Gärten entdecken.

Christopher König, Christoph Moning, Felix Weiß

Infomaterial/Literatur

Regierungspräsidium Darmstadt 2016: Naturschutzgebiet „Lampertheimer Altrhein" – Geschichte, Lebensräume und Arten einer Landschaft am Rhein. 5. Aufl.

Wagner C, Moning C 2012: Vögel beobachten in Süddeutschland. Überarb. Neuaufl. Kosmos, Stuttgart.

Anfahrt

Mit Bahn und Bus

Der Bahnhof Lampertheim ist von Frankfurt am Main oder Mannheim gut erreichbar. Zu Fuß sind es vom Bahnhof 2,3 km bis an den Altrhein. Mit dem Bus fährt man bis zur Haltestelle „Darmstädter Hof" an der B 44. Von dort sind es rund 800 m zu Fuß.

Mit dem Auto

Lampertheim ist von Norden über die A 67 (Ausfahrt 9 „Lorsch") und B 47 bzw. B 44 erreichbar, von Süden über die A 6 (Ausfahrt 24 „Mannheim-Sandhofen") und B 44. Den Parkplatz „Alter Hafen" am Altrhein erreicht man über die „Biedensandstraße".

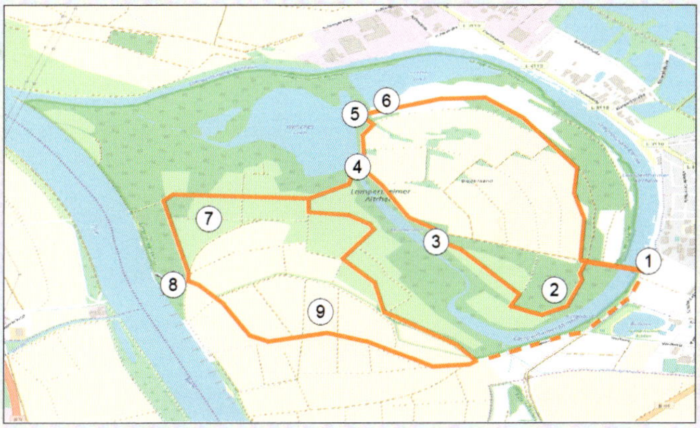

Kartengrundlage: OpenStreetMap. CC-BY-SA 2.0

GPS		
Parkplatz „Alter Hafen" (1)	49°35'54" N	8°27'7" O
Plattform Rallengraben (3)	49°35'59" N	8°26'10" O
Brücke südlich Welsches Loch (4)	49°36'17" N	8°25'50" O
Beobachtungsturm Welsches Loch (5)	49°36'32" N	8°25'50" O
Parkmöglichkeit „Weidweg" (8)	49°35'49" N	8°25'5" O

Im Süden des Biedensandes ergänzt eine große Streuobstwiese das Lebensraummosaik am Lampertheimer Altrhein.
Foto: C. König. 11.8.2018.

Die Streuobstwiesen der Region beherbergen eine reiche Brutvogelwelt.
Foto: MNStudio / Stock.Adobe.com

Marburg

Vogelzug im Lahntal

Bei Marburg fließt die Lahn in einer schmalen Aue von bewaldeten Hängen flankiert gen Süden. Über viele Kilometer ist der Flusslauf fast exakt in Nord-Süd-Richtung ausgerichtet, eine ideale Leitlinie für den Vogelzug, der sich hier besonders schön erleben lässt. Spektakulär ist der Durchzug der Kraniche von Mitte Oktober bis Mitte November und im Frühjahr Ende Februar/Anfang März. Der Wegzug ist von August bis November jede Woche von anderen Arten geprägt, beginnend mit durchziehenden Mauerseglern und Rauchschwalben im Juli bis hin zu Rot- und Wacholderdrosseln im November. Aber auch die Brutvogelwelt weist mit Wendehälsen, Uhus, Steinkäuzen und Wasseramseln einige Besonderheiten auf, die einen Besuch rund um das Lahntal lohnend machen.

Marburg an der Lahn blickt auf eine fast 1000-jährige Geschichte zurück, die mit der Gründung der Burg, dem heutigen Marburger Schloss, im 11. Jahrhundert begann. Die Heilige Elisabeth von Thüringen, über deren Grab ab 1235 die Elisabethkirche erbaut wurde, machte Marburg zu einer bedeutenden Pilgerstätte im Mittelalter. Der in Marburg geborene Landgraf Philipp I. gründete als Anhänger der noch jungen Reformationsbewegung im Jahr 1527 die zweite protestantische Universität in Deutschland, die noch heute als Philipps-Universität Marburg das Bild der Stadt prägt. Die lange, bewegte Geschichte Marburgs ist mit zahlreichen historischen Baudenkmälern und dem über dem Lahntal thronenden Schloss stets präsent.

Die Lahn durchbricht bei Marburg eine Buntsandsteintafel. Die Talsohle liegt auf etwa 180 m. Westlich erhebt sich der Marburger Rücken mit dicht bewaldeten Hängen auf bis zu 370 m. Am östlichen Talhang steigen die ebenfalls aus Buntsandstein bestehenden Lahnberge auf, die sich an ihrer höchsten Stelle auf 380 m erheben. Östlich der Lahnberge fällt das Gelände in das sanft gewellte, fruchtbare Amöneburger Becken ab, das von großflächigen Ackerschlägen geprägt ist. Durch die Beckenlage und den Regenschatten der Lahnberge hat es ein deutlich wärmeres Klima. An den Hängen des Lahntals findet sich stellenweise eine noch reich strukturierte Kulturlandschaft mit Steuobstwiesen und zahlreichen Hecken. Das Lahntal ist intensiv genutzt, nur ein schmaler Streifen Weichholzaue mit Weiden und Hochstaudenfluren liegt zwischen Lahn, Ackerflächen und Siedlungsgebieten. Eine vierspurige Bundesstraße und eine Bahnlinie verlaufen ebenfalls durch die Talsohle. In dieser intensiv genutzten Landschaft haben sich nur wenige naturnahe Lebensräume erhalten. Kiesgruben und Ausgleichsflächen bieten dennoch interessante Flächen für Vogelbeobachter. Besonders die Abbaugewässer sind in der gewässerarmen Landschaft wichtige Lebensräume für Rastvögel.

Gartenrotschwänze sind verbreitete Brutvögel der Streuobstwiesen um Marburg.
Foto: Jan Novak / Stock.Adobe.com

Besondere Vogelarten und Reisezeit

Der Vogelzug lässt sich im Marburger Raum besonders intensiv erleben. Spektakulär ist der Durchzug von Kranichen Ende Oktober und Anfang November und etwas weniger ausgeprägt Ende Februar und Anfang März. Marburg liegt im Zentrum des Zugkorridors über Mitteleuropa. Besonders an klaren, windstillen Tagen und nach einsetzendem Frost in den nordöstlichen Rastgebieten ziehen Kraniche im Herbst in endlosen Formationen über Marburg. Das Zuggeschehen ist dabei oft auf den Nachmittag und die Abendstunden konzentriert. Eine weitere Besonderheit ist das traditionelle Rastvorkommen von Mornellregenpfeifern auf der Schröcker Anhöhe, das bereits 1969 von Karl Schäfer entdeckt wurde. Diese ersten Nachweise für Hessen seit 1940 wurden zunächst stark angezweifelt, was Karl Schäfer kurzerhand veranlasste, in den Schröcker Kneipen einige Zeugen anzuwerben und zu den Vögeln zu führen. Auch heute noch rasten auf der Schröcker Anhöhe nach der Erntezeit auf den Stoppelfeldern kleine Gruppen der arktischen Regenpfeifer. Die besten Chancen hat man um die Monatswende August/September in den Morgen- oder Abendstunden.

Die Liste der nachgewiesenen Raritäten und für das Binnenland ungewöhnlicher Rastvögel im Marburger Raum ist lang. Doch kann man auch während der Zugzeiten realistisch nicht damit rechnen, sofort eine Seltenheit oder die ganze Bandbreite europäischer Limikolen hier zu beobachten. Vielmehr offenbart sich die Vielfalt der Vogelwelt erst bei mehrmaligen Besuchen zu unterschiedlichen Tages- und Jahreszeiten und bei unterschiedlichen Wetterbedingungen. Oft sind es gerade Tage mit ungemütlichem, regnerischem Wetter, an denen ungewöhnliche Rastvögel beobachtet werden. Bei wolkenlosem Himmel und schwachem Rückenwind würden sie den gewässerarmen Marburger Raum einfach überfliegen. Doch dafür ist an klaren Tagen, besonders nach Schlechtwetterperioden, der sichtbare Tagzug sehr intensiv. Wespenbussarde, Schwarzstörche und Heidelerchen sind nur einige der dann regelmäßig durchziehenden Arten.

Die Winter sind ruhig um Marburg, doch bereits im Februar beginnt die Balzzeit bei Uhus und Kolkraben, die in den Wäldern verbreitet sind. Ab März sind in den Abendstunden in den Streuobstwiesen Steinkäuze zu hören, Wendehälse und Gartenrotschwänze kehren im April zurück. Wasseramseln und Gebirgsstelzen sind an der Lahn und ihren Nebenflüssen verbreitete Brutvögel und in der Feldflur des Amöneburger Beckens sind Rebhühner und Feldlerchen zu finden.

Typische Vogelarten im Marburger Raum, deren Status und günstige Beobachtungszeit (in Klammern)
h = häufiger, r = regelmäßiger, s = seltener; B = Brutvogel, W = Wintergast, D = Durchzügler, S = Sommergast, N = Nahrungsgast

Art	Status (beste Beobachtungszeit)
Graugans	hB, hN (ganzjährig)
Kanadagans	hB, hN (ganzjährig)
Nilgans	hB, hS, hW (ganzjährig)
Rebhuhn	rB, (ganzjährig)
Weißstorch	rN, hD (Mrz.–Sep.)
Schwarzstorch	rN, rD (Mrz.–Sep.)
Rotmilan	hB, hD, hN (Mrz.–Okt.)
Schwarzmilan	hB, hD, hN (Mrz.–Sep.)
Kranich	hD (Feb.–Mrz., Okt.–Nov.)
Flussregenpfeifer	rB, rD (Mrz.–Sep.)

Art	Status (beste Beobachtungszeit)
Mornellregenpfeifer	sD (Aug.–Sep.)
Steinkauz	sB (ganzjährig)
Uhu	rB (ganzjähig)
Wendehals	sB (Apr.–Jul.)
Uferschwalbe	rB, hD (Apr.–Aug.)
Feldlerche	hB, hD (Feb.–Okt.)
Wasseramsel	rB, hD (Mrz.–Okt.)
Gartenrotschwanz	hB (Apr.–Aug.)
Brachpieper	sD (Aug./Sep.)
Gebirgsstelze	hB, hD (Mai–Aug.)

Die Martinsweiher bei Niederwalgern bieten hervorragende Beobachtungsmöglichkeiten für Wasservögel. Foto: F. Weiß. September 2018.

Beobachtungsmöglichkeiten

Im Marburger Stadtteil Ockershausen liegt der Hasenkopf (4). Seine exponierte Lage und die offene Landschaft auf dieser Kuppe, machen ihn zu einem idealen Ort, um den Vogelzug zu beobachten. Von der B3 Ausfahrt Marburg Süd (1) fährt man die Südspange nach Westen über die Lahn, danach rechts und gleich wieder links in die Karl-von-Stauffenberg-Straße, die in mehreren Serpentinen den bewaldeten Talhang hinaufführt bis auf der rechten Seite, kurz vor einem Kreisverkehr, einige Parkplätze erscheinen (3). Vom Parkplatz führt ein asphaltierter Fahrrad- und Wanderweg hinauf zum Hasenkopf. Die Stelle ist nicht gesondert markiert und es gibt hier keinen Wetterschutz, aber einen weiten Blick und damit beste Bedingungen für die Beobachtung des Vogelzugs. Besonders der Durchzug der Kraniche lässt sich von hier optimal beobachten. Im Frühjahr lohnt eine Wanderung durch den direkt benachbarten Heiligen Grund (2), ein Tal mit knorrigen Obstbäumen und bunten Wiesen. Vom Parkplatz geht man einige Meter zurück entlang der Straße und biegt dann links in einen unbefestigten Wanderweg. Der schmale Weg schlängelt sich zwischen Hecken und Obstbäumen ins Tal hinab. Interessant ist der obere Abschnitt bis zu einer gefassten Quelle bei einigen Informationstafeln über Apfelsorten. Zu den Brutvögeln entlang des Weges gehören Wendehälse, Gartenrotschwänze und Trauerschnäpper, gelegentlich wurden auch schon Steinkäuze entdeckt, die jedoch nicht regelmäßig brüten. Man gelangt auf demselben Weg zurück zum Parkplatz.

Wenige Kilometer südlich von Marburg liegt bei Niederweimar ein Komplex aus aktiven und ehemaligen Sand- und Kiesgruben. Mit dem Auto wechselt man von der B3 bei Niederweimar (7) auf die B255, nimmt im Kreisverkehr die erste Ausfahrt und biegt dann in die zweite Straße rechts Richtung Freizeitsee ein. Beim Bahnhof Niederweimar bestehen Parkplätze (8). An den Bahngleisen entlang führt der Lahntalradweg zum nördlich gelegenen Freizeitsee (9). Trotz der intensiven Nutzung, unter anderem durch eine Wasserskianlage, lassen sich hier zu den Zugzeiten regelmäßig Fischadler, Fluss- und Trauerseeschwalben beobachten. Die Gebüsche und Schilfflächen zwischen Freizeitsee und dem südlich gelegenen Frischwassersee (10) beherbergen eine reiche Brutvogelwelt mit Teichrohrsängern, Feldschwirlen, Fitissen und Rohrammern, gelegentlich besetzen auch Blaukehlchen Reviere. Am südlichen Ende des Frischwassersees wurde ein kleiner Unterstand errichtet (11), von dem aus sich das Gewässer mit seinen sandigen Ufern überblicken lässt. Hier rasten meist nur wenige Vögel, doch lohnt sich ein Besuch trotzdem, da immer wieder seltenere Rastvögel zu entdecken sind. Vom Bahnhof Niederweimar führt der Lahntalradweg weiter nach Süden unter zwei Brücken hindurch und dann an den Rand der aktiven Sand-/Kiesgrube (12). Ein Stück weiter zweigt nach links ein kurzer Weg an den Rand der Alten Kiesgrube ab, in der oft viele Wasservögel rasten. Den Rand der Neuen Kiesgrube (13) erreicht man über eine Brücke über die Allna. In den Abgrabungskanten der großen Grube brüten zahlreiche Uferschwalben, Bluthänflinge und Stieglitze finden in der Ruderalvegetation der Grube Nahrung.

Die Schröcker Anhöhe ist ein traditioneller Rastplatz für Mornellregenpfeifer.
Foto: Wolfgang Kruck / Stock.Adobe.com

Eine Bahnstation und eine Ausfahrt der B 3 weiter südlich liegt das wohl bekannteste Feuchtgebiet im Marburger Raum, die im Volksmund als Martinsweiher bei Niederwalgern bekannten Baggerteiche warten mit hervorragenden Beobachtungsmöglichkeiten und einer regen Beobachterszene auf. Nur wenige hundert Meter östlich wurde das Flüsschen Allna renaturiert und ist jetzt als ParAllna ein weiteres spannendes Feuchtgebiet. Von der B 3 fährt man bei Roth ab (14), fährt durch den Ort, überquert die Lahn an einem Wehr (15) mit Beobachtungsmöglichkeiten für Wasseramseln und Gebirgsstelzen und biegt direkt nach der Brücke links ab. Nach 500 m kann man links an einem Feldweg parken (16). Südlich und nördlich fließt die renaturierte ParAllna, die in die Rieselfelder bei der Kläranlage Roth (17) und schließlich in die Lahn mündet. Entlang der ParAllna verläuft ein Wanderweg mit guten Beobachtungsmöglichkeiten für Wasserrallen, Flussregenpfeifer und rastende Limikolen. Der Abschnitt nördlich der Straße (18) ist besonders interessant. Die Martinsweiher liegen entlang der Straße Richtung Niederwalgern 600 m weiter auf der rechten Seite. Die erste Abzweigung führt in einem Bogen zu einem Beobachtungspunkt am östlichen Weiher (19) mit hervorragendem Blick auf das Gewässer und die Uferzone. Der westliche Weiher lässt sich aus einer neu errichteten Beobachtungshütte (20) an der Straße einsehen. Die Flächen um die beiden Weiher, die aus Probebaggerungen für den Kiesabbau entstanden sind, werden mit Wasserbüffeln beweidet. Zwischen den zahlreich rastenden Stockenten, Grau-, Kanada- und Nilgänsen, Kormoranen, Graureihern, Kiebitzen und Blässhühnern sind sehr regelmäßig auch seltenere Arten zu entdecken.

Östlich der Lahnberge im Amöneburger Becken liegt der kleine Ort Schröck. Von Marburg kommend durchfährt man den Ort und biegt am Ortsende links in den Bergerweg und parkt dort sein Auto (21). Alternativ ist Schröck von Marburg mit der Buslinie 80, Haltestelle „Schröck Reutergasse, Marburg“ erreichbar. Der Weg zur Schröcker Anhöhe führt geradeaus vorbei an einer Kläranlage und durch einen Hohlweg bis zu einer einzelnen Bank (22). Hier zweigt ein asphaltierter Fahrweg links ab und geradeaus führt ein Schotterweg weiter auf eine Kuppe (23). Die Äcker auf der Kuppe (23) sind im August und September ein traditioneller Rastplatz für Mornellregenpfeifer und auch Hohltauben, Brachpieper, Steinschmätzer, Wiesenschafstelzen und Heidelerchen rasten hier regelmäßig. Rebhühner und Feldlerchen sind Brutvögel. Es lohnt sich, die Feldwege im Bereich der Kuppe abzugehen und immer wieder mit dem Spektiv die umliegenden Ackerflächen abzusuchen. Die offene Landschaft ist zudem ein bedeutendes Nahrungsgebiet für Rot- und Schwarzmilane sowie Turmfalken, die in der Umgebung häufig brüten. Zu den Zugzeiten sind viele weitere Greifvogelarten zu beobachten: regelmäßig Rohr- sowie Kornweihen und selten auch Merline, Rotfußfalken, Wiesen- oder Steppenweihen.

Weitere Freizeitmöglichkeiten

Der Bau der Elisabethkirche (5) in Marburg begann 1235 und markiert den Beginn der Frühgotik in Deutschland. Die Kathedrale wurde über dem Grab der heiligen Elisabeth von Thüringen errichtet und war im Mittelalter eine der bedeutenden Pilgerstädten in Europa. Unter Vogelbeobachtern sind die regelmäßig in einem Nistkasten brütenden Uhus berühmt, die hier mitten in der Stadt ihre Brut großziehen und sich störungsfrei beobachten lassen. In der Nähe befindet sich, ebenfalls im Marburger Stadtgebiet, das Afföller Wehr (6) in der Lahn, an dem hervorragend Wasseramseln und Gebirgsstelzen beobachtet werden können.

Felix Weiß, Christoph Moning, Christopher König

Infomaterial/Literatur

ABU Soest 2013: Auenland an Lippe und Ahse im Kreis Soest. Naturkundliche Fahrradkarte zum „Radweg Auenland“. Publicpress, Geseke.

ABU Soest 2013: Naturerlebnis Auenland. Broschüre und Projektfaltblatt.

Wir danken Ralf Joest für hilfreiche Anmerkungen zu diesem Beitrag.

Uhus brüten sein 2013 regelmäßig in einem Nistkasten an der Elisabethkirche in Marburg. Foto: emranashraf / Stock.Adobe.com

Anfahrt

Mit Bahn und Bus

Alle Beobachtungspunkte sind an den öffentlichen Nahverkehr angeschlossen. Die Regionalbahnen zwischen Marburg und Frankfurt am Main halten in Niederweimar und Niederwalgern wenige hundert Meter von den interessanten Feuchtgebieten der Lahnaue. Eine weitere Alternative stellt der gut ausgeschilderte Lahntalradweg dar, der ebenfalls an den Beobachtungspunkten in Niederweimar und Niederwalgern vorbeiführt.

Mit dem Auto

Die autobahnartig ausgebaute Bundesstraße 3 verläuft entlang des Lahntals und führt in südliche Richtung bis Gießen.

GPS		
Hasenkopf	50°47'43" N	8°44'06" O
Parkplatz Heiliger Grund	50°47'34" N	8°44'22" O
Parkplatz Niederweimar	50°45'24" N	8°44'04" O
Parkplatz Niederwalgern	50°43'47" N	8°42'40" O
Parkplatz Schröcker Feld	50°47'09" N	8°50'11" O
Afföller Wehr	50°49'10" N	8°45'59" O

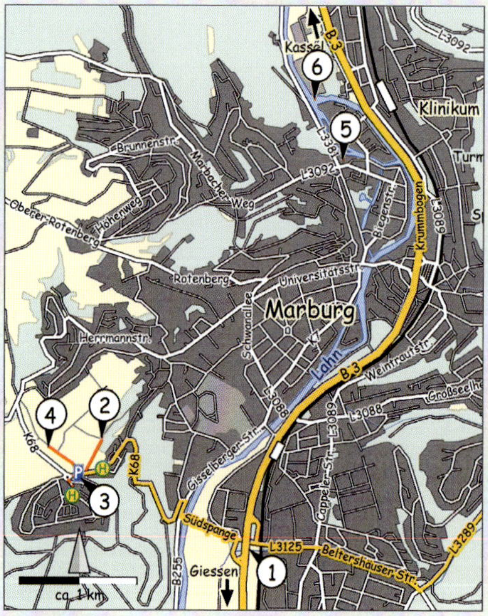

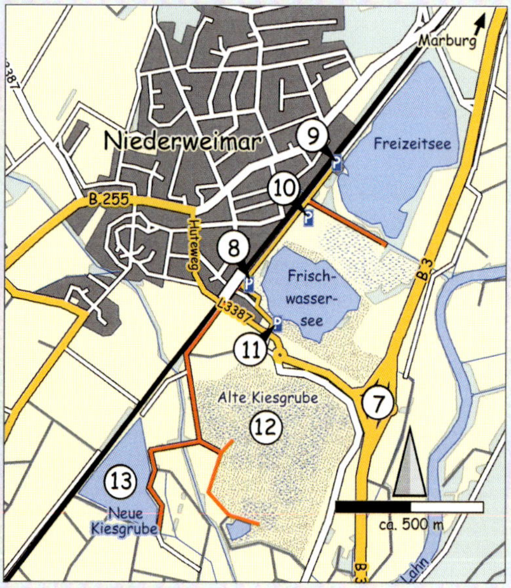

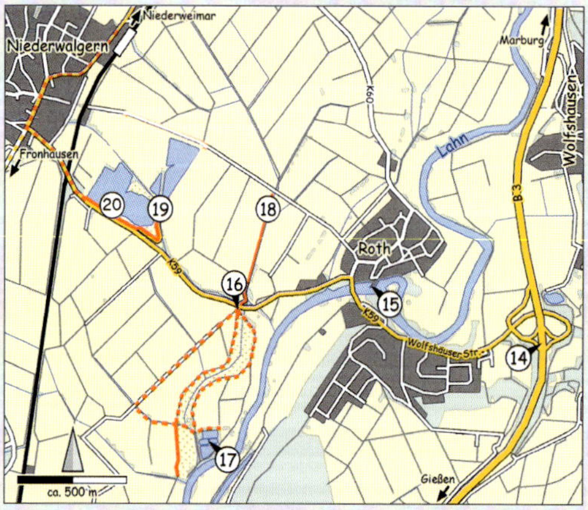

Eindrückliche alte Buchenwälder mit Urwald-charakter wachsen entlang der „Ringelsbergroute". Foto: A. Maier. August 2019.

Der Kellerwald

Einer der letzten alten Buchenwälder

Im Nationalpark Kellerwald-Edersee wachsen noch alte, urige Buchenwälder. Die dortigen Urwaldrelikte sind seit 2011 sogar als UNESCO-Weltnaturerbe gelistet. In den struktur- und totholzreichen Wäldern finden zahlreiche Höhlenbrüter Nistmöglichkeiten und an den Waldbächen, die den Kellerwald wie ein Netz durchziehen, brüten Wasseramseln. Besonders interessant ist ein Besuch zur Balzzeit der Spechte vor dem Laubaustrieb im März oder April, aber auch ein Besuch im Winterhalbjahr ist reizvoll, wenn am benachbarten Edersee zahlreiche Wasservogelarten überwintern.

In Nordhessen, im Mittelgebirge Kellerwald, befindet sich einer der letzten, naturnahen, unzerschnittenen Buchenwälder im westlichen Mitteleuropa. Gut ein Zehntel des Kellerwaldes ist seit fünfzehn Jahren als erster (und einziger) hessischer Nationalpark ($57\,km^2$) ausgewiesen. Seit 2011 sind die Urwaldreste des bodensauren Buchenwaldes innerhalb des Nationalparks zudem als UNESCO-Weltnaturerbe anerkannt.

Dass diese letzten alten Buchenwälder dort in heutiger Form erhalten geblieben sind, liegt zum einen an den für den Ackerbau ungünstigen, flachgründigen und nährstoffarmen Böden, den mit Fels und Stein gespickten (Steil) Hängen und der Unwegsamkeit der Mittelgebirgsregion. Rodungen wurden zwar auch auf dem Teil des heutigen Nationalparks durchgeführt, Holzkohle in Waldmeilern gebrannt, Laubstreu als Viehfutter genutzt und das Vieh, besonders Schweine im Winter zur Buchenmast, im Wald gehütet. Jedoch wurden Teile des Waldes seit dem 18. Jahrhundert als herrschaftliches Jagdgebiet genutzt, was ab dann auch dazu beitrug (weitere) Fragmentierung und Rodung zu verhindern.

Die zu den urigsten Buchenwäldern des Nationalparks zählenden Urwaldreste befinden sich an den Nordwesthängen des Ringelsberges. Fast 300 Jahre alte Buchen sind dort zu entdecken, die Stämme moosbewachsen und das alte Buchenholz von Zunderschwämmen besiedelt, deren große Fruchtkörper hier mehrere Jahrzehnte alt sein können. Während die Zunderschwämme so das ganze Jahr über im alten Buchenholz zu sehen sind, sprießen alljährlich im Herbst unzählige Fruchtkörper vieler weiterer Pilzarten. Im teils noch stehenden Totholz und an alten Buchen, erscheinen Buchenschleimrübling und Buchen-Stachelbart, ein charakteristischer Duft durchströmt den Buchenwald.

Auf den Hochflächen wachsen hallenartige Buchenwälder. Die bodensauren Buchenwälder auf den kargen Böden zeichnen sich durch spärlichen Unterwuchs aus, in der Krautschicht finden sich wenige, typische Arten wie Weiße Hainsimse, Heidelbeere, Salbei-Gamander und Drahtschmiele.

An den Felshängen und Blockhalden gedeihen üppige Blockwälder, teilweise uralte Linden, Bergahorne und Bergulmen verdrängen dort die Rotbuchen.

An trockenen Südhängen wachsen knorrige Eichenwälder, seltene Pfingstnelken-Felsfluren finden sich an den Edersee-Felshängen und verschiedene magere Trocken- und Felsbiotope treten an diesen klimatischen Extremstandorten auf.

Über tausend Quellen entspringen im Nationalpark. An Fließquellen mit reinem und konstant kühlem Wasser kommen Alpenstrudelwurm und Dunkers Quellschnecke vor. Die sich zu sprudelnden Waldbächen vereinigenden Quellen haben tiefe Kerbtäler geschaffen. In quelligen Schluchten wachsen Eichen, Eschen und Linden; Entlang der Quellgerinne und Bäche feuchte Erlen-Eschenwälder. Die Quellen und Waldbäche sind die Laich- und Larvalgewässer der Feuersalamander.

Die naturnahen Wälder sollen sich im Nationalpark als Wildnis entwickeln, auf 90 % der Nationalparkfläche steht die natürliche Dynamik, der Prozessschutz, im Vordergrund. Zum Teil wird die „werdende Wildnis" durch Eingriffe unterstützt bzw. natürliche Prozesse beschleunigt, beispielsweise wurden am Bloßenberg Kiefern entfernt, welche dort nicht natürlicherweise vorkommen.

Auf circa 5 % der Nationalparkfläche werden regelmäßig Pflegemaßnahmen durchgeführt, um die Lebensräume der extensiven, historischen Kulturlandschaften zu erhalten. Zu diesen heute wertvollen Lebensräumen gehören Waldwiesen in den Bachtälern, welche in früheren Zeiten zur Heugewinnung wichtig waren. Zeugnis der letzten Siedlungsversuche im 14. Jahrhundert auf dem Gebiet des heutigen Nationalparks sind die Triescher. Auf diesen ehemaligen Rodungsfluren wurde nach der Aufgabe der Dörfer das Vieh gehütet, später wurden große Teile mit Fichten aufgeforstet. Inzwischen sind auf einigen Trieschern Windwurfflächen entstanden. In den sogenannten „Pflegezonen" findet wieder eine Beweidung mit Schafen statt, um die alten Hutelandschaften offen zu halten und die charakteristischen Lebensräume, wie Zwergstrauchheiden, Borstgrasrasen und Magerrasen zu erhalten.

Nicht zum Nationalpark, wohl aber zum Naturpark Kellerwald-Edersee, gehört der Edersee. Der mit rund 12 km² Fläche zweitgrößte Stausee Deutschlands ist eines der beliebtesten Wassersportgebiete und Ausflugsziele Hessens. 1914 wurde die Staumauer fertiggestellt, über die Edertalsperre wird noch heute der Wasserstand der Oberweser für die Schifffahrt reguliert. Ab dem Spätsommer wird täglich mehr Wasser abgelassen als nachfließt. Der Wasserstand sinkt – vor allem in heißen und trockenen Sommern – beträchtlich, was besonders bei Herzhausen zu großflächig trockenfallenden Flächen führt. Die Dynamik dieser periodischen, jahreszeitlichen (künstlichen) Überflutungen und des Trockenfallens ähnelt der eines natürlichen Überflutungsregimes einer Flussaue. Entsprechend dieser Dynamik hat sich eine Vegetationszonierung in Abhängigkeit des Wassereinflusses entwickelt. So ist der zum Frühjahr überflutete Bereich von Weichholzauen bewachsen. Ab August sind die ausgedehnten Verlandungszonen von Röhrichten, Seggenrieden und Schlammlingsfluren geprägt.

Ein Teilbereich dieses künstlichen Gewässers steht als Naturschutz- und FFH-Gebiet unter Schutz. Derzeit wird die Erweiterung des Nationalparks um die nördlich des Edersees gelegenen Waldhänge geplant. In absehbarer Zeit sollen die mit Eichen, Buchen und Linden bewachsenen, steilen Hänge und Fels-/Trockenbiotope in den Nationalpark eingegliedert werden.

Grauspechte brüten regelmäßig mit mehreren Brutpaaren im Kellerwald und lassen sich beispielsweise von der „Bloßenberg-" oder „Bösenbergroute" aus beobachten.

Foto: C. Moning. Lechtal, Österreich, 16.7.2010.

Besondere Vogelarten und Reisezeit

Im zeitigen Frühjahr trommelt, lacht und kräht es im Kellerwald. Alle sechs in Hessen anzutreffenden Spechte sind hier vertreten. Bunt- und auch Schwarzspechte rufen einem fast aus jedem Tal, von jedem Hang, entgegen und versetzen nicht nur Besucher aus waldärmeren Regionen in Staunen ob ihrer ungeheuren Revierdichte. Grauspechte sind in den strukturreichen Wäldern vertreten, Grünspechte brüten an den

Typische Vogelarten im Nationalpark Kellerwald, deren Status und günstige Beobachtungszeit (in Klammern)
h = häufiger, r = regelmäßiger, s = seltener; B = Brutvogel, W = Wintergast, D = Durchzügler, N = Nahrungsgast

Art	Status (beste Beobachtungszeit)
Schwarzstorch	sB, rN (Mrz.–Sep.)
Wespenbussard	rB, rD (Mai–Sep.)
Rotmilan	rB, rD (Mrz.–Sep.)
Mäusebussard	rB, rD (ganzjährig)
Hohltaube	rB (Mrz.–Sep.)
Ringeltaube	hB (Mrz.–Sep.)
Raufußkauz	sB (Mrz.–Apr.)
Sperlingskauz	sB (Mrz.–Apr.)
Waldkauz	hB (ganzjährig)
Grauspecht	rB (ganzjährig)
Grünspecht	rB (Mrz.–Mai)

Art	Status (beste Beobachtungszeit)
Schwarzspecht	hB (ganzjährig)
Buntspecht	hB (ganzjährig)
Mittelspecht	hB (Mrz.–Mai)
Kleinspecht	rB (Mrz.–Mai)
Eichelhäher	hB (ganzjährig)
Waldlaubsänger	hB (Apr.–Jun.)
Kleiber	hB (ganzjährig)
Wasseramsel	rB (ganzjährig)
Trauerschnäpper	rB (Apr.–Jun.)
Buchfink	hB, hD, hW (ganzjährig)

Waldrändern, an den Lichtungen der Triescher und Windwurfflächen. In den Hart- und Weichholzauen der Waldtäler und am Edersee trommeln Kleinspechte. In die alten Buchenbestände und üppigen Blockwälder mit stehendem Totholz lockt es Mittelspechte.

Die morgendliche Gesangskulisse des Vorfrühlings wird von Kleibern und Buchfinken geprägt, unterstützt von Blaumeisen und den anderen Waldmeisen, allgegenwärtig sind Eichelhäher sowie der Gesang der Singdrosseln und Ringeltauben. Aus den höhlenreichen Altholzbeständen rufen Hohltauben bis weit in den Spätsommer hinein.

Im späteren Frühjahr wird der Chor der Finken durch Grasmücken, Gartenrotschwänze, Fitisse und Zilpzalpe unterstützt. Die zarten Stimmen der Grauschnäpper, die Strophen der Trauerschnäpper und der Waldlaubsänger mischen sich darunter.

An den kristallklaren Waldbächen sirren Wasseramseln, Gebirgsstelzen und Eisvögel. In nährstoffreichen Bachtälern sind Schwarzstörche auf Nahrungssuche, die mit mehreren Brutpaaren im Kellerwald vorkommen.

Die Balzflüge von Kolkraben sind über den Hängen zu beobachten. Als weitere Großvogelarten brüten Mäusebussarde und Wespenbussarde im Kellerwald, ebenso Schwarz- und Rotmilane mit je mehreren Brutpaaren.

Die Heide- und Offenlandschaften der Triescher sind Lebensraum für Wendehälse, Neuntöter und Baumpieper.

Der Edersee ist ein regional bedeutender Brutplatz für Wasservögel, insbesondere für Haubentaucher. Es brüten ebenso Blässhühner, Stockenten, Höckerschwäne sowie Grau-, Kanada- und Nilgänse. Später im Sommer, wenn die flachen Bereiche des Edersees trockenfallen und der Herbstzug der nordischen Limikolen bereits im Gang ist, sind an den Ufern und Schlickflächen nahrungssuchende Flussuferläufer, Waldwasserläufer aber auch verschiedene Strandläufer zu beobachten. Dazwischen dann auch viele Bachstelzen. Bis zu 270 Lachmöwen, daneben auch Sturm- und Mittelmeermöwen und immer wieder einzelne Schwarzkopfmöwen (Juli bis September) finden sich am Schlafplatz nahe der Staumauer ein. Im Winter ist der Edersee ein wichtiges Rast- und Überwinterungsgebiet für Wasservögel. 200 bis 300 Haubentaucher sind dann hier zu beobachten. Als seltene, aber regelmäßige Gäste tauchen Seeadler, Stern- und Prachttaucher sowie Samtenten auf.

Der Stausee von Affoldern ist in Hessen das wichtigste Mausergewässer für Reiherenten, mehrere Hundert Individuen sind bereits ab dem Spätsommer zu beobachten. Auch zahlreiche Tafelenten finden sich im Winter hier ein, ebenso Hunderte Blässhühner und Dutzende Schellenten.

Bei geeigneter Witterung sind des Nachts im Kellerwald das ganze Jahr hindurch Eulen zu vernehmen. Besonders die Rufe der Waldkäuze, der häufigste Eulenart, sind zu jeder Jahreszeit zu hören. Im zeitigen Frühjahr und im September ist ihre Gesangsaktivität jedoch besonders hoch. Ab Januar beginnt die Frühjahrsbalz der Uhus, von denen mehrere Paare im Nationalpark und der Umgebung brüten. Ab Februar

Im Kellerwald brüten auch Raufußkäuze. Foto: C. Moning. Bayerischer Wald, 8.5.2010.

sind zur windstillen Abenddämmerung regelmäßig die Gesänge der Sperlingskäuze und Waldohreulen zu hören, bei Dunkelheit dann auch Raufußkäuze. Der Balz- und Reviergesang der verschiedenen Arten, später die Bettelrufe der Jungvögel, sind dann bis zum Frühsommer bzw. sogar Anfang Herbst (Uhu) zu hören. In der Abenddämmerung der Herbstnächte setzt dann bereits wieder die Herbstbalz, insbesondere der Waldkäuze ein, zuweilen sind dann auch wieder Sperlingskäuze zu vernehmen.

Der Herbstzug der Kraniche lässt sich von exponierten Höhenlagen des Kellerwaldes beobachten. Im Oktober und November ziehen große Schwärme über das Mittelgebirge nach Südwesten.

Hochsommerlicher Ausblick von der „Ringelsbergroute“ über das Buchenmeer und den Edersee. Foto: A. Maier. 12.8.2018.

Im Winter sind in den Wäldern immer wieder große Finkentrupps (Buch- und Bergfinken) anzutreffen.

Beobachtungsmöglichkeiten

Zugang zum Kellerwald bieten mehrere Nationalpark-Eingänge, jeweils mit Parkmöglichkeiten. Zwanzig Rundwege und einige längere Wandersteige erschließen den Nationalpark. Das Verlassen der Wege ist im gesamten Nationalpark nicht gestattet. Im Folgenden werden vier für Vogelbeobachter besonders lohnende Wege beschrieben.

Entlang der „Bösenbergroute" lassen sich verschiedene Spechte und Arten des Offenlandes beobachten. Los geht es am Wanderparkplatz „Koppe" bei Altenlotheim (1). Der Rundwanderweg ist mit einem Ebereschenblatt markiert und insgesamt 6,7 km lang. Vom Parkplatz aus geht es am Waldrand entlang am Sportplatz vorbei, durch ein Bachtal mit einigen urigen Buchen, aber auch Nadelhölzern, bis auf die Hochfläche. Es geht durch die offene, kulturhistorische Landschaft, am Fahrentriesch entlang mit seinen Heiden und Magerrasen, bevor der Weg, durch Buchen-Eichenwälder führend, wieder zum Ausgangspunkt absteigt. Bereits nach den ersten 500 m bestehen gute Chancen Grün-, Schwarz- und Buntspechte zu vernehmen, mit weiterem Verlauf der Wanderstrecke durch ältere Baumbestände besteht auch die Möglichkeit Grau- und Mittelspechte anzutreffen. Die Offenlandschaft am Fahrentriesch bietet gute Beobachtungsmöglichkeiten für Baumpieper, Wendehälse und Neuntöter.

In der Abenddämmerung (Herbst oder Frühjahr) lohnt es sich an der Quernst die Ohren zu spitzen. Neben den fast überall hörbaren Waldkäuzen können hier auch Möglichkeiten Sperlings- und Raufußkäuze gehört werden. Parkmöglichkeiten bestehen am Infozentrum und Nationalparkeingang „Kellerwalduhr" (2) oder bei Frebershausen am Parkplatz „Quernstgrund" (3). Bei (2) folgt man dem „Quernstpfad" durch Buchenmischwald und alte Fichtenwindwurfflächen, bei (3) dem „Talgang" durch den Quernstgrund, an einem schmalen Wiesental, dann an steilen, bewaldenden Hängen entlang. Die Wege treffen bei der Quernstkappelle aufeinander, dort ist ein Abstecher zur Wildbeobachtungskanzel (4) möglich (circa 700 m, interessant zur Rotwildbrunft im September).

Bei Bringhausen, vom Parkplatz „Kirchweg" (5) aus, startet die „Bloßenbergroute" (Rundweg, 3,8 km). Der Weg führt an einem trockenen Eichen-Pflanzwald vorbei, durch ein blockiges Kerbbachtal hinab zu den steilen Hängen der Banfebucht mit Pfingstnelkenfluren, dann im Tal an der Banfe entlang und wieder nach oben zum Parkplatz. Diese abwechslungsreiche Route empfiehlt sich, um Trauerschnäpper und Grauspechte zu beobachten. Im Banfetal singen Waldlaubsänger, Hohl- und Ringeltauben und am Bach brüten Gebirgsstelzen.

Um einen Eindruck der alten Buchenwälder mit Urwaldcharakter zu bekommen, empfiehlt sich besonders die „Ringelsbergroute". Ausgangspunkt für die insgesamt 11,2 km lange Rundwanderung ist der Parkplatz „Asel-Süd" (6) oder alternativ der Parkplatz „Himmelsbreite" (7). Die Strecke führt an Sicker- und Fließquellen vorbei, durch üppige Lindenwälder, über Windwurfflächen mit Pioniergesellschaften und durch Buchen-Hallenwälder. Am Nordwesthang des Ringelsberges (8) wächst dann auf circa 5 ha einer der urigsten Buchenwälder des Nationalparks. An den Oberhängen zum Edersee brüten Schwarz- und Rotmilane, Grauspechte, Hohltauben, Dohlen und Trauerschnäpper.

Trauerschnäpper sind im Kellerwald regelmäßig zu hören und zu beobachten; gut geeignet hierfür sind etwa die Wanderwege am Bloßen- und Daudenberg.

Foto: C. Moning. 20.8.2010.

Infomaterial/Literatur

Nationalpark Kellerwald-Edersee: www.nationalpark-kellerwald-edersee.de
NABU Kellerwald-Frankenberg: www.nabu-waldeck-frankenberg.de
Nordhessischer Verkehrsverbund, für Informationen zu Nahverkehr zum Nationalpark: www.nvv.de

Wir danken Michael Wimbauer für zahlreiche wertvolle Hinweise und die Durchsicht des Manuskripts.

Außerhalb des Nationalparks

Von der Uferpromenade in Herzhausen (9), lässt sich ein Blick ins Naturschutzgebiet „Ederseeufer bei Herzhausen" werfen. Im Winter äsen an den Rändern der Seggenriede regelmäßig Singschwäne. Je nach Wasserstand brüten Haubentaucher mit bis zu 25 Brutpaaren im Gebiet, in den Hochstaudenfluren brüten Sumpfrohrsänger und Feldschwirle. Durchzügler und Nahrungsgäste suchen im Flussbett, Flachwasser und an den trockenfallenden Flächen nach Nahrung: Schwarzstörche und immer wieder Limikolen wie Rot- und Grünschenkel, Alpenstrandläufer, Wald- und Bruchwasserläufer. Je nach Wasserstand lohnt sich ein Blick auf den See bzw. das Flussbett bei Harbshausen (10), Asel-Süd (11) und der Bringhäuser Bucht (12). Von (13) hat man einen Blick auf den Möwenschlafplatz bei der Staumauer.

Ein Blick auf den Affolderner See lohnt insbesondere im Winterhalbjahr, wenn der Stausee als Rast- und Überwinterungsgebiet von Wasservögeln aufgesucht wird. Vom Ende der Straße „Am Mühlengraben“ (14) gelangt man zu einem Pfad mit Blick auf den See. Um Störungen der im Winter und bei Frost dort konzentrierten Wasservögel zu vermeiden, ist es jedoch sehr wichtig, dort nur aus der Deckung der Ufergehölze heraus zu beobachten.

Als weiteren Abstecher empfiehlt sich ein Spaziergang im Naturschutzgebiet Lengelbachtal. Vom Parkplatz bei Ellershausen (15) führt ein Rundweg (circa 5 km) durch das idyllische Bachtal. Man kann aber auch direkt bei der Bärenmühle parken (16). Am Lengelbach brüten Wasseramseln und Gebirgsstelzen, Eisvögel sind als Nahrungsgäste zu beobachten. Auch Schwarzstörche sind gelegentlich hier zu entdecken.

Weitere Freizeitmöglichkeiten

Ein Muss für jeden Besucher des Nationalparks sind das Nationalpark-Zentrum bei Herzhausen und das Infozentrum bei Frankenau („Kellerwald-Uhr“).

Neben den vorgeschlagenen Rundwegen führen zahlreiche weitere Wanderwege durch den Nationalpark. Für eine längere, auch Mehrtageswanderung empfiehlt sich der insgesamt 70 km lange Urwaldsteig oder der Kellerwaldsteig (150 km). Durch den Nationalpark und im Naturpark Kellerwald-Edersee führen mehrere Radwege, in den auf Besucher eingestellten Ortschaften finden sich Fahrradverleihe und Einkehrmöglichkeiten.

Andrea Maier, Christopher König, Christoph Moning, Felix Weiß

Anfahrt

Mit Bahn und Bus

Der „Nationalpark-Bahnhof“ Vöhl-Herzhausen liegt unmittelbar westlich des Nationalparks, weitere Bahnhöfe liegen in Korbach und Bad-Wildungen. Von diesen verkehren regelmäßig Busse, teilweise auch Sammeltaxis, in die Ortschaften mit Nationalpark-Eingängen.

Mit dem Auto

Von Süden von Marburg kommend oder von Norden von Korbach erreicht man den Nationalpark-Eingang bei Herzhausen von der westlich des Nationalparks gelegenen L 525. Der Nationalpark und das Infozentrum sind gut ausgeschildert. Im Osten des Nationalparks verläuft die L 484 in Nord-Süd-Richtung, um den Südostteil des Nationalparks zu erreichen fährt man bei Giflitz Richtung Kleinern und Gellershausen ab. Bringhausen, am Südufer des Edersees, wird über Edertal erreicht, nach der Ortsdurchfahrt Hemfurth folgt man der Straße und Ausschilderung nach Bringhausen.

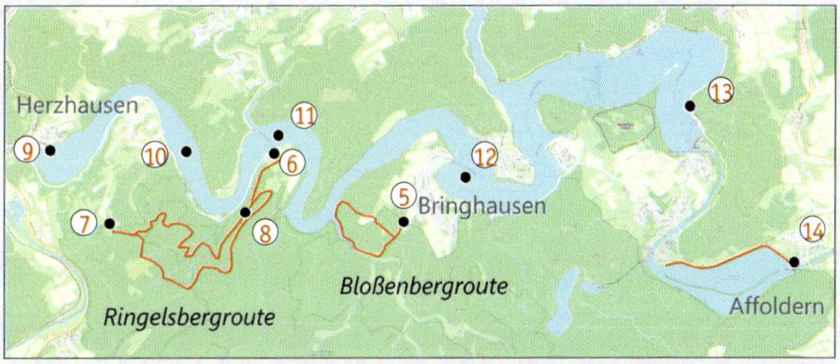

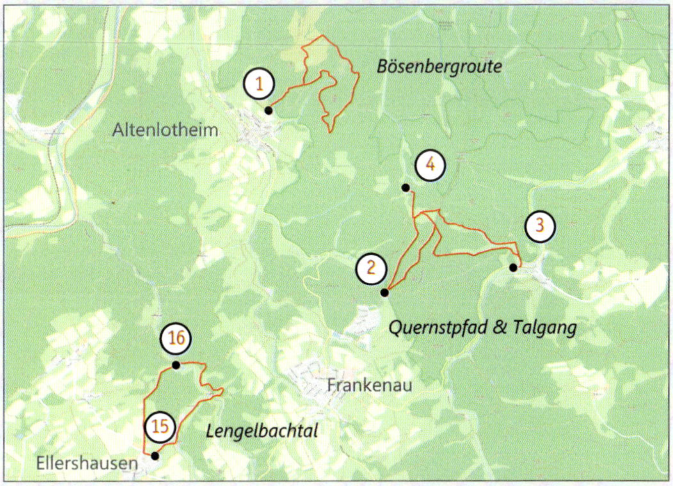

GPS		
Parkplatz „Koppe“ (1)	51°07'56.0" N	8°55'17.0" O
Parkplatz „Kellerwalduhr“ (2)	51°06'21.0" N	8°56'53.0" O
Parkplatz „Quernstgrund“ (3)	51°06'35.0" N	8°58'42.0" O
Parkplatz „Kirchweg“ (5)	51°10'17.0" N	8°59'09.0" O
Parkplatz „Asel-Süd“ (6)	51°10'56.0" N	8°57'15.0" O
Ederseeufer Herzhausen (9)	51°10'56.0" N	8°53'55.0" O

Blick vom Beobachtungsturm auf der Ostseite des Bingenheimer Rieds in den Sonnenuntergang.
Foto: S. Stübing. 17.6.2022.

Die Wetterau

Naturparadies zwischen Frankfurt und Gießen

Vom Frankfurter Norden nördlich fast bis Gießen, im Westen vom Taunus und im Osten vom Vogelsberg eingefasst, erstreckt sich das EU-Vogelschutzgebiet Wetterau. Weithin bekannt ist diese Gegend als „Kornkammer Hessens“ und durch weitläufiges, wenig strukturiertes Ackerland geprägt, das schon zu den Zeiten der Kelten und Römer bewirtschaftet wurde. Von vier im Vogelsberg entspringenden Flüss(ch)en, der namensgebenden Wetter sowie der Horloff, Nidda und Nidder durchzogen, ist die Wetterau unter Vogel- und Naturbegeisterten jedoch vor allem als eines der wichtigsten Brut- und Rastgebiete für die Vogelarten des Feuchtgrünlandes im Südwesten von Deutschland beliebt. Neben Kiebitz und Bekassine brüten hier acht Entenarten, Grauammern und viele weitere Vogelarten. Das gleichnamige EU-Vogelschutzgebiet umfasst gut 10 000 ha und erstreckt sich über drei Landkreise. Hauptfaktoren für den erfolgreichen Naturschutz hier sind Wasserstandsmanagement, Grünlandextensivierung, Rinderbeweidung vieler Feuchtgebiete und ein intensives Bestandsmonitoring der seltenen Brut- und Rastvögel.

Ausschlaggebend für die bundesweite Bedeutung ist die inzwischen mehr als 40-jährige Naturschutz-Geschichte in der Wetterau. Um die Brutvorkommen von Bekassine, Großem Brachvogel, Uferschnepfe und Kiebitz zu erhalten, entwickelte die Hessische Gesellschaft für Ornithologie und Naturschutz e.V. (HGON) schon in den 1970er-Jahren das Konzept für einen „Auenverbund Wetterau“. Hiermit sollten Entwässerungen und Grünlandumbrüche gestoppt sowie die Kernzonen als Naturschutzgebiete gesichert werden. Insgesamt 7400 ha Auenflächen wurden aufgrund der kontinuierlichen Forderungen und Vorarbeiten der HGON 1984 als Landschaftsschutzgebiet einstweilig sichergestellt und 1989 endgültig ausgewiesen. Im Zuge der Flächensicherung entstanden zahlreiche Naturschutzgebiete (NSG). Die bekanntesten darunter sind das NSG Mittlere Horloffaue und das NSG Bingenheimer Ried. Im Jahr 2004 erfolgte die Ausweisung als EU-Vogelschutzgebiet „5519-401 Wetterau“ auf einer Fläche von 10 682 ha. Auch Braunkohletagebauseen und offene Ackerlandschaften als Rastflächen wurden in das Vogelschutzgebiet eingebunden. Die Schutzmaßnahmen erfolgten seither im Rahmen der Managementplanung mit dem prioritären Ziel, die Brut- und Rastbestände der sogenannten „maßgeblichen Arten“ in einen günstigen Erhaltungszustand zu bringen oder zu halten.

Langfristig betrachtet gingen die Brutbestände der Wiesenvögel infolge der Intensivierung der Grünlandbewirtschaftung, trotz der Fortschritte in der Lebensraumsicherung, zunächst jedoch deutlich zurück. Große Schutzerfolge stellten sich mit Beginn der 2000er-Jahre infolge der Reaktivierung zahlreicher Feuchtgebiete durch Stauwehre, der Neuanlage zahlreicher Kleingewässer, umfangreicher Grünlandextensivierung und Beweidung ein. In den letzten gut fünfzehn Jahren wurden aufgrund zunehmend starker Prädation vor allem durch Fuchs und Waschbär erneut Rückgänge festgestellt, mit dem Einsatz von Prädationsschutzzäunen aber auch eine Lösung entwickelt. Seit fünf Jahren steigt die Zahl der Brutpaare verschiedener Bodenbrüter daher wieder sehr deutlich an (s. Beitrag S. 7).

Das Wasserstandsmanagement folgt den Verhältnissen in natürlichen Auenlandschaften mit weitläufig flacher Überflutung im Spätwinter infolge von Niederschlägen und Tauwetter in den Mittelgebirgen. Bis zum Sommer, manchmal auch erst im Herbst, trocknen diese Flachwasserbereiche allmählich aus, sodass immer schlammig-feuchte Flächen vorhanden sind. Durch das regelmäßig wiederkehrende Austrocknen können sich keine größeren Fischbestände bilden, was zur Entwicklung von Massenvorkommen von Amphibien und Libellen führt. So kommen im Gebiet Tausende Laubfrösche und Kammmolche sowie einige Hundert Knoblauchkröten vor. Die Restlöcher des Wetterauer Braunkohletagebaus haben, wenn die Auengewässer im Herbst austrocknen oder im Winter rasch gefrieren, eine außerordentliche Bedeutung für die im Gebiet brütenden und überwinternden Wasservögel. Durch den Einsatz einer amtlichen Naturschutzwacht und umfangreiche Besucherinformationen sind Störungen in den Brutgebieten heute kein großes Problem mehr.

Die Umsetzung der Schutz- und Pflegemaßnahmen erfolgt durch das Forstamt Nidda unter anderem auf der Basis der jährlichen Bestandserfassungen der HGON. Die sehr enge und vertrauensvolle Zusammenarbeit aller Beteiligten sowie die alljährliche Bestandserfassung, die es ermöglicht, auf beginnende Verschlechterungen oder andere aktuelle Entwicklungen sehr zeitnah, meist noch innerhalb derselben Brutperiode oder desselben Winterhalbjahrs, zu reagieren, sind weitere Eckpfeiler für die Erfolge im Schutz der Wiesenvögel und anderer Vogel- und Tierarten im Gebiet.

Durch intensive Schutzmaßnahmen hat der Bestand der Grauammer in der Wetterau wieder auf etwa 150 Reviere zugenommen. Foto: Kenan / Stock.Adobe.com

Besondere Vogelarten und Reisezeit

Vogel- und Naturbeobachtungen sind in der Wetterau ganzjährig erfolgversprechend, besonders interessant sind dabei die Zugzeiten. Von Februar bis Mai oder Juni sind viele Gebiete flach

Typische Vogelarten in der Wetterau, deren Status und günstige Beobachtungszeit (in Klammern).
h = häufiger, r = regelmäßiger, s = seltener; B = Brutvogel, D = Durchzügler, W = Wintergast

Art	Status (beste Beobachtungszeit)	Art	Status (beste Beobachtungszeit)
Pfeifente	hD,hW (Okt.–Apr.)	Kampfläufer	hD (Mrz.–Mai, Jul.–Sep.)
Löffelente	rB, hD (Mrz.–Mai, Jul.–Nov)	Alpenstrandläufer	rD (Feb.–Mai, Aug.–Okt.)
Krickente	sB, hD, hW (Jul.–Apr.)	Temminckstrandläufer	rD (Mai, Jul.–Sep.)
Knäkente	rB, rD (Mrz.–Mai, Jul.–Sep.)	Zwergstrandläufer	rD (Mai, Jul.–Okt.)
Spießente	rD, sW (Feb.–Apr.)	Bruchwasserläufer	hD (Apr.–Mai, Jul.–Aug.)
Schellente	rW (Dez.–Mrz.)	Zwergmöwe	rD (Apr.–Mai)
Rohrweihe	rB, rD (Apr.–Sep.)	Weißstorch	hB, hD, rW (ganzjährig)
Wasserralle	rB, rD (Mrz.–Okt.)	Sumpfohreule	rW (Nov.–Mrz.)
Kranich	hD (Okt.–Mrz.)	Orpheusspötter	sB (Mai–Jul.)
Rothalstaucher	sB (Apr.–Jul.)	Rohrschwirl	rB (Apr.–Jul.)
Bekassine	rB, hD, rW (Mrz.–Apr., Jul.–Nov.)	Blaukehlchen	hB (Mrz.–Jul.)
Kiebitz	hB, hD (Feb.–Nov.)	Schwarzkehlchen	hB, hD (Mrz.–Okt.)
Goldregenpfeifer	hD (Feb.–Mrz., Nov.)	Bergpieper	hW (Okt.–Apr.)
Sandregenpfeifer	rD (Mrz.–Mai, Aug.–Okt.)	Grauammer	hB (Mrz.–Okt.)
Mornellregenpfeifer	rD (Aug.–Sep.)		

überflutet, wodurch ideale Rastbedingungen für Wasser- und Watvögel entstehen. Der Wasserstand wird gebietsspezifisch mithilfe von regelbaren Stauwehren gesteuert, Höhe und überflutete Flächen sind zwischen Naturschutz und Landwirtschaft abgestimmt und mittels Drohnenbefliegung optimiert. Im März rasten Hunderte, manchmal Tausende Schwimmenten. Maximal können dann Trupps von mehr als 300 Löffelenten, 100 Spießenten, 50 Knäk- und 500 Krickenten, gut 800 Pfeif- und 300 Schnatterenten beobachtet werden. Die drei letztgenannten Arten sind in dieser Größenordnung auch in den Wintermonaten anwesend. Noch etwas früher, in den letzten Jahren oft schon im Februar, rasten Hunderte (bis vor zehn Jahren oft auch Tausende) Kiebitze und mit etwas Glück lassen sich dann auch einige Hundert Goldregenpfeifer bewundern. Weitere, regelmäßig und in großer Zahl rastende Watvögel sind Kampfläufer und Bekassinen, deren Truppgrößen oft zwischen 50 und 150 Vögeln liegen. Im April und Mai dominieren zunehmend Bruchwasserläufer das Bild unter den Rastvögeln, mitunter in dreistelliger Zahl. Grünschenkel und Dunkle Wasserläufer sind ebenfalls regelmäßig zu sehen, seltener auch Regenbrachvögel und Uferschnepfen. Mit den im Mai sinkenden Wasserständen bilden sich oft Schlammflächen, die von Sandregenpfeifern und Temminck-, Zwerg- und Sichelstrandläufern genutzt werden.

Die Bekassine hat im Gebiet ihren letzten größeren Brutplatz in den südwestlichen Bundesländern.
Foto: C. Gelpke. Dümmer, 29.5.2006.

Zwergmöwen sind vor allem Ende April in teilweise großer Zahl (bis >300) und oft zusammen mit Trauerseeschwalben zu beobachten. Beide Arten bevorzugen die Braunkohleseen, vor allem den Pfaffen- und den Oberen Knappensee. Etwas später sind fast alljährlich auch Weißflügel- und vor allem Weißbart-Seeschwalben zu sehen.

Die Brutzeit ist geprägt von verschiedenen Wiesenvogel-, Enten- und Röhrichtarten. Der Kiebitz kommt infolge umfangreicher Schutzmaßnahmen in den letzten Jahren wieder in stark zunehmenden Beständen vor. Von der Bekassine wurden in den 2000er-Jahren bis zu 57 Reviere erfasst. Nach deutlichen Rückgängen auf nur etwa 10 Reviere bis zum Jahr 2017 nahm der Bestand dieser charismatischen Vogelart zuletzt wieder leicht zu. Trotz intensiver Schutzmaßnahmen hat der Bestand des Brachvogels auf nur noch ein Brutpaar (das letzte in Hessen) abgenommen, das Brutvorkommen der Uferschnepfe ist mit dem Jahr 2011 erloschen. Eine große Besonderheit der Wetterau ist die hohe Anzahl von insgesamt bis zu acht, vor allem im Bingenheimer Ried brütenden Entenarten: alljährlich Löffel-, Knäk-, Schnatter- und Stockente sowie die Tauchenten Reiher- und Tafelente, seltener Krick- und in manchen Jahren sogar Spießente. In allen Auenbereichen sind Graugänse zu sehen, erfolgreiche Bruten finden jedoch infolge der Prädation durch Fuchs und Waschbär, aber auch Kolkrabe und Mittelmeermöwe nur in relativ geringer Zahl statt. Zusätzlich zu den in den Flachwasserbereichen verbreiteten Zwerg- und den auf die Tagebaurestlöcher konzentrierten Haubentauchern brüten seit dem Jahr 2000 auch Rothalstaucher am Pfaffensee. Zusammen mit der Westerwälder Seenplatte handelt es sich um eines von nur zwei Brutvorkommen dieser östlich verbreiteten Art in der Südhälfte von Deutschland. In den überfluteten Flächen sind Wasserrallen mit 60 bis 70 Revieren verbreitete Brutvögel, seltener, aber dennoch alljährlich werden Tüpfelsumpfhühner und Wachtelkönige festgestellt, ausnahmsweise auch Kleine Sumpfhühner und Zwergsumpfhühner. Häufigster Großvogel ist der Weißstorch mit mehr als 200 Brutpaaren im Wetteraukreis, im EU-Vogelschutzgebiet sind es allein rund 170 Bruten. Unter den Singvögeln sind neben den

Die Mittlere Horloffaue ist im Winterhalbjahr oft durch weitläufig und flach überflutete Grünlandbereiche gekennzeichnet.
Foto: W. Schmidt. 15.1.2020.

landesweit größten Brutvorkommen von Schilfrohrsänger (bis 36 Reviere), Rohrschwirl (bis 20), Blaukehlchen (110 Reviere), Rohrammer (260 Reviere) sowie Teichrohrsänger (250 Reviere) und Schwarzkehlchen (80 Reviere) vor allem die zahlreichen Grauammern als eine der größten Populationen der Art in Westdeutschland hervorzuheben. Über fast drei Jahrzehnte schwankte der Bestand zwischen 20 und 40 singenden Männchen, infolge intensiver Nestschutzmaßnahmen hat das Vorkommen in den letzten Jahren wieder sehr deutlich auf 150 Reviere im Jahr 2023 zugenommen. Fast alle Reviere befinden sich in den Grünlandauen, Schwerpunkte sind in der Mittleren Horloffaue, im Bingenheimer Ried und in der Aue Reichelsheim bis zum Mähried Staden zu finden. Als zentrale Maßnahme hat sich die Erfassung der Neststandorte im Grünland und die Verschiebung der Mahd in Abstimmung mit der Landwirtschaft auf die Zeit nach dem Ausfliegen der Jungen erwiesen. Die Nestsuche wird von der Staatlichen Vogelschutzwarte finanziert und die Ertragsverluste mit Naturschutzmitteln ausgeglichen (FALKE 2021, Sonderheft).

Bruchwasserläufer rasten auf dem Heim- und Wegzug regelmäßig in oft auch größeren Gruppen in den Auen. Foto: E. Lietzow. Obersee Bielefeld, 28.4.2017.

Die letzten aufgestauten Flachwasserbereiche trocknen in den meisten Jahren im Juli und August aus, die dabei entstehenden Schlammflächen ziehen zahlreiche Watvögel und Enten an. Neben den Wasserläufern, Bekassinen und Kampfläufern sind zu dieser Jahreszeit bis in den September oft auch Ansammlungen von Strandläufern und Regenpfeifern zu beobachten. Die im August gerade geernteten und gegrubberten Ackerflächen werden an vier Stellen alljährlich von Mornellregenpfeifern zur Rast genutzt. Der Hauptrastplatz der letzten Jahre liegt zwischen Melbach und Wisselsheim. Daher, und um andere Rastvogelarten der Ackerlandschaft wie Kiebitz, Goldregenpfeifer, Kornweihen und Gänse zu schützen, umfasst das EU-Vogelschutzgebiet Wetterau auch Ackerbereiche. In den Schilfgebieten übernachten an Gemeinschaftsschlafplätzen zu dieser Zeit bis zu 1000 Schafstelzen und mehr als 40 Rohrweihen.

Im Oktober und November rasten alljährlich einige Hundert bis einige Tausend Kraniche vor allem im Bereich der Mittleren Horloffaue. Von November bis Februar ermöglichen die Braunkohleseen auch bei Frostperioden meist eine durchgehende Überwinterung vieler Wasservögel. Neben überwinternden Graugänsen lassen sich dann auch Bläss- und Tundrasaatgänse beobachten. Aber auch den Feuchtwiesen kommt zu dieser Jahreszeit eine große Bedeutung zu: Bei flächigen Zählungen im Winter 2015/2016 wurden im Gebiet 317 überwinternde Bekassinen, 58 Zwergschnepfen und 306 Bergpieper gezählt. Sumpfohreulen können ebenfalls in jedem Winterhalbjahr beobachtet werden.

Nicht überraschend, dass bei der Vielzahl geeigneter Gebiete und hohen Zahl von Vogelbegeisterten immer wieder auch ausgesprochene Seltenheiten gefunden werden. Beispiele aus den letzten Jahren sind unter anderem Blauflügelente, Tundra-Goldregenpfeifer, Terekwasserläufer, Rotflügel- und Schwarzflügel-Brachschwalbe, Zwergadler, Schwarzstirn- und Isabellwürger, Kurzzehenlerche und Zistensänger. Sichler, Kuhreiher, Stelzenläufer und Steppenweihe werden mittlerweile fast alljährlich beobachtet.

Beobachtungsmöglichkeiten

Besonders gute Beobachtungsmöglichkeiten für Wasser- und Watvögel bietet das Bingenheimer Ried (1) zwischen den Ortschaften Echzell-Gettenau im Norden, Bingenheim im Osten und Reichelsheim im Süden. Etwa 40 von insgesamt 100 ha Fläche sind, ausreichende Niederschläge vorausgesetzt, ab dem Jahreswechsel bis in den Frühsommer flach überflutet. Die umliegenden Wiesen werden durch Rinder beweidet. Während die austrocknenden Wasserflächen im Spätsommer und Frühherbst oft noch sehr gute Beobachtungsmöglichkeiten bieten, wird es hier von Oktober bis Dezember meist eher still. Beste Jahreszeiten für die Vogelbeobachtung sind die Monate März bis Ende Mai und Juli bis Anfang September. Wer das Gebiet besuchen möchte, startet morgens am besten am ausgeschilderten Parkplatz „Bingenheimer Ried" in Bingenheim und geht von dort zum Beobachtungsturm und weiter zum Rinderstall im Süden. Das Licht kommt dann für die Beobachtung besonders günstig von hinten oder der

Seite. Am Nachmittag sind die Beobachtungsbedingungen meist auf der Westseite besser, die zu Fuß vom Parkplatz am Friedhof in Gettenau oder vom Bauhof Heuchelheim erreicht werden kann. Dort bietet eine Beobachtungshütte gute Sicht auf den Nordteil des Gebietes. Nur knapp einen Kilometer westlich beginnt das Naturschutzgebiet Teufel- und Pfaffensee (2) mit insgesamt drei Beobachtungstürmen/-hütten, das am besten vom Bauhof Heuchelheim aus zu erreichen ist. Hier sind von März bis Juli brütende Rothalstaucher, oft zusammen mit Schwarzhalstauchern, verschiedenen Enten- und Gänsearten und im Winter regelmäßig auch Schellenten zu sehen. Die Hecken um dieses Gebiet stellen derzeit einen der nordöstlichsten Brutplätze des Orpheusspötters in Deutschland dar, auch der Gelbspötter kommt hier in seinem einzigen größeren Brutbestand im Wetteraukreis vor.

Östlich von Hungen-Utphe liegt das Naturschutzgebiet Mittlere Horloffaue mit weitläufigen Auenbereichen und dem Unteren Knappensee (3), einem ehemaligen Braunkohletagebau. Beobachtungen der Seefläche sind hier allein von der Beobachtungshütte bei Utphe aus und am besten früh morgens oder abends eindrucksvoll, während über Mittag Gegenlicht herrscht. Beobachtungen sind ganzjährig möglich, besonders interessant sind die Zugzeiten und vor allem der Spätherbst mit Aussichten auf Seetaucher und Meeresenten sowie übernachtende Kraniche. Vom Ortsrand Utphe führt ein Asphaltweg zur Kläranlage. Hier kann man parken und dem Weg weiter nach Osten durch die Horloffaue folgen. Rechts und links sind je nach Wasserstand und Jahreszeit große Ansammlungen von Wasser- und Watvögeln möglich. Südlich der Ortslage von Unter-Widdersheim befindet sich auf einem Basaltkopf das Naturschutzgebiet Burg mit einem Aussichtsturm (4), der einen weiten Überblick über die Horloffaue ermöglicht. Allerdings sind die Entfernungen hier sehr groß, sodass sich dieser Punkt vor allem bei Kranichrast anbietet. Zur Brutzeit sind hier Grauammer, Neuntöter, Wendehals und Schwarzkehlchen im Hangbereich zur Horloff hin zu sehen und zu hören.

Stefan Stübing, Ralf Eichelmann, Christopher König

Anfahrt

Mit Bahn und Bus

Von Gießen im Norden oder Frankfurt im Süden lässt sich das Bingenheimer Ried über Friedberg gut mit der Bahn erreichen, vom Bahnhof Gettenau sind es zu Fuß etwa 20 Minuten Feldweg bis zum Beobachtungsturm Bingenheim. Auch Teufel- und Pfaffensee lassen sich von dort zu Fuß oder mit dem Fahrrad erreichen. Die anderen Gebiete sind leider nur mit dem Auto erreichbar.

Mit dem Auto

Über die Abfahrt Wölfersheim/Berstadt der A 45 erreicht man in wenigen Minuten nach Norden die Ortslage von Utphe als Zugang zum Naturschutzgebiet Mittlere Horloffaue (Parken am Ortsende oder an der Kläranlage) oder Echzell im Süden auf dem Weg zum Bingenheimer Ried sowie zum Teufel- und Pfaffensee. Hier bieten sich der in Bingenheim ausgeschilderte Parkplatz „Bingenheimer Ried“ sowie die Parkplätze am Friedhof Gettenau und am Bauhof Heuchelheim als Ausgangsstationen an. Achtung: Die Feldwege im Gebiet sind für den Autoverkehr ganzjährig gesperrt!

Adressen

Hessische Gesellschaft für Ornithologie und Naturschutz e.V., Lindenstraße 5, 61209 Echzell, www.hgon.de

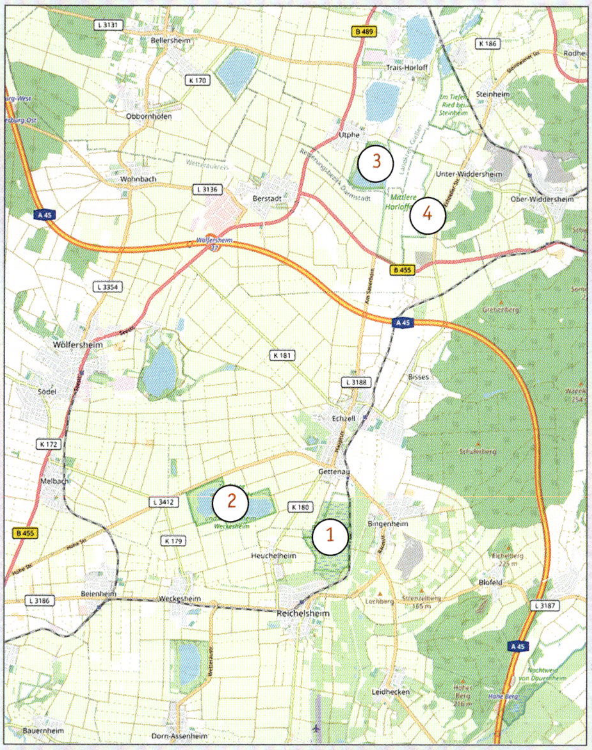

Kartengrundlage: openstreetmap.org

GPS		
Beobachtungsturm Bingenheimer Ried (Ostseite)	50.3686113	8.8863097
Beobachtungshütte Bingenheimer Ried (Westseite)	50.3742133	8.8784535
Beobachtungshütte Pfaffensee	50.3730063	8.8617222
Beobachtungshütte Unterer Knappensee	50.4348736	8.8914882
Aussichtsturm NSG Burg bei Unter-Widdersheim	50.4230501	8.9078443

Tipp

Nr.	**Beobachtungsplatz**
1	Das Rückhaltebecken Straußfurt S. 122
2	Die Plothener Teichlandschaft S. 126
3	Die Goldene Aue S. 130
4	Der Nationalpark Hainich S. 134
5	Rhäden von Obersuhl und Dankmarshausen S. 139

Das Rückhaltebecken von Henschleben aus gesehen. Die Röhrichte an dieser Stelle sind ein guter Ort zur Beobachtung der im Schilf lebenden Vogelarten, auch Limikolen finden sich hier besonders im Herbst ein. Foto: H. Laußmann.

Das Rückhaltebecken Straußfurt

Bedeutendes Vogelrastgebiet zwischen Thüringer Wald und Harz

Eingebettet zwischen den Höhenzügen des Thüringer Walds im Süden und den Ausläufern des Harzes im Norden liegt das Rückhaltebecken Straußfurt inmitten des Thüringer Beckens. Die Senke gehört neben der Magdeburger Börde und der Leipziger Tieflandsbucht zu den fruchtbarsten Regionen Deutschlands. Dementsprechend ist das Gebiet durch intensive landwirtschaftliche Nutzung geprägt. Das Rückhaltebecken liegt am Westrand von Straußfurt und wurde von 1952 bis 1962 erbaut, um Hochwasser der Unstrut, die das Staubecken und auch das Thüringer Becken von West nach Ost durchfließt, aufnehmen zu können. Es ist von Mai bis Oktober geflutet und hat sich im wasserarmen Thüringen zu einem herausragenden Rastgebiet für Wasservögel entwickelt, auch weil keine nennenswerten menschlichen Aktivitäten wie Bootsverkehr, Badebetrieb, Fischerei oder Jagd ausgeübt werden. Das Rückhaltebecken Straußfurt ist Teil des von Thüringen an die EU gemeldeten Natura 2000 Gebiets bzw. Europäischen-Vogelschutzgebiets „Gera-Unstrut-Niederung um Straußfurt".

Die Bekassine gehört zu den klassischen spät ziehenden Limikolenarten, die am Rückhaltebecken Straußfurt zahlreich beobachtet werden können. Foto: C. Wagner.

Lebensräume

Das Rückhaltebecken Straußfurt war zunächst als grünes Becken, welches nur bei Hochwasser geflutet wird, konzipiert. Heute ist es bei normaler Stauhöhe ein flaches Gewässer. Im Juli und August kommt es aufgrund von Erwärmung und Nährstoffreichtum regelmäßig zur Bildung von Algenteppichen. Die Größe der Wasserfläche beträgt etwa 250 ha. Ost- und Westseite bestehen aus befestigten Dämmen, Nord- und Südufer dagegen sind naturnah gestaltet (mit Ausnahme des Schutzdammes um die Ortslage Henschleben, der nicht betreten werden darf). Vor allem der Einlauf der Unstrut an der Südwestseite (1) weist großflächige Schilf- und Rohrkolbenbestände auf. Bei extremen Hochwasserereignissen, kann das Becken auf einer Fläche von über 700 ha überstaut werden. Dann sind auch die Bereiche westlich der regulären Wasserflächen überflutet. Sie werden normalerweise als Mähwiesen, Rinderweiden und Ackerflächen genutzt. Entlang der Unstrut befinden sich Baumreihen, die überwiegend aus Pappeln und teilweise auch aus Kopfweiden bestehen.

Interessante Arten

Aktuell brüten zehn Wasservogelarten regelmäßig auf dem Rückhaltebecken. Dies sind Höckerschwan, Schnatter-, Stock-, Tafel- und Reiherente sowie Zwerg- und Haubentaucher, Blässhuhn, Wasserralle und Teichhuhn. Weitere Arten wie Brandgans und Knäkente brüten unregelmäßig, sind aber stetig zu beobachten. Beutelmeisen, Drosselrohrsänger und Blaukehlchen nutzen die Verlandungszonen. Im westlich anschließenden Grünland kann man Rohrweihen, Rot- und Schwarzmilane, Raubwürger, Neuntöter und Grauammern beobachten.

Zur Mauser und Herbstrast versammeln sich mehrere Tausend Wasservögel auf dem See. Für Höckerschwan, Graugans, Löffelente, Tafelente und Haubentaucher wurden thüringenweit die höchsten Rastbestände festgestellt. Herausragend ist auch die Bedeutung als Kranichschlafplatz (mehr als 1000 Individuen). Im Frühjahr und vor allem im Herbst treten regelmäßig Kiebitz- und Goldregenpfeifer, Kiebitze, Flussregenpfeifer, Große Brachvögel, Bekassinen, Flussuferläufer, Dunkle Wasserläufer, Rot- und Grünschenkel, Bruchwasserläufer, Kampfläufer, Alpenstrandläufer, Zwerg-, Lach-, Sturm- und Großmöwen sowie Trauerseeschwalben auf. Die großen Vogelansammlungen ziehen insbesondere im Herbst regelmäßig Seeadler und Wanderfalken an. Nordische Gänse überwintern seit einigen Jahren vermehrt in Straußfurt. Auch Bergpieper sieht man im Winter regelmäßig an der Talsperre. Bisher wurden am Rückhaltebecken Straußfurt 228 Vogelarten nachgewiesen.

Reisezeit

Die Beobachtungsbedingungen am Rückhaltebecken ändern sich im Jahresverlauf stark. Verantwortlich sind die jahreszeitlich regelmäßig schwankenden Wasserstände, die einen sehr großen Einfluss auf die an Wasser gebundenen Vogelarten haben. Im Frühjahr ist der See abgelassen und bietet vor allem für spät ziehende Limikolen sehr gute Rastbedingungen. Diese werden umso mehr angelockt, da im Umkreis kaum weitere Rastflächen vorhanden sind. Der Einstau erfolgt in der zweiten Aprilhälfte bis Anfang Mai. Danach wird der Wasserstand stabil gehalten, was den brütenden Wasservögeln günstige Bedingungen bietet. Aufgrund seiner Störungsarmut und des konstanten Wasserstands ist Straußfurt einer der wichtigsten Mauserplätze Thüringens für Wasservögel, besonders für Tafel- und Reiherente. Mit dem Ablassen des Speicherbeckens im Oktober verschwinden allmählich rastende Graugänse, Löffelenten, Tauchenten und Lappentaucher, die vorher regelmäßig große Ansammlungen bildeten. Dafür finden Krickenten, Kraniche, spät ziehende Limikolen, wie Bekassine und Alpenstrandläufer sowie regelmäßig mehr als 1000 Kiebitze in den ab Mitte Oktober vorhandenen großflächigen Flachwasserbereichen gute Rastbedingungen vor. Früh ziehende Limikolenarten müssen dagegen mit den Algenteppichen vorliebnehmen und sind deswegen in geringerer Zahl anzutreffen. Im Winter ist das Rückhaltebecken weitgehend trocken. Je nach Restwasserflächen halten sich trotzdem zirka 2000 Vögel – vor allem Stockenten – im Beckenbereich auf. Außerdem halten nordische Gänse recht lange in Straußfurt durch.

Die Goldammer, hier ein Männchen im Prachtkleid, gehört zu den häufigen Bewohnern der angrenzenden Hecken und Feldgehölze. Foto: C. Wagner.

Typische Vogelarten des Rückhaltebeckens Straußfurt, deren Status und günstige Beobachtungszeit (in Klammern)
h = häufiger, r = regelmäßiger, s = seltener; J = Jahresvogel, B = Brutvogel, W = Wintergast, D = Durchzügler.

Art	Status (beste Beobachtungszeit)
Alpenstrandläufer	hD (März–April und Juli–Nov.)
Bartmeise	rD, rW (Aug.–Feb.)
Bekassine	hD (März–April und Juli–Nov.)
Bergpieper	rW (Mitte Okt.–April)
Beutelmeise	sB (April–Sept.)
Blaukehlchen	sB (April–Aug.)
Brandgans	sB, rD (März–Juni)
Bruchwasserläufer	hD (April und Juli–Aug.)
Drosselrohrsänger	sB (Ende April–Aug.)
Dunkler Wasserläufer	hD (April und Aug.–Okt.)
Fischadler	rD (März–April, Aug.–Sept.)
Flussregenpfeifer	hD (März–April und Juli–Sept.)
Flussuferläufer	hD (April–Mai und Juli–Sept.)
Goldregenpfeifer	hD (März–April)
Grauammer	rB (ganzjährig)
Graugans	hB (ganzjährig)
Grauspecht	sB (ganzjährig)
Großer Brachvogel	hD (März–April und Aug.–Dez.)
Grünschenkel	hD (April–Mai)
Haubentaucher	hB, hD (März–Nov.)
Kampfläufer	hD (März–April und Juli–Sept.)

Art	Status (beste Beobachtungszeit)
Kiebitz	hD (Feb.–März und Aug.–Nov.)
Kolbenente	rD (Juli–Sept.)
Kranich	hD (Okt.–Dez.)
Mittelmeermöwe	hD (Juli–Nov.)
Nachtigall	rB (Ende April–Aug.)
Neuntöter	rB (Mai–Aug.)
Nordische Gänse	rD (Okt.–März)
Pfeifente	rD (Sept.–Nov.)
Raubwürger	sB, rW (ganzjährig)
Reiherente	sB, hD (März–Nov.)
Rohrweihe	rD (März–Sept.)
Rotmilan	rB (März–Nov.)
Schnatterente	sB, hD (März–Nov.)
Schwarzhalstaucher	rD (April-Okt.)
Schwarzkehlchen	rB (Mitte März–Okt.)
Schwarzmilan	rB (April–Aug.)
Steppenmöwe	hD (Okt.–Dez., v. a. Feb.)
Tafelente	sB, hD (März–Nov.)
Wasserralle	rB (Mai–Nov.)
Wiesenschafstelze	hB (April–Sept.)
Zwergtaucher	sB, hD (ganzjährig)

Der Polder westlich des Rückhaltebeckens ist strukturreich und bietet Rohrweihen, Rot- und Schwarzmilanen, Raubwürgern, Neuntötern und Grauammern Lebensraum. Foto: H. Laußmann.

Beobachtungsmöglichkeiten

Es gibt eine Reihe erreichbarer Punkte, die einen Überblick über den See ermöglichen. Wenn man auf der B4 von Erfurt Richtung Straußfurt fährt, kann man südlich von Straußfurt nach links in den Ort Henschleben abbiegen. Die „Straße der Einheit" führt ins Dorf, um nach 300 m an einer T-Kreuzung zu enden. Hier biegt man nach links in die „Hauptstraße" ab und hält sich nach 50 m vor der Kirche rechts. Fahrzeuge sollten im Bereich der Ortslage Henschleben abgestellt werden, da der über einen Damm weiter führende Feldweg recht schmal ist und an parkenden Autos dort regelmäßig Schäden durch vorbeifahrende (v.a. landwirtschaftlicher Verkehr) entstehen. Außerdem behindern parkende Fahrzeuge das Stauanlagenpersonal bei der Ausführung ihrer Kontroll- und Wartungsarbeiten. Ein kleines Sträßchen führt auf einen Damm, von dem man einen ersten sehr guten Blick über das Becken und den Mündungsbereich der Unstrut hat (1). Dies ist ein guter Platz für die Beobachtung von Schilf bewohnenden Vogelarten. Man kann dem Damm weiter folgen, muss aber spätestens in einer Rechtskurve (Pumpwerk) parken. Der Westdamm (2) darf nicht betreten werden, es lohnt sich aber mit dem Spektiv den Dammfuß nach Limikolen abzusuchen. Vor allem im Herbst kann man hier Glück haben. Der Weg links des gesperrten Damms führt in und um den Polder (3). Zur Brutzeit ist diese Wanderung recht lohnend. Wenn man zu Fuß unterwegs ist, kann man am Nordrand des Polders und später am Nordrand des Teilstaubeckens bis nach Straußfurt gehen. Mit dem Auto fährt man in den Ort Henschleben und kann dann der „Hauptstraße" nach Osten folgend nach knapp 300 m einen weiteren Übersichtspunkt über das Becken (4) erreichen.

Ein sehr wichtiger Übersichtspunkt liegt auf der Nordseite des Rückhaltebeckens am Ortsrand von Straußfurt. Man nimmt die B4 von Henschleben nach Straußfurt hinein und biegt 100 m nördlich des Ortseingangs nach links auf die B176 ab. Die Straße führt kurz darauf unter der Eisenbahnlinie hindurch. Nach 800 m, direkt hinter der Bushaltestelle „Straußfurt, Schwerstedter Straße", biegt man links in die Straße „Am Staudamm" ab und gelangt so nach 100 m zu einer Sammelstelle für Altglas, wo man gut parken und beobachten kann (6). Enten und Limikolen halten sich gerne hier auf. Ein weiterer guter Übersichtspunkt erschließt sich, wenn man vom Parkplatz 900 m dem nach Westen führenden Feldweg folgt und dann den kleinen Fußpfad nach links nimmt. Er führt in 600 m zum Seeufer und zu einem weiteren guten Übersichtspunkt.

Weitere Beobachtungs- und Freizeitmöglichkeiten

Wie Grabfunde belegen, war das Thüringer Becken um Straußfurt schon in der Jüngeren Steinzeit und Bronzezeit besiedelt. Die Gemeinde wird im Jahr 744 als Stuffefurte erstmals schriftlich erwähnt. Der Name bedeutet wohl eine „von Strauchwerk gesäumte Furt". Sehenswert ist vor allem die Kirche St. Petri, die zwischen 1616–1620 durch Umbau einer älteren Kirche entstanden ist.

Der Flussregenpfeifer ist ein häufiger Durchzügler am Rückhaltebecken Straußfurt. Foto: C. Moning.

Das Straußfurter Hölzchen im Norden der Gemeinde ist eine bewaldete Erhebung, die als Kultstätte genutzt wurde. Rot- und Schwarzmilane brüten hier. Auf der benachbarten Adonisröschenwiese kann man im April/Mai die gelben Blüten des Frühlingsadonisröschens (*Adonis vernalis*) entdecken.

Ornithologisch interessant sind die 9 km südwestlich von Straußfurt gelegenen Herbslebener Teiche, die vor allem Schilfvögeln Lebensraum bieten. So beherbergt das NSG und Europäische Vogelschutzgebiet den einzigen regelmäßig besetzten thüringischen Brutplatz der Bartmeise. Das Teichgebiet erreicht man von Straußfurt über Schwerstedt, Ballhausen nach Bad Tennstedt fahrend. In Bad Tennstedt biegt man nach links Richtung Herbsleben auf die L 1027 ab. Direkt am nördlichen Ortseingangsschild von Herbsleben zweigt die Zufahrt zu den Herbslebener Teichen nach links ab. Der Plattenweg führt nördlich einer Kleingartenanlage am Betriebsgelände eines Kalkwerks vorbei in 1,8 km zu einem ausgeschilderten Parkplatz an einer Übersichtstafel. Weiter geradeaus gehend kann man die relevanten Teiche einsehen.

Die Lehnstedter Höhe, 7 km östlich des Zentrums von Weimar bzw. 38 km südöstlich von Straußfurt, hat eine gewisse Berühmtheit als traditioneller und zuverlässiger Rastplatz des Mornellregenpfeifers erlangt. Die beste Zeit für die Beobachtung dieses seltenen Durchzüglers ist vom 20. bis zum 30. August. Man verlässt die A 4 an der Anschlussstelle Apolda, fährt nach Norden Richtung Mellingen und Apolda, und erreicht 2,3 km nach Passieren des Ortsausgangsschilds von Mellingen die Einfahrt des links liegenden Flugplatzes. Die lokalen Experten möchten, dass die landwirtschaftlichen Wege, obwohl nicht explizit gesperrt, nicht befahren werden, um Konflikte mit Landwirten zu vermeiden. Deswegen stellt man sein Auto am Flugplatz ab. Der Weg nach Osten führt in maximal 1,5 km leicht bergauf bis zu dem linkerhand erkennbaren trigonometrischen Punkt (vier Holzstangen), der ein guter Anhaltspunkt ist. Wenn man hier kein Glück hat, muss man die angrenzenden Bereiche nach umgepflügten Äckern absuchen.

Thomas Brandt, Christoph Moning, Christian Wagner

Anfahrt

Mit Bahn und Bus

Straußfurt ist gut an das Streckennetz der Deutschen Bahn angeschlossen und der Bahnhof liegt in Gehentfernung zum Rückhaltebecken. Eine Umrundung des Gebiets zu Fuß ist möglich (11 km). Da der Ostdamm aber nicht betreten werden darf, geht man zwischen den Orten Straußfurt und Vehra auf dem entlang der B4 führenden Rad- und Fußweg. Nach Überquerung der Ortseinfahrtsstraße nach Vehra führt ein schöner Wiesenweg entlang der Zuglinie Nordhausen-Erfurt bis nach Henschleben. Es lohnt sich die Mitnahme eines Fahrrads oder man fährt bis Henschleben mit dem Bus und beginnt seine Wanderung dort.

Mit dem Auto

Straußfurt besitzt keine Autobahnausfahrt. Es liegt 20 km nördlich von Erfurt und kann entweder von dort über die B 4 oder die L 2142 angefahren werden. Oder über die A71, Abfahrt Sömmerda-Ost und dann ca. 15 km auf der B 176.

Adressen

Verwaltungsgemeinschaft Straußfurt, Bahnhofstraße 13, 99634 Straußfurt, Tel.: 036376/513-0, Fax: 036376/513-21, post@vgstraussfurt.de; www.vg-straussfurt.de

GPS		
Henschleben (Ortsmitte)	51°08'30.83" N	10°58'20.50" O
Straußfurt (Ortsmitte)	51°09'46.50" N	10°59'35.98" O

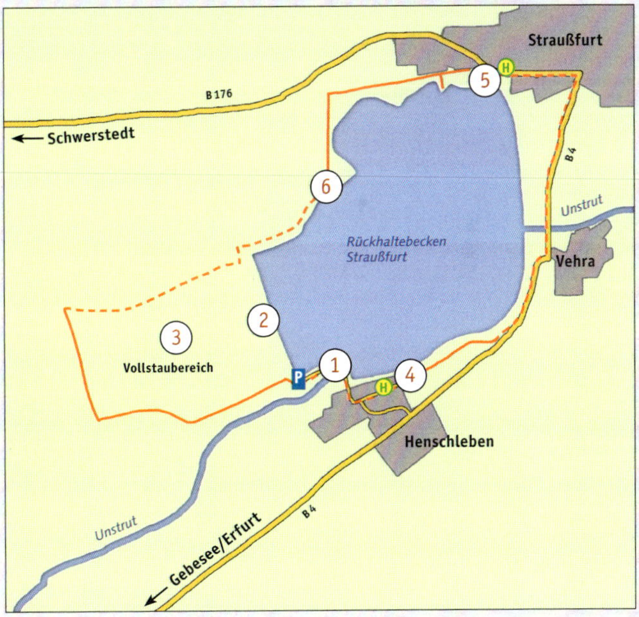

Infomaterial/Literatur

Laußmann, H. & S. Frick (2008): Die Vogelwelt des Rückhaltebeckens Straußfurt mit besonderer Berücksichtigung der Wasservögel im Zeitraum 2001–2005. Anzeiger des Vereins Thüringischer Ornithologen 6, 1–32.

Wagner, C. & C. Moning (2009): Vögel beobachten in Ostdeutschland – Die besten Beobachtungsgebiete zwischen Rügen und dem Thüringer Wald. Franckh-Kosmos-Verlag, Stuttgart.

Die ehemaligen Absetzbecken der Teichgruppe A (TGA) haben sich zu einem hochwertigen Lebensraum entwickelt. Foto: C. Wagner, 18.5.2010.

Die Plothener Teichlandschaft

Vogelschutzgebiet im Naturpark Thüringer Schiefergebirge/Obere Saale

Inmitten des Naturparks „Thüringer Schiefergebirge/Obere Saale“ befindet sich ein landschaftliches Kleinod des Mittel-Ost-Thüringer Raums: das Europäische Vogelschutzgebiet Plothener Teiche. Von den ehemals etwa 2000 Teichen existieren noch immer 600 und bilden das größte zusammenhängende Feuchtgebiet Thüringens. In diesem ansonsten an größeren Stillgewässern armen Bundesland sind die Teiche ein Magnet für viele Brutvögel. Noch ausgeprägter ist die Bedeutung der Teiche als Rastplatz für wandernde Vogelarten.

Landschaftsgeschichte und Lebensräume

Die Anfänge der Fischzucht zwischen Dreba, Knau, Volkmannsdorf und Plothen lassen sich bis ins 11. Jahrhundert zurückverfolgen. Die erste schriftliche Erwähnung des Teichgebiets erfolgte jedoch erst viel später im 19. Jahrhundert. Die Teiche werden nicht durch Flüsse, sondern allein durch Regenwasser gespeist. Solche Gewässer nennt man Himmelsteiche. Sie können nur in Landschaften mit ausreichend Regen entstehen. In Dreba zum Beispiel werden durchschnittlich 660 mm Niederschlag pro Jahr gemessen, in Berlin oder Würzburg liegen die jährlichen Niederschlagsmengen unter 600 mm pro Jahr. Die Teiche sind von Wäldern und landwirtschaftlichen Nutzflächen umgeben. Die fichtendominierten Wälder werden von naturnahen Laubwaldinseln sowie kleinen Wiesen- und Ackerflecken durchbrochen und bilden ein engverzahntes Mosaik, wie es zum Beispiel Grauspechte bevorzugen. Die umliegenden weitläufigen Ackerflächen sind strukturarm und vogelkundlich von geringerem Interesse.

Die Bedeutung des Teichgebiets für Vögel wurde schon früh erkannt. So gab es ab 1953 ein ornithologisches Tagebuch in der Gaststätte „Zum Plothenteich“ und im Jahr 1965 gründete sich der ornithologische Arbeitskreis, der es sich von da an zur Aufgabe machte, die Rast- und Brutvogelwelt der Plothener Teiche zu dokumentieren und die Entwicklung des Naturschutzes im Gebiet voranzutreiben. Erfolge sind beispielsweise die Ausweitung des Naturschutzgebiets „Dreba-Plothener Teiche“ von 34 ha auf eine Größe von 1094 ha oder der Erwerb und die Pacht der ehemaligen Güllebecken durch den NABU und deren Optimierung für den Naturschutz.

Besondere Vogelarten und Reisezeit

Wie in vielen Teichgebieten typisch, gestalten sich Frühjahrs- und Herbstzug sehr artenreich. Der Brutvogelaspekt ist reichhaltig, der Winter, in dem die Teiche oftmals zugefroren oder abgelassen sind, ist dagegen weniger interessant.

Limikolen rasten auf dem Frühjahrszug nur kurz, während sie auf dem Herbstzug länger verweilen. Dies führt dazu, dass die Limikolenzahlen im Frühjahr absolut gesehen geringer sind als im Herbst, die Artenzahl aber oftmals vergleichbar hoch ist. Dieses typische Zugverhalten konnte durch intensive Beobachter- und Fangtätigkeit zu Beringungszwecken auch an den Plothener Teichen nachgewiesen werden. Ein weiteres interessantes Ergebnis der Beringungen zeigt auch die Ablesung des Rings eines am 3.10.1998 in Plothen beringten Alpenstrandläufers, der nach 3950 Tagen im schwedischen Ottenby wieder gefangen worden war. Der Vogel wurde demnach mindestens elf Jahre alt. Beste Beobachtungsbedingungen für Alpenstrandläufer und andere Limikolen findet man vor allem in der Kohlung-Teichgruppe A und auf den Schlickflächen abgelassener Teiche. Enten sind dagegen auf bespannte, also befüllte Teiche angewiesen. Die Artenausstattung der einzelnen Teiche wechselt je nach Wasserstand. Gute Teiche für Enten und Lappentaucher sind der Speicher Plothen, der Hausteich, der mit 32 ha der größte Teich im Gebiet ist, und der Fürstenteich, sowie an der Straße nach Knau der Moosteich und der Alte Teich. Weitere Durchzügler und Rastarten sind Grau- und Silberreiher, die beide fast das ganze Jahr über beobachtet werden können, Fischadler, die sowohl auf dem Frühjahrs- als auch auf dem Herbstzug an den Plothener Teichen Nahrung suchen, und Seeschwalben, die vor allem im Mai und im August durchziehen. Auch unter den Singvögeln gibt es typische Durchzügler. So wird man im April und August Blaukehlchen, im August und September Baum- und bis in den Winter hinein Wiesenpieper beobachten können. Während Wiesenschafstelzen im August und September ziehen, bleiben Bachstelzen manchmal bis die Teiche zufrieren. Immer wieder finden seltene Durchzügler, wie Graubrust-Strandläufer oder Weißflügel-Seeschwalben den Weg nach Plothen.

Auch zur Brutzeit lohnt ein Besuch. In den umliegenden Wäldern brüten Schwarzstörche, die im Frühjahr und Sommer kreisend oder Nahrung suchend beobachtet werden können. Die besten Zeiten für Schwarzstörche sind der April und der August. Rohrweihen, Rot- und Schwarzmilane sowie Baumfalken bilden den Greifvogelaspekt. Wasserrallen und sehr selten auch Tüpfelsumpfhühner rufen aus dem Schilf. Grauspechte singen besonders im April und Mai und können z. B. am Klemmsteich, im NSG Drebaer Teiche und am Mittelteich beobachtet werden. Ab Ende April sind auch Neuntöter, Feldschwirle, Dorn- und Klappergrasmücken sowie Braunkehlchen aus dem Winterquartier zurück. Raubwürger

Schwarzstörche brüten in den umliegenden Wäldern. Meist werden sie fliegend beobachtet. Foto: C. Wagner. Bayerischer Wald, 8.8.2008.

Typische Vogelarten im Europäischen Vogelschutzgebiet Plothener Teiche, deren Status und günstige Beobachtungszeit (in Klammern)
h = häufiger, r = regelmäßiger, s = seltener; J = Jahresvogel, B = Brutvogel, D = Durchzügler, N = Nahrungsgast

Art	Status (beste Beobachtungszeit)
Alpenstrandläufer	hD (März/April, Aug.–Nov.)
Baumfalke	sB (Mai–Aug.)
Bekassine	hD (April, Juli–Okt.)
Bergpieper	rD (April)
Beutelmeise	rD (April–Aug.)
Blaukehlchen	rD (April–Sept.)
Braunkehlchen	rB, hD (Mitte März–Okt.)
Bruchwasserläufer	hD (April/Mai, Juli–Sept.)
Dorngrasmücke	rB (Mai–Aug.)
Dunkler Wasserläufer	rD (April, Aug.-Okt.)
Feldschwirl	rB (Mitte April–Juni)
Fischadler	rD (April–Sept.)
Flussseeschwalbe	rD (Mai–Juli)
Grauspecht	rB (Mai–Aug.)
Grünschenkel	hD (April/Mai)
Kiebitz	hD (Feb.-Nov.)

Art	Status (beste Beobachtungszeit)
Klappergrasmücke	rB (Mitte Mai–Aug.)
Knäkente	rD (März)
Kranich	sD (Okt./Nov.)
Neuntöter	rB (Mai–Aug.)
Raubwürger	sB, rW (ganzjährig)
Raufußkauz	sB (Mai–Aug.)
Rohrweihe	sB, rD (April–Sept.)
Rotmilan	sB (März–Okt.)
Schwarzmilan	sB (April–Aug.)
Schwarzstorch	rN (April–Aug.(Sept.))
Silberreiher	rJ (ganzjährig)
Trauerseeschwalbe	rD (Mai–Aug.)
Tüpfelsumpfhuhn	sD (Juli–Sept.)
Wasserralle	rB (ganzjährig)
Wiesenpieper	rD (Ende April–Aug.)
Wiesenschafstelze	rD (April–Okt.)

Die Plothener Teiche sind Heimat des Grauspechts.
Foto: M. Höfer. Westerwald, 23.1.2010.

brüten in einzelnen Paaren und können das ganze Jahr über beobachtet werden. Raufußkäuze singen in klaren Nächten von Ende Januar bis Mai in den umliegenden Fichtenwäldern und auch Sperlingskäuze kann man mit Glück hören.

Beobachtungsmöglichkeiten

Ausgangspunkt für Exkursionen in das Gebiet ist der gut 300 Einwohner große Ort Plothen. Von dort führen Straßen nach Dreba und Knau, die beide mit dem PKW befahren werden dürfen und von denen man in kurzen Abstechern die meisten Teiche überblicken kann. Von der Autobahn kommend folgt man in Plothen der Hauptstraße für 800 m und biegt dann nach rechts Richtung „Camping" ab (1). Diese Straße führt aus dem Ort und am Klemmsteich, am Speicher Plothen, am Hausteich und am Fürstenteich vorbei (siehe Karte). Diese Teiche sind alle einen Besuch wert. Das Pfahlhaus steht im Hausteich. Etwa 2,2 km nach (1) kann man auf der rechten Seite parken und nach Osten gehend in einem kurzen Fußmarsch zwei Beobachtungstürme (2, 3) erreichen. Nach weiteren 300 m auf der Straße, kommt man zu einer Parkmöglichkeit am Straßenrand (4) und einem Zugang zum NSG Drebaer Teiche. Der nach Südwesten leitende Weg führt in das landschaftlich sehr abwechslungsreiche Naturschutzgebiet. Auf der Weiterfahrt nach Dreba verlässt man kurz darauf den Wald und sollte im Herbst die linkerhand liegende Höhe nach rastenden Kranichen, Goldregenpfeifern und Kiebitzen absuchen. Viele der beschriebenen Beobachtungspunkte können auf einem 7 km langen Naturlehrpfad erwandert werden. Entlang des Wegs wurden Schautafeln aufgestellt und der Pfad führt an einer Reihe von Beobachtungstürmen und Schutzhütten vorbei. Die Runde ist in der Karte eingezeichnet.

Um den Moosteich zu erreichen, fährt man in Plothen bei (1) geradeaus Richtung „Knau" und folgt der Straße für 1,7 km. Am Moosteich befindet sich eine lohnende Beobachtungshütte (5). 400 m weiter lohnt ein Blick von der Straße über den Alten Teich. Die beiden Teiche sind zur Zugzeit sehr interessant. Neben Enten, Reihern, Greifvögeln und Seeschwalben hat man bei Niedrigwasser auch gute Chancen auf verschiedene Limikolen, Pieper und Stelzen. Einen letzten Blick sollte man auf den Teich bei (6) werfen.

Wer nur wenig Zeit hat, kann sich auf das sehr abwechslungsreiche Teilareal nördlich von Volkmannsdorf beschränken. Zur Zugzeit finden sich hier viele Enten, Limikolen, Rallen, Seeschwalben, Schilfvögel, Pieper und Stelzen ein. Schwarzstörche sieht man am ehesten hier. Da die Straße zwischen Volkmannsdorf und Bucha nicht öffentlich ist, muss man ein wenig gehen. Den kürzesten Zugang hat man von Bucha aus. In Bucha fährt man die „Sackgasse" einen Kilometer nach Südosten, bis man am Wegrand sein Auto abstellen muss (7). Man folgt dem Fahrweg weiter zu Fuß. Kurz darauf liegen links die Koh-

Der größte der malerischen Kohlungsteiche liegt eingebettet zwischen Wiesen, Äckern und Wäldern. Es lohnt sich den Himmel abzusuchen. Schwarzstörche werden hier regelmäßig beobachtet. Foto: C. Wagner, 11.7.2007.

lungsteiche und rechts die Teichgruppe B (TGB), beides lohnende Ziele. Zentrale Beobachtungspunkte liegen aber geradeaus an der Teichgruppe A (TGA), die aus ehemaligen Absetzbecken entstanden ist. Um sie zu erreichen, geht man den Hauptweg vom Parkplatz aus 1 km nach Südosten und dann nach links. (8) und (9) sind Beobachtungstürme, die einen guten Überblick über die TGA gewähren. Die Mitteldämme der Teichgruppe dürfen nicht betreten werden.

Weitere Beobachtungs- und Freizeitmöglichkeiten

Zwischen dem Hausteich und dem Speicher Plothen befindet sich ein ca. 300 Jahre altes Pfahlhaus. Es gilt als Wahrzeichen Plothens und ist in seiner Bauweise einmalig in Thürigen. In ihm kann man sich eine kleine Ausstellung zur Geschichte und Nutzung der Teiche ansehen. Es ist an Sonn- und Feiertagen von 13 bis 17 Uhr geöffnet (im Winter geschlossen). Naturführer bieten verschiedene Wanderungen an. Auskünfte dazu gibt die Tourist-Information Plothen, Tel.: 036648/23922.

Die Saaletalsperre (Hohenwartetalsperre) 15 km westlich von Plothen ist im Winter oft einen Abstecher wert. Meeresenten und Seetaucher stehen dann auf der Wunschliste der Beobachter.

Christian Wagner, Christopher König, Christoph Moning, Felix Weiß

Infomaterial/Literatur

Auerswald J 2007: Die Brutvögel des NSG „Drebaer Teichgebiet" im Zeitraum von 1985 bis 2000. Thüringer Ornithologische Mitteilungen 53, 3–14.

Rost F 2007: Avifaunistische Kommission Thüringen, Ornithologische Besonderheiten in Thüringen 2006. – Verein Thüringer Ornithologen e. V. Mitteilungen und Informationen 29, 1–40.

Wagner C, Moning C 2009: Vögel beobachten in Ostdeutschland – Die besten Beobachtungsgebiete zwischen Rügen und dem Thüringer Wald. Franckh-Kosmos-Verlag, Stuttgart.

Anfahrt

Mit Bahn und Bus

Wer das Gebiet besuchen will, darf sich nicht auf öffentliche Verkehrsmittel verlassen. Es gibt zwar Bahnhöfe in Neustadt an der Orla und in Pößneck, die weitere Anbindung zum Beispiel nach Knau oder Plothen ist aber ungenügend. Das Fahrrad dagegen ist ein optimales Fortbewegungsmittel. Allerdings wird man nicht alle Beobachtungspunkte an einem Tag abfahren können.

Mit dem Auto

Mit dem Auto ist das Teichgebiet einfach zu erreichen. Es liegt westlich der A 9 ca. 35 km südwestlich von Gera bzw. 25 km nördlich der Landesgrenze zu Bayern. Man verlässt die Autobahn an der Anschlussstelle „Dittersdorf", fährt auf der L 1077 1,5 km nach Süden Richtung „Dittersdorf" und biegt dort nach rechts ab. Diese Straße führt über die Autobahn in 3,5 km zum Ortseingang von Plothen.

Adressen

Informationsstelle für Naturschutz und Umwelt des Landratsamts Saale-Orla-Kreis, Hausteich bei Plothen, Tel.: 036648/22348, umwelt@lrasok.thueringen.de, Dauerausstellung, geführte Exkursionen, Naturlehrpfad.

Naturpark Thüringer Schiefergebirge / Obere Saale, Wurzbacher Str. 16, 07338 Leutenberg, Tel.: 036734/2309-0, poststelle.schiefergebirge@br-np.thueringen.de; www.thueringer-schiefergebirge-obere-saale.de.

Gasthaus – Pension „Zum Plothenteich" (Fam. Semmler) Ortsstraße 50, 07907 Plothen, Tel.: 036648/22243, plothenteich@t-online.de; www.zum-plothenteich.de.

GPS

Parkplatz Gasthaus „Zum Plothenteich"	50°38'23.13" N	11°46'05.63" O
Parkplatz Pfahlhaus (2)	50°38'47" N	11°45'56" O
Parkplatz Luftschiffweg (4)	50°39'34.46" N	11°45'23.53" O
Beobachtungshütte Moosteich (5)	50°38'29.72" N	11°44'45.58" O
Parkplatz Kohlung (7)	50°37'39.03" N	11°42'59.32" O

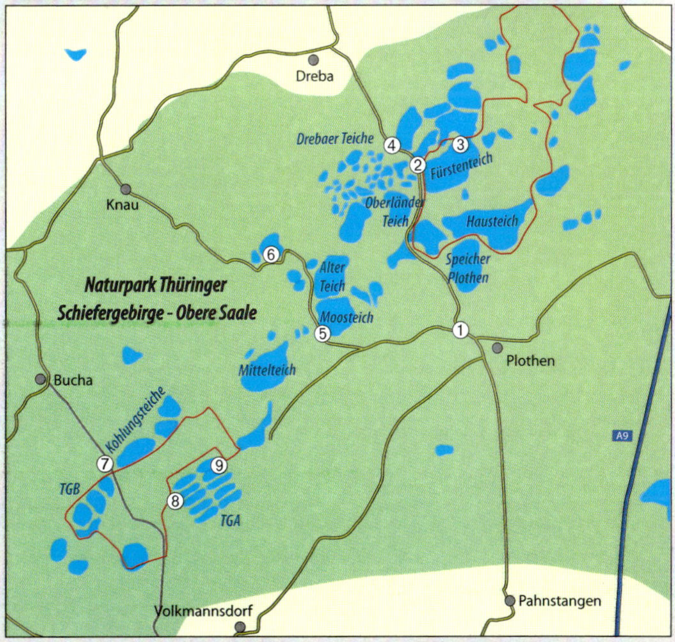

Die Wasserflächen der Bielener Kiesseen frieren im Winter erst spät zu und werden daher von vielen Wasservögeln genutzt. Foto: C. König. 28.1.2012.

Die Goldene Aue

Ein landschaftsprägendes Vogelparadies

Die Goldene Aue erstreckt sich in Ost-West-Richtung vom Helmestausee Berga-Kelbra bis an die Stadtgrenze Nordhausens südlich des Harzes. Charakteristisch für das Gebiet an der Grenze von Thüringen und Sachsen-Anhalt sind eine Reihe von Stillgewässern in einer ansonsten gewässerarmen Landschaft. Rund um diese Gewässer hat sich ein Mosaik aus verschiedenen Lebensräumen gebildet, das vielen Vogelarten als Brut- und Rastgebiet dient. Für viele Arten stellt die Goldene Aue das Hauptverbreitungsgebiet im Landkreis Kyffhäuser dar. Der Helmestausee ist unter Vogelbeobachtern vor allem als großer Kranichrastplatz bekannt.

In den letzten Jahren wurde ein stetiger Anstieg von Schwarzhalstauchern auf dem Helmestausee verzeichnet.
Foto: E. Lietzow. Goldenstedter Moor, 4.7.2009.

Landschaftsgeschichte und Lebensräume

Der Begriff „Goldene Aue" wird erstmals in einer Urkunde des Klosters Walkenried erwähnt, das 1144 in diesem Gebiet einen Klosterhof mit Kultivierungen angelegt hatte. Ab Mitte des 13. Jahrhunderts wurde ein großer Teil der Helmeniederung von flämischen Siedlern trockengelegt und damit nutzbar gemacht. Nach einer Überlieferung von Martin Luther ließ der 1494 vom Pilgerzug nach Jerusalem heimkehrende Graf Botho zu Stolberg verlauten: „Er nehme lieber sein Land, die Güldene Aue genannt, und wollte einem andern das Gelobte Land lassen."

Ursprünglich wurde nur der Bereich um die Aumühle zwischen Görsbach und Auleben als Goldene Aue bezeichnet. Heute zählt man für gewöhnlich auch das untere Helmetal zu dieser Landschaft. Bis in die 1960er Jahre wurde das Gebiet durch die aus den Harzflüssen stammenden Hochwasser regelmäßig überschwemmt. Als Regulierungsmaßnahme wurde daher eine Talsperre errichtet, die den Hochwasserschutz der vorwiegend landwirtschaftlich geprägten Aue gewährleisten sollte. Der zwischen 1962 und 1966 erbaute Helmestausee war zunächst nur als grünes – also normalerweise trocken liegendes – Hochwasserrückhaltebecken geplant. Man entschloss sich dann jedoch, einen sieben Meter hohen Hauptdamm zu bauen, um einen ständigen Stausee zu schaffen. Der rund vier Kilometer lange Hauptdamm umfasst einen durchschnittlich 600 Hektar großen nährstoffreichen Flachwassersee, der heute von einem ausgedehnten Gürtel aus Schilf und Röhricht umgeben ist. Ein zweites Becken, das im Hochwasserfall die Wassermassen des Einzugsgebietes der Helme aufnehmen soll, schließt sich an das westliche und nordwestliche Ufer des Stausees an und wird landwirtschaftlich genutzt. Hier liegen neben Acker- und Weideflächen auch noch kleinere Magerrasen und feuchte Senken. Nach dem vollendeten Probestau, der bis 1969 dauerte, wurde der Helmestausee Berga-Kelbra offiziell in Betrieb genommen und in den ersten Jahren fischereiwirtschaftlich genutzt. Heute dient er vor allem als Hochwasserrückhaltebecken. Zusammen mit

Tagsüber suchen die Kraniche in der offenen Landschaft nach Nahrung, bevor sie abends zum Schlafen auf dem Helmestausee einfallen. Foto: E. Lietzow. Boller Moor, 23.10.2011.

den Fischteichen Auleben und den Bielener Kiesseen bildet er die landschaftsprägenden Stillgewässer der Region. Die Uferbereiche der Bielener Kiesseen bestehen zum größten Teil aus steilen Abbruchkanten mit wenig Verlandungszone, während der Helmestausee und die Fischteiche Auleben ausgedehnte Schilfbereiche aufweisen.

Besondere Vogelarten und Reisezeit

Mehr als 300 Vogelarten nutzen die Goldene Aue als Nahrungs-, Rast- oder Brutgebiet. Am eindrucksvollsten sind sicher die alljährlich im Herbst auf dem abgelassenen Helmestausee zum Schlafen einfallenden Kraniche. Durch ihren markanten Trompetenruf wird je nach Witterung von Oktober bis Dezember der allabendliche Einflug zu einem unglaublichen Naturschauspiel, das zahlreiche Beobachter in das Gebiet zieht. Besonders seit 1996 ist ein kontinuierlicher Anstieg der Zahl rastender Vögel zu verzeichnen. Seit dem Jahr 2000 kommen jedes Jahr mehr als 10 000 Kraniche; im Rekordjahr 2008 waren es sogar bis zu 39 000 Vögel. Der Helmestausee bildet einen wichtigen Trittstein auf der westlichen Zugroute in die Winterquartiere in Südwesteuropa. Tagsüber halten sich die Tiere bei der Nahrungssuche in der offenen Landschaft auf Weizenfeldern, Maisstoppelschlägen oder Wiesen auf. In der Dämmerung suchen die Kraniche jedoch den Schutz der Flachwasserzonen inmitten des Stausees, um dort – vor Feinden geschützt – die Nacht zu verbringen. Der Herbst bietet, neben der Beobachtung von Kranichen, noch viele weitere interessante Vogelarten. Auf den Schlammflächen finden Limikolen optimale Bedingungen. Große Brachvögel können besonders im Herbst in bis zu dreistelligen Zahlen angetroffen werden, während es im Frühjahr deutlich weniger sind. Dazu gesellen sich Kampfläufer und auch Alpenstrandläufer rasten zu den Zugzeiten regelmäßig in größeren Trupps.

Die auffälligen Silberreiher kann man ab Herbst in den Feuchtwiesen der Goldenen Aue sowie an den Ufern der Helme beobachten. Im Winterhalbjahr sind in den Wiesen mitunter auch Grau-, Bläss- und Tundrasaatgänse anzutreffen. Auch wenn der Winter die am wenigsten attraktive Jahreszeit im Gebiet darstellt, sind dennoch eine Reihe interessanter Vogelarten zu entdecken. Für Wasservögel ist zu dieser Zeit vor allem der „Möwensee" der Bielener Kiesseen attraktiv. Durch eine Tiefe von bis zu 43 Metern friert er auch bei sehr niedrigen Temperaturen nicht völlig zu, sodass sich in Kältephasen viele Enten und Säger auf den eisfreien Wasserflächen versammeln. Unter den rastenden Vögeln wurden auch schon seltenere Arten wie Eiderenten, Mittelsäger, Stern- und Prachttaucher beobachtet. Im Winterhalbjahr lohnt es auch, in der Goldenen Aue nach Greifvögeln wie Kornweihen, Raufußbussarden und Merlinen Ausschau zu halten. Die majestätischen Seeadler kann man mit etwas Glück am Helmestausee beobachten. Unter den Singvögeln sind Bergpieper und Berghänflinge zu erwähnen.

Das Angebot vieler unterschiedlicher Habitate mit ausgedehnten Schilfbeständen und Feuchtwiesen, Auwäldchen, Altwasserarmen und Kiesseen hat dazu geführt, dass insgesamt etwa 115 Vogelarten im Bereich der Goldenen Aue brüten. Unter den Enten ist im Frühjahr und Sommer die gesamte heimische Palette anzutreffen. Während die Stockente erwartungsgemäß die häufigste Entenart darstellt, brüten auch Knäk- und Löffelenten unregelmäßig im Gebiet. Ab April suchen Rohrweihen in der Goldenen Aue nach

Alpenstrandläufer rasten zu den Zugzeiten regelmäßig in der Goldenen Aue.
Foto: E. Lietzow. Rieselfelder Münster, 15.9.2010.

geeigneten Brutplätzen. In der weiteren Umgebung brüten Rot- und Schwarzmilane. Hervorzuheben sind unter den Brutvögeln vor allem gefährdete Arten wie Kiebitz und Bekassine. Auf dem Helmestausee brüten Haubentaucher sowie ihre kleineren Verwandten, die Schwarzhalstaucher, in beachtlicher Zahl. Von letzterer Art können in den Sommermonaten bis zu 500 Individuen beobachtet werden. Im nordwestlich an den Helmestausee angrenzenden Kuhrieth lebt eine große Population des seltenen Wachtelkönigs. In den Auwaldresten und Weidendickichten brüten Pirole und Beutelmeisen.

Beobachtungsmöglichkeiten

Die Bielener Kiesseen am Nordwestrand der Goldenen Aue, direkt an der Stadtgrenze Nordhausens, erreicht man sehr gut von Sundhausen aus. Entlang der Straße nach Bielen bieten verschiedene Zugänge zu den Seen gute Beobachtungsmöglichkeiten (1). In den gewässerbegleitenden Strukturen sollte man auf Beutelmeisen achten. Eisvögel sitzen zur Jagd in den verbuschten Uferbereichen an, Uferschwalben brüten in den Steilwänden. Am „Möwensee" wurde im Frühjahr 2008 eine vom NABU Kreisverband Nordhausen betreute Beobachtungsstation mit naturschutzbezogener Ausstellung eröffnet. Die Station ist für Besucher nach Anmeldung zugänglich. Abseits der Beobachtungsstation lässt sich die Wasserfläche des Möwensees am besten von der Nordseite aus überblicken (2). Neben verschiedenen Entenarten lassen sich auch die hier brütenden Nilgänse beobachten. Auf der Insel gab es mehrfach Brutversuche von Kormoranen.

In der Feldflur entlang der Bahnlinie südöstlich der Bielener Kiesseen äsen im Winter Höckerschwäne und Gänse (3). In Görsbach brütet das letzte verbliebene Weißstorchpaar des Gebietes. Weiter in Richtung Helmestausee lohnt ein Besuch der Fischteiche Auleben (4). Zwar kann man hier nur von der Durchgangsstraße aus beobachten, doch trifft man je nach Bewirtschaftungsstadium eine reiche Auswahl an Enten und Limikolen an. Im Röhricht singen Schilf- und Drosselrohrsänger. Auf der gegenüberliegenden Straßenseite beginnt ein interessantes Wiesengebiet, das sich bis zum Helmestausee zieht. Im Kuhrieth, dem nördlichen Bereich, erklingt von Mitte Mai bis Ende Juni der knarrende Gesang des Wachtelkönigs. Meist singen die Vögel jedoch nur in der Nacht. Der Zugang zum Gebiet ist am einfachsten über den Damm südwestlich von Berga möglich (5).

Der Südteil der Wiesen (6) ist Brutgebiet von Kiebitzen, Braunkehlchen und Neuntötern. Auf den Spitzen der Gebüsche lauern Raubwürger auf Beute für ihren Nachwuchs. Von Auleben lohnt es sich, zu Fuß die 3,4 Kilometer bis zur Naturschutzstation Numburg zu wandern. Die verbuschten Magerrasen (7) unterwegs sind Lebensraum von Sperbergrasmücken. An der Numburg (8) angelangt, kann man aus einer umgebauten Scheune hervorragend den Helmestausee überblicken. Vor Wind und Wetter geschützt lässt sich im Herbst der allabendliche Einfall der Kraniche und Gänse an ihren Schlafplätzen im Flachwasser störungsfrei beobachten. Neben der Numburg lohnen auf der Südseite des Helmestausees vor allem der Beobachtungsturm auf dem Campingplatz Kelbra (9) und der neben dem Hauptdamm gelegene Vogelturm am Südostufer (10). Beide Türme bieten einen herrlichen Blick auf die Wasserfläche und sind mit dem Auto erreichbar.

Weitere Freizeitmöglichkeiten

In Nordhausen begegnet man auf Schritt und Tritt der Geschichte der

Typische Vogelarten der Goldenen Aue, deren Status und günstige Beobachtungszeiten (in Klammern).
h = häufiger, r = regelmäßiger, u = unregelmäßiger, s = seltener; B = Brutvogel, D = Durchzügler, W = Wintergast

Art	Status (beste Beobachtungszeit)	Art	Status (beste Beobachtungszeit)
Alpenstrandläufer	hD (April, Juli–Okt.)	Löffelente	uB, rD (April–Nov.)
Bekassine	rB, rD (März–Sept.)	Pirol	rB (Mai–Aug.)
Berghänfling	rW (Okt.–März)	Raubwürger	sB, rW (ganzjährig)
Beutelmeise	rB (April–Aug.)	Raufußbussard	rW (Nov.–Feb.)
Drosselrohrsänger	rB (Mai–Aug.)	Schwarzhalstaucher	hB, rD (März–Okt.)
Gänsesäger	hW (Nov.–März)	Seeadler	rW (Okt.–März)
Großer Brachvogel	hD (März–Sept.)	Silberreiher	rD, rW (Aug.–April)
Knäkente	uB, rD (März–Aug.)	Sperbergrasmücke	sB (Mai–Aug.)
Kornweihe	rW (Okt.–März)	Uferschwalbe	hB (April–Sept.)
Kranich	hD (Okt.–Dez.)	Wachtelkönig	rB (Mai–Juli)

tausendjährigen Stadt. Insbesondere der eindrucksvolle Dom „Zum Heiligen Kreuz“ lohnt einen Besuch. Er erstand aus einem 961 durch Königin Mathilde gegründeten Damenstift. Berühmt ist die Stadt auch durch den „Nordhäuser Doppelkorn“ geworden, der seit Generationen in der Traditionsbrennerei gebrannt wird. Während einer Führung durch die liebevoll restaurierte hundert Jahre alte Brennerei können Besucher die Geschichte und die Technologie des Kornbrennens kennenlernen.

Christopher König, Christoph Moning, Christian Wagner, Felix Weiß

Infomaterial/Literatur

Wagner C, Moning C 2009: Vögel beobachten in Ostdeutschland – Die besten Beobachtungsgebiete zwischen Rügen und dem Thüringer Wald. Franckh-Kosmos-Verlag, Stuttgart.

Eine Broschüre mit weitergehenden Informationen zur Vogelbeobachtung in der Goldenen Aue gibt es unter: www.naturpark-kyffhaeuser.de/dateien/voegel_im_blick.pdf

GPS

Betonstraße nach Bielen (1)	51°28'16" N	10°49'60" O
Fischteiche Auleben (4)	51°26'20" N	10°56'23" O
Damm bei Berga (5)	51°26'57" N	10°59'53" O
Numburg (8)	51°25'28" N	10°59'60" O
Vogelturm Südostufer (10)	51°25'55" N	11°01'21" O

Anfahrt

Mit Bahn und Bus

Das Gebiet wird von der Bahnlinie Halle–Kassel durchquert. Für einen Besuch der Bielener Kiesseen ist der Bahnhof in Nordhausen, für das Gebiet um den Helmestausee der Bahnhof Berga der geeignete Ausgangspunkt. Von dort fährt man am besten mit dem Fahrrad weiter, da die Busanbindung leider unzureichend ist.

Mit dem Auto

Man verlässt die A 38 an der Anschlussstelle „Nordhausen“ und hält sich rechts in Richtung Sundhausen. Nach 1,8 km biegt man rechts in die „Uthleber Straße“ (L 2079) ein und erreicht bereits nach 500 Metern die Betonstraße, die nach links durch die Bielener Kiesseen führt.

Der Helmestausee ist von der A 38 am besten über die Anschlussstelle „Berga-Kelbra“ erreichbar. Von dort fährt man auf der B 85 bis Berga.

Adressen

Verein Nordhäuser Ornithologen e.V., Manfred Wagner, Am Bahnhof 1, 99762 Niedersachswerfen, Tel.: 036331/31170, manfred-wagner@gmx.de; http://nordhausen.nabu-thueringen.de.

Der Schlüssel für die Beobachtungsstation am Möwensee kann beim Verein Nordhäuser Ornithologen sowie bei der Strandgaststätte Bielen, An den Kiesteichen 3, Tel.: 03631/600710, und im Rathaus Nordhausen, Markt 1, Tel.: 03631/696465, in Empfang genommen werden.

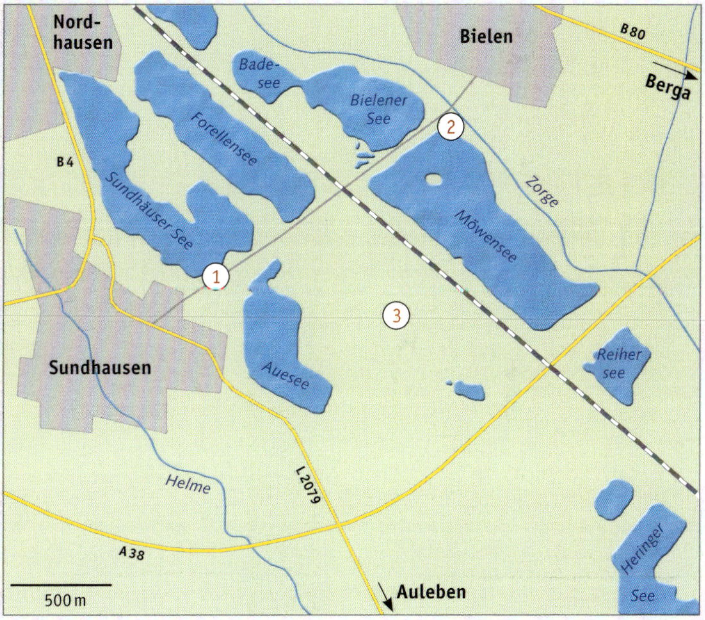

Im Nationalpark Hainich soll wieder ein mitteleuropäischer Urwald entstehen, in dem man der Natur freien Lauf lässt.
Foto: R. Biehl. 24.4.2009.

Der Hainich

Der größte Laubwald Deutschlands

Im Nordwesten Thüringens, etwa 70 km südöstlich von Kassel und 40 km nordwestlich von Erfurt, befindet sich mit einer Gesamtfläche von rund 160 km² der Hainich, das größte zusammenhängende Laubwaldgebiet Deutschlands. Knapp die Hälfte der Fläche ist heute als Nationalpark geschützt und bildet die größte nutzungsfreie Waldfläche Deutschlands. Die zentralen Bereiche sind sogar UNESCO-Weltnaturerbe. Die vielfältigen Buchenwaldgesellschaften sind Heimat zahlreicher typischer Waldvögel, wie Schwarz- und Mittelspecht. Doch ornithologisch nicht weniger interessant, sind die etwa 20 km² großen, ehemals militärisch genutzten Offenlandbereiche, in denen unter anderem Sperbergrasmücken und Neuntöter brüten. Zahlreiche Wanderwege bieten gute Möglichkeiten, das Gebiet zu erkunden, das besonders zur Brutzeit lohnend ist.

Erdgeschichtlich betrachtet gehört der Hainich zur Eichenberg-Gotha-Saalfelder Störungszone. Diese bildete sich vor etwa 150 Millionen Jahren durch die Norddrift der Afrikanischen gegen die Eurasische Platte. Der Druck auf die Erdkruste führte zur Bildung eines Bruchschollengebirges. Der geologische Untergrund ist von Muschelkalk geprägt, zum Teil von Lössablagerungen und Decklehmen überlagert. Die Höhenlagen des Hainich liegen durchgängig über 400 m hoch. Dadurch ergibt sich ein Klimagradient zwischen atlantisch geprägten, niederschlagsreichen Kämmen im Westen und trockeneren, kühleren Ostlagen.

Mindestens die Hoch- und Kammlagen des Hainichs sind seit Beginn der Waldentwicklung nach dem Ende der letzten Eiszeit stets bewaldet gewesen. Die ältesten archäologischen Funde reichen bis in die Jungsteinzeit zurück, doch wurde der Hainich aufgrund seiner Unzugänglichkeit wohl erst im Mittelalter stärker besiedelt. Das Bevölkerungswachstum führte zu jener Zeit zur Besiedlung auch ungünstigerer Bereiche. Waldflächen wurden gerodet und in Äcker umgewandelt, zahlreiche Dörfer entstanden. Erst ab dem 16. Jahrhundert begann die organisierte forstwirtschaftliche Nutzung. Holzordnungen bestimmten die Nutzung des Hainichwaldes nach genauen Wirtschaftsplänen. Der Wald wurde dazu in Schläge aufgeteilt, die im jährlichen Wechsel genutzt wurden. Einige Forsthäuser sind bis heute erhalten. Für Fernhandelswege war der Hainich aufgrund seiner mitunter steilen Hänge lange Zeit hinderlich. Anfang des 19. Jahrhunderts entstanden daher mehrere Hainich-Querungen, 1911 wurde die erste Eisenbahnlinie eröffnet, die vorwiegend dem Holztransport diente. 1935 begann die

Wehrmacht mit dem Aufbau von Truppenübungsplätzen. Nach dem Zweiten Weltkrieg wurden diese anfangs von russischen Streitkräften, später von der Nationalen Volksarmee der DDR und zuletzt von der Bundeswehr genutzt und teils mithilfe zusätzlicher Rodungen erweitert. Die Schießbahnen wurden in dieser Zeit intensiv mit Schafen beweidet, was in den Randbereichen der Waldfläche zur Bildung ausgedehnter Wacholderheiden führte, von denen heute leider nur noch Reste vorhanden sind. Anfang der 1990er Jahre endete die militärische Nutzung vollständig, die Offenlandbereiche wurden sich selbst überlassen und es bildeten sich große Sukzessionsflächen. Die auf den Übungsplätzen über Jahrzehnte ausgebliebene forstliche Nutzung führte zur Bildung struktur-, arten- und totholzreicher Waldflächen. 1993 wurde erstmals die Möglichkeit geäußert, im Hainich einen Nationalpark zu errichten. Dieser wurde schließlich 1997 gegründet und umfasst heute rund 7500 ha, auf denen ein mitteleuropäischer Buchenurwald entstehen soll. Neben der Rotbuche kommen vor allem Eschen, Ahorne, Hainbuchen und Linden sowie die seltene Elsbeere vor. Eichen findet man überwiegend in den trockeneren niederen Lagen am Ostrand. Auf den offenen Standorten wachsen Kalkmagerrasen, stellenweise Wacholderheiden sowie großflächige Dorngebüsche aus Weißdorn und Schlehe.

Besondere Vogelarten und Reisezeit

Ornithologisch ist der Hainich vor allem im Frühjahr und zur Brutzeit interessant. Die übrige Zeit des Jahres ist eher artenarm, Standvögel und ausgewählte Wintergäste bieten jedoch auch dann interessante Beobachtungsobjekte. Habichte sind ganzjährig auf der Jagd, Kolkraben machen durch ihre lauten Rufe auf sich aufmerksam. Nicht nur als seltene Brutvögel, sondern auch als regelmäßige Wintergäste sind Raubwürger zu finden. Die dornstrauchreichen Offenlandflächen bieten ideale Lebensräume. Lauter wird es dann im zeitigen Frühjahr, wenn die insgesamt sieben im Hainich vorkommenden Spechtarten aktiv werden, darunter Schwarz- und Mittelspechte. Eher spärlich vertreten sind Grauspechte. Auf allen Offenflächen kommen noch Turteltauben vor, Neuntöter sind häufige Brutvögel. Weitaus spärlicher sind Grauammern vertreten, ebenso Sperbergrasmücken. Im Mai erreicht das Vogelkonzert seinen Höhepunkt. Dann stimmen auch Kuckucke, Pirole, Feldschwirle und Nachtigallen in das Konzert mit ein. Alle drei Arten sind jedoch schwer zu Gesicht zu bekommen und viel leichter akustisch zu entdecken. Braun- und Schwarzkehlchen brüten regelmäßig und sind einfacher zu beobachten. Rotmilane brüten vorwiegend im Umland des Hainich, nutzen diesen aber regelmäßig zur Nahrungssuche und sind im Sommerhalbjahr sehr auffällig. Einige Rotmilane überwintern sogar in der Region. Im Inneren der Wälder gehören Waldlaubsänger, Waldbaumläufer und Trauerschnäpper zum Artenspektrum. Nicht alljährlich werden auch singende Zwergschnäpper entdeckt.

Beobachtungsmöglichkeiten

Ein Netz gut ausgebauter Wanderwege bietet ideale Möglichkeiten, den Hainich zu durchwandern. Doch es gibt nicht nur Gelegenheit, den Wald vom Boden aus zu erleben. Im Jahr 2005 wurde ein mehr als 500 m langer Baumkronenpfad (1) eröffnet, der in Kronenhöhe einen völlig anderen Blickwinkel ermöglicht. Relativ zuverlässig lassen sich hier Mittelspechte beobachten, ebenso sollte man auf Hohltauben, Waldlaubsänger und Trauerschnäpper achten. Der Pfad verläuft von 10 m Höhe stetig ansteigend bis auf 24 m. Im Zentrum kann der gesamte Hainich von einem 44 m hohen Aussichtsturm überblickt werden. Hier bestehen gute Chancen, die Rotmilane in der Umgebung bei der Jagd zu beobachten. Der Baumkronenpfad hat sich inzwischen zur größten und besucherstärksten Umweltbildungseinrichtung in Thüringen entwickelt und ist bis auf wetterbedingte Schließungen ganzjährig geöffnet, im Januar und Februar allerdings nur an den Wochenenden. Direkt neben dem Baumkronenpfad liegt das 2008

In der Ruhe des Winters lässt sich der reiche Vogelgesang des Frühlings auf den Offenlandflächen des Hainich erahnen. Foto: C. König. 26.1.2019.

Aus einer ungewohnten Perspektive lässt sich der Hainich über den Baumkronenpfad erleben. Foto: R. Biehl. 3.6.2009.

errichtete Nationalparkzentrum. Über interaktive Präsentationen werden in einer Ausstellung das Leben im und am Boden sowie die Kreisläufe der Natur dargestellt. Der große kostenpflichtige Wanderparkplatz „Thiemsburg" am Baumkronenpfad bildet auch den Ausgangspunkt einer Wanderung an den Rand des Hainichs und über einige interessante Offenlandflächen. Der 10 km lange mit einem Ammoniten-Symbol gut gekennzeichnete „Steinbergweg" führt durch verschiedene Biotope des Hainichs und bietet somit ein großes Artenspektrum. Etwa 100 m östlich des Parkplatzes führt der Rundweg nach Süden in den abwechslungsreichen Wald hinein. Auf kleinem Raum finden sich an dieser Stelle viele verschiedene Laubbaumarten. Über den nur selten wasserführenden Steingraben geht man in einen Buchenwald mit Schwarzspechtvorkommen hinein. Nach etwa 400 m erreicht man den Waldrand und einen mit Büschen und einzelnen Bäumen durchsetzten, ehemals beweideten Offenlandbereich (2), in dem man auf Wendehälse achten sollte. Baumpieper und Bluthänflinge sind hier genau wie entlang des gesamten Weges zu finden. In südöstlicher Richtung verläuft der Weg weiter bis zu einer noch beweideten Fläche. Hier kommen Neuntöter und Raubwürger vor. Rund 600 m weiter erreicht man eine Asphaltstraße mit Infotafeln zum Nationalpark Hainich (3), von der der Weg nach Osten auf einen lindenreichen Eichen-Hainbuchenwald, das sogenannte Netzbornholz (4), zuläuft. In den Büschen entlang des Weges können mit Glück Sperbergrasmücken entdeckt werden. Im Waldesinneren sind Mittelspechte und Waldlaubsänger zu hören. In der Südostecke des Waldes knickt der Wanderweg nach Norden ab und man erreicht nach kurzer Zeit wieder offene, beweidete Bereiche (5). Auf dem folgenden, rund 3 km langen Abschnitt des Weges sind Turteltauben, Feldschwirle, Schwarzkehlchen und Grauammern zu beobachten. Schließlich erreicht man einen asphaltierten Radweg und folgt diesem nach links (Westen). Vorbei an blütenreichen Wiesen und einem Rest Wacholderheide mit Grauspechten, Kuckucken, Nachtigallen und der Chance auf Sperbergrasmücken erreicht man wieder den Wald. In dem lockeren Mischwaldbestand brüten

Bluthänflinge sind häufige Brutvögel der Offenlandflächen im Hainich. Foto: E. Lietzow. Dümmer, 29.4.2011.

Grünspechte. Nach etwa 1 km entlang der Steingrabenaue erreicht man eine Kreuzung, von der es noch 300 m bis zum Ausgangspunkt sind.

Ein weiterer interessanter, 7 km langer Rundwanderweg, der sowohl bewaldete Passagen als auch Offenland umfasst, startet wenige Kilometer südwestlich am Rand der Ortschaft Hütscheroda. Vom Parkplatz knapp außerhalb des Dorfes (6) geht man auf dem „Wildkatzenpfad" zuerst ein kurzes Stück entlang der wenig befahrenen Straße. In den Bäumen am Straßenrand brüten Mittelspechte. Man erreicht die „Wildkatzenscheune", eine Ausstellung zum „Rettungsnetz Wildkatze" und über das Weltnaturerbe Hainich. Hier lassen sich bei Interesse auch Eintrittskarten für das 400 m weiter entlang der nun für den Autoverkehr gesperrten Straße liegende Schaugehege „Wildkatzenlichtung" erwerben. Der Weg führt weiter bergauf bis zur Anhöhe „Hesswinkel" (7), wo sich Mittelspechte und Gartenrotschwänze beobachten lassen. Nun erreicht man einen jungen Laubmischwald und damit die Nationalparkgrenze. Der folgende, rund 1,5 km lange Abschnitt ist ornithologisch eher weniger interessant. Man erreicht schließlich ein Wegekreuz an einer eindrucksvollen Eiche. Hier biegt man links ab und erreicht kurze Zeit später den Aussichtsturm „Hainichblick" (8). In 20 m Höhe bietet sich hier ein fantastisches Panorama. Südlich des Turms kann man den exotisch anmutenden Gesang von Pirolen hören. 400 m weiter erreicht man eine Offenlandfläche mit zahlreichen Dornengebüschen. Hier lohnt es sich nach Feldschwirlen, Neuntötern und Grauammern Ausschau zu halten. Nach gut 1 km knickt der Weg nach Süden in die Aue des Kirchgrabens ab (9). Wendehälse, Grau- und Kleinspechte sowie Turteltauben kommen hier vor. Vorbei an einigen Feldern geht man zurück nach Hütscheroda und schließlich zum Ausgangspunkt am Parkplatz.

Wen im Hainich weniger die Offenlandbereiche, sondern mehr der eigentliche Wald interessiert, dem sei der durch ein Wildschwein-Symbol markierte Wanderweg „Saugraben" empfohlen. Der 10 km lange Rundweg beginnt am Parkplatz „Am Zollgraben", südlich der Ortschaft Kammerforst (10). Festes Schuhwerk ist empfehlenswert, da es stellenweise schlammig werden kann. Vom Parkplatz geht man in südlicher Richtung über eine große Sukzessionsfläche (11), die viele attraktive Vogelarten zu bieten hat. In den Schlehen und Wildrosen brüten Neuntöter und Raubwürger. Turteltauben, Schwarzkehlchen und Grauammern sind auf den ehemaligen Schießbahnen ebenfalls zu entdecken, während Nahrung suchende Rotmilane und Kolkraben im Luftraum patrouillieren. Am Südende der Fläche führt der Weg durch einen jungen Eschenwald in einen struktur-

60 bis 70 Paare Mittelspechte im Nationalpark Hainich bilden die höchste Dichte in ganz Thüringen.
Foto: E. Lietzow. Bad Salzuflen, 18.3.2009.

Typische Vogelarten im Hainich, deren Status und günstige Beobachtungszeit (in Klammern)
h = häufiger, r = regelmäßiger, s = seltener; B = Brutvogel, N = Nahrungsgast, D = Durchzügler, W = Wintergast

Art	Status (beste Beobachtungszeit)
Habicht	rB (ganzjährig)
Rotmilan	sB, rN (ganzjährig)
Hohltaube	hB, rD (ganzjährig)
Turteltaube	rB, rD (Mai–Aug.)
Kuckuck	rB (Mai–Aug.)
Waldkauz	hB (ganzjährig)
Wendehals	rB, rD (Apr.–Aug.)
Grauspecht	rB (ganzjährig)
Grünspecht	rB (ganzjährig)
Schwarzspecht	rB (ganzjährig)
Mittelspecht	rB (ganzjährig)
Kleinspecht	rB (ganzjährig)
Pirol	rB (Mai-Juli)
Neuntöter	hB, rD (Mai–Aug.)
Raubwürger	sB, rW (ganzjährig)

Art	Status (beste Beobachtungszeit)
Kolkrabe	rB (ganzjährig)
Waldlaubsänger	hB (Apr.–Jun.)
Feldschwirl	rB (Mai–Jul.)
Sperbergrasmücke	rB (Mai–Jul.)
Waldbaumläufer	hB (ganzjährig)
Trauerschnäpper	hB (Mai–Aug.)
Zwergschnäpper	sD (Mai/Juni)
Braunkehlchen	rB (Mai–Aug.)
Schwarzkehlchen	rB, rD (Mrz.–Sep.)
Nachtigall	rB (Apr.–Aug.)
Gartenrotschwanz	sB, sD (Apr.–Sep.)
Baumpieper	hB (Apr.–Aug.)
Bluthänfling	rB (ganzjährig)
Grauammer	rB (ganzjährig)

reichen Laubmischwald. Durch das Brunstal (12) schlängelt sich der Weg teils über kurze Holzbohlenwege durch den totholzreichen Wald. Es lohnt sich auf Habichte und Schwarzspechte zu achten. Schließlich mündet der Weg auf die befestigte Triftchaussee (in diesem Bereich auf Pirole achten), wo man rechts und nur 100 m weiter wieder links abbiegt und dem ausgeschilderten „Saugraben"-Weg weiter folgt. Es besteht alternativ die Möglichkeit, der Straße für einen Abstecher noch 600 m weiter bis zur ehemaligen Pelztierfarm „Fuchsfarm" zu folgen. Hier lädt heute die „Brotzeit-Hütte" in zünftiger Atmosphäre zur Einkehr ein. In der Streuobstwiese rund um das Gelände brüten Grünspechte und Neuntöter. Von der Abzweigung an der Triftchaussee geht man durch einen Erlenbruch bis zum Hünenteich (13). Dieser Bereich ist ornithologisch besonders interessant. Waldkäuze, Schwarz- und Mittelspechte sowie Waldlaubsänger sind hier Brutvögel. Unregelmäßig werden auch singende Zwergschnäpper entdeckt. Vom Hünenteich geht man bergauf zu den Wällen der Hünenburg, einer spätmittelalterlichen Sperranlage, und an einer Erdfallsenke vorbei auf eine weitere Offenfläche. In diesem Bereich kommen Grauspechte vor. Für Kinder lohnt sich hier der Besuch des „Wildkatzenkinderwaldes" mit verschiedenen Klettergerüsten. Rund 1 km weiter westlich erreicht man schließlich wieder den Parkplatz.

Weitere Freizeitmöglichkeiten

Nur wenige Kilometer vom Nationalpark Hainich entfernt liegt die Kurstadt Bad Langensalza. Insgesamt zehn Parks und Themengärten machen Bad Langensalza zur „Stadt der Gärten". Allein der Rosengarten lockt mit mehr als 400 Arten und Sorten. Für Abwechslung sorgen ein Japanischer Garten, der Magnoliengarten und der naturbelassene BUND-Garten. Neben der sehenswerten Gartenarchitektur sind auch der mittelalterliche Stadtkern von Bad Langensalza und die erhaltene Klosteranlage des Augustinerklosters einen Besuch wert. An der Marktkirche lassen sich Wanderfalken beobachten.

Christopher König, Christoph Moning, Felix Weiß

Anfahrt

Mit Bahn und Bus

Die nächstgelegenen Bahnhöfe sind Mühlhausen, Eisenach und Bad Langensalza. Von Mühlhausen fährt samstags sowie an Sonn- und Feiertagen ein Nationalparkbus über die Dörfer am Ostrand des Hainichs und zum Baumkronenpfad. Eisenach und Bad Langensalza verbindet der „Wunderbare Wanderbus" über den Nationalpark Hainich (Buslinien 27a und 726). Mit der Buslinie 30 geht es über die Ortschaften am Westrand des Nationalparks von Eisenach nach Mühlhausen und zurück. Weitere Informationen unter: www.fahrtziel-natur.de

Mit dem Auto

Von Südwesten und Osten erreicht man den Hainich am besten über die Autobahn A 4, Ausfahrt „Eisenach-Ost (40a)" und anschließend die B 84 in Richtung Bad Langensalza. Von Norden kommend, bietet sich die Anreise über die A 38 (Göttingen-Leipzig) an, von der es über die Ausfahrt „Leinefelde-Worbis (6)" und dann auf der B 247 über Mühlhausen nach Bad Langensalza geht. Die Wanderparkplätze sind vor Ort gut ausgeschildert.

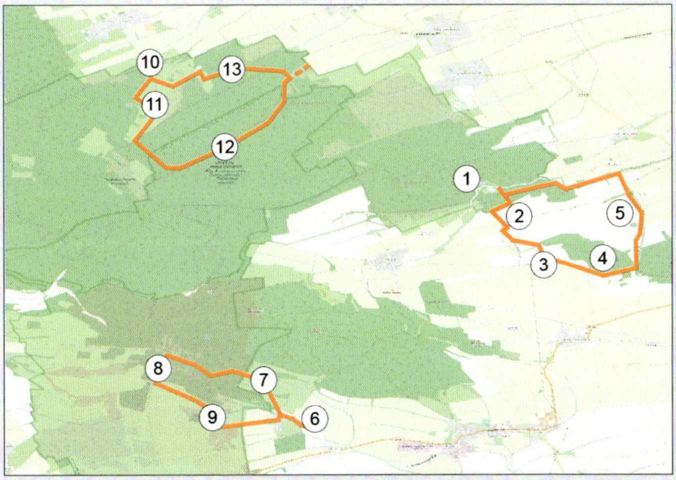

GPS		
Parkplatz „Thiemsburg" (Baumkronenpfad)	51°04'53" N	10°31'04" O
Parkplatz Hütscheroda (6)	51°01'24" N	10°28'19" O
Aussichtsturm „Hainichblick" (8)	51°02'15" N	10°26'12" O
Parkplatz „Am Zollgraben" (10)	51°06'27" N	10°26'02" O
„Brotzeit-Hütte" Fuchsfarm Mülverstedt	51°06'40" N	10°28'21" O
Wildkatzenspielplatz	51°06'35" N	10°26'41" O

Infomaterial/Literatur

Nationalpark-Verwaltung Hainich 2014: Die Vogelwelt des Nationalparks Hainich. – Erforschen, Band 4. – Bad Langensalza.

Vom Beobachtungsturm im Norden lässt sich die strukturreiche Landschaft des Rhädens überblicken. Foto: C. König. 29.8.2020.

Rhäden von Obersuhl und Dankmarshausen

Wiedervereinigtes Feuchtbiotop

An der Grenze von Hessen und Thüringen liegt rund 50 km südöstlich von Kassel im Tal der Werra der Rhäden von Obersuhl und Dankmarshausen. Es handelt sich dabei um ein wichtiges Brutgebiet, unter anderem von Schlagschwirlen und Blaukehlchen, sowie um ein bedeutendes Rastgebiet zahlreicher Limikolenarten. Einst eine große Sumpflandschaft, wurde das Gebiet im 19. Jahrhundert trockengelegt und erst nach der deutschen Wiedervereinigung zu einer Auenlandschaft mit naturnahen Biotopen renaturiert. Mehr als 250 Vogelarten konnten bereits im Gebiet nachgewiesen werden. Der Rhäden von Obersuhl und Dankmarshausen gehört mit einer Fläche von rund 250 ha zu den besten Gebieten zur Vogelbeobachtung in Hessen und Thüringen.

Während der Saxonischen Gebirgsbildung vor etwa 85 Millionen Jahren entstanden in Störungszonen so tiefe Klüfte, dass Oberflächenwasser bis in die tief liegenden Salzlagerstätten im Bereich des heutigen Rhädens gelangen konnte. In beträchtlichem Umfang lösten sich die bis zu 300 m mächtigen Salze und wurden unterirdisch fortgeführt. Dies führte zu einer Instabilität der auflagernden Schollen des Deckgebirges und somit zum Nachsacken. Die dadurch vor etwa 2,5 Millionen Jahren entstandene Auslaugungssenke füllte sich weitgehend mit Lockersedimenten aus Bächen und Flüssen. Bereits vor rund 3000 Jahren existierte an der Stelle des heutigen Rhädens vermutlich ein ausgedehnter, fischreicher See. Funde zahlreicher Brandgräber, Siedlungsreste und Gegenstände belegen eine frühe Besiedlung durch den Menschen in der Bronze- und Eisenzeit. Im Mittelalter verlandete der Rhädensee und eine Sumpflandschaft mit Moorbildung entstand. Aufgrund des oberflächennahen Grundwasserspiegels haben sich in der Rhädensenke vorwiegend Gleyböden entwickelt. Obwohl diese für die landwirtschaftliche Nutzung nur bedingt geeignet sind, wurde im Jahr 1859 die Trockenlegung des Rhädens beschlossen. Ziel war die Nutzung als Ackerland und als Wiesen zur Gewinnung von Heu und Grünfutter für die Kavallerie. Schon zu Beginn des 20. Jahrhunderts verlor der Rhäden für die Landwirtschaft aber immer mehr an Bedeutung. 1934 wurden die Drainagegräben noch einmal vertieft und die Austrocknung des Gebiets verstärkt. Spätestens nach dem Zweiten Weltkrieg sank aber auch das Interesse an der Grünlandnutzung. Mit dem Ausbau der DDR-Grenzanlagen verfiel das Entwässerungssystem auf hessischer Seite und die Nutzung wurde weitgehend aufgegeben. Die Flächen fielen brach oder wurden mit Hybridpappeln aufgeforstet. Im Ostteil wurden Entwässerung und Ackerbau fortgeführt.

Im Jahr 1970 stellte die Vogelschutzgruppe Obersuhl, die das Gebiet noch heute betreut, für die hessische Seite einen Antrag auf Ausweisung als Naturschutzgebiet. Drei Jahre später kam es tatsächlich zur Ausweisung und einer beginnenden Regeneration des Feuchtgebiets durch Überstauung. Durch eine kontrollierte Wasserlenkung ließen sich Wasserstandsschwankungen der Werraaue simulieren. Ziel war es damals, im Rhäden wieder Störche anzusiedeln und ein attraktives Rastgebiet für Vögel zu schaffen. Beide Ziele sind nach jahrelangem, bemerkenswertem Engagement der Naturschützer inzwischen erfüllt. Bis 1990 verhinderte der mitten durch den Rhäden laufende Grenzstreifen eine umfassende Wiedervernässung. Nach der Wiedervereinigung wurden die Ackerflächen auf östlicher Seite in Grünland umgewandelt und durch extensive Beweidung zu strukturreichen Feuchtwiesen entwickelt. Der Schöpfwerkbetrieb und damit die Entwässerung wurden eingestellt. Der Schutz und die Wiederherstellung des Rhädens von Obersuhl und Dankmarshausen wird als eines der ersten gesamtdeutschen Naturschutzprojekte angesehen. Die Nutzungsänderung blieb allerdings nicht ohne Konflikte zwischen Naturschutz und Landwirtschaft. Es kam zu einem Flurbereinigungsverfahren und das Areal des neuen Naturschutzgebietes „Dankmarshäuser Rhäden“ wurde in öffentliches Eigentum überführt. Privateigentümer wurden mit Flächen außerhalb des Schutzgebietes abgefunden.

Die Pflege der extensiven Grünlandflächen wird durch ganzjährige Beweidung sichergestellt. In geringer Dichte grasen auf den Weideflächen heute Taurusrinder und Exmoorponys. In den nächsten Jahren soll der Pappelwald im Norden des Gebiets schrittweise in einen naturnahen Erlenbruchwald umgebaut werden. Durch Wiederherstellung des natürlichen Wasserhaushalts, Rückbau von Wegen zur Beruhigung der Kernzone und Aufgabe der forstlichen Nutzung soll damit ein potenzieller Brutplatz für Kraniche geschaffen werden. Seit dem Jahr 2008 ist das Gebiet als Flora-Fauna-Habitat-Gebiet Teil des europaweiten Schutzgebietsnetzwerks Natura 2000. Es ist außerdem Teil des „Grünen Bandes“, eines Biotopverbunds entlang der ehemaligen innerdeutschen Grenze.

Heute umfasst das Gebiet des wiedervereinigten Rhädens von Obersuhl und Dankmarshausen eine abwechslungsreiche Landschaft, die von Feuchtlebensräumen geprägt ist. Auf kleinem Raum findet man neben nährstoffreichen Stillgewässern mit Verlandungsbereichen auch nährstoffarme mit Binsenvegetation. Für Rastvögel besonders attraktiv sind die großen, flachen Senken, die im Frühjahr gezielt überstaut werden. Schlammbänke bieten zu dieser Zeit zahlreichen Watvogelarten geeignete Bedingungen. Im Gewässerkomplex wurden Kiesbänke und Gehölzinseln angelegt. Die Flächen des Feuchtgrünlands haben sich teils zu relativ trockenen, extensiv genutzten Wiesen, teils zu periodisch überstauten Nasswiesen entwickelt. Im Bereich der ehemaligen Grenze findet man Hochstaudenfluren, der ehemalige Grenzgraben ist zu einem Schilfröhricht geworden.

Besondere Vogelarten und Reisezeit

Dank der vielfältigen Lebensraumgestaltung besitzt der Rhäden heute so-

Als vor rund fünfzig Jahren erste Maßnahmen zur Renaturierung des Gebiets getroffen wurden, war eines der Ziele der Naturschützer, dass Weißstörche als Brutvögel zurückkehren. Dieses Ziel wurde erreicht und mittlerweile sind Weißstörche ein regelmäßiger Anblick.

Foto: E. Lietzow. Füllenbruch, 17.6.2014.

Die Verlandungszonen werden mithilfe extensiver Beweidung mit Taurusrindern und Exmoorponys offengehalten. Foto: C. König. 29.8.2020.

wohl für mehr als 80 Brutvogelarten als auch für rastende Zugvögel eine herausragende Bedeutung. Während der Wintermonate kann man bis zu 500 Blässgänse und eine kleine Zahl von Singschwänen im Gebiet beobachten. Unter den Entenverwandten sind im Jahresverlauf Knäk-, Löffel-, Schnatter-, Pfeif-, Stock-, Spieß-, Krick-, Tafel- und Reiherenten regelmäßig zu sehen. Seit Mitte der 1990er Jahre hat sich eine gewisse Rastplatztradition von Kranichen

Typische Vogelarten im Rhäden von Obersuhl und Dankmarshausen, deren Status und günstige Beobachtungszeit (in Klammern)
h = häufiger, r = regelmäßiger, s = seltener; B = Brutvogel, N = Nahrungsgast, D = Durchzügler, W = Wintergast

Art	Status (beste Beobachtungszeit)	Art	Status (beste Beobachtungszeit)
Blässgans	rW (Okt.–Mrz.)	Rotmilan	hN (ganzjährig)
Singschwan	sW (Nov.–Mrz.)	Schwarzmilan	rN (Apr.–Aug.)
Knäkente	sB, rD (Apr.–Sep.)	Eisvogel	rB (ganzjährig)
Pfeifente	rD, rW (Okt.–Apr.)	Wendehals	sB (Apr.–Jun.)
Krickente	sB, hD, hW (ganzjährig)	Mittelspecht	sB (ganzjährig)
Kranich	hD, sW (Okt./Nov.)	Kleinspecht	rB (ganzjährig)
Schwarzhalstaucher	sB, rD (Apr.–Aug.)	Schwarzspecht	rB (ganzjährig)
Sandregenpfeifer	rD (Mai, Aug.–Okt.)	Grauspecht	sB (ganzjährig)
Flussregenpfeifer	rB, rD (Mrz.–Sep.)	Baumfalke	rN (Apr.–Sep.)
Kampfläufer	hD (Mrz.–Mai, Jul.–Okt.)	Neuntöter	rB (Mai–Aug.)
Alpenstrandläufer	hD (Aug.–Okt.)	Raubwürger	sB, rW (ganzjährig)
Bekassine	hD (Mrz./Apr., Aug./Sep.)	Drosselrohrsänger	rB (Mai–Jul.)
Bruchwasserläufer	hD (Apr./Mai, Jul.–Sep.)	Feldschwirl	rB (Apr.–Jul.)
Grünschenkel	hD (Apr./Mai, Aug.–Okt.)	Schlagschwirl	rB (Mai–Jul.)
Schwarzstorch	rN (Mai–Sep.)	Blaukehlchen	sB (Apr.–Aug.)
Weißstorch	rB, rD, rW (ganzjährig)	Schwarzkehlchen	rB, rD (Apr.–Okt.)
Rohrweihe	rB, rD (Mrz.–Sep.)	Bergpieper	rW (Okt.–Apr.)

ausgebildet. Sie nutzen insbesondere in den Monaten Oktober/November die flachen Gewässer als Schlafplatz. Schwarzhalstaucher sind vorwiegend auf dem Durchzug zu sehen, haben aber auch schon im Gebiet gebrütet. Unter den rastenden Limikolenarten dominieren neben Kiebitzen und Bekassinen vor allem Sandregenpfeifer, Kampfläufer, Alpenstrandläufer, Wald- und Bruchwasserläufer sowie Grünschenkel. Regelmäßig sind auch Rotschenkel, Sichel-, Temminck- und Zwergstrandläufer zu sehen. Flussregenpfeifer brüten im Gebiet. Lachmöwen brüten in einer Kolonie mit bis zu 100 Nestern, während Zwergmöwen und Trauerseeschwalben zu den regelmäßigen Durchzüglern gehören. Graureiher haben im Osten des Gebiets eine Brutkolonie, während Silberreiher das ganze Jahr über als Nahrungsgäste angetroffen werden können. Weißstörche sind als Brutvögel zurückgekehrt, Schwarzstörche kommen zur Nahrungssuche ebenfalls regelmäßig vorbei. Unter den Greifvögeln lassen sich Habichte, Rohrweihen, Rot- und Schwarzmilane sowie Baumfalken beobachten. Zu den Zugzeiten kann man mit Glück Fischadlern bei der Jagd zuschauen. Kolkraben kreisen regelmäßig am Himmel. Eisvögel sind an vielen Stellen im Gebiet anzutreffen, während in den Gehölzen neben Bunt- und Grünspechten auch Mittel-, Klein-, Schwarz- und Grauspechte vorkommen. Selbst Wendehälse sind regelmäßige Brutvögel des Rhädens von Obersuhl und Dankmarshausen. Neuntöter brüten ebenfalls regelmäßig, Raubwürger nur sehr selten. Sie sind zuverlässiger als Wintergäste zu beobachten. Seltene Brutvögel sind auch Blaukehlchen. In das Vogelkonzert stimmen unter anderem Drosselrohrsänger, Feld- und Schlagschwirle mit ein, während aus dem nördlich angrenzenden Wald Waldbaumläufer und Trauerschnäpper zu hören sind. Lediglich in den Wintermonaten ergänzen Bergpieper das Singvogelspektrum. Ein Besuch lohnt sich das ganze Jahr über, besonders vielfältig ist die Vogelwelt jedoch zu den Zugzeiten im Frühjahr und Herbst. Neben den erwähnten, regelmäßig im Gebiet zu beobachtenden Arten konnten in den letzten Jahren auch zahlreiche Seltenheiten nachgewiesen werden, darunter Zwergscharbe, Rallenreiher, Sichler, Schlangenadler, Teichwasserläufer, Graubrust-Strandläufer, Rotkopfwürger und Rosenstar.

Grünschenkel gehören zu den regelmäßig im Rhäden rastenden Limikolenarten.
Foto: E. Lietzow. Enger Bruch, 16.4.2015.

Beobachtungsmöglichkeiten

Der gut ausgebaute, rund 6 km lange „Rhäden-Rundweg" mit insgesamt vier Beobachtungseinrichtungen ermöglicht gute Bedingungen zur Vogelbeobachtung und die Besucherlenkung ist außerdem ein wirksamer Schutz für die sensiblen Bereiche in der Kernzone des Schutzgebiets. Als Startpunkt wird hier der Wanderparkplatz (1) nordwestlich von Dankmarkshausen beschrieben. Alternativ kann auch ein Parkplatz am Rhädenweg in Obersuhl (2) nordöstlich des Gebiets genutzt werden, von dem aus man nach 1 km Fußweg auf den Rhäden-Rundweg trifft. Vom Wanderparkplatz bei Dankmarshausen verläuft der Rundweg für die ersten 500 m entlang der Straße nach Nordwesten, bevor dieser nach Überquerung des kleinen Baches Suhl nach rechts abknickt. Dieses Fließgewässer wurde im Laufe der historischen Entwicklung des Gebiets mehrfach umgeleitet und begradigt. Auf dem folgenden Teil der Strecke entlang von Suhl und Rhedengraben bestehen Chancen auf Wendehälse und Schlagschwirle. In den bachbegleitenden Büschen und Gehölzen sind Sichtbeobachtungen jedoch schwierig. Rund 1 km nach dem Abbiegen von der Straße knickt der Weg in der offenen Feldflur erneut nach rechts ab und führt tiefer ins Gebiet hinein. Kurze Zeit später wird der Pappelwald im Norden des Gebiets erreicht. Hier lohnt es sich, auf Mittel- und Kleinspechte, Waldbaumläufer und Trauerschnäpper zu achten. Der Weg führt am Waldrand entlang, während sich südlich ein Komplex aus kleineren Gewässern, Feuchtwiesen und Gebüschen anschließt. In diesem Bereich brüten Blaukehlchen, Feldschwirle und Neuntöter. Eisvögel nutzen die Gräben zur Ansitzjagd, auf den Spitzen der Büsche sichern Schwarzkehlchen ihre Reviere. Entlang dieses Wegabschnitts erreicht man einen massiven Beobachtungsturm (3) mit gutem Blick über das Gebiet. Auch den großen Suhlsee im nordöstlichen Teil des Gebiets kann man von hier aus bereits überblicken, aufgrund einer Entfernung von rund 400 m ist ein Spektiv

Zu den ornithologischen Highlights des Gebiets gehören die Brutvorkommen der Blaukehlchen. Foto: E. Lietzow. Dümmer, 15.5.2020.

jedoch unerlässlich. Nur 300 m nach dem Turm erreicht man eine Beobachtungshütte (4) mit Blick auf ein weiteres Gewässer mit Drosselrohrsängern und Eisvögeln. Nach weiteren 300 m und nun insgesamt 3 km Wegstrecke folgt man dem Rhäden-Rundweg rechts ab in Richtung Südosten vorbei an mehreren Angelteichen. Wer den Parkplatz in Obersuhl (2) als Startpunkt gewählt hat, trifft an dieser Stelle aus Richtung Nordosten auf den Rundweg. Nach 400 m wird das Gelände offener und man erblickt einen weiteren Beobachtungsstand, den man nach zusätzlichen 200 m erreicht. Von dieser etwas erhöht stehenden, geräumigen und mit zahlreichen Sitzgelegenheiten ausgestatteten „Beobachtungsstation" (5) hat man den besten Blick auf den vorgelagerten Großen Suhlsee. An dieser Stelle sollte man sich ausreichend Zeit nehmen. Die meisten Wasser- und Watvogelarten des Gebiets sind von hier aus zu entdecken. Während man auf thüringischer Seite steht, blickt man dabei über die ehemalige Grenze auf Wasserflächen auf hessischer Seite. Ein Spektiv ist zu empfehlen. Nach diesem Höhepunkt

Von der Beobachtungsstation im Osten des Rhäden lässt sich der Große Suhlsee ideal überblicken. Im Flachwasser lassen sich verschiedene Gänse, Enten, Reiher und Limikolen entdecken. Foto: C. König. 29.8.2020.

verläuft der Weg etwas abseits der Kernzone durch landwirtschaftlich genutzte Flächen im Südosten des Gebiets. Entlang der Bahnlinie erreicht man den Ortsrand von Dankmarshausen und biegt am Ende der Obersuhler Straße rechts ab auf den Rhädenweg. Etwa 2,2 km nach der Beobachtungsstation erreicht man die vierte Beobachtungseinrichtung des Rhäden von Obersuhl und Dankmarshausen, den Beobachtungsstand „An der Trift" (6). Von hier hat man einen herrlichen Blick auf den nördlich angrenzenden Flachwassersee. Durchs seichte Wasser streifen die Rinder und Ponys vorbei an zahllosen Graugänsen. Insgesamt kann ein ähnliches Artenspektrum erwartet werden wie am Großen Suhlsee. Je nach Wasserstand können die Flächen zur Limikolenbeobachtung sehr ergiebig sein. Im Winter ist dies die beste Stelle, um nach Bergpiepern Ausschau zu halten. Entlang des Rhäden-Rundwegs erreicht man 300 m später den Ausgangspunkt am Parkplatz.

Der Rundweg ist durchgehend gut beschildert. Zahlreiche Infotafeln vermitteln Detailinformationen über die Entwicklung des Gebiets. Wer sich über die aktuellen Beobachtungen informieren möchte, findet an zwei Stellen QR-Codes, über die sich per Smartphone die letzten Meldungen aus dem Gebiet abfragen lassen. Basis bilden die Beobachtungsmeldungen des Internetportals *ornitho.de*.

Weitere Freizeitmöglichkeiten

Rund 5 km vom Parkplatz am Rhäden entfernt befindet sich im Wildecker Ortsteil Obersuhl das 2005 eröffnete Grenzmuseum. Mithilfe von Fotos und Exponaten wird darin die Geschichte der innerdeutschen Grenze zwischen 1945 und 1989 erzählt. Ergänzt wird das Museum von einem 800 m langen Grenzlehrpfad, der 2009 im Rahmen einer Fest- und Gedenkwoche anlässlich zwanzig Jahren Öffnung der innerdeutschen Grenze eingeweiht wurde. Neben Resten von Grenzsperranlagen werden auf Infotafeln auch die Auswirkungen auf das Leben der Menschen beiderseits der Grenze erläutert.

Christopher König, Christoph Moning, Felix Weiß

Anfahrt

Mit Bahn und Bus

Der nächstgelegene Bahnhof ist Wildeck-Obersuhl. Von hier sind es 750 m Fußweg zum Parkplatz (2), von wo aus der Rhäden-Rundweg ausgeschildert ist.

Mit dem Auto

Den Wanderparkplatz Dankmarshausen (1) erreicht man über die A 4, Abfahrt 34 „Wildeck-Hönebach" und von dort auf der Thüringer Straße (L 2117) in Richtung Dankmarshausen. Der Parkplatz in Obersuhl (2) ist über die A 4, Abfahrt 35 „Wildeck-Obersuhl" zu erreichen. Von dort geht es über die Brücken- und Eisenacher Straße zum Rhädenweg.

Adressen

Gruppe für Naturschutz und Vogelkunde Wildeck e.V., Auweg 20, 36208 Wildeck-Obersuhl, nabu.wildeck@web.de; www.nabu-wildeck.de

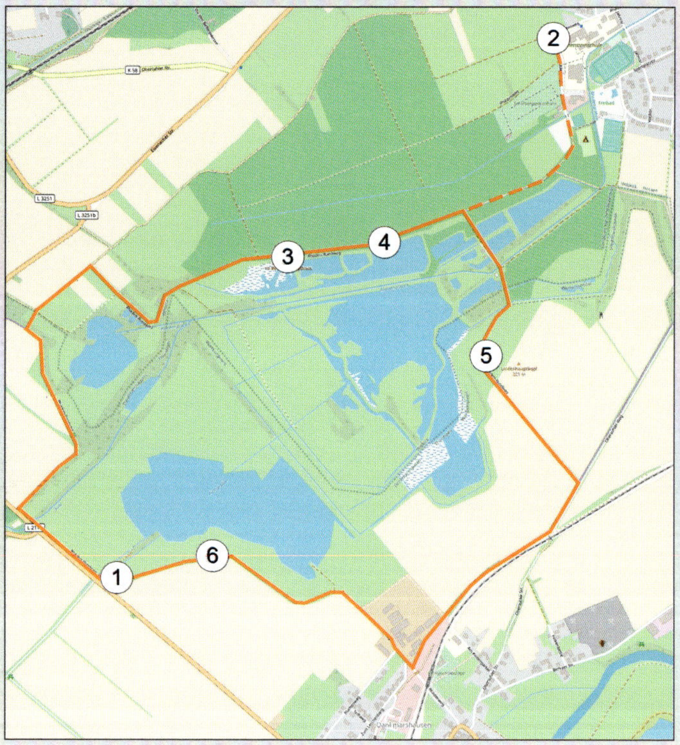

GPS		
Wanderparkplatz Dankmarshausen (1)	50°55'55" N	10°00'03" O
Beobachtungsturm Nordseite (3)	50°56'30" N	10°00'32" O
Beobachtungshütte Nordseite (4)	50°56'31" N	10°00'49" O
Beobachtungsstation Großer Suhlsee (5)	50°56'19" N	10°01'06" O
Beobachtungsstand „An der Trift" (6)	50°55'58" N	10°00'20" O

Sachsen

Tipp Nr.	Beobachtungsplatz
1	Das Biosphärenreservat Oberlausitzer Heide- und Teichlandschaft S. 146
2	Die Eschefelder Teiche S. 150
3	Das Europäische Vogelschutzgebiet Limbacher Teiche S. 154
4	Das Naturschutzgebiet Großhartmannsdorfer Großteich S. 159

Der Nebel lichtet sich über den Teichen. Letzte Limikolen und erste Wintergäste nutzen im Spätherbst die Teiche.
Foto: C. Wagner. Teichgebiet Zimpel, 13.11.2005.

Das Biosphärenreservat Oberlausitzer Heide- und Teichlandschaft

Im Land der 1000 Teiche

Die Oberlausitzer Heide- und Teichlandschaft liegt im Osten des Freistaats Sachsen zwischen Bautzen, Hoyerswerda und Niesky. Das Biosphärenreservat umfasst eine Fläche von 30 100 Hektar und ist nur dünn besiedelt. Viele Orte sind aus sorbischen Siedlungen hervorgegangen und glänzen mit gut erhaltenen historischen Dorfanlagen, ehemaligen Guts- und Herrenhäusern, kleinen Schlössern und Parks. Sie sind es, die neben der einmaligen und artenreichen Natur- und Kulturlandschaft den Reiz der Region ausmachen.

Landschaftsgeschichte und Lebensräume

Das Biosphärenreservat liegt im Urstromtal der Saaleeiszeit. Grundwassernahe Sanderhebungen wechseln mit flachen Talniederungen ab. Ursprünglich standen auf den trockenen Kuppen Birken und Eichen-Kiefernwälder während Auen- und Moorwälder sowie Erlen-Eschenwälder die Niederungen dominierten. Der Wandel zur Kulturlandschaft begann im frühen Mittelalter. Bereits um 600 erreichten sorbische Siedler das Gebiet. Sie rodeten im Laufe der Jahrhunderte die Trocken- und Feuchtwälder, nahmen das Land in Nutzung und gaben ihm seinen Namen „Lausitz“, was von Łužica kommt und mit Sumpfland übersetzt werden kann. Die Teichwirtschaft gelangte mit den Franken, die ungefähr ab dem Jahr 1000 einwanderten, in das Gebiet. Mit der Zeit wurden die durch ein kompliziertes Grabensystem mit den Flüssen Spree, Schwarzer Schöps und Kleine Spree verbundenen Teichgüter landschaftsprägend und ein wichtiger wirtschaftlicher Erwerbszweig.

Über tausend Teiche zählt man heute in der Lausitz. Sie machen das Gebiet laut Eigenwerbung zum größten wirtschaftlich genutzten Teichgebiet Europas. Hauptwirtschaftsfisch ist der Spiegelkarpfen. Auch Hecht, Zander und Wels werden gezüchtet. Trotz der langen Siedlungstätigkeit ist der Wald die vorherrschende Vegetationsform geblieben. Kiefern dominieren heute das Waldbild und stellen fast 80 % der Bäume. Landwirtschaft und Siedlungen bestimmen mit den Teichen das übrige Landschaftsbild. Die jahrhundertealte Kulturlandschaft bildet bis heute ein lebendiges Lebensraummosaik. Dies führte dazu, dass 1990 zentrale Bereiche des Naturraums unter Schutz gestellt wurden. 1994 erfolgte dann die einstweilige Sicherung und 1996 die Anerkennung des Biosphärenreservats durch die UNESCO. Im Gegensatz zu einem Nationalpark, in dem der Mensch nur Zuschauer sein soll, steht bei einem Biosphärenreservat die traditionelle Nutzung der Landschaft und der Erhalt der daran angepassten Tiere und Pflanzen im Vordergrund. So sind auch heute die 335 Teiche des Reservats in Betrieb. Sie

Schellenten, hier ein Weibchen, brüten mit 20 % des deutschen Brutbestands in der Oberlausitz.
Foto: C. Moning. München, 11.7.2009.

machen eine Fläche von 10 % des Biosphärenreservats aus.

Nördlich des Biosphärenreservats hat der Braunkohletagebau große Wunden in die Landschaft geschlagen. Die ausgebeuteten Restlöcher werden geflutet und bilden einen Teil der neuen Bergbaufolgelandschaft, die man zum Beispiel am ehemaligen Tagebau Bärwalde, dem heutigen Bärwalder See, oder am Tagebau Nochten südwestlich von Weißwasser besichtigen kann. Auch die militärische Nutzung hat eine lange Tradition in der Region und es kommt nicht von ungefähr, dass sich Deutschlands erste Wolfsrudel auf den relativ störungsarmen Übungsplätzen niedergelassen haben.

Sorben und Franken prägen noch heute die Regionalkultur, was sich nicht zuletzt in einer reichen Brauchtumspflege und, für Besucher besonders auffällig, in zweisprachigen Ortsschildern niederschlägt.

Besondere Vogelarten und Reisezeit

Die ungewöhnliche Vielfalt der unterschiedlichsten Landschaftselemente und die Lage am Ostrand Deutschlands führen dazu, dass das Biosphärenreservat sehr vogelartenreich und zu jeder Jahreszeit eine Reise wert ist. Unter die Brutvögel mischen sich Feuchtgebietsarten sowie Arten der Kulturlandschaft und östlich verbreitete Arten, die man im Westen von Deutschland nur selten antrifft. Typische Vertreter der Brutvogelfauna in den Teichgebieten sind Schellenten (10 % des deutschen Brutbestands), Zwerg- und Haubentaucher, Rohrdommeln, Rohrweihen, Kraniche, Wasserrallen, Eisvögel, Beutelmeisen und Drosselrohrsänger. Seeadler kann man ganzjährig beobachten. Beim Abfischen der Teiche versammeln sich bis zu 50 Individuen um einen Teich.

Auf den Teichdämmen mit ihren oftmals alten Eichen und in den Bruchwäldern findet man mit etwas Glück neben Grau- (selten), Grün-, Schwarz-, Bunt- und Kleinspechten auch Kuckucke und Pirole. Die besten Monate zur Beobachtung der Brutvogelarten sind Mai und Juni. Ebenfalls zu dieser Zeit kann man in den Randbereichen der Tagebaue (z. B. Bärwalde) Ziegenmelker, Turteltauben, Wiedehopfe, Raubwürger, Kolkraben, Heidelerchen, Sperbergrasmücken, Schwarzkehlchen, Steinschmätzer und Brachpieper beobachten. Weißstörche brüten in den Ortschaften, Rot- und Schwarzmilane patrouillieren über Felder und Gewässer.

Die Beobachtungsmöglichkeiten für Herbst- und Frühjahrszug sind nicht genau vorhersagbar. Die Verteilung der Arten ist immer abhängig von den Wasserständen in den Teichen. Auf den bespannten (gefluteten) Teichen herrschen Entenvögel vor, auf Teichen, die gerade abgelassen werden (meist ab September), wenn sie groß genug sind, Limikolen und oftmals große Ansammlungen von Silberreihern. Im Winter lohnen vor allem die großen Seen, wie der Bärwalder See oder die Talsperren Bautzen und Quitzdorf einen Besuch. Singschwäne, die in der Zwischenzeit mit zwei bis drei Brutpaaren im Biosphärenreservat vertreten sind, Gründel- und Tauchenten, Meeresenten, Säger und Seetaucher wird man mit Glück in der kalten Jahreszeit beobachten können.

Beobachtungsmöglichkeiten

Viele Teichgebiete lohnen einen Besuch; so zum Beispiel das Teichgebiet Mönau-Rauden (1), das Teichgebiet Zimpel (2) oder die Guttauer Teiche (3). Letztere sind durch einen Lehrpfad mit Beobach-

Typische Vogelarten im Biosphärenreservat Oberlausitzer Heide- und Teichlandschaft, deren Status und günstige Beobachtungszeit (in Klammern)
h = häufiger, r = regelmäßiger, s = seltener , J = Jahresvogel, B = Brutvogel, W= Wintergast, D = Durchzügler

Art	Status (beste Beobachtungszeit)
Beutelmeise	sB (April–Aug.)
Brachpieper	sB (Ende April–Aug.)
Bruchwasserläufer	hD (Mai, Aug./Sept.)
Drosselrohrsänger	rB (Mai–Aug.)
Dunkler Wasserläufer	rD (April und Aug.–Okt.)
Eisvogel	sB (ganzjährig)
Fischadler	sB, rD (April–Sept.)
Flussseeschwalbe	rB (Mai–Juli)
Grauammer	rB (März–Okt.)
Grünschenkel	rD (April/Mai)
Heidelerche	rB (Ende März–Sept.)
Kiebitz	sB, hD (Feb.–Nov.)
Knäkente	sB, rD (März–Aug.)
Kranich	rB, hD, sW (ganzjährig)
Löffelente	sB, rD (ganzjährig)
Nachtigall	sB (Mai–Aug.)
Neuntöter	hB (Mai–Aug.)
Raubwürger	sB, rW (ganzjährig)
Rohrdommel	sB (ganzjährig)
Rohrschwirl	sB (Mitte April–Juni)

Art	Status (beste Beobachtungszeit)
Rohrweihe	rB, rD (April–Sept.)
Rothalstaucher	sB, rD (April–Aug.)
Rotmilan	rB (März–Okt.)
Schellente	hB, hW (ganzjährig)
Schilfrohrsänger	sB (Mai–Aug.)
Schlagschwirl	sB (Mai–Juli)
Schwarzhalstaucher	sB (April–Okt.)
Schwarzkehlchen	sB (Mitte März–Okt.)
Schwarzmilan	rB (April–Aug.)
Seeadler	rB, rW (ganzjährig)
Silberreiher	rJ (ganzjährig)
Singschwan	sB, rW (Okt.–März)
Sperbergrasmücke	sB (Mitte Mai–Aug.)
Steinschmätzer	sB (April–Aug.)
Turteltaube	sB (Mai–Aug.)
Wasserralle	hB (ganzjährig)
Weißstorch	rB (April–Aug.(Sept.))
Wiedehopf	sB (Mitte April–Aug.)
Ziegenmelker	rB (Mai–Aug.)

Haubentaucher begegnen einem in den Teichgebieten regelmäßig.
Foto: C. Wagner. Bodensee, 11.5.2009.

tungshütten erschlossen. Der Bärwalder See (4) ist im Winter (Meeresenten, Seetaucher) und zur Brutzeit (Raubwürger, Heidelerche, Steinschmätzer) spannend. Gute Beobachtungsmöglichkeiten ergeben sich von seinem Südufer. Für einen guten Überblick über den Tagebau Nochten (5) mit seinen Trockenlandarten verlässt man die B 156 südlich von Weißwasser nach Süden.

Die Ratzener Teiche (6) findet man am Westrand des Biosphärenreservats. Sie sind aktuell bergrechtlich gesperrt. Es ist unbekannt, wann das Gebiet wieder freigegeben wird. Zwei besonders lohnende Ziele seien im Folgenden erwähnt.

Das Teichgebiet Drehna (7) besteht aus zum Teil sehr flachen Teichen, die teilweise schon im Sommer Schlickbänke freigeben und so Limikolen zur Rast einladen. Typische Brutvögel im Teichgebiet und dem angrenzenden wunderschönen Bruchwald sind Schnatterenten, Zwergtaucher, Rohrdommeln, Rohrweihen, Milane, Seeadler, Kraniche, Eisvögel, Beutelmeisen, Rohrschwirle, Drosselrohrsänger und im Umfeld Spechte, Heidelerchen und Braunkehlchen. Das Teichgebiet liegt südwestlich von Uhyst. Man verlässt den Ort auf der B 156 nach Westen, fährt an der großen Rechtskurve geradeaus nach „Hoyerswerda" und biegt kurz darauf nach links Richtung „Drehna" ab. Am Ende des Orts, an einer Wendeschleife, beginnen die Wege nach Südwesten und Südosten ins Gebiet.

Der Tauerwiesenteich (8) ist ein Flachsee mit einem schönen Beobachtungsturm und bietet ganzjährig lohnende Beobachtungsbedingungen, außer das Gewässer friert im Winter zu. Typischerweise kann man Seeadler, Kraniche, Flussseeschwalben und Eisvögel beobachten. In manchen Jahren brüten Zwergdommeln am Teich. Raubwürger sind meist das ganze Jahr im Gebiet. Im Herbst rasten mehrere Tausend nordische Gänse auf dem Teich. In der Nacht kann man am Beobachtungsturm den Waldkauz hören. In Förstgen, einem kleinen Ort 20 km nordöstlich von Bautzen an der K 8471, verlässt man die Kreisstraße nach Nordwesten. Durch den Ortskern hält man sich Richtung Zimpel und Tauer. 500 m nach dem Ortsausgang biegt man nach links in einen Waldweg ab. Nach ca. 200 m findet sich eine Parkmöglichkeit und 50 m weiter steht ein Beobachtungsturm. Zurück auf der Hauptstraße fährt man noch einmal 700 m weiter Richtung Tauer und erreicht so die auf der linken Seite liegende Kalkrampe, von der man den Teich ebenfalls überblicken kann.

Weitere Beobachtungs- und Freizeitmöglichkeiten

Die interessanten Beobachtungsgebiete enden nicht an der Grenze des Biosphärenreservats. Ein weiteres Wintergebiet ist die Talsperre Bautzen (9). Der See ist von verschiedenen Punkten einsehbar. Am einfachsten erreicht man einen großen Parkplatz am Ostufer des Sees. Von der A 4 Abfahrt „Bautzen Ost" fährt man auf der B 156 nach Norden und erreicht ihn linkerhand nach 1,5 km.

Ein sehr gutes Beobachtungsgebiet ist auch die Talsperre Quitzdorf (10). Sie liegt 20 km nordwestlich von Görlitz am Ostrand des Biosphärenreservats. Ursprünglich gebaut als Kühlwasserreservoir für das Braunkohlekraftwerk Boxberg, entstanden im Laufe der Zeit große Flachwasserbereiche und natürliche Verlandungszonen, die bei Niedrigwasser in weiten Teilen trocken fallen. Das Hauptbecken, das Teilbecken Reichendorf und der Neuteich Diehsa sind auf 1578 ha als Europäisches Vogelschutzgebiet ausgewiesen. Zur Brutzeit kann man mit Schellenten, Kormoranen, Rohrdommeln, Silberreihern, Fischadlern, Seeadlern, Kranichen und in der Flussseeschwalben- und Lachmöwenkolonie manches Jahr auch mit Schwarzhalstauchern rechnen. Zum Frühjahrs- und Herbstzug nutzen nordische Gänse, Enten, Limikolen und Seeschwalben in großer Zahl die nahrungsreichen Flächen zur Rast. Sehr interessant ist auch der Winteraspekt. Regelmäßig kommen hier Meeresenten, Säger, Lappen- und Seetaucher, Lach-, Sturm-, Silber-, Mittelmeer-, Steppen- (im Winter die häufigste Großmöwe) und Heringsmöwen sowie Bergpieper vor. Fischmöwen besuchen unregelmäßig und zwar vor allem Ende November bis Anfang Dezember den See. Die drei wichtigsten Beobachtungspunkte liegen im Süden der Talsperre. Das Teilbecken

Ausgedehnte Röhrichte sind ein Eldorado für Rohrweihe, Bartmeise und Co. Foto: C. Wagner. 13.11.2005.

Infomaterial/Literatur

Goedelt J 2001: Oberlausitzer Heide- und Teichlandschaft: Die Glückszahl 13 im deutschen Naturschutz. Falke 48: 282–288.

Hallfarth T, Flöter E, Hering J, Kronbach D, Nachtigall W, Ulbricht J, Zischewski M 2009: Ornithologische Beobachtungen 2006 in Sachsen. Rundschr. Ver. Sächs. Ornithol. 32: 6–58. www.vso-web.de.

Krüger S 2006: Die Vogelwelt ausgewählter ostsächsischer Bergbaufolgelandschaften. Selbstverlag, Hoyerswerda.

Wagner C, Moning C 2009: Vögel beobachten in Ostdeutschland. Kosmos, Stuttgart.

Reichendorf erwandert man am Besten von dem kleinen Sträßchen, das von der L 122 abzweigend zum Stausee Wacheberg/Niederschlesisches Feriendorf führt. Man folgt diesem kleinen Sträßchen für 1,1 km und parkt dann an der scharfen Rechtskurve. Geradeaus führt der Weg ins Gebiet. Ein weiterer sehr guter Beobachtungspunkt ist die Bungalowferiensiedlung Wacheberg, die am Ende dieser kleinen Straße liegt. Nicht fehlen sollte auch die Säuberg-Runde. Man erreicht den Säuberg von Diehsa aus. Im Ort orientiert man sich nach Osten Richtung Jänkendorf. 400 m weiter nimmt man die Straße nach links (Norden) Richtung Stausee und Säuberg. Nach 2,4 km ist die Straße gesperrt und man stellt das Auto am Wegrand ab. Den besten Blick hat man von der Spitze der nach Nordwesten in den See hineinragenden Halbinsel. Weitere Beobachtungspunkte rund um den See lohnen vor allem im Winter.

Regentage kann man nutzen, um die Städte Görlitz und Bautzen zu besichtigen. Bautzen ist als historische Hauptstadt der Oberlausitz politisches und kulturelles Zentrum der Sorben. Es besitzt einen eindrucksvollen 1000-jährigen Stadtkern. Görlitz ist die östlichste Stadt Deutschlands und blieb im Zweiten Weltkrieg von Zerstörungen fast völlig verschont. Nicht zuletzt deswegen sind alle wesentlichen Phasen der mitteleuropäischen Siedlungsentwicklung ohne größere bauliche Veränderungen erhalten und erfahrbar geblieben.

Christian Wagner, Christopher König, Christoph Moning, Felix Weiß

Anfahrt

GPS		
Mönau-Rauden (1)	51°20'02" N	14°30'12" O
Zimpel (2)	51°19'36" N	14°36'55" O
Guttauer Teiche (3)	51°15'28" N	14°34'18" O
Bärwalder See (4)	51°21'29" N	14°33'24" O
Tauerwiesenteich (6)	51°18'27" N	14°38'36" O
Ratzener Teiche (7)	51°22'58" N	14°24'34" O

Mit Bahn und Bus

Die Weitläufigkeit des Biosphärenreservats und die verstreute Lage der Teichgebiete begrenzen die Möglichkeiten, sich mit öffentlichen Verkehrsmitteln fortzubewegen. Bahnhöfe befinden sich in Mücka, Klitten, Uhyst, Lohsa, Königswartha, Weißwasser und Bautzen. Praktikabel, schön und abwechslungsreich ist die Fortbewegung mit dem Fahrrad. Über ein gut ausgebautes Radwegenetz erreicht man die Teichgebiete, deren Dämme meist frei begehbar und fahrradtauglich sind. Wer etwas mehr Zeit hat, kann den 2009 eröffneten, 90 km langen, Seeadlerrundweg mit verschiedenen Aussichtspunkten sowie Rastmöglichkeiten unter die Reifen nehmen. Er verbindet eine Vielzahl interessanter Teichgebiete miteinander.

Mit dem Auto

Im Süden wird das Biosphärenreservat durch die A 4 erschlossen. Sie ist das Einfallstor für Besucher aus Süd- und Westdeutschland. Von Berlin kommend erreicht man das Gebiet über die A 13 oder die A 15.

Adressen

Haus der Tausend Teiche

Warthaer Dorfstr. 29, 02694 Malschwitz OT Wartha, Tel.: 035932/3650, Internet: www.haus-der-tausend-teiche.de
Öffnungszeiten: Di. – So. 9 – 17 Uhr.

Modernes Informationszentrum mit interaktiver Ausstellung, Infomaterial und der Möglichkeit von Exkursionen für die ganze Familie.

NABU Fachgruppe Ornithologie Niesky, www.ornithologie-niesky.de; es werden unter anderem relativ zeitnah interessante Beobachtungen veröffentlicht.

Detailkarte Naturerlebnispfad Guttauer Teiche und Olbasee unter www.biosphaerenreservat-oberlausitz.de (auf Urlaub & Freizeit und dann Naturerlebnispfade klicken).

Ein Faltblatt zum Seeadlerrundweg gibt es unter: www.biosphärenreservat-oberlausitz.de/de/naturerlebnispfadseeadlerrundweg

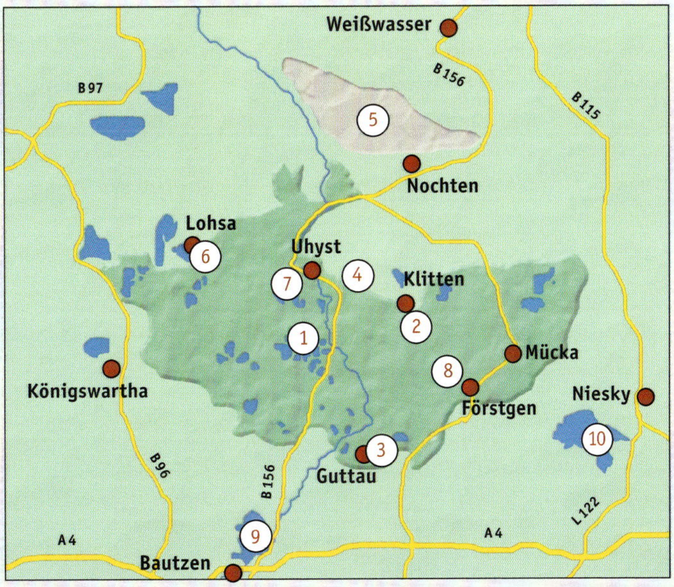

Blick von Westen über die Lachmöwen- und Schwarzhalstaucherkolonie des Großteichs.
Foto: C. Wagner. 24.5.2010.

Die Eschefelder Teiche

Ein Vogelparadies am Rande der Leipziger Tieflandsbucht

Auf halber Strecke zwischen Leipzig und Chemnitz, am Übergang der Leipziger Tieflandsbucht zum Sächsischen Burgen- und Heideland, liegen die Eschefelder Teiche. Die Teichgruppe erstreckt sich von Frohburg in westlicher Richtung bis zum namensgebenden Frohburger Ortsteil Eschefeld. Das gesamte Gebiet umfasst eine Fläche von 270 ha und ist als Naturschutzgebiet ausgewiesen. Bekanntheit haben die Teiche durch das Vorkommen von Schwarzhalstauchern, Schwarzkopfmöwen und die herbstlichen Gänseansammlungen erlangt.

Landschaftsgeschichte und Lebensräume

Die Eschefelder Teiche entstanden zur fischereiwirtschaftlichen Versorgung des Ritterguts Frohburg. Dieses wurde als romanischer Gebäudekomplex schon zwischen 1220 und 1250 gegründet. Um 1509 wurde die Erweiterung zu einer Vierflügelanlage abgeschlossen. 1544 erwarb Nickel von Techwitz den Gebäudekomplex und baute ihn endgültig zu einem Schloss aus. In den folgenden Jahrhunderten war sowohl die Geschichte der Besitzer als auch die Baugeschichte des Schlosses sehr wechselvoll. Es bildete bis 1945 das Zentrum eines der größten Rittergüter in Sachsen. 1945 wurde mit der Bodenreform die Familie Krug von Nidda und von Falkenstein enteignet. Die 977 ha Grundbesitz wurden an Landarbeiter und bodenarme Bauern aufgeteilt. Die Stadt Frohburg wurde Eigentümerin des Schlosses. Seit 2005 erfolgten dann Sanierungen der Außenfassaden, welche die Untersuchung vieler baugeschichtlicher Aspekte des Schlosskomplexes ermöglichten. Im Schloss ist ein Museum untergebracht, das besichtigt werden kann (siehe Adressen).

Die Eschefelder Teiche wurden im 15. und 16. Jahrhundert in einer flachen Mulde angelegt. Sie werden aus Niederschlagswasser gespeist. Das Pumpenhaus, das früher bei Bedarf Wasser aus der Wyhra in die Teiche gepumpt hat, wurde abgerissen. Die Teiche sind nährstoffreich und weisen eine gut ausgeprägte Unterwasser-, Schwimmblatt- und Röhrichtvegetation auf. Schlammbänke mit stickstoffliebenden Krautfluren runden das Lebensraumspektrum ab. Insgesamt sind acht Teiche erhalten geblieben. Der größte Teich ist der Großteich bei Eschefeld, an dem eine Möwenkolonie siedelt. Das Umland wird ackerbaulich genutzt, direkt in Teichnähe liegen auch Wiesen und Weiden. Gehölzreihen und -gruppen, darunter auch alte Obstbäume, lockern das Landschaftsbild auf.

Zentral befindet sich das Teichhaus, eine kleine Siedlung, die aus dem schon 1780 für die wirtschaftliche Nutzung errichteten Vierseithof entstanden ist. Ein Teilbereich wurde in den Neunzigerjahren saniert. Von 1992 bis April 1996 war das sanierte Gebäude ökologische Station und Teil der Volkshochschule des Landratsamts Leipziger Land. Im August 1996 übernahm dann der NABU Landesverband Sachsen e. V. das Gebäude. Mitarbeiter der Station bieten ein Umweltbildungsprogramm und ornithologische Exkursionen an. Der Station ist eine Gaststätte angeschlossen.

Schwarzhalstaucher brüten in einer individuenstarken Kolonie und sind einfach zu beobachten.
Foto: C. Wagner. Eschefelder Teiche, 24.5.2010.

Besondere Vogelarten und Reisezeit

Ein Besuch des Gebiets lohnt zu allen Jahreszeiten. Hier gibt es eine über 100-jährige Beobachtertradition und über 250 nachgewiesene Vogelarten. Nur wenn im Winter die Teiche zufrieren, wird es ruhig an den Eschefelder Teichen.

Eine individuenreiche Lachmöwenkolonie bietet Schutz für eine große Population von Schwarzhalstauchern. Auch einzelne Schwarzkopfmöwenpaare wird man mit etwas Geduld in dem lebhaften Treiben entdecken können. Weiterhin sind die Teiche Brutgebiet von Rohr- und Zwergdommeln sowie Rohrweihen und Schilfrohrsängern. Beutelmeisen, Bartmeisen und Blaukehlchen brüten in einzelnen Paaren. Die Brutvögel sind am besten zwischen April und Anfang Juni zu beobachten.

Zu den Zugzeiten kann man Fischadler, Sumpfseeschwalben, Sturm- und Zwergmöwen beobachten. Seeadler kommen häufig als Nahrungsgäste. Artenreich vertreten sind rastende Limikolen, die auf den teilweise abgelassenen Teichen ideale Rastbedingungen vorfinden. Typischerweise wird man Kiebitze, Flussregenpfeifer, Große Brachvögel, Bekassinen, Grünschenkel, Waldwasserläufer und Kampfläufer beobachten können. Regelmäßig rasten über 10 000 Wasservögel auf den Teichen. Zwischen den Bläss- und Saatgänsen im Oktober und November finden sich immer wieder auch seltenere Gäste wie Rothals-, Kurzschnabel- und Zwerggänse ein.

Blick durch das Spektiv auf das rege Leben in der Lachmöwen- und Schwarzhalstaucherkolonie.
Foto: C. Wagner. 24.5.2010.

Das Teichgebiet zeichnet sich von Juli bis Oktober als traditioneller Mauserplatz für Tafel-, Reiher, Löffel- und Krickenten aus. Die Moorente ist regelmäßiger Gast. Im Herbst sind bis zu 200 Silber- und 100 Graureiher auf Nahrungssuche. Selten aber regelmäßig sind Seidenreiher zu beobachten. Weithin bekannt ist der Aufenthalt von Rauchschwalben, Staren und Schafstelzen. Der Drosselsänger weist mit 26 Sängern eine hohe Dichte auf. Zur Limikolenrast sind seltene Gäste wie Sumpfläufer, Graubruststrandläufer, Teichwasserläufer und Odienshühnchen beobachtet worden.

Beobachtungsmöglichkeiten

Frohburg liegt circa 35 km südlich von Leipzig und 10 km südlich von Borna. Von Leipzig sind die Teiche mit dem Auto in 45 Minuten zu erreichen. Dazu fährt man die B 2 und die B 95 über Borna nach Frohburg bis zur Abzweigung Richtung „Pahna“ (1). An drei Stellen kann man an die Teiche heranfahren. Erstens folgt man von (1) der B 95 noch einmal 600 m nach Süden und parkt an einer Tankstelle am rechts abzweigenden Weg „Am Kalkbruch“ (2). Diesen Weg kann man nach Westen entlang der Teichgruppe gehen. Zweitens fährt man bei (1) die „Altenburger Straße“ Richtung „Pahna“ nach Westen. Nach 1,6 km zweigt die Stichstraße zur Naturschutzstation „Teichhaus Eschefeld“ ab. Die Naturschutzstation (3) liegt reizvoll am Rande des NSG. Von hier aus hat man einen zentralen Zugang zum Gebiet. Eine dritte Möglichkeit, an die Teiche zu gelangen, besteht von dem namensgebenden Ort Eschefeld aus. 1,5 km westlich von (3) folgt man der nach links abbiegenden Hauptstraße nach „Altenburg“ und biegt nach 200 m, am Beginn des Orts, nach links in einen Feldweg ein. Dieser führt zu den Teichen. Von hier blickt man nach Osten auf die Lachmöwenkolo-

Typische Vogelarten an den Eschefelder Teichen, deren Status und günstige Beobachtungszeit (in Klammern)
h = häufiger, r = regelmäßiger, s = seltener; B = Brutvogel, W= Wintergast, D = Durchzügler, N = Nahrungsgast

Art	Status (beste Beobachtungszeit)
Bartmeise	sB, sW (ganzjährig)
Bekassine	hD (Mitte März–Mai, Sept.–Nov.)
Beutelmeise	sB, sD (April–Aug.)
Blaukehlchen	sB (März–Aug.)
Blässgans	hW (Mitte Okt.–März)
Drosselrohrsänger	hB (Mai–Aug.)
Feldlerche	hB, hD (März–Nov.)
Fischadler	rN, rD (März–Okt.)
Haubentaucher	rB, rW (ganzjährig)
Kiebitz	hD (März–Nov.)
Knäkente	sB, rD (März–Sept.)
Kolbenente	rD (März–Okt.)
Lachmöwe	hB, hD, hW (ganzjährig)
Löffelente	sB, rD (März–Dez.)
Nilgans	B, sW (ganzjährig)

Art	Status (beste Beobachtungszeit)
Rohrdommel	sB, sW (ganzjährig)
Rohrschwirl	rB (Ende April–Aug.)
Rohrweihe	sB, rD (März–Okt.)
Rothalstaucher	sD (April–Aug.)
Saatgans	hW (Mitte Okt.–März)
Schilfrohrsänger	sB (Ende April–Aug.)
Schwarzhalstaucher	hB (April–Okt.)
Schwarzkopfmöwe	sB (April–Juli)
Seeadler	rN, sW (Juli–April)
Singschwan	rD (Okt.–März.)
Spießente	rD, sW (Aug.–März)
Trauerseeschwalbe	rD (April–Mai, Aug.–Sept.)
Wasserralle	rB, rW (ganzjährig)
Weißstorch	sB (April–Aug. (Sept.))
Zwergdommel	sB, sW (Mitte Mai–Aug.)

nie mit den Schwarzhalstauchern und Schwarzkopfmöwen. Ein Fußweg führt am Nordrand des großen Teichs, allerdings ohne gute Sicht auf den See zur Naturschutzstation (3). Die im Herbst rastenden Gänse gehen gern im landwirtschaftlich genutzten Umfeld der Teiche vor allem südlich des Gebiets (5) auf Nahrungssuche und schlafen auf den Teichen.

Weitere Freizeitmöglichkeiten

Die Eschefelder Teiche sind zwar ein feines, aber auch kleines Beobachtungsgebiet. So wird man bei einem Tagesausflug noch weitere Exkursionspunkte anfahren können. Die Nächstgelegenen sind die Talsperre Windischleuba, die Haselbacher Teiche, der ehemalige Tagebau Haselbach, das Speicherbecken Borna und die Talsperre Schömbach.

Die Talsperre Windischleuba befindet sich nur wenige Kilometer westlich der Eschefelder Teiche und 4 km nordöstlich von Altenburg in Thüringen. Sie ist unter anderem Brutgebiet von Fischadlern und Kleinen Sumpfhühnern und sollte unbedingt auch besucht werden. Den besten Blick hat man vom Sperrwerk südlich von Fockendorf (6) aus. Mittags herrscht hier Gegenlicht. Die Talsperre gehört zusammen mit dem Umfeld, in dem sich weitere Teiche befinden, zu den drei besten Feuchtgebieten in Thüringen. Die Haselbacher Teiche sind ein sehr gutes Schilfgebiet mit Zwerg- und Rohrdommelvorkommen, mit Bart- und Beutelmeisen, sowie mit Rohrschwirlen und Blaukehlchen. Die Haselbacher Teiche liegen direkt östlich von Haselbach. Zwischen Wildenhain und Regis-Breitingen liegt mit dem Haselbacher See ein tiefes Gewässer, das vor allem im Winterhalbjahr lohnt. Dann besuchen Seetaucher, Meeresenten, Lappentaucher und Möwen das Gewässer. Die Talsperre Schömbach liegt 7,5 km südlich von Frohburg. Einen ersten Eindruck bekommt man von einem Beobachtungspunkt in Altmörbitz von der Landestalsperrenverwaltung aus (ausgeschildert von der Hauptstraße aus). Der südliche Teil der Talsperre ist durch einen Querdamm vom Hauptbecken abgetrennt. Diesen begehbaren Querdamm erreicht man von Neuenmörbitz aus. Verschiedene Rallenarten, wie Wasserrallen und Tüpfelsumpfhühner, aber auch Eisvögel, Beutelmeisen und Drosselrohrsänger brüten in den dammnahen Röhrichten. Der westlich anschließende Leinawald lohnt einen Besuch. Dort brüten Wespenbussarde, Habichte, Seeadler sowie Grau-, Schwarz- und Mittelspechte. Teile des Gebiets sind zur Brutzeit von Februar bis Juni für den Besucherverkehr gesperrt.

Wer mehrere Tage im Großraum Leipzig verbringen möchte, der sollte sein Quartier in Leipzig aufschlagen. Die Stadt entwickelte sich seit der Verleihung des Stadtrechts und der Marktprivilegien um das Jahr 1165 zu einem wichtigen Handelszentrum und einer bedeutenden Messestadt. Die Leipziger Messe ist auch heute ein international bekannter Messeplatz. Neben Frankfurt am Main ist die Stadt ein historisches Zentrum des Buchdrucks und -handels. Außerdem befinden sich in Leipzig eine der ältesten Universitäten sowie die ältesten Hochschulen für Handel und Musik Deutschlands. Leipzig besitzt noch einen beträchtlichen Teil der Vorkriegsbebauung, die aus der Gründerzeit stammt. Sie wurde nach der Wende aufwändig restauriert. Nicht zuletzt aufgrund der Tradition als alte Universitäts- und Messestadt mit einem wohlhabenden Bürgertum hat Leipzig eine große Anzahl bedeutender Sehenswürdigkeiten und Sammlungen.

Christian Wagner, Christopher König, Christoph Moning, Felix Weiß

Infomaterial/Literatur

Wagner C, Moning C 2009: Vögel beobachten in Ostdeutschland – Die besten Beobachtungsgebiete zwischen Rügen und Thüringer Wald. Frankh-Kosmos-Verlag, Stuttgart.

Aus den weiten Röhrichten an Streckteich und Vorwärmer erklingt im Frühjahr der dumpfe Gesang der Rohrdommel.
Foto: C. Wagner. 24.5.2010.

Anfahrt

Mit Bahn und Bus:

Die Mitteldeutsche Regiobahn fährt von Leipzig aus Frohburg an. Vom Bahnhof erreicht man das Teichgebiet durch einen 2,5 km langen Fußmarsch. Eine Bushaltestelle findet man 500 m nördlich des Zugangs zum Teichgebiet.

Mit dem Auto

Über die B 2 und die B 95 erreicht man Frohburg von Leipzig Mitte in weniger als 45 Minuten.

Adressen

Naturschutzstation „Teichhaus Eschefeld“, Teichhaus 1, 04654 Frohburg, Tel.: 034348/53895, teichhaus@NABU-Sachsen.de; www.teichhaus-eschefeld.nabu-sachsen.de

Gasthaus und Pension „Teichhaus Eschefeld“, Teichhaus 1, 04654 Frohburg, Tel.: 034348/51317.

Schloss Frohburg, Florian-Geyer-Straße 1, 04654 Frohburg, www.museum-schloss-frohburg.de, laut Eigenwerbung beherbergt das Museum Kunst und Kultur in historischem Ambiente sowie attraktive, kunst- und kulturgeschichtlich einzigartige Dauerausstellungen und Ausstellungsbereiche.

Öffnungszeiten Museum:
Di–Fr: 9:30 – 12 und13:30 – 16 Uhr,
Mai – Sept. auch So 11 – 17 Uhr,
Montag und Samstag geschlossen.

GPS

Parkplatz Frohburg (2)	51°02'56" N	12°33'22" O
Teichhaus (3)	51°02'49" N	12°32'08" O
Parkmöglichkeit Eschefeld (4)	51°02'34" N	12°31'05" O

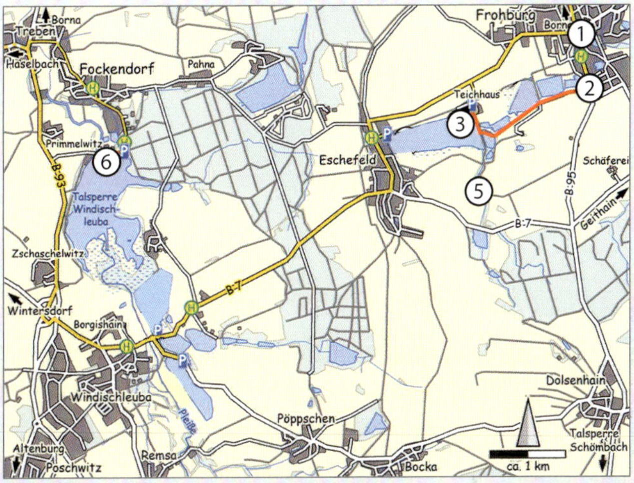

Der Leinawald westlich der Talsperre Schömbach beherbergt Habichte, Mittelspechte und viele weitere seltene Waldvogelarten.
Foto: C. Wagner. Neuenmörbitz, 24.5.2010.

Der Große Teich beherbergt eine Lachmöwenkolonie und bietet vielen Reiherenten Brutmöglichkeiten.

Foto: J. Hering. Limbacher Teiche, 11.4.2005.

Das Europäische Vogelschutzgebiet „Limbacher Teiche"

Teich- und Feuchtwiesenlandschaft im Erzgebirgsvorland

Im Landkreis Zwickau südlich der Großen Kreisstadt Limbach-Oberfrohna liegt mit den Limbacher Teichen eines der bedeutendsten Feuchtgebiete Südwestsachsens, das für viele Wasservogelarten ein Magnet im insgesamt stillgewässerarmen Erzgebirgsvorland ist. Seine Lachmöwenkolonie und die jahrzehntelange Forschung an Zwergschnepfen machten die Limbacher Teiche in Ornithologenkreisen bekannt. Über 230 Vogelarten sind nachgewiesen, von denen 90 Arten regelmäßig brüten. 2006 erfolgte die Unterschutzstellung des biotopreichen Areals als Vogelschutzgebiet und 2011 als FFH-Gebiet.

Insbesondere der Große Teich im Nordosten des Vogelschutzgebietes hat besondere Bedeutung für die Vogelwelt. Erstmals wird das etwa 9 ha große Gewässer 1596, zur Zeit der Teilung des Limbacher Rittergutes, urkundlich erwähnt. Fünfzehn Jahre später lag der Teich trocken und es wurde Hafer auf dessen Sohle angebaut. Ab 1746 staute sich dann wieder Wasser am Hauptdamm und es konnte Fischzucht betrieben werden. 1892 wurde zudem am Nordufer ein städtisches Freibad eröffnet, dessen Betrieb erst 2009 endete. Die noch vor wenigen Jahren praktizierte intensive Karpfenhaltung erfolgt heute extensiv.

Das naturkundliche bzw. jagdliche Interesse am Großen Teich lässt sich bis in das Jahr 1845 zurückverfolgen. Oskar Brehm, der Bruder des berühmten Zoologen und Forschungsreisenden Alfred Edmund Brehm, war in Limbach für kurze Zeit als Apothekergehilfe tätig und schoss im September 1845 hier einen Ohrentaucher. Auch der Limbacher Fabrikant Robert Berghänel ging Ende des 19. Jahrhunderts im Limbacher Teichgebiet als Jäger auf Pirsch und legte dabei eine reichhaltige Vogelsammlung an. Eine rechtskräftige Unterschutzstellung erfolgte erst 1993 als Flächennaturdenkmal.

Von der Unteren Naturschutzbehörde veranlasst, finden seit Jahren gezielte Biotoppflege- und Biotopgestaltungsmaßnahmen sowie Artenschutzmaßnahmen zur Erhaltung und zur Förderung von Fauna und Flora des Großen Teiches statt. Dazu zählen die jährliche Absenkung des Wasserspiegels von September bis November zur Schaffung einer circa 10 bis 15 m breiten Schlammfläche als Rast- und Nahrungshabitat für Limikolen und Gründelenten und der regelmäßige Gehölzrückschnitt in den Wintermonaten unter anderem auf der Brutvogelinsel zur Freihaltung der Wasservogelbrutplätze. Regelmäßig abgelassen wird das Gewässer zudem zur Kontrolle des Wildfischbestandes und zur Bekämpfung von Neozoen, insbesondere Schmuckschildkröten. Des Weiteren finden ganzjährig diverse Monitoring-Programme zur Erfassung der Brut- und Rastvogelarten statt, vor allem der Arten nach Anhang I der Europäischen Vogelschutzrichtlinie.

Untersuchungen zu Zwergschnepfen an den Limbacher Teichen haben wesentliche Erkenntnisse zum Überwinterungsverhalten der Art zutage gefördert.

Foto: C. Moning. Helgoland, 7.10.2007.

Zu den erfolgreichsten Renaturierungsmaßnahmen in der Chemnitzer Region zählt zweifellos die Wiedervernässung des Lohteichtales im mittleren Teil des Vogelschutzgebietes. Innerhalb von nur wenigen Jahren entwickelte sich hier wieder eine reich strukturierte Feuchtwiese, die 2000 zum Flächennaturdenkmal erklärt wurde. Vermutlich bis in die 1930er Jahre existierten auf dem rund 10 ha großen Areal mehrere kleine Teiche, die der Fischzucht dienten. Später verlandeten die Gewässer oder wurden zum Zweck der Wiesennutzung trockengelegt. In der nachfolgenden Zeit bis 1987 waren große Bereiche des Lohteichtales feuchtes Dauergrünland. Aufgrund des wasserstauenden Untergrundes und defekter Drainage entwickelten sich an mehreren Stellen Nasswiesenstrukturen, die insbesondere für verschiedene Wiesenvogelarten wie Kiebitze und Bekassinen von Bedeutung waren. Die sich für den Natur- und Artenschutz so positiv entwickelnde Wiesenlandschaft passte allerdings nicht in das Nutzungskonzept der damaligen Landwirtschaftlichen Produktionsgenossenschaft. Ein großangelegtes Entwässerungsprojekt 1987 konnte trotz der Proteste von Naturschützern und Ornithologen nicht verhindert werden. Von nun an prägte Ackerbau das Gelände. Unter Einsatz von reichlich Mineraldünger und Pestiziden wurden Hafer, Wintergerste und Raps angebaut.

Das Lohteichtal sollte aber nicht lange auf seine „Wiederbelebung“ warten. 1992 wurde im damaligen Staatlichen Umweltfachamt Chemnitz der Gedanke gefasst, die Fläche zu renaturieren. Die Genehmigungsbehörden erkannten nach längerer Überzeugungsarbeit die Sinnhaftigkeit des Vorhabens, sodass 1994 nach der Einigung mit den Flächeneigentümern und unter dem Einsatz von Fördermitteln des Freistaates Sachsen die Umsetzung begann. Nach einer letzten Rapsernte wurden die Drainageeinrichtungen zurückgebaut und ein tiefer Entwässerungsgraben verfüllt und dort ein flaches, mäandrierendes Gewässer angelegt. Die Erwartung, eines Tages wieder eine artenreiche Nasswiese vorzufinden, erfüllte sich rasch. An vielen Stellen setzte sofort die Wiedervernässung ein, es entstanden großflächige Binsenfluren und inselartig Rohrkolbenbestände. Seitdem wird zur Pflege und Entwicklung die Fläche nach Ende der Brutzeit zweimal jährlich gemäht, nach Bedarf Gehölzaufwuchs geschnitten und teilweise extensiv beweidet.

Vermutlich noch Anfang der 1960er Jahre blühten zahlreiche Knabenkräuter auf den zum Limbacher Teichgebiet gehörenden Wiesen südlich des Stadt- und Tierparks. Auf dem ehemals artenreichen Grünland erstreckt sich heute großflächig Schilf. Doch ist

Typische Vogelarten an den Limbacher Teichen, deren Status und günstige Beobachtungszeit (in Klammern)
h = häufiger, r = regelmäßiger, s = seltener; B = Brutvogel, W = Wintergast, D = Durchzügler, N = Nahrungsgast

Art	Status (beste Beobachtungszeit)
Tafelente	rB, rD (Mrz.–Okt.)
Reiherente	hB, hD (Mrz.–Okt.)
Zwergtaucher	rB, rD (Mrz.–Okt.)
Schwarzhalstaucher	sB, sD (Apr.–Aug.)
Weißstorch	rN (Apr.–Sep.)
Rotmilan	sB, rD (Mrz.–Okt.)
Rohrweihe	sB, rD (Apr.–Sep.)
Wasserralle	rB, rD (Apr.–Okt.)
Flussregenpfeifer	sB, sD (Apr.–Aug.)

Art	Status (beste Beobachtungszeit)
Bekassine	rD, rW (Jan./Apr.–Okt./Dez.)
Zwergschnepfe	rD, rW (Jan./Apr.–Okt./Dez.)
Lachmöwe	hB, rD (Mrz.–Aug.)
Eisvogel	sB, rN (ganzjährig)
Pirol	rB, rD (Mai–Jul.)
Neuntöter	hB, rD (Mai–Aug.)
Drosselrohrsänger	sB, rD (Mai–Jun.)
Teichrohrsänger	hB, hD (Mai–Aug.)

dieser Röhrichtbestand nicht minder von ökologischer Bedeutung. Insbesondere sind es Röhricht bewohnende Vogelarten, die in dem seit 1993 unter Naturschutz stehenden Gebiet einen optimalen Lebensraum finden. Unmittelbar angrenzend an das Landschilf befindet sich in östlicher Richtung eine der größten und wertvollsten Nasswiesen im Vogelschutzgebiet. Diese wird hauptsächlich vom Wasser des Großen Teiches gespeist, aber auch alte, nicht mehr genutzte Brauchwasserleitungen lassen an defekten Stellen in der Wiese reichlich Wasser quellen.

Um diesen vielstrukturierten Teilbereich des Vogelschutzgebietes zu erhalten und zu entwickeln, engagiert sich hier der NABU-Regionalverband Erzgebirgsvorland durch Pflegearbeiten. Aufgrund der notwendigen, aber immer schwieriger werdenden Feuchtwiesenmahd wurden über mehrere Jahre auch Wasserbüffel zur Pflege eingesetzt. Schwerwiegende Probleme mit Fördermitteln ließen allerdings eine Fortführung des erfolgreichen Projektes nicht mehr zu, sodass durch ausbleibende Beweidung bzw. Mahd die Zukunft des Limikolenrastplatzes infrage steht.

Neuntöter sind Charaktervögel der Hecken an den Limbacher Teichen.

Foto: C. Moning. Hachinger Landschaftspark, 23.6.2010.

Besondere Vogelarten und Reisezeit

Herausragend und damit gebietsprägend ist die Wasservogelwelt des Großen Teiches und der unmittelbaren Umgebung. So konnten bisher circa 50 Brutvogelarten für diesen Teil des Vogelschutzgebietes nachgewiesen werden. Charakteristisch sind unter anderem Höckerschwäne, Nilgänse, Haubentaucher, Teichrohrsänger, Dorngrasmücken, Kuckucke und Rohrammern. Eine besondere Bedeutung als Brutstätte für Wasservögel hat die inmitten des Teiches liegende Insel, die im Rahmen einer Ausgleichsmaßnahme 1992 angelegt wurde. Seit 2001 ist an diesem Ort von Mitte März bis Ende Juli Möwengeschrei zu hören. Seit 2003 brüten hier Lachmöwen mit derzeit 200 bis 300 Paaren. Seit 2011 werden Jungvögel mit farbigen Kennringen versehen, die mittlerweile in vielen europäischen Ländern sowie in anderen Teilen Deutschlands abgelesen werden konnten. Von der von Prädatoren freien Insel profitieren neben Lachmöwen ganz besonders auch Reiherenten. So konnten beispielsweise im Juli 2011 mindestens 44 bebrütete

Die Meinsdorfer Wiesen beherbergen Brutvorkommen von Wachtelkönigen und Sperbergrasmücken.

Foto: J. Hering. Limbacher Teiche, 7.6.2016.

Gelege mit 501 Eiern gezählt werden. Das bisher größte festgestellte Gelege zählte 41 Eier, wobei sicher mehrere Weibchen daran beteiligt waren. Auch Schwarzhalstaucher und Tafelenten brüten im Schutz der Lachmöwenkolonie.

Der Große Teich ist zudem als Mauser-, Durchzugs- und Rastgewässer mit etwa 200 registrierten Arten überregional bedeutsam. Besonders bei abgesenktem Wasserstand und dadurch freiliegenden Schlammflächen sind in den Herbstmonaten oft beachtliche Trupps verschiedener Entenvögel und teilweise zahlreiche Limikolen anwesend.

Schon kurze Zeit nach der Wiedervernässung des Lohteichtals kehrte ein Teil der ehemaligen Brut- und Rastvögel zurück, darunter seit 1996 auch Wachtelkönige. Zu den Brutvogelarten zählen jeweils mit mehreren Paaren Sumpfrohrsänger, Dorngrasmücken und Rohrammern sowie in den umgebenden Hecken Neuntöter. Zu den Zugzeiten ist die Feuchtwiese ein Anziehungspunkt, insbesondere für Limikolen. Oft rasten Bekassinen und Zwergschnepfen. Beide Arten sind hier auch im Winter regelmäßig anzutreffen. Durch stete Beobachtungen der im Gebiet aktiven Ornithologen gelangen in den letzten Jahren auch mehrmals Nachweise von Tüpfelsumpfhühnern, Sumpfohreulen und sogar Doppelschnepfen.

Im Landschilf im Norden des Gebietes, einem der größten zusammenhängenden Bestände im Landkreis Zwickau, brüten neben Teichrohrsängern und Rohrammern neuerdings auch Drosselrohrsänger sowie Blaukehlchen. Dazu kommen mindestens zwei Wasserrallenpaare sowie selten auch Rohrweihen und Schlagschwirle, während Beutelmeisen hier ehemals regelmäßig nisteten und 2001 letztmalig als Brutvogel festgestellt wurden.

Des Weiteren ist dieser Feuchtgebietskomplex für eine Vielzahl durchziehender und rastender Kleinvogelarten von Bedeutung. Ein unter der Obhut des Ornithologen Dieter Kronbach nun schon seit über zwanzig Jahren laufendes Beringungsprogramm (Integriertes Monitoring von Singvogelpopulationen, IMS) erfasst Durchzügler wie auch Brutvögel, um schlüssige Aussagen über Bestandsveränderungen einzelner Vogelarten treffen zu können. Dagegen ist die an das Schilf angrenzende Nasswiese vor allem während der kalten Jahreszeit von ornithologischem Interesse. Aus nordischen Brutgebieten kommend, rasten und überwintern hier wie auch im Lohteichtal alljährlich Bekassinen und Zwergschnepfen. Die Ergebnisse umfassender Beringungsarbeit an den Zwergschnepfen zeigen, dass einzelne Vögel über mehrere Jahre immer wieder die gleiche Raststelle aufsuchen.

Im Bereich der Rußdorf-Meinsdorfer Wiesen profitieren von der extensiven Pflege in Kombination mit der Störungsarmut unter anderem mehrere Offenlandarten, darunter bis zu zwei singende Wachtelkönige. Die stets spät durchgeführte Mahd lässt wie auch bei den Wachteln eine hohe Reproduktionsrate erwarten. Neuerdings konnten hier auch mehrfach Sperbergrasmücken nachgewiesen werden. Beachtlich ist auch die hohe Brutdichte von Neuntötern, Dorngrasmücken und Goldammern sowie die Bedeutung als Nahrungshabitat, zum Beispiel für die in der Region nistenden Weißstörche. Negativ ist dagegen der Bestandsverlauf beim Kiebitz. Die ehemals an mehreren Stellen kolonieartig im Teichgebiet brütende Limikolenart ist heute als Brutvogel verschwunden.

Unmittelbar an diese offene Wiesenlandschaft grenzen in östlicher Richtung der Große und der Kleine Mühlteich, die sich seit einigen Jahren ebenfalls im Eigentum des NABU befinden. Nach der Übernahme der ehemals intensiv genutzten Karpfenzuchtteiche durch den Naturschutzverein kam es zu mehreren Biotopgestaltungen, wie zum Beispiel Inselbau und Schilfansiedlung. Dadurch verbesserte sich innerhalb kurzer Zeit in den Gewässern maßgeblich die Verlandungs-, Schwimmblatt- und Unterwasservegetation. Zu den Profiteuren gehören Brutvogelarten wie Reiherente, Zwergtaucher, Eisvogel und Drosselrohrsänger. Überraschend und erstmalig gelang in diesem Teil des Schutzgebietes im Frühjahr 2016 der Nachweis von Fischottern. Südlich

Der Große Teich im Gebiet der Limbacher Teiche hat eine besondere Bedeutung als Brutplatz für Reiherenten.
Foto: C. Moning, München, 11.7.2009.

der Mühlteiche ist ein kleiner Hallen-Buchenwald erwähnenswert, in dem neuerdings Schwarzspechte brüten.

Beobachtungsmöglichkeiten

Ausgangspunkt für Beobachtungen an den Limbacher Teichen ist der Parkplatz am Stadtpark nahe dem Tennisplatz am südlichen Stadtrand von Limbach-Oberfrohna. Nach Südosten am Rand der Nasswiese am Landschilfbestand (1) folgt man einem Pfad, der an einer ehemaligen Halde nach links abbiegt und wenig später auf die Zufahrtsstraße zum Saunabad Großer Teich stößt. An dem Bad beginnt dann ausgeschildert ein gut ausgebauter Naturlehrpfad, der durch das Gebiet führt. Zunächst geht man auf dem Hauptdamm des Großen Teiches, von dem aus ein weiter Blick über das Gewässer mit der Brutvogelinsel und seiner Lachmöwenkolonie möglich ist (2). Am südlichen Ufer des Teiches verläuft der Pfad dann entlang einer Hecke nach Südwesten zwischen den zur Karpfenzucht genutzten Schimmels Teichen, die unter anderem ein Hauptbrutplatz von Reiher- und Tafelenten sind, und der Renaturierungsfläche Lohteichtal mit einem großen Feuchtwiesenkomplex, wo im Frühjahr und Sommer Wachtelkönige und Wasserrallen zu hören sind (3). Von hier aus verläuft der Weg durch einen Ausläufer des Rußdorfer Holzes, bis schließlich die Mühlteiche erreicht werden. An den mit Schilf bewachsenen Teichen können zur Brutzeit die Gesänge von Teich- und Drosselrohrsängern vernommen werden (4). Nun folgt man dem Naturlehrpfad nach Nordwesten, wo man an einer Informationstafel nach rechts abbiegt. Auch hier bestimmt wieder eine Hecke mit Neuntötern und Goldammern den Streckenverlauf. Angekommen an einer Wegegabelung mit Sicht auf ein nördlich gelegenes Weißstorchnest (5), geht man nach rechts, wo nördlich der Schimmels Teiche wieder Landschilf und Nasswiesen mit Rast- und Überwinterungsstellen von Bekassinen und Zwergschnepfen erkennbar sind. Von hier aus folgt man dem Weg wieder hin zur Sauna und zurück zum Parkplatz.

Christoph Moning, Jens Hering, Christopher König, Felix Weiß

Anfahrt

Mit Bahn und Bus

Mit öffentlichen Verkehrsmitteln ist eine Exkursion nur in Kombination mit einem Fahrrad zu empfehlen. Eine nahe gelegene Bushaltestelle befindet sich im unmittelbar an das Teichgebiet angrenzenden Wohngebiet „Am Wasserturm".

Mit dem Auto

Die Anfahrt ist über die Autobahnen A 4 und A 72 möglich. Von der jeweiligen Abfahrt erreicht man das Stadtzentrum von Limbach-Oberfrohna, von wo aus der Stadt- und Tierpark ausgeschildert sind.

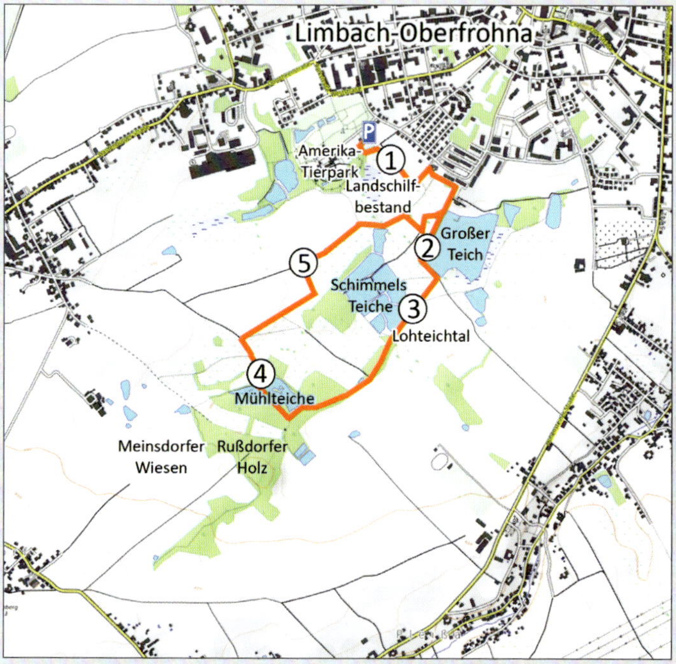

GPS		
Parkplatz am Stadtpark Limbach-Oberfrohna (Tennisplatz)	50°51'12" N	12°45'17" O

Infomaterial/Literatur

Hering J 2001: Flächennaturdenkmal Großer Teich. Schutzgebiete im Limbacher Land, Teil 19. – Spuren zwischen Limbacher Land und Zwickauer Mulde 3/2001: 24–26.

Hering J 2004: Die Lachmöwe (*Larus ridibundus*) als Brutvogel in Südwestsachsen. Mitt. Ver. Sächs. Ornithol. 9: 359–378.

Hering J 2004: Oskar Brehm 1845 in Limbach Apothekergehilfe. Spuren zwischen Limbacher Land und Zwickauer Mulde 1/2004: 5–8.

Hering J 2016: Das Europäische Vogelschutzgebiet „Limbacher Teiche". Eine bedeutende Teich- und Feuchtwiesenlandschaft in Südwestsachsen. Sächsische Heimatblätter 62: 316–322.

Hering J, Kronbach D 2007: Die Häufigkeit der Zwergschnepfe *Lymnocryptes minimus* als Durchzügler und Wintergast in Südwest-Sachsen. Limicola 21: 257–286.

Hering J, Kronbach D 2009: Stecknadeln im Sumpf – Auf der Suche nach Zwergschnepfen. Falke 56: 154–157.

Von der Beobachtungskanzel am Südufer aus kann der Großhartmannsdorfer Großteich fast vollständig eingesehen werden.

Foto: U. Kolbe. 31.5.2023.

Das Naturschutzgebiet Großhartmannsdorfer Großteich

Artenvielfalt auf engem Raum

Wenig südlich der Stadt Freiberg befindet sich mit den Großhartmannsdorfer Teichen der bedeutsamste Teil des FFH-Gebietes „Freiberger Bergwerksteiche". Im europäischen Schutzgebietsnetz Natura 2000 ist wegen seiner überragenden Bedeutung für die Vogelwelt der „Großhartmannsdorfer Großteich" (offiziell als „Unterer Großhartmannsdorfer Teich" bezeichnet) darüber hinaus als SPA-Gebiet ausgewiesen worden und steht seit 1967 als NSG unter Naturschutz. Richard Heyder, Sachsens bedeutendster Ornithologe im 20. Jahrhundert und Mitbegründer des Vereins Sächsischer Ornithologen, wusste bereits vor über 100 Jahren um die Artenvielfalt und die hohe Schutzwürdigkeit des Teiches. Seither lockt die für das Erzgebirge ungewöhnlich hohe Artenvielfalt Ornithologen und Naturfreunde aus ganz Sachsen und darüber hinaus an.

Ursprünglich war das Areal des heutigen Großhartmannsdorfer Großteiches zu weiten Teilen ein Quellmulden-Hochmoor, das in einer nassen Senke entstand, wie sie in der Region zwischen den Flüssen Freiberger Mulde und Flöha häufig vorkamen. Feinkörniges Verwitterungsmaterial und der Windeintrag von Löß während der Eiszeit bedingten die Bildung von wasserundurchlässigen Böden, auf denen, begünstigt durch einen für die Höhenlage von 490 m ü. NN vergleichsweise hohen Jahresniederschlag von circa 880 mm, ein Moor entstand. Absterbende Seggen, Wollgräser und Torfmoose bildeten unter Luftabschluss über Jahrhunderte bis zu drei Meter mächtige Torfschichten.

Wie zum Beispiel auch in der Oberlausitz, machte man sich diese Geländesituationen im Spätmittelalter für die Anlage von Teichen zunutze. Im Freiberger Bergbaurevier wurde ab dem 16. Jahrhundert mehr Aufschlagswasser für den Silberbergbau und für die Verhüttung benötigt als die nahen Flüsse und Quellen bereithielten. Darum begann man mit der Erschließung neuer, gebirgswärts gelegener Ressourcen. Über ein System von Kunstgräben und Röschen (Wassertunnel zur Querung von Bergrücken im freien Gefälle) wurde Wasser von Fließgewässern abgeleitet und musste in künstlichen Stauanlagen, den so entstandenen „Freiberger Bergwerksteichen", zwischengespeichert werden. Dieses für die Wasserversorgung entscheidende System führt seit dem 19. Jahrhundert bis heute die Bezeichnung „Revierwasserlaufanstalt".

1572 wurde begonnen, den am Rande des um 1200 gegründeten Waldhufendorfes Großhartmannsdorf bestehenden Mühlteich als Speicher auszubauen. Nach stetigen Dammerhöhungen erhielt der Großhartmannsdorfer Großteich im 18. Jahrhundert seine heutige Größe von 66 ha Wasserfläche und ein Stauvolumen von 1,5 Millionen Kubikmetern. Die nicht überstauten Moorbereiche im westlichen und östlichen Teil des Gebietes wurden ab dem 18. Jahrhundert bis 1961 für den Torfabbau zu Brennzwecken und für das nahe Moorbad Helbigsdorf genutzt.

Seit jeher dient der Teich auch der Fischzucht (überwiegend Karpfen), wo-

Torfabbau für das Moorbad Helbigsdorf im Ostmoor um 1950.

Fotograf unbekannt.

bei für das Abfischen regelmäßig, meist alle vier Jahre, im Spätsommer und Herbst der Wasserstand abgesenkt und dabei größere Schlammflächen freigelegt werden. Das kommt einer Vielzahl zum Teil gefährdeter Pflanzenarten der Vegetationsgesellschaften des „nackten Teichschlammes“ und der „submersen Strandlingsrasen“ zugute, so auch dem weltweit äußerst seltenen Scheidenblütengras (*Coleanthus subtilis*). Für durchziehende Limikolen ist dieser Lebensraum ein idealer Rastplatz mit geeigneten Nahrungsgründen im sonst gewässerarmen Erzgebirge.

Die in der ehemaligen DDR intensivierte Fischzucht und die ab den 1960er-Jahren zunehmende touristische Nutzung mit Bade- und Bootsbetrieb setzten dem Gebiet erheblich zu. Außerdem führte die großflächige Bewirtschaftung umliegender Landwirtschaftsflächen ab den 1970er-Jahren zu Nährstoffeinträgen und der Eutrophierung des von Natur aus nährstoffarmen Teiches.

Vor allem auf Betreiben örtlicher Naturschützer erfolgte deshalb 1967, vor dem Hintergrund seiner lange bekannten ornithologischen und botanischen Bedeutung, die Unterschutzstellung des gesamten Teiches und seiner Umgebung in einer Größe von 110 ha, wodurch seine ausufernde Inanspruchnahme eingedämmt werden konnte. 1997 wurde das Naturschutzgebiet auf 155 ha erweitert und ist als „Großhartmannsdorfer Großteich“ regional und überregional bekannt. Ummantelt wird das Gebiet vom gleichnamigen Landschaftsschutzgebiet, welches auch als „Pufferzone“ zur intensiv landwirtschaftlich genutzten Umgebung dient. Im Schutzgebietssystems Natura 2000 ist der Großhartmannsdorfer Großteich mit seiner Umgebung als SPA- und FFH-Gebiet verankert. Seit 2019 gehört er als Teil der Freiberger Bergwerksteiche zum UNESCO-Welterbe „Montanregion Erzgebirge“.

Für die Avifauna im sächsischen Erzgebirgsraum ist der Großhartmannsdorfer Großteich das bedeutendste Stillgewässer. Die Brauch- und Trinkwassertalsperren der weiteren Umge-

Das regelmäßige Ablassen des Teiches im Herbst für die Fischereibewirtschaftung bietet unter anderem Limikolen ideale Rastbedingungen. Foto: F. Werner. 2022.

bung sind wegen ihrer Nahrungsarmut und fehlender Flachwasserbereiche für die Vogelwelt von geringerer Bedeutung. Mit seiner naturnahen Ufervegetation aus Sumpfweidengebüschen und Röhrichtzonen sowie angrenzenden Brachen und Mähwiesen hat der Teich einen besonderen Stellenwert als Brut-, Mauser- und Rastgebiet. In über 120 Jahren intensiver ornithologischer Bobachtungstätigkeit wurden bisher über 270 Vogelarten nachgewiesen, eine für den Erzgebirgsraum ungewöhnlich hohe Anzahl.

Kraniche brüten seit einigen Jahren erfolgreich im Gebiet und besetzen bis zu drei Reviere. Foto: Y. Otto. 26.6.2022.

Besondere Vogelarten und Reisezeit

Ein Besuch lohnt sich vor allem zu den Zugzeiten im April/Mai und August/September. Auf dem Frühjahrszug rasten bis zu zwölf Entenarten im Gebiet, darunter Pfeif-, Löffel-, Spieß- und Kolbenenten. Einzelne Ohrentaucher verweilen teils bis Anfang Mai, wohingegen Schwarzhalstaucher oft noch im Juni auf dem Teich zu sehen sind und unregelmäßig brüten. Sein Anfang der 1990er-Jahre bis über 100 Paare umfassender Bestand wurde durch eine vorübergehend über 1000 Brutpaare zählende Lachmöwenkolonie begünstigt, die aber aufgrund hohen Prädationsdrucks (unter anderem durch Füchse) bereits seit einigen Jahren erloschen ist. Zukünftig soll ein künstliches Brutfloß wieder sichere Brutmöglichkeiten bieten. Ab Mitte April, besonders aber im Mai, können die drei Sumpfseeschwalbenarten beobachtet werden, allen voran Trauerseeschwalben, häufig gemeinsam mit ebenso regelmäßig durchziehenden Zwergmöwen. Seltener dagegen erscheinen andere Möwenarten wie zum Beispiel Schwarzkopf- und Heringsmöwen.

Im sonst an größeren Standgewässern armen Erzgebirge ist der Großteich auch eine wichtige Landmarke für durchziehende Greif- und andere Großvögel wie Schwarzstörche, Fischadler, Wespenbussarde, Baumfalken, nordische Gänse und Kraniche.

Zur Brut- und Aufzuchtzeit im Juni und Juli ist es relativ ruhig, einzig die

Typische Vogelarten im NSG Großhartmannsdorfer Großteich, deren Status und günstige Beobachtungszeit (in Klammern)
h = häufiger, r = regelmäßiger, s = seltener; B = Brutvogel, D = Durchzügler, N = Nahrungsgast, W = Wintergast

Art	Status (beste Beobachtungszeit)
Tundrasaatgans	hD, rW (Okt.–Dez.)
Löffelente	rD (Apr., Sep.)
Spießente	rD (Apr., Sep.–Okt.)
Krickente	sB, hD, rW (ganzjährig)
Pfeifente	rD, rW (Feb.–Mrz., Okt.–Dez.)
Schellente	rD, rW (ganzjährig)
Gänsesäger	rD, hW (Okt.–Mrz.)
Schwarzhalstaucher	sB, rD, sW (Apr.–Aug., Nov.–Jan.)
Seeadler	rN (ganzjährig)
Fischadler	rD, rN (Apr.–Mai, Aug.–Sep.)
Rohrweihe	hD, rN (Apr.–Sep.)
Kornweihe	rD, rW (Okt.–Feb.)
Raufußbussard	rD, rW (Nov.–Feb.)
Kranich	rB, rD (Feb.–Okt.)
Sandregenpfeifer	rD (Sep.–Okt.)
Großer Brachvogel	rD (Mai, Aug.–Nov.)
Bekassine	hD (Aug.–Nov.)
Kampfläufer	rD (Mai, Aug.–Sep.)

Art	Status (beste Beobachtungszeit)
Alpenstrandläufer	rD (Sep.–Okt.)
Zwergstrandläufer	rD (Sep.–Okt.)
Bruchwasserläufer	hD (Aug.–Sep.)
Waldwasserläufer	hD (Aug.–Okt.)
Grünschenkel	hD (Aug.–Okt.)
Flussuferläufer	hD (Apr.–Mai, Aug.–Sep.)
Zwergmöwe	rD (Apr.–Mai, Aug.–Sep.)
Trauerseeschwalbe	rD (Apr.–Mai, Aug.–Sep.)
Eisvogel	rB (ganzjährig)
Uferschwalbe	rD (Apr.–Mai)
Schwarzkehlchen	rB, rD (Mrz.–Sep.)
Braunkehlchen	sB, rD (Apr.–Sep.)
Drosselrohrsänger	sB (Mai–Jun.)
Feldschwirl	rB (Mai–Jun.)
Neuntöter	rB (Mai–Aug.)
Raubwürger	rW (Nov.–Feb.)
Rohrammer	rB (Mrz.–Jun.)
Grauammer	rB, rW (Apr.–Dez.)

Die Moorbirkenwälder des Schutzgebietes werden seit einigen Jahren auch als Brutplatz des Kranichs genutzt. Foto: Y. Otto. 2022.

Buchten mit Seggen- und Röhrichtbeständen bieten Rückzugsmöglichkeiten für brütende und mausernde Wasservögel. Foto: Y. Otto. 2022.

brütenden Wasservögel und einige Röhrichtbewohner sind dann vorwiegend in und nahe der schmalen Röhrichtzone zu beobachten. Zu ihnen zählen schon seit Jahrzehnten siedelnde Arten wie Höckerschwan, Stock-, Reiher- und Tafelente, Haubentaucher, Blässhuhn, Teichrohrsänger und Rohrammer, aber auch neue Brutvögel der letzten Jahre, zum Beispiel Nilgans, Kranich und Drosselrohrsänger. In den Hecken und Hochstaudenfluren der nahen Umgebung brüten Neuntöter, Dorngrasmücken, Schwarzkehlchen, Sumpfrohrsänger und Grauammern, während Karmingimpel und Beutelmeisen bereits in den späten 1990er-Jahren verschwanden. Auf den Mähwiesen der unmittelbaren Umgebung brüten vereinzelt Wiesenpieper und Braunkehlchen, in manchen Jahren ist auch noch der nächtliche Ruf des Wachtelkönigs zu vernehmen.

Zur Mauserzeit zwischen Mitte Juli und Mitte September füllt sich der Teich mit Vogelleben: Bis zu 1000 Enten, vorwiegend Stock,- Reiher- und Tafelenten, nutzen den Schutz des Gebietes für ihren Gefiederwechsel. Zu ihnen gesellen sich immer wieder auch seltenere Arten wie Kolben- und Moorenten. Auch von Nilgänsen wird das Gebiet zunehmend zur Mauser aufgesucht – mittlerweile von fast 100 Vögeln. Sumpfseeschwalben ziehen dann auch im Spätsommer durch und mit viel Glück sind Raubseeschwalben sowie seltene Greifvögel wie Schreiadler, Steppenweihen oder Rotfußfalken auszumachen.

Sobald im Spätsommer und Herbst durch Trockenheit und Wassermangel breite Ufersäume freigelegt werden oder der Teich abgelassen wird, ziehen die dadurch entstandenen Schlammflächen Limikolen an wie sonst nirgends in der Erzgebirgsregion. Dann rasten Bruch-, Wald- und Dunkle Wasserläufer, Rot- und Grünschenkel, Bekassinen, Kampfläufer, Alpen-, Sichel- und Zwergstrandläufer sowie Kiebitzregenpfeifer hier. Seltener finden sich auch einzelne Sumpfläufer, Knutts, Sanderlinge und Steinwälzer ein.

Wenn bei ausreichend hohem Wasserstand im Herbst und im zeitigen Winter das Gewässer noch nicht zugefroren ist, nutzen es bis zu 1000 nordische Gänse, hauptsächlich Saatgänse, als Schlafgewässer. Ihre Nahrung finden sie auf umliegenden Stoppeläckern oder Rapsfeldern.

Im Winter friert der Teich aufgrund seiner Höhenlage und spürbar kontinentalem Klimaeinfluss oft für mehrere Wochen zu und nur in milden Phasen sind dann gelegentlich auch rastende Prachttaucher sowie Gänse-, seltener Mittel- und Zwergsäger zu beobachten. Raubwürger besetzen in geringer Zahl ihre Winterreviere in der Umgebung

2022 beherbergte der Großhartmannsdorfer Großteich 23 Brut- bzw. Revierpaare des Haubentauchers. Foto: C. Weidensdörfer. 9.4.2023.

und über den Feldern jagen gelegentlich Raufußbussarde und Kornweihen.

Beobachtungsmöglichkeiten

Die besten Beobachtungsmöglichkeiten und eine fast komplette Einsicht des Teiches bietet die Beobachtungskanzel am Südufer (1). Parkmöglichkeiten bestehen an der „Heidemühle“ (Helbigsdorf 83, 09619 Mulda, OT Helbigsdorf, (2)). Von dort führt ein Weg zwischen der Pferdekoppel und der östlichen Waldkante zur Kanzel. Alternativ kann man auch den Parkplatz an der „Teichmühle“ (Zehntel 56, 09618 Großhartmannsdorf) anfahren (3), von dem aus man in wenigen Schritten einen guten Blick auf den Nordteil des Gewässers und den kleinen, schilfgesäumten Laich- oder Satzteich hat (4). Für die sonstigen Flächen des Schutzgebietes und die weitgehend ohnehin unzugänglichen Uferabschnitte des Großhartmannsdorfer Großteichs besteht ein striktes Betretungsverbot.

Einen Rundwanderweg um den Teich gibt es nicht. Trotzdem kann das Naturschutzgebiet in circa 2,5 bis 3 Stunden umwandert oder mit dem Rad umfahren werden, allerdings nur auf Straßen oder Feldwegen und ohne direkten Uferbezug (orangene Linie auf der Karte). Dazu lässt man das Auto am besten auf dem Parkplatz an der „Heidemühle“ stehen und folgt der S 210 circa 900 m nach Westen. Vor der Rechtskurve biegt man rechts in einen Feldweg ein und ist nach knapp 700 m im Großhartmannsdorfer Ortsteil Lohsen. Von dort aus muss man die B 101 etwa 500 m nach Norden Richtung Freiberg nutzen und dann nach rechts in die Siedlung und gleichnamige Straße „Zehntel“ abzweigen. Vorbei an der Gaststätte „Zur Erholung“ erreicht man nach dem Ortsausgang auf der K 7730 unmittelbar am Staudamm des Teiches rechterhand die sogenannte „Teichmühle“ (Zehntel 56, 09618 Großhartmannsdorf), wo es auch eine Bushaltestelle und auf dem Damm des Großhartmannsdorfer Großteiches ebenfalls gute Beobachtungsmöglichkeiten gibt. Um die Runde zu vollenden, folgt man der K 7731 nach Südosten und biegt an der Straßeneinmündung nach rechts in Richtung der schon sichtbaren „Heidemühle“ ab.

Yannik Otto, Udo Kolbe

Anfahrt

Mit Bahn und Bus

Von den überregional an den Zugverkehr angebundenen Städten Freiberg, Chemnitz und Flöha führen regionale Zugstrecken in das Erzgebirge. Die Freiberger Eisenbahn fährt auf der Strecke RB 83 den circa 5,5 km vom Großhartmannsdorfer Großteich entfernten Bahnhof Mulda (Sachs) an. Den Bahnhof Pockau-Lengefeld erreicht man mit der Strecke RB 81 der Erzgebirgsbahn von Chemnitz und Flöha aus. Von hier, wie auch von Freiberg direkt, kann man mit der Regiobuslinie 400 Großhartmannsdorf erreichen. Von der Haltestelle „Am Berg“ ist es zum nördlichen Teil des Teiches an der Staumauer (Teichmühle) noch ein Fußweg von 1,5 km durch den Ortsteil Zehntel. Von Freiberg aus gibt es mit der Regiobuslinie 735 auch eine Verbindung direkt zur Teichmühle, deren Fahrplan aber wesentlich vom Schülerverkehr abhängt.

Mit dem Auto

Die kürzeste Verbindung von der A 4 führt über die B 101 von der Abfahrt 75 (Siebenlehn) aus durch Freiberg nach Großhartmannsdorf und an den Großteich. Parkmöglichkeiten bestehen an der Teich- und an der Heidemühle (siehe Text).

Adressen

Verein Sächsischer Ornithologen e.V., Hauptstr. 81a, 09128 Chemnitz, info@vso-web.de; www.vso-web.de

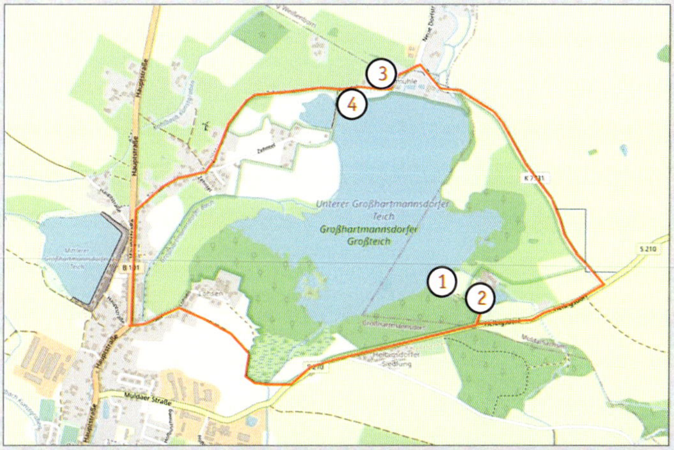

GPS		
Beobachtungskanzel am Südufer	50.80534	13.34288
Beobachtungsmöglichkeit an der Staumauer	50.81267	13.33781
Parkplatz Heidemühle Südufer	50.80468	13.34617
Parkplatz Teichmühle nahe Staumauer	50.81378	13.34031

Yannik Otto ist Ornithologe und als hauptamtlicher Naturschutzwart in der Naturwacht des UNESCO Biosphärenreservates „Oberlausitzer Heide- u. Teichlandschaft“ tätig. Seit 2016 ist er Schutzgebietsbetreuer.

Udo Kolbe war ab 1990 Dezernent in der sächsischen Umweltverwaltung, bei der VSO-Neugründung und im Vorstand aktiv, jetzt Mitglied des VSO-Beirates und Fachgruppenleiter. Er beobachtet seit 50 Jahren am Großhartmannsdorfer Großteich.

Bayern

Rhön
Aschaffenburg
Spessart
Geiersberg
Main
Würzburg
Schweinfurt
Steigerwald
Bamberg
Coburg
Kulmbach
Hof
Schneeberg
Fichtelgebirge
Bayreuth
Forchheim
Regnitz
Erlangen
Fürth
Nürnberg
Schwabach
Ansbach
Neumarkt
Main-Donau-K.
Fränkische Alb
Amberg
Entenbühl
Weiden
Schwandorf
Naab
Regen
Gr. Arber
Gr. Rachel
Nationalpark Bayerischer Wald
Bayerischer Wald
Regensburg
Straubing
Deggendorf
Donau
Passau
Altmühl
Ingolstadt
Lech
Isar
Landshut
Amper
Freising
Erding
Dachau
Augsburg
Fürstenfeldbruck
München
Inn
Salzach
Traunreut
Chiemsee
Rosenheim
Ammersee
Starnberger See
Memmingen
Iller
Kaufbeuren
Kempten
Ammer
Bayerische Alpen
Wendelstein
Nationalpark Berchtesgaden
Königssee
Watzmann
Forggensee
Garmisch-Partenkirchen
Zugspitze
Allgäu
Lindau
Nebelhorn

Foto: T. Brandt.

Das Schwäbische Donaumoos

Wiesen- und Wasservögel im schwäbischen Donautal

Das Schwäbische Donaumoos in der Nähe der Kleinstädte Leipheim und Günzburg, unmittelbar an der Grenze zu Baden-Württemberg, gehört mit seinen naturnahen Auwäldern, Altwässern, einem Fluss begleitenden Niedermoor und der Donau zu den wertvollsten und artenreichsten Flusslandschaften Süddeutschlands.

Durch austretendes Grundwasser entstand im Verlauf der Jahrtausende ein bis zu drei Meter mächtiges Niedermoor: das Donaumoos. Dessen Erschließung erfolgte zu Beginn des 19. Jahrhunderts. Die Randbereiche dienten noch bis in die erste Hälfte des 20. Jahrhunderts zur Streugewinnung und als Viehweiden.

Heute sind in der Landschaft die Spuren von Kiesabbau und intensiver Landwirtschaft nicht zu übersehen, es gibt aber auch erfolgreiche Bemühungen Lebensräume zu renaturieren. Die drei Naturschutzgebiete Leipheimer Moos, Gundelfinger Moos und Langenauer Ried (zusammen 410 ha) schützen eines der letzten großen Niedermoore des schwäbischen Donautals. Sie beherbergen noch Wiesenvögel wie Große Brachvögel, Bekassinen und Weißstörche.

Bereits 1976 wurden die Donauauen mit dem Donaumoos als „Ramsar-Gebiet“ anerkannt und sind heute in weiten Teilen Natura 2000-Gebiet. Seit 1990 betreut der Landschaftspflegeverband „Arbeitsgemeinschaft Schwäbisches Donaumoos“ das Gebiet, das insbesondere für Wasservögel von großer Bedeutung ist. In den Auwäldern leben zahlreiche Spechte und mehrere Hundert Halsbandschnäpperpaare.

Halsbandschnäpper brüten vor allem in den Auwäldern entlang der Donau. Foto: T. Langenberg.

Lebensräume

Beidseitig der Donau, vor allem zwischen Donau und Donaumoos, erstrecken sich naturnahe Auwälder und Altwässer. Im Donaumoos gibt es vereinzelte Streuwiesen. Noch im 19. Jahrhundert bestimmten hier saure Wiesen und Weiden das Landschaftsbild. Durch Moorkultivierung, Donaukorrektion und Trinkwassergewinnung entstanden ertragreiche Grünland- und Ackerstandorte, die weitaus artenärmer sind als die zuvor extensiv genutzte Landschaft.

In den Streuwiesen und Rieden im Donaumoos leben noch heute Bekassinen und große Brachvögel. Foto: T. Brandt.

Die ehemals im Leipheimer Moos weit verbreiteten Seggenriede sind heute weitgehend verschwunden. Die nassen, ehemaligen Torfstichgebiete und offenen Moorflächen sind wichtige Rückzugsgebiete für eine selten gewordene Flora und Fauna, zu der z. B. auch Trollblumen und Bekassinen gehören.

Entlang der Donau gibt es noch Relikte der Hartholzaue, vor allem an ihrem Nordufer zwischen Leipheim und Günzburg. Weitere Auwaldbestände befinden sich nordöstlich von Günzburg zwischen der B 16 und der Donau.

Auf Kiesbaggerseen wie dem Schurrsee, dem Erdbeersee und den Mooswaldseen brüten die typischen Vögel von Abgrabungsseen, z. B. Haubentaucher und Blässrallen. Einige Teiche sind bereits sehr alt und kaum noch von natürlichen Altwässern zu unterscheiden. Sie werden leider intensiv von Anglern (und vermehrt auch zur Wasservogeljagd) genutzt und sind dadurch starken Störungen ausgesetzt. Im Winter und während der Zugzeit sind hier dennoch zahlreiche Wasservögel verschiedener Arten zu sehen.

Nördlich der Donaubrücke bei Leipheim liegt ein Volksfestplatz mit alten Baumbeständen, in denen Mittel- und Grünspechte sowie Halsbandschnäpper (z. T. in Nistkästen) brüten.

Besondere Vogelarten

In den moorigen Bereichen leben im Frühling und Sommer noch typische Wiesenvögel, z. B. Bekassinen (ca. 40 Paare). Ihr Bestand nimmt infolge gezielter Naturschutzmaßnahmen wieder zu. Hier brüten außerdem regelmäßig Große Brachvögel (wenige Paare), Kiebitze, Wachteln, Rebhühner, Feldschwirle, Braun- und Blaukehlchen.

Während der Zugzeit rasten gelegentlich, aber in den letzten Jahren zunehmend, Kraniche im „Moos“. Einige Raubwürger und Kornweihen überwintern in den offenen und halboffenen Flächen.

In den Auwaldbereichen brüten Pirole, Grau-, Grün- und Mittelspechte. Halsbandschnäpper sind hier zwar häufig (es sollen im Gebiet etwa 400 Paare brüten), aber nur im Mai wirklich auffällig. Auf allen Gewässern, auch auf der aufgestauten Donau, kann man eine

Typische Vogelarten im Donaumos, deren Status und günstige Beobachtungszeit (in Klammern)
h = häufiger, r = regelmäßiger, s = seltener ; J = Jahresvogel, B = Brutvogel, W= Wintergast, D = Durchzügler, N = Nahrungsgast

Art	Status (beste Beobachtungszeit)	Art	Status (beste Beobachtungszeit)
Bekassine	rB (April–Sept.)	Kornweihe	rW (Okt.–März)
Beutelmeise	rB (April–Aug.)	Krickente	sB (März–Nov.)
Blaukehlchen	sB (April–Aug.)	Mittelspecht	hB (März, April)
Braunkehlchen	sB, rD (Ende April–Aug.)	Neuntöter	rB (Mai–Aug.)
Eisvogel	rB (ganzjährig)	Pirol	rB (Mitte Mai–Aug.)
Fischadler	rD (April, Aug.-Sept.)	Rotmilan	rB(März–Okt.)
Flussseeschwalbe	sB, rD (Ende April–Aug.)	Schellente	rW (Okt.–März)
Grauammer	rB (ganzjährig)	Schnatterente	hB (März–Okt.)
Graugans	rB, hD (ganzjährig)	Schwarzhalstaucher	sB, rD (April–Sept.)
Grauspecht	rB (März, April)	Schwarzmilan	rB /April–Aug.)
Großer Brachvogel	rB, rD (März–Juli)	Schwarzspecht	sB (ganzjährig)
Grünspecht	rB (ganzjährig)	Silberreiher	rD, rW (Sept.–März)
Gänsesäger	hW (Nov.–März)	Tafelente	sB, hD, hW (ganzjährig)
Halsbandschnäpper	hB (Mai–Aug.)	Trauerseeschwalbe	rD (Mai, Aug)
Haubentaucher	rB (ganzjährig)	Wachtelkönig	sB (Mai–Juli)
Kiebitz	hB, hD (März–Sept.)	Wasserralle	rB (März–Okt.)
Kleinspecht	rB (März, April)	Weißstorch	sB (April–Aug.)
Knäkente	sB, rD (März, April)	Wespenbussard	sB (Mai–Aug.)
Kolbenente	sB, rD (April–Aug.)	Zwergtaucher	sB (März–Okt.)

Vielzahl an Wasservogelarten sehen und während eines Jahres nahezu alle einheimischen Entenarten. Haubentaucher, Reiherenten und Kanadagänse brüten hier, Trauerseeschwalben und Flussseeschwalben sind vor allem zur Zugzeit anwesend, von letzteren gibt es wenige Brutpaare.

An allen Gewässern können (auch im Sommer) Silberreiher auftauchen, die im Gebiet in großer Zahl überwintern. Zur Zugzeit rasten auch vereinzelt Limikolen an wenig bewachsenen Ufern einzelner Kiesteiche, z. B. Flussregenpfeifer, Flussuferläufer und Grünschenkel. In den Büschen und Bäumen der vegetationsreichen Ufer kann man mit etwas Glück die Nester von Beutelmeisen finden. Auf den Mooswaldseen gab es einmal eine große Lachmöwenkolonie, dazwischen – unregelmäßig – Nester des Schwarzhalstauchers.

Auf den Altwassern entland der Donau sind vor allem während der Zugzeit und im Winter zahlreiche Wasservögel zu sehen. Foto: T. Brandt. 1.7.2007.

Reisezeit

Das Gebiet ist vor allem im Frühling und Winter interessant, wenn die Wiesenvögel balzen bzw. Massen von Enten, Sägern und Blässrallen die Wasserflächen bevölkern. Als erstes kommen – noch im kalendarischen Spätwinter – die Wiesenlimikolen in ihren Brutgebieten an. Kiebitze und Große Brachvögel kann man bereits Anfang März beobachten. Kurz darauf besetzen Bekassinen ihre Brutreviere und sind bei auffälligen Balzflügen zu sehen. Blaukehlchen kommen Ende März. Der März ist auch die beste Zeit, um Spechte zu beobachten. Halsbandschnäpper erreichen das Gebiet in den letzten Apriltagen, Neuntöter treffen im Mai ein. Ab Ende Oktober sowie den ganzen Winter über kommen zahlreiche Wasservögel in das Gebiet, die häufigsten sind Schellenten und Gänsesäger.

Auf der aufgestauten Donau, auf Altwässern und auch auf Abgrabungsteichen brüten zahlreiche Haubentaucher. Foto: T. Brandt.

Beobachtungsmöglichkeiten

Ein guter erster Anlaufpunkt für das Donaumoos ist das Naturschutzgebiet Leipheimer Moos mit dem Erlebnispfad Donaumoos. Der Erlebnispfad ist in drei Routen unterschiedlicher Länge aufgeteilt. Entlang des Naturpfades (4,2 km Länge) stehen Schilder mit detaillierten Informationen über die gebietstypische Flora und Fauna (weitere Informationen bietet die Lauschtour „Durchs Leipheimer Moos“ vom Tourismusverband, u.a. als App verfügbar). Der Weg führt durch verschiedene Lebensräume, z. B. durch Streuwiesen und Riede. Ausgangspunkt ist ein öffentlicher Parkplatz zwischen Campingplatz Schwarzfelder Hof und Straußenfarm. Die beiden anderen Routen zum Thema „Kulturlandschaft erleben“ sind 9,6 km und 5,2 km lang und lohnen sich ebenfalls. Man kann verschiedene Feldfrüchte kennenlernen und auf den Höfen regionale Spezialitäten einkaufen.

Der Auwald lässt sich zwischen Erdbeersee und Donau gut erschließen. Dazu biegt man von der B 16 ca. 3 km hinter der Günzburger Donaubrücke nach Süden ab und parkt nach etwa einem halben Kilometer. Der Weg ist fortan für Autos gesperrt. Man kann von dort einen Blick von Süden auf den Erdbeersee werfen. Wenn man dem Weg folgt, erreicht man nach einem weiteren halben Kilometer eine Auwald-Informationstafel. Von dort aus geht man den Schotterweg hinter einer Schranke geradeaus weiter und erreicht kurze Zeit später einen ca. 3 km langen Rundweg. Dieser führt an die Donau, die hier gestaut ist. Bei dem Schild mit der Aufschrift Flusskilometer 2559,0 führt ein Trampelpfad (geht man den Rundweg im Uhrzeigersinn) wieder in den Wald zurück.

Den Schurrsee erreicht man ebenfalls über die B 16, wenn man vor Birkenried rechts abbiegt. Dort befindet sich auch ein Parkplatz. Auf dem Weg zum NSG Gundelfinger Moos liegen die beiden Schurr-Seen. Dort lassen sich Wasservögel gut beobachten. Im Winter 2010 wurde dort auch ein Beobachtungsturm errichtet. Nördlich der Abgrabungen gelangt man in das Niedermoorgebiet, wo man von den Wegen aus im Frühling und Frühsommer Wiesenvögel beobachten kann.

In Leipheim am Volksfestplatz sind Halsbandschnäpper zu sehen.

Die Arbeitsgemeinschaft Schwäbisches Donaumoos e. V. bietet regelmäßig Vortragsveranstaltungen und Führungen an (Adresse s. u.).

Weitere Beobachtungs- und Freizeitmöglichkeiten

Im Kirchturm von Langenau, ca. 10 km nordwestlich von Leipheim, brüten Wanderfalken.

Sehenswürdigkeiten in Leipheim sind die Altstadt mit dem Schloss, das Heimat- und Bauernkriegsmuseum (Infos unter www.leipheim.de). Interessant ist auch ein Besuch der Straußenfarm (auch wenn die Straußenhaltung in Mitteleuropa sicher nicht ganz unkritisch zu sehen ist) nördlich von Leipheim neben dem Campingplatz Schwarzfelder Hof.

Das Mooseum in Bächingen (www.mooseum.net), das zwischen Günzburg und Dillingen liegt, hat eine informative Ausstellung zum Naturraum und bietet Veranstaltungen an, z.B. Vorträge, Exkursionen, Tagungen, und ist sonntags von 13–17 Uhr geöffnet.

Bei Günzburg liegt der Freizeitpark Legoland (Infos unter www.legoland.de).

Thomas Brandt, Cordula Jülch, Kilian Wasmer

Infomaterial/Literatur

Bezzel, E., I. Geiersberg, G. v. Lossow & R. Pfeifer (2005): Brutvögel in Bayern. Verbreitung 1996–1999. Verlag Eugen Ulmer, Stuttgart.
Moning. C. & C. Wagner (2005): Vögel beobachten in Süddeutschland. Kosmos Verlag, Stuttgart.
Lindeiner, A. von (2004): Important Bird Areas (IBAs) in Bayern. 192 Seiten, Bezug über den LBV info@lbv.de.

Anfahrt

Mit Bahn und Bus
Bahnhöfe haben die Kleinstädte Leipheim und Günzburg.

Mit dem Auto
Um in das Gebiet zu gelangen, verlässt man die Autobahn 8 über die Ausfahrt 66 Leipheim in Richtung Stadt (von Norden oder von Süden auf der A 7 kommend wechselt man am Autobahnkreuz bei Ulm auf die A 8). In Leipheim biegt man nach links in Richtung Langenau/Riedheim ab und überquert die Donau. Gleich nach der Brücke rechts liegt ein Parkplatz am Volksfestplatz, der ein guter Ausgangspunkt für die Routen „Kulturlandschaft erleben" und für den Donauradwanderweg ist. Hier findet man auch eine Karte mit Hinweisen zu den Wanderwegen und Adressen von Unterkünften. Fährt man nach der Brücke geradeaus, gelangt man nach rund 2 km zu einer Kreuzung, an der man nach rechts zum Schwarzfelder Hof Mannes abbiegen kann. Hier gibt es einen Park- und einen Campingplatz sowie ein Heuhotel. Man kann auch dem Weg zur Straußenfarm folgen und von dort aus den „Erlebnispfad Natur" einschlagen.

Mit dem Fahrrad
Das Gebiet ist mit dem Rad gut zu erschließen, da die Landschaft eben ist. Der Donauradwanderweg und der Erlebnispfad „Kulturlandschaft erleben" sind gut ausgebaut. Der Wanderpfad „Natur erleben" ist ein Wanderpfad und dementsprechend nicht für Räder ausgebaut. Der Erlebnispfad „Kulturlandschaft erleben" ist mit dem Rad befahrbar.

Adressen

Tourismusverband Allgäu/Bayerisch-Schwaben e.V.
Tel.: 0821/450401-0, info@tvabs.de; www.bayerisch-schwaben.de
Lauschtour „Durchs Leipheimer Moos" als APP zum kostenlosen Download unter: www.bayerisch-schwaben.de/erlebnisangebote/bayerisch-schwaben-lauschtour/lauschtour-durchs-leipheimer-moos.html

Tourist-Information Günzburg-Leipheim, Schlossplatz 1, 89312 Günzburg, Tel.: 08221/200444, Fax: -200446, tourist-information@guenzburg.de; www.guenzburg.de; www.leipheim.de

Arbeitsgemeinschaft Schwäbisches Donaumoos e. V., Radstraße 7a, 89430 Leipheim-Riedheim, Tel.: 08221/7441, sekretariat@arge-donaumoos.de; www.arge-donaumoos.de

Umweltstation Mooseum, Schlossstraße 7, 89431 Bächingen a. d. Brenz, Tel.: 07325/952583, info@mooseum.net; www.mooseum.net

Unterkünfte gibt es beispielsweise in Leipheim und Günzburg. Besonders empfehlenswert ist der kinderfreundliche Campingplatz Schwarzfelder Hof Mannes (neben Zeltmöglichkeiten auch mit Heuhotel, Ferienwohnungen, Streichelzoo, Spielscheune, Badeteich etc.; außerdem im Frühling mit Laubfroschkonzert) zwischen Leipheim und Riedheim, der von April bis November geöffnet ist.

Schwarzfelder Hof, Schwarzfelder Weg 3, 89340 Leipheim/Riedheim, Tel.: 08221/72628, info@schwarzfelder-hof.de; www.schwarzfelder-hof.de

GPS

Schwarzfelder Hof Mannes	48°27'52.74" N	10°12'12.38" O
Beobachtungsturm Schurr-See/Gundelfinger Moos	48°30'13.13" N	10°17'55.77" O

Der Untersberg, links im Bild, überragt das Vorfeld mit seinen strukturreichen Wäldern.

Foto: C. Moning. Berchtesgaden, 26.11.2003.

Die Berchtesgadener Alpen

Der Watzmann ruft

Der Watzmann ruft, so heißt ein bekanntes Alpendrama von Wolfgang Ambros. Es beschreibt das ewige Gerufen-Sein vom unheimlichen Berg, von den Männern, die der Faszination des Berges verfallen und „auffi“ wollen und oft ihr Leben lassen müssen. Diesem Schicksal muss sich der Vogelbeobachter selbstverständlich nicht ergeben. Wer dem Ruf des Berges folgt, findet in den Berchtesgadener Alpen eine nahezu vollständige Alpenvogelwelt in einer spektakulären Bergkulisse. Allerdings darf das „auffi“-Wollen, also das Bergauf-Wollen, nicht fehlen, denn nur wenige Gipfel sind mit Seilbahnen erschlossen und so lässt sich mit etwas Anstrengung eine Alpenwelt weitgehend ohne Massentourismus inmitten eines Nationalparks und seiner einzigartigen Landschaft erleben.

Landschaftsgeschichte und Lebensräume

Die Berchtesgadener Alpen liegen im südöstlichen Zipfel Bayerns an der Grenze zu Österreich. 210 km2 sind seit 1978 Nationalpark, der gleichzeitig Kern- und Pflegezone des Biosphärenreservates Berchtesgaden ist. Der Höhengradient ist beachtlich. Er reicht vom Königssee, auf 603 m NN, bis in die hochalpine Zone des Watzmanns, der bis 2713 m NN in den Himmel ragt. Der Vogelbeobachter durchwandert Bergmischwald und Schuttfelder in den tieferen Lagen und kann sich durch hochmontanen Nadelwald, Lärchenwald und alpine Matten bis in die kargen, felsigen Hochgebirgslagen mit ihren Karen und dem Blaueisgletscher auf dem Hochkalter (2607 m NN) hinaufarbeiten.

Obwohl Menschen bereits in der Jungsteinzeit (2500–2000 v. Chr.) den Berchtesgadener Raum durchstreiften, kann von einer dauerhaften Besiedelung des Gebietes erst ab der Gründung der Fürstprobstei Berchtesgaden Anfang des 12. Jahrhunderts gesprochen werden. Salzgewinnung hatte über Jahrhunderte große Bedeutung für die Region. Dabei wurde das Salz in sogenannten Sudhäusern über holzbetriebene Pfannenheizungen gewonnen. Große Holzmengen wurden verfeuert. Anfang des 17. Jahrhunderts waren die Wälder um Berchtesgaden abgeholzt. Diese maßlose Übernutzung sieht man den Bergmischwäldern im Nationalpark noch heute an. Sie sind fichtendominiert und sehr alte Bäume fehlen auf großer Fläche. Darüber hinaus war die Waldweide eine prägende Nutzungsform. Durch sie wurden die Waldstrukturen offen gehalten, was sich beispielsweise für das Auerhuhn sehr positiv ausgewirkt haben dürfte. Heute sind Wald- und Weideflächen weitgehend voneinander getrennt. In weiten Teilen der alpinen Lagen wird noch Almwirtschaft betrieben. Allerdings mit leistungsfähigeren Rinderrassen als der ehemals genutzten „Berchtesgadener Katze“, einer leichten, sehr steiggewandten Rinderrasse, die nur fünf bis sechs Zentner wog. Nur die kargen und lebensfeindlichen alpinen Hochlagen sind weitgehend ungenutzt geblieben und in ihrem natürlichen Zustand erhalten.

Besondere Vogelarten und Reisezeit

Die Vogelwelt der hohen Lagen ist von wenigen, gut an die extreme Witterung angepassten Vogelarten geprägt. Nur rund 100 Vogelarten brüten im Nationalpark und seinem Vorfeld. Knapp 150 Arten wurden bisher festgestellt. Darunter finden sich viele Alpenarten wie Alpenschneehuhn, Schneesperling, Alpenbraunelle, Weißrücken- und Dreizehenspecht.

Die alpinen Hochlagen sind bis in den Mai verschneit. Wer also bis hoch hinauf möchte, probiert es am besten ab Ende Mai. Die Berchtesgadener Al-

Alpendohlen gehören zu jeder Gipfelrast in den Berchtesgadener Alpen.

Foto: C. Moning. Westliche Karwendelspitze, Juni 2008.

pen sind sehr niederschlagsreich. Der Jahresdurchschnittswert liegt bei rund 1500 mm, in manchen Hanglagen auch deutlich darüber. Die meisten Niederschläge fallen zwischen Mai und September. Besonders eindrucksvoll sind die goldenen Oktobertage, wenn die Hochlagen noch nicht verschneit sind und die Bäume ihr goldenes Herbstkleid tragen. Wer von weiter her anreist, dem verspricht der Herbst die zuverlässigsten Wetterbedingungen. Wer kurzfristig auf das Wetter reagieren kann, hat auch im Frühsommer gute Chancen, erblühende alpine Matten und eine singende Vogelwelt zu erleben. Um eine größere Zahl von Alpenarten zu sehen, sollte man mindestens drei Tage bleiben.

Beobachtungsmöglichkeiten

Die im Folgenden gemachten Zeitangaben beziehen sich jeweils auf die reine Gehzeit.

Wanderung an der Nordflanke des Watzmanns

Die Watzmann-Nordflanke bietet eine Vielzahl von Beobachtungsmöglichkeiten. Ein Klassiker ist der Aufstieg zum Watzmannhaus. Ausgangspunkt ist der Parkplatz Wimbachbrücke (624 m NN, (1)). Die ausgewachsene Tagestour umfasst 1300 Höhenmeter und dauert 3,5 Stunden bis zum Watzmannhaus. Ab dort kann man über die Kühroint-Alm zurück zum Parkplatz Wimbachbrücke wandern. Je nach Variante ist die Wanderung ohne Abstecher durchschnittlich 18 km lang.

Vom Parkplatz Wimbachbrücke überquert man den Wimbach, an dem Wasseramseln und Gebirgsstelzen beobachtet werden können. Der umgebende Laubwald beherbergt im Sommer gelegentlich Trauer- und Grauschnäpper. Der weitere Aufstieg verläuft über die Stuben-Alm (1150 m NN) und die Mitterkaser-Alm (1400 m NN). Besonders zwischen diesen beiden Almen sollte man auf Dreizehenspechte und Auerhühner achten. In den fichtendominierten Waldbeständen leben Waldbaumläufer, Fichtenkreuzschnäbel, verschiedene Meisenarten und Schwarzspechte. Auf den Freiflächen kommen erste Ringdrosseln und Bergpieper vor. Ab der Falz-Alm (1600 m NN) dominieren Lärchenbestände und der Wald lichtet sich. Auf den offenen Flächen zwischen Falz-Alm und Watzmannhaus können Ringdrosseln, Bergpieper und am frühen Morgen mit großer Wahrscheinlichkeit Birkhähne bei der Balz beobachtet werden. Daher lohnt sich eine Übernachtung im Watzmannhaus (1928 m NN), von dessen Terrasse aus talabwärts blickend

Dreizehenspechte bevorzugen montane Wälder mit vielen absterbenden und frisch abgestorbenen Fichten.
Foto: C. Moning. Nationalpark Bayerischer Wald, 24.6.2009

die balzenden Hähne gesehen werden können. Das Watzmannhaus ist oft voll belegt, weshalb eine Voranmeldung sinnvoll ist (Tel.: 08652-964222; Pfingsten bis Anfang Oktober). In der Umgebung des Watzmannhauses sind regelmäßig Alpendohlen und Alpenbraunellen anzutreffen. Aus den Talgruben unterhalb des Watzmannhauses ist im Frühjahr oft der Balzruf der Alpenschneehühner zu hören. Von der Falz-Alm kann man nach Osten zur Kühroint-Alm (1420 m NN) weiter wandern. Dabei muss in Höhe der Falz-Alm

Typische Vogelarten in den Berchtesgadener Alpen, deren Status und günstige Beobachtungszeit (in Klammern).
h = häufiger, r = regelmäßiger, s = seltener; B = Brutvogel, D = Durchzügler.

Art	Status (beste Beobachtungszeit)
Alpenbraunelle	hB (April–Okt.)
Alpendohle	hB (ganzjährig)
Alpenschneehuhn	rB (Mai–Juni)
Auerhuhn	rB (ganzjährig)
Bartgeier	sG (ganzjährig)
Baumpieper	hB (April–Aug.)
Berglaubsänger	hB (April–Aug.)
Bergpieper	hB (April–Okt.)
Birkhuhn	rB (Mai–Juni, Sept.–Okt.)
Dreizehenspecht	rB (März–Juni)
Felsenschwalbe	sB (April–Juli)
Fichtenkreuzschnabel	hB (ganzjährig)
Gebirgsstelze	hB (ganzjährig)
Grauspecht	rB (März–Mai)
Gänsegeier	sG (ganzjährig)
Habicht	rB (ganzjährig)
Haselhuhn	rB (April/Mai, Sept./Okt.)
Kolkrabe	rB (ganzjährig)

Art	Status (beste Beobachtungszeit)
Kuckuck	rB (Mai–Juli)
Mauerläufer	sB (ganzjährig)
Misteldrossel	hB (März–Nov.)
Raufußkauz	rB (Feb.–Juni)
Ringdrossel	hB (April–Sept.)
Schneesperling	sB (ganzjährig)
Schwarzspecht	rB (ganzjährig)
Sperlingskauz	rB (Feb.–Juni, Okt.–Nov.)
Steinadler	rB (ganzjährig)
Steinschmätzer	sB (April–Sept.)
Tannenhäher	hB (ganzjährig)
Waldbaumläufer	hB (ganzjährig)
Waldschnepfe	rB (April–Juni)
Wanderfalke	sB (ganzjährig)
Wasseramsel	hB (ganzjährig)
Weißrückenspecht	sB (März–Juni)
Wespenbussard	sB (April–Aug.)
Zwergschnäpper	sB (Mai–Juni)

eine leichte Kletterpassage überwunden werden (2). Sie erfordert Trittsicherheit und Schwindelfreiheit. Der Abstieg wird durch Drahtseile erleichtert. Danach quert man die Lärchen- und Fichtenbestände des unteren Ausläufers des Watzmannkars. Hier kommen Birkhühner und Dreizehenspechte vor. Der Bereich der Kühroint-Alm (Tel.: 0171-3533369; Übernachtung von Juni bis Mitte Oktober) ist gut für Ringdrosseln und Fichtenkreuzschnäbel. Nachts ist zuweilen der Raufußkauz zu hören. Ein landschaftlich sehr schöner Abstecher führt zur Archenkanzel ((3), 1346 m NN, 1,3 km, 75 Höhenmeter, knapp 30 Minuten einfach). Auf dem Weg dorthin passiert man größere, teilweise abgestorbene Fichtenbestände, in denen Dreizehenspechte brüten. An der Archenkanzel lassen sich manchmal Felsenschwalben blicken. Bei klarer Sicht wird man mit einem herrlichen Blick auf den Königsee, das Steinerne Meer und das Lattengebirge belohnt. Von der Kühroint-Alm kann man über die Schapbach-Alm ((4), 1040 m NN) absteigen. Auf dieser werden regelmäßig Sperber und Habichte beobachtet.

Wanderungen zwischen Jenner und Obersee

Fast alle Wanderungen in das Gebiet beginnen am Parkplatz „Göllhäusle" ((5), Hinterbrand, 1145 m NN), der nördlich des Jenners und nahe der Mittelstation der Jennerbahn gelegen ist. Der Parkplatz liegt an der B 319, die in Berchtesgaden von der B 305 abzweigt. Alternativ kann man die Jennerbahn als Ausgangspunkt nutzen. Die Talstation wird regelmäßig von Bussen angefahren. Eine lohnende Route führt über die Wasserfall-Alm, die Strub-Alm und die Königsbach-Alm zum Schneibsteinhaus hinauf ((6), 1668 m NN, 2,5 Stunden). Entlang des Weges können Bergpieper, Baumpieper, Ringdrosseln, Misteldrosseln und Murmeltiere beobachtet werden. Die offenen Flächen südlich des Jenners beherbergen Birkhühner, während auf dem Jenner selbst und am Schneibsteinhaus (1668 m NN) Alpendohlen beobachtet werden können. Vom Schneibsteinhaus bieten sich verschiedene Routen an. Wer am gleichen Tag wieder absteigen muss, kann auf das Hohe Brett ((7), 2331 m NN) steigen (660 Höhenmeter, Aufstieg 1,5–2 Stunden). Diese Wanderung bedarf Schwindelfreiheit und Trittsicherheit, ist aber keine Klettertour. Auf der Hochfläche mit alpinen Matten lassen sich Schneesperlinge und Alpenbraunellen beobachten.

Alternativ kann man vom Schneibsteinhaus auf den Schneibstein ((8), 2275 m NN) wandern (600 Höhenmeter, Aufstieg gut 1,5 Stunden). Während des Aufstiegs können mit einiger Wahrscheinlichkeit Alpenschneehühner beobachtet werden. Auf dem Gipfel sind zeitweise Schneesperlinge anwesend.

Wer seine Wanderung zu einer Zweitageswanderung ausdehnen möchte, folgt vom Schneibstein dem Weg weiter Richtung Süden durch felsiges Gelände, über dem gelegentlich Steinadler zu sehen sind. Noch bevor man knapp 4 km hinter dem Schneibstein den Seeleinsee ((9), 1810 m NN) erreicht, passiert man den rechterhand (westlich) liegenden Fagstein ((10), 2164 m NN). Der Gipfelaufstieg auf diesen Berg ist zwar weglos, aber eine relativ verlässliche Stelle, um Schneesperlinge zu beobachten. Vom Fagstein geht man wieder auf den Hauptweg zurück. Kurz hinter dem Seeleinsee biegt man rechts ab und steigt von dort Richtung Priesberg-Alm auf einen Wanderweg ab, in dessen oberen Bereich oft Birkenzeisige zu sehen sind (11), und wandert dann Richtung Jenner zurück. Diese Runde ist die Kleine Reibn. Wer eine größere Runde gehen möchte, wandert hinter dem Seeleinsee weiter geradeaus nach Süden. Im Bereich Seeleinsee halten sich gelegentlich Steinböcke auf. Der Abstieg erfolgt dann über den Reitweg und die Gotzenalm (12). Auf dieser balzen in den Frühsommermonaten Birkhühner. Andere Offenlandarten wie Bergpieper und Ringdrosseln sind hier ebenfalls gut vertreten. Von der Gotzenalm geht man Richtung Jenner zurück. Ohne Karte und Bergerfahrung sollte man weder die Kleine Reibn noch die größere Runde angehen.

Übernachtungsmöglichkeiten gibt es im Schneibsteinhaus (Tel.: 08652-2596; Ende April bis Ende Oktober), im Carl von Stahl-Haus (nahe Schneibsteinhaus; Tel.: 08652-2752; ganzjährig) und auf der Gotzenalm (Tel.: 08652-690900; Pfingsten bis Mitte Oktober).

Weitere Beobachtungs- und Freizeitmöglichkeiten

Ein Besuch der Berchtesgadener Alpen lässt sich leicht mit den Beobachtungsgebieten um den nordwestlich gelegenen Chiemsee kombinieren. Darüber hinaus gibt es in den Berchtesgadener Alpen noch viele weitere vogelkundlich interessante Wanderungen. Auf jeden Fall lohnt sich ein Besuch des Salzbergwerks Berchtesgaden, des Nationalparkzentrums „Haus der Berge" in Berchtesgaden oder des Kehlsteinhauses (siehe Adressen).

Christoph Moning, Christopher König, Christian Wagner, Felix Weiß

Die Watzmann-Ostwand vom Toten Weib aus gesehen. Foto: C. Wagner. 6.9.2008.

Infomaterial/Literatur

Lange A, Lange F 2000: Deutsche Nationalparke – Berchtesgaden. Verl. Ges. Natura 2000.

Moning C, Wagner C 2005: Vögel beobachten in Süddeutschland – Die besten Beobachtungsgebiete zwischen Mosel und Watzmann. Franckh-Kosmos-Verlag, Stuttgart.

Schuster A 1996: Singvögel im Biosphärenreservat Berchtesgaden. Forschungsbericht 34, Nationalparkverwaltung Berchtesgaden im Auftrag des StMLU, zu bestellen unter poststelle@npv-bgd.bayern.de.

Wanderkarte: UK L4 Berchtesgadener Alpen, Königssee–Bad Reichenhall (1:50 000): Bayerisches Landesvermessungsamt.

GPS

Parkplatz Wimbachbrücke (1)	47°36'09" N	12°55'27" O
Parkplatz Göllhäusle/Hinterbrand (5)	47°35'43" N	13°01'22" O

Anfahrt

Mit Bahn und Bus

Die wichtigsten Bahnhöfe sind Bad Reichenhall und Berchtesgaden. Von dort fahren Busse zu den meisten Startpunkten.

Mit dem Auto

Über die A 8 München–Salzburg. Vor der Grenze nach Österreich nimmt man die Abfahrt „Bad Reichenhall" Richtung „Bad Reichenhall". Von Bad Reichenhall aus gelangt man über die B 20 oder die B 21 weiter in das Gebiet.

Adressen

Nationalparkzentrum Haus der Berge
Hanielstraße 7, 83471 Berchtesgaden, Tel.: 08652/979060-0,
hausderberge@npv-bgd.bayern.de; www.haus-der-berge.bayern.de

Salzbergwerk Berchtesgaden
Bergwerkstraße 83, 83471 Berchtesgaden, Tel.: 08652/6002-0,
info@salzbergwerk.de; www.salzbergwerk.de;
Öffnungszeiten:
1.5. – 31.10. tägl. 9 – 17 Uhr;
2.11. – 30.4. tägl. 11 – 15 Uhr.

Kehlsteinhaus, Tel.: 08652-2969, info@kehlsteinhaus.de; info@eagles-nest-tours.de, Preise für die Busfahrt: Erwachsene E 15,50, Kinder bis 14 Jahre E 9,00 p. P.; erste Bergfahrt um 8:55 Uhr, letzte Talfahrt um 16:50 Uhr. Bei unvorhersehbaren Wetterereignissen, wie z. B. Schneefall, Steinschlag oder Sturm, muss mit dem Ausfall von Bussen bzw. der Einstellung der Buslinie gerechnet werden.

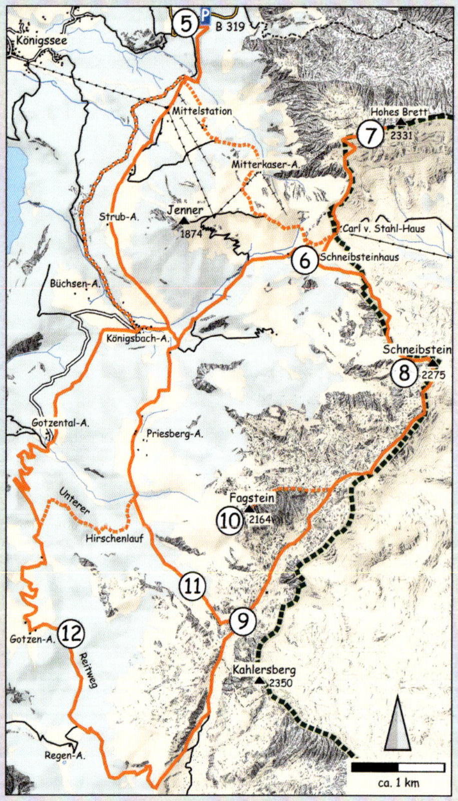

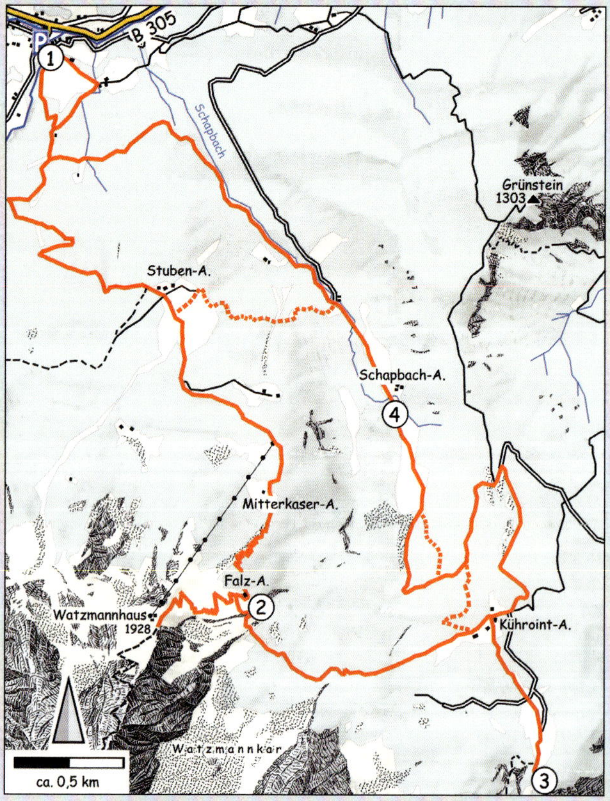

Frauenchiemsee in der Abenddämmerung (Blick von der Autobahnraststätte).

Foto: C. Wagner. Chiemsee, 5.2.2011.

Der Chiemsee

Das bayerische Meer

Der Chiemsee, auch „Bayerisches Meer" genannt, ist der größte See Bayerns und nach dem Bodensee und der Müritz der flächenmäßig drittgrößte See in Deutschland. Zusammen mit den Mooren des Umlands und den nahen Bergen gehört der Chiemsee zu den artenreichsten Gebieten in Bayern und Deutschland. Bisher wurden über 300 Vogelarten registriert, gut 125 davon brüten im Gebiet. Im Winter rasten in diesem Ramsar-Gebiet regelmäßig 20 000 bis 30 000 Wasservögel.

Landschaftsgeschichte und Lebensräume

Der Chiemsee ist ein Kind der letzten Eiszeit. Damals reichte der Chiemseegletscher weit in das Alpenvorland hinaus. Er schürfte das mehrere Hundert Quadratkilometer große und bis zu 250 m tiefe Becken des Ur-Chiemsees aus. Nach dem Rückzug des Eises vor etwa 10 000 Jahren füllte sich das Becken allmählich mit dem Wasser der weiter abschmelzenden Gletscher. Seitdem wird das „Bayerische Meer" von Jahr zu Jahr kleiner. Aktuell verliert der Chiemsee jährlich rund 1,3 Hektar Seefläche. Hauptverursacher sind die gewaltigen Schwebstoff- und Geschiebefrachten der Hauptzuflüsse, vor allem der Tiroler Achen, die jährlich 200 000 m^3 Feststoffe in den Chiemsee eintragen. Besonders im Mündungsbereich der Tiroler Achen ist ein Delta mit weit verzweigten Rinnen und Sand- oder Kiesbänken entstanden. Der natürliche Verlandungsprozess wurde vor etwa hundert Jahren durch Absenkung des Wasserspiegels um 60 cm zur Landgewinnung beschleunigt. So liegt das ursprünglich am Seeufer gelegene Grabenstätt heute etwa zwei Kilometer vom nächstgelegenen Seeufer, der Hirschauer Bucht, entfernt. Geographen gehen davon aus, dass der Chiemsee in 8000 bis 10 000 Jahren vollständig verschwunden sein wird.

Am Chiemsee finden sich in Abhängigkeit von Wassertiefe und Grundwasserpegel viele wertvolle Vegetationszonen. Ausgedehnte Niedermoorwiesen, sogenannte Streuwiesen, bedecken das Grabenstätter Moos. Der Name Moos bezeichnet ein Niedermoor. Ursprünglich wuchs hier Moorwald. Torfmoosreiche und ursprünglich waldfreie Hochmoore heißen im Bayerischen Filz – wie beispielsweise die nahe gelegenen Kendlmühlfilze. Am Aufbau der Pflanzengesellschaften in den Streuwiesen sind neben den Blütenpflanzen vor allem grobe und eiweißarme Gräser – insbesondere Sauergräser und Schilf, beteiligt, die sich kaum als Viehfutter eignen. Das Mähgut wurde früher getrocknet und zur Stalleinstreu verwendet, daher der Name „Streuwiese". Streuwiesen werden nicht gedüngt und nur einmal jährlich gemäht. Sie sind daher sehr artenreich.

Naturnahe Auwälder sind, wie überall in Mitteleuropa, auch am Chiemsee selten. Sie sind vor allem im Achendelta ausgebildet. Dort geht die überwiegend aus Silberweiden bestehende Weichholzaue in die äußerste Uferzone über. Diese ist je nach Wasserstand und Wasserverfügbarkeit unterschiedlich ausgeprägt. In den flach überschwemmten, gelegentlich trocken fallenden Uferbereichen herrschen Großseggenrieder vor. Die zunächst rasenartig wachsenden Pflanzenbestände werden zum Wasser hin lückig und bilden markante Bulten. Attraktiv blühende Pflanzenarten wie Blutweiderich und die Sumpf-Schwertlilie wachsen dazwischen. Im Übergang zwischen Wasser und Land bestimmen Röhrichtgürtel die Uferregion. Schilf bildet hier ausgedehnte Reinbestände. Die von Natur aus artenarme Schilf-Avifauna ist am Chiemsee nahezu vollständig ausgeprägt. Auch Jungfische wachsen im Schutz des Röhrichts heran. Eine Schwimmblattzone mit Weißer Seerose und Gelber Teichrose findet man im Irschener Winkel. Schwimmpflanzen benötigen Wassertiefen von einem bis vier Meter und geringe Wasserbewegungen. Im tieferen Wasser finden Laichkräuter optimale Bedingungen. Die Blätter sind von zahlreichen Schnecken und Insektenlarven bevölkert und auch einige Fischarten legen hier ihren Laich ab. Die unterste Vegetationszone, die bis in zehn Meter Tiefe reicht, wird von Armleuchteralgen dominiert. Diese urtümlichen Pflanzen kamen schon im Erdaltertum vor. Sie überziehen den Seeboden als moosartigen Teppich und bilden unterseeische Wiesen. Armleuchteralgen sind in der Regel auf sauberes Wasser angewiesen.

Besondere Vogelarten und Reisezeit

Die vier häufigsten Vogelarten im Winterhalbjahr sind Stock-, Tafel- und Reiherente sowie das Blässhuhn. Auch Schellenten, die in der Chiemseeregion ihr wohl bedeutendstes Brutvorkommen in Bayern haben, sind im Winterhalbjahr in großer Zahl präsent. Singschwäne findet man vor allem in der Hirschauer Bucht, allerdings nicht jedes Jahr. Samt- und Eiderenten, Rothalstaucher sowie Stern- und Prachttaucher halten sich jährlich auf dem offenen Wasser auf, wenn auch der Chiemsee gegenüber den anderen beiden großen bayerischen Voralpenseen Starnberger- und Ammersee weniger verlässliche Beobachtungsmöglichkeiten bietet. Schwarzhals- und selten auch Ohrentaucher findet man bevorzugt in Ufernähe. Silberreiher sind ganzjährig anwesend. Oft überwintern bis zu einhundert Große Brachvögel. Bergpieper sind im Winter meistens entlang der Ufer anzutreffen.

Kolbenenten brüten vereinzelt im Gebiet und sind das ganze Jahr zu beobachten. Auch Wasserrallen können ganzjährig an den Schilfrändern beobachtet werden. Schwarzstörche brüten in wenigen Paaren im Umland des Chiemsees und werden manchmal auch aus den Mooren gemeldet. Im Aachendelta haben Kormorane und Lachmöwen ihre Brutkolonien. Mittelmeermöwen brüten in wenigen Paaren im Delta. Wasseramseln findet man vor allem an der Prien, am Überseer Bach und an anderen kleineren Zuflüssen. Rohrweihen, Blaukehlchen, Schilfrohrsänger, Rohrschwirle und Drosselrohrsänger besiedeln die naturnahen Uferbereiche, können aber auch im Grabenstätter Moos beobachtet werden, das ein guter Platz ist, um Karmingimpel zu entdecken.

Insgesamt 35 Limikolenarten wurden bisher nachgewiesen. Schwarzkopfmöwen finden sich am ehesten im April/ Mai am See ein. Unter die gelegentlich mehr als 200 Mittelmeermöwen mischen sich regelmäßig auch Großmöwen anderer Arten. So ist beispielsweise die Steppenmöwe ein regelmäßiger Wintergast. Bis zu 200 Zwergmöwen können im April/Mai und in geringerer Zahl das ganze Jahr über beobachtet werden. Auch die Sumpfseeschwalben, darunter v.a. Trauerseeschwalben, erreichen ihr Maximum im Mai. Bevorzugte Orte dieser Arten sind Seebruck, die Schafwaschener und die Hirschauer Bucht. Regelmäßig können auch Exoten wie Schwarzkopf-Ruderenten, Moorenten (wohl meist Gefangenschaftsflüchtlinge), Chileflamingos und Heilige Ibisse beobachtet werden.

Beobachtungsmöglichkeiten

Ein Besuch der Buchten westlich und östlich des Achendeltas, also des Lachsgangs und der Hirschauer Bucht, ist zu jeder Jahreszeit ein Muss. Wenn man wenig Zeit hat, sollte man sich auf diesen Seeteil beschränken. Die Umfahrung des Sees lohnt sich vor allem im Winter. Im Winterhalbjahr ist die Parkplatzsituation entspannt, im Sommerhalbjahr wird man nicht umhin kommen, gebührenpflichtige Parkplätze und kleinere Fußmärsche in Kauf zu nehmen. Alle Beobachtungspunkte genau zu beschreiben, würde den Rahmen dieses Artikels sprengen. Weiterreichende Informationen sind auf der Internetseite von „Naturerlebnis Chiemsee“ zusammengetragen (s. Literatur).

Seebruck (1) und Chieming (2) sind im Winter ein guter Startpunkt. In Seebruck kann man vom Strandbad direkt westlich des Alzabflusses und von einem Beobachtungsturm cirka 300 m

Typische Vogelarten des Chiemsees, deren Status und günstige Beobachtungszeiten (in Klammern).
h = häufiger, r = regelmäßiger, s = seltener; B = Brutvogel, W = Wintergast, D = Durchzügler, N = Nahrungsgast

Art	Status (beste Beobachtungszeit)
Alpenstrandläufer	hD (März–Mai, Juli–Sept./Okt)
Baumfalke	sB, hD (April–Sept.)
Bekassine	sB, hD, sW (ganzjährig)
Bergpieper	rW (Okt.–April)
Blaukehlchen	rB (März–Sept.)
Braunkehlchen	sB (April–Okt.)
Bruchwasserläufer	hD (Sept.–Okt)
Drosselrohrsänger	rB (Mai–Sept.)
Flussseeschwalbe	sB, sD (April–Okt.)
Großer Brachvogel	sN, hD, rW (ganzjährig)
Kampfläufer	hD (März–Mai, Juli–Sept./Okt)
Karmingimpel	sB (Mitte Mai–Aug.)
Kolbenente	sB, hD, sW (ganzjährig)
Krickente	rB, hW (ganzjährig)
Mittelmeermöwe	rB, hW (ganzjährig)
Pfeifente	rD (März/April, Okt./Nov.)
Prachttaucher	rW (Okt.–April)
Rohrschwirl	rB (Mitte April–Juli)
Schellente	rB, hW (ganzjährig)
Schilfrohrsänger	rB, rD (Mitte April–Okt.)
Schnatterente	rB, hW (ganzjährig)
Schwarzhalstaucher	rB, sW (ganzjährig)
Schwarzkehlchen	rB (März–Okt.)
Schwarzstorch	sN (April–Sept.)
Seeadler	sW (Okt.–Mai)
Silberreiher	rN, rW (ganzjährig)
Singschwan	rW (Mitte Okt.–März)
Trauerseeschwalbe	hD (April/Mai, Aug./Okt.)
Waldwasserläufer	hD, sW (ganzjährig)
Wasserralle	rB, sW (ganzjährig)
Weißflügel-Seeschwalbe	rD (April–Sept.)
Wiesenpieper	sB, sW (ganzjährig)
Zwergdommel	sB (Mai–Sept.)
Zwergmöwe	hD (April/Mai, Okt.)

Möwentreiben in der „Blauen Stunde" nach Sonnenuntergang. Reisende füttern regelmäßig die Wasservögel an der Autobahnraststätte.
Foto: C. Wagner. Chiemsee, 5.2.2011.

westlich des Strandbads beobachten. Der Beobachtungsturm ist ab Mitte Mai eine gute Stelle für Zwergdommeln. In den meisten Beobachtungstürmen um den Chiemsee herum sind recht gute Spektive fest installiert. Am Nordrand von Chieming, an der Straße nach Stöttham, parkt man beim Müttergenesungsheim und kann von einer Plattform auf den Chiemsee und eine lange Steinbuhne blicken. Hier sollte man auf Seetaucher und Meeresenten, aber auch auf Reiher, Großmöwen und Kormorane achten. Seebruck ist im Mai zusätzlich eine gute Stelle für Sumpfseeschwalben.

Die Hirschauer Bucht (3) mit Blick auf die Ostseite des Achendeltas ist die vielleicht beste Beobachtungsstelle am See. Die Abfahrt von der Staatsstraße 2096 Chieming – Grabenstätt ist mit „Gaststätte Hirschauer Bucht" ausgeschildert. Man fährt den Schotterweg bis zur Gaststätte und geht wenige Meter bis zum Beobachtungsturm (3). Im Sommer ist die Bucht der größte Enten-Mauserplatz am gesamten See. Schwarzhalstaucher können das ganze Jahr über beobachtet werden. Im Frühjahr sollte man hier auch die Wanderstiefel schnüren und den Weg entlang des Kanals 400 m östlich der Gaststätte in das Grabenstätter Moos (4) gehen. Er führt 900 m nach Süden und dann 700 m nach Osten bis zur alten Kläranlage von Grabenstätt. Wachtelkönige, Schilfrohrsänger, Rohr- und Feldschwirle, Blaukehlchen, Schwarz- und Braunkehlchen sowie Karmingimpel brüten entlang des Wegs. Der Durchzug von Baum- und Rotfußfalken im Mai ist hier und am Lachsgang am auffälligsten.

Der Beobachtungsturm Lachsgang (5) ist kaum weniger interessant als die Hirschauer Bucht. Man sieht hier von Westen auf die Achenmündung. Der kürzeste Zugang erfolgt über Heinrichswinkel. Das Auto stellt man am Wegrand ab und geht die 1,2 km am alten Lachsganghof vorbei zum ausgeschilderten Beobachtungsturm. Hier können bis zu 100 Große Brachvögel und während der Zugzeiten zahlreiche Limikolenarten beobachtet werden. In den Wiesen rasten Baumfalken, Schafstelzen, Braunkehlchen und Steinschmätzer.

Die Feldwieser Bucht, ein Winterbeobachtungspunkt, kann man zum Beispiel vom Parkplatz der Seewirtschaft (6) überblicken. An der Autobahnraststätte Chiemsee (7) werden Möwen und Enten gefüttert. Sie lassen sich hervorragend beobachten und fotografieren. Der Rastplatz ist nur in Richtung München erreichbar. Im Irschener Winkel (8) brüten Zwerg-, Hauben- und Schwarzhalstaucher, sowie Mittelmeermöwen (meist erfolglos), verschiedene Entenarten, Wasserrallen, Schwarzkehlchen und Blaukehlchen. Zu den Zugzeiten suchen Sumpfseeschwalben die Wasseroberflächen nach Nahrung ab. Die Zufahrt erfolgt über die Autobahn-Ausfahrt Felden, Richtung Medical Park, wo man parkt und in 200 m zwischen Klinik und Strandbad hindurch den Beobachtungsturm erreicht. An der Mündung der Prien in die Schafwaschener Bucht, am Ende der Strandanlage Rimsting-Westernach, steht eine weitere Beobachtungshütte (9). Sie ist außer an guten Badetagen ganzjährig interessant. Der Hafen Gstadt (9) ist vor allem in Eiswintern einen Besuch wert, wenn nur noch die Fahrrinnen der Passagierschiffe eisfrei sind. Vom Beobachtungsturm Ganszipfel (10) eröffnet sich der schönste Ausblick auf die Frauen-, Kraut- und Herreninsel sowie die Bergketten im Hintergrund.

Weitere Freizeitmöglichkeiten

Der Chiemgau ist eines der beliebtesten Erholungsgebiete Bayerns. Auf der Fraueninsel befindet sich ein Nonnenkloster, auf der Herreninsel ein Schloss, dass von König Ludwig II. begonnen und nie vollendet worden ist sowie ein ehemaliges Augustiner-Herrenstift.

Außer im Winter lohnt ein Besuch der Kendlmühlfilze, einem intakten Hochmoor, das in großen Bereichen wiedervernässt wurde. Hier findet erneut eine Moorentwicklung statt. Es existiert ein Beobachtungsturm (Lage siehe Karte). Wespenbussarde, Baumfalken, Schwarzkehlchen sowie Baum- und Wiesenpieper kann man mit etwas Glück beobachten.

Ein Besuch dieses Beobachtungsturms in der Hirschauer Bucht darf auf keiner Chiemseerunde fehlen.
Foto: C. Wagner. Chiemsee, 28.3.2007.

Für ambitionierte Bergwanderer hält das Chiemgau eine Vielzahl an ornithologisch interessanten Bergwäldern und Gipfeln bereit. Wer es ruhig angehen lassen möchte, kann sich von der Kampenwandseilbahn auf 1467 m hochfahren lassen. Mitten im weitläufigen Wegenetz gelegen, ist die Bergstation idealer Ausgangspunkt für zahlreiche Wanderungen unterschiedlicher Schwierigkeitsgrade – je nach Laune und Kondition. Ein Erlebnis, das man sich an einem schönen Tag nicht entgehen lassen sollte.

Christian Wagner, Christopher König, Christoph Moning, Felix Weiß

Infomaterial/Literatur

Moning C, Wagner C 2005: Vögel beobachten in Süddeutschland. Kosmos, Stuttgart.

Lohmann M 2006: Chiemsee-Naturführer. Pflanzen – Tiere – Lebensräume – Wandervorschläge – Naturschutz. Columba, Übersee.

UK L7 Chiemsee, Chiemgauer Alpen (1 : 50 000): Bayerisches Landesvermessungsamt.

ADAC Freizeitkarte, Blatt 29: Chiemsee, Berchtesgadener Land, Chiemgauer Alpen.

www.naturerlebnis-chiemsee.de/nec: ausführliche Informationen zu den Exkursionszielen, zur Landschaftsgeschichte und zu den vorkommenden Vogelarten. Alle Beobachtungseinrichtungen werden auf einer eigenen Seite vorgestellt und können jeweils als Faltblatt ausgedruckt werden. Naturerlebnis Chiemsee bietet auch ornithologische und naturkundliche Führungen an.

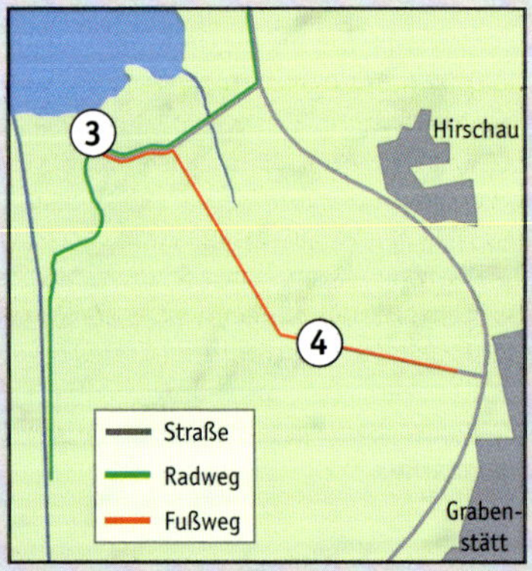

Anfahrt

Mit Bahn und Bus

Bahnhöfe um den Chiemsee befinden sich in Prien, Bernau und Übersee. Die Orte rund um den Chiemsee sind gut mit öffentlichen Verkehrsmitteln erreichbar. Es gibt im Sommerhalbjahr zusätzlich zum regulären öffentlichen Nahverkehr die Chiemsee-Ringlinie, eine Rad- und Wanderbuslinie, die alle Chiemseeanrainer miteinander verbindet. Die Schiffe der Chiemsee-Schifffahrt fahren die Chiemseeinseln und einige Orte am Ufer im Kursbetrieb an. Das Fahrrad ist eine sehr gute Alternative zum Auto. Der Chiemsee Uferweg ist 57 km lang und durchgehend gekennzeichnet. Er verbindet alle Exkursionsziele. Dank der zahlreichen Unterkunftsmöglichkeiten entlang des Wegs kann man sich mehrere Tage Zeit lassen. Für die Ostseite des Deltas (Hirschauer Bucht) und das Grabenstätter Moos ist besonders das Hotel „Chiemsee-Fischer" in Grabenstätt zu empfehlen.

Mit dem Auto

Die A 8 (München-Salzburg) führt direkt südlich am Gebiet vorbei. Je nach Exkursionsziel verlässt man die Autobahn in Prien, Übersee oder Grabenstätt.

Adressen

Kampenwandseilbahn GmbH, An der Bergbahn 8, 83229 Aschau im Chiemgau, Tel.: 08052/4411, info@kampenwand.de; www.kampenwand.de.
Die erste Bergfahrt findet um 9.00 Uhr statt. Betriebszeiten zur Sicherheit auf der Internetseite nachschauen oder per Telefon erfragen.
Chiemsee Schifffahrt, Seestraße 108, 83209 Prien am Chiemsee,
Tel.: 08051/6090, info@chiemsee-schifffahrt.de; www.chiemsee-schifffahrt.de.

GPS

Beobachtungsturm Seebruck	47°55'53.00" N	12°28'22.90" O
Plattform Chieming	47°53'46.60" N	12°31'38.00" O
Beobachtungsturm Hirschauer Bucht	47°51'32.50" N	12°31'05.70" O
Beobachtungsturm Lachsgang	47°51'23.60" N	12°29'04.70" O
Beobachtungsturm Irschener Winkel:	47°49'54.23" N	12°22'42.70" O
Beobachtungshütte Strandanlage Rimsting	47°52'32.70" N	12°21'29.50" O

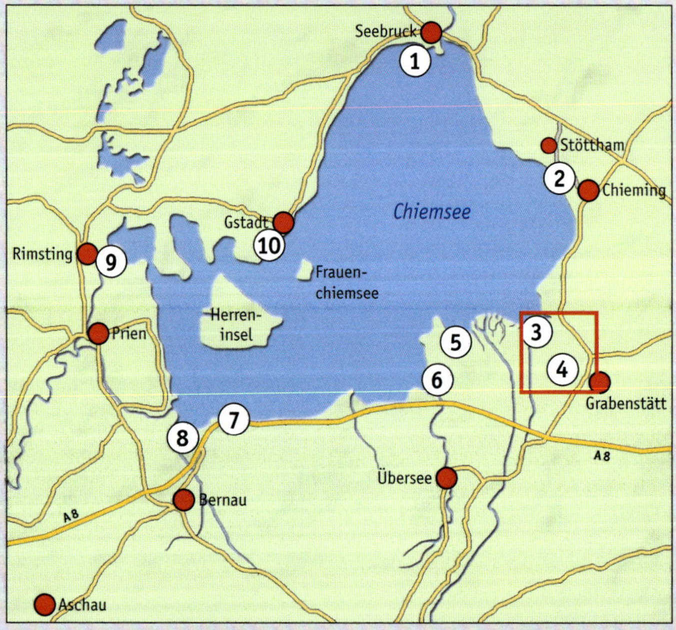

Das Ammergebirge am Niederstraussberg.
Foto: C. Moning. Niederstraussberg, 22.4.2011.

Das Ammergebirge

Alpenvögel zwischen Schloss Neuschwanstein und Kloster Ettal

Das zwischen Füssen und Garmisch-Partenkirchen gelegene Ammergebirge wartet im Gegensatz zum angrenzenden Wettersteingebirge nicht mit majestätischen Gipfeln auf. In der Folge sind Seilbahnen und Massentourismus ausgeblieben. Schon 1926 wurde der Bedeutung des Ammergebirges für den Naturschutz durch die teilweise Unterschutzstellung begegnet. Heute sind große Teile des rund 300 km² großen Gebietes als Europäisches Vogelschutzgebiet (SPA) ausgewiesen, das zweitgrößte in Bayern. Zugleich liegt hier das größte Naturschutzgebiet Bayerns.

Landschaftsgeschichte und Lebensräume

Während der Hochphase der Eiszeiten war das Ammergebirge ringsum von den Gletscherströmen von Loisach-, Lech- und Ammergletscher überdeckt. Nur die höchsten Erhebungen der Klammspitz- und Kreuzspitzgruppe ragten über die Eisfläche hinaus. Nacheiszeitlich bildeten sich im Bett der Gletscher die Flusstäler, vor allem von Lech im Westen und Loisach im Osten als markante Grenzen zu den sich anschließenden Gebirgsstöcken wie Estergebirge im Osten oder Wettersteingebirge im Südosten heraus.

Ein markanter Höhengradient zwischen etwa 660 m NN (Oberau, Loisachtal) und 2185 m NN (Kreuzspitze) kennzeichnet das Gebiet. Das Ammergebirge besitzt im Gegensatz zu den einheitlich gegliederten Kalkhochalpen kompliziert geschichtete und gefaltete Gesteinsserien. Der kalkalpine Bereich im Süden wird vom Hauptdolomit beherrscht. In der Folge sind regelmäßige Bergpyramiden wie Scheinberg, Kuchelberg, Frieder, Kreuzspitze, Schellschlicht und Notkarspitze charakteristisch. Nördlich der Linie Oberammergau – Rosskopf – Reiselsberg – Schwangau erstreckt sich die in den Ammergauer Bergen ausgedehnte Flyschzone, mit meist mergeligen Ausgangsgesteinen. Mit seinen abgerundeten Höhenzügen und niedrigeren Höhen um 1500 m ähneln die Flyschberge im Erscheinungsbild einem Mittelgebirge.

Neben der Geologie prägte eine Jahrhunderte währende Wald- und Weidenutzung das Landschaftsbild. Der Ursprung der Beweidung der Hochweiden wird für das Gebiet ab 500 v. Chr. angenommen. Besonders für die Ländereien des 1330 gegründeten Klosters Ettal ist die historische Nutzung vergleichsweise gut dokumentiert. Daraus geht hervor, dass durch den geringen Ertrag der Wiesen und Almen der größte Teil der Wälder in die Weide mit einbezogen wurde. Besonders in den Hochlagen entwickelten sich dadurch lichte Fichtenwälder, wovon beispielsweise Auerhühner profitierten. Noch bis etwa 1960 wurde Waldweide betrieben.

Die großen Unterschiede in Relief und Geologie sowie die lange Nutzung sind die Ursache der vielfältigen Vo-

An der Baumgrenze singen im April und Mai vielerorts Zitronenzeisige.
Foto: C. Moning. Alpspitze, 27.5.2012.

Das Ettaler Weidmoos ist bekannt für seine Orchideenvielfalt. In den angrenzenden Gebüschen suchen Weißrückenspechte nach Nahrung. Im Bildhintergrund die Falkenwand.
Foto: C. Moning. Ettaler Weidmoos, 27.5.2012.

gellebensräume. Der Waldanteil im gesamten Ammergebirge ist mit 65 % noch höher als im Wetterstein- und im Karwendelgebirge, was darauf zurückzuführen ist, dass nur relativ kleine Gebiete (ca. 15 %) oberhalb der Baumgrenze liegen, die ab rund 1700 m beginnt. Bergmischwälder mit höheren Anteilen an Buchen und Tannen stellen noch 43 % aller Wälder. In diesen Wäldern liegt der hohe naturschutzfachliche Wert, hauptsächlich durch vergleichsweise hohe Totholzvorräte besonders in unerschlossenen Lagen und den Staatswäldern, die rund zwei Drittel der Gesamtfläche ausmachen.

Die hohen jährlichen Niederschlagsmengen von 1400 bis 1700 mm am nördlichen Gebirgsrand und über 2000 mm in den Höhenlagen speisen zahlreiche Bäche und Flüsse, glasklare Seen und intakte, orchideenreiche Moore. Unter den Gewässern ist vor allem der hohe Anteil unverbauter Wildbäche mit natürlichen Schotterfluren bemerkenswert.

Besondere Vogelarten und Reisezeit

Die struktur- und totholzreichen Bergmischwälder beherbergen deutschlandweit bedeutende Spechtpopulationen. Für Grauspechte, Schwarzspechte und die andernorts seltenen Weißrückenspechte werden jeweils über 90 Reviere für das Gebiet geschätzt. Ebenso für den Dreizehenspecht, die zweite typische „Alpenspechtart". In den totholzreichen, fichtendominierten Wäldern der montanen und subalpinen Stufe gibt es rund 230 Paare.

Auerhühner halten bedeutende Bestände in den hochmontanen Bergwäldern. Haselhühner findet man regelmäßig dort, wo Dickungen an strukturreiche alte Wälder mit hohem Totholzanteil, umgestürzten Wurzeltellern, Beerensträuchern und Weichhölzern grenzen.

In älteren, unterholzreichen Nadel- und Mischwäldern mit aufgelockerter Struktur, gerne angrenzend zu Lichtungen, finden Sperlingskäuze Lebensraum. In guten Mäusejahren wie 2011 und 2012 singen bis zu 170 Männchen im Vogelschutzgebiet. Ähnlich hohe Dichten können bei Raufußkäuzen mit bis zu 130 Revieren erreicht werden. Die Art bevorzugt ältere Waldbestände, in denen sie ein gutes Angebot an Schwarzspechthöhlen vorfindet.

Während Waldschnepfen flächig verbreitet sind, findet man Zwergschnäpper nur lokal in strukturreichen, mehr-

Typische Vogelarten im Ammergebirge, deren Status und günstige Beobachtungszeit (in Klammern)
h = häufiger, r = regelmäßiger, s = seltener; B = Brutvogel

Art	Status (beste Beobachtungszeit)
Alpendohle	rB (ganzjährig)
Alpenschneehuhn	sB (Mai–Okt.)
Auerhuhn	rB (April)
Berglaubsänger	hB (Mai–Juni)
Birkenzeisig	hB (April–Juni)
Birkhuhn	rB (April–Mai)
Dreizehenspecht	hB (April)
Felsenschwalbe	sB (April–Aug.)
Flussregenpfeifer	sB (Apr.–Juni)
Grauspecht	hB (April)
Grünspecht	rB (März–Mai)
Habicht	rB (ganzjährig)
Haselhuhn	rB (Mitte April)
Kolkrabe	rB (ganzjährig)
Mauerläufer	sB (April–Okt.)

Art	Status (beste Beobachtungszeit)
Raufußkauz	r–hB (März–April)
Ringdrossel	hB (April–Mai)
Schwarzspecht	hB (März–Mai)
Sperlingskauz	r–hB (März–April, Okt.)
Steinadler	rB (ganzjährig)
Tannenhäher	rB (Sept.–Okt.)
Trauerschnäpper	sB (April–Juni)
Uhu	sB (Feb.–März)
Wanderfalke	rB (März–Juni)
Wasseramsel	rB (ganzjährig)
Weißrückenspecht	rB (April)
Wespenbussard	rB (Mai–Aug.)
Zitronenzeisig	hB (April–Aug.)
Zwergschnäpper	sB (Mai)

schichtigen Altbeständen naturnaher Laub- und Mischwälder, besonders in buchendominierten Beständen mit hohem Höhlenangebot. Ein Schwerpunktvorkommen liegt im Bereich Graswangtal – Gießenbachtal. Im Graswangtal mit seinen südexponierten Buchenwäldern liegt auch ein wichtiges Vorkommen des Wespenbussards, der hier mit sechs bis acht Revieren von insgesamt mehr als zehn im Vogelschutzgebiet vertreten ist.

Die Felsformationen des Ammergebirges beherbergen eine ganz eigene Avifauna. Eine Hauptattraktion stellen Mauerläufer dar, die beispielsweise regelmäßig an der Stellwand im Elmautal, an der Seeleswand nördlich von Garmisch-Partenkirchen, an der Falkenwand südwestlich von Oberammergau sowie an den Wänden östlich des Schlosses Linderhof im Kohlbachtal (2012 zum Beispiel Hohe Wand) vertreten sind. Kleine Felsenschwalben-„Kolonien“ bevorzugen Felswände in sonniger und windgeschützter Lage. Man findet sie ebenfalls an den oben genannten Stellen. Mit maximal zehn Brutpaaren siedeln circa zehn Prozent des bayerischen „Alpenbestandes“ der Wanderfalken im Schutzgebiet, wohingegen beim Uhu aktuell nur zwei besetzte Reviere festgestellt wurden.

Zwar nutzen auch Steinadler die Felswände des Gebietes, doch brüten einige Paare in Baumhorsten. Insgesamt wurden im SPA traditionell seit Beginn der 1960er Jahre vier Reviere erfasst. Der Reproduktionserfolg ist im Ammergebirge leider gering. Seit 1981 wurden 40 Jungvögel flügge. Dies entspricht im Durchschnitt 0,34 flüggen Jungvögeln pro Revierpaar und Jahr. Zwar liegt dieser Wert höher als die 0,25 flüggen Steinadler, die 1983 bis 1992 für das ganze Werdenfelser Land errechnet wurden, doch im alpen- und europaweiten Vergleich ist der Wert als niedrig einzustufen.

Im Übergang von Wald zur alpinen Hochlage siedeln Ringdrosseln in hohen Dichten. Daneben findet man hier auch Zitronenzeisige und Birkhühner. Obwohl diese Raufußhühner unter der Zunahme von Freizeitaktivitäten sowie Habitatverschlechterung durch die Aufgabe von Weidenutzung und fortschreitende Gehölzsukzession leiden, balzen noch rund 100 Birkhähne verstreut über die gesamten Hochlagen.

In den wenigen hochalpinen Lagen oberhalb von 2000 m kommen neben dem häufigen Bergpieper auch noch rund zwanzig Paare des Alpenschneehuhns vor. Bestände mit mehr als vier Revieren finden sich im Bereich Hochplatte–Krähe sowie entlang des Höhenzugs von der Schellschlicht über die Kreuzspitze zum Kuchelberg.

Im Ammergebirge steht besonders der Brutvogelaspekt im Vordergrund. Aus diesem Grund liegt die beste Beobachtungszeit zwischen April und Mai für die Wälder und zwischen Mai und Oktober für die Arten der Hochlagen. Die Winter sind sehr schneereich und bringen eine oft mehrere Monate anhaltende geschlossene Schneedecke. Wer sich das Gebiet zu Fuß erschließen möchte, sollte es in den Hochlagen ab Mitte Mai probieren.

Ein erheblicher Teil der deutschen Population des Weißrückenspechtes brütet im Ammergebirge.
Foto: C. Moning. Oberau, 23.5.2010.

Beobachtungsmöglichkeiten

Aufgrund der Gebietsgröße ergeben sich Beobachtungsmöglichkeiten für viele Tage, sodass hier nur eine Auswahl gegeben werden kann.

Das Gießenbachtal westlich von Oberau bietet Beobachtungsmöglichkeiten für Haselhühner, Weißrückenspechte und Zwergschnäpper. Start ist der Parkplatz Ettal an der B 23. Von hier folgt man dem breiten Forstweg nach Süden (links) in Richtung „Rossalm“ in das Gießenbachtal. Am Taleingang hat man gute Chancen auf Zwergschnäpper, während Grauspechte aus dem angrenzenden südexponierten Hang singen. Am Ende des Forstwegs führt der Weg in das Bachbett des Gießenbachs, das man mit etwas Trittsicherheit auch im Frühjahr, wenn der begleitende Wanderweg noch zugeschneit ist, gut begehen kann. Nach wenigen Hundert Metern führt der Weg Richtung „Rossalm, Notkarspitze“ ausgeschildert links steil in den Hang. Weiter Richtung „Rossalm/Notkarspitze“ wandernd erreicht man die Ross-/Gießenbachalm. Der Wald um die Hütten beherbergt Haselhuhn, Sperlingskauz, Dreizehenspecht, Waldschnepfe und Ringdrossel. Im Frühjahr kullern bei Sonnenaufgang Birkhähne von den umgebenden Gipfeln. Die Wanderung umfasst 450 Höhenmeter.

Für Beobachtungen an der Falkenwand und dem Ettaler Weidmoos fährt man von Garmisch-Partenkirchen über die B 23 Richtung Oberammergau. Kurz hinter Ettal biegt man links Richtung „Linderhof“ ab. 1,7 km nach dieser Abzweigung führt rechts ein Sträßchen in das Weidmoos. Von dem Sträßchen lässt sich mit einem Spektiv die Falkenwand einsehen, an der sich regelmäßig Felsenschwalben und mit Glück Mauerläufer beobachten lassen. Am Himmel sollte man auf Wespenbussarde, Steinadler, Habichte und Wanderfalken achten. In den Gehölzen im Moor suchen Weißrückenspechte regelmäßig nach Nahrung, während Neuntöter und Baumpieper hier brüten. Der strukturreiche Schluchtwald unterhalb der Falkenwand, der sogenannte Dickenwald, bietet weitere Chancen auf Weißrückenspechte und Zwergschnäpper.

Die Wanderung auf die Friederspitz (2049 m NN) führt ins Herz des südlichen Ammergebirges. Es handelt sich um eine mittelschwierige, lange Bergwanderung, die gute Kondition erfordert und über 1250 Höhenmeter führt. Für den Aufstieg sollte man rund vier Stunden und für den Abstieg drei Stunden rechnen. Von Garmisch-Partenkirchen fährt man die B 23 Richtung „Fernpass/Reutte“. Nach dem zweiten Bahnübergang biegt man rechts auf den Parkplatz bei der Ochsenhütte ab (1805 m). Bahnfahrer fahren bis Griesen (2) und wandern über das Friedergries

(3) an, in dessen Bereich Haselhühner, Dreizehenspechte und Berglaubsänger leben. Vom Parkplatz bei der Ochsenhütte (1) folgt man immer der Ausschilderung zum „Frieder“. Bei (4) hat man gute Chancen auf Weißrückenspechte und Haselhühner. In der Dämmerung balzen hier im Frühjahr Waldschnepfen. Bei (5) folgt man dem Wegweiser nach links zum „Frieder“. In den umgebenden Waldbeständen der Rotmoosalm hört man im zeitigen Frühjahr Sperlingskäuze, während Raufußkäuze aus den älteren Waldbeständen der Hänge singen. Der Weg geht langsam in einen schmalen Pfad über und durchquert einen dichten Nadelwald mit Haselhühnern (6). In den lichten Bereichen singen Grauspechte. Man gewinnt schnell an Höhe und erreicht nach etwa 1¼ Stunden die unbewirtschaftete Friederalm (1653 m), an der Ringdrossel und Zitronenzeisig singen. Weiter bergauf sind Birkenzeisig, Fichtenkreuzschnabel, Klappergrasmücke und Heckenbraunelle akustische Begleiter. Auf dem Frieder (7) kommen Alpenschneehühner in geringer und Bergpieper in hoher Dichte vor. Gelegentlich patrouillieren Steinadler das Gelände.

Weitere Freizeitmöglichkeiten

Schloss Linderhof und die randlich gelegenen Schlösser Neuschwanstein und Hohenschwangau sind die wichtigsten touristischen Ziele. Mit Bergbahnen sind der Kolbensattel bei Oberammergau und der Tegelberg bei Füssen erreichbar. Der südliche und zentrale Teil des Ammergebirges ist dagegen nicht von Seilbahnen erschlossen.

Christoph Moning, Christopher König, Christian Wagner, Felix Weiß

Infomaterial/Literatur

Bezzel E, Lechner F 1978: Die Vögel des Werdenfelser Landes. Vogelkundliche Bibliothek, Bd. 8, Kilda-Verlag, Greven.

Moning C, Wagner C 2005: Vögel beobachten in Süddeutschland. Franckh-Kosmos, Stuttgart.

Eine gute Karte: L31 Werdenfelser Land (1:50000) des Bayerischen Landesvermessungsamtes.

Anfahrt

Mit Bahn und Bus

Günstige Ausgangsbahnhöfe sind Oberammergau, Oberau und Griesen. Von dort gelangt man entweder mit dem Bus, dem Fahrrad oder zu Fuß weiter in das Gebiet. Für längere Exkursionen, sollte man eine Übernachtung auf einer Berghütte in Erwägung ziehen.

Mit dem Auto

Von Norden gelangt man über die A 95/B 2 bis Oberau und von dort der B 23 Richtung Augsburg folgend ins Gebiet. Von Süden führt die B 23 westlich von Garmisch-Partenkirchen am Südrand des Ammergebirges entlang.

Adressen

Bayerisches Landesamt für Umwelt, Staatliche Vogelschutzwarte, Gsteigstr. 43, 82467 Garmisch-Partenkirchen, Tel.: 08821/2330
LBV Garmisch-Partenkirchen, Leiter: Michael Schödl, lbvgap@gaponline.de; http://members.gaponline.de/lbvgap/
Alpenvereinshütten Tel.: 089/140030, www.alpenverein.de; www.dav-huettensuche.de

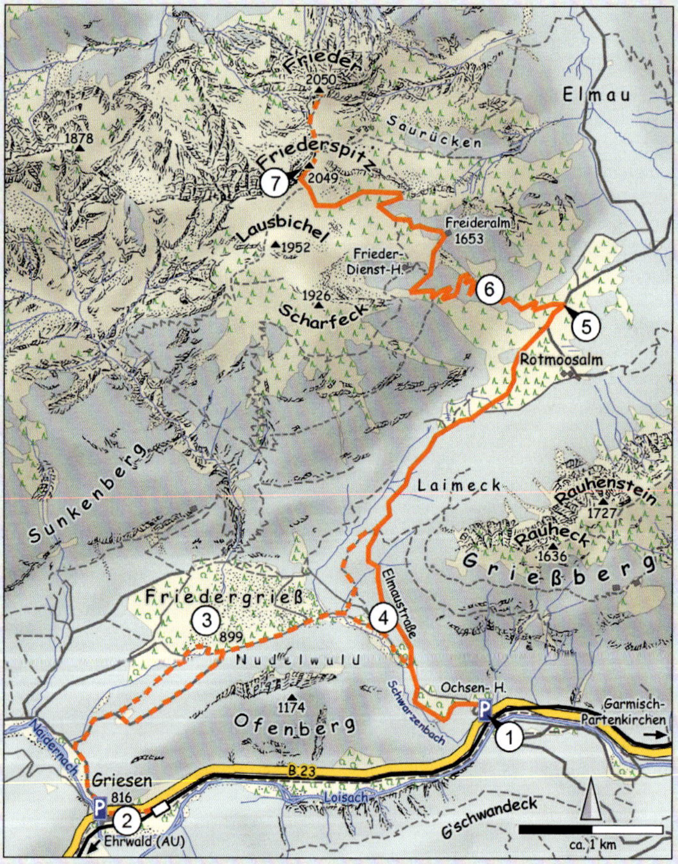

GPS		
Parkplatz Ettal an der B 23	47°33'41.00" N	11°06'03.00" O
Parkplatz Ochsenhütte	47°29'04.00" N	10°58'35.00" O

Das Karwendelgebirge mit der Zugspitze als höchstem Berg Deutschlands, ganz rechts im Bild, bildet die Hintergrundkulisse für Beobachtungen am Ammersee. Foto: C. Moning. Dezember 2003.

Der Ammersee

Artenvielfalt vor den Toren Münchens

Als der Loisach-Gletscher vor rund 15 000 Jahren seine eisige Vorherrschaft im Alpenvorland aufgab, hinterließ er Bayerns drittgrößten See, der 40 km südwestlich von München liegt. Die im Süden zufließende Ammer, die den See im Norden als Amper wieder verlässt, schuf im Laufe der Jahrhunderte mit ihrer Schwemmfracht eine weitläufige Niederung, die neben dem vielgestaltigen See und alten Wäldern wesentlich zu der an Rast-, Zug- und Brutvögeln reichen Avifauna beiträgt.

Landschaftsgeschichte und Lebensräume

Wie andere Seen des bayerischen Alpenvorlandes entstand der Ammersee als typischer Zungenbeckensee in der Saale-/Riss- und Würmeiszeit, im Fall des Ammersees durch den Loisach-Gletscher, der sich als Teil des Isar-Loisach-Gletschers aus der „Garmischer Pforte“ bis weit ins Land erstreckte. Vor rund 14 000 Jahren umschlossen dann die zurückgebliebenen Seiten- und Endmoränen eine Wasserfläche, die sich in Nord-Süd-Richtung über etwa 37 km erstreckte und eine Fläche vom heutigen Weilheim im Süden bis Grafrath im Norden bedeckte. Seither schrumpfte der See durch Ablagerung der Sedimentfracht aus den Zuflüssen, besonders der Ammer im Süden und der Windach im Norden auf heute rund 47 km². Die Verlandung durch Sediment- und organische Ablagerungen dauert an, wird jedoch erst in etwa 20 000 Jahren zu einem vollständigen Verschwinden des Sees führen.

Bis dahin bieten sich noch viele Beobachtungsgelegenheiten in dem insgesamt rund 250 km großen „Ammersee-Gebiet“, das sich von Grafrath im Norden bis Weilheim im Süden erstreckt und die Moränenhänge im Westen und Osten mit einschließt. Darin beherbergen vier Naturschutzgebiete den Kern des Vogellebens am See. Die Vogelfreistätte „Ammersee Südufer“ besteht aus 500 ha Buchten, Verlandungsflächen, Feucht-/Streuwiesen, Weiden und Auwaldresten. Auch das Ampermoos nördlich des Ammersees wartet auf 525 ha mit attraktiver Niedermoorlandschaft auf. Hinzu kommen das 109 ha große NSG Herrschinger Moos östlich des Sees und das knapp 100 ha umfassende NSG „Seeholz und Seewiesen“ mit seinen totholzreichen, alten Laubwäldern im Westen. Diese Gebiete machen den Ammersee zu einem der sieben nach der Ramsar-Konvention international bedeutsamen Feuchtgebiete Bayerns.

Dass das Ammersee-Gebiet dem Vogelbeobachter heute ein so reiches Betätigungsfeld bietet, ist keine Selbstverständlichkeit. So konnte die in den 1960er Jahren schlechte Wasserqualität durch umfassende abwassertechnische Sanierungsmaßnahmen wie dem Bau einer Ringleitung und der Inbetriebnahme der Kläranlage in Eching 1971 deutlich verbessert werden. Seit Mitte der 1980er Jahre hat sich die Nährstoffbelastung des Wassers zu einer geringen bis mäßigen Belastung verschoben. Einhergehend gingen die einst dichten Schilfbestände zurück und die durchschnittliche Sichttiefe stieg auf über 2 m, was neben den Seetauchern auch viele Erholungssuchende zu schätzen wissen. Als Teil des Fünfseenlandes zählt der See nicht nur zu den beliebtesten Tourismuszielen Bayerns mit überregionaler Ausstrahlung, sondern auch zu den bevorzugten Naherholungsgebieten der Augsburger und Münchener Bevölkerung. Vor allem im Sommer füllen sich Strandbäder, Biergärten sowie die Rad- und Wanderwege rund um den See, während die Seefläche von zahlreichen Segelboten und einer Flotte von vier Fahrgastschiffen der Bayerischen Seen-Schifffahrt durchkreuzt wird.

Seltener wird man kleine Fischerboote entdecken, deren Insassen eine traditionsreiche Nutzung der Fisch-

Im Frühjahr bildet das dumpfe „oo-uo“ der Hohltaube die Hintergrundmusik in den alten Eichen des Seeholzes. Foto: C. Moning.

fauna fortführen, die auch so exklusive Vertreter wie den einzigen echten Tiefensaibling Mitteleuropas (*Salvelinus evasus*), die endemische Renke (*Coregonus bavaricus*) und den ebenfalls endemischen, erst 2010 beschriebenen Ammersee-Kaulbarsch (*Gymnocephalus ambriaelacus*) aufzuweisen hat.

Besondere Vogelarten und Reisezeit

Die Lebensraumvielfalt zieht ganzjährig ein reiches Vogelleben an. Alljährlich werden deutlich über 200 Arten nachgewiesen, von denen mindestens 120 Arten regelmäßig brüten. Besonders am Ammersee-Südende finden sich viele brütende Vogelarten ein. Hier siedelt auch eine kopfstarke Kormorankolonie. Gänsesäger brüten vereinzelt im Bereich des Ammerdeltas und auch Schwarzmilane beziehen alljährlich mehrere Horste, während Rohrweihen, Wasserrallen, Rohrschwirle und selten auch Bartmeisen die Schilfflächen bewohnen. Rotmilane und Weißstörche suchen im Sommerhalbjahr im Bereich der Raistinger Wiesen nach Nahrung, wo auch Wiesenbrüter wie Wachteln, Kiebitze und Große Brachvögel noch zu finden sind. Am Südufer des Sees brüten seit ein paar Jahren regelmäßig Mittelmeer- und Schwarzkopfmöwen zwischen Lachmöwen und Flussseeschwalben, die auf einem großen Brutfloß eine Kolonie gebildet haben. Saatkrähen brüten in mehreren kleineren Kolonien im Gebiet. Pirole findet man beispielsweise entlang der Alten und Neuen Ammer. Der strukturreiche Eichen-Hainbuchenwald des Seeholzes beherbergt nicht weniger als sechs Spechtarten, zu denen sowohl einige Grauspechte wie auch eine der bayernweit südlichsten Mittelspecht-Populationen zählen.

Größere Bedeutung hat der Ammersee als Rast-, Mauser- und Überwinterungsgebiet. Alljährlich werden Maximalsummen von über 10 000 Wasservögeln auf dem See gezählt. Besonders im Winterhalbjahr lohnt ein Blick auf den See, wenn See- und Lappentaucher, Säger, Schell-, Pfeif-, Spieß- und Löffelenten ein weites Wasservogelspektrum bieten. Stern- und Prachttaucher bevorzugen die tiefen Wasserbereiche, die im Ammersee auf über 80 m reichen. Unter den Möwen werden alljährlich Mittelmeer-, Silber-, Steppen-, Sturm-, Lach- und Zwergmöwen festgestellt. Seltenere, vor allem im Winterhalbjahr und zu den Zugzeiten auftauchende Gäste sind Ohrentaucher, Berg-, Eider- und Samtenten, Zwerg- und Mittelsäger. Noch seltener, aber noch zu den regelmäßigen Gästen zählend, sind Eistaucher. In den Niedermoorlandschaften am Nord- und Südende verbringen Kornweihen, Raubwürger und einzelne Merline den Winter, während Bergpieper und Silberreiher an den Ufern nach Nahrung suchen.

Zu den Zugzeiten ist das Gebiet in seiner Alpenrandlage ein gefragter Zwischenstopp. Zahlreiche Enten, darunter auch viele Knäkenten, aber auch Greifvögel, Möwen und Seeschwalben, darunter einige Trauer-, wenige Weißbart-Seeschwalben und noch weniger Weißflügel-Seeschwalben lassen sich von der großen Wasserfläche zur Rast einladen. Für Limikolen bestehen aufgrund weitgehend fehlender Schlickflächen nur wenige Rastmöglichkeiten. Dennoch ist die Liste der nachgewiesenen Arten lang, darunter viele in Bayern seltene Arten, wie beispielsweise Stelzenläufer, die sich besonders am Südende regelmäßig

Schellenten bereichern das Wasservogelspektrum im Winterhalbjahr (im Bild ein Männchen). Foto: C. Moning. München, Mai 2010.

einfinden. Singvögel brüten ebenfalls artenreich im Gebiet, und so wird ein Frühjahrsspaziergang von Feldschwirlen, Waldlaubsängern und Braunkehlchen und auch durch seltenere Arten wie Nachtigallen oder Ortolane bereichert. Die Liste der nachgewiesenen Seltenheiten ist lang. So kann man beispielsweise zwischen Ende April und Anfang Juni berechtigt auf die Sichtung der hier regelmäßig rastenden Rotfußfalken hoffen.

Beobachtungsmöglichkeiten

Zu allen Jahreszeiten verspricht die Südhälfte des Ammersee-Gebietes die ergiebigsten Beobachtungsmöglichkeiten. Das Ufer vor der ehemaligen Gaststätte (mittlerweile abgerissen) in Aidenried vermittelt einen guten Überblick über die Fischener Bucht (1), in der viele Enten, Lappentaucher, Möwen, Silberreiher, im Winter gelegentlich Singschwäne und im Frühjahr Seeschwalben zu den typischen Vogelarten zählen. In den letzten Jahren ließen sich immer wieder interessante Limikolen und Reiher blicken. Die Gaststätte ist durch ein Hinweisschild gekennzeichnet.

Der Weg auf dem Ammer-Damm zum Großen Binnensee (2) lohnt sich vor allem zur Brutzeit und den Zugzeiten. Von Vorderfischen fährt man Richtung „Dießen" und erreicht nach 700 m auf der linken Straßenseite direkt an der eingedeichten Ammer einen Parkplatz (3). Auf der linken (westlichen) Ammerseite folgt man dem Damm nach Norden. Unterwegs kommen Eisvögel, Gelbspötter, Blaukehlchen, Feldschwirle und Pirole vor. Nach rund 1 km kommt links der Große Binnensee in Sicht, in dem sich eine aufgeschüttete Kiesinsel sowie ein großes Brutfloß für Flussseeschwalben befinden (2). Im Sommer kann man hier Lach-, Schwarzkopf- und ganzjährig Mittelmeermöwen beobachten. Am Schilfrand sieht man meistens Silberreiher stehen, wo auch Rohrschwirle und Schilfrohrsänger brüten. Am Binnensee werden oft seltenere Arten wie Rohr- und Zwergdommel, Nacht-, Purpur- und Seidenreiher, Fischadler, Kleines Sumpfhuhn und Raubseeschwalbe beobachtet. Die Flachwasserbereiche des Binnensees bieten Rastmöglichkeiten für Limikolen.

In Dießen ermöglicht ein 2010 errichteter Beobachtungsturm (4) einen Blick auf die Alte-Ammer-Mündung sowie auf die äußere und innere Dießener Bucht. Im Sommer können hier Rohrsänger und Blaukehlchen und im Winter viele Enten und Kormorane beobachtet werden. Von Vorderfischen kommend biegt man am Ortseingangsschild von Dießen vor dem Bahnübergang nach rechts ab und folgt der Straße den Schienen entlang für 900 m. Am Stoppschild fährt man rechts und parkt nach 200 m auf dem großen Parkplatz östlich des Sportplatzes. Der Weg geradeaus führt zu einem Holzsteg, der in 100 m zum großen Beobachtungsturm führt (4). Der Hafen in Dießen (5) ist im Winter zeitweise gut für rastende Silber- (selten), Mittelmeer-, Steppenmöwen sowie stets Sturmmöwen.

Die Raistinger Wiesen bieten im Winter Kornweihen und zur Zug- und Brutzeit Limikolen wie Große Brachvögel, Kiebitze, Bekassinen sowie Rot- und Schwarzmilane, Weißstörche und Steinschmätzer. Auf der Straße von Vorderfischen nach Dießen biegt man 2,8 km hinter (3) links Richtung „Raisting" ab und folgt der Straße parallel der Bahnlinie. Der Bereich der Dießener Filze ist hier von der Straße aus einsehbar. Eine Parkmöglichkeit besteht rechts an einer Brücke über die Bahngleise bei (7), 300 m nach der Abzweigung. Im Winter haben hier Raubwürger und ab März Schwarzkehlchen ihre Reviere. 1,7 km hinter der Abzweigung Richtung Raisting biegt man vor einer Bahnunterführung nach links ab und hält sich gleich wieder links. Nach weiteren 500 m erreicht man eine Scheune auf der rechten Seite, vor der man parkt, ohne die Scheunentore zu blockieren (8). Spätestens ab hier geht man zu Fuß geradeaus in die Wiesen. Vor allem im Bereich um die Hochspannungsleitung und dahinter (6) findet man oben genannte Arten.

Um zum spechtreichen Seeholz bei Riederau zu gelangen, folgt man der Straße von Dießen nach Norden. 300 m südlich von Rieden am Ammersee liegt, kurz nachdem man in den Wald gefahren ist, rechts der Straße ein klei-

Typische Vogelarten im Ammersee-Gebiet, deren Status und günstige Beobachtungszeit (in Klammern)
h = häufiger, r = regelmäßiger, s = seltener; B = Brutvogel, W = Wintergast, D = Durchzügler

Art	Status (beste Beobachtungszeit)
Bergente	rW (Nov.–Feb)
Bergpieper	hD, rW (Okt.–März)
Fischadler	rD (Apr., Aug.–Sep.)
Flussseeschwalbe	rB, rD (Apr.–Aug.)
Gänsesäger	sB, hW, hD (Nov.–März)
Grauspecht	rB (Feb.–Mai)
Großer Brachvogel	rB, rD (März–Okt.)
Hohltaube	rB, rD (Apr.–Jun.)
Kanadagans	hB (ganzjährig)
Kleines Sumpfhuhn	sD (Apr., Juli–Aug.)
Kolbenente	hB, rW, hD (Apr.–Nov.)
Kormoran	hB, hW, hD (ganzjährig)
Kornweihe	rW, rD (Okt.–Apr.)
Löffelente	hD (Sep.–Nov.)
Mittelspecht	rB (März–Mai)

Art	Status (beste Beobachtungszeit)
Prachttaucher	rW (Okt.–März)
Raubwürger	rW (Nov.–März)
Rohrschwirl	sB, rD (Apr.–Jun.)
Rohrweihe	rB, hD (Apr.–Okt.)
Rotfußfalke	rD (Apr.–Mai)
Rotmilan	rB, rD, sW (Apr.–Okt.)
Saatkrähe	hB, hD, hW (ganzjährig)
Schellente	sB, hW, hD (Nov.–März)
Schwarzkehlchen	rD, hB (März–Sep.)
Schwarzkopfmöwe	sB, rD (Apr.–Jul.)
Schwarzmilan	rB, rD (Apr.–Aug.)
Silberreiher	hW, hD (Okt.–Apr.)
Wasserralle	hB, hD, sW (Apr.–Jun.)
Weißbart-Seeschwalbe	rD (Apr.–Jun.)
Weißstorch	rB (Apr.–Aug.)

ner Parkplatz, von dem ein Weg in den strukturreichen Wald führt.

Die Herrschinger Bucht gehört im Winter zu den besten Beobachtungsstellen am Ammersee. Beispielsweise bevorzugen Seetaucher und Zwergmöwen diesen Bereich. Von Norden kommend nach Herrsching fahrend weist direkt am Ortsschild „Herrsching" ein weiteres Schild „Parkplatz der Bildungsstätte des Bayerischen Bauernverbandes" auf einen Parkplatz auf der rechten Straßenseite. Von hier folgt man am unteren Ende des Parkplatzes einem Weg in Richtung See. Kurz darauf trifft man auf einen gut ausgebauten Fußweg, dem man nach rechts gehend bis zum Seeufer und weiter nach rechts bis zu einem im See stehenden Holzkreuz folgt.

Weitere Freizeitmöglichkeiten

Neben zahlreichen Wassersport- und Bademöglichkeiten im Sommerhalbjahr bieten das nahe gelegene Werdenfelser Land im Süden und München im Nordosten zahllose weitere Freizeitmöglichkeiten.

Christoph Moning, Christopher König, Christian Wagner & Felix Weiß

Infomaterial/Literatur

Strehlow J 2004: Die Vogelwelt des Ammerseegebietes 2002. Avifaunistik in Bayern 1, 31–56.

Strehlow J 2010: Ornithologischer Rundbrief für das Ammersee-Gebiet, Nr. 34. http://www.otus-bayern.de/berichte/Rundbrief_Ammersee_2010.pdf

Moning C, Wagner C 2012: Vögel beobachten in Süddeutschland, aktualisierte, erweiterte Neuausgabe. Franckh-Kosmos Verlag, Stuttgart.

GPS		
Parkplatz Seeholz	47°59'31" N	11°05'21" O
Parkplatz Herrsching	48°00'12" N	11°09'07" O
Parkplatz Neue Ammer (3)	47°55'40" N	11°08'45" O
Parkmöglichkeit Raistinger Wiesen (8)	47°55'13" N	11°07'01" O

Anfahrt

Mit Bahn und Bus

Die Anreise erfolgt entweder über die am Ostufer gelegene Endhaltestelle Herrsching der Münchener S-Bahn oder aber mit der am gesamten Westufer entlang verlaufenden Ammerseebahn, die aus Augsburg kommt und an den Bahnhöfen Schondorf, Utting, Riederau, Dießen und Raisting hält. Ein Fahrrad leistet gute Dienste, da das Gebiet sehr weitläufig ist.

Mit dem Auto

Von München aus erreicht man den Ammersee über die A 96 in 30 bis 45 Minuten. Ab der Anschlussstelle Oberpfaffenhofen erreicht man nach Süden fahrend die Beobachtungspunkte in Herrsching und im Süden des Ammersees.

Adressen

Ornithologische Arbeitsgemeinschaft Ammersee-Gebiet
Dr. Johannes Strehlow
Brahmsstr. 4/2, 82110 Germering, johannes@strehlow.com; www.otus-bayern.de/oags/oag-ammersee.html.
Für den Ammersee existiert eine Mailinggroup. Nach Anmeldung (Senden einer E-Mail ohne Inhalt und Betreff an die Adresse ammersee-subscribe@yahoogrous.de) können Beobachtungsdaten an ammersee@yahoogroups.de geschickt werden.
Informationen zur Ammersee-Region: www.ammersee.de; www.bayregio-ammersee.de
Bayerische Seen-Schifffahrt: www.seenschifffahrt.de

Urwildpferde halten die Vegetation kurz und sorgen für offene Sandstellen; Blick vom Panzerwall nach Osten. Foto: C. Wagner. Oktober 2011.

Das Naturschutzgebiet

Tennenloher Forst

Urwildpferde als Naturschützer

Das 12 km nördlich von Nürnberg gelegene Naturschutzgebiet Tennenloher Forst ist mit circa 930 ha eines der größten Naturschutzgebiete Bayerns. Auf den trockenen Sandheiden, in lichten Kiefernwäldern und feuchten Senken wachsen und leben rund 1800 Pflanzen- und Tierarten. Über 330 der hier vorkommenden Arten sind stark gefährdet oder vom Aussterben bedroht. Für Vogelbeobachter sind vor allem die Vorkommen von Ziegenmelker und Sperlingskauz ein besonderes Schmankerl.

Landschaftsgeschichte und Lebensräume

Bis zum Jahr 1994 fuhren Panzer der US-Armee im Tennenloher Forst. Die Amerikaner waren aber nicht die ersten, die das Gebiet militärisch nutzten. Bereits ab 1886 wurde der Wald vom bayerischen Jägerbataillon als Schieß- und Exerzierplatz genutzt. Bis 1935 geschah dies ohne großflächige Rodungen. Die Wehrmacht fällte dann auf 200 ha Fläche die Bäume und so ist der Name Forst heute etwas irreführend, denn es ist eine große offene Sandheide, die den zentralen Bereich des Naturschutzgebiets bildet. Weitere landschaftliche Einschnitte nahmen die nach dem Zweiten Weltkrieg einziehenden US-Streitkräfte vor. Sie schütteten zum Beispiel einen gut 30 m hohen Kugelfangwall auf, der auch heute noch die zentrale Freifläche dominiert und ein beliebtes Ausflugsziel und Aussichtspunkt ist. Die gut 100-jährige militärische Nutzung hat weitere tiefe Spuren hinterlassen:

Die Böden um Nürnberg sind sehr mager. Nährstoffarme Sande sind nur von einer dünnen Humusauflage bedeckt. Den ständigen Panzerbewegungen waren die dünne Humusschicht und die schüttere Vegetation nicht gewachsen. Außerdem sorgten Brände durch die regelmäßigen Bombenexplosionen für vegetationsarme Flächen. Als Folge der militärischen Nutzung liegt im Tennenloher Forst die mit etwa 100 ha größ-

Heidelerchen wird man eher in der Luft oder auf der Spitze einer kleinen Kiefer beobachten können. Auf dem Boden sind sie perfekt getarnt.
Foto: C. Moning. Linum, Juli 2007.

te offene Sandfläche Süddeutschlands. Die Freifläche ist umgeben von Kiefernwäldern auf sandigen Standorten. Die ursprünglichen Eichenmischwälder sind schon lange aus dem Nürnberger Raum verschwunden, einzelne Laubholzinseln, darunter auch Erlenbruchwälder, lockern aber den Kiefernwald im Naturschutzgebiet auf. Ein wunderschönes Beispiel eines Bruchwaldrests ist das Naturwaldreservat Böhmlach. Es bietet einen zu den monotonen Kiefernwäldern kontrastierenden Einblick in den ursprünglichen Bewuchs der nassen, grundwasserbeeinflussten Senken, in denen Schwarzerlen mit Eschen, Pappeln und Sandbirken wachsen.

Neben den Bruchwaldresten sind die offenen Sandflächen besonders wertvoll. Sie bieten einer Vielzahl in Süddeutschland sehr seltener Pflanzen- und Tierarten Lebensraum.

Typischerweise sind Offenlandflächen in Mitteleuropa nur mit einer kontinuierlichen Nutzung beziehungsweise einer aufwendigen Pflege zu erhalten. Nach Ende der militärischen Nutzung geschah dies zunächst durch unregelmäßige Beweidung mit Schafen, was aber nicht genügte, um den Baumaufwuchs zu verhindern. Deswegen wurde 2002 vom Landschaftspflegeverband Mittelfranken, mit Förderung des Bayerischen Naturschutzfonds, ein Pflegekonzept entwickelt, das als zentralen Pfeiler zur Verhinderung einer langsamen Verbuschung die ganzjährige extensive Beweidung der Offenflächen mit genügsamen Pferderassen, darunter Przewalski-Pferde, vorschlug. Im Sommer 2003 wurde nach der Entfernung von immerhin 90 Granaten im Bereich der Zauntrasse ein stabiler Holz- und Elektrozaun errichtet. Nachdem sich die Maßnahme bewährt hatte, wurde die umzäunte Fläche 2011 von 50 ha auf 85 ha erweitert.

Die genügsamen Pferde leben das ganze Jahr über von dem kargen Aufwuchs. Auch die starke Sonneneinstrahlung im Sommer und die Kälte im Winter vertragen sie ohne Probleme. Die Haremsgruppen bestehen in der freien Wildbahn im Normalfall aus mehreren Stuten, ihren Fohlen und einem Hengst. Junge Pferde verlassen ihre Gruppe im Alter von ein bis vier Jahren. Während sich junge Stuten anderen Haremsgruppen anschließen können, werden junge Hengste dort nicht geduldet. Sie finden

In den Randbereichen der offenen Weidefläche jagen an lauen Juniabenden Ziegenmelker.
Foto: C. Wagner, Oktober 2011.

sich in eigenen Gruppen zusammen. Entsprechend der Gegebenheiten in freier Wildbahn leben in dem Gatter nur Hengste. Dreizehn sind es aktuell und sie stammen aus dem Münchener Tierpark Hellabrunn und dem Tiergarten Nürnberg. Die Przewalski-Pferde sorgen nicht nur für die Offenhaltung der Sandheiden, sie werden durch die naturnahen Bedingungen auch perfekt auf ein Leben in freier Wildbahn vorbereitet. Die ersten Tennenloher Pferde konnten inzwischen im Nationalpark Altyn Emel in Kasachstan ausgewildert werden. Dort wurde ein 7500 km² großes Gebiet mit optimalen Bedingungen für die Pferde unter Schutz gestellt.

Seit Oktober 2012 haben die Pferde Gesellschaft von sechs Ziegen. Sie verbeißen die Spätblühende Traubenkirsche, einen nordamerikanischen Strauch, der sich in den Kiefernwäldern massiv ausbreitet.

Besondere Vogelarten und Reisezeit

Die Abenddämmerung und die Nacht sind die besten Zeiten, um die Charakterarten des Tennenloher Forsts zu beobachten. Ein Besuch ist besonders im Frühjahr interessant. Schon Mitte März besetzen Heidelerchen ihre Reviere und stecken – aufgrund ihrer Kurzschwänzigkeit ein wenig ähnlich einer fliegenden Kartoffel – im Singflug ihre Reviere ab. Hauptaktivitätszeiten sind an windarmen Tagen die Morgen- und Abenddämmerung. Abends sind zudem die pfeifenden Rufreihen der Sperlingskäuze zu hören. Nachdem das übliche abendliche Vogelkonzert geendet hat, kurz bevor es richtig dunkel wird, ist ihr Gesang am auffälligsten. Raufußkäuze sind im Tennenloher Forst unstet und seltener. Ihr Vorkommen ist an das Auftreten von Mäusen gebunden. Sie sind Nomaden und dort zu finden, wo es gerade eine Massenvermehrung von Mäusen gibt. Raufußkäuze rufen später am Abend als Sperlingskäuze und zwar erst, wenn es ganz dunkel ist, dann aber teilweise ausdauernd bis tief in die Nacht. Waldschnepfenmännchen fliegen in der Abenddämmerung balzend die Waldschneisen ab und warten auf einen Antwortruf der am Boden versteckten Weibchen. Im April kann man ebenfalls mit den Käuzen Glück haben. Dann sind auch die Grauspechte am aktivsten. Sie lieben den Übergang von Wald zu Offenland. Je mehr Randstrukturen es gibt, desto wohler fühlen sie sich. Ein guter Beobachtungsplatz für Grauspechte ist die Böhmlach (5). Sie ist ein perfekter Lebensraum für Spechte einschließlich Mittelspechten, die im Nürnberger Raum sonst selten sind. Waldkauz und Trauerschnäpper sind weitere interessante Arten.

Mitte April kommen die Wendehälse aus ihrem Winterquartier zurück. Die einzigen Langstreckenzieher unter den heimischen Spechtvögeln haben ihre Reviere vor allem im Randbereich der zentralen Freifläche. Baumpieper steigen auf und landen mit lang gezogenem „zia" wieder auf ihren Singwarten, während Gartenrotschwänze ihren markanten Gesang meist versteckt aus den Bäumen vortragen. Vor allem Ende April nutzen Braunkehlchen und Steinschmätzer die Freifläche zum Auftanken der Fettreserven, bevor sie weiter in die nördlichen Brutgebiete fliegen. Brachpieper sind – auch auf dem Durchzug – leider sehr selten geworden. Im Mai kann man mit Glück

Geschickter Kleinvogeljäger, der zum Sonnenuntergang aktiv wird – der Sperlingskauz.
Foto: C. Moning. Bayerischer Wald, Juni 2009.

Wespenbussarde beobachten. Erst Ende Mai erreichen Ziegenmelker den Tennenloher Forst. Auch sie sind tagsüber versteckt und nutzen die einbrechende Dunkelheit, um auf Nachtfalter Jagd zu machen. Eventuell hört man das schwer zu lokalisierende Schnurren der Nachtschwalben, mit Glück kann man aber auch einen Schatten vorbeifliegen sehen oder einen Vogel auf einem Waldweg stehend entdecken. Nach einem ruhigen Juli wird es im August wieder etwas lebendiger, wenn Steinschmätzer und Co. auf dem Weg in das Winterquartier Rast machen. Danach wird es ruhig im Tennenloher Forst. Im Oktober bestehen

Typische Vogelarten im NSG Tennenloher Forst, deren Status und günstige Beobachtungszeit (in Klammern).
h = häufiger, r = regelmäßiger, s = seltener; B = Brutvogel, D = Durchzügler

Art	Status (beste Beobachtungszeit)
Wespenbussard	rB (Mai–Aug.)
Habicht	sB (ganzjährig)
Waldschnepfe	rB (Ende März–Apr.)
Raufußkauz	sB (März–Apr.)
Sperlingskauz	rB (März–Apr., Okt.)
Ziegenmelker	sB (Ende Mai–Mitte Juni)
Wendehals	rB (Mitte Apr.–Juni)
Grauspecht	rB (Apr.)
Schwarzspecht	rB (ganzjährig)

Art	Status (beste Beobachtungszeit)
Kolkrabe	sB (ganzjährig)
Heidelerche	hB (Mitte März–Mai)
Braunkehlchen	hD (Mitte Apr.–Mai)
Gartenrotschwanz	hB (Apr.–Juni)
Steinschmätzer	rD (Apr.–Mitte Mai, Sep.)
Brachpieper	rD (Mitte Apr.–Mai, Ende Aug.–Sep.)
Baumpieper	hB (Apr.–Juni)

noch einmal gute Chancen, Sperlingskäuze zu hören.

Beobachtungsmöglichkeiten

Vom Parkplatz geht man den Ausschilderungen zu den „Urwildpferden" folgend nach Südosten, bis das erste Gehege (1) erreicht ist. Von hier aus gibt es zwei Möglichkeiten. Erstens kann man am nördlichen Rand des Geheges entlanggehen. Man wird schon bald die ersten Heidelerchen entdecken können. Auch Baumpieper und Gartenrotschwänze singen auf dem Weg zum Panzerwall (3). Vom Panzerwall hat man einen umfassenden Überblick über die Offenflächen und die umgebenden Wälder und wird von dort oben zum Beispiel im Mai mit etwas Geduld Wespenbussarde über dem Wald balzen sehen. Östlich des Panzerwalls (2) sind gute Stellen für Ziegenmelker und Sperlingskäuze. Meist lohnt es sich, bis zur Laubwaldinsel bei (4) zu gehen. Vom Parkplatz bis (4) sind es ohne Abstecher auf den Panzerwall einfach 2,7 km.

Wendet man am Beginn der Pferdekoppel (1) nach rechts geht, erreicht man einen Bogen gehend in einem Kilometer das Naturwaldreservat Böhmlach (5). Es lohnt sich den Weg nach Süden einige Meter zu gehen. Grauspechte und Mittelspechte rufen hier und Trauerschnäpper, die hier in hoher Dichte vorkommen, singen ab Ende April. Mit etwas Glück kann man vom Weg aus ab April bis Anfang Mai Waldkauz-Ästlinge selbst bei Tage beobachten.

Im Naturschutzgebiet dürfen die Wege nicht verlassen werden. Auf den Schau- und Hinweistafeln vor Ort sind weitere Wege eingezeichnet, die bei Bedarf zu einem Rundweg verbunden werden können.

Weitere Freizeitmöglichkeiten

Fünfundzwanzig Straßenkilometer nordwestlich des Tennenloher Forsts liegt das Mohrhof-Weihergebiet. Es ist Teil einer ausgedehnten Fischteichlandschaft im Norden Bayerns. An den Teichen brüten unter anderem Schwarzhalstaucher, Zwergdommeln und Blaukehlchen. Auch zu den Zugzeiten lohnt sich ein Tagesbesuch. Bisher wurden über 250 Vogelarten nachgewiesen.

Christian Wagner, Christopher König, Christoph Moning, Felix Weiß

Anfahrt

Der Tennenloher Forst liegt 5,5 km südöstlich von Erlangen bzw. 12 km nördlich von Nürnberg an der B 4.

Mit Bahn und Bus

Die nächste Bushaltestelle „Walderlebniszentrum, Erlangen-Tennenlohe" liegt 750 m vom Parkplatz entfernt und wird vom Hugenottenplatz in Erlangen und vom Thon in Nürnberg aus stündlich angefahren.

Mit dem Auto

Die zur Schnellstraße ausgebaute B 4 führt westlich am Gebiet vorbei. Man nimmt die Ausfahrt „Walderlebniszentrum" und parkt kurz darauf am Waldrand auf einem großen Parkplatz.

Adressen

Landschaftspflegeverband Mittelfranken Außenstelle Tennenlohe, Turmberg 3, 91058 Erlangen, 09131/6146345, gebietsbetreuung.sand@lpv-mfr.de.

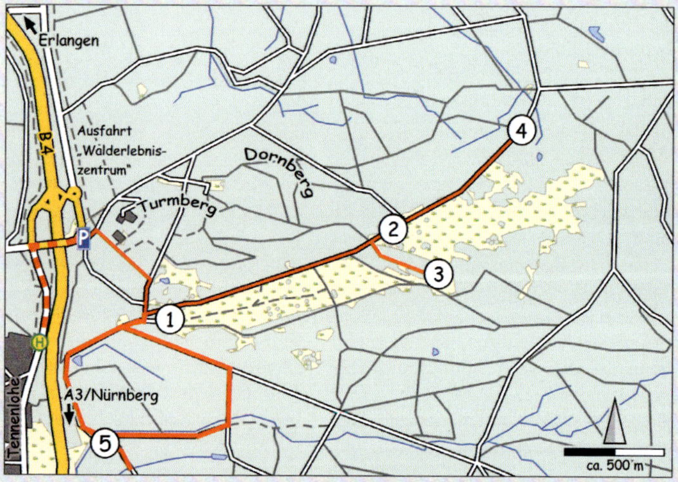

GPS		
Parkplatz Tennenloher Forst	49°33'32" N	11°02'05" O
Panzerwall (3)	49°33'26" N	11°03'30" O

Infomaterial/Literatur

Wagner C, Moning C 2012: Vögel beobachten in Süddeutschland, aktualisierte, erweiterte Neuausgabe. Franckh-Kosmos Verlag, Stuttgart.

www.wildpferde-tennenlohe.de: Internetseite des Landschaftspflegeverbands Mittelfranken mit Informationen zum Gebiet, zu den Wildpferden und zu Führungsterminen.

Wir danken Harald Schott für die Durchsicht des Manuskripts.

Aus der Vogelperspektive wird die Attraktivität des Wemdinger Rieds deutlich.Unschwer sind die umfangreichen Renaturierungsmaßnahmen zu erkennen.

Foto: H. Partsch. 15.3.2007.

Das Nördlinger Ries

Zeuge eines gewaltigen Meteoriteneinschlags

Das Nördlinger Ries ist eine besondere Landschaft. Man erkennt es auf dem Satellitenbild oder beim Studium der Landkarte. Gleich einer riesigen Schüssel liegen die weiten Fluren eingebettet zwischen Schwäbischer und Fränkischer Alb, entstanden durch einen gewaltigen Meteoriteneinschlag vor 15 Millionen Jahren. Mitten im 25 km breiten Krater liegt die Große Kreisstadt und ehemalige Freie Reichsstadt Nördlingen. Die sehenswerte Stadt ist umgeben von fruchtbarem Ackerland und feuchten Wiesensenken. Ein engagierter und umtriebiger Naturschutzverein hat das Potenzial des Ries schon vor über vierzig Jahren erkannt und setzt sich seitdem erfolgreich für den Schutz und die Entwicklung der naturnahen Wiesen- und Feuchtflächen ein.

Landschaftsgeschichte und Lebensräume

Jahrhunderte lang stritten die Forscher über die Entstehung der Landschaft. Dass es sich bei der Geländeform um die Überreste eines Meteoriteneinschlags handeln muss, enträtselten amerikanische Wissenschaftler erst Mitte des letzten Jahrhunderts.

Der Meteorit schlug mit einer Geschwindigkeit von ungefähr 100 000 Kilometern pro Stunde und einer Sprengkraft von einer Million Kilotonnen Dynamit auf der Erde auf, drang circa 1 km tief in das Gestein ein und verdampfte in Bruchteilen von Sekunden. Die Macht des Aufpralls führte zu einem Krater mit ringförmig ausgeprägtem Rand, der immer noch gut zu erkennen ist. Im Umkreis von gut 100 km wurde alles Leben ausgelöscht. Es folgten starke Regenfälle. Sie füllten den abflusslosen Krater bis zum Rand mit dem 400 km² großen Riessee, der heute der drittgrößte See Europas wäre, wenn er nicht vor circa 2 Millionen Jahren, als sich die Schwäbische Alb hob, zur Donau entwässerte und daraufhin verlandete. Am Ende der Eiszeit füllte sich der Krater mit verwehtem Löss und es entstand der heutige flache Kesselboden im Juragebirge, mit seinen fruchtbaren Böden und günstigem Lokalklima. Gegenüber der rauen Schwäbischen Alb ist es hier mit einer Jahresdurchschnitt-

Wiesenschafstelzen sind im Nördlinger Ries ein vertrauter Anblick.

Foto: C. Wagner. Unteres Odertal, Mai 2010.

Nennenswerte Röhrichte findet man im Nördlinger Ries vor allem am Anhauser Weiher.
Foto: H. Partsch. 13.5.2007.

stemperatur von 8 °C und 580 mm Niederschlag im Jahr im zentralen Bereich deutlich wärmer und trockener.

Frühzeitig nahmen Bauern die fruchtbare Ebene in Besitz und verwandelten sie im Laufe der Zeit in die nach dem Gäuboden bei Straubing zweite Kornkammer Bayerns. Überall verstreut liegen in der fast waldlosen Senke die oft viele Hundert Jahre alten Siedlungen. Mit fortschreitender Intensivierung durch künstlichen Dünger und Mechanisierung verschwanden im Ries auch die letzten naturnahen Ecken. Lediglich im östlichen Teil, wo die Wörnitz bei Hochwasser regelmäßig über die Ufer tritt, und in den anmoorigen feuchten Streuwiesen östlich davon blieben naturnahe Teilstücke weitgehend von der Umwandlung in Ackerland verschont. Als 1964 in diesem Bereich die Flurbereinigung einsetzte, wurden in einem zur damaligen Zeit sehr bemerkenswerten breiten Bündnis aus Naturschützern, amtlichem Naturschutz, aber auch der Wasserwirtschaft und der Landwirtschaft mehrere Gebiete, darunter das Wemdinger Ried, von Entwässerungsmaßnahmen ausgenommen. Damit das Wemdinger Ried und weitere naturschutzfachlich interessante Gebiete dauerhaft gesichert werden konnten, wurde 1970 die Schutzgemeinschaft Wemdinger Ried und 1972 der Verein für Naturschutz und Landschaftspflege im Ries gegründet. Beide Vereine haben einen großen Anteil daran, dass man im Nördlinger Ries auch heute noch die klagend-flötenden Rufe der Großen Brachvögel hören kann.

Besondere Vogelarten und Reisezeit

Der Frühling beginnt in den randlichen Wäldern, wie dem Schneetal, wo Grau- und Schwarzspechte vorkommen und schon im März, besser noch im April beobachtet werden können. Ebenfalls im April erobern Blaukehlchen das Ries. In den weit verstreuten kleinen, schilfgesäumten und oft künstlich angelegten Flutmulden und Feuchtsenken brüten typischerweise Zwergtaucher, Rohrweihen, Wasserrallen, Teichhühner, Teichrohrsänger und Rohrammern. Nur selten zeigen Kiebitze, Große Brachvögel und Bekassinen ihre auffälligen Balzflüge. Braun- und Schwarzkehlchen kann man dagegen immer häufiger entdecken. Weitere Brutvögel sind Rotmilane, Wachteln, Rebhühner (vereinzelt), Neuntöter, Feldlerchen, Nachtigallen, Wiesenschafstelzen und Grauammern. Schwarzmilane jagen regelmäßig über den Wiesen. Aus den Staudendickichten singen Feldschwirle, und wenn einzelne Gebüsche und Baumgruppen dazu treten, kann man auch Turteltauben, Pirole und Dorngrasmücken entdecken. Die letzten beiden erreichen besonders hohe Dichten auf Magerrasen mit eingestreuten Hecken, wie sie typischerweise dort

Typische Vogelarten des Nördlinger Ries, deren Status und günstige Beobachtungszeit (in Klammern)
h = häufiger, r = regelmäßiger, s = seltener; B = Brutvogel, D = Durchzügler, W = Wintergast

Art	Status (beste Beobachtungszeit)
Rotmilan	sB (März–Nov.)
Raufußbussard	sW (Nov.–Feb.)
Kornweihe	rW (Okt.–März)
Wiesenweihe	rD, sB (Mitte April–Sept.)
Rohrweihe	rD, rB (April–Okt.)
Wanderfalke	sB (ganzjährig)
Kranich	sD (März)
Wasserralle	rB, sW (ganzjährig)
Großer Brachvogel	sB (März–Sept.)
Bekassine	sB (März–Sept.)
Bruchwasserläufer	rD (Mai, Juli/Aug.)
Turteltaube	sB (Mai–Aug.)

Art	Status (beste Beobachtungszeit)
Uhu	sB (ganzjährig)
Pirol	sB (Mai–Aug.)
Neuntöter	rB (Mai–Aug.)
Raubwürger	sW (Okt.–März)
Kolkrabe	sB (ganzjährig)
Braunkehlchen	sB, rD (Ende April–Aug.)
Schwarzkehlchen	sB (März–Okt.)
Nachtigall	rB (April–Juni)
Blaukehlchen	rB (März–Aug.)
Wiesenschafstelze	rB, hD (April–Sept.)
Grauammer	sB (März–Sept.)

auftreten, wo auch die geologischen Zeugnisse des Meteoriteneinschlags sichtbar sind, sodass man Geologie und Vogelbeobachtung elegant miteinander verbinden kann.

Wenn der Herbst im Ries Einzug hält und die Wiesen gemäht sind, jagen Graureiher, Silberreiher und Weißstörche auf den kurzrasigen Flächen. Stare sind dann sehr häufig. An den wenigen Gewässern, wie dem Anhauser Weiher, rasten regelmäßig Grünschenkel, Waldwasserläufer und Bruchwasserläufer. Im November hält oft hartnäckiger Nebel Einzug. Manchmal hört man die rastenden Stock-, Schnatter- und Krickenten mehr, als dass man sie auf den Wasserflächen sieht. Mit dem Frost wird es dann ruhig im Ries. Offene Wasserflächen sind rar. Nur an den wenigen eisfreien Gewässern, wie der Wörnitz, sammeln sich überwinternde Enten, und Silberreiher sind bis in den Winter hinein ein vertrauter Anblick. Über den gefrorenen Wiesen jagen Kornweihen und regelmäßig auch einzelne Raufußbussarde, die im süddeutschen Raum sonst kaum so zuverlässig beobachtet werden können. Haus- und Feldsperlinge, Berg- und Buchfinken sowie Goldammern scharen sich zu Trupps und belagern Wildfütterungen und samenreiche Brachflächen. Einzelne Raubwürger trotzen der Kälte.

Im Juni füttern Braunkehlchen ihre flüggen Jungen in den Wemdinger Riedwiesen. Foto: H. Partsch. Wemdinger Ried.

Beobachtungsmöglichkeiten

Die Maihinger Flutmulde erstreckt sich südwestlich des gleichnamigen Orts, der 8,5 km nördlich von Nördlingen liegt. Wenn man von Maihingen nach Dürrenzimmern fährt, zweigt ein Feldweg 300 m vor der linkerhand liegenden Biogasanlage nach Süden ab. Am besten man parkt hier (1). Von der Straße geht man den Feldweg 700 m nach Süden, biegt auf den nach links abzweigenden Feldweg ab und erreicht so die interessantesten Flächen. Auch geradeaus weiter gehend kann man schöne Beobachtungen machen. Die Maihinger Flutmulde ist im Frühjahr gut für oben genannte Wiesenbrüter.

Ein weiteres vorbildlich aufgewertetes Gebiet ist das Wemdinger Ried. Hier findet sich auch eine gute Beobachtungsinfrastruktur. Der Wegverlauf ist aus einer Tafel am Ausgangspunkt des abwechslungsreichen Spaziergangs an der Staatsstraße Wemding – Fessenheim ersichtlich. Der Parkplatz liegt direkt westlich des auffälligen, „Kranichholz“ genannten Wäldchens (2). Vor allem zur Brutzeit belohnt ein Besuch mit Kiebitzen, Bekassinen, verschiedenen Schilfvögeln und dem Quaken der Laubfrösche.

Ganz in der Nähe des Wemdinger Rieds befindet sich am Südostrand der Stadt Wemding das Naturwaldreservat Schneetal mit einer Ausdehnung von rund 27 ha. Mit den umgebenden Kalk-Buchen-Mischwäldern beherbergt es alle hier zu erwartenden Spechtarten. Vom Wemdinger Ried fährt man auf der St2213 nach Wemding und im Ort nach Süden Richtung „Gosheim“. Nach knapp 200 m fährt man links in den „Lommersheimer Weg“, der zum Ortsrand führt, wo der Waldspaziergang begonnen werden kann (3).

Die Wörnitzwiesen bei Rudelstetten werden im Frühjahr regelmäßig von der Wörnitz überschwemmt und sind dann attraktive Rastbiotope für Wasservögel. Man hat gute Einblicke von der Verbindungsstraße Alerheim–Rudelstetten (4) oder der Straße östlich von Wörnitzostheim (5).

Nur einen Katzensprung nach Osten befindet sich mit dem Anhauser Weiher das für Brutvögel bedeutendste Schilfgebiet im Nördlinger Ries (6). Den Weiher erreicht man von Norden oder von Süden über eine kleine Fahrstraße. Von Wörnitzostheim zum Beispiel fährt man an (5) vorbei in 800 m zu einem Kreisverkehr, überquert diesen geradeaus, biegt nach 350 m nach links ab und erreicht den Anhauser Weiher nach weiteren 500 m.

Auf der Internetseite des Geoparks Ries finden sich auf der dortigen interaktiven Karte zu den geologischen Besonderheiten zahlreiche ehemalige Aufschlüsse auf Magerrasen, die heute oftmals als Naturdenkmale ausgewiesen und auch von hohem ornithologischen Interesse sind.

Die Verantwortlichen bitten, von einem Besuch der Pfäfflinger Wiesen abzusehen. Das Wiesenbrütergebiet eignet sich aufgrund der Störungsempfindlichkeit der brütenden Vögel und der fehlenden Beobachtungsinfrastruktur nicht für die Vogelbeobachtung. Deswegen wird im Frühjahr 2013 auch ein amtliches Betretungsverbot ausgesprochen werden. Das Beobachten vom Rand ist wenig befriedigend. Das Nördlinger Ries besteht aber nicht nur aus den Pfäfflinger Wiesen, sondern bietet weitere wunderschöne Beobachtungsmöglichkeiten.

Weitere Freizeitmöglichkeiten

Nördlingen, das seit vorgeschichtlicher Zeit durchgehend besiedelt ist, wurde im Jahr 898 zum ersten Mal urkundlich als karolingischer Königshof „Nordilinga“ erwähnt. Schon 1215 erhielt Nördlingen von Kaiser Friedrich II. Stadtrechte und wurde Freie Reichsstadt. Die Stadt, an der Kreuzung zweier großer Handelsstraßen gelegen, stieg zu einem wichtigen Handelsplatz auf und wurde reich. 1327 wurde der heute noch bestehende Mauerring gebaut und 1427 begann der Bau der St.-Georgs-Kirche. Beides sind auch heute noch Wahrzeichen von Nördlingen.

Die komplett erhaltene Stadtmauer umschließt die mittelalterliche Altstadt und hat eine Länge von 2,6 km. Sie ist die einzige Stadtmauer Deutschlands, die einen vollständig erhaltenen, überdachten und rundum begehbaren Wehrgang besitzt. Ein weiteres Wahrzeichen Nördlingens ist der rund 90 m hohe „Daniel" genannte Kirchturm der gotischen St.-Georgs-Kirche. Von seiner Spitze kann man Weißstörchen ins Nest schauen. Früher wachten zwei Wächter Tag und Nacht über die Stadt und warnten vor Feuer und Feinden. Um sicherzustellen, dass die Wachen auf ihren Posten standen, riefen die Türmer auf dem „Daniel" bei Dunkelheit „So, G'sell, so!". Und so schallt auch heute noch jede halbe Stunde von 22.00 bis 24.00 Uhr der Ruf „So, G'sell, so!" von der Stube des Turms der St.-Georgs-Kirche.

Christian Wagner, Christopher König, Christoph Moning, Felix Weiß

Infomaterial/Literatur

Schutzgemeinschaft Wemdinger Ried e. V., Rieser Naturschutzverein e. V. Rieser Naturstiftung Hrsg. 2010: 40 Jahre Schutzgemeinschaft Wemdinger Ried. Großprojekt „Wiesenbrüterschutz in den Pfäfflinger Wiesen". Sonderheft, Reimlingen.

www.noerdlingen.de, Internetseite der Stadt Nördlingen.

www.uni-ulm.de/uni/fak/zawiw/ries/natur.htm

www.geopark-ries.de/index.php/de/geopark-erleben: Auf der interaktiven Karte gibt es viele Informationen zu den geologischen Besonderheiten, die oft auf Magerrasen liegen und auch von hohem ornithologischen Interesse sind.

Wir danken Armin Dammenmiller für viele Tipps und Johannes Ruf von der Schutzgemeinschaft Wemdinger Ried e. V. bzw. dem Rieser Naturschutzverein e. V. für die Durchsicht des Manuskripts.

Anfahrt

Zentraler Ausgangspunkt für Exkursionen in das Gebiet ist Nördlingen.

Mit Bahn und Bus

Nördlingen hat Bahnanbindung. Verschiedene Exkursionsziele können mit dem Bus erreicht werden. Es sind aber immer längere Fußmärsche notwendig. Durch die Weitläufigkeit des Gebiets ist auch die Benutzung eines Fahrrads mühsam.

Mit dem Auto

Die Ausfahrt „114 Aalen/Westhausen" von der A 7 zwischen Würzburg und Ulm liegt 27 km westlich von Nördlingen. Wichtige Bundesstraßen, die Nördlingen erreichen, sind die B 25 und die B 29.

Adressen

Schutzgemeinschaft Wemdinger Ried e. V. und Rieser Naturschutzverein e. V., Rieser Naturstiftung; Geschäftsstelle: Karl-Brater Str. 2, 86720 Nördlingen, Tel.: 09081/801045 (20–21 Uhr), ruf.johannes@t-online.de; www.riesnatur.de.

Öffnungszeiten „Daniel" (jeweils täglich): November, Januar und Februar: 10–16 Uhr; März, April, Oktober und Dezember: 10–17 Uhr; Mai, Juni und September: 9–18 Uhr; Juli und August: 9–19 Uhr; letzter Aufstieg 30 Minuten vor Schließung.

GPS		
Maihinger Flutmulde (1)	48°55'16" N	10°30'52" O
Wemdinger Ried (2)	48°52'03" N	10°40'20" O
Schneetal (3)	48°51'59" N	10°43'55" O
Wörnitzwiesen (4)	48°50'55" N	10°38'34" O
Anhauser Weiher (6)	48°50'44" N	10°39'21" O

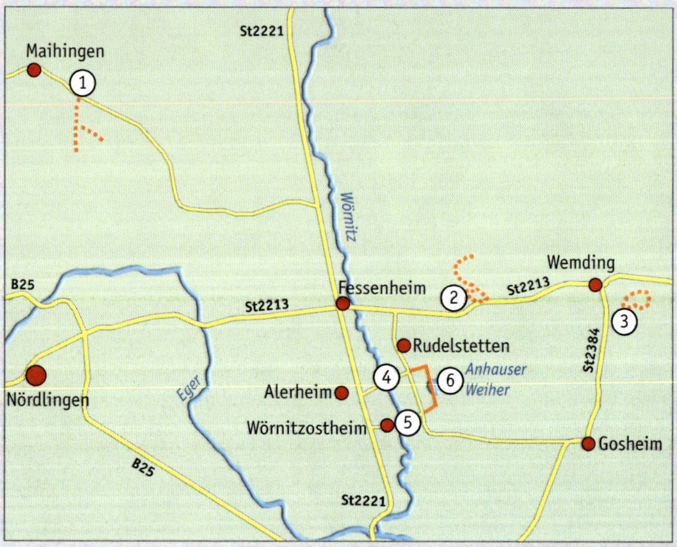

Flug über den Rötelseeweiher, dem zentralen Beobachtungsgebiet in der Regentalaue.
Foto: P. Zach. Mai 2012.

Regentalaue und Rötelseeweihergebiet

Zwischen Cham und Pösing – erfolgreicher Wiesenbrüterschutz

Das Regental zwischen Cham und Pösing bildet ein Mosaik aus Weihern, Fließgewässern und weiten Feuchtwiesen und gehört zu den artenreichsten Rückzugsgebieten für seltene Tier- und Pflanzenarten in Bayern. Von herausragender Bedeutung ist die 15 km² große Niederung aufgrund der einzigartigen Vogelwelt. Bisher wurden über 280 Vogelarten festgestellt. 136 Arten brüten mehr oder weniger regelmäßig im Gebiet. Die Liste der seltenen und bedrohten Brutvögel liest sich mit Rohrdommeln, Schwarzhalstauchern, Uferschnepfen und Wachtelkönigen wie das Who's who der Kostbarkeiten der bayerischen Vogelwelt. 2010 wurde das Gebiet als größtes Naturschutzgebiet in der Oberpfalz ausgewiesen. Über 500 ha konnten durch den Landkreis, das Land Bayern und durch Naturschutzverbände aufgekauft und durch verschiedene Renaturierungsmaßnahmen für Wiesenbrüter und Wasservögel aufgewertet werden.

Auf dem Großen Rötelseeweiher brüten 20 Prozent der bayerischen Schwarzhalstaucher.
Foto: P. Zach. Juni 2012.

Landschaftsgeschichte und Lebensräume

Das Klima der auf 360 m über dem Meeresspiegel gelegenen Regenniederung ist kontinental geprägt, was sich in einer im Vergleich zur Umgebung geringen jährlichen Niederschlagsmenge von 716 mm und einer hohen Temperaturdifferenz zwischen Sommer und Winter – immerhin 19 Grad Celsius – bemerkbar macht. Wegen des geringen Gefälles der weiten Niederung durchzieht der Fluss Regen die weitgehend als Wiesen genutzte Aue in weiten Mäandern. Das Grundwasser steht kleinräumig wechselnd nur wenig unter der Grasnarbe und während der Schneeschmelze im Bayerischen Wald beziehungsweise nach Starkregenereignissen wird die Regenniederung großflächig überflutet.

Die feuchten Wiesen, die regelmäßig großflächig überschwemmt werden, sind optimaler Lebensraum für Große Brachvögel. Foto: P. Zach. Juni 2010.

Die überschwemmte Aue wirkt dabei als gigantisches Wasserrückhaltebecken und speichert bei Hochwasser neun Millionen Kubikmeter Wasser, das verzögert an die Donau abgegeben wird, in die der Regen in Regensburg mündet. Die verzögerte Wasserabgabe trägt dazu bei, dass die Hochwasserspitze im Unterlauf der Donau flacher wird und die Überschwemmungen zum Beispiel in Passau geringer ausfallen.

Landschaft, Tierwelt und Nutzung werden stark durch die regelmäßigen Hochwasserereignisse geprägt. So ist der Talgrund bis heute fast frei von Bebauung und die Landwirte nutzen die Aue vor allem als Grünland. Einzelne Altwässer lockern die Aue auf und zeigen teilweise eine vollständige Verlandungszone. Die ehemals weitverbreiteten Auwälder sind bis auf wenige am Rand gelegene Fragmente verschwunden. Umso wertvoller sind die im 16. Jahrhundert angelegten Fischteiche. Sie wurden und werden meist extensiv genutzt, sodass sich breite Verlandungszonen mit Röhricht und Schwingrasen entwickeln konnten. Die Teichgebiete tragen bedeutend zur ökologischen Wertigkeit des Gebiets bei. Zusätzlich ruht an den Rötelseeweihern die Jagd das ganze Jahr, was das Gebiet als Rastplatz für Wasservögel stark aufwertet.

Schon Anfang der 1970er Jahre erkannten Mitarbeiter der Ornithologischen Arbeitsgemeinschaft Ostbayern unter der Leitung von Peter Zach das Potenzial des Gebiets und starteten ein umfassendes Brut- und Rastvogelmonitoring, das bis heute an über 50 Arten durchgeführt wird. Zu den untersuchten Brutvögeln gehören Knäk- und Tafelenten, Schwarzhalstaucher, Große Brachvögel, Kiebitze, Schilfrohrsänger, Braun- und Blaukehlchen. Aber auch zahlreiche durchziehende und rastende Wasservogel- und Limikolenarten werden seit den 1970er Jahren erfasst. So war die Datenlage hervorragend, als der Landkreis Cham 1989 ein vom Bund gefördertes Naturschutzgroßprojekt in der Regentalaue begann. Bis 2012 konnten durch den Landkreis und den Freistaat Bayern 440 ha Wiesen, Weiher und Äcker erworben werden. Flankierend wurden und werden biotopgestaltende Maßnahmen, wie die Wiederherstellung des Auereliefs aus Buckeln und Seigen – periodisch wassergefüllte Senken – durchgeführt. Die wiesenbrütenden Arten, die Sorgenkinder des bayerischen Naturschutzes, reagieren auf die Maßnahmen mit Bestandsstabilisierung beziehungsweise sogar leichten Bestandszunahmen. In der Niederung befinden sich noch immer über 600 ha Flächen in Privatbesitz von Landwirten. Diese werden weiterhin landwirtschaftlich genutzt. Nutzungseinschränkungen werden über das Vertragsnaturschutzprogramm der bayerischen Staatsregierung abgepuffert. Es zeigt sich, dass es möglich ist, auch in Naturschutzgroßprojekten sinnvoll und erfolgreich Landwirtschaft zu betreiben.

Besondere Vogelarten und Reisezeit

Sowohl der Brutvogel- als auch der Rastvogelaspekt sind herausragend. Unter den Wasservögeln sind besonders

Typische Vogelarten in der Regentalaue, deren Status und günstige Beobachtungszeit (in Klammern)
h = häufiger, r = regelmäßiger, s = seltener; u = unregelmäßiger, B = Brutvogel, W= Wintergast, D = Durchzügler, N = Nahrungsgast

Art	Status (beste Beobachtungszeit)
Knäkente	sB, rD (Apr.–Aug.)
Löffelente	sB, rD (März–Okt.)
Schellente	uB, rW (Nov.–März)
Zwergsäger	sW (Nov.–März)
Schwarzhalstaucher	hB (Apr.–Juli)
Rohrdommel	uB (Apr.–Okt.)
Zwergdommel	sB (Mitte Mai–Aug.)
Silberreiher	hN, hW (ganzjährig)
Schwarzstorch	sD, sN (Apr.–Sept.)
Kornweihe	rW (Okt.–März)
Baumfalke	rB, rD (Mai–Sept.)
Wasserralle	hB (Apr.–Okt.)
Wachtelkönig	sB (Mai–Juli)
Tüpfelsumpfhuhn	sB, rD (Apr.–Aug.)

Art	Status (beste Beobachtungszeit)
Goldregenpfeifer	rD (März)
Großer Brachvogel	rB, rD (März–Aug.)
Uferschnepfe	sB (Apr.–Juli)
Bekassine	rB, hD (Ende März–Okt.)
Rotschenkel	rB, rD (Apr.–Aug.)
Schwarzkopfmöwe	sB (Ende März–Aug.)
Raubwürger	rW (Okt.–März)
Schlagschwirl	sB (Mitte Mai–Juni)
Schilfrohrsänger	rB (Ende Apr.–Aug.)
Braunkehlchen	hB, rD (Ende Apr.–Mitte Sept.)
Blaukehlchen	rB (Ende März–Aug.)
Wiesenpieper	rB, hD (März–Anfang Juli und Okt.)
Wiesenschafstelze	hB, hD (Apr.–Sept.)

Der Rötelseeweiher im April. Die Lachmöwen haben ihre Kolonie besetzt. Foto: P. Zach. April 2009.

Schwarzhalstaucher erwähnenswert, die mit 20 Prozent des bayerischen Bestands im Gebiet brüten. Sie nutzen den Schutz der großen Lachmöwenkolonie, in der auch mehrere Paare Schwarzkopfmöwen angetroffen werden können, um ihre Jungen großzuziehen. Unter den Entenvögeln sind Schnatter-, Krick-, Knäk-, Löffel-, Tafel- und Reiherenten Brutvögel. Viele Wiesenlimikolen stehen in Bayern kurz vor dem Aussterben. Dazu gehören Große Brachvögel, Uferschnepfen und Rotschenkel. Uferschnepfen halten immerhin 10 bis 15 Prozent ihres bayerischen Bestands im Gebiet. Auch Rotschenkel brüten seit 2007 wieder in der Regentalaue. Wachtelkönige schnarren aus den Wiesen und Tüpfelsumpfhühner leben sehr versteckt, sodass man sie vor allem zu den Zugzeiten an den Weihern beobachten wird. Die Wiesenbrütergemeinschaft vervollständigen die in Bayern etwas häufigeren Kiebitze und Braunkehlchen. Von den in den Verlandungszonen lebenden Schilfrohrsängern – auch diese Art ist in Bayern vom Aussterben bedroht – haben die lokalen Avifaunisten bis zu 50 Reviere gezählt. Rohr- und Zwergdommeln brüten im Schilf der Weiher. Außerdem kommen Feld-, Schlag- und Rohrschwirle (selten), Drosselrohrsänger, Blaukehlchen, Wiesenpieper und Wiesenschafstelzen regelmäßig vor. Die randlichen Waldflächen nutzen Greifvögel wie Wespenbussarde, Habichte und Baumfalken zum Anlegen ihrer Horste. Pirole gesellen sich hier dazu. Weißstörche nutzen die Aue zur Nahrungssuche. Sie haben ihre Horste in Untertraubenbach und Cham.

Neben der Bedeutung für die Brutvögel spielt das Regental auch eine wichtige Rolle als Rastplatz für Zugvogelarten. Im Frühjahr rasten bis zu 400 Goldregenpfeifer im Gebiet. Damit ist es einer der wichtigsten Frühjahrsrastplätze dieser Art in Bayern. Silberreiher gehören zum alltäglichen Bild. Auch hier zählt die Regentalaue zu den bayerischen Spitzenreitern. Im Herbst 2007 und 2012 wurden bis zu 200 Vögel gezählt. Im Frühjahr übernachten bis zu 120 000 Stare und im Spätsommer bis zu 20 000 Rauchschwalben in der Aue. Die Rötelseeweiher sind ein bayernweit herausragender Limikolenrastplatz. Im Herbst wird der Große Rötelsee teilweise abgelassen und es entstehen mehrere Hektar Schlickflächen, die perfekte Nahrungsbedingungen für durchziehende Wasser- und Strandläuferarten bieten. Sowohl auf dem Frühjahrs- wie auch auf dem Herbstzug werden immer wieder Seltenheiten entdeckt, darunter regelmäßig Purpurreiher (2006 erfolgreiche Brut) und Seidenreiher (2011 Brutversuch), Löffler, Kleine Sumpfhühner, Teichwasserläufer, Sumpfläufer und Graubrust-Strandläufer.

Im Winter verlagert sich das Vogelleben aus den Wiesen und den Teichgruppen auf den Regen, der im Gegensatz zu den Weihern nur sehr selten zufriert. Das Gewässer wird von Schellenten, Zwerg- und Gänsesägern genutzt. Singschwäne, Blässgänse, Seeadler, Raufußbussarde (nicht alljährlich), Kornweihen, Raubwürger und Bergpieper sind weitere interessante Wintergäste.

Beobachtungsmöglichkeiten

Zur Brutzeit sind zum Schutz der Wiesenbrüter nur wenige Wege frei befahr- oder begehbar. Sie sind hier beschrieben und gut geeignet, alle besonderen oder interessanten Arten zu beobachten.

Man verlässt die B 85 sieben Kilometer westlich von Cham an der Ausfahrt „Untertraubenbach“ (1) und fährt in den Ort, in dem man nach links Richtung „Laichstätt“ abbiegt, quert die Hauptstraße geradeaus (Richtung „Laichstätt“) und parkt nach weiteren 500 m an einem Feldweg am Straßenrand (2). Auf dem Regen, links der Straße, halten sich oft Wasservögel, im Winter speziell Schellenten und Zwergsäger auf. Rechts liegen Anger- und Lettenweiher. Sie sind gute Beobachtungsplätze für Knäk- und Krickenten. Fährt man weiter, gelangt man durch den Ort Laichstätt in 1,1 km zu einer markanten Linkskurve mit Parkplatz (3). Der Weg geradeaus führt ins Rötelseeweihergebiet, dem für Vogelbeobachter spannendsten Abschnitt der Regentalaue. Zur Brutzeit kann man Löffelenten, Schwarzhalstaucher, Zwergdommeln, Schwarzkopfmöwen, Rohrschwirle, Schilf- und Drosselrohrsänger beobachten. Ab Mitte August wird der Wasserstand am Großen Rötelsee abgesenkt und es entstehen 5 bis 10 ha Schlickflächen. Sie bieten optimale Bedingungen für die Beobachtung von Krickenten, Reihern, Rallen, Limikolen und rastenden Schwarzstörchen.

Wenn man in Untertraubenbach Richtung „Wulfing" fährt und nach kurzer Zeit den Ort auf dem „Triftweg" nach Norden verlässt, erreicht man einen lohnenden Beobachtungsturm (4). Der Asphaltweg nach Norden darf befahren werden und führt an gebüschreichen Senken mit Schlagschwirlen und Blaukehlchen sowie verschiedenen Blänken (5), in denen bis in den Mai Limikolen rasten, vorbei. Man befindet sich hier im besten Wiesenbrüterhabitat, in dem alle oben genannten Arten, insbesondere Große Brachvögel und Bekassinen vorkommen. Auch der Weg nach Pösing (siehe Karte) ist für Fahrradfahrer und Fußgänger offen und oft lohnend.

Für einen Blick auf den Mönchsweiher verlässt man die B 85 an der Ausfahrt „Cham West" und fährt 500 m nach Norden, bis rechts die Dr.-Valentin-Koch-Straße abzweigt. Dieser folgt man geradeaus über die nächste Kreuzung in die Ringstraße. Nach rund 300 m parkt man in einer Linkskurve (6) und blickt nach rechts in die Niederung. Es lohnt sich hier auf Wasserrallen, Tüpfelsumpfhühner, Uferschnepfen, Bekassinen (bester Platz im Gebiet), Schilfrohrsänger und Blaukehlchen zu achten. Die Arten sind heimlich und oft besser zu hören, als zu sehen.

Christian Wagner, Christopher König, Christoph Moning, Felix Weiß

Anfahrt

Mit Bahn und Bus

Die Regentalaue und das Rötelseeweihergebiet lassen sich hervorragend von Cham beziehungsweise Pösing aus erwandern oder erradeln. Beide Orte besitzen Bahnhöfe. Eine Tageswanderung durch das Gebiet (siehe Karte) ist abwechslungsreich. Bei Konzentration auf die Rötelseeweiher steigt man in Untertraubenbach an der Haltestelle „Untertraubenbach Ort" aus dem Bus.

Mit dem Auto

Die B 85 führt am Südrand des Regentals am Gebiet vorbei und ist Ausgangspunkt für die Anfahrtsbeschreibungen.

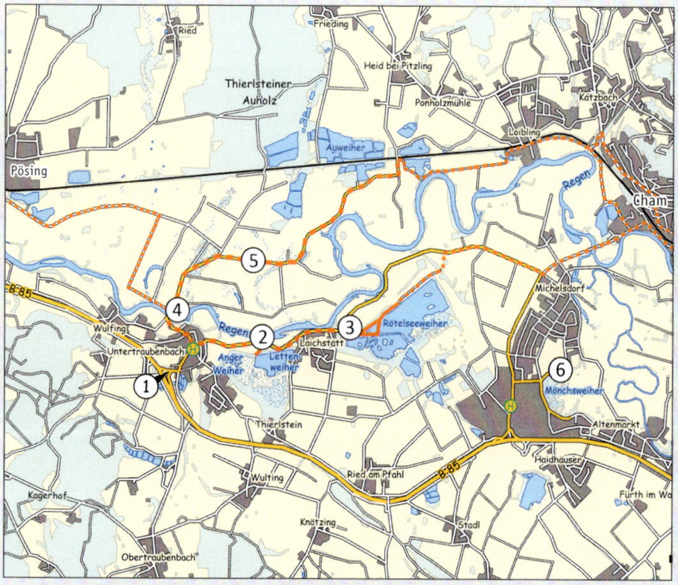

GPS		
Feldweg am Straßenrand (2)	49°12'50" N	12°35'23" O
Parkplatz Rötelseeweiher (3)	49°12'53" N	12°36'13" O
Beobachtungsturm (4)	49°13'02" N	12°34'43" O
Mönchsweiher (6)	49°12'42" N	12°38'15" O

Infomaterial/Literatur

Wagner C, Moning C 2012: Vögel beob-achten in Süddeutschland, aktualisierte, erweiterte Neuausgabe. Franckh-Kosmos Verlag, Stuttgart.

Zach, P 2006: Die Vogelwelt des Rötelseeweihergebietes und der Regentalaue zwischen Cham und Pösing (Oberpfalz) in den Jahren 2002 bis 2005. Avifaunistik in Bayern 3, 23–39.

Wir danken Peter Zach für die Durchsicht des Manuskripts.

Blick (2) vom Süddamm auf die Kormoraninsel im Westbecken. Foto: C. Wagner. 2.8.2011.

Der Ismaninger Speichersee mit Fischteichen

Vom Nachklärbecken zum europäischen Mauserzentrum für Wasservögel

Das im Nordosten von München gelegene Ramsar-Gebiet und Europäische Vogelschutzgebiet Ismaninger Speichersee mit Fischteichen umfasst eine Gesamtfläche von etwa 10 km² und ist damit das größte Rastgewässer für Wasservögel zwischen dem fränkischen Seenland und den großen Voralpenseen. Seit seiner Errichtung 1929 hat es sich zu einem bedeutenden Überwinterungsgebiet entwickelt. Eine herausragende Stellung besitzt das Gebiet als eines der wichtigsten Mauserzentren für Wasservögel in Mitteleuropa. Im Spätsommer versammeln sich regelmäßig bis zu 50 000 Vögel gleichzeitig. Ein Besuch des Ismaninger Speicherbeckens lohnt zu allen Jahreszeiten. Die Nähe zu München macht es zu einem beliebten Beobachtungsgebiet für einen halben Tag.

Landschaftsgeschichte und Lebensräume

Der Ismaninger Speichersee wurde 1929 als ein künstliches Speicherbecken am Oberlauf des Mittleren Isarkanals gebaut. Der Kanal wird mit Isarwasser gespeist, um Strom aus Wasserkraft zu erzeugen. Das Speicherseekraftwerk ist eines von fünf Kraftwerken, die für bis zu 120 000 Privathaushalte Strom erzeugen. Südlich an das Speicherbecken anschließend erstreckt sich das „Teichgut Birkenhof", in dem früher Karpfen gehalten wurden. Das Teichwasser war sehr nährstoffreich, da ihm mechanisch vorgereinigtes Klärwasser der Stadt München beigemischt wurde. Es sorgte für eine gute Nahrungsgrundlage für die Fische und wurde gleichzeitig biologisch weiter nachgereinigt. Mit Verbesserung der Reinigungsleistung des Münchner Klärwerks Großlappen seit Mitte der 1990er Jahre hat sich die Nährstofffracht des zugeführten Abwassers stark verringert. Damit wurde auch die Fischzucht unrentabel und aufgegeben. Im Jahr 2002 wurde die Teichkette vom Bayerischen Naturschutzfonds zunächst bis 2030 gepachtet. Durch den Bayerischen Naturschutzfonds beauftragt, erstellten die Ornithologische Gesellschaft in Bayern, der Bund Naturschutz in Bayern sowie der Landesbund für Vogelschutz in Bayern (LBV) 2009 ein nachhaltiges Managementkonzept. Kernfragen waren, wie mit der weiteren Nährstoffreduktion und der Aufgabe der Karpfenproduktion umgegangen werden soll. Aktuell sind die Fischteiche ohne Besatz und von April bis Ende September bespannt (wassergefüllt). Über das Winterhalbjahr liegen sie trocken.

Der Vogelreichtum hat mehrere Gründe. Die Jagd wurde 1958 eingeschränkt und ist seit 1990 komplett eingestellt. Bootsverkehr ist untersagt und Angeln nur von den außen liegenden Dämmen erlaubt. Dies führt im Sommer, wenn allgemein ein großer Freizeitdruck auf die bayerischen Gewässer wirkt, zu einer für Wasservögel fast paradiesischen Störungsarmut. Durch den drei- bis fünfwöchigen Verlust der Flugfähigkeit sind mausernde Enten, Gänse, Schwäne, Taucher und Blässhühner zu dieser Zeit auf störungsarme Gewässer angewiesen. Diese sind in dieser Größe sonst kaum in Mitteleuropa zu finden. Auch die Nahrungsgrundlage ist am Ismaninger Speichersee hervorragend. Hier wirkt sich die ehemalige Nutzung als Klärbecken positiv aus. Die weiterhin nährstoffreichen Gewässer produ-

Heilige Ibisse haben 2013 erfolgreich gebrütet. Foto: C. Wagner. 12.10.2010.

zieren große Mengen an pflanzlicher und tierischer Nahrung. Da sie eine geringe Wassertiefe und etwa 150 km Uferlinie haben, sind große Bereiche des Gebiets auch tatsächlich für die Wasservögel nutzbar. Die durch Abwassereinleitungen hypertrophen Zustände im See und in den Teichen führten zusammen mit den hohen Wasservogelzahlen allerdings zu zwei großen Ausbrüchen von Botulismus. Diese tödlich verlaufende Bakterienvergiftung tritt vor allem in flachen und nährstoffreichen Stillgewässern nach längeren trockenheißen Perioden auf. Sie kostete 1973 geschätzt 20000 und 1986 noch einmal 4000 Wasservögel das Leben. Seitdem werden tote Vögel frühzeitig abgesammelt. Das Ausmaß der sommerlichen Epidemie wird dadurch, aber wohl auch durch die gesunkenen Nährstoffzuflüsse, augenscheinlich eingeschränkt.

Der öffentlich zugängliche Bereich wird von dem Westbecken mit 380 ha und dem Ostbecken mit 200 ha Wasserfläche dominiert. Nur im westlichen Teil des Westbeckens und am Süddamm des Westbeckens (nicht zugänglich) finden sich nennenswerte Schilfröhrichte und unbeeinflusster Auwald. Schlickflächen treten nur unregelmäßig auf, wenn das Wasser zum Beispiel für Kontroll- und Sanierungsarbeiten der Dämme abgelassen wird. Eine Brutinsel für Lachmöwen sowie die Kormoraninsel, eine Kiesbank mit absterbenden Bäumen, liegen in Spektiventfernung im Westbecken. Das Südufer des Ostbeckens ist weitgehend baumfrei. Ganz im Südwesten des Ostbeckens lockert eine teilweise mit Büschen bewachsene Kiesinsel die Szenerie auf.

Besondere Vogelarten und Reisezeit

Das zeitliche Auftreten der Wasservogelansammlungen am Ismaninger Speichersee mit Fischteichen unterscheidet sich deutlich von dem in den übrigen fünf bayerischen Ramsar-Gebieten. Während auf anderen Gewässern das Maximum der Wasservogelzahlen im Herbst erreicht wird, finden sich am Ismaninger Speichersee die meisten Vögel zwischen Juni und September zur Mauser ein. Ein besonders eindrucksvolles Beispiel sind die Kolbenenten, die hier erstmals 1936 mauserten. Ihre Mauserbestände stiegen kontinuierlich und umfassen, mit Stand 2009, 16000 Individuen. Die Kolbenente ist somit der Charaktervogel des Gebiets. Tafelenten sind mit knapp 8000 Individuen vertreten, nachdem zwischen 1972 und 1976 schon über 20000 Individuen gezählt worden waren. Reiherenten kamen 2008 mit über 11000 Individuen zum Mausern. Weitere Wasservögel, die hier regelmäßig mit mehr als 100 Individuen mausern, sind Höckerschwäne, Graugänse, Schnatter-, Krick-, Knäk- und Löffelenten sowie Zwergtaucher, Haubentaucher und Blässhühner. Auch Spießenten lassen sich zuverlässig beobachten. Moorenten sind mit 6 bis 25 Individuen regelmäßige Mausergäste, halten sich allerdings vor allem auf den Teichen auf und sind somit nicht zuverlässig zu beobachten. Aktuell schätzt man, dass auf dem Ismaninger

Typische Vogelarten des Ismaninger Speichersees mit Fischteichen, deren Status und günstige Beobachtungszeit (in Klammern)
h = häufiger, r = regelmäßiger, s = seltener; B = Brutvogel, W = Wintergast, D = Durchzügler, N = Nahrungsgast

Art	Status (beste Beobachtungszeit)	Art	Status (beste Beobachtungszeit)
Nordische Gänse	rW (Okt.–März)	Silberreiher	rN, hW (Aug.–April)
Schnatterente	sB, hD, hW (ganzjährig)	Baumfalke	sB, hD (April–Sept.)
Pfeifente	hW (Okt.–März)	Blässhuhn	hB, hD, hW (ganzjährig)
Krickente	sB, hD, hW (ganzjährig)	Flussuferläufer	hD (Mai, Aug.–Sept)
Spießente	rD (Sept.–Nov, Jan.–März)	Waldwasserläufer	hD (März–April, Mitte Juni–Okt.)
Kolbenente	rB, hD, rW (ganzjährig)	Zwergmöwe	hD (Mai, Okt.)
Schellente	hW (Nov.–April))	Schwarzkopfmöwe	rD (April–Mitte Mai)
Tafelente	rB, hD, hW (ganzjährig)	Sturmmöwe	rW (Dez.–Feb.)
Reiherente	rB, hD, hW (ganzjährig)	Mittelmeermöwe	sB, hW (ganzjährig)
Zwergsäger	rW (Nov.–März)	Trauerseeschwalbe	hD (Mai, Aug.–Sept.)
Gänsesäger	sB, hW (Okt.–März)	Weißbart-Seeschwalbe	rD (Mai)
Schwarzhalstaucher	hD, rN (April–Sept.)	Weißflügel-Seeschwalbe	rD (Ende April–Mai, Aug.)

Speichersee mit Fischteichen zu unterschiedlichen Zeiten jährlich insgesamt etwa 100 000 Wasservögel mausern. Durch Beringungen konnte festgestellt werden, dass sich das Einzugsgebiet der Vögel von der Iberischen Halbinsel bis nach Westsibirien erstreckt.

Obwohl im Sommer die meisten Wasservögel auf den Wasserflächen anzutreffen sind, ist dies nicht die beste Beobachtungszeit. Die Enten sind heimlich und im Schlichtkleid. Ihre Bestimmung wird damit zur Herausforderung. Neben den Mausergästen findet man darüber hinaus nur wenige weitere Arten.

Da die Betonwände steil ins Wasser reichen, finden Limikolen an den Speicherbecken nur eingeschränkt Aufenthaltsmöglichkeiten. Nur im Ostteil des Ostbeckens entstehen entlang des Süddamms im Spätsommer und Herbst immer wieder kleinere Schlickflächen, bei denen es sich meist lohnt, genauer hinzuschauen. Ferner findet sich auf den Wasserpflanzenteppichen, an den Gewässerrändern und bei manchmal niedrigem Wasserstand auch auf trockenfallenden Schlickflächen im August und September eine erstaunliche Limikolenansammlung ein. Es werden jedes Jahr neben den zu erwartenden Flussuferläufern auch Knutts, Sanderlinge und Temminckstrandläufer beobachtet. Für Trauerseeschwalben gibt es kaum ein besseres Gebiet in Bayern. Weißflügel- und Weißbart-Seeschwalben, aber auch Fluss- und selten Küstenseeschwalben sowie Zwergmöwen werden im Frühjahr und Herbst regelmäßig beobachtet. Jedes Jahr rasten Raubmöwen auf dem Herbstzug für kurze Zeit.

Typische Wintergäste sind Pfeifenten mit Maximum im Oktober und November, Zwergsäger, die vor allem im Februar zu beobachten sind, und Gänsesäger. Im April werden regelmäßig über 100 Schwarzhalstaucher gezählt und die ganzjährig anwesenden Schellenten habe ihr Maximum von Januar bis März. Seetaucher machen im Winter wegen der geringen Wassertiefe meist nur einen kurzzeitigen Zwischenstopp. Auch Meeresenten sucht man erfolgreicher am Starnberger See oder Ammersee. Nicht zuletzt wegen der nordischen Gänse lohnt sich jedoch auch im Winter ein Besuch des Gebiets. Der Ismaninger Speichersee ist einer der wenigen verlässlichen oberbayerischen Beobachtungsplätze für Saat- und Blässgänse, die allerdings nur noch in kleinen Trupps um 100 Individuen vorkommen. Silberreiher sind ganzjährig ein vertrauter Anblick, erreichen im Winterhalbjahr aber Stärken von regelmäßig über 100, manchmal auch 200 bis 300 Individuen. Am 14.10.2006 wurden 424 Silberreiher gezählt. Großmöwen unterschiedlicher Arten übernachten auf dem Ismaninger Speichersee, sind meist aber recht weit entfernt.

Das Weibchen der Kolbenente erkennt man am braunen Auge und dem überwiegend dunklen Schnabel. Foto: C. Wagner. Moosburger Stausee, 21.4.2009.

Im Frühjahr steigt die Artenzahl am Speichersee wieder und die Beobachter werden mit ereignisreichen Beobachtungstagen belohnt. Auf der Kormoraninsel und in dem südlich gelegenen „Tafelberg“-Wäldchen, einer Halbinsel, befindet sich eine gemischte Graureiher- und Kormorankolonie, in der auf dem Boden auch Einzelpaare von Mittelmeermöwen brüten. In der Lachmöwenkolonie werden im Frühjahr immer wieder Schwarzkopfmöwen beobachtet. Gefangenschaftsflüchtlinge bilden einen eigenen Aspekt (nicht nur) am Ismaninger „Speicherzoo“. Regelmäßig können Schwarzkopf-Ruderenten, Zwergschnee-, Streifen-, Weißwangen-, Nil- und Rostgänse sowie Heilige Ibisse (siehe FALKE 2014, H. 1) beobachtet werden.

Beobachtungsmöglichkeiten

Mittlerer Isarkanal: Ab der Abfahrt von der B 471 fährt man zunächst nach Südwesten und kurz darauf 90° nach links Richtung Nordosten. Gut 400 m nach dieser Kurve liegt auf der rechten Seite ein umzäuntes Kraftwerk (1) (grüner Zaun um gelbes Haus). Davor parkt man und geht links am Zaun entlang und gelangt so an den Mittleren Isarkanal. Am Kraftwerksausfluss kann man im Winter auf geringe Distanz Spießenten beobachten. Von hier gelangt man auf dem Damm am Kanal entlang nach 800 m zum Beginn des Westbeckens.

Westbecken: Der Blick über das Westbecken und zur Kormoraninsel ist sehr lohnend. Vom Kraftwerk (1) fährt man 1,2 km nach Osten und parkt nach einer Rechts-Links-Verschwenkung der Straße, dort wo sich auf der rechten Straßenseite unauffällig eine beschrankte Grabenquerung befindet, links am Straßenrand (2). An der Schranke vorbei erreicht man die Dammkrone. Am Wochenende ist der Damm Richtung Osten bis zum Mitteldamm geöffnet (4 km einfach, mit dem Fahrrad befahrbar).

Ostbecken (3, 4): Besonders lohnend ist der Süddamm des Ostbeckens (bei 4 parken, gutes Licht, Sackgasse) und – vor allem im Herbst bei Wasserpflanzenteppichen – auch der Norddamm (bei 3 parken) desselben.

Auf den Feldern südlich des Ostbeckens halten sich im Winter oft die nordischen Gänse auf. 2013 wurden die Felder im Mai auch von verschiedenen Schafstelzenarten und einer Zitronenstelze zur Nahrungsaufnahme genutzt.

Die Teiche im Süden des Gebiets haben insbesondere Bedeutung für Brutvögel wie Enten und Schilfbewohner und bieten zur Zugzeit temporäre Schlickflächen, sind aber für Beobachter nicht zugänglich.

Weitere Freizeitmöglichkeiten

Die Landeshauptstadt München ist etwa 14 km entfernt und immer einen Besuch wert. Eventuell kann in das touristische Programm ein Besuch des Nymphenburger Schlossparks integriert werden. Dort wird man eine feine Auswahl an wechselnden Entenvögeln aus nächster Nähe beobachten können. Die Herkunft der Vögel ist allerdings zweifelhaft. Eine kritische Sichtung aller bislang dort beobachteten Vogelarten findet sich in einem aktuell erschienenen Sonderheft (s. u.). Bei der Brücke an der Badenburg schaut ein stadtbekannter Waldkauz aus einer Baumhöhle (Passanten fragen), und im Spätwinter ist der Park in Invasionsjahren Anlaufstelle für Seidenschwänze.

Christian Wagner, Christopher König, Christoph Moning, Felix Weiß

Infomaterial/Literatur

Grüner T, Hammerl-Pfister F, Pfister H, Siering M 2013: Die Vogelwelt des Nymphenburger Schlossparks in München, 350 Jahre. Ornithol. Anz. Sonderheft zu Bd. 52: 1–159.

Köhler U, Köhler P 2009: Saisonale Dynamik und Bestandsentwicklung von mausernden Wasservögeln (Anatidae, Podicipedidae, Rallidae) am „Ismaninger Speichersee mit Fischteichen. Ornithol. Anz. 24: 205–240.

Rennau H, Witting E, Pfister H 2004: Ramsar-Gebiet „Ismaninger Speichersee mit Fischeichen" – 40. Bericht: 1998–2001. Avifaunistik in Bayern 1(2), 97–122.

Wagner C, Moning C 2012: Vögel beobachten in Süddeutschland, aktualisierte, erweiterte Neuausgabe. Franckh-Kosmos Verlag, Stuttgart.

Witting, E. 2004: Phänologie und Status ausgewählter Watvögel (Larolimicolae) am Ismaninger Speichersee. Ornithol. Anz. 24, 248–258.

Wir danken Helmut Rennau, Manfred Siering und Elmar Witting für die Durchsicht des Manuskripts.

Anfahrt

Mit Bahn und Bus

Trotz der Nähe zu München ist die Anfahrt mit öffentlichen Verkehrsmitteln mühsam. Die S-Bahn (S 8) fährt von München-Hauptbahnhof bis Ismaning. Ab hier geht es nur mit dem Fahrrad sinnvoll weiter (siehe Karte). Am Wochenende ist der Norddamm des Westbeckens geöffnet und mit dem Fahrrad durchgängig befahrbar, was weitere attraktive Beobachtungsmöglichkeiten eröffnet.

Mit dem Auto

Auch hier ist die Anfahrt etwas verzwickt. Um zum Westbecken (1, 2) zu gelangen, verlässt man den Autobahnring A 99 an der Ausfahrt „Aschheim/Ismaning" im Norden von München und fährt auf der B 471 gut 2 km nach Norden Richtung „Ismaning". Circa 500 m nördlich des Mittleren Isarkanals biegt man rechts in eine Einfahrt und fährt sofort wieder rechts (Schild: „Sackgasse"). Über das Sträßchen erfolgt der Zugang zu (1) und (2).

Das Ostbecken (3, 4) erreicht man über Ismaning Zentrum über kleine Sträßchen oder über Neufinsing (siehe Karte und GPS-Koordinaten) beziehungsweise von Süden kommend von Landsham aus. Am Nord- (3) und Südende (4) des Mitteldamms befinden sich jeweils Parkplätze.

Adressen

Ornithologische Gesellschaft in Bayern, Münchhausenstraße 21, 81247 München; info@og-bayern.de; www.og-bayern.de.
Dreimal jährlich (März, Mai, September) gibt es Führungen auf dem sonst gesperrten Süddamm des Speichersees.

LBV-Seite über den Ismaninger Speichersee: www.ismaninger-speichersee.de
www.muenchen.de/sehenswuerdigkeiten/stadtfuehrungen/tour-24h.html

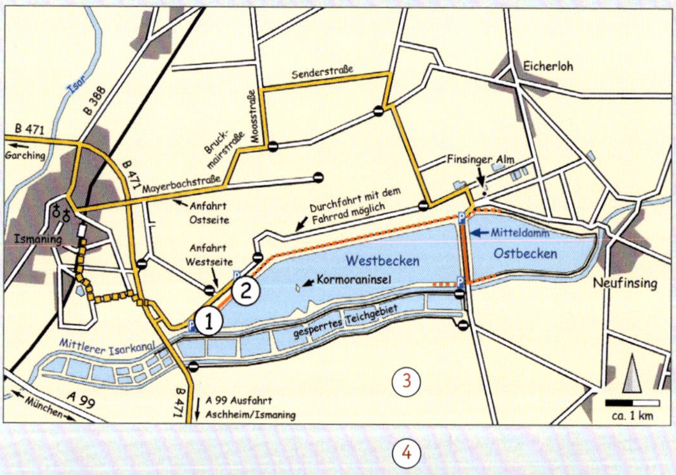

GPS		
Parkplatz Einlauf Westbecken (1)	48°12'35" N	11°42'15" O
Parkplatz Westbecken (2)	48°12'52" N	11°42'47" O
Parkplatz Nordende Mitteldamm (3)	48°13'27" N	11°45'56" O
Parkplatz Südende Mitteldamm (4)	48°12'52" N	11°46'01" O

Blick über den Rußweiher.
Foto: Niterunner, CC BY-SA 3.0, via Wikimedia Commons

Die Weiher bei Eschenbach in der Oberpfalz

Zu Besuch bei den Fischadlern am Großen Rußweiher

In einem schmalen Landschaftskorridor zwischen dem Südrand des Fichtelgebirges, dem Ostabfall der nördlichen Frankenalb und dem südlich anschließenden Truppenübungsplatz Grafenwöhr liegt die größte und zugleich vogelkundlich bedeutendste Weiherkette des Gebiets: das sogenannte „Rußweihergebiet“ bei Eschenbach in der Oberpfalz. Die Weiher sind seit über fünfzig Jahren als Naturschutzgebiet ausgewiesen. Der Wechsel zwischen trockenen Kiefernwäldern, schwermütigen Erlenbrüchen und düsteren Weihern schafft hier Landschaften von seltener Eindrücklichkeit. Vor allem Fischadler, Schwarzhalstaucher und Lachmöwen lassen sich hervorragend beobachten.

Landschaftsgeschichte und Lebensräume

Die Teichwirtschaft in der Oberpfalz ist sehr alt. Bereits 812 erließ Karl der Große die Vorschrift, dass zur Versorgung der Bevölkerung Teiche angelegt werden sollen. Die Teichwirtschaft im moorigen Tal des Eschenbachs ist seit Anfang des 15. Jahrhunderts belegt. Die Mönche des 1145 erstmals erwähnten, nahe gelegenen Prämonstratenserklosters Speinshart stauten zu dieser Zeit die ersten Teiche an. Im Jahr 1564 wurden etwa 65 Teiche mit insgesamt 70 ha Fläche durch das Kloster bewirtschaftet. Die strengen Ordensregeln der Prämonstratenser beinhalteten unter anderem den ganzjährigen Verzicht auf Fleisch. So waren die Fischteiche wichtige Stützen der Ernährung. Karpfen und Hechte waren die Hauptarten. Sie dienten dem Eigenkonsum, wurden aber auch verkauft, was zu dieser Zeit ein lukratives Geschäft war; war Fisch doch doppelt so teuer wie Rindfleisch. Viele der Teiche, so auch das Eschenbacher Teichgebiet mit dem Großen und Kleinen Rußweiher gingen im Laufe der Jahrhunderte in den Besitz der Stadt Eschenbach über, die die Teichwirtschaft bis 1910 in Eigenregie bewirtschaftete – noch heute ziert ein Fisch

Mit etwas Glück gelingen auch solche Beobachtungen von einem der ortsansässigen Fischadler.
Foto: Karin Jähne / Stock.Adobe.com

Am Großen Rußweiher lässt sich auch ein Fischadler-Brutpaar beobachten.
Foto: Roxanne / Adobe.Stock.com

das Stadtwappen. Danach wurden die Teiche an Privatpersonen verpachtet. Am Kleinen Rußweiher wurde zu der Zeit ein Strandmoorbad eingerichtet, das noch immer existiert und das größte Moorbad Nordbayerns ist.

Am Großen Rußweiher dagegen werden auch heute noch Karpfen gezüchtet. Bei extensiver Bewirtschaftung werden im Mittel aus dem 92 ha großen, durchschnittlich einen Meter tiefen und schwach sauren Gewässer 20 Tonnen Fisch pro Jahr erwirtschaftet. Das Abfischen erfolgt im Oktober. Dazu wird der Wasserstand schrittweise abgesenkt. Die Fische sammeln sich an der tiefsten Stelle des Gewässers und können von dort leicht abgefischt werden. Nach dem Abfischen wird der Teich wieder befüllt und zweijährige Karpfen werden eingesetzt.

Das Miteinander von Karpfenzucht und Naturschutz funktioniert. Meist werden intensiv bewirtschaftete Weiher regelmäßig entlandet, also ausgebaggert. Nur wenn dies wie im Rußweihergebiet jahrzehntelang unterbleibt, können sich ausgedehnte Verlandungszonen entwickeln. Im Wasser findet man treibende Schwimmblattpflanzen, wie Teichrosen in kleinen Beständen. Bei weniger als 30 cm Wassertiefe beginnt sich Schilfröhricht durchzusetzen. Dort wo der Wasserstand für Schilf zu stark schwankt, bildet die Steife Segge ihre Horste aus. Diese werden gerne von Lachmöwen als Nestunterlage genutzt. Das Röhricht und die Seggen hemmen den Wellenschlag und ermöglichen, dass zwischen ihnen allmählich Torfmoose gedeihen. Wollgräser siedeln sich an und setzen im Frühsommer die ersten Farbtupfer. Während am Großen Rußweiher die offenen Wasserflächen überwiegen, ist am Paulusweiher der Verlandungsprozess weit fortgeschritten und der Moorcharakter tritt dort prägend in den Vordergrund.

Aufgrund seiner Bedeutung als Vogelbrutgebiet wurde der Große Rußweiher mit Nebenketten 1937 vorläufig und 1951 endgültig als Naturschutzgebiet, als sogenannte Vogelfreistätte, ausgewiesen. 1989 wurde auch das westlich anschließende „Eschenbacher Weihergebiet" unter Schutz gestellt, sodass jetzt 243 ha geschützt sind.

Besondere Vogelarten und Reisezeit

Der Große Rußweiher ist in Süddeutschland der wahrscheinlich einzige, zumindest aber der beste Ort, um Fischadler störungsfrei bei der Jungenaufzucht zu beobachten. Ursprünglich brüteten Fischadler an allen größeren Gewässern Bayerns. Wie in weiten Teilen Mitteleuropas starb die Art im 20. Jahrhundert durch die allgemeine Verfolgung und die Verwendung von auch für Vögel gefährliche Pestiziden aus. Die letzte Brut in Bayern ist nicht genau datiert. Irgendwann zwischen 1935 und 1957 wurden im Norden des Freistaats die letzten Fischadler flügge. Erst 1992 kam es, nach einer allgemeinen Erholung der Fischadlerbestände in Mitteleuropa, auch in Bayern zu einer spontanen Wiederansiedlung auf dem nicht öffentlich zugänglichen Truppenübungsplatz Grafenwöhr, ganz in der Nähe des Rußweihers. Eine Analyse der Habitatansprüche für Fischadler ergab, dass in Bayern genügend fischreiche Gewässer zur Verfügung stehen, ihm aber alte Horstbäume fehlen. So wurden an geeigneten Gewässern Kiefern geköpft und mit Brutplattformen versehen. Insgesamt 20 dieser künstlichen Brutplätze wurden errichtet. Sie ersetzen fehlende

Typische Vogelarten des Rußweihers, deren Status und günstige Beobachtungszeit (in Klammern)
h = häufiger, r = regelmäßiger, s = seltener; J = Jahresvogel, B = Brutvogel, W = Wintergast, D = Durchzügler, N = Nahrungsgast

Art	Status (beste Beobachtungszeit)
Schnatterente	rB, hD (März–Okt.)
Krickente	sB, hD (März–Okt.)
Löffelente	rD (März–Mai)
Tafelente	rB, hD (März–Okt.)
Reiherente	rB, hD, sW (ganzjährig)
Schellente	rD (März–April)
Schwarzhalstaucher	hB (März–Aug.)
Silberreiher	rN,rD (Aug.–Nov., März–Mai)
Schwarzstorch	sN (April–Aug.)
Wasserralle	rB (April–Juni)
Fischadler	sB (April–Aug.)
Seeadler	rN, sW (ganzjährig)

Art	Status (beste Beobachtungszeit)
Rohrweihe	sB, rD (April–Aug.)
Baumfalke	sB, rD (April–Sept.)
Bekassine	hD (Okt.–Nov.)
Lachmöwe	hB (März–Juli)
Zwergmöwe	rD (April–Mai)
Schwarzkopfmöwe	rD, sB (Ende April–Juli)
Mittelmeermöwe	sB, sD (April–Juni)
Trauerseeschwalbe	rD (Ende April–Mai)
Baumpieper	rB (Mai–Juni)
Rohrschwirl	sB (April–Juni)
Drosselrohrsänger	sB (Mai–Juni)
Blaukehlchen	sB (März–Juni)

Horstbäume erstaunlich erfolgreich. Heute gibt es mehrere Fischadlerbruten in Bayern, fast alle auf künstlichen Nisthilfen. Am Rußweiher brüten seit 2013 zwei Fischadlerpaare auf künstlichen Horsten. Die Chancen, die eleganten Fischjäger bei Balz, Jagd und Jungenaufzucht zu beobachten, stehen also sehr gut.

Die Charaktervögel des Rußweihergebiets sind aber die Lachmöwen, deren Vorkommen seit 1636 belegt ist. Die Brutkolonie zählt zu den ältesten in ganz Bayern. Sie sind von März bis etwa Juli nicht zu übersehen beziehungsweise zu überhören. Ringfunde haben gezeigt, dass die Tiere an der französisch-englischen Kanalküste und am westlichen Mittelmeer den Winter verbringen. Die ersten Möwen, die im Frühjahr erscheinen, sind meist noch Durchzügler auf dem Weg nach Osteuropa. Die Kolonie füllt sich erst im April. Dann kann man auch die elegante Balz der Möwen verfolgen. Die Nester der Lachmöwen werden auf Inseln oder in Seggenbulten angelegt. Bis in die 1990er Jahre brüteten zeitweise über 7000 Paare im Gebiet. Aktuell sind es deutlich weniger Brutpaare, die aber noch immer ein eindrucksvolles Spektakel aufführen.

Früher nannte man die Lachmöwen wegen ihres kreischenden Rufes, ihrer Fressgier und ihres scharfen, raubvogelartigen Auges, auch Geyer. Die Geyer brachten es im 17. Jahrhundert zu einigem gesellschaftlichen Ansehen. Zwischen Johanni und Peter und Paul, also gegen Ende Juni, waren die jungen, noch nicht flüggen Lachmöwen Ziel des Geyerschlags, eines immerhin kurfürstlichen Privilegs. Eine adlige Jagdgesellschaft fuhr mit flachen Booten, den sogenannten Zillen, zur Kolonie und erschlug mit langen Stangen die Jungtiere. Richtig zubereitet galten die Geyer als Delikatesse. Um 1700 endete die Tradition des Geyerschlags aus unbekannten Gründen.

In der Lachmöwenkolonie verweilen seit wenigen Jahren einzelne Schwarzkopfmöwen, die in geringer Zahl auch brüten. Schwarzhalstaucher, die den Schutz der Lachmöwen nutzen, bilden im Gebiet eines der größten nordbayerischen Vorkommen. Weitere regelmäßig brütende Wasservögel sind Schnatter-, Tafel- und Reiherenten. Mit etwas Geduld wird man an einem Maimorgen im Schilf Wasserrallen, Rohrweihen, Rohrschwirle, Drosselrohrsänger und Blaukehlchen entdecken können. Baumfalken schießen immer wieder durch das Blickfeld.

Nicht vergessen werden sollte der Frühjahrsdurchzug von Zwergmöwen und Trauerseeschwalben. Natürlich werden auch immer wieder Limikolen beobachtet, ausgedehnte Schlickflächen gibt es allerdings nicht. Die Limikolen halten sich vor allem am Rand der Seggenbulten auf und sind oft am besten im Flug zu sehen. Leider werden die Teiche im Herbst erst Ende Oktober abgelassen, sodass es wenige Beobachtungsmöglichkeiten für den Herbstzug der Limikolen gibt. Durch den späten Zeitpunkt werden vor allem Bekassinen, Kiebitze und vereinzelte Alpenstrandläufer angelockt. Nach dem Ablassen der Weiher hat man auch die besten Chancen, Seeadler zu sehen, die in den Restpfützen die übrig gebliebenen Fische erbeuten. Silberreiher sind

Lachmöwen brüten seit Jahrhunderten im Rußweihergebiet und gelten als dessen Charaktervogel.

Foto: C. Moning. Moosburger Stausee, 7.6.2009.

in Nordbayern – wie im gesamten bayerischen Raum – keine Seltenheit mehr und fast ganzjährig zu beobachten. Im Winter frieren die flachen Stillgewässer schnell zu und es wird ruhig im Eschenbacher Weihergebiet.

Die umgebenden Kiefernwälder sind wenig ergiebig. Mit etwas Glück lassen sich aber Baumpieper, Trauerschnäpper und Fichtenkreuzschnäbel beobachten.

Beobachtungsmöglichkeiten

Unter der Trägerschaft der Stadt Eschenbach i. d. Oberpfalz wurde eine vorbildliche Besucherlenkung erarbeitet und in die Tat umgesetzt. So können Vogelbeobachter auf eine umfangreiche Beobachtungsinfrastruktur und ein gutes Wegenetz zurückgreifen.

Vom Parkplatz am Südrand des Großen Rußweihers (2) geht oder fährt man 400 m bis zu einer Beobachtungskanzel mit lohnender Übersicht und Informationsbroschüren (3). 100 m nördlich ist die Sicht auf den Fischadlerhorst sogar ungehindert. Während ein Spektiv hierzu sehr hilfreich ist, lassen sich die Schwarzhalstaucher oft sehr gut aus der Nähe beobachten.

Weiterhin lohnend ist eine Umrundung der Rußlohe, des Paulus- und des Häuselweihers. Dazu nimmt man am großen Parkplatz (2) den linken Weg Richtung „Landinger Weiher". An einer Gabelkreuzung nach 200 m hält man sich rechts und parkt nach weiteren 600 m im Bereich einer weiteren Gabelkreuzung mit einem Bildstock am Wegrand (4). Die Weiterfahrt ist ab hier verboten. Der rechte Weg ist mit einem Lachmöwensymbol markiert und führt zum südlichen Ende der Rußlohe und um ihn herum. Im Schilf am Damm zwischen Häuselweiher und Rußlohe sollte man auf Rohrschwirl, Drosselrohrsänger und Blaukehlchen achten. Im weiteren Verlauf folgen eine Aussichtskanzel (5) und eine Aussichtsplattform. Auch der Damm zwischen Rußlohe und Großem Rußweiher bietet gute Beobachtungsmöglichkeiten für Schilfarten, insbesondere Rohrschwirle.

Weiterhin bietet sich die Umrundung des Rußweihers mit dem Besuch einer weiteren Plattform (6) an. Dort lassen sich die Schilf- und Wasservögel oft aus geringer Entfernung beobachten.

Christian Wagner, Christopher König, Christoph Moning, Felix Weiß

Anfahrt

Mit Bahn und Bus

Dreizehn Kilometer östlich des Beobachtungsgebiets liegt der Bahnhof von Pressath. Die nächste Bushaltestelle liegt in Großkotzenreuth. Sie ist in der Karte verzeichnet und befindet sich in Gehentfernung zum Großen Rußweiher.

Mit dem Auto

Eschenbach ist von der Autobahn A 9 über die Ausfahrt „Pegnitz" zu erreichen. Von dort folgt man der B 470 24,5 km nach Osten in Richtung „Weiden" bis zu einer Abzweigung nach rechts (1), die mit „Kleinkotzenreuth" und „Naturschutzgebiet Großer Rußweiher" ausgeschildert ist. Man fährt parallel der Bundesstraße circa 500 m entgegen der ursprünglichen Fahrtrichtung, überquert die B 470 und gelangt nach weiteren 600 m zu einem großen Parkplatz mit Infotafel (2). Der Weg geradeaus zur Beobachtungsplattform (3) ist an Sonn- und Feiertagen gesperrt. Unter der Woche darf er befahren werden.

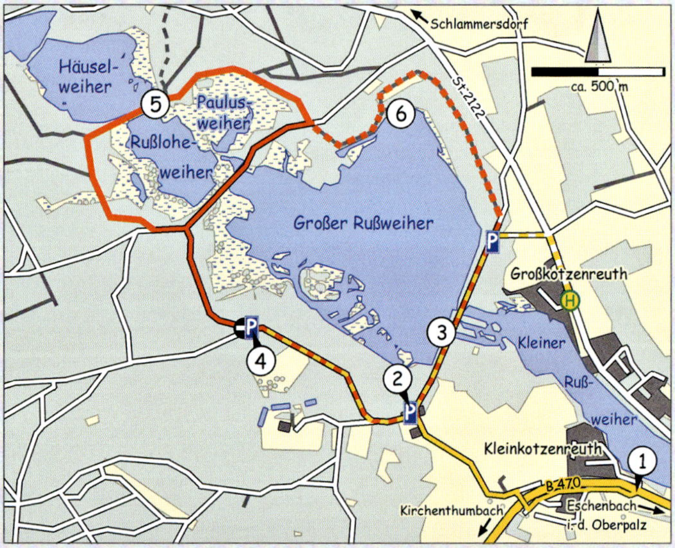

GPS		
Parkplatz Rußweiher (2)	49°45'34" N	11°47'18" O
Parkplatz Bildstock (4)	49°45'45" N	11°46'44" O

Infomaterial/Literatur

Müller J, Schmid L, Schmidt D 2008: Die Rückkehr des Fischadlers Pandion haliaetus als Brutvogel in Bayern. Ornithol. Anz. 47: 105–115.

Schmidtke K 1975: Die Brutkolonien der Lachmöwe Larus ridibundus im Rußweihergebiet bei Eschenbach/Oberpfalz. Anzeiger der Ornithologischen Gesellschaft in Bayern 14/3, 237–260.

Stadt Eschenbach i. d. Opf. (Hrsg.) 1997: Natur erleben in den Naturschutzgebieten „Vogelfreistätte Großer Rußweiher" und „Eschenbacher Weihergebiet". Broschüre.

Wagner C, Moning C 2012: Vögel beobachten in Süddeutschland, aktualisierte, erweiterte Neuausgabe. Franckh-Kosmos Verlag, Stuttgart.

Wir danken Robert Pfeifer für die Hilfe bei diesem Beitrag.

Die Krüner Alm, hier mit dem Wettersteingebirge im Hintergrund, bietet Lebensraum für Arten hochmontaner Wälder ebenso wie für Arten der Almen. Foto: C. Moning. Krüner Alm, Estergebirge, 18.4.2011.

Das Estergebirge

Alpenvögel zwischen Garmisch-Partenkirchen und Walchensee

Dem Wetterstein- und Karwendelgebirge vorgelagert, liegt zwischen den Tälern der Loisach und der Isar das rund 120 km² große Europäische Vogelschutzgebiet Estergebirge, das große Teile des gleichnamigen Gebirgsstockes umfasst. Das Estergebirge ist über weite Bereiche ein einsames Gebirge mit nur lokal stärkerer touristischer Nutzung. Hier lassen sich in strukturreichen Bergmischwäldern die alpentypischen Specht- und Eulenarten ebenso erleben wie die mit Birkhühnern, Ringdrosseln und Zitronenzeisigen typischen Vogelarten alpiner Matten und der Almen.

Landschaftsgeschichte und Lebensräume

Die Vielfalt der Lebensräume des Estergebirges erklärt sich neben der Geologie aus einem markanten Höhengradienten, der von circa 635 m NN im Loisachtal bis 2085 m NN auf den Krottenkopf reicht. Der Grundstock des Estergebirges besteht aus Hauptdolomit. Dieser verwittert in sehr schroffen Steilflanken mit Schluchten und Klammen, die vor allem die Westflanken des Estergebirges kennzeichnen. Auf dem Hauptdolomit liegen teilweise Plattenkalkschichten auf, die die höchsten Erhebungen des Gebietes bilden. Die nördlichen Teile des Estergebirges sind deutlich niedriger und durch runde Bergformen charakterisiert. Dabei handelt es sich nordöstlich von Eschenlohe um die kalkalpine Randzone, in der sich eng miteinander verzahnte Überschiebungsschichten vom alpinen Trias und Jura bis zur Kreide finden. Nördlich von Ohlstadt hingegen liegen kleinere Ausläufer der Flyschberge, die oft von Jungmoränen überlagert sind.

Neben der Geologie prägte eine Jahrhunderte währende Wald- und Weidenutzung das Landschaftsbild. Der Ursprung der Beweidung der Hochweiden wird für das Gebiet ab 500 v. Chr. angenommen. Die Almwirtschaft mit größeren Weideflächen wie auf der Si-

Zitronenzeisige besiedeln die baumbestandenen alpinen und subalpinen Matten und Almen, auf denen sie im April und Mai vielerorts singen.
Foto: C. Moning. Ammergebirge, 29.4.2010.

Von der Westlichen Karwendelspitze zeigt sich das Estergebirge in seiner ganzen Ausdehnung. Foto: C. Moning. Westliche Karwendelspitze, 4.6.2011.

metsbergalm und der Esterbergalm haben eine bis in das Mittelalter reichende Tradition. Sie ging traditionell mit einer Waldweide einher, die viele offene Waldstrukturen geprägt hat, von der unter anderem Auerhühner bis heute profitieren. Die durch die Waldweide bedingte stellenweise Übernutzung der Wälder hat zu einer seitens der Forstverwaltung vorangetriebenen Trennung von Wald und Weide geführt. Die Hälfte des Gebietes ist Staatsforst, die übrigen Flächen verteilen sich auf Gemeinde- und Privatbesitz.

Das Gebiet ist zu 77 % von Wald bedeckt, was darauf zurückzuführen ist, dass nur relativ kleine Bereiche oberhalb der Baumgrenze (1700 bis 1800 m) liegen. Bergmischwälder mit höheren Anteilen an Buchen und Tannen stellen 48 % aller Waldflächen. In diesen Wäldern liegt der hohe naturschutzfachliche Wert des Estergebirges, insbesondere durch vergleichsweise hohe Totholzvorräte besonders in unerschlossenen Lagen. Der Flächenanteil alpiner Rasen, Schutt- und Felsfluren beträgt circa 10 %, darunter größere beweidete Hochflächen, wie das nördlich des Krottenkopfs liegende Michelfeld.

Die hohen jährlichen Niederschlagsmengen von 1300 bis 1500 mm am nördlichen Gebirgsrand und über 2000 mm in den Höhenlagen speisen zahlreiche Fließgewässer, glasklare Seen und intakte, orchideenreiche Moore, darunter das rund 5 km^2 große Pfrühlmoos im Loisachtal westlich des Estergebirges.

Die touristische Nutzung konzentriert sich weitgehend auf das Gebiet von Wank und Esterbergalm mit der Wankbahn im Südwesten und das ebenfalls gut erschlossene Gebiet des Herzogstands mit dem Heimgarten im Norden.

Besondere Vogelarten und Reisezeit

Die struktur- und totholzreichen Bergmischwälder des Estergebirges beherbergen große Spechtpopulationen. Für Grauspechte, Schwarzspechte und die andernorts seltenen Weißrückenspechte wurden 2011 auf Basis von repräsentativen Stichprobenkartierungen jeweils über 50 Reviere für das Gebiet ermittelt. In den totholzreichen, fichtendominierten Wäldern der montanen und subalpinen Stufe siedeln Dreizehenspechte mit rund 100 Revieren. In sonnigen Kiefernwäldern erklingt im Sommer vielerorts der monoton trillernde Gesang des Berglaubsängers.

Auerhühner sind spärlich verbreitet. Nur auf rund 6 % von 500 Stichprobenflächen konnten 2011 Auerhuhnnachweise (vor allem Kot) erbracht werden. Diese konzentrieren sich auf den Südosten des Gebietes auf über 140 Jahre alte Bestände mit einer Baumkronendeckung von weniger als 40 %. Haselhühner findet man regelmäßig dort, wo Dickungen an strukturreiche alte Wälder mit hohem Totholzanteil, umgestürzten Wurzeltellern, Beerensträuchern und Weichhölzern grenzen. Auch sie sind mit geschätzten 25 bis 40 Paaren im Gebiet nicht häufig.

In älteren, unterholzreichen Nadel- und Mischwäldern mit aufgelockerter Struktur, gerne angrenzend an Lichtungen, finden Sperlingskäuze Lebensraum. In guten Mäusejahren wie 2011 und 2012 sangen bis zu 75 Männchen im Vogelschutzgebiet. Ähnlich hohe Dichten können bei Raufußkäuzen mit bis zu 65 Revieren erreicht werden. Die Art bevorzugt ältere Waldbestände, in denen sie ein gutes Angebot an Schwarzspechthöhlen vorfindet.

Während Waldschnepfenmännchen nahezu flächig ihre Balzflüge vorführen, findet man Zwergschnäpper nur lokal und selten in strukturreichen, mehr-

Typische Vogelarten im Estergebirge, deren Status und günstige Beobachtungszeit (in Klammern)
h = häufiger, r = regelmäßiger, s = seltener; B = Brutvogel, N = Nahrungsgast

Art	Status (beste Beobachtungszeit)
Birkhuhn	rB (April/Mai)
Auerhuhn	sB (April)
Steinadler	sB (ganzjährig)
Wanderfalke	sB (März–Juni)
Raufußkauz	r–hB (März/April)
Sperlingskauz	r–hB (März/April, Okt.)
Grauspecht	hB (April)
Grünspecht	rB (März–Mai)
Schwarzspecht	hB (März–Mai)
Dreizehenspecht	hB (April)
Weißrückenspecht	rB (April)

Art	Status (beste Beobachtungszeit)
Alpendohle	sB, rN (ganzjährig)
Tannenhäher	rB (Aug.–Okt.)
Kolkrabe	rB (ganzjährig)
Felsenschwalbe	sB (April–Aug.)
Alpenbraunelle	rB (Mai/Juni)
Bergpieper	rB (Mai/Juni)
Berglaubsänger	hB (Mai/Juni)
Wasseramsel	rB (ganzjährig)
Ringdrossel	hB (April–Mai)
Zitronenzeisig	hB (April–Aug.)
Birkenzeisig	hB (April–Juni)

schichtigen Altbeständen naturnaher Laub- und Mischwälder, besonders in buchendominierten Beständen mit hohem Höhlenangebot.

Die Felsformationen des Estergebirges beherbergen eine ganz eigene Avifauna. Dazu zählen Felsenschwalben, die im Estergebirge jedoch selten sind. Sie bevorzugen Felswände in sonniger und windgeschützter Lage, wie man sie beispielsweise im Bereich Heldenkreuz/Klammgraben bei Eschenlohe findet. Mit zwei Wanderfalken- und drei Uhubrutpaaren siedeln nur geringe Teile des jeweiligen bayerischen „Alpenbestandes" im Vogelschutzgebiet.

Im Estergebirge sind seit Beginn der systematischen Erfassung Ende der 1970er Jahre zwei regelmäßig genutzte Steinadlerreviere bekannt. Im Eschenlainetal lag der Bruterfolg zwischen 1977 und 2012 bei 0,4 flüggen Jungvögeln je Brut. In einem weiteren Revier zwischen Krottenkopf und Wank fand seit 1980 mindestens eine – jedoch erfolglose – Brut statt. Seit 1977 wurden im Estergebirge in 34 Jahren sieben flügge Jungvögel festgestellt. Der niedrige Bruterfolg wird vor allem auf die schlechte Nahrungsverfügbarkeit zurückgeführt. Im Estergebirge fehlen Murmeltiere weitgehend, die in anderen Steinadlergebieten einen wesentlichen Anteil am Beutespektrum der Adler ausmachen.

Im Übergang von Wald zu alpinen Hochlagen siedeln Ringdrosseln in hohen Dichten von zum Teil rund 1,3 Revieren/10 Hektar. Daneben findet man hier auch Zitronenzeisige. 2011 wurden um die Krüner und die Wallgauer Alm (12 Reviere) und auf dem Michelfeld (15 bis 20 Reviere) hohe Dichten des für Europa endemischen Finkenvogels festgestellt. Deutlich geringer war die Dichte am Hohen Fricken und Krottenkopf. Basierend auf den Probeflächenkartierungen wurde der Bestand für das Estergebirge auf 70 bis 100 Paare geschätzt.

Obwohl die Raufußhühner unter der Zunahme von Freizeitaktivitäten sowie Habitatverschlechterung durch Verbrachung und fortschreitende Gehölzsukzession leiden, balzen noch rund 75 Birkhähne verstreut über die gesamten Hochlagen. Das Hauptvorkommen erstreckt sich in einem circa 3500 ha großen Bogen vom Wank im Südwesten über den Krottenkopf bis zum Simetsberg im Nordosten. An den meisten Balzorten wechseln die Hähne zwischen Baum- und Bodenbalz ab. Möglicherweise ist die dominierende Einzelbalz, vor allem in oder an lichten Waldbeständen eine Strategie gegenüber Beutegreifern, hauptsächlich dem Steinadler, denn das Birkhuhn ist zu einem erheblichen Teil in Steinadler-Nahrungsresten aus dem Estergebirge nachgewiesen.

Der offene und freundliche Gesichtsausdruck charakterisiert den Berglaubsänger.
Foto: C. Moning. Oberau, 23.5.2010.

In den wenigen hochalpinen Lagen oberhalb von 2000 m kommen neben dem hier verbreiteten Bergpieper im Bereich des Krottenkopfes nur noch wenige Paare des Alpenschneehuhns vor. Die Art ist im Estergebirge akut vom Aussterben bedroht und blickt hier mit dem Klimawandel einer düsteren Zukunft entgegen. Alpenbraunellen sind auf den höchsten Gipfeln des Estergebirges hingegen gut verbreitet. Die geschätzten rund zwanzig Fortpflanzungsgemeinschaften verteilen sich auf die Bereiche Hoher Fricken, Bischof, Kareck – Oberer Risskopf, Großer und Kleiner Krottenkopf sowie den Bereich Hohe Kisten – Platteneck.

Beste Reisezeit

Im Estergebirge steht besonders der Brutvogelaspekt im Vordergrund. Aus diesem Grund liegt die beste Beobachtungszeit zwischen April und Mai für die Wälder und zwischen Mai und Oktober für die Arten der Hochlagen. Die Winter sind sehr schneereich und bringen eine oft mehrere Monate anhaltende geschlossene Schneedecke. Wer sich das Gebiet zu Fuß erschließen möchte, sollte für Exkursionen in die Hochlagen bis Mitte Mai warten. Die Balz der Spechte und Eulen lässt sich hingegen am besten im März und April erleben, wenn in den Wäldern noch Schnee liegt.

Beobachtungsmöglichkeiten

Aufgrund der Gebietsgröße ergeben sich Beobachtungsmöglichkeiten für viele Tage, sodass hier nur eine Auswahl wiedergegeben werden kann. Wer im Estergebirge in einsame alpine Regionen gelangen möchte, muss sich auf sehr lange Wanderungen einstellen. Voraussetzung dafür ist neben einer stabilen Wetterlage auch eine entsprechende Ausdauer. Es empfiehlt sich eine Übernachtung auf der Weilheimer Hütte (1, 1946 m NN) am Krottenkopf (2). So ist man schon in der Früh im alpinen Bereich und reduziert den Zeitbedarf pro Tag für die Wanderung vom beziehungsweise zum Ausgangspunkt. Aufstiegsmöglichkeiten zur Weilheimer Hütte ergeben sich von Oberau (8,3 km, 1300 Höhenmeter, 4,5 Stunden einfach) über die Schafalm (3) und die Nordwestflanke des Bischofs (4) oder von Farchant über die Kuhfluchtwasserfälle (5), an deren Felswänden regelmäßig Mauerläufer nach Nahrung suchen, den Hohen Fricken (6) und die Nordwestflanke des Bischofs (4, gut 19 km und 1700 Höhenmeter, 6 bis 7 Stunden einfach) mit der Rückwanderung am zweiten Tag über die Esterbergalm (7). Von Krün (Osten) erreicht man die Weilheimer Hütte über die Krüner Alm (8) in 13,5 km über 1100 Höhenmeter in rund 4,5 Stunden.

Auf diesen Wanderungen ergeben sich schöne Beobachtungsmöglichkeiten für Arten montaner Wälder in den Bereichen zwischen Wallgauer Alm im Osten (9) und Angerlboden im Westen (10) sowie zwischen Krottenkopf (2) und Esterbergalm (7). Schöne Beispiele alpiner Matten und Almen mit entsprechender Vogelwelt sind Hoher Fricken (6), Bischof (4), Krottenkopf (2), die Krüner Alm (8), Angerlboden (10), Kühalm (11) und Simetsberg (12).

Wer leichter in Bereiche oberhalb der Waldgrenze gelangen möchte, dem bietet der 1780 m hohe Wank (13) eine durch eine Kabinenseilbahn erschlossene Alternative. Die Talstation (14) wird regelmäßig von Bussen angefahren, ist aber auch vom Bahnhof Garmisch-Partenkirchen aus zu Fuß in circa 30 Minuten erreichbar. Wer auf den Wank wandern möchte, muss rund 1000 Höhenmeter überwinden, was rund drei Stunden dauert. Im Gipfelbereich sind Ringdrosseln und Bergpieper recht häufig. Immer wieder lassen sich auch Tannenhäher, Kolkraben, Alpendohlen, Fichtenkreuzschnäbel und Zitronenzeisige beobachten. Für Birkhühner muss man sehr früh auf dem Wank sein.

Wanderwege vom Wank zur Talstation führen beispielsweise über die Eckenhütte (15, kürzester Weg nach Garmisch, circa 2,5 Stunden). Bei dieser Variante kann man den zweiten Teil des Abstiegs mit der Seilbahn abkürzen. Alternativ kann man die Talstation vom Wank aus über die Esterbergalm (7, Birkhuhn) erreichen (3 Stunden). In den Hangwäldern brütet der Tannenhäher.

Das westlich am Estergebirge liegende Pfrühlmoos bietet Wachtelkönige und andere typische Arten der Moore des Voralpenlandes. Von der Brücke über den Lauterbach (16, siehe Koordinaten) geht man Richtung Norden/Eschenlohe. 800 m hinter der Lauterbachbrücke zweigt ein Stichweg nach links zu einem Häuschen ab. Hier rufen jedes Jahr Wachtelkönige (17). Der große Schuttkegel rechts des Hauptwegs kurz hinter dem Stichweg ist Lebensraum der in Deutschland sehr seltenen Heuschreckenarten Kiesbank-Grashüpfer (*Chorthippus pullus*) und Gefleckte Schnarrschrecke (*Bryodema tuberculata*). Auch Berglaubsänger singen hier ab Ende April.

Wer ein Fahrrad nutzen kann, dem sei der Weg entlang der Loisach Richtung Eschenlohe empfohlen (18). Grau-, Weißrücken- und Kleinspechte suchen regelmäßig in den totholzreichen Erlenbeständen nach Nahrung. Entlang der Loisach kommen Gänsesäger und Wasseramseln vor.

Für einen Blick auf die Felsenschwalben im Bereich Heldenkreuz schaut man am besten von der Walchenseestraße in Eschenlohe auf die Felsen (19, siehe Koordinaten).

Christoph Moning, Christopher König, Christian Wagner, Felix Weiß

Anfahrt

Mit Bahn und Bus

Günstige Ausgangsbahnhöfe sind Oberau, Farchant und Garmisch-Partenkirchen.

Mit dem Auto

Westseite: Von Norden gelangt man über die A 95/B 2 bis Oberau und von dort bis Garmisch-Partenkirchen ins Gebiet. Ostseite: Die B 11 führt über Benediktbeuern, Kochel und den Walchensee nach Krün.

Adressen

Bayerisches Landesamt für Umwelt, Staatliche Vogelschutzwarte, Gsteigstr. 43, 82467 Garmisch-Partenkirchen, Tel.: 08821/943010

LBV Garmisch-Partenkirchen http://members.gaponline.de/lbvgap

Alpenvereinshütten Tel.: 089/294940, www.alpenverein.de, www.dav-huettensuche.de

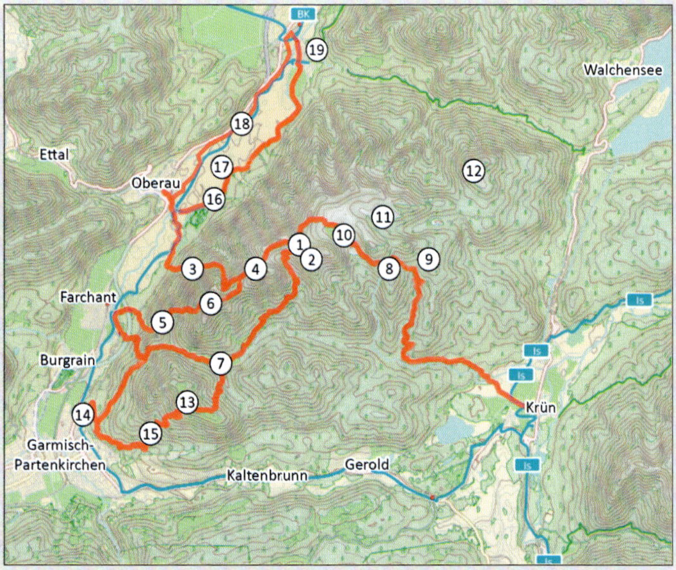

GPS		
Weilheimer Hütte (1)	47°32'50" N	11°11'20" O
Talstation Wank (14)	47°30'15" N	11°06'23" O
Brücke über den Lauterbach (16)	47°33'32" N	11°09'28" O
Walchenseestraße Eschenlohe (19)	47°35'50" N	11°11'34" O

Infomaterial/Literatur

Bezzel E, Lechner F 1978: Die Vögel des Werdenfelser Landes. Vogelkundliche Bibliothek, Band 8, Kilda-Verlag, Greven.

Wagner C, Moning C 2012: Vögel beobachten in Süddeutschland. – überarbeitete Neuauflage. Franckh-Kosmos Verlags-GmbH & Co KG, Stuttgart.

Zahlreiche Altwässer durchziehen die Wälder entlang der Donau und erinnern an die Zeiten, als die Donau noch ein Wildfluss war.

Foto: C. Moning. Donau bei Donauwörth, 6.7.2010.

Die Donauauen zwischen Lechmündung und Ingolstadt

Auwälder und nordische Wasservögel

Auf 70 km² erstreckt sich westlich von Ingolstadt das Europäische Vogelschutzgebiet „Donauauen zwischen Lechmündung und Ingolstadt" mit seinen Auwäldern, Staustufen, Trockenrasen und angrenzenden weiten Ackerfluren. Trotz weitgreifender Regulierungsmaßnahmen an der Donau bildet das Gebiet das größte zusammenhängende Auwaldgebiet an der bayerischen Donau. Ein Besuch lohnt ganzjährig. Im Sommerhalbjahr bereichern die Gesänge einer artenreichen Brutvogelwelt die Auwälder. Hier haben Halsbandschnäpper und Mittelspecht national bedeutende Populationen. Zu den Zugzeiten nutzen viele Wasservögel die Feuchtgebiete, die im Winter auch von nordischen Gästen genutzt werden.

Landschaftsgeschichte und Lebensräume

Die Donau war bis 1800 ein Wildfluss, der in der Talaue ein kilometerbreites Flussbett und ein weit verästeltes Gerinnesystem besaß. Obwohl der Auwald im Mittelalter intensiv als Rohstoffquelle genutzt wurde, waren am Gewässer selbst keine nennenswerten Eingriffe vorgenommen worden. Von 1837 bis 1883 wurden zum Schutz der bewohnten und bewirtschafteten Talauen Mittelwasserdämme und Laufverkürzungen durch Durchstiche von Donaumäandern vorgenommen, denen von 1890 bis zum Staustufenbau in den 70er Jahren des 20. Jahrhunderts immer wieder einzelne Maßnahmen zum Hochwasserschutz folgten.

Durch den Ausbau tiefte sich die Donau im Laufe der Zeit in die quartären Talschotter ein. Der Grundwasserspiegel sank hierdurch immer mehr ab. Um die weitere Eintiefung zu verhindern und den Ausbau der Rhein-Main-Donau-Schifffahrtsstraße zu finanzieren, erhielt die Rhein-Main-Donau AG im Konzessionsvertrag mit dem Freistaat Bayern 1921 die Erlaubnis zur „Ausnutzung der Wasserkräfte" für die Energiegewinnung. Die Staustufen Bertoldsheim und Bittenbrunn wurden 1959 gebaut, Bergheim und Ingolstadt um 1970 und Vohburg 1992 fertiggestellt. Die Eintiefungstendenz der Donau wurde hierdurch weitgehend gestoppt, abgesehen vom Unterwasser der Staustufen.

Der Bau der Staustufen Bertoldsheim und Bittenbrunn hat zur Folge, dass das Grundwasser im Anstaubereich wieder weit über dem Niveau des begradigten Flusses und nach den Staustufen dauerhaft auf recht niedrigem Stand gehalten wird. Schwankungen des Wasserstandes, wie sie in Auenlebensräumen typisch sind, gibt es nur noch in Größenordnungen von weniger als einem Meter. Zwar finden in Teilbereichen noch jährliche, mehr oder weniger starke und jeweils einige Tage andauernde Hochwässer statt, durch die Staustufen kann jedoch nur Sand und Schluff angelandet werden. Es entstehen kaum noch

Singschwäne rasten häufig im Winter und auf dem Heimzug, haben aber vereinzelt auch im Gebiet gebrütet.

Foto: Henri / Adobe.Stock.com

Wespenbussarde sind heimliche, aber verbreitete Brutvögel der lichten Donauwälder.

Foto: C. Moning. Isarmündung, 11.5.2010.

nennenswerte Umlagerungen, Neuschaffungen von Rohbodenstandorten oder Ablagerungen von gröberem Geschiebematerial. Inseln sind heute überwiegend künstlich in den Staustufen angelegt und Auwälder werden zu Hartholzauwald ähnlichen Laubwäldern. Silberweiden- bzw. Grauerlenweichholzauen finden sich nur noch kleinflächig am Ufer oder auf Inseln von Donau und Lech. Darum wurden im Rahmen eines vom Bundesamt für Naturschutz geförderten Projektes nördlich von Weichering größere Auwaldflächen durch ein Umgehungsgerinne wieder an die Donau angeschlossen.

Alte Eichenbestände spielen eine zentrale Rolle für viele charakteristische Arten des Gebietes, wie den Mittelspecht. Sie entstanden unter erheblichem pflegerischem Aufwand, unter anderem für die Schweinemast. Bis heute überlebten solche parkartigen Mosaike aus Extensivgrünländern und Alteichenbeständen zum Beispiel westlich von Gerolfing. Unter den veränderten hydrologischen, stofflichen und waldbaulichen Bedingungen wird heute die Jungeichen überwuchernde Naturverjüngung aus Spitzahorn und Eschen der mühsamen Eichenverjüngung vorgezogen. Wie sich dies auf die auf rauborkige Strukturen und Höhlenreichtum angewiesene Avifauna auswirken wird, bleibt abzuwarten.

Dort, wo die Donau einst Kiesinseln ablagerte, haben sich wertvolle Trockenstandorte gebildet, auf denen sich durch Beweidung Magerrasen etablieren konnten, die sogenannten Brennen. Da viele der kleineren Brennenstandorte aufgrund fehlender Beweidung oder Mahd zuwachsen, finden viele typische Bewohner der Brennen Ersatzlebensräume auf den Donaudeichen.

Besondere Vogelarten und Reisezeit

Schon im März erklingen in vielen Waldbeständen entlang der Donau die Trommelwirbel verschiedener Spechtarten. Unter den sieben regelmäßig nachgewiesenen Arten sind Grün-, Schwarz-, Mittel- und Kleinspecht weit verbreitet und stellenweise häufig. So brüten mit rund 400 Revieren etwa 2 % der deutschen Mittelspechtpopulation im Gebiet. Die durchschnittlichen Dichten liegen um 10 Reviere je 100 ha. Grauspechte kommen mit 0,4 Revieren je 100 ha, insgesamt 15 bis 20 Revieren, in einer eher geringen Dichte vor. Den größeren Spechtarten folgt die Hohltaube vor allem in die Buchenwälder, wo sie bereits im zeitigen Frühjahr durch ihre tiefen Rufreihen auf sich aufmerksam macht.

Rund zehn Wespenbussardpaare nutzen die lichten Brennenstandorte und Eichenbestände zur Nahrungsaufnahme und Brut. Schwarzmilane scheinen im Gebiet einen optimalen Lebensraum vorzufinden, denn mit fünfzehn Paaren brüten rund 5 % der bayerischen Population im Gebiet. Wenige Rotmilanpaare brüten vor allem im Osten des Gebietes, patroullieren jedoch regelmäßig über den angrenzenden Offenländern. Auch Baumfalken kommen in wenigen Paaren vor und sind am leichtesten bei der sommerlichen Insektenjagd über den Staustufen zu beobachten. Uhus sind lokale Brutvögel. So fühlte sich jahrelang ein Paar in einer Graureiherkolonie im Westen des Gebietes wohl. Eisvögel sind besonders an den vielen kleinen Bächen weit verbreitet. Mindestens 10 % des deutschen Halsbandschnäpperbestandes, der im Gebiet Hunderte Paare umfasst, brütet in den die Donau begleitenden Wäldern. Weißstörche brüten in der Umgebung bei Rohrenfels und Rennertshofen und können regelmäßig als Nahrungsgast in den Offenländern beobachtet werden.

Die Donaustauseen des Gebietes beherbergen regelmäßig überregional bedeutende Wasservogelansammlungen, unter denen sich besonders zu den Zugzeiten für den süddeutschen Raum auch

Typische Vogelarten in den Donauauen zwischen Lechmündung und Ingolstadt und Umgebung, deren Status und günstige Beobachtungszeit (in Klammern)
h = häufiger, r = regelmäßiger, s = seltener; B = Brutvogel, W = Wintergast, D = Durchzügler, N = Nahrungsgast

Art	Status (beste Beobachtungszeit)
Singschwan	rW, rD (Nov.–Feb.)
Brandgans	rD (Dez.–Feb., Mai–Aug.)
Nilgans	rB, rD, rN (ganzjährig)
Schnatterente	rB, hD, rW (Aug.–Feb.)
Löffelente	rD (Okt.–Nov.)
Pfeifente	rW, rD (Okt.–Feb.)
Krickente	sB, hD, rW (Sept.–März)
Kolbenente	rB, rD (Juni–Sept.)
Schellente	rW (Dez.–Feb.)
Gänsesäger	sB, hD, hW (Juli–Feb.)
Schwarzhalstaucher	rD (Okt.–Nov.)
Zwergtaucher	sB, hW, hD (Sept.–Feb.)

Art	Status (beste Beobachtungszeit)
Wespenbussard	rB, rD (Mai–Aug.)
Schwarzmilan	hB, rD (Apr.–Aug.)
Kormoran	sB, hW, hD (Juli–März)
Silberreiher	hD, hN (Juli–März)
Flussseeschwalbe	rD (Juli–Aug.)
Trauerseeschwalbe	rD (Mai–Sept.)
Eisvogel	hB, hN (ganzjährig)
Grauspecht	rB (Feb.–Apr.)
Mittelspecht	hB (Feb.–Apr.)
Baumpieper	rB, rD (Apr.–Aug.)
Halsbandschnäpper	hB (Mai–Juni)
Pirol	hB, rD (Apr.–Aug.)

bemerkenswerte Arten finden. Hervorzuheben ist das regelmäßige Auftreten von Singschwänen, Brandgänsen (brüten auch zum Beispiel auf dem Stausee Bertoldsheim), Samtenten, Zwergsägern, Schwarzhalstauchern, Fluss- und Trauerseeschwalben. Jährlich erreichen Nilgänse, Spießenten, Löffelenten, Kolbenenten, Zwergtaucher und Silberreiher Rastbestände von über 50 Individuen. Pfeifenten, Tafelenten, Reiherenten, Schellenten, Gänsesäger, Haubentaucher und Kormorane erreichen jährlich über 100 Individuen, Schnatterenten über 500 und Graugänse über 1000 Individuen. Mittelmeermöwen brüten auf einigen der Inseln im Gebiet.

Die Population des Halsbandschnäppers in den Donauauen zwischen Lechmündung und Ingolstadt ist von bundesweiter Bedeutung.
Foto: C. Moning. Freising, 17.5.2010.

Beobachtungsmöglichkeiten

Die beiden interessantesten Staustufen liegen im Westen des Gebietes. Für den Feldheimer Stausee (1) biegt man am westlichen Ortsrand von Niederschönenfeld von der Verbindungsstraße nach Feldheim nach Nordwesten auf die „Kraftwerksstraße“ ab und erreicht nach 650 m den südlichen Damm, dem man nach Südwesten folgen kann. Wenn Singschwäne im Gebiet sind, rasten sie gerne auf dem Feldheimer Stausee. Zur Nahrungssuche treffen sich Singschwäne – selten, aber alljährlich auch durch Zwergschwäne begleitet – auf den Feldern östlich von Niederschönenfeld. Der in der Karte rot markierte Hunzenhofweg (2) bietet eine gute Ausgangsroute, um nach den Schwänen zu schauen. Achten Sie darauf, die Tiere nicht zu stören!

Den Bertoldsheimer Stausee erreicht man von der Verbindungsstraße zwischen Bertoldsheim im Norden und Burgheim im Süden. An den angrenzenden Dämmen liegen jeweils Parkmöglichkeiten (3), von denen aus man den Dämmen nach Westen folgen kann. Der Süddamm bietet oft das bessere Licht. Am Bertoldsheimer Stausee können alle oben genannten Wasservogelarten erwartet werden.

Der Stätteberg (Steppberg) ist eine bedeutende archäologische Stätte mit den Überresten eines keltischen Kultzentrums. Er liegt auf einem flachen, mit strukturreichem Buchenwald bewachsenem Kalksteinsporn, umgeben von vielfältigen Hartholz- und Weichholzauen mit einer sehr interessanten Avifauna, die während eines abwechslungsreichen Waldspaziergangs besonders im Frühjahr erlebt werden kann.

Für den Rundweg am Stätteberg verlässt man die viel befahrene Bundesstraße circa 10 km westlich von Neuburg an der Donau bzw. knapp 25 km östlich von Donauwörth nach Norden auf einem kleinen Feldweg, der mit einem „gesperrt ab 7 t“-Schild gekennzeichnet ist. Genau gegenüber zweigt nach Süden die Straße Richtung „Straß“ von der Bundesstraße ab. Man folgt dem Feldweg ins Tal. Dort biegt man an der Kreuzung nach rechts ab und fährt auf dem jetzt wieder asphaltierten Weg durch eine Rechtskurve insgesamt 2,1 km von der B 16 zum linkerhand liegenden Parkplatz am Stätteberg (4). Die Anfahrt ist in der Karte orange markiert.

Der Rundweg ist ab dem Parkplatz (4) ausgeschildert. Vorbei am „Silbermannstein“ (5), einem Grenzstein aus dem Jahr 1721, erreicht man auf guten Waldwegen eine Bank mit begrenzter Aussicht (6), an der man den Hauptweg verlassen und entlang eines Zauns einen Trampelpfad nach Norden abwärtsgehend die Runde abkürzen kann. Bis hierhin durchwandert man Wald mit Hohltauben, Schwarzspechten und Waldlaubsängern. Der weitere Weg nach Süden führt an bis zu 30 m hohen Felsabstürzen vorbei. Sehr gute Chancen auf Mittelspecht und Halsbandschnäpper hat man, wenn man – schon auf dem Rückweg – bei (7) die Kleine Paar überquert und dem Waldweg 700 m nach Südwesten folgt. Die gesamte Runde ist je nach gewählter Variante 3,5 km bis 6 km lang, landschaftlich

Im Spätherbst rasten Hunderte Schnatterenten auf der Donau zwischen Lechmündung und Ingolstadt.
Foto: C. Moning. Isarmündung, 11.10.2009.

abwechslungsreich und insbesondere Anfang Mai sehr lohnend.

An der Donau-Staustufe Ingolstadt bietet sich ein weiterer lohnender Beobachtungspunkt an. Er liegt im Westen von Ingolstadt und kann über die Haunwöhrer Straße erreicht werden, von der man in den Baggerweg abbiegt. Gleich darauf überquert man einen vorgelagerten Damm und biegt dahinter gleich links und gleich wieder rechts ab und erreicht nach wenigen Metern eine Parkmöglichkeit (siehe GPS).

Weitere Freizeitmöglichkeiten

Neuburg an der Donau lockt mit zahlreichen Attraktionen einer alten Residenzstadt, darunter das Pfalz-Neuburger Residenzschloss. Das Aueninfozentrum im Schloss Grünau bietet eine sehenswerte Ausstellung über Flussauen und ihre Lebensräume, ihre Entwicklung und ihre Bedeutung für den Hochwasser- und Naturschutz (siehe Adressen).

Christoph Moning, Christopher König, Christian Wagner, Felix Weiß

Anfahrt

Mit Bahn und Bus

Die Bahn fährt Straß-Moos von Ingolstadt und Donauwörth aus alle zwei Stunden an. Vom Bahnhof sind es 3 km bis zum Beginn (4) der beschriebenen Wanderung um den Stätteberg. Von der Bushaltestelle in Bertoldsheim („Bertoldsheim Am Schlossberg, Rennertshofen") geht man 1 km nach Süden bis zum Parkplatz auf dem Damm (3). Stätteberg und Bertoldsheim können durch eine Wanderung entlang der Donau verbunden werden.

Mit dem Auto

Im Osten erreicht man das Gebiet über die A 9 (München-Nürnberg). Ab hier sind über die B 16 (Ingolstadt-Donauwörth) alle beschriebenen Beobachtungspunkte erreichbar.

Adressen

Aueninformationszentrum Neuburg, Schloss Grünau, 86633 Neuburg an der Donau, Tel.: 08431/6475920, www.auenzentrum-neuburg-ingolstadt.de

GPS		
Parkplatz Feldheimer Stausee (1)	48°43'39" N	10°55'20" O
Parkplatz auf dem Süddamm am Bertoldsheimer Stausee (3)	48°44'04" N	11°01'12" O
Parkplatz Stätteberg (4)	48°43'29" N	11°4'5" O
Klärteiche Mittelstetten Ost (8)	48°42'26" N	10°56'58" O
Klärteiche Mittelstetten West (10)	48°42'14" N	10°56'05" O
Parkplatz Donau-Staustufe Ingolstadt	48°44'43" N	11°24'34" O

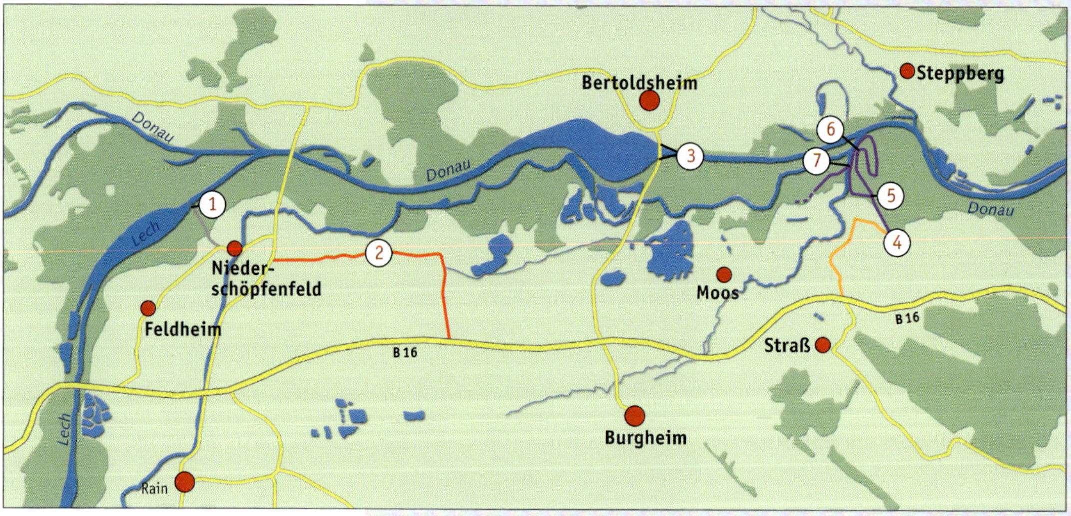

Infomaterial/Literatur

Wagner C, Moning C 2012: Vögel beobachten in Süddeutschland, Die besten Beobachtungsgebiete zwischen Mosel und Watzmann. Kosmos-Verlag, Stuttgart.

Blick über das Krumbachtal auf dem Weg vom Hochkrumbach zum Heldenwanger Kopf. Hochkrumbachtal, Österreich, 18.7.2010.

Das südliche Allgäu

Blühende Matten und alpine Gebirgsvogelwelt

Südlich von Oberstdorf erhebt sich eines der schönsten Gebirge der deutschen Alpen. 210 km² und somit der größte Teil davon stehen seit 1992 unter Naturschutz. Gleichzeitig ist das Gebiet Europäisches Vogelschutzgebiet. Es handelt sich um die artenreichste Gebirgsregion Deutschlands, die aufgrund ausgedehnter Höhengradienten und vielfältiger Gesteine eine vollständige Ausprägung der subalpinen und alpinen Vegetationseinheiten der Bayerischen Alpen mit entsprechenden Vorkommen charakteristischer alpiner Vogelarten aufweist. Die Vogelwelt kann hier inmitten eines Florendiversitätszentrums der mittleren und westlichen nördlichen Kalkalpen mit zahlreichen seltenen und gefährdeten Arten, darunter auch endemischen Pflanzenarten beobachtet werden.

Landschaftsgeschichte und Lebensräume

Die Allgäuer Berge und mit ihnen das gesamte Gebirge der Alpen sind das Ergebnis eines Prozesses, der vor etwa 200 Millionen Jahren begann, als sich infolge gewaltiger plattentektonischer Kräfte im Erdmantel das Gebirge der Alpen aufzufalten begann und aus dem Urmeer Tethys der Meeresboden nach oben gedrückt wurde. So liegen heute Mergel und Kalke aus dem Jura an der Oberfläche, die sich überwiegend während des Erdmittelalters abgelagert hatten. Aus Hauptdolomit besteht der größte Teil der Gipfel des Allgäuer Hauptkamms, der hier mit dem Großen Krottenkopf 2656 m NN erreicht. Die Dominanz kalkhaltiger Gesteine hat zur Folge, dass eine im Vergleich zu silikatischen Ausgangsgesteinen sehr artenreiche Vegetation dominiert. Daneben führen Bodentypen mit hohen organischen Anteilen, die eher kalkarm sind, zu einem Nebeneinander saurer und kalkreicher Standorte mit breiten Feuchtegradienten. Mit der Höhe wechseln hochmontane Bergfichtenwälder und dort, wo Menschen Wiesen angelegt haben, artenreiche Goldhaferwiesen mit Latschengebüschen, alpinen

Alpenbraunellen zählen zu den Charakterarten im Hochallgäu. Marokko, 3.1.2015.

Steinrötel haben ihren einzigen regelmäßigen Brutplatz in Deutschland in den Allgäuer Hochalpen. Italien, 17.4.2014.

Matten sowie Schutt- und Felsfluren ab, die einen Großteil des Jahres unter Schnee liegen.

Aus diesen vielfältigen Standortbedingungen erklärt sich der Artenreichtum der Vegetation, in dessen Folge eine mannigfaltige Insektenwelt mit vielen Besonderheiten zu finden ist. Beispielsweise liegen in diesem Raum die zum Teil einzigen deutschen Vorkommen von Alpen-Würfel-Dickkopffalter (*Pyrgus cacaliae*), Eros-Bläuling (*Polyommatus eros*), Großem Hochalpen-Perlmuttfalter (*Boloria napaea*), Kleinem Mohrenfalter (*Erebia melamphus*), Schillerndem Mohrenfalter (*Erebia tyndarus*) und Gebirgsgrashüpfer (*Stauroderus scalaris*).

Auch wenn man das Gefühl hat, eine pure Naturlandschaft zu durchwandern, die weiten alpinen Matten wären ohne eine entsprechende Weidenutzung weit weniger ausgedehnt als sie es heute sind. Almen, die hier Alpen genannt werden, prägen das Bild. Schon die Kelten hatten nachweislich Alpwirtschaft in den Allgäuer Alpen betrieben und Alpkäse an römische Händler verkauft. Die im 5. Jahrhundert einwandernden Alemannen dehnten die Alpwirtschaft durch Rodung weiter aus. Bereits im 17. Jahrhundert wurde im Gegensatz zum übrigen oberbayerischen Almgebiet die Trennung von Wald und Weide vorangetrieben. So sind die ausgedehnten Almmatten neben der geomorphologischen Ausgangssituation vor allem kulturhistorisch zu erklären.

Stark verbreitet war in dieser Zeit die Ochsen- und Pferdeälpung, wobei die Tiere beispielsweise zwischen dem 16. bis 18. Jahrhundert in erheblichen Mengen ins schwäbische Unterland und nach Württemberg, aber auch nach Italien, Ungarn und in die Schweiz ausgeführt wurden. Erst im 19. Jahrhundert wurde die Jungviehaufzucht aufgrund der zunehmenden Konkurrenz aus Tirol, Vorarlberg und der Schweiz zugunsten der Herstellung von fetten, großen Rundkäsen weitgehend aufgegeben. Die günstig gelegenen Galtalpen (Galtvieh = nicht Milch gebendes Vieh) wurden in Sennalpen (die auf der Alpe anfallende Milch wird an Ort und Stelle zu Bergkäse verarbeitet) umgewandelt. Ab 1890 arbeiteten die Talkäsereien jedoch billiger und schufen gleichmäßigere Qualität. Die resultierende Kapitalnot am Ende des 19. Jahrhunderts zwang viele bäuerliche Alpbesitzer, ihre im Bauzustand oft schon vernachlässigten Alpen an Jagdherren zu verkaufen. Die Bewirtschaftung von Almflächen war kaum noch rentabel, auch vor dem Hintergrund, dass Fremdenverkehr und Industrie lukrativere Arbeitsplätze boten. Erst Anfang des 20. Jahrhunderts gewann die Älpung von Jungvieh wieder an Bedeutung. Derzeit weiden wieder knapp 30 000 Rinder in den Allgäuer Alpen.

Besondere Vogelarten und Reisezeit

Das südliche Allgäu gehört deutschlandweit zu den besten Gebieten, um hochalpin verbreitete Vogelarten zu beobachten. Wer die baumbestandenen Bereiche hinter sich lässt, betritt die Welt der alpinen Matten, auf denen der Gesang der Bergpieper in den Sommermonaten einen steten akustischen Hintergrund bildet. In den lockeren Übergängen zwischen Fichten und alpinen Matten zählen Grauspechte, Kuckucke, Ringdrosseln, Tannenhäher, Zitronenzeisige und Fichtenkreuzschnäbel zu den typischen Arten. Mit etwas Glück findet man in den totholzreichen Fichtenbeständen einen Dreizehenspecht. Dort wo Latschen (*Pinus mugo*) größere Bestände bilden, erklingen die klappernden Strophen der Klappergrasmücke, während Birkenzeisige ihren rasanten Singflug vollführen. Als große Besonderheit kommen an den südexponierten Hängen im Rappenalptal (nahezu alljährlich) und dem sich südlich anschließenden und in Österreich gelegenen Hochkrumbachtal

Typische Vogelarten im südlichen Allgäu, deren Status und günstige Beobachtungszeit (in Klammern)
h = häufiger, r = regelmäßiger, s = seltener; B = Brutvogel, W = Wintergast, D = Durchzügler, N = Nahrungsgast

Art	Status (beste Beobachtungszeit)
Alpenschneehuhn	rB (Mai–Okt.)
Steinadler	rB, rN (ganzjährig)
Kuckuck	rB, rD, rN (April–Juni)
Alpendohle	rB, rN (ganzjährig)
Tannenhäher	rB, rN (Juni–Okt.)
Kolkrabe	rB, rN (ganzjährig)
Felsenschwalbe	sB (April–Aug.)
Mauerläufer	rB (Mai–Nov.)
Bergpieper	hB (April–Aug.)

Art	Status (beste Beobachtungszeit)
Klappergrasmücke	rB, rD (April–Juni)
Ringdrossel	rB (April–Juni)
Steinrötel	sB, sN (Mai–Juni)
Braunkehlchen	rB, rD (April–Juni)
Alpenbraunelle	rB (April–Okt.)
Schneesperling	rB, rN (Mai–Okt.)
Zitronenzeisig	rB, rD (April–Aug.)
Birkenzeisig	rB (April–Juli)

einzelne Steinrötelpaare vor. Sie bevorzugen Stellen, an denen besonnte Geröllbänder aus offenen Felsfluren in offene alpine Matten übergehen; gerne begleitet von einzelnen Bäumen. Sie treffen erst Ende April/Anfang Mai in den Hochlagen ein und können dort bis Anfang September beobachtet werden. Die Männchen stehen zu Beginn der Revierbildung gerne exponiert auf Fichtenspitzen oder Felsnasen. Als ornithologische Sensation wurde in diesem Lebensraum vor wenigen Jahren auch das einzige regelmäßige Steinhuhnvorkommen in Deutschland wiederentdeckt. Beide Vorkommen sind Satellitenvorkommen der benachbarten österreichischen Populationen und von deren Bestandsentwicklung abhängig.

Während man für die Beobachtung dieser Arten mediterraner Felslandschaften viel Glück braucht, wird man neben Kolkraben regelmäßig auch Steinadler beobachten können, welche die offenen Bergflanken patrouillieren und weithin hörbar durch laute Pfiffe einer gesunden Murmeltierpopulation angekündigt werden. Immer wieder kommt es auch zu Beobachtungen von Bartgeiern, die ihren Ursprung in dem erfolgreichen Wiederansiedelungsprojekt im Alpenraum haben.

Dort wo die alpinen Matten von Felsen durchsetzt sind, brüten einzelne Steinschmätzer, die hier durch ihren andernorts selten gewordenen Gesang auf sich aufmerksam machen. Alpenschneehühner sind außerhalb ihrer Balzzeit weit weniger auffällig, kommen bis in die alpinen Felsfluren jedoch recht verbreitet vor. Wer es bis hierher schafft, wird regelmäßig den schwatzend-trillernden Gesang der Alpenbraunellen hören, die hier in ihren weibchendominierten Familienverbänden leben. Spätestens zur Brotzeit stellen sich dann mit hoher Wahrscheinlichkeit Alpendohlen ein. Sie brüten in steilen Felswänden, in denen auch Schneesperlinge und Mauerläufer nisten.

Beobachtungsmöglichkeiten

Wer im südlichen Allgäu beobachten möchte, muss es sich erwandern. Große Teile des Gebietes liegen oberhalb der Baumgrenze von rund 1400 m NN. Hier ist bis in den Mai mit entsprechenden Schnee- und einhergehenden Lawinenlagen zu rechnen. Personenseilbahnen wie die Fellhornbahn gibt es zum Glück für das ungestörte Bergerlebnis kaum.

Die Beobachtungsmöglichkeiten sind vielfältig. Exemplarisch wird hier deshalb eine Wanderung ins Rappenalptal beschrieben. Diese beginnt westlich des in Österreich gelegenen Ortes Warth und führt von Hochkrumbach zur Mindelheimer Hütte knapp 600 Höhenmeter bergauf und rund 160 Höhenmeter bergab. Bis zur Koblathütte sind es eineinhalb Stunden und bis zur Mindelheimer Hütte eine weitere Stunde Gehzeit.

Die Wanderung beginnt am Parkplatz Hochkrumbach (1, 1600 m NN) oder der nahe gelegenen Bushaltestelle „Jägeralpe" in Warth/Hochkrumbach. Von hier folgt man einem oberhalb (westlich) des Parkplatzes von der Bundesstraße rechts abzweigenden Fahrweg. Entlang von Heuhütten, an denen Bergpieper singen, führt der Weg mäßig steil bergauf nach Osten. Als Besonderheit kommen hier auf den südexponierten artenreichen Goldhaferwiesen Braunkehlchen vor. Eine Erscheinung, die es früher auf vielen artenreichen Almwiesen gab. In den bachbegleitenden Gebüschen brüten Ringdrosseln und von den Hängen schallt das Pfeifen der Murmeltiere. Am Bachlauf geht man durch ein Viehgatter, biegt nach links ab und folgt dann dem linken Rand eines steilen Bachtals bergauf. Der Weg verlässt das Bachtal nach rechts und erreicht leicht ansteigend die Obere Hirschgehrenalphütte. Bei (2) achtet man auf Steinrötel auf den Fichtenspitzen im Hang oberhalb. Kurz vor der Oberen Hirschgehrenalphütte zweigt der Wanderweg zur Mindelheimer Hütte nach links ab und führt über alpine Wiesen zu einem weiten Pass, den man überquert.

Hinter dem Pass am Haldenwangerkopf (1900 m NN) umgeht man den vor einem liegenden Kessel im Uhrzei-

Steinadlerbeobachtungen gehören zu vielen Wanderungen im südlichen Allgäu. Bayern, 18.9.2010.

Artenreiche Goldhafer-Mähwiesen prägen das Bild des Aufstiegs von Hochkrumbach aus. Im Hintergrund der Widderstein.
Hochtannbergpass, Österreich, 18.7.2010. Alle Fotos: C. Moning.

gersinn, hält sich einmal rechts (links geht es zur Mindelheimer Hütte) und erreicht so die schon sichtbare kleine und unbewirtschaftete Koblat-Hütte (1940 m NN). Weiter steigt man zwischen Hüttenkopf und Haldenwangerkopf in Richtung Trift-Hütte ab. Unterhalb der Koblat-Hütte brüten Steinschmätzer und im Bereich der Hänge unterhalb des Hüttenkopfs kann man mit etwas Glück Steinrötel beobachten (3). Die Wege dürfen hier unter keinen Umständen verlassen werden!

Zurück an der Koblat-Hütte führt der weitere Weg unterhalb des Geißhorns (4) zur Mindelheimer Hütte (5, 2013 m NN). In der felsigen Ostflanke des Geißhorns (4, 2180 m NN) brüten Schneesperlinge. Mehrfach passiert man gute Stellen für Alpenschneehühner und Steinschmätzer. In den linkerhand hochragenden Felsen des Liechelkopfs findet man manchmal Mauerläufer. Alpenbraunellen, Birkenzeisige, Bluthänflinge und Steinböcke halten sich gelegentlich im Bereich der Mindelheimer Hütte (5) auf. In der Alpenvereinshütte besteht Einkehr- und Übernachtungsmöglichkeit.

Weitere Freizeitmöglichkeiten

Die hier beschriebene Wanderung lässt sich vielfältig kombinieren. Wenn man ohne Auto unterwegs ist, kann man von der Mindelheimer Hütte zum Parkplatz der Fellhornbahn absteigen. Dazu kann man den Weg über die Speicher-Hütte zur Unteren Biber-Alpe (6) im Talgrund des Rappenalptals nehmen. Von dort wandert man entlang der Asphaltstraße durch das Rappenalptal ins Stillachtal und schließlich zurück nach Birgsau bzw. zum Fellhornparkplatz. Alternativ ist ein Abstieg über die Angerer Hütten (7) möglich. Interessanter ist die Wanderung zur Fiederepass-Hütte (8) und der Abstieg über die verfallene Vordere Taufersberg-Alm. Dazu steigt man von der Mindelheimer Hütte auf dem Weg Nr. 443 circa100 Höhenmeter in Richtung Obere Angererhütte ab und geht kurz vor dieser dem Wegweiser folgend nach links. Weiter quert man fast ohne Höhenverlust, unterhalb der Schafalpenköpfe bis zu der Abzweigung vor der Taufersbergalpe und verlässt dort den Weg zur Fiederepass-Hütte nach rechts.

Eine weitere Kombinationsmöglichkeit ergibt sich, wenn man ab dem Heldenwanger Kopf nach Westen über das Koblat zur Widdersteinhütte wandert (9, Österreich). So hat man weitere Chancen auf Steinrötel und Steinhühner. Im Bereich des Hochtannbergpasses bieten die vermoorten Bereiche um den Kalbelsee viele botanisch und entomologisch interessante Aspekte.

Christoph Moning, Christopher König, Christian Wagner, Felix Weiß

Anfahrt

Mit dem Auto

Der Parkplatz (1) in Hochkrumbach 3,5 km westlich Warth (Österreich) liegt direkt an der B 200 Warth – Schröcken, nordwestlich der Talstation des Skilifts Jägeralp-Express. Für die 85 km weite Anfahrt von Oberstdorf muss man 1,5 Stunden rechnen.

Adressen

Informationen zur Gebietsbetreuung auf www.allgaeuer-hochalpen.de.

Der LBV informiert über Beobachtungsmöglichkeiten zum Steinadler im Allgäu auf www.steinadlerschutz.de

Auf www.bergfex.de bietet der Reiter „Karte einblenden" tolle Möglichkeiten eine Wanderung im Gebiet vorzubereiten. Ähnliche Optionen bietet der Bayern-Atlas: www.geoportal.bayern.de/bayernatlas.

Nach der Wanderung bietet die Seite www.lbv.de/aktiv-werden/faszination-alpenvoegel die Möglichkeit, die eigenen Beobachtungen wissenschaftlichen und Naturschutzzwecken zugänglich zu machen.

GPS

Parkplatz Hochkrumbach (1)	47°16'08" N	10°08'44" O
Mindelheimer Hütte (5)	47°17'32" N	10°11'42" O

Infomaterial/Literatur

Wagner C, Moning C 2012: Vögel beobachten in Süddeutschland, Die besten Beobachtungsgebiete zwischen Mosel und Watzmann. Franckh-Kosmos Verlags-GmbH & Co KG, Stuttgart.

Auf der Webseite www.steinbock-tour.de kann ein sehr hilfreicher Wanderführer bestellt werden: Steinbock-Tour über den Grat der Allgäuer Hochalpen.

In den Flachwasserbereichen des Unteren Inns rasten Limikolen und Möwen in großer Zahl.
Foto: C. Moning, 23.4.2007.

Der Untere Inn in Bayern und Oberösterreich

Vogelparadies zwischen den Dämmen

Das bayerisch-oberösterreichische Europareservat Unterer Inn erstreckt sich grenzüberschreitend 55 Flusskilometer von der Salzachmündung flussabwärts bis zur Mündung der Rott bei Neuhaus/Schärding und gehört zu den bedeutenden Drehscheiben des Vogelzugs in Mitteleuropa. Auwälder, Wasser- und Schlickflächen sowie Schilfröhrichte sind in dem hochdynamischen Gebiet die prägenden Landschaftseinheiten. Bisher wurden über 300 Vogelarten nachgewiesen, was den Unteren Inn zu einem der artenreichsten Vogelbeobachtungsgebiete im süddeutschen Raum macht. Brandgänse, Seeadler, Seidenreiher sowie verschiedene Strand- und Wasserläufer sind mit hoher Wahrscheinlichkeit anzutreffen. Wegen seiner internationalen Bedeutung gehört das Europareservat Unterer Inn zu den Ramsar-Gebieten. Ein Tages- oder Mehrtagesbesuch lohnt sich von Frühjahr bis Herbst.

Landschaftsgeschichte und Lebensräume

Der Untere Inn hatte eine zentrale Bedeutung als Handelsweg, vor allem für den Salzhandel. Trotzdem galt er bis Mitte des 19. Jahrhunderts als ein wilder und wegen seiner Hochwasser gefürchteter Fluss. Deswegen wurde 1858 durch einen bayrisch-österreichischen Staatsvertrag eine gemeinsame Zähmung des Flusses festgelegt. Von 1862 bis 1930 wurde der Inn von der Mündung der Salzach bis Passau eingedämmt. Die Folgen für den Wasserhaushalt waren dramatisch. Durch den schnelleren Abfluss tiefte sich der Fluss ein und die Flussauen trockneten aus. Von 1938 bis 1965 errichtete die Innwerk AG eine Reihe von großen Laufwasserkraftwerken. Es sind dies von der Salzachmündung abwärts die Staustufen Braunau-Simbach, Ering-Frauenstein, Egglfing-Obernberg, Schärding-Neuhaus und Passau-Ingling, von denen sich vor allem Ering-Frauenstein und Egglfing-Obernberg zu ornithologisch interessanten Gebieten entwickelt haben. Ein Glücksfall für die weitere Entfaltung des Gebiets waren die weit gefassten Hochwasserschutzdämme, die ein ausgedehntes Rückstaugebiet von bis zu 3 km Breite und große Teile der ehemaligen Aue einschlossen. Mit der Eindeichung und Aufstauung floss das Wasser in den Staustufen langsamer und so lagerten sich in großem Umfang Sedimente ab. Der Innverlauf wurde dadurch – wenn auch nur innerhalb des Einstaus – wieder abwechslungsreicher. Dominierende Lebensräume sind neben der Flussrinne Flachwasserbereiche, Schlammflächen, Röhrichte, Initialgebüsche und Weichholzauen, die sich in Lage und Ausdehnung stetig verändern. Einzelne ursprüngliche Auwaldreste haben sich innerhalb der Dämme erhalten und außerhalb der Dämme schließen sich strukturreiche ehemalige Hartholzauen an. Die Sedimentation schreitet weiterhin fort und gibt dem Gebiet immer wieder eine neue Gestalt.

Die Stauseen am Unteren Inn sind einer der wichtigsten Rast- und Überwinterungsplätze für Wasservögel in Mitteleuropa. Folgerichtig wurde das Gebiet länderübergreifend unter Naturschutz gestellt. Es folgte die Aufnahme in die Liste der Ramsar-Gebiete als Lebensraum für Wasser- und Watvögel mit internationaler Bedeutung und die Verleihung des Titels Europareservat Unterer Inn durch den Europarat. Das Europareservat erstreckt sich grenzüberschreitend über eine Fläche von insgesamt 5500 ha; circa 3500 ha auf deutscher und 2000 ha auf österreichischer Seite.

Im Spätsommer sind Seidenreiher am Unteren Inn ein vertrautera Anblick.
Foto: C. Wagner. Albufera, 10.3.2009.

Besondere Vogelarten und Reisezeit

Bereits im August ist der Vogelzug am Unteren Inn in vollem Gang und ein Besuch sehr lohnend. Bisher wurden über vierzig Limikolenarten nachgewiesen. Regelmäßig wird man Kiebitze, Große Brachvögel, Bekassinen, Fluss- und Sandregenpfeifer, Bruchwasserläufer, Waldwasserläufer, Grün- und Rotschenkel, Dunkle Wasserläufer, Alpen-, Zwerg-, Sichel- und Temminckstrandläufer und seltenere Arten wie Uferschnepfen, Sanderlinge oder Knutts beobachten können. Mit alljährlich mindestens 200 Individuen ist der Untere Inn für den Brachvogel eines der bedeutendsten Mausergebiete in Mitteleuropa. Immer wieder werden asiatische oder amerikanische Irrgäste gemeldet. Verschiedene Rallenarten – einschließlich Tüpfelsumpfhühner – zeigen sich regelmäßig vor der Schilfkante. Auf dem Herbst- und Frühjahrszug kann man Trauer-, Weißflügel-, Weißbart- und Raubseeschwalben beobachten. Brandgänse, Seidenreiher und viele Entenarten vervollständigen das Bild.

Erst Ende Oktober wird es etwas ruhiger am Unteren Inn. Die Flachwasserbereiche frieren bei Frost schnell zu, die Hauptrinne des Inns bleibt aber im Normalfall eisfrei und dort versammeln sich dann Gänsesäger und Schellenten. Die Seeadler bekommen im Winter Gesellschaft von Kornweihen und gelegentlich sogar Rohrdommeln. Silberreiher werden sehr auffällig.

Im Frühjahr explodiert das Vogelleben am Unteren Inn. Eine große Besonderheit sind die verschiedenen hier brütenden Reiherarten. Bei Minaberg kann man in eine gemischte Reiherkolonie mit Graureihern, Nachtreihern, Seidenreihern und aktuell Kuhreihern und Zwergscharben schauen. Vor allem Seidenreiher können am gesamten Unteren Inn bis in den September hinein beobachtet werden. Zwergdommeln sieht man heute dagegen seltener als noch vor einigen Jahren. Aber damit ist die Liste der Besonderheiten unter den Brutvögeln lange nicht zu Ende. Brandgänse etablierten sich an der Staustufe Obernberg und brüten inzwischen auch an der Staustufe Ering. Sie sind ganzjährig zu sehen, was auch für Kolbenenten zutrifft, die zwischen Salzachmündung und Staustufe Ering in geringer Zahl brüten. Seeadler ziehen seit 2009 ihren Nachwuchs im Gebiet auf. Es gibt einige Paare Rohrweihen und Baumfalken. Mittelmeermöwen brüten regelmäßig im Gebiet und auch einzelne Sturmmöwen versuchen es alljährlich. Die Auwälder werden von Grau- und Kleinspechten, Pirolen und vereinzelt auch von Trauerschnäppern besiedelt. Blaukehlchen und Drosselrohrsänger können mit etwas Glück in den Schilfröhrichten beobachtet werden. Der im Gebiet weitverbreitete Grünspecht bevorzugt Ortsränder und Gärten.

Beobachtungsmöglichkeiten

Bei der Planung der Beobachtungsroute sollte beachtet werden, dass man von deutscher Seite aus bis zum Nachmittag eher gegen die Sonne auf die Wasserflächen blickt. Die Sonne im Rücken

Typische Vogelarten am Unteren Inn, deren Status und günstige Beobachtungszeit (in Klammern)
h = häufiger, r = regelmäßiger, s = seltener; B = Brutvogel, W = Wintergast, D = Durchzügler, N = Nahrungsgast

Art	Status (beste Beobachtungszeit)
Kolbenente	rB, rD (ganzjährig)
Schnatterente	rB, hW (ganzjährig)
Krickente	rB, hW (ganzjährig)
Brandgans	rB, rW (ganzjährig)
Silberreiher	rN (ganzjährig)
Seidenreiher	sB (Mai–Aug.)
Nachtreiher	sB (Mai–Aug.)
Seeadler	sB (ganzjährig)
Rohrweihe	sB, sD (März–Okt.)
Baumfalke	sB, sD (April–Sept.)
Tüpfelsumpfhuhn	rD (April, Juli–Okt.)
Großer Brachvogel	hD, hW (ganzjährig)

Art	Status (beste Beobachtungszeit)
Kiebitz	hD, hW (ganzjährig)
Bekassine	rD (Mitte März–Mai, Sept.–Nov.)
Bruchwasserläufer	rD (Mitte April–Mitte Mai, Juli–Sept.)
Flussuferläufer	rD (April–Mai, Mitte Juli–Okt.)
Grünschenkel	hD (April–Mitte Mai, Juli–Okt.)
Dunkler Wasserläufer	hD (Mitte April–Mitte Mai, Juli–Sept.)
Alpenstrandläufer	rD (April–Mitte Mai, Juli–Sept.)
Trauerseeschwalbe	hD (Mai–Juni, Aug.–Sept.)
Pirol	rB (Mai–Aug.)
Drosselrohrsänger	sB (April–Aug.)

hat man in Österreich zum Beispiel in Katzenbergleithen, einem sehr guten Beobachtungsgebiet für rastende Limikolen. Das Spektiv ist für die Vogelbeobachtung am Unteren Inn unerlässlich. Beobachtern mit einer ambitionierten Deutschlandliste sollte bewusst sein, dass die Landesgrenze in der Mitte der Hauptrinne des Inns verläuft.

Auf deutscher Seite sind vor allem die Staustufe Ering, der Beobachtungsturm am Eglsee, darüber hinaus von dort der Damm samt Radweg bis Simbach mit der dortigen Graureiherkolonie und der Auwald zwischen Aigen und Egglfing interessant.

Den kleinen Ort Ering erreicht man von der B 12 aus. Im Ort folgt man dem kleinen braunen Schild „Infozentrum/Europa-Reservat". Südlich Ering passiert man linkerhand das Informationszentrum Unterer Inn und erreicht etwa 600 m weiter die Anlagen der Staustufe (1). Direkt vom Damm sind rechterhand die Flachwasserbereiche, Sandbänke und Inseln gut einsehbar. Den Damm flussaufwärts gehend ergeben sich immer wieder Ausblicke auf Schilfränder und Buchten verschiedener Inseln. Die Artenzusammensetzung ist ähnlich wie an der Staustufe Egglfing-Obernberg, wenn die Beobachtungen auch oft nicht so ergiebig sind. Nördlich befinden sich gleich hinter dem Damm ausgedehnte, vom Inn abgeschnittene Auwaldbereiche mit Pirolen, Grün-, Schwarz- und Kleinspechten. Ein als Rundweg gestalteter Lehrpfad erschließt diesen Auwald. Zu Fuß oder per Fahrrad kann man über den Staudamm zum österreichischen Ufer gelangen, von wo man ebenfalls sehr gut beobachten kann (4).

Einen Überblick über die Eglsee-Bucht ermöglicht ein Beobachtungsturm (2). Von Ering folgt man einem kleinen weißen Schild zum „Vogelbeobachtungsturm" und zum „Vogelschutzgebiet" und erreicht der Hauptstraße durch Grießer und Auggenthal folgend schließlich Eglsee. Kurz hinter dem Ort befindet sich am Ufer der etwas versteckt liegende Beobachtungsturm mit Parkplatz (2). Je nach Wasserstand kann man hier Limikolen oder Seeschwalben beobachten. Seeadler halten sich oft in diesem Bereich auf und seit mehreren Jahren finden sich regelmäßig auch ein bis zwei Chileflamingos ein.

Der Auwald zwischen Aigen und Egglfing ist Lebensraum für typische Auwald- und Schilfarten wie Wasserrallen, Schlagschwirle, Drosselrohrsänger, Blaukehlchen, Beutelmeisen und Pirole. Einen Parkplatz direkt am Damm (3) erreicht man über Aigen. Im Ort fährt man an einer abknickenden Vorfahrtstraße geradeaus in die „Alte Schulstraße", biegt links in die „Bauerngasse" und rechts in den „Dammweg" ab und folgt diesem bis zum Damm. Der Weg auf dem Deich entlang des Inns flussabwärts bietet gute Beobachtungsmöglichkeiten in der schön ausgeprägten Weichholzaue. Aber auch die Wirtschaftswege durch den Auwald hinter dem Deich können zur Vogelbeobachtung genutzt werden.

Oft sind die Beobachtungsgebiete auf österreichischer Seite noch ergiebiger.

Zwischen Ende Juli und Ende August treten Teichwasserläufer alljährlich in Einzelindividuen am Unteren Inn auf. Am 1. August 2014 waren es sogar sieben Individuen.

Foto: Lei Zhu NZ / Stock.Adobe.com

Insbesondere interessant sind Frauenstein, Staustufe Egglfing-Obernberg und Reichersberger Au bei Minaberg.

In Frauenstein parkt man an der Burg direkt an der Staumauer (4) und geht den Damm entlang flussaufwärts. Die Sandbänke sind weit entfernt, aber je nach Wasserstand oft lohnend. Die Staumauer ist für Fußgänger und Radfahrer überquerbar.

Der oft als Katzenbergleithen bezeichnete Abschnitt der Staustufe Egglfing-Obernberg zwischen dem gleichnami-

Immer wieder entstehen an den Staustufen neue Schlickbänke, die sich zu attraktiven Nahrungsflächen für Limikolen entwickeln. Foto: F. Segieth. 20.5.2015.

gen Ort und Kirchdorf am Inn war in den letzten Jahren der beste Platz für Limikolen. Weitere Arten, die man mit hoher Stetigkeit antreffen kann, sind Seiden- und Silberreiher, Rohrweihen und viele Entenarten, darunter oft Brandgänse. Löffler und Stelzenläufer brüteten ebenfalls schon in diesem Bereich. Das Gebiet ist von Kirchdorf am Inn aus erreichbar. Von Westen durch die Ortsmitte fahrend, nimmt man eine kleine Straße nach links, dem Hinweisschild „Güterweg Katzenbergleithen" folgend. Nach 800 m steht auf der linken Seite die Beobachtungsplattform (5), von der man gute Einblicke auf die Verlandungsbereiche hat. Einen Kilometer flussaufwärts gehend erreicht man die aktuell besten Beobachtungsmöglichkeiten in diesem Abschnitt. Weiter fährt man 1,1 km auf dem Güterweg, dann biegt man nach links ab, erreicht einen Picknickplatz mit Bänken am Fluss und nach weiteren 200 m flussabwärts eine kleine Holzhütte mit spitzem Dach, an der man parkt (6). Hier ist seit wenigen Jahren ein Brutfloß für Flussseeschwalben in der Strömung installiert, auf dem im Jahr 2024 18 Brutpaare dieser selten gewordenen Seeschwalbenart gebrütet haben. Von einer offenen Stelle rund 300 m weiter flussabwärts an einem auffälligen Schild für Bootsführer hat man einen ersten guten Überblick. Man sollte sich aber auch die Zeit nehmen, noch einmal 400 bis 500 m weiter zu gehen und durch das Ufergebüsch die Schlickbänke abzusuchen.

Die Reichersberger Au (Minaberg) ist besonders zur Brutzeit einen Besuch wert. Von Obernberg anfahrend biegt man 20 m vor dem Ortsausgangsschild von Minaberg nach links ab. Nach rund 200 m ist die Weiterfahrt verboten (7). Man geht auf einem geschotterten Weg hinter einem großen Gehöft weiter. Links des Wegs liegt eine bewaldete Schlucht, rechts sind Felder. Nach einigen Kurven und 30 m hinter einem überdachten Picknickplatz erreicht man nach insgesamt 700 m einen Aussichtspunkt, bei dem man noch die Stützen einer, aufgrund von Hangrutschungen wieder entfernten Beobachtungsplattform erkennen kann. Von hier aus blickt man hinunter auf die gemischte Reiherkolonie.

Christian Wagner, Christopher König, Christoph Moning, Felix Weiß

Anfahrt

Mit Bus und Bahn

Ein umfassendes Radnetz erschließt das Europareservat. Die Dämme sowohl auf der deutschen, wie auf der österreichischen Seite sind fast ausnahmslos mit dem Fahrrad befahrbar. Zusätzlich kann der Inn mit dem Fahrrad bei Ering überquert werden. Für Autofahrer bilden die Grenzübergänge bei Simbach/Braunau und Obernberg die einzigen Brücken über den Inn. Fahrradverleihstellen sind in vielen Orten im Gebiet vorhanden.
Die nächstgelegenen deutschen Bahnhöfe befinden sich in Simbach am Inn und in Pocking. Auf österreichischer Seite gibt es Bahnhöfe in Braunau, Hagenau im Innkreis und in Obernberg-Altheim.

Mit dem Auto

Die Bundesstraßen 12 auf deutscher und 148 auf österreichischer Seite flankieren das Beobachtungsgebiet und erschließen alle Beobachtungspunkte.

Adressen

Informationszentrum Europareservat Unterer Inn, Innwerkstraße 15, 94140 Ering/Inn, Tel.: 08573-1360, www.europareservat.de
https://info.bml.gv.at/themen/wasser/wasser-eu-international/europaeische-und-internationale-wasserwirtschaft/feuchtgebiete/ramsar/untererinn.html, Internetpräsenz des Österreichischen Bundesministeriums für Land- und Forstwirtschaft, Regionen und Wasserwirtschaft

GPS		
Staustufe Ering (1)	48°17'30.10" N	13°09'33.30" O
Beobachtungsturm Eglsee (2)	48°17'06.46" N	13°06'55.72" O
Auwald Aigen (3)	48°17'58.44" N	13°15'53.82" O
Burg Frauenstein (4)	48°17'17.85" N	13°09'42.54" O
Katzenbergleithen Plattform (5)	48°17'55.63" N	13°17'22.44" O
Katzenbergleithen Hütte mit Spitzdach (6)	48°18'22.17" N	13°18'10.62" O
Reichersberger Au (7)	48°20'34.83" N	13°22'31.08" O

Infomaterial/Literatur

Conrad-Brauner M 1994: Naturnahe Vegetation im Naturschutzgebiet „Unterer Inn" und seiner Umgebung: eine vegetationskundlich-ökologische Studie zu den Folgen des Staustufenbaus. ANL, 1994.

Wagner C, Moning C 2012: Vögel beobachten in Süddeutschland, Die besten Beobachtungsgebiete zwischen Mosel und Watzmann. Franckh-Kosmos Verlags-GmbH & Co KG, Stuttgart.

Wir danken Karl Billinger für die Durchsicht des Beobachtungstipps.

Das Naturschutzgebiet Rohrberg ist das älteste Bayerns. Foto: C. Moning. Spessart, 21.4.2015.

Der Spessart

Das größte Buchenwaldgebiet Mitteleuropas

Dreißig Kilometer östlich von Frankfurt am Main und 20 km nordwestlich von Würzburg erhebt sich der 586 m hohe und größtenteils vom Main umschlossene Spessart. Der Name dieses Mittelgebirges leitet sich aus den Begriffen Specht und Hardt („Bergwald") her, steht also für „Spechtwald". Diese Bezeichnung trägt der Spessart zu Recht, denn nicht weniger als sieben Spechtarten haben neben einer auch sonst reichen Avifauna beachtliche Bestände in diesem Europäischen Vogelschutzgebiet, das durch seine angrenzenden Hecken-, Streuobst- und Weinberglandschaften zu einem vielfältigen Naturerlebnis einlädt.

Landschaftsgeschichte und Lebensräume

Der Spessart erstreckt sich mit seinen abgerundeten Kuppen über 2440 km². Die talnahen Hänge sind besiedelt oder landwirtschaftlich genutzt, die Höhen großflächig von Eichenmisch- und Buchenwäldern bedeckt. Meist besteht der Untergrund aus Buntsandstein, der die kristallinen Gesteine überlagert. Im westlichen Teil (Vorspessart) bis östlich von Aschaffenburg treten hingegen Diorit, verschiedene Arten von Gneis und Glimmerschiefer zutage. Ganz im Südosten sind Muschelkalkrelikte erhalten.

Die sich daraus entwickelten Böden sind wenig ergiebig. Sie verhinderten eine intensive landwirtschaftliche Nutzung und so blieben über Jahrhunderte Holz, Wasserkraft, Salz, Erze und Mineralien die Grundlage für die Wirtschaft des Spessarts. Die begrenzten wirtschaftlichen Möglichkeiten begünstigten eine Jahrhunderte lange Fremdherrschaft. Zunächst war der Spessart kaiserlicher Bannforst und diente vor allem der Jagd. In der Folge waren lange Jahrhunderte die Mainzer Erzbischöfe die Landesherren. Erst ab dem 12. und 13. Jahrhundert duldeten sie die Besiedlung des Spessarts. Die politische Zersplitterung ohne grenzübergreifende Strafverfolgung begünstigte das Aufkommen von Räuberbanden, unter denen die Spessarträuber am Anfang des 19. Jahrhunderts die durch Wilhelm Hauff 1827 mit der Erzählung „Das Wirtshaus im Spessart" Bekanntheit erlangten. Im Dreißigjährigen Krieg dienten die weiten Wälder des Spessarts als Schutzraum vor Brandschatzung und willkürlicher Gewaltherrschaft.

Mit dem Reichsdeputationshauptschluss endete 1803 das Kurfürstentum Mainz, der Spessart wurde dem Fürstentum Aschaffenburg, später dann dem Großherzogtum Frankfurt und schließlich der Hauptteil dem Königreich Bayern zugeschlagen. Aber auch heute noch ist der Spessart aufgeteilt in vier Landkreise in zwei Bundesländern.

Die Wälder des Spessarts genießen heute im Fauna-Flora-Habitat (FFH)-

Die Höhlen der Schwarzspechte sind wichtige Fortpflanzungsstätten in den Spessartwäldern. Foto: C. Moning. Lainzer Tiergarten, Österreich, 26.10.2013.

Gebiet „Hochspessart“ und im Vogelschutzgebiet (SPA) „Spessart“ auf 28 000 ha einen gewissen Schutz. Im Vordergrund stehen dabei Hainsimsen-Buchenwälder, die fast 60 Prozent der Fläche bedecken. In Teilen weisen diese einen hohen Vorrat an totem Holz und Biotopbäumen auf, darunter Jahrhunderte alte Eichenbestände. Letztere sind eine Besonderheit in den von Natur aus fast reinen Buchenwäldern und sind durch Menschenhand in der Zeit des Dreißigjährigen Krieges entstanden.

An den Rändern des Spessarts sind bedingt durch die oftmals wenig ertragreichen Böden wertvolle Übergänge zu mageren Mähwiesen und stellenweise weitläufige Streuobstwiesen erhalten geblieben.

Besondere Vogelarten und Reisezeit

Kennzeichnend für den Spessart sind die Waldvogelgemeinschaften der Laubmischwälder. Neben Waldbaumläufern, Sommergoldhähnchen und Kernbeißern gehören Schwarz-, Grün-, Grau- und Mittelspechte zu den weitverbreiteten Arten, denen der Spessart nicht nur seinen Namen verdankt, sondern die im zeitigen Frühjahr auch zu einer typischen Geräuschkulisse beitragen. Kleinspechte lassen ihre langen Rufreihen eher in den tieferen Randlagen des Spessarts erklingen. In den Höhlen der Schwarzspechte sind Hohltauben regelmäßige Nachmieter. Neuere Studien, die Professor Volker Zahner im Spessart durchführte, unterstreichen, welch hohe Bedeutung Schwarzspecht-Höhlenzentren für die Artenvielfalt in unseren Laubmischwäldern haben. So konnten Habichte gefilmt werden, die täglich in die Höhlen greifen und uns verstehen lassen, wieso Spechthöhlen so eine tiefe Brutmulde aufweisen. Auch Baummarder versuchen hier regelmäßig ihr Glück, indem sie von Nachbarbäumen an den Höhlenbaum springen, um sich nicht frühzeitig zu verraten. So ist es nicht verwunderlich, dass Hohltauben Höhlen mit mehreren Ausgängen, quasi Notausgängen, bevorzugen.

In jährlich schwankenden Beständen nutzen auch Raufußkäuze Schwarzspechthöhlen, besonders in den Hochlagen des Spessarts. Sperlingskäuze sind deutlich seltener und lokaler verbreitet, beispielsweise im Lehngrundbachtal nördlich der sehenswerten Stadt Lohr am Main. In den sehr höhlenreichen Alteichenrelikten, wie im Naturschutzgebiet Rohrberg, haben Halsbandschnäpper ihren Verbreitungsschwerpunkt, während Trauerschnäpper deutlich weiter verbreitet sind. Nur mit viel Glück kann man hingegen im Mai in den alten Eichenbeständen auch den Gesang des Zwergschnäppers hören. Als große Besonderheit brüten Mauersegler in sonnenexponierten, totholzreichen Eichenkronen im Spessart. Rund sechzig Vögel nutzen hier ausgefaulte Mittel- und Buntspechthöhlen.

Schwarzstörche sind selten, brüten jedoch stetig mit wenigen Paaren, die in den offenen Bachtälern, wie dem Hafenlohr-, Dammbach- oder Aubachtal ebenso wie Eisvögel ergiebige Nahrungsgründe vorfinden. Die Brutbestände des Wespenbussards sind schwer zu schätzen, doch weisen die weite Verbreitung der Art im Gebiet und die schiere Größe geeigneter Bruthabitate den Spessart als eines der wichtigen Brutgebiete für diese Art in Bayern aus.

Die angrenzenden Offenländer, insbesondere die Hecken und Streuobstwiesen werden durch Kuckucke, Dorn- und Klappergrasmücken sowie Neuntöter besiedelt. Die verbliebenen alten Streuobstwiesen sind auch Lebensraum für einige der letzten Steinkäuze Bayerns, die hier im Frühjahr durch Wendehälse, Turteltauben und noch erfreulich regelmäßig anzutreffende Gartenrotschwänze begleitet werden. Über ihnen suchen Rotmilane nach Nahrung, während im Frühjahr und Sommer Nachtigallen die angrenzenden Auen mit ihrem herrlichen Gesang beleben.

In besonderer Weise sind Geologie und Kulturlandschaft in den exklusiven Weinlagen des Spessarts verknüpft. Hier werden nicht nur ausgezeichnete Weine produziert; auch Kostbarkeiten wie die Zippammer finden hier Lebensraum, beispielsweise zwischen Klingenbach und Erlenbach, unterhalb des Bussigberges nordwestlich Großheubach oder im Naturschutzgebiet Kallmuth südlich von Triefenstein.

Im Winter wird es ruhiger im Spessart. Dennoch lassen sich auch dann immer wieder schöne Beobachtungen machen, beispielsweise von großen Buchfinken- und Bergfinkenschwärmen, die die Wälder in Mastjahren nach Bucheckern durchsuchen.

Beobachtungsmöglichkeiten

Die Größe des Gebietes hat zur Folge, dass hier nur ausgewählte Waldbe-

Typische Vogelarten im Spessart, deren Status und günstige Beobachtungszeit (in Klammern)
h = häufiger, r = regelmäßiger, s = seltener; B = Brutvogel, N = Nahrungsgast

Art	Status (beste Beobachtungszeit)
Schwarzstorch	sB (April–Aug.)
Rotmilan	rB, rN (ganzjährig)
Wespenbussard	rB, rN (Mai–Aug.)
Habicht	rB (ganzjährig)
Hohltaube	rB (März–Juni)
Turteltaube	sB (Mai–Aug.)
Kuckuck	rB (Mai–Juni)
Raufußkauz	sB (ganzjährig)
Steinkauz	sB (ganzjährig)
Mauersegler	rB (Mai–Aug.)
Schwarzspecht	hB (ganzjährig)

Art	Status (beste Beobachtungszeit)
Grünspecht	hB (ganzjährig)
Grauspecht	hB (ganzjährig)
Mittelspecht	hB (ganzjährig)
Kleinspecht	rB (ganzjährig)
Wendehals	sB (April–Juni)
Gartenrotschwanz	hB (April–Aug.)
Nachtigall	hB (April–Juni)
Trauerschnäpper	rB (April–Aug.)
Halsbandschnäpper	sB (Mai–Juni)
Kolkrabe	rB (ganzjährig)
Zippammer	sB (März–Okt.)

stände vorgestellt werden können. Wer zwischen Würzburg und Frankfurt am Main auf der A 3 unterwegs ist, erreicht von der Autobahnraststätte und der integrierten Ausfahrt Rohrbrunn in wenigen Minuten das 10 ha große Naturschutzgebiet Rohrberg (1), indem man der Staatsstraße 2312 Richtung Marktheidenfeld folgt. 1,2 km nachdem man die Autobahn überquert hat, biegt man rechts in einen Schotterweg ab, der nach weiteren 300 m zu einem Wendehammer führt, von dem man in Anfahrtrichtung nach rechts gehend nach rund 50 m gewaltige, 500 bis 800 Jahre alte Eichen erreicht, in deren Umgebung neben Trauerschnäppern alljährlich einzelne Halsbandschnäpper brüten. Die oben genannten Spechtarten können hier ebenfalls erwartet werden. Seit 1928 unter Schutz, ist es das älteste Naturschutzgebiet Bayerns. Die Eichen wurden hier als Wildäsung, vor allem für die berühmten Eichelsauen des Spessarts bis 1803 forstlich gefördert.

Nur wenige Kilometer nordwestlich liegt das 67 ha große Naturwaldreservat Eichhall (2) westlich des Geiersbergs, der mit 586 m die höchste Erhebung des Spessarts ist. Der Wald in diesem Gebiet entstand zu Beginn des 17. Jahrhunderts vermutlich infolge von Brandrodung und Waldfeldbau durch Kriegsflüchtlinge während des Dreißigjährigen Krieges. Die Eichen sind meterdick, bis zu 40 m hoch und fast 400 Jahre alt. Auch bis zu 200 Jahre alte Buchen stehen hier, ursprünglich mit dem Ziel Bau- und Furnierholz zu gewinnen. Seit 2002 wird der Wald nicht mehr genutzt, sodass die unter natürlichen Bedingungen überlegenen Buchen die Eichen langfristig überwachsen werden. Im Eichhall können alle Spechte und Schnäpper des Spessarts beobachtet werden.

Mit dem Auto fährt man auf der A 3 bis zur Anschlussstelle 63 „Weibersbrunn". Von dort weiter durch Weibersbrunn Richtung Rothenbuch/ Lichtenau. Etwa 500 m nach der Abzweigung zur Autobahnauffahrt Rohrbrunn liegt die Abzweigung zum Parkplatz Steintor, dem Startpunkt des Rundweges, in einer Linkskurve auf der rechten Seite. Vom Parkplatz folgt man dem Rundwanderweg mit dem Eichenlaubzeichen.

Das rund 70 ha große Naturschutzgebiet Hafenlohrtal (3) lässt sich gut mit dem Eichhall verbinden. Es liegt oberhalb Lichtenaus und ist ein knapp 4 km langer Abschnitt des über 20 km langen Hafenlohrtals. Es repräsentiert die spessarttypischen ehemaligen Streu- und Wässerwiesen innerhalb der weitläufigen Waldlandschaft. Neben den weitverbreiteten Waldvögeln lassen sich hier mit Glück auch Schwarzstörche oder Wespenbussarde beobachten. Von Weibersbrunn folgt man der St 2380 und der Kreisstraße MSP 26 bis hinab nach Hafenlohr an den Main und durchfährt dabei das Gebiet auf ganzer Länge.

Entlang des Streuobsterlebnispfades bei Kleinwallstadt lässt sich eine vollständige Streuobstvogelgemeinschaft erleben. Foto: C. Moning. Kleinwallstadt, 23.4.2015.

Zwischen Lengfurt und Homburg liegt ein landschaftliches Kleinod in Form eines steilen, nach Westen zum Main hin abfallenden Hanges, dessen unterer Teil von zahlreichen Weinbergsmauern der Lage „Homburger Kallmuth" geprägt wird. Der über dem Weinberg liegende, wegen seiner Steilheit nicht nutzbare, aus Wellenkalk gebildete Hangbereich stellt mit seinen waldfreien Fels- und Trockenrasen das Kernstück des gleichnamigen Naturschutzgebietes dar (4). Von der Staatsstraße 2299, die Homburg am Main mit Marktheidenfeld verbindet, biegt man am nördlichen Ortseingang von Homburg in die Remlinger Straße Richtung Remlingen ab. Nach 650 m biegt man links in die Würzburger und nach 130 m rechts in die Erlenbacher Straße ab. Nach weiteren 110 m folgt man zu Fuß und hangparallel dem Wirtschaftsweg links in die Weinberge und erreicht so nach wenigen Hundert Metern günstigen Zippammerlebensraum.

Auch nördlich von Klingenberg am Main befinden sich einige Zippammerreviere, die man von der Richtung Mechenhard führenden Bergwerkstraße erreicht, indem man entweder in die Hohbergstraße oder oberhalb in die Straße Altenbrunn einbiegt und vom Ende der Bebauung den Wegen jeweils in den Weinberg folgt (5).

Besonders schöne Streuobstbestände mit Wendehälsen und anderen typischen Arten findet man beispielsweise nördlich von Fechenbach, indem man der Neustadtstraße nach Norden folgt (6). Am östlichen Ortsrand von Kleinwallstadt (7) betreut der Landesbund für Vogelschutz einen Streuobsterlebnispfad. Diese Streuwiesen beherbergen neben Wendehälsen, Turteltauben und Gartenrotschwänzen auch Steinkäuze. Um den Beginn des Weges zu erreichen, folgt man in Kleinwallstadt der Schloßstraße, die zum Oberhauser Weg wird, nach Osten aus dem Ort. 200 m

Wendehälse finden in den Streuobstwiesen des Spessarts noch reichlich Ameisenpuppen. Foto: C. Moning. Donaustauf, 29.6.2015.

hinter den letzten Häusern erreicht man rechter Hand eine Scheune, an der man parken kann und von der der Streuobsterlebnispfad rechts abzweigend beginnt.

Weitere Freizeitmöglichkeiten

Der Spessart hat nicht nur die Spessarteichen und die Spechte zu bieten. Sehenswürdigkeiten sind auch die Wallfahrtskirchen in Hessenthal (Backofen-Kreuzigungsgruppe, Riemenschneider-Pieta) und die Klöster Schmerlenbach, Schönau, Engelberg (bei Miltenberg) und Maria Buchen (bei Lohr). Alle Main-Städte im Naturparkbereich beherbergen sehenswerte Kunstbauten. Besonders das Spessartmuseum in Lohr widmet sich der geschichtlichen Entwicklung im Spessart.

Wer von Osten den Spessart über die A 3 erreicht, kann einen Abstecher zu den Streuobstwiesen südlich von Holzkirchhausen (8) machen, in denen einige Halsbandschnäpperpaare brüten. Man verlässt die A 3 über die Ausfahrt 67 Helmstadt und folgt der B 468 in Richtung Helmstadt/Uettingen. In Helmstadt folgt man der Holzkirchhausener Straße. In Holzkirchhausen verlässt man den Ort nach Süden Richtung Neubrunn, biegt am Ortsrand links in den Weg Oberes Tor und bald darauf wieder rechts in den Weg Am Stöcking ab. Nach weiteren 400 m verlässt man die Straße geradeaus und erreicht so die Streuobstwiesen.

Christoph Moning, Christopher König, Christian Wagner, Felix Weiß

Infomaterial/Literatur

Eine Wegbeschreibung zum Rundweg durch den Eichhall findet man auf folgender Internetseite: www.baysf.de/de/wald-erkun-den/ausflugsziele-tipps/von-dicken-eichen-und-der-waldgeschichte-im-spessart-das-naturwaldreservat-eichhall.html

Zahner V, Loy H 2000: Baumbrütende Mauersegler *Apus apus* und Eichenwirtschaft im Spessart. Ornithologischer Anzeiger 39, 187–196.

Zahner V, Bauer R 2013: Modellstudie zur Nutzung der Schlüsselstruktur Schwarzspechthöhle. Wie beeinflussen forstliche Parameter Konkurrenz und Prädation?

Anfahrt

Die zentralen Teile des Spessarts werden durch die A 3 erschlossen. Von Aschaffenburg verläuft die Bahnlinie Richtung Wertheim entlang des Mains am Südrand des Spessarts. Von hier führen oft schwach frequentierte Busverbindungen in die zentralen Teile des Spessarts.

Adressen

Naturpark Spessart e. V., Frankfurter Straße 4, 97737 Gemünden a. Main, Tel.: 09351/603446, www.spessart.de, www.naturpark-spessart.de

Offizielles Tourismusportal des Spessart-Mainlands: www.spessart-mainland.de

Informationen zum Streuobsterlebnispfad in Kleinwallstadt: www.cognitio.de/de/projekte/erlebnispfade/kleinwallstadt

Spessartmuseum, Schloßplatz 1, 97816 Lohr a. Main, Tel.: 09353/ 7932399, spessartmuseum@lramsp.de, www.spessartmuseum.de

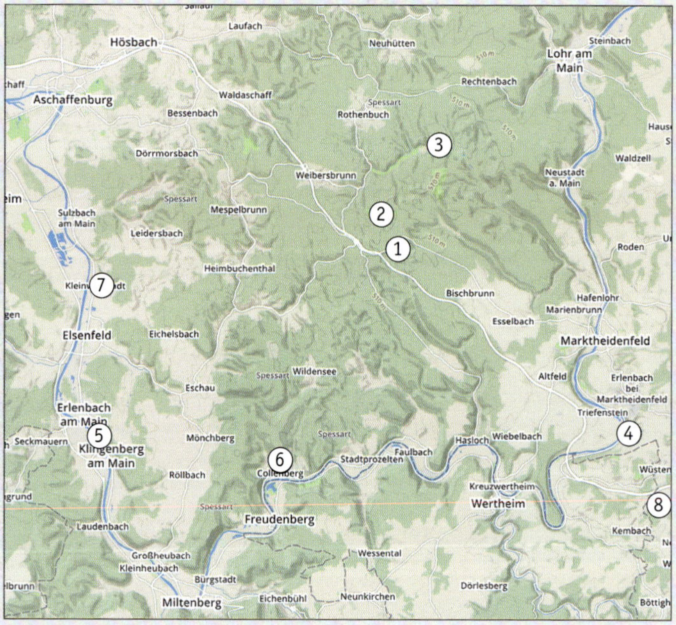

GPS		
Parkplatz Rohrberg (1)	49°53'40.0" N	9°25'32.0" O
Parkplatz Eichhall (2)	49°55'37.1" N	9°23'56.8" O
Lichtenau im Hafenlohrtal (3)	49°56'58.0" N	9°27'10.7" O
Weg in das NSG Homburger Kallmuth (4)	49°47'44.8" N	9°37'36.7" O
Klingenberg am Main, Hohbergstraße (5)	49°47'06.0" N	9°10'59.3" O
Streuobstwiesen Fechenbach (6)	49°46'53.0" N	9°19'56.0" O
Streuobsterlebnispfad Kleinwallstadt (7)	49°52'15.3" N	9°10'42.3" O
Streuobstwiesen südlich von Holzkirchhausen (8)	49°45'14.9" N	9°40'26.4" O

Besonders in härteren Wintern sammeln sich Wasservögel vor dem Nymphenburger Schloss.
München, 19.12.2010.

München

Vogelleben in der bayerischen Landeshauptstadt

Mit 1,5 Millionen Einwohnern ist München die bevölkerungsreichste und flächengrößte Stadt Bayerns sowie die drittgrößte und am dichtesten besiedelte Kommune Deutschlands. Aufgrund ihrer wirtschaftlichen Prosperität steigt der Flächenbedarf innerhalb der Stadtgrenzen fortlaufend und somit der Druck auf die Freiflächen. Dennoch bieten die grünen Lungen Münchens eine überraschende Vielfalt an Vogellebensräumen. So kann man der bayerischen Landeshauptstadt nicht nur gut Fußball, Oktoberfest, Museen oder Konzerte besuchen, sondern auch einige erfüllte Stunden mit Vogelbeobachtung verbringen.

Landschaftsgeschichte und Lebensräume

Das Rückgrat der Münchener Grünanlagen sind die Isarauen, die sich als lang gezogene, schmale Parklandschaft entlang des Alpenflusses erstrecken, der hier anlässlich der Bundesgartenschau 2005 teilweise renaturiert wurde. Die eigentlichen Isarauen zwischen Deutschem Museum und der Isarinsel Flaucher am südlich gelegenen Tierpark Hellabrunn sind nicht nur beliebte Orte zum Grillen und Baden, hier haben sich mitten in der Stadt Biber an Menschen gewöhnt und lassen sich zuweilen auch tagsüber entlang der Museumsinsel beobachten. Nach Norden schließen sich die Maximiliansanlage und die nahe gelegene Praterinsel an, die ebenfalls für Wasservögel interessante Lebensräume bieten. Für die Vogelwelt bestimmende Lebensräume sind auch die Parks Münchens, unter denen der seit 1789 gestaltete Englische Garten mit über $4\,km^2$ sogar die Größe des Central Parks in New York überschreitet. Was der Central Park für die New Yorker Vogelbeobachter ist, ist den Münchener Vogelinteressierten der Schlosspark Nymphenburg, der im Westen des Schlosses Nymphenburg liegt und im 19. Jahrhundert weitgehend in einen englischen Landschaftspark verwandelt wurde.

Trotz der ins scheinbar Unermessliche steigenden Grundstückspreise gelingt immer wieder die Gestaltung neuer Freiflächen, wie im Ortsteil Unterbiberg, in dem der öffentliche Landschaftspark Campeon mit dem Unternehmenssitz von Infineon, Intel und Lantiq liegt und in dem sich verschiedene Wasservogelarten nicht durch die modernen Gewässerformen abschrecken lassen. Der 126 ha große Landschaftspark Hachinger Tal in Unterhaching im Süden von München ist ein weiteres Beispiel. Er entstand auf dem Gelände des ehemaligen Fliegerhorsts Neubiberg. 1997 kaufte die Gemeinde Unterhaching bei München einen Großteil des aufgelassenen Flugplatzes Neubiberg/Unterhaching mit rund 126 ha und begann ab 2001 schrittweise mit der Umgestaltung. Hier liegt auch die Restfläche der einstigen „Perlacher Haid“, einer durch langjährige Beweidung entstandenen weitläufigen Grasheide, während der Hachinger Bach, der das Gelände im Westen durchfließt, renaturiert wurde. Bislang wurden 160 Vogelarten in dem Gebiet nachgewiesen.

München liegt weitgehend auf Schottern, die hier nach der letzten Eiszeit durch das Abschmelzen der Gletscher abgelagert wurden. Dies hatte zur Fol-

Einzelne Waldkäuze wie der „Kasimir" genannte Waldkauz an der Badenburg im Schlosspark Nymphenburg haben einen hohen Bekanntheitsgrad erreicht.
Schlosspark Nymphenburg, München, 22.10.2011.

ge, dass sich nur wenig ertragreiche Böden entwickeln konnten. Die mächtigen Schotterschichten haben in Verbindung mit einer intensiven Beweidung besonders im Münchener Norden zu der Bildung von Kalkmagerrasen geführt, die hier Heiden genannt werden. Zu den schönsten Beispielen zählt die 27 ha kleine Garchinger Heide, in der sich Juwelen wie Frühlings-Adonisröschen (*Adonis vernalis*), Finger-Kuhschelle (*Pulsatilla patens*) und Schwarzfleckiger Grashüpfer (*Stenobothrus nigromaculatus*) halten konnten. Auch die sich westlich der Allianz-Arena erstreckende Fröttmaninger Heide lässt auf über 300 ha weiten Magerweiden mit einzelnen Kieferngehölzen erahnen, wie der Münchener Norden einst ausgesehen haben muss.

Lohwälder finden sich in Resten in allen Teilen Münchens. Einst zur Gewinnung von Gerbstoffen gezielt geförderte Eichen sind hier durchmischt mit den durch Nährstoffeinträge dicht nachwachsenden Ahornen und Eschen. Typische Beispiele sind die Aubinger Lohe oder die Angerlohe.

Im Münchener Süden und Südosten lagen einst weite Hutewälder sowie das ehemalige Jagdgebiet des Adels und der Wittelsbacher Landesherren. Sie wurden zum Zweck der schnellen Rohstoffgewinnung zu Fichtenforsten umgestaltet, die heute infolge von Windwurf und Befall mit Borkenkäfern mehr und mehr zu Mischwäldern umgebaut werden müssen, so beispielsweise im Höhenkirchener Forst oder im Forstenrieder Park.

Besondere Vogelarten und Reisezeit

Wer mit dem Flugzeug anreist, landet auf dem Flughafen Franz-Josef-Strauß, circa 25 km Luftlinie nördlich des Stadtzentrums, in einem der wichtigsten Brutgebiete für Wiesenbrüter in Bayern. Mindestens 40 Brachvogelpaare brüten hier neben Hunderten Kiebitzpaaren meterhoch umzäunt und in der baumfreien Landschaft vor Prädatoren geschützt unbeeindruckt vom donnernden Hall der Triebwerke.

Auf dem Weg vom Flughafen in die Stadt passiert man mit der Garchinger Heide und der Fröttmaninger Heide die Reste der einst ausgedehnten Heidelandschaften des Münchener Nordens, in denen neben Schwarzkehlchen auch Rebhühner, Wachteln, Wendehälse (Fröttmaninger Heide) und die sonst in Bayern sehr seltenen Grauammern (Garchinger Heide) vorkommen.

Wer in München reiches Vogelleben sucht, findet es neben dem Ismaninger Speichersee (FALKE 2014, H. 2) vor allem in den Parks und entlang der Isar. Wären die Waldkäuze des Nymphenburger Schlossparks nicht stadtbekannt, könnte der Gänsesäger Wappenvogel der Münchener Parkanlagen sein. Kaum anderswo zeigen sich die herrlichen Tiere so wenig scheu wie im Schlosspark Nymphenburg oder am Flaucher an der Isar. Sie sind ganzjährig anwesend und führen ihre Jungen im Sommer durch die Besucherströme. Typisch für das urbane Umfeld sind Neozoen und so mischen sich Kanada-, Streifen- und seit Kurzem auch Nilgänse unter das Wasservogelvolk. München weist darüber hinaus eine gesunde Mandarinentenpopulation auf, die ihr Zentrum im und um den Flaucher entlang der Isar hat. Aber auch am Kleinhesseloher See im Englischen Garten oder am Hinterbühler See südlich von Harlaching hat man gute Chancen auf die hübschen Enten. Weißwangengänse haben neben dem Ismaninger Speichersee und dem Waldfriedhof eine Population im Nymphenburger Schlosspark etabliert, wo sie sich als ungeliebte Rasenpfleger betätigen. Zu den Zug- und Überwinterungszeiten gesellen sich auf vielen Gewässern des Nymphenburger Schlossparks oder entlang der Isar oder auf dem Kleinhesseloher See im Englischen Garten Arten wie Schell-, Tafel-, Reiher-, Kolben-, Krick- und Schnatterenten zu den ansässigen hinzu. Auch

Typische Vogelarten in München, deren Status und günstige Beobachtungszeit (in Klammern)
h = häufiger, r = regelmäßiger, s = seltener; B = Brutvogel, W = Wintergast, D = Durchzügler, N = Nahrungsgast

Art	Status (beste Beobachtungszeit)
Kanadagans	rB, rN (ganzjährig)
Weißwangengans	rB, rN (ganzjährig)
Streifengans	rB (ganzjährig)
Schnatterente	sB, rD, rW (ganzjährig)
Tafelente	sB, rD, rW (ganzjährig)
Gänsesäger	rB, rD, rW (ganzjährig)
Rebhuhn	sB (ganzjährig)
Wachtel	rB (Mai–Aug.)
Zwergtaucher	sB, rN, rD (ganzjährig)
Wanderfalke	rB, rN (ganzjährig)

Art	Status (beste Beobachtungszeit)
Mittelmeermöwe	sB, rN (ganzjährig)
Waldkauz	rB (ganzjährig)
Raufußkauz	rB (Sept.–Nov.; Feb.–Apr.)
Eisvogel	rB (ganzjährig)
Grauspecht	sB (Jan.–Mai)
Grünspecht	hB (ganzjährig)
Wendehals	sB (Apr.–Juni)
Wasseramsel	sB (ganzjährig)
Schwarzkehlchen	sB (Jan.–Okt.)
Grauammer	sB (März–Juni)

Zwergtaucher, Mittelmeermöwen und Eisvögel können zum Teil auf geringe Distanz an diesen Gewässern beobachtet werden. Wasseramseln sind in München lokal als Brutvögel verbreitet; gute Chancen hat man am Flaucher oder an der Praterinsel.

Alte, totholzreiche Baumbestände werden im Nymphenburger Schlosspark, in der Aubinger Lohe, im Allacher Forst oder im Westfriedhof zugelassen. Dort sichern sie nicht nur dem vielerorts lachenden Grünspecht das Überleben, auch Grau-, Schwarz- und Kleinspechte kommen hier vor. Die weiten fichtendominierten Forste des Forstenrieder Parks oder des Höhenkirchener Forstes beherbergen eine nistkastengestützte Raufußkauzpopulation und dort, wo Fichtenaltbestände an Lichtungen grenzen, kann man in beiden Wäldern auf Sperlingskäuze hoffen; auch wenn beide Arten nicht einfach zu beobachten sind.

Hohe Gebäude bieten günstige Brutmöglichkeiten für derzeit mindestens zehn Wanderfalkenpaare in München und Umland. Regelmäßig sieht man die schnittigen Jäger bei der Taubenjagd über der Innenstadt oder nahe ihrer Brutplätze, beispielsweise an den größeren Heizkraftwerken.

Streifengänse können regelmäßig im Bereich des Flauchers beobachtet werden.
Flaucher, München, 25.11.2012. Alle Fotos: C. Moning.

Beobachtungsmöglichkeiten

Am Flughafen München hat man von den Besucherhügeln nördlich der Nordlandebahn (südwestlich Attaching) oder vom Wall des Überlaufbeckens südöstlich der Nordlandebahn zur Brutzeit sehr gute Chancen, neben Kiebitzen, Wiesenschafstelzen und Rebhühnern auch Große Brachvögel zu beobachten (siehe Koordinaten).

Für einen Besuch der Garchinger Heide nimmt man die Verbindungsstraße (FS 20) zwischen Dietersheim und Eching. 1,6 km westlich von Dietersheim bzw. 1,3 km nachdem man von Westen (Eching) kommend die A 9 überquert hat, liegt ein unauffälliger Parkplatz nördlich der Straße. Grauammern singen gerne in den frühen Morgen- oder späten Abendstunden von den einzelnen Büschen und der Baumhecke im Norden des Gebietes. Der Blühaspekt der Frühlings-Adonisröschen und Finger-Kuhschellen ist im April besonders beeindruckend.

Für Beobachtungen in der Fröttmaninger Heide (1), die im Süden auf ausgewählten Wegen und nördlich der A 99 nicht zugänglich ist, gibt man für den Ortsteil Schwabing-Freimann den Carl-Orff-Bogen 243 ins Navigationsgerät ein. Von dem Parkplatz hier folgt man dem Weg nach Norden in die weiten Offenländer, in deren Ostseite viele Flachwassertümpel für Wechselkröten und Laubfrösche eingerichtet wurden und in deren zentral und im Nordosten gelegenen Kiefernwäldern man im Sommer auf Wendehälse achten sollte. Schwarzkehlchen bevorzugen den Nordosten des Teils südlich der A 99 nahe der Allianz-Arena. Die U-Bahn-Station Fröttmaning liegt direkt im Südosten des Gebietes.

Den Schlosspark Nymphenburg (2) erreicht man über die am Schlosskanal (Osten) gelegene Straßenbahnhaltestelle Schloss Nymphenburg (Linien 17, N 16 und Buslinie 51; nächstgelegene S-Bahn: Laim). Schon auf den Gewässern vor dem Schloss lassen sich immer wieder schöne und vor allem nahe Beobachtungen schwimmender Wasservögel machen. Durch das Schloss nach Westen in den Park gehend fallen sehr wahrscheinlich bald äsende Weißwangengänse auf. Über die barocken Anlagen auf der Westseite erreicht man den Schlossgartenkanal, auf dem sich oft Zwergtaucher und Gänsesäger tummeln. Den Kanal nur streifend hält man sich links Richtung Badenburg. Bald folgt man einem Bach, an dem sich oft Eisvögel aufhalten und erreicht nach rund 450 m eine Brücke über einen Kanal, an der eine alte Linde steht, in der der stadtberühmte Waldkauz Kasimir in einem Astloch residiert, das von der Südseite des Kanals aus einsehbar ist (einfach die umgebenden Passanten fragen). Westlich der Brücke liegt der Badenburger See, auf dem sich oft eine ansehnliche Auswahl an Wasservögeln beobachten lässt. Dort halten sich nach der Brutzeit auch die Graugänse vom Altmühlsee auf. Den See im Süden umrundend, hält man sich rechts und erreicht so den Schlosskanal wieder und kann diesem nach rechts (Osten) folgend zum Ausgangspunkt zurückgelangen.

Für Beobachtungen am Flaucher (3) entlang der Isar parkt man zum Beispiel in der Straße Am Isarkanal. Von hier folgt man auf der Hans-Peißinger-Straße dem Isarkanal 160 m nach Norden und gelangt so auf die Schinderbrücke, von der man in den kanalbegleitenden Gehölzen gute Chancen auf Mandarinenten hat. Hinter der Brücke geht man nach rechts und erreicht so nach wenigen Metern den Flauchersteg, von dem aus sich oft Wasseramseln beobachten lassen. Am Ende des Flauchersteges geht man wieder nach rechts und kann hier weitere Wasservögel entlang der Isar beobachten, darunter oft Streifengänse, und gelangt schließlich an der Thalkirchner Brücke zum Nordwesteingang des besuchenswerten Tierparks Hellabrunn, in dem Eisvögel am Eisbach brüten. Die nächstgelegene U-Bahn-Haltestelle Thalkirchen befindet sich westlich der Thalkirchner Brücke.

Für den Landschaftspark Hachinger Tal (4) kann man den Parkplatz im Nordosten des Landschaftsparks Unterhaching Friedhof Neubiberg nutzen (Buslinien 210, 212, 229) oder man nimmt den Parkplatz am Westeingang (Biberger Str.) mit der nächstgelegenen

Bushaltestelle Unterhaching, Biberger Str. (Linie 217). Im Westen des Landschaftsparks ist der Hachinger Bach renaturiert und mit Wegen und Stegen erschlossen worden und man hat gute Chancen auf Gänsesäger, Silberreiher, Wasserrallen und Eisvögel. Die Extensivgrünländer entlang der zentral gelegenen ehemaligen Start- und Landebahn bieten Wachteln einen guten Lebensraum, die hier im Sommer ihren tropfenden Gesang äußern. Die angrenzenden Gebüsche, beispielsweise im Südosten des Parks, beherbergen Dorngrasmücken und Neuntöter. Letzterer wird im Winter gelegentlich durch Raubwürger abgelöst. Immer wieder werden interessante Arten auf dem Zug nachgewiesen, darunter mehrere Nachweise von Sumpfohreulen und Brachpiepern sowie Seltenheiten wie Schwarzstirnwürger und Weißbartgrasmücke.

Weitere Freizeitmöglichkeiten

München bietet Freizeitmöglichkeiten für Wochen. Weitere vogelkundlich interessante Ziele sind die Aubinger Lohe (5, Schwarz-, Grau- und Kleinspechte), der Allacher Forst (6, Schwarz- und Kleinspechte, Waldkäuze, Waldohreulen), der Alte Südfriedhof (7), die Kiesgrube Planegg (8, Hohltauben, Kolkraben, Schwarzkehlchen) und der Westfriedhof (Grauspechte). Die nächstgelegenen Halsbandschnäpper brüten in Freising, rund 40 Autokilometer nördlich von München. Im Freisinger Osten parkt man an der Kläranlage (Parkstraße 37) und folgt dem Schotterweg nach Osten, überquert das Bächlein Schleifermoosach über die Brücke und folgt dem Isardeich nach Osten (links). Entlang der nächsten 800 m bis zur B 11 passiert man mindestens fünf Halsbandschnäpperreviere, die durch Nistkästen gestützt werden. Auch Kleinspechte, Eisvögel und Pirole kommen hier vor.

Christoph Moning, Christopher König, Christian Wagner, Felix Weiß

Infomaterial/Literatur

Grüner T, Hammerl-Pfister F, Pfister H, Siering M 2013: Die Vogelwelt des Nymphenburger Schlossparks in München. – Ornithol. Anz. 52, Sonderheft.

Anfahrt

Die Beobachtungsplätze in München sind sehr gut durch das öffentliche Nahverkehrsnetz erschlossen. Für die meisten Beobachtungspunkte kann man auf ein Auto verzichten.

Adressen

Informationen zu Führungen und Aktivitäten bietet die Internetseite des Landesbundes für Vogelschutz: www.lbv-muenchen.de

Informationen zu Münchens Wanderfalken hält die Internetseite der Arbeitsgruppe Wanderfalke in Bayern bereit: www.wanderfalke-bayern.de

Aktuelle Informationen zur Vogelwelt des Landschaftsparks Hachinger Tal: www.markus-daehne.de/landschaftspark.htm

Immer wieder werden zu den Zugzeiten seltene Rastvögel nachgewiesen, darunter mehrere Beobachtungen der Ornithologischen Gesellschaft in Bayern e. V.: www.og-bayern.de

GPS

Besucherhügel nördlich der Nordlandebahn des Flughafens München	48°21'56" N	11°45'58" O
Überlaufbecken südöstlich der Nordlandebahn des Flughafens München	48°21'45" N	11°49'32" O
Parkplatz Garchinger Heide	48°17'20" N	11°38'56" O
Fröttmaninger Heide, Carl-Orff-Bogen	48°12'29" N	11°36'33" O
Parkplatz Schlosspark Nymphenburg	48°09'35" N	11°30'20" O
Flaucher, Am Isarkanal	48°06'23" N	11°33'03" O
Parkplatz im Nordosten des Landschaftsparks Unterhaching (Auf der Heid 6)	48°04'38" N	11°38'55" O
Parkplatz im Westen des Landschaftsparks Unterhaching (Biberger Str. 37)	48°04'09" N	11°37'06" O

Blick vom Beobachtungsturm auf die angelegten Brutinseln. Foto: C. Wagner. 13.4.2011.

Garstadter Seen

Von der Sandgrube zum Vogelparadies

Das Maintal zieht sich in zahlreichen Windungen durch Mainfranken im äußersten Nordwesten Bayerns. Entlang des Flusses liegen zahlreiche von Menschenhand geschaffene Feuchtgebiete, unter denen die Garstadter Seen für Vogelbeobachter die interessantesten sind. Das 250 ha große ehemalige Sand- und Kiesabbaugebiet zwischen Würzburg und Schweinfurt wird seit 1978 für den Naturschutz optimiert und hat sich zu einem sehr guten Beobachtungsgebiet mit über 270 nachgewiesenen Vogelarten entwickelt. Hier brüten Zwergdommeln, Turteltauben, Rohrschwirle und Blaukehlchen. Zu den Zugzeiten bietet es für viele Wasservogelarten willkommene Rastflächen.

Landschaftsgeschichte und Lebensräume

Bis zum Anfang des 19. Jahrhunderts wurde das Maintal zwischen Garstadt, Grafenrheinfeld, Heidenfeld und Hergolshausen schleifenartig vom Main um- beziehungsweise durchflossen. Doch schon im Jahr 1828 erfolgten in diesem Bereich die ersten Flussbegradigungen und die Mainschlaufe westlich von Heidenfeld wurde durchstochen. Das alte Mainbett wurde aufgefüllt und überwiegend als Wiesenfläche genutzt. Teilflächen ohne Nutzung verbuschten. Für den örtlichen Bedarf wurden aus der Aue auch Sand und Kies abgebaut. Mit einer weiteren Mainregulierung und dem Bau der Staustufe Garstadt im Jahr 1953 wurden, wie in vielen anderen Flusssystemen in Deutschland, weitere gravierende Eingriffe in den Naturraum unternommen. Änderungen im Wasserhaushalt führten zur besseren Steuerung von Hochwassern und geringeren Überschwemmungen beziehungsweise

Turteltauben nehmen europaweit stark ab. An den Garstadter Seen kann man sie noch beobachten. Foto: M. Schäf. Klärteiche Offstein, 18.7.2005.

zu einer schnelleren Hochwasserableitung. Auch der Grundwasserspiegel sank ab diesem Zeitpunkt deutlich. All das wirkte sich negativ auf die auetypische Vegetation aus. Die Auwälder trockneten aus und typische Feuchtgebietsarten nahmen ab. Viele Wiesen wurden in Ackerflächen umgewandelt und die Landwirtschaft intensiviert. Eine grundlegende landschaftliche Umgestaltung erfuhr das Gebiet dann in den 1960er Jahren, als in größerem Umfang mit dem Abbau von Sand und Kies begonnen wurde. Das damals in Teilbereichen noch immer auetypische Biotopmosaik aus ornithologisch und botanisch höchst wertvollen extensiv bewirtschafteten Wiesen, Riedflächen, Hochstaudenfluren und Feuchtgebieten vielfältiger Ausprägung wurde nach und nach durch gleichförmige Baggerseen ersetzt.

Örtliche Vogelschützer forderten unter dem Eindruck der fortschreitenden Lebensraumverluste verbunden mit dem geplanten Bau des Kernkraftwerks Grafenrheinfeld in unmittelbarer Nachbarschaft bereits Anfang der 1970er Jahre wirksame Schutz- und Ausgleichsmaßnahmen. Die Forderungen fanden Berücksichtigung im Genehmigungsverfahren für das Kernkraftwerk. So wurden in der Genehmigung Auflagen zur Schaffung eines Ersatzbiotops verankert. In einem ersten Schritt wurde im Sand- und Kiesabbaugebiet westlich von Heidenfeld eine Fläche von 25 ha einschließlich sechs Baggerseen als Lebensraum für Sumpf- und Wasservögel mit der alleinigen Folgenutzung Naturschutz gestaltet. Im Jahr 1979 wurde das „Ausweichbiotop für Vögel in der Gemarkung Garstadt, Gemeinde Bergrheinfeld" offiziell übergeben. Die sechs Baggerseen waren die Urzellen des heutigen „Vogelschutzgebiets Garstadter Seen". Unter der Federführung des Landkreises Schweinfurt erfolgt bis heute eine kontinuierliche Ausweitung und Optimierung des Gebiets. Das Projektmanagement und die aufwendige Gebietsbetreuung werden durch den Landkreis sichergestellt. Die fachliche Unterstützung erfolgt durch die Ornithologische Arbeitsgemeinschaft Unterfranken Region 3 und die LBV Kreisgruppe Schweinfurt. Mit Stand Frühjahr 2006 besitzt das Gebietsensemble bestehend aus mehreren Schutzgebieten und naturnahen Pufferflächen eine Gesamtgröße von etwa 250 ha. Es ist ein Lebensraummosaik von sehr großer naturschutzfachlicher Bedeutung. Grundlage ist die konsequente Umsetzung eines ausschließlich auf Naturschutz abgestimmten Entwicklungskonzepts. Dieses beinhaltet auch ein Befahrungsverbot für die Kiesgewässer und eine Jagdruhe. Besucher werden über einen ausgewiesenen Rundweg gelenkt, der einen sehr guten Überblick über das Gebiet ermöglicht.

Man durchstreift ein Mosaik aus verschiedenartigen, ökologisch sehr wertvollen Lebensräumen. Es dominiert eine reich gegliederte Seenlandschaft mit Flach- und Tiefwasserzonen, Inseln und Halbinseln, Steilwänden, Kies- und Sandflächen, ausgedehnten Röhrichten sowie Hochstaudenfluren und Unterwasserpflanzenteppichen. Es wurden Kleingewässerbereiche mit Tümpeln und Gräben geschaffen. Es gibt Fischunterstände aus Mooreichen und Wasserbausteinen. Angrenzend existieren naturnahe Trocken- und Feuchtwiesen, Magerstandorte, Rohbodenstandorte mit Erdhalden, Steinhaufen und Wurzelstöcken, ein 52 ha großer und ökologisch wertvoller Hartholzauwald „Garstadter Holz" sowie weitere kleinere Auwaldreste.

Das Beispiel zeigt eindrücklich, wie aktiver Naturschutz von engagierten Menschen vor Ort organisiert werden und durch Hartnäckigkeit und kontinuierliche Entwicklung eine hohe naturschutzfachliche Wirkung entfalten kann. So entstand im Laufe der Zeit aus einem ehemals nach wirtschaftlichen Gesichtspunkten ausgebeuteten und durch Freizeitnutzung geprägten Abbaugebiet umgeben von intensiv genutzten Feldern ein Sekundärbiotop mit überregionaler und landesweiter Bedeutung sowie ein Trittstein für den europäischen Vogelzug.

Das Kernkraftwerk, dessen Inbetriebnahme am 9. Dezember 1981 erfolgte und welches der Katalysator für die Entwicklung des Vogelschutzgebiets

Typische Vogelarten der Garstadter Seen, deren Status und günstige Beobachtungszeit (in Klammern)
h = häufiger, r = regelmäßiger, s = seltener; B = Brutvogel, W = Wintergast, D = Durchzügler

Art	Status (beste Beobachtungszeit)
Nilgans	sB, hN (ganzjährig)
Graugans	hB (ganzjährig)
Schellente	rW (Okt.–März)
Schnatterente	sB, hD (wenn eisfrei ganzjährig)
Gänsesäger	rW (Okt.–März)
Silberreiher	rN (ganzjährig)
Purpurreiher	sB (Mitte Apr.–Aug.)
Zwergdommel	sB (Mai–Juli)
Haubentaucher	rB (wenn eisfrei Feb.–Nov.)
Wiesenweihe	rB (Ende Apr.–Anfang Sept.)
Rohrweihe	rB, sD (März–Okt.)
Schwarzmilan	sB, hD (Apr.–Aug.)
Baumfalke	sB, sD (Apr.–Sept.)
Wasserralle	hB (ganzjährig)
Kiebitz	sB, sD (März–Okt.)
Flussregenpfeifer	sB, rD (März–Sept.)

Art	Status (beste Beobachtungszeit)
Mornellregenpfeifer	sD (Ende Aug.–Anfang Sept.)
Bekassine	rD (Mitte März–Mai, Sept.–Nov.)
Bruchwasserläufer	rD (Mitte Apr.–Mitte Mai, Juli–Sept.)
Mittelmeermöwe	sB, rD (ganzjährig)
Trauerseeschwalbe	rD (Mai–Juni, Aug.–Sept.)
Turteltaube	rB (Ende Apr.–Aug.)
Grauspecht	sB (ganzjährig)
Mittelspecht	sB (ganzjährig)
Neuntöter	rB (Mai–August)
Rohrschwirl	sB (Mitte Apr.–Juni)
Drosselrohrsänger	rB (Mai–Juli)
Nachtigall	hB (Ende Apr.–Juni)
Blaukehlchen	rB (Apr.–Aug.)
Zippammer	rB (März–Juni)
Ortolan	rB (Ende Apr.–Juni)

war, wurde am 27. Juni 2015 stillgelegt. Es bestand den Stresstest nicht, den die EU nach der Nuklearkatastrophe von Fukushima veranlasste. Die Anlage war nicht in ausreichendem Maß gegen Erdbeben ausgelegt.

Purpurreiher brüten seit einigen Jahren regelmäßig im Gebiet.
Foto: M. Schäf. Kreis Speyer, 9.4.2009.

Besondere Vogelarten und Reisezeit

278 nachgewiesene (inkl. Unterarten und Hybriden) und 102 sicher bzw. wahrscheinlich brütende Vogelarten, von denen die Hälfte in der Bayerischen Roten Liste aufgeführt ist, auf nur 250 ha, verdeutlichen den hohen Wert des Vogelschutzgebiets Garstadter Seen für die Vogelwelt Unterfrankens.

Der Beobachtungsturm (3) lädt zu allen Jahreszeiten zu einer ausgiebigen Rast ein. Man kann die Wasserflächen überblicken und zum Beispiel im Frühjahr Graureiher, Kormorane und Mittelmeermöwen beobachten sowie verschiedene Entenarten bestimmen. Aus dem Schilf und den Weiden singen Zwergdommeln, Wasserrallen, Rohrschwirle, Teich- und Drosselrohrsänger sowie Blaukehlchen. Außerdem nutzen Purpurreiher unregelmäßig und Rohrweihen regelmäßig das Schilf zur Jungenaufzucht. Schwarzmilane segeln über der Talaue. Nachtigallen verstecken sich in den Gebüschen und Turteltauben nutzen die Baumspitzen zum Singen. Selbst Wendehälse und Neuntöter werden regelmäßig im Gebiet beobachtet. Im Garstadter Holz (4) brüten neben Grau-, Klein- und Mittelspechten auch Halsbandschnäpper. Auf den angrenzenden Feldern weiden Grau- und Nilgänse, während Feldlerchen und Wiesenschafstelzen dort ihre Jungen großziehen.

Auch wenn es im Gebiet keine ausgedehnten Schlickflächen gibt, können auf dem Frühjahrs- und Herbstzug verschiedene Limikolen wie Kiebitze, Bekassinen, Bruchwasserläufer, Flussuferläufer und Grünschenkel beobachtet werden. Knäk-, Krick- und Löffelenten nutzen die Ruhe auf den Seen und über der Wasseroberfläche jagen Zwergmöwen zusammen mit Trauerseeschwalben, Uferschwalben und Mauerseglern nach Eintagsfliegen. Immer wieder lassen sich seltenere Arten wie Rothalstaucher oder Raubseeschwalben unter den Zuggästen entdecken. Auch extreme Raritäten, wie der im Oktober 2010 rastende Isabellwürger, sind nicht unmöglich.

Im Winter teilen sich dann Pfeif- und Schellenten mit Gänsesägern die Wasserflächen der Garstadter Seen. Im Schilf wird man selten auch Bartmeisen oder Rohrdommeln entdecken können.

Beobachtungsmöglichkeiten

Vom Parkplatz (2) bei Heidenfeld geht man das kurze Stück zurück zur Kreuzung und dann den Weg 600 m nach rechts (Südwesten), bis man auf den zentralen Beobachtungsturm (3) stößt. Von hier lassen sich die oben genannten Brutvögel beobachten. Wer etwas Zeit übrig hat, sollte die 4,2 km lange Umrundung des Gebiets mit einplanen. Auch wenn man keine so guten Einblicke mehr in das Gebiet hat, durchquert

Im Schilf des Vogelschutzgebiets brüten Zwergdommeln, Wasserrallen, Rohrschwirle und Drosselrohrsänger.
Foto: C. Wagner. 13.10.2010.

man bei (4) das interessante Garstadter Holz und kann bei (5) noch einmal das Spektiv auf die Wasserflächen richten, was oft die Artenliste, zum Beispiel um verschiedene Gänsearten, erweitert. Man sollte sich für den Rundweg im Frühjahr und Herbst mindestens vier Stunden Zeit nehmen.

Blick in die Umgebung

In Mainfranken findet man weitere sehr lohnende Exkursionsziele. Drei benachbarte Gebiete seien hier kurz angerissen.

Das Gut Seligenstadt liegt nordöstlich von Würzburg. Hier brüten Wiesenweihen und im Herbst ist es der am zuverlässigsten besetzte Rastplatz von Mornellregenpfeifern in Bayern. Deswegen ist die beste Zeit für einen Besuch der ausgeräumten Agrarlandschaft die letzte Augustdekade. Von Süden kommend nimmt man, noch bevor man das eigentliche Gut passiert, einen Asphaltweg nach Osten, um nach rund 1,2 km eine einsame Windschutzhecke (GPS-Koordinaten siehe unten) zu erreichen. Hier und in der Umgebung sollte man die gegrubberten Äcker sorgfältig nach Mornellregenpfeifern absuchen. Der Bahnhof Seligenstadt liegt in Gehentfernung zur Windschutzhecke.

Am Rand des **Schopfigs**, einem kleinen Wäldchen, und den sich südlich anschließenden Windschutzhecken brüten Ortolane. Weitere Arten der Kulturlandschaft sind Wachteln, Rohrweihen, Rotmilane, Neuntöter, Feldlerchen, Baumpieper, Wiesenschafstelzen, Grauammern und Blaukehlchen. Ein Besuch lohnt sich zum Beispiel Ende April, wenn die Ortolane aus den Winterquartieren zurück sind. 2,8 km südlich des Ortsausgangsschilds von „Grettstadt" liegt in einer Linkskurve auf der rechten Seite ein Parkplatz (GPS-Koordinaten siehe unten). Von diesem kann man das Gebiet erwandern.

Der kleine bayerische Bestand der Zippammer konzentriert sich auf die Steilabfälle des Mains nordwestlich von Würzburg. Informationen zur Zippammer finden Sie im DER FALKE 2014, H. 7.

Christian Wagner, Christopher König, Christoph Moning, Felix Weiß

Anfahrt

Heidenfeld liegt 9,5 km südlich von Schweinfurt. Die SW 1 führt westlich am Ort vorbei. Man kann sie an der Abzweigung (1) Richtung „Wasserkraftwerk" nach Westen verlassen. In gut 500 m erreicht man den rechter Hand liegenden Parkplatz (2). Die nächste Bushaltestelle im Ort heißt „Heidenfeld Post, Röthlein" (siehe Karte). Vor der Kirche links gehend gelangt man in das Gebiet.

Adressen

Die Internetseite eines Bamberger Vogelbeobachters mit einer Beschreibung der Garstadter Seen und aktuellen Beobachtungen: www.birdingfranconia.de.

Informative Seite zu den Trockenhängen im Maintal: https://gebietsbetreuung.bayern/gebiet/trockengebiete-auf-muschelkalk-trockenstandorte/

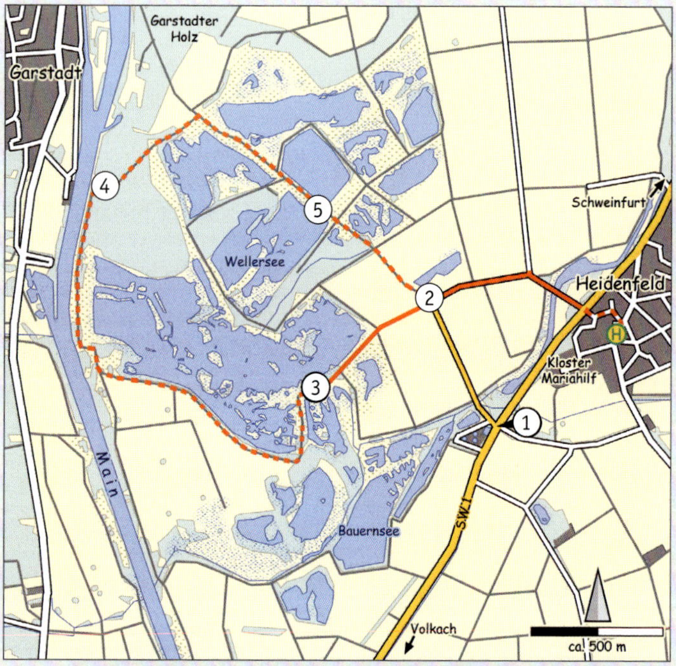

GPS		
Garstadter Seen Parkplatz (2)	49°58'01" N	10°11'37" O
Windschutzhecke Gut Seligenstadt	49°50'33" N	10°07'14" O
Parkplatz Schopfig	49°57'21" N	10°19'23" O

Infomaterial/Literatur

Wagner C, Moning C 2012: Vögel beobachten in Süddeutschland. Die besten Beobachtungsgebiete zwischen Mosel und Watzmann. Franckh-Kosmos, Stuttgart.

Wir danken Udo Pfriem-Graf Finckenstein, Michael Schraut und Harald Vorberg für die Hilfe bei der Erstellung des Beobachtungstipps.

Die großflächigen Mähwiesen mit eingestreuten Gehölzgruppen sind landschaftlich reizvoll und Lebensraum vieler seltener Brutvogelarten.

Foto: F. Weiß. Lange Rhön, 13.7.2014.

Die Lange Rhön

Das Land der offenen Fernen

Im Dreiländereck Bayern-Hessen-Thüringen liegt die auf rund 243 000 ha als Biosphärenreservat ausgewiesene Rhön, ein außerordentlich vielfältiges Mittelgebirge. In ihrem Herzen, der Hohen Rhön, auf bayerischem Boden, jedoch unmittelbar an der Grenze zu Hessen und Thüringen, befindet sich das Naturschutzgebiet Lange Rhön, das mit einer Fläche von 3272 ha das größte außeralpine Naturschutzgebiet Bayerns darstellt. Mit ihrer ausgedehnten, parkartig offenen Landschaft aus extensiv genutzten Berg-Mähwiesen, eingestreuten Gehölzgruppen und Steinriegeln sowie den weiten Blicken in die umgebenden Täler besitzt die Lange Rhön einen außerordentlichen Reiz für Wanderer und zahlreiche seltene Brutvogelarten darunter Wachtelkönige und Bekassinen. Ein Besuch ist daher besonders im Mai und Juni lohnend, wenn die Wiesen bunt blühen und das Brutgeschehen in vollem Gang ist.

Landschaftsgeschichte und Lebensräume

Die Hohe Rhön entstand durch Vulkanausbrüche, welche eine dicke Basaltschicht hinterließen. Spuren der Vulkanausbrüche lassen sich noch heute an verschiedenen Stellen in der Rhön finden, von denen die spektakulärsten die prismenförmigen Basaltablagerungen sind, wie sie zum Beispiel im Naturschutzgebiet Gangolfsberg zu finden sind. Das Naturschutzgebiet Lange Rhön erreicht am Heidelstein eine Höhe von 926 m und liegt großflächig über 800 m. In diesen exponierten Lagen an der Wasserscheide zwischen Weser und Rhein herrscht ein raues Klima mit Nachtfrösten bis weit ins Frühjahr und ganzjährig hohen Niederschlagsmengen. Durch die klimatischen Bedingungen und die kargen Böden blieb in der Hohen Rhön eine ursprüngliche Kulturlandschaft erhalten, denn intensiver Ackerbau war hier nie möglich. So werden die typischen sanft geformten Kuppen bis heute von ausgedehnten, extensiv genutzten Bergwiesen und Weiden geprägt. Im Frühjahr bietet sich ein spektakulärer Blühaspekt in den Wie-

Einst häufig, brüten Braunkehlchen mittlerweile nur noch in wenigen Gebieten Mitteleuropas.

Foto: C. Moning. Viehlassmoos, 5.9.2010.

Die Lange Rhön beherbergt die letzte Brutpopulation des Raubwürgers in Bayern. Foto: C. Moning. Seewinkel, 6.3.2011.

sen mit großen Beständen an Trollblumen (*Trollius europaeus*) und Schlangen-Knöterich (*Bistorta officinalis*). In den 1930er Jahren wurden Lupinen (*Lupinus sp.*) in der Rhön ausgesät, die mit ihren Knöllchenbakterien Stickstoff im Boden verfügbar machen sollten. Die hübsch anzusehenden Pflanzen haben sich leider zu einem Problem für den Naturschutz entwickelt. Die Stickstoffanreicherung im Boden führt zu einer Eutrophierung der von Natur aus nährstoffarmen Mähwiesen mit ihren darauf spezialisierten Tieren und Pflanzen. Heute versucht man die invasive Art mit großem Aufwand durch Mahd und Beweidungskonzepte zurückzudrängen. Die Wiesen werden von unzähligen Hecken und kleinen Baumgruppen durchzogen, die ein parkartiges Landschaftsbild erzeugen.

Durch die hohen Niederschlagsmengen bildeten sich einige Moore in der Langen Rhön, unter denen das Schwarze Moor das größte und am besten erhaltene ist. Hier finden sich alle Charakteristika eines Hochmoores vom uhrglasförmig aufgewölbten Zentrum bis zu den Randbereichen aus Kiefern und Birken. In den Kammlagen der Rhön wie bei der Schornhecke liegen stellenweise standortfremde Fichtenforste mit ihrer typischen Vogelwelt. Nach Osten fallen die Hochlagen steil zum Grabfeldgau ab. In den tief eingeschnittenen Bachtälern und an den Hängen stocken alte Laubwälder mit zahlreichen Baumarten, die teilweise aus der Nutzung genommen wurden und in denen so seltene Tierarten wie Wildkatze (*Felis sylvestris*) und Schwarzer Apollo (*Parnassius mnemosyne*) vorkommen.

Besondere Vogelarten und Reisezeit

Das Frühjahr ist die ergiebigste Zeit für Vogelbeobachtungen in der Langen Rhön, denn es ist der Brutvogelaspekt mit vielen speziellen Arten, der in diesem Gebiet im Vordergrund steht, auch wenn einige der typischen Bewohner der Rhön Standvögel sind.

Die Lange Rhön beherbergt neben der Lüneburger Heide das letzte außeralpine Vorkommen des Birkhuhns in Deutschland. Die Art ist jedoch auch hier hochgradig bedroht. Von etwa 300 balzenden Männchen in der gesamten Rhön Ende der 1960er Jahre nahm der Bestand rapide ab auf ein Tief von nur noch vier balzende Männchen im Jahr 2010 und auch das Verbreitungsgebiet war ganz auf das Naturschutzgebiet Lange Rhön zusammengeschmolzen. In den Jahren 2010 bis 2014 wurden in Schweden wild gefangene Birkhühner in der Rhön ausgesetzt. Es bleibt zu hoffen, dass die umfangreichen Schutzmaßnahmen zu einer Erholung des Bestandes führen werden. Ein Grund für den Rückgang der Birkhühner liegt in den zahlreichen Störungen durch Wanderer und Skilangläufer, weshalb ein umfangreiches Besucherlenkungskonzept erstellt wurde.

Die großflächigen, extensiv genutzten Mähwiesen in der Langen Rhön sind Heimat von Bekassinen, einer weiteren Charakterart des Naturschutzgebietes. Besonders im Mai und Juni in der Morgen- und Abenddämmerung wird man ihre spektakuläre Flugbalz bestaunen können. Zu dieser Zeit ist auch der monotone Gesang der heimlichen Wachtelkönige zu hören, die den gleichen Lebensraum bevorzugen. Auffälliger sind Braunkehlchen und Wiesenpieper, die in Mitteleuropa vielerorts selten geworden sind, in der Langen Rhön jedoch noch relativ häufig vorkommen. Feldschwirle und Sumpfrohrsänger sind häufige Brutvögel in den eingestreuten Hochstaudenfluren. Kuckucke finden in der extensiv genutzten Landschaft noch reichlich Nahrung. In Bereichen mit Baum- oder Buschgruppen wird man auch Neuntöter und Karmingimpel beobachten können, sowie sehr vereinzelt die seltenen Raubwürger, die noch in wenigen Paaren in der Rhön brüten – leider die letzte Brutpopulation Bayerns und es werden hier explizit keine Beobachtungstipps für diese hochgradig bedrohte Art genannt. Das Gebiet darf

Typische Vogelarten in der Langen Rhön, deren Status und günstige Beobachtungszeit (in Klammern)
h = häufiger, r = regelmäßiger, s = seltener; B = Brutvogel, W = Wintergast, D = Durchzügler

Art	Status (beste Beobachtungszeit)
Birkhuhn	sB (ganzjährig)
Wachtel	rB (Mai–Juli)
Habicht	sB (ganzjährig)
Wespenbussard	rB (ganzjährig)
Wachtelkönig	rB (Mai–Juli)
Waldschnepfe	hB, rD, sW (April–Juni)
Bekassine	rB (Mai–Juni)

Art	Status (beste Beobachtungszeit)
Tannenhäher	rB (Juli–Sept.)
Raubwürger	sB, rW (ganzjährig)
Neuntöter	hB (Mai–Juli)
Braunkehlchen	hB (April–Juni)
Wiesenpieper	hB (April–Juni)
Baumpieper	hB (April–Juni)
Karmingimpel	sB (Mai–Juni)

nur auf ausgewiesenen Wanderwegen erkundet werden – die hauptamtliche Naturschutzwacht achtet auf die Einhaltung der Schutzgebietsverordnung. Wenn die Wiesen im Juni und Juli gemäht werden, finden sich Rotmilane ein, die in den umgebenden Wäldern brüten. Über den Kuppen der Langen Rhön wird man bei entsprechender Thermik regelmäßig kreisende Greifvögel wie Wespenbussarde oder auch Schwarzstörche und Kolkraben sehen, die ebenfalls in den Wäldern der Rhön brüten.

Die Fichtenwälder auf den Höhenrücken sind Lebensraum der Tannenhäher. Zur Brutzeit im Frühjahr sind sie allerdings ausgesprochen heimlich und man wird sie eher bei einer Wanderung im Spätsommer oder Herbst entdecken, wenn sie viel umherfliegen und laut rufen. In der Abenddämmerung balzen Waldschnepfen entlang von Wanderwegen und Schneisen. Die urtümlichen Laubwälder an der Abdachung der Rhön nach Osten beherbergen eine ganz andere Vogelwelt. Hier kommen Schwarz- und Grauspechte vor und an den glasklaren Bächen brüten Wasseramseln und Gebirgsstelzen.

Im Spätsommer wird es ruhiger in der Langen Rhön. Doch auch Herbst und Winter haben nicht nur landschaftlich ihre Reize. Steinschmätzer rasten auf dem Zug gen Süden und im Winter besetzen Raubwürger ihre Reviere, Kornweihen jagen über den weiten Hochflächen und selten auch mal Raufußbussarde.

Beobachtungsmöglichkeiten

Die Lange Rhön ist ein sehr beliebtes Wandergebiet und als solches entsprechend gut erschlossen. Gleich zwei Fernwanderwege, der E6 und der E3 sowie der Hochrhöner, ein vom deutschen Wanderinstitut als Premiumwanderweg deklarierter Weg, verlaufen durch das Gebiet. Dabei werden große Anstrengungen unternommen, Naturschutz und Naturerholung in Einklang zu bringen. Sperrungen einzelner Wege, die insbesondere dem Schutz der störungsempfindlichen Birkhühner dienen, sind daher unbedingt zu respektieren.

Ein guter Ausgangspunkt für eine Erkundung des südlichen Teils der Langen Rhön ist der Wanderparkplatz Schornhecke (1). Von hier bietet sich eine Wanderung zum 926 m hohen Heidelstein an. Vom Wanderparkplatz überquert man die Straße und folgt auf der gegenüberliegenden Seite dem Asphaltweg bis zum Heidelstein (2), auf dem ein hoher Funkmast steht. Der Weg führt durch Wiesen, die von zahlreichen Hecken durchsetzt sind. Im Mai singen hier gelegentlich Karmingimpel und auch Raubwürger kommen hier vor, in der Abenddämmerung kann man balzende Bekassinen hören. Auf dem Rückweg bietet sich ein kleiner Schlenker über den Schwabenhimmel an, wo weitere Chancen auf Raubwürger und Karmingimpel bestehen (3). Zurück am Wanderparkplatz folgt man dem ausgeschilderten Wanderweg Hochrhöner in den Fichtenwald der Schornhecke. Bald hat man den Wald durchquert und befindet sich inmitten weiter Wiesen, in denen früh morgens und abends regelmäßig Wachtelkönige zu hören sind. Wer Ausdauer besitzt, kann dem ausgeschilderten Wanderweg circa 8,5 km weiter bis zum Parkplatz am Schwarzen Moor folgen (4). Dort befindet sich ein Infozentrum und zusätzlich ist der Parkplatz Start eines Naturlehrpfads in den zentralen Bereich des Moores (5). Über Bohlenwege führt der Weg durch die von Schlenken und Moospolstern geprägte offene Hochmoorlandschaft und zu einem imposanten Aussichtsturm.

Vom Parkplatz am Schwarzen Moor 2 km in Richtung Schornheck an der Hochrhönstraße gehend, führt nach links ein Weg zum Eisgraben (6), der sich aus dem Schwarzen Moor speist. Der Bach fließt zunächst durch offene Landschaft und taucht dann in einen alten Laubwald mit Vorkommen von Schwarz- und Grauspechten ein. Der gesamte Abschnitt der Hochrhönstra-

Ein Bohlenweg erschließt das weitgehend intakte Schwarze Moor. Foto: F. Weiß. Lange Rhön, 13.7.2014.

ße zwischen Schwarzem Moor und Schornhecke bietet viele interessante Beobachtungsmöglichkeiten in dieser abwechslungsreichen Landschaft.

Ein weiteres schönes Beispiel für die Laubwälder der Rhön findet sich am Gangolfsberg. Ausgangspunkt für den 2,5 km langen Naturlehrpfad ist das Schweinfurter Haus (7), an dem auch Parkmöglichkeiten bestehen. Der Weg führt durch abwechslungsreiche Hangwälder an einer Basaltprismenwand vorbei, einem eindrucksvollen Zeugnis des vulkanischen Ursprungs der Hohen Rhön.

Weitere Freizeitmöglichkeiten

Sehr empfehlenswert ist ein Besuch im Haus der Langen Rhön in Oberelsbach, dem Informationszentrum zum Biosphärenreservat. Westlich des Ortes liegt zudem das kleine Naturschutzgebiet Dünsberg mit Kalkmagerrasen, Wacholderheiden und Streuobstwiesen, in denen auch Wendehälse vorkommen. Das Gebiet ist jedoch vor allem für Botaniker und Schmetterlingskundler interessant, so findet sich hier neben zahlreichen Orchideenarten auch der sehr seltene Streifenbläuling (*Polyommatus damon*).

Nicht weit von der Landesgrenze in Hessen liegt das Rote Moor, das zweite große Hochmoor in der Rhön und das einzige Hochmoor Hessens. Das Gebiet wird vom NABU betreut, der am Rand des Moores ein Informationszentrum betreibt. Vom Heidelstein (2) ist der Wanderweg zum Moor gut ausgeschildert.

Felix Weiß, Christopher König, Christoph Moning, Christian Wagner

Infomaterial/Literatur

www.hochrhoenbus.de – Der Bus für die Tourismusregion Hohe Rhön.
http://biosphaerenreservat-rhoen.de/haus-der-langen-rhoen
www.birdingfranconia.de – Informationen über Vogelbeobachtungsgebiete in Franken, u. a. über die Lange Rhön.

Wir bedanken uns bei Thomas Büttel, Betreiber von birdingfranconia.de, und dem Gebietsbetreuer Torsten Kirchner für wertvolle Anregungen zum Manuskript.

Anfahrt

Mit Bahn und Bus

Vom Bahnhof Gersfeld (Rhön) verkehrt vom 1. Mai bis zum 31. Oktober an Wochenenden und Feiertagen der Hochrhönbus, der auch Fahrräder mitnimmt und über die Haltestellen „Schornhecke“ und „Schwarzes Moor/Dreiländereck“ die Ausgangspunkte für die oben beschriebenen Wege anfährt.

Mit dem Auto

Das Gebiet wird von der Hochrhönstraße durchquert, die von Bischoffsheim an der B 279 nach Norden über die Hohe Rhön verläuft.

Adressen

Haus der Langen Rhön, Unterelsbacherstr. 4, 97656 Oberelsbach, Tel.: 09774/910260

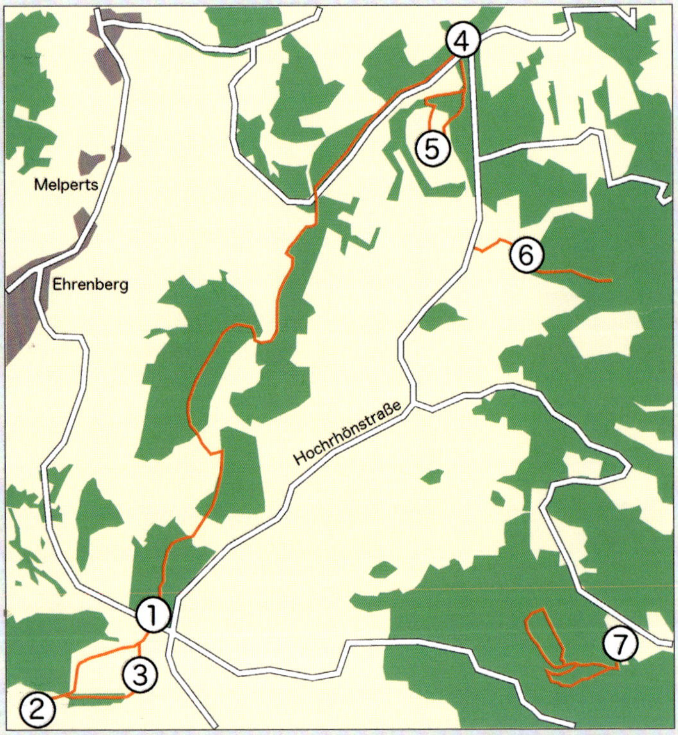

GPS		
Parkplatz Schornhecke	50°28'08,30" N	10°01'26,70" O
Parkplatz Schwarzes Moor	50°31'27,30" N	10°04'20,60" O
Abzweigung Eisbachtal	50°30'16,42" N	10°04'23,60" O
Schweinfurter Haus (Gangolfswald)	50°27'55.20" N	10°05'43.40" O
Haus der Langen Rhön	50°26'25.73" N	10°07'09.60" O

Königsbrunner Heide. Auf den Kiefern sitzen gerne Baumpieper.

Foto: Andreas Kunze, CC BY-SA 3.0, via Wikimedia Commons

Der Stadtwald Augsburg

Naturschatz in der Stadt

Der mehr als 2000 Hektar große Stadtwald Augsburg, südlich an das Stadtgebiet angrenzend, ist Naturschutzgebiet, Trinkwasserschutzgebiet und ein äußerst beliebter Naherholungsraum. Die lichten Kiefernwälder, Grauerlenwälder und Lechheiden, die von einem Netz von Quellbächen und Kanälen durchzogen werden, bieten zum Teil sehr seltenen Tieren und Pflanzenarten eine Heimat. Ein Besuch lohnt sich vor allem im Frühjahr, wenn die Brutvögel aktiv sind und die Spechte auffällig ihre Reviere verteidigen.

Der Lech ist der Gestalter des Augsburger Stadtwalds. Bis in die 1920er Jahre war er ein reißender voralpiner Wildfluss. Die Hochwasser waren unberechenbar und zerstörerisch. Jede Flut verlagerte den Flusslauf. So im Jahr 1910 als vor allem Augsburg von großen Zerstörungen betroffen war. Dieses Ereignis war der Auslöser für die Begradigung und Eindämmung des Lechs. Im Augsburger Stadtwald wurde der Wildfluss zwischen 1925 und 1928 begradigt. Aus dem mehrere Hundert Meter breiten Flussbett wurde ein schmaler Kanal. Der beschleunigte Abfluss des Wassers führte zu einer Eintiefung des Flusses. Zusätzlich unterbrach der Bau der Staustufen die Kiesfracht aus den Alpen. Heute liegt der Lech bis zu sieben Meter unter dem ursprünglichen Flussniveau und das, obwohl man schon Ende der 1930er Jahre Sohlschwellen zur Hebung des Wasserstands einbrachte. Die ökologischen Folgen waren katastrophal. Quellen und Bäche in der Aue trockneten aus. Kiesbänke schrumpften zu kleinen Resten zusammen oder verschwanden. Wo vorher das Wasser immer wieder für offenen Boden gesorgt hatte, wachsen seitdem Bäume auf. Viele Tier- und Pflanzenarten der offenen Aue verschwanden oder wurden sehr selten (s. Falke 2012, H. 9). Heute bilden fünf Lebensräume das Rückgrat des Augsburger Stadtwalds.

Zuerst finden sich hier die größten zusammenhängenden Vorkommen von lichten Kiefernwäldern im gesamten Lechtal. Sie sind ein Zeitfenster in die Vergangenheit, denn sie sind der ursprüngliche Vegetationstyp in der Hartholzaue am Lech.

In ihrer Artenausstattung ähneln die Lechheiden den lichten Kiefernwäldern. Sie sind durch fortschreitende Auflichtung zum Beispiel durch Rodung oder Wanderschäferei aus ihnen entstanden. Noch Mitte des 19. Jahrhunderts prägten die Heiden große Teile des Lechtals. Lechheiden gehören zu den artenreichsten Lebensräumen in Mitteleuropa. Mit den wasserbaulichen Eingriffen am Lech und dem Rückgang der Wanderschäferei begann in den lichten Kiefernwäldern und den Lechheiden eine Sukzession zum Laubholzmischwald und zu Ungunsten naturschutzrele-

Schnell fließende Bäche mit hoher Wasserqualität sind der Wasseramsel am liebsten. Bei Beobachtungspunkt (8) hat man gute Chancen, die attraktive Art zu sehen. Foto: Rolf Müller / Stock.Adobe.com

vanter Arten. So hat bis heute nur ein Prozent der einstmals charakteristischen Lechheiden überlebt. Hier setzt ein Beweidungsprojekt mit Großtieren an. Mit den klassischen Methoden der Landschaftspflege, Mahd und Schafbeweidung, ist ein nachhaltiger Schutz der lichten Kiefernwälder nicht möglich. Deswegen wird der südwestliche Teil des Naturschutzgebiets Stadtwald Augsburg, ein 100 bis 150 Jahre alter Kiefernwald, mit Przewalski-Pferden beweidet. Die Tiere fördern durch Fraß und Weideverhalten lichte Strukturen. Außerdem reduzieren sie die Streu- und Rohhumusauflage und schaffen offene Bodenstellen, auf denen Kiefernsamen keimen können. Auf diese Weise entsteht wieder eine halboffene Landschaft mit fließenden Übergängen von Wald über Halboffenland zu offenen Heideflächen.

Grauerlenwälder wachsen in den flussnahen Bereichen voralpiner Wildflüsse. Sie vertragen Überschwemmungen und Verletzungen durch Treibgut. Typischerweise werden Grauerlenbestände als Niederwald genutzt. Alle zwanzig bis dreißig Jahre werden sie für die Brennholzgewinnung gerodet und schlagen aus den Wurzelstöcken vieltriebig wieder aus. Aktuell werden die Grauerlenwälder allerdings nicht mehr genutzt.

Quellbäche – im Volksmund auch Gießer genannt – sind Kleinode im Augsburger Stadtwald. Sie führen reines Grundwasser und sind somit sehr sauber und sauerstoffreich. Die Fließstrecke der Quellbäche im Stadtwald misst heute etwa 24 km. Im Gegensatz zu den Quellen sind die Lechkanäle flusswassergespeist. Die zehn Kanäle des Stadtwalds sind 40 km lang. Das Wasser für die Kanäle wird am Hochablass der Staustufe 22 aus dem Lech abgeleitet. Einstmals führten sie das Wasser nach Augsburg, füllten die Stadt- und Wehrgräben, trieben Mühlen an, wurden zum Transport von Waren und zum Abtransport von Abfällen genutzt. Die Kanäle waren die entscheidende Voraussetzung für die industrielle Entwicklung von Augsburg. Der Lech selber war zu wild, um diese Aufgaben zu übernehmen.

Besondere Vogelarten und Reisezeit

Trotz der beschriebenen, tiefgreifenden Veränderungen zeichnet den Stadtwald nach wie vor eine sehr große Artenvielfalt aus und vor allem im Frühjahr lohnen sich ausgedehnte Streifzüge durch das Gebiet. Bei einer nächtlichen Exkursion im Spätwinter wird man Waldkäuze hören können. Grau-, Schwarz-, Mittel- und Kleinspechte sind auch schon im zeitigen Frühjahr aktiv. Mit ein wenig Glück begegnen dem aufmerksamen Beobachter viele weitere Waldarten wie Tannen- und Haubenmeisen, Wald- und Gartenbaumläufer, Mistel- und Wacholderdrosseln, ab Mitte April Baumpieper, Gimpel sowie in Mastjahren der Kiefern auch Fichtenkreuzschnäbel. Selten wird man Wespenbussarde über dem Wald

Typische Vogelarten im Augsburger Stadtwald und am Mandichosee, deren Status und günstige Beobachtungszeit (in Klammern)
h = häufiger, r = regelmäßiger, s = seltener; B = Brutvogel, D = Durchzügler, W = Wintergast

Art	Status (beste Beobachtungszeit)
Kolbenente	hD, rW (Sep.–Jun.)
Schellente	rD, hW (ganzjährig)
Gänsesäger	rD, rW (ganzjährig)
Schwarzhalstaucher	rD, sW (Sep.–Okt.)
Fischadler	rD (Apr.–Okt.)
Wespenbussard	sB (Mai–Jun.)
Rotfußfalke	sD (Mai, Sep.)
Kiebitz	sB (März–Okt.)
Flussregenpfeifer	sD (März–Sep.)
Grauspecht	rB (ganzjährig)
Grünspecht	rB (ganzjährig)

Art	Status (beste Beobachtungszeit)
Schwarzspecht	rB (ganzjährig)
Mittelspecht	hB (ganzjährig)
Kleinspecht	sB (ganzjährig)
Bienenfresser	sB (Mai–Aug.)
Pirol	rB (Mai–Aug.)
Wasseramsel	rB (ganzjährig)
Baumpieper	rB (Apr.–Jun.)
Feldlerche	rb (März–Aug.)
Neuntöter	rB (Mai–Sep.)
Gartenrotschwanz	rB (Mai–Aug.)
Fichtenkreuzschnabel	rB (ganzjährig)

entdecken. Der Siebentischpark ist bekannt für seine Graureiherkolonie und Gartenrotschwänze brüten vereinzelt in den Kleingartenanlagen. Ganz anders ist das Artenspektrum in den Siebenbrunner Wiesen. Hier singen im Frühjahr Feldschwirle und Neuntöter. Auf dem Durchzug rasten Braunkehlchen und im Winter besetzen Raubwürger ihre Warten. Kornweihen gaukeln über den Wiesen. Silberreiher, Mäusebussarde und Turmfalken jagen nach Mäusen. Am Lochbach dann wird man seiner Beobachtungsliste mit Glück einige flussbewohnende Vogelarten wie Gänsesäger, Eisvögel, Wasseramseln und Gebirgsstelzen zufügen können.

Der Mandichosee hat durch den enorm zugenommenen Besucherverkehr als Beobachtungsgebiet stark gelitten und einen Großteil seiner Attraktivität eingebüßt. Er lohnt vor allem zu den Zugzeiten und im Winter bei etwas freier Beobachtungszeit einen Blick.

Beobachtungsmöglichkeiten

Vier Exkursionen sind aus ornithologischer Sicht besonders empfehlenswert. Die drei ersten Touren sind ausführlich im Rad- und Wanderführer „Stadtwald Augsburg" beschrieben.

Den Siebentischwald mit Siebentischpark erwandert man ausgehend von der Straßenbahn Haltestelle „Siemens" beziehungsweise dem Park-and-Ride Sportanlage Süd (1). Von hier geht man die Ilsungstraße, eine Lindenallee, nach Osten und in den Wald (2). Viele Waldarten inklusive Mittelspechte wird man erwarten können. Graureiher aus der Kolonie bei (3) sind allgegenwärtig. Die gesamte Strecke beläuft sich auf etwa 7 km.

Siebenbrunn mit den Siebenbrunner Wiesen ist ein Waldgebiet, das immer wieder von offenen Wiesen unterbrochen ist. Man startet in Siebenbrunn an der Gaststätte Jägerhaus (Ochsenbachweg 16) (4) und wandert zunächst den Ochsenbachweg nach Osten. Ein möglicher Weg mit verschiedenen Abstechern ist in der Karte eingezeichnet. Neben typischen Waldarten wird man im Frühling in den Wiesen (5) Feldschwirle und Neuntöter beobachten können. Im eingezäunten Preßmarschen Gut (6) brüten Wendehälse, die leider nur selten zu hören sind. Die Spuren der Biber sind nicht zu übersehen. Man ist 3 km unterwegs.

Das Gebiet um die Königsbrunner Heide, das von Przewalski-Pferden beweidet wird, ist nicht nur ornithologisch, sondern auch botanisch hoch interessant. Außerdem leben hier Schlingnattern und Kreuzottern. Man parkt am Waldspielplatz von Königsbrunn, östlich der großen Straße am Beginn des Wasserhauswegs (7). Direkt nördlich grenzt die Hasenheide an, die im Winter von den Pferden beweidet wird, aber ab April für Besucher frei zugänglich ist. Am Rand der teilweisen eindrucksvollen Kiefernwälder sind Baumpieper verbreitet. Wenn man den Wasserhausweg nach Osten etwa 1 km bis zum Waldrand geht, erreicht man den Lochbach (8). Hier in Richtung Süden hat man gute Beobachtungsmöglichkeiten für Wasseramseln und andere Gewässerbewohner. Die Wanderung summiert sich auf etwa 4 km.

Den südlichen Abschluss bildet die Lechstaustufe 23, die seit 2003 Mandichosee heißt. Sie dient zur Wasserkraftgewinnung, aber auch zur Erholung, sodass im Juli und August wenig Freude beim Beobachten aufkommt. Vor allem zu den Zugzeiten und im Winterhalbjahr kann ein Blick manchmal lohnen. Man parkt über die Staatsstraße 2380 kommend am nordöstlichen Ende der Staustufe (9). Von dort geht man auf den Damm und kann den See bis (10) umwandern (einfach 2,5 km). Dort im

In Bayern gibt es etwa 500 Gänsesäger-Brutpaare. Sie brüten vor allem entlang der Flüsse, die aus den Alpen kommend in die Donau münden – wie Lech und Isar.

Foto: Karin Jähne / Stock.Adobe.com

Auwald sind Eisvögel, Kleinspechte, Pirole, Weidenmeisen, Grauschnäpper und Kernbeißer zuhause. In diesem Bereich am Lech sind abends oft Biber zu sehen. Der Weg westlich des Lechs von der Staustufe nach Norden kann im Winter empfohlen werden (im Sommer FKK-Bereich). Im Winter halten sich viele Tauchenten und Gänsesäger, aber auch Eisvögel und Wasseramseln am Fluss nördlich der Staustufe auf.

Blick in die Umgebung

Etwa 4,5 km südlich Königsbrunn liegen die Römerseen, ein rekultivierter Kiesgrubenkomplex. Vom Parkplatz an einer Wegkreuzung östlich der B17 auf Höhe Oberottmarshausen (siehe Koordinaten) geht man 400 Meter auf einem asphaltierten Sträßchen nach Süden zu einer Beobachtungsplattform. Von dort kann man Kiebitzen beim Balzen und beim Brutgeschäft zuschauen. Weiterhin findet sich in der Umgebung eine reichhaltige Vogelwelt der Kulturlandschaft.

Eine gute Stelle, um Bienenfresser störungsfrei zu beobachten, befindet sich zwischen Königsbrunn und Bobingen. Man parkt an der Haunstetter Straße (siehe Koordinaten) und geht auf dem Schotterweg gut 800 Meter nach Norden. Von hier, dem nordwestlichen Eck der Kiesgrube, hat man den besten Einblick in die Bienenfresserkolonie. Bitte bleiben Sie außerhalb der Umzäunung.

Christian Wagner, Christopher König, Christoph Moning, Felix Weiß

Infomaterial/Literatur

Liebig N 2015: Stadtwald Augsburg. Rad- und Wanderführer zu Quellbächen, Lechkanälen und Lechheiden. context verlag Augsburg, Hrsg: Landschafspflegeverband Stadt Augsburg.

Liebig N, Kugler R 2005: Vögel im Stadtwald Augsburg. Kartierung im Rahmen des Projektes „Jahr der Artenvielfalt" im Auftrag des Landschaftspflegeverbandes Stadt Augsburg (unveröff.).

Wir danken Robert Kugler ganz herzlich für die umfangreiche Unterstützung.

Jetzt im Frühjahr schmiegen sich leuchtend gelbe Sumpfdotterblumen an die Grabenränder der Gießer. Foto: fotograupner / Stock.Adobe.com

Anfahrt

Mit Bahn und Bus

Vom Bahnhof Augsburg sind die Startpunkte der drei vorgeschlagenen Wanderungen wie folgt zu erreichen. Siebentischwald (1): Straßenbahnlinie 2, Haltestelle „Siemens"; Siebenbrunn (4): Straßenbahnlinie 2 bis „Haunstetten Nord" und 1 km nach Osten gehend bis Siebenbrunn; (7): Straßenbahnlinie 2 bis „Haunstetten Nord", dann mit dem Bus 734 nach Königsbrunn zur „Heidestraße" und dieser dann zu Fuß nach Osten bis zum Wanderparkplatz folgen (1,2 km von der Haltestelle). Der Bahnhof Mering St. Afra liegt 2,8 km östlich des Mandichosees (9). Die Exkursionen sind idealerweise auch mit dem Fahrrad machbar.

Mit dem Auto

Augsburg liegt an der stauträchtigen A 8. Die B 17 führt westlich des Stadtwalds von Augsburg nach Süden in Richtung Landsberg am Lech. Die Ausgangspunkte für die Exkursionen sind im Text beschrieben und unten verortet.

Adressen

Landschaftspflegeverband Stadt Augsburg e. V. https://lpv-augsburg.de/landschaftspflege/weidestadt-augsburg/, umfangreiche Informationen zum Beweidungsprojekt Augsburger Stadtwald.

Lechmuseum Bayern, Wasserkraftwerk Langweid, www.lechmuseum.de.

Licca liber, www.lechallianz.de/licca-liber/der-stand-heute.

Naturwissenschaftlicher Verein für Schwaben e. V. AG Ornithologie http://nwv-schwaben.de/ornithologie/aktuelle-beobachtungen – Homepage des sehr aktiven Vereins mit Beobachtungsarchiv und aktuellen Meldungen. Beobachtungen im Rahmen einer Exkursion können hier gemeldet oder besser gleich in www.ornitho.de eingegeben werden.

GPS		
Startpunkt (1)	48°20'25" N	10°54'23" O
Startpunkt (4)	48°19'22" N	10°55'35" O
Startpunkt (7)	48°16'23" N	10°54'06" O
Parkplatz Mandichosee (9)	48°15'53" N	10°56'26" O
Parkplatz Römerseen	48°13'51" N	10°52'36" O
Parkplatz Bienenfresser	48°16'14" N	10°51'26" O

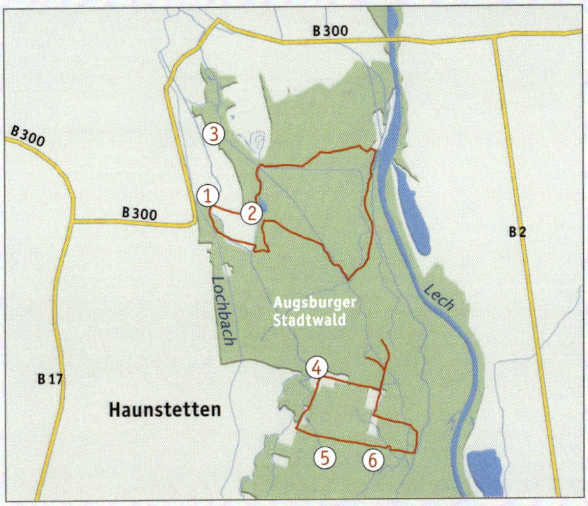

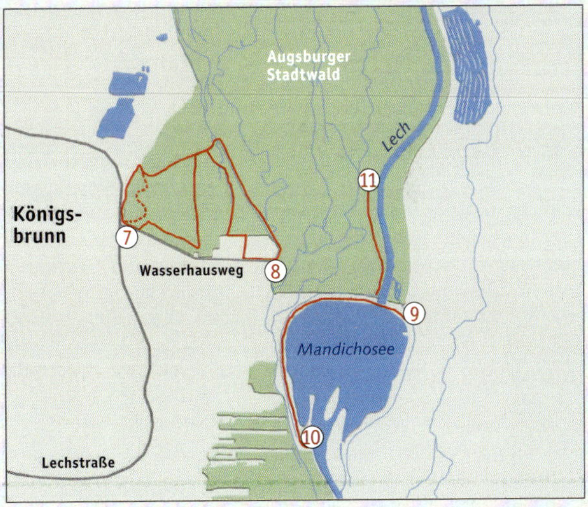

Der Plessenteich. Deutlich erkennbar sind die Flachwasserzonen und die Inseln.

Foto: Rolf Müller / Stock.Adobe.com
Der Plessenteich bei Ulm

Eine Privatinitiative zahlt sich aus

Der Plessenteich ist ein 30 ha großer renaturierter Baggersee in den Neu-Ulmer Stadtteilen Reutti und Gerlenhofen, der sich unter der Pflege der lokalen Naturschutzgruppe, dem „Gerlenhofener Arbeitskreis Umweltschutz (GAU) – Schutzgemeinschaft für den Neu-Ulmer Lebensraum e. V.", zu einem wichtigen Brut- und Rastgebiet für bedrohte Vogelarten entwickelt hat. Hier brüten regelmäßig Kiebitze, Flussregenpfeifer, Zwergdommeln und innerhalb der großen Lachmöwenkolonie mehrere Brutpaare Schwarzkopfmöwen. Zudem hat sich der Plessenteich innerhalb kürzester Zeit zu einem Konzentrationspunkt des Vogelzugs entwickelt. Als i-Tüpfelchen wartet das Gebiet mit einer vorbildlichen Infrastruktur für Vogelbeobachter auf.

Der Entstehung des ornithologischen Kleinods Plessenteich gingen langwierige Verhandlungen voraus. Zwar war der Kiesabbau nur unter der Auflage genehmigt worden, dass das Areal nach dem Ende der Nutzung renaturiert werden würde, der Betreiber wollte die Abbautätigkeiten aber nicht einstellen, sondern sogar erweitern. Gerlenhofener Bürger, die Pläne für eine Verlängerung und Ausweitung des Kiesabbaus im gesamten Illertal ablehnten, gründeten deshalb 1980 den Gerlenhofener Arbeitskreis Umweltschutz (GAU). Der Widerstand in der Bevölkerung brachte den Neu-Ulmer Stadtrat dazu, der Ausweitung der Nutzungsrechte am Plessenteich zunächst nicht zuzustimmen. Einige Jahre später – 1984 – wurde von ihm das GAU-Konzept für den Plessenteich übernommen, das eine Vergrößerung der Abbaufläche um 10 ha bei gleichzeitiger Rekultivierung zu einem Landschaftssee des nicht mehr genutzten Geländes vorsah. 2003 wurden der Abbau und die Gestaltungsmaßnahmen des Unternehmers beendet und der GAU erwarb schließlich den See für 215 000 Euro.

Seitdem führt die Naturschutzgruppe vielfältige Maßnahmen zur Verbesserung der Lebensbedingungen für Vögel durch. Neben der Anlage der Schilf- und Kiesinseln, errichteten Mitglieder des Vereins mehrere Steilwände für Eisvögel, bauten eine Uferschwalbenwand und brachten Nistflöße für Flussseeschwalben aus. Außerdem steuert der GAU gezielt mit umfangreichen Pflegemaßnahmen die Entwicklung des Geländes. Ziel ist es, eine möglichst hohe Artenvielfalt auf kleinem Raum zu generieren. So bewahrt der Verein zum Beispiel die Kies- und Wiesenflächen durch Mähen und Grubbern vor der Verbuschung und schafft so jährlich neue wertvolle Rohbodenstandorte. Sie bleiben damit attraktiv für verschiedene Bodenbrüter.

Im unmittelbaren Umfeld des Plessenteichs wurden mit engagierten Landwirten erhebliche Verbesserungen auf den Agrarflächen durchgeführt. Mit Förderung durch verschiedene

Naturschutzprogramme wurden unter anderem Äcker in Grünland umgewandelt oder Ackerbrachen geschaffen. Ein Hektar Ackerfläche, die angekauft wurde, kann seit dem Frühjahr 2016 nach Ablauf eines Pachtvertrags selbst bewirtschaftet werden. Sie wurde mit artenreichem Wiesensaatgut neu angesät und hat sich bereits 2017 zu einer blütenreichen Wiese entwickelt.

Geteilte Freude ist doppelte Freude: Getreu diesem Motto versucht der GAU auch der Öffentlichkeit und speziell den Vogelbeobachtern das Biotop näher zu bringen. Durch eine Vogelschutzhecke auf einem Erdwall abgeschirmt, ist die Tierwelt am Plessenteich relativ wenig gestört, sodass aus verschiedenen attraktiven Beobachtungseinrichtungen heraus – etwas Geduld und die richtige Jahres- bzw. Tageszeit vorausgesetzt – schöne Beobachtungen möglich sind. Die besten Lichtverhältnisse für Beobachtungen sind vormittags mit der Sonne im Rücken.

Während des jahrzehntelangen Kiesabbaus wurde der See auch rege als Badesee genutzt. Um die Akzeptanz der großflächigen Naturschutzmaßnahmen zu erhöhen, sollten die Badegäste nach der Renaturierung nicht komplett ausgeschlossen werden. Deswegen ist in einem abgegrenzten Bereich im Süden weiterhin das Baden erlaubt. Bei heißem Wetter lohnt sich also die Mitnahme einer Badebekleidung. Der Badebereich wird durch eine Balkenkette im See abgetrennt. Diese hält den Freizeitdruck von der Hauptinsel und dem nördlichen Bereich fern. Die Liegeflächen sind stark reduziert, insbesondere auch, um Feste vom See fernzuhalten. Ergänzend wurde das eigentlich schon lange bestehende Zufahrtsverbot in Zusammenarbeit mit Polizei und Naturschutzwacht durchgesetzt.

Ein Beobachtermagnet sind regelmäßig Flussregenpfeifer, die sich auf kurze Distanz beim Brüten beobachten ließen. Foto: E. Lietzow. Bielefeld, 27.6.2012.

Besondere Vogelarten und Reisezeit

Am Plessenteich wurden bis 2024 mindestens 235 Vogelarten beobachtet. Prägende Brutvogelart ist die Lachmöwe, die mit aktuell 300 bis 400 Paaren auf der großen Plessenteichinsel brütet. In der Lachmöwenkolonie finden sich zur Brutzeit auch Schwarzkopfmöwen ein. Haubentaucher, Stock-, Kolben- und Reiherenten sowie Nil-, Rost- und Graugänse brüten in Nachbarschaft der Möwen und führen ihre Junge auf das Wasser des Plessenteichs. Kiebitze nehmen die angelegten, vegetationsarmen Inseln an und sind hervorragend zu beobachten. 2024 konnten 20 Kiebitzbrutpaare gezählt werden. Ebenfalls in diesem Jahr brüteten drei Flussregenpfeifer sogar unmittelbar vor der Beobachtungswand auf einer eigens aufgeschütteten Kiesfläche

Typische Vogelarten am Plessenteich, deren Status und günstige Beobachtungszeit (in Klammern)
h = häufiger, r = regelmäßiger, s = seltener; B = Brutvogel, W = Wintergast, D = Durchzügler

Art	Status (beste Beobachtungszeit)
Nilgans	sB, (ganzjährig)
Graugans	hB (ganzjährig)
Schnatterente	hD (Feb.–Nov.)
Krickente	hD, rW (Okt.–Mrz.)
Kolbenente	sB, rD (Mrz.–Okt.)
Zwergdommel	sB (Mai–Jul.)
Haubentaucher	rB (Feb.–Nov.)
Rohrweihe	rB, sD, sW (Mrz.–Okt.)
Kiebitz	hB, sD, (Mrz.–Okt.)

Art	Status (beste Beobachtungszeit)
Flussregenpfeifer	rB, rD (Mrz.–Sep.)
Bekassine	rD (Mitte Mrz.–Mai, Sep.–Nov.)
Bruchwasserläufer	rD (Mitte Apr.–Mitte Mai, Jul.–Sep.)
Lachmöwe	hB (Mrz.–Nov.)
Schwarzkopfmöwe	sB, (Apr.–Jul.)
Flussseeschwalbe	rB, (Apr.–Sep.)
Eisvogel	rB (ganzjährig)
Drosselrohrsänger	sB (Mai–Jul.)

in nur rund 10 m Entfernung von den Beobachtern. Aktuell gibt es neun Brutflöße für Flussseeschwalben, auf denen 15 Paare der attraktiven Flugkünstler ihre Jungen großziehen. Die Schilfbereiche werden von Zwergdommeln und seit 2010 von mehreren Brutpaaren Drosselrohrsängern zur Aufzucht ihrer Brut genutzt. Die Uferschwalbenwand am gegenüberliegenden Ufer ist regelmäßig von Feldsperlingen belegt. Der Plessenteich ist innerhalb kürzester Zeit zu einem Konzentrationspunkt des Vogelzugs geworden. Enten lassen sich oft auch auf kurze Entfernung aus den Beobachtungsverstecken genießen. Typische Watvögel sind Bekassinen, Flussufer-, Bruch- und Waldwasserläufer, Kampfläufer, Grünschenkel und Alpenstrandläufer. Aber auch Kiebitzregenpfeifer oder seltenere Arten wie Austernfischer, Stelzenläufer oder Knutts werden immer wieder entdeckt. Selbst Raritäten wie Rallenreiher, Rotflügel-Brachschwalbe, Terekwasserläufer und Graubrust-Strandläufer waren schon zu Gast. Fischadler und Rohrweihen jagen regelmäßig im Durchzug über der Wasserfläche. Wasserrallen huschen am Schilfrand entlang.

In der Feldflur sind Feldlerchen und Wiesenschafstelzen häufig. Neuntöter brüten im Umfeld und Pirole rufen aus dem Waldstreifen nördlich des Plessenteichs.

Beobachtungsmöglichkeiten

Vom Bahnhof Gerlenhofen (1) folgt man der Hausener Straße etwa 350 m nach Osten. Dort hält man sich links und verlässt auf der anfangs geteerten Straße „Am Plessenteich" den Ort. Hier kann man auch sein Auto abstellen (2). In 1,2 km erreicht man an der Badestelle vorbei das östliche Ende des Plessenteichs (3). Es folgen nach Nordwesten gehend in kurzer Abfolge zwei Beobachtungswände, der Beobachtungsturm (4), zwei weitere Beobachtungswände und die letzte gute Beobachtungsmöglichkeit, ebenfalls ein Versteck (5), an dem man umkehren kann.

Das Biotop am Polstermähder befindet sich südlich von Ludwigsfeld, etwa 2 km Luftlinie westlich des Plessenteichs. Das ehemalige Kiesabbaugebiet wurde im Rahmen von Ausgleichsmaßnahmen im Winter 2010 für den Naturschutz optimiert. Neben umfangreichen Flachwasserzonen entstanden auch Kleingewässer und eine vegetationsfreie Insel im See. Das Biotop kann von einem Beobachtungsturm (6) aus überblickt werden. Man hat einen wunderbaren Blick über den See, die Flachwasserzo-

Es ist immer viel los am Plessenteich. Hier sieht man vor allem Graugänse und Lachmöwen.
Foto: C. Wagner. 9.7.2010.

nen und das Schilf. Am Polstermähder werden regelmäßig Zwergdommeln mit Nachwuchs gesehen. Man kann direkt am Beobachtungsturm parken (6).

Weitere Freizeitmöglichkeiten

Eine ganze Reihe etablierter und sehr guter Beobachtungspunkte findet man nördlich von Günzburg im 30 km vom Plessenteich entfernten Donaumoos. Dazu gehören der Fetzersee, der See bei Emmausheim, sowie das Donaumoos und die Auwälder entlang der Donau. Die Gebiete sind im Buch „Vögel beobachten in Süddeutschland" beschrieben.

Christian Wagner, Christopher König, Christoph Moning, Felix Weiß

Infomaterial/Literatur

Wagner C, Moning C 2012: Vögel beobachten in Süddeutschland. Kosmos-Verlag; Stuttgart.

Live-Webcam auf YouTube: https://youtu.be/_p4S7B9WlB8

WLAN-Kameras: Am Plessenteich gibt es seit 2015 Kameras, mit denen Sie – sofern Sie ein Smartphone dabei haben – im Beobachtungsturm kostenlos das Brutgeschäft aus der Nähe beobachten können. Des Weiteren gibt es einige Informationsfilmchen. Eine Anleitung zur Installation der App finden Sie im Beobachtungsturm. Das Angebot steht nur saisonweise zur Verfügung.

Wir danken Wolfgang Gaus ganz herzlich für die umfassende Hilfe.

Anfahrt

Den Plessenteich erreicht man von Gerlenhofen aus, das knapp 7 km südwestlich von Ulm liegt.

Mit Bahn und Bus

Vom Bahnhof Gerlenhofen (1) aus geht man etwa 20 Minuten nach Osten und Nordosten bis zur ersten Beobachtungwand (3). Zum Beobachtungsturm bei (6) folgt man dem in der Karte eingezeichneten Weg. Die gesamte Rundstrecke vom Bahnhof Gerlenhofen ist knapp 8 km lang.

Mit dem Auto

Man parkt im Bereich des Bahnhofs Gerlenhofen bzw. am Beginn der Straße „Am Plessenteich" (2). Den Beobachtungsturm südlich Ludwigsfeld (6) kann man direkt über die „Alte Römerstraße" anfahren.

Adressen

Schutzgemeinschaft für den Neu-Ulmer Lebensraum e. V. (GAU), Hausener Str. 28, 89233 Neu-Ulm, Tel.: 07307-34166, info@gau-neu-ulm.de, www.gau-neu-ulm.de;
Konzeption und Umsetzung des Projekts Biotopverbund Iller/Donau mit hauptamtlichem Angestellten (Wolfgang Gaus), Projektträger Plessenteich, umfangreiche Umweltbildung mit eigenem Ökomobil. Der Verein betreut circa 70 ha Biotopfläche, davon 30 ha Plessenteich, 19 ha Biotop am Polstermähder, 10 ha Feuchtbiotope, hat 9 Streuobstwiesen mit 240 Bäumen und fast 500 Nisthilfen (Schleiereulen, Wasseramseln, Uferschwalben, Fledermäusen usw.).

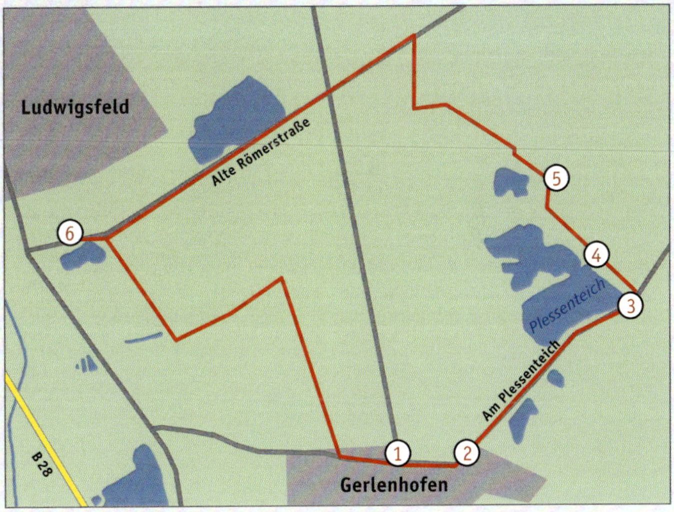

GPS		
Parkplatz Plessenteich (2)	48°21'05" N	10°02'31" O
Beobachtungsturm Polstermähder (6)	48°21'38" N	10°00'55" O

Die frisch wieder vernässten Kollerfilze zeigen ein frühes Entwicklungsstadium, das für brütende und ziehende Wasservögel interessante Lebensräume bietet.

Kollerfilze, 28.10.2017.

Die Rosenheimer Stammbeckenmoore

Vogelbeobachtung im Vierkehlchenland

Südwestlich von Rosenheim bildete sich vor der Kulisse des Mangfallgebirges und der Chiemgauer Alpen nach den Eiszeiten der gewaltige Moorkomplex der Rosenheimer Stammbeckenmoore. Er besteht aus den Abgebrannten Filzen sowie den Sterntaler-, den Hochrunst- und den Kollerfilzen. Am Rande dieses Moorkomplexes liegen ausgedehnte Auen- und Streuwiesenbereiche. Angrenzend bieten zu den Zugzeiten die offenen Ackerflächen südlich von Pang interessanten Durchzüglern Rastflächen, während der nahe gelegene Simssee mit seinen ausgedehnten Verlandungsbereichen und der Vogelzug am Samerberg das Beobachtungsangebot abrunden.

Vor etwa 20000 Jahren, auf dem Höhepunkt der letzten Eiszeit, war das Rosenheimer Stammbecken durch den riesigen Inngletscher bedeckt. Nach der Eiszeit stauten die Moränenzüge das Schmelzwasser des Gletschers zu einem 50 km langen See von der Größe des Bodensees auf, dem Rosenheimer See. Dessen Grund wurde im Laufe der Jahrhunderte durch Tonpartikel bedeckt, die aus dem nahen Alpenraum eingeschwemmt wurden. Gleichzeitig öffnete die Erosion am „Ur"-Inn vor rund 12000 Jahren die Endmoräne und ließ den mächtigen See auslaufen.

Weil das Regenwasser im trocken gefallenen tonigen Seeboden nicht versickerte, bildete sich zunächst eine Sumpflandschaft mit Bruchwäldern und Schilfröhrichten. Aus der absterbenden Vegetation entstanden allmählich Niedermoore, die sich an vielen Stellen durch die massenweise Ausbreitung von Torfmoosen zu einem Hochmoor entwickelten (bayerisch „Filz"). Im Laufe der Jahrtausende entstand so über dem ehemaligen Rosenheimer See auf rund 43 km² einer der größten voralpinen Hochmoorkomplexe mit bis zu 10 m mächtigen Torfschichten.

Im 19. Jahrhundert begannen Menschen die Rosenheimer Stammbeckenmoore zu entwässern und Torf abzubauen, insbesondere in den Abgebrannten Filzen und in den Hochrunstfilzen. Zunächst als Brennmaterial für Eisenbahnen, Brauereien und Salinen, später auch zur Herstellung von Blumenerde. Erst 2004 endete der industrielle Frästorfabbau in den Kollerfilzen. Die moortypischen Arten und Lebensgemeinschaften wurden durch die Entwässerung von trockenen Heiden und Moorwäldern verdrängt. Lediglich in den Sterntaler Filzen sind noch etwa 5 % der ursprünglichen Stammbeckenmoore unverändert vorhanden.

Die in den Randbereichen des Moorkomplexes zahlreich vorhandenen Niedermoore wurden vielfach als Grünländer genutzt, deren Schnittgut zur Einstreu in Ställen verwendet wurde und die deshalb als Streuwiesen bezeichnet werden. Zu ihnen zählen das Auer Weidmoos im Westen und die Kaltenaue im Norden des Gebietes. Neben seltenen Orchideenarten sind die Streuwiesenreste wichtige Refugien für Wiesenbrüter. Der rasche Strukturwandel in der Landwirtschaft drängte seit

Mitte des letzten Jahrhunderts jedoch immer mehr Landwirte zur Aufgabe der traditionellen Streunutzung. So traten an die Stelle dieser artenreichen Wiesen vielerorts Intensivwiesen, Äcker, Brachen oder Aufforstungen.

Noch immer beherbergt das Gebiet bedeutende Lebensräume und so wurden im Jahr 2000 das „Auer Weidmoos mit Kalten und Kaltenaue“ und die „Moore um Raubling“ als Fauna-Flora-Habitat (FFH)-Gebiete gemeldet. Seit 2001 werden auf einer Fläche von 4300 ha die vielen, seit über achtzehn Jahren laufenden Naturschutzaktivitäten im Rahmen des Bayern Netz Natur-Projekts „Rosenheimer Stammbeckenmoore“ koordiniert. 2005 bis 2010 förderte die EU Naturschutzmaßnahmen im Rahmen eines LIFE-Projektes auf circa 1100 ha. Dies betraf in erster Linie die Wiedervernässung und Renaturierung degradierter Hochmoorbereiche auf rund 400 ha, sowie die Erhaltung der Streuwiesen und eine intensive Öffentlichkeitsarbeit. Seit 2009 erfolgten weitere Maßnahmen im INTERREG-Projekt „Mooralllianz in den Alpen“ und im Rahmen des Klimaprogramm Bayern 2020 (KLIP 2020).

Die Vernässungen in den zentralen Hochmoorbereichen führte zu Ansiedlungen von Lachmöwenkolonien, von deren Schutz brütende Schwarzhalstaucher profitieren.
Echinger Stausee, 22.4.2007.

Besondere Vogelarten und Reisezeit

Die Vielfalt der Lebensräume wird durch das Vorkommen von Schwarz- (degradierte Hochmoore), Braun- (Streuwiesen), Blau- (Schilf- und Weidendickichte) und Rotkehlchen (Gehölze) repräsentiert, was der Gegend die treffende Bezeichnung des „Vierkehlchenlandes“ einbrachte.

Die Moorbereiche beherbergen eine artenarme, aber sehr interessante Avifauna. Schwarzkehlchen und Wiesenpieper profitieren von der Verheidung der degradierten Hochmoorbereiche. Raubürger sind als Brutvögel verschwunden, können aber wie Kornweihen gelegentlich im Winter beobachtet werden. Kuckucke prägen die Geräuschkulisse im Frühjahr.

Von der Zunahme der Gewässer im Zuge der Renaturierungen haben vor allem Zwergtaucher, Krickenten, Wasserrallen, Bekassinen und Blaukehlchen als Brutvögel profitiert. Brandgänse, Löffel-, Knäk- und Spießenten sowie gelegentlich Fischadler nutzen die Gewässer zur Rast. An den frisch renaturierten Gewässern liegen vegetationsarme binsendurchsetzte Uferbereiche, die zunächst von Flussregenpfeifern sowie Mittelmeer- und Lachmöwen besiedelt wurden. Unter diese mischen sich im Bereich der Kollerfilze einzelne Paare Schwarzhalstaucher. Zu den Zugzeiten werden diese Bereiche auch von rastenden Limikolen, überwiegend von Wasserläufern wie Grünschenkeln, Bruch- oder Waldwasserläufern, sowie Kampfläufern und Bergpiepern aufgesucht. Mit etwas Glück wird man an den Feuchtflächen im Sommerhalbjahr auch

Typische Vogelarten in den Rosenheimer Stammbeckenmooren und Umgebung, deren Status und günstige Beobachtungszeit (in Klammern).
h = häufiger, r = regelmäßiger, s = seltener; B = Brutvogel, W = Wintergast, D = Durchzügler, N = Nahrungsgast

Art	Status (beste Beobachtungszeit)
Schwarzhalstaucher	sB, rD (Apr.–Jul.)
Zwergdommel	sB (Jun.–Aug.)
Schwarzstorch	rN (Apr.–Sep.)
Löffelente	rD (Apr., Sep.–Okt.)
Krickente	rD, rB (Mrz.–Nov.)
Schwarzmilan	rN (Apr.–Aug.)
Wespenbussard	sB, rD (Mai–Sep.)
Rotfußfalke	sD (Mai, Sep.)
Baumfalke	rB, rD (Mai–Aug.)
Wasserralle	rB, rW (ganzjährig)

Art	Status (beste Beobachtungszeit)
Flussregenpfeifer	sB, rD (Apr.–Jul.)
Bruchwasserläufer	rD (Apr./Mai, Jul./Aug.)
Bekassine	rD, sB (Mrz.–Okt.)
Kuckuck	hB (Mai–Jun.)
Grauspecht	rB (ganzjährig)
Wiesenpieper	sB, hD (Apr.–Jun., Okt.)
Baumpieper	hB, rD (Apr.–Jun.)
Schwarzkehlchen	hB, rD (Apr.–Okt.)
Kolkrabe	rB, rN (ganzjährig)

Wespenbussarde ziehen im Spätsommer und Frühherbst entlang des Alpennordrandes und schwenken im Bereich des Samerberges nach Süden in das Inntal.
Isarmündung, 11.5.2010.

Nahrung suchende Schwarzstörche entdecken können.

Die fortschreitende Verbuschung hat zu einer Zunahme von Baumpiepern geführt. Baumfalken nutzen das reiche Libellenleben an den Renaturierungsflächen. Zu den Zugzeiten gesellen sich gelegentlich Rotfußfalken hinzu. Die Moorwälder werden durch Waldschnepfen und Kolkraben besiedelt. Im Frühjahr lassen Grauspechte ihre abfallenden Gesangsreihen hören. Die weichholz- und totholzreichen Moorwaldbereiche werden von Kleinspechten bevorzugt.

Das Auer Weidmoos beherbergt trotz einschneidender Eingriffe durch die Flurbereinigung in den 1970er Jahren und weitreichende Entwässerungsmaßnahmen noch typische Niedermoorarten wie Wachteln, Große Brachvögel, Schwarz- und Braunkehlchen sowie Baum- und Wiesenpieper und Feldschwirle. Bekassinen und Raubwürger sind Durchzügler bzw. Wintergäste, während Rot- und Schwarzmilane regelmäßig bei der Nahrungssuche beobachtet werden können. Bei hohen Wasserständen rasten einzelne Limikolen.

Nordöstlich der Stammbeckenmoore liegt die Ortschaft Pang, deren südlich gelegene Feldflur eine intensiv landwirtschaftlich genutzte, hochgelegene Innterrasse ist. Dieser Bereich hat in der Vergangenheit immer wieder interessante Rastvögel angezogen, darunter viele Greifvögel unter denen sich im Mai und September regelmäßig Rotfußfalken einfinden. Auch einzelne Steppenweihen (April/Mai) und ein Adlerbussard (Oktober) rasteten bereits. Einzelne Kurzzehenlerchen wurden Ende April/Anfang Mai und Ende September/Anfang Oktober nachgewiesen.

Der östlich von Rosenheim gelegene Simssee weist im Norden und Süden breite Verlandungsbereiche auf, die einen Abstecher wert sind. Hier können regelmäßig verschiedene Entenarten, Baumfalken, einzelne Limikolen, Eisvögel, Wasserrallen und Blaukehlchen beobachtet werden. Auch Rohrdommeln sowie Rotfußfalken wurden hier bereits mehrfach beobachtet. Zwergdommeln brüten sehr heimlich sowohl im Norden als auch im Südteil. Purpur-, Nacht- und Seidenreiher rasten alljährlich.

Der östlich der Rosenheimer Stammbeckenmoore am Nordostende des Inntals gelegene Samerberg ist ein guter Aussichtspunkt, von dem aus sich Vogelzug beobachten lässt. Von Mitte August bis mindestens Mitte Oktober ziehen Greifvögel. Ende August und Anfang September vor allem Wespenbussarde, im Oktober bis Anfang November dann am häufigsten Sperber und Mäusebussarde. Rohrweihen erreichen im September ihr Maximum. Ab Mitte September, insbesondere aber im Laufe des Oktobers sind auch beachtliche Tagessummen von mehreren 10 000 Sperlingsvögeln möglich. Die zahlenmäßig häufigsten Arten sind Rauch- und Mehlschwalben sowie vor allem Buchfinken. Mitte Oktober ziehen meist auf wenige Tage konzentriert mehrere 10 000 Ringeltauben durch.

Beobachtungsmöglichkeiten

Für die Rosenheimer Stammbeckenmoore verlässt man von München (Westen) kommend die A 8 an der Ausfahrt „Bad Aibling“ (1) und folgt der St 2089 nach Süden und im Kreisverkehr der St 2010 nach Osten Richtung Rosenheim und Pang. In Wasserwiesen lohnen die kleineren Fischaufzuchtteiche bei (2, A) im Sommer einen kurzen

Die wieder vernässten Kollerfilze bieten für Zugvögel anziehende Feuchtflächen vor der Kulisse des Mangfallgebirges. Kollerfilze, 1.8.2010.

Abstecher. Hier kommen neben Eisvögeln auch Sibirische Winterlibelle (*Sympecma paedisca*, im Schilf), Sumpf-Heidelibelle (*Sympetrum depressiusculum*) und Östlicher Blaupfeil (*Orthetrum albistylum*) vor. Für die Feldflur südlich Pang (3, B) folgt man der Straße über die Autobahn und begibt sich dann südlich Pang in das Feldstraßennetz, entlang dessen man am besten mit dem Fahrrad oder mit dem Auto durch regelmäßige Stopps fündig wird.

Von Pang folgt man der kleinen Ortsverbindungsstraße nach Nicklheim, an dessen westlichem Ortsrand ein lang gezogener Parkplatz liegt, der Zugang zu dem Wegenetz in die Kollerfilze (C) bietet (4). Von dem Parkplatz folgt man dem breit geschotterten Weg durch den Moorrandwald und gelangt nach rund 400 m an den Rand der Hochmoorweite, wo man geradeaus dem Schwarzkehlchenpfad folgend in wenigen Metern an einen Beobachtungspunkt mit Blick auf die renaturierten Hochmoorbereiche gelangt (5).

Zurück auf dem Hauptweg folgt man diesem nach links und erreicht nach weiteren 400 m nach links abbiegend die Moorstation Nicklheim, an deren Westseite ein oft lohnender Beobachtungsturm liegt (6). Man kann den Rückweg zum Parkplatz mit einem kurzen Abstecher zu einem Ausblick auf weitere renaturierte Hochmoorflächen bei (7) als einen Rundweg gestalten.

Einen guten Eindruck vom ursprünglichen Zustand der Rosenheimer Stammbeckenmoore erhält man in den Sterntaler Filzen (D). Als Ausgangspunkt dient der Parkplatz bei (8) nördlich von Derndorf (siehe Koordinaten). Von dem Parkplatz aus erreicht man in einem knappen Kilometer ein Bohlenwegnetz (9), das zu mehreren Aussichtsmöglichkeiten führt, wobei die renaturierten Bereiche der Kollerfilze im Osten und die naturnah erhalten gebliebenen Bereiche der Sterntaler Filze im Westen liegen.

Ein Blick in das streuwiesenreiche Auer Weidmoos (E) lohnt vor allem zur Brutzeit und ist vom Pfad entlang des Aubachs (10) möglich. Gehölze versperren allerdings den Blick nach Norden. Man kann den Weg auch von Au im Westen aus begehen und erreicht die Streuwiesen nach 1 km.

Bei etwas extra Zeit kann ein Blick in das Aiblinger Weitmoos nördlich der A 8 und südlich Kochanger, westlich der St 2089 lohnen (F). Vor allem nach Regenfällen sind dort manchmal Wiesen und Äcker überschwemmt, was viele Rastvögel, darunter Entenvögel und Greifvögel anzieht. Der angrenzende Fischteichkomplex bietet Schwarz- und Rotmilanen Nahrung. Die Straße zu den Fischteichen ist öffentlich. Man kann dort parken und von der Straße aus beobachten.

Seit Jahrzehnten brüten Zwergdommeln am Inn bei Pfaffenhofen 2 km nördlich von Rosenheim. Man erreicht die Stelle über die B 15 und eine asphaltierte Straße mit Parkplatz direkt am Beobachtungspunkt (G, siehe Koordinaten). Vom Parkplatz geht man auf den Inn-Damm auf einen viel begangenen Dammweg, auf dem sich eine Gedenksäule zur Inn-Querung einer Römerstraße befindet. Von dieser geht man direkt an das angrenzende aufgeweitete Nebenwasser des Inns an einen Angelplatz. Je nach Wasserstand können auch Enten, Reiher, Limikolen und Rohrsän-

Schwarzkehlchen weisen eine der größten süddeutschen Populationen in den Rosenheimer Stammbecken-mooren auf. Mallorca, 3.10.2010.

Bekassinen sind in den Streuwiesen der Niedermoorbereiche stark zurückgegangen, während sie von den Vernässungsmaßnahmen in den Hochmooren zunächst profitieren konnten. Wallnau, 22.8.2010. Fotos: C. Moning.

ger, darunter Drosselrohrsänger beobachtet werden. Circa 1 km flussauf- und flussabwärts kommen dieselben Arten sowie Flussseeschwalben vor.

Am Nordende des Simssees bietet die Gemeindeverbindungsstraße zwischen Thalkirchen und Innthal Einblicke in Feuchtwiesen mit vorgelagerten Schilfbereichen (H). Hier soll im Frühjahr 2018 ein Beobachtungsturm errichtet werden. Bei hohen Wasserständen rasten Limikolen. Die Straße entlang der Zugstrecke Rosenheim - Bad Endorf bietet auf den ersten 2 km einige sehr gute Ausblicke auf den Nordteil des Sees von oben, dann erst wieder am Strandbad in Baierbach ganz im Süden. Auch die Badeplätze in Ecking und Pietzing sind sehr gute Beobachtungsplätze in der kälteren Jahreszeit.

Für Zugbeobachtungen am Samerberg stellt man sich am besten an die Aussichtskapelle bei Obereck in der Nähe von Törwang (I, siehe Koordinaten). Die besten Zugtage sind windstill, weitgehend wolkenfrei und mit guter Thermik und Sicht. Neben einem Fernglas ist ein Spektiv unerlässlich, da die Beobachtungsentfernungen regelmäßig sehr groß sein können. Die beste Tageszeit ist von 9 bis 15 Uhr. Manchmal muss man allerdings sehr geduldig sein, da Lücken von ein bis zwei Stunden ohne jede Zugbewegung vorkommen können.

Christoph Moning, Julia Wittmann, Christopher König, Felix Weiß

Infomaterial/Literatur

Nitsche G 2004: Die Brutvogelwelt des Auer Weidmooses, Lkr. Rosenheim (Oberbayern): Langfristige Veränderungen und Effizienzkontrolle der Naturschutzgebietsausweisung. Ornithol. Anzeiger 43: 55–68.

Nitsche G, Rudolph B-U 2002: Veränderungen der Brutvogelfauna in einem oberbayerischen Moorkomplex. Ornithol. Anzeiger 41: 13–30.

Nitsche G, Rudolph B-U 2014: Monitoring des Schwarzkehlchens Saxicola [torquatus] rubicola in den Hochmooren südwestlich Rosenheim. Ornithol. Anzeiger 52: 166–172.

Wir danken Johannes Almer, Franz Fischer, Jörg Langenberg und Bernd-Ulrich Rudolph für wichtige Hinweise zu dem Artikel.

Anfahrt

Mit Bahn und Bus

Mit öffentlichen Verkehrsmitteln ist eine Exkursion nur in Kombination mit einem Fahrrad zu empfehlen, da die beschriebenen Beobachtungsplätze zumeist nicht an das öffentliche Verkehrsnetz angeschlossen sind. Vom Bahnhof Rosenheim erreicht man Pang mit dem Fahrrad in 5 km und den Parkplatz in Nicklheim in rund 10 km.

Mit dem Auto

Die Anfahrt erfolgt über die A 8 (München-Salzburg).

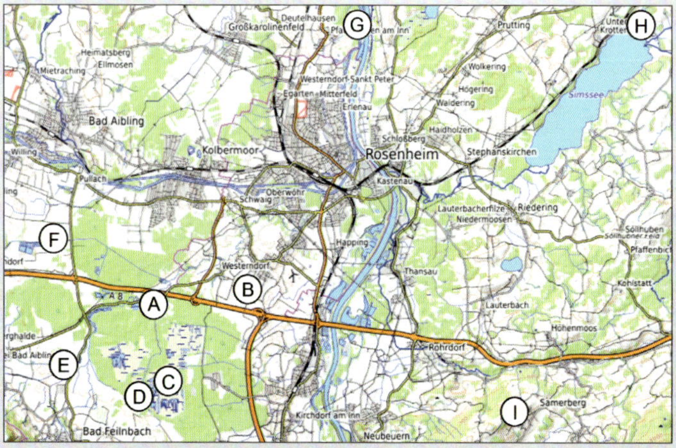

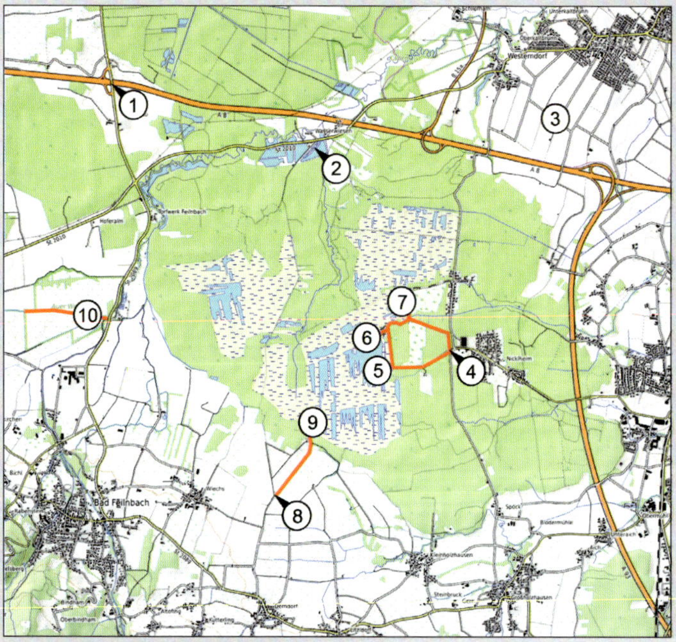

GPS		
Parkplatz Kollerfilze (4)	47°47'30" N	12°04'12" O
Parkplatz Sterntalerfilze (8)	47°46'39" N	12°02'26" O
Parkplatz Pfaffenhofen am Inn (G)	47°53'39" N	12°08'14" O
Samerberg, Aussichtskapelle (I)	47°46'60" N	12°12'21" O

Der Kochelsee vom Herzogstand aus gesehen. Gut zu erkennen sind die ausgedehnten Flächen der Loisach-Kochelseemoore nördlich des Kochelsees.
Foto: I. Weiß. 27.8.2012.

Der Kochelsee und die Kochelseemoore

Artenvielfalt zu Füßen der Alpen

Unmittelbar am Alpenrand am Fuß von Herzogstand und Kesselberg und rund 50 km südlich von München gelegen, bietet der Kochelsee in Kombination mit den sich nördlich anschließenden und strukturreich erhaltenen Loisach-Kochelsee-Mooren vielseitige Beobachtungsmöglichkeiten. Bergmischwälder, der See, Nieder- und Hochmoore sowie große Grünlandflächen sind Grundlage für eine reiche Vogelfauna, die hier Brut- und Rasthabitat finden. Im Gebiet um den Kochelsee wurden viele Seltenheiten entdeckt, was neben der Lebensraumvielfalt mit seiner Lage am Alpennordrand zu begründen ist, die bei Schlechtwettersituationen zu Zugstau führen kann.

Die Geschichte des Kochelsees und der Kochelseemoore begann vor rund 15 000 Jahren während der Würmeiszeit, als der Kochelseegletscher, vorhergehenden Gletscherbildungen folgend, das Becken in die Molasseschichten des Tertiärs grub, in dem sich später der zunächst riesige Kochelsee bildete. Nach der letzten Eiszeit lagerten sich Feinsedimente, sogenannte Seetone im Seebecken ab. Schließlich schaffte die Loisach einen Durchbruch in der Endmoräne, dem Johannisrainer Moosriegel bei Penzberg, und die wasserundurchlässigen Seetone lagen frei bzw. waren durch ausgedehnte Flachwasserbereiche bedeckt. Hier entwickelten sich durch Verlandungs- und Versumpfungsprozesse in den letzten Jahrtausenden auf 36 km² Hoch-, Übergangs- und Niedermoore, was die Gegend zu einer der moorreichsten in Mitteleuropa macht.

Neben den Mooren und Streuwiesen ist die Landschaft vor allem von Grünland geprägt und nur kleinflächig bewaldet. Dies zeugt von der langen Nutzungstradition in dem Gebiet. Bereits 1716 wurde der „Canal zur Floßfarth" angelegt, was die Fahrzeit der Holzflöße vom Werdenfelser Land nach München um zwei Stunden verkürzte. Im ohnehin schon seichten Rohrsee nordöstlich des Kochelsees sank durch die Ableitung eines Teils des Loisach-Wassers in den Triftkanal der Wasserspiegel.

Anfang des 19. Jahrhunderts, nach der staatlichen Einziehung kirchlicher Besitztümer, von der auch das im Nordosten des Gebietes gelegene Kloster Benediktbeuern betroffen war, begann die systematische Kultivierung der Moore. Vor allem in Bereichen, in denen Torfstich betrieben wurde, sind in dieser Zeit Gräben zur Entwässerung entstanden. Gegen Ende des 19. Jahrhunderts nahm durch erhöhten Viehbesatz in den Ställen auch die benötigte Einstreumenge zu. Die Moorflächen wurden nun nicht mehr ausschließlich zur Gewinnung von Torf entwässert, sondern auch um die Produktivität und Bergung des Mahdgutes auf den Streuwiesen zu verbessern. In der ersten Hälfte des 20. Jahrhunderts wurde die Kultivierung der Loisach-Kochelsee-Moore neben dem Ausbau der Loisach 1903/1904 auch durch effektivere landwirtschaftliche Bearbeitungsmethoden und nicht zuletzt staatliche Förderung vorangetrieben. Nach dem Bau des Walchenseekraftwerks 1924 erfolgte eine weitere Vertiefung und Verbreiterung der Loisach. Nachbesserungen der Drainagen wurden im Jahr 1935 durchgeführt, um die zwischenzeitlich eingetretenen Moorsackungen zu kompensieren. Auf dem Klosterland wurden damals in einer Tiefe von 1,8 m kastenförmige Holzdrainagen verlegt. Später wurden diese durch Tonrohre ersetzt. Dies verstärkte die Sackungen weiter, die schon 1957 in Mächtigkeiten bis zu 2,5 m nachweisbar waren.

Der Kochelsee zählt zu den wenigen Brutgebieten von Schellenten in Bayern.
Foto: C. Moning. München, 15.5.2010.

Nach dem zweiten Weltkrieg wurde die Loisach ein weiteres Mal ausgebaut, was auch die Entwässerung der Loisach-Kochelsee-Moore effizienter machte. Während die Entwässerung in den dorfnahen Randbereichen der Loisach-Kochelsee-Moore vorangetrieben wurde, wurden die Entwässerungseinrichtungen der zentralen Moorkomplexe vernachlässigt und nach und nach aufgegeben. Bis zum Ende des Jahrhunderts nahm das Interesse an den kultivierten Flächen stetig ab, bis 1989 nur noch 20 % der in den 20er Jahren kultivierten Flächen bewirtschaftet wurden.

1982 wurden die Feuchtwiesen durch die Novellierung des Bayerischen Naturschutzgesetztes unter Schutz gestellt. Die Entwässerung von Flächen wurde erlaubnispflichtig und in den Loisach-Kochelsee-Mooren seitdem nicht mehr genehmigt. Abgesehen von einem 103 ha großen Hochmoorareal rund um den Fichtsee, das 1940 unter Naturschutz gestellt wurde, gelang es erst durch Natura 2000, wesentlichen Teilen des Gebietes einen Schutzstatus zuzuweisen. Heute ist das gesamte Gebiet der Loisach-Kochelsee-Moore als FFH- und Vogelschutzgebiet ausgewiesen. Besondere Bedeutung haben in diesem Gebiet Hochmoore, Moorwälder sowie Pfeifengraswiesen auf kalkreichen Böden. Diese verdanken ihre heutige Existenz erheblichen Aufwendungen durch das Bayerische Vertragsnaturschutzprogramm und der Schutzinitiative des Klosters Benediktbeuern.

Besondere Vogelarten und Reisezeit

Beispielhaft für viele Kultivierungsgeschichten von Moorlandschaften Südbayerns lesen sich alte Artenlisten von Brutvögeln des Gebietes wie das Who's who artenreicher Moorgebiete. Noch in den 1970er Jahren brütend, sind beispielsweise Wiesenweihen, Sumpfohreulen und Birkhühner längst verschwunden. Dennoch sind auch in jüngerer Zeit über 250 Arten nachgewiesen, von denen über 80 Arten regelmäßig brüten.

Der Kochelsee bietet aufgrund seiner eher nährstoffarmen Verhältnisse und der nur am Nordufer ausgeprägten Flachwasserzonen begrenzte Anziehungskraft für Wasservögel. Von den klaren Wasserverhältnissen profitieren Fischfresser, darunter Zwerg- und Haubentaucher. Pracht- und Ohrentaucher sind eher seltene Wintergäste. Schwarzhalstaucher finden sich im Winterhalbjahr regelmäßig in zweistelliger Zahl auf dem Kochelsee ein, möglicherweise wie andernorts von neu eingewanderten Schwebegarnelen profitierend. Tauchenten profitieren ebenfalls von Neueinwanderern, insbesondere Dreikantmuscheln, sodass Tafel- und Reiherenten in den Flachwasserbereichen des Kochelsees im Winterhalbjahr auch dreistellig vertreten sein können. Ebenso regelmäßig anwesend sind Schellenten und Gänsesäger, die in geringer Zahl auch am Kochelsee bzw. dessen Zu- und Abflüssen brüten, die auch von Wasseramseln besiedelt sind. Möwen nutzen den Kochelsee im Winter, wenn auch

Typische Vogelarten am Kochelsee und in den Loisach-Kochelseemooren, deren Status und günstige Beobachtungszeit (in Klammern)
h = häufiger, r = regelmäßiger, s = seltener; B = Brutvogel, W = Wintergast, D = Durchzügler, N = Nahrungsgast

Art	Status (beste Beobachtungszeit)
Schnatterente	rD, rW (Okt.–Mrz.)
Krickente	sB, rD, rW (Sep.–Mrz.)
Tafelente	hW, hD (Sep.–Feb.)
Schellente	rB, hW, hD (Dez.–Apr.)
Gänsesäger	rB, rW, rD (ganzjährig)
Wachtelkönig	sB, rD (Mai–Jun.)
Prachttaucher	sW, sD (Nov.–Feb.)
Schwarzhalstaucher	rW, rD (Sep.–Mrz.)
Silberreiher	rW, rD (Aug.–Mrz.)
Weißstorch	sB (Mrz.–Aug.)
Rotmilan	rB, hN (Mrz.–Jul.)
Schwarzmilan	rB, hN (Mrz.–Jul.)

Art	Status (beste Beobachtungszeit)
Rohrweihe	rD, rB (Apr.–Jul.)
Rotfußfalke	sD (Mai, Sep.)
Baumfalke	rD, rD, rN (Mai–Sep.)
Bruchwasserläufer	rD (Mai, Jul.–Sep.)
Steppenmöwe	sW, rD (Okt.–Mrz.)
Mittelmeermöwe	hD, hW, rN, sB (ganzjährig)
Grauspecht	rB (Nov.–Mai)
Bergpieper	rD, rW (Okt.–Apr.)
Blaukehlchen	rB (Mrz.– Jun.)
Braunkehlchen	rB, hD (Apr.–Sep.)
Schwarzkehlchen	rB, rD (Mrz.–Okt.)
Karmingimpel	rB (Mai–Jun.)

mit abnehmender Tendenz zur Rast, darunter regelmäßig Steppenmöwen. Mittelmeermöwen können am Kochelsee und seiner Umgebung ganzjährig beobachtet werden, da einzelne Vögel brüten. Ein voralpentypischer Gipfel bei ihren Rastzahlen wird im August und September erreicht, ausgelöst durch Zuwanderer aus dem Mittelmeerraum. Im Gegensatz dazu kommen Heringsmöwen in kleiner Zahl zwischen August und November aus ihren nördlich gelegenen Brutgebieten an den Kochelsee.

Gründelenten erreichen größere (Rast-)Zahlen vor allem dort, wo sich vegetationsreichere bzw. nährstoffreichere Flachwasserbereiche befinden. Beispielsweise in der Wiesensenke südwestlich des Eichsees oder am Fuchsbichel-Feuchtbiotop in den Klosterwiesen Benediktbeuern sowie in der Schlehdorfer und der Triminibucht des Kochelsees. Dreistellig können Schnatterenten im Gebiet präsent sein, während Spieß-, Löffel-, Pfeif-, Krick- und Knäkenten eher nur zweistellige Zahlen erreichen. Silberreiher gehören hier zu den regelmäßigen Wintergästen und Durchzüglern. Wenn sich günstige Flachwasserbereiche im Bereich des Eichsees oder in den Klosterwiesen ausbilden, rasten hier Limikolen, vor allem Wasserläufer, aber auch Flussregenpfeifer, Kiebitze, Bekassinen und Kampfläufer. Dies sind auch die Bereiche, die von durchziehenden und überwinternden Bergpiepern bevorzugt werden. Einzelne Große Brachvögel brüten noch, zum Beispiel im Bereich des Eichsees, während Bekassinen ihren meckernden Balzflug vor allem über den feuchtesten Bereichen der Loisach-Kochelsee-Moore vollziehen.

Die Schilfbereiche im Norden des Kochelsees und in den Loisach-Kochelsee-Mooren dienen einzelnen Rohrdommeln als Winterquartier, während ihr dumpf tönender „Moorochsengesang" in den Loisach-Kochelsee-Mooren wie zuletzt 2014 ein seltenes Geräusch bleibt. Rohrweihen sind hier deutlich präsentere, wenn auch nicht häufige Brutvögel; und auch Wasserrallen brüten in den nassen Schilfflächen, die sie auch im Winter nutzen. Verschilfte Streuwiesen werden stellenweise von Blaukehlchen, Schilfrohrsängern und Rohrschwirlen angenommen. Dort wo Büsche hinzukommen, finden sich nicht selten Neuntöter ein und auch einige Karmingimpel nutzen diesen Lebensraum stetig, wenn auch nur kurz im Jahr.

Die artenarmen Hochmoorbereiche liegen weitgehend in unzugänglichen Bereichen, während die artenreicheren Niedermoorflächen, die oft Streuwiesen aufweisen, auf verschiedenen Wegen im Klosterland Benediktbeuern oder entlang der Loisach nördlich des Kochelsees erlebt werden können. Hier brüten unter anderem einzelne Wiesenpieper und deutlich mehr Baumpieper, die beide auch im Gebiet rasten. Für Braunkehlchen sind die Loisach-Kochelsee-Moore immer noch das wichtigste Brutgebiet in Bayern, wenn auch ihr Platz zunehmend von Schwarzkehlchen eingenommen wird. Wachteln und Wachtelkönige singen jahrweise in schwankender Zahl, aber doch alljährlich im Mai und Juni in den Streuwiesen, in denen bei sehr nassen Zuständen auch wenige Tüpfelsumpfhühner ihren peitschenden Gesang äußern. Die vielen Grünländer werden gerne von Weißstörchen genutzt, denen man im Zentrum des Klosters Benediktbeuern vom Biergarten aus beim Brutgeschäft zusehen kann. Auch Rot- und Schwarzmilane gehören zum vertrauten sommerlichen Bild über den Grünländern. Kuckucke künden sommertags von der Strukturvielfalt, die im Winter durch die stille Anwesenheit von Raubwürgern, zum Beispiel im Bereich des Eichsees, unterstrichen wird. Die Gehölze sind zwar nicht umfangreich aber totholzreich, was unter anderem Grau-, Grün-, Klein- und einzelne Weißrückenspechte zu schätzen wissen.

Wespenbussarde nutzen das Gebiet zwischen Mai und September vor allem zur Nahrungssuche. Jahrweise unterschiedlich aber schwerpunktmäßig entlang der Loisach und um den Eichsee auftretend, nutzen Rotfußfalken im Mai und September das reiche Libellenangebot, wo sie dann regelmäßig zusammen mit Baumfalken beobachtet werden können, die im Gebiet brüten.

Wanderfalken sind regelmäßige Nahrungsgäste. Sie brüten in Steilwänden im Süden des Kochelsees, wo sie sich den Brutlebensraum mit Uhus und Kolkraben teilen. Die stellenweise strukturreichen Bergmischwälder beherbergen Weißrückenspechte, Waldlaubsänger und in manchen Jahren Zwergschnäpper.

Für Braunkehlchen sind die Loisach-Kochelsee-Moore trotz Bestandseinbrüchen immer noch ein bedeutendes Brutgebiet. Foto: C. Moning. Viehlassmoos, 5.9.2010.

Die Karmingimpelbestände der Loisach-Kochelsee-Moore konnten den Bestandsrückgängen in Bayern bislang weitgehend standhalten. Foto: C. Moning. Murnauer Moos, 4.6.2011.

Beobachtungsmöglichkeiten

Südöstlich von Schlehdorf erreicht man entlang einer Birkenallee zu Fuß den See (1), wo im Winter oft Steppen- und Mittelmeermöwen und andere Wasservögel beobachtet werden können. Am den Weg begleitenden Wasserlauf sollte man auch auf Wasserrallen achten. Entlang der St 2062 kann man am Parkplatz bei (2) halten. Im Winterhalbjahr lassen sich in der Umgebung Raubwürger und Kornweihen entdecken. Bei Schlechtwettereinbrüchen nimmt die Zahl rastender Vögel hier stark zu. Weiter auf der Hauptstraße Richtung Kochel nimmt man, kurz nachdem man die Loisach überquert (Wasseramsel) und das Ortseingangsschild von Kochel passiert hat, die Abzweigung nach rechts Richtung „Kochelsee/Trimini". Bald darauf gelangt man auf einen Parkplatz (3), von wo aus ein Blick auf den See und das angrenzende Schilf lohnen kann. Weiter Richtung Süden am Seeufer entlang gehend, kommt man zu einer Unterführung, von der aus man auf den sogenannten Triministeg blicken kann (4). Mit Glück rasten hier im Winter Großmöwen, die aus der Nähe studiert werden können. Ein Stück weiter nach Süden hat man Einblick in den südlichen Teil des Sees.

Ein nicht nur landschaftlich sehr lohnender Fußpfad führt entlang der Loisach nach Norden in die Loisach-Kochelsee-Moore (5). Im Bereich des Wegs bis Brunnenbach kommen zur Brutzeit unter anderem Schwarzmilane, Baumfalken, Bekassinen, Rohrschwirle, Schilfrohrsänger, Braun-, Schwarz- und Blaukehlchen sowie Karmingimpel vor. Im Frühjahr sonnen sich gerne Kreuzottern am Wegrand und im Winter jagen Raubwürger in den Riedwiesen. Der Zugang liegt an der Hauptstraße direkt gegenüber der Trimini-Einfahrt. Für eine längere Wanderung bietet es sich an, von (5) weiter nach Benediktbeuern (11) mit sehenswertem Kloster und weiteren Beobachtungsstellen zu wandern und von dort mit der Bahn zurück nach Kochel zu fahren. Die Wanderung von Bahnhof zu Bahnhof entlang der Loisach ist rund 11 km lang.

Um in den strukturreichen Bergmischwald südlich des Sees zu gelangen (8), durchfährt man Kochel Richtung Mittenwald und biegt von der B 11 nach rechts ab Richtung „Walchensee Kraftwerk" und „Informationszentrum" (braunes Schild). 1,2 km nach der Abzweigung von der Hauptstraße durchfährt man einen bewaldeten Geländeeinschnitt und erreicht kurz dahinter einen großen Parkplatz (6). In dem Geländeeinschnitt singen ab Mai mit viel Glück Zwergschnäpper. Vom Parkplatz nach Westen die Fallwasserrohre der Kraftwerksanlage überquerend, hält man sich Richtung See, wo sich regelmäßig Schellenten aufhalten (7). Ein Wanderpfad führt über einen kurzen Aufstieg entlang des Sees (8). In diesem Bereich kommen ebenfalls Zwergschnäpper und Waldlaubsänger vor. Den Felsenpfad am See entlang gehend, passiert man 1,6 km hinter dem Parkplatz (bei 9) eine Stelle mit Einblick in die links aufragenden Felsen. Dies ist eine gute Stelle für Uhus bzw. Wanderfalken, je nachdem wer die Brutfelsen gerade besiedelt. Entlang des Weges kommen auch Weißrückenspechte vor, die am ehesten im zeitigen Frühjahr durch ihr Trommeln auf sich aufmerksam machen.

Eine Umrundung des Eichsees bei Großweil ist im Spätsommer und Herbst für Durchzügler lohnend. Vor allem bei Schlechtwetterperioden halten sich im nassen Grünland oft Gründelenten, Wiesenlimikolen, Großmöwen und weitere Durchzügler auf. Zur Brutzeit vollführen Große Brachvögel ihre Balzflüge hier. Von der Parkmöglichkeit (bei 10, siehe Koordinaten) führt ein Feldweg nach Südosten und gabelt sich nach 200 m. Man geht den linken Weg, jetzt nach Osten, circa 800 m weit. Dann kann man einen Abstecher nach links zum Südufer des Eichsees machen. Wer nur eine kurze Runde gehen möchte, spaziert am Ostufer des Eichsees nach Norden, bis zum gehölzbestandenen Bachlauf, um dort nach links gehend zum Parkplatz zurückzugehen. Es lohnt sich aber auch vom Südufer des Eichsees wieder nach Süden auf den guten Feldweg zu gehen und weiter nach Osten zu wandern. Bei der nächsten Gabelung nach 250 m hält man sich links und kommt so in einem Bogen ebenfalls zu dem Bachlauf. Nach links führt der Weg zurück zum Parkplatz. Der kurze Weg ist 2,7 km, der ausgedehnte 3,9 km lang.

Wer etwas mehr Zeit mitbringt, kann weitere Beobachtungen auf dem Klosterland Benediktbeuern machen. Hier brüten Braun- und Schwarzkehlchen und es gibt Flachwasserbereiche, die Limikolen zur Rast nutzen, sowie eine Winterfütterung. Die Beobachtungshütte ist meist an einem Tag am Wochenende geöffnet und bietet unter anderen die Möglichkeit, Eisvögel aus der Nähe zu beobachten. Mit öffentlichen Verkehrsmitteln erreicht man das Gebiet über den Bahnhof „Benediktbeuern", der direkt östlich des Klosters liegt.

Ausgangspunkt ist ein Parkplatz am Moosmühlweg, 500 m nordwestlich der Klosteranlagen (11). Die Weiterfahrt ist ab dem kleinen Parkplatz gesperrt. Der gute Feldweg mäandriert für 700 m nach Nordwesten, um dann nach Westen umzuschwenken. 150 m weiter befindet sich auf der linken Seite die Fütterungsstelle (12). Um die Flachwasserbereiche zu erreichen, geht man von der Fütterungsstelle 50 m nach Westen, 150 m nach Norden und dann noch einmal 400 m nach Westen. Rechterhand befindet sich in einer Scheune ein Beobachtungsstand mit Blick auf die Gewässer des Fuchsbichel-Feuchtbiotops (13). Noch einmal 950 m weitergehend stößt man auf die Loisach. Von hier kann man, sich nach Süden haltend, bis an den Kochelsee wandern (4, 5).

Christoph Moning, Christopher König, Felix Weiß

Anfahrt

Mit Bahn und Bus

Kochel hat einen Bahnhof. Der Triminiparkplatz (3) ist 1,5 km, der Parkplatz bei (2) 3 km von diesem entfernt. „Schlehdorf Post" liegt auf der Busstrecke Kochel–Murnau und wird häufig angefahren. Die nächste Bushaltestelle zum Kraftwerk Walchensee ist „Altjoch" an der Abzweigung von der Hauptstraße und 1,5 km vom Kraftwerk entfernt.

Mit dem Auto

Die A 95 München–Garmisch-Partenkirchen führt westlich am Gebiet vorbei. Von der Ausfahrt „Murnau/Kochel" fährt man in Richtung „Kochel" und erreicht rund 3,5 km nach der Ausfahrt Schlehdorf.

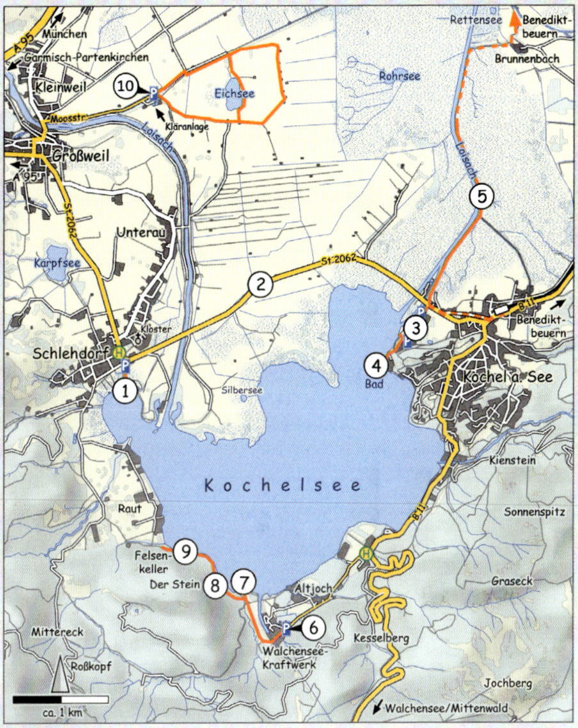

GPS		
Parkplatz nahe Birkenallee Schlehdorf (1)	47°39'20" N	11°18'58" O
Parkplatz an der St2062 (2)	47°39'46" N	11°20'05" O
Triminiparkplatz (3)	47°39'39" N	11°21'35" O
Parkplatz Walchenseekraftwerk (6)	47°37'49" N	11°20'21" O
Parkmöglichkeit Eichsee (10)	47°40'52" N	11°19'15" O
Parkplatz Moosmühlweg (11)	47°42'37" N	11°23'34" O

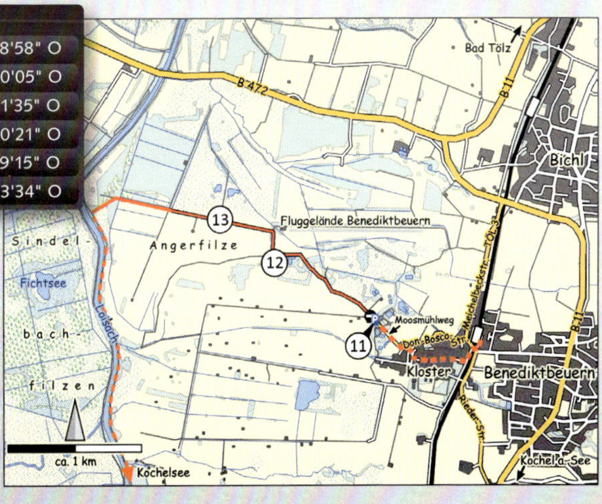

Infomaterial/Literatur

Wagner C, C Moning 2012: Vögel beobachten in Süddeutschland. Überarb. Neuaufl. Kosmos, Stuttgart.

Das Mohrhof-Weihergebiet bildet das Herzstück des europäischen Vogelschutzgebietes Aischgrund. Foto: R. Möller. 29.4.2017.

Der Aischgrund

Ein Reiherparadies aus Menschenhand

Der Aischgrund nordwestlich von Erlangen ist eine alte Teichlandschaft. In ihm liegen einige bedeutende Brutgebiete für Wasservögel, darunter das Mohrhof-Weihergebiet, der Schlossweiher Neuhaus und der Kleine Bischofsweiher. Die Teiche dieser Landschaft sind nährstoffreich und bieten daher im Herbst, wenn sie abgelassen werden, gute Nahrungsgründe für durchziehende Vögel. Noch dazu brüten hier einige interessante Arten wie Schwarzhalstaucher, Zwergdommeln und Blaukehlchen. Bisher wurden mehr als 250 Arten nachgewiesen. Trotz einer Größe von rund 2000 ha lässt sich die als Vogelschutzgebiet ausgewiesene Landschaft gut während eines Tagesausfluges zwischen April und Oktober erkunden.

Der Aischgrund umfasst die kleinteilige, bäuerlich geprägte Teichlandschaft im Einzugsgebiet des Flusses Aisch und dessen Talgrund in Mittelfranken nordwestlich von Erlangen. Vorgeschichtliche Begräbnisstätten zeugen von einer frühen, wohl keltischen Besiedlung. Die wesentliche Erschließung und flächenhafte Besiedlung des Raumes fand jedoch erst mit dem früh-hochmittelalterlichen Landausbau statt. Treibende Kräfte hierbei waren die klösterlichen Besitzungen des Bistums Würzburg und vor allem Bamberg, denn durch die klösterlichen Landherren, zum Beispiel das für seine Teichwirtschaft bekannte Benediktinerkloster Michelsberg, wurden Karpfen als Fastenspeise und somit die für den Raum typische Teichwirtschaft gefördert.

Im Bereich der östlichen Steigerwald-Abdachung liegend, war der Aischgrund von Natur aus durch feuchte Mulden mit Erlenbruchwäldern und kleinen Seen geprägt, die seit dem Mittelalter in Teiche umgewandelt wurden. Im 14. bis 16. Jahrhundert erlebte die Teichwirtschaft ihren Höhepunkt und bescherte der Region Reichtum und Wohlstand. Seitdem hat die Bedeutung der Teichwirtschaft zwar nachgelassen, prägt die Landschaft aber noch maßgeblich. In etwa 7000 Teichen mit einer Fläche von zusammen etwa 3000 ha werden meist im bäuerlichen Nebengewerbe vor allem Karpfen („Aischgründer Spiegelkarpfen") gezüchtet.

Um die wenigen Niederschläge der Keuperabdachung effektiv nutzen zu können, wurden die Teiche im Aischgrund oft als lange Teichketten angelegt. Darum sind die meisten Teiche klein, die durchschnittliche Teichgröße im Aischgrund beträgt 0,42 ha. Viele dieser Teiche sind extensiv bewirtschaftet und somit für viele Arten Lebensraum aus Menschenhand, darunter Moorfrosch und Gewöhnlicher Wasserschlauch (*Utricularia vulgaris*).

Die naturschutzfachlich hohe Bedeutung findet ihre Würdigung darin, dass zentrale Teile des Aischgrundes europäisches Vogelschutz- und Flora-Fauna-Habitat-Gebiet sind. Darüber hinaus sind die „Vogelfreistätte Weihergebiet bei Mohrhof" und die „Feuchtwiesen Ziegenanger bei Neuhaus" wichtige Naturschutzgebiete im Aischgrund. In den Mohrhofweihern wurden nach langwierigen Verhandlungen 1982 rund 129 ha unter Schutz gestellt. Gleichzeitig konnten mit Geldern des Landesverbandes des Bund Naturschutz und einem Zuschuss der Zoologischen Gesellschaft Frankfurt (damals Professor Grzimeck) circa 16 ha Teichfläche gekauft werden. Nachdem die BN-Naturschutz-Teiche jahrelang unter Auflagen verpachtet waren, hat die Kreisgruppe im Herbst 1997 die Bewirtschaftung unter Mithilfe eines erfahrenen Teichwirtes selbst übernommen. In diesem Zusammenhang wurde 2003 das Projekt „Karpfen pur Natur" ins Leben gerufen. Die Karpfen werden nicht gefüttert, was einen Besatz von maximal 300 Tieren pro Hektar zulässt, und es wird darauf geachtet, dass Bereiche mit Röhricht- und Schwimmblattpflanzen erhalten bleiben bzw. sich entwickeln können. Die im Vergleich zur konventionellen Fischzucht, mit einem mehr als doppelt so hohen Besatz, geringe Ernte bringt sehr schmackhafte Karpfen hervor, die sich ausschließlich von dem ernährt haben, was ihnen der Teich von Natur aus anbietet. Diese Teichbewirtschaftung ist nach dem bayerischen Vertragsnaturschutzprogramm förderfähig, sodass es auch für andere Teichwirte interessant ist, bei dem Projekt mitzumachen.

Für Schwarzhalstaucher ist der Aischgrund eines der wichtigsten Brutgebiete Süddeutschlands. Foto: C. Moning. Echinger Stausee, 22.4.2007.

Besondere Vogelarten und Reisezeit

Die Erkundung der Vogelwelt des Aischgrundes ist eng mit den frühen Beobachtungen des Pfarrers Andreas Jäckel (1822–1885) verbunden, der insbesondere im Mohrhof-Weihergebiet beeindruckende Beobachtungen zwischen 1854 und 1858 dokumentierte. Das Durchzugsgeschehen im Mai beschrieb er in seinem 1863 erschienenen Bericht der „Naturforschenden Gesellschaft zu Bamberg" mit Scharen ritterlicher Kampfläufer und großen Mengen von Brachvögeln, Schwimmenten, darunter regelmäßig Moorenten, Bruch- und andere Wasserläuferarten, Trauer-, Weißbart- und Weißflügelseeschwalben, Bekassinen und Rohrsängern. Über 200 Vogelarten, darunter eine Brut von Weißbartseeschwalben, dokumentierte er schon damals für das Gebiet, dass ihm, Fluch und Segen zugleich, eine damals im Aischgrund noch weitverbreitete Malaria bescherte.

Ohne Malaria, aber auch mit geringeren Vogelmengen, beherbergt das Gebiet immer noch eine Vielzahl an Vogelarten. Moorenten, die noch Mitte des 19. Jahrhunderts mit sechs bis acht Paaren und bis in die 1960er Jahre an verlandenden Weihern brüteten und in zweistelliger Zahl durchzogen, sind heute deutlich seltener. Dies ist vor al-

Typische Vogelarten im Aischgrund, deren Status und günstige Beobachtungszeit (in Klammern)
h = häufiger, r = regelmäßiger, s = seltener; B = Brutvogel, W = Wintergast, D = Durchzügler

Art	Status (beste Beobachtungszeit)
Schwarzhalstaucher	rB, rD (Apr.–Jul.)
Zwergdommel	sB (Mai–Jun.)
Nachtreiher	sB (Mai–Jul.)
Purpurreiher	sB (Apr.–Sep.)
Weißstorch	hB, rD (Mrz.–Okt.)
Schnatterente	hB, rD (Mrz.–Okt.)
Krickente	sB, rD, rW (Mrz.–Apr., Okt.)
Löffelente	sB, rD (Mrz.–Apr., Sep.–Okt.)
Knäkente	sB, rD (Mrz–Apr.)
Kolbenente	rB (Mrz.–Sep.)

Art	Status (beste Beobachtungszeit)
Tafelente	hB, hD (Feb.–Okt.)
Schwarzmilan	rB, rD (Mrz.–Jul.)
Rohrweihe	rB, rD (Apr.–Okt.)
Bruchwasserläufer	rD (Apr.–Mai, Sep.)
Bekassine	sB, rD (Apr.–Mai, Sep.–Okt.)
Blaukehlchen	rB, rD (Apr.–Jun.)
Rohrschwirl	rB, rD (Apr.–Jun.)
Schilfrohrsänger	rB, rD (Apr.–Mai)
Drosselrohrsänger	rB, rD (Mai–Jul.)

lem mit der Entlandung, also dem Ausbaggern vieler Gewässer zu begründen. Tafelenten sind besonders zwischen Januar und Mai vertreten und haben ein bedeutendes Brutgebiet im Aischgrund, das rund 200 Paare aufweist, von denen die meisten in den Bucher Weihern und Mohrhof-Weihern brüten. Hier sind auch Reiherenten zahlreich. Sie weisen eine rund 300 Paare umfassende Brutpopulation auf, die in neuerer Zeit erst seit 1952 existiert. Unter den Gründelenten sind Schnatterenten nicht seltene Brutvögel, während Krickenten zwar regelmäßig durchziehen, aber nur unregelmäßig brütend festgestellt werden. Dies gilt auch für Knäkenten, deren Brutbestand sich von circa 15 Paaren in den 1950er Jahren auf Einzelpaare reduziert hat. Kolbenenten zeigen hingegen eine Zunahme bei den Brutpaarzahlen, die im niedrigen zweistelligen Bereich liegen. Pfeif-, Löffel- und Spießenten ziehen regelmäßig durch.

Besondere Bedeutung hat der Aischgrund als Brutgebiet für Reiher. Zwergdommeln brüten mit rund fünf bis acht Paaren und haben somit einen Verbreitungsschwerpunkt innerhalb Bayerns im Aischgrund. Purpurreiher brüten seit 1979 mit Unterbrechungen. Typischerweise schreiten zwei bis fünf Paare im Gebiet zur Brut, für die durchschnittlich 3,3 Jungvögel pro Paar dokumentiert werden konnten. Weiterhin gelang 2006 der Nachweis zweier Bruten von Nachtreihern bei Neuhaus, was den ersten sicheren Brutnachweis für diese Art in Nordbayern darstellt – 56 Jahre nach dem ersten Brutnachweis für Südbayern. Rohrdommeln brüten nicht, ziehen jedoch regelmäßig durch. Silberreiher sind fast ganzjährig anwesend.

Der Aischgrund gilt als ein wichtiges Brutgebiet für Weißstörche in Bayern. Die Bruten konzentrieren sich in den Orten rund um den Aischgrund. Allein in Uehlfeld brüteten 2018 22 Paare, in Höchstatt 11 und in Gerhardshofen 13 Paare.

Unter den Lappentauchern sind neben den häufigen Haubentauchern auch Zwergtaucher mit jährlich 30 bis 70 Paaren zahlreich vertreten. Schwarzhalstaucher haben im Mohrhof-Weihergebiet eines der größten Brutvorkommen im südlichen Deutschland und können als Charakterart des Gebiets bezeichnet werden. In Nachbarschaft der Lachmöwenkolonie schreiten alljährlich 30 bis 60 Paare dieser attraktiven Lappentaucher zur Brut, jedoch mit abnehmender Tendenz.

Die großen Schilfflächen werden von Rohrweihen zur Brut genutzt, während Baumfalken das reiche Großlibellenangebot zur Versorgung ihrer Jungen in den umgebenden Gehölzen aufsuchen.

Die großflächige Karpfenzucht nährte in den letzten Jahrzehnten auch einen umfangreichen Kormoranbestand, insbesondere durchziehende Kormorane im Frühjahr und Herbst, sodass Konflikte mit der Teichwirtschaft vorprogrammiert waren. Beispielhaft für das Management von Kormoranbeständen fanden seit 2011 zwei Modellprojekte unter Beteiligung von Teichwirten, Jägern, Unterer Naturschutzbehörde und Landesbund für Vogelschutz statt. Diese beinhalteten technische Vorrichtungen wie Netze und Schnüre über den Teichen oder akustische Abwehrgeräte, aber auch den Abschuss von Kormoranen. Die Verluste der Teichwirtschaft konnten so auf circa 10 % der Fischbestände reduziert werden.

Die einst beglückend hohen Zahlen durchziehender Limikolen sind in den letzten Jahrzenten stark zurückgegangen. So ist für Bekassinen seit den 1970er Jahren ein Rückgang von über 80 % dokumentiert. In den Monaten März/April und August/September rasten dennoch regelmäßig Dunkle Wasserläufer, Kampfläufer, Grünschenkel, Bruchwasserläufer und Alpenstrandläufer. In geringer Zahl treten Waldwasserläufer, Flussuferläufer und Rotschenkel auf. Die quiekenden Rufe von Wasserrallen schallen regelmäßig aus den Schilfflächen, in denen vor allem im Spätsommer regelmäßig auch Tüpfelrallen rasten.

Unter den Singvögeln sind vor allem Arten der Schilfbereiche hervorzuheben. Blaukehlchen brüten mit über 20 Paaren im Aischgrund und in den Schilfflächen singen im Sommer neben den omnipräsenten Teichrohrsängern auch Drossel- und Schilfrohrsänger sowie Sumpfrohrsänger aus den feuchten Hochstaudenfluren. Beutelmeisen sind in den letzten Jahren sehr deutlich zurückgegangen, aber es ist immer noch möglich, ihr hohes „ziehh“ zu hören.

Es gehört viel Glück dazu, Zwergdommeln im Aischgrund so frei wie dieses Männchen zu sehen. Foto: C. Moning. Lesbos, 11.4.2009.

Beobachtungsmöglichkeiten

Von März bis Anfang September gehört die Rundtour von Biengarten um die Strichweiher im Mohrhof-Weihergebiet zu den lohnendsten Zielen im Aischgrund. Man parkt 100 m südlich der letzten Häuser von Biengarten (1) und geht den Weg nach Osten ins Gebiet. In der großen Lachmöwenkolonie auf dem Strichweiher brüten Schwarzhalstaucher und auch Zwergdommeln und Purpurreiher werden regelmäßig

Der Aischgrund ist eines der bislang wenigen regelmäßig besetzten Brutgebiete von Purpurreihern in Deutschland.

Foto: C. Moning. Hortobagy, Ungarn, 14.6.2010.

auf dieser Runde beobachtet. Kiebitze brüten an mehreren Stellen. Feld- und Rohrschwirle sowie Blaukehlchen wird man eher hören als sehen. Mit etwas Glück kann man in der Dämmerung am Abelsweiher und am Großen Strichweiher und östlich davon Zwergdommeln hören. Weiterhin lohnend ist der Plattenweg, der von Poppenwind nach Süden ins Weihergebiet bis Mohrhof und nach links abbiegend zum Abelsweiher führt. Entlang des Wegs brüten Schilfrohrsänger.

Im Herbst, wenn die Weiher abgelassen werden, gestaltet sich die Situation unübersichtlich und variabel. Die frisch abgelassenen Teiche ziehen die meisten Vögel an. Wenn man einen solchen Teich besucht, wird man Limikolen und entlang der Schilfränder Wasserrallen und mit Glück Tüpfelsumpfhühner beobachten können. Die Limikolen wechseln dabei gerne zwischen den Weihern, sodass man etwas abwarten muss, bis man einen Überblick über die Rastbestände hat. Häufig werden die vom Bund Naturschutz extensiv bewirtschafteten Teiche direkt westlich vom Plattenweg, der Poppenwind mit Mohrhof verbindet, am frühesten abgelassen und auch bereits zuvor im Wasserstand abgesenkt, sodass hier ab September gute Beobachtungsbedingungen für Limikolen bestehen. Zusätzlich sind insbesondere der Große Mohrweiher sowie der Blätterweiher oft lohnend.

Auch außerhalb des beschriebenen Gebiets finden sich im Herbst immer wieder frisch abgelassene und dadurch interessante Teiche, so beispielsweise südwestlich und nördlich von Hesselberg oder auch in den im Folgenden genannten Weihergebieten.

Zwischen 1. März und 31. August dürfen die Dämme zwischen den Weihern nicht betreten werden. Dies schränkt zwar die Beobachtungsmöglichkeiten ein, ist aus Naturschutzgründen aber unerlässlich. Außerhalb der Sperrzeiten sind die Dämme im Gebiet offen. Wege, die ganzjährig begangen werden dürfen, sind in der Karte durchgezogen orange markiert. Die zur Brutzeit gesperrten Wege sind gestrichelt. Die Wegsperrungen sind im Gebiet gut gekennzeichnet. Die Fahrwege im Mohrhof-Weihergebiet sind nur für Anlieger frei, sodass man sein Auto an den in der Karte eingezeichneten Schildern „Durchfahrt verboten" etwas außerhalb des Gebiets parken muss.

Die Teiche am Schloss Neuhaus und den Ziegenanger erreicht man, indem man die A 3 an der Ausfahrt Höchstadt-Ost auf die B 470 verlässt und auf ihr Richtung Adelsdorf fährt. Nach 1,6 km biegt man nach Süden Richtung Neuhaus ab und parkt nach 800 m in einer Rechtskurve an dem nach rechts abzweigenden Feldweg am Wegrand (2). Den Feldweg nach Nordwesten gehend kann man die Teiche von Norden aus einsehen. Sowohl zur Brutzeit mit Knäk- und Löffelenten, als auch zu den Zugzeiten lohnt sich dieser Weg. In den letzten Jahren konnten in dem Gebiet regelmäßig Nachtreiher, Purpurreiher und Zwergdommeln beobachtet werden. Nach dem Anger- und dem Großen Mühlweiher führen Wege zwischen den Weihern nach Süden und in einem Rechtsbogen zum Schloss. Der Schlossgraben wird zur Brutzeit unter anderem von Blaukehlchen besiedelt. Die Teiche am Schloss Neuhaus werden teilweise erst im Frühjahr abgelassen und bieten dadurch auch auf dem Frühjahrszug Watvögeln Rastgelegenheiten.

Von (2) führt ein Feldweg nach Osten in den Ziegenanger. Hier konnte man bislang noch Große Brachvögel und Uferschnepfen beobachten, auch wenn beide Arten wohl nur noch unregelmäßig Brutversuche unternehmen. Daneben kommen Rebhühner vor. Blaukehlchen bevorzugen die mit Schilf und Gebüschen bewachsenen Senken.

Auf dem Kleinen Bischofsweiher rasten auf dem Frühjahrs- und Herbstzug viele Enten- und Lappentaucherarten, daneben brüten wenige Paare Drosselrohrsänger. Der schnellste Zugang erfolgt über die A 3 Ausfahrt „Erlangen-West". Von hier fährt man nach Osten in Richtung Dechsendorf. Am Ortseingang biegt man nach Norden in Richtung Röttenbach/Hemhofen ab (St 2259). Nach knapp 2 km hat man den Wald durchquert und kann kurz vor der Abzweigung nach Röhrach an einem kleinen, rechts abzweigenden Feldweg bei den Teichen halten (3). Dem Feldweg folgt man entlang des Waldrands, mit Blick auf die sogenannten Kastenweiher. Nach circa 600 m erreicht man die große Wasserfläche des Kleinen Bischofsweihers.

Christoph Moning, Christopher König, Felix Weiß

Infomaterial/Literatur

Kluxen G 2013: Evaluierung des Kormoranmanagements im Aischgrund. ANLiegen Natur 35 (2): 71–75.

Kolbet C 2001: Von den Vögeln und Fischen in Bayern – Die Welt des Pfarrers Andreas Johannes Jäckel (6.1.1822 – 12.7.1885). Ornithol. Anz. 40: 201–209.

Kraus M, Krauß W 2006: Die Gattung *Aythya* im „Fränkischen Weihergebiet“: Moorente *A. nyroca*, Tafelente *A. ferina*, Reiherente *A. fuligula* und Bergente *A. marila*. Ornithol. Anz. 44: 21–43.

Kraus M, Krauß W 2013: Die Lappentaucher (Podicipedidae) im „Fränkischen Weihergebiet“: Status, Phänologie, Bestandstrends und Bemerkungen zur Brutbiologie. Ornithol. Anz. 52: 28–42.

Kraus M, Krauß W 2008: Die Gründelenten der Gattung *Anas* im „Fränkischen Weihergebiet“ in den Jahren 1951 bis 2007. Ornithol. Anz. 47: 23–40.

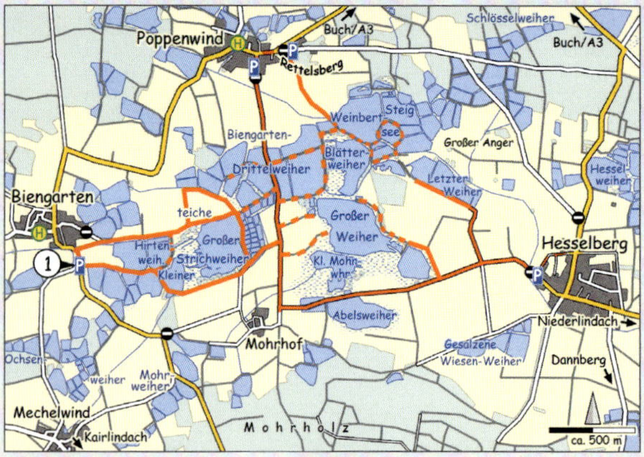

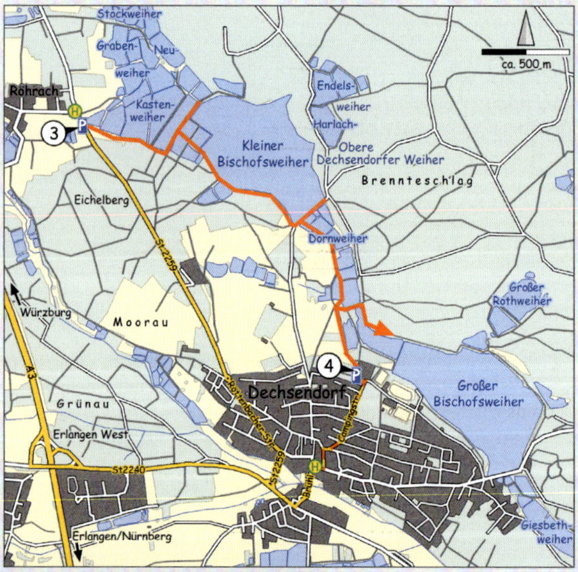

Anfahrt

Mit Bahn und Bus

Der nächste Bahnhof ist Höchstadt an der Aisch. Von dort sind es mit dem Fahrrad über Großneuses und Boxbrunn noch 5 km bis Biengarten. Alternativ kann man auch direkt durch den südlich von Höchstadt gelegenen Bürgerwald fahren. „Biengarten, Höchstadt an der Aisch“ und „Poppenwind, Gremsdorf“ werden regelmäßig von Bussen aus Höchstadt an der Aisch beziehungsweise Gremsdorf angefahren.

Mit dem Auto

Mit dem Auto gelangt man über die A 3 in das Gebiet. Von Norden erreicht man Poppenwind von der Abfahrt „Höchstadt-Ost“ über Gremsdorf und Krausenbechhofen. Von Süden nimmt man die Abfahrt „Erlangen-West“ und fährt über Hessdorf, Hannberg und Niederlindach nach Hesselberg.

GPS		
Parkmöglichkeit Biengarten (1)	49°39'33" N	10°49'41" O
Parkmöglichkeit Teiche am Schloss Neuhaus und den Ziegenanger (2)	49°41'39" N	10°52'50" O
Parkmöglichkeit Kleiner Bischofsweiher (3)	49°38'45" N	10°55'16" O
Parkmöglichkeit Dechsendorf (4)	49°37'59" N	10°56'36" O

Ausgedehnte Stein- und Schlickflächen bieten bei niedrigen Wasserständen günstiges Rasthabitat für durchziehende Wasservögel.

Foto: M. Fanck. Förmitzspeicher, 14.11.2016.

Der Förmitzspeicher

Ein bedeutendes Rastgewässer aus Menschenhand

Das nordöstliche Oberfranken zwischen Fichtelgebirge und Frankenwald ist eine von Natur aus gewässerarme Gegend. Diese Gewässerarmut motivierte die Anlage von drei Stauseen südlich von Hof. Einer von diesen ist der Förmitzspeicher. Die wenigen Wasserflächen südlich von Hof sind für durchziehende Wasservögel besonders attraktiv, sodass bislang über 110 Arten nachgewiesen werden konnten, auch wenn bei der Anlage des Förmitzspeichers Naturschutz kein wesentliches Ziel war. Der Förmitzspeicher lohnt vor allem zu den Zugzeiten einen Besuch.

Am nördlichen Rand des Fichtelgebirges bestimmen Gneise und Phyllite den Untergrund. Das Gelände ist morphologisch nicht eiszeitlich durch Gletscher überprägt und deshalb arm an größeren natürlichen Gewässern. Um diesen Umstand zu kompensieren, wurden in den 1970er Jahren drei Stauseen eingerichtet, darunter der Weißenstädter See und der Untreusee. 3 km südwestlich der Stadt Schwarzenbach an der Saale im Landkreis Hof entstand der Förmitzspeicher, der 1978 fertiggestellt wurde. Er liegt am Südostrand der Münchberger Hochfläche, die sich über 500 km² flach gewellt zwischen Frankenwald im Nordwesten, Vogtland im Nordosten, dem Fichtelgebirge im Südosten und dem Obermainischen Hügelland im Südwesten erstreckt.

Seit dem Bau wirkt der große, wenn auch wenig naturnahe Wasserkörper anziehend auf rastende Wasservogelarten. Auf 529 m über dem Meeresspiegel gelegen bedeckt der Speichersee 116 ha. Hinzu kommen rund 10 ha Wasserfläche durch den Vorspeicher mit dem Zulauf der namensgebenden Förmitz. Ziehende Wasservögel, die von Norden kommen, orientieren sich zwischen den dicht bewaldeten Höhenzügen des Frankenwaldes im Westen und

Der Förmitzspeicher mit Blickrichtung nach Süden. Foto: Wasserwirtschaftsamt Hof. 7.6.2018.

des Fichtel- und Erzgebirges im Osten. Diese Gebirgszüge leiten über 150 bis 200 km lang trichterförmig auf den Förmitzspeicher zu, der weit und breit eines der wenigen Gewässer in der Region darstellt.

Wo sich heute der Speicher erstreckt, lag einst ein wertvoller Wiesengrund, der vollständig abgetragen wurde. Für den Bau des Speichersees musste ein 800 m langer und 30 m hoher Hauptdamm im Nordwesten des Speichers errichtet werden. Durch den Bau wird die Durchflussmenge der Sächsischen Saale in Zeiten niedriger Wasserstände gleichmäßig gehalten, um Mindestwassermengen zu erreichen. Ein kleines Wasserkraftwerk liefert zusätzlich elektrische Energie.

Die ebenfalls in den 1970er Jahren angelegten Seen Untreusee und Weißenstädter See sind durch sehr starke Freizeitnutzung wenig attraktiv für Wasservögel. Auch der Förmitzspeicher hat keinen naturschutzrechtlichen Schutzstatus und so gibt es auch hier viele Freizeitnutzer wie Segler, Surfer, Stehpaddler, Angler sowie Badende, diese vor allem am Südostufer. Zudem gibt es einen vielbegangenen, 4,5 km langen Uferweg, der von Spaziergängern und Hundehaltern frequentiert wird. Ein Befahrverbot für Wasserfahrzeuge sorgt immerhin zwischen 15. Oktober und 30. April für eine gewisse Ruhe. Die Fischfauna ist durch Besatzmaßnahmen geprägt und von fischereilich interessanten Arten geprägt.

Rastflächen entstehen am Förmitzspeicher in erster Linie durch wechselnde Wasserstände. Massive Steinaufschüttungen in den meisten Uferbereichen unterbinden eine Verlandungsvegetation, während gleichbleibende Wasserstände den Vorspeicher kennzeichnen, an dessen West- und Ostrand sich naturnahe Ufer ausbilden konnten. Im Trockenjahr 2003 sank der Wasserspiegel des Hauptspeichers beispielsweise um 7 m, sodass ziehende Limikolen weite Teile des schlammig-steinigen Seegrundes zur Rast nutzten.

Besondere Vogelarten und Reisezeit

Die Leitlinienfunktion insbesondere des Fichtelgebirges für den Vogelzug dokumentierte Manfred Lang bereits im Oktober 1968, der nahe des heutigen Speichersees einen nicht abreißenden Strom südwestwärts ziehender Heidelerchen, Feldlerchen, Rauchschwalben, Buchfinken, Goldammern sowie Hohl- und Ringeltauben beobachtete. So ist es nicht verwunderlich, dass Gewässer in diesem Raum eine wichtige Rastfunktion übernehmen können. Während die Brutvogelfauna mit einer Lachmöwenkolonie auf der Insel im Hauptspeicher, einigen Haubentauchern, Blässhühnern und Stockenten relativ artenarm vertreten ist, sind interessante Arten vor allem zu den Zugzeiten zu erwarten. Allerdings hat 2019 ein Paar Mittelmeermöwen erfolgreich zwei Junge aufgezogen. In den letzten Jahrzehnten hat sich ein

Typische Vogelarten am Förmitzspeicher, deren Status und günstige Beobachtungszeit (in Klammern)
h = häufiger, r = regelmäßiger, s = seltener; B = Brutvogel, W = Wintergast, D = Durchzügler, N = Nahrungsgast

Art	Status (beste Beobachtungszeit)
Singschwan	rD (Nov.–Mrz.)
Kanadagans	rB, hN (ganzjährig)
Nilgans	hB, hN (ganzjährig)
Pfeifente	rD (Okt.–Mrz.)
Löffelente	rD (Mrz.–Apr.)
Gänsesäger	rD (Okt.–Mrz.)
Prachttaucher	rD (Nov.–Dez.)
Schwarzstorch	rN (Mrz.–Sep.)
Fischadler	rD (Mrz.–Apr., Aug.–Okt.)

Art	Status (beste Beobachtungszeit)
Sandregenpfeifer	rD (Jul.–Okt.)
Bekassine	rD (Mrz.–Apr., Jul.–Nov.)
Zwergstrandläufer	rD (Mai, Jul.–Okt.)
Zwergmöwe	rD (Feb.–Mai)
Lachmöwe	rB, hD, hW (ganzjährig)
Schwarzkopfmöwe	rN, rD (Apr.–Aug.)
Mittelmeermöwe	sB, rD (ganzjährig)
Trauerseeschwalbe	rD (Apr.–Mai, Sep.)
Eisvogel	rN (ganzjährig)

größerer Brutbestand an Kanada- und Nilgänsen etabliert, deren Kotreste immer wieder für lebhafte Regulierungsdiskussionen am Förmitzspeicher sorgen. Kanadagänse haben den Förmitzspeicher seit 1995 als Rast- und Ruhegewässer für sich entdeckt. Heute nutzen sie den See ganzjährig. Außerhalb der Brutzeit kommen regelmäßig über 200 Kanadagänse zusammen. Nilgänse erreichten den Förmitzspeicher 2008 und brüteten 2012 erstmals erfolgreich.

Durchziehende Entenvögel erreichen zwischen Oktober und Januar ihr Maximum. Darunter nutzen regelmäßig einzelne Singschwäne das Gewässer – besonders auf dem Herbstzug. Tundrasaat- und Blässgänse ziehen alljährlich meistens in kleiner Zahl durch, da weiter südlich kaum noch nennenswerte Überwinterungsgebiete der beiden Arten liegen. Auch Brandgänse ziehen in kleiner Zahl durch. Regelmäßig durchziehende Arten sind Schnatter-, Tafel-, Reiher- und Schellenten sowie Gänsesäger. Spieß- und Knäkenten sind ebenfalls regelmäßig, wenn auch individuenschwach vertreten. Pfeifenten erscheinen in Trupps mit wenigen bis hin zu über 60 Individuen. Ähnliches gilt für Krickenten. Abweichend von dem Herbstmaximum anderer Entenvögel erreichen Löffelenten überwiegend auf dem Heimzug im März und April den Förmitzspeicher. Die sonst in Bayern vielfach vertretenen Kolbenenten weisen deutlich geringere Brutbestände nördlich des Förmitzspeichers auf und sind demnach auch nur unregelmäßig durchziehend. Als seltene Durchzügler

Mittelmeermöwen gehören zu den Neubürgern am Förmitzspeicher.
Foto: Benny Trapp / Stock.Adobe.com

Kanadagänse treten regelmäßig individuenstark am Förmitzspeicher auf.
Foto: C. Moning. München, 19.10.2013.

Schwarzstörche brüten in einigen Paaren in den Wäldern rund um den Förmitzspeicher und können deshalb im Sommerhalbjahr regelmäßig beobachtet werden.

Foto: C. Moning. Israel, 8.1.2012.

können gelegentlich Berg-, Eider-, Eis-, Trauer- und Samtenten beobachtet werden. Ebenfalls seltener sind Zwergsäger, und Mittelsäger.

Unter den Lappentauchern rasten Zwerg- und Haubentaucher regelmäßig, in geringerer Zahl auch Schwarzhalstaucher, vor allem im März. Unregelmäßig tauchen hingegen Rothals- und Ohrentaucher auf. Prachttaucher ziehen alljährlich durch, Sterntaucher hingegen nur gelegentlich und Eistaucher sind bislang nur in drei Jahren nachgewiesen. Die Jahresmaxima von 50 bis über 250 Kormoranen dürfen nicht darüber hinwegtäuschen, dass im Jahresverlauf meistens nur fünf bis zehn Individuen anwesend sind. Die Rußweiher bei Eschenbach 50 km weiter südlich stellen den nächstgelegenen Brutplatz dar.

Mindestens fünf Schwarzstorchpaare brüten im Umkreis von 10 km um den Förmitzspeicher, weshalb diese Art regelmäßig überfliegend oder rastend beobachtet werden kann. Unter den Greifvögeln können Fischadler, Rohrweihen und Schwarzmilane alljährlich durchziehend beobachtet werden. Seeadler erscheinen hingegen nur unregelmäßig. Sie brüten in den Teichgebieten der Oberpfalz.

Die meisten Limikolen besuchen den Förmitzspeicher zwischen Juli und Oktober. Der Frühjahrsdurchzug ist deutlich schwächer ausgeprägt und erreicht seinen Höhepunkt im April, wenn Kiebitze, Flussregenpfeifer, Flussuferläufer, Grünschenkel, Waldwasserläufer, Bruchwasserläufer, Alpenstrandläufer und Kampfläufer das Gewässer besuchen. Alljährlich kommen Sandregenpfeifer, Große Brachvögel, Bekassinen und Rotschenkel hinzu, in manchen Jahren auch Regenbrachvögel, Dunk-

Steinwälzer rasten unregelmäßig am Förmitzspeicher.

Foto: M. Fanck. Förmitzspeicher, 19.9.2013.

le Wasserläufer, Steinwälzer, Zwergstrandläufer. In Bayern sonst seltene Goldregenpfeifer rasten gelegentlich und meistens zusammen mit Kiebitzen und Staren auf den Wiesen zwischen Albertsreuth und Bärlas. Zu den selten durchziehenden Arten zählen Kiebitzregenpfeifer, Uferschnepfen, Sanderlinge, Temminck- und Sichelstrandläufer. Sehr selten wurden Austernfischer, Säbelschnäbler, Stelzenläufer, Pfuhlschnepfen, Thorshühnchen, Odinshühnchen, Knutt und Graubrust-Strandläufer beobachtet und sogar ein Grasläufer wurde im Oktober 2004 nachgewiesen.

Möwen ziehen in größerer Zahl vor allem zwischen Mitte Februar und Anfang Mai durch. Zu den alljährlich auftretenden Arten gehören Zwergmöwen, die hauptsächlich im April über dem Speichersee jagen. Schwarzkopfmöwen werden alljährlich zwischen den Lachmöwen entdeckt. Sturmmöwen erreichen im Hochwinter ihr Maximum. Unter den Großmöwen sind Mittelmeermöwen die zahlreichsten, gefolgt von Steppenmöwen und einzelnen Silbermöwen. Heringsmöwen rasten unregelmäßig. Raubmöwen sind sehr selten und am ehesten von Juni bis August zu erwarten.

Seeschwalben rasten mit für das Binnenland erstaunlicher Regelmäßigkeit. Darunter sind Flussseeschwalben die häufigsten. Alljährlich finden sich Raub- und Trauerseeschwalben ein. Selten sind Weißbart-, Weißflügel- und Zwergseeschwalben, sehr selten Brand- und Küstenseeschwalben.

Beobachtungsmöglichkeiten

Gute Beobachtungsmöglichkeiten bestehen vom Damm mit Dammstraße (1) auf der Nordwestseite des Förmitzspeichers. Orte, die potenziell interessante Rastvögel beherbergen, sind die „Kunstwerkinsel“ (2), die Schotterinsel (3) und gelegentlich auch die Meditationshalbinsel (6). Parkmöglichkeiten bestehen am Wasserwirtschaftsamt (4) und am Südende des Dammes (5). Darüber hinaus ermöglicht ein 4,5 km langer Rundweg um den See weitere Einblicke.

Christoph Moning, Christopher König, Felix Weiß

GPS		
Parkmöglichkeit Wasserwirtschaftsamt (4)	50°12'08" N	11°54'41" O
Parkmöglichkeit Teiche am Südende des Hauptdammes (5)	50°11'42" N	11°54'08" O

Anfahrt

Mit Bahn und Bus

Vom Bahnhof Schwarzenbach (Saale) nimmt man den Bus bis Förbau, wo es auch einen alternativen näherliegenden, aber weniger frequentierten Bahnhof gibt. Vom Bahnhof Förbau ist es noch ein guter Kilometer zu Fuß bis zum Förmitzspeicher.

Mit dem Auto

Von der A9 zwischen Bayreuth und Hof nimmt man die Ausfahrt Münchberg-Süd. Von dort fährt man über die Ortsumfahrung von Münchberg Richtung Weißdorf und biegt dann in Benk Richtung Albertsreuth und Götzmannsgrün ab. Hinter diesen Orten erreicht man den Förmitzspeicher auf der rechten Seite.

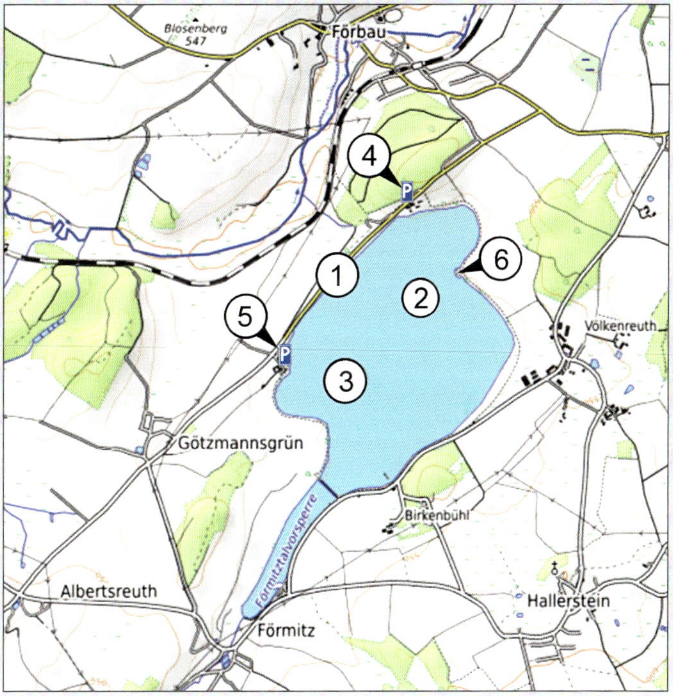

Infomaterial/Literatur

Fanck M 2018: Der Förmitzspeicher, ein wichtiges Rastgewässer für Wasser- und Watvögel in Oberfranken. Ornithol. Anz., 57: 1/2, 1–28.

Fanck M 2019: Erste erfolgreiche Brut von Mittelmeermöwen *Larus michahellis* in Nordost-Oberfranken. Ornithol. Anz., 58: 1, 54–57.

Feulner J, Müller R 1994: Die Vogelwelt des Hofer Landes. Landesbund für Vogelschutz, Kreisguppe Hof.

Wir danken Matthias Fanck für die Durchsicht des Artikels.

Freising von Norden aus gesehen. Deutlich zu erkennen das grüne Band der Isar und der Münchner Flughafen eingebettet in eine ehemalige Niedermoorlandschaft.
Foto: C. Moning, Freising, Mai 2017.

Vogelbeobachtung in der Münchner Schotterebene

Heiden und Niedermoore in einer Boomregion

Da wo heute die Allianzarena eine weit sichtbare Landmarke im prosperierenden Münchner Norden bildet, erstreckte sich nach der letzten Eiszeit eine weite Schotterebene, die Münchner Schotterebene. Menschliche Weidenutzung verwandelte die mageren Standorte später in weite Grasheiden, während sich dort, wo der Grundwasserstrom die Oberfläche erreichte, weite Niedermoorlandschaften mit dem Dachauer, Freisinger und Erdinger Moos bildeten. Dazwischen floss breit die Isar mit ihren Auwäldern und Schotterbänken. Landwirtschaftliche Intensivierung und massive Siedlungsentwicklung zerstörten viele dieser Lebensräume, doch erzeugt der zunehmende Flächendruck interessante Entwicklungen für den Naturschutz – durch Ausgleichsflächen.

Als Folge der gewaltigen Schmelzwasserströme nach den letzten Eiszeiten wurden nördlich der Alpen auf 1500 km² mächtige Schotterschichten als sogenannte Sander nördlich der abschmelzenden Gletscher bis an den Rand des Tertiärhügellandes getragen. So ist die Landschaft zwischen München und Freising ganz unbayerisch flach. Von Süden nach Norden wird der Schotterkörper weniger mächtig und der von Süd nach Nord strömende Grundwasserstrom führte zu erheblichen Vernässsungen in den Senken im Norden, die in der Bildung weiter Niedermoorlandschaften mündeten.

Zwar führen erste Siedlungsspuren bis zurück in die Bronzezeit, doch blieb dieser von Süd nach Nord von der Isar durchflossene Raum lange Zeit dünn besiedelt. Die Böden waren entweder aufgrund des schwach verwitterten Schotters sehr mager oder aufgrund der Moorbildungen wenig fruchtbar. Im 9. Jahrhundert unternahm die Kirche durch Schenkungen, wie etwa bei Fröttmaning, Versuche der Kolonisierung des mageren Münchner Nordens. Diese verliefen aber oft wenig erfolgreich. Die besonders mageren Schotterböden wurden als allgemeines Weideland, sogenannte Allmende, bis zum Ende des 19. Jahrhunderts für Schafe, Rinder, Ziegen und Schweine oder als einschürige Mähwiese genutzt. So entstanden landschaftsprägende niederwüchsige Kalkmagerrasen, die nur vereinzelt durch Hecken und Gehölze unterbrochen waren. Durch die Umwandlung in Ackerflächen begann nach der Aufteilung der Allmende auf die dortigen Bauern gegen Ende des 19. Jahrhunderts der Niedergang der Heide. Die noch heute erhaltenen Heidefragmente gehen entweder auf eine militärische Nutzung, wie in der Fröttmaninger Heide, oder auf Naturschutzbemühungen zurück. So kaufte die Bayerische Botanische Gesellschaft zwischen 1907 und 1914 23 ha Land in der Garchinger Heide, um die Umwandlung in Ackerland zu verhindern. Erst 1942 wurde die Fläche offiziell als Naturschutzgebiet „Garchinger Heide“ ausgewiesen. Auch getrieben durch Kompensationserfordernisse in dem wirtschaftlich boomenden Raum wurden seit den 1990er Jahren Flächen wieder zu Kalkmagerrasen durch Oberbodenabtrag und Mähgutübertragung entwickelt.

Ähnlich wie den Heiden erging es den weiten Moorlandschaften im Norden der Münchner Schotterebene. Noch im 19. Jahrhundert weisen alte Karten das Dachauer, Freisinger und Erdinger Moos als weite, baumarme, von Grünland dominierte Flächen aus. Birkhühner, Rotschenkel und Uferschnepfen gehörten zu der damaligen Brutvogelwelt, die durch Entwässerung, Umbruch und Düngung bis in die 1960er Jahre oder bald danach verschwanden.

Als „Moos“ werden Niedermoore in Bayern bezeichnet, doch mit echten Niedermooren hat die Landschaft im Norden der Münchner Schotterebene kaum etwas gemein. Die Neuzeit brachte unter dem Eindruck der rasch wachsenden Metropole München erhebliche Siedlungs- und Infrastrukturprojekte mit sich. Zu diesen zählt der Flughafen München, der im Herzen des ehemaligen Erdinger Mooses liegt.

Neuzeitlich prägte auch der Kiesabbau die Landschaft im Münchner Norden und so entstanden zahlreiche Sekundärbiotope durch Kiesabbau. Im Münchner Norden sind einst ländliche Räume einem hohen Siedlungsdruck ausgesetzt, was zu einem interessanten Nebeneinander ländlicher und moderner Siedlungsstrukturen führt. Zugleich gliedert sich die Landschaft zunehmend in hochgradig intensiv genutzte und dicht besiedelte Bereiche einerseits und oft hochwertige Naturschutzflächen, die durch den Kompensationsbedarf der Siedlungs- und Infrastrukturentwicklung entstehen und gepflegt werden, andererseits.

Kiebitze brüten im Norden der Münchner Schotterebene überwiegend auf Äckern, die auf ehemaligen Niedermoorstandorten entstanden. Foto: C. Moning. Erding, Mai 2012.

Besondere Vogelarten und Reisezeit

Die Heiden sind karge Vogellebensräume, die dennoch von einzelnen Vogelarten in hoher Dichte besiedelt werden. Beispielsweise findet sich nirgendwo sonst um München eine so hohe Feldlerchendichte wie in der Garchinger Heide. Rebhühner sind hier wie auch andernorts selten geworden im Münchner Norden. Kleine Populationen finden sich noch im Bereich der Garchinger Heide und auf dem Flughafen München. Dies gilt auch für Grauammern. Der spät entdeckte Star der Münchner Heidelandschaften ist der Wendehals. Erst Kartierungen im letzten Jahrzehnt zeigten, dass die heimlichen Spechte in den Kiefernwäldern beispielsweise der Fröttmaninger Heide nicht selten sind. Hier sind sie am ehesten durch ihren markanten Gesang im Mai und Juni auffindbar. Leider sind Heidelerchen, wohl auch ausgelöst durch einen hohen Besucherdruck, in dieser Landschaft selten geworden.

In den ehemaligen Niedermooren existieren noch immer Populationen von bestandsgefährdeten bodenbrütenden Vogelarten, darunter Große Brachvögel und Kiebitze. Während sich Große Brachvögel, gestützt von einer 40 bis 60 Paare großen Population, auf dem Gelände des Flughafens Münchens, in den offenen Landschaften halten können, hat sich die Kiebitzpopulation außerhalb des Flughafens seit Mitte der 2000er Jahre nahezu halbiert. Wiesenschafstelzen und Feldlerchen sind hingegen weit verbreitet.

Silberreiher finden sich ab Ende September zum Teil in großer Zahl auf den ehemaligen Niedermoorflächen ein, wo sie auf Mäusejagd gehen und dann deutlich häufiger als die in Bayern leider immer noch bejagten Graureiher sind. Raubwürger sind in den Niederungen seltene Wintergäste.

Eingestreut in die Schotterebene liegen zahlreiche Kiesabbauflächen, die bei naturnaher Entwicklung Arten wie Kolbenenten, Rohrweihen, Wasserrallen, Flussregenpfeifer, Kuckucke, Uferschwalben und Dorngrasmücken beherbergen. Blaukehlchen haben in den letzten Jahrzehnten eine überaus posi-

Typische Vogelarten in der nördlichen Münchner Schotterebene, deren Status und günstige Beobachtungszeit (in Klammern).
h = häufiger, r = regelmäßiger, s = seltener; B = Brutvogel, W = Wintergast, D = Durchzügler

Art	Status (beste Beobachtungszeit)
Pfeifente	rW (Nov.–Mrz.)
Kolbenente	rB, rD (Mrz.–Sep.)
Gänsesäger	rB, rD, rW (ganzjährig)
Rohrweihe	rB, rD (Apr.–Sep.)
Habicht	rB (ganzjährig)
Wanderfalke	rB (ganzjährig)
Wasserralle	rB, rD, sW (Mrz.–Nov.)

Art	Status (beste Beobachtungszeit)
Flussregenpfeifer	rB, rD (Mrz.–Sep.)
Großer Brachvogel	rB (Mrz.– Jul.)
Mittelmeermöwe	sB, rD (ganzjährig)
Rohrschwirl	rB (Apr.–Jun.)
Drosselrohrsänger	sB (Mai–Jul.)
Halsbandschnäpper	rB (Mai–Jun.)
Pirol	rB, rD (Mai–Jun.)

Blaukehlchen haben eine sehr positive Bestandsentwicklung in der nördlichen Münchner Schotterebene erfahren.
Foto: C. Moning. Viehlassmoos, 9.4.2010.

tive Bestandsentwicklung in den ehemaligen Niedermoorflächen vollzogen. Sie besiedeln Sekundärlebensräume wie verlandete Kiesgruben, verschilfte Grabenaufweitungen oder Torfstiche, in denen sich Weidengebüsche entwickelt haben.

Zu den seltenen Brutvögeln zählen Zwergdommeln, die bereits bei Freising und Eching in Kiesweihergebieten gebrütet haben. Auch Beutelmeisen haben sich dort etabliert, wo sich Weidengebüsche auf ehemaligen Abbaustandorten ausbreiten konnten. Sie nehmen derzeit hier wie andernorts jedoch wieder ab. Flussseeschwalben nutzen künstliche Brutmöglichkeiten zum Beispiel in den Kieswerken Berglern zur Brut. Wenn sich größere Schilfflächen etablieren konnten, finden Drosselrohrsänger, Rohrschwirle und in einigen Jahren auch Schlagschwirle Lebensraum. Sumpfrohrsänger und Feldschwirle kommen angrenzend in feuchten Ruderalfluren vor.

Charakteristisch für die aus dem Alpenraum kommenden Flüsse Bayerns ist das Vorkommen von Gänsesägern, die sich ganzjährig entlang der Isar beobachten lassen. Zuweilen suchen Gänsesägerweibchen im Frühjahr in den angrenzenden Städten wie Freising in Schornsteinen und in Gebäuden nach Brutmöglichkeiten. Wespenbussarde, Schwarzmilane und Habichte sind seltene Brutvögel in den Isarauen und lassen sich gelegentlich bei der Nahrungssuche beobachten. Die strukturreichen Teile der Isarauen beherbergen Schwarz-, Grün-, Grau-, Klein- und selten Mittelspechte. Eine Besonderheit ist eine vitale Halsbandschnäpperpopulation in den Isarauen, die besonders durch Nistkästen gestützt wird. Verbreitungsbiologisch hat die Population ihren Ursprung in den Donauauen, von denen ausgehend sich Populationen entlang der dealpinen Flüsse ausbreiten konnten. Im Winter finden sich Saatkrähen und Dohlen an Sammelschlafplätzen wie an der Isar in Freising zu Tausenden ein.

Beobachtungsmöglichkeiten

Gute Beispiele für die kalkreichen Grasheiden der Münchener Schotterebenen sind die Fröttmaninger Heide (1) und die Garchinger Heide (2). Für Beobachtungen in der Fröttmaninger Heide parkt man beispielsweise am Karl-Orff-Bogen in Schwabing-Freimann. Von hier aus geht man nach Norden dem Hauptschotterweg folgend. Nach circa 300 m erreicht man linkerhand ein Kieferngehölz mit Wendehälsen und Gartenrotschwänzen. Auf gleicher Höhe nach rechts (Osten) liegt ein Mosaik aus Gebüschen und Flachwassermulden, die Ausgleichsfläche unter anderem für die Allianzarena sind und in denen Wechselkröten und Laubfrösche vorkommen. Ein weiteres Gehölz mit Wendehälsen liegt rund 1 km nördlich des Karl-Orff-Bogens.

Für Vogelbeobachtungen in der Garchinger Heide gibt es kleine Parkplätze auf der Südwest- und Südostseite des Naturschutzgebietes an der Echinger Straße zwischen Eching und Dietersheim. Von hier führen jeweils Pfade in die Garchinger Heide, in der Feldlerchen in hoher Dichte vorkommen. Grauammern findet man am ehesten in den wenigen Gebüschen nahe des Parkplatzes auf der Südwestseite oder in der Allee entlang der Echinger Straße.

Ländliches Leben trifft Moderne – Hybride Stadtlandschaften sind typisch für die Region zwischen Freising und München.
Foto: C. Moning. Freising, November 2017.

Rebhühner und weitere Grauammern lassen sich südlich der Echinger Straße in den Ruderalfluren rund um ehemalige Kiesabbauflächen finden. Hier brüten auch Wiesenschafstelzen in hoher Dichte.

Ein typisches Beispiel eines Kiesabbaugewässers mit Zwergdommeln ist der Hollerner See (3) zwischen Eching und Lohhof, westlich der Garchinger Heide gelegen. Die Zwergdommeln haben in den letzten Jahren am westlichen See des Komplexes vor allem am Nordufer gebrütet, wo sie sich mit dem Fernglas oder Spektiv von der Südostseite des westlichen Sees aus regelmäßig im Flug beobachten lassen.

Weiter nördlich haben sich die Pullinger Weiher (4) westlich des Flughafens zu einem Rastgewässer von regionaler Bedeutung entwickelt. Vor allem in den kleineren westlichen Gewässern lassen sich im Winterhalbjahr und auf dem Durchzug Pfeif-, Kolben-, Reiher- und Tafelenten beobachten. Aber auch auf dem großen, östlich gelegenen Pullinger Weiher finden sich außerhalb der Badesaison immer wieder interessante Gäste wie Prachttaucher ein.

Wer Große Brachvögel unter naturnahen Bedingungen beobachten möchte, findet auf dem ehemaligen Segelflugplatz (5) im Freisinger Moos gute Gelegenheiten. Man parkt an der kleinen Verbindungsstraße zwischen Pulling und Pallhausen an dem Flüsschen Moosach. An diesem brüten Zwergtaucher und Eisvögel. In der Flussaufweitung nördlich rasten immer wieder interessante Vögel wie Waldwasserläufer. Entlang der Moosach nach Süden gehend erreicht man nach rund 100 m rechterhand ein flaches, großes, eingezäuntes Grünland. Hier werden die Flächen des ehemaligen Segelflugplatzes, der aufgrund des Flugbetriebes des Münchener Flughafens 1992 seinen Flugbetrieb einstellen musste, als Kohärenzsicherungsmaßnahmen genutzt. Große Brachvögel, Kiebitze und Wiesenschafstelzen ziehen hier ihre Jungen sicher vor Füchsen und anderen Bodenprädatoren auf. Im Winter findet sich hier gelegentlich ein Raubwürger ein.

Wem Brachvögel in großen Infrastrukturprojekten nichts ausmachen, kann sie sowie Kiebitze, Wiesenschafstelzen und gelegentlich Rebhühner vom Besucherhügel im Nordwesten des Flughafens München (6) aus beobachten. Es handelt sich hier um die umfangreichsten Extensivgrünländer weit und breit, umgeben von einem meterhohen Sicherheitszaun, der die baumfreie und somit auch krähen- und greifvogelbrutplatzfreie Landschaft umzäunt. Die Großen Brachvögel brüten zum Teil sehr nahe an der Start- und Landebahn, sodass es schon mal vorkommen kann, dass die Tragflächen der größten Flugzeuge über das Nest ragen.

Ein schönes Beispiel für eine größere Halsbandschnäpperpopulation in den Isarauwäldern findet sich im Bereich der Kläranlage von Freising (7). Von einer kleinen Parkmöglichkeit an einem Bahnübergang an der Parkstraße ausgehend folgt man einem Schotterweg nach Osten und bald darauf über eine kleine Brücke auf den Isardamm, dem man nach Osten (links) folgt. In dem rund einen Kilometer zwischen hier und der B 11 brüten zwischen Mai und Anfang Juli etliche Halsbandschnäpperpaare. Auch Eisvögel, Kleinspechte, Grünspechte und mit Glück auch Schwarz-, Grau- und Mittelspechte lassen sich hier beobachten. An der Isar führen Gänsesägerweibchen ihre Jungen.

Ein lohnendes Feuchtgebiet aus Menschenhand ist der Eittinger Weiher (8). Über 150 Vogelarten wurden hier nachgewiesen. Man erreicht ihn nordwestlich von Eitting über den Fasanenweg, dem man 50 m nachdem man von der ED19 nach Norden Richtung Gaden abgebogen ist links in ein Nebensträßchen abbiegt. Bald darauf ist die Durchfahrt verboten, sodass man zu Fuß weitergeht und nach weiteren 100 m einem Grasweg hinter einer Schranke rechterhand folgt. Entlang des Weges lassen sich Schilfvögel wie Rohrweihen, Wasserrallen, Rohrsänger und Schwirle beobachten. Pirole und Kuckucke bereichern die sommerliche Geräuschkulisse und in den Abenden zu den Zugzeiten lassen sich Tausende Stare, Stelzen und Bergpieper sowie Silberreiher am Schlafplatz beobachten. Hier versuchen auch Greifvögel wie Habichte regelmäßig ihr Glück. Am Ende des Weges erreicht man nach rund 1 km eine offene Wasserfläche, die man vorsichtig begutachten sollte, da Wasservögel wie verschiedene Enten, Gänsesäger oder Gänse hier aufgrund der Wasservogeljagd leicht auffliegen.

Am westlich und nahegelegenen Kompost- und Recyclingwerk Wurzer sammeln sich im Winterhalbjahr größere Möwenschwärme. Zu den häufigen Arten zählen Lach-, Sturm- und Mittelmeermöwen. Auch Steppenmöwen können in zweistelliger Zahl auftreten. Seltener sind Schwarzkopf-, Herings- und Silbermöwen. Man beobachtet sie am leichtesten von der Feldflur westlich des Recyclingwerks (9), in der sie zuweilen rasten.

Nördlich des Eittinger Weihers liegen auf der Westseite des Viehlassmooses neue Ausgleichsflächen des Flughafens München, die sich von Westen vom Fasanenweg (10) einsehen lassen. Hier wurden auf großer Fläche flache Senken im Extensivgrünland etabliert, die Großen Brachvögeln, Flussregenpfeifern und Kiebitzen Brutlebensraum und einzelnen Limikolen und anderen Wasservögeln Rasthabitat bieten.

Ein schönes Beispiel für eine Sukzessionsabfolge eines Kiesabbaus findet sich in dem Kieswerk Berglern (11) weiter östlich. An der Freisinger Straße direkt östlich der Hochspannungsleitung kann man parken und folgt einem Schotterweg nach Süden. Die Weiden bieten hier Kuckucken und Beutelmeisen Lebensraum. Nach rund 400 m erreicht man linkerhand jüngere Wasserflächen, die schilfbestanden sind. Hier brüten Rohrweihen, Drosselrohrsänger, Rohrschwirle und auch Zwergdommeln haben hier schon erfolgreiche Brutversuche unternommen. Im Hintergrund wird man unter den hier brütenden Lachmöwen auch Flussseeschwalben und Uferschwalben entdecken können, die hier ebenfalls Brutkolonien etablieren konnten.

GPS		
Fröttmaninger Heide Karl-Orff-Bogen in Schwabing-Freimann	48°12'29" N	11°36'33" O
Parkplatz Südwestecke Garchinger Heide	48°17'20" N	11°38'56" O
Aussicht westlicher Hollerner See	48°16'56" N	11°36'18" O
Parkplatz und Aussicht auf die Pullinger Weiher	48°20'56" N	11°42'29" O
Parkplatz an der Moosach im Freisinger Moos	48°21'58" N	11°40'60" O
Besucherhügel im Nordwesten des Flughafens München	48°21'58" N	11°46'07" O
Parkplatz Parkstraße an der Kläranlage von Freising	48°24'20" N	11°45'48" O
Zugang Eittinger Weiher	48°22'26" N	11°52'18" O
Möwenbeobachtung Recyclingwerk Wurzer	48°22'32" N	11°51'07" O
Beobachtungspunkt für die Ausgleichsflächen westlich des Viehlassmooses	48°23'36" N	11°52'16" O
Parkplatz Kieswerk Berglern	48°23'26" N	11°53'09" O
Parkplatz Plantage in Freising	48°24'59" N	11°43'43" O

Blick in die Umgebung

In den alten Buchenbeständen rund um den Biergarten Plantage (12) im Freisinger Norden brüten Mittel-, Schwarz- und Grauspechte sowie Hohltauben. Die besten Chancen hat man westlich und nördlich des Biergartens.

Am Freisinger Dom (13) brüten seit Jahren Wanderfalken erfolgreich. Sie lassen sich stetig und ganzjährig auf den Simsen und Kreuzen der Domtürme beobachten, besonders auf der Ostseite.

Christoph Moning, Christopher König, Felix Weiß

Bei Aholfing wurden weitläufige Ausgleichsflächen mit Flachwasserzonen geschaffen. Foto: C. Moning. 6.7.2007.

Vogelbeobachtung an der Donau bei Regensburg

Purpurreiher und Blaukehlchen

Auf dem rund 36 km langen Abschnitt der Donau zwischen Regensburg und Straubing verliert die Donau nur 14 m an Höhe auf ihrem Weg ins Schwarze Meer. In der Folge des schwachen Gefälles bildete der große Fluss weite Mäander in einer flachen Landschaft vor dem Bayerischen Wald. Der Fluss als Verkehrslinie und die fruchtbaren Böden sorgten dafür, dass der weitläufige Talraum schon früh intensiv ackerbaulich genutzt wurde. Zudem wurde die Donau in diesem Abschnitt gestaut und stark ausgebaut, was zum Verlust zahlreicher Lebensräume führte. Die Renaturierungs- und Ausgleichsflächen sind dennoch lohnende Exkursionsziele. Die Donau östlich Regensburg lockt zur Brutzeit mit einigen interessanten Brutvogelarten, darunter eines der bedeutendsten Nachtreihervorkommen Deutschlands. Auch zu den Zugzeiten und im Winter bietet dieser Donauabschnitt interessante Beobachtungsmöglichkeiten.

Durch die Hebung der Alpen senkten sich die Bereiche nördlich der Alpen bis hin zum viel älteren Bayerischen Wald. Die Urdonau floss seit Jahrmillionen am Fuße dieser Senkung vor dem Bayerischen Wald. Sie entwässerte bis zum Ende des Tertiärs auch weite Teile des Alpenvorlandes der heutigen Schweiz. Danach flossen nach jeder Vereisung der Eiszeiten gewaltige Schmelzwasserströme über die Donau in das Schwarze Meer. So schuf die einst viel mächtigere Donau eine weite Ebene vor dem Bayerischen Wald. Während der letzten Eiszeit, der Würmeiszeit, wehten Stürme aus weitgehend vegetationsarmen Landschaften viel kalkhaltigen Staub in die tiefergelegene Ebene, woraus sich dann eine bis zu sechs Meter dicke Schicht aus Löss bildete. Durch die mineralreichen, gut durchlüfteten Lössschichten konnten sich in der Donauebene, die man heute als Gäuboden bezeichnet, fruchtbare und verhältnismäßig leicht zu bearbeitende Böden bilden. Die guten landwirtschaftlichen Voraussetzungen führten schon seit mindestens 6000 Jahren zu einer landwirtschaftlichen Nutzung der Böden rund um die Donau, während weite Teile des sich direkt nördlich angrenzenden Bayerischen Waldes wenig genutzt blieben. Dieser Grenzlandcharakter manifestierte sich auch in kulturhistorischer Weise. Beispielsweise war die Donau in diesem Bereich zu Zeiten des Römischen Reiches die Außengrenze nach Germanien. Man spricht in Verbindung mit dem Gäuboden häufig auch von der „Kornkammer Bayerns“.

Schuf die Donau als längster Fluss Europas einerseits Segen durch fruchtbare Böden, war sie lange zugleich Fluch durch weitreichende und regelmäßige Überschwemmungen. Schon früh gab es daher Bemühungen, die Donau einzudeichen und somit Ackerland bis an den Rand der Donau zu schaffen. Schon die bayerische Erstaufnahme zeigt die Donau Mitte des 19. Jahrhunderts als

Seidenreiher finden sich im Sommer regelmäßig an der Donau östlich von Regensburg ein und unternahmen hier auch schon einen Brutversuch.

Foto: C. Moning. Mallorca, Oktober 2010.

weitgehend regulierten Flusslauf mit nur stellenweise noch vorhandenen Auwäldern. Die Flussregulierungen führten zu einer Eintiefung der Donau und so wurden weitere Regulierungsmaßnahmen erforderlich, die in dem Bau von Staustufen bis zu Beginn der 1980er Jahre, beispielsweise bei Straubing, ihren vorläufigen Höhepunkt fanden. Doch einmal in den Flusslauf eingegriffen, entstehen Folgewirkungen auf unbestimmte Zeit. So beschloss die Bayerische Staatsregierung 2013 den schonenden Ausbau der Donau zwischen Straubing und Vilshofen, um die Donau als Schifffahrtsweg zu erhalten und den im Zuge des Klimawandels immer dringender werdenden Hochwasserschutz zu verbessern. Heute ist die Donau weitgehend reguliert, weist nur abschnittsweise einen Fließgewässercharakter auf, führt vergleichsweise gleichbleibende Wasserstände und kann in der Folge kaum mehr Flussdynamik entfalten. Hochwässer treten am wahrscheinlichsten noch im Spätwinter und im Sommer auf. Diese Entwicklung hat auf die Fischfauna einen dramatischen Einfluss. Die Fischbestände sind deutlich niedriger als im nicht regulierten Zustand, da vielfältige Fortpflanzungsmöglichkeiten fehlen. Arten wie Stör, Flussneunauge, Ziege oder Huchen sind sehr selten oder verschwunden, dafür finden sich Neubürger wie der Ostasiatische Drachenwels. Auf der anderen Seite haben die Stauhaltungen das Nahrungsangebot für Tauchenten durch Massenvermehrungen von Dreikantmuscheln auf den steinigen Uferverbauungen erhöht.

Trotz aller Baumaßnahmen konnte, zum Teil durch Ausgleichsmaßnahmen, ein Stück Natur entlang der Donau gestaltet werden. Besonders die Bereiche innerhalb der Donaudämme weisen noch gelegentlich überschwemmte Grünländer und Feuchtgebüsche auf. Diese müssen aufgrund fehlender Hochwasserdynamik unter Naturschutzaspekten gepflegt werden. Stellenweise, wie bei Stadldorf und im Pitticher Vorland, sind noch Reste der einst weit verbreiteten Feuchtgrünländer entlang der Donau erhalten geblieben.

Die Donau ist ab der Mündung ins Schwarze Meer durchgehend in Flusskilometer unterteilt, die zur Orientierung hilfreich sind.

Besondere Vogelarten und Reisezeit

Im Winter können Zwerg- und Gänsesäger sowie Pfeif- und Schellenten und auf dem Durchzug Schnatter-, Löffel-

Typische Vogelarten an der Donau östlich von Regensburg, deren Status und günstige Beobachtungszeit (in Klammern)
h = häufiger, r = regelmäßiger, s = seltener; B = Brutvogel, G = Gast

Art	Status (beste Beobachtungszeit)
Löffelente	rG (Mrz.–Apr.)
Pfeifente	rG (Okt.–Mrz.)
Knäkente	rG (Mrz.–Mai)
Zwergsäger	sG (Jan.–Mrz.)
Gänsesäger	rG(Nov.–Apr.)
Nachtreiher	rB (Mrz.–Aug.)
Purpurreiher	sB (Apr.–Jul.)
Seidenreiher	rG (Mai, Sep.)
Seeadler	sB, sG (ganzjährig)
Schwarzmilan	sB, rG (Mrz.–Mai)

Art	Status (beste Beobachtungszeit)
Rohrweihe	rB, rG (Mrz.–Sep.)
Wasserralle	rB, rG (Apr.–Okt.)
Großer Brachvogel	rG, sB (Mrz.–Mai)
Bruchwasserläufer	rG (Apr.–Mai, Jul.–Sep.)
Schwarzkopfmöwe	sB (Apr.–Jul.)
Mittelmeermöwe	rB, rG(ganzjährig)
Blaukehlchen	rG, rB (Mrz.–Jul.)
Rohrschwirl	rB (Apr.–Jun.)
Schilfrohrsänger	rG, sB (Apr.–Mai)
Raubwürger	sG (Okt.–Mrz.)

Einzelne Purpurreiher brüten in schilfreichen Altwässern entlang der Donau.
Foto: C. Moning. Hortobagy, Ungarn, 12.6.2010.

und Spießenten auf den Wasserflächen neben und auf dem Fluss beobachtet werden. In geringer Zahl vertretene Wintergäste sind Singschwäne, Tundrasaat- und Blässgänse, Berg- und Samtenten, Kornweihen und Raubwürger. In der ersten Märzhälfte tauchen die ersten Limikolen wie Große Brachvögel, Uferschnepfen, Bruchwasserläufer und Bekassinen auf. Im April und Anfang Mai nutzen Limikolen die Rastmöglichkeiten dann in größerer Zahl.

Zur Zugzeit sieht man besonders im Regental und entlang der Donau weiter nach Südwesten regelmäßig Rohrweihen, Fischadler und Wespenbussarde ziehen. Auch Wanderfalken jagen regelmäßig im Gebiet. Silberreiher sind ganzjährig anzutreffen.

Schon ab Ende März besetzen Blaukehlchen ihre Reviere und sind dann innerhalb des Jahresverlaufs am leichtesten zu beobachten. Ab Anfang April treffen Schwarzkopfmöwen und Mittelmeermöwen in der Lachmöwenkolonie bei Niedermotzing ein und ab Mitte April kann man Flussseeschwalben und Knäkenten am Fluss beobachten. Zu dieser Jahreszeit gewinnt der Singvogelaspekt an Bedeutung. Dann ziehen Arten wie Steinschmätzer, Braunkehlchen, Neuntöter und Schilfrohrsänger durch. Letztere brüten auch regelmäßig im Gebiet. Interessante, spät ziehende Arten sind Trauer- und seltener Weißbart- und Raubseeschwalben.

Beutelmeisen und Wasserrallen brüten im gesamten Donaubereich. Purpurreiher siedeln in einzelnen Paaren in verschilften Altwassern und können auf der Nahrungssuche regelmäßig entlang der Donau beobachtet werden. Rotschenkel und Uferschnepfen brüten noch in sehr kleiner Zahl in den Feuchtgrünländern entlang der Donau.

Ab dem Spätsommer können regelmäßig auch Tüpfelsumpfhühner vor üppiger Ufervegetation gesichtet werden. Dann beginnt der Rückzug der Limikolen. Immer wieder werden auch Seltenheiten aus dem Gebiet gemeldet.

In der Vergangenheit kam es zu interessanten Ansiedlungen: Seidenreiher, die man regelmäßig im Gebiet beobachten kann, brüteten 1996. Nachtreiher hatten in der Vergangenheit eine kleine Kolonie bei Niederachdorf und brüten seit 2005 am Sarchinger Weiher, einem Badesee östlich von Regensburg. Auch Stelzenläufer brüteten bereits im Gebiet. Seeadler halten sich schon seit Jahren regelmäßig entlang des Donauabschnittes auf und unternahmen schon Brutversuche. Die erste erfolgreiche Seeadlerbrut ist hier nur noch eine Frage der Zeit.

Beobachtungsmöglichkeiten

Besonders im Winter lohnt sich ein Blick auf den Almer Weiher bei Tegernheim (1). Es handelt sich um einen aufgelassenen und mit der Donau verbundenen „Baggersee“. Hier wie auch im direkt östlich anschließenden Abschnitt der Donau bis Donaustauf und am Fuß der Walhalla rasten regelmäßig große Anzahlen von Tauchenten. Unter ihnen befinden sich immer wieder auch einzelne Moor-, Berg- und Samtenten. Der Hauptteil der in dem beschriebenen Donauabschnitt überwinternden Tafel- und Reiherenten ebenso wie die regelmäßig vertretenen Schellenten und Zwergsäger finden sich hier ein. Selten trifft man auch auf Mittelsäger. Leider nahm im Laufe der Jahre auch der Bootsbetrieb durch Angler und somit die Störungsintensität zu.

In Tegernheim biegt man von der Hauptstraße nach Süden ab, fährt der Ausschilderung „Gasthof Götzfried“ folgend auf die Donau zu, passiert den Gasthof, überquert den Deich und parkt entweder nach 250 m an einer Kreuzung oder noch 550 m weiter an einem rechts abzweigenden Schotterweg, der in 100 m zum Ufer des Altwassers führt. Entlang der Gewässerkante kann man nach Osten gehen, was sich durchaus bis Donaustauf lohnen kann. Entlang des Ufers hat man immer wieder gute Blicke auf die rastenden Wasservögel.

In den Waldbereichen um die ein Kilometer weiter östlich gelegene Walhalla singen im zeitigen Frühjahr Grau- und Mittelspechte sowie Waldkäuze.

Nördlich Aholfing liegt bei Flusskilometer 2343 hinter dem Deich ein größeres Gewässer (2). An diesem Altwasser brüten Rohrschwirle, Schilfrohrsänger und Blaukehlchen. Purpurreiher kommen regelmäßig zur Nahrungssuche ins Gebiet. Silberreiher sammeln sich abends in größerer Zahl und zu den Zugzeiten kann man verschiedene Entenvögel und im Nordteil gelegentlich auch Limikolen beobachten. Am besten parkt man an der eingezeichneten Stelle (3) und geht dann auf dem Damm entlang bis über die Beobachtungshütte hinaus nach Norden. Ähnlich gute Beobachtungsmöglichkeiten ergeben sich bei Flusskilometer 2340 nordöstlich von Aholfing (4). Limikolen halten sich hier gern an den wassergefüllten Senken im Grünland westlich des großen Gewässers auf, das sich am Ostrand des Deichvorlands befindet. Rohrschwirle brüten hier seit Jahren regelmäßig. Man erreicht die Stelle, indem man von Aholfing an den Deich heranfährt und diesem dann nach Osten folgt.

In der Brutperiode lohnt es sich auch, die Lachmöwenkolonie bei Niedermotzing anzufahren (5). Hier brüten einige Paare Schwarzkopf- und Mittelmeermöwen sowie unregelmäßig Flussseeschwalben. Die Kolonie befindet sich auf den Leitwerkinseln inmitten der Donau. Sie kann direkt südlich und östlich von Niedermotzing vom Damm aus eingesehen werden. Rohrweihen, Uferschnepfen, Weißflügel-, Weißbart- und Trauerseeschwalben lassen sich gelegentlich über den wassergefüllten Senken am gegenüberliegenden Ufer sehen.

Schwarzkopfmöwen brüten in der gemischten Möwenkolonie bei Niedermotzing und fallen dort ab April durch ihre miauenden Flugrufe auf.
Foto: C. Moning. Po Delta, Italien, 21.4.2014.

Der Sarchinger Weiher ist ein Badeweiher mit einer der wenigen regelmäßig besetzten Nachtreiherkolonien in Deutschland. Er liegt gut 11 km östlich der Innenstadt von Regensburg bzw. 1,5 km südöstlich des Orts Sarching, südlich der Donau. Von Regensburg kommend verlässt man die A3 an der Ausfahrt „Rosenhof". Man folgt der B8 nach Nordwesten, verlässt die Bundesstraße aber nach 300 m an der ersten Möglichkeit nach Norden. Nach 1,1 km biegt man nach rechts ab und hat nach weiteren 900 m die Parkplätze zum Sarchinger Weiher auf der linken Seite erreicht (6). Die beste Jahreszeit ist Mitte April bis

Alte Buchenwaldbestände an den Hangleiten der Donau wie hier bei Donaustauf bieten verschiedenen Spechtarten, wie Grau- und Schwarzspecht, Lebensraum. Auch die wärmeliebenden Eichenwälder der Hangleiten sind hochinteressant.
Foto: C. Moning. Walhalla, 7.4.2015.

Anfang Mai. Dann sind die Bäume in der Kolonie noch nicht vollständig belaubt und der Badebetrieb hält sich in Grenzen.

Ein großes Altwasser bei Pfatter bietet Gänsen, Enten, Reihern und Trauerseeschwalben Rastmöglichkeiten (7). Einzelne Große Brachvögel harren noch als Brutvögel in den Wiesen aus und auch Schilfrohrsänger und Blaukehlchen brüten hier in einigen Paaren. Man nimmt von Pfatter, das rund 5,5 km nordwestlich von Aholfing liegt, die Verbindungsstraße nach Gmünd Richtung Osten. 200 m hinter den letzten Häusern von Pfatter führt eine Abzweigung nach links Richtung „Kläranlage“ und nach 500 m, direkt hinter der Kläranlage, zu dem Altwasser, an dem man auf dem Deich jeweils einige Hundert Meter nach rechts und links gehen kann.

Nördlich von Aholfing liegt auf der gegenüberliegenden Donauseite das Örtchen Niederachdorf. Westlich von diesem befinden sich Wiesen mit Senken, die vor allem im Frühjahr, allerdings nur, wenn die Senken feucht sind, interessant sind. Man parkt am besten am südwestlichen Ortsrand von Niederachdorf (8) und benutzt ab dort den Deich Richtung Westen.

Nur kurz sei auf die Staustufen Straubing (9) und Geißling (10) verwiesen, an denen zur Zugzeit oft alle drei Sumpfseeschwalbenarten und regelmäßig auch Zwergmöwen rasten. Im Winter lassen sich verschiedene Möwenarten entdecken, darunter – vor allem Anfang Januar – auch regelmäßig Steppenmöwen.

Blick in die Umgebung

Nördlich der Ortschaft Rain liegt der Rainer Wald, der sukzessive zwischen 2005 und 2009 mit 240 ha fast vollständig vom Landesbund für Vogelschutz (LBV) erworben wurde. Mit seinen naturschutzfachlich sehr hochwertigen Beständen an Alteichen und Sumpfwäldern ist er ein wertvolles Waldrelikt im ansonsten waldarmen Gäuboden. Ein Waldlehrpfad führt durch den westlichen Teil des Waldes. Im Rainer Wald kommen Klein-, Mittel-, Schwarz-, Grün- und Grauspechte sowie Halsbandschnäpper vor.

Christoph Moning, Christopher König, Felix Weiß

Anfahrt

Mit Bahn und Bus

Die wichtigsten Bahnhöfe im Gebiet sind Regensburg und Straubing. Die Dammkronenwege zwischen Regensburg und Straubing können mit dem Fahrrad befahren werden. Man erhält auf ihnen einen umfassenden Einblick in das Gebiet. Die Entfernungen, die man dabei zurücklegt, sind jedoch beträchtlich. Es bietet sich daher an, Teilabschnitte, zum Beispiel von Pfatter bis Straubing (23 km), zu befahren.

Mit dem Auto

Von Süden ist das Gebiet über die A 93 (Regensburg) bzw. die A 92 (Deggendorf) erreichbar. Von Osten und Westen nimmt man die A 3, die das Gebiet entlang des Nordrands erschließt. Die B 8 verbindet die wichtigsten Beobachtungspunkte südlich der Donau.

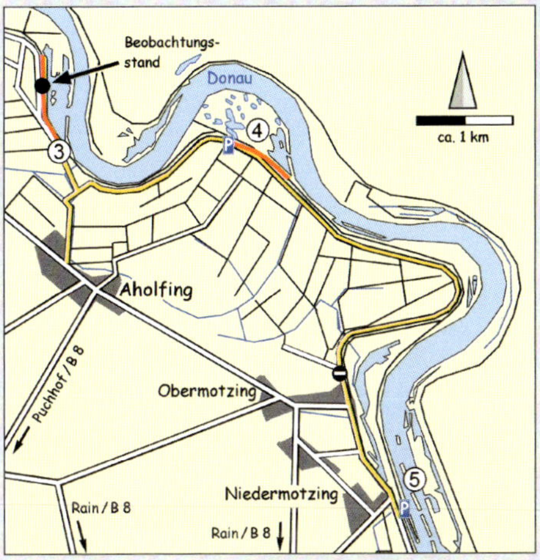

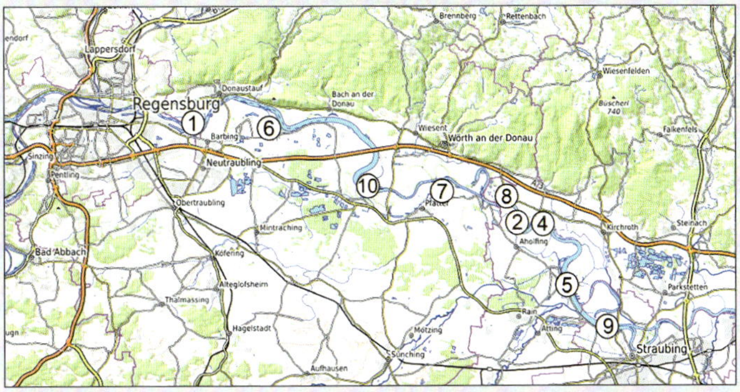

GPS		
Ausgangspunkt Altwasser Tegernheim	49°00'49" N	12°10'55" O
Parkplatz nördlich Aholfing (3)	48°57'15" N	12°27'56" O
Parkplatz Flusskilometer 2340 (4)	48°57'19" N	12°29'18" O
Parkplatz Niedermotzing (5)	48°55'23" N	12°30'35" O
Parkplatz Sarchinger Weiher (6)	49°00'21" N	12°14'55" O
Parkmöglichkeit am Altwasser von Pfatter (7)	48°58'20" N	12°23'37" O
Niederachdorf (8)	48°58'06" N	12°27'44" O

Schilfröhrichte, Sumpfgebüsche, und Flachwasserzonen prägen die Vogelinsel im Norden des Altmühlsees.
Foto: C. Moning. 26.4.2018.

Das Fränkische Seenland in Nordbayern

Feuchtgebiete aus Menschenhand

Altmühl-, Brombach-, Roth- und weitere kleine Seen entstanden in den 1980er Jahren als Hochwasser-Zwischenspeicher und haben sich innerhalb kürzester Zeit zu ornithologisch herausragenden Feuchtgebieten in Nordbayern entwickelt. Am Altmühlsee, und hier besonders im Norden, im Bereich einer künstlich angelegten Inselzone, werden alljährlich rund 200 Vogelarten nachgewiesen. Am Brombachsee trifft man im Winter auf eine interessante Auswahl von sonst für die Küste typischen Wasservogelarten. Der Rothsee ist immer wieder für überraschende Rastvögel gut. Allein für den Altmühlsee mit dem Wiesengebiet Wiesmet sollte man sich einen Tag Zeit nehmen. Auch für eine umfassende Beobachtungsrunde um den Brombachsee benötigt man einen der kurzen Wintertage, während man am Rothsee in wenigen Stunden umfassend beobachtet hat. Brombachsee und Altmühlsee lassen sich gut miteinander kombinieren.

Das Fränkische Seenland verdankt seine Entstehung der Wasserknappheit Frankens. Während das nördliche Bayern wasserarm ist, gibt es südlich der Donau aufgrund der zahlreichen Zuflüsse aus den Alpen etwa dreimal so viel Wasser. Um die Lebensqualität und die wirtschaftliche Entwicklung Nordbayerns – insbesondere des Ballungsraums Nürnberg – zu steigern, sollte ein Wasserausgleich zwischen Nord- und Südbayern durch Kanäle und Seen geschaffen werden. Erste Planungsansätze gab es schon 1942. 1970 wurde hierzu schließlich durch den Bayerischen Landtag ein großes Gesamtbauvorhaben beschlossen, 1974 war Baubeginn und unter anderem der Altmühlsee wurde 1986 seiner Bestimmung übergeben. 1993 wurde die Wasserüberleitung aufgenommen und 2000 wurde der Große Brombachsee eingeweiht. Die Seen entstanden im Wesentlichen mithilfe der Donau-Main-Überleitung. Durch diese wird Wasser aus dem Altmühl- und Donautal über die Europäische Hauptwasserscheide in das Regnitz-Main-Gebiet geleitet. Fast 20 km² Wasserflächen entstanden. In der Folge hat sich das Fränkische Seenland zu einem bedeutenden Tourismusgebiet entwickelt.

Für die Seen mussten teilweise sehr wertvolle Lebensräume weichen. Dort wo heute der Altmühlsee liegt, erstreckte sich einst eine rund 1100 ha große Wiesenlandschaft, die von regelmäßigen und kräftigen Hochwassern geprägt war. Diese Altmühlauen waren schon damals ein bedeutendes Brutgebiet für Wiesenbrüter wie Große Brachvögel, Rotschenkel und Kiebitze. Da für den Bau des Altmühlsees 900 ha dieser Wiesenlandschaft verloren gingen, hat der Freistaat Bayern innerhalb des Wiesmet genannten Grünlandgebietes rund 170 ha Flächen erworben und dort zur Optimierung der Feuchtlebensräume Senken und Mulden angelegt. Das Wiesmet wird auch heute noch regelmäßig von der Altmühl überschwemmt, die hier ihr geringstes Gefälle aufweist. Durch ein differenziertes Abflussmanagement kann das Wasserwirtschaftsamt Ansbach die Winterhochwässer auf großen Teilen der staatlichen Flächen halten. Darüber hinaus wurden mit den dort wirtschaftenden Landwirten für rund 40 % der Fläche Verträge abgeschlossen, in denen diese sich gegen einen finanziellen Ausgleich zur späteren Mahd und zu reduzierten Düngungen oder gar Düngeverzicht im Rahmen des Vertragsnaturschutzprogramms verpflichteten. Im niederschlagsarmen Mittelfranken waren die blütenreichen Feuchtwiesen seit Jahrhunderten wichtige Futterflächen für die umgebenden Milchviehbetriebe. Viele Landwirte kamen aus bis zu 20 km Umkreis und bewirtschafteten ihre Flächen wegen der langen Fahrtstrecken sehr extensiv. Zusammen mit der Besitzzersplitterung, die sich durch die fränkische Realteilung ergab, hat sich ein vielfältiges Nutzungsmosaik ausgebildet. Dieses Mosaik unterschiedlich genutzter Mähwiesen bietet grundsätzlich gute Voraussetzungen um den Wiesenbrüterbestand zu erhalten, jedoch offenbaren sich beispielsweise bei der Pflege von Mulden und weiteren Strukturen deutliche Defizite, sodass die Sukzession voranschreitet und Lebensräume für Wiesenbrüter verloren gehen. Einzelne Flächen werden besonders früh gemäht. Hier

Für Große Brachvögel ist das Wiesmet eines der wichtigsten Brutgebiete in Bayern.
Foto: C. Moning. Oman, 8.12.2008.

können die frisch geschlüpften Jungen leichter Nahrung suchen als in dichten und daher schwer passierbaren ungemähten Wiesen. Diese sind dafür als Nistplatz und zum Schutz vor Feinden wichtig. Die meisten Vertragsflächen werden mit dem naturverträglicheren Messerbalken gemäht. Doch auch vor dem Wiesmet macht die fortschreitende Intensivierung der Landwirtschaft nicht halt: Nicht einmal eine Handvoll Betriebe füttert noch Milchvieh mit dem wertvollen Heu der Feuchtwiesen. Das Gros der geernteten Biomasse landet in einer der unzähligen Biogasanlagen im Umfeld des bayernweit bedeutsamen Wiesenbrütergebiets. Dank des Mutes eines lokalen Landwirts sind inmitten des Wiesmets mittlerweile 9 ha extensiv mit Limousinrindern beweidet. Vor allem für den stark rückläufigen Bestand des Großen Brachvogels bedarf es jedoch weitaus größerer Beweidungsflächen.

Im Norden des Altmühlsees entstand durch den Anstau des Altmühlsees und Geländemodellierungen das Naturschutzgebiet „Vogelinsel Altmühlsee“. Es stellt mit seiner Vielfalt an Lebensräumen und im Verbund mit den angrenzenden Feuchtwiesen des Wiesmets eines der bedeutendsten Vogelrückzugsgebiete in Süddeutschland dar. Die kleinräumige Verzahnung un-

Typische Vogelarten im Fränkischen Seenland, deren Status und günstige Beobachtungszeit (in Klammern)
h = häufiger, r = regelmäßiger, s = seltener; B = Brutvogel, W = Wintergast, D = Durchzügler, N = Nahrungsgast

Art	Status (beste Beobachtungszeit)
Brandgans	rD, sW (Nov.–Feb., Apr.–Jul.)
Löffelente	rD, sW (Aug.–Apr.)
Pfeifente	rD, rW (Sep.–Apr.)
Bergente	sD, sW (Okt.–Mrz.)
Samtente	sD, sW (Nov.–Feb.)
Gänsesäger	rD, rW (Okt.–Apr.)
Mittelsäger	sD, sW (Nov.–Apr.)
Prachttaucher	sW (Nov.–Jan.)
Schwarzhalstaucher	sB, rD, sW (Nov.–Apr.)
Weißstorch	rD, rB, sW (Mrz.–Sep.)
Seeadler	sB, rN (Sep.–Apr.)

Art	Status (beste Beobachtungszeit)
Fischadler	rD (Jul.–Sep.)
Rohrweihe	rB, rD (Mrz.–Okt.)
Rotmilan	rB, rD, sW (Mrz.–Okt.)
Rotschenkel	rD, sB (Apr.–Mai, Aug.–Sep.)
Großer Brachvogel	rD, rB (Mrz.–Okt.)
Uferschnepfe	rD, sB (Mrz.–Mai)
Schwarzkopfmöwe	rD, sB (Apr.–Jun.)
Beutelmeise	rD, sB (Apr.–Okt.)
Flussseeschwalbe	rD (Apr.–Okt.)
Raubwürger	rD, sW (Dez.–Mrz.)
Grauammer	rB (Mrz.–Mai)

terschiedlichster Strukturen wie offene Wasserflächen, Tümpel, Schilfzonen, Feuchtwiesen, Gebüsch- und Baumgruppen schafft eine hohe Biotopvielfalt. Mehr als 220 Vogelarten wurden bislang nachgewiesen, darunter viele, die in anderen Regionen des Landes in ihrem Bestand bedroht sind.

Grauammern haben im Wiesmet nördlich des Altmühlsees eine stabile Population.
Foto: C. Moning. Moldautal, Tschechische Republik, 24.5.2007.

Besondere Vogelarten und Reisezeit

Die Vogelinsel im Norden des Altmühlsees lohnt ganzjährig einen Besuch. Besonders interessant sind die Flachwasserbereiche und Schlickflächen zu den Zugzeiten und zur Brutzeit bieten die vielfältigen Lebensräume eine artenreiche Brutvogelwelt. Schwarzkopfmöwen erscheinen ab Ende März zum Brüten in der Lachmöwenkolonie auf der Vogelinsel am Altmühlsee. Weitere interessante Brutvogelarten sind hier Schwarzhalstaucher, Rohrweihen, Wasserrallen, Beutelmeisen und Blaukehlchen. Ein Weißstorchpaar brütet auf einer Mast-Bruthilfe nahe des Beobachtungsturmes auf der Vogelinsel. Weißstörche haben im unteren Altmühltal ein Verbreitungszentrum innerhalb Bayerns. 2019 waren es rund um den Altmühlsee und das Wiesmet sechzehn Paare. Brandgänse, Silberreiher und Eisvögel gehören zu den regelmäßigen Gästen. Zu den Zugzeiten finden sich Knäkenten, Schwarzstörche, Fischadler, Rot- und Schwarzmilane, Baum- und Wanderfalken, Zwergmöwen, Raubseeschwalben und Trauerseeschwalben ein. Besonders artenreich sind dann auch die Limikolen vertreten. Im Winterhalbjahr dominiert eine Vielzahl von Entenarten das Bild am See. Selten, aber nahezu alljährlich zählen Bläss- und Tundrasaatgänse sowie Seeadler zu den Wintergästen. Letzterer verweilt zunehmend auch ganzjährig im Gebiet.

Obwohl große Teile des ursprünglich bayernweit wichtigsten Wiesenbrütergebietes durch den Altmühlsee zerstört wurden, finden die entsprechenden Arten im angrenzenden Wiesmet ein wichtiges Refugium. Große Brachvögel brüten mit rund 10 Paaren mit 28 Revieren und haben derzeit nur geringen Bruterfolg. Auch Kiebitze kommen mit stark schwankender Bestandszahl vergleichsweise häufig vor, derzeit sind es 54 Reviere mit 24 Brutpaaren. Bekassinen hatten zuletzt 28 Reviere. Uferschnepfen und Rotschenkel brüten in Restpopulationen, wobei das Wiesmet für die Uferschnepfe mit 9 Revieren ein sehr wichtiger Brutplatz in Bayern ist. Auch Wiesenpieper und Grauammern haben vergleichsweise große Populationen im Wiesmet. Im Herbst und Winter hat man hier Chancen auf Kornweihen, Raufußbussarde und Merline zu treffen. Dann finden sich immer wieder auch einzelne Sumpfohreulen im Wiesmet ein, die hier auch schon übersommert haben.

Der Brombachsee bleibt in kalten Wintern wesentlich länger eisfrei als der Altmühlsee. So konzentrieren sich hier mit fortschreitendem Frost immer mehr Wasservögel, einschließlich

Für Weißstörche sind die Niederungen um den Altmühlsee ein Verbreitungsschwerpunkt in Bayern. Foto: C. Moning. Seewinkel, Österreich, 25.6.2011.

einiger für das Binnenland nicht häufiger Arten wie Berg- und Samtenten, Zwerg- und Mittelsägern, Stern- und Prachttauchern sowie Rothalstauchern. Am Brombachsee stehen nur Teile des Südufers des Kleinen Brombachsees unter Naturschutz.

Der Rothsee weist eine ähnliche Vogelwelt auf, wobei die großen Konzentrationen von Gänsesägern und Kormoranen auffällig sind. Regelmäßig finden sich besonders im Südwesten des Stausees Seeadler ein.

Mittelmeermöwen halten sich ganzjährig im Fränkischen Seenland auf.
Foto: C. Moning. Mallorca, 2.10.2010.

Beobachtungsmöglichkeiten

Der Ausgangspunkt einer kleinen circa 1,5 km langen Rundwanderung über die Vogelinsel am Altmühlsee ist der Parkplatz mit der LBV-Infostelle (1) bei Muhr am See. Von hier geht man auf den Ringdamm und auf diesem 200 m nach Norden (rechts) und dann über eine Fußgängerbrücke auf die Insel. Im Herbst kann man vom Ringdamm aus auf den toten Bäumen der Vogelinsel nahezu täglich Fischadler beobachten. Auf der Vogelinsel steht ein großer Beobachtungsturm, der lohnendste Beobachtungspunkt am See (2).

Ein weiterer oft lohnender Beobachtungspunkt, den man aufgrund des Sonnenstands vormittags anfahren sollte, ist der Dammabschnitt nordwestlich des „Surfzentrums" (3). Auch das Hafengelände bei Schlungenhof (4) ist zu dieser Tageszeit lohnend. Bei niedrigem Wasserstand liegen an diesen Uferabschnitten Schlickflächen frei, die wiederum Limikolen anziehen. Ab dem Nachmittag lohnt sich der Blick vom Uferweg am Seezentrum bei Wald (5). Im Sommer rasten dort Seeschwalben und Möwen sowie im Winter neben Möwen und zahlreichen Gründelenten auch Tauch- und Meeresenten sowie verschiedene Sägerarten. Die Parkplätze zu den Beobachtungsstellen sind von den Hauptstraßen her jeweils ausgeschildert. Der Altmühlsee friert im Winter regelmäßig zu.

Die Wiesen im Wiesmet nordwestlich des Sees kann man von der Straße zwischen Muhr am See und Streudorf (6) einsehen. Auch der zu Fuß erreichbare Weg bei (7) kann lohnen, um mit dem Spektiv Weihen, Wiesenbrüter und Grauammern zu beobachten. Eine Beobachtungsplattform in der Wiesenlandschaft findet man bei (8). In Mörsach biegt man von Streudorf kommend bei der Kirche rechts Richtung „See/Flussbad" ab und parkt bei einem Kiosk. Von hier überquert man den Altmühlzuleiter und geht links am Zuleiter entlang zur Beobachtungsplattform (8). Zu beachten ist das strikte Betretungsverbot der Grünländer zwischen dem 1. März und dem 30. Juni. Der Weg zum Beobachtungsturm ist ganzjährig frei zugänglich.

Dem motivierten Beobachter mit Bewegungsdrang steht weiterhin die in der Karte orange gestrichelte Umrundung des Altmühlsees als Option offen.

Brombachsee

Dem Sonnenstand angepasst, sollte man seine winterliche Rundtour um den Brombachsee morgens im Osten beginnen. Von Pleinfeld aus folgt man der Ausschilderung „Brombachsee Nord", bzw. man umfährt das Städtchen von der A 9 kommend im Norden. Der Beschilderung bis Allmannsdorf folgend, stößt man auf der linken Seite auf den Parkplatz der „Freizeitanlage Allmansdorf", von dem aus man Zugang zum See hat (9). Zu der „Freizeitanlage Pleinfeld Süd" (10) gelangt man, indem man 2,7 km zurück Richtung Pleinfeld fährt und dann der Ausschilderung nach rechts abbiegend folgt und nach weiteren 1,5 km den großen Parkplatz der Anlage erreicht.

Zwei weitere gute Beobachtungspunkte liegen bei Ramsberg, das westlich von Pleinfeld über die Straße St 2222 erreicht werden kann. Die Abzweigung Richtung „Ramsberg" ist ausgeschildert. Kurz darauf unterquert man eine Bahnlinie. Unmittelbar danach fährt man links entlang einer Umgehung durch einen Wald direkt an die Freizeit- und Seeanlagen (11). Um zu (12) zu gelangen, muss man Richtung Südosten durch den Ort, über die „Dorfstraße" bis zum Café „Zottmann" fahren, dort parken und nach Osten zum Ufer gehen.

Weitere lohnende Beobachtungspunkte liegen im Westen des Sees nahe Absberg. Von Ramsberg fährt man zurück auf die St 2222, der man bis Rehenbühl nach Westen folgt. Dort biegt man nach rechts in eine Nebenstraße nach „Langlau" ab und fährt weiter Richtung „Absberg" am Seeufer entlang, bis dort, wo die Straße das Seeufer wieder verlässt, auf der rechten Seite die „Freizeitanlage Halbinsel Absberg" liegt (13). Von hier hat man einen guten Blick über die Wasserflächen des Kleinen Brombachsees. Weiter in Absberg führt im Ort eine Abzweigung nach rechts zur „Freizeitanlage Absberg Seespitz"

(14), die nach 1,8 km erreicht wird. Der Damm, der hier den Großen vom Kleinen Brombachsee trennt, bietet einen guten Überblick. Der Kleine Brombachsee kann von hier ausgehend in einer 8 km langen Wanderung umrundet werden (in der Karte orange gestrichelt). Am Südende des Damms hat man einen besseren Einblick in die Naturschutzgebiete beiderseits des Damms. Diese dürfen nicht betreten werden.

Die Flachwasserbereiche und die geschützte Stauwurzel des Igelsbachsees überblickt man am besten von einem Parkplatz zwischen Absberg und Stockheim, der am Ende des Wasserarms und auf der rechten Seite liegt (15). Den besten Überblick über den Nordteil des Großen Brombachsees hat man von Enderndorf aus (16). Über Stockheim und Hagsbronn, wo man nach 2,7 km von (15) kurz nördlich des Orts an einem Kreisverkehr nach Süden fährt, trifft man nach 3,6 km (von 15 km) auf einen weiteren Kreisverkehr. Diesen überquert man geradeaus und erreicht nach weiteren 700 m den ersten Großparkplatz und nach noch einmal 500 m näher am See einen zweiten Parkplatz. Der Damm zwischen Igelsee und Großem Brombachsee bietet für Beobachtungen den optimalen Rundblick.

Rothsee

Der Rothsee liegt nahe der Ausfahrt „Allersberg“ der A 9 München/Nürnberg. Obwohl der Brutvogelaspekt sehr eingeschränkt ist, wurden bislang über 250 Arten nachgewiesen. Der See ist immer wieder für Überraschungen gut. Zur Brutzeit ist es am Rothsee relativ ruhig. Interessanter sind die Durchzugszeiten. Dann können bis zu 3000 Wasservögel, darunter verschiedene Entenarten, wie Knäk-, Löffel-, Pfeif-, Spieß-, Kolben-, Tafel- und Reiherente beobachtet werden. Mit etwas Glück entdeckt man Fischadler und Eisvögel. Neben den regelmäßig auftretenden Trauerseeschwalben fliegen immer wieder auch seltenere Seeschwalbenarten ein. Die späten Herbstmonate bringen die meisten Wasservögel. Zahlreich sind Gänsesäger mit bis zu 200 Individuen. Neben Schellenten findet man auch immer wieder nordische Arten wie Berg- und Samtenten sowie Mittelsäger. Für durchziehende Limikolen ist das Gebiet inzwischen wenig geeignet.

Die Parkplätze am Rothsee sind ausgeschildert und einfach zu finden, allerdings im Sommerhalbjahr auch kostenpflichtig. Von der Autobahnabfahrt hält man sich Richtung „Hilpoltstein“ und passiert so nach wenigen Kilometern Polsdorf. Danach folgt die Abfahrt zum ersten Parkplatz „Grashof“. Er ermöglicht einen Blick über die Vorsperre (17). Vom Parkplatz „Kronmühle“ hat man einen sehr guten Blick nach Westen über die Hauptsperre (18). Beim Parkplatz „Seezentrum“ lohnen vor allem der Blick von der Halbinsel bei (19) und ein Besuch eines überdachten Aussichtspavillons (20), mit Blick über das Naturschutzgebiet (21), den man in 1,5 km vom Parkplatz aus erreicht. Bei (22) befindet sich die neue LBV-Umweltstation Rothsee mit einem Aussichtshügel, der außerhalb der Öffnungszeiten allerdings nicht zugänglich ist.

Christoph Moning, Christopher König, Felix Weiß

Mittelsäger rasten im Winterhalbjahr in kleiner Zahl, vor allem auf dem Brombach- und dem Rothsee.

Foto: C. Moning. Kanada, 10.3.2018.

Anfahrt

GPS		
Parkplatz mit der LBV-Infostelle Altmühlsee (1)	49°08'58" N	10°42'39" O
Parkplatz bei Mörsach	49°08'57" N	10°40'45" O
Parkplatz der „Freizeitanlage Allmansdorf" (9)	49°08'03" N	10°57'45" O
Parkplatz „Seezentrum" am Rothsee	49°12'33" N	11°11'14" O

Mit Bahn und Bus

Altmühl- und Brombachsee sind mit öffentlichen Verkehrsmitteln erreichbar, wenn man gut zu Fuß ist oder ein Fahrrad mitbenutzt. Die Dämme der Seen bzw. die Uferwege sind mit dem Fahrrad größtenteils befahrbar. Die nächsten Bahnhöfe am Altmühlsee sind Gunzenhausen und Muhr am See. Am Brombachsee sind Langlau, Ramsberg und Pleinfeld am Südufer des Sees mit der Bahn erreichbar. Ein Bus fährt von Gunzenhausen über „Absberg Marktplatz" nach Spalt und verbindet somit die beiden Seen. Der Rothsee kann über die Bahnhöfe „Allersberg" und „Hilpoltstein" erreicht werden. Eine geeignete Bushaltestelle für die Umrundung der Hauptsperre ist „Heuberg Staatsstr., Hilpoltstein".

Mit dem Auto

Mit dem Auto erreicht man die Seen über die B 13 Ansbach-Weißenburg, den Brombachsee zusätzlich über die A 9 Ausfahrt „Hilpoltstein". Gunzenhausen am Altmühlsee und Pleinfeld südöstlich des Brombachsees liegen 17 km auseinander.

Adressen

Umweltstation Altmühlsee, Landesbund für Vogelschutz in Bayern e. V.,
Schlossstraße 2, 91735 Muhr am See,
altmuehlsee@lbv.de;
www.altmuehlsee.lbv.de.
Die Umweltstation bietet viele naturkundliche Führungen an.

LBV-Umweltstation Rothsee,
Am Rothsee 10, 91161 Hilpoltstein,
umweltstation-rothsee@lbv.de;
http://rothsee.lbv.de

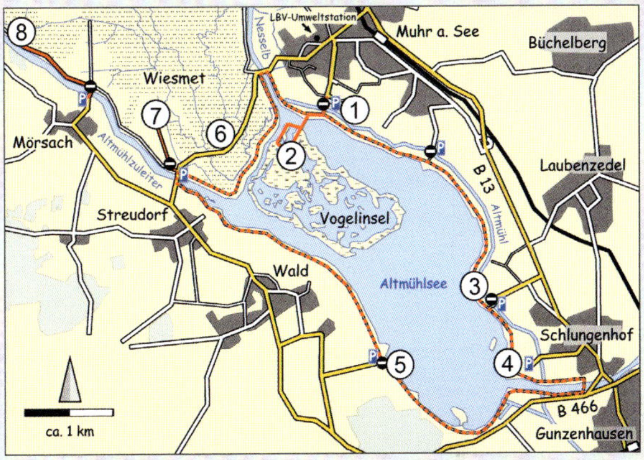

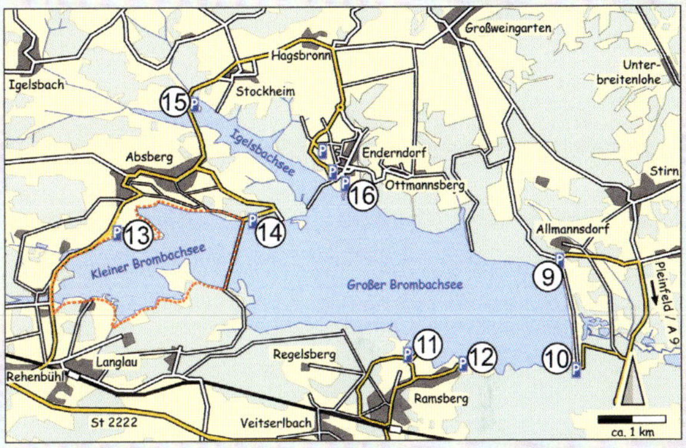

Der „Bekassinen-Torfstich“ liegt im Zentrum des Naturschutzgebietes Leipheimer Moos. Entbuschung und Wiedervernässung haben hier zu einer Zunahme der Bekassinenpopulation geführt, nachdem in den 1980er und Anfang der 1990er Jahre dort die letzten brüteten.

Foto: U. Mäck. 20.5.2014.

Das Donaumoos und die Donauaue bei Günzburg

Vogelvielfalt in einer menschengeprägten Fluss- und Moorlandschaft

Das Donautal nördlich von Günzburg und Leipheim liegt in Bayern an der Grenze zu Baden-Württemberg. Es umfasst naturnahe auwaldähnliche Laubmischwälder mit Altwässern der Donau sowie mit dem Gundelfinger und dem Leipheimer Moos wichtige naturnahe Restflächen des ausgedehnten Niedermoores Schwäbisches Donaumoos. Das Gebiet ist unter anderem für sein großes Halsbandschnäpper-Vorkommen bekannt. Aber auch andere gesuchte Arten wie Mittelspechte und Bekassinen brüten hier. Besonders lohnend sind die Zugzeiten und die Brutzeit. An einem Frühsommertag können leicht über achtzig Arten beobachtet werden.

Das Schwäbische Donaumoos liegt im Übergang zwischen gewaltigen Molasseschichten im Süden und Karstschichten im Norden, die sich bis hinauf auf die Schwäbische Alb erheben. Darüber hat die Donau während und nach den Eiszeiten große Schmelzwasserschotter abgelagert. Diese wurden durch lehmige Ablagerungen der Donau später zunehmend wasserundurchlässig abgedeckt, sodass es zu Moorbildungen mit bis zu 5 m mächtigen Torfschichten kam. Insgesamt ist der Talraum nördlich der Donau grundwassergeprägt. Das Wasser gelangte aus dem Kies und dem Karstgebirge der Schwäbischen Alb in ehemals vielen Quellen zwischen Donau-Hoch- und Niederterrasse sowie aus „Fenstern“ in der lehmigen Trennschicht in die flache Niederung. So zeigt diese Niedermoorlandschaft sowohl Merkmale eines Verlandungsmoores als auch die eines Durchströmungsmoores.

Das Gebiet liegt im Regenschatten der Schwäbischen Alb und gehört mit nur 680 mm mittlerem jährlichem Niederschlag zu den regenärmsten Gebieten des schwäbischen Alpenvorlandes. Dies führt dazu, dass der Zustand des Niedermoors von Grundwasserzuflüssen abhängt, die jedoch heute nur noch zeitweise stattfinden. So schwindet die Torfschicht nicht nur aufgrund von Abtorfung und Entwässerung, sondern auch wegen der Mineralisation, also der Zersetzung des Moorkörpers in Folge der Austrocknung.

Von Menschen wurde das Donaumoos lange Zeit nur als Jagdgebiet genutzt. Die Positionsblätter um 1860 zeigen noch riesige Niedermoorwiesen und Niedermoorbereiche mit einzelnen Entwässerungsgräben. Die landwirtschaftliche Erschließung begann erst Anfang des 19. Jahrhunderts und somit im Vergleich zu anderen Moorgebieten relativ spät. Doch wurde dann in wenigen Jahrzehnten ein ausgedehntes Grabennetz zur Entwässerung angelegt und ausgebaut, in Baden-Württemberg beginnend etwa mit der Donaukorrektion 1806 bis 1871, in Bayern besonders intensiv nach Inbetriebnahme der Grundwasser-Förderung durch den Zweckverband Landeswasserversorgung Stuttgart seit 1917. Die Niedermoor-Randbereiche dienten noch bis in die erste Hälfte des 20. Jahrhunderts während Niedrigwasserperioden zur Streugewinnung und als Viehweide. Im Zentralbereich wurde bis in die 1960er Jahre lediglich Brenntorf gestochen.

Danach verursachten Donaukorrektion, Entwässerungsgrabennetz, Kiesabbau und Trinkwasserförderung zusammen mit ihren Folgenutzungen wie der intensiven Landwirtschaft und der zunehmenden Freizeitnutzung gravierende Veränderungen in den Lebensräumen.

Auch an der Donau fanden erhebliche Veränderungen statt. Der ehemalig weit gefächert mäandrierende Wildfluss ist heute eine Kette von Stauseen entlang eines stark verkürzten Flusslaufes. Begünstigt durch die Grundwasserabsenkung wurde die forstliche Nutzung der Auwälder intensiviert und zunehmender Kiesabbau schluckte weitere naturnahe Standorte. Aus den unter dem Niedermoor liegenden Kiesschichten werden heute im baden-württembergischen Gebietsteil jährlich circa 35 Millionen Kubikmeter Grundwasser zur Trinkwasserversorgung großer Teile Baden-Württembergs entnommen. In der Folge gelang es Ackerkulturen auf den noch vor fünfzig Jahren als Schafweide genutzten Moorflächen anzulegen. Mineralisierung des Torfes mit Torfschwund sowie Eutrophierung, Moorsackung und Staubstürme sind die Folge. In neuerer Zeit ging die Milchviehwirtschaft zurück; als dessen Folge fallen vermehrt Feuchtwiesen aus der Nutzung und verbrachen. Verbleibende Betriebe geben aus Rentabilitätsgründen artenschutzfachlich interessante Nutzungen wie die tägliche Grünfutter-Gewinnung zugunsten von Ganzjahres-Silage auf. In den letzten Jahren haben sich zudem viele Landwirte in und um das Schwäbische Donaumoos auf Biogaserzeugung spezialisiert. Wo früher Wiesen das Landschaftsbild prägten, dominiert heute großflächiger Maisanbau.

Die Bekassine gehört deutschlandweit zu den stark gefährdeten Arten. Im Schwäbischen Donaumoos nimmt sie dank intensiver Schutzbemühungen wieder zu.
Foto: C. Moning. Wallnau, 22.8.2010.

Der Verlust naturnaher Flächen wurde erkannt und führte ab Mitte des 20. Jahrhunderts zur Unterschutzstellungen in Form von Landschafts- und Naturschutzgebieten. Die Auwälder und Niedermoore sind Feuchtgebiet internationaler Bedeutung und über 140 km² wurden als Natura 2000-Gebiete ausgewiesen. In den Naturschutzgebieten „Langenauer Ried", „Leipheimer Moos" und „Gundelfinger Moos" blieb der Charakter der weithin offenen Feuchtwiesenlandschaft im Gegensatz zum übrigen Donaumoos weitgehend erhalten. Nur hier finden sich heute noch Reste des ehemals großflächig gebietsprägenden Mosaiks aus Torfstichen, Gebüschinseln, Streu- und Futterwiesen. Dort wo Kiesabbauflächen in wertvolle Niedermoorreste eingegriffen haben, konnten durch Ausgleichsflächen wichtige Vogellebensräume geschaffen werden. Dies ist auch einem engagier-

Typische Vogelarten im Schwäbischen Donaumoos und an der Donau bei Günzburg, deren Status und günstige Beobachtungszeit (in Klammern).
h = häufiger, r = regelmäßiger, s = seltener; B = Brutvogel, D = Durchzügler, W = Wintergast, N = Nahrungsgast

Art	Status (beste Beobachtungszeit)
Singschwan	rW (Dez.–Feb.)
Brandgans	sD (Aug.–Mai)
Spießente	rD, sW (Aug.–Mai)
Löffelente	rD, sW (Sep.–Apr.)
Pfeifente	sD, sW (Sep.–Apr.)
Knäkente	sB, rD (Mrz.–Sep.)
Kolbenente	rB, rD (Feb.–Sep.)
Schellente	rW (Nov.–Mrz.)
Zwergsäger	sW (Nov.–Mrz.)
Gänsesäger	rD, rW (Nov.–Apr.)
Wachtel	sB, rD (Mai–Jul.)
Seeadler	sW (Nov.–Feb.)
Rotmilan	rB, rD (Mrz.–Nov.)
Rohrweihe	rB, rD (Mrz.–Okt.)

Art	Status (beste Beobachtungszeit)
Baumfalke	rB, rD (Apr.–Sep.)
Schwarzkopfmöwe	sB, sD (Mrz.–Jul.)
Mittelmeermöwe	rB, rD, rW, rN (ganzjährig)
Flussseeschwalbe	rB, rD (Apr.–Aug.)
Kuckuck	rB, rD (Apr.–Jul.)
Grauspecht	rB (Feb.–Mai)
Mittelspecht	hB (Feb.–Mai)
Nachtigall	sB, rD (Apr.–Jun.)
Schwarzkehlchen	sB, rD (Mrz.–Mai)
Drosselrohrsänger	rB, rD (Apr.–Jun.)
Halsbandschnäpper	hB, rD (Apr.–Jun.)
Beutelmeise	sB, sD (Mrz.–Mai)
Pirol	rB, rD (Mai–Jul.)

ten Gebietsmanagement zu verdanken, dass sich maßgeblich auf Vereins- und Verbandsarbeit stützt. Besonders die Arbeitsgemeinschaft Schwäbisches Donaumoos e. V. konnte durch langjährige Begleitung der Naturschutzmaßnahmen eine überdurchschnittliche Qualität vieler Naturschutzflächen erreichen.

Besondere Vogelarten und Reisezeit

Das Donaumoos und die Wälder entlang der Donau zählen zu den herausragenden Vogellebensräumen in Deutschland. Die Bedeutung des Gebietes liegt vor allem im räumlichen Zusammentreffen einer Vielzahl unterschiedlichster Lebensräume in einer teilweise naturnahen Ausprägung. Seit Beginn des 20. Jahrhunderts wurden hier mindestens 270 Vogelarten beobachtet.

In den moorigen Bereichen leben im Frühling und Sommer noch typische Wiesenvögel wie Bekassinen, deren Bestand infolge gezielter Naturschutzmaßnahmen wieder zugenommen hat. Hier brüten außerdem regelmäßig Große Brachvögel, Kiebitze, Wachteln, Feldschwirle sowie Blau-, Schwarz- und Braunkehlchen. In den Gebüschen der Feuchtwiesen singen an einigen Stellen Nachtigallen. Raubwürger und Kornweihen überwintern in den offenen und halboffenen Flächen. Während der Zugzeit rasten gelegentlich, aber in den letzten Jahren zunehmend, Kraniche im „Moos". Weißstörche suchen regelmäßig in den Offenländern nach Nahrung. Siebzehn Horste sind 2020 allein in Langenau besetzt und rund um das Schwäbische Donaumoos brüten etliche mehr. Auch Rot- und Schwarzmilane patrouillieren in der warmen Jahreszeit über den Offenländern.

In den Auwaldbereichen brüten Pirole, Grau- und Grünspechte. Mittelspechte sind neben den Buntspechten die zweithäufigsten Spechte in den Auwäldern. Halsbandschnäpper sind hier mit etwa 400 Paaren zwar häufig, aber nur im Mai wirklich auffällig.

Auf allen Gewässern, auch auf der aufgestauten Donau, kann man eine Vielzahl an Wasservogelarten sehen und während eines Jahres nahezu alle einheimischen Entenarten antreffen. Haubentaucher, Reiherenten und Kanadagänse brüten hier, Trauerseeschwalben und Flussseeschwalben sind vor allem zur Zugzeit anwesend. Letztere brüten in zunehmender Zahl auf Brutflößen und teilweise auf Kiesinseln in ehemaligen Kiesabbaugewässern. Silberreiher überwintern im Gebiet in großer Zahl.

Die stellenweise flach gestalteten Kiesabbaugewässer bieten Enten wie Löffel- und Knäkenten Rastmöglichkeiten. Zur Zugzeit rasten auch vereinzelt Limikolen an wenig bewachsenen Ufern einzelner Kiesteiche. Darunter Fluss- und Sandregenpfeifer, Zwerg- und Temminckstrandläufer, Flussuferläufer und Grünschenkel. Flussregenpfeifer brüten auch an den kiesigen Ufern. Fisch- und Seeadler zählen zu den regelmäßigen Nahrungs- und Zuggästen. In den Büschen und Bäumen der vegetationsreichen Ufer kann man mit etwas Glück die Nester von Beutelmeisen sehen, wenn auch mit abnehmender Tendenz. Weitere interessante Brutvogelarten sind Kolbenenten und Mittelmeermöwen. Vor allem am Mooswaldsee, am Schurrsee und am Fetzer-Flachwassersee bei Emmausheim im Sophienried werden immer wieder auch Seltenheiten entdeckt. Die Donau bietet in den Stauhaltungen Wintergästen und Zugvögeln Habitat. Besonders der Donaustausee bei Faimingen zieht zum Beispiel Singschwäne, Brandgänse, Schellenten oder gelegentlich Seeadler an.

Beobachtungsmöglichkeiten

Der Volksfestplatz in Leipheim (1) ist in der Region erfahrungsgemäß eine der besten Stellen, um Halsbandschnäpper zu beobachten. Im Bereich der locker stehenden und spät austreibenden Kas-

Halsbandschnäpper brüten im Mai und Juni stellenweise häufig in den donaubegleitenden Wäldern.
Foto: C. Moning. Freising, 11.5.2010.

tanien, Eichen und Linden brüten von Mai bis Juni mehrere Paare. Der Platz liegt nördlich von Leipheim auf der gegenüberliegenden Donauseite am Weidlenweg und nur 500 m vom Bahnhof Leipheim entfernt.

Der Mooswaldsee ist ein renaturierter Kiesabbau mit einem 2011 errichteten, lohnenden Beobachtungsturm (2). Vor allem zu den Zugzeiten lassen sich hier Enten, Reiher und Limikolen beobachten. Regelmäßig werden verschiedene Meeresenten gemeldet. Der Zugang erfolgt von Günzburg aus über die B 16 nach Norden in Richtung „Donauwörth/Dillingen". 1,3 km nachdem man die Donau bei Günzburg überquert hat, biegt man nach links Richtung „Heidenheim" und „Giengen" ab. Man folgt der Straße auch durch die nächste Rechtskurve, bis nach weiteren 3,2 km und nach dem Camping Gutshof Donauried ein Sträßchen nach links abzweigt. Diesem folgt man für 1,2 km bis zu einer Schranke am Waldrand (3). Der Weg geradeaus führt durch Wald, der seit einigen Jahren sich selbst überlassen langsam zu einem Bruchwald wird, in einem Kilometer zum Beobachtungsturm (2).

Weiter westlich im Leipheimer Moos liegt der Natur-Erlebnisweg Leipheimer Moos mit Bohlenweg (4). Hier lassen sich zur Brutzeit regelmäßig unter anderem Rotmilane, Bekassinen, Schwarzkehlchen und Blaukehlchen beobachten. Im Winter finden sich hier Kornweihen und Raubwürger ein. Er ist in der Karte gelb eingezeichnet und auf der Internetseite der Arbeitsgemeinschaft Schwäbisches Donaumoos e. V beschrieben.

Der Schurrsee (5) ist insbesondere während des Herbst- und Frühjahrszugs ein guter Beobachtungsplatz für Enten und Limikolen. Im Gundelfinger Moos (6) lassen sich Niedermoor-Brutvögel wie Wachteln, Kiebitze, Große Brachvögel, Bekassinen und Feldschwirle beobachten. Daneben kommen hier Blau- und Schwarzkehlchen vor. Im Winter gehören Kornweihen, Merline und Raubwürger zu den regelmäßigen Gästen.

Man erreicht den Schurrsee über die B 16 bei Birkenried. Von Günzburg kommend, befindet sich die Abzweigung nach links rund 4,4 km hinter der Donaubrücke bei Günzburg und ist durch die Schilder „Birkenried" und „Blumen Eber" gekennzeichnet. Geradeaus in den Wald fahrend, erreicht man nach 300 m ein „Durchfahrt verboten"-Schild. Hier stellt man den Wagen ab und folgt der Asphaltstraße nach rechts und entlang von zwei 90-Grad-Kurven auf ein renaturiertes Kiesabbaugelände, wo man den ersten Schotterweg nach rechts nimmt. Zwischen zwei Seen gehend, erreicht man 900 m, nachdem man sein Auto abgestellt hat, einen lohnenden Beobachtungsturm (5) mit Blick über die nördlichen Bereiche des Schurrsees. Nachmittags herrscht Gegenlicht. Dem Weg weiter geradeaus folgend, gelangt man in das Gundelfinger Moos (6), das hier stellenweise mit Exmoor-Ponys und Schottischen Hochland-Rindern beweidet wird.

Rotmilane kreisen regelmäßig über den Offenländern des Schwäbischen Donaumooses.

Foto: C. Moning. Wortelstetten, 28.5.2013.

Bruchwasserläufer zählen zu den häufigeren Durchzüglern an den ehemaligen Kiesabbaugewässern des Schwäbischen Donaumooses

Foto: C. Moning. Bornholm, Dänemark, 17.8.2010.

Auch das Sophienried ist ein sehr guter Platz zur Beobachtung von Wasservögeln und besonders im Herbst von Limikolen. An den Baggerseen brüten Kolbenenten und Beutelmeisen. Man gelangt nahe Emmausheim über die B 16 in das Gebiet. Aus Richtung Günzburg kommend, 5,9 km hinter der Donaubrücke biegt man kurz vor Emmausheim links ab. Nach 200 m parkt man an einem „Durchfahrt verboten"-Schild und geht den Hauptweg weiter. Dabei passiert man das Fetzersee-Areal mit zwei Seen rechterhand, an denen Beutelmeisen brüten und Schwarzhalstaucher regelmäßig rasten. Auf den

Wiesen linkerhand halten sich oft Silberreiher auf. Nach rund 1,5 km erreicht man mit dem Fetzer-Flachwassersee den letzten See auf der rechten Seite; ein Flachwasserbiotop, an dem 2011 ein Beobachtungsturm (7) errichtet wurde. Dies ist die beste Beobachtungsstelle des gesamten Seenkomplexes. So brüten hier Flussseeschwalben und Flussregenpfeifer, Limikolen rasten, im Sommer können Baumfalken und regelmäßig im Mai Rotfußfalken bei der Jagd beobachtet werden. Auch Zwergdommeln und Tüpfelrallen finden sich hier regelmäßig ein. Im Winter halten sich hier viele Entenarten und gelegentlich auch Zwergsäger, Tundrasaat- und Blässgänse auf.

Der Faiminger Stausee liegt rund 20 km nordöstlich von Günzburg an der B 16 (Günzburg–Donauwörth). Man verlässt die B 16 an der Ausfahrt „Gundelfingen Süd“ und fährt Richtung Gundelfingen. Nach 1,1 km biegt man rechts in die „Industriestraße“ ab, überquert die Bahnlinie und folgt direkt dahinter der Hauptstraße nach links. Weiter fährt man an der Firma Gartner vorbei, und zweigt am Ende der Firma nach rechts Richtung „Eingang“ ab (nach 3,1 km von der B 16). Am Eingang vorbei, dann geradeaus (nicht dem Firmenzaun folgend) und kurz darauf geradeaus in den Wald fahrend erreicht man 600 m nach Waldeintritt einen Parkplatz mitten im Wald (4,3 km von der B 16, 1,3 km vom Bahnhof Gundelfingen, siehe Koordinaten). Dem linken Forstweg folgend und auf Mittelspechte achtend, erreicht man nach 350 m den Faiminger Stausee. Ein Besuch lohnt, wegen der Wintergäste wie zum Beispiel Sing- und unregelmäßig Zwergschwänen, Berg- und Samtenten, Rothalstauchern, Sterntauchern und Seeadlern. In den umliegenden Auwäldern brüten unter anderem Halsband- und Trauerschnäpper, sodass ein Besuch Ende Mai ebenfalls lohnend sein kann.

Blick in die Umgebung

Die Umweltstation „mooseum“ in Bächingen an der Brenz stellt alle Themen unter dem Aspekt nachhaltigen Lebensraumschutzes, nachhaltiger Landnutzung und nachhaltiger Regionalentwicklung in den Mittelpunkt.

Christoph Moning, Christopher König, Felix Weiß

Anfahrt

Mit Bahn und Bus

Die nächsten Bahnhöfe sind Gundelfingen und Günzburg. Von dort aus braucht man ein Fahrrad.

Mit dem Auto

Die A 7 (Würzburg – Memmingen) führt von Nord nach Süd und die A 8 (Stuttgart – München) von West nach Ost am Gebiet vorbei.

Adressen

Umweltstation mooseum, Schlossstraße 7, 89431 Bächingen an der Brenz

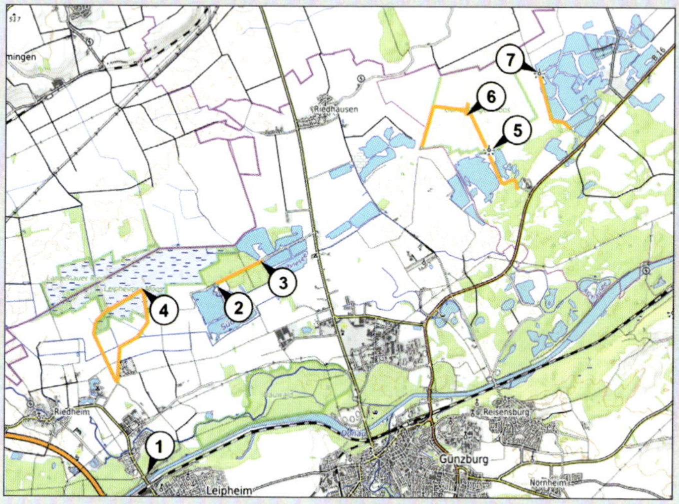

GPS		
Volksfestplatz Leipheim (1)	48°27'09" N	10°12'55" O
Parkmöglichkeit Mooswaldsee (3)	48°29'10" N	10°14'33" O
Parkmöglichkeit Schurrsee (5)	48°29'52" N	10°18'18" O
Parkmöglichkeit Sophienried (7)	48°30'25" N	10°19'11" O
Parkplatz im Südwesten des Faiminger Stausees	48°32'43" N	10°23'23" O
Parkplatz im Norden des Faiminger Stausees	48°33'33" N	10°24'39" O

Infomaterial/Literatur

www.arge-donaumoos.de – viele detaillierte Informationen und Beobachtungsstellen der Arbeitsgemeinschaft Schwäbisches Donaumoos e.V.

Wir danken Ulrich Mäck von der Arbeitsgemeinschaft Schwäbisches Donaumoos für die Durchsicht des Beitrags.

Der Echinger Stausee zieht interessante Zuggäste und Brutvögel an.
Foto: C. Moning. Echinger Stausee, 8.4.2007.

Vogelfreistätte Mittlere Isarstauseen

Wassservogelreichtum vor den Toren Landshuts

Das Naturschutzgebiet Vogelfreistätte Mittlere Isarstauseen zwischen Moosburg und Landshut, auf der Grenze zwischen Ober- und Niederbayern gelegen, zählt zu den wertvollsten Wasservogelschutzgebieten Bayerns und ist Bestandteil des Europäischen Schutzgebietsnetzes Natura 2000. Es hat eine Fläche von 5,7 km² und ist eine Autostunde von München entfernt. Ein Besuch lohnt sich zu jeder Jahreszeit, jedoch besonders zu den Zugzeiten. Das Gebiet zählt deutschlandweit zu den besten Gebieten um Tüpfelsumpfhühner und Kleine Sumpfhühner zu sehen.

Die Mittlere Isar AG wurde 1921 mit dem Ziel gegründet, die großmaßstäbliche Stromgewinnung durch Wasserkraft an der Isar voranzutreiben. Dazu wurde ein 54 km langer Werkkanal gebaut, der das Isarwasser bei München-Oberföhring ableitet und erst kurz vor Landshut wieder in die Isar zurückführt. Einige Speicherseen und Laufkraftwerke werden dazu genutzt, Wasserkraft aus einem Höhenunterschied von 88 m zwischen Kanalanfang und -ende in elektrische Energie umzuwandeln. Dazu zählen Echinger und Moosburger Stausee, die zwischen 1926 und 1929 entstanden.

Das Herzstück der Vogelfreistätte ist der Echinger Stausee, der im Laufe der Jahrzehnte durch eingeschwemmtes Material verlandete. Dadurch bildeten sich hochwertige Lebensräume für bedrohte Tierarten. Vor allem die weitläufigen Schilfröhrichte und die jungen Schlick- und Schlammflächen nutzen viele Vogelarten zur Brut oder Nahrungssuche. Der Moosburger Stausee ist weitgehend frei von Verlandungsvegetation und wird vor allem von Entenvögeln genutzt.

Die Unterschutzstellung der beiden Seen und deren Umland erfolgte im Jahr 1982. Seit 1995 ist die Jagd auf Wasservögel verboten, was enorm zur Aufwertung des Gebiets beigetragen hat. Die ab 1975 bereitgestellten Nisthilfen für Flussseeschwalben haben bis heute zu weit über 1000 flüggen Jungvögeln geführt und sind ein Musterbeispiel für erfolgreichen Artenschutz.

Die Isar durchfließt die Vogelfreistätte auf einer Länge von 8 km. Sie hat als Alpenfluss eine vergleichsweise hohe Fließgeschwindigkeit und bildet eine Vielzahl von Kiesbänken aus, die bei größeren Hochwassern auch verlagert oder wieder weggeschwemmt werden können. Die Isar friert auch im Winter

Der Echinger Stausee gehört deutschlandweit zu den besten Beobachtungsstellen für Kleine Sumpfhühner, die hier vor allem im April sowie Ende Juli und im August rasten. Foto: C. Moning. Lesbos, 6.4.2009.

nicht zu und ist bei strengem Frost ein wichtiges Ausweichhabitat für überwinternde Wasservögel und regelmäßig auch für Waldwasserläufer (im Durchschnitt zehn Individuen).

Weitere wichtige Lebensräume im Naturschutzgebiet sind die Dämme, die auf 40 km die Stauseen, den Kanal und die Isar in ihre Betten zwingen, und die immerhin 200 ha degradierte Auwälder, die mit unter Schutz gestellt werden konnten. Die begleitenden Isarauwälder wurden 2020 großflächig zu Naturwäldern erklärt. Sie bleiben sich selbst überlassen und werden sich in den nächsten Jahrzehnten strukturreich entwickeln.

Botanisch sind die sonnenexponierten, kiesigen und nährstoffarmen Dammkronen, die von dem Kraftwerksbetreiber abgestuft gepflegt wer-

Typische Vogelarten der Vogelfreistätte Mittlere Isarstauseen, deren Status und günstige Beobachtungszeit (in Klammern)
h = häufiger, r = regelmäßiger, s = seltener; B = Brutvogel, W = Wintergast, D = Durchzügler, N = Nahrungsgast

Art	Status (beste Beobachtungszeit)
Tafelente	sB, hW (ganzjährig)
Gänsesäger	rB, rW (ganzjährig)
Schwarzhalstaucher	rD (Mrz.–Okt.)
Silberreiher	rD, hW (Aug.–Apr.)
Nachtreiher	sB (Apr.–Sep.)
Seidenreiher	sD, sN (Mai–Sep.)
Wespenbussard	sB, sD (Mai–Sep.)
Rohrweihe	sB, rD (Mrz.–Okt.)
Baumfalke	sB, rD (Apr.–Sep.)
Wasserralle	sB, sW (ganzjährig)
Tüpfelsumpfhuhn	sD (Jul.–Sep.)
Kleines Sumpfhuhn	sD (Jul.–Sep.)
Blässhuhn	hB, hW (ganzjährig)
Kiebitz	rD (ganzjährig)
Bekassine	rD (Mitte Mrz.–Mai, Sep.–Nov.)
Bruchwasserläufer	rD (Apr.–Mai, Jul.–Sep.)

Art	Status (beste Beobachtungszeit)
Flussuferläufer	rD (Apr.–Mai, Mitte Jul.–Okt.)
Zwergmöwe	rD (Apr.–Mai, Aug.–Okt.)
Flussseeschwalbe	hB (Apr.–Jul.)
Weißbart-Seeschwalbe	sD (Apr.–Mai)
Weißflügel-Seeschwalbe	sD (Apr.–Mai)
Trauerseeschwalbe	rD (Apr.–Mai, Aug.–Sep.)
Eisvogel	sB, rN (ganzjährig)
Pirol	rB (Mai–Aug.)
Beutelmeise	rD (Apr., Sep.–Okt.)
Rohrschwirl	sB (Mitte Apr.–Jul.)
Drosselrohrsänger	sB (Apr.–Aug.)
Halsbandschnäpper	rB (Mai–Jun.)
Bergpieper	rW (Okt.–Apr.)

den, von Wiesensalbei (*Salvia pratensis*) und Karthäusernelke (*Dianthus carthusianorum*) geprägt.

Besondere Vogelarten und Reisezeit

Die Mittleren Isarstauseen sind sowohl ein international bedeutsames Rast- und Überwinterungsgebiet als auch ein wichtiges Brutgebiet für über 90 Vogelarten. So lohnt sich ein Besuch zu jeder Jahreszeit. Da die Beobachtungsdistanzen am See oft sehr groß sind, ist ein Spektiv empfehlenswert. In den Wäldern findet man ab Mitte Februar Grau-, Grün- und Kleinspechte. Später reihen sich Pirole und Halsbandschnäpper in das Konzert ein. Wespenbussarde und Baumfalken brüten im Wald, man sieht sie aber überwiegend fliegend an den Seen. Am Moosburger Stausee brüten unter anderem Lachmöwen und Mittelmeermöwen.

Der Echinger Stausee ist artenreicher. Schnatter- und Kolbenenten, Zwerg- und Haubentaucher sowie Graureiher und Kormorane lassen sich bei der Jungenaufzucht beobachten. Die letzten Jahre haben auch wenige Paare Nachtreiher gebrütet und auch Seidenreiher unternahmen Brutversuche. Schwarzhalstaucher finden sich immer wieder

Bruchwasserläufer finden, wie andere Watvögel auch, gute Rastbedingungen, wenn der Wasserstand am Echinger Stausee niedrig ist. Dies ist aufgrund des Schwellbetriebes regelmäßig sonntagabends und montags früh der Fall.
Foto: C. Moning. Bornholm, Dänemark, 17.8.2010.

Der vegetationsarme Moosburger Stausee lohnt vor allem zu den Zugzeiten und im Winter einen Abstecher.
Foto: C. Moning. Moosburger Stausee, 27.11.2013.

Flussseeschwalben brüten aufgrund intensiver Schutzbemühungen gut einsehbar am Echinger Stausee. Foto: C. Moning. Katinger Watt, 28.7.2009.

um die Flussseeschwalbenkolonie ein. Eisvögel und Gebirgsstelzen suchen regelmäßig Nahrung am Echinger Stausee. Aus dem Schilf quieken Wasserrallen und es singen Blaukehlchen sowie einzelne Rohrschwirle und Drosselrohrsänger.

Die Hauptbedeutung des Gebietes liegt in der Rastplatzfunktion für regelmäßig über 10000 Schwimmvögel. International bedeutsam sind die Seen für Schnatter- und Kolbenenten (Maximum zwischen August und Oktober), national bedeutsam sind die Rastvorkommen von Krick-, Löffel- und Tafelenten sowie von Blässhühnern. Viele weitere Wasservogelarten nutzen die Seen zur Mauser, zur Rast oder zum Überwintern. Dazu gehören Höckerschwäne, Graugänse, Pfeif-, Spieß-, Knäk- und Löffelenten sowie Haubentaucher. Die Hauptmasse der Wasservögel kann von August bis Oktober und im Januar angetroffen werden. Bei niedrigem Wasserstand rasten im Frühjahr und im Herbst auch viele Limikolenarten, darunter vor allem Kiebitze, Flussregenpfeifer, Bekassinen, Flussuferläufer, Grünschenkel, Bruchwasserläufer und Kampfläufer, aber auch verschiedene Strandläufer. Im April ziehen Zwergmöwen durch, im Mai und August hat man gute Chancen auf Trauerseeschwalben. Auch Weißbart- und Weißflügel-Seeschwalben werden jedes Jahr im Frühjahr beobachtet. Eine Besonderheit sind Tüpfelsumpfhühner und Kleine Sumpfhühner, die man besonders regelmäßig ab Ende Juli bis Anfang Oktober beobachten kann, seltener im April. Sobald in diesen Monaten der Wasserstand so tief sinkt, dass am Rand der Schilfkante Schlickflächen frei werden, suchen die kleinen Rallen vor dem Schilf nach Nahrung. Regelmäßig gute Bedingungen zur Beobachtung von Rallen und Limikolen herrschen am Sonntagabend und Montagmorgen. Dann ist, sofern die Isar kein Hochwasser hat, der Wasserstand im Echinger Stausee abgesenkt.

Beobachtungsmöglichkeiten

Die Beobachtungsmöglichkeiten sind von der Ausfahrt Moosburg Nord A 92 aus beschrieben (1). Von hier folgt man der B 11 Richtung Moosburg und Freising nach Südwesten. Rechterhand erreicht man nach 500 m (2) beziehungsweise 1,7 km (3) zwei Parkplätze am Dammfuß des Moosburger Stausees. Achtung, die Einfahrt zum zweiten Parkplatz übersieht man leicht! Von den Parkplätzen ist der gesamte See einsehbar.

Weitere 600 m von (3) biegt man nach rechts in Richtung „Bruckberg“ ab, folgt immer der Hauptstraße und erreicht nach 3,8 km über Volkmannsdorfer Au die Isar (4). Zwischen der Isar und der direkt nördlich davon verlaufenden Bahnlinie erschließt eine Treppe den Zugang zum nördlichen Isarufer. Parken kann man hinter der Bahnlinie links. Im Bereich des Wehres der Amper, die hier in die Isar mündet, brüten Wasseramseln. Auf den Kiesbänken überwintern einzelne Bergpieper und von Juni bis August sonnen sich hier Grüne Flussjungfern (*Ophiogomphus cecilia*).

Der Uferweg nach Osten ist gut für Grauspechte, Halsbandschnäpper und andere Waldarten. Bei (5) ist ein großer Steilabbruch mit guten Beobachtungsmöglichkeiten für Gänsesäger, Waldwasserläufer, Eisvögel und Gebirgsstelzen. Bis dorthin sind es von der Isarbrücke 2,6 km zu gehen.

Morgens hat man vom Auslauf des Moosburger Stausees (6) die beste Sicht auf die Wasserflächen. Hierzu fährt man von (1) auf der B 11 nach Osten Richtung Landshut, bis nach gut 600 m eine Tankstelle auftaucht. Hinter dieser biegt man nach links ab, folgt der Straße über die A 92 und erreicht nach 1,5 km das östliche Ende des Moosburger Stausees (6).

Wenn man der B 11 von der Abfahrt (1) 5,5 km in Richtung Landshut folgt,

Nachtreiher brüten zunehmend erfolgreich am Echinger Stausee.
Foto: C. Moning. Hortobagy, Ungarn, 14.6.2010.

Der Echinger Stausee gehört im April sowie Ende Juli bis in die erste Augusthälfte zu den besten Beobachtungsgebieten in Deutschland, um kleine Rallenarten wie das Tüpfelsumpfhuhn zu sehen.
Foto: C. Moning. Lesbos, 11.4.2009.

kann man nach rechts Richtung „Viecht“ abbiegen und dann in einem Rechtsbogen die B 11 überqueren. An der nächsten T-Kreuzung hält man sich links und kommt so nach Eching. Vor der Kirche nimmt man die einzige Straße nach links und fährt parallel zum Echinger Stausee am Gasthaus Forster vorbei zurück nach Westen. Es bieten sich verschiedene Parkmöglichkeiten an. Circa 700 m nach der Kirche knickt die Straße links ab. Geradeaus verläuft ein geschotterter Weg weiter auf dem Damm. An dieser Kurve (7) parkt man spätestens und geht auf dem geschotterten Dammweg weiter. Circa 300 m westlich erkennt man ein Pumphaus, von wo aus man einen guten Überblick über den offenen Bereich und die Schilfkante des Echinger Sees hat. Bei (8) steht ein sehr lohnender neuer Beobachtungsturm und wer noch etwas Energie hat, kann noch weitergehen: Rechterhand breiten sich ausgedehnte Schilfröhrichte aus, in deren offeneren Passagen sich zuweilen Vögel wie Rallen oder Eisvögel entdecken lassen. Auf einer im zentralen westlichen Teil gelegenen Insel brüten Kormorane, Graureiher und Nachtreiher (9). Um letztere zu entdecken, muss man die Reihernester sehr genau mit dem Spektiv abmustern.

Blick in die Umgebung

Landshut ist kreisfreie Stadt, Heimat von 63 000 Menschen und hat eine facettenreiche, 800-jährige Geschichte, die sich in ihrem historischen Stadtbild niederschlägt. Der Turm der Martinskirche als höchster Backsteinturm der Welt (seit 2008 brüten hier Wanderfalken) und der von gotischen Bürgerhäusern und der 1461 vollendeten Heilig-Geist-Kirche eingerahmte Marktplatz, als einer der breitesten Straßenmärkte überhaupt, bilden ein einmaliges Ensemble und zählen zu den herausragenden Straßen- und Platzanlagen Deutschlands. Über der Stadt thront die Burg Trausnitz, deren älteste erhaltene Wehranlagen aus dem Jahr 1204 stammen.

Christoph Moning, Christopher König, Felix Weiß

GPS		
Parkplatz im Südosten des Moosburger Stausees (2)	48°28'47" N	11°59'08" O
Parkplatz im Südwesten des Moosburger Stausees (3)	48°28'30" N	11°58'18" O
Parkplatz im Osten des Moosburger Stausees (6)	48°29'25" N	11°59'14" O
Parkmöglichkeit am Echinger Stausee (7)	48°30'07" N	12°02'55" O
Parkplatz in Volkmannsdorf (4)	48°30'04" N	11°57'21" O

Anfahrt

Die Isardämme sind mit dem Fahrrad befahrbar. Ein Fahrradweg verbindet die beiden Seen. Lohnend ist deswegen eine Fahrradtour vom Bahnhof Moosburg über den Moosburger Stausee zum Echinger Stausee. Die einfache Strecke beträgt ungefähr 11 km.

Mit dem Auto

Die A 92 München-Deggendorf führt zwischen den beiden Seen hindurch. Man verlässt die Autobahn an der Ausfahrt Moosburg-Nord (1) und hält sich entweder nach Südwesten, um nach wenigen Hundert Metern den Moosburger Stausee zu erreichen, oder man hält sich nach Nordwesten, um den Echinger Stausee zu erreichen.

Adressen

Landesbund für Vogelschutz Kreisgruppe Landshut, Eichenstraße 4, 84184 Tiefenbach, lbv-landshut@gmx.de

www.lbv-landshut.de: aktuelle Nachweise bemerkenswerter Beobachtungen aus dem Gebiet, weiterhin viele Informationen rund um den Naturschutz im Landkreis Landshut.

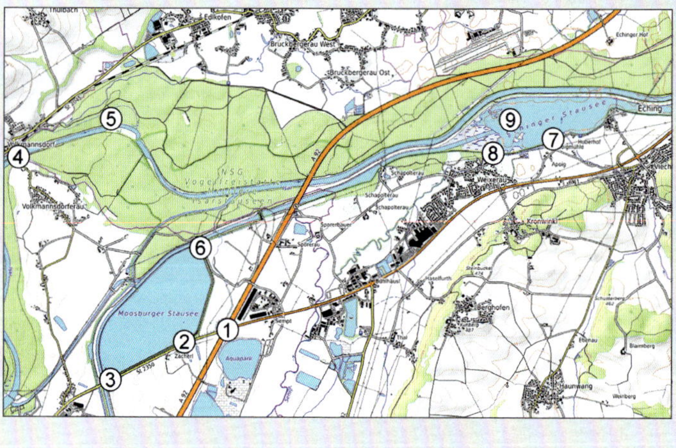

Die Isar im Bereich der Doppelschleuse.
Foto: C. Moning. 10.5.2021.

Die Isarmündung

Halsbandschnäpper und Schlagschwirle

Die Isarmündung erlangte bundesweite Bekanntheit durch das Hochwasser im Juni 2010, bei dem viele angrenzende Siedlungsteile überschwemmt und viele Häuser zerstört wurden. Getrieben durch den Donauausbau und verstärkte Hochwasserschutzmaßnahmen konnten seitdem große Bereiche des Isarmündungsgebietes naturnah gestaltet werden. Weitläufige Auwälder, Schilfbereiche, naturnahe Grünländer, Altwässer aber auch menschengemachte Feuchtlebensräume wie Kiesgruben und Klärbecken tragen zu einem erheblichen Vogelartenreichtum bei. Besonders zur Brutzeit lohnt ein Besuch rund um die Mündung der Isar in die Donau. Dann schreiten hier rund 100 Vogelarten zur Brut.

Bei Deggendorf, am Rande des Bayerischen Waldes, fließt die aus den Alpen heranströmende Isar in die Donau, die hier bereits ein Tieflandfluss ist. Im Mündungsgebiet ist die Isar auf den letzten 8 km noch freifließend und die Hochwasser der Donau werden in die Isar rückgestaut.

Der heutige Zustand der Isar in ihrem Unterlauf ist das Ergebnis von Flussregulierungen, Uferverbauung und Wasserkraftnutzung – Eingriffen, die bereits Ende des 19. Jahrhunderts einsetzten. Für die Isar bedeutete dies die Einengung des Flussverlaufs und den Verlust an durchgängiger Gesteinsfracht durch die Stauanlagen. In Folge tiefte sich die Flusssohle ein und das Wasserregime in der Aue änderte sich. Natürliche Kiesbänke gingen verloren. Diesen Entwicklungen will man entgegensteuern, indem man die Isar unterhalb Pielweichs wieder mit Kies speist und streckenweise die Uferversteinung entfernt.

Trotz der erheblichen Eingriffe konnten sich rund 35 Fischarten halten, die Lebensgrundlage der artenreich vertretenen fischfressenden Wasservögel sind. Hervorzuheben sind die Vorkommen der Donaubarsche Schneider, Schrätzer und Streber. Als größter Fisch aus der Familie der Lachsartigen im Donaueinzugsgebiet kommen auch noch Huchen vor.

Die Flusslandschaft wird durch große Altwasserbereiche mit weiten Röhrichtbeständen geprägt. Im Isarmündungsgebiet sind neben dem Hauptgerinne der Isar eine Vielzahl von Auegewässern vorhanden, wie Altwasser, Altarme, Gressen, Bäche, Gräben, Kleingewässer, Auetümpel und Weiher. Diese Vielfalt an Fließ- und Stillgewässern ist der Grund für die sehr hohe Bedeutung der Auegewässer für die Pflanzen- und Tierwelt. So kommen neben knapp 200 Wasserinsektenarten auch Springfrösche und Kammmolche sowie sehr selten auch noch Moorfrösche vor.

Dank der weit von der Isar abgerückten Deiche konnte ein breiter Auwaldgürtel erhalten bleiben. Auf den häufig überfluteten Standorten – vorwiegend im Uferbereich von Altwassern und in tieferen, häufig überschwemmten Senken – entwickelten sich Weidenwälder. Diese stehen teilweise bis zu 200 Tage im Jahr in dem bis zu 1 km breiten Vorland zwischen den Deichen unter Wasser. Die prägenden Baumarten hier sind Silberweiden, Fahlweiden und Bruchweiden sowie Grau-Erlen. Allerdings wurden im Isarmündungsgebiet auf großen Flächen Hybrid-Pappeln (Zuchtform) auf Standorte der Weichholzaue gepflanzt. Die eigentlich heimische Schwarz-Pappel ist im Isarmündungsgebiet nur selten zu finden.

Der weiter entfernt vom Isar-Flussbett und höher liegende Hartholzauwald wird selten und nur bei extremem Hochwasser überflutet. Deshalb gedeihen hier langsam wachsende, anspruchsvolle Harthölzer, die lediglich eine zwei- bis dreimonatige jährliche Überflutung überstehen. In der Hartholzaue an der Isar kommen vor allem Eschen, Stieleichen und Bergahorne vor. Die Hartholzauwälder beeindrucken durch den ausgeprägten stockwerkartigen Aufbau der Baumschicht und die artenreiche Krautschicht. Im Frühling, bei noch fehlender Belaubung, präsentieren sie sich als blau-weiß-gelber Pflanzenteppich, bedeckt mit Blaustern, Märzenbecher, Gelbem Windröschen, Hoher Schlüsselblume, Lungenkraut und verschiedenen Veilchen.

Neben den Wäldern hat sich ein kleinteiliges Standort- und Nutzungsmosaik an Streu- und Mähwiesen erhalten. Darin eingebettet sind Reste trockener Magerrasen und lichter Kiefernwälder, die sich auf alten Schotterbänken der Isar, sogenannten Brennen, entwickelt haben. Magerrasen wachsen auf flachgründigen, sandig-kiesigen Standorten, die die Isar abgelagert hat. Sie sind pflanzen- und insektenartenreich. Zu den typischen Arten zählen Frühlingsenzian, Rauher Alant und viele Orchideenarten sowie zum Beispiel der Magerrasen-Perlmuttfalter.

Bereits 1973 erhielt das Auengebiet an der Isarmündung seinen ersten flächenhaften Schutzstatus. 1990 wurden wertvolle Kernbereiche unter Naturschutz gestellt. 1989 bis 2001 wertete ein Großprojekt der Bundesrepublik Deutschland das Gebiet auf. Dabei gingen 395 ha Auenflächen in die öffentliche Hand über. Seit 2006 unterliegt die Isarmündung auf 2132 ha auch europäischen Naturschutzrichtlinien und ist nun Teil des Schutzgebietssystems Natura 2000.

Großflächiger Grunderwerb durch die öffentliche Hand schuf um die Jahrtausendwende Spielraum für viele Lebensraumoptimierungen im Isarmündungsgebiet. Die Ausweisung zum Natura 2000-Gebiet zog weitere Managementplanungen nach sich. Derzeit konzentrieren sich die Bemühungen auf den Rückbau von Uferbefestigungen und die Anbindung von Seitengerinnen, auf die Umwandlung von Äckern in artenreiche Auenwiesen oder Halbtrockenrasen durch Humusabtrag, Soden- oder Mähgutübertragung von Lieferbiotopen aus dem Mündungsgebiet, auf ein flächengenaues Mahdregime für alle wertvollen Wiesentypen sowie auf gezielte Artenhilfsmaßnahmen.

Besondere Vogelarten und Reisezeit

Geprägt durch das vielfältige Lebensraummosaik ergibt sich eine reiche Vogelwelt. Auf der Isar und den begleitenden Altwässern finden sich neben Graugänsen und Kormoranen unter anderem rastende Löffel-, Krick-, Schnatter-, Kolben-, Tafel- und Reiherenten sowie Eisvögel, die auch im Gebiet brüten. Spießenten sind seltenere Durchzügler während Schellenten sich vor allem in Winterhalbjahr entlang der Isar einfinden. Gänsesäger zählen zu den Charaktervögeln der Isar. Weibchen können im Frühjahr und Frühsommer regelmäßig mit umfangreicher Jungenschar im Schlepptau beobachtet werden. Typisch für die Isarmündung sind Seidenreiher, die meistens in der zweiten Sommerhälfte als Nahrungsgäste in kleiner Zahl auftreten.

Haubentaucher sind verbreitete Brutvögel auf den fischreichen Altwässern von Isar und Donau.
Foto: C. Moning. Alte Donau, 10.5.2021.

Auf dichten Seerosenbeständen wie an der Alten Donau bei Neideraltteich haben sich Lachmöwen angesiedelt, in deren Schatten sich auch Schwarzkopfmöwen und Schwarzhalstaucher eingefunden haben. Mittelmeermöwen patrouillieren die Isar und die Donau entlang und können regelmäßig beobachtet werden.

In begrenztem Umfang bietet die Isar offene kiesig-sandige Uferbereiche, auf denen Flussuferläufer und Waldwasserläufer rasten. Letztere versuchen auch zunehmend an dem nicht zufrierenden Fluss zusammen mit Bergpiepern zu überwintern.

Rastende Limikolen wird man ansonsten am ehesten in den Kiesgruben wie bei Winzer oder an den Zuckerteichen bei Plattling beobachten können. Hier brüten Flussregenpfeifer. Zu den typischen rastenden Arten zählen Kampfläufer, Bruchwasserläufer und Grünschenkel. Tüpfelsumpfhühner sind eher seltene Durchzügler. Kiebitze und Wiesenschafstelzen sind noch weit verbreitete Vögel der Ackerflur, nehmen hier aber wie andernorts auch ab. Fluss- und Trauerseeschwalben ziehen regelmäßig an allen Gewässern im Gebiet durch. Weißstörche brüten in Deggendorf, Hengersberg und Mainkofen und können gelegentlich im Gebiet bei der Nahrungssuche beobachtet werden.

Dort wo sich in den Flachwasserbereichen Röhrichte etablieren konnten, erklingen zur Brutzeit die Gesänge von Wasserrallen, Blaukehlchen, Drossel- und Teichrohrsängern sowie Rohrschwirlen und Rohrammern. Schilfrohrsänger sind eher selten. In feuchten Hochstaudenfluren kommen Sumpfrohrsänger und Feldschwirle hinzu. Wo diese in Verbindung mit überrankten Gebüschen stehen, kann man Schlagschwirle erwarten. Sie haben in der Isarmündung einen bayerischen Vorkommensschwerpunkt, kommen hier am Rande ihrer Verbreitung aber in schwankender Zahl vor.

Der Gesang der Kuckucke, Pirole und Gelbspötter gehört zur typischen sommerlichen Geräuschkulisse in den Auwäldern, in denen auch Grau-, Grün-, Klein-, Mittel- und Schwarzspechte sowie Hohltauben brüten. Letztere werden nach Ende der Brutzeit durch ihre Artgenossen aus den weiten Wäldern des angrenzenden Bayerischen Waldes in der Feldflur bei der Nahrungssuche verstärkt. Halsbandschnäpper kommen im Isarmündungsgebiet, auch aufgrund der Bereitstellung von speziellen Nistkästen durch den Landesbund für Vogelschutz, in bayernweit beachtlichen Beständen vor. Nachtigallen sind am Rande ihrer Verbreitung eher selten in den Isarauwäldern.

Immer wieder halten sich Fisch- und Seeadler im Bereich der Isarmündung auf. Es sind nicht nur Durchzügler und Nahrungsgäste. Vertreter beider Arten zeigten schon Brutverhalten in dem Gebiet. Auch Wespenbussarde nutzen die offenen Auwaldbereiche auf dem Durchzug. Einzelne Paare brüten ebenso wie Baumfalken und Habichte im Gebiet.

Schleiereulen sind seltene Brutvögel zum Beispiel in Moos, während Waldkäuze die Auwälder und Waldohreulen die offene Feldflur besiedeln. Sumpfohreulen sind sehr seltene Gäste.

Turteltauben gehörten bis vor wenigen Jahrzehnten zu den sehr typischen Besiedlern offener Auwaldbereiche und der Brennen. Leider hört man ihren wohlklingenden schnurrenden Gesang nur noch selten. Im Gegensatz zu ihnen findet man Neuntöter und Baumpieper noch verbreitet. Auch der Gesang der Gartenrotschwänze ertönt noch in naturnahen Gärten und offenen Gehölzstrukturen.

Beobachtungsmöglichkeiten

Der am **linken (westlichen) Isarufer liegende Auwald** an der Isarmündung kann zu Fuß oder mit dem Fahrrad erkundet werden. Es gibt zwei Zugänge:

Über Scheuer: Von der A 92 nimmt man die Ausfahrt „Plattling Nord", fährt Richtung „Plattling" und biegt die erste Möglichkeit Richtung „Schiltorn" nach links ab. Durch Schiltorn fährt man Richtung „Scheuer/Holzschwaig/Fischerdorf". Rund 800 m hinter Schiltorn verlässt man, geradeaus fahrend, die links abbiegende Hauptstraße. Rund 1,2 km nach dieser Abzweigung erreicht man die wenigen Häuser des Örtchens Scheuer. Hier nimmt man die erste Abzweigung nach rechts. Kurz darauf ist die Weiterfahrt aus Naturschutzgründen verboten (1).

Über Fischerdorf: Von der A 92 Ausfahrt „Deggendorf" fährt man Richtung „Hafen" und „Innenstadt" und nimmt bald darauf die Abzweigung

Die Alte Donau bei Niederalteich zeichnet sich durch eine ausgeprägte Schwimmblattvegetation aus. Foto: C. Moning. 10.5.2021.

Richtung „Fischerdorf" nach Süden. Nach Überquerung der Donau, an der ersten Ampel in Fischerdorf, fährt man links und 500 m, nachdem man die A 3 überquert hat, wieder links Richtung „Altholz" in die „Altholzstraße" und nach 200 m links in die Straße „Haus Nr. 25, 27". Knapp 800 m darauf überquert man die alte Isar (2). 400 m weiter fährt man rechts in einen Schotterweg. Diesem folgt man, bis er nach 300 m kurz hinter dem Deich an einer Parkmöglichkeit endet (3).

In der Karte sind von (1) und (3) ausgehende Wege, an denen die Zielarten mit hoher Wahrscheinlichkeit beobachtet werden können, orange dargestellt. Der eingezeichnete Rundweg ist 6 km lang. Die Erweiterung bei (4) verlängert den Rundweg um 2 km und kann, im Gegensatz zu allen anderen eingezeichneten Wegen, nicht mit dem Fahrrad befahren werden.

Schnatterenten, Pirole, Sumpfrohrsänger und Blaukehlchen sind häufige Brutvögel im ganzen Bereich. An der Isar halten sich ganzjährig Gänsesäger auf. In den dichten Hochstaudenfluren zwischen Isar und Deich kommen Schlagschwirle mit hoher Stetigkeit vor. Halsbandschnäpper hört man ab Ende April überall im Gebiet singen. Der Bereich um und östlich von Scheuer ist beispielsweise sehr gut für diese Art. Viele der oben aufgeführten Arten kommen in diesem Auwald vor.

Kleinspechte sind typische Brutvögel der Weichholzaue.

Foto: C. Moning. Georgien, 19.4.2019.

In den **Zuckerteichen Plattling** werden die nährstoffreichen Abwässer der Zuckerfabrik Plattling verarbeitet. Zu den Zugzeiten rasten Enten, Tüpfelsumpfhühner und Limikolen. Weiterhin brüten zahlreiche Blaukehlchen im Gebiet. Die Situation vor Ort ist je nach Befüllungsgrad der Becken unterschiedlich ergiebig.

Von der A 92 von der Ausfahrt „Plattling Nord" kommend folgt man der Staatsstraße 2124 Richtung „Plattling" und nimmt nach circa 2 km, direkt nach dem Ortseingangsschild von Plattling, eine nach links abzweigende Einfahrt. Unmittelbar darauf fährt man über eine Brücke und parkt dahinter. Der linke der drei abzweigenden Wege führt zu

Typische Vogelarten im Bereich der Isarmündung, deren Status und günstige Beobachtungszeit (in Klammern)
h = häufiger, r = regelmäßiger, s = seltener; B = Brutvogel, D = Durchzügler, W = Wintergast

Art	Status (beste Beobachtungszeit)
Krickente	sB, rD, rW (Sep.–Apr.)
Gänsesäger	rB, rW, rN (ganzjährig)
Turteltaube	sB, sD (Mai–Jun.)
Wasserralle	rB, rD, sW (Apr.–Okt.)
Bruchwasserläufer	rD (Apr.–Mai, Jul.–Sep.)
Schwarzkopfmöwe	sB (Apr.–Juli)
Mittelmeermöwe	rB, rD, rN (ganzjährig)
Seidenreiher	sN (Mai–Sep.)
Fischadler	rD, sN (Apr., Jul.–Sep.)
Seeadler	sN (ganzjährig)

Art	Status (beste Beobachtungszeit)
Mittelspecht	rB (Feb.–Jul.)
Kleinspecht	rB (Mrz.–Jul.)
Grauspecht	rB (Mrz.–Jun.)
Pirol	rB, rD (Mai–Jul.)
Drosselrohrsänger	rB, rD (Mai–Jun.)
Schlagschwirl	rB, sD (Mai–Jun.)
Rohrschwirl	rB, sD (Apr.–Jun.)
Blaukehlchen	rB, rD (Mrz.–Jul.)
Halsbandschnäpper	rB (Ende Apr.–Jun.)

Das Isarmündungsgebiet gehört zu den zuverlässigsten Beobachtungsorten für Schlagschwirle in Bayern. Foto: C. Moning. Isarmündung, 11.5.2010.

den Klärbecken. Nach 400 m beginnen die Absetzbecken links und rechts des Wegs (5).

Der Auwald und die Wasserflächen im Bereich der **Doppelschleuse** sind ein lohnendes Beobachtungsgebiet. Grau-, Mittel- und Kleinspecht, Rohrschwirl, Halsbandschnäpper und Blaukehlchen kann man Ende April mit großer Wahrscheinlichkeit antreffen. Ausgangspunkt ist das Infohaus Isarmündung bei der Maxmühle (6). Von dem Infohausparkplatz biegt man zwei Mal links ab und folgt dem neuen Deich nach Westen entlang von Gebüschen und auf der jenseitigen Deichseite. Hier lassen sich oft Neuntöter, Wiesenschafstelzen und Schwarzkehlchen finden. Nach 900 m geht man nach rechts auf den alten Isardeich (7). Von hier gibt es drei Möglichkeiten. Erstens kann man auf dem Deich nach links gehen und nach 100 m dem rechten Deich folgen. Zwischen einem gestauten Gewässer bei (8) mit Wasserrallen, Rohrschwirlen, Blaukehlchen und den Altwassern bei (9), die je nach Wasserstand neben verschiedenen Entenarten auch Limikolen Rastplätze bieten, geht man dem Deich folgend in den Wald, wo man bis spätestens (10), 1,6 km von (7), Halsbandschnäpper- und Mittelspechtreviere durchquert hat.

Zweitens kann man direkt über den Deich ins Vorland gehen, sich dort rechts halten und in 450 m zu einem Beobachtungsturm (11) gelangen, an dem sich oft Schnatterenten, Eisvögel, verschiedene Spechtarten, Kuckucke und Pirole finden lassen.

Drittens kann man dem Deich nach rechts folgen (12). Schwarzspechte, Schlagschwirle und Blaukehlchen brüten entlang der nächsten 1,5 km. Mit dem Fahrrad lohnt sich die Weiterfahrt auf dem Damm (13), dort liegen ein Grau- und mehrere Kleinspechtreviere. Weitere Blaukehlchen lassen sich bei (14), weitere Schlagschwirle bei (15) finden. Ein schönes Beispiel eines Magerrasens auf einem Brennenstandort mit Baumpiepern mit Glück auch Turteltau-

Schwarzkopfmöwen begleiten Lachmöwen, wie hier in der Kolonie an der Alten Donau bei Niederalteich. Foto: C. Moning. 10.5.2021.

Kuckucke finden reichlich Nahrung und Fortpflanzungsmöglichkeiten in den Auwäldern der Isarmündung.
Foto: C. Moning. Freising, 19.5.2019.

ben und vielen Magerrasen-Perlmuttfaltern liegt bei (16). Man parkt an der Straße und gelangt über einen schmalen Feldweg auf den hinter einer Baumkulisse liegenden Magerrasen.

Die **Alte Donau** nordwestlich von Niederalteich ist durch eine reiche Schwimmblattgesellschaft geprägt. Das Altwasser wird durch eine neue Ausdeichung in zwei Teile getrennt. An diesem neuen Deich kann man parken (siehe Koordinaten). Auf Deichen und einfachen Wegen lässt sich der südliche Gewässerteil umrunden. Dabei kann man mit etwas Glück neben den Lachmöwen auch Schwarzkopfmöwen und Schwarzhalstaucher sowie durchziehende Seeschwalben, Trauerschnäpper, Gartenrotschwänze, Drosselrohrsänger, Pirole und Baumfalken beobachten. Anfang Mai ist dieses Gewässer einer der besten Beobachtungsorte für Zweiflecke in Bayern, eine bei uns sehr seltene Libellenart.

Östlich der Staatsstraße 2125 zwischen Hengersberg und Winzer liegt ein **Kiesabbaugebiet**. Man erreicht das Gebiet von Winzer aus dem Auweg nach Norden folgend. So erreicht man linkerhand zunächst vegetationsarme Flachwasserbereiche, in denen immer wieder interessante Limikolen rasten. An der nächsten Kreuzung links fahrend erreicht man nach 250 m linkerhand niedrig bewachsene feuchte Bereiche, in denen Wasserläufer rasten und Kiebitze brüten (siehe Koordinaten).

Christoph Moning, Christopher König, Felix Weiß

Anfahrt

Mit öffentlichen Verkehrsmitteln

Mit dem Fahrrad kann man das Infozentrum auf dem südlichen Isarradweg (Plattling-Isarmünd), auf ebener Strecke erreichen. Vom Stadtplatz der Stadt Plattling fährt man Richtung Isarbrücke (B 8 Richtung Osterhofen). Nach Überquerung der Brücke, ist bereits der Isarradweg ausgeschildert. Dieser Beschilderung folgt man flussabwärts, bis man nach knapp 6 km das Infozentrum Isarmündung erreicht.

Die nächstgelegenen Bahn-Haltestellen sind Osterhofen und Plattling. Von dort aus ist das Infozentrum Isarmündung mit einem Rufbus der Linie 8225 zu erreichen. Die vom Infozentrum Isarmündung nächstgelegene Haltestelle ist Sammern.

Mit dem Auto

Das Infozentrum Isarmündung erreicht man von der Stadt Plattling aus, indem man 6 km auf der B 8 Richtung Osterhofen fährt. Hier biegt man links Richtung Moos ab. Nach 1 km erreicht man die Ortseinfahrt von Moos. Man folgt dem Straßenverlauf zur Ortsmitte und bleibt immer auf der Kreisstraße 21. Nachdem man das Ortsende passiert hat, kann man bereits die Ortschaft Sammern sehen, die man nach 1 km erreicht. Diese durchfährt man und erreicht nach 500 m linker Hand das Infozentrum Isarmündung.

Adressen

Infozentrum Isarmündung, Dr. Georg Karl Haus, Maxmühle 3, 94554 Moos, www.infozentrum-isarmuendung.de

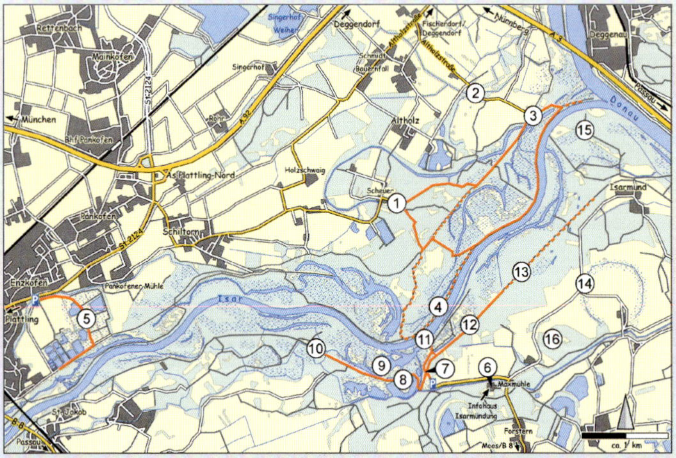

GPS		
Isarmündung, Zugang bei Scheuer (1)	48°47'37" N	12°56'33" O
Isarmündung, Zugang bei (3)	48°48'09" N	12°57'46" O
Parkmöglichkeit Zuckerteiche Plattling (5)	48°47'02" N	12°53'12" O
Parkmöglichkeit Alte Donau	48°46'59" N	13°00'55" O
Flachwasserbereiche Kiesabbau nördlich Winzer	48°44'34" N	13°04'02" O

Bergmischwälder dominieren die Hanglagen des Nationalparks Bayerischer Wald.
Foto: C. Moning. NP Bayerischer Wald, 25.5.2007.

Der Nationalpark Bayerischer Wald

50 Jahre Prozessschutz

Am 7. Oktober 1970 wurde der Nationalpark Bayerischer Wald als erster Nationalpark Deutschlands an der Grenze zu Tschechien in Niederbayern gegründet. 1997 wurde er fast um die doppelte Größe erweitert und umfasst heute 248,5 km². 2020 feierte er sein fünfzigjähriges Bestehen. Zusammen mit dem angrenzenden tschechischen Nationalpark Šumava bildet das Gebiet die größte zusammenhängende Waldschutzfläche Mitteleuropas. Aus ornithologischer Sicht locken vor allem außeralpine Vorkommen von Auerhühnern, Haselhühnern, Dreizehenspechten, Weißrückenspechten und Ringdrosseln. Habichtskäuze wurden seit den 1970er Jahren durch ein Wiederansiedelungsprojekt eingebürgert. Aber auch Sperlingskäuze, Raufußkäuze, Waldschnepfen und Zwergschnäpper weisen stetige Vorkommen auf. Ein Besuch lohnt ganzjährig und vor allem zur Brutzeit zwischen April und Anfang Juni, aber auch im September und Oktober während der Herbstbalz der Eulen und Hühner.

Der Bayerische Wald bildet den Südwestrand des sehr alten Grundgebirgsareals der Böhmischen Masse. Ihre Auffaltung begann im Erdzeitalter Devon vor 416 Millionen Jahren, es wurde jedoch in den folgenden Zeitaltern zu einem Mittelgebirge erodiert. In den Eiszeiten waren die Hochlagen der Berge vergletschert. Die größten Höhen erreicht der Park an den drei Gipfeln Großer Rachel (1453 m), Lusen (1373 m) und Großer Falkenstein (1315 m). Das Klima des inneren Bayerischen Waldes ist von kalten, schneereichen Wintern und kurzen Sommern geprägt. In den Hochlagen kommen im Winter regelmäßig Schneehöhen von über einem Meter vor.

Der Gründung des Nationalparks Bayerischer Wald mit seinen Bergmischwäldern aus Tannen, Buchen und Fichten sowie Aufichtenwäldern in den Tälern, Hochmooren und einigen Urwaldresten ging eine Geschichte der Zerstörung ehemaliger Urwälder voraus.

Klostergründungen zwischen dem 8. und 14. Jahrhundert schufen erste Rodungsinseln im Bereich des Bayerischen Waldes. Im 13. Jahrhundert siedelten die Bayerischen Herzöge und späteren Kurfürsten Glasmacher an. Dies erfolgte zunächst im äußeren und im 15. Jahrhundert auch im inneren Bayerischen Wald. Die zur Glasherstellung benötigten Rohstoffe in Form von Holz und Quarz gab es im Überfluss.

Der Glashüttenwald in der Umgebung der Glashütten wurde intensiv genutzt. Allerdings wurden nur die für Bearbeitung und Transport gut geeigneten Stämme entnommen, sodass es nicht zu vollständigen Kahlschlägen kam. Um das Jahr 1850, dem Beginn der modernen Forstwirtschaft, waren nur noch Grenzwälder in einem einigermaßen naturnahen Zustand.

Ab 1850 wurden die Rechte der Glashüttenherren abgelöst und die Wälder des Bayerischen Waldes forstlich bewirtschaftet. Die Wälder der Tallagen wurden vollständig eingeschlagen, die Böden entwässert und in Fichtenplantagen umgewandelt. In den Hanglagen wurde zunächst das Verfahren des Plenter- und Femelschlages praktiziert, bei denen einige Bäume als Überhälter stehen blieben. Bereits zu diesem Zeitpunkt wurden allerdings die meisten jungen nachwachsenden Tannen im Rahmen der sogenannten „Vorwuchsmusterung“ entfernt, sodass ihr Anteil ganz erheblich zurückging. Die eigentlichen Berglagen wurden noch relativ wenig genutzt.

Um das Jahr 1900 setzte sich in der bayerischen Forstwirtschaft die sogenannte Bodenreinertragslehre durch. In der Folge wurden zwischen 1910 und 1950 fast alle verbleibenden Urwaldreste der Berg- und Hanglagen de facto im Kahlschlagverfahren zerstört. Erst ab 1950 kehrte man zum Saumfemelschlag zurück. Zu diesem Zeitpunkt nahmen Wälder über 100 Jahre nur noch 21,6 % der Fläche des späteren Nationalparks ein.

Gegen Ende des 19. Jahrhunderts wurde sichtbar, dass die majestätischen, wilden Hochwälder des Bayerischen Waldes mit ihren riesigen Baumexemplaren in absehbarer Zeit der Vergangenheit angehören würden. Erstmals wurde gefordert, dass wenigstens einige besonders markante Urwaldreste erhalten werden sollten. Bereits 1914 wurde deshalb das Höllbachgespreng unter Schutz gestellt, im Jahr 1939 das Urwaldgebiet Mittelsteighütte und 1950 der Hans-Watzlik-Hain mit seinen riesigen Weißtannen.

Die ersten Forderungen nach der Errichtung eines großen Naturschutzreservates im Bayerischen Wald wurden 1911 vorgebracht. Ende der 1930er, Anfang der 1940er Jahre waren die Planungen zur Schaffung eines Nationalparks bereits weit fortgeschritten, sie mussten aber kriegsbedingt zurückgestellt werden. Erst 1966 wurden diese Pläne auf Initiative von Bernhard Grzimek und dem Bund Naturschutz in Bayern erneuert. 1969 beschloss der Bayerische Landtag einstimmig die Errichtung des Nationalparks Bayerischer Wald im Rachel-Lusen-Gebiet.

Als 1983 ein Sturm 30 000 Festmeter Holz zu Fall brachte, wurde beschlossen, in den Naturzonen nicht mehr in die natürliche Entwicklung einzugreifen. In der Folge starben Fichtenbestände aufgrund massiver Borkenkäferaufkommen ab. Dies führte neben dem heute charakteristisch offenen Waldbild der Hochlagen zu kontroversen Diskussionen. Als Teil eines Kompromisses wurde beschlossen, Borkenkäfer in Teilen des seit 1997 zum Nationalpark gehörenden Erweiterungsgebiets in einer Übergangszeit bis 2027 zu bekämpfen. Danach sollen mindestens 75 % des Nationalparks frei von menschlichen Eingriffen sein, was der internationalen Vorgabe der IUCN für Nationalparks entspricht. Mittlerweile hat sich der Nationalpark zu einem bedeutenden Wirtschaftsfaktor entwickelt. Im Jahr 2007 besuchten nach einer Studie 760 000 Menschen den Nationalpark.

Besondere Vogelarten und Reisezeit

Die wichtigsten Lebensräume des Nationalparks Bayerischer Wald sind nicht vogelartenreich. Die typischen

Auerhühner besiedeln auch nach den großen Borkenkäfergradationen die Hochlagen des Nationalparks Bayerischer Wald.
Foto: C. Moning. NP Bayerischer Wald, 25.4.2021.

Bergmischwälder können bei manchen Besuchen sogar recht vogelarm wirken. Größere Feuchtgebiete fehlen. Dennoch entfaltet die Vogelwelt durch die Weitläufigkeit der Lebensräume der hochmontanen Lagen ihren besonderen Reiz.

Ursprünglich und immer noch typisch für den Nationalpark sind Haselhühner. Ihr Bestand wird auf rund 50 bis 60 Reviere geschätzt. Die Art besiedelt besonders solche Stellen, an denen alle benötigten Habitatrequisiten zusammen vorkommen. Dazu zählen Weichhölzer, wie Birken, Weiden, Erlen und Vogelbeeren, deren Knospen, Blüten beziehungsweise Beeren sie fressen. Aber auch offene Bodenstellen wie Wurzelteller und Wegeböschungen zum Sandbaden sind wichtig. Haselhühner zu beobachten ist schwer. Am ehesten wird man die Männchen im April und Mai sowie Ende September bis Anfang Oktober singen hören.

Der Bestand der inzwischen seltenen Auerhühner ging seit 1945 beständig zurück. Damals wurden noch 250 Vögel gezählt, 1984 nur noch 16. Zwischen 1982 und 2000 wurden 534 Auerhühner ausgewildert. Mittlerweile hat sich der Bestand wieder einigermaßen stabilisiert. Das liegt vor allem an konsequenten Schutzmaßnahmen – auch auf tschechischer Seite der grenzüberschreitenden Nationalparkregion. Ein während des Winters 2016/2017 durchgeführtes Monitoring ergab eine Populationsgröße von etwas über 600 Tieren auf beiden Seiten der Grenze. Neben dem Schwerpunkt des Vorkommens in den Hochlagen des Nationalparks Bayerischer Wald und Šumava existieren Vorkommen in den Hochlagen der Berge Dreisessel und Großer Arber.

Wespenbussarde brüten regelmäßig im Nationalpark. Sie können am wahrscheinlichsten von erhöhten Punkten oder in den feuchten Offenländern angrenzend zum Park beobachtet werden.

Waldschnepfen gehören zu den Charaktervögeln offener feuchter Hanglagen und feuchter Wälder in den Senken des Nationalparks. Die urigen Balzflüge der Männchen kann man im April und Anfang Mai regelmäßig von Abend- bis Morgendämmerung hören.

Die Ankunft der Biber hat zu großflächigen Biberseen geführt. An ihnen finden sich immer öfter auch Bekassinen und Kraniche balzend ein.

Dreizehenspechte sind nicht selten im Nationalpark Bayerischer Wald. Sie profitieren von den Borkenkäfergradationen.
Foto: C. Moning, NP Bayerischer Wald, 24.6.2009.

Hohltauben und Raufußkäuze nutzen großflächig und Dohlen lokal Schwarzspechthöhlen zur Brut. Raufußkäuze können in guten Mäusejahren, oft nach Buchenmasten, also Jahren mit vielen Bucheckern, sehr zahlreich singen. Etwas steter verbreitet, aber meist nicht häufig sind Sperlingskäuze. Sie nutzen ebenso wie Waldkäuze das reiche Kleinvogelangebot zur Jagd. Nach der Ausrottung des Habichtskauzes im Bayerischen Wald im 19. Jahrhundert wurden seit 1975 Habichtskäuze ausgewildert. 1989 kam es zur ersten erfolgreichen Freilandbrut. Derzeit werden rund 10 besetzte Reviere geschätzt. Die Art wird durch spezielle Nistkästen gefördert.

Spechte sind unterstützt durch den zunehmenden Strukturreichtum gut vertreten im Nationalpark. Grauspechte sind nicht selten und werden am ehesten im zeitigen Frühjahr durch ihren Balzgesang auffällig. Sehr regelmäßig trifft man auf Schwarzspechte. Dreizehenspechte haben vom massenhaften Auftreten der Borkenkäfer seit den 1990er Jahren profitiert. Schnell haben sich mehr als 80 Reviere etabliert. Mittlerweile haben die Dichten in den Hochlagen wieder abgenommen, da sich hier vor allem Jungbestände etabliert haben und das alte Totholz zunehmend zerfällt. In einigen Bereichen ist die Art aber nach wie vor relativ häufig. Weißrückenspechte gehörten noch bis in die 1970er Jahre zu den regelmäßig auftretenden Spechtarten in alten laubholzdominierten Beständen. Seither war die Art vermutlich verschwunden. Erst die großen Totholzmengen, die infolge der Nationalparkgründung entstanden, brachten die Art seit rund fünfzehn Jahren zurück. Noch immer sind Weißrückenspechte selten. Sie bevorzugen buchendominierte Bestände mit Totholzsummen von über 60 m^3 je Hektar. Diese finden sie beispielsweise an der Südostflanke des Rachels. Auch Kleinspechte sind selten. Sie bevorzugen niedrigere Lagen.

Tannenhäher führen die meiste Zeit des Jahres ein eher unauffälliges Dasein in den Bergwäldern des Bayerischen Waldes. Im Herbst treten sie regelmäßiger an den Ortsrändern in den tieferen Lagen auf der Suche nach Haselnüssen auf.

Waldlaubsänger sind typisch für buchendominierte ältere Waldbestände. In besonders alten Beständen brüten Zwergschnäpper. Typische Brutorte sind die alten Urwaldbestände wie der Watzlik-Hain im Westen des Nationalparks.

In den Hochlagen sind Kuckucke, Kolkraben, Baumpieper und Gartenrotschwänze typisch. Letztere haben erst nach Absterben der Altfichtenbestände lokale Dichten von ein bis zwei Brutpaaren je 10 ha erreicht. Ringdrosseln und Wiesenpieper kommen nicht häufig in den offenen Hochlagen vor. Klimawandelmodelle sagen Ringdrosseln eine ungünstige Zukunft im Bayerischen Wald voraus, da sie günstige Lebensräume nur in den höchsten Lagen des Mittelgebirges vorfinden. An besonders wärmebegünstigen Stellen siedeln auch Wendehälse und Neuntöter. Ob die Neuansiedlung dieser beiden Arten dauerhaft sein wird, ist offen.

Eine Besonderheit des Nationalparks ist das gelegentliche Auftreten von Grünlaubsängern. Zuletzt wurde 2018 eine erfolgreiche Brut im Reschbachtal nachgewiesen.

Im Nationalpark kommen, zum Teil wieder eingewandert, auch einige interessante Säugetierarten vor, darunter Luchse, Wildkatzen, Biber, Fischotter, Mops- und Bechsteinfledermäuse. 2016 wanderte in den Bayerischen Wald ein frei lebendes Wolfspaar ein, das 2017 erstmals Junge bekam. Seit dem Winter 2020/2021 sind in der grenzüberschreitenden Böhmerwaldregion zwei Wolfsrudel nachgewiesen.

Beobachtungsmöglichkeiten

Die Fläche des Nationalparks ist erheblich und viele der oben beschriebenen Arten lassen sich an vielen Stellen beobachten. Die interessanten Vogelarten sind oft heimlich, unauffällig und wenig konzentriert. In der Folge lassen sich hier nur ausgewählte Beispielrouten beschreiben, an denen sich oft, aber nicht immer, interessante Arten beobachten lassen.

Die Umgebung des Siebensteinkopfes (A) bietet interessante Beobachtungsmöglichkeiten für Arten der Bergwälder. Über Mauth und Finsterau im Osten des Nationalparks erreicht man die Zufahrtsstraße an die deutsch-tschechische Grenze unterhalb des Siebensteinkopfes. Im Winter ist die Straße nicht geräumt, sodass man noch bis weit in das Frühjahr vom Wanderparkplatz an der Nationalparkgrenze loswandern muss (1). Später im Jahr kann man mit dem Igelbus oder dem PKW bis an die Grenze fahren. Durch das Finsterauer Filz führt ein Fußweg (2). Hier befinden sich in den Übergängen zum Bergmischwald wenige Haselhuhnreviere. Schwarzspechte findet man regelmäßiger und mit etwas Glück auch Dreizehenspechte. Der Wald östlich der Grenzstraße ist noch Staatswald. Er wird zukünftig zum Nationalpark. Hier bieten gut strukturierte Verjüngungsstadien weitere Chancen auf Haselhühner, Sperlingskäuze und andere Bergmischwaldarten (3, 4). An der deutsch-tschechischen Grenze blickt man auf weite, offene Hochlagen (5). Im Frühjahr kann es sich lohnen, die Fichtenspitzen mit dem Spektiv nach Auerhühnern abzusuchen, die sich so störungsfrei beobachten lassen. Die Hanglagen selbst sind abseits der Wege nicht zugänglich. Besonders zu den Zugzeiten rasten in diesen Hängen oft verschiedene Drosselarten, darunter einzelne Ringdrosseln, und fressen bei gutem Angebot Vogelbeeren. Auf den Siebensteinkopf (6) führt ein Wanderweg von Süden und von Westen über die Reschbachklause (7). An letzterer brüten Wasseramseln. Der Siebensteinkopf und der Grenzgrad nach Norden (8) werden an guten Zugtagen von vielen Zugvögeln überflogen. Bei guter Sicht reicht der Blick nach Süden in die Alpen.

Der Lusen ist ein beliebter Ausflugsgipfel (B). Er bietet ähnliche Arten wie der Siebensteinkopf. Die Anfahrt erfolgt von Neuschönau. Der Wanderparkplatz (siehe Koordinaten) wird auch regelmäßig von den Igelbussen angefahren. In den Hochlagen um den Lusen brüten unter anderem Gartenrotschwänze und Ringdrosseln, die man am leichtesten am frühen Morgen finden kann.

Die Wälder um die Racheldiensthütte (C) sind gute Spechtwälder. Auch einzelne Weißrückenspechte und Zwergschnäpper brüten hier alljährlich an wechselnden Orten.

Nördlich des besuchenswerten Nationalparkzentrums Lusen (D) befindet sich das Tierfreigelände, in dem verschiedene Tierarten des Nationalparks

Typische Vogelarten im Nationalpark Bayerischer Wald, deren Status und günstige Beobachtungszeit (in Klammern). h = häufiger, r = regelmäßiger, s = seltener; B = Brutvogel, D = Durchzügler, N = Nahrungsgast

Art	Status (beste Beobachtungszeit)
Haselhuhn	rB (Apr.–Mai, Sep.–Okt.)
Auerhuhn	rB (ganzjährig)
Schwarzstorch	sB, sD (Apr.–Aug.)
Wespenbussard	rB, rD (Mai–Aug.)
Waldschnepfe	hB, rD (Apr.–Mai)
Hohltaube	rB (Apr.–Jul.)
Raufußkauz	rB (Mrz.–Mai, Okt.–Nov.)
Sperlingskauz	rB (Mrz.–Mai, Okt.–Nov.)
Habichtskauz	sB (Mrz.–Mai)
Grauspecht	rB (Mrz.–Mai)

Art	Status (beste Beobachtungszeit)
Dreizehenspecht	rB (Mrz.–Mai)
Weißrückenspecht	sB (Mrz. –Jul.)
Kuckuck	rB, rD (Mai–Jul.)
Tannenhäher	rB (Mrz.–Mai, Sep.–Okt.)
Kolkrabe	rB, rN (ganzjährig)
Baumpieper	rB, rD (Apr.–Jun.)
Waldlaubsänger	rB, rD (Apr.–Jun.)
Zwergschnäpper	sB, sD (Mai–Jun.)
Gartenrotschwanz	rB, rD (Apr.–Jun.)
Ringdrossel	sB, sD (Apr.–Jun., Sep.–Okt.)

in naturnaher Umgebung gezeigt werden. Der naturnahe Bergmischwald, in dem das Tierfreigelände liegt, bietet unter anderem verschiedenen Spechtarten Lebensraum, darunter auch Dreizehenspechten. Am Nationalparkzentrum liegt auch der Baumwipfelpfad, der in einem spektakulären Aussichtsturm mündet. Am frühen Morgen und unter der Woche hat man entlang des Baumwipfelpfades gute Chancen, Meisen, Goldhähnchen und Fichtenkreuzschnäbel auf Augenhöhe zu beobachten.

Ein gutes Beispiel für einen großflächigen Biberstau bietet der Ölbach (E) nordöstlich von Riedlhütte. Um dorthin zu gelangen, parkt man am Filzwaldparkplatz an der Nationalparkbasisstraße, die Spiegelau mit Mauth verbindet. Von dem Parkplatz führt ein Weg 100 m nach Süden auf einen geschotterten Fahrweg, dem man nach rechts (Westen) folgt. Nach weiteren 350 m folgt man einem weiteren Schotterweg nach links und erreicht so nach 900 m vom Parkplatz den Biberstau auf der rechten Seite. Mit etwas Glück lassen sich hier im Frühjahr Kraniche und Bekassinen hören. Waldschnepfen balzen dann in der Dämmerung. Kreuzottern kommen regelmäßig entlang des Weges vor.

Einen guten Überblick über die verschiedenen Lebensräume der tieferen Lagen des Nationalparks bietet folgender Weg bei Spiegelau (F): Ausgangspunkt ist der Parkplatz Jägerfleck (9). An der Ostflanke der Jägerhöhe durchwandert man zunächst älteren Buchenwald mit Schwarzspechten und Waldkäuzen (10). Nach rund 800 m gelangt man in Fichtenjungwuchs, der in guten Mäusejahren attraktiv für Raufußkäuze ist (11). Nach 1,3 km geht man rechts und gelangt nach weiteren 350 m an eine Kreuzung, in deren Umgebung in guten Mäusejahren in Frühjahrsnächten mehrere Raufußkäuze singen (12). An der Kreuzung geht man links und gelangt nach weiteren 750 m in das Föhrau-Filz. In den Randlagen dieses Hochmoores brüten Sperlingskäuze, die man mit Glück hören oder sogar sehen kann (13). Nach weiteren 250 m aus dem Moor bergauf gehend gelangt man in die alten Buchenbestände des Hüttenriegels (14), die nach Westen in die besonders alten Buchenbestände des Lärchenbergs übergehen. Dem Weg bergauf folgend hat man entlang der nächsten 800 m immer wieder schöne Einblicke in diese Buchenaltbestände, in denen Schwarz- und Grauspechte, Raufußkäuze, Waldlaubsänger, Kernbeißer und selten Weißrückenspechte und Zwergschnäpper brüten. Zu den Zugzeiten suchen viele Bergfinken nach Nahrung. Bis hierher ist der Weg knapp 4 km lang. Der weitere Weg führt zum Rachelsee und Rachel (Ganztageswanderung). Auch hier lassen sich interessante Beobachtungen machen. Man kann entweder denselben Weg zurückgehen oder verschiedene Routen kombinieren. Von der Racheldiensthütte fahren beispielsweise die Igelbusse zurück nach Spiegelau.

Im neueren, westlichen Teil des Nationalparks bietet die Umgebung des kleinen Ortes Zwieslerwaldhaus Zugang zu urwaldartigen Buchenbeständen (G). Gute Chancen auf Zwergschnäpper hat man im Bereich des Watzlik-Hains (15) und im Urwald Mittelsteighütte (16). Zugang zu Letzterem hat man von dem Fußweg hinter dem Hotel Zwieseler Waldhaus (17).

Vom Parkplatz Zwieslerwaldhaus (18) gelangt man über den Schillerweg in die höheren Lagen des Erweiterungsgebietes. Die für den öffentlichen Verkehr gesperrte Forststraße führt wie in der Karte eingezeichnet über 5,5 km und 470 Höhenmeter schließlich auf den Ruckowitzschachten (19). Schachten sind traditionelle Weideflächen, die durch artenreiche Wiesen und uralte bizarre Bergahorne charakterisiert sind. Zwischen der Kreuzung Schillerweg/Falkensteinstraße (20) und dem Ruckowitzschachten hat man in den frisch absterbenden Fichtenbeständen derzeit hervorragende Chancen Dreizehenspechte zu finden. Die offenen Flächen des Ruckowitzschachten sind ein traditioneller Brutplatz für Wiesenpieper, die ansonsten sehr seltene Brutvögel in Bayern sind. Jenseits des Ruckowitzschachtens führen Wege Richtung Höllbachgespreng, vor dem Ruckowitzschachten auch Richtung Großer und Kleiner Falkenstein. Die Hochlagen in diesen Bereichen beherbergen unter anderem Auerhühner, Waldschnepfen, Dreizehenspechte, Kolkraben, Baumpieper und einzelne Ringdrosseln. Viele dieser Arten sind heimlich, sodass man nicht erwarten kann, sie während einer Wanderung auch zu entdecken. Die Wege dürfen nicht verlassen werden.

Biber gestalten Talbereiche im Nationalpark Bayerischer Wald und bescheren Kranichen und Bekassinen neue Lebensräume.

Foto: C. Moning. NP Bayerischer Wald, 4.7.2021.

Blick in die Umgebung

Der Nationalpark bietet mit dem Nationalparkzentrum Falkenstein, an dem es ein weiteres Tierfreigehege gibt, und dem Waldgeschichtlichen Museum weitere Attraktionen. Der benachbarte Nationalpark Šumava wartet mit vielen weiteren Beobachtungsmöglichkeiten auf. So ist das Moldautal zwischen Volary und Nová Pec besonders naturnah. Arten wie Birkhuhn, Schwarzstorch, Braunkehlchen und Karmingimpel brüten hier. Verschiedene Anbieter vermieten Kanus für Tagestouren.

Christoph Moning, Christopher König, Felix Weiß

Anfahrt

Mit Bahn und Bus

Ab Plattling kann man mit den Zügen der Waldbahn im Stundentakt weiter Richtung Zwiesel, Bodenmais und Bayerisch Eisenstein sowie alle zwei Stunden nach Grafenau fahren. Von Passau fährt der Schnellbus 100 und an den Wochenenden der Sommermonate auch die Ilztalbahn über Waldkirchen und Freyung Richtung Grafenau zum Nationalpark.

Mit dem Auto

Von der Autobahn A 3 erreicht man den Nationalpark über Deggendorf in Richtung Regen, über Hengersberg in Richtung Grafenau und Freyung sowie über Aicha vorm Wald in Richtung Tittling und Grafenau. Der Nationalpark ist ausgeschildert.

GPS		
Wanderparkplatz Finsterau (1)	48°56'30" N	13°34'15" O
Wanderparkplatz Lusen (B)	48°55'47" N	13°29'30" O
Parkplatz Diensthüttenstraße; Zugang zur Racheldiensthütte (C)	48°55'20" N	13°24'38" O
Parkplatz Nationalparkzentrum Lusen (D)	48°53'30" N	13°29'24" O
Filzwaldparkplatz (E)	48°55'09" N	13°24'11" O
Parkplatz Jägerfleck (9)	48°55'39" N	13°22'19" O
Hotel Zwieseler Waldhaus (17)	49°05'38" N	13°14'52" O
Parkplatz Zwieslerwaldhaus (18)	49°05'17" N	13°14'55" O

Adressen

Nationalpark Bayerischer Wald: www.nationalpark-bayerischer-wald.bayern.de

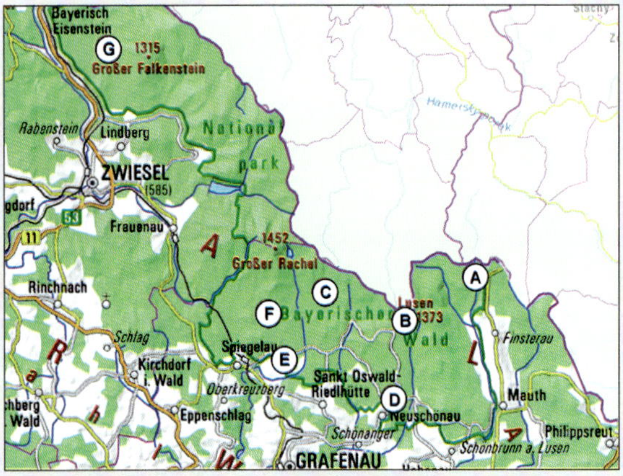

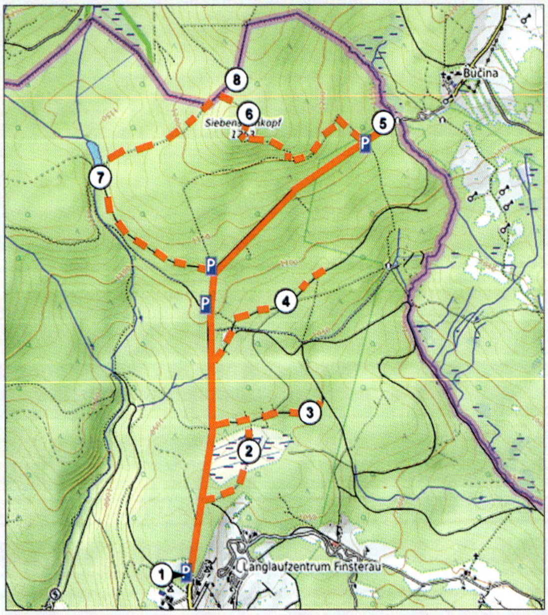

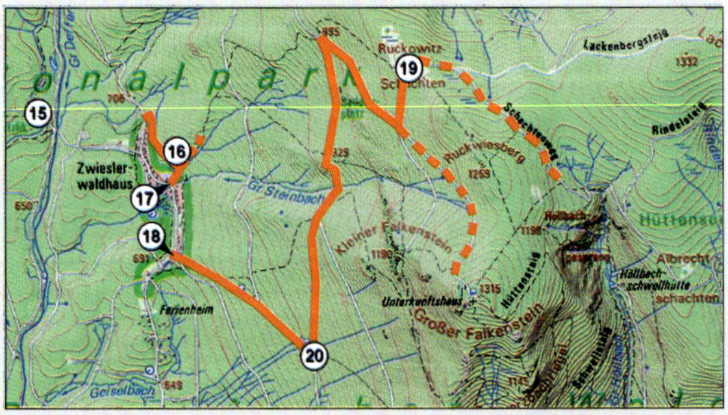

Die Dreieckslacke stellt das wichtigste Rastgewässer an der Salzachmündung dar.
Foto: C. Moning. 21.2.2021.

Die Salzachmündung bei Burghausen

Rohrdommeln, Waldrappe und Seeadler

Dort wo die Salzach in den Inn mündet, liegt der Innspitz, Wahrzeichen der Vogelfreistätte Salzachmündung. Das 570 ha große Gebiet ist ein Naturschutzgebiet in den Landkreisen Altötting und Rottal-Inn in Oberbayern, wurde 1992 unter Naturschutz gestellt und beherbergt zu den Zugzeiten größere Wasservogelansammlungen, die immer wieder Seeadler anziehen. In den Auwäldern kommen verschiedene Spechtarten vor, darunter Grau- und Kleinspechte. Viele Schilf- und Auwaldvögel nutzen das Gebiet zur Brut. Im rund 10 km entfernt liegenden Burghausen lockt nicht nur die weltlängste Burg zu einem Besuch, das darunterliegende Altwasser beherbergt im Winterhalbjahr mit großer Regelmäßigkeit auch Rohrdommeln. Im Sommerhalbjahr beleben Waldrappe aus einem Auswilderungsprojekt das Burggelände.

Die Salzach mündet in den Unterlauf des Inns, der eine zentrale Bedeutung als Handelsweg, vor allem für den Salzhandel hatte. Trotzdem galt der Inn bis Mitte des 19. Jahrhunderts als ein wilder und wegen seiner Hochwasser gefürchteter Fluss. Deswegen wurde 1858 durch einen bayrisch-österreichischen Staatsvertrag eine gemeinsame Zähmung des Flusses festgelegt. Von 1862 bis 1930 wurde der Inn von der Mündung der Salzach bis Passau eingedämmt. Die Folgen für den Wasserhaushalt waren dramatisch. Durch den schnelleren Abfluss tiefte sich der Fluss ein und die Flussauen trockneten aus. Von 1938 bis 1965 errichtete die Innwerk AG eine Reihe großer Laufwasserkraftwerke.

Ein Glücksfall für die weitere Entfaltung des Gebiets waren die weit gefassten Hochwasserschutzdämme, die ein ausgedehntes Rückstaugebiet und große Teile der ehemaligen Aue einschlossen. Mit Eindeichung und Aufstauung floss das Wasser im Bereich der Salzachmündung langsamer und so lagerten sich in großem Umfang Sedimente ab. Die Salzachmündung wurde dadurch – wenn auch nur innerhalb des Einstaus – wieder abwechslungsreicher. Dominierende Lebensräume sind neben den Flussrinnen, Flachwasserbereiche, Schlammflächen, Röhrichte, Feuchtgebüsche und Weichholzauen, die sich in Lage und Ausdehnung langsam verändern.

Einzelne ursprüngliche Auwaldreste haben sich innerhalb der Dämme erhalten und außerhalb der Dämme schließen sich strukturreiche ehemalige Hartholzauen an. Die Sedimentation schreitet weiterhin fort und gibt dem Gebiet immer wieder eine neue Gestalt.

Neben Vögeln kommen verschiedene Schmetterlingsarten der Weich- und Hartholzaue vor, wie beispielsweise Großer (*Apatura ilia*) und Kleiner Schillerfalter (*Apatura iris*). Eine Besonderheit sind die „Schilfeulen", die in den ausgedehnten Schilfflächen leben. Von den etwa 16 „echten" Schilfeulen, die in Bayern vorkommen, konnten hier 14 nachgewiesen werden. Darunter so seltene Arten wie Zweipunkt-Schilfeule (*Archanara geminipuncta*), Rohrglanzgraseule (*Archanara neurica*), Schmalflügelige Schilfrohreule (*Chilodes maritima*) und Goezes Röhrichteule (*Simyra albovenosa*).

1992 erfolgte die Unterschutzstellung als Naturschutzgebiet. Ziel der Verordnung ist es, einen Teilbereich des im Sinne der Ramsar-Konvention international bedeutsamen Feuchtgebiets „Unterer Inn zwischen Haiming und Neuhaus" als Lebensstätte für durchziehende, überwinternde und brütende Sumpf- und Wasservögel zu schützen.

Nur rund fünfzehn Fahrminuten von der Salzachmündung liegt die Burg Burghausen mit ihrem nahezu intakten mittelalterlichen Befestigungswerk. Sie ist mit einer Ausdehnung von über 1000 m eine der längsten Burgen der Welt. Seit 1255 wurde sie als Zweitresidenz der niederbayerischen Herzöge und Hofhaltung ihrer Gemahlinnen errichtet. Herzog Georg der Reiche baute die Burg mit ihren sechs Höfen im späten Mittelalter zur stärksten Festung im Land aus. Die Burg wird im Osten von der Salzach und im Westen vom Wöhrsee, einer ehemaligen Flussschleife begrenzt.

Während die Burg auf hochwürmeiszeitlichen Schmelzwasserschottern liegt, werden die steilen Hänge aus der Oberen Süßwassermolasse gebildet. Diese beinhaltet wasserundurchlässige Schichten aus Ton, Schluff, Mergel und verfestigten Kiesen, die hier zutage treten, sodass sich Quellen bilden. Das Quellwasser mit seiner jahreszeitlich einheitlichen Temperatur bedingt, dass der Wöhrsee nur in sehr strengen Wintern zufriert.

Grauspechte sind im zeitigen Frühjahr besonders auffällig in den Wäldern entlang der Salzach.
Foto: C. Moning. Salzachmündung, 21.2.2021.

Besondere Vogelarten und Reisezeit

An der Salzachmündung dominieren außerhalb des Deiches ehemalige Hartholzauwälder. Auch wenn sie nicht mehr der Flussdynamik unterworfen sind, beherbergen sie eine artenreiche Brutvogelgemeinschaft, unter anderem mit verschiedenen Spechtarten. Grau- und Schwarzspechte trommeln und singen im Frühjahr regelmäßig in diesen Wäldern. Kleinspechte bevorzugen die Weichholzauen mit ihrem Feintotholz und groben Rindenstrukturen, wie sie für Silberweiden typisch sind. Die Gesänge der Kuckucke und Pirole gehören zu den typischen Frühjahrsgeräuschen. Nachtigallen ziehen mindestens regelmäßig durch.

Zwischen Fluss und Deichen liegen neben strukturreichen Auwaldberei-

Typische Vogelarten im Bereich der Salzachmündung und Burghausen, deren Status und günstige Beobachtungszeit (in Klammern). h = häufiger, r = regelmäßiger, s = seltener; B = Brutvogel, W = Wintergast, D = Durchzügler, N = Nahrungsgast

Art	Status (beste Beobachtungszeit)
Brandgans	sB, rD, rW (Okt.–Jul.)
Spießente	rD (Sep.–Okt., Jan.–Mrz.)
Löffelente	rD (Sep.–Jan., Apr.–Mai)
Kolbenente	sB, rD, sW (Jan.–Aug.)
Zwergsäger	rD (Jan.–Mrz.)
Rohrdommel	rW, rD (Dez.–Feb.)
Seidenreiher	rN (Jul.–Sep.)
Waldrapp	sB (Apr.–Aug.)
Rohrweihe	rD, rB (Apr.–Sep.)
Schwarzmilan	rD, rB (Apr.–Aug.)

Art	Status (beste Beobachtungszeit)
Seeadler	rN (ganzjährig)
Wasserralle	rB, rD, rW (ganzjährig)
Grauspecht	rB (Feb.–Mai)
Schwarzspecht	rB (Feb.–Mai)
Kleinspecht	rB (Feb.–Mai)
Pirol	rB, rD (Mai–Jul.)
Raubwürger	rW (Okt.–Feb.)
Rohrschwirl	rB (Apr.–Jun.)
Drosselrohrsänger	rB, rD (Mai–Jul.)
Blaukehlchen	rB (Apr.–Jun.)

chen weite Schilfflächen, die zahlreichen Röhrichtvögeln Lebensraum bieten. Zu ihnen zählen Rohrweihen, Wasserrallen und Blaukehlchen, Drossel- und Teichrohrsänger sowie Rohrschwirle. Im Sommerhalbjahr gibt es immer wieder Nachweise von Zwergdommeln und Beutelmeisen, die in den weiten Schilfflächen und Feuchtgebüschen möglicherweise ebenfalls regelmäßig brüten. Raubwürger besetzen im Winterhalbjahr einzelne Reviere und immer wieder werden auch Rohrdommeln in den Wintermonaten beobachtet.

Im Dreieck zwischen Inn und Salzach liegt ein großer Flachwasserbereich, die sogenannte Dreieckslacke. Hier rasten regelmäßig viele Wasservögel, zu denen Nil- und Brandgänse, Schnatter-, Spieß-, Knäk-, Löffel-, Kolben- und Schellenten sowie Gänsesäger, Zwergtaucher, Mittelmeermöwen, Silberreiher und Eisvögel zählen. Sie ziehen regelmäßig Seeadler an, die entlang des Inns flussabwärts auch brüten. Schwarzmilane und Baumfalken brüten im Bereich der Salzachmündung. Zu den regelmäßigen, aber selteneren Arten zählen Zwergsäger als Wintergäste und Seidenreiher im Sommerhalbjahr. In kleiner Zahl und abhängig von den Wasserständen rasten Limikolen wie Kiebitze, Bekassinen, Flussuferläufer, Waldwasserläufer und Grünschenkel.

Drosselrohrsänger zählen zu den regelmäßigen Brutvögeln in den Röhrichten der Salzachmündung. Foto: C. Moning. Lesbos, 11.4.2009.

Der Landesbund für Vogelschutz betreut seit den 1990er Jahren zwei Brutflöße in den Flachwasserzonen der Salzachmündung. Anfangs zogen drei Paare Flussseeschwalben ihre Jungen auf diesen Flößen groß. Seit 2016 haben jedoch Mittelmeermöwen den Kampf um die Brutflöße gewonnen.

Ornithologische Bekanntheit erlangte Burghausen, südwestlich der Salzachmündung gelegen, als Ort eines Wiederansiedelungsprojektes für Wald-

Spießenten zählen zu den regelmäßig rastenden Gründelenten an der Salzachmündung. Foto: C. Moning. Freising, 31.12.2020.

Waldrappe können von April bis August an der Kolonie in Burghausen beobachtet werden.
Foto: C. Moning. Bayern, 18.9.2010.

rappe. In einem Museum auf der Burg ist auf einem Altarbild aus dem 15. Jahrhundert in einer Ölbergszene ein junger Waldrapp dargestellt. Man geht davon aus, dass Waldrappe einst in der Region heimisch waren.

2014 wurden Holzstrukturen an der Wehrmauer neben dem Pulverturm montiert, westlich vom Südende der Burg, oberhalb des Wöhrsees. Im Frühjahr 2015 wurden die Waldrappe vom bisherigen Standort Laimgrube dorthin übersiedelt. Die Brutkolonie wird von einem Mitarbeiter des „Waldrappteams" gemeinsam mit freiwilligen Mitarbeitern und dem Umweltamt der Stadt Burghausen betreut. Finanzierung, Projektkoordination und Umsetzung erfolgt über die Stadt Burghausen in enger Zusammenarbeit mit dem „Waldrappteam".

Das Auswilderungsprogramm in Burghausen wurde möglich, da aufgrund der Zuchterfolge in Zoos genügend Tiere zur Auswilderung zur Verfügung standen. Ursprünglich von der Konrad Lorenz Forschungsstelle in Grünau im Almtal in Österreich ausgehend, wurden vom Artenschutzprojekt „Waldrappteam" Auswilderungsprojekte für Österreich in Grünau im Almtal, in Kuchl und in Deutschland in Burghausen und Überlingen sowie in Italien begonnen.

Burghausen ist seit der Bayerischen Landesgartenschau 2004 ein Standort des Waldrapp-Projektes. Ende 2019 bestand die Kolonie aus 39 Individuen. In den sechs Jahren des LIFE+ Projektes wurden insgesamt 66 Jungvögel in Burghausen flügge. In den nächsten Jahren soll die Waldrappkolonie in Burghausen selbstständig weiterwachsen.

Das Projekt „Waldrappteam" erlitt immer wieder Rückschläge. Das Hauptproblem für die Auswilderung ist die Tatsache, dass Waldrappe Zugvögel sind, die Flugroute aber im ersten Jahr von den Eltern erlernt werden muss. Von Menschen aufgezogene Jungvögel kennen diese Flugroute nicht. Sie fliegen zwar im August von ihren Brutplätzen ab, aber nicht gemeinsam und in verschiedene Richtungen. Eine Möglichkeit, sie anzulernen, besteht darin, dass ihre menschlichen Zieheltern, auf die sie geprägt sind, ihnen mit Leichtflugzeugen vorausfliegen und ihnen den Weg zeigen. Von 2007 bis 2010 wurden jeweils etwa 15 handaufgezogene Waldrappe von Burghausen in Bayern mit Leichtflugzeugen in die WWF-Oase della Laguna di Orbetello geführt, seit 2008 östlich um die Alpen herum, da der direkte Weg über die Alpenpässe für Leichtflugzeug und Vögel problematisch war. 2011 wurden die ersten zwei Waldrappe der erfolgreichen Wanderung 2008 geschlechtsreif, flogen aber nicht alleine zurück in das Brutgebiet Burghausen. Am 28. Juni 2011 kehrte schließlich erstmals ein Waldrapp selbstständig aus der Toskana nach Burghausen zurück. Es war ein weiblicher Waldrapp namens Goja. Seitdem wandern jährlich im Frühjahr Vögel aus der Toskana nach Burghausen und zurück. Im Mai 2021 zählte die ausgewilderte Population des Gesamtprojektes 241 Waldrappe.

Bereits Anfang April kommen die ersten Vögel in Burghausen an und beginnen mit der Balz und Brut. Ab circa Mitte Juni werden die Jungvögel flügge. Etwa ab Anfang August verlassen die Vögel wieder das Brutgebiet. Oft bleiben sie noch über Wochen im nördlichen Alpenvorland und suchen reichhaltige Mähwiesen zur Nahrungssuche auf. Sporadisch kehren sie in der Zeit nach

Burghausen zurück, nutzen aber kaum mehr die Brutnischen als Schlaf- oder Rastplatz. Im September beginnt die eigentliche Wanderung in den Süden, wobei sich die Jungvögel zugerfahrenen Artgenossen anschließen und ihnen ins Wintergebiet folgen.

Der Wöhrsee unterhalb der Burg in Burghausen friert in der Regel im Winter nicht zu. Darum bietet er Zwergtauchern, Reiher- und Tafelenten, Gänsesägern, Rohrdommeln, Wasserrallen, Eisvögeln und anderen Wasservögeln günstigen Überwinterungslebensraum. Da der Wöhrsee von Wanderwegen umrundet ist, haben sich die regelmäßig anwesenden ein bis drei Rohrdommeln relativ gut an Besucher gewöhnt und lassen sich aus zum Teil erstaunlich geringer Distanz beobachten. Zumeist bleiben sie aber dem Spaziergänger durch ihre verblüffenden Tarnfähigkeiten verborgen und führen so ein recht unbehelligtes Dasein. Diese Überwinterungstradition besteht seit mindestens zwanzig Jahren, wahrscheinlich schon länger.

Die Hangwälder und strukturreiche Kulturlandschaft zwischen der Burg und der Stadt Burghausen beherbergen eine artenreiche Vogelwelt. Die Altholzbestände nutzen beispielsweise Waldkäuze, Schwarz-, Grau- und Grünspechte sowie Dohlen.

Wasserrallen sind in den Schilfröhrichten leichter zu hören als zu sehen.
Foto: C. Moning. Freising, 22.12.2009.

Beobachtungsmöglichkeiten

Zugang zur Salzachmündung besteht beispielsweise vom Haiminger Ortsteil Schwaig (1, Parken am Straßenrand). Alternativ gelangt man vom Ortsteil Winklham an den Inndamm (2). Der Inndamm führt zwischen Röhrichten und Weichholzaue östlich des Dammes und ehemaliger Hartholzaue westlich des Dammes nach Süden. Immer wie-

Rohrdommeln überwintern regelmäßig am eisfreien Wöhrsee in Burghausen.
Foto: C. Moning. Burghausen, 30.12.2020.

der ergeben sich Einblicke in Kanäle und Buchten, an denen Wasservögel rasten und Schilfvögel brüten. Bei (3) führt ein zuweilen matschiger Pfad bis zum Innspitz (4). Diesen Weg zu gehen, ist nur vom 1. Oktober bis 28. Februar erlaubt! Schilder weisen auf das Verbot hin. Entlang des Pfades können rastende und überwinternde Wasservögel wie auch Spechte beobachtet werden. Es kann sich lohnen, die Schilfränder nach Rohrdommeln abzusuchen.

Der Zugang zum Wöhrsee und zur Waldrappkolonie in Burghausen erfolgt vom Parkplatz nahe dem Pulverturm (5). Von April bis August kann man die Waldrappe um Burghausen herum beobachten. Zuverlässig sind sie in der Kolonie (6) vom Rosarium in der Wöhrgasse aus zu beobachten. In der Mauer vom Pulverturm hinunter zur Salzach kommt nach circa 100 m ein Tor, durch das man auf die Südostseite der Mauer zu den Brutnischen gelangt und die Waldrappe beobachten kann.

Zum Wöhrsee gelangt man vom Parkplatz (5) nach Norden gehend auf der Straße „Am Pulverturm“. Nach knapp 700 m geht man nach links und an der nächsten Kreuzung nach rechts. Linkerhand liegen nun die alten Baumbestände der Hangleite, mit ihren Specht- und Dohlenvorkommen. Unterwegs befinden sich linkerhand gute Beispiele für Kalktuffquellen. Nach 1,2 km vom Parkplatz erreicht man das Westende des Wöhrsees (7). Die Schilfbereiche hier beherbergen neben Wasserrallen im Winter auch regelmäßig Rohrdommeln. Dem Weg auf der Ostseite des Wöhrsees folgend passiert man Schilfinseln, bei denen zuweilen ebenfalls Rohrdommeln fischen.

Blick in die Umgebung

Innabwärts von der Salzachmündung liegen sehr lohnende Beobachtungsgebiete des Unteren Inns. Besonders die Staustufen bei Ering und Kirchdorf am Inn lohnen einen Besuch zu den Zugzeiten und im Sommerhalbjahr. Auch der Chiemsee liegt in erreichbarer Nähe und kann mit einem Besuch kombiniert werden.

Christoph Moning, Christopher König, Felix Weiß

Anfahrt

Mit Bahn und Bus

Haiming ist von Burghausen aus mit dem Bus zu erreichen. Vom Bahnhof Burghausen sind es 30 Minuten zu Fuß bis zum Wöhrsee. Alternativ ist die nächstgelegene Bushaltestelle „Stadtplatz Burghausen“.

Mit dem Auto

Von der A 94 Ausfahrt Burghausen gelangt man über Bergham nach Haiming. Nach Burghausen gelangt man ab dieser Ausfahrt über die B 20.

GPS		
Abzweigung bei Schwaig (1)	48°12'51" N	12°54'03" O
Parkplatz bei Winklham (2)	48°13'18" N	12°54'27" O
Parkplatz nahe dem Pulverturm in Burghausen (5)	48°09'19" N	12°49'29" O

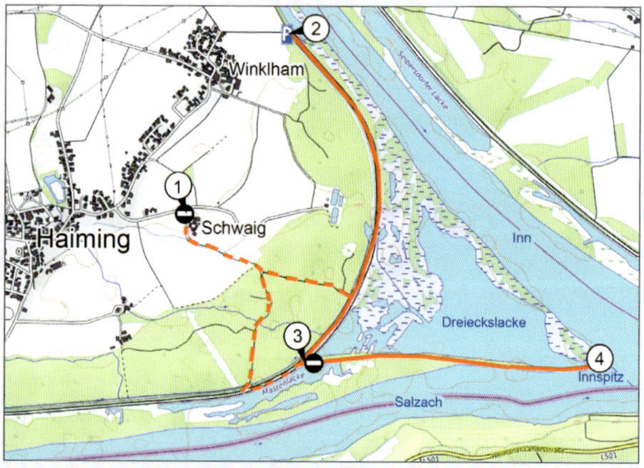

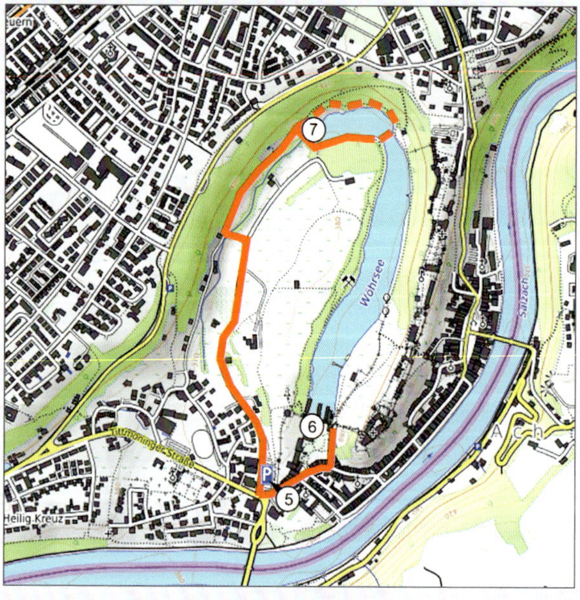

Weißstörche besuchen glücklicherweise regelmäßig die Wiesen im Altbayerischen Donaumoos.
Foto: C. Moning. Langenmosen, 5.6.2020.

Das Altbayerische Donaumoos

200 Millionen für den Klimaschutz

Das Staunen war groß: Im Mai 2021 verkündete Ministerpräsident Markus Söder im Altbayerischen Donaumoos die Investition von 200 Millionen Euro in den Moor- und Klimaschutz über die nächsten zehn Jahre. Anlass genug, eine der größten Moorlandschaften Süddeutschlands genauer vorzustellen. Denn hier ringen Landwirtschaft, Naturschutz, Freiflächenphotovoltaik und Paludikulturen um die Zukunft. Besondere Bedeutung hat das Altbayerische Donaumoos für Wiesenbrüter, insbesondere Große Brachvögel und Kiebitze. Im Winter erlangte das Altbayerische Donaumoos durch eine Ansammlung von Sumpfohreulen regionale Bekanntheit.

Das Altbayerische Donaumoos ist eine knapp 170 km² große Niederung südlich der Donau in Bayern, im Dreieck zwischen Ingolstadt, Neuburg an der Donau und Pöttmes. Es war ursprünglich das größte bayerische Niedermoor, das vor etwa 16 000 bis 10 000 Jahren entstand: Nach der letzten Eiszeit hat sich die große Mulde an der Donau zwischen Neuburg und Ingolstadt mit Wasser gefüllt und versumpfte, sodass sich organisches Material ansammelte und sich ein Torfkörper bildete, der mancherorts bis zu 10 m dick war.

Dieses Moorgebiet wird gerne mit dem Schwäbischen Donaumoos zwischen Ulm und Gundelfingen verwechselt und wird deshalb zur Unterscheidung als „Altbayerisches Donaumoos“ bezeichnet. Das ökologische Unglück dieses Naturraums begann mit der Trockenlegung der Niedermoorlandschaft in den 1790er Jahren. Es war die größte Neulandgewinnung in Bayern seit dem Mittelalter. Das Donaumoos hat durch die Urbarmachung seinen Moorcharakter fast vollständig verloren und die niedermoortypische Vegetation ist größtenteils verdrängt worden. Vor allem die Entwässerung und der Ackerbau führten neben der Torfgewinnung zu einer deutlichen Absenkung des Geländeniveaus und zu einem erheblichen Bodenabtrag durch Winderosion. Pro Jahr sackt der Boden um 1 bis 2 cm ab. In den vergangenen 200 Jahren sind so großflächig etwa 3 m Torf verlorengegangen. Dies bedeutet die gewaltige Menge von 400000 Tonnen CO_2 pro Jahr aus der rund 170 km² großen Niedermoorfläche.

Seit einigen Jahrzehnten begannen Bemühungen, gegen diese – aus heutiger Sicht als Fehlentwicklung beurteilte – entwässernde Kultivierung des Altbayerischen Donaumooses zu wirken. So wurde 1991 der Donaumoos-Zweckverband als Körperschaft des öffentlichen Rechts gegründet. Ihm gehören der Bezirk Oberbayern, der Landkreis Neuburg-Schrobenhausen, beteiligte Gemeinden sowie Wasserverbände an. Sein Ziel ist die Erhaltung des Altbayerischen Donaumooses als ländlicher Siedlungs-, Wirtschafts- und Kulturraum, die natürlichen Lebensgrundlagen zu sichern und zu verbessern sowie die Lebensräume von Flora und Fauna zu schützen und zu entwickeln. Damit vereint der Zweckverband einen scheinbar unauflösbaren Nutzungskonflikt in seinen Zielen. Das Augenmerk gilt vor allem Maßnahmen der Wasserwirtschaft, des Naturschutzes und der Landschaftspflege, außerdem der fachlichen Koordination bei der Ausgestaltung eines „Sonderprogrammes Donaumoos“ und der Einrichtung eines Öko-Flächenmanagements. Unter anderem sieht ein Entwicklungskonzept vor, bis zum Jahr 2030 den Grünlandanteil auf über 50 % zu erhöhen, um dem Torfschwund und der Winderosion entgegenzuwirken. Eine nachhaltige Nutzung soll unter anderem durch Beweidung erfolgen.

Weiterhin ist die Stiftung Donaumoos Träger des „Haus im Moos“ im Karlshulder Gemeindeteil Kleinhohenried. Sie existiert seit 1997 und betreibt ein Freilichtmuseum mit Umweltbildungs- und Tagungsstätte.

Der Rotkehlpieper ist ein häufig übersehener Zuggast. Er nutzt abgeerntete Paludikulturen zur Rast. Foto: C. Moning. Langenmosen, 4.5.2021.

Alle Bemühungen zum Schutz des Moores können nicht darüber hinwegtäuschen: Wer heute durch das Altbayerische Donaumoos fährt, sieht großflächigen Ackerbau. Hauptsächlich Kartoffeln, Mais und Getreide, aber auch Intensivgrünländer bestimmen das Bild. Der Verlust des Torfkörpers schreitet allenthalben unaufhaltsam voran. An vielen Orten sind Hochwassergefahr und der vollständige Verlust nutzbaren Ackerbodens absehbar.

Dies war Ausgangspunkt für das MOORuse-Projekt, das gefördert durch das Bayerische Staatsministerium für Umwelt und Verbraucherschutz von der Hochschule Weihenstephan-Triesdorf in Kooperation unter anderem mit dem Donaumooszweckverband seit 2016 durchgeführt wird. Hier werden alternativ zu den herkömmlichen Landnutzungsformen Rohrglanzgras, Rohrkolben und verschiedene Seggen angebaut. Dabei wird der Moorwasserstand bis an die Oberfläche gestaut. In der Folge reduziert sich der CO2-Verlust erheblich. Ziel ist es, die gewonnene Biomasse für alternative Nutzungen einzubringen. Getestet werden die thermische Verwer-

Typische Vogelarten im Bayerischen Donaumoos, deren Status und günstige Beobachtungszeit (in Klammern)
h = häufiger, r = regelmäßiger, s = seltener; B = Brutvogel, W = Wintergast, D = Durchzügler, N = Nahrungsgast

Art	Status (beste Beobachtungszeit)
Blässgans	rW (Okt.–Mrz.)
Tundrasaatgans	rW (Okt.–Feb.)
Wachtel	rB, rD (Apr.–Aug.)
Rebhuhn	rB (ganzjährig)
Weißstorch	hB, rD, rN (Mrz.–Okt.)
Kornweihe	rW (Okt.–Mrz.)
Rohrweihe	rB, rD, rN (Apr.–Sep.)
Rotmilan	rB, rD, rN (Feb.–Nov.)
Schwarzmilan	rB, rD, rN (Apr.–Aug.)

Art	Status (beste Beobachtungszeit)
Kiebitz	rB, hD, rN (Mrz.–Okt.)
Großer Brachvogel	rB (Mrz.–Jul.)
Bekassine	sB, rD (Mrz.–Apr., Aug.–Okt.)
Mittelmeermöwe	rB, rN (ganzjährig)
Kuckuck	rB, rD (Apr.–Jun.)
Blaukehlchen	rB, rD (Apr.–Jul.)
Wiesenschafstelze	rB, hD (Apr.–Sep.)
Wiesenpieper	sB, rD (Mrz.–Mai, Okt.)

tung, Biogasnutzung, Torfersatzstoffe, Biogene Polymere sowie Dämm- und Baustoffe. In dem Projekt wird auch der Effekt auf die Fauna betrachtet und erste Ergebnisse stimmen zuversichtlich, dass diese sogenannten Paludikulturen auch gegen den Verlust vieler Feuchtlandarten wirken können.

Die „Söder-Millionen“ sollen zur Vernässung des Moorkörpers des Altbayerischen Donaumooses beitragen. Doch es bleibt abzuwarten, ob sich der Konflikt zwischen konventioneller Landwirtschaft einerseits und Klima- und Artenschutz andererseits dauerhaft lösen lässt. In jüngster Zeit kommt mit der Freiflächenphotovoltaik ein neuer Landnutzungsdruck hinzu. Unter Beibringung erheblicher Pachterlöse kann mit dieser Nutzung zwar eine Vernässung des Moorkörpers erfolgen, jedoch ist der Verlust der Wiesenbrüterpopulationen auf den panelbestückten Flächen absehbar.

Im Winterhalbjahr ein typischer Anblick: ein Silberreiher auf der Mäusejagd.

Foto: C. Moning. Langenmosen, 20.12.2020.

Besondere Vogelarten und Reisezeit

Nordische Gänse rasten im Winterhalbjahr in für bayerische Verhältnisse größerer, das heißt dreistelliger Zahl. Insbesondere Bläss- und Saatgänse nutzen die Kiesabbaugewässer in Verbindung mit den angrenzenden landwirtschaftlich genutzten Niedermoorflächen. Unter ihnen befinden sich immer wieder auch mal einzelne Individuen seltenerer Arten wie Kurzschnabel- und Rothalsgans. Häufig lassen sich Silberreiher auf den winterlichen Wiesen bei der Mäusejagd beobachten.

Die Gewässer beherbergen rastende und überwinternde Wasservögel wie Gänsesäger oder Zwergtaucher. Mittelmeermöwen rasten regelmäßig und brüten vereinzelt. Häufiger und ebenfalls ganzjährig lassen sich Nil- und Rostgänse beobachten.

In Abhängigkeit von der Kleinsäugerdichte finden sich Kornweihen regelmäßig im Winter über den Ackerflächen pendelnd ein. Auch Raubwürger sind, wenn auch seltener, Wintergäste in den wenigen naturnahen Flächen. Bemerkenswert waren winterliche Ansammlungen von Sumpfohreulen, die beispielsweise im Winter 2020/2021 die Offenländer bei Langenmosen in der Dämmerung zur Jagd genutzt haben. Auch Waldohreulen bilden winterliche Schlafgemeinschaften, gerne in Gehölzgruppen und Gärten der Moorgemeinden.

Bekassinen ziehen regelmäßig durch. Auf den vernässten Flächen der Paludikulturen bei Langenmosen mit bis zu über 80 Individuen sogar in erheblicher Anzahl. Auch einzelne Zwergschnepfen rasten und überwintern hier wie

In den letzten Jahren überwinterten regelmäßig Sumpfohreulen im Altbayerischen Donaumoos.

Foto: C. Moning. Langenmosen, 15.2.2021.

auch in anderen feuchten Senken. Etwas weniger zahlreich, aber regelmäßig rasten Regenbrachvögel, Bruchwasserläufer, Waldwasserläufer, Grünschenkel, Kampfläufer und Flussregenpfeifer. Letztere brüten auch vereinzelt auf Äckern mit Fehlstellen und an den Kiesgruben. Besonders im März rasten selten, aber regelmäßig auch Goldregenpfeifer, bevorzugt mit durchziehenden Kiebitzen.

Auch Braunkehlchen und Steinschmätzer rasten auf den offenen landwirtschaftlichen Flächen regelmäßig. Hier suchen Hohltauben und Saatkrähen ebenfalls regelmäßig nach Nahrung. Letztere konnten in den letzten Jahren kleinere Kolonien im Gebiet etablieren.

Große Brachvögel brüten noch vereinzelt im Altbayerischen Donaumoos. Ihr Bestand stagniert zwischen 15 und 20 Paaren. Zu ihrem Schutz werden alljährlich Flächen beispielsweise bei Langenmosen eingezäunt, um Füchse und andere Beutegreifer fernzuhalten.

Kiebitze zählten seit Jahrhunderten zu den Charaktervögeln im Altbayerischen Donaumoos. Unter anderem in dem trockenen Frühjahr 2022 fällt jedoch auf, wie lokal der fantastische Balzflug dieser Limikole noch zu beobachten ist. Kiebitze verabschieden sich derzeit als Allerweltsvogel aus dem Altbayerischen Donaumoos. Umso hoffnungsfroher stimmen die Ergebnisse aus den Paludikulturen. Hier schaffen es Kiebitze, ihre Erstgelege mit vier Eiern erfolgreich zu erbrüten. Auch der Fortpflanzungserfolg ist deutlich höher als der der Kiebitze aus den umgebenden Ackerflächen. Voraussetzung ist, dass Kiebitze nasse Stellen und sehr niedrige Vegetation zu Beginn der Brutzeit vorfinden. Die später im Jahr hoch aufwachsenden Paludikulturen sind dann ein möglicher Brutplatz, wenn es den Kiebitzen gelingt, ihre Erstbrut erfolgreich groß zu bekommen.

Schafstelzen ziehen zum Teil in größerer Anzahl durch. Es lohnt sich, diese nach seltenen (Unter)Arten wie Thunbergschafstelzen durchzusehen. Nicht wenige Wiesenschafstelzen schreiten in den Wiesen, Äckern und Gräben zur Brut. Wachteln lassen ihren tropfenden Gesang ab Mai in diversen Grünländern hören. Im Durchzug regelmäßig anzutreffen, schreiten Wiesenpieper im Altbayerischen Donaumoos noch lokal zur Brut. Bemerkenswerterweise singen einzelne Wiesenpieper in den Paludikulturen bei Langenmoosen.

Kiebitze waren einst allgegenwärtige Brutvögel im Altbayerischen Donaumoos. Jetzt konzentrieren sie sich auf die feuchtesten Bereiche der Ebene.

Foto: C. Moning. Langenmosen, 4.5.2021.

In strukturreichen Säumen rasten Schwarzkehlchen. Lokal schreiten sie auch zur Brut. Grauammern sind hingegen als Brutvögel verschwunden. Rebhühner haben einen erfreulich stabilen Bestand, insbesondere an den strukturreicheren Stellen im Übergang vom Niedermoor in die südlichen hügeligen Braunerden.

Wo vorhanden, nutzen Blaukehlchen Röhrichtbestände auf vernässten Wiesen, entlang von Gräben oder in Hochwasserrückhaltebecken zur Brut. Auch Rohrweihen besiedeln Röhrichtbestände und Getreidefelder. Dort wo Röhrichte im Wasser stehen, kommen Wasserrallen hinzu. An Baggerseen mit Röhrichtbestand brüten vereinzelt Drosselrohrsänger.

Rotmilane und Schwarzmilane nutzen die offenen Weiten regelmäßig zur Jagd, während sie in angrenzenden Gehölzen brüten. Sehr selten brüten Wiesenweihen im Altbayerischen Donaumoos.

In den Dörfern kommen Gartenrotschwänze noch vereinzelt vor. Dahingegen besetzen Weißstörche die Dächer in den Ortschaften um das Altbayerische Donaumoos, besonders entlang der Nordseite des Gebietes. Nicht weniger als 14 Paare brüteten 2022 im und um das Altbayerische Donaumoos.

Seit den 1990er Jahren brüten auch Bienenfresser am Rande des Altbayerischen Donaumooses. Die Brutorte sind zum Schutz vor Störungen nicht öffentlich und sollten auch nicht gezielt aufgesucht werden. Die Vögel können zuweilen jagend über den Offenländern des Gebietes beobachtet werden.

Beobachtungsmöglichkeiten

Die Niedermoorflächen nördlich von Langenmosen (A) beherbergen einige der naturnäheren Stellen im Altbayerischen Donaumoos. Von Langenmosen auf der Straße Richtung Berg im Gau kommend, biegt man nach links in den „Erdweg“ ab. Schon bald muss man sein Fahrzeug parken und folgt dem Sträßchen zu Fuß bergab in das Donaumoos. Bei (1) liegen feuchte, teilweise röhrichtbestandene Flächen links und rechts des Weges. Hier kommen unter anderem Blaukehlchen, Rohrweihen und Wasserrallen vor. Regelmäßig rasten Bekassinen. In den strukturreichen Hangflächen in diesem Gebiet brüten Rebhühner. Im Winter sollte man auf Kornweihen und Sumpfohreulen achten. Bitte betreten Sie die Feuchtflächen keinesfalls. Es lohnt, dem nächsten Feldweg nach rechts für rund 700 m zu folgen. Zunächst kommen links Grünländer in Sicht, die zum Schutz vor Füchsen für Große Brachvögel eingezäunt sind. Diese, Kiebitze und Wiesenschafstelzen kann man hier im Sommerhalbjahr regelmäßig beobachten. Nach 700 m liegt rechterhand eine Paludikulturenfläche des MOORuse-Projektes, die ebenfalls nicht betreten werden sollte. Hier brüten Kiebitze, Wiesenschafstelzen, Wiesenpieper, Blaukehlchen und zu den Zugzeiten rasten Limikolen, insbesondere Bekassinen sowie verschiedene Pieperarten. In der Umgebung jagen beide Milanarten und mit Glück sieht man eine Wiesenweihe.

Wiesenschafstelzen profitieren von naturnahen Feuchtwiesen und hier im Bild von den Seggen-Anpflanzungen auf den Paludikulturenflächen.

Foto: C. Moning. Langenmosen, 4.5.2021.

Das 15 ha große Überlaufbecken Seeanger bei Pöttmes (B) ist von Süden von der St 2045 aus zugänglich. Es wurde geschaffen, um Hochwässer aus der Donaumoos-Ach aufzunehmen. Man kann von der Ostseite her in den ganzjährig mit Gallowayrindern beweideten Bereich schauen. Typische Arten sind hier neben verschiedenen Gründelentenarten unter anderem Zwergtaucher, Rostgänse, Milane, Silberreiher, Waldwasserläufer, Bekassinen, Wasserrallen, Kuckucke und Blaukehlchen. Im Winter sollte man auf Raubwürger achten. Auch Vogel-Azurjungfern, Kreuzkröten und Kleine Wasserfrösche kommen im Rückhaltebecken vor.

Der 40 ha große Hochwasserrückhalteraum Langer Weiher bei Hollenbach (C) hat neben Hochwasser- und Moorschutz auch den Arten- und Biotopschutz zum Ziel. Das kooperative Projekt wurde wesentlich durch den Bayerischen Naturschutzfonds gefördert. Das Aueninstitut Neuburg begleitet das Vorhaben wissenschaftlich. Die Fläche wird durch Murnau-Werdenfelser Rinder beweidet. Hier und in den umgebenden Grünländern brüten Nil- und Rostgänse, Rohrweihen, Große Brachvögel, Kiebitze, Wasserrallen, Rohrschwirle, Blaukehlchen, Schwarzkehlchen und auch Kuckucke finden Abnehmer für ihre Eier. Rot- und Schwarzmilane sowie Weißstörche suchen regelmäßig nach Nahrung. Bekassinen und Waldwasserläufer rasten regelmäßig. Im Winter suchen Silberreiher, Kornweihen und Raubwürger nach Nahrung.

Man erreicht das Gebiet von Hollenbach auf der „Lange Gasse" nach Nordosten aus dem Ort fahrend. Bald darauf ist die Straße gesperrt. Nach weiteren 900 m kann man nach links auf den Damm des Rückhalbeckens gehen und in die Fläche schauen. Das Gebiet kann man auch vom Ort Baiern (im Norden) durch das Baierner Hölzl erreichen.

Im gesamten Altbayerischen Donaumoos finden sich verschiedene von Grünlan dominierte Bereiche, die unter anderem Wachteln, Große Brachvögel, Kiebitze und Wiesenschafstelzen beherbergen. Davon sind zwei im Folgenden beschrieben. Im Königsmoos liegt das Wiesenbrütergebiet Untermaxfeld (D). Nil- und Rostgänse brüten auf den nahe gelegenen Abbaugewässern, auf denen sich regelmäßig auch Kolbenenten einfinden, und können bei der Nahrungs-

Naturnaher Hochwasserschutz: das Überlaufbecken Seeanger bei Pöttmes. Foto: C. Moning. 23.4.2022.

suche auf den Offenländern beobachtet werden. Rebhühner lassen sich ebenfalls gelegentlich finden. Rohrweihen und Rotmilane jagen im Sommer über den Wiesen, Kornweihen im Winter. Kiebitze und Große Brachvögel brüten noch regelmäßig. Ebenso Wiesenschafstelzen. Die Feldwege und -straßen entlang der Wiesen südlich des Martinsees sind zur Brutzeit für den Verkehr gesperrt, können aber im Rahmen der Schutzgebietsverordnung begangen werden.

Die Niedermoorflächen um den DMK-See (E) und der Bereich Karlskron im Wiesenbrütergebiet Lichtenheim (F) gehören zu den besseren Flächen, um im Winter auf die Suche nach nordischen Gänsen zu gehen. Dabei stößt man mit etwas Glück auch auf Rebhühner und ziemlich sicher auf Silberreiher. Zu den regelmäßigen Nahrungsgästen im Sommerhalbjahr zählen Weißstörche und Rohrweihen. Auf den offenen ehemaligen Niedermoorflächen brüten Kiebitze und einzelne Paare Große Brachvögel. Zu den Zugzeiten rasten Kampfläufer und Schafstelzen. Wiesenschafstelzen brüten auch verbreitet. Auf und an den Seen gehören Nil- und Rostgänse, Kolbenenten, Haubentaucher, Kormorane sowie Mittelmeermöwen zu den regelmäßigen Entdeckungen.

Blick in die Umgebung

Die Donau-Auwälder nördlich des Altbayerischen Donaumooses sind besonders im Frühjahr einen Abstecher wert. Hier brüten unter anderem Mittel- und Grauspechte, Pirole, Halsbandschnäpper und viele weitere Auwaldarten. Gute Bereiche sind unter anderem das Bauernholz nordöstlich Weichering und die Wälder südlich der Donaustaustufe Bergheim. Weiter westlich lohnt ein Besuch der Donaustaustufe Bertoldsheim und des Naturwaldreservates Mooser Schütt östlich der Donaustaustufe Bertoldsheim. Im Winterhalbjahr kann ein Blick auf die Donaustaustufe Ingolstadt einen Blick lohnen.

Christoph Moning, Christopher König, Felix Weiß

Infomaterial/Literatur

Wir danken Norbert Model für die Durchsicht des Artikels.

GPS

Beginn Weg in Langenmosen (A)	48°37'05" N	11°12'36" O
Blick auf Überlaufbecken Seeanger bei Pöttmes (B)	48°35'19" N	11°07'53" O
Blick auf Hochwasserrückhalteraum Langer Weiher bei Hollenbach (C)	48°40'04" N	11°08'54" O

Anfahrt

Mit Bahn und Bus

Das Altbayerische Donaumoos ist schwer mit öffentlichen Verkehrsmitteln erreichbar. Brunnen auf der Strecke Augsburg-Ingolstadt und Neuburg an der Donau sind die nächstgelegenen Bahnhöfe. Von hier bieten Busse einen lückenhaften Anschluss an die beschriebenen Stellen.

Mit dem Auto

Das weitläufige Gebiet liegt südwestlich der B 16 zwischen Ingolstadt und Neuburg an der Donau.

Adressen

Haus im Moos, Kleinhohenried 108, 86668 Karlshuld, Tel.: 08454-95205, info@haus-im-moos.de; www.haus-im-moos.de

Donaumoos-Zweckverband, Hauptstraße 39, 86668 Karlshuld, T el.: 08431-57471, www.donaumoos-zweckverband.de

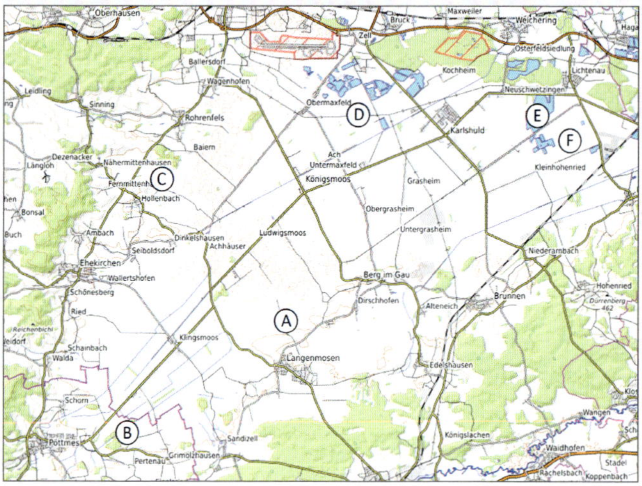

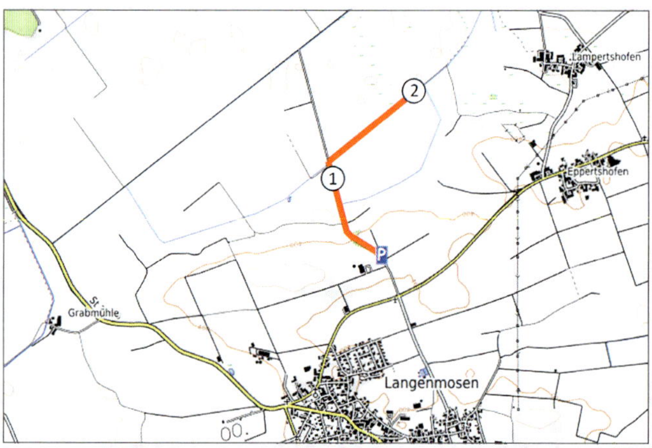

Strukturreiche Laubmischwälder im nördlichen Feilenforst beherbergen eine artenreiche Avifauna. Foto: C. Moning. Nöttinger Viehweide, 8.5.2022.

Der Feilenforst

Strukturreiche Wälder, alte Weide- und Teichlandschaften, Hopfenfelder und Sandgruben

Südöstlich von Ingolstadt haben sich südlich der Donau nach der letzten Eiszeit große Sandablagerungen gebildet, die zwischen dem fruchtbaren Donautal und dem Tertiärhügelland ein Mosaik aus mageren und nassen Standorten geschaffen haben. Die menschliche Nutzung beschränkte sich hier deshalb in vielen Teilen auf Beweidung, Jagd, Waldnutzung und Teichwirtschaft. Für die Vogelwelt blieben vielfältige Lebensräume, die besonders zur Brutzeit zu Erkundungen einladen. Waldschnepfen, Mittelspechte, Wendehälse, Bienenfresser, Heidelerchen, Trauerschnäpper und Waldlaubsänger beleben dann diese Region mit ihren Brutaktivitäten.

Die naturräumlichen Voraussetzungen führten lange Zeit zu einer extensiven Bewirtschaftung in der Region zwischen Manching und Geisenfeld. Kernstück dieses historischen Nutzungsmosaiks ist das Naturschutzgebiet Nöttinger Viehweide und Badertaferl im Feilenforst. Feuchte Senken mit Erlenbruchwald sind ebenfalls charakteristisch für den Feilenforst. Auch aus diesem Grund liegen dort mit dem Haarbruck und dem Schiederholz zwei 30 bis 40 ha große Naturwaldreservate. Nordwestlich umschließt der Wald eine teilweise vermoorte Senke, das Feilenmoos, das einerseits zum FFH-Gebiet Feilenmoos mit Nöttinger Viehweide zählt und andererseits in seinem Nordteil in mächtige Flussschotter übergeht. Diese wurden großflächig abgebaut, sodass eine weitläufige Gewässerlandschaft aus Kiesabbaugewässern entstand. Die wenig ertragreichen Böden in diesem Bereich führten schon früh zu einer militärischen Nutzung anstatt einer intensiven Landwirtschaft. So nimmt der Militärflughafen Ingolstadt-Manching große Areale im Nordwesten des Gebietes ein.

Als der Feilenforst noch ein namenloser Urwald war, wurde Graf Eberhard von Ebersberg von Kaiser Otto mit dem Feilenforst belehnt. Graf Eberhard übergab, als Stifter des Klosters Geisenfeld, diesem 1030 den Feilenforst. Später überließen die Äbtissinnen des

Klosters die Jagd im Feilenforst den bayerischen Herzögen und Kurfürsten. Bis zur Säkularisation im Jahr 1803 war der Forst im Besitz des Klosters Geisenfeld. Die Chronik des Klosters berichtet von „Auerochsen, Elchen, Wildpferden, Adlern, Uhus und Eulen, Auerhähnen und zahllosen Wasservögeln" aus dem Gebiet. Singvögel wurden gefangen und von den Klosterjägern an das Kuchelamt des Klosters Geisenfeld abgeliefert.

Im Mittelalter war der Feilenforst ein lichter Laubmischwald. Nach der Säkularisation wurde der Feilenforst ab 1803 von staatlichen Förstern bzw. den Bayerischen Staatsforsten bewirtschaftet. Diese wandelten den Forst in großen Teilen in Nadelholzbestände um.

Als Relikt einer alten Weidenutzung blieb im Nordosten des Waldgebietes ein Hutewald-Heide-Mosaik erhalten, das heute durch das Naturschutzgebiet „Nöttinger Viehweide und Badertaferl" unter Schutz gestellt ist. Im Mittelalter wurde die Fläche durch Schafe, Schweine und Rinder beweidet. Dieses Gebiet wurde bereits 1943 als Naturschutzgebiet ausgewiesen und 1986 erweitert. Es umfasst eine Größe von 148 ha.

2018 wurde zum Schutz des gesamten nördlichen Feilenforstes ein Kooperationsvertrag zwischen dem Landkreis Pfaffenhofen an der Ilm und den Bayerischen Staatsforsten geschlossen. Das war der Beginn vieler Projekte, deren übergreifendes Ziel die Förderung der relevanten Lebensräume ist. Dazu zählen die Erhaltung und die Schaffung artenreicher Blühwiesen sowie Amphibienbiotope, die Freistellung uralter Eichen, die Bekämpfung invasiver Neophyten und die Förderung von Totholz und Altbäumen.

Wendehälse sind beispielsweise rund um die Sandgruben im Frühjahr leichter zu hören als zu sehen. Foto: C. Moning. Engelbrechtsmünster, 22.5.2022.

Östlich des Feilenforstes liegen rund um das Tal der Ilm weitere Sande in den Übergängen in das Tertiärhügelland, das hier wie auch weiter südlich durch großflächigen Hopfenanbau geprägt ist. Darin eingebettet liegen weitere Kies- und Sandabbaustellen.

Wiederum östlich davon erstrecken sich auf großflächigen Sanden die weitläufigen Wälder des Dürnbucher Forstes. Seine Flächen unterlagen ähnlich wie die Flächen des Feilenforstes einer traditionellen Beweidung und einer jagdlichen Nutzung, die langfristig zur Bildung offener Heiden führte. Diese wurden später vor allem mit Kiefern und Fichten aufgeforstet, die nun in Zeiten des Klimawandels an ihre physiologischen Grenzen geraten. In der Folge führt weiterer Waldumbau zu laubholz-

Waldlaubsänger lassen in den strukturreichen Wäldern des nördlichen Feilenforstes noch erfreulich regelmäßig ihren charakteristischen Gesang hallen.
Foto: C. Moning. Nöttinger Viehweide, 8.5.2022.

reichen und dichteren Beständen. Die Sande des Dürnbucher Forstes machen im Südwesten einer vermoorten Senke, dem Forstmoos Platz. Dieses wurde in großen Teilen in eine strukturreiche Teichwirtschaft umgewandelt. Mönche hatten die Teichwirtschaft im 11. Jahrhundert gegründet.

Besondere Vogelarten und Reisezeit

Die Wälder im nördlichen Feilenforst, in dem das Naturschutzgebiet Nöttinger Viehweide liegt, sind durch teilweise strukturreiche Laubmischbestände und feuchte Erlenbestände geprägt. Hier patrouillieren Waldschnepfen über die feuchten Waldbereiche und größeren Lichtungen. Altbestände werden von Hohltauben und Waldkäuzen zur Brut genutzt. Hier finden auch Mittel- und Schwarzspechte Brut- und Nahrungsmöglichkeiten. Pirole lassen immer wieder ihren melodischen Gesang hören. Waldlaubsängermännchen lassen an vielen laubdominierten Stellen ihre schnurrenden Strophen erklingen. Der beeindruckende Bestand uralter Hute-Eichen bedingt ein stellenweise gutes Höhlenangebot, das unterstützt durch zahlreiche Nistkästen Grundlage für einen bedeutenden Trauerschnäpperbestand ist. Darunter mischen sich jahrweise immer wieder auch einzelne Halsbandschnäpper und auch Gartenrotschwänze brüten hier.

Die offenen Weideflächen der Nöttinger Viehweide sind gute Nahrungsflächen für Grauspechte, die auch angrenzend brüten. Baumpieper verkünden mit auffälligen Revierflügen ihre Präsenz.

Die großen aktuellen und ehemaligen Kiesabbauflächen im nördlichen Feilenmoos beherbergen eine Reihe von Wasservögeln zur Brutzeit und auch auf dem Durchzug und als Überwinterer. Zwergdommeln sind hier seltene Brutvögel. Kolbenenten brüten regelmäßig und können unter anderem in den südöstlichen Weihern regelmäßig beobachtet werden. Gänsesäger rasten und überwintern; sie sind beispielsweise auf dem Braunweiher regelmäßig zu sehen. Rohrweihen, Wasserrallen, Rohrschwirle und Drosselrohrsänger brüten dort, wo sich größere Schilfflächen finden. Schwarz- und Rotmilane sowie Baumfalken lassen sich im Sommerhalbjahr regelmäßig bei der Nahrungssuche beobachten. Flussregenpfeifer bevorzugen die vegetationsarmen Standorte zur Brut. Mittelmeermöwen brüten vereinzelt, beispielsweise an den östlichen Kiesabbaugewässern im nördlichen Feilenmoos im Bereich des Pfaffentümpfels. Sie sind auch regelmäßige Nahrungsgäste. Auch Flussseeschwalben brüten auf Flößen in diesem Bereich. Einzelne Turteltauben, Grauspechte, Wendehälse und Pirole nutzen die strukturreichen Bereiche im Areal der Kiesabbauflächen. Eisvögel konzentrieren sich auf die kleinfischreichen Uferbereiche. In den Übergängen zwischen den Kiesabbaugewässern, Feuchtgrünländern und Wäldern besetzen immer wieder einzelne Schlagschwirle Reviere. Blaukehlchen sind in den feuchten Säumen des Areals verbreitet. Im Winter nutzen einzelne Raubwürger die weitläufigen Dämme zwischen den Kiesabbaugewässern zur Jagd.

Die Wiesen nordöstlich der Kiesabbauflächen im nördlichen Feilenmoos im Bereich des Schacherlbrückels zählen zu den besonders feuchten Grünländern im Gebiet. Sie sind zur Brutzeit für Besucher gesperrt. Neben Kiebitzen brüten hier auch einzelne Bekassinen und Tüpfelsumpfhühner.

Die Wiesen im Feilenmoos liegen zum überwiegenden Teil im Bereich eines Standortübungsplatzes und sind deshalb schwer zugänglich. Hier brüten unter anderem Wachteln, Kiebitze und Wiesenschafstelzen. Auch einzelne Rebhühner und Große Brachvögel brüten hier. Einzelne Wachtelkönigmännchen lassen im Frühsommer ihren krächzenden Gesang über die feuchten Wiesen im Süden des Feilenmooses erklingen. Kornweihen und Raubwürger suchen im Winterhalbjahr nach Nahrung auf diesen Wiesen. Bekassinen, Grünschenkel, Waldwasserläufer und Kampfläufer rasten bevorzugt in den sehr nassen Teilbereichen. In den Offenländern können auch Hohltauben und Weißstörche regelmäßig beobach-

Trauerschnäpper erreichen in den höhlenreichen Gehölzbeständen rund um die Nöttinger Viehweide hohe Dichten.
Foto: C. Moning. Nöttinger Viehweide, 8.5.2022.

tet werden. Letztere brüten zudem in der Ortsmitte von Geisenfeld.

Die Fischweiher, Offenländer und Waldbereiche im Forstmoos südwestlich des Dürnbucher Forstes beherbergen auf relativ kleinem Raum eine reiche Vogelwelt. Hier brüten unter anderem Schnatter-, Tafel- und Kolbenenten sowie Zwergtaucher, Rohrweihen, Wasserrallen und Drosselrohrsänger. Moorenten, Zwergdommeln und Turteltauben finden sich selten, aber regelmäßig ein. Silberreiher und Kormorane sind häufige Nahrungsgäste vor allem im Winterhalbjahr. Sehr regelmäßig suchen hier Fischadler auf dem Durchzug nach Nahrung und auch Seeadler lassen sich regelmäßig blicken. Ebenso Mittelmeermöwen und Flussseeschwalben. Wespenbussarde und Schwarzmilane brüten in der Umgebung und suchen hier nach Nahrung. Schwarz- und Grauspechte, Kuckucke und Eisvögel sind regelmäßig zu beobachten. Im Forstmoos brüten Schwarzkehlchen.

Wenn die Teiche abgelassen sind, bieten sie Rast- und Nahrungsmöglichkeiten für Limikolen wie Flussregenpfeifer, Flussuferläufer, Dunkle Wasserläufer, Grünschenkel, Wald- und Bruchwasserläufer sowie Kampfläufer.

Kuckucke versuchen überall im Gebiet im Sommerhalbjahr ihr Glück bei den Singvögeln und auch Kolkraben sind weit verbreitet. An einzelnen Bodenabbaustellen finden sich Bienenfresser zur Brut ein. Als eine Besonderheit brüten vereinzelt Heidelerchen in Hopfenfeldern.

Fischadler nutzen das Fischangebot der vielen Weiher und Teiche auf dem Durchzug.
Foto: C. Moning. Gambia, 22.1.2014.

Beobachtungsmöglichkeiten

Der Bereich des Naturschutzgebietes Nöttinger Heide und Baderstaferl ist gut durch Wanderwege erschlossen (1). Der orange eingezeichnete Rundweg

Typische Vogelarten rund um den Feilenforst, deren Status und günstige Beobachtungszeit (in Klammern)
h = häufiger, r = regelmäßiger, s = seltener; B = Brutvogel, W = Wintergast, D = Durchzügler, N = Nahrungsgast

Art	Status (beste Beobachtungszeit)
Schnatterente	rB, rD, rN (ganzjährig)
Knäkente	rD, sB (Mrz.–Mai, Aug.–Sep.)
Kolbenente	rB, rD, rN (Apr.–Okt.)
Gänsesäger	rN, rD, rW (Nov.–Mrz.)
Wachtel	rB, sB (Mai–Jul.)
Zwergtaucher	rD, rB (ganzjährig)
Zwergdommel	sB (Mai–Aug.)
Weißstorch	rN, rD, sB (Mrz.–Aug.)
Fischadler	rN, rD (Apr.–Mai, Aug.–Sep.)
Kornweihe	rW (Okt.–Apr.)
Rohrweihe	rN, rD, rB (Apr.–Sep.)
Schwarzmilan	rN, rD, rB (Apr.–Jul.)
Seeadler	rN (ganzjährig)
Baumfalke	rN, RD, rB (Mai–Sep.)
Wachtelkönig	sB (Mai–Jun.)
Kiebitz	rB, rN, rD (Mrz.–Okt.)
Flussregenpfeifer	rD, rB (Apr.–Aug.)
Großer Brachvogel	sB, rD (Apr.–Sep.)
Waldschnepfe	rD, rB (Apr.–Mai)

Art	Status (beste Beobachtungszeit)
Bekassine	rD, sB (Mrz.–Okt.)
Flussseeschwalbe	rN, sB (Mai–Aug.)
Hohltaube	rN, rD, sB (Mrz.–Okt.)
Turteltaube	sD, sB (Mai–Aug.)
Kuckuck	rB, rD (Mai–Jun.)
Bienenfresser	sB, sD (Mai–Jun.)
Wendehals	sB, sD (Apr.–Jun.)
Grauspecht	rB (ganzjährig)
Mittelspecht	rB (ganzjährig)
Pirol	rB, rD (Mai–Jul.)
Raubwürger	sW, rD (Okt.–Mrz.)
Kolkrabe	rN, rB (ganzjährig)
Heidelerche	sB (Mrz.–Jun.)
Waldlaubsänger	rB, rD (Apr.–Jun.)
Rohrschwirl	rB (Apr.–Jul.)
Drosselrohrsänger	rB, rD (Mai–Jul.)
Trauerschnäpper	rB, rD (Apr.–Mai)
Blaukehlchen	rB, rD (Apr.–Jun.)

Hopfenfelder werden bei nicht zu intensiver Bewirtschaftung von Heidelerchen lokal zur Brut genutzt.
Foto: C. Moning. Engelbrechtsmünster, 21.5.2020.

ist rund 3,5 km lang. Der Wanderparkplatz liegt nordwestlich von Nötting (siehe Koordinaten). Entlang des Weges lassen sich im Frühjahr recht zuverlässig Hohltauben, Mittelspechte, Trauerschnäpper, Waldlaubsänger, Baumpieper und mit etwas Glück Grauspechte, Wendehälse sowie Gartenrotschwänze beobachten. Halsbandschnäpper sind seltener. Beeindruckend sind die uralten Hute-Eichen entlang des Weges.

Im April und Mai lohnt es sich, in der Abenddämmerung den großen Lichtungsbereich weiter westlich Richtung Schacherlbrückel zu besuchen (2). Hier patrouillieren regelmäßig mehrere Waldschnepfenmännchen mit ihrem urigen Balzflug die Lichtungsränder. Aus den Feuchtgrünländern Richtung Schacherlbrückel erklingen von Ferne die Balzgesänge von Bekassinen und Tüpfelsumpfhühnern aus dem zur Brutzeit für Besucher gesperrten Bereich.

Die Kiesabbaugewässer im nördlichen Feilenmoos sind sehr weitläufig. Auf den Dämmen verbinden Wege die Gewässer. Ausgangspunkte können die eingezeichneten Parkplätze sein. Dabei beherbergt der Braunweiher (3) im Winter etliche Wasservögel wie Gänsesäger. Bei (4) brüten unregelmäßig Zwergdommeln in den Schilfbereichen. Die Gewässer in den Bereichen „Am Pfaffentümpfel" (5) und „Am Mooswiesen" (6) lohnen zur Brutzeit, da hier unter anderem verschiedene Entenarten, Mittelmeermöwen und Flussseeschwalben brüten.

Die Wiesen im Feilenmoos liegen zum überwiegenden Teil in einem militärischen Übungsgelände und sind nur eingeschränkt zugänglich. Einblicke in den östlichen Teil (7) ergeben sich von den Rändern der Kiesabbaugewässer und in den südöstlichen Teil aus dem Bereich um die Heubrücke (8).

Östlich von Engelbrechtsmünster liegt ein Mosaik aus Fischteichen, Sandgruben, Hopfenfeldern und relativ alten Laubmischwäldern. Ein Zufahrtssträßchen führt zwischen Sandgruben hindurch (9) die teilweise noch im Abbau befindlich sind und teilweise durch Freiflächen-Photovoltaikanlagen belegt werden. In diesem Bereich können regelmäßig Bienenfresser beobachtet werden. Die Böschungen der Abbauflächen werden von Wendehälsen, Neuntötern und Dorngrasmücken zur Brut genutzt.

Weiter östlich führt das Sträßchen in Hopfenfelder (10), in denen als regionale Besonderheit im Frühjahr einzelne Heidelerchen singen. Aus den südlich liegenden Waldflächen ertönen die Gesänge von Hohltauben und Schwarzspechten.

Armleuchteralgen gedeihen in den klaren Gewässern des Gebietes und bilden eine wichtige Nahrungsgrundlage für Kolbenenten. Foto: C. Moning. München, 1.6.2009.

Nördlich von Engelbrechtsmünster durchschneidet die B 300 Richtung Münchsmünster das Teichgut Einberg und das östlich gelegene Forstmoos. Von dem eingezeichneten Parkplatz aus führen auf der Nordseite der Weiher sowohl nach Westen als auch nach Osten Wege, von denen aus man die Teiche einsehen kann. Der Oberweiher (11) beherbergt oft besonders viele Enten. Fisch- und Seeadler lassen sich regelmäßig bei der Nahrungssuche beobachten. Je nach Wasserstand kommen verschiedene Limikolenarten hinzu. An der Westseite führt der Weg im Wald versetzt entlang der Teiche. Über Stichwege erhält man immer wieder Einblicke in die Teiche, die neben verschiedenen Entenarten selten auch Zwergdommeln beherbergen (12). Der Unterweiher ganz im Westen ist in seinem Ostteil besonders schilfreich. Über einen nicht beschilderten unauffälligen Stichweg erhält man Zugang zu zwei kleinen Stegen, die zu den Ufern führen. Von hier lassen sich verschiedene Enten und Schilfvögel beobachten (13).

Blick in die Umgebung

Die Weltenburger Enge südwestlich von Kehlheim ist ein Donaudurchbruch und somit landschaftlich, geologisch und durch das Kloster Weltenburg kulturhistorisch bedeutend. In den Steilwänden der Enge brüten Uhus und die umgebenden Orchideen-Buchenwälder beherbergen Schwarzstörche und Wespenbussarde.

Die Donaustaustufe Ingolstadt ist im Winterhalbjahr einen Blick wert. Südwestlich von Ingolstadt liegt das Bayerische Donaumoos (FALKE 2022, H. 6).

Christoph Moning, Christopher König, Felix Weiß

Infomaterial/Literatur

Landkreis Pfaffenhofen: Betreuung des NSG Nöttinger Viehweide und Badertaferl: www.landkreis-pfaffenhofen.de

Naturschutzkonzept für den Forstbetrieb Freising einschließlich des nördlichen Feilenforstes: www.baysf.de

Anfahrt

Mit Bahn und Bus

Der für den Feilenforst nächstgelegene Bahnhof ist Ernsgaden. Engelbrechtsmünster ist über den Busverkehr erreichbar.

Mit dem Auto

Die B 16 führt zwischen Manching nach Abensberg am Nordrand des beschriebenen Gebietes entlang. Engelbrechtsmünster und das Forstmoos sind über die B 300 zwischen Geisenfeld und Münchsmünster erreichbar.

GPS		
Parkplatz Rundwanderweg um die Nöttinger Viehweide (1)	48°42'33" N	11°36'20" O
Sandgruben bei Engelbrechtsmünster (9)	48°41'25" N	11°39'17" O
Parkplatz am Teichgut Einberg (11)	48°43'15" N	11°40'10" O

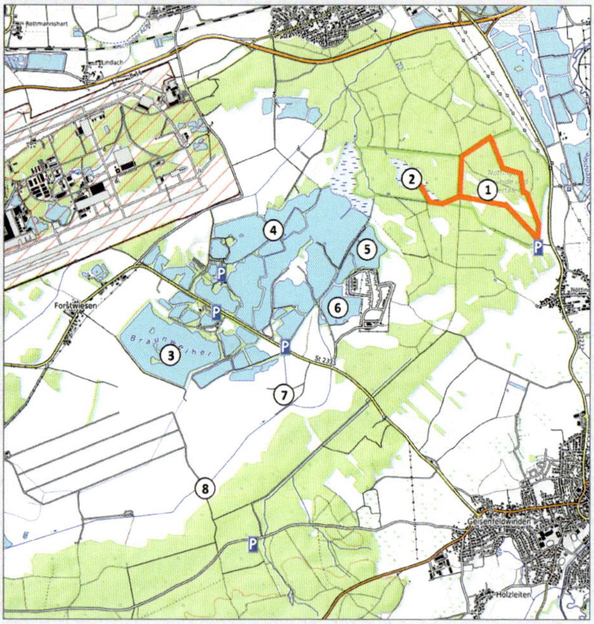

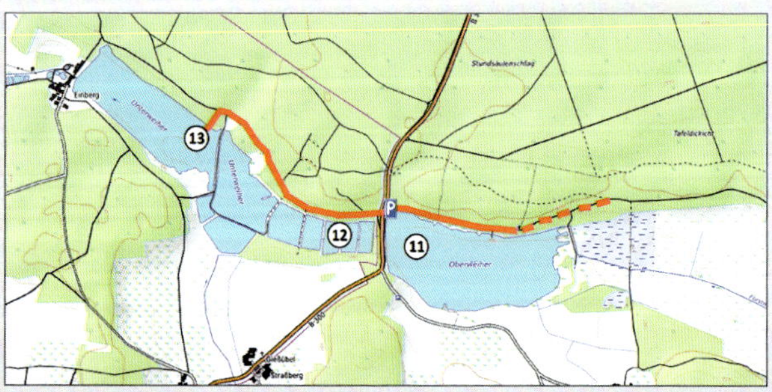

Blick über den nördlichen Grundsee, auf dem regelmäßig verschiedene Gänse-, Enten- und Reiherarten rasten.
Foto: T. Büttel. 6.8.2022.

Goldbergsee und Glender Wiesen

Wiesenbrüter in Oberfranken

Dass wertvolle Naturräume und durch menschliche Nutzung umgeprägte Landschaften nebeneinander existieren und sich für die Vogelwelt auch lohnenswert ergänzen können, zeigen der Goldbergsee und die Glender Wiesen ganz im Norden Bayerns. Das Gebiet liegt am Stadtrand von Coburg und damit sowohl von Erfurt als auch von Nürnberg etwa 120 km Fahrtstrecke entfernt. Während das schon vor der Entstehung des künstlichen Gewässers bedeutende Grünland nach wie vor Rückzugsgebiet für bedrohte Wiesenbrüter ist, zieht der Goldbergsee mit seinen Wasserflächen, Röhrichten und Verlandungszonen zum Teil ganz andere Vogelarten an, darunter Kolbenente, Zwergdommel, Rohrschwirl und Drosselrohrsänger

Die Vogelfreistätte „Glender Wiesen mit Goldbergsee“ setzt sich im Wesentlichen aus zwei überlappenden Einzelgebieten mit unterschiedlicher Geschichte zusammen. Das heute 195 ha große Areal liegt am nordwestlichen Stadtrand von Coburg zwischen den eingemeindeten Orten Glend, Neuses, Sulzdorf und Beiersdorf in einer Senke ganz im Osten des Grabfeldgaus. Nördlich liegen in etwa 20 km Entfernung die Höhen des Thüringer Waldes. Nach Osten und Süden hin steigt das Hügelland ebenfalls zum Frankenwald und den Haßbergen bzw. ihrem Vorland an.

Die zentrale und ursprüngliche Landschaftsform ist das Grünland der Glender Wiesen. Dieses fast durchgehende Offenland setzt sich überwiegend aus mageren Mähwiesen zusammen, die vom Sulzbach und einigen Gräben durchzogen werden. An diesen finden sich auch feuchte Habitate wie Schilfbestand und Hochstaudenfluren. Im Frühjahr werden die Wiesen teilweise überflutet und bieten dann verschiedenen Arten Nahrungs- und Rastgrund. Entlang des Sulzbachs zieht sich ein schmaler Baumbestand, überwiegend aus Weiden und Erlen. Das knapp 170 ha große Areal wurde 1989 unter Schutz gestellt und wird seitdem extensiv bewirtschaftet. Bis heute handelt es sich bei den Glender Wiesen um einen der bedeutendsten Feuchtgebietskomplexe in Oberfranken, der nicht nur ein regional bedeutsames Wiesenbrütergebiet ist, sondern zudem auch weiteren gefährdeten Tierarten wie dem Dunklen Wiesenknopf-Ameisenbläuling und der Schmalen Windelschnecke Rückzugsorte bietet.

Beim Goldbergsee handelt es sich dagegen um einen wesentlich jüngeren Gebietsteil, bei dessen Entstehung naturschutzfachliche Interessen zunächst keine primäre Rolle spielten. Der Sulzbach, der die Glender Wiesen in nord-südlicher Richtung durchquert, sowie der benachbarte Lauterbach fließen im Stadtgebiet von Coburg in die Itz. Obwohl beide Fließgewässer über die meiste Zeit hinweg keine signifikanten Wassermengen transportieren, können sie infolge der Schneeschmelze im Thüringer Wald im Frühjahr rasch anschwellen, was in der Vergangenheit zu katastrophalen Hochwassern in der Stadt führte. Anfang der 2000er-Jahre wurden Überlegungen zu einem wirksamen Schutz angestellt. Größtes Problem hierbei war das relativ dicht besiedelte Lautertal, das im Gegensatz zum Sulztal zu wenig Raum für viele potenzielle Maßnahmen bot. So entstand die Idee, im Bedarfsfall das überschüssige Wasser von der Lauter in die Sulz umzuleiten. Zu diesem Zweck wurde der Sulzbach nordwestlich des Coburger Stadtteils Neuses zum heutigen Goldbergsee angestaut, benannt nach der Erhebung unmittelbar östlich des Stausees. Die Arbeiten begannen 2003 und wurden 2011 abgeschlossen, als zum ersten Mal der Sommerpegelstand bei einer Wasserfläche von circa 70 ha erreicht wurde. In einem regulären Jahreskreislauf wird der Wasserstand im Winterhalbjahr etwa um die Hälfte abgesenkt, um dann im Bedarfsfall im Frühjahr die überschüssige Wassermenge fassen zu können. Der Goldbergsee wurde so angelegt, dass er auf einer Fläche von 145 ha überstaut werden kann.

Die Zwergdommel wird in den letzten Jahren immer häufiger in den Schilfflächen des Gebiets beobachtet. Foto: T. Büttel. Neuhauser Weiher, 14.7.2020.

Die Anlage gliedert sich in drei Teilseen, die unterschiedlich genutzt werden. Für die Vogelbeobachtung besonders interessant ist der Biotopsee im Norden. Dieser liegt teilweise im Schutzgebiet der Glender Wiesen. Er verfügt über eine ausgedehnte Verlandungszone und weist insbesondere an seinem Nordwestufer einen breiten Röhrichtbestand auf. Südlich daran schließt sich der ebenfalls noch unter Schutz stehende nördliche Grundsee an. Der Schilfgürtel ist hier wesentlich schmaler, allerdings befinden sich auf seiner Wasserfläche zwei mit überwiegend abgestorbenen Bäumen bestandene Inseln, auf denen sich gerne Gänse, Reiher und Kormorane aufhalten. Der südliche Grundsee hat zwar ein vergleichbares Aussehen, liegt aber außerhalb der geschützten Zone. Er dient daher vorrangig als Naherholungsgebiet für Coburg. Der Goldberg östlich davon ist überwiegend mit Mischwald bestanden.

Besondere Vogelarten und Reisezeit

Die Beobachtungsbedingungen hängen wesentlich vom Wasserstand ab. Da dieser im Winterhalbjahr niedriger ist, bietet der Goldbergsee dann insgesamt weniger attraktive Rast- und Nahrungsflächen für Wasservögel. Soweit die Wasserflächen nicht zufrieren, können dennoch über die Wintermonate

Typische Vogelarten des Goldbergsees und der Glender Wiesen, deren Status und günstige Beobachtungszeit (in Klammern)
h = häufiger, r = regelmäßiger, s = seltener; B = Brutvogel, D = Durchzügler, W = Wintergast

Art	Status (beste Beobachtungszeit)
Kolbenente	sB, rD (Mrz.–Jul.)
Schnatterente	sB, rD, sW (Mrz.–Jun., Aug.–Okt.)
Krickente	sB, hD, sW (Mrz.–Apr., Aug.–Okt.)
Knäkente	rD (Mrz./Apr., Aug./Sep.)
Löffelente	rD (Mrz./Apr., Aug.–Nov.)
Zwergdommel	sB (Mai–Aug.)
Fischadler	rD (Apr., Aug./Sep.)
Rohrweihe	rB, rD (Apr.–Sep.)
Rotmilan	rD (Mrz./Apr., Aug./Sep.)
Wanderfalke	rN (Aug.–Okt.)

Art	Status (beste Beobachtungszeit)
Wasserralle	rB, rD (Apr./Mai, Aug./Sep.)
Kiebitz	sB, rD (Mrz.–Mai)
Bekassine	sB, rD (Mrz./Apr., Aug./Sep.)
Alpenstrandläufer	rD (Apr., Sep./Okt.)
Grünschenkel	rD (Apr., Aug./Sep.)
Braunkehlchen	sB, rD (Apr./Mai, Sep.)
Schwarzkehlchen	sB (Mrz.–Mai)
Blaukehlchen	rB, rD (Mrz.–Mai, Aug.)
Rohrschwirl	rB (Apr.–Jul.)
Drosselrohrsänger	rB (Mai–Jun.)

hinweg häufigere Arten, überwiegend Gründelenten, beobachtet werden. Mit Geduld sind im Spätherbst gelegentlich Rohrdommeln und Bartmeisen am Schilfrand des Biotopsees zu entdecken.

Mit einsetzendem Frühjahr macht sich der Vogelzug zusehends bemerkbar. Die überwiegend flachen Wasserzonen locken alle heimischen Gründelentenarten an und insbesondere am Biotopsee bestehen bei niedrigem Wasserstand weiterhin Chancen auf hier auf dem Durchzug rastende Limikolen. Ein Blick auf die Glender Wiesen kann in dieser Zeit ebenfalls lohnenswert sein: Gelegentlich rasten Goldregenpfeifer und Kraniche auf den Wiesenflächen. Ende März erreichen Blaukehlchen das Gebiet und sind dann rund um den Goldbergsee sowie an den Gräben in den Glender Wiesen zu erwarten. Ähnliches gilt für Schwarzkehlchen, wenngleich sie deutlich spärlicher verbreitet sind. Im fortgeschrittenen Frühjahr kommen in den Schilfflächen am Biotopsee Rohrweihe, Rohrschwirl, Teich- und Drosselrohrsänger hinzu. Mit viel Glück kann in der Dämmerungszeit zudem die Zwergdommel beobachtet werden, die unregelmäßig im Gebiet brütet und gelegentlich auch an den Schilfrändern der beiden Grundseen gesichtet wird. In den Glender Wiesen können in der Brutzeit Braunkehlchen, Bekassinen und Kiebitze angetroffen werden. Die Bestände vieler Wiesenbrüterarten sind hier inzwischen stark dezimiert, sodass etwa der Wachtelkönig kein Brutvogel mehr ist, wenngleich unregelmäßig noch einzelne Rufer registriert werden.

Am Biotopsee und auch am nördlichen Grundsee verbringen zahlreiche Gründelenten wie Schnatter- und Krickenten, darunter oft einzelne Löffel- und Knäkenten, das Sommerhalbjahr. Die ersten beiden Arten haben bereits im Gebiet gebrütet, für die beiden Letzteren bestand zumindest Brutverdacht. Ähnliches gilt für die Kolbenenten, die ebenfalls recht zuverlässig im Gebiet beobachtet werden können. Meist über das ganze Jahr hinweg sind Kanada-, Grau- und Nilgänse zahlreich vorhanden.

Neben der Brutzeit lohnen die Tage von Ende August bis Ende September oft ebenfalls einen Besuch. Im Spätsommer liegen in den meisten Jahren größere Schlammflächen und Sandbänke frei, sodass das Gebiet attraktiv für durchziehende Limikolen ist, zu denen sich gerne Grau- und Silberreiher sowie Weiß- und Schwarzstörche gesellen. In dieser Zeit sollten auch die Schilfränder genau nach Wasserrallen und Tüpfelsumpfhühnern abgesucht werden. Zwar bietet der Biotopsee generell das störungsfreieste und damit oft auch ergiebigste Beobachtungsareal, jedoch liegen in den späten Sommermonaten ebenfalls am nördlichen und südlichen Grundsee Schlickflächen frei, sodass auch an diesen Limikolen sowie Krick-, Knäk- und Löffelenten auftreten

Für Bekassinen sind die Glender Wiesen eines der wichtigsten Brutgebiete im nördlichen Bayern. Darüber hinaus rasten sie regelmäßig an den Uferrändern des Goldbergsees. Foto: T. Büttel. Goldbergsee, 17.9.2018.

Am östlichen Ufer des Biotopsees liegen oft große Schlammflächen und Sandbänke frei, die attraktiv für rastende Krickenten sowie Reiher- und Limikolenarten sind. Foto: T. Büttel. 17.9.2018.

können. Fischadler werden im Herbst, ebenso wie Rot- und Schwarzmilane regelmäßig über dem Goldbergseeareal gesichtet. Wanderfalken sind dagegen ganzjährige Nahrungsgäste im Gebiet und nehmen häufig die Strommasten am Biotopsee als Sitzwarten in Anspruch. In den vergangenen elf Jahren seit Fertigstellung des Goldbergsees wurden immer wieder spärliche Durchzügler wie Löffler und Kiebitzregenpfeifer und sogar die ein oder andere „echte" Seltenheit wie Sichler, Zwergscharbe und Weißbart-Grasmücke beobachtet, sodass ein genauer Blick durchaus lohnen kann.

Die offenen Wiesenflächen werden durch oft schilfbestandene Gräben durchzogen. An ihnen lässt sich beispielsweise eine der Charakterarten des Gebiets, das Blaukehlchen zuverlässig beobachten. Foto: T. Büttel. 4.7.2016.

Beobachtungsmöglichkeiten

Als ein wichtiges Naherholungsgebiet von Coburg führen zahlreiche Wege durch das Areal, die alle gut ausgeschildert sind. Sowohl nördlicher als auch südlicher Grundsee können umrundet werden, in der Regel genügt es jedoch, sich auf den als „Naturlehrpfad" gestalteten Rundweg um den Nordteil zu beschränken. Dieser beginnt am Südende des Parkplatzes (1) und führt zunächst nach Osten über eine Brücke (2), die einen guten Ausblick auf beide Grundseen bietet. Am gegenüberliegenden Ufer steigt das Terrain leicht an und kurz darauf folgt eine Gabelung am Waldrand, an der man sich für den Rundweg links hält. Wenn der Wasserstand im Spätsommer bzw. Frühherbst niedrig ist und breitere Schlickflächen an den Ufern zu erkennen sind, rasten auch einzelne Limikolen am südlichen Grundsee. Um diesen gut überblicken zu können, biegt man an erwähnter Gabelung rechts ab und folgt dem Weg bis zu einer Halbinsel (3).

Der Rundweg durchquert nun den Wald des Goldbergs, der vor allem häufigere Arten wie Mittelspecht und Kernbeißer beherbergt. Nach etwa 400 m von der Gabelung biegt der Pfad nach links ab und verläuft abwärts bis zu einer Beobachtungsplattform (4). Diese überblickt zum einen den nördlichen Grundsee und zum anderen den westlichen Teil des Biotopsees. Um das östliche Ufer einsehen zu können, empfiehlt es sich, dem Weg parallel zur Bahnlinie rechts bis zu einer kleinen Erhebung zu

Schwarzkehlchen sind spärliche, aber regelmäßige Brutvögel im Gebiet und können insbesondere im Bereich des Bahndamms erwartet werden. Foto: T. Büttel. Goldbergsee, 4.7.2016.

Braunkelchen lassen sich zur Brutzeit im Bereich der Glender Wiesen beobachten. Foto: T. Büttel. Mainaue Augsfeld, 22.4.2022.

folgen. Das nordöstliche Ufer ist kaum von Schilf bewachsen und wird von Limikolen gerne zur Rast genutzt. Ein Spektiv ist dabei unerlässlich.

Der kleine Rundweg („Naturlehrpfad“) knickt stattdessen an der Beobachtungsplattform nach links ab und verläuft für etwa 500 m unmittelbar entlang der schon erwähnten Bahnlinie. Linker Hand ist der nördliche Grundsee hervorragend zu sehen. Am Überlauf (5) des Biotopsees ist rechter Hand außerdem eine Flachwasserzone sichtbar, an der oft aus geringer Distanz rastende Enten, Limikolen und Eisvögel beobachtet werden können. Bei (6) entfernt sich der Pfad allmählich vom Ufer und biegt Richtung Südosten ab. In diesem Bereich werden häufig Schwarzkehlchen angetroffen. Auf den verbleibenden 600 m erlaubt der Rückweg zum Parkplatz nur noch gelegentlich Ausblicke auf den nördlichen Grundsee. Insgesamt hat die kleine Runde eine Länge von 2,2 km.

Für eine Erkundung der Glender Wiesen bietet sich der auf dem Parkplatz ausgeschilderte „Rundgang Naturschutzgebiet“ (Strecke: 5,3 km) an. Bis zur Beobachtungsplattform (4) verläuft dieser so wie bereits beschrieben. Hier biegt man jedoch rechts ab und folgt dem Weg bis zu einem Bahnübergang (7). Ein schmalerer Pfad führt nun in nördliche Richtung zwischen dem Randbereich des Biotopsees linker und dem Industriegebiet rechter Hand nach Glend. Am nördlichen Ortsrand des kleinen Dorfes verlässt die beschriebene Runde wieder die Straße und biegt hinter einer kleinen Brücke über den Ochsenwiesengraben nach links in einen Flurbereinigungsweg ab (8), der über weite Strecken parallel zum Graben in südöstliche Richtung verläuft. Entlang der folgenden 1,5 km bis zur T-Kreuzung (9) durchquert man zentrale Habitate der Glender Wiesen. Hier bestehen gute Chancen auf Bekassinen sowie auf Braun- und Blaukehlchen. Um zum Parkplatz zurückzukehren, geht man an dieser Stelle nach Süden weiter, bis kurz darauf der Coburger Stadtteil Beiersdorf erreicht wird. An der Hauptstraße (Rodacher Straße) biegt man links ab. Ein Fußweg entlang der Straße führt zum Ausgangspunkt, dem Parkplatz am Goldbergsee.

Thomas Büttel, Christopher König, Felix Weiß

Anfahrt

Mit Bahn und Bus

Coburg ist gut an das Bahnnetz angeschlossen. Um das Gebiet mit öffentlichen Verkehrsmitteln zu erreichen, bieten sich grundsätzlich zwei Möglichkeiten an: zum einen mit der Buslinie 5 von Coburg bis Beiersdorf, zum anderen über einen Fahrradweg vom engeren Stadtgebiet bis zum Goldbergsee.

Mit dem Auto

Der Parkplatz des Goldbergsees liegt unmittelbar östlich des Coburger Stadtteils Beiersdorf. Man verlässt die Autobahn A 73 an der Ausfahrt 7 „Coburg“ und fährt auf der zur Schnellstraße ausgebauten B 4 bis zur Abfahrt „Rodacher Straße“. Von hier ab folgt man der Beschilderung in Richtung Hildburghausen, um nach 2,1 km auf dieser Strecke den ausgeschilderten Parkplatz rechter Hand zu erreichen.

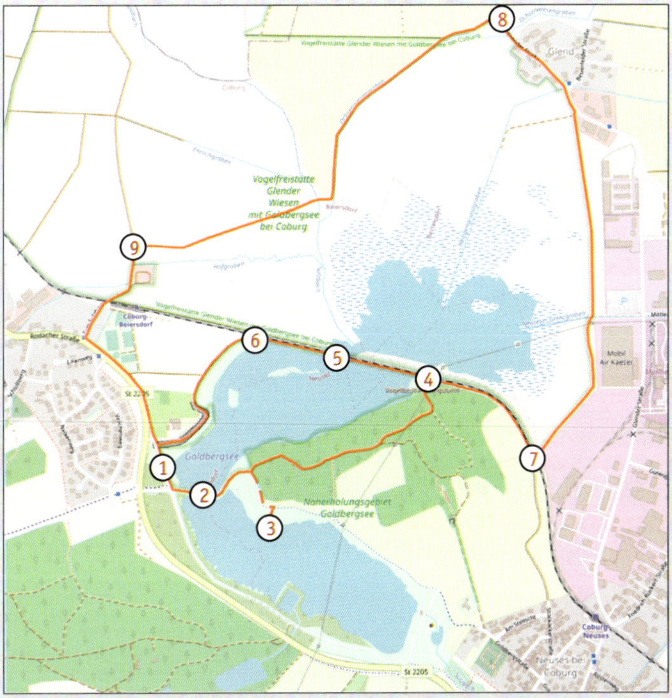

GPS		
Parkplatz (1)	50.281644	10.932547
Beobachtungsplattform (4)	50.284542	10.943428
Weg am Ochsenwiesengraben (8)	50.294392	10.946764

Die nährstoffreichen Böden des Steigerwaldvorlands, hier die Feldflur bei Grettstadt, werden vorwiegend landwirtschaftlich genutzt. Vielerorts werden die Äcker durch Hecken und kleine Wäldchen durchbrochen, diese Kontaktzonen sind Lebensraum für viele mittlerweile selten gewordene Vogelarten.
Foto: T. Büttel. 12.5.2016.

Das nördliche Steigerwaldvorland

Seltene Brutvogelarten in alter Kulturlandschaft

Die Region des Maindreiecks zwischen Schweinfurt und Würzburg im Nordosten Bayerns ist vor allem als Weinanbaugebiet bekannt. Die Kombination aus vergleichsweise warmem und trockenem Klima mit fruchtbaren Böden begünstigt jedoch eine breite Palette an Habitaten. Ornithologisch besonders interessant ist das nördliche Vorland des Steigerwalds, denn zwischen dem Main im Westen und dem dicht bewaldeten Mittelgebirge im Osten treffen viele verschiedene Lebensräume auf engem Raum zusammen. Nicht zuletzt deshalb kann die Region mit einigen Besonderheiten aufwarten: Dazu zählt die einzige süddeutsche Population des Ortolans sowie Brutvorkommen von Zwergdommel, Purpurreiher, Turteltaube, Halsbandschnäpper und Grauammer.

Als Steigerwaldvorland wird der im Mittel 15 km breite Übergangsbereich vom Maintal, das zwischen Schweinfurt und Ochsenfurt in nordsüdlicher Richtung verläuft, zum Steigerwald bezeichnet, einem bis knapp 500 m hohen Mittelgebirge. Das Gelände ist überwiegend flach bis leicht hügelig und weist nur eine geringe Reliefenergie auf. Der Anstieg zu den Höhen des Steigerwalds im Osten ist dann recht steil. Das Klima ist sehr ähnlich zum gesamten Bereich der Mainfränkischen Platten, die im Vergleich zu den umliegenden Landschaftszonen vergleichsweise trocken und warm sind. Das mag die hohe Zahl an bemerkenswerten Brutvogelarten in einigen Fällen begünstigen.

Geologisch dominieren Keuperschichten, stellenweise auch Löss und Flugsand. An den meisten Stellen sind die Böden nährstoffreich und eignen sich daher hervorragend für eine landwirtschaftliche Nutzung. Schon seit vielen Jahrhunderten wurde die Region aus diesem Grund als Kulturlandschaft geprägt. Bis heute wird nicht nur Getreide, sondern auch Gemüse in der Region angebaut. Der Wein dagegen spielt tatsächlich nur im Randbereich eine Rolle. Es wird angenommen, dass vor der menschlichen Nutzung das komplette Steigerwaldvorland bewaldet war, wenngleich der Urzustand nicht mehr rekonstruierbar ist. Von dieser ursprünglichen Bewaldung ist nur noch wenig zu sehen, in Form von kleineren Feldgehölzen und Hecken. Für viele Vogelarten der Kulturlandschaft bieten aber die Randbereiche von Wäldchen mit einer Mischung mehrerer kleiner Anbauflächen gute Lebensbedingungen. Dies gilt insbesondere für die Charakterart der Region, den Ortolan.

Offene Wasserflächen sind in der Gegend insgesamt selten und oft erst aus Menschenhand entstanden. In Mainnähe werden beispielsweise Sand- und Kiesgruben betrieben, aber auch der zur Fischzucht angelegte Hörnauer See mit den angrenzenden Weihern ist künstlicher Natur. Da viele dieser Gewässer über einen breiten Schilfgürtel verfügen, bieten sie trotz ihrer oft kleinen Fläche einer überraschend breiten Palette an Wasser- und Schilfvogelarten Nahrungs- und Brutgelegenheit.

Besonders der nördliche Teil des Steigerwaldvorlands, also der Bereich von Gerolzhofen bis Schweinfurt, zeichnet sich durch eine hohe Dichte an verschiedenen Lebensräumen aus. Auf diesen Abschnitt wird sich die Gebietsbeschreibung beschränken.

Besondere Vogelarten und Reisezeit

Das Gebiet ist primär zur Brutzeit interessant, lohnenswerte Rastgebiete für Zugvögel lassen sich am ehesten an den Gewässern ausmachen. Dazu zählen insbesondere die nahe gelegenen Garstadter Seen direkt im Maintal (FALKE 2016, H. 2).

Charakterart ist der Ortolan, der Ende April/Anfang Mai eintrifft und ab dann seine Reviere bezieht. Wo die landwirtschaftlich genutzte Fläche kleinteilig aufgebaut und ausreichend Nahrung vorhanden ist, kommt er an den Rändern der kleinflächigen Wälder und Hecken vor. Um die anspruchsvollen Lebensbedingungen für diese seltene Ammernart in der Region langfristig zu erhalten, wurden Artenhilfsprogramme mit den ortsansässigen Landwirten initiiert. Nach einer sehr starken Abnahme bis Anfang der 2000er-Jahre konnte dieser Trend vorläufig gestoppt werden, wobei die Zukunft der Art ungewiss bleibt. Die Maßnahmen für den Ortolan kommen auch den weiteren Arten der Kulturlandschaft wie Turteltaube, Wendehals, Neuntöter und Grauammer zugute. Aus den dichteren Büschen und Hecken ist des Weiteren häufig der Gesang der Nachtigall zu hören.

In etwa zur selben Zeit wie die Ortolane erreichen auch Halsbandschnäpper ihre Brutgebiete, die im Steigerwaldvorland in den typischen kleinen Wäldchen zu finden sind. Ansonsten sind dort häufige Arten wie Kernbeißer und Mittelspecht anzutreffen.

Wo sich die landwirtschaftliche Fläche weitet und nur durch wenige Strukturen unterbrochen ist, lohnt es sich, nach Greifvögeln Ausschau zu halten. In Mainfranken (und umliegenden Gebieten) befindet sich ein Schwerpunktvorkommen der Wiesenweihe. Das nördliche Steigerwaldvorland liegt etwas außerhalb dieser Zone, jedoch suchen regelmäßig einige dieser eleganten Vögel in der Gegend nach Nahrung.

Zwischen den Höhen des Steigerwalds und dem Maintal sind Wasserflächen nicht sehr häufig. Die wenigen bestehenden sind überwiegend menschlichen Ursprungs und üben eine sehr große Anziehungskraft auf die Vogelwelt aus. Die Teiche selbst bieten oft Rückzugsgebiete für brütende und mausernde Wasservögel. Tafel- und Reiher-, aber auch Kolbenenten ziehen hier beispielsweise ihre Jungen auf. Am Alten See bei Mönchstockheim ist zudem als Besonderheit der einzig regelmäßig besetzte Brutplatz des Schwarzhalstauchers in Unterfranken hervorzuheben. Schließlich suchen Schwarzmilane die Gewässer immer wieder zur Nahrungssuche auf.

Insbesondere die breiten Schilfgürtel sind für eine ganze Reihe seltener Arten attraktiv. Zwergdommeln können in den Sommermonaten gehört und seltener gesichtet werden. Purpurreiher brüteten noch vor wenigen Jahren an den nahe gelegenen Garstadter Seen mit mehreren Paaren. Inzwischen tritt diese Art nur mehr unregelmäßig als Brutvogel in der Region auf. Die besten Chancen bestehen am Alten und Neuen See bei Mönchstockheim. Seit knapp zwei Jahren halten sich Zwergscharben als große Besonderheit in der Region auf. Diese neue Brutvogelart hat erstmals 2022 an den Garstadter Seen erfolgreich Junge großgezogen. Gelegentlich suchen Einzeltiere von dort aus auch andere Gewässer der Umgebung auf, für den beschriebenen Bereich gilt dies insbesondere für den Neuen und Alten See. Rohrweihen, Drosselrohrsänger,

Nachtigallen gehören zu den regelmäßigen Brutvögeln im Steigerwaldvorland. Sie sind oft nur aus den dichten Büschen zu hören und kommen noch einige Kilometer vom Main entfernt vor. Foto: T. Büttel. Mainaue Augsfeld, 2.6.2016.

Rohrschwirl und Blaukehlchen sind regelmäßige Brutvögel und an mehreren Standorten anzutreffen.

Beobachtungsmöglichkeiten

Die folgenden vier Teilgebiete bieten einen guten Einblick in die Vogelwelt des nördlichen Steigerwaldvorlandes. Sie liegen alle in der Nähe der Kleinstadt Gerolzhofen, etwa 15 km südöstlich von Schweinfurt. Die Wegbeschreibung beginnt jeweils von der B 286 ab, die Gerolzhofen mit den nächstgelegenen Fernverkehrswegen (A 3, A 70) verbindet.

Die Feldflur zwischen Grettstadt und Sulzheim ist eines der verlässlichsten Gebiete, um dem Ortolan zu begegnen. Von der B 286 fährt man in Richtung Alitzheim ab und folgt dem Straßenverlauf nach Sulzheim. Dort biegt man links in Richtung Grettstadt ab. Ein Parkplatz (1) liegt etwa 1 km nördlich des Ortsausgangs auf der linken Seite. Von dort aus geht man etwa 700 m nach Westen bis zu einer langen Windschutzhecke, die in etwa parallel zur Straße verläuft. In dem verbuschten Gelände (2) kommen Turteltaube, Neuntöter und Wendehals vor. An dieser Stelle biegt man rechts ab und folgt einem Pfad entlang der Hecke in Richtung Norden. Nach 1,5 km wird eine T-Kreuzung erreicht (3). Hier und am gegenüberliegenden Waldrand bestehen gute Chancen auf den Ortolan. Normalerweise wird die recht unscheinbare Ammer über den Gesang wahrgenommen. Daher bietet sich ein Besuch in den Morgenstunden an, denn die Gesangsaktivität lässt bereits wenige Stunden nach Sonnenaufgang spürbar nach. Um den Fortbestand dieser seltenen Art zu wahren, ist es nötig, sich rücksichtsvoll im Gebiet zu verhalten und die Wege nicht zu verlassen. Im Wäldchen nordwestlich der beschriebenen T-Kreuzung singen gelegentlich Halsbandschnäpper. Die gesamte Strecke hin und zurück umfasst etwa 7 km.

Der Ortolan ist eine Charakterart des Steigerwaldvorlands. Trotz Schutzmaßnahmen sinken jedoch die Bestände der einzigen süddeutschen Population weiterhin, wenngleich nicht mehr so drastisch. Foto: T. Büttel. Feldfur Grettstadt, 12.5.2016.

Zwei kleine, aber lohnende Feuchtgebiete sind der Neue und der Alte See bei Mönchstockheim. Aufgrund der Verlegung einer Straße hat sich die Anfahrt kürzlich verändert. Zum Zeitpunkt der Veröffentlichung war noch nicht absehbar, welche Wege in Zukunft dauerhaft bestehen bleiben. Abweichungen zur Beschreibung sind daher möglich. Die B 286 verlässt man an der Ausfahrt Gerolzhofen-Nord und folgt der Beschilderung nach Mönchstockheim. Am südlichen Ortsrand beginnt dort eine Ortsumfahrung mit einem Kreisverkehr. Um am Neuen See zu beobachten, nimmt man von Süden kommend die erste Ausfahrt und biegt in der nächsten Straße nach rechts ab. Die „alte" Straße ist Stand Juni 2023 noch öffentlich befahrbar. Etwa 250 m südlich mündet links ein Weg in die Straße, hier kann

Typische Vogelarten im nördichen Steigerwaldvorland, deren Status und günstige Beobachtungszeit (in Klammern)
h = häufiger, r = regelmäßiger, s = seltener; B = Brutvogel, D = Durchzügler, W = Wintergast

Art	Status (beste Beobachtungszeit)
Kolbenente	sB (Mrz–Jul)
Zwergdommel	sB (Mai–Aug)
Purpurreiher	sB (Apr–Aug)
Rohrweihe	rB, rD (Apr–Sep)
Wiesenweihe	sN (Mai–Aug)
Schwarzmilan	rB (Mrz/Apr–Jul)
Turteltaube	sB (Mai–Aug)
Wendehals	rB (Apr–Aug)
Baumpieper	rB (Apr–Aug)

Art	Status (beste Beobachtungszeit)
Nachtigall	rB (Apr- Jul)
Blaukehlchen	rB (Apr–Jun)
Drosselrohrsänger	rB (Mai–Jul)
Rohrschwirl	sB (Mai–Jul)
Halsbandschnäpper	sB (Mai–Jun)
Neuntöter	rB (Mai–Aug)
Ortolan	rB (Mai–Jun)
Grauammer	rB (Apr–Jun)

das Auto abgestellt werden (4). Von dort folgt man diesem Weg für ein kurzes Stück in Richtung Süden (5) bis zu einer Lücke in der Vegetation, die einen Blick auf den Neuen See bietet. Auf der Wasserfläche halten sich gerne Kolbenenten und Schnatterenten auf. Mit Glück kann am Schilfrand eine Zwergdommel oder ein Purpurreiher erspäht werden. Schließlich sollten Drosselrohrsänger und Rohrschwirle zur richtigen Jahreszeit zu hören sein.

Für den Alten See nimmt man am Kreisverkehr bei Mönchstockheim die dritte Ausfahrt und biegt gleich darauf links in den Fahrradweg in Richtung Süden ein. Dieser Weg ist für Autoverkehr nicht zugänglich, das Auto kann in Mönchstockheim abgestellt werden. Dem Fahrradweg folgt man für circa 500 m nach Süden und biegt dann rechts auf einen Feldweg ab. Dieser führt zum Westufer des Alten Sees (6), der ebenfalls nur von dieser einen Stelle aus eingesehen werden kann. Grundsätzlich ist hier ein ähnliches Artenspektrum wie am Neuen See zu erwarten. Wie bereits erwähnt brütet hier jedoch zudem der Schwarzhalstaucher.

Das vierte Teilgebiet ist der sogenannte Hörnauer See. Er liegt westlich von Gerolzhofen. Dafür verlässt man die B 286 an der Abfahrt Gerolzhofen Nord und fährt ins Ortsinnere. Dort folgt man zunächst der Beschilderung in Richtung Volkach und biegt von der Staatsstraße kurz darauf nach rechts in Richtung Brünnstadt ab. Kurz darauf kommt ein kleiner Wegweiser zum „Auenhof" in Sicht. Dieser Wirtschaftsweg führt geradewegs zum Hörnauer See. Unmittelbar nach einer Brücke über einen Bach biegt man wiederum rechts ab, dieser Weg ist allerdings nur für Anlieger freigegeben. Bei einer Bank an der Nordostecke des Sees geben Infotafeln Auskunft zur Fischzucht und der heimischen Vogelwelt. Von dort ist der zentrale Weiher gut zu überblicken, auf dem eine breite Palette an Entenvögeln zu erwarten ist. Zu den Zugzeiten treten gelegentlich Vertreter der Sumpfseeschwalbenarten auf. Ist der Weiher im Winterhalbjahr abgelassen, nutzen ihn spät ziehende oder sogar überwinternde Limikolenarten wie Waldwasserläufer und Bekassine als Nahrungsgrund. Die beste Beobachtungszeit ist jedoch eindeutig das Frühjahr bzw. der Frühsommer. Dann sind aus den Röhrichten Zwergdommeln, Drosselrohrsänger, Rohrschwirle und Blaukehlchen zu hören. Des Weiteren brüten Kolben-, Reiher- und Tafelenten im Gebiet. Vom Parkplatz aus führt ein Rundweg durch das Gebiet, der sich im Süden jedoch vom eigentlichen Hörnauer See entfernt. Immer wieder bieten jedoch Stichwege gute Beobachtungsmöglichkeiten.

Thomas Büttel, Christopher König, Felix Weiß

Die Schilfgürtel der wenigen, aber artenreichen Kleingewässer im Steigerwaldvorland bieten Schilfbewohnern wie dem Blaukehlchen Lebensraum.
Foto: T. Büttel. Sandgrube Zapfendorf, 3.4.2022.

Nur am Westufer kann der Alte See bei Mönchstockheim eingesehen werden. Er ist der einzige regelmäßig besetzte Brutplatz des Schwarzhalstauchers in Unterfranken.
Foto: T. Büttel. 9.6.2016.

Anfahrt

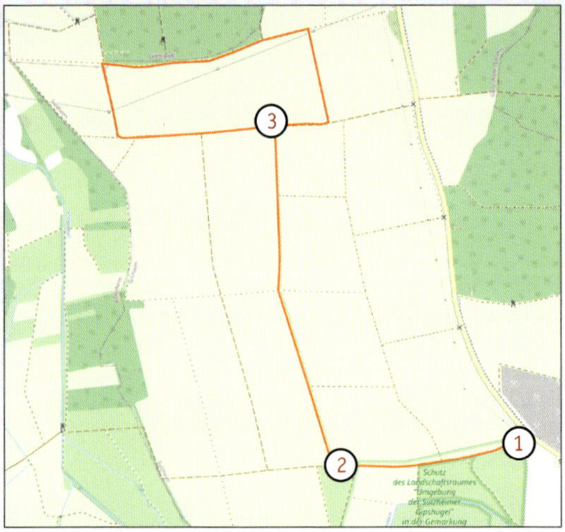

Mit Bahn und Bus

Gerolzhofen ist nicht mehr an das Bahnnetz angeschlossen, kann allerdings von Schweinfurt aus mit dem Bus erreicht werden. Die Linie 8160 ist zum Beispiel eine günstige Verbindung, sie hält auch in Sulzheim. Das nur leicht hügelige Terrain bietet sich gut zum Fahrradfahren an. Parallel zu den Straßenverbindung Gerolzhofen – Mönchstockheim, Sulzheim – Grettstadt verlaufen beispielsweise Fahrradwege.

Mit dem Auto

Die Kleinstadt Gerolzhofen liegt etwa 15 km südöstlich von Schweinfurt, um die herum die einzelnen Beobachtungsstellen gelegen sind. Am besten wird Gerolzhofen über die Bundesstraße B 286 erreicht, die es im Süden mit der A 3 (Anschlussstelle Wiesentheid) und im Norden mit der A 70 (Anschlussstelle Schweinfurt-Zentrum) verbindet. Die Wegbeschreibung zu den einzelnen Stellen gehen von der jeweiligen Abfahrt auf der Bundesstraße aus.

GPS		
Parkplatz Grettstadt (1)	49.955736	10.323202
T-Kreuzung Feldflur Grettstadt (3)	49.965879	10.310156
Parkplatz Neuer See (4)	49.929315	10.358988
Einblick Alter See (6)	49.927204	10.343394
Bank am Hörnauer See	49.913664	10.319756

Der Hörnauer See ist ein künstliches Gewässer. In der sonst gewässerarmen Gegend haben die Fischzuchtweiher eine fast magnetische Wirkung auf zahlreiche Wasservogelarten.

Foto: T. Büttel. 9.6.2016.

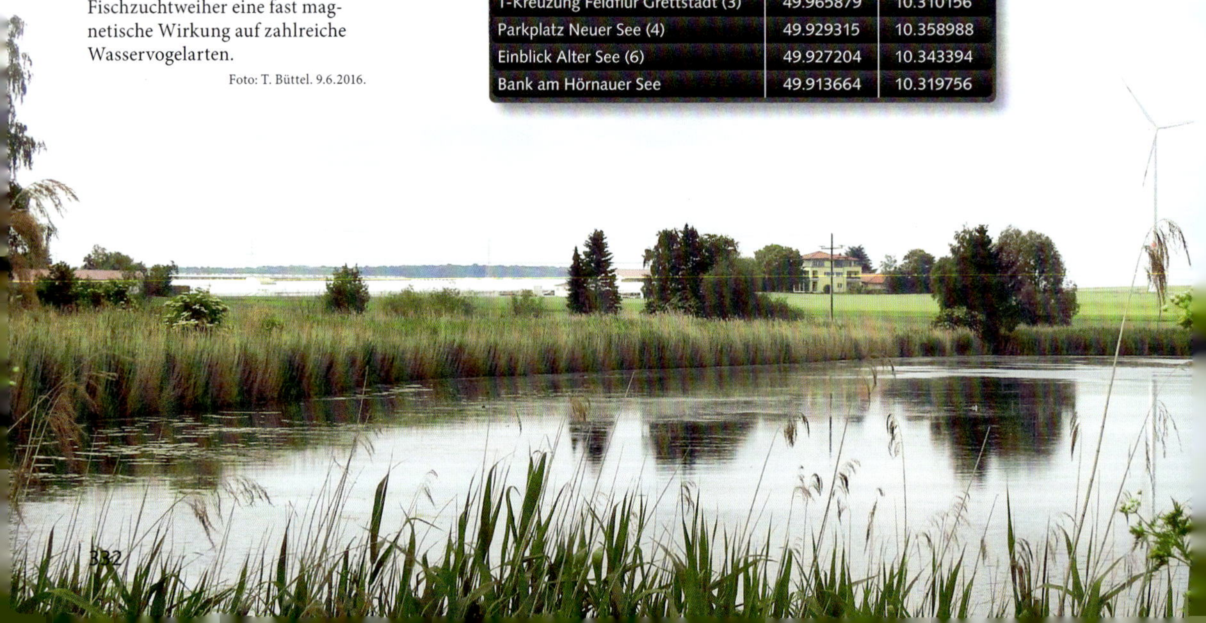

Die Mertinger Höll und das Umland sind flach und weitgehend offen. Das extensiv genutzte feuchte Grünland und insbesondere die verschiedenen Wiesenarten tragen zu guten Lebensbedingungen für Wiesenbrüter bei.
Foto: T. Büttel. Mertinger Höll, 17.4.2023.

Die Mertinger Höll

Rückzugsort für Wiesenbrüter im Donauried

Die Bestände vieler Wiesenbrüter sind in ganz Deutschland rückläufig. Die Gründe liegen unter anderem darin, dass geeignete Flächen oft nur klein und fragmentiert sind. Demgegenüber ist das Mertinger Ried ein großflächiger, etwa 1400 ha großer Wiesenbrüterlebensraum von kompaktem Zuschnitt. In dieser ehemaligen Niedermoorlandschaft unweit von Augsburg wird versucht, durch gezielte Maßnahmen charakteristische Moorrelikte wie ehemalige Torfstiche und Feuchtwiesen sowie die typischen Arten der Niedermoore zu erhalten. So soll Bekassinen, Großen Brachvögeln, Kiebitzen, Braun- und Schwarzkehlchen eine dauerhafte Zukunft ermöglicht werden. Die Mertinger Höll ist der Kernbereich des Projektgebiets „Mertinger Ried“, in dem diese Arten noch angetroffen werden können.

Die Mertinger Höll liegt etwa 40 km nördlich von Augsburg im Osten des Donaurieds, einer Riedlandschaft, die sich entlang des Flusses von Ulm bis Donauwörth erstreckt. Aufgrund von Grundwasserstauungen vor etwa 5000 Jahren bildeten sich im Mertinger Ried großflächig Niedermoore. Als ab dem 19. bis Mitte des vergangenen Jahrhunderts zunehmend Torf abgebaut wurde, Entwässerungsgräben angelegt und die Flussläufe begradigt wurden, führte das zum Verschwinden großer Teile der Moorlandschaft. Die Mertinger Höll ist ein Relikt aus dieser Zeit, das erstmals in den 1960er-Jahren vom Tierschutzverein Augsburg und in den 1980er-Jahren von einer Stiftung langfristig gepachtet und so bewahrt werden konnte. Der sonderbare Name rührt vermutlich zum einen von den Bauern her, die bei hohen Temperaturen, wenig Schatten und feuchtem Gelände Torf gestochen haben und das Gebiet aufgrund der unwirtlichen Bedingungen „Hölle“ nannten. Zum anderen meint „Höll“ aber auch ein niedrig gelegenes und dadurch meist sehr feuchtes Areal. Eine Beschreibung, die auf die Mertinger Höll ebenfalls gut zutrifft.

1984 wurde die Kernfläche unter Naturschutz gestellt. Seitdem werden kontinuierlich Maßnahmen betrieben, um das Gebiet zu erhalten bzw. den Zustand der einzelnen Lebensräume für die Tier- und Pflanzenwelt zu optimieren. Heute beherbergt das Areal eine hohe Dichte an verschiedenen Lebensräumen, die zum Teil erst in der Nachnutzung der ehemaligen Moorflächen entstanden sind. Von besonderem Interesse sind aus ornithologischer Sicht neben dem Niedermoor Feuchtwiesen und sogenannte Streuwiesen, die durch eine jährliche Herbstmahd der Seggen und Röhrichte entstanden sind. Durch die späte Mahd eignen sich diese Wiesentypen für verschiedene Wiesenbrüterarten. Allerdings müssen insbesondere die Streuwiesen durch Menschenhand erhalten werden, da sie anderenfalls wieder verbuschen und so ihren besonderen Wert verlieren würden. Im Kernbereich der Mertinger Höll finden sich als Rest der Torfstiche nasse Senken, teilweise auch angelegte Kleingewässer, die etwa für die Bekassine von großer Bedeutung sind. In den Randbereichen haben sich entlang von Gräben Hecken erhalten, die Neuntötern und selten auch Nachtigallen Rückzugsorte bieten.

Der Kiebitz gehört zu den Charakterarten des Gebiets. Er brütet sowohl in der Kernzone als auch auf den umliegenden Feldern und Grünländern.

Foto: T. Büttel. Neusiedler See, 23.5.2016.

Im Umfeld der Höll kaufen Naturschutzverbände seit Jahrzehnten Flächen an und unterstützen so die Vernetzung von Biotopen. Vor allen Dingen aber werden auf diesen Flächen die Lebensbedingungen für die störungsanfälligen Wiesenbrüterarten fortlaufend verbessert. Eine weitere Rolle spielt die nachhaltige Moorrenaturierung, um diesen alten Lebensraumtyp im Donauried zu erhalten. Das Mertinger Ried ist Natura 2000-Gebiet, vollständig als Vogelschutz- und etwa zur Hälfte als FFH-Gebiet geschützt. Für den gesamten Bereich gilt eine Schutzgebietsverordnung. In Teilbereichen sind Wegebeschränkungen in Vorbereitung.

Besondere Vogelarten und Reisezeit

In den abwechslungsreichen Grünländern der ehemaligen Moorfläche und im Kernbereich, in der Mertinger Höll, konnten sich einige Wiesenbrüterarten halten, wenngleich auf niedrigem Niveau. In der Zentralfläche der Mertinger Höll sind gelegentlich Wachteln zu hören. An den Flachwassermulden balzen nach wie vor einzelne Bekassinen. Die artenreichen Wiesen in der Höll und darüber hinaus sind Heimat von Kiebitz und Großem Brachvogel, zwei Charakterarten des Donaurieds. Wo die Wiesenflächen strukturreich und mit Hecken und Büschen durchsetzt

Typische Vogelarten in der Mertinger Höll, deren Status und günstige Beobachtungszeit (in Klammern)
h = häufiger, r = regelmäßiger, s = seltener; B = Brutvogel, D = Durchzügler, W = Wintergast

Art	Status (beste Beobachtungszeit)	Art	Status (beste Beobachtungszeit)
Wachtel	sB (Mai–Jul.)	Sumpfohreule	sW (Nov.–Mrz.)
Rotmilan	rN (Mrz.–Jun.)	Feldlerche	rB (Feb.–Mai)
Schwarzmilan	rD, rN (Apr./Mai, Aug.)	Baumpieper	rB (Apr.–Jul.)
Rohrweihe	sB, rN (Apr.–Aug.)	Blaukehlchen	sB (Apr.–Jun.)
Kornweihe	rD, rW (Nov.–Apr.)	Braunkehlchen	sB (Apr.–Jun.)
Wanderfalke	sN (Apr.–Jun.)	Schwarzkehlchen	sB (Mrz.–Jun.)
Kiebitz	sB (Mrz.–Mai)	Neuntöter	sB (Mai–Jul.)
Großer Brachvogel	sB (Mrz.–Mai)	Raubwürger	rW (Dez.–Mrz.)
Bekassine	sB (Mrz.–Mai)	Saatkrähe	rN (Jan.–Mai)

Der Große Brachvogel ist ein seltener Brutvogel im Donauried. In der Mertinger Höll sind seine weittragenden Rufe noch regelmäßig zu hören. Um diese Art in der Region zu erhalten, werden gezielt für Wiesenbrüter angelegte Pflegemaßnahmen durchgeführt. Foto: T. Büttel. Neusiedler See, 26.5.2016.

sind, kommen weiterhin Braun- und Schwarzkehlchen sowie Neuntöter vor. Die Röhricht- und Seggenbestände beherbergen einzelne Blaukehlchen. Gelegentlich sind von dort auch Schilf- und Drosselrohrsänger zu hören. Immer wieder patrouillieren Greifvögel über der Offenfläche, darunter regelmäßig Rohrweihen sowie Rot- und Schwarzmilane, seltener auch Wiesenweihen.

Um die Brutvogelwelt der Mertinger Höll erleben zu können, bietet sich ein Besuch ab Mitte März an, wenn die ersten Wiesenlimikolen im Gebiet eintreffen. Gegebenenfalls nutzen dann auch Kraniche das Gebiet zur Rast. An den flachen Tümpeln und überfluteten Wiesen sind weitere Limikolenarten wie Kampfläufer und Goldregenpfeifer zu erwarten. Ab Mitte/Ende April treffen dann die meisten anderen Arten in ihren Brutgebieten ein, wie etwa Blau- und Braunkehlchen. Während der Zugzeit rasten Singvögel wie Gartenrotschwänze und Laubsänger in den zahlreichen Hecken und Büschen.

Im Winter wird es ruhiger in der Mertinger Höll. Kornweihen und Raubwürger wachen dann über der Offenfläche. Des Weiteren kommen fast ganzjährig immer wieder Saatkrähen und Weißstörche zur Nahrungssuche in das Gebiet bzw. auf die umliegenden Felder und Wiesen.

Beobachtungsmöglichkeiten

Vom Parkplatz an der alten Bahnlinie aus (1) startet eine etwa 6 km lange Runde um und durch die Mertinger Höll. Der am Parkplatz gelegene Aussichtsturm lohnt kaum den Aufstieg, da sich die Sicht nur minimal weitet. Zwischen 15. März und 30. Juni dürfen die Wege zum Schutz der Wiesenbrüter nicht verlassen werden.

Die Mertinger Höll zeichnet sich durch verschiedene Lebensraumtypen aus. Grünes Offenland mit feuchten Senken wechselt sich mit Hecken und anderen Wiesentypen ab. Foto: T. Büttel. 17.4.2023.

Vom östlichen Randbereich der Mertinger Höll aus gibt es nur wenige Einblicke in die Kernfläche. Oft versperren Hecken oder Schilf die Sicht auf die überschwemmten Flächen.
Foto: T. Büttel. 17.4.2023.

Vom Turm aus geht der Weg zunächst für gut 1 km in nördlicher Richtung, bis er sich gabelt (2). Man geht in nordwestlicher Richtung weiter und kommt bald darauf zum Rand der Mertinger Höll, die hier durch Gehölze begrenzt wird, die die Sicht auf die interessanten Flächen dahinter leider versperren. In der Ackerlandschaft kommen Feldlerche und Wiesenschafstelze vor. Rotmilane, Weißstörche und Saatkrähen suchen die Felder zur Nahrungssuche auf. Nach weiteren 900 m kommt man zu einer Kreuzung (3). Man biegt links ab und kann über einen Stichweg die Mertinger Höll durchqueren. Alle anderen Wege in die Kernfläche dürfen nicht betreten werden.

Auf den folgenden 1,3 km kann ein Einblick in die unterschiedlichen Lebensraumtypen gewonnen werden. Hier kommen Bekassine, Kiebitz, Großer Brachvogel, Braun-, Schwarz- und Blaukehlchen sowie Neuntöter vor. Zur Brutzeit vom 15. März bis 30. Juni ist zum Schutz dieser Arten auf ein besonders rücksichtsvolles Verhalten in diesem Bereich zu achten. Am Ende biegt der Weg scharf nach links ab und mündet in eine T-Kreuzung. Von hier ist ein kurzer Abstecher (ca. 200 m) nach Westen empfehlenswert. Nachdem der Weg eine Baumreihe durchquert hat (4) werden interessante Grünflächen sichtbar, auf denen regelmäßig Große Brachvögel und Kiebitze beobachtet werden. Auch

Die Hecken entlang der feuchten Gräben und Büsche in der Offenfläche sind wertvolle Lebensräume für verschiedene Singvogelarten, wie zum Beispiel den Neuntöter.
Foto: T. Büttel. Gungolding, 26.5.2018.

nach Greifvögeln Ausschau zu halten lohnt sich an dieser Stelle. Die weite Offenfläche bietet Kornweihen sowie Rot- und Schwarzmilanen gute Jagdbedingungen.

Von (4) aus geht es zurück entlang der Mertinger Höll. Auf der Westseite versperren weniger Büsche, Hecken und Bäume die Sicht und es bieten sich so bessere Einblicke in das Naturschutzgebiet. Nach insgesamt 1,3 km verlässt man den Weg nach links und geht in südöstlicher Richtung weiter bis zu einer Kreuzung. Hier biegt man rechts ab und erreicht kurz darauf wieder den Parkplatz.

Es ist auch eine größere Runde um das ganze Gebiet möglich, die allerdings weniger lohnend ist. Von (3) aus folgt man dem Weg weiter in nördlicher Richtung. Weiterhin versperren jedoch Bäume den Blick auf die Mertinger Höll. Nach circa 1 km wird die Straße erreicht, wo man links abbiegt. Da es keinen parallel verlaufenden Fahrradweg gibt, muss man 700 m entlang der Straße gehen, bis ein Weg nach Süden abzweigt (5). An dieser Stelle geben auch Informationstafeln Auskunft über die Vogelwelt der Mertinger Höll. Das folgende Wegstück bis (4) ist für die Vogelbeobachtung wieder vielversprechender. Die Wiesen links und rechts des Weges sind für Kiebitz und Feldlerche sowie im südlichen Bereich für Große Brachvögel interessant. Die große Runde um die Mertinger Höll hat ohne den Stichweg durch das Naturschutzgebiet zwischen (3) und (4) eine Länge von insgesamt 8 km.

Blick in die Umgebung

Etwa 25 km östlich der Mertinger Höll befindet sich die Staustufe Bertoldsheim, die ganzjährig einen Besuch wert ist

Thomas Büttel, Christopher König

Infomaterial/Literatur

Wir danken Günter Riegel und Toni Burnhauser für die Durchsicht und Ergänzungen des Artikels.

Anfahrt

Mit Bahn und Bus

Mertingen verfügt über einen Bahnhof, der regelmäßig von Donauwörth (im Norden) und Augsburg (im Süden) angefahren wird. Das flache Terrain und die breiten Wege um die Mertinger Höll bieten sich zum Fahrradfahren an.

Mit dem Auto

Zwischen Augsburg und Donauwörth ist die B 2 autobahnartig ausgebaut. Man verlässt die Schnellstraße an der Abfahrt Mertingen. Im Anschluss folgt man der Beschilderung nach Mertingen und bleibt auf der Umgehungsstraße in Richtung Wertingen. Unmittelbar nach der letzten Zugangsstraße nach Mertingen biegt man rechts in den nächsten Weg ab und erreicht nach 400 m² den Parkplatz an der alten Bahnstrecke.

GPS		
Parkplatz Alte Bahnstrecke (1)	48.650688	10.786094
Östliches Ende des Stichwegs (3)	48.663698	10.770599
Baumreihe (4)	48.659129	10.754130
Infotafeln am Nordwestrand des Gebiets (5)	48.669640	10.752191

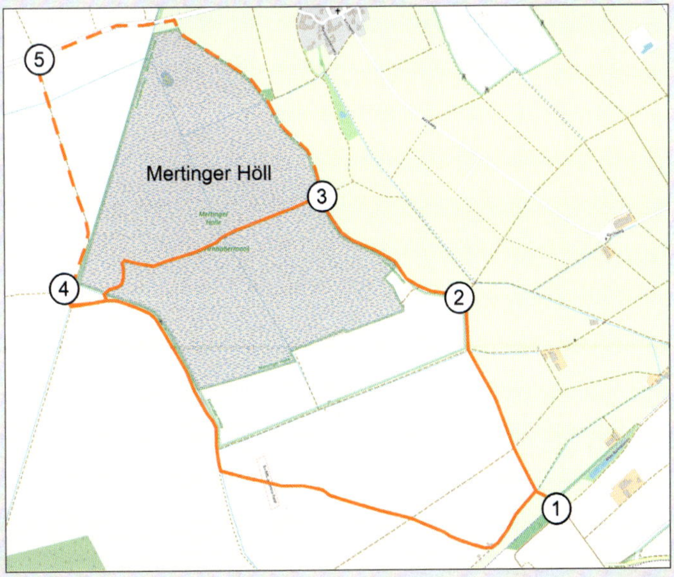

Der Flachweiher weist im Vergleich zu den Dutzendteichen mehr Vegetation am Ufer auf und ist deshalb weniger störungsanfällig. Schwarzhalstaucher und Schellenten haben hier schon gebrütet.

Foto: T. Büttel 15.5.2021

Der Großraum Nürnberg in Bayern

Kiebitze, Kolbenenten und viele Kiefern

Längst ist in der Welt der Vogelbeobachtung angekommen, dass Städte mehr sind als Betonwüsten und gerade die intensive menschliche Prägung zu einer Vielzahl an verschiedenen Lebensräumen auf engem Raum führen kann. Während das heutige Stadtgebiet Nürnbergs ursprünglich durch einen sandigen Kiefernmischwald geprägt war, sind durch menschliche Nutzung dauerhafte Offenflächen, künstliche Gewässer und Kulturlandschaft entstanden, in denen Rebhühner, Schwarzhalstaucher und Heidelerchen vorkommen. Die zweitgrößte Stadt Bayerns bietet somit attraktive Möglichkeiten zum „Urban Birding".

Nürnberg bildet zusammen mit Fürth, Erlangen, Zirndorf und weiteren Orten einen Agglomerationsraum mit mehr als einer Million Einwohnern. Das starke Wachstum der Region hat lange Tradition, so zählte Nürnberg schon im Mittelalter zu einer der bedeutendsten Städte des Heiligen Römischen Reiches Deutscher Nation. Dies war bedingt durch die günstige Lage am Knotenpunkt schon damals wichtiger Fernwege. Nürnberg behält diese Rolle auch heute noch, wie sich leicht am Schienen- und Straßennetz erkennen lässt. Ein entscheidender Entwicklungsschritt war die Erhebung zur freien Reichsstadt 1219 durch Friedrich II., dadurch konnte die Stadt ihre Geschicke weitgehend selbst in die Hand nehmen. Die beiden großen Waldgebiete, Sebalder und Lorenzer Reichswald, die heute den Großraum wie ein Halbring von Osten her umschließen, mussten in der Folge immer mehr zurückweichen, um Baumaterial und Raum für die rasche Stadtentwicklung zu liefern.

Schon 1386 musste aufgrund der Übernutzung bereits zum ersten Mal im großen Stil aufgeforstet werden. Ein Schicksal, das sich noch mehrfach wiederholen sollte. Auf den überwiegend sandigen Böden wuchs ursprünglich ein Mischwald aus Kiefern, Eichen und Birken. Im Laufe der Zeit wurde die Kiefer aufgrund ihrer forstwirtschaftlichen Bedeutung die weithin dominante Baumart. Dadurch gewann der Reichswald sein heute typisches, wenig abwechslungsreiches Aussehen als „Steggalaswald", denn die langen, geraden Kiefernstämme, die sich erst weit oben zur Baumkrone verzweigen, ähneln geraden Stecken, die parallel nebeneinanderstehen.

Das Stadtgebiet liegt im Nürnberger Becken, in dem sich zwei Flüsse im Stadtgebiet vereinigen: Von Nordosten kommt die Pegnitz, auf die von Süden her die Rednitz trifft. Als Regnitz fließen sie nach Norden, bis sie bei Bamberg in den Main münden. Gerade am nördlichen Stadtrand im Dreieck zwischen Nürnberg, Fürth und Erlangen entstand durch mitgeschwemmte Sedimente ein fruchtbares Gebiet, das sogenannte „Knoblauchsland". Der Gemüseanbau hat, wie der Name schon andeutet, hier eine lange Tradition.

Trotz des hohen Grads an Verstädterung haben sich einige naturnahe Zonen im Ballungsgebiet erhalten. So stehen knapp 18 % der Gesamtfläche derzeit unter Schutz. Die städtische Entwicklung prägt das Bild der Region schon seit Hunderten von Jahren und hat zum Entstehen und Verschwinden verschiedener Lebensräume geführt. Die für die sandigen Böden typischen Sandmagerrasen und Offenflächen sind inzwischen weitgehend verschwunden. Erhalten konnten sie sich vor allem auf Flächen, die zuvor militärisch genutzt worden waren. Das gilt etwa für das Naturschutzgebiet Hainberg, einen ehemaligen Truppenübungsplatz. Hier wechseln sich Ginsterheide, Sandmagerrasen und offene Hutewälder ab. Durch bewusstes Management sollen die wertvollen Habitate erhalten bleiben. Ähnlich ist die Situation im Tennenloher Forst bei Erlangen.

Kaum so deutlich wie im städtischen Kontext zeigt sich jedoch, dass durch menschliche Gestaltung nicht nur Lebensräume verschwinden, sondern auch neue entstehen. Dies gilt hauptsächlich für die Anlage von künstlichen Wasserflächen und Parks zur Naherholung. Der gezielt angelegte Dutzendteich und die benachbarten Weiher am Messegelände im Süden Nürnbergs reichen beispielsweise bis in das Spätmittelalter zurück und waren schon im 17. Jahrhundert ein beliebtes Ausflugsziel. Besonderes Interesse an dem Areal zeigte jedoch auch das NS-Regime, das in direkter Nachbarschaft das Reichsparteitaggelände errichtete. Ein Dokumentationszentrum informiert über diese Zeit und die Nutzung des Areals. Heute dient das Gebiet, wie vor 1933, wieder der Naherholung.

Insbesondere die Kolbenenten-Männchen sind durch ihr kontrastreiches Gefieder und den roten Schnabel leicht zu erkennen. Auf den Teichen der Nürnberger Parks sind sie regelmäßige Gäste und auch Brutvögel.

Foto: T. Büttel. Kleiner Dutzendteich, 15.5.2024.

Besondere Vogelarten und Reisezeit

Die vielfältigen Habitate, die im Großraum Nürnberg zusammenstoßen, bieten zahlreichen Vogelarten gute Lebensbedingungen. Am interessantesten sind die meisten Gebiete zur Brutzeit ab Anfang April bis Juli. In den Parks sind neben den Allerweltsarten zudem Mittelspechte, Kernbeißer sowie im Tiergarten und im Luitpoldhain auch Trauerschnäpper vertreten. Die künstlichen Gewässer ziehen eine Reihe weiterer Vögel an. Mittelmeermöwen und Kolbenenten sind ganzjährig anzutreffen. Sowohl Schellenten als auch Schwarzhalstaucher können regelmäßig im Parkgelände beobachtet werden und schreiten immer wieder zu (nicht immer erfolgreichen) Brutversuchen. Im Winterhalbjahr und zu den Zugzeiten gesellen sich schließlich weitere Wasservogelarten wie Löffel-, Krick- und Pfeifenten dazu.

Das stark landwirtschaftlich geprägte Knoblauchsland ist dagegen für Charakterarten der Kulturlandschaft ein wichtiger Rückzugsort. Trotz der durch die Nutzung entstehenden Störungen gehören Rebhühner, Kiebitze und Feldlerchen noch zu den regelmäßigen Brutvögeln, wenngleich mit teilweise stark sinkenden Beständen. An den schilfgesäumten Gräben singen im Frühjahr Blaukehlchen.

Im Naturschutzgebiet Hainberg und in anderen geschützten Bereichen, an denen sandige Offenflächen gepflegt und erhalten werden, ist noch der melancholische Gesang der Heidelerchen zu hören. Auf den Ginsterheiden halten Neuntöter nach Beute Ausschau. In den aufgelockerten Wäldern finden Pirole, Kuckucke, Wendehälse, Baumpieper und Gartenrotschwänze gute Lebensbedingungen. Grün-, Schwarz-, Klein- und auch Grauspechte kommen ebenfalls in unterschiedlich hoher Dichte vor. Eine einstige Charakterart, der Ziegenmelker, ist in vielen Bereichen des Reichswalds nur noch unregelmäßiger Brutvogel. Die einzige, wirklich verlässliche Stelle ist der Tennenloher Forst. Zu den Zugzeiten nutzen Singvögel wie Waldlaubsänger, Braunkehlchen und Steinschmätzer die kleinen Wäldchen bzw. letztere Büsche und kurzrasige Flächen zur Rast.

Immer wieder sollte man auch einen Blick in den Himmel werfen. Schon seit Jahren brüten Wanderfalken in Nürnberg und suchen die umliegende Region zur Nahrungssuche auf. Ein traditioneller Brutplatz im Innenstadtbereich ist die Kaiserburg, wo das Brutgeschäft auch live per Webcam verfolgt werden

Typische Vogelarten des Großraums Nürnberg, deren Status und günstige Beobachtungszeit (in Klammern)
h = häufiger, r = regelmäßiger, s = seltener; B = Brutvogel, D = Durchzügler, W = Wintergast

Art	Status (beste Beobachtungszeit)
Rebhun	rB (Mrz–Mai)
Kolbenente	rB, rN (Mrz–Jul)
Schellente	sB, rN (Mrz–Jun)
Schwarzhalstaucher	sB (Mrz–Jun)
Wanderfalke	rB (Apr–Sep)
Kiebitz	rB (Mrz–Mai)
Zwergschnepfe	rD (Mrz/Apr, Okt)

Art	Status (beste Beobachtungszeit)
Wendehals	rB (Apr–Aug)
Baumpieper	rB (Apr–Aug)
Pirol	rB (Apr–Jul)
Blaukehlchen	sB (Apr–Jun)
Heidelerche	rB (Mrz–Mai)
Gartenrotschwanz	sB (Apr–Jun)
Neuntöter	rB (Mai–Aug)

Kurzrasige Flächen, Hecken und Waldflächen wechseln sich im Hainberg-Areal ab und bieten Heidelerchen, Neuntötern und Pirolen gute Lebensbedingungen.

Foto: T. Büttel. Hainberg, 15.5.2024.

kann (www.lebensraum-burg.de/Wanderfalke/Webcam).

Die Bedeutung Nürnbergs als internationaler Verkehrsknotenpunkt gilt nicht nur für menschliche Reisen, sondern genauso für die Wanderbewegungen der Zugvögel. Mangels geeigneter Rastflächen ziehen viele Vögel zwar meist ungesehen über die Stadt hinweg, aber ein unscheinbares Rückhaltebecken im Knoblauchsland zeigt das „eigentliche" Potenzial auf. Dort rasten zu den Zugzeiten für die Größe des Gewässers oft erstaunlich viele Limikolen und Rallen. So können alljährlich im Herbst mit etwas Geduld Zwergschnepfen entdeckt werden. Unter die häufigen Arten haben sich in der Vergangenheit bereits Seltenheiten wie Graubrust-Strandläufer und Kleines Sumpfhuhn gemischt.

Der Kiebitz ist eine Charakterart des Knoblauchslands; er ist aber vielen Störungen im Ballungsraum ausgesetzt, sodass längst nicht jeder Brutversuch erfolgreich ist.

Foto: T. Büttel. Rückehaltebecken Sack, 15.5.2024,

Beobachtungsmöglichkeiten

Der Großraum Nürnberg bietet zahlreiche Möglichkeiten zur Vogelbeobachtung. Die Auswahl möchte einen Einblick in die verschiedenen Lebensraumtypen geben, um die meisten Arten zu Gesicht bekommen zu können. Die jeweilige Anfahrt wird aus praktischen Gründen einzeln beschrieben und erfolgt mit besonderem Fokus auf öffentliche Verkehrsmittel.

Volkspark Dutzendteich

Schon seit dem 17. Jahrhundert wird der Volkspark zur Naherholung genutzt. Der weitläufige Park kann von verschiedenen Seiten aus erreicht werden. Für die Anfahrt bieten sich die Haltestelle Doku-Zentrum der Tram 8 an (1) sowie die U-Bahn-Station Bauernfeindstraße (2). Hier liegt auch ein direkt an der B 8 gelegener P+R-Parkplatz.

Von besonderem Interesse ist der Flachweiher, der im Gegensatz zu den anderen Gewässern über verschilfte Ufer verfügt und deshalb von den Schwarzhalstauchern bevorzugt wird. Auch Schellenten haben hier gebrütet, sind jedoch nicht im selben Maß an den Flachweiher gebunden. Der letzte erfolgreiche Brutversuch dieser Art gelang 2021, seitdem bleiben Altvögel aber noch stete Gäste bis weit in den Sommer hinein. Teichrohrsänger singen für gewöhnlich aus den Schilfflächen. Von den Wegen um den Weiher sind immer wieder gute Einblicke möglich, vor allem bei (3). Auch auf dem Kleinen Dutzendteich sind schöne Beobachtungen möglich. Hier sammeln sich normalerweise viele Wasservögel wie Kolben-, Tafel-, Reiher- und Schnatterenten. Bei etwas mehr Zeit kann man auch einen Abstecher zum Großen Dutzendteich (4) machen, der in der Regel eine ähnliche Artenauswahl bietet. Im Park rund um die Weiher kommen häufige Gartenvögel vor, darunter Mittelspechte und Grauschnäpper.

Naturschutzgebiet Hainberg

Der ehemalige Truppenübungsplatz beherbergt die größte Sandmagerwiesenfläche im nördlichen Bayern. Aufgrund seiner hohen Bedeutung für auf sandige Offenflächen spezialisierte Tierarten dürfen in der sogenannten Brutschutzzone vom 1. April bis 30. Juni die Wege nicht verlassen werden, in der Kernzone im Südosten des Areals gilt das sogar ganzjährig. Im Naturschutzgebiet wird versucht, die klassischen Hutewälder zu pflegen und so eine ursprünglichere Landschaftsform zu erhalten, die im Laufe der rasanten Stadtentwicklung immer mehr verschwunden ist. Insbesondere im Süden findet sich ein kiefernreicher Wald, während die anderen Gebietsteile deutlich offener und allenfalls von Büschen durchsetzt sind.

Es empfiehlt sich, von einem der Eingänge ins Zentrum des Gebiets zu laufen und dort eine Runde um den Hainbergweiher zu drehen. Diese Route kann ganzjährig begangen werden. An den Kontaktzonen zwischen Wald und

Offenfläche sowie an einzeln stehenden Kiefern bestehen Chancen auf singende Heidelerchen und Baumpieper. Pirole sind vor allem südlich des kleinen Hainbergweihers in der Mitte des Areals häufig anzutreffen. Wendehälse kommen verteilt auf das ganze Gebiet vor, das gleiche gilt für Neuntöter.

Günstig gelegene Zugänge sind zum einen der Osteingang (5): Dafür wählt man von der Innenstadt aus entweder die U 1 oder die U 2 bis zur Haltestelle Nürnberg-Röthenbach. Dort wechselt man in die Buslinie 67 bis zur Haltestelle Nürnberg-Bibertstraße. Ein Fußweg führt in südöstlicher Richtung am Schulgelände vorbei bis zum Neumühlweg. Der Osteingang befindet sich circa 150 m weiter rechts. Alternativ kann man auch die Buslinie 69 bis zur Haltestelle Nürnberg-Hügelstraße nehmen. Von dort folgt man der Gebersdorfer Straße, bis der bereits erwähnte Neumühlweg abzweigt. Auf dieser Straße erreicht man den Eingang nach circa 350 m.

Auch der Südeingang (6) lässt sich relativ leicht erreichen. Er liegt direkt an einer scharfen Linkskurve zwischen Stein und Unterasbach. Es bestehen in geringem Maß am Straßenrand Parkmöglichkeiten. Mit öffentlichen Verkehrsmitteln nimmt man am besten die S 4 vom Hauptbahnhof Nürnberg aus. Vom Bahnhof von Unterasbach (7) geht man etwa 1 km auf der Steiner Straße in Richtung Osten bis zum Eingang.

Rückhaltebecken bei Sack

Das kleine Rückhaltebecken direkt am Ortsausgang des Fürther Stadtteils Sack wirkt unscheinbar, ist aber immer wieder einen Blick wert. Oft sind Sandbänke zu erkennen, an denen sich zu den Zugzeiten Limikolen einfinden. Flussregenpfeifer und Kiebitz gehören zu den häufigsten Gästen; letzterer brütet auch im umliegenden Knoblauchsland. Neben den häufigen Arten lohnt es sich, insbesondere im Spätherbst die Übergangszone zum Schilf genau abzusuchen. Jedes Jahr werden Zwergschnepfen nachgewiesen. Wasserralle und Tüpfelsumpfhuhn zählen ebenfalls zu den regelmäßigen Gästen. Aus dem Schilf singen Teichrohrsänger und Blaukehlchen, in manchen Jahren auch Drossel- und Schilfrohrsänger. Mit viel Glück können auf den nahe gelegenen Feldern zudem Rebhühner gesichtet werden.

Sowohl von Westen als auch von Osten kann das Rückhaltebecken gut eingesehen werden. Aufgrund der geringen Entfernungen wird ein Auto von den Vögeln oft besser toleriert als ein aufrechtstehender Beobachter mit Stativ und Spektiv, sodass sich hier das Auto als Fortbewegungsmittel empfiehlt. Das Gebiet befindet sich am südöstlichen Ortsausgang von Sack. Von der Autobahn A 73 fährt man an der Abfahrt Fürth-Ronhof ab und folgt der Beschilderung zuerst nach Ronhof, anschließend nach Sack. Man bleibt auf der Sacker Hauptstraße, die im Ortsgebiet selbst einen Knick nach rechts macht und fährt geradeaus weiter bis zu einer Straßenkreuzung hinter dem Ortsausgang. Hier liegt das Rückhaltebecken. Mit öffentlichen Verkehrsmitteln erreicht man Sack am besten über die U 1 bis Fürth-Hardthöhe und nimmt anschließend die Buslinie 179 bis zur Haltestelle Sack-Mitte. Von dort aus verläuft der Weg wie oben mit dem Auto beschrieben.

Weitere Beobachtungsgebiete

In aller Kürze wird noch auf drei weitere Gebiete verwiesen, die je nach Zeitbedarf auch für einen Besuch infrage kommen. Zum einen der Wöhrder See: Die angestaute Pegnitz bietet verschiedenen Wasservögeln Ruhezonen und ausreichend Nahrung. Neben Enten (regelmäßig Kolben- und Schnatterenten, zu den Zugzeiten auch andere Arten) und Gänsen gibt es am Oberen Wöhrdersee eine kleine Graureiher- und Kormorankolonie. Großmöwen suchen die angestaute Fläche regelmäßig auf und brüten zum Teil dort. Die häufigste Art ist die Mittelmeermöwe, im Winter gesellen sich gelegentlich aber auch Steppenmöwen dazu. Zur Zugzeit treten regelmäßig einzelne Trauerseeschwalben auf. Parallel zum Südufer fahren die Tramlinien 5 und 11.

Direkt südlich des Flughafens (Endstation der U 2) verläuft der Bucher Landgraben, der an dieser Stelle etwas aufgestaut ist und größere Schilfflächen aufweist. Wasserralle und Teichrohrsänger gehören zu den regelmäßigen Brutvögeln sowie gelegentlich auch Drosselrohrsänger, Blaukehlchen und Rohrschwirl. Zu den Zugzeiten finden sich oft Bekassinen, Schwarz- und Braunkehlchen ein. Je weiter man nach Westen entlang des Grabens geht, desto mehr kommt der klassische Charakter des Knoblauchslands zum Vorschein. Hier bestehen Chancen auf Kiebitz und Rebhuhn.

Der Tennenloher Forst bietet die wohl noch vollständigste Bandbreite an Brutvögeln im Sebalder Reichswald. Dazu zählen Ziegenmelker, Wendehals und Heidelerche. Zu diesem Gebiet ist bereits ein Beobachtungstipp erschienen (FALKE 2013, H. 2).

Thomas Büttel, Christopher König, Till Jonas Linke

Schwarzhalstaucher erreichen ihre Brutgebiete ab Mitte März und werden dann regelmäßig auf dem Kleinen Dutzendteich und dem Flachweiher im Nürnberger Volksparkgelände beobachtet. Foto: T. Büttel. Flachweiher, 15.5.2024.

Anfahrt

Nürnberg ist sehr günstig an das Bahn- und Autobahnnetz angebunden. Für die einzelnen Hinweise unter Beobachtungsmöglichkeiten wurde die Innenstadt als Referenzpunkt gewählt.

GPS		
Parkplatz / U-Bahn Bauernfeindstraße (2)	49.418305	11.106483
Ausblick auf Flachweiher (3)	49.425868	11.108364
Osteingang Hainberg (5)	49.428334	11.002598
Südeingang Hainberg (6)	49.419264	10.997724
Rückhaltebecken bei Sack	49.498525	11.021657

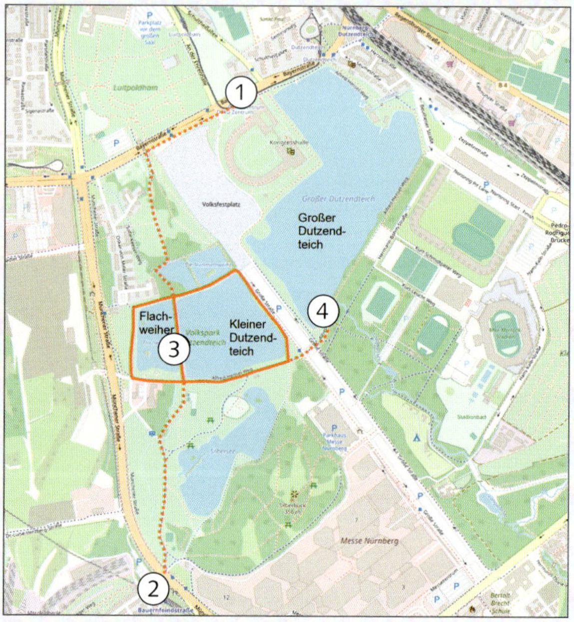

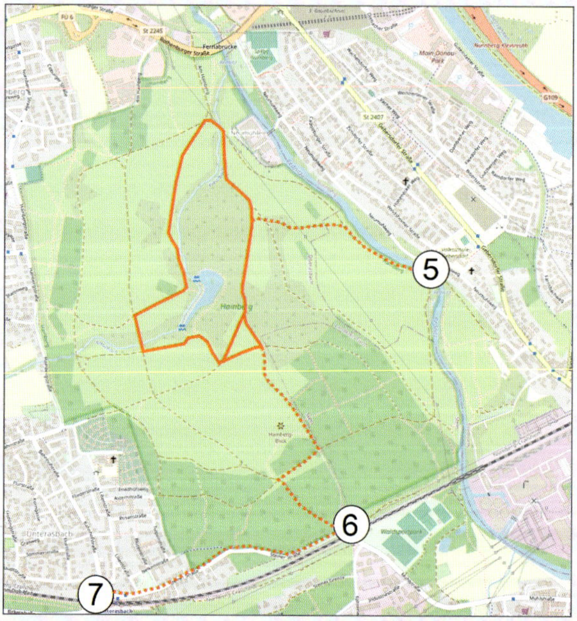

Kartengrundlage: openstreetmap.org

Die Feuchtwiesen des Murnauer Mooses mit der beeindruckenden Kulisse der Alpen im Hintergrund.
Foto: T. J. Linke. 19.5.2024.

Das Murnauer Moos in Bayern

Vielfältige Moorlandschaft vor Alpenpanorama

Am Nordrand der Bayerischen Alpen erstreckt sich im Talraum zwischen Ammer- und Estergebirge die mehr als 32 km² große Landschaft des Murnauer Mooses. Hier treffen Hoch- und Niedermoore sowie artenreiche Feuchtwiesen auf die bewaldeten Höhenrücken der Köchel. Die das Becken einrahmende Gebirgskulisse steigt nach Süden bis in alpine Hochlagen des Wettersteingebirges mit der Zugspitze an. Das Naturschutzgebiet Murnauer Moos im Nordwesten ist durch seine Wege entlang der kleinen Fließgewässer Ramsach und Lindenbach gut erschlossen, sodass der Fokus auf den vielfältigen Lebensräumen dieses nördlichen Talbereichs liegt. Hier lassen sich regelmäßig Wachtelkönige, Weißrückenspechte und seltener auch Karmingimpel beobachten.

Im Landkreis Garmisch-Partenkirchen liegt zwischen den Ortschaften Eschenlohe, Grafenaschau und Großweil die weitläufige Landschaft des Murnauer Mooses, dem heute größten und bedeutendsten Alpenrandmoor Mitteleuropas. Im Norden wird diese flache Sumpflandschaft durch den Faltenmolasse-Höhenzug bei Murnau am Staffelsee begrenzt, der aus im Tertiär abgelagerten Sedimentgesteinen besteht. Das heute auf 625 m Höhe liegende Becken wurde während der letzten Eiszeiten geformt, die im Alpenraum nach den Flüssen Riß und Würm benannt sind. Nach dem Rückzug des Loisachgletschers, der sich als gigantischer Eispanzer des Alpenvorlandes bis weit über den Ammersee nach Norden erstreckte, entstand vor etwa 10 000 Jahren ein ausgedehnter Zungenbeckensee. In diesem lagerten sich Sand und tonhaltiger Mergel aus den zahlreichen Schmelzwasserströmen ab. Während Bereiche mit weicher Oberfläche von den Gletschern nahezu abgeschliffen wurden, blieben härtere, widerstandsfähige Gesteine als Felskuppen erhalten, die heute als Köchel in der Landschaft aufragen. Aufgrund ihrer steilen Hänge wurden hier die in der Folgezeit entstandenen Wälder kaum forstwirtschaftlich genutzt und stellen heute wertvolle, ursprüngliche Waldökosysteme dar. Seit dem Jahr 2022 ist ein Teil dieses Waldbestandes als Naturwaldreservat ausgewiesen. Die natürliche, dynamische Landschaft wurde durch menschliche Eingriffe über Jahrhunderte zu einer Kulturlandschaft umgestaltet. Erste Spuren solcher Nutzungen gehen bis in die Zeit der ersten urkundlichen Erwähnungen Murnaus aus der Zeit um 1150 n. Chr. zurück. Auch in den Ortsbezeichnungen spiegeln sich die ursprünglichen Bedingungen wider: Die Bezeichnung Moos leitet sich vom altdeutschen Wort „mos“ für Sumpf oder Moor ab, auch der Name Murnau geht zurück auf „sumpfiges, morastiges Wiesenland“. Erst durch umfangreiche Entwässerungen wurden landwirtschaftliche Nutzungen ermöglicht. Neben Handtorfstichen in Hoch- und Übergangsmooren wurden die ausgedehnten Feuchtwiesen überwiegend als Streuwiesen und als Weide genutzt. Die Hochzeit der Streuwiesen lag um die Jahrhundertwende 1900, diese Nutzungsform findet bis heute Umsetzung und erlebte in den letzten Jahren einen neuen Aufschwung. Durch die extensive Schnittnutzung erhalten Landwirte Einstreu für ihre Ställe und profitieren zusätzlich noch von einer Vertragsnaturschutzprämie – dadurch bleibt das

Typische Vogelarten Im naturschutzgebiet Murnauer Moos, deren Status und günstige Beobachtungszeit (in Klammern)
h = häufiger, r = regelmäßiger, s = seltener; B = Brutvogel, D = Durchzügler, W = Wintergast

Art	Status (beste Beobachtungszeit)
Wiesenweihe	rB (Mrz–Mai)
Rohrweihe	rB, rN (Mrz–Jul)
Kornweihe	sB, rN (Mrz–Jun)
Wespenbussard	sB (Mrz–Jun)
Rotmilan	rB (Apr–Sep)
Schwarzmilan	rB (Mrz–Mai)
Schwarzstorch	sB (Apr.–Aug.)
Tüpfelsumpfhuhn	sB (Apr.–Jun.)
Wachtelkönig	hB (Mai–Jun.)
Großer Brachvogel	sB (Mrz.–Aug.)
Bekassine	rB (Feb.–Okt.)
Schwarzspecht	hB (ganzjährig)
Grauspecht	hB (ganzjährig)
Kleinspecht	rB (ganzjährig)
Weißrückenspecht	rB (ganzjährig)

Art	Status (beste Beobachtungszeit)
Wendehals	rB (Apr.–Aug.)
Neuntöter	hB (Mai–Aug.)
Raubwürger	rW (Jan.–Mrz., Okt.–Dez.)
Grauschnäpper	hB (Apr.–Sep.)
Schwarzkehlchen	hB (ganzjährig)
Braunkehlchen	hB (Apr.–Sep.)
Wiesenpieper	rB (Mrz.–Okt.)
Baumpieper	hB (Apr.–Sep.)
Feldschwirl	hB (Apr.–Aug.)
Drosselrohrsänger	sB (Apr.–Jul.)
Schilfrohrsänger	rB (Apr.–Jul.)
Rohrschwirl	sB (Apr.–Aug.)
Berglaubsänger	sB (Apr.–Sep.)
Karmingimpel	sB (Mai–Sep.)

Murnauer Moos weiterhin eine faszinierende Offenlandschaft und ein Hotspot der Biodiversität. Denn ohne diese Zusammenarbeit würde die offene Moorlandschaft langfristig zugunsten von aufwachsendem Wald verschwinden.

Die Landschaft im Ammer-Loisach-Hügelland zählt bis heute zu den moorreichsten Gebieten in Mitteleuropa abseits der Küstenebenen. Trotz weitreichender Entwässerungsmaßnahmen befindet sich das Moos heute noch in einem guten hydrologischen Zustand. Es wird von zahlreichen Bächen durchflossen: Als größte münden Ramsach, Lindenbach und Rechtach alle in die östlich des Gebietes verlaufende Loisach, die den gesamten Talraum entwässert. Die Ufer der Fließgewässer waren zu Beginn des 20. Jahrhunderts noch frei von Gehölzen, als auf den Gewässern Holz transportiert wurde. Aufgrund seiner überregionalen Bedeutung als Feuchtgebiet wurde das Murnauer Moos bereits 1980 auf 2378 ha als Naturschutzgebiet ausgewiesen. Heute ist es als FFH- und EU-Vogelschutzgebiet zudem Teil des europaweiten Schutzgebietsnetzwerks NATURA 2000. Über ein Bundesprojekt konnten bis 2003 viele Flächen für den Naturschutz erworben werden, um den Erhalt wertvoller Lebensräume auch langfristig zu sichern. Die 2019 eröffnete Biologische Station Murnauer Moos leistet einen wichtigen Beitrag zu fachlicher Betreuung, Erforschung und Öffentlichkeitsarbeit des Gebiets.

Besondere Vogelarten und Reisezeit

Das Naturschutzgebiet Murnauer Moos ist zwar ganzjährig einen Besucht wert, die besten Beobachtungsmöglichkeiten bieten sich allerdings während der Frühjahres- und Sommermonate. Im Winter stellen die schneebedeckten

Weißrückenspechte lassen sich besonders gut in den Auengehölzen der Ramsach entdecken.
Foto: T. J. Linke. 19.5.2024.

Streuwiesen und Moorbereiche vor dem Alpenpanorama beeindruckende Motive dar, in dieser Zeit sind mit Raubwürgern und Kornweihen jedoch nur vereinzelt Wintergäste anwesend. Im Murnauer Moos können sieben Spechtarten angetroffen werden: Die beiden „Bodenspechte" Grau- und Grünspecht suchen insbesondere bodennah nach ihrer bevorzugten Insektennahrung Ameisen, Schwarzspechte finden sich regelmäßig in den nordwestlichen Waldbereichen, während Buntspechte überall vorkommen. Weißrückenspechte lassen sich dagegen häufig in den Bruchwäldern und entlang der offenen, galerieartigen Erlenbestände entlang von Ramsach und Lindenbach beobachten. Auch Kleinspechte als kleinste europäische Vertreter dieser Familie sind hier ebenfalls gut zu entdecken. In den halboffenen Bereichen brütet mit dem Wendehals eine weitere Spechtart im Murnauer Moos. Als Zugvögel verbringen sie den Winter in Afrika südlich der Sahara. Doch auch in den Wintermonaten sind Spechtbeobachtungen möglich – so lassen sich die ganzjährig anzutreffenden Arten in den Bruch- und Auwaldbeständen entlang der Gewässer beobachten, da hier auch dann noch ausreichend Totholz bewohnende Insekten vorhanden sind. Das Murnauer Moos gilt als eines der Gebiete in Deutschland, in denen am einfachsten und zuverlässigsten Weißrückenspechte beobachtet werden können. Um diese zu finden, empfehlen sich Besuche im Zeitraum April bis Juni; grundsätzlich bestehen auch ganzjährig gute Chancen für Beobachtungen. Dann sollten die den Bachlauf begleitenden Erlen-Auenwälder, die infolge des Erlensterbens durch Pilzbefall stark mit Totholz angereichert sind, abgesucht werden, da Weißrückenspechte hier ausreichend Höhlen sowie Nahrung finden und sich in relativ offener Landschaft beobachten lassen. In den nordwestlich angrenzenden kleinen Wäldern und im Bereich der Köchelwälder sind sie dagegen schwerer zu entdecken. Im Naturschutzgebiet wurden 2024 acht Reviere vom Weißrückenspecht festgestellt, für den gesamten Talraum (inklusive der Hangwälder) wird ein Bestand zwischen 15 und 20 Revierpaaren angenommen.

Im Frühjahr kehren mit Rohrweihen langsam die ersten Zugvögel zurück.

Das Braunkehlchen ist als Bodenbrüter ein charakteristischer Vertreter der Wiesenvögel. Foto: T. J. Linke. Osterstader Marsch, 28.4.2021.

Während Wiesenweihen nur selten, aber mittlerweile alljährlich auf dem Durchzug beobachtet werden können, sind Rot- und Schwarzmilane während der Brutzeit ebenso häufig wie Kolkraben. Die abendliche Klangkulisse wird zu dieser Zeit von Bekassinen, Wachtelkönigen, seltener von Brachvögeln und in nassen Bereichen vom Peitschenruf der Tüpfelsumpfhühner bestimmt. In den artenreichen, offenen Niedermoorwiesen und Übergangsbereichen zum Hochmoor brüten Braunkehlchen, Wiesenpieper sowie sporadisch Feldlerchen. Aus den Röhrichten und Hochstaudenfluren singen Feld- und Rohrschwirle sowie Blaukehlchen und Schilfrohrsänger. In jüngerer Zeit ist auch der knarrende Gesang des Drosselrohrsängers häufiger zu vernehmen. Trotz Rückgängen bei einigen Wiesenbrütern bildet das Murnauer Moos für diese ökologische Gilde eines der wichtigsten Brutgebiete in Bayern. Für die Bekassine ist das Moos mit 34 Brutpaaren das wichtigste Brutgebiet Bayerns, auch von Wiesenpieper (95 Brutpaare), Braunkehlchen (67 Brutpaare) sowie Wachtelkönig (26 Rufer) und Schwarzkehlchen (240 Brutpaare) kommen nennenswerte Bestände vor. In den Gebüschen oder deren Übergangsbereichen brüten zahlreiche Neuntöter und Baumpieper, auch Grauschnäpper können häufig auf den höchsten Punkten von Gehölzen sitzend und im Schnäpperflug jagend beobachtet werden. Ein weiterer besonderer Brutvogel ist der Karmingimpel, dessen knallrote Männchen im Sommer von den Weidenspitzen singen. Jedoch können auch deutlich unscheinbarere, vorjährige Männchen ohne rote Kehle dieses in Indien überwinternden Ostziehers anwesend sein. Seit 2022 haben die Nachweise dieser Art allerdings deutlich abgenommen, sodass das Murnauer Moos heute kein verlässliches Beobachtungsgebiet mehr ist. Schwarzstörche werden trotz Brutvorkommen im weiteren Umkreis meist nur überfliegend beobachtet, ein Brutnachweis im Gebiet gelang bisher nicht. Allerdings existieren im Bereich der Köchel störungsarme Lebensräume mit Bächen und Waldwiesen als nahgelegene Nahrungshabitate. Bis 1987 brüteten im Murnauer Moos noch wenige Kranichpaare. Nachdem sich der Bestand insbesondere in den 1990er-Jahren bundesweit wieder erholte, konnte 2012 erstmals wieder ein balzendes Paar im nördlichen Gebietsteil nachgewiesen werden. Seitdem mehren sich die Nachweise und 2024 kam es erstmals wieder zur Brut, zudem war offenbar noch ein weiteres Paar anwesend. Das Murnauer Moos ist als ornithologischer Hotspot in Süddeutschland mit 255 nachgewiesenen Vogelarten extrem gut untersucht. Durch die Vielzahl von Beobachtern, die das Gebiet regelmäßig besuchen, werden immer wieder auch Seltenheiten entdeckt. Mit Zwergdommel, Nacht-, Purpur-, Kuh- und Rallenreiher konnten einige seltene Reiher nachgewiesen werden, während Rohrdommeln heute als Brutvögel ausgestorben sind. Das Moos gilt zudem als eines der verlässlichsten Gebiete in Deutschland zur Beobachtung von Schlangenadlern, die im Sommerhalbjahr fast alljährlich hier auftauchen. Während Steppenweihen 2023 erstmals nachgewiesen werden konnten, treten Rotfußfalken – auch außerhalb von Einflugjahren – alljährlich im frühen Herbst auf. Erstmals 2023 konnte zudem eine Kurzzehenlerche nachgewiesen werden, die farbenprächtige Blauracke wurde sogar schon mehrfach beobachtet. Erstaunlicherweise sind die alpinen Brutvögel Alpenbraunelle und Zitronenzeisig im Murnauer Moos absolute Ausnahmeerscheinungen.

Beobachtungsmöglichkeiten

Zur Erkundung des gut erschlossenen nordwestlichen Teils des Naturschutzgebiets bieten sich verschiedene Ausgangspunkte an. Von der Biologischen Station und der Infotafel an der Ramsachstraße (1) verläuft der befestigte Weg in südwestlicher Richtung parallel zur Ramsach. Beiderseits des Weges finden sich in der alten Bachaue totholzreiche Erlenbestände, in denen regelmäßig Klein-, Grau- und Weißrückenspechte beobachtet werden können. Auch wenn im Murnauer Moos Weißrückenspechte außerhalb ihrer eigentlich bevorzugten Habitate in naturnahen Mischwäldern in relativ hoher Siedlungsdichte vorkommen, ist eine Sichtung nicht garantiert. Aus den schmalen Röhrichtsäumen singen während der Brutzeit Teich- und Sumpfrohrsänger. Zwischendurch lichten sich die Erlen- und Weidengehölze und geben den Blick auf artenreiche Streuwiesen frei (2). Hier blühen auch wegnah zahlreiche Orchideen wie unterschiedliche Knabenkräuter oder die Sumpf-Stendelwurz. Wer genau hinschaut, kann vom Weg aus auch ein Highlight entdecken: das Strohgelbe Knabenkraut. Neben Feldschwirlen in den Hochstaudenfluren lassen sich in den feuchten Wiesen mit etwas Glück auch singende Braunkehlchen oder Wiesenpieper finden, die eingestreuten Gebüsche nutzen Neuntöter als Sitzwarten. In den frühen Morgen- und insbesondere Abendstunden ertönt der monotone Gesang „Crex-crex" des Wachtelkönigs und formt zusammen mit Grillen (Achtung Verwechslungsmöglichkeit mit im Gebiet häufig vorkommenden Maulwurfsgrillen) und Laubfröschen eine einzigartige Klangkulisse. Nach etwa 2 km führt der Weg weiter in südwestlicher Richtung, während der Bach – der ab hier Lindenbach heißt – überwiegend begradigt weiterfließt (3). Im Bereich zwischen Ramsach und Weg stocken feuchte Gebüsche, in denen sich im Sommer ab und an singende Karmingimpel und Wendelhälse beobachten lassen. Anschließend führt der Weg wieder direkt am Bach entlang, an einem Kreuzungspunkt führt eine Brücke über den Lindenbach (4). Hier führt ein Weg in nordwestlicher Richtung weiter, erst durch lockere Mischwaldbestände und schließlich Nadelwald bis nach Grafenaschau. Hier empfiehlt sich ein Abstecher über den Holzbohlenpfad (5), der durch sehenswerte alte, halboffene Hochmoorbereiche führt. Dieser ist auch aus nördlicher Richtung über den Weg „Im langen Filz" von Grafenaschau erreichbar, der sich als alternativer Ausgangspunkt anbietet. Am Kreuzungspunkt mit der Brücke über den Lindenbach führt der ursprüngliche Weg entlang des Baches und knickt schließlich nach Norden ab. Hier finden sich links des Weges halboffene Wiesen mit Kleingehölzen, der Weg zweigt dann nach Nordosten in bewaldetes Gebiet ab, führt vorbei an einer totholzreichen Fläche mit vielen abgestorbenen Erlen bis zum Lindenbachweiher, an dem es eine kleine Beobachtungshütte gibt (6). In etwa fünfminütiger Entfernung liegt der Parkplatz Grafenaschau (7), von dem aus eine Erkundung des Naturschutzgebiets ebenfalls gut möglich ist. Für ausdauernde Wanderer bieten sich auch mehrere Möglichkeiten eines Rundwegs (circa 12 km, 4 Stunden) über den Holzbohlenweg oder parallel durch Waldbereiche führende Wege nach Moosrain und von dort über einen am nördlichen Talrand verlaufenden Weg bis zum Aussichtspunkt Murnauer Moos (8). Nach einer kurzen Strecke durch ein kleines Waldgebiet ist über den Panoramaweg „Stadel am Berggeist" eine Rückkehr zum Ausgangspunkt an der Ramsachstraße möglich oder alternativ die Querung des Baches über eine Holzbrücke und Rückkehr auf den eingangs beschriebenen Weg. Im Naturschutzgebiet besteht ein Wegegebot und das Betreten der Bereiche abseits der Wege ist untersagt und wird insbesondere während der Brutzeit auch kontrolliert. Nach einem ausführlichen Rundgang oder Spaziergang entlang der Ramsach und Rückkehr zum Ausgangspunkt empfiehlt sich ein Besuch in der Gaststätte Ähndl (Montag und Dienstag Ruhetag, Mittwoch bis Sonntag zwischen 12–20 Uhr geöffnet). Im Umfeld des Murnauer Mooses befinden viele weitere lohnenswerte Beobachtungsgebiete: Neben den Voralpenseen Staffel-, Walchen- und Kochelsee sind die Köchel ebenso einen Besuch wert wie das Ammergebirge mit der Hohen Wand in etwa 30 Minuten Entfernung per Auto.

Till Jonas Linke, Tim Korschefsky, Christopher König

Infomaterial/Literatur

Liebel H, Fünfstück H-J 2019: Die Vogelwelt im Murnauer Moos: Entwicklung, Bestände und Beobachtungen in einem einzigartigen Naturraum. Aula, Wiebelsheim.

Anfahrt

Mit Bahn, Bus und Fahrrad

Das Naturschutzgebiet Murnauer Moos lässt sich ausschließlich zu Fuß und mit dem Fahrrad erkunden. Vom Regionalbahnhof Murnau am Staffelsee, der über die RB6 nach Garmisch-Partenkirchen auch von München schnell erreichbar ist, können die beschriebenen Wege durch das Moos mit dem Fahrrad in 15 oder etwa 35 Minuten zu Fuß über die Kohlgruber Straße und vorbei an der Georgskapelle erreicht werden. Auch in Grafenaschau befindet sich ein Bahnhof, dieser ist aktuell (Stand 12/2024) jedoch nur über Schienenersatzverkehr (Bus EV zwischen Oberammergau und Grafenaschau) angebunden.

Mit dem Auto

Von Nordosten über die A95 kommend bei der Ausfahrt 10 Kochel-Murnau abfahren, von hier sind es etwa 12 Minuten Fahrzeit bis ins Moos, über die Kocheler Straße (St2062) die Loisach überquerend bis nach Murnau am Staffelsee. Dann die Bundesstraße B2 Richtung Hechendorf nehmen und rechts auf die Ramsachstraße abbiegen, die zu mehreren Parkmöglichkeiten führt. Nachdem der Alpenhof und ein Pferdehof passiert sind, befindet sich auf der linken Seite der kostenpflichtige Wanderparkplatz Murnauer Moos, eine weitere Parkmöglichkeit (begrenzte Anzahl Parkplätze) befindet sich bei der Gaststätte Ähndl. Alternativ kann von Nordwesten auch die B2 zur Anfahrt genutzt werden. Ein alternativer Startpunkt mit Parkmöglichkeit findet sich am nordwestlichen Ende der Ortschaft Grafenaschau, die über die Aschauer Straße erreicht werden kann.

Adressen

Biologische Station Murnauer Moos, Ramsachstraße 15, 82418 Murnau am Staffelsee
www.murnauermoos.de
www.tourismus.murnau.de/natur/murnauer-moos

Kartengrundlage: openstreetmap.org

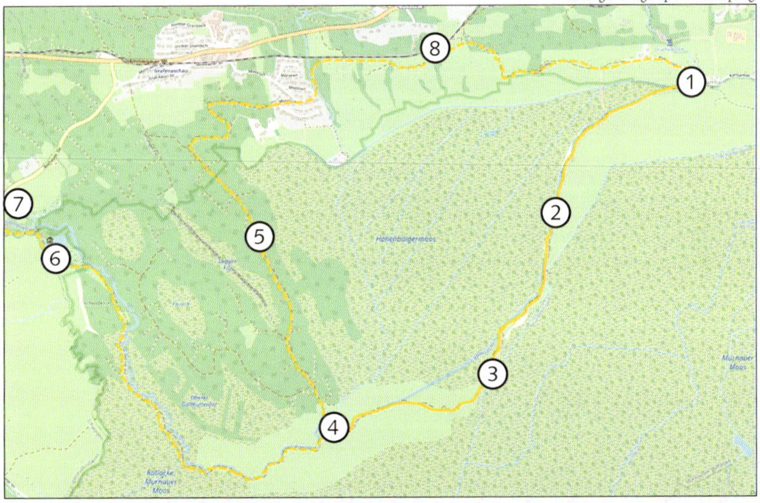

GPS		
Parkmöglichkeit Gaststätte Ändl	47.666293	11.184624
Informationspunkt Murnauer Moos	47.666257	11.184082
Wanderparkplatz	47.665950	11.190997
Kreuzungspunkt Lindenbach	47.646026	11.152151
Beobachtungshütte Lindenbachweiher	47.656856	11.127286
Nördlicher Beginn Bohlensteg	47.658631	11.137565
Aussichtspunkt Murnauer Moos östl. Moosrain	47.668675	11.163106
Parkplatz Grafenaschau	47.657799	11.122946

Baden-Württemberg

Tipp Nr. **Beobachtungsplatz**

1 Das Federseemoor S. 349
2 Der Feldberg im Südschwarzwald S. 352
3 Der Urbacher Bergrutsch S. 355
4 Das Eriskircher Ried S. 359
5 Winterbeobachtungen am Bodensee S. 363
6 Radolfzeller Aachmündung S. 367
7 Ehemaliger Truppenübungsplatz Münsingen S. 371
8 Der Kaiserstuhl S. 375

Foto: J. Einstein.

Das Federseemoor

Bestandteil von Natura 2000

Das Federseemoor, auch Federseeried genannt, liegt etwa 60 km nördlich des Bodensees in der sanft gewellten Moränenlandschaft Oberschwabens. Mit über 30 km2 ist es Südwestdeutschlands größtes Moor und ein wichtiges Brut- und Rastgebiet für zahlreiche Vogelarten. Der Federsee ist aus einem eiszeitlichen Schmelzwasserstausee entstanden und hat heute nur noch eine Wasserfläche von 140 ha. Ihn umgeben dichte Röhrichtbestände, weitläufige Streu- und Feuchtwiesen, extensiv genutztes Grünland und naturnahe Moorwälder. Bereits 1911 schuf der Deutsche Bund für Vogelschutz (heute Naturschutzbund Deutschland) durch den Ankauf von Flächen ein erstes Schutzgebiet. Heute liegen sechs Naturschutzgebiete mit einer Fläche von 2350 ha im Federseemoor. Es ist außerdem Bestandteil des europäischen Schutzgebietssystems Natura 2000.

Lebensräume

Der im Mittel nur etwa 1 m tiefe und nährstoffreiche Federsee ist von einem bis zu 500 Meter breiten Schilfgürtel umgeben. Daran grenzen rund 600 ha nasse Streuwiesen. Sie wurden bis in die 1960er Jahre zur Gewinnung von Stalleinstreu genutzt und werden heute großenteils durch Landschaftspflegemaßnahmen offen gehalten.

Inmitten dieser Streuwiesen liegen urwüchsige Moor-Bruchwälder und Hochmoorreste. Die ehemals bis zu sechs Meter dicke Hochmoorschicht im südlichen Teil des Federseebeckens wurde jedoch fast komplett abgetorft, Reste sind noch im NSG Wildes Ried vorhanden. An die Streuwiesen grenzen großflächige, zum Teil extensiv genutzte Feuchtwiesen. Ein großer Teil der früher weitgehend trocken gelegten Wiesen wurde wieder vernässt.

Besondere Vogelarten

Von den 272 im Gebiet nachgewiesenen Vogelarten sind 104 Arten regelmäßige Brutvögel, darunter die größten Bestände von Rohrweihe, Bartmeise und Braunkehlchen in Baden-Württemberg.

Am See kann man Flussseeschwalben beobachten, die auf Brutflößen angesiedelt wurden. Bartmeisen, Teich- und Schilfrohrsänger, Rohrschwirle und Rohrammern brüten im Schilf, in dem sich auch Wasserrallen durch ihr charakteristisches Quieken verraten. Von den rund 40 – 60 Rohrweihenpaaren Baden-Württembergs ziehen 10 – 15 Paare hier ihre Jungen groß.

In den angrenzenden Feuchtwiesen lassen sich im Frühling und Sommer Rohrammern, Feldschwirle, Wiesenpieper und mehr als 200 Braunkehlchenpaare beobachten. Auch die im späten März eintreffenden Schwarzkehlchen haben sich in den letzten Jahren als

Das Braunkehlchen hat am Federsee das größte Vorkommen in ganz Baden-Württemberg.
Foto: B. Volmer.

Typische Vogelarten, deren Status (günstige Beobachtungszeit)
h = häufig, r = regelmäßig, s = selten;
J = Jahresvogel, B = Brutvogel, W= Wintergast, D = Durchzügler

Art	Status (beste Beobachtungszeit)	Brutpaare
Bartmeise	hJ (ganzjährig)	30–100
Baumfalke	rB (April–Sept.)	1–3
Bergpieper	hW (Okt.–April)	
Blaukehlchen	sB, sD (April–Sept.)	10–15
Braunkehlchen	hB, rD (April–Sept.)	150–200
Feldschwirl	hB (April–August)	~200
Fischadler	rD (März–Mai, Aug.–Okt.)	
Flussseeschwalbe	hB (April–Aug.)	20–40
Gänsesäger	hW (Okt.–April)	
Graureiher	rB (ganzjährig)	1–5
Knäkente	rD (März–April)	
Kornweihe	hD, hW (Okt.–April)	
Merlin	rW (Sept.–April)	
Mittelmeermöwe	sB, rD (März–Aug.)	1–2
Neuntöter	rB (Mai–Aug.)	10–20
Raubwürger	rW (Okt.–April)	
Rohrdommel	rD, rW (Aug–April)	
Rohrschwirl	hB (April–Aug.)	20–30
Rohrweihe	hB (März–Sept.)	10–15
Schilfrohrsänger	sB (Apr.–Aug.)	5–10
Schwarzkehlchen	rB (März–Okt.)	20–30
Schwarzmilan	hB (März–Sept.)	~15
Silberreiher	rW, rD (März–Nov.)	
Trauerseeschwalbe	rD (April–Aug.)	
Tüpfelsumpfhuhn	rD, sB (April–Aug.)	0–5
Wachtelkönig	sB (Mai–Juli)	0–10
Wasserralle	hB, rD (Feb.vNov.)	20–30
Weißstorch	rB, rD (März–Sept.)	5–10
Wiesenpieper	rB, rD (März–Nov.)	30–50

Brutvögel etabliert. Wachtelkönige sind ab Mai zu hören. Über den Wiesen kreisen ab Februar Rot- und ab Mitte März die häufigeren Schwarzmilane.
Im Winter wird die Seefläche von Gänsesägern, Haubentauchern, Löffel-, Krick-, Tafel-, Reiher-, Schnatter- und Schellenten genutzt. Im November kann man bis zu 3000 Wasservögel zählen.

Reisezeit

Vogelbeobachter kommen am Federsee ganzjährig auf ihre Kosten. Im April/Mai sowie im August/September können durchziehende Limikolen oder Fischadler vom Federseesteg aus beobachtet werden. Im April ist der akrobatische Balzflug der Rohrweihe zu sehen. In warmen Mai- und Juninächten hört man gelegentlich vom Federseesteg aus den Ruf des Wachtelkönigs. Im Herbst beeindrucken riesige Starenschwärme und im Winter lassen sich, sofern der See eisfrei ist, bis zu 15 Entenarten beobachten. Für die Kornweihe stellt der Federsee den wichtigsten Überwinterungsplatz im südlichen Mitteleuropa dar. Regelmäßig übernachten hier bis zu 60 Individuen an gemeinsamen Schlafplätzen im Schilf und in den Streuwiesen. Zu dieser Jahreszeit sind auch Raubwürger, Bergpieper und Merlin regelmäßig zu sehen.

Von Frühjahr bis Spätsommer sollte man die Feiertage und Wochenenden mit Ausnahme der Morgenstunden meiden, da insbesondere der Federseesteg ein beliebtes Ausflugsziel ist.

Beobachtungseinrichtungen

Von Bad Buchau, dem zentralen Ort des Federseegebietes, führt der 1,5 km lange Federseesteg als einziger Zugang zur Wasserfläche und ist für Vogelbeobachtungen ideal. Die Besucherplattform am Ende des Steges bietet gute Beobachtungsmöglichkeiten auf die Wasserfläche, ein Aussichtsturm in der Mitte ermöglicht einen Blick über das gesamte Federseebecken – bei klarem Wetter sogar bis zu den Alpen.

Ein mit Hinweistafeln ausgestatteter Rundwanderweg führt durch das Banngebiet Staudacher und erschließt den alten Moorurwald. Der Rad- und Fußweg verläuft weiter um das gesamte Naturschutzgebiet Federsee (etwa 16 km, allerdings streckenweise entlang der Straße). Ein interessanter Wanderweg führt vom Federseemuseum in Bad Buchau in das NSG Südliches Federseeried.

Das Gebiet wird vom NABU-Naturschutzzentrum Federsee betreut. Hier kann man sich einen Überblick über die Natur des Gebietes verschaffen und an den regelmäßig stattfindenden Führungen teilnehmen (kostenloses Programm anfordern).

Weitere Freizeitmöglichkeiten

Archäologischer Moorlehrpfad, Archäologisches Federseemuseum mit Freigelände, Moorwald „Wackelwald“, Mittelalterliche Bachritterburg Kanzach, Skulpturenfeld Oggelshausen, Adelindis-Therme, 16 Kilometer langer Rad- und Wanderwege um den Federsee (Fahrradverleih).

Thomas Brandt, Cordula Jülch, Kilian Wasmer

Infomaterial/Literatur

Günzl. H. (2007): Das Naturschutzgebiet Federsee. Ein Führer durch Landschaftsgeschichte und Ökologie. Verlag Silberburg, Tübingen.

Anreise

Mit Bahn und Bus

Mit dem Zug auf der Strecke Ulm – Friedrichshafen, Haltestelle Bad Schussenried, dann Bahnbus bis Bad Buchau, Haltestelle Hauptstraße. Alternativbahnhöfe Biberach/Riss und Riedlingen, von dort ebenfalls Busverbindung.

Mit dem Auto

Auf der B30 von Ulm bis Biberach, Ausfahrt „Federsee/Bad Buchau“.
In Bad Buchau der Beschilderung „Federsee“ folgen. Parkmöglichkeit direkt am Zugang zum Federseesteg (Federseeparkplatz).

Adressen

Führungen, Ausstellungen und weitere Informationen für Naturinteressierte:
NABU-Naturschutzzentrum Federsee, Federseeweg 6, 88422 Bad Buchau, Tel.: (0 75 82) 15 66, Fax: 17 78, info@nabu-federsee.de; www.nabu-federsee.de.

Hier kann man auch eine Vogelartenliste anfordern.
Federseemuseum, August-Gröber-Platz 1, 88422 Bad Buchau, Tel.: 0 75 82 / 83 50, info@federseemuseum.de; www.federseemuseum.de
Tourist Information Bad Buchau, Tel. (0 75 82) 93360, info@bad-buchau.de; www.bad-buchau.de.

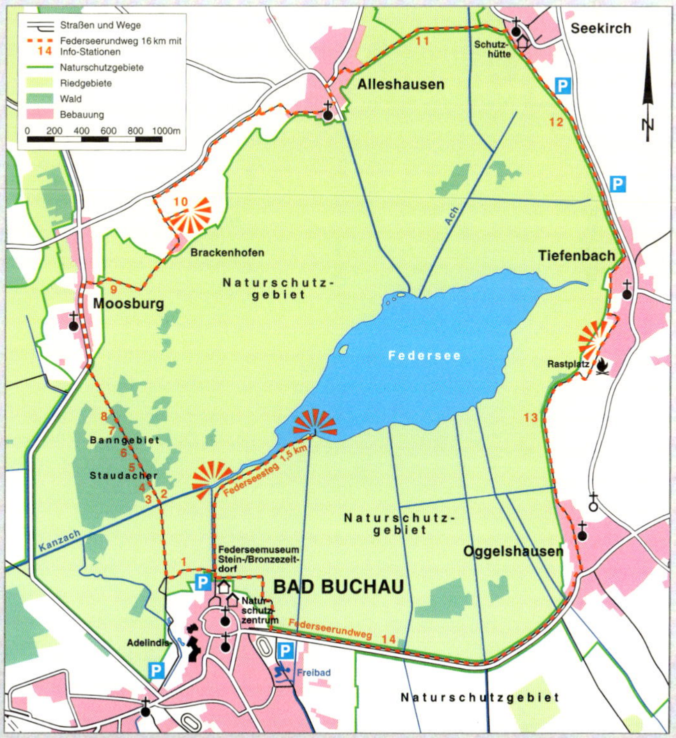

GPS		
Bad Buchau (Ortsmitte)	48°03'52.69" N	9°36'39.26" O

Der Feldberg im Schwarzwald – hier finden sich alle für Mittelgebirge typischen Vogelarten.
Foto: H. Knoblauch.

Der Feldberg

Höchster Berg des Südschwarzwaldes

Der 1493 m hohe Feldberg ist der höchste Berg des Schwarzwaldes und bildet den Kern des gleichnamigen und mit 4226 ha größten und zugleich ältesten Naturschutzgebietes Baden-Württembergs. Während der letzten Eiszeit bedeckte ihn – isoliert von der Vergletscherung der Alpen – ein Eisschild, von dem glaziale Formen wie Kare, Trogtäler und Moränen zeugen. Ein großer Teil des Natura 2000-Gebietes ist heute mit naturnahen Wäldern bedeckt. Dazu gibt es noch weite offene und halb offene Flächen, die Vögeln Lebensraum bieten und eine Vielzahl seltener, alpiner Pflanzenarten beherbergen.

Lebensräume

Der ursprünglich im Gebiet wachsende Urwald wurde bis zum Ende des 18. Jahrhunderts fast vollständig vernichtet – eine Folge des enormen Holzverbrauchs aufstrebender Städte wie Freiburg und Holz zehrender Handwerke, vor allem der Köhlerei für Glasherstellung und Erzverhüttung. Diese Flächen wurden später als ungedüngte Jungviehweiden genutzt, aus denen sich im Gipfelgebiet des Feldbergs im Laufe der Zeit Borstgrasrasen mit ihren charakteristischen Arten wie Arnika, Bärwurz und Schweizer Löwenzahn entwickelten. Die z.T. sehr steilen Flanken sind heute von struktur- und artenreichen, teilweise naturnahen Mischwäldern bedeckt. Je nach Höhenlage und Exposition bestimmen Buchen, säulenförmige Fichten, Tannen oder mächtige Bergahorne das Waldbild. In zwei ausgewiesenen Bannwäldern können sich nun wieder urwaldähnliche Zustände entwickeln, wie Hubertus Knoblauch vom Naturschutzzentrum Südschwarzwald erläutert. An Sonderstandorten, z.B. in Flachmooren und auf Lawinenbahnen sowie auf den der Frosttrocknis stark ausgesetzten Kuppen, gibt es natürlicherweise waldfreie Standorte. Hier konnten seit dem Ende der letzten Kaltzeit als Glazialrelikte viele eiszeitliche Pflanzenarten überdauern, die heute sonst nur noch in den Alpen zu finden sind. Deshalb wird der Feldberg oft als „subalpine Insel“ bezeichnet. Im schon 1937 ausgewiesenen Naturschutzgebiet Feldberg sind somit alle für den Hochschwarzwald heute charakteristischen Lebensräume anzutreffen.

Charakteristische Vogelarten

Im Naturschutzgebiet Feldberg sind etwa 120 Vogelarten als Brut- oder Gastvögel nachgewiesen. Die bekannteste Rarität ist das Auerhuhn. Schon größer sind die Chancen, im Frühjahr von einem der zahlreichen Wanderwege aus einen Dreizehenspecht beobachten zu können. Dreizehenspechte bevorzugen Totholz reiche Waldbestände. Mit

Der Dreizehenspecht lebt vor allem in totholzreichen Wäldern am Feldberg.
Foto: H.-J. Fünfstück.

Raufuß- und Sperlingskauz finden sich zwei interessante Eulenarten im Gebiet, die aber ebenfalls nur mit viel Glück zu sehen sind. Fichtenkreuzschnäbel in den Nadelwäldern und Wasseramseln an den Bächen kann man dagegen regelmäßig antreffen. Am Waldrand oberhalb von etwa 1100 m sind Zitronenzeisige oder Ringdrosseln zu finden. Über dem Wald und der Gipfelregion sieht man oft Wanderfalken und Kolkraben fliegen, an warmen Sommertagen lassen sich hier auch Alpensegler beobachten. Sie brüten in Freiburg und kommen nur zur Nahrungssuche zum Feldberg. Auf den großen Freiflächen und an der Grenze zum Wald findet man verschiedene Wiesenbrüter: Neben den im Sommer allgegenwärtigen Feldlerchen kann man hier sowohl Baum- als auch Wiesen- und Bergpieper beobachten. So hat man eine gute Gelegenheit, sich in der Bestimmung der ähnlichen Arten zu üben. Daneben brüten auch Braun- und Schwarzkehlchen auf offenen Gipfelflächen des Feldbergs.

Reisezeit

Die beste Zeit für Vogelbeobachtungen ist – wie fast überall – der Frühling und der Frühsommer. Obwohl der Winter hier oft bis in den Mai und sogar in den Juli dauert, beginnt die ornithologisch interessante Saison aber schon im meist noch schneereichen April mit der Balz der Auerhähne und der Dreizehenspechte.

Im Sommer sollte man sich nicht durch den starken Besucherandrang im Gipfelbereich abschrecken lassen: Abseits der Parkplätze und der Hauptwanderstrecken findet man recht schnell Ruhe und kann die Landschaft und ihre Artenvielfalt genießen. Dr. Stefan Büchner, Leiter des Naturschutzzentrums, empfiehlt auch einen Besuch des Feldbergs während der Zugzeit im Spätsommer und Herbst: Steinschmätzer sind dann ein alltäglicher Anblick, regelmäßig ziehen Wespenbussarde, Wiesen- und Rohrweihen durch und trotz der relativ geringen Beobachterdichte gibt es einige Nachweise von rastenden Mornellregenpfeifern.

Beobachtungseinrichtungen

Gesonderte Beobachtungseinrichtungen für Ornithologen sind zwar nicht vorhanden, der „Felsenweg“ und die anderen Wanderwege im Bereich des Feldsees sowie die Wege im Dreieck zwischen Caritas-Haus, Herzogenhorn und dem Ort Menzenschwand eignen sich jedoch gut, um die typischen Waldarten zu sehen. Wer Arten der offenen und halb offenen Landschaften beobachten möchte, kann dies von den Wegen im Gipfelbereich aus tun.

Dem Feldberg-Besucher steht mit dem „Haus der Natur“ ein modernes

Typische Vogelarten, deren Status (günstige Beobachtungszeit)
h = häufig, r = regelmäßig, s = selten; J = Jahresvogel, B = Brutvogel, W= Wintergast, D = Durchzügler.

Art	Status (beste Beobachtungszeit)
Alpensegler	s Nahrungsgast (April/Mai–Sept.)
Auerhuhn	s J (März, April)
Bergpieper	r B (Mai–Sept.)
Braunkehlchen	s B (Mai–Sept.)
Dreizehenspecht	s J (März –Mai)
Erlenzeisig	r B (ganzjährig)
Fichtenkreuzschnabel	h B (ganzjährig)
Gartenrotschwanz	r B (März–Sept.)
Gebirgsstelze	h B (ganzjährig)
Haubenmeise	h B (ganzjährig)
Kolkrabe	r B (ganzjährig)
Mornellregenpfeifer	s D (April/Mai, Aug./Sept.)
Raufußkauz	r B (März, April)
Ringdrossel	h B (April–Sept.)

Art	Status (beste Beobachtungszeit)
Rohrweihe	s D (April, Sept.)
Schwarzkehlchen	s B (März/April–Sept./Okt.)
Schwarzspecht	r J (ganzjährig)
Sperlingskauz	r B (Sept., Okt., März, April)
Steinschmätzer	r D (Mai, Sept.)
Tannenhäher	r B (ganzjährig)
Tannenmeise	h B (ganzjährig)
Waldbaumläufer	h B (ganzjährig)
Waldschnepfe	r B (März–Sept.)
Wanderfalke	r B (März–Sept.)
Wasseramsel	h B (ganzjährig)
Wespenbussard	s D (Mai, Aug./Sept.)
Wiesenweihe	s D (Mai, Sept.)
Zitronenzeisig	r B (Mai–Sept.)

GPS

Haus der Natur (Parkplatz)	47°51'37.40" N	8°02'06.02" O
Feldberggipfel	47°52'26.42" N	8°00'16.47" O
Feldsee	47°52'13.70" N	8°01'56.63" O
Einstieg zum „Felsenweg"	47°51'51.40" N	8°02'00.15" O

Informationszentrum zur Verfügung. Eine Ausstellung informiert umfassend über die Natur und Landschaft im Südschwarzwald und über die damit verbundenen Konflikte. Die Mitarbeiter des Naturschutzzentrums bieten Führungen zu unterschiedlichen Themen an. So kann man z. B. auf Vogelstimmenwanderungen oder winterlichen Schneeschuhtouren manch faszinierende Naturbeobachtung machen. Daneben gibt es zahlreiche weitere Angebote, die dem kostenlosen Veranstaltungsprogramm des „Hauses der Natur“ oder der Internetseite (s. u.) zu entnehmen sind.

Weitere Freizeitmöglichkeiten

Ein dichtes Wegenetz steht zur Verfügung, so dass der Feldberg als Ausgangspunkt für zahlreiche Wanderungen durch den landschaftlich reizvollen Südschwarzwald dienen kann (z. B. gibt es einen 7,5 km langen markierten Naturlehrpfad, der am Feldbergturm vorbei führt: www.freiburg-schwarzwald.de/natur.htm.) Daneben lohnt sich ein Rundgang durch das weiter nordöstlich gelegene Hinterzartener Moor, das größte und eines der am besten erhaltenen Moore des Schwarzwaldes.

Sehenswert ist auch das bekannte Barock-Kloster in St. Peter mit seiner Rokoko-Bibliothek (ca. 35 km entfernt).

Im Sommer lädt der nahe gelegene Schluchsee (beim gleichnamigen Ort) zum Schwimmen ein (ca. 15 km entfernt), im Winter ist der Feldberg eines der schneesichersten Wintersportgebiete außerhalb der Alpen.

Thomas Brandt, Cordula Jülch, Kilian Wasmer

Infomaterial/Literatur

Regierungspräsidium Freiburg (2012): Der Feldberg. Subalpine Insel im Schwarzwald. Thorbecke, Ostfildern.

Anfahrt

Mit Bus und Bahn

Mit der Höllental- bzw. der Dreiseenbahn von Freiburg oder Donaueschingen über Titisee bis Bahnhof Bärental; von hier mit dem Bus bis zur Haltestelle „Feldberger Hof“ in 200 m Entfernung vom „Haus der Natur“.

Mit dem Auto

Über die Autobahn A 5 bis Freiburg oder über die A 81 zum Dreieck Bad Dürrheim, von dort jeweils über die Bundesstraße B 31 bis Titisee. Weiter wie auch von Basel / Lörrach über die B 317 zum Feldberg.
Andere, für Wanderer reizvolle Zugänge in das Gebiet gibt es von Oberried (bei Freiburg) durch das Zastler Tal oder das St. Wilhelmer Tal bzw. südlich von St. Blasien über Menzenschwand.

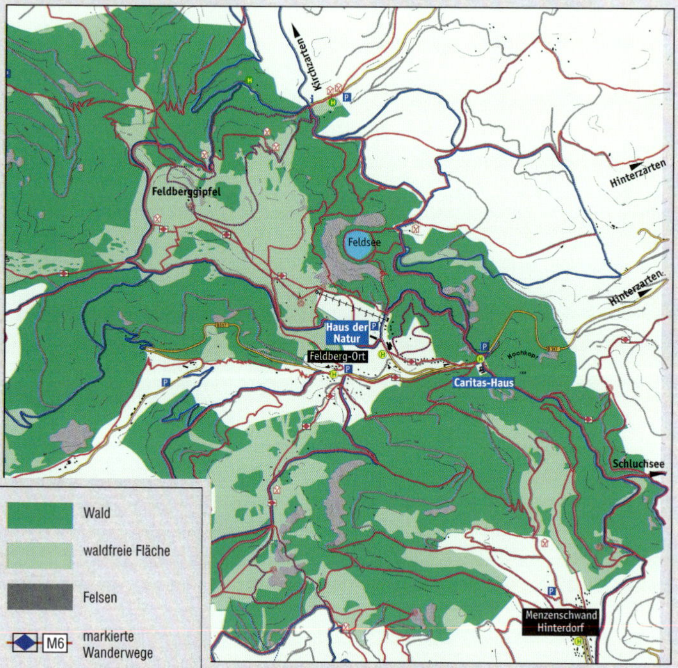

Adressen

Der Südschwarzwald bietet zahlreiche Unterkünfte von komfortablen Hotelzimmern bis zu Campingplätzen (am Schluchsee und am Titisee). Touristeninformationen sind in jeder Gemeinde zu finden.

Tourist-Information Feldberg, Kirchgasse 1, 79868 Feldberg, Tel.: 07652/12060, feldberg@hochschwarzwald.de; www.hochschwarzwald.de

Naturschutzzentrum Südschwarzwald im „Haus der Natur“, Dr.-Pilet-Spur 4, 79868 Feldberg, Tel.: 07676/9336-30, naturschutzzentrum@naz-feldberg.de; www.naz-feldberg.de

Naturpark Südschwarzwald, Internet: www.naturpark-suedschwarzwald.de

Bitte melden Sie besondere Beobachtungen an das Naturschutzzentrum Südschwarzwald (Adresse s. o.)

Vom einem Aussichstpunkt ist das ganze Ausmaß des Bergrutsches erkennbar. Foto: E. Wagner. August 2011.
Der Urbacher Bergrutsch

Streuobstwiesen auf wackeligem Grund

Am 7. April 2001 rutschten nördlich des Freibads Urbach in einem der größten Streuobstbestände Europas in einem besonders regenreichen Frühjahr unter Grollen und Getöse mehr als drei Hektar Obstwiesen ab. Zurück blieb eine 240 m breite und bis zu 17 m hohe Sandsteinwand. Urbach hat seitdem ein neues Wahrzeichen.

Landschaftsgeschichte und Lebensräume

Streuobstwiesen prägen das Bild um Urbach. Die Gemeinde liegt in einem der größten Streuobstbestände Europas. Noch 1950 waren Streuobstwiesen in Süddeutschland allgegenwärtig und in weiten Teilen Baden-Württembergs ein vertrauter Anblick. Die Anfänge reichen bis in die Steinzeit zurück. Wilde Äpfel, Birnen und andere Früchte wurden als willkommene Ergänzungsnahrung gesammelt. Das Wissen um die Veredelung und den Anbau von Obst kam vor 2000 Jahren mit den Römern nach Deutschland. Sie pflanzten um ihre Villen Obstbäume an. Einen erneuten Aufschwung hatte der Obstbau in der Regierungszeit Karl des Großen, der ein persönliches Interesse an der Obstzucht hatte. Klöster und Mönche bewahrten und entwickelten das Wissen um Sorten, Veredeln und Pflege der Obstgärten. Obstbestände mit Hochstamm-Obstbäumen, wie sie uns vertraut sind, entstanden allerdings erst im 16. Jahrhundert. So baute man in Bad Boll, 19 Kilometer südlich von Urbach, im Jahr 1602 über 50 Apfel- und 34 Birnensorten an. Leider wurden im 30-jährigen Krieg Obstbäume häufig gezielt vernichtet, um eine wichtige Nahrungsgrundlage der feindlichen Bevölkerung auf Jahrzehnte zu zerstören. Im 18. und 19. Jahrhundert erfolgte dann, nicht selten auf herrschaftlichen Druck, die weite Ausbreitung des Obst-

Feldsperlinge sind häufige Brutvögel rund um Urbach. Foto: C. Wagner. Unteres Odertal, 21.5.2009.

Halsbandschnäpper besiedeln in Deutschland schwerpunktmäßig die Wälder der Donau, Frankens und die Streuobstbestände der Schwäbischen Alb.

Foto: C. Moning. Freising, 7.6.2009.

baus in klimatisch günstigen Gebieten Baden-Württembergs. Anfangs gab es tatsächliche Baumäcker mit zusätzlichem Anbau von Getreide und Hackfrüchten unter den Obstbäumen. Erst als unter den Bäumen nur noch einfache Grünlandnutzung stattfand, entwickelten sich die „Streuobstwiesen" im heutigen Sinn, wobei das Wort an sich aus dem Jahr 1975 stammt, als die naturschutzfachliche Bedeutung dieses Lebensraums besonders für Vogelarten erkannt wurde.

Die weiteste Verbreitung dieser Form des Obstbaus in Deutschland gab es zwischen 1930 und 1955. Auf den 1,5 Millionen Hektar Streuobstwiesen in Deutschland fand allerdings eine intensive Nutzung der Bestände mit meist chemischer Bekämpfung von Insekten und Pilzen statt. Da die Ernte von Obst aus Obstwiesen personalaufwendig ist, ist sie nicht mehr so attraktiv. In der Folge wird heute kaum mehr chemischer Pflanzenschutz betrieben. Durch die fehlende Nutzung und Pflege überaltern die Bestände oder sie werden gerodet. Neue Vermarktungskonzepte zum Beispiel mit mobilen Saftpressen sollen diesem Trend entgegenwirken. Vermehrt tritt in jüngerer Zeit der touristische Aspekt in den Vordergrund. Streuobstgürtel um die Dörfer beispielsweise im Vorland der Schwäbischen Alb haben einen hohen ästhetischen Wert. Vor allem zur Zeit der Obstblüte Ende April und Anfang Mai bekommen ganze Landschaften einen einzigartigen Reiz. Nur wenige Biotope verdeutlichen die enge Vernetzung von Natur, Landschaft, Kultur und Ernährung so eindrücklich wie die Streuobstwiesen.

Urbach hat – wenn auch ungewollt – eine weitere Sehenswürdigkeit bekommen: den Urbacher Bergrutsch. Am 7. April 2001 lösten sich über 70 000 m³ Gesteins- und Erdmassen an einer Abrisswand und rutschten mitsamt Geräteschuppen und Obstbäumen eine gute Stunde lang talwärts. Eine Dampfwolke bildete sich aufgrund der Reibungswärme über der Rutschung. Die Ursache des Bergrutsches war geologisch begründet. Schwere Erdmassen waren auf einer durchnässten Gipskeuperschicht ins Rutschen geraten und hatten sich von einem zerklüfteten Sandstein, der jetzt frei steht, abgelöst. So etwas passiert im Remstal immer wieder, in diesem Ausmaß ist der Bergrutsch in Baden-Württemberg aber einmalig. Der Bergrutschbereich wurde für ein Jahr gesperrt. Danach führte die Gemeinde Urbach eine Flurneuordnung durch. Dabei wurden die verlorenen Grundstücke und Geschirrhütten entschädigt und die Wegeerschließung wieder hergestellt. Zusätzlich wurden 210 m² Trockenmauern gesetzt und verwilderte Grundstücke mit überaltertem Obstbestand rekultiviert, um die Streuobstnutzung in diesem bedeutenden Gebiet zu bewahren. 2007 wurde der „Bergrutsch-Rundweg" eingerichtet. An der rund drei Kilometer langen Strecke in den Streuobstwiesen entlang des Rutschgeländes informieren sieben Informationstafeln über Geschichte, Geologie, Flora und Fauna des Bergrutschgebiets. Die Pflege des inzwischen zum Geotop erklärten und als Naturschutzgebiet ausgewiesenen Europäischen Vogelschutzgebiets übernehmen Schafe und Ziegen. Sie sorgen dafür, dass die geologisch interessanten Bereiche nicht verbuschen und für die Besucher betrachtbar bleiben.

Besondere Vogelarten und Reisezeit

Die enge Verzahnung von oft höhlenreichen Bäumen und maximal zwei- bis dreischürigen Wiesen führt zu einem abwechslungsreichen Lebensraum für Höhlenbrüter, die in offenen Landschaften nach Nahrung suchen. Dazu gehören zum Beispiel Wendehälse und Gartenrotschwänze. Aber auch Mittel-

Typische Vogelarten des Urbacher Bergrutsches, deren Status und günstige Beobachtungszeiten (in Klammern).
h = häufiger, r = regelmäßiger, s = seltener; J = Jahresvogel, B = Brutvogel

Art	Status (beste Beobachtungszeit)	Art	Status (beste Beobachtungszeit)
Feldsperling	rJ (ganzjährig)	Neuntöter	rB (Mai–Aug.)
Gartenrotschwanz	hB (Apr.–Aug.)	Pirol	sB (Mai–Aug.)
Grauspecht	sJ (ganzjährig)	Rotmilan	rB (März–Nov.)
Grünspecht	hJ (ganzjährig)	Schwarzspecht	rJ (ganzjährig)
Halsbandschnäpper	rB (Ende April–Juli)	Star	hB (März–Aug.)
Kleinspecht	rJ (ganzjährig)	Wendehals	rB (Mai–Juli)
Mittelspecht	rJ (ganzjährig)	Wespenbussard	rB (Mai–Aug.)

spechte und Halsbandschnäpper finden in den Streuobstwiesen einen geeigneten Lebensraum.

Über 15 Prozent des weltweiten Mittelspechtbestands lebt in Deutschland. Er gilt als typischer Eichenspecht, ist allerdings gar nicht so sehr auf Eichen angewiesen, sondern benötigt vor allem grobrindige Strukturen. Grobe Rinden findet man aber in unseren Wirtschaftswäldern vorwiegend an Eichen, die von Haus aus schon vor dem Erntealter eine grobe Rinde haben. Auch Obstbäume haben grobe Rinden, sodass Mittelspechte um Urbach herum regelmäßig in Obstbäumen entdeckt werden können. Zur Balzzeit im März und April machen sie vor allem durch ihr auffälliges Quäken auf sich aufmerksam. Ganzjährig kann der Mittelspecht relativ leicht anhand der charakteristischen keckernden Rufreihe mit höherer erster Silbe erkannt werden.

Halsbandschnäpper brüten in Deutschland nur im Süden. Von Anfang Mai bis Mitte Juni lassen sie sich problemlos über den Gesang entdecken. Schon zur Jungenfütterung werden Halsbandschnäpper allerdings still und Ende Juli verschwinden sie klammheimlich aus den Streuobstwiesen und machen sich auf ihren nächtlichen Zug nach Süden. Da Halsbandschnäpper ihre mitteleuropäischen Brutplätze als einer der letzten Langstreckenzieher erst Ende April erreichen, sind zu dieser Zeit viele Bruthöhlen durch Meisen, aber auch Kleiber und Feldsperlinge fest besetzt, weshalb die Art in vielen Streuobstwiesen des Albvorlands mit einem intensiven Angebot an künstlichen Nisthilfen gestützt wird.

Neben Mittelspechten, Halsbandschnäppern und Gartenrotschwänzen, kann man mit Grünspechten, Neuntötern, Staren und Feldsperlingen, sowie am Übergang zum Wald mit Grau- und Schwarzspechten rechnen. Wendehälse sind im Albvorland selten geworden. Sie benötigen Höhlen und ernähren sich von Ameisen, die sie auf kurzrasigen Wiesen auflesen. Aufmerksame Beobachter des Himmels haben auch gute Chancen auf Wespenbussarde und Rotmilane.

Apfelblüte und die Ankunft der Halsbandschnäpper fallen gemeinsam auf den Monatswechsel April/Mai, sodass dieser Termin für einen Besuch des Gebiets besonders lohnend ist.

Beobachtungsmöglichkeiten

Der „Einstieg“ in den Bergrutschweg erfolgt vom Freibad an der „Hagsteige“ (1) aus. Man wandert die asphaltierte Hagsteige in Richtung Wald bergauf, bis der Bergrutschweg nach links abzweigt (2). An der Abzweigung hat man eine schöne Aussicht auf die Sandsteinwand. Der Bergrutschweg ist ausgeschildert. Er führt zuerst ins Tal und dann über viele Stufen am linken Rand des Rutsches zu einem weiteren Punkt mit Blick in den Bergrutsch (3) und hoch zum Wald (4). Auf dem gesamten Weg singen zur richtigen Jahreszeit Gartenrotschwänze und einzelne Halsbandschnäpper. Am Waldrand kann man dem Bergrutschweg nach rechts folgen und kommt über einen weiteren spektakulären Aussichtspunkt (5) zurück zum Auto. Im Wald findet man Schwarzspechte und Pirole. Es lohnt sich aber auf jeden Fall bei (4) links zu gehen, denn dieser Weg macht einen großen Bogen durch die Obstwiesen (6). Besonders auf diesem Bogen hat man Chancen, Wendehälse aber auch Grauspechte und Halsbandschnäpper zu entdecken.

Obwohl das Gebiet um den Urbacher Bergrutsch einen der schönsten Ausschnitte aus dem Streuobstgürtel des Mittleren Albvorlands darstellt und als seine Quintessenz gelten kann, findet man im Umkreis von 25 km weitere sehr lohnenswerte Obstwiesen; so zum Beispiel auf dem Holzberg und in Buhlbronn bei Schorndorf, wo der NABU Schorndorf jeweils Nistkästen für Halsbandschnäpper aufgehängt hat, und um die Limburg bei Weilheim an der Teck, die für einen attraktiven Spaziergang auf der Durchreise sehr einfach von der Autobahn A 8 aus erreicht werden kann. In allen Gebieten kann man die Arten beobachten, die auch in Urbach vorkommen.

Der Holzberg liegt rund 1,5 km nordwestlich von Schorndorf. Man erreicht ihn, indem man die B 29 über die Abfahrt „Schorndorf/Rudersberg/Welzheim“ Richtung „Schorndorf Innenstadt“ verlässt. Nach 1,5 km folgt man an einem Kreisverkehr „Schornbach/Buhlbronn“ nach rechts und biegt dann vor dem Ortsausgangsschild nach links in den „Holzbergweg“ ein. Diesem folgt man zweimal rechts abbiegend durch einen Hohlweg und durch den Wald auf eine Anhöhe, wo man auf eine Kreuzung stößt. Hier biegt man rechts ab und erreicht so einen Waldparkplatz. An der Kreuzung in ursprünglicher Fahrtrichtung weiter geradeaus nach Westen gehend, passiert man rechterhand das Nistkastengebiet.

Die 270 Hektar großen Buhlbronner Obstwiesen beherbergen eine stabile Population von circa 20 Hals-

Wie aus dem Nichts entstand im Jahr 2001 eine imposante Sandsteinwand. Der Hangfuß und Rutschungsbereich wird durch Ziegen und Schafe beweidet.

Foto: M. Wagner. August 2011.

bandschnäpperpaaren. Man fährt von Schorndorf nach Schornbach und weiter nach Buhlbronn. In Buhlbronn biegt man rechts in die „Tannenwaldstraße" ab und fährt auf dieser bis zum Ortsausgang und 150 m weiter bis zur einer Scheune, wo man parken kann. Linker Hand beginnen die Streuobstwiesen.

Die Hänge der Limburg, einem Kegelberg vulkanischen Ursprungs, sind von Streuobstwiesen, Magerrasen und Weinbergen bedeckt. Der Friedhof dient als Ausgangspunkt für den 3 km langen Naturlehrpfad und ist nur 3,5 km von der Ausfahrt „58 Aichelberg" der A8 entfernt. Man hält sich in Weilheim zuerst Richtung Neidlingen. Später ist der Friedhof ausgewiesen.

Weitere Freizeitmöglichkeiten

Regional bekannt ist der jedes Jahr am letzten Aprilwochenende stattfindende „Remstäler Töpfermarkt" rund um das Schloss Urbach. Außerdem zählt das Urbacher Mostseminar im historischen Sandsteingewölbe des Schlosskellers, in dem die besten Moste verkostet und prämiert werden und jeder Teilnehmer urkundlich zum „Sachkundigen Mosttrinker" ausgerufen wird, zu den alljährlich beliebten Veranstaltungen.

Der historische Stadtkern der großen Kreisstadt Schorndorf steht als Gesamtensemble unter Denkmalschutz. Die historische Altstadt und besonders der Marktplatz mit dem Marktbrunnen und seinen historischen Fachwerkhäusern zählen zu den schönsten Deutschlands. Das Rathaus, das von 1726 bis 1730 erbaut wurde, bildet das Wahrzeichen der Stadt.

Einen Abstecher ist auch das Kloster Lorch wert. Es thront 15 Straßenkilometer remsaufwärts über der verschlafenen Gemeinde Lorch.

Christian Wagner, Christopher König, Christoph Moning, Felix Weiß

Infomaterial/Literatur

www.nabu.de/themen/streuobst/hintergrund/02359.html

Ein Faltblatt mit weitergehenden Informationen zum Bergrutschweg und einer Kartenskizze gibt es unter: www.urbach.de/servlet/PB/menu/1232802/index.html

Anfahrt

Mit Bahn und Bus

Der Ausgangspunkt für die oben beschriebene Wanderung ist am Freibad an der „Hagsteige" (1) in Urbach, am Nordrand des Orts. Vom Urbacher Bahnhof geht man 2,5 km zum Freibad. Von der nächsten Bushaltestelle „Banrain" muss man sogar nur 250 m bis zum Ausgangspunkt der oben beschriebenen Wanderung gehen.

Mit dem Auto

Das Freibad erreicht man über die B29. Die Bundesstraße an der Ausfahrt „Urbach" verlassend, hält man sich auf der K1881 in Richtung Ortsmitte Urbach und biegt dann im Ort links in die K1880 Richtung "Haubersbronn" ab. Kurz vor dem Ortsende Urbach biegt man rechts in den „Kreuzweg" Richtung „Freibad" ab. Von diesem links in die „Untere Seehalde" abbiegend, erreicht man den Parkplatz am Freibad (1) nach circa fünf Minuten von der Bundesstraße.

Adressen

Gemeinde Urbach, Konrad-Hornschuch-Straße 12, 73660 Urbach, www.urbach.de. Zu den geführten Wanderungen mit Schwerpunkt Geologie
und Landschaftsgeschichte meldet man sich im Servicebüro des Rathauses unter
Tel.: 07181/800755 oder per E-Mail unter servicebuero@urbach.de an.

Kloster Lorch, Kontakt über das Touristikbüro Lorch, Klosterstraße 2, 73547 Lorch, 07172/928497, info@kloster-lorch.de; www.kloster-lorch.com.

Öffnungszeiten für die Klosteranlage,
die Dauerausstellung und das Staufer-Rund-bild sind: 1.3.–31.10.von 10 bis 18 Uhr, 1.11.–29.2. von 10 bis 17 Uhr, am 24. und 31. Dezember ist geschlossen.

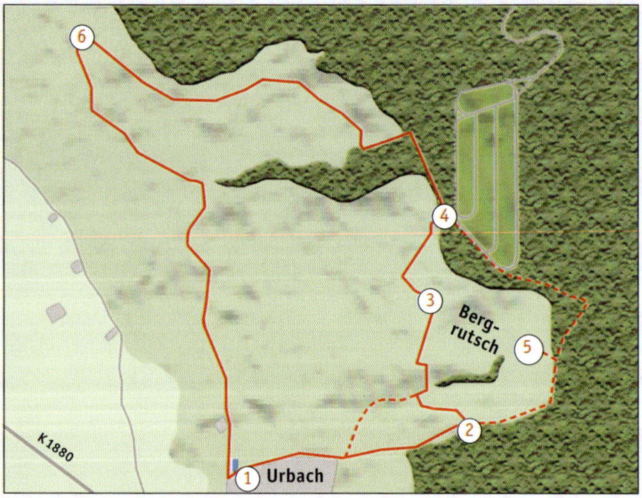

GPS		
Parkplatz Freibad (1)	48°49'28,00" N	9°34'32,00" O
Abzweig Bergrutschweg (2)	48°49'33,00" N	9°35'06,00" O
Umkehrpunkt Schleife (6)	48°50'09,00" N	9°34'09,00" O
Waldparkplatz Holzberg	48°49'10.00" N	9°30'19.00" O
Buhlbronn, Scheune	48°50'26.00" N	9°31'15.00" O
Friedhof Weilheim	48°36'40.00" N	9°31'47.00" O

„Wohl das schönste Stück des württembergischen Bodensee-ufers, das noch den Zauber der Natürlichkeit und Ursprünglichkeit weitgehend bewahrt hat, ist das Eriskircher Ried" (Karl Bertsch, 1941). Foto: G. Kersting. 11.5.2010.

Das Eriskircher Ried

Sprungbrett für den Vogelzug

Zwischen der Schussen- und Rotachmündung liegt mit dem Eriskircher Ried das nach dem Rheindelta größte Naturschutzgebiet am Obersee des Bodensees. Es ist von ausgedehnten Flachwasserzonen, Schilfröhrichten, Altwässern und einer strukturreichen Kulturlandschaft mit vielen Feuchtwiesen geprägt. Unter den über 280 nachgewiesenen Arten beeindrucken besonders die international bedeutenden Rastvogelkonzentrationen und der herbstliche Vogelzug. So finden sich seit Jahren im Winterhalbjahr große Ansammlungen von Singschwänen ein. Im Herbst konzentriert sich am Seeufer der Vogelzug wie an keinem anderen Ort in Süddeutschland. Aber auch die Brutvogelwelt lockt neben einer vielfältigen Flora, die beispielsweise durch die bemerkenswerte Schwertlilienblüte Mitte Mai bis Anfang Juni zahlreiche Besucher in ihren Bann zieht.

Landschaftsgeschichte und Lebensräume

Während des Höhepunkts der letzten Eiszeit bedeckte eine bis zu 500 m dicke Eisschicht das Gebiet des heutigen Eriskircher Rieds. Als die Gletscher vor etwa 15 000 Jahren schmolzen und das Bodenseebecken hinterließen, schwemmten Schussen und Rotach große Mengen Schlamm und Sand in den See, die sich vor allem in der Uferzone ablagerten. Über die Jahrtausende schwankte der Wasserstand des Bodensees um mehrere Meter und so lagerten sich Sedimente auch weit landeinwärts der aktuellen Uferlinie ab. Daher ist das Eriskircher Ried im Wesentlichen über Sand- und Schlammablagerungen des Bodensees und seiner Zuflüsse entstanden, die das grobe Kies- und Gesteinsmaterial eiszeitlicher Moränen überlagern.

Menschen nutzen das Gebiet bereits seit Jahrhunderten. So wurden die ausgedehnten Auen- und Bruchwälder größtenteils gerodet und die in der Folge entstandenen offenen Flächen dann bis Mitte des 20. Jahrhunderts als Streuwiesen genutzt. Die Schilfröhrichte lieferten den Rohstoff für das Schilfmattenflechten, ein wichtiges Handwerk seit Ende des 19. Jahrhunderts. Die fischreichen Gewässer werden bis heute befischt.

Bereits 1939 wurde das Eriskircher Ried ein Naturschutzgebiet, das 1983 auf die heutigen 552 ha erweitert wurde. Trotzdem nutzten die französischen Besatzungstruppen das Eriskircher Ried bis 1954 als Luftschießübungsplatz und die Bundeswehr betrieb bis 1998 im Ried eine „Peilzentrale".

Das Eriskircher Ried ist heute ein außerordentlich wichtiges Erholungsgebiet für die heimische Bevölkerung und für Feriengäste. Bereits 1930 wurde von der Gemeinde Eriskirch im Bereich der heutigen Beobachtungsplattform am Ufer des Bodensees ein erstes einfaches Strandbad errichtet. Um 1959 entstand das neue Strandbad am heutigen Standort. Über 300 000 Menschen besuchen das Eriskircher Ried jährlich.

Auf den ersten Blick erscheint das Ried fast eben, aber eine Höhendifferenz von wenigen Dezimetern bewirkt bereits eine unterschiedlich lange Überflutung bei Hochwasser. Dies führt zu einer deutlichen Vegetationszonierung und somit zu einer mit rund 650 Arten sehr vielfältigen Vegetation. Schmelzwasser aus dem Alpenraum und hohe frühsommerliche Niederschlagsmengen im Wassereinzugsgebiet lassen den Bodensee von März bis Anfang Juli um etwa 1,60 Meter ansteigen, sodass niedrig gelegene Flächen des Eriskircher Rieds im Frühsommer oft wochenlang unter Wasser stehen. Dazu zählen die seenahen Wiesen, die deswegen nicht als Futterwiesen genutzt werden konnten. Sie wurden im Winterhalbjahr gemäht, und das Mahdgut als Einstreu („Streuwiese") in Ställen verwendet. Da die nährstoffarmen Streuwiesen ab der zweiten Hälfte des letzten Jahrhunderts von geringem wirtschaftlichem Interesse waren, drohten sie binnen weniger Jahrzehnte wieder zu bewalden. Darum werden sie heute im Auftrag der Naturschutzverwaltung gemäht und abgeräumt.

Die Schussen prägt das Landschaftsbild im Südosten des Rieds. Mit einer durchschnittlichen Wasserführung von neun Kubikmetern je Sekunde zählt sie zu den kleineren Bodenseezuflüssen. Die flussbegleitenden Auenwälder sind von Silberweiden geprägt. Schussen und Rotach flossen von Natur aus nicht im geraden Verlauf zum Bodensee, sondern bildeten zahlreiche Flussschlingen. Diese wurden Anfang des 20. Jahrhunderts von den Menschen begradigt und bei der Schussen von dieser abgeschnitten, sodass Still- beziehungsweise Altwasser entstanden.

Auch am Ufer des Bodensees wachsen große Weidenbestände, an einigen Stellen auch Röhrichte, die im Sommer wichtige Kinderstuben der Fische und Wasservögel sind. Bis zu einem Kilometer weit hinaus fällt der Seeboden nur sehr flach ab. Wärme, Licht und Nährstoffe fördern hier das pflanzliche Wachstum, sodass diese Flachwasserzone der produktivste Bereich des ganzen Sees ist. Dies wissen große Wasservogelscharen zu schätzen. Tauchenten profitieren von den großen Dreikantmuschelbeständen und vor allem Kolbenenten fressen die Armleuchteralgen, die durch das wieder klar gewordene Bodenseewasser prächtig gedeihen.

Der Bodensee ist der beste Platz in Süddeutschland, um überwinternde Singschwäne zu beobachten. Foto: R. Martin. Rheindelta, Bodensee, 13.8.2011.

Besondere Vogelarten und Reisezeit

In den ruhigen Flachwasserzonen des Eriskircher Rieds halten sich bis zu 30 000 Wasservögel auf. Entenvögel haben hier einen international bedeutenden Mauser-, Rast- und Überwinterungsplatz. Im Herbst rasten bis zu 20 000 Reiher- und Tafelenten und im Winter gesellen sich häufig über 100 Singschwäne und viele weitere Wasservogelarten hinzu. Darunter sind regelmäßig Pfeif-, Spieß-, Löffel-, Berg- und Schellenten sowie Gänsesäger und Rothalstaucher. Samtenten sowie Stern- und Prachttaucher sind seltene, aber regelmäßige Gäste. Bis zu 2500 mausernde Haubentaucher verleihen dem Gebiet eine beträchtliche zusätzliche Bedeutung.

Bei einem Wasserstand unter 340 cm treten große Schlammflächen zutage, die wertvolle Rastplätze für Große Brachvögel, Alpenstrandläufer und andere Watvögel sind. Bergpieper und Silberreiher suchen vor allem im Winter entlang der Ufer nach Nahrung. Nachtreiher, Schwarzkopfmöwen, Zwergmöwen und Trauerseeschwalben findet man hauptsächlich im Sommerhalbjahr. Schwarzhalstaucher sowie Rost- und Brandgänse halten sich fast das ganze Jahr über im Gebiet auf.

Typische Vogelarten im Eriskircher Ried, deren Status und günstige Beobachtungszeit (in Klammern).
h = häufiger, r = regelmäßiger, s = seltener; B = Brutvogel, W = Wintergast, D = Durchzügler, N = Nahrungsgast

Art	Status (beste Beobachtungszeit)
Singschwan	hW (Nov.–Feb.)
Brandgans	rD (März–Mai, Sept.–Dez.)
Kolbenente	sB, hW, hD (ganzjährig)
Schellente	rW, rD (Nov.–März)
Gänsesäger	rW, rD, rN (ganzjährig)
Prachttaucher	rW, rD (Nov.–Mai)
Haubentaucher	hB, hW, hD (ganzjährig)
Silberreiher	rW, rD (Okt.–Mai)
Schwarzmilan	hB, rD (März–Aug.)

Art	Status (beste Beobachtungszeit)
Alpenstrandläufer	rD (Apr., Sept.–Nov.)
Großer Brachvogel	hW, rD (Aug.–März)
Mittelmeermöwe	sB, rD, hW, hN (ganzjährig)
Steppenmöwe	rW (Nov.–März)
Trauerseeschwalbe	rD (Apr.–Mai)
Flussseeschwalbe	rD, rN (Apr.–Aug.)
Grauspecht	rB (Jan.–Mai)
Nachtigall	rB (Apr.–Juni)
Bergpieper	rD, rW (Nov.–Apr.)

Im Herbst werden durchziehende Vogeltrupps entlang des schmalen Uferstreifens stark kanalisiert. Die meisten Vögel ziehen in südwestlicher Richtung und treffen auf den Bodensee. Von der Mehrzahl der Vögel wird er allerdings nicht überflogen. Die Überquerung der großen Wasserfläche kann zum einen gefährlich sein, anderseits gibt es kaum Aufwinde, die von Thermikseglern (Greifvögel, Störche) genutzt werden könnten. Die Zugroute führt deshalb in nordwestlicher Richtung am Obersee entlang, um dann bei Überlingen oder Ludwigshafen wieder die ursprüngliche Richtung einzuschlagen. So kommt es vor allem im September und Oktober zu einer starken Konzentration des Zuggeschehens im Eriskircher Ried mit Höchstzahlen von fast einer Million Vögeln. Davon sind gut die Hälfte Buchfinken. Aber auch weniger häufige Arten wie Heidelerchen und Kernbeißer ziehen in beachtlichen Zahlen entlang des Seeufers.

Als Brutgebiet hat das Eriskircher Ried generell eine geringere Bedeutung. Regelmäßige Brutvögel sind Kolben- und Schnatterenten, Baumfalken, Wasserrallen und Schwarzkehlchen. Schwarzmilane sind charakteristisch für das Gebiet. Kormorane haben am Seeufer nördlich des Alten Strandbades eine Kolonie gegründet. Haubentaucher sind mit maximal 100 Brutpaaren zahlreich vertreten. Mit etwas Glück findet man Grau- und Kleinspechte sowie Pirole. Häufig und auffällig sind Grünspechte. Von Ende April bis in den Mai ist in der Hartholzaue das Konzert der Nachtigallen zu hören. Unregelmäßig oder nur in Einzelpaaren brüten Tafelenten, Trauerschnäpper, Gartenrotschwänze, Neuntöter und Drosselrohrsänger. Kiebitze und Bekassinen sind als Brutvögel der Riedwiesen ausgestorben, können aber zu den Zugzeiten beobachtet werden. Entlang der Gewässer gehen Eisvögel auf Kleinfischjagd.

Beobachtungsmöglichkeiten

Gute Beobachtungsstellen sind der Unterlauf der Schussen (1), die zwei Beobachtungsplattformen am Ufer des Bodensees (4, 5) und vor allem das Strandbad Eriskirch (3) sowie die Mündungen der Flüsse Rotach (6) und Schussen (2). Letztere drei Punkte stellen die lohnendsten Beobachtungsplätze dar.

Der im Folgenden vorgestellte Rundweg ist insgesamt 15 km lang und für Beobachter, die mit öffentlichen Verkehrsmitteln anreisen, eine gute Option. Er ist in der Karte orange markiert. Vom Naturschutzzentrum aus führt der Weg nach Südosten entlang der Bahnlinie bis zu einer Bahnschranke, über die Bahngleise bis zu einer Kapelle. Von hier folgt man dem Feldweg nach links immer geradeaus bis zum Schussenaltwasser und über einen Fußgängersteg durch Auwald bis zur Schussenbrücke (1). Entlang des Weges singen im Sommerhalbjahr Pirole. Man überquert den Fluss und gelangt seewärts zur Schussenmündung (2). Hier halten sich zu den Zugzeiten und bei niedrigem Wasserstand Watvögel auf. Außerdem ist es der beste Platz, um die rastenden Wasservögel zu beobachten.

Der Rundweg führt zurück über die Schussenbrücke (1) durch Streuwiesen mit Feldschwirlen und Sumpfrohrsängern zum Strandbad (3). Die Streuwiesen sind Ende Mai auch Schauplatz der prächtigen Schwertlilienblüte, wenn Tausende Sibirische Schwertlilien die Wiesen lila überziehen. Am Strandbad lohnt sich der Blick über die Wasserfläche, was im Winter regelmäßig mit der Sichtung von Prachttauchern belohnt wird, gelegentlich werden auch Stern- und Eistaucher beobachtet. Weiterhin ist der Seezugang beim Strandbad (3) im Winter der beste Platz für Singschwäne, unter denen sich gelegentlich einzelne Zwergschwäne aufhalten.

Zurück auf dem Hauptweg, wandert man weiter parallel zum Seeufer nach Norden und erreicht 1,5 km hinter dem Strandbad über einen kurzen Stichweg die Beobachtungsplattform „Altes Strandbad“ (4). Im Sommer halten sich hier Seeschwalben und im Winter viele Wasservögel auf. Wenige Hundert Meter weiter ist auf der linken Seite die zweite Beobachtungsplattform „Seedole“ (5) zu finden. Hier lassen sich ebenfalls ziehende, rastende und überwinternde Wasservögel beobachten. Nicht Richtung Bahnlinie, sondern parallel zum Seeufer nach Nordwesten gehend, überquert man ein Altwasser der Rotach mit ausgedehnten Schilffeldern und gelangt so schließlich zur Rotachmündung (6), an der regelmäßig Seeschwalben und Limikolen beobachtet werden können. Die Rotachmündung war bisweilen auch der beste Platz für Bestimmungsübungen an Steppen-, Mittelmeer-, Silber- und Heringsmöwen. Der Rückweg zum Naturschutzzentrum kann mit dem Bus von der Haltestelle „Friedrichshafen-Jugendherberge“ in

Große Ansammlungen von Tauchenten sind ein beeindruckender Winteraspekt des Obersees.
Foto: C. Moning. Güttingen, Schweizer Bodenseeufer, 18.11.2012.

der Nähe der Rotachmündung oder, wie in der Karte dargestellt, zu Fuß entlang der Bahnlinie durch Wiesen und Obstanlagen nach Eriskirch erfolgen. Besucher, die mit dem Auto anreisen, können die Beobachtungspunkte (2), (3) und (6) auch direkt anfahren.

Weitere Freizeitmöglichkeiten

Das Naturschutzzentrum Eriskircher Ried ist ein wichtiger Anlaufpunkt für Besucher des Rieds. In der 2011 neu erstellten Dauerausstellung „Natur am Bodensee" können Bodenseefische im Aquarium beobachtet werden, ein dreidimensionales Modell des Bodensees veranschaulicht eindrucksvoll die Unterwasserlandschaft und große Tafeln informieren über die reichhaltige Flora und Fauna.

Die gesamte Bodenseeregion bietet viele ornithologisch und kulturhistorisch herausragende Stellen. Wer noch Zeit hat, kann in Immenstaad zum Beispiel an der Schiffslände nach Seetauchern und Möwen Ausschau halten.

Seit wenigen Jahren zeigte sich, dass besonders im August und September regelmäßig Schmarotzer- und Falkenraubmöwen in der Seemitte rasten. Da die Vögel vom Ufer aus kaum auszumachen sind, mietet man sich ein führerscheinfreies Motorboot in Friedrichshafen und begibt sich in die Seemitte, wo sich die Raubmöwen neben Zwergmöwen aus angenehm kurzer Distanz beobachten lassen.

Christoph Moning, Christopher König, Christian Wagner, Felix Weiß

Infomaterial/Literatur

Heine J, Leuzinger S 1999: Die Vögel des Bodenseegebietes. Ornithologische Jahreshefte Baden-Württemberg, Bände 14/15, 847.

Miotk 1983: Das Eriskircher Ried. Landesanstalt für Umweltschutz Baden-Württemberg Institut für Ökologie und Naturschutz, 188.

Moning C, Wagner C 2012: Vögel beobachten in Süddeutschland, aktualisierte, erweiterte Neuausgabe. Franckh-Kosmos Verlag, Stuttgart.

Werner S, Bauer H-G 2012: Stille Revolution am Bodensee: Wasservögel und wirbellose Neozoen. Falke 59: 212–218.

Wir danken Gerhard Kersting für die Durchsicht des Beitrags.

Anfahrt

Mit Bahn und Bus

Der nächstgelegene Bahnhof ist Eriskirch. Das Naturschutzzentrum befindet sich im ehemaligen Bahnhofsgebäude. Es ist Ausgangspunkt der vorgestellten Wanderung beziehungsweise Fahrradtour.

Mit dem Auto

Eriskirch liegt knapp 6 km südöstlich von Friedrichshafen direkt an der B 31. Der Bahnhof bzw. das Naturschutzzentrum sind ausgeschildert. Das Strandbad Eriskirch erreicht man, indem man in Eriskirch die „Friedrichshafener Straße" westlich der Schussen in die nach Süden führende „Schussenstraße" verlässt. Nach 300 m zweigt nach rechts die „Riedstraße" ab, die durch Riedwiesen zum Parkplatz am Strandbad führt.

Adressen

Naturschutzzentrum Eriskirch, Bahnhofstraße 24, 88097 Eriskirch, Tel.: 07541/81888, info@naz-eriskirch.de, www.naz-eriskirch.de.

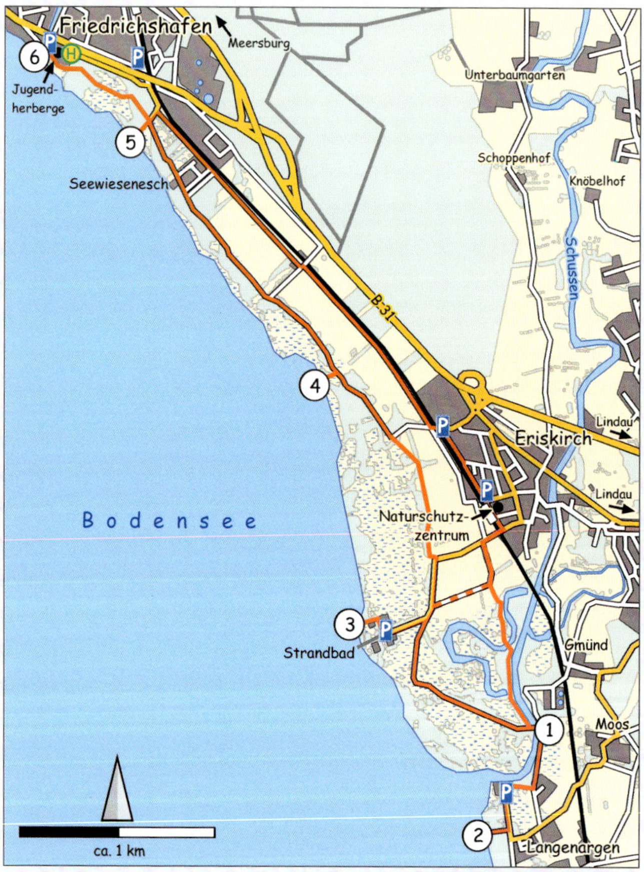

GPS		
Parkplatz am „Hotel Schwedi" (2)	47°36'52" N	9°31'43" O
Strandbad Eriskirch (3)	47°37'20" N	9°31'11" O
Parkmöglichkeiten für die Rotachmündung (5)	47°38'60" N	9°29'49" O

Kolbenenten sammeln sich in international bedeutenden Zahlen in den Flachwasserbereichen wie hier am Untersee. Markelfingen, 15.12.2013.

Winterbeobachtungen am Bodensee in Baden-Württemberg und in der Schweiz

Seetaucher vor Alpenkulisse

Der Bodensee übt als drittgrößter Binnensee Mitteleuropas eine magische Anziehungskraft auf Wasservögel aus, die hier in großer Zahl rasten und überwintern. Die internationale Bedeutung als Überwinterungsgebiet wurde schon früh erkannt. So initiierte die länderübergreifende Ornithologische Arbeitsgemeinschaft Bodensee (OAB) bereits im Winter 1961/1962 ein Zählprogramm, bei dem das vollständige Artenspektrum entlang des gesamten Seeufers synchron erfasst wird (DER FALKE 2013, H. 11). Besonders lohnende Ziele sind im Winter der Konstanzer Trichter aufgrund seiner hohen Entenzahlen sowie der Schweizer Uferabschnitt zwischen Münsterlingen und Romanshorn, der wegen der hohen Seetaucherzahlen unter Vogelbeobachtern zu Recht den Namen „Seetaucherstrecke" trägt.

Landschaftsgeschichte und Lebensräume

Der 535 km² große Bodensee wurde während der Würm-Eiszeit durch den aus dem alpinen Rheintal austretenden Rheingletscher wesentlich geformt und kann insofern als würmglazialer Zungenbeckensee oder Gletscherrandsee bezeichnet werden. Das hier betrachtete Gebiet gliedert sich in zwei sehr unterschiedliche Seebecken. Den größeren, tiefen, nährstoffärmeren und östlich gelegenen Obersee und den flacheren, nährstoffreicheren westlich von Konstanz gelegenen und durch den Rhein mit dem Obersee verbundenen Untersee. Am Schweizer Oberseeufer fällt der Seeboden steil ab. Zwischen Fischbach und Uttwil liegt die mit 254 m unter dem Seespiegel tiefste Stelle des Bodensees. Der Bereich östlich von Konstanz, der sogenannte Konstanzer Trichter zwischen dem deutschen und dem Schweizer Ufer, ist durch große Flachwasserbereiche charakterisiert, in denen Dreikantmuscheln und Armleuchteralgen gedeihen. Der Untersee ist durch die Endmoränen verschiedener Gletscherzungen und Mittelmoränen stark gegliedert. Nördlich der Insel Reichenau befindet sich der Gnadensee genannte Seeteil, in dem sich ebenfalls winterliche Wasservogelmassen tummeln. Nördlich der Halbinsel Mettnau liegt der Markelfinger Winkel. Südlich der Insel Reichenau erstreckt sich von Gottlieben bis Eschenz der Rheinsee mit seiner zum Teil ausgeprägten Rheinströmung. Im Osten wird er Ermatinger Becken genannt. Die weitgehende Aufgabe der Jagd und strikte Regelungen für den Bootsverkehr in den Schutzgebieten haben die Flachwasserzonen zu international bedeutsamen Ruhezonen für Wasservögel werden lassen.

Früh in der Siedlungsgeschichte, die sich am Bodensee bis in die Mittelsteinzeit (8000–5500 v. Chr.) zurückverfolgen lässt, spielte Fischerei eine zentrale Rolle für die Ernährung. Im Bodensee leben rund 45 Fischarten, die Grundlage für den 1,5 Millionen Kilogramm hohen Jahresertrag der Fischerei sind. Auch die hohen Bestände fischfressender Vogelarten begründen sich in den reichen Vorkommen unter anderem von verschiedenen Felchenarten (*Coregonus spec.*), Seesaibling (*Salvelinus alpinus*), Äsche (*Thymallus thymallus*), Barsch (*Perca fluviatilis*), Brachsen (*Abramis brama*) und Quappe (*Lota lota*).

Neozoen unter den Mollusken und Gliederfüßern prägen die Lebensgemeinschaften am Gewässergrund. Sie machen hier im Bodensee mittlerweile über 95 Prozent der Biomasse aus. So wurde die Dreikantmuschel (*Dreissena polymorpha*) ausgehend vom Schwarzmeergebiet zwischen 1960 und 1965 in den Bodensee eingeschleppt. Nach einer Massenvermehrung im Rhein während der 1980er Jahre ist die Art heute auf stabil hohem Niveau. Sie ist eine der wichtigsten Nahrungsgrundlagen für überwinternde Wasservögel. Tatsächlich hat sich die Anzahl der gefiederten Überwinterer infolge der Massenvermehrung der Dreikantmuschel in rund dreißig Jahren mehr als verdoppelt. Inzwischen ist bekannt, dass die Muschelbänke im Laufe eines jeden Winters bis in Tiefen von fünf Metern, an geeigneten Stellen sogar bis in Tiefen von über zehn Metern, bis auf etwa nur ein bis fünf Prozent des Ausgangsbestandes (immerhin bis zu 10 000 Muscheln pro Quadratmeter) reduziert werden! Auf einem Quadratkilometer Seefläche werden von den Vögeln hierbei pro Winter etwa 750 Tonnen Muscheln konsumiert (DER FALKE 2012, H. 6).

Auch der nordamerikanische Kamberkrebs (*Orconectes limosus*) hat sich seit seiner Einwanderung Mitte der 1980er Jahre im Bodensee massenhaft vermehrt und erreicht inzwischen maximale Dichten von bis zu 1000 Tieren pro Quadratmeter, eine Dichte, die bei einheimischen Krebsarten bisher nicht dokumentiert wurde. Neben den großen Lappentauchern wie Hauben- und Rothalstauchern, Meeresenten (Eider- und Samtenten) sowie einigen Großmöwen, die gelegentlich Kamberkrebse fressen, haben die am Bodensee überwinternden Prachttaucher wahrscheinlich besonders davon profitiert. Ihre Bestände stiegen seit den 1980er Jahren zwar langsam, aber stetig an und sind für das Alpenvorland mit bis über 90 Individuen ungewöhnlich groß. Unterstützt durch die Massenvermehrung der eingewanderten Kamberkrebse hat sich bei den Seetauchern inzwischen eine Großgefieder-Mausertradition etabliert: Die adulten Prachttaucher sind ab Mitte Januar durch die Synchronmauser ihrer Handschwingen für mehrere Wochen flugunfähig. Inzwischen dürfte ein Großteil ihrer Nahrung aus dieser leicht erreichbaren Beute bestehen. Auch die inzwischen alljährlich am Bodensee überwinternden Eistaucher (bis zu drei Individuen) sind wahre Krebsspezialisten.

Ein dritter Neubürger hat ebenfalls zu spürbaren Veränderungen der Bodensee-Avifauna geführt: Im Jahr 2006 begann die auch aus dem Schwarzmeerraum stammende Donau-Schwebegarnele (*Limnomysis benedeni*) in den See einzuwandern. Innerhalb von etwas mehr als zwei Jahren hat sie die gesamte Uferlinie von 273 km Länge erobert und bildet im Winter dichte Schwärme mit bis zu einer Million Tieren pro Kubikmeter. In der Folge waren erhebliche Steigerungen der Mittwinterbestände von Zwerg- und Schwarzhalstauchern festzustellen. Insbesondere Letztere verlagerten ihre Nahrungssuche in Bereiche mit hohen Garnelenvorkommen, die sie in dichten Trupps von bis zu 300 Vögeln und regelmäßig von einzelnen Ohrentauchern begleitet synchron tauchend bejagen.

Besondere Vogelarten und Reisezeit

Der Bodensee zählt zu den wichtigsten Binnengewässern für Wasservögel in Mitteleuropa. Bei den Wasservogelzählungen werden zwischen September und April zwischen 25 000 (April) und 250 000 Individuen (Spätherbst) ermittelt. Die höchsten Zahlen ergeben sich in den Monaten von Oktober bis Februar. Fünfstellige Zahlen werden regelmäßig bei den muschelfressenden Reiher- und Tafelenten sowie bei Blässhühnern erreicht. Von internationaler Bedeutung sind auch die Ansammlungen der Haubentaucher, Schnatterenten, Kolbenenten und Gänsesäger. Für Mitteleuropa ungewöhnlich sind die großen Überwinterungesbestände bei Singschwänen, Spießenten und Schwarzhalstauchern in den Flachwasserbereichen. Mittelsäger findet man gewöhnlich, ebenso Samtenten, Ohren- und Rothalstaucher regelmäßig. Etwas seltener tauchen Eider-, Trauer- und Eisenten auf. In den großen Tauchentenschwärmen sollte man auf Moorenten achten, die ihre Überwinterungstradition zunehmend in die Flachwasserbereiche des Bodensees verlagern. Auch Tauchentenhybriden lassen sich immer wieder finden und stellen den Vogelbeobachter vor interessante Bestimmungsaufgaben.

Die überwinternden Enten zeigen eine charakteristische Tagesrhythmik. Tagsüber rasten sie in großen Trupps zumeist in den Flachwasserbereichen des Ermatinger Beckens bzw. in diversen Häfen und fliegen erst abends zur Nahrungssuche zum Beispiel in den Konstanzer Trichter und den Seerhein sowie in andere Gebiete. Ausgelöst wird dieses Verhalten wahrscheinlich unter anderem durch die Prädation der Möwen sowie den Bootsverkehr.

Durch die typischerweise niedrigen Wasserstände des Bodensees im Winter entsteht auf den weiten Ufern Habitat für überwinternde Gebirgsstelzen, Bachstelzen, Bergpieper und Eisvögel. Große Brachvögel nutzen die Schlammflächen im Ermatinger Becken. An den Gewässereinläufen suchen Wasserrallen nach Fressbarem. An den Zuflüssen im Bereich der Seetaucherstrecke verbringen Wasseramseln den Winter.

Bartmeisen äußern ihre metallischen Rufe in den breiteren Schilfsäumen. Auch Möwen gehören zum typischen Winterbild. Mittelmeermöwen, Sturmmöwen und Lachmöwen dominieren, aber auch Steppen-, Silber- und Man-

Typische „Wintervogelarten" an der Seetaucherstrecke, dem Konstanzer Trichter und am Untersee, deren Status und günstige Beobachtungszeit (in Klammern)
h = häufiger, r = regelmäßiger, s = seltener; B = Brutvogel, D = Durchzügler, W = Wintergast

Art	Status (beste Beobachtungszeit)
Singschwan	rW (Dez.–März)
Zwergschwan	sW (Dez.–März)
Rostgans	rW, sB (ganzjährig)
Spießente	rW (Okt.–Apr.)
Pfeifente	rD, rW (Sep.–Apr.)
Kolbenente	rB, hD, hW (ganzjährig)
Moorente	sW (Okt.–Feb.)
Bergente	sW (Nov.–März)
Eiderente	sW (Sep.–Feb.)
Samtente	rW (Jan.–März)
Schellente	hW, hD (Nov.–März)

Art	Status (beste Beobachtungszeit)
Gänsesäger	hW, hD (Okt.–Apr.)
Mittelsäger	sW (Nov.–Apr.)
Rothalstaucher	sW (Okt.–Jan.)
Schwarzhalstaucher	rW, rD, sB (ganzjährig)
Prachttaucher	rW (Nov.–März)
Eistaucher	sW (Dez.–Feb.)
Mittelmeermöwe	rB, hW, hD (ganzjährig)
Silbermöwe	sD, sW (Nov.–Apr.)
Steppenmöwe	rD, sW (Nov.–März)
Heringsmöwe	rD, sW (Dez.–Juli)

telmöwen werden regelmäßig nachgewiesen.

Milde Winter und große neue Wasserflächen in den Tagebaufolgelandschaften unter anderem in Ostdeutschland haben in den letzten Jahrzehnten zu späterer Ankunft, kürzeren Aufenthaltsdauern und wesentlich niedrigeren Beständen zum Beispiel bei den Meeresenten und Möwen geführt. Dafür sind Neozoen wie Rost- und Nilgänse auf dem Vormarsch.

Kormorane ruhen in ruhiger Winterstimmung an der Seetaucherstrecke.
Seetaucherstrecke, 16.12.2013.

Beobachtungsmöglichkeiten

Zwischen Kreuzlingen und Romanshorn führt die Seetaucherstrecke auf der Schweizer Bodenseeseite auf 18 km Luftlinie entlang des Obersee-Südufers. Hier lassen sich im Winter unter anderem Berg-, Samt- und Schellenten, Rothals-, Ohren- und Schwarzhalstaucher, Gänse- und Mittelsäger, Pracht- und Eistaucher sowie einzelne Silber-, Mittelmeer-, Steppen- und Heringsmöwen beobachten. Einige traditionell lohnende Punkte werden im Folgenden beschrieben.

Die Steinacher Bucht liegt zwischen Arbon im Norden und Steinach im Süden etwas östlich der klassischen Seetaucherstrecke. Ein möglicher Parkplatz befindet sich gegenüber dem Bahnhof Steinach an der B 13. Von dort sind es nur ein paar Schritte zur Bucht, an der Krickenten, Bekassinen und vor allem Großmöwen regelmäßig aus geringer Entfernung beobachtet werden können.

An den Hafenanlagen von Romanshorn lassen sich im Winterhalbjahr verschiedene Großmöwenarten in allen Mauserstadien und Alterskleidern studieren. Dazu fährt man in Romanshorn Richtung „Seepark" und parkt auf dem dortigen kostenpflichtigen Parkplatz (Schweizer Franken!).

Mit etwas Glück lassen sich Mittelsäger an der Seetaucherstrecke finden.
Bornholm, 19.8.2010. Alle Fotos: C. Moning.

In Uttwil fährt man am Kreisverkehr Richtung „Bahnhof" und dann vor der Bahnschranke nach links in 100 m zu einem Parkplatz. Man geht zurück und über die Bahnschranke zum See. Dort hält man sich rechts, nimmt nach 100 m links den Weg „Am Landungssteg" und erreicht so den Landungssteg. In Kesswil fährt man am Kreisverkehr an der Kirche Richtung „Bahnhof" und dann gleich rechts in die Hafenstraße Richtung „Zum See". Parken kann man im Bereich des „Seegasthof Schiff". An der Westseite von Güttingen nimmt man den „Staadweg" in Richtung „Zum See" und erreicht so den Hafen. Der Landungssteg in Ruederbomm führt bis an den Rand der tieferen Seezone, in der sich gerne Seetaucher aufhalten.

Am Konstanzer Trichter, dem 5 km² großen Seeteil zwischen der Kreuzlinger Seeuferanlage, dem Konstanzer Stadtgarten und der Uferpromenade Seestraße, lassen sich im Winter oft Hunderte Schnatter-, Kolben-, Tafel-, Reiher- und Schellenten, Gänsesäger, Zwerg-, Hauben-, Schwarzhals- und unregelmäßig auch Rothals- und Ohrentaucher sowie Mittelmeer- und Steppenmöwen beobachten.

Gute Beobachtungsmöglichkeiten ergeben sich am Stadtgarten Konstanz (1), für den man beispielsweise im Parkhaus Fischmarkt parken kann, sowie an der Seestraße Konstanz (2) mit Parkmöglichkeit in der Hebelstraße und im Seeuferpark Kreuzlingen (3–5) mit Parkmöglichkeit auf dem Großparkplatz der Bodensee-Arena.

Am Schweizer Unterseeufer, auf der Südseite des Ermatinger Beckens, können im Winter typischerweise viele verschiedene Enten, Lappentaucher und Möwen beobachtet werden. Von Osten nach Triboltingen einfahrend biegt man 300 m nach dem Ortseingangsschild nach rechts in die „Seestraße" ab und parkt nach weiteren 200 m vor dem Bahnübergang (Bahnhof Triboltingen nebenan). Von hier sind es 150 m bis zum Strandbad (6), von dem man einen guten Überblick über den Untersee hat.

In Ermatingen lohnt sich die Schiffslände (8), von der aus man einen perfekten Rundumblick genießt. Von der Hornstraße ergeben sich am sogenannten Horn (7) weitere lohnende Einblicke Richtung Osten.

Bei keinem winterlichen Bodenseebesuch darf der Reichenauer Damm fehlen, der Konstanz mit der Insel Reichenau verbindet. Hier bietet der Beobachtungsturm in der Ruine Schopflen oft sehr lohnende Ausblicke auf die geschützten Flachwasserbereiche des Ermatinger Beckens und der Hegnebucht, denn hier können alle binnenländischen Entenarten, Reiher sowie Sing- und oft auch Zwergschwäne beobachtet werden. Der nächste Parkplatz befindet sich vom Festland aus gesehen 700 m hinter dem Turm auf der rechten Seite.

In den letzten Jahren haben sich Kolbenenten zuweilen zu einem gewaltigen Schwarm im Markelfinger Winkel vereint. Dieser war regelmäßig westlich des Vereinshauses des Naturfreunde Bodensee e. V. sichtbar (Radolfzeller Str. 1, 78315 Radolfzell). Für die winterliche Beobachtung am Bodensee ist ein Spektiv unerlässlich.

Christoph Moning, Christopher König, Christian Wagner, Felix Weiß

GPS		
Parkplatz Steinacher Bucht	47°30'39" N	9°26'03" O
Parkplatz Romanshorn	47°34'04" N	9°23'02" O
Parkplatz Uttwil	47°35'08" N	9°20'26" O
Parkplatz Kesswil	47°35'45" N	9°19'20" O
Parkplatz Güttingen	47°36'44" N	9°17'40" O
Landungssteg in Ruderbaum	47°37'20" N	9°16'03" O
Parkhaus Fischmarkt Konstanz	47°39'41" N	9°10'34" O
Parkplatz Hebelstraße	47°40'02" N	9°11'30" O
Großparkplatz Bodensee-Arena	47°39'06" N	9°10'50" O
Parkplatz bei Triboltingen	47°39'47" N	9°06'37" O
Schiffslände Ermatingen	47°40'27" N	9°05'06" O
Horn in Ermatingen	47°40'19" N	9°05'24" O
Parkplatz Reichenauer Damm	47°41'14" N	9°05'33" O

Anfahrt

Mit Bahn und Bus

Günstige Ausgangsbahnhöfe sind Konstanz und auch Kreuzlingen-Hafen. An der Seetaucherstrecke verläuft die Bahnlinie Rohrschach–Kreuzlingen. So sind beispielsweise Güttingen, Kesswil, Uttwil, Romanshorn und Arbon sehr gut mit dem Zug erreichbar.

Mit dem Auto

Konstanz wird von Singen auf der B 33 erreicht. Von Friedrichshafen nimmt man die B 31 und die Fähre Meersburg–Staad. An der Seetaucherstrecke verbindet die Straße 13 zwischen Konstanz/Kreuzlingen und Arbon die Beobachtungspunkte. Beim Grenzübertritt in die Schweiz finden regelmäßig Passkontrollen statt!

Adressen

Ornithologische Arbeitsgemeinschaft Bodensee, Beyerlestr. 22, 78464 Konstanz, Tel.: 07531/656-33, info@bodensee-ornis.de, www.bodensee-ornis.de

Aktuelle Beobachtungen werden im Bodenseeraum auf www.ornitho.de, www.ornitho.at und vor allem www.ornitho.ch gemeldet.

Bodensee-Naturmuseum, Hafenstr. 9, 78462 Konstanz, www.konstanz.de/naturmuseum

NABU-Naturschutzzentrum Wollmatinger Ried, Kindlebildstr. 87, 78479 Reichenau, www.nabu-wollmatingerried.de

Informationen der Schweizer Bahn: www.sbb.ch

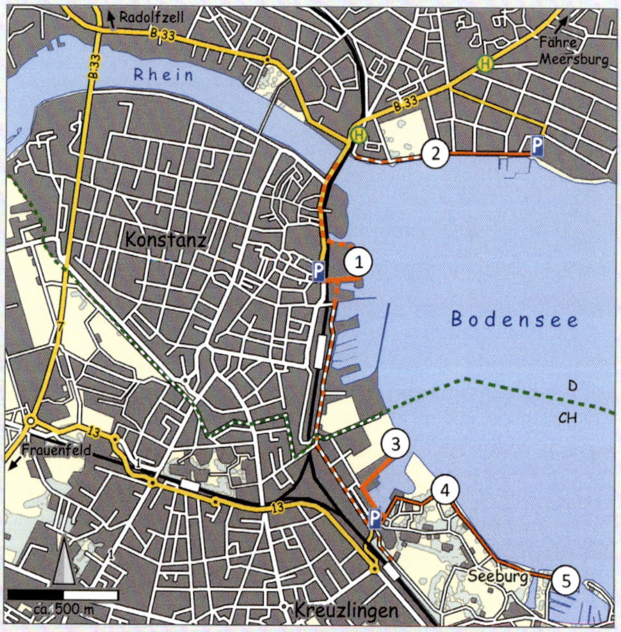

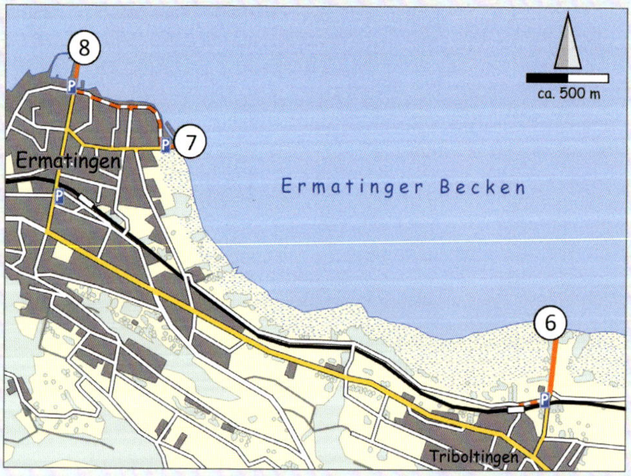

Infomaterial/Literatur

Heine G, Jacoby H, Leuzinger H, Stark H 1999: Die Vögel des Bodenseegebietes. Doppelband der Ornithologischen Jahreshefte Baden-Württemberg, Band 14/15.

Wagner C, Moning C 2012: Vögel beobachten in Süddeutschland. Franckh-Kosmos Verlags-GmbH & Co KG, Stuttgart.

Werner S, Mörtl M, Bauer H-G, Rothhaupt K-O 2005: Strong impact of wintering waterbirds on zebra mussel (*Dreissena polymorpha*) populations at Lake Constance, Germany. Freshwater Biology, 50, 1412–1426.

Blick von der Beobachtungsplattform (2) über den Hafen Moos zur Aachmündung.
Foto: C. Wagner. 19.5.2006.

Radolfzeller Aachmündung

Unbekannter kleiner Bruder des Wollmatinger Rieds

Die beiden Naturschutzgebiete Radolfzeller Aachried und Radolfzeller Aachmündung liegen westlich der Stadt Radolfzell am Bodensee-Untersee. Hier geht die unverbaute Uferzone in eine naturnahe Riedlandschaft mit ausgedehnten artenreichen Pfeifengraswiesen über. Das Gebiet wird von der Hegauer oder Radolfzeller Aach durchflossen. Die Radolfzeller Aachmündung liegt ein wenig im Schatten der sehr bekannten Beobachtungsgebiete Rheindelta und Wollmatinger Ried, muss sich aber, was seine Beobachtungsqualität angeht, kaum hinter den beiden Schwergewichten verstecken. Die Riedwiesen sind nur vom Rand aus einsehbar, das Mündungsgebiet der Aach ist aber gut zu überblicken und ganzjährig lohnenswert.

Landschaftsgeschichte und Lebensräume

Mit 536 km^2 ist der Bodensee nach dem Genfer See der größte See im Alpenvorland. Er wurde während der Würmeiszeit durch den aus dem alpinen Rheintal austretenden Rheingletscher ausgeschabt. Da die Form einer Zunge ähnelt beziehungsweise das Seebecken von einer Gletscherzunge geformt wurde, bezeichnet man den Bodensee als würmglazialen Zungenbeckensee oder Gletscherrandsee. Nach der Eiszeit waren die beiden Seeteile Ober- und Untersee aufgrund des höheren Wasserstands ein See. Die Trennung der beiden Seeteile geschah vor einigen Tausend Jahren durch Erosion der Randwälle, die den Seespiegel absenkte. Jetzt verbindet der Rhein als Seerhein Obersee und Untersee. Hauptzufluss des Bodensees ist der Alpenrhein. Der Wasserstand des Bodensees schwankt deswegen entsprechend den Niederschlägen und

Diese Uferschwalbe ruht sich auf dem Geländer des Jachthafens von einer Schlechtwetterfront aus.
Foto: C. Wagner. 17.5.2007.

der Schneeschmelze in den Alpen mit einem Maximum im Juni und einem Minimum im Februar.

Die beiden Seeteile sind von sehr unterschiedlichem Charakter. Während der Obersee mit einer Wassertiefe von bis zu 254 m sehr tief und nährstoffarm ist, ist der Untersee ein flacher, nährstoffreicher See, der in vier Teilseen gegliedert ist. Am Westende des sogenannten Zeller Sees liegt der Zufluss der Radolfzeller Aach und damit unser Beobachtungsgebiet.

Die Flachwasserzone im Mündungsbereich des Flusses wird vor allem von Laichkrautgesellschaften eingenommen. Entlang des Ufers zieht sich ein breiter Gürtel aus dichtem, vitalem Schilf. Links und rechts der Aach dringen die Schilfröhrichte nach Nordwesten bis zur L 192 ins Hinterland vor. Großseggenriede lockern die Röhrichte auf. Je nach Wasserstand entstehen seeseitig den Röhrichten vorgelagerte Schlickflächen, die vor allem im Winter beträchtliche Ausdehnung erreichen. In den zentralen Bereichen des Rieds schließen sich feuchte, ausgedehnte und artenreiche, zum Teil verschilfte Pfeifengraswiesen an. Eine Weichholzaue ist nur in Resten entlang der Radolfzeller Aach ausgeprägt. Im Westen des Naturschutzgebiets ist der Einfluss der Wasserschwankungen des Bodensees so gering, dass eine landwirtschaftliche Nutzung möglich ist. Zentral durchflossen wird das Gebiet von der Aach, die beim gleichnamigen Ort auf 475 m über dem Meeresspiegel im Aachtopf, der größten Quelle Deutschlands, entspringt und nach 32 km in den Bodensee mündet.

Kolbenenten wird man am Bodensee mit sehr hoher Wahrscheinlichkeit beobachten können. Foto: C. Wagner. Bodman, 2.12.2006.

Jedes Jahr begeben sich weltweit Milliarden von Vögeln auf Wanderschaft, um den Winter in wärmeren Gefilden zu verbringen. Die vielfältigen Lebensräume am Bodensee sind für Hunderttausende wandernder Vögel wichtige Ruhepunkte. Entweder, die Arten sammeln sich hier auf ihrem Weg in die Winterquartiere oder aber sie überwintern im milden Klima des Bodensees. Außerdem bildet der See, der quer zur Hauptzugrichtung liegt, eine Barriere, die die großen Zugvogeltrupps dazu veranlasst, den See zu umfliegen beziehungsweise vor der Überquerung der Alpen auf den Wasserflächen zu rasten. Somit ist der Bodensee eine wichtige Drehscheibe im internationalen Vogelzug. Die Jagd ruht am Bodensee und große, nährstoffreiche Flachwasserbereiche, wie auch die Mündung der Radolfzeller Aach dürfen nicht mit Booten befahren werden. Diese Seebereiche bieten beste Bedingungen für durchziehende und überwinternde Wasservogelarten.

Besondere Vogelarten und Reisezeit

Radolfzeller Aachmündung und Radolfzeller Aachried sind ganzjährig gut für spannende Beobachtungsstunden. Im Herbst und Winter ist der Wasserstand oft niedrig, das Ufer aber nur selten vereist. Die Flachwasserbereiche an

Typische Vogelarten im Radolfzeller Aachried und Radolfzeller Aachmündung, deren Status und günstige Beobachtungszeit (in Klammern)
h = häufiger, r = regelmäßiger, s = seltener; J = Jahresvogel, B = Brutvogel, W = Wintergast, D = Durchzügler, N = Nahrungsgast

Art	Status (beste Beobachtungszeit)
Rostgans	rB, hW (ganzjährig)
Kolbenente	hJ (ganzjährig)
Moorente	rD (Sept.–Feb.)
Schellente	hW (Okt.–März)
Zwergsäger	sW (Nov.–März.)
Schwarzhalstaucher	sB, rD, rW (ganzjährig)
Silberreiher	rJ (ganzjährig)
Schwarzmilan	rB, hD (April–Aug.)
Wasserralle	rJ (ganzjährig)
Tüpfelsumpfhuhn	rD (April, Aug.–Okt.)

Art	Status (beste Beobachtungszeit)
Großer Brachvogel	hW (Okt.–März)
Bekassine	hD, rW (Aug.–März)
Kampfläufer	rD (Aug./März)
Trauerseeschwalbe	hD (Mai–Juni, Aug.–Sept.)
Raubwürger	sW (Okt.–Feb.)
Bartmeise	rJ (ganzjährig)
Rohrschwirl	sB (Mitte April–Aug.)
Drosselrohrsänger	sB (Mitte April–Juni)
Schwarzkehlchen	sB (März–Okt.)
Bergpieper	rW (Okt.–April)

der Mündung sind dann von vielen Tausend Wasservögeln bevölkert. Die häufigsten sind Blässhühner sowie Tafel-, Kolben-, Reiher- und Schnatterenten. Neben den Enten nutzen Lappentaucher, darunter auch Schwarzhalstaucher, und überwinternde Limikolen wie Große Brachvögel und Bekassinen die Schlickflächen der flachen Bucht. Manchmal kann man Meeresenten oder Zwergsäger beobachten. Bergpieper dagegen sind regelmäßig auf dem Schlick unterwegs. Sie haben einen Winterschlafplatz im Röhricht der Aachmündung. Selten einmal zeigt sich eine Rohrdommel am Schilfrand. In den Feuchtwiesen im Hinterland ist es ruhiger. Raubwürger besetzen ihre Winterquartiere und Kornweihen suchen nach Nahrung.

Im Frühjahr – und auch im Herbst – rasten vor den Röhrichten viele Limikolenarten, darunter oft Kampfläufer, und Seeschwalben jagen über dem Wasser. Ambitionierte Beobachter finden immer wieder auch seltenere Arten. Als Brutvögel sind Kolbenenten und Schwarzhalstaucher herausragend. Die Brutbestände von Haubentauchern und Blässhühnern sind ebenso bemerkenswert hoch. Rostgänse brüten seit 1995 am Bodensee. Vier Paare haben 2014 an der Radolfzeller Aachmündung Nachwuchs aufgezogen. Enten mit ihren fest verankerten Nestern haben es dagegen schwer. Die Wasserstandsschwankungen führen immer wieder zu Gelegeverlusten. Die großen Röhrichte werden von Rohrschwirlen und Drosselrohrsängern besiedelt. Rohrweihen, Wasserrallen und Bartmeisen vervollständigen die Schilfbrütergemeinschaft. Da die Röhrichte land- und wasserseitig einsehbar sind, lassen sich Schilfarten im Gebiet recht gut beobachten. In der artenreichen Kulturlandschaft zwischen Hafen und Beobachtungsturm beziehungsweise im Radolfzeller Aachried brüten Schwarzmilane, Baumfalken, Kiebitze, Eisvögel, Pirole, Neuntöter, Feldschwirle, Sumpfrohrsänger, Dorngrasmücken, Nachtigallen und Schwarzkehlchen.

Ab August fällt in der Regel der Wasserstand und legt Schlickflächen frei, die wichtige Nahrungsplätze für rastende Watvögel bilden. Dann ist die Artenvielfalt in der Bucht am Höchsten. Es lohnt sich, nach Moorenten Ausschau zu halten. Das Gebiet gehört zu den besten Beobachtungsplätzen für diese Art in Deutschland. Auch Blaukehlchen und Rallen, darunter Tüpfelsumpfhühner, zeigen sich regelmäßig am Schilfrand.

Im Mündungsgebiet hat sich im Jahr 1998, nachdem die Art 200 Jahre zuvor ausgerottet worden war, wieder eine Biberfamilie niedergelassen.

Beobachtungsmöglichkeiten

Vom Parkplatz am Mooser Hafen (1) folgt man der Pappelallee zum Steg des Jachthafens und hat zu allen Jahreszeiten einen hervorragenden Überblick über die linkerhand liegenden Schilfröhrichte und den Mündungsbereich der Radolfzeller Aach. Ein Spektiv hilft bei der Bestimmung der Wasservögel entscheidend. Das Licht ist fast den ganzen Tag über gut, man schaut nach Norden und Nordosten. Den lohnenden Beobachtungsturm (2) erreicht man in einem 700 m kurzen Spaziergang über den Strandweg. Zur Brutzeit lohnt sich eine Wanderung durch das Radolfzeller Aachried. Dazu geht man vom Parkplatz (1) zurück zur Hauptstraße, überquert diese und geht gleich wieder rechts in die „Böhringer Straße", die aus dem Ort und in das Ried und letztendlich bis zur Alten Ziegelei Rickelshausen (3) führt.

Blick in die Umgebung

Der Bodensee bietet zu allen Jahreszeiten Beobachtungsmöglichkeiten für mindestens eine Woche (siehe FALKE 2014, H. 12 Winterbeobachtungen am Bodensee; FALKE 2013, H. 12 Eriskircher Ried; FALKE 2010, H. 1 Vorarlberger Rheindelta; 2007, H. 9 Wollmatinger Ried). Dem Radolfzeller Aachried benachbart sind die Halbinsel Mettnau und der Mindelsee.

Auf der Halbinsel Mettnau brüten Schnatter-, Kolben- und Reiherenten, Baumfalken, Wasserrallen, Rohrschwirle und Teichrohrsänger. Ganzjährig lohnt sich der Besuch des 16 m hohen Beobachtungsturms auf der Halbinsel, fünfzehn Gehminuten vom Parkplatz beim Strandbad entfernt. Man erreicht ihn über einen Schotterweg und hat einen tollen Überblick über die Ried-, Schilf- und Flachwasserzonen der Halbinsel. Im Winterhalbjahr ist der

Im Gebiet wird man regelmäßig Rostgänse beobachten können. So nah kommen sie im Normalfall aber nicht. Foto: E. Lietzow, Espelkamp, 23.8.2015.

GPS		
Moos, Hafen (1)	47°43'37" N	8°56'16" O
Ziegelei Rickelshausen (3)	47°44'31" N	8°55'27" O
Mettnau, P Ententeich und Beobachtungsturm	47°43'49" N	8°59'31" O
Mettnau, Markelfinger Winke	47°44'16" N	8°58'49" O
Parkplatz am Mindelsee	47°45'44" N	8°59'59" O

Markelfinger Winkel, der kleinste Teilsee des Untersees, mit bis über 20000 rastenden Enten sehr lohnend. Man kann Pfeif-, Löffel-, Schnatter-, Kolben-, Tafel-, Reiher- und Schellenten sowie Schwarzhalstaucher und Gänsesäger beobachten. Im Juli und August mausern regelmäßig Moorenten im Gebiet.

Den Mindelsee erwandert man am besten vom Wanderparkplatz an der Kreisstraße K6167 südlich von Möggingen aus. Zur Brutzeit wird man in einem der artenreichsten Landschaften am Bodensee mit vielen interessanten Beobachtungen von Kolbenenten, Zwergtauchern, Schwarzmilanen, Wasserrallen, Grau-, Grün- und Kleinspechten, Pirolen und Neuntötern belohnt. Zudem lohnt sich ein Besuch im Herbst. Moorenten nutzen – wenn auch in stark abnehmender Zahl – den Mindelsee zur Mauser und können dann von der Badestelle am Westufer aus beobachtet werden. Moorenten schwimmen nur selten auf dem offenen Wasser, sondern halten sich lieber etwas in der Ufervegetation versteckt. So findet man sie vom Steg der Badestelle aus gesehen überwiegend rechter Hand in der sogenannten Mögginger Bucht. Zur Badestelle und zurück zum Parkplatz sind es knapp 3km.

Christian Wagner, Christopher König, Christoph Moning, Felix Weiß

Anfahrt

Mit Bus und Bahn

Moos ist gut mit dem Fahrrad erreichbar. Der nächste Bahnhof befindet sich in Radolfzell. Von dort sind es 3,5km bis nach Moos. Die Bushaltestelle in Moos „Grüner Baum, Moos (Bodensee)“ hat eine sehr gute Anbindung vom Bahnhof Radolfzell aus.

Mit dem Auto

Ausgangspunkt für Beobachtungen ist der kleine Ort Moos südwestlich von Radolfzell. Man erreicht ihn, indem man sich in Radolfzell Richtung „Stein am Rhein“ orientiert und der L192 am See entlang etwa 3km nach Südwesten folgt. An der ersten Ampel in Moos biegt man nach links Richtung „Hafenanlage“ ab. Ein großer Parkplatz befindet sich direkt am Hafen (1). Am Nordrand des Gebiets bei der alten Ziegelei Rickelshausen (3) besteht ein alternativer Zugang zum Gebiet. Dazu fährt man am Kreisverkehr am westlichen Ortsausgang von Radolfzell die erste Ausfahrt Richtung „Rielasingen“ auf die L220 ab. Eine Parkmöglichkeit ergibt sich kurz nach der Ziegelei, 200m nach dem Kreisverkehr auf der linken Seite.

Adressen

Die NABU Ortsgruppe Radolfzell-Singen-Stockach ist sehr aktiv.
Das Programm für die Führungen auf die Mettnau findet man unter https://www.nabu-bodenseezentrum.de/natur-erleben/gef%C3%BChrte-veranstaltungen/halbinsel-mettnau/

Infomaterial/Literatur

Wagner C 2011: Beobachtungstipp: Radolfzeller Aachried. – Vögel 21/2, 36–37.
Wagner C, Moning C 2012: Vögel beobachten in Süddeutschland. Kosmos-Verlag, Stuttgart.
www.bodensee-ornis.de/informationen-zum-bodensee/beobachtungsgebiete/nsg-radolfzeller-aach

Wir danken Harald Jacoby herzlich für die Durchsicht des Artikels.

Schafe weiden neben der Stephanuskirche.
Foto: Klaus Brauner / Adobe.Stock.com

Der ehemalige Truppenübungsplatz Münsingen

Landschaft aus einer anderen Zeit

Durch militärische Nutzung wurde ein Gebiet im Herzen der Schwäbischen Alb mit etwa 6700 ha von Siedlungen, Straßenbau, Flurbereinigung und intensiver Landwirtschaft weitgehend verschont. Stets durch Schafe beweidet, konnte sich auf dem ehemaligen Truppenübungsplatz Münsingen eine parkartige Weidelandschaft erhalten, wie sie im 19. Jahrhundert auf der Albhochfläche noch typisch war. Vor allem die Stille und das unzerschnittene einzigartige Landschaftsbild begeistern Besucher immer wieder aufs Neue. Zu Recht ist der einstige Truppenübungsplatz das Herzstück des UNESCO-Biosphärengebiets Schwäbische Alb. Seine avifaunistische Wertigkeit bezieht das Gebiet vor allem aus dem Überleben typischer Offenlandarten, wie Heidelerchen, aber auch Arten der naturnah genutzten Buchenwälder.

Da das Münsinger Hardt aufgrund der rauen klimatischen Verhältnisse und der geringen Bodenfruchtbarkeit kaum besiedelt war, richtete das XIII. Königlich Württembergische Armeekorps 1895 ein Übungsgelände für „moderne kriegstechnische Übungen“ ein. Es entstand der Truppenübungsplatz Münsingen mit einem Barackenlager (Altes Lager) als Truppenunterkunft und dem Remontedepot Breithülen zur Aufzucht von Militärpferden. 1937 erfolgte eine Erweiterung unter den Vorzeichen der Aufrüstung Hitlerdeutschlands. Das einstige Dorf Gruorn mit dem ehemaligen Schulhaus und der unter Denkmalschutz stehenden Stephanuskirche, den beiden einzigen bis in die Gegenwart verbliebenen Bauwerken, wurde ab 1939 in diesem Zusammenhang geräumt. Die militärische Nutzung wurde auch nach dem Zweiten Weltkrieg durch verschiedene Nationen fortgesetzt. Erst 2005 – nach insgesamt 110 Jahren – wurde einer der ältesten Schießplätze Deutschlands aufgelöst und in eine zivile Nutzung überführt. Geblieben ist eine einmalige Natur- und Kulturlandschaft, aber auch die Gefährdung durch Blindgänger und andere Munitionsreste. Besucher können nun in Teilarealen dieses einzigartige Gebiet erleben.

Wie vor Jahrhunderten werden große Teile der Region von Frühjahr bis Herbst von Schafherden in Hütehaltung beweidet. Den Besucher erwartet auf dem ehemaligen Truppenübungsplatz deswegen auch kein „Landschaftsmuseum“, sondern ein lebendiges Wirtschaften mit der Natur, zu beidseitigem Vorteil. Schafe fressen selektiv; bitter schmeckende oder stachelige Pflanzen werden verschmäht. Auf diese Weise gedeihen leuchtend blau blühende Frühlingsenziane (*Gentiana verna*) und Silberdisteln (*Carlina acaulis*) – typische Pflanzenarten von Schafheiden und selten geworden. Karminrote Kartäusernelken (*Dianthus carthusianorum*), würzig riechende Feldthymiane (*Thymus pulegioides*), Wilder Majoran (*Origanum vulgare*) und Echte Labkräuter (*Galium verum*) überziehen zu Tausenden weite Flächen und sind wichtige Nahrungspflanzen für viele Insekten.

Die Hang- und Schluchtwälder am Albtrauf wurden in den vergangenen Jahrzehnten kaum wirtschaftlich genutzt und sind seit einigen Jahren als Kernzone des „Biosphärengebietes Schwäbische Alb" ausgewiesen, womit sie von jeglicher wirtschaftlicher Nutzung freigehalten werden. Auch einige Buchenwälder auf der Hochfläche werden als Kernzone der natürlichen Entwicklung überlassen. Die anderen Waldflächen des ehemaligen Truppenübungsplatzes sind als Pflegezone ausgewiesen. Eine schonende und naturnahe Bewirtschaftung ist hier erlaubt. Der fließende Übergang zwischen den Waldflächen und dem beweideten Offenland prägt den Charakter dieser einzigartigen Landschaft.

Auch die durch Panzerbefahrung entstandenen Tümpel sollen so weit wie möglich erhalten bleiben.

Das mit fünfzig Revieren größte Vorkommen der Heidelerche in Baden-Württemberg befindet sich auf dem ehemaligen Truppenübungsplatz Münsingen.
Foto: M. Schäf. Kreis Viernheim, 8.4.2012.

Besondere Vogelarten und Reisezeit

Zahlreiche Feldlerchen erfreuen im Frühjahr und Sommer das Ohr des Besuchers mit ihrem jubilierenden Gesang. Regelmäßig lassen sich die melancholischen Stimmen von Heidelerchen von den Baumwipfeln hören. Der ehemalige Truppenübungsplatz ist ein bedeutendes Rückzugsgebiet für die in Baden-Württemberg vom Aussterben bedrohte Art. Mit Stand 2016 etwa 50 Revieren befindet sich hier das landesweit größte Vorkommen. Auch Neuntöter finden ideale Bedingungen, um Insekten auf den Schwarzdornhecken aufzuspießen. Der als Brutvogel sehr selten gewordene Steinschmätzer ist in Baden-Württemberg vom Aussterben bedroht. Leider kann man ihn auch auf dem ehemaligen Truppenübungsplatz nur noch als – wenn auch häufigen – Durchzügler beobachten. Auf dem Frühjahrsdurchzug rasten weiterhin Ringdrosseln (vor allem im April), Wiesen- und Brachpieper sowie Wiesenschafstelzen und selten Wiedehopfe. Weitere Arten der offenen Weiden sind Braun- und Schwarzkehlchen. Rotmilane brüten mit etwa acht Brutpaaren im Gebiet und können regelmäßig am Himmel segelnd entdeckt werden. Wenn die Landschaft parkartigen Charakter annimmt, sollte man auf Wendehälse, Gartenrotschwänze und Baumpieper achten. Immer wieder rufen aus dem Hintergrund Kolkraben. In den Wäldern fühlen sich Schwarzspechte und Grauspechte wohl. In dessen Höhlen ziehen als Nachmieter Hohltauben ein. Die winterliche Ruhe wird von Raubwürgern aufgelockert. Bergfinken-

Typische Vogelarten auf dem ehemaligen Truppenübungsplatz, deren Status und günstige Beobachtungszeit (in Klammern)
h = häufiger, r = regelmäßiger, s = seltener; B = Brutvogel, D = Durchzügler

Art	Status (beste Beobachtungszeit)
Wespenbussard	sB (Mai–Aug.)
Rotmilan	rB (Mrz.–Sep.)
Hohltaube	rB (Mrz.–Aug.)
Wendehals	rB (Mitte Apr.–Jun.)
Grauspecht	rB (Apr./Mai)
Schwarzspecht	rB (ganzjährig)
Neuntöter	hB (Mai–Aug.)
Kolkrabe	rB (ganzjährig)

Art	Status (beste Beobachtungszeit)
Heidelerche	hB (Mitte Mrz.–Mai)
Braunkehlchen	rB (Mitte Apr.–Jul.)
Schwarzkehlchen	rB, rD (Mrz.–Jun.)
Gartenrotschwanz	hB (Apr.–Jun.)
Steinschmätzer	rD (Apr.–Mitte Mai, Sep.)
Brachpieper	rD (Mitte Apr.–Mai, Ende Aug.–Sep.)
Baumpieper	hB (Apr.–Jun.)

schwärme streifen dann auf der Suche nach Bucheckern umher.

Dorf Gruorn mit dem ehemaligen Schulhaus und der unter Denkmalschutz stehenden Stephanuskirche. Foto: eigenes Werk, CC BY-SA 4.0, via Wikimedia Commons

Beobachtungsmöglichkeiten

Der ehemalige Truppenübungsplatz Münsingen wurde im April 2006 zum Teil der Öffentlichkeit zugänglich gemacht. Insgesamt 50 km überwiegend asphaltierte Wegstrecke sind freigegeben und können zu Fuß, mit dem Fahrrad und dem Elektrofahrrad genutzt werden. Aufgrund der Kampfmittelbelastung und aus Naturschutzgründen dürfen die ausgewiesenen Wege nicht verlassen werden! Nur mit eigens ausgebildeten Landschaftsführern, den sogenannten Truppenübungsplatz-Guides, darf man sich außerhalb der gezeichneten Wege fortbewegen. Die TrÜP-Guides bieten von April bis November verschiedene Wander-, Rad- und Bus-Touren zu Themen aus den Bereichen Natur, Geologie, Siedlungsgeschichte und Militärhistorie an. Wer sich für eine Tour mit einem TrÜP-Guide interessiert, wendet sich an die Touristik-Information Münsingen.

Eine Wanderung, die auch zu Fuß leicht machbar ist, startet 1 km nordöstlich von Trailfingen am Wanderparkplatz Trailfinger Säge (1) und führt ausgeschildert nach Gruorn (2). Von Frühjahr bis Herbst können am Wochenende ein kleines Museum im Schulhaus und eine Kirche besichtigt werden. Dazu besteht eine Einkehrmöglichkeit. Auf dem Weg dorthin, nach etwa 1,4 km bei einem asphaltierten Platz, sollte man einen Abstecher nach Osten bis zu einem ehemaligen Steinbruch (3) machen (Weg Nr. 6). Dies erhöht die Chancen, Steinschmätzer und Co zu beobachten. Die gesamte Wegstrecke beträgt hin und zurück 7 km und ermöglicht die Beobachtung typischer Arten wie Heidelerchen, Schwarzkehlchen sowie im Durchzug Steinschmätzer und Brachpieper. Im Winter kann man auf der Wegstrecke auch Raubwürger beobachten.

Im Durchzug ein häufiger Gast im Gebiet, ist der Steinschmätzer als Brutvogel leider ausgestorben. Foto: C. Moning. Tirol, 5.6.2011.

Eine mit etwa 13 km ausgedehnte, lohnende Runde startet ebenfalls an der Trailfinger Säge. Man biegt allerdings schon nach 700 m nach rechts ab und folgt den Wegen Nr. 5, Nr. 1, Nr. 7 und Nr. 6 bis nach Gruorn (gestrichelter Weg in Karte). Rotmilane, Neuntöter, Heidelerchen und Schwarzkehlchen können auf dieser Strecke beobachtet werden. Im Böttental an der Kreuzung von Wanderweg Nr. 6 und Nr. 7 (4) gibt es eine Vogelbeobachtungsstadion mit Erklärtafeln.

Weitere Freizeitmöglichkeiten

Touristisch einmalig sind die vier Beobachtungstürme des Schwäbischen Albvereins, die seit April 2007 geöffnet sind und ganz unterschiedliche Ausblicke in die Landschaft ermöglichen. Die Stahlgittertürme Hursch (mit 42 m der höchste Turm), Heroldstatt (30 m hoch) und Waldgreut (20 m) sowie der gemauerte Sternenbergturm (8 m Höhe) sind an Sonn- und Feiertagen in den Sommermonaten gegen eine geringe Spende frei zugänglich.

Die Laichinger Tiefenhöhle mit dem Höhlenmuseum ist Teil des UNESCO-Geoparks Schwäbische Alb. Sie ist die einzige begehbare Schachthöhle in Deutschland. Mit 86 m Tiefe und 1348 m Gesamtlänge zählt sie zu den bedeutendsten Karstobjekten der Schwäbischen Alb. Über mehrere Eisentreppen kann der Besucher auf einem 330 m langen Weg bis in eine Tiefe von 55 m gewaltige Schächte und große Hallen bewundern. Die Höhle ist über das Winterhalbjahr zum Schutz überwinternder Fledermäuse geschlossen (www.tiefenhoehle.de).

Christian Wagner, Christopher König, Christoph Moning, Felix Weiß

Infomaterial/Literatur

Künkele G 2007: Naturerbe Truppenübungsplatz. Das Münsinger Hardt. Silberburg, Tübingen.

Künkele G 2008: Naturerbe Biosphärengebiet Schwäbische Alb. Silberburg, Tübingen.

Künkele G 2011: Steiniges Paradies: Faszinierende Lebensräume der Schwäbischen Alb. Silberburg, Tübingen.

https://www.albgut.de/wp-content/uploads/2023/01/Reiseziel-ehemaliger-Truppenuebungsplatz.pdf

Einige Textpassagen dieses Artikels wurden dem Flyer „Reiseziel ehemaliger Truppenübungsplatz im Biosphärengebiet Schwäbische Alb" entnommen. Herzlichen Dank dafür an den Bundesforstbetrieb Heuberg als Herausgeber des Flyers und an Lydia Nittel. Der Flyer informiert weiterhin kompakt über alle notwendigen Details und gibt Tipps zum Besuch des vormals militärisch genutzten Gebiets. Die freigegebenen Wege sind in einer Karte entsprechend der Wegbeschaffenheit als asphaltierte oder geschotterte Wege dargestellt.

Wir danken Lydia Nittel ganz herzlich für ihre Anregungen und die inhaltliche Durchsicht dieses Artikels.

Anfahrt

Mit Bahn und Bus

Münsingen besitzt einen Bahnhof, der von der Schwäbischen-Alb-Bahn (Kursbuchstrecke 759) angefahren wird. An bestimmten Tagen im Sommer gibt es durchgehende Züge von Ulm Hauptbahnhof nach Münsingen. Im Bahnhof Münsingen ist auch ein Informationszentrum des Biosphärenreservats untergebracht.

Es empfiehlt sich für längere Strecken das Fahrrad mitzunehmen. Die für die Öffentlichkeit zugänglichen Wege sind überwiegend asphaltiert und daher gut geeignet für Radler oder Inliner.

Der Biosphärenbus Schwäbische Alb umrundet vom ersten Mai bis zum dritten Sonntag im Oktober, jeweils an Sonn- und Feiertagen, dreimal täglich das Gebiet. Er eröffnet neue Möglichkeiten für die Planung von Wandertouren.

Mit dem Auto

Von Westen kommend verlässt man die Autobahn A 8 bei der Ausfahrt 52 a „Stuttgart-Möhringen" in Richtung Filderstadt, folgt der B 27 und wechselt nach 12 km auf die B 312 Richtung Metzingen. Von dort fährt man über Urach in gut 50 km von der Autobahn nach Münsingen. Von Süden kommend verlässt man die Autobahn A 8 bei der Ausfahrt 61 „Merklingen" in Richtung Laichingen/Münsingen und folgt der L 230 nach Münsingen.

Adressen

TrÜP-Guides, Buchung bei Touristik Information Münsingen, Tel.: 07381/182-145, www.muensingen.de

www.biosphaerengebiet-alb.de Internetseite des Biosphärenreservats, man kann sich die informativen Biosphärennachrichten abonnieren.

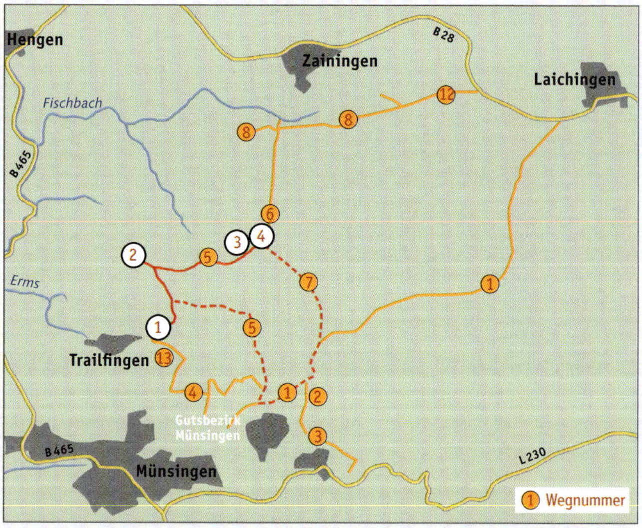

GPS		
Wanderparkplatz Trailfinger Säge (1)	48°26'08" N	09°30'30" O

Blick vom Eichelspitzturm über Haselschacher Buck und Badberg bis zu den Vogesen. Foto: E. Mantel. 13.6.2019.

Der Kaiserstuhl

Artenvielfalt in einer vom Menschen modellierten Terrassenlandschaft

Wie eine Insel erhebt sich der Kaiserstuhl nordwestlich von Freiburg aus der Oberrheinischen Tiefebene. Auch ökologisch bildet er eine Insel inmitten des durch industrielle Landwirtschaft immer mehr verarmenden Rheintals. Der Artenreichtum – nicht nur der Avifauna – ist beeindruckend. Er ist Brutgebiet für so bedrohte Arten wie Wendehälse, Turteltauben und Zaunammern und exotisch anmutende Arten wie Wiedehopfe und Bienenfresser.

Das heute etwa 100 km² große und sich bis zu 377 m über den Rhein erhebende Mittelgebirge ist der Rest eines einstmals 1000 m hohen Vulkangebirges. Dieses entstand vor 18 bis 13 Millionen Jahren im Jungtertiär und wurde anschließend durch Erosion stark wieder abgetragen. Während der letzten weitgehend vegetationslosen Eiszeit lagerte sich durch die vorherrschenden Südwestwinde im Windschatten der Berge eine bis zu 40 m dicke Lößschicht ab.

Begünstigt durch das milde, sonnenreiche und regenarme Klima wird auf diesem fruchtbaren Lößboden schon seit über 2000 Jahren Weinbau betrieben. Dafür wurden zahllose kleine Terrassen angelegt, die eine in Europa einzigartige Landschaft mit einer artenreichen Fauna und Flora entstehen ließen. Auch die Wände der im Löß entstandenen Hohlwege entwickelten sich zu bedeutsamen ökologischen Nischen.

Im Zuge der Flurbereinigungen der 1960er und 1970er Jahre wurden ganze Hänge abgetragen und neu modelliert. Um die maschinelle Bearbeitung zu ermöglichen, formte man den Löß zu neuen, viel größeren Terrassen. Außerdem wurden die meisten Löß-Hohlwege zerstört und durch asphaltierte Wege ersetzt.

Diese Maßnahmen zerstörten nicht nur die Habitate seltener Tier- und Pflanzenarten, sie wirkten sich auch nachteilig auf den Weinbau aus. Auf den nun zum Hang geneigten Terrassen entstanden nächtliche Kaltluftseen, die die Reben erfrieren ließen, Starkregen führte zu Hangrutschungen, die zum Teil durch Beton wieder stabilisiert werden mussten, und die Böschungswärme verpuffte nachts, statt die Reben zu wärmen.

Anfang der 1980er Jahre setzte langsam ein Umdenken ein. Man begann, die wenigen verbliebenen Hohlwege zu schützen und weitere Naturschutzgebiete auszuweisen. Der Dialog mit den Winzern führte zu einer Reduzierung des Pestizideinsatzes. Der NABU installierte zahlreiche Nisthilfen unter anderem für Wiedehopfe, senkrechte Lößwände wurden freigelegt und so für die Brutröhren der Bienenfresser vorbereitet, und auch viele Winzer haben inzwischen Nistkästen aufgehängt. 2005 wurden schließlich gut 10 km² vor allem im Inneren des Kaiserstuhls als FFH-Gebiet angemeldet, 2007 wurden fast 80 km² einschließlich des FFH-Gebiets als Europäisches Vogelschutzgebiet ausgewiesen.

Ein Bienenfresser hat eine Dunkle Erdhummel erbeutet.

Foto: E. Mantel, Kaiserstuhl, 28.5.2022.

Doch noch immer finden Flurbereinigungen statt, werden Pestizide eingesetzt, Maikäfer vom Hubschrauber aus bekämpft und wertvolle Habitate zerstört. Die Maissteppe der Rheinebene dringt immer weiter in die Seitentäler des Kaiserstuhls vor, und nach wie vor werden alte Obstbäume gefällt und durch moderne verzwergte Krüppelbäume ersetzt. Vor allem an schönen Wochenenden ist der Freizeitdruck enorm.

Lebensräume

Das Faszinosum des Kaiserstuhls ist das Nebeneinander von naturnahen Hügeln und Wäldern und einer vom Menschen künstlich geschaffenen Landschaft. Der Artenreichtum von Flora und Fauna ist beeindruckend, und selbst im Bereich der von Winzern intensiv bewirtschafteten Flächen gibt es wieder eine bunte Vielfalt und eine auch in ihrer Quantität beeindruckende Vogelwelt.

Dank der vielfältigen Landschaftsformen in den Talsohlen, angelegter Blühstreifen hier und zwischen den Rebterrassen, wilder Blumen an den Rebböschungen und der geschützten Halbtrocken- und Trockenrasenflächen, ist die Zahl der Insekten entgegen des allgemeinen Trends im Kaiserstuhl nicht rückläufig. Diese bilden zusammen mit den vielen Sämereien ein gutes Nahrungsangebot für viele Vögel. In der noch erfreulich kleinteiligen Landschaft finden sie auch Versteck- und Brutmöglichkeiten.

Das fast schon mediterrane Klima des Kaiserstuhls mit warmen bis heißen Sommern und milden Wintern ist ideal für wärmeliebende Zugvögel wie Wiedehopfe und Bienenfresser. Zudem liegt der Kaiserstuhl im Regenschatten der Vogesen und ist deshalb geprägt von geringen Niederschlagsmengen und einer sehr hohen Sonnenscheindauer. Ihringen gilt als wärmste Region Deutschlands.

Im Wesentlichen gibt es vier Landschaftsformen: Der Hauptkamm des Kaiserstuhls hat die Form eines nach Südwesten geöffneten Hufeisens und ist bewaldet. Da dieser Mischwald mit viel Totholz oft relativ naturnah ist, leben hier viele Spechtarten wie Schwarzspechte und Mittelspechte. Wespenbussarde und Habichte brüten hier ebenso wie Uhus. Trotz der Trockenheit sind ab und zu Pirole zu hören, und auch Wildkatzen sind wieder eingewandert.

Unterhalb befinden sich Wiesen mit lockerem Buschbestand, im Inneren des Hufeisens vor allem rund um den Badberg Halbtrocken- und Trockenrasen. Dank einiger nicht mehr wirtschaftlich genutzter Schutzgebiete, die mit Schachbrettmahd gepflegt werden, ist hier eine erstaunlich reichhaltige Flora vorhanden. Vom Vorfrühling bis in den Herbst hinein blühen hier Pflanzen, die anderswo längst verschwunden sind, darunter Orchideenarten wie Hummelragwurz und Pyramidenorchis. Dieses für Mitteleuropa selten gewordene Blumenparadies ist die Heimat unzähliger Insekten. Gottesanbeterinnen hatten im Kaiserstuhl zeitweise ihr letztes Rückzugsgebiet in Deutschland, zwei Arten von Schmetterlingshaften haben hier eines ihrer letzten Verbreitungsgebiete, auch seltene Schmetterlinge wie der Blauäugige Waldportier oder das Flockenblumen-Grünwidderchen sind hier noch anzutreffen.

Über den Trockenwiesen kann man Baumpieper im Singflug beobachten, Zaunammern brüten in der halboffenen Landschaft unter Büschen, Wespenbus-

Typische Vogelarten im Kaiserstuhl, deren Status und günstige Beobachtungszeit (in Klammern)
h = häufiger, r = regelmäßiger, s = seltener; B = Brutvogel, N = Nahrungsgast

Art	Status (beste Beobachtungszeit)
Wespenbussard	sB (Mai–Sep.)
Wanderfalke	sB (ganzjährig)
Hohltaube	rB (ganzjährig)
Turteltaube	rB (Mai–Sep.)
Kuckuck	sB (Apr.–Mai)
Steinkauz	rB (ganzjährig)
Uhu	sB (ganzjährig)
Alpensegler	rN (Mai–Sep.)
Bienenfresser	hB (Mai–Aug.)
Wiedehopf	hB (Apr.–Jul.)
Wendehals	rB (Mai–Jun.)

Art	Status (beste Beobachtungszeit)
Grauspecht	rB (Mrz.–Mai)
Schwarzspecht	rB (ganzjährig)
Mittelspecht	rB (ganzjährig)
Pirol	sB (Mai–Jun.)
Neuntöter	rB (Mai–Sep.)
Schwarzkehlchen	hB (Mrz.–Sep.)
Gartenrotschwanz	rB (Apr.–Aug.)
Baumpieper	rB (Apr.–Aug.)
Bluthänfling	hB (Apr.–Aug.)
Zaunammer	rB (Apr.–Aug.)

sarde und Habichte kommen aus dem Wald, um hier zu jagen.

Die Weinterrassen mit den Lößwänden und den wenigen verbliebenen Hohlwegen bilden einen weiteren Lebensraum. Die Lößwände sind ideal für viele Wildbienen, so wurden inzwischen 386 Arten nachgewiesen. Diese wiederum sind eine Nahrungsgrundlage für die Bienenfresser, die ebenfalls hier ihre Brutgänge graben, sozusagen direkt neben der Speisekammer. An den Steilwänden zwischen den Terrassen gibt es viele Blütenpflanzen, die typischste ist die blau blühende Deutsche Schwertlilie. Und auch zwischen den Rebzeilen nimmt dank reduzierter Spritzmenge und eigens angelegter Blühstreifen langsam die Vielfalt zu. Durch einzelne Gehölze finden unter anderem Schwarzkehlchen und Bluthänflinge Nahrung und Nistmöglichkeiten. Auch die meisten Brutkästen für Wiedehopfe befinden sich in diesem Gebiet. An den Böschungen kann man die Westliche Smaragdeidechse entdecken, und wenn es heiß wird, klettert die Märzenschnecke auf die vertrockneten Halme.

Die Talsohlen wie auch die direkt angrenzenden Gebiete sind geprägt durch Obst-, Gemüse- und zunehmend Maisanbau, aber auch Blühstreifen werden angelegt. In den verbliebenen Streuobstwiesen kann man Grünspechte, seltener Grauspechte, und dank vieler Brutröhren auch Steinkäuze beobachten.

Der Kaiserstuhl ist eine recht trockene Region, umso bedeutsamer sind die wenigen Wasserstellen als Trink- und Badeplätze für Vögel. Zu nennen sind hier vor allem das Badloch, eine Thermalquelle am südlichen Badberg, und einige Rückhaltebecken an den Ausgängen der Täler in die Ebene. Letztere sind zumeist von einem kleinen Schilfgürtel umgeben und damit trotz des schwankenden Wasserstands bereits Lebensraum für einige für den Kaiserstuhl untypische Arten wie Teich- und Sumpfrohrsänger, Gebirgsstelzen und Rohrammern.

Nur selten stellen Wiedehopfe ihre charakteristische Haube auf.

Foto: E. Mantel, 6.7.2020.

Besondere Vogelarten

Fast jeder kennt den Wiedehopf – 2022 schon zum zweiten Mal Vogel des Jahres – mit seinem außergewöhnlichen Kopfschmuck und dem freundlich wirkenden Gesicht. Doch es gibt nur wenige Orte in Deutschland, an denen man ihn auch relativ leicht beobachten kann. Der Kaiserstuhl ist einer dieser besonderen Orte, hier gibt es bundesweit eine der höchsten Populationsdichten.

Das war nicht immer so: 1990 stand der Wiedehopf auf der Liste der vom Aussterben bedrohten Arten, auch im Kaiserstuhl waren nur noch fünf Brutpaare übrig. Durch die Intensivierung der Landwirtschaft und großflächige Flurbereinigungen fand der Höhlenbrüter, der am liebsten verlassene Spechthöhlen nutzt, kaum noch Brutplätze. Wegen des Insektizideinsatzes fand er immer weniger oder nur vergiftete Nahrung.

Dem Einsatz des Freiburger Ornithologen Christian Stange und vielen Helferinnen und Helfern ist es zu verdanken, dass eine Trendwende geschafft wurde und die Population sich langsam erholen konnte. Viele Nistkästen wurden aufgestellt, in Gesprächen mit den Winzern wurde erreicht, dass weniger gespritzt wird, und dass vor allem die für die Nahrungssuche der Wiedehopfe wichtigen Gänge zwischen den Rebzeilen nicht mehr mit Herbiziden behandelt werden. Hier sucht der Wiedehopf mit seinem langen, leicht gekrümmten Schnabel nach seiner Leibspeise, der unterirdisch lebenden Maulwurfsgrille.

Mit inzwischen etwa 100 Brutpaaren ist sein Vorkommen für den Moment gesichert. Ein Viertel des deutschen Bestandes lebt hier, im benachbarten Tuniberg und im Oberrheingraben bis hinauf nach Rheinland-Pfalz. Auf der Roten Liste wird er seit 2016 nur noch als gefährdet eingestuft.

Bienenfresser sind eine weitere Charaktervogelart des Kaiserstuhls und weisen eine ganz ähnliche Historie auf: Sie wurden hier in den 1960er Jahren durch die Flurbereinigungen sogar völlig ausgerottet. Erst etwa zwanzig Jahre später gab es in den 1980er Jahren vereinzelte Sichtungen. 1990 wurden alte Brutröhren entdeckt, was auf erste Bruten 1989 schließen lässt. Seitdem haben sich Bienenfresser im gesamten Kaiserstuhl verbreitet und sind mit mehreren Hundert Brutpaaren wieder erfreulich häufig vertreten. Nach dem Saaletal, in dem etwa 50 % des deutschen Bestands brüten, befindet sich im Kaiserstuhl das zweitgrößte Vorkommen dieses exotisch bunten Vogels.

Die Rückkehr der Zaunammern ist eine weitere Erfolgsgeschichte: 2009 wurde erstmals eine Brut im Kaiserstuhl nachgewiesen. In kürzester Zeit hat sich diese in Deutschland nach wie vor sehr seltene Vogelart so gut vermehrt und über den ganzen Kaiserstuhl ausgebreitet, dass sie inzwischen recht häufig zu beobachten ist.

Eine weitere Zielvogelart ist der Wendehals. Er findet in den Obstwiesen und bis hinauf zum Waldrand noch Nistplätze und ist hier relativ häufig zumindest zu hören.

Der Kaiserstuhl ist in Baden-Württemberg ein Verbreitungsschwerpunkt des Schwarzkehlchens, auch Bluthänflinge, Dorngrasmücken und Neuntöter sind sehr häufig zu finden. Seltener sind

Ein Wendehals mit dem Schnabel voller Ameisenlarven und -puppen auf dem Weg zur Nisthöhle. Foto: E. Mantel, Kaiserstuhl, 16.6.2023.

Baumpieper, Gartenrotschwänze und Hohltauben anzutreffen. Ab und zu sind auch Turteltauben und Kuckucke zu hören, ganz selten sogar das Flöten eines Pirols.

Am Himmel lassen sich neben unzähligen Turmfalken auch Wanderfalken, Wespenbussarde und Kolkraben entdecken. Alpensegler aus Freiburg kommen zur Jagd ebenso vorbei wie Rauch-, Mehl- und Uferschwalben sowie Weißstörche unter anderem aus Ihringen.

Reisezeit

Der Kaiserstuhl ist ein bedeutendes Brutgebiet für viele Zugvögel aus dem Süden, als Winterquartier spielt er keine große Rolle. Die beste Zeit für einen Besuch im Kaiserstuhl sind also Frühling und Sommer. An Wochenenden mit schönem Wetter ist der Besucherandrang allerdings so groß, dass Vogelbeobachtungen schwierig werden.

Ab März mischen sich in die Gesänge der Standvögel immer mehr die Stimmen der zurückkehrenden Zugvögel. Der Wiedehopf kehrt Ende März aus seinem Winterquartier zurück. Da er bevorzugt zwischen den Rebstöcken im Boden nach Nahrung stochert, ist er am besten im April zu entdecken, wenn die Reben noch keine Blätter ausgebildet haben. Bienenfresser sind nur recht kurz im Land. Sie kommen erst Anfang Mai als einer der letzten Zugvögel aus Afrika zurück. Nachdem die Jungen flügge sind, ziehen die meisten schon im Juli in die benachbarten Rheinauen weiter, wo sie nur noch schwierig aufzuspüren sind.

Im Herbst kehrt wieder Ruhe ein. Neben den Standvögeln sind dann außer ein paar aufgrund der warmen Bedingungen erst sehr spät ziehenden Mönchsgrasmücken nur noch Starenschwärme, die nur bei starkem Schnee etwas nach Süden ausweichen, und Bergfinkentrupps aus dem hohen Norden unterwegs.

Beobachtungsmöglichkeiten

Der Kaiserstuhl ist durch ein dichtes und gut ausgeschildertes Wegenetz erschlossen. Je nach Vorlieben und Kondition lassen sich Touren planen, die verschiedenen Lebensräume erwandern und entlang der Wege die Lieblingsvogelarten beobachten.

Als Einstieg sehr zu empfehlen sind die Führungen, die das Naturzentrum Kaiserstuhl unter kompetenter Leitung anbietet. Eine weitere gute Möglichkeit zur Erkundung des Kaiserstuhls sind die Themenpfade. Der Wiedehopfpfad, der Bienenfresserpfad und der Steinkauzpfad bieten gute Chancen auf die Sichtung der jeweiligen Namensgeber. Am Wendelin Wiedehopf-Familienpfad, der am Bahnhof Ihringen startet, findet man auf vielen Schautafeln Wissenswertes über den Wiedehopf.

Wer auf eigene Faust unterwegs sein will, sollte je nach Lieblingsvogelarten zunächst eines der unten beschriebenen Gebiete auszuwählen. Wenn man sich von seiner Intuition leiten lässt, Vogelstimmen folgt und gerade mit Maschinen arbeitenden Winzern ausweicht, ergibt sich eine Route ganz von allein.

Der Verbreitungsschwerpunkt des Wiedehopfes liegt im südöstlichen Kaiserstuhl im Streifen von Achkarren über Ihringen bis Eichstetten. Der scheinbar so auffällige Vogel ist am Boden sehr gut getarnt. Man muss dem weithin hörbaren "up-up-up" vorsichtig folgen, um ihn aufzuspüren. Geeignete Startpunkte sind Achkarren, Ihringen, Wasenweiler, Bötzingen und Eichstetten (P1, P2, P3).

Bienenfresser sind inzwischen im ganzen Kaiserstuhl verbreitet und an den für sie vorbereiteten Lößwänden leicht zu entdecken. Paare sitzen auch gerne in stiller Kommunikation nebeneinander auf den Drähten der Rebspaliere. Am einfachsten sind sie bei ihren spektakulären Flugmanövern zu beobachten, bei denen sie fast pausenlos ihr charakteristisches „prüitt-prüitt" erklingen lassen, als ob sie selbst von ihren Flugkünsten begeistert wären.

Insbesondere bei der Beobachtung der Wiedehopfe und Bienenfresser

Kleinteilige Landschaft mit Weinterrassen und Obstanbau im Ellenbuch nördlich von Achkarren. Foto: E. Mantel, 22.10.2021.

muss unbedingt wenigstens 25 m Abstand zu Brutplätzen und Nistkästen eingehalten werden. Beide Arten reagieren sehr empfindlich auf Störungen. Viele haben schon wegen übereifriger Fotografen ihre Bruten aufgegeben. Deshalb sind seit 2024 im gesamten Kaiserstuhl ehrenamtliche Naturhüter unterwegs. Was viele nicht wissen: Auf Flächen mit Obst- und Weinbau ist es auch außerhalb der Naturschutzgebiete gesetzlich verboten, die Wege zu verlassen und Rebzeilen zu betreten.

Weitere artenreiche Gebiete sind das Naturschutzgebiet Schneckenberg und das Ellenbuch zwischen Achkarren, Bickensohl und Oberrotweil. Wandert man von Schelingen durch das Hessental bis zum Dachslocher Buck, kann man innerhalb eines Tages alle vier Landschaftsformen des Kaiserstuhls kennenlernen und die jeweiligen Vogelarten beobachten.

Die Arten der Trockenwiesen sind am besten rund um den Badberg zu beobachten. Geeignete Startpunkte sind Oberbergen, Schelingen, der Vogelsangpass und die Schelinger Höhe (P4, P5, P6).

An Waldvögeln Interessierte sollten den Kaiserstuhl-Hauptkamm zu beiden Seiten des Vogelsangpasses und der Schelinger Höhe erkunden (P5, P6). Auch der Büchsenberg (P7) ist einen Besuch wert. Hier befindet sich ein Naturschutzgebiet mit einem seltenen und ökologisch extrem wertvollen Flaumeichenwald, in dem der Diptam gedeiht, der einen wunderbaren Duft verströmt.

Ein Besuch der wenigen Wasserstellen der Gegend lohnt sich immer. Am Badloch und an den Rückhaltebecken in den Talenden lassen sich fast alle im Kaiserstuhl vorkommenden Arten beobachten, wenn sie dort zum Baden und Trinken vorbeikommen.

Weitere Freizeitmöglichkeiten

Der Kaiserstuhl eignet sich gut für einen längeren Aufenthalt. Auch in der näheren Umgebung gibt es viele lohnende Ziele für Vogelbeobachtungen wie den Tuniberg, die Rheinauen, den Taubergiessen, das große Ried bei Sélestat, oder den Hochschwarzwald. Nicht nur wegen der Alpenseglerkolonien bietet sich auch ein Ausflug nach Freiburg an.

Ekkehard Mantel

GPS		
Parkplatz über Achkarren (P1)	48°04'20" N	07°38'10" O
Parkplatz Friedhof Ihringen (P2)	48°02'51" N	07°38'54" O
Parkplatz Friedhof Eichstetten (P3)	48°05'35" N	07°44'30" O
Parkplatz Mondhalde in Oberbergen (P4)	48°05'45" N	07°39'52" O
Parkplatz Vogelsangpaß (P5)	48°05'11" N	07°41'32" O
Parkplatz Schelinger Höhe (P6)	48°06'29" N	07°41'59" O
Parkplatz NSG Büchsenberg (P7)	48°04'17" N	07°36'24" O

Anfahrt

Mit Bahn und Bus

Der Kaiserstuhl ist von Freiburg aus gut zu erreichen. Im Halbstundentakt fährt die Breisgau-S-Bahn nach Gottenheim, wo sie geteilt wird. Die eine Hälfte fährt dann Ihringen und Breisach im Süden an, die andere Bötzingen, Eichstetten und Riegel im Osten. Stündlich verkehrt von Breisach die Ringbahn über Achkarren nach Riegel. Ein Bus fährt von hier nach Altvogtsburg und Schelingen, also ins Innere des Kaiserstuhls.

Mit dem Auto

Die A 5 führt östlich am Kaiserstuhl vorbei. Je nach Ziel wählt man eine Ausfahrt zwischen Freiburg-Süd und Riegel.

Adressen

Naturzentrum Kaiserstuhl, Bachenstraße 42, 79241 Ihringen,
Tel.: 07668-710880, www.naturzentrum-kaiserstuhl.de

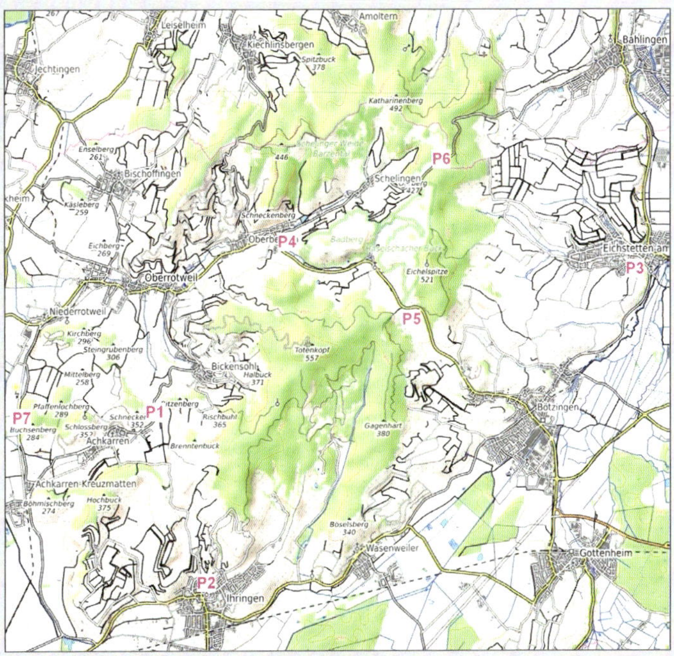

Rheinland-Pfalz

Tipp Nr.	Beobachtungsplatz
1	Der Roxheimer Altrhein und der Silbersee S. 381
2	Die Westerwäler Seenplatte S. 385
3	Der westliche Inselrhein S. 391
4	Der Eich-Gimbsheimer Altrhein S. 396
5	Die Thürer Wiesen S. 401

Am Nordende des Roxheimer Altrheins lassen sich vor allem Gründelenten und Graureiher der angrenzenden Brutkolonie beobachten. Foto: C. König. 22.2.2011.

Der Roxheimer Altrhein und der Silbersee

Wertvolles Refugium in einer dicht besiedelten Landschaft

Der Rhein bietet mit seinen perlschnurartig aufgereihten Feuchtgebieten und Auwäldern viele hervorragende Gebiete zur Vogelbeobachtung. Wenige Kilometer südlich von Worms gelegen, bildet der Verbund von Silbersee und Roxheimer Altrhein eines der größten und interessantesten Beobachtungsgebiete in ganz Rheinland-Pfalz. Vor allem Enten, aber auch viele weitere Wasservögel, werden vom zweitgrößten See des Landes geradezu magisch angezogen. Aufgrund seiner herausragenden Bedeutung für Brut- und Rastvögel ist das Gebiet als Vogelschutzgebiet im Rahmen des europäischen Schutzgebietssystems Natura 2000 ausgewiesen.

Landschaftsgeschichte und Lebensräume

Der Roxheimer Altrhein entstand im Frühmittelalter, einer Zeit, in der der Rhein noch regelmäßig weit über die Ufer trat. Zu dieser Zeit war der große Strom zugleich Segen und Fluch für die Bewohner der ufernahen Städte und Dörfer. Einerseits führte der Rhein als wichtige Wasserstraße zu Reichtum und ausreichend Nahrung für die vor allem als Bauern und Fischer arbeitenden Menschen, andererseits brachte er durch Hochwasserkatastrophen regelmäßig Tod und Zerstörung in die Region. Immer wieder bahnte sich der Rhein mäandrierend neue Wege und schuf dadurch die heute noch teilweise erhaltenen, als Altrheine bezeichneten Wasserarme. Erst im 19. Jahrhundert, etwa 1000 Jahre nach der Entstehung des Roxheimer Altrheins, wurde der Fluss durch umfangreiche Begradigungsmaßnahmen in ein festes Bett gelegt.

Eine weitaus jüngere Geschichte hat der benachbarte Silbersee vorzuweisen. Er entstand erst durch den Abbau von Kies und Sand, der bereits in der ersten Hälfte des 20. Jahrhunderts in der Alt-

Blässhühner gehören zu den häufigsten Wasservögeln im Gebiet und lassen sich ganzjährig beobachten. Foto: E. Lietzow. Dümmer, 15.7.2009.

rheinschleife begann und bis heute andauert. Die Wasserfläche des Baggersees beträgt rund 130 ha bei einer Wassertiefe von bis zu 10 m. Durchflossen wird der Silbersee von dem kleinen Flüsschen Isenach, das 4 km südlich von Worms in den Rhein mündet.

Die großen, offenen Wasserflächen des Roxheimer Altrheins und Silbersees sind ein großer Anziehungspunkt für Entenarten, Gänse und Taucher. Selbst im Winter friert der See nur selten komplett zu, sodass insbesondere zu dieser Jahreszeit viele attraktive Vogelarten entdeckt werden können wie Mittelmeer- und Steppenmöwen. Vor allem im östlichen Teil des Gebietes bieten ausgedehnte Schilf- und Röhrichtzonen wertvolle Bruthabitate. Die Ufer des Gewässerkomplexes sind von Bäumen und Gebüschen umsäumt. Teilweise sind auwaldartige Bestände erhalten geblieben.

Besondere Vogelarten und Reisezeit

Ein Besuch des Gebietes lohnt sich vor allem im Winterhalbjahr. Zu dieser Zeit werden die Gewässer von Hunderten Tauchenten, Zwerg- und Haubentauchern sowie Blässhühnern bevölkert. Unter den Massen von Reiher- und Tafelenten befinden sich immer wieder einige Überraschungen. So kann der aufmerksame Beobachter mit Glück Meeresenten wie Berg- oder Samtenten und Seetaucher, hier vor allem Schwarzhals-, Rothals, Ohren-, Pracht, Eis- und Sterntaucher, entdecken. Zu den regelmäßigen Wintergästen zählen außerdem Gänse- und Zwergsäger. Unter den Singvögeln sind im Winter vor allem Bergpieper zu erwähnen, die an den sandigen Ufern nach Nahrung suchen.

Doch auch in den übrigen Jahreszeiten bieten Roxheimer Altrhein und Silbersee interessante Beobachtungsmöglichkeiten. Im Sommer wird der Silbersee allerdings intensiv zum Baden, Segeln und Surfen genutzt und ist daher weniger interessant.

Im Frühjahr zeigen prächtige Haubentaucher ihre auffällige Balz. Dieses auch als Pinguintanz bezeichnete Verhalten kann in manchen Jahren bereits ab Januar beobachtet werden. Waren die Bemühungen der Haubentaucher erfolgreich, so lassen sich später im Jahr die auffällig gefärbten Jungvögel beobachten, die sich gerne in den ersten Wochen im Rückengefieder der Eltern umhertragen lassen. Man hat gute Chancen verschiedene Gründelenten zu beobachten, darunter Krick-, Knäk-, Löffel- und Pfeifenten. Zu den regelmäßig im Gebiet anzutreffenden Greifvögeln gehören Rohrweihen, Schwarzmilane und Baumfalken. Zur Zugzeit bestehen zudem gute Aussichten, Fischadler bei der Jagd anzutreffen. Im Mai lassen sich Trauer- und Flussseeschwalben bei ihren akrobatischen Jagdflügen beobachten. Die Zug- und Brutzeit bietet die Möglichkeit, verschiedene Rallen, aber auch Limikolen wie Bekassinen, Flussufer-, Wald- und Bruchwasserläufer sowie eine Reihe von Singvogelarten zu entdecken. Auf einer Sandbank im Silbersee rasten in der Regel zahlreiche Kormorane und Möwen sowie zu den Zugzeiten verschiedene Limikolenarten. Teilweise sind auch Säbelschnäbler, Sanderlinge oder Steinwälzer anwesend. Flussregenpfeifer sind hier Brutvögel.

Zu den attraktivsten Arten gehören hier neben verschiedenen Rohrsängern vor allem Beutelmeisen, Nachtigallen und Blaukehlchen. In den umgebenden Gehölzen lassen sich neben Kuckucken und Pirolen verschiedene Spechtarten wie Klein-, Mittel-, Grün- und Grauspechte hören und mit etwas Glück auch sehen. Turteltauben und Gelbspötter runden das Artenspektrum ab. Auffällig zahlreich sind Graureiher, die in einer kleinen, jedoch nicht gut einsehbaren Kolonie im Westen des Gebietes brüten. Eine zweite Kolonie, gemeinsam mit Kormoranen, befindet sich am Hinteren Altrhein (2). Purpurreiher sind regelmäßige Sommergäste und brüten sogar in manchen Jahren. Seit einigen

Typische Vogelarten am Roxheimer Altrhein und am Silbersee, deren Status und günstige Beobachtungszeit (in Klammern).
h = häufiger, r = regelmäßiger, s = seltener; B = Brutvogel, W = Wintergast, D = Durchzügler, N = Nahrungsgast, J = Jahresvogel

Art	Status (beste Beobachtungszeit)
Bekassine	rD (März/April, Aug.–Okt.)
Bergpieper	rW (Nov.–März)
Beutelmeise	sB, rD (April–Okt.)
Blässhuhn	hB, hW (ganzjährig)
Blaukehlchen	rB (April–Juni)
Bruchwasserläufer	rD (April/Mai, Jul./Aug.)
Fischadler	rD (April, Sept.)
Flussregenpfeifer	rB, rD (April–Sept.)
Flussseeschwalbe	rD (August)
Gänsesäger	rW (Okt.–März)
Graureiher	hB (ganzjährig)
Grauspecht	rB (ganzjährig)
Grünspecht	rB (ganzjährig)
Haubentaucher	hB, hW (ganzjährig)
Kleinspecht	rB (ganzjährig)
Kolbenente	rW (Okt.-März)
Kormoran	hN, hW, rB (ganzjährig)

Art	Status (beste Beobachtungszeit)
Krickente	rD (März/April, Sept./Okt.)
Kuckuck	rB (April–Aug.)
Löffelente	rD (März/April, Sept./Okt.)
Mittelspecht	rB (ganzjährig)
Nachtigall	hB, rD (April–Aug.)
Pirol	rB (Mai–Aug.)
Purpurreiher	sB (April–Sept.)
Reiherente	hJ (ganzjährig)
Rohrweihe	rN (April–Sept.)
Schnatterente	hD (März/April, Sept./Okt.)
Schwarzmilan	rN, sB (März–Aug.)
Tafelente	hJ (ganzjährig)
Trauerseeschwalbe	rD (Mai, Aug./Sept.)
Turteltaube	sB (Mai–Aug.)
Uferschwalbe	rB, rD (April–Sept.)
Zwergsäger	rW (Nov.–März)
Zwergtaucher	rB (ganzjährig)

Die zahlreichen Wasservögel auf dem Silbersee können von offenen Stellen am Südufer überblickt werden.
Foto: C. König, 22.2.2011.

Jahren treten regelmäßig Halsbandsittiche auf, die sich von ihrem Schwerpunkt im Rhein-Nekarraum weiter nach Norden ausbreiten.

Beobachtungsmöglichkeiten

Als Ausgangspunkt für Beobachtungen am Silbersee bietet sich der Wanderparkplatz im Süden des Gebietes an. Bereits wenige Meter nördlich des Parkplatzes (1) hat man einen guten Blick auf den östlichen Teil des Altrheins mit seinem breiten Schilfgürtel. Folgt man der Straße weiter nach Norden gelangt man umgehend an einen Badestrand mit Kiosk, an dem der circa 6 km lange Rundweg um den Silbersee beginnt. Wer keine größere Exkursion, sondern nur einen kleinen Abstecher geplant hat, folgt dem Rundweg am besten gegen den Uhrzeigersinn nach Osten, um so auf kürzestem Wege interessante Aussichten über den See zu bekommen. Entlang des Fußwegs am Südufer (2) bieten sich immer wieder offene Stellen, von denen die Wasserfläche des Sees und die oftmals enorme Anzahl an Wasservögeln überblickt werden können. Aufgrund der Größe des Gewässers lohnt es sich hier immer wieder kurz haltzumachen und zum Beispiel jagende Seeschwalben zu beobachten. Aus den dichten Schilfbeständen des südlich des Weges gelegenen Roxheimer Altrheins erklingt besonders in der ersten Aprilhälfte der kräftige Gesang des Blaukehlchens. Von hier aus sieht man zudem eine recht junge und große Kolonie (2) von Kormoranen und Graureihern. Nachdem man vom Kiosk etwa 1,5 km in Richtung Osten gegangen ist, gelangt man an eine interessante Stelle mit freiem Blick auf das gegenüberliegende Sandwerk und die Sandbank (3). Den größten Teil des Sees hat man nun bereits einsehen können, sodass bei Kurzbesuchen an dieser Stelle kehrtgemacht werden kann. Dennoch bietet der weitere Verlauf des Rundweges mit dem Blick auf eine Uferschwalbenkolonie sowie einem attraktiven Auwald am Nordufer weitere interessante Aspekte, die eine ausgiebige Wanderung Wert sind. Hier lassen sich Pirole, Beutelmeisen und Nachtigallen entdecken.

Um Einblicke auf den westlichen Altrheinarm und einige kleine Baggerteiche des angrenzenden Kieswerkes zu bekommen, fährt man etwa 2 km bis in die nordwestliche Ecke des Gebietes. Dazu folgt man der Industriestraße weiter in Richtung Roxheim und biegt nach 0,5 km rechts in Richtung „Seestube-Hotel" ab. An einer T-Kreuzung fährt man rechts in die Friedrich-Ebert-Straße und folgt kurz darauf der

Als regelmäßige Durchzügler treten Fischadler im Gebiet auf, die sich dann oftmals bei ihrer spektakulären Jagd auf Fische beobachten lassen.
Foto: E. Lietzow, Dümmer, 10.8.2010.

Beschilderung in Richtung „Sportanlagen" nach links. Der Weg führt nun über die Straßen „Altrheinanlage" und „Am Binnendamm" zu der etwas tiefer gelegenen gelben Halle des BSV Roxheim auf der rechten Seite, vor der sich ein Parkplatz befindet (4). Direkt vom Parkplatz aus bieten sich schöne Blicke auf den Verlandungsbereich am Nordende des Roxheimer Altrheins. Zu den Zugzeiten lassen sich hier Bekassinen entdecken. Je nach Wasserstand rasten auch weitere Limikolenarten. In diesem Bereich des Sees können außerdem Gründelenten beobachtet werden. In den Weiden am Ufer stehen die Graureiher der benachbarten Kolonie. Folgt man dem Weg am Schilf entlang etwa 300 m nach Norden, gelangt man an einen kleinen Baggerteich (5), auf dem zwischen September und Oktober bis zu 400 Schnatterenten mausern. Die Vögel lassen sich zu dieser Zeit außerdem bei der Herbstbalz beobachten. Auf dem Weg zurück zum Parkplatz kann ein kleiner Blick auf einen weiteren Teich (6) ebenfalls lohnenswert sein.

Weitere Freizeitmöglichkeiten

Nur etwa 15 km nördlich des Silbersees befindet sich das in der Seegrabenniederung gelegene Naturschutzgebiet „Rheindürkheimer Spieß". Das Gebiet zeichnet sich durch ausgedehnte Schilfzonen und Verlandungsbereiche aus. Eine 2009 errichtete moderne Beobachtungshütte bietet, vor Wind und Wetter geschützt, hervorragende Beobachtungsmöglichkeiten. Störungsarm lassen sich von hier aus zahlreiche Wasservögel beobachten und fotografieren. Zu den attraktiven Arten des Gebietes gehören neben verschiedenen Entenarten auch Rohrweihen, Wasserrallen und Blaukehlchen. Immer wieder lassen sich auch seltenere Gäste wie Seidenreiher oder Löffler blicken. Man erreicht das Gebiet, indem man die B 9 etwa 1 km nördlich von Rheindürkheim in Richtung „Gärtnerei Tils/Hühnerfarm" verlässt. Gleich nach dem Einbiegen biegt man erneut rechts ab und parkt auf dem Grünstreifen direkt an der Straße. Von dort aus folgt man dem Weg weiter bis zu einer Beobachtungshütte. Der NABU Worms bietet alljährlich mehrere Exkursionen in das Gebiet an.

Christopher König, Christoph Moning, Christian Wagner, Felix Weiß

Anfahrt

Mit Bahn und Bus

Der nächste Bahnhof liegt im Ortsteil Bobenheim des sich westlich anschließenden Ortes Bobenheim-Roxheim. Von dort aus ist es lediglich 1 km Luftlinie bis zu den Kiesteichen im Nordwesten des Gebietes. Die nächsten regelmäßig angefahrenen Bushaltestellen sind „Marktplatz" westlich und „Röntgenstraße" südwestlich des Gebietes.

Mit dem Auto

Man verlässt die autobahnähnlich ausgebaute B 9 Ludwigshafen-Worms an der Abfahrt Bobenheim-Roxheim und folgt der Industriestraße in Richtung Roxheim. Nach 1,8 km erreicht man den rechterhand gelegenen und ausgeschilderten „Parkplatz für Silberseebesucher" (1).

Adressen

NABU Rheinhessen, Langgasse 91, 55234 Albig, Tel.: 06731/547566, info@nabu-rheinhessen.de; www.nabu-rheinhessen.de; www.nabu-worms.de

Gesellschaft für Naturschutz und Ornithologie Rheinland-Pfalz e. V. (GNOR), Osteinstr. 7–9, 55118 Mainz, Tel.: 06131/671480, mainz@gnor.de, www.gnor.de

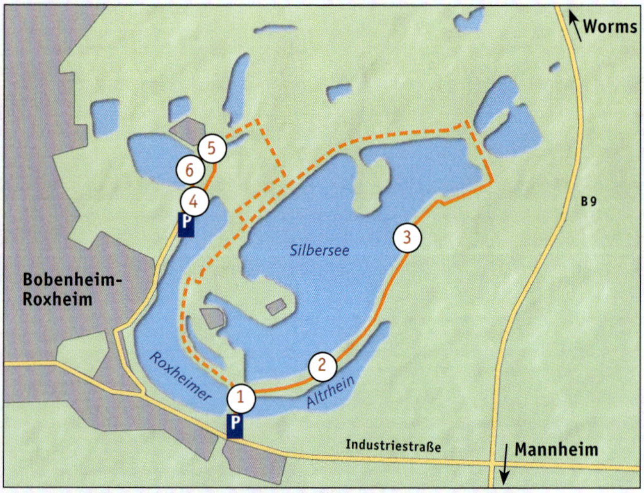

GPS		
Parkplatz Silbersee (1)	49°34'11.05"N	8°22'32.57"O
Blick auf Silbersee + Sandbank (3)	49°34'48.04"N	8°23'25.58"O
Nordende Roxheimer Altrhein (4)	49°34'53.93"N	8°22'19.96"O
Baggerteich (5)	49°35'60.68"N	8°22'26.49"O

Infomaterial/Literatur

Bayer J 2009: Roxheimer Altrhein & Silbersee, http://www.birdnet-rlp.de/index.php/rheintal/853-roxheimer

Moning C, C Wagner 2005: Vögel beobachten in Süddeutschland. – Kosmos, Stuttgart.

www.birdnet-rlp.de/index.php/obs-area/roxheim, Internetseite mit aktuellen Beobachtungen und umfangreichen Informationen rund um die Avifaunistik in Rheinland-Pfalz.

Am erst seit 2017 bestehenden Biberweiher wurden bereits 122 Vogelarten nachgewiesen.
Foto: W. Burens. 31.1.2020.

Die Westerwälder Seenplatte

Wasservogelreiche Mittelgebirgslandschaft

Im Oberen Westerwald liegen auf 400 bis 420 m Höhe die Weiher der Westerwälder Seenplatte. Inmitten der vielseitigen Kulturlandschaft des Mittelgebirges gebettet, von heute ungenutzten Bruchwäldern und alten Eichen gesäumt, ist die Teichlandschaft ein überregional bedeutsames Rast-, Mauser- und Überwinterungsgebiet für zahlreiche Vogelarten. Im Herbst lassen sich an den dann trockenfallenden Ufern rastende Limikolen sowie immer wieder seltenere Durchzügler beobachten. Das üppige Nahrungsangebot sowie strukturreiche Uferbereiche und breite Verlandungszonen bieten vielen Wasservogelarten, so auch Dutzenden Tafelenten und Schwarzhalstauchern, Brutplätze. Die Weiher befinden sich heute im Besitz der NABU-Stiftung Nationales Kulturerbe. Sie sind als EU-Vogelschutzgebiet und in Teilbereichen als Naturschutzgebiet besonders geschützt.

Vormals sieben, seit Neuem acht Weiher kennzeichnen die Westerwälder Seenplatte. Insbesondere Wasservögel und Küstenvögel finden in der Weiherlandschaft Rastplätze, Nahrung, Deckung und auch Brutplätze in ausgedehnten Schilf- und Verlandungszonen. In allen Weihergürteln kommen alte, ungenutzte Erlenbruchwälder und Eichensäume vor. In verschiedenen Zusammensetzungen wachsen stattliche Buchen, Eschen und Bergahorne in den Bruchwäldern und auch auf den Dämmen. Dazu kommen ehemalige Viehtriften mit alten Kirschen, Eichen und Grauweiden.

Die Weiher der Westerwälder Seenplatte sind keine natürlichen Seen. Sie sind zum Zwecke der Teichwirtschaft ausgeklügelte und so von Menschenhand geschaffene Elemente der Kulturlandschaft. Der Wasserstand der Teiche wird über Mönche und ein Abflussgerinne reguliert, Dämme wurden zum Aufstauen errichtet.

Obgleich immer wieder von einer bereits mittelalterlichen Teichwirtschaft im Westerwald die Rede ist, sind die Weiher tatsächlich offenbar „erst“ im 17. Jahrhundert angelegt worden. Der älteste Teich ist demnach der Wölferlinger Weiher, dessen Anlage für das Jahr 1621 dokumentiert ist. Weitere sechs Weiher hat in den Jahrzehnten danach Graf Friedrich III zu Wied projektieren und anlegen lassen. Insbesondere Aufzeichnungen aus dem Jahr 1656 über die bunt gemischten Besitzverhältnisse landwirtschaftlich genutzter Parzellen, hauptsächlich Wiesen, die anschließend zwecks Anlage des Dreifelder Weihers vom Grafen erworben wurden, bekunden die Neuentstehung des Teiches zu diesem Zeitpunkt. Im Zuge der Anlage der Weiher kam es immer wieder zu verschriftlichten Konflikten durch Überschwemmungen von Feldern und

Ein Tafelentenerpel im Flug am Haidenweiher. Foto: W. Burens. 22.5.2020.

Siedlungen, Überflutungen von Transportwegen, Schaden an Viehtrift und Feldern durch den Bau der Dämme. Auch dadurch wird die Neuanlage der Weiher „erst" im 17. Jahrhundert bestätigt.

Im 18. und 19. Jahrhundert wurden die Weiher periodisch immer wieder als Felder bestellt. Die Ausweitung der Anbaufläche kam auch den Kleinbauern entgegen, welche die Nutzung der Teichbodenparzellen ersteigerten. In erster Linie sollten dadurch jedoch die mageren Weiher Verbesserung erfahren: Die im Weiher verbliebenen Stoppel wirkten als Düngung und steigerten die Erträge der Teichwirtschaft. Dies betraf besonders den Dreifelder Weiher, dessen Teichboden über Jahrzehnte hinweg mit Hafer bestellt wurde. Die Ernteerträge hielten sich in Grenzen. Auf dem staunassen, schlammigen Teichboden verfaulte oft die Saat, verstopfte Teichabflüsse führten zu Überflutung der Parzellen und die sandigen Bereiche waren kaum fruchtbar.

Im 19. Jahrhundert wurde der Dreifelder Weiher mehrere Jahrzehnte als Wässerwiese genutzt. Dies ging einher mit einer damals vielerorts zu beobachtenden Neuerung, der Umnutzung von Teichen zu bewässerten Wiesen. Der Dreifelder Weiher wurde abgelassen, Abflussgräben und ein System aus Schleusen und Wehren zum geregelten Abfluss und zur gezielten Bewässerung errichtet. Anders als damals erhofft, fiel der Heuertrag der Wässerwiese jedoch sehr gering aus, sodass der Dreifelder Weiher zu Beginn des 20. Jahrhunderts wieder aufgestaut und erneut zur Teichwirtschaft genutzt wurde.

Typische Vogelarten im Gebiet, deren Status und günstige Beobachtungszeit (in Klammern)
h = häufiger, r = regelmäßiger, s = seltener; B = Brutvogel, W = Wintergast, D = Durchzügler, S = Sommergast, N = Nahrungsgast

Art	Status (beste Beobachtungszeit)
Höckerschwan	hB, hS, hW (ganzjährig)
Tafelente	rB, hW (ganzjährig)
Reiherente	rB, hW (ganzjährig.)
Schwarzhalstaucher	rB (Mrz.–Jul.)
Zwergtaucher	hB, hD, rW (ganzjährig)
Haubentaucher	hB, rW (Feb.–Okt.)
Rothalstaucher	rB (Mrz.–Jul.)
Gänsesäger	hW (Nov.–Mrz.)
Wasserralle	rB, rW (ganzjährig)
Tüpfelsumpfhuhn	sB (Apr.–Mai)
Kranich	hD, sW (Feb., Okt.)
Alpenstrandläufer	rD (Aug.–Nov.)

Art	Status (beste Beobachtungszeit)
Waldwasserläufer	rD, rW (Aug.–Mrz.)
Flussuferläufer	rD (Apr.–Mai, Jul.–Aug.)
Bekassine	rD, rW (Aug.–Apr.)
Trauerseeschwalbe	sD (Mai, Sep.)
Eisvogel	rN, rD, rW (ganzjährig)
Schwarzspecht	rB (Mrz.–Mai)
Grauspecht	rB (Mrz.–Mai)
Mittelspecht	rB (Mrz.–Mai)
Kleinspecht	rB (Mrz.–Mai)
Teichrohrsänger	rB (Mai.–Jul.)
Rohrammer	rB (Mrz.–Jul.)

Die Wiedbrücke am Dreifelder Weiher eröffnet den Blick auf die Wasserfläche und die breite Verlandungszone am Ostufer. Foto: W. Burens. 17.5.2020.

Mit dem Beginn des 20. Jahrhunderts kamen durch den Bau der Westerwaldbahn immer mehr Ausflügler und „Sommerfrischler“ an die Seenplatte, zuerst standen vor allem Wandern und Eislaufen hoch im Kurs, etwas später wurden die Badestellen als neue „Strandbäder“ eingerichtet, beliebt und weit bekannt.

Die fischereiwirtschaftliche Nutzung der Weiher fand bis vor wenigen Jahren statt, in den letzten beiden Jahrzehnten jedoch in stark verringertem Umfang. Um an die Fische ranzukommen, wurden seit den 1960ern die Weiher im Herbst alljährlich vollständig abgelassen. Im Anschluss wurden die Weiher nach und nach wieder aufgestaut und im nächsten Frühjahr mit bereits ein- bis zweijährigen Schleien und Karpfen neu besetzt. Das bedeutete, dass die Weiher somit zum einen zur Rast-/Zugzeit einigermaßen fischleer waren und zum anderen auch kaum Jungfischbestände aufwiesen.

Seit 2019 sind die Weiher Eigentum der NABU-Stiftung Nationales Kulturerbe. Die Weiher werden nun nicht mehr alljährlich abgelassen, der Wasserstand aber weiterhin im Herbst abgesenkt, sodass weitläufig Teichböden freiliegen. Die Anstauung beginnt im Laufe des Dezembers mit dem Ziel, vor Beginn der Brutzeit einen hohen Wasserstand zu erreichen, damit insbesondere in niederschlagsarmen Perioden Schilf- und Röhrichtgürtel nicht trockenfallen.

Seit wenigen Jahren besitzt die Westerwälder Seenplatte nun einen achten Weiher. Im Sommer 2017 ist ein Biber am Saynbach aufgetaucht. Innerhalb kürzester Zeit hat dieser den Saynbach an seiner schmalsten Stelle in der Niederung aufgestaut. Der neue Biberweiher ist inzwischen Rast- und Brutplatz zahlreicher Vogelarten.

Besondere Vogelarten und Reisezeit

Im zeitigen Frühjahr lassen sich in den Waldsäumen der Weiher alle sechs heimischen Spechtarten antreffen. Mittelspechte sind an jedem der mit alten Eichen bestandenen Weiherdämme und Eichensäume zu beobachten, gleiches gilt für Kleinspechte und Buntspechte. Schwarzspechte rufen aus in der Nähe liegenden alten Buchenbeständen. Auch Grau- und Grünspechte brüten in den Gehölzgürteln der Weiher. Zu Beginn des Frühlings rufen sich die Kleiber zu, Gartenbaumläufer und Schwanzmeisen beginnen in den Bruchwäldern mit dem Nestbau. In Schilf- und Röhrichtzonen sind bald Rohrammern zu hören, einzelne Feld- und Rohrschwirle singen am Ostufer des Dreifelder Weihers. Die typischen Rohrsänger sind auch dabei, neben Sumpf- und Teichrohrsängern neuerdings auch Drosselrohrsänger, die vielleicht schon bald wieder zu den Brutvögeln gehören werden.

Ebenso aus den Schilfgürteln ist der kreischende Balzgesang der Rothalstaucher zu vernehmen. Zwergtaucher brüten an allen Weihern. Insbesondere am Dreifelder Weiher und Biberweiher brüten Wasserrallen und sind dort in Ufernähe auf Nahrungssuche zu beobachten.

Hauben- und Schwarzhalstaucher brüten inzwischen am Dreifelder Wei-

Hochsommerlicher Ausblick über die Viehweide zum Brinkenweiher. Foto: W. Burens. 23.7.2017.

her in hohen Anzahlen (bis 28 bzw. 22 Brutpaare), ihre Nester bauen die Vögel freistehend, für Bodenprädatoren kaum erreichbar, auf den Teppichen der Wasserpflanzen.

Mehrere Paare Tafel- und Reiherenten brüten regelmäßig an den Weihern. Die hiesigen Tafelentenbrutpaare stellen dabei den Großteil der Brutpopulation von Rheinland-Pfalz dar.

Im Spätsommer sind immer wieder einzelne oder kleine Gruppen Schwarzstörche zu beobachten, die in der Thermik kreisen oder in trockenfallenden Bereichen nach Nahrung suchen.

Flussregenpfeifer, auch im Familienverband, sind jedes Jahr in den Sommermonaten zu beobachten, im Spätsommer und Herbst auch Sandregenpfeifer.

Im Herbst finden Durchzügler besonders in den Bereichen der trockenfallenden Teichböden Rast- und Nahrungsplätze vor. Regelmäßig sind dann Alpenstrandläufer, Bekassinen und Flussuferläufer dort zu beobachten. Auch Kiebitze rasten dann regelmäßig in Trupps von mehreren Dutzenden am Ufer. Waldwasserläufer sind in den Herbst-/Wintermonaten oft zu beobachten. Besonders im September sind hin und wieder auch Grünschenkel oder Bruchwasserläufer anzutreffen. Im Herbst wurden als seltene Durchzügler ebenso schon Säbelschnäbler, Sichelstrandläufer und Zwergstrandläufer entdeckt.

Ab Juli lassen sich alljährlich Eisvögel erblicken. Besonders im Spätsommer und Herbst sind von den Dämmen sämtlicher Weiher nicht selten gleich mehrere bunte, pfeilschnelle Individuen bei sirrenden Verfolgungsflügen zu beobachten. Am Damm des Brinkenweihers ist dieses Hin und Her besonders einfach zu erfassen.

Hauptsächlich im Mai, zum Teil auch im September, sind immer wieder rastenden Seeschwalben am Dreifelder Weiher anzutreffen. Gelegentlich finden sich Dutzende Trauerseeschwalben zur Nahrungssuche ein. Einzelne Küsten- und Flussseeschwalben sind beinahe jährlich zu entdecken. Auch Weißbart-Seeschwalben und sogar Raubseeschwalben wurden schon beobachtet.

Rastende Kraniche halten sich im Winterhalbjahr immer wieder an der Seenplatte auf. Insbesondere zum Frühjahrszug im Februar und zum Herbstzug im Oktober ziehen große Kranichtrupps über die Westerwälder Seenplatte. Schlafplätze befinden sich dann oftmals auch in den windgeschützten Uferbereichen des Dreifelder Weihers. Ist der Weiher in kalten Wintern noch eisbedeckt, so stehen die Kraniche gelegentlich – selten sogar Tausende Individuen – rastend auf dem Eis.

Am Dreifelder Weiher rasten unter anderem Flussuferläufer. Foto: W. Burens. 15.7.2018.

Im Schilfgürtel am Dreifelder und Wölferlinger Weiher beziehen immer wieder Starentrupps ihren Schlafplatz. Der Schlafplatzeinflug wird dann von aufmerksamen Sperbern und Baumfalken verfolgt.

Nahrungssuchende Rotmilane und Schwarzmilane sind häufig zu beobachten sowie im Spätsommer regelmäßig auch Fischadler.

Nach der Brutzeit werden die Weiher als Mauserplätze genutzt. Mausertrupps von bis zu 100 Höckerschwänen weiden dann an der Unterwasservegetation, den Wasserpest- und Hahnenfußteppichen. Auch Reiher- und Tafelenten nutzen den Dreifelder Weiher als Mauserplatz. Im Winterhalbjahr warten die Weiher mit einer bunten Mischung an Wasservögeln auf. Stock-, Schnatter- und Krickenten sowie Tafel- und Reiherenten suchen in teilweise großen Ansammlungen nach Nahrung; ruhende Trupps liegen oftmals in den windgeschützten Buchten. Auch Pfeifenten sind regelmäßig zu mehreren Dutzenden oder noch größeren Trupps versammelt. Zumeist sind einige Spießenten zu beobachten, manchmal auch einzelne Bergenten auszumachen. Gänsesäger treten in kleinen Gruppen auf, gelegentlich sind auch mehrere Dutzende bei vorfrühlingshafter Gruppenbalz zu beobachten.

Die in den letzten Jahren hohen Winterzahlen der Schnatter- und Pfeifenten sowie Blässhühner und Höckerschwäne dürften mit dem Nahrungsangebot, mit der nach Aufgabe der Karpfenzucht nun üppigeren Ausbildung der Unterwasservegetation, zusammenhängen.

Beobachtungsmöglichkeiten

Zu Fuß lassen sich die Weiher hervorragend auf der Wanderroute des „Sieben-Weiher-Weges“, welcher in Rot auf der Karte eingezeichnet ist, erkunden. Alle guten Beobachtungspunkte liegen entlang des Weges. Wer das Gesamtgebiet erwandern möchte, kann vom Parkplatz (11) aus die 13,5 km lange Nord- und die 17,5 km lange Südschleife des Weges kombinieren. Alternativ kann aber abgekürzt etwa nur der Rundweg um den Dreifelder Weiher gegangen werden. Oder man startet von verschiedenen Parkplätzen aus zu kleineren Spaziergängen und wirft so einen Blick auf jeden Weiher.

Die Nordroute führt rund um den Dreifelder Weiher, die beiden Beobachtungspunkte, von denen der Weiher insgesamt komplett eingesehen werden kann, liegen im Norden (1) und im Südosten (2) des Weihers. Beste Beobachtungsbedingungen herrschen in den Morgenstunden, Gegenlicht kann später am Tag sehr störend sein. Neben dem Stand der Sonne ist es hilfreich, die Windrichtung zu beachten, so finden sich Entenansammlungen häufig in windgeschützten Bereichen, etwa im Windschatten der Halbinsel bei Seeburg. Von (2) aus lassen sich auch Durchzügler und Nahrungsgäste beobachten, welche dort im Herbst die Bereiche trockenfallenden Teichbodens aufsuchen.

Am Haidenweiher (3) und am Hofmannsweiher (4) lässt sich ebenso von der Nordroute aus beobachten. Wer den Fußmarsch abkürzen möchte, fährt zu Parkplatz (12), um von dort die Beobachtungspunkte im Norden aufzusuchen.

Für die Südroute lassen sich alternativ noch der Wanderparkplatz am Postweiher (13) und der Friedhofsparkplatz bei Wölferlingen (14) anfahren. Der Damm (5) zwischen Brinkenweiher und Postweiher bietet die besten Aussichten auf diese beiden Weiher. Zwischen alten Eichen, trommelnden Spechten und rufenden Kleibern erstreckt sich nach Nord und Süd eine gute Aussicht auf die Wasserflächen beider Weiher; die Wasservogelansammlungen sind gut einzusehen.

Auf den Hausweiher beobachtet man am besten vom Damm am Westufer (6) aus. Am Südufer ist ein Campingplatz und besonders im Sommer und an Wochenenden ist tagsüber hier viel Besucherverkehr.

Im Anschluss ist der seit wenigen Jahren erst von seinem Namensgeber aufgestaute Biberweiher am Saynbach zwischen Freilingen und Wölfingen auf jeden Fall einen Stopp wert (7). Den Weg entlang von Norden kommend erblickt man den Weiher zuerst in einer Senke. Weiter dem Weg folgend kann man nun den Fuß- und Radweg parallel zur Straße gehen und hat von dort einen hervorragenden Blick über den kleinen, sehr vielseitigen Weiher. Den Erbauer des Staudamms wird man kaum zu Gesicht bekommen, frische Fraßspuren am Ufer zeugen jedoch von stetiger Ak-

Eine Wasserralle auf Nahrungssuche am Dreifelder Weiher. Foto: W. Burens. 17.11.2020.

Blick vom mit stattlichen Eichen gesäumten Damm auf den Hofmannsweiher. Foto: W. Burens. 14.5.2020.

tivität. Obschon der Weiher erst wenige Jahre besteht, brüten hier bereits Tafel- und Reiherenten, Wasserrallen können im flachen Wasser herumlaufend beobachtet werden. Im Frühling 2020 konnten hier nächtliche Gesänge des Tüpfelsumpfhuhns vernommen werden.

Der Wanderweg führt weiter durch die Wiesen und Weiden im Saynbachtal. Im weitläufigen, gehölzarmen Offenland bei Wölferlingen brüten Braunkehlchen und Wiesenpier.

Auf den Wölferlinger Weiher schaut man anschließend vom Weg südlich des Weihers (8). Dieser von den anderen Seen etwas abgelegene Weiher bietet zwar vermutlich kaum ein Extra an Wasservogelarten, wartet aber mit einem ausgeprägten Schilfsaum auf, welcher immer wieder einen großen Starenschlafplatz beherbergt.

Zur Zugzeit lohnt sich zusätzlich zu den genannten Beobachtungspunkten noch die Anhöhe zwischen Steinen und Schönerlen. Bei einer großen Eiche (9) eröffnet sich ein weiter Überblick auf die abfallende Landschaft. Ziehende Kleinvogeltrupps kommen hier im Frühjahr, insbesondere bei tiefhängenden Wolken, in niedrigem Flughöhen auf die Anhöhe zu. Auch der Kranichzug ist hier schön zu beobachten. Eine besondere Aussicht über die ganze Westerwälder Landschaft, umso beeindruckender an Großvogelzugtagen, gewinnt man auf dem Aussichtsturm (10) des Hellebergs.

Weitere Freizeitmöglichkeiten

Verschiedene Wanderrouten laden zum Schnüren der Wanderstiefel ein, so etwa der Westerwald-Steig, der auf einer Gesamtlänge von 240 km von Herborn im Dill-Westerwald nach Westen, nach Bad Hönningen, führt. Das Städtchen Hachenburg ist mit seinem namensgebenden Schloss, dem mittelalterlichen Marktplatz und historischen Fachwerkhäusern sehenswert. Dort befindet sich auch ein kleines Freilichtmuseum, das Landschaftsmuseum Westerwald, welches die frühere Lebensweise und die Geschichte des Westerwalds lebendig macht. Nordwestlich von Hachenburg bietet sich eine Wanderung durch das Nistertal bei Kloster Marienstatt an.

Andrea Maier, Christopher König, Christoph Moning, Felix Weiß

Anfahrt

Mit Bahn und Bus

Die Oberwesterwaldbahn verkehrt nordöstlich der Weiher zwischen Au und Limburg. Vom Bahnhof Hachenburg aus, circa 10 km nördlich gelegen, gelangt man mit den Buslinien 430, 431 und 433 mehrmals am Tag zum Dreifelder Weiher. Von Süden besteht eine Busverbindung (463) vom Bahnhof Montabaur nach Freilingen.

Mit dem Auto

Die B 8 verläuft durch die Seenplatte. Um zum Parkplatz (11) zu gelangen, nimmt man in Steinen den Abzweig Richtung Dreifelden. Parkplatz (12) ist 2,5 km nördlich gelegen. Parkplatz (13) befindet sich direkt an der B 8 zwischen Freilingen und Steinen.

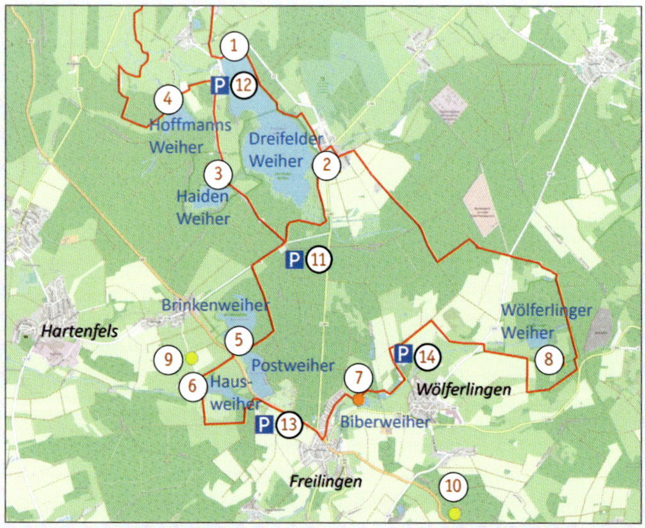

GPS		
Parkplatz (11)	50°34'51" N	7°49'38" O
Parkplatz (12)	50°35'56" N	7°48'55" O
Parkplatz (13)	50°33'48" N	7°49'28" O
Parkplatz (14)	50°34'03" N	7°50'51" O

Infomaterial/Literatur

Infos zum NABU-Naturerbe: https://naturerbe.nabu.de/naturparadiese/rheinland-pfalz/seenplatte/index.html

Westerwälder Natur und Fotos: www.naturfotokunst.de

Kunz A 2001: Zwischen Plan und Verlegenheit. Teich-Feld-Wechselwirtschaft an der Westerwälder Seenplatte. Wäller Heimat, S. 91–96.

Kunz A 2002: Zur Entstehung der Weiher an der Westerwälder Seenplatte. Wäller Heimat, S. 70–75.

Kunz A 2020: Das Vorkommen des Höckerschwans (*Cygnus olor*) an den Weihern der Westerwälder Seenplatte. Fauna und Flora in Rheinland-Pfalz 14 (2), S. 501–528.

Wir danken Antonius Kunz für wertvolle Hinweise.

Foto: Alexander / Stock.Adobe.com

Der westliche Inselrhein

Bedeutender Rastplatz im Binnenland

Am nördlichen Oberrhein zwischen Mainz und Bingen liegt der Inselrhein. Als wichtige Schifffahrtsstraße wurden erhebliche Veränderungen an dessen Verlauf unternommen, wodurch neben der natürlichen Fließgewässerdynamik auch viele Auenbiotopkomplexe verloren gingen. So auch viele der ehemaligen Inseln, von denen heute noch acht existieren. Dennoch tragen die vielen verbliebenen Auwälder, Röhrichte, naturnahen Stromtalwiesen, Sandbänke, aber auch menschengemachte Feuchtlebensräume wie der Polder Ingelheim und die Stillwasserzonen zu einem großen Vogelartenreichtum bei. Besonders im Winterhalbjahr lohnt ein Besuch der Stillwasserzonen, da dann Tausende Wasservögel am Inselrhein überwintern.

Bei Mainz beginnt der acht Inseln umfassende Inselrhein, der sich 30 km flussabwärts nach Südwesten bis Bingen erstreckt. Das Flussbett weitet sich hier auf bis zu 1 km Breite auf, bevor der Rhein ab dem Binger Loch stark verengt durch das Mittelrheintal im Rheinischen Schiefergebirge fließt. Trotz des starken Nutzungsdrucks aus Landwirtschaft, Verkehr, Gewerbe, verschiedenster Freizeitaktivitäten sowie erheblicher flussbaulicher Veränderungen konnten sich naturnahe Relikte der Stromtal-Auenlandschaft erhalten.

Die Fulder- und Ilmen Aue

Die Inseln entlang des Inselrheins werden „Auen" genannt. Sie sind am Ende der letzten Eiszeit durch Ablagerung von Sedimenten aufgrund einer geringeren Fließgeschwindigkeit in diesem Bereich entstanden. Zwei dieser „Auen" sind namensgebend für das vorgestellte Gebiet. Die 34 ha große Fulder Aue gehörte dem Kloster Johannisberg im gegenüberliegenden Rheingau, bis der Besitz im Jahr 1716 zum Kloster Fulda wechselte, wovon sich der Name Fulder Aue ableitet. Ilme ist der althochdeutsche Name der Ulme und beschreibt die ursprüngliche Vegetation der 4,6 ha kleinen Ilmen Aue. Die Auen selbst dürfen nicht betreten werden. Zwischen beiden Inseln liegt ein lückenhafter Leitdamm, der wie die Inseln selbst mit Auwald bewachsen ist und von dem sich bei niedrigem Wasserstand ausgedehnte schlammige Uferbereiche mit Sandbänken in das Stillwasser ziehen. Südlich des Stillwassers wechseln sich in den „Gaulsheimer Wiesen" Weich- und Hartholzauen mit kleinen Röhrichtbeständen und Streuobstwiesen ab. Daneben findet man vereinzelte Ackerflächen und große stromtaltypische Wiesen mit Hochstaudenfluren, die regelmäßig bei Hochwasser überschwemmt werden.

Den frühesten Schutzstatus erhielt das Gebiet bereits 1976 als Teil des gemeinsamen RAMSAR-Schutzgebiets von Hessen und Rheinland-Pfalz namens „Rheinauen zwischen Eltville und Bingen“. Aufgrund seiner Bedeutung als Überwinterungsgebiet wurde es als „Important Bird Area“ identifiziert. Das 341 ha große Naturschutzgebiet „Fulder Aue – Ilmen Aue“ wurde im Jahr 1995 ausgewiesen und beinhaltet alle beschriebenen Gebiete. Seit dem Jahr 2004 ist das Gebiet Teil des Schutzgebietssystems Natura 2000 mit dem Vogelschutzgebiet „Rheinaue Bingen-Ingelheim“ mit 1776 ha Fläche und dem 1148 ha umfassenden FFH-Gebiet „Rheinniederung Mainz-Bingen“, das 2005 ausgewiesen wurde.

Naturschutzgebiet „Sandlache“

Das Naturschutzgebiet „Sandlache“, östlich von Ingelheim, ist nach einem 4 km langen Altarm des Rheins, der „Alten Sandlach“, benannt. Dieser wird nur noch bei Hochwasser vom Rhein durchströmt, sonst handelt es sich hauptsächlich um ein Stillgewässer. In den Uferbereichen der „Alten Sandlach“ wechseln sich kleine Röhrichtbestände mit dichten Weidengebüschen ab. Zu den häufigen Baumarten gehören Silberweiden, Fahlweiden und Bruchweiden sowie Schwarzerlen. Einzelne Hybrid-Pappeln überragen die Weichholzaue. Durch den hohen Nährstoffgehalt wachsen Brombeere, Brennnessel und Hartriegel am Rand des Gewässers. Gerade im Sommer entstehen auf dem Gewässer durch den Nährstoffreichtum dichte Teppiche aus Wasserlinsen. In heißen Sommern trocknen einige Abschnitte aus. Die umgebene Hartholzaue wird nur bei extremem Hochwasser überflutet und beherbergt einen teils über 200 Jahre alten Baumbestand. Neben den Wäldern hat sich ein kleinteiliges Mosaik aus Feucht- und Streuobstwiesen erhalten. Seit einigen Jahren ist auch der Biber in das Gebiet zurückgekehrt. Das seit 1980 unter Schutz stehende Naturschutzgebiet „Sandlache“ umfasst 60 ha und ist Bestandteil der gleichen Schutzgebietssysteme wie die Fulder- und Ilmen Aue. Durch die Abkopplung vom Rhein wurde der Altarm nur noch bei starkem Hochwasser geflutet. Er drohte dadurch zu verlanden und es kam bereits regelmäßig in den Sommermonaten zu Fischsterben. Als Konsequenz startete im Jahr 2003 das Projekt „Reaktivierung der Alten Sandlach“, wobei der Altarm in einem ersten Schritt an die gleichzeitig renaturierte Selz angebunden wurde, wodurch der Altarm wieder regelmäßig Wasser führt. Ab Dezember 2005 begann am oberen Strom der Anschluss der „Alte Sandlach“ an den Rhein, indem der verlandete Altarm ausgebaggert wurde. Jetzt wird die „Alte Sandlach“ an durchschnittlich 70 Tagen im Jahr wieder vom Rhein durchströmt. Der reaktivierte Altarm dient auch als Zulauf zur Flutung des im Jahr 2006 fertiggestellten Polders Ingelheim bei Hochwasser. Innerhalb des Polders wurde eine ökologische Flutungsfläche angelegt, die bereits bei den jährlich auftretenden Hochwässern eingestaut wird.

Besondere Vogelarten und Reisezeit

Die beste Zeit für einen Besuch des Naturschutzgebiets „Fulder Aue – Ilmen Aue“ ist das Winterhalbjahr von Oktober bis März. Von April bis Mitte Oktober dürfen die Stillwasserbereiche von Wassersportlern befahren werden und sind in dieser Zeit wegen der dadurch verursachten Störungen abhängig vom Wasserstand oft nicht lohnenswert. In den kalten Monaten zeigt sich jedoch die überragende Bedeutung als Rast- und Überwinterungsgebiet. Gerade bei Dauerfrost, wenn die umliegenden Seen zugefroren sind, findet man auf dem eisfreien Rhein große Ansammlungen von Schell-, Tafel- und Reiherenten. Bis Februar kann man die Schellenten bei der Gemeinschaftsbalz mit ihrem reichen Repertoire an Balzposen beobachten. Weitere regelmäßige Wintergäste sind Bergente, Gänse- und Zwergsäger, Steppen- und Silbermöwe. Stern- und Prachttaucher, Eider-, Samt- und Trauerente sind seltene Wintergäste, die sich auch gerne auf dem Hauptstrom aufhalten. Auf den Wiesen und Äckern sieht man mit Glück auch Singschwäne sowie Bläss- und Saatgänse zwischen Graugänsen. Durch die längeren Niedrigwasserphasen hat die Bedeutung als Rastgebiet im Frühjahr und besonders im Spätsommer zugenommen. Dann nutzen viele Limikolen und in kleiner Zahl Purpurreiher, Schwarzstörche, Fischadler und Trauerseeschwalben die Schlammflächen im Stillwasser zur Nahrungssuche. Seltene Gäste sind Weißflügel- und Raubseeschwalbe. Von August bis Mitte September nutzen

Bergenten sind seltene, aber regelmäßige Wintergäste im Naturschutzgebiet „Fulder Aue – Ilmen Aue“. Foto: AGAMI / Stock.Adobe.com

Dutzende Bienenfresser die Pappeln als Sitzwarten. Häufige Brutvögel sind Graugans, Kormoran und Eisvogel. Die oft im Duett vorgetragenen trillernden Balzrufe der Schwarzmilane sind von April bis August zu hören. Des Weiteren gehören Kuckucke, Pirole und Nachtigallen zur typischen sommerlichen Geräuschkulisse in den Wäldern, in denen auch Grün-, Schwarz- und Mittelspechte sowie Hohltauben brüten. Der Kleinspecht ist charakteristisch für die Weichholzaue. Mehrere Weißstorchpaare kann man auf Pfahlnestern in den Stromtalwiesen bei der Brut beobachten.

Im Naturschutzgebiet „Sandlache" lohnt sich ein Besuch das ganze Jahr über. In den Wiesen und Obstplantagen südlich des Weges brüten Neuntöter und gelegentlich Feldschwirle und Turteltauben, im Winter kann man von hier Drosseltrupps mit häufig hohen Zahlen an Rotdrosseln am Fallobst beobachten. In der Stillwasserzone rasten zu den Zugzeiten Enten und Limikolen, darunter Austernfischer, Grünschenkel und Alpenstrandläufer. Fischadler und Seidenreiher nutzen gelegentlich den Bereich zur Jagd. Am Altarm der „Alten Sandlach" lassen sich oft Schwarzmilane, Baumfalken, Rohrweihen, Enten und zu Zugzeiten mit etwas Glück Tüpfelsumpfhühner, Nachtreiher, Schilfrohrsänger und Beutelmeisen entdecken. Im Auwald finden sich sonst viele Arten, die man auch in der Fulder- und Ilmen Aue beobachten kann. An einigen Stellen wurden Nisthilfen für den Weißstorch errichtet. Im Polder Ingelheim brüten Kiebitze, Schwarzkehlchen und Neuntöter. Zu Beginn des Sommers trocknet der Polder meist aus. Am spannendsten ist es hier nach einem Hochwasserfall, wenn der gesamte Polder mit bis zu 4,5 Millionen Kubikmeter Wasser geflutet wurde, wobei auch einige Bereiche zwischen Rhein und dem Polder überschwemmt werden. Mit dem abfließenden Wasser bilden sich viele kleine und große Pfützen in den Senken, die gerne von verschiedenen Wasser- und Watvogelarten zur Rast angenommen werden. Die ökologische Flutungsfläche innerhalb des Polders wird bereits bei Frühjahrshochwasser regelmäßig eingestaut.

Beobachtungsmöglichkeiten

Alle beschriebenen Gebiete sind bequem entlang mehrerer Rad- und Wanderwege erreichbar. So ist die Strecke vom Bahnhof Bingen-Gaulsheim entlang des Rheins bis an die Uferpromenade in Ingelheim etwa 7,3 km lang und verbindet die Startpunkte beider Rundwege.

Das Naturschutzgebiet „Fulder Aue – Ilmen Aue" kann direkt ab dem NABU-Zentrum Rheinauen erkundet werden, jedoch gibt es hier nur wenige Parkplätze. Weitere Parkplätze findet man, wenn man vom NABU-Zentrum nach Westen auf der Mainzer Straße gut 900 m bis zu einer Tankstelle fährt. Gegenüber gelangt man nach einer schmalen Unterführung zum Parkplatz am „Campingplatz/Sportanlagen" (1). Ein guter Startpunkt für eine Erkundung der Fulder- und Ilmen Aue ist der Parkplatz am Ende der Straße „An den Rheinwiesen", der bereits mitten im Naturschutzgebiet liegt (2). Diesen erreicht man vom NABU-Zentrum Rheinauen, indem man die Mainzer Straße nach Osten fährt. Nach 840 m biegt man links in die Straße „An den Rheinwiesen" ab und erreicht den Parkplatz nach weiteren 430 m. Ab hier besteht die Möglichkeit entlang des Uferweges nach rechts oder links zu laufen. Auch wenn die vielen Strände und Sandbänke gerade bei Niedrigwasser vermeintlich bessere Einblicke in die Stillwasserzone bieten, dürfen die Wege im Naturschutzgebiet nicht verlassen werden. Am besten bietet sich ein 6,3 km langer Rundweg an, indem man auf dem Uferweg nach Osten läuft. Von hier kann man die Stillwasserzone zwischen der westlichen Ilmen Aue und der größeren östlich gelegenen Fulder Aue einsehen. Nach 1,5 km vom Parkplatz erreicht man die Mündung des Welzbachs (3). Ab hier geht man entweder den Uferweg weiter und läuft später zurück zum Parkplatz, oder man nimmt vor der Welzbachmündung den Feldweg rechts und geht nach etwa 100 m wieder rechts an Schilfflächen und Streuobstwiesen vorbei, in denen man während den Zugzeiten viele Singvogelarten entdecken kann. Nach etwa 1,5 km kreuzt man die Straße „An den Rheinwiesen" oder kürzt hier den Rundweg ab, indem man zurück zum Parkplatz geht. Nach weiteren 1,4 km nach Westen erreicht man die Ruine der alten Hindenburgbrücke. Links geht es zum NABU-Zentrum Rheinauen oder rechts Richtung Rheinufer auf dem Rundweg. Am Rheinufer angekommen lohnt sich der Blick mit dem Spektiv auf

Blick ins Stillwasser der „Alten Sandlach".
Foto: astloch, CC BY-SA 3.0, via Wikimedia Commons

den Leitdamm der Rüdesheimer Aue sowie auf die Brückenpfeiler der Hindenburgbrücke, auf denen Mittelmeermöwen brüten. Im Winter findet man auf dem Hauptstrom mit Glück Meeresenten und Säger. Man läuft unter einem Stück der Hindenburgbrücke hindurch nach Osten, wo man weitere Einblicke in die Stillwasserzone und auf den Leitdamm der Ilmen Aue hat. Nach 1,4 km erreicht man wieder den Parkplatz.

Das Naturschutzgebiet „Sandlache" erkundet man am besten von Ingelheim aus. Von der A 60 kommend nimmt man die Ausfahrt „Ingelheim West/Fähre/Gau-Algesheim". Ab hier folgt man der Beschilderung Richtung „Ingelheim/Fähre" und biegt auf die Rheinstraße in nördliche Richtung ab. Nach 1,2 km biegt man ein letztes Mal links ab, kurz nachdem man den Rheindamm überquert hat, in die Straße „Am Strandbad" und hat den Parkplatz erreicht (4). Von hier aus überquert man wieder die Rheinstraße, wo auf drei verschiedenen Längenvarianten der Rheinauenerlebnispfad beginnt. Entlang des Weges erfährt man auf Hinweistafeln viel Wissenswertes zur Pflanzen- und Tierwelt des Gebietes sowie Historisches zum Rhein. Der kürzeste Rundweg ist 2,4 km, der große Rundweg ist 7,9 km lang. Sechs Spechtarten, darunter Grauspechte, sind häufige Brutvögel im ganzen Bereich, ebenso wie Pirole und Nachtigallen. Man startet kurz vor der Hafenmole beim Anleger der Fähre nach Oestrich-Winkel. Hier läuft man unter Trauerweiden und folgt dem Rheinufer durch die Pappelallee. Nachdem man die Selzmündung überquert hat (5) beginnt ein etwa 2 km langer Stillwasserbereich, der durch einen Leitdamm vom Rhein abgetrennt wird. Je nach Jahreszeit und Wasserstand bieten sich hier interessante Beobachtungsmöglichkeiten. Die Aussichtsplattform, an der man vorbeikommt, lohnt sich nicht zur Vogelbeobachtung. Nach 3,2 km vom Start durchquert man einen kleinen Auwald. Aus den Weiden heraus hat man immer wieder gute Möglichkeiten mit dem Spektiv ins Stillwasser der Mariannenaue zu schauen (6). Gerade im Winter hat man hier Chancen auf alle drei Sägerarten. Von der Rhein-Klause geht es nach Süden auf den Rheindamm, von dem man einen sehr guten Einblick in den Auwald und weiterhin Chancen auf viele der Zielarten hat. Etwa 5,3 km nach dem Start erreicht man den Polder Ingelheim (7). Von hier aus kann man mit dem Spektiv zur Zugzeit sowie nach ausfließendem Hochwasser mit Glück auch seltenere Enten und Limikolen beobachten. Nach knapp 7 km vom Start erreicht man eine Kreuzung, die rechts zu einer kleinen Brücke führt, welche die Sandlache überquert (8). In beide Richtungen hat man einen herrlichen Blick ins Altwasser mit vielen Totholzbeständen. Zurück an der Kreuzung geht man durch einen weiteren strukturreichen Auenwald mit Klein- und Mittelspechten, bis man am Rheindamm wieder den Parkplatz erreicht.

Schiffsexkursion

Als Besonderheit bietet der „NABU Bingen und Umgebung" von November bis Februar und im Mai kommentierte Schiffsexkursionen entlang des Inselrheins an. Ab dem Anleger in Bingen geht es vorbei an der Krausaue, auf der gerne Großmöwen rasten, nach Rüdesheim, um weitere Gäste aufzunehmen. Von Rüdesheim geht es flussaufwärts vorbei an der Rüdesheimer Aue, dem Leitdamm der Fulder- und Ilmen Aue und der Winkeler Aue. Als nächstes umfährt man die Mariannenaue. Besonders in der Stillwasserzone innerhalb des Leitdamms bieten sich gute Beobachtungsmöglichkeiten für die drei Sägerarten, Bergenten und Schellenten. Die Mariannenaue wird einmal von Süden umfahren und ab deren Ostspitze geht es an den beschriebenen Inseln und vielen Buchten flussabwärts zurück nach Rüdesheim und Bingen. Die Dauer beträgt etwa 3,5 Stunden. Sechs Möwenarten, Schellenten, Pfeifenten und Gänsesäger sind im ganzen Bereich als Wintergäste anzutreffen. Mit Seltenheiten ist immer zu rechnen, so wurden unter anderem bereits Eistaucher, Ohrentaucher, Eider-, Trauer- und Samtente entdeckt. Im Mai kann man Schwarzmilane bei der Balz beobachten und nach Durchzüglern wie Möwen und Seeschwalben Ausschau halten.

Alexander Neu, Christopher König, Christoph Moning, Felix Weiß

Typische Vogelarten am westlichen Inselrhein, deren Status und günstige Beobachtungszeit (in Klammern)
h = häufiger, r = regelmäßiger, s = seltener; B = Brutvogel, N = Nahrungsgast, D = Durchzügler, W = Wintergast

Art	Status (beste Beobachtungszeit)
Sterntaucher	sW (Nov.–Mrz.)
Schellente	rW (Nov.–Mrz.)
Mittelsäger	sW (Nov.–Apr.)
Gänsesäger	rW (Nov.–Mrz.)
Zwergsäger	sW (Nov.–Mrz.)
Bruchwasserläufer	rD (Apr.–Mai, Jul.–Sep.)
Trauerseeschwalbe	sD, sN (Apr.–Sep.)
Schwarzkopfmöwe	sD, sW, sN (ganzjährig)
Mittelmeermöwe	sB, rW, rN (ganzjährig)

Art	Status (beste Beobachtungszeit)
Fischadler	rD (Apr., Aug.–Sep.)
Schwarzmilan	rB, rN (Apr.–Sep.)
Baumfalke	rB, rN (Apr.–Sep.)
Mittelspecht	rB (Feb.–Jul.)
Kleinspecht	sB (Feb.–Jul.)
Neuntöter	rB, rD (Mai–Jul.)
Pirol	rB, rD (Mai–Jul.)
Nachtigall	rB, rD (Apr.–Jul.)

GPS		
Parkmöglichkeit Fulder- und Ilmen Aue (2)	49.9697	7.9608
Parkmöglichkeit Rheinauenerlebnispfad (4)	49.9927	8.0215
Anleger 8, Bingen zur Schiffsexkursion	49.9700	7.8920
Anleger 12, Rüdesheim zur Schiffsexkursion	49.9774	7.9219

Anfahrt

Mit Bahn und Bus

Der Bahnhof Bingen-Gaulsheim ist mit der Mittelrheinbahn zu erreichen. Das NABU-Zentrum Rheinauen liegt 270 m westlich des Bahnhofs an der Mainzer Straße. Mit dem Fahrrad kann man das NABU-Zentrum Rheinauen auf dem Rhein-Radweg (EV4) auf ebener Strecke erreichen. Vom Bahnhof Bingen (Stadt) fährt man Richtung Ingelheim. Man folgt der Beschilderung flussaufwärts, bis man die Hindenburgbrücke erreicht. Von hier wechselt man auf den EV15 südlich am Wohnmobilpark, bis man auf die Mainzer Straße kommt. Hier biegt man nach 400 m scharf links ab und erreicht nach weiteren 150 m das NABU-Zentrum Rheinauen.

Mit dem Auto

Das NABU-Zentrum Rheinauen erreicht man über die A 60 von Mainz oder Bad Kreuznach kommend über die Abfahrt 13 (Bingen-Ost). Hier fährt man Richtung Bingen-Ost und Bingen-Kempten auf der L 419 nach Norden. Nach 1,3 km fährt man rechts in die Mainzer Straße über eine Brücke, biegt nach weiteren 500 m scharf links ab und erreicht nach 150 m das NABU-Zentrum Rheinauen.

Adressen

NABU-Zentrum Rheinauen, Mainzer Str. 302, 55411 Bingen;
www.nabu-rheinauen.de

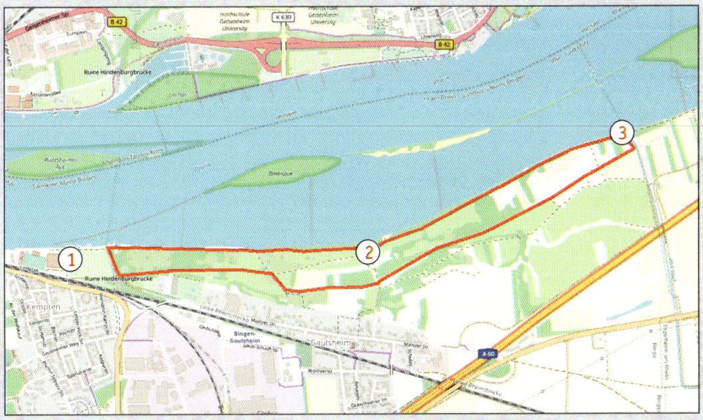

Blick aus der Beobachtungshütte auf den renaturierten Teil des Altrheinsees.

Foto: A. Neu. Eich, 15.9.2019.

Der Eich-Gimbsheimer Altrhein

Zwischen Landwirtschaft und Freizeitnutzung

Der nördliche Oberrheingraben wurde über Jahrtausende vom mäandrierenden Rhein geprägt. Heute bestimmen vor allem Deiche, Baggerseen, Entwässerungsgräben und landwirtschaftliche Nutzung das Landschaftsbild. Im ehemaligen Überflutungsgebiet des Rheins sind daher nur noch wenige naturnahe Rheinschlingen übriggeblieben. Eine der bedeutendsten auf rheinland-pfälzischer Seite ist der Eich-Gimbsheimer Altrhein zwischen Worms und Mainz. Dieser besteht aus einem über 250 ha großen Niedermoor mit Röhrichten, Großseggenrieden und Flachwasserzonen. Letztere und die vielen angrenzenden Baggerseen bieten gute Rastmöglichkeiten für Wasservögel und Limikolen. Im Röhricht brüten Purpurreiher, Rohrweihen, Blaukehlchen und Rohrschwirle. Ein Besuch lohnt sich praktisch zu jeder Jahreszeit.

Noch zur Würm-Kaltzeit bis vor etwa 10000 Jahren formten der weit verzweigte Rhein und seine vielen Nebenflüsse im Oberrheingraben eine bis zu 25 km breite Schotterebene. Der Wechsel hin zu einer mäandrierenden Dynamik mit weit ausholenden Schlingen startete aber bereits vor etwa 20000 Jahren. Der Hauptstrom durchbrach immer wieder Schlingen und schuf dadurch zahlreiche Altarme und Altwässer, die schließlich verlandeten. So begann der Eich-Gimbsheimer Altrhein vor etwa 2000 Jahren zu verlanden.

Großflächige Veränderungen brachte die Rheinbegradigung in den Jahren 1828 und 1829 nach Planung von Johann Gottfried Tulla mit sich, da das Rheinbett daraufhin unerwartet stark in die Tiefe erodierte. Die damit einhergehende Absenkung des Grundwasserspiegels führte zur Aufgabe der Landwirtschaft in traditionellen Gebieten und zur zwangsläufigen Vertiefung bestehender Trinkwasserbrunnen. Diese Entwicklung hält bis heute an.

Im Jahr 1900 fand die Einweihung der „Altrheinbahn" zwischen Eich und Gimbsheim statt. Seither trennt ein Bahndamm den Altrheinbogen in einen westlichen und östlichen Teil. Der Bau von Entwässerungsgräben und ackerbauliche Erschließungsprojekte zerstörten verbliebene Naturlandschaften wie Auwälder und Schluten (bei Hochwasser geflutete Rinnen und Senken). Zur effizienteren Wasserregelung errichtete man eine Schließe im Bahndamm. Von 1945 bis 1960 kam es im östlichen Teil zur Zerstörung von Röhrichten durch die Verfüllung mit Oberbodenmaterial von der Auskiesung des benachbarten „Eicher Sees". Beim Ausbau der Bundesstraße B 9 diente der anfallende Aushub zur Verfüllung des Seebachs, der früher den Altrhein mit Wasser versorgte und dessen direkte Umleitung in den Rhein bereits abgeschlossen war. Mit der einsetzenden Austrocknung brach im Jahr 1966 die gewerbliche Schilfmattenherstellung im Altrhein zusammen. Ein Jahr später legte die Zerstörung der Schließe im Bahndamm den westlichen

Teil vollständig trocken. Von 1970 bis 1990 verschwanden mit der Auskiesung des Altrheinsees über 80 ha Röhricht und Feuchtwiesen im östlichen Teil, wodurch das bis dahin zusammenhängende Röhricht in der alten Rheinschlinge zerschnitten wurde.

Ein Umdenken setzte erst spät und langsam ein. So erreichte man im Jahr 1995 die Wiedervernässung des westlichen Teils mit der Wiederinbetriebnahme der Schließe im alten Bahndamm. Zeitgleich stellte das Wasserwerk Guntersblum die Förderung ein, wodurch sich der Grundwasserstand erholte. Zur weiteren Stabilisierung erfolgt seither die Einspeisung von Uferfiltrat aus mehreren Brunnen am Rhein in den Altrheinsee. 2001 kam es jedoch erneut zur Zerstörung der Schließe. Grund war die irrtümliche Annahme, damit die in den frühen 2000ern im gesamten Oberrheingraben stark gestiegenen Grundwasserstände lokal in der Gemeinde absenken zu können, da sich Anwohner über vollgelaufene Keller beschwerten. Mit dem abfließenden Wasser verschwand die über hundert Nester umfassende Lachmöwenkolonie und der westliche Teil war von 2002 bis 2008 erneut vollkommen ausgetrocknet. Nach großer Kritik von Seiten des Naturschutzes leitete man den Seebach ab 2006 wieder in den Altrhein. Im Frühjahr 2010 nahm eine neue Schließe mit amtlich festgelegten Wassereinstauhöhen ihren Betrieb auf. Durch die niederschlagsarmen Sommer seit 2018 trocknen die Röhrichte im Altrheinbogen jedoch regelmäßig im Hochsommer aus. So sank der Grundwasserstand 2018 innerhalb von sieben Monaten um über einen Meter und hat sich bis heute nicht erholt.

Den frühesten Schutzstatus erhielt das Gebiet 1966 mit der Ausweisung des 162 ha großen Naturschutzgebiets „Eich-Gimbsheimer Altrhein" im westlichen Teil. Das nördlich anschließende 112 ha große Naturschutzgebiet „Gimbsheimer Altrhein" folgte erst im Jahr 1979. Dieser nördliche Teil war bereits ab 1983 als EG-Vogelschutzgebiet (VSG) gemeldet, welches 2004 im Zuge der Natura 2000-Regelungen als Vogelschutzgebiet „Eich-Gimbsheimer Altrhein" auf 667 ha erweitert wurde. Das gleichnamige und fast deckungsgleiche Fauna-Flora-Habitat-Gebiet (FFH-Gebiet) kam 2001 hinzu und umfasst 662 ha. Beide Natura 2000-Gebiete beinhalten neben beiden Naturschutzgebieten zusätzlich die Baggerseen Heinrichs-Talaue-See, Elisabethensee, den Altrheinsee sowie das 20 ha große Röhricht „Meerwasser".

Um der Zerschneidung des Altrheins entgegenzuwirken, erfolgte die Renaturierung des Altrheinsees im Zuge einer Kompensationsmaßnahme, nachdem der Kies- und Sandabbau im Jahr 2011 endete. Dazu schob man zur Entwicklung einer Flachwasserzone das rückgebaute Betriebsgelände und den alten Badestrand unter Mittelwasserniveau ab. Durch die Verlegung des alten Badestrandes aus den Natura 2000-Gebieten an den nördlichen Baggersee entstand die neue „Badestelle Eich", was zur Eliminierung von Störungen im Altrhein führte. Gleichzeitig erfolgte im Rahmen des Entwicklungsprogramms „PAUL" die Errichtung des „AltrheinErlebnisPfad". Es beinhaltete die Aufstellung von Infoschildern entlang eines Rundweges sowie den Bau einer Beobachtungshütte und eines Beobachtungsturms.

Rohrschwirle singen bereits ab Anfang April aus dem Schilf.

Foto: V. Schmidt. Eich, 1.5.2023.

Purpurreiher brüten bei günstigen Wasserständen im Eich-Gimbsheimer Altrhein.

Foto: V. Schmidt. Worms, 1.5.2023.

Besondere Vogelarten und Reisezeit

Ein Besuch im Eich-Gimbsheimer Altrhein lohnt sich das ganze Jahr über. So zeigt sich im Winterhalbjahr die Bedeutung des Gebiets zur Rast- und Überwinterung. Da der Abbau der Kiese und Sande in einer Tiefe von bis zu 30 m stattfand, sind die entstandenen Baggerseen mehr als zehnmal tiefer als die natürlichen Gewässer im restlichen Altrhein. In Verbindung mit ihren steilen Ufern stellen die Baggerseen daher einen naturraumfremden Gewässertyp dar. Sie sind aber gerade wegen ihrer Tiefe bedeutende Rastplätze für Tauchenten sowie See- und Lappentaucher. So überwintern Hunderte Tafel- und Reiherenten sowie nicht alljährlich Berg-, Samt- und Moorenten, Mittelsäger, Stern-, Rothals- und Ohrentaucher im

Gebiet. Als seltene Gäste traten unter anderem Eistaucher und Eiderenten auf. Aber auch bei den Schwimmenten lassen sich hohe Zahlen feststellen. So schlafen im Winter Hunderte Krick- und Schnatterenten auf den großen Seen. Auf den Wiesen und Äckern sieht man mit Glück Tundrasaat- und vereinzelt Blässgänse zwischen Grau- und Nilgänsen. Das Sommerhalbjahr ist geprägt von der Geräuschkulisse im Röhricht. Den Auftakt machen ab Ende März Blaukehlchen und Rohrammern, gefolgt vom tiefen Gesang der Rohrschwirle ab Anfang April. Zur gleichen Zeit beginnen die Rohrweihen mit ihren akrobatischen Balzflügen über dem Schilf. Ihnen folgen ab Mitte April zahlreiche Teich- und einzelne Drosselrohrsänger. Ab jetzt kann man auch regelmäßig Purpurreiher umherfliegen sehen oder beim Jagen in den Flachwasserzonen beobachten. Manchmal gesellen sich Seidenreiher hinzu. Schilfrohrsänger und Beutelmeisen sind als Brutvögel verschwunden und finden sich leider nur noch vereinzelt auf dem Zug. Aus den Auwäldern hört man ab Anfang April Nachtigallen und Kuckucke, ab Mai kreisen Baumfalken über den Hybridpappeln und die ersten Turteltauben, Pirole, Grauschnäpper und einzelne Gelbspötter beginnen ihre Reviere zu besetzen. Für Schnatter-, Krick-, Knäk-, und Löffelenten sowie für Bartmeisen liegen Brutnachweise vor. Schwarzhalstaucher sind zusammen mit den Lachmöwen als Brutvögel verschwunden und treten im Frühjahr nur noch unregelmäßig auf. Im Frühjahr und Herbst werden immer wieder für das Binnenland besondere Limikolen, wie zum Beispiel Knutts, Sanderlinge, Graubrust- und Temminckstrandläufer sowie Steinwälzer, beobachtet. Weitere nachgewiesene Seltenheiten sind Sichler und Mariskenrohrsänger.

Rohrweihen brüten regelmäßig und machen im Frühjahr mit ihren akrobatischen Balzflügen auf sich aufmerksam. Foto: V. Schmidt. Eich, 1.5.2023

Beobachtungsmöglichkeiten

Am besten erkundet man das Gebiet auf dem gut ausgeschilderten und 6,1 km langen AltrheinErlebnisPfad. Er führt auf dem alten Bahndamm sowohl durch das Naturschutzgebiet „Eich-Gimbsheimer Altrhein“ als auch um den gesamten Altrheinsee und die Badestelle Eich.

Direkt am Parkplatz des AltrheinErlebnisPfades steht eine Beobachtungshütte (1), die einen ersten Blick über das Schilf weit in den Altrheinbogen hinein bietet. Vor der Hütte wurde ein Teich angelegt, an dem man bereits einige der Zielarten beobachten kann. Eisvögel nutzen die Pfähle im Teich gerne als Ansitz zur Fischjagd. Von hier führt der Weg an der gemeinsamen Einfahrt des Parkplatzes und der Feuerwehr links über die Seegrabenbrücke, und sofort wieder links auf das ehemalige Gleisbett der „Altrheinbahn“. Nach 210 m geht man rechts den Damm herunter

Typische Vogelarten im Eich-Gimbsheimer Altrhein, deren Status und günstige Beobachtungszeit (in Klammern)
h = häufiger, r = regelmäßiger, s = seltener; B = Brutvogel, N = Nahrungsgast, D = Durchzügler, W = Wintergast

Art	Status (beste Beobachtungszeit)
Krickente	sB, rD, hW (Sep.–Apr.)
Schellente	rW (Nov.–Mrz.)
Sterntaucher	sW (Nov.–Mrz.)
Purpurreiher	sB, rN (Apr.–Sep.)
Seidenreiher	sN (Mai–Sep.)
Fischadler	rD (Apr., Aug.–Sep.)
Schwarzmilan	rB, rN (Apr.–Sep.)
Baumfalke	rB, rN (Apr.–Sep.)
Grünschenkel	rD (Apr.–Mai, Jul.–Sep.)
Bruchwasserläufer	rD (Apr.–Mai, Jul.–Sep.)

Art	Status (beste Beobachtungszeit)
Mittelmeermöwe	sB, rW, rN (ganzjährig)
Turteltaube	rB, rD (Mai–Jul.)
Grauspecht	sB (Feb.–Jul.)
Kleinspecht	sB (Feb.–Jul.)
Nachtigall	hB, rD (Apr.–Jul.)
Drosselrohrsänger	rB, rD (Mai–Jun.)
Rohrschwirl	rB, sD (Apr.–Jun.)
Neuntöter	sB, rD (Mai–Jul.)
Pirol	rB, rD (Mai–Jul.)

und sieht gleich auf der linken Seite ein Gewässer mit großen Bulten der Rispen-Segge, das von einer Weichholzaue umgeben ist. Der Beschilderung folgend kreuzt man die Gimbsheimer Straße, biegt am Wertstoffhof links ab, um nach 200 m ein weiteres Mal den Seegraben zu überqueren. Hier führt der Pfad nach rechts auf einen Damm zwischen dem südlichen Ufer des „Südlichen Altrheinsees“ und dem Seegraben entlang. Rechts des Pfades wechseln sich Flachgewässer und Röhrichte mit dichter Weichholzaue ab. Hier bestehen ab Mai gute Chancen auf Grauschnäpper, Gelbspötter sowie ganzjährig auf Grau- und Kleinspechte. Links ergeben sich immer wieder gute Einblicke auf den „Südlichen Altrheinsee“, auf dem gerade im Winter Enten und Taucher rasten. Nach der Querung von zwei weiteren Brücken erreicht man eine weitere Beobachtungshütte (2), die einen Blick auf die Renaturierungsfläche am westlichen Ende des Altrheinsees ermöglicht. Hier brüten Kiebitze und es bestand bereits mehrfach Brutverdacht für Flussregenpfeifer. Aus der Beobachtungshütte hat man auch die besten Chancen auf Limikolen. Der Pfad führt ab hier an einer Pappelallee mit Pirolen und verschiedenen Spechtarten am Südufer entlang. Am östlichen Ende des Sees geht man links und erreicht nach 200 m einen Beobachtungsturm (3), von dem man den östlichen Teil des Altrheinsees und das Schilfgebiet „Meerwasser“ Richtung Osten überblicken kann. Hier singen ab Ende März Blaukehlchen und mit etwas Glück findet man Beutelmeisen. Von hier aus geht es an der nächsten Kreuzung nach links zwischen Nordufer und

Der Eich-Gimbsheimer Altrhein ist der erste bestätigte Brutplatz der Bartmeise in Rheinland-Pfalz. Foto: V. Schmidt. Worms, 12.7.2022.

Äckern. Es lohnt sich auf Grauammern und Turteltauben zu achten. Jetzt umläuft man einmal den Badesee Eich. Im Winter wechseln viele Wasservogelarten zwischen dem Altrheinsee und dem Badesee. Am Parkplatz der Badestelle überquert man die Landstraße nach Westen und biegt in den Bahndamm der ehemaligen „Altrheinbahn“ ab, von wo es zurück zum Parkplatz geht. Man kann von hier aus einen Abstecher zum Elisabethen- und Heinrichs-Talaue-See im Innenbogen des Altrheins machen, indem man weiter geradeaus nach Westen läuft. Wieder auf dem Rundweg ermöglicht der erhöhte Bahndamm tolle Beobachtungen über die Spitzen der Schilfhalme hinweg bis tief in den Altrheinbogen hinein (4). Im Sommer jagen hier Rohrweihen und Baumfalken, im Winter sieht man mit etwas Glück Kornweihen. Entlang des Pfads singen im Frühjahr Turteltauben und Rohrschwirle. Je nach Wasserstand sind die offenen Flächen und Schilfränder attraktiv für Limikolen oder Rallen. Im Auwald Richtung Süden singen Grauschnäpper, Nachtigallen und mit Glück sieht man bis zu fünf Spechtarten.

Der Eich-Gimbsheimer Altrhein am Außenbogen. Foto: A. Neu. Gimbsheim, 4.5.2019.

Luftlinie 800 m weiter westlich vom Parkplatz bietet sich eine weitere Gelegenheit, den Eich-Gimbsheimer Altrhein zu erkunden, dieses Mal entlang des Außenbogens. Der Startpunkt ist die Ecke der Straßen Grenzweg/Alsheimer Weg in Eich (5), zu dem man laufen oder sein Auto in einer der Straßen umparken kann. Der Hin- und Rückweg ab (5) umfasst zusammen etwa 3 km, man kann aber auch jederzeit umkehren. Nach etwa 1,3 km wird eine große Wasserfläche im Schilf erreicht, auf der sich je nach Wasserstand Wasservögel und Limikolen beobachten lassen. Entlang des Weges hört man im Frühjahr Turteltauben, Kuckucke, Blaukehlchen und Rohrschwirle.

Alexander Neu, Christopher König, Felix Weiß

Anfahrt

Mit Bahn und Bus

Mit der Bahn (RB 33 oder S 6) fährt man von Mainz nach Guntersblum. Von hier geht es am Bahnhof mit dem Bus 432 weiter. Den gleichen Bus kann man auch direkt ab dem Hauptbahnhof Worms nach Eich nehmen, Ausstieg Bushaltestelle „Gasthaus Gutjahr" auf der Gimbsheimer Straße. Der Weg führt von hier nach Norden, um nach 90 m rechts auf den AltrheinErlebnisPfad ab dem im Absatz „Beobachtungsmöglichkeiten" beschriebenen Wertstoffhof zu gelangen.

Mit dem Auto

Den Parkplatz des AltrheinErlebnisPfads erreicht man über die A 63 oder A 61, anschließend über verschiedene Zubringer die B 9. Auf der B 9 nimmt man die Abfahrt nach „Gernsheim (Fähre)/Hamm am Rhein/Eich/Wolbersheim" auf die L 440 und im Kreisverkehr die zweite Ausfahrt in die Osthofener Straße. Nach 1 km biegt man links vor der Brücke über den Seegraben ein und parkt auf dem ausgewiesenen Parkplatz hinter dem Gerätehaus der Freiwilligen Feuerwehr (1).

GPS		
Parkmöglichkeit AltrheinErlebnisPfad (1)	49°44'58.75" N	8°23'45.31" O
Parkmöglichkeit Eich-Gimbsheimer Altrhein (5)	49°44'50.52" N	8°23'07.59" O
Beobachtungshütte Altrheinsee (2)	49°45'24.52" N	8°24'13.91" O

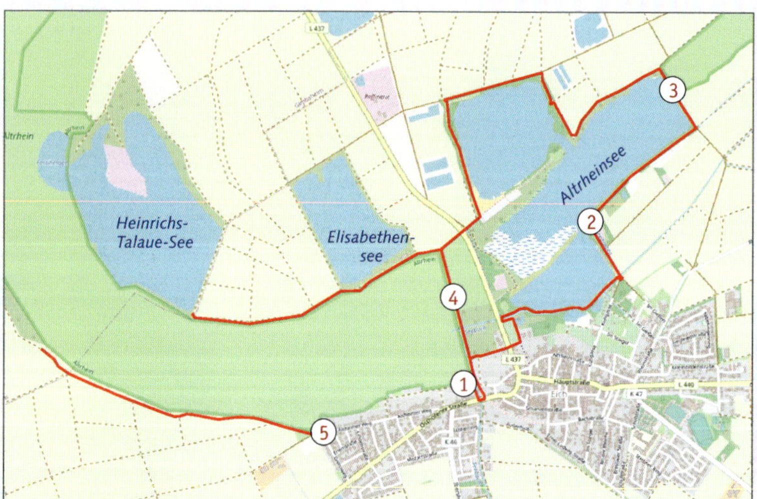

Blick in das Naturschutzgebiet „Thürer Wiesen“.

Foto: tunedin / Stock.Adobe.com

Die Thürer Wiesen

Kleinod zwischen erloschenen Vulkanen und einem ehemaligen Militärflugplatz

Mit seinen jungvulkanischen Bildungen ist das mittelrheinische Becken geprägt vom Tagebau (Bims und Lavasand) und der damit einhergehenden Baustoffindustrie. Hier liegt zwischen Mayen und Mendig das 26 ha große Naturschutzgebiet „Thürer Wiesen“. Nach der Einstellung des Bimsabbaus entstanden in der zwischenzeitlich trockengelegten Senke mehrere Teiche und Tümpel sowie wieder regelmäßig überflutete Feuchtwiesen, die 1987 unter Naturschutz gestellt wurden. Seither haben sich viele Vogelarten angesiedelt. Karpatische Wasserbüffel übernehmen seit 2016 die Offenhaltung des westlichen Teils, wo nun auf Maschineneinsatz weitgehend verzichtet werden kann. Ein Besuch lohnt sich gerade im späten Frühjahr und während des Herbstzugs.

Der Thürer Bach formte in der Pellenzsenke seit Jahrtausenden kleine Auenbereiche und Sümpfe, was dem Ort Thür auch seinen Namen bescherte. Das Wort „Thur“ hat einen keltischen Ursprung und bedeutet „am Wasser gelegen“. Milde Winter und das eher trockene Klima ermöglichen seit jeher eine intensive landwirtschaftliche Nutzung, weshalb es in diesem Teil des Rheinischen Schiefergebirges nur vereinzelt Waldflächen gibt. Aus dem gleichen Grund sind naturnahe Flächen in der Pellenzsenke heute spärlich. Die Planung, die Wiesen entlang des Thürer Baches trockenzulegen, entstand lange vor dem Zweiten Weltkrieg. Sie scheiterte jedoch, weil keine Einigung über die Verteilung der Kosten auf die einzelnen Grundstückseigentümer erzielt werden konnte. So begann erst 1974 auf Initiative der Thürer Landwirte in Kooperation mit dem Kulturamt Mayen die großflächige Trockenlegung des Gebiets, um neue Anbauflächen und Viehweiden zu schaffen. Die Proteste des damaligen Deutschen Bundes für Vogelschutz (DBV), heute Naturschutzbund Deutschland e. V. (NABU), konnten die Entwässerung leider nicht abwenden. Durch die Begradigung des Thürer Bachs und die Uferbefestigung mit Gittern wurde das natürliche Hochwasserrückhaltevermögen des gesamten Thürer Sumpfes vollständig aufgehoben. Die flussabwärts gelegenen Gemeinden wie Kruft und Kretz spürten dies schnell durch die eintretenden Hochwasserschäden. Außerdem kam es in dem begradigten Lauf zu enormen Sandablagerungen, die wiederholt umfangreiche und teure Ausbaggerungen erforderten. Bald setzte sich die Auffassung durch, dass das Wasser im Feuchtgebiet gehalten werden muss, um die Folgen von Starkregenereignissen abzumildern und es außerdem für die heißen und trockenen Sommermonate zu speichern. Mit staatlicher Unterstützung begann die Verbandsgemeinde Mendig bereits Mitte der 1980er-Jahre mit der

Karpatische Wasserbüffel sorgen für die Offenhaltung des Naturschutzgebiets „Thürer Wiesen“. Foto: Markus Volk / Stock.Adobe.com

Bruchwasserläufer sind besonders regelmäßig auf ihrem Zug im Frühjahr und Herbst anzutreffen. Foto: Luka / Adobe.Stock.com

Renaturierung des Thürer Sumpfes, indem Flächen aufgekauft wurden, die man anschließend aus der Nutzung nahm. Unterstützend griff man durch bauliche Vorhaben in die Gewässerregeneration ein, wodurch im Gebiet wieder naturnahe Fließgewässer- und Auenstrukturen entstehen konnten. Die Ausweisung des 26 ha großen Naturschutzgebiets „Thürer Wiesen“ erfolgte schließlich 1987 auf Antrag des NABU Mayen.

In den 2010er-Jahren beschlossen die Verbandsgemeinde Mendig, die Ortsgemeinde Thür, der NABU und Privatpersonen, dass sie der Stiftung für Natur und Umwelt im Landkreis Mayen-Koblenz ihre Flächen am Thürer Bach für einen Zeitraum von dreißig Jahren unentgeltlich als Ökokonto zur Verfügung zu stellen. Ausgleichs- und Ersatzmaßnahmen werden darin erfasst und können anschießend in einen Flächenpool eingebracht werden. Dadurch stehen diese Flächen für spätere Kompensationsmaßnahmen zur Verfügung. Die NABU Agrar Umwelt GmbH Rheinland-Pfalz erwarb vier Karpatische Wasserbüffel, organisierte deren Umsiedlung von Thüringen nach Thür und stellt die Büffel seit Sommer 2016 dem Beweidungsprojekt kostenlos zur Verfügung. So sorgen sie seither auf einer Fläche von 16 ha auf natürliche Weise für die Landschaftspflege. Das begleitende Monitoring der Tiere und Pflanzen im Gebiet bestätigt den Erfolg des Projekts. In den sumpfigen Wiesen schaffen die Büffel ein Mosaik aus vielen kleinen Biotopen. Neben weiteren Ankäufen von Tieren sorgt die Gruppe

Typische Vogelarten in den Thürer Wiesen, deren Status und günstige Beobachtungszeit (in Klammern)
h = häufiger, r = regelmäßiger, s = seltener; B = Brutvogel, N = Nahrungsgast, D = Durchzügler, W = Wintergast

Art	Status (beste Beobachtungszeit)
Krickente	rD, rW (Sep.–Apr.)
Knäkente	rD (Mrz.–Sep.)
Zwergtaucher	sB, rN, rW (ganzjährig)
Purpurreiher	sD (Apr.–Sep.)
Nachtreiher	sN (Mai–Aug.)
Weißstorch	sB, rN (Mrz.–Sep.)
Rohrweihe	rB (Mrz.–Sep.)
Schwarzmilan	rB, rN (Apr.–Aug.)
Grünschenkel	rD (Apr.–Mai, Jul.–Sep.)
Bruchwasserläufer	rD (Apr.–Mai, Jul.–Sep.)
Waldwasserläufer	rD (Mrz.–Sep.)

Art	Status (beste Beobachtungszeit)
Turteltaube	rB, rD (Mai–Jul.)
Steinkauz	rB, rN, rW (ganzjährig)
Bienenfresser	rN (Aug.–Sep.)
Bergpieper	rW (Okt.–Apr.)
Nachtigall	rB, rD (Apr.–Jul.)
Drosselrohrsänger	sB, sD (Mai–Jun.)
Feldschwirl	sB, sD (Apr.–Jul.)
Rohrschwirl	rB, sD (Apr.–Jul.)
Neuntöter	sB, rD (Mai–Jul.)
Pirol	rB, rD (Mai–Jul.)

Junge Wasserrallen kann man bereits Anfang Mai beobachten.
Foto:Lukasz Sokol / Adobe.Stock.com

Drosselrohrsänger singen nicht alljährlich aus den verschilften Senken.
Foto: taviphoto / Stock.Adobe.com

Waldwasserläufer können auch außerhalb der Hauptzugzeiten angetroffen werden.
Foto: AGAMI / Stock.Adobe.com

auch selbst für Zuwachs und umfasst inzwischen rund 15 Individuen. 2016 stellte man im umzäunten Bereich der Büffel einen Storchenmast als Nisthilfe auf. Leider ist es trotz der Anwesenheit eines Storchenpaares bisher noch nicht zu einer erfolgreichen Brut gekommen. Auch die Thürer Wiesen waren in den Dürresommern besonders im Jahr 2022 von erheblichen Austrocknungen betroffen. In den anschließenden Jahren erholten sich erfreulicherweise die Wasserstände wieder. In jüngster Zeit hat die einsetzende Verschlammung des Thürer Baches und des Segbaches zu vermehrten Überschwemmungen der umliegenden landwirtschaftlichen Flächen geführt. Besonders westlich der L 113 entstand daher innerhalb weniger Jahre ein etwa 10 ha großes Feuchtgebiet. Im Sinne des Naturschutzes wäre es für das gesamte Gebiet sehr wünschenswert, wenn diese Fläche sowohl in das Naturschutzgebiet „Thürer Wiesen" als auch in das erfolgreiche Gemeinschaftsprojekt einbezogen werden würde.

Besondere Vogelarten und Reisezeit

Ein Besuch des Naturschutzgebiets „Thürer Wiesen" lohnt sich besonders im Frühjahr bis Frühsommer und vom Spätsommer bis in den Herbst hinein. So zeigt sich gerade dann die Bedeutung des Gebiets für Brut- und Rastvögel. Den Auftakt machen ab Ende März Wasserrallen, Heckenbraunellen und Rohrammern, gefolgt vom tiefen Gesang der Rohrschwirle ab Anfang April. Jetzt jagen auch gerne Rauch- und Mehlschwalben sowie ab Mai auch Mauersegler in großen Trupps über den Wasser- und Schilfflächen. Anfang April beginnen Rohrweihen ihre Balz mit akrobatischen Gaukelflügen. Außerdem brüten im Gebiet oder in der Nähe auch Schwarz- und Rotmilane, die mit schrillen Rufen auf sich aufmerksam machen. Ihnen folgen ab Mitte April die Gesänge zahlreicher Teich- und in machen Jahren auch Drosselrohrsänger. Zwischendurch trillern an den Teichen Zwergtaucher. Hier sieht man zwischen Stockenten gelegentlich auch Löffel-, Krick- und Knäkenten. Aus den Baumgruppen singen ab Anfang April Nachtigallen und rufen Kuckucke, ab Mai kreisen Baumfalken über dem Gebiet und die ersten Turteltauben, Pirole, Grauschnäpper und einzelne Sumpfrohrsänger beginnen ihre Reviere zu besetzen. Von den Büschen und Hecken warnen Schwarzkehlchen, während Braunkehlchen regelmäßig, aber nicht häufig zur Rast beobachtet werden können. Der in vielen Regionen selten gewordene oder bereits verschwundene Feldsperling brütet noch alljährlich in den offenen Bereichen. Bekassinen kann man fast ganzjährig beim Stochern auf den Schlammflächen beobachten. Gerade im Winter können ihre Bestände hohe zweistellige Zahlen erreichen. Mehrmals konnten sie in den Thürer Wiesen auch schon beim Balzflug beobachtet werden, ein Brutnachweis der in Rheinland-Pfalz als Brutvogel fast ausgestorbenen Bekassine steht allerdings noch aus. Während den Zugzeiten sind auch regelmäßig Flussregenpfeifer, Flussuferläufer, Grünschenkel, Bruch- und Waldwasserläufer und seltener Sandregenpfeifer, Zwerg- und Uferschnepfen anzutreffen. Nachdem sie für mehrere Jahrzehnte verschwunden waren, fanden auch Steinkäuze als Brutvögel zurück in die Thürer Wiesen. Bisher scheiterten leider die Brutversuche der Weißstörche auf der Plattform auf der Weide. Nachdem die Bienenfresser ihre Bruten in den umliegenden Gruben erfolgreich beendet haben, versammeln sie sich von August bis Mitte September, bevor sie in ihre Winterquartiere aufbrechen, und nutzen das Gebiet als Futter- und Schlafplatz. Fast alljährlich werden Purpurreiher und Nachtreiher gefunden, während auch schon mehrmals Rallenreiher und Zwergdommeln entdeckt werden konnten. Tüpfelsumpfhühner lassen sich im April mit etwas Glück

Schwarzmilane brüten regelmäßig und machen mit ihren schrillen Rufen auf sich aufmerksam.
Foto: JAG IMAGES / Stock.Adobe.com

Schwarzkehlchen besetzen ab März ihre Reviere in den offenen Bereichen.
Foto: Yuriy Balagula / Stock.Adobe.com

an der Schilfkante entdecken. Weitere Nachweise liegen für Zitronenstelzen und Steppenweihen vor.

Beobachtungsmöglichkeiten

Am besten erkundet man das Gebiet ab dem Wanderparkplatz Naturschutzgebiet „Thürer Wiesen“ (1). Wenige Meter vom Parkplatz nach Süden besteht ein guter Blick über die erste Feuchtwiese entlang des Thürer Bachs. Der Hauptweg entlang des Naturschutzgebiets ist Bestandteil des 31 km langen Vulkanpark-Radwegs von Andernach nach Mayen und auch Teil des Eifel-Camino.

Geht man vom Wanderparkplatz circa 150 m weiter Richtung Südosten, gelangt man nach der Überquerung einer Brücke über den Thürer Bach auf einen Damm, der zwei Teiche voneinander trennt (2). Eine Informationstafel an einem Aussichtspunkt liefert interessante Hinweise zum Naturschutzgebiet. Vom Damm aus sollte auf Enten und besonders im Frühjahr auf Rallen geachtet werden. Eisvögel jagen gerne an beiden Teichen. In den höheren Bäumen sitzen im Spätsommer gerne Bienenfresser. Vom Damm führt der Weg zurück auf den Hauptweg Richtung Südwesten bis zur L 113 (3). Ab jetzt läuft man einen Kilometer entlang der Weide mit der kleinen Gruppe Karpatischer Wasserbüffel. Auf der feuchten Weide wechseln sich verschilfte Ufer und Senken entlang des Thürer Bachs ab, durch die sich die Büffel schlammige Pfade gebahnt haben. Je nach Wasserstand bieten die Weide und das Röhricht verschiedenen Vogelarten eine Rastmöglichkeit auf ihrem Zug zwischen Brut- und Überwinterungsgebieten. In den Bäumen auf der Weide brüten Steinkäuze, die mit viel Glück auch tagsüber auf ihren Sitzwarten entdeckt werden können. Im westlichen Teil der Weide steht auf einem Mast die Plattform, auf der hoffentlich bald Weißstörche erfolgreich brüten werden. Angekommen bei der L 113 (3), folgt man dem Radwanderweg über die L 113 zu der neu entstandenen Feuchtfläche (4). Hier bietet sich eine weitere Gelegenheit je nach Wasserstand Wasservögel und Limikolen zu beobachten. Entlang des gesamten Radwanderweges sind im Frühjahr Turteltauben, Kuckucke und Rohrschwirle zu hören.

Alexander Neu, Christopher König, Till Jonas Linke

Anfahrt

Mit Bahn und Bus

Die Lahn-Eifel-Bahn (RB23 oder RB38) fährt von Andernach nach Thür. Zu Fuß geht es vom Bahnhof nach Süden über die Mendiger Straße links in die Hochstraße. Nach 230 m biegt man links in die Bahnhofstraße ein, der man für weitere 500 m folgt. Danach überquert man die L 256 auf einen Feldweg und erreicht nach weiteren 580 m den Wanderparkplatz „Thürer Wiesen“.

Mit dem Auto

Der Wanderparkplatz „Thürer Wiesen“ (1) kann über die A 61 oder A 48 erreicht werden. Auf der A 48 an der Ausfahrt 6 nach Mayen abfahren und dann der B 262 Richtung Mayen und Mendig folgen. Nach 3,6 km nimmt man die Abfahrt auf die B 262 nach „Mendig/Mayen-Nord/Mayen-Hausen“, um nach weiteren 4,4 km auf die B 256 Richtung „Neuwied/Andernach/Kruft“ abzufahren. Danach biegt man nach 2,8 km rechts auf die L 120 Richtung „Ochtendung/Reginarisbrunnen“ ab. Nach einem weiteren Kilometer biegt man kurz nach dem Ortsschild „Reginarisbrunnen“ rechts ab und folgt der Beschilderung zum Wanderparkplatz „Thürer Wiesen“ (1). Von der A 61 kommend führt die Abfahrt 35 Richtung Kruft. Danach fährt man auf die B 256 Richtung „Mayen/Kruft“, auf der nach 5,9 km links in die L 120 abgebogen werden muss, um dann nach einem weiteren Kilometer rechts zum Wanderparkplatz „Thürer Wiesen“ (1) abzubiegen. Mit dem Auto gibt es keinen direkten Weg von der B 256 auf den Wanderparkplatz (1). Eine weitere Parkmöglichkeit gibt es direkt an der L 113 (siehe GPS).

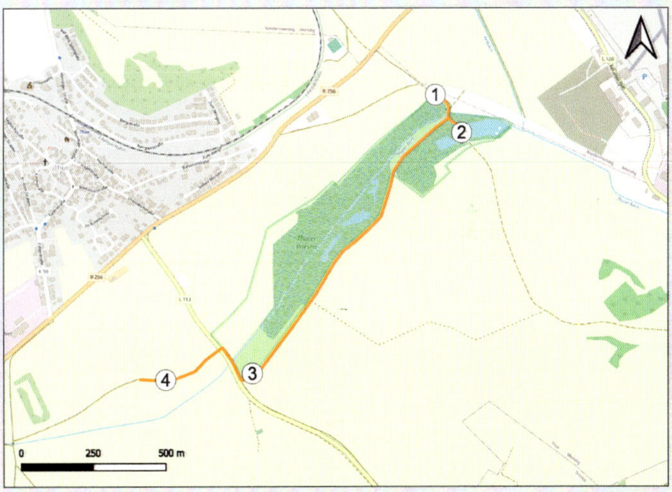

Kartengrundlage: openstreetmap.org

GPS		
Wanderparkplatz NSG „Thürer Wiesen“ (1)	50.359917	7.294050
Weißstorch-Plattform	50.354292	7.285475
Weitere Parkmöglichkeit an der L113	50.350422	7.285397

Saarland

Tipp Nr.	Beobachtungsplatz	
1	Der Dillinger See und der Beeder Bruch	S. 407

Im Beeder Bruch wurde auf insgesamt 130 ha Fläche ein attraktiver Landschaftskomplex geschaffen. Die verzweigten Flutmulden und Tümpel locken zahlreiche Vogelarten an. Foto: C. Braunberger. Beeden, Juni 2008.

Der Dillinger See und der Beeder Bruch

Tief im Südwesten

Das Image des kleinsten Flächenbundeslandes Deutschlands ist von urbanen Ballungsräumen und Industrie geprägt. Doch wer sich genauer mit dem Saarland befasst, der wird feststellen, dass das Land eine Reihe attraktiver Beobachtungsorte mit einer vielfältigen Vogelwelt bietet. Eine ornithologische Besonderheit ist das große Orpheusspöttervorkommen. Mehr als die Hälfte des deutschen Bestandes brütet im Saarland, sodass es hier die verlässlichsten Beobachtungsstellen für diesen rasanten Sänger gibt. Ausgesprochen rar sind Wasserflächen. Insbesondere aus diesem Grund stellen diese, wo vorhanden, attraktive Rast- und Bruthabitate für viele Vogelarten dar. Der Dillinger See bei Saarlouis sowie der Beeder Bruch bei Homburg gehören zu den interessantesten Feuchtgebieten des Saarlandes.

Landschaftsgeschichte und Lebensräume

Trotz der kleinen Fläche von gerade einmal 2570 km² bietet das Saarland ein Mosaik unterschiedlich gestalteter Kulturlandschaften mit einer Vielzahl verschiedener Lebensräume. Die Tallagen des Saarlandes gehören zu den wärmsten und sonnenreichsten Gegenden Deutschlands, sodass Naturinteressierte hier eine spektakuläre Flora und Fauna entdecken können.

Der auch als „Ökosee" bezeichnete Dillinger See liegt im Mittleren Saartal. Wie kein anderer Naturraum im Saarland wurde diese Landschaft durch Siedlungsflächen, Industrieansiedlungen und Verkehrsinfrastruktur überformt. Der rund 18 ha große See entstand in den 1980er Jahren als Ausgleichsmaßnahme für den Ausbau der Saar zur Großschifffahrtsstraße. Heute hat das Naherholungsgebiet in der Nähe von Saarlouis eine enorme Bedeutung für den Naturschutz weit über das Saarland hinaus und bietet zahlreichen Wasservogelarten Zuflucht. Aufgrund seiner rechtlichen Bindung als Kompensationsmaßnahme darf der See nicht genutzt werden und bleibt daher von Störungen durch Wassersportler und Badegäste verschont. Betreut wird das Gebiet durch den NABU Saarlouis, der kontinuierlich Maßnahmen und Arbeitseinsätze durchführt, um ein Verbuschen zu verhindern und neue Flachwasserbereiche anzulegen. Im Winter 2006/2007 wurde damit begonnen, die 2 ha große Insel im Nordteil des Sees umzugestalten. Neue Kleingewässer mit Verlandungsgesellschaften aus Seggen, Binsen und Schilf wurden angelegt und zeigten bereits in den ersten Jahren nach den Maßnahmen einige interessante Neubürger unter den Pflanzen und Tieren.

Seit 2015 gibt es am Nordwestufer einen überdachten Beobachtungsturm, von dem man auch bei schlechtem Wetter einen hervorragenden Blick auf die Vogelinsel und den Nordteil des Dillinger Sees hat.

Ganz im Osten des Saarlandes, im Biosphärenreservat Bliesgau, lässt sich

Bis zu 700 Paare des Orpheusspötters brüten im Saarland. Sein kontinuierlicher Gesang ähnelt dem des Sumpfrohrsängers und wird häufig in rasantem Tempo vorgetragen.
Foto: M. Schäf, Spanien, 27.5.2005.

etwa 3 km südwestlich der Stadt Homburg mit dem Vogelschutzgebiet Beeder Bruch ein ganz besonderes Kapitel des saarländischen Biotopschutzes und zugleich eines der ornithologisch lohnendsten Gebiete des Saarlandes entdecken. In den letzten Jahren entstand hier auf insgesamt 130 ha Fläche ein Komplex aus Feucht- und Nasswiesen, Äckern und Auwaldresten. Es wurde außerdem ein Mosaik verschieden großer Flutmulden und Tümpel angelegt, die heute teilweise mit Schilfröhrichten bewachsen sind. Begrenzt wird das Gebiet im Südwesten durch die naturnahe Flussaue der Blies. Die Schaffung dieses Feuchtgebietes führte zur Ansiedlung zahlreicher interessanter Vogelarten wie Weißstorch und Wiesenschafstelze, die im übrigen Saarland nur selten zu beobachten sind. Um Verbuschung und Zuwachsen der angelegten Flutmulden zu verhindern, werden Teile des Kerngebietes mit Wasserbüffeln, Heckrindern und Koniks, einer sehr robusten Pferderasse, beweidet.

Besondere Vogelarten und Reisezeit

Sowohl der Dillinger See als auch der Beeder Bruch haben zu jeder Jahreszeit ihre besonderen Reize. Die höchste Artenzahl wird man aber wohl zur Brutzeit entdecken können. Auf der offenen Wasserfläche des Dillinger Sees führen im Sommer Höckerschwäne ihre Jungen. Nur zehn bis zwanzig Paare brüten im ganzen Saarland. Ähnlich auffällig präsentieren sich auch Kanada- und Nilgänse, die beide sowohl in Dillingen als auch im Beeder Bruch vorkommen. Haubentaucher haben am Dillinger See mit 5 Brutpaaren das mittlerweile bedeutendste Brutvorkommen des Saarlandes inne. Weißstörche besuchen das Saarland hauptsächlich als Durchzügler und Gäste. Der maximale Rastbestand im Beeder Bruch beträgt 32 Individuen. 2015 brüteten 3 von mittlerweile 10 Brutpaaren des Weißstrochs im Saarland in Beeden.

Die Wasserflächen und Feuchtgebiete der beiden beschriebenen Gebiete ziehen mit ihrem Fisch- und Vogelreichtum auch Greifvögel an. Während Fischadler und Rohrweihen hauptsächlich zu den Zugzeiten angetroffen werden, sind Rot- und Schwarzmilane sowie Baumfalken den ganzen Sommer über Nahrungsgäste. In den Verlandungsbereichen lassen sich mit etwas Glück die versteckt lebenden Wasserrallen entdecken. Kiebitze brüten unregelmäßig an verschiedenen Stellen im Saarland, einziger regelmäßig besetzter Brutplatz mit bis zu fünf Brutpaaren ist der Beeder Bruch. Neuntöter sind seit einer Bestandserholung seit den 1980er Jahren wieder weit verbreitet und auch in den beiden hier beschriebenen Gebieten häufig zu sehen. Für viele Beobachter aus dem deutschsprachigen Raum stellen die brütenden Orpheusspötter eine besondere Attraktion dar. Der zweite deutsche Brutnachweis dieser Art, die sich seit Jahrzehnten in Richtung Nordosten ausbreitet, gelang 1984 im Saarland. Bei einem Rundgang um den Dillinger See hört man den auffälligen Gesang der Art vor allem im Mai und Juni regelmäßig. Neben zahlreichen Brutvögeln und Durchzüglern nutzen einige Arten die saarländischen Feuchtgebiete auch zur Überwinterung. Da der Beeder Bruch im Winter aufgrund warmer Grundwassereinleitungen nicht komplett zufriert, nutzen Schnatter-, Pfeif- und Krickenten das Gewässer. Neben Silberreihern treten auch Rohrdommeln als Wintergäste im Gebiet auf.

Am Dillinger See überwintern seit 2013 regelmäßig Große Rohrdommeln und zur Zugzeit im Oktober und März können bis zu 9 Tiere beobachtet werden. Auch für die Zwergdommel besteht aufgrund des immer breiter werdenden Schilfgürtels des Dillinger Sees mittlerweile Brutverdacht. Zahlreiche durchziehende Wat- und Wasservögel besuchen den Dillinger See zu den Zugzeiten und es ist immer mit Überraschungen zu rechnen, z.B. Raub- und Zwergseeschwalben, Schwarzkopfmöwen, Ringschnabelenten, Ohrentauchern oder Stelzenläufern. Abgesehen von der attraktiven Vogelwelt lassen

Typische Vogelarten am Dillinger See (*) und im Beeder Bruch (**), deren Status und günstige Beobachtungszeit (in Klammern)
h = häufiger, r = regelmäßiger, s = seltener; B = Brutvogel, W = Wintergast, D = Durchzügler, N = Nahrungsgast

Art	Status (beste Beobachtungszeit)
Baumfalke	rN (Mai–Sept.)
Bekassine	hD (März/April, Juli–Sept.)
Bergpieper **	rW (Okt.–April)
Eisvogel	rB (ganzjährig)
Fischadler	rD (April, Sept.)
Flussregenpfeifer	rB, rD (April–Sept.)
Flussuferläufer	hD (Mai–Aug.)
Gartenrotschwanz	hB (Mai–Aug.)
Haubentaucher	rB (ganzjährig)
Höckerschwan *	rB (ganzjährig)
Kanadagans	rB (ganzjährig)
Kiebitz	rB, hD (ganzjährig)
Krickente	hD, rW (ganzjährig)
Nachtigall	hB (Mai–Aug.)
Neuntöter	rB (Mai–Aug.)
Orpheusspötter	hB (Mitte Mai–Mitte Juni)

Art	Status (beste Beobachtungszeit)
Pfeifente	rD, rW (Okt.–April)
Rebhuhn *	sB (ganzjährig)
Rohrammer	hB, hD (ganzjährig)
Rohrdommel	sW (Okt.–März)
Rohrweihe	rD (April, Aug.–Okt.)
Rotmilan	rN (März–Okt)
Schilfrohrsänger*	rB (Mai–Aug.)
Schnatterente	hD (April–Okt.)
Schwarzkehlchen	rB, rD (März–Okt.)
Schwarzmilan	hN (März–Aug.)
Silberreiher	rD, rW (Sept.–April)
Wasserralle	hB (März–Aug.)
Weißstorch **	rB (ganzjährig)
Wiesenschafstelze **	rD (April–Aug.)
Zwergdommel	rD, Brutverdacht

sich in beiden beschriebenen Gebieten auch weitere faunistische sowie floristische Besonderheiten entdecken. Am Dillinger See wurden in den letzten Jahren für den nord- und mitteldeutschen Raum seltene Libellen wie Südlicher Blaupfeil (*Orthetrum brunneum*) und Gemeine Winterlibelle (*Sympecma fusca*) entdeckt. Der Fund des Zarten Wasserhahnenfußes (*Ranunculus rionii*) stellte im Juli 2007 den Erstnachweis dieser Pflanzenart für Deutschland dar. Der Beeder Bruch bietet mit Sumpfschrecken (*Stethophyma grossum*) und einem Vorkommen des in Nord- und Westdeutschland seltenen Dunklen Wiesenknopf-Ameisenbläulings (*Phengaris nausithous*) weitere faunistische Besonderheiten.

Der Neuntöter ist die mit großem Abstand häufigste und am weitesten verbreitete Würgerart im Saarland.
Foto: E. Lietzow, Winzlar, Juli 2011.

Beobachtungsmöglichkeiten

Der Dillinger See kann bequem auf einem gut 3,5 km langen Wanderweg umrundet werden. Vom Parkplatz (1) im Südosten des Sees folgt man dem Rundweg zuerst in Richtung Norden. Dabei durchwandert man nach wenigen Metern erste Orpheusspötterreviere. Insgesamt brüten rund um den See etwa zehn Paare dieser Vogelart. Besonders in Brombeerbeständen sowie in den verwilderten Gärten entlang des Weges (2) bestehen auf der dem See abgewandten Seite zur richtigen Jahreszeit gute Chancen, die Spötter zu hören und auch zu sehen. Der Weg führt weiter nach Norden. Unterwegs lohnt es sich immer wieder einen Blick auf die lang gezogene Wasserfläche des Sees zu werfen. Nach etwa 1,3 km, kurz bevor die Nordost-Spitze erreicht ist, gelangt man zu einem Beobachtungshügel (3), von dem aus man einen herrlichen Blick über den See sowie auf die Insel hat. Wer eine etwas längere Wanderung machen möchte, hat von am Nordost-Ende des Sees die Möglichkeit, einem Feldweg vorbei an einem Reiterhof in ein Wiesengelände zu folgen. Hier brüten Neuntöter und es liegen weitere Orpheusspötterreviere entlang der Strecke. Nachdem man eine Bahnstrecke unterquert hat, biegt man direkt links ab und folgt dem Weg nach rund 150 m erneut unter der Bahn hindurch in Richtung Südwesten. Kurz vor der Saar nimmt man dem Feldweg entlang der Hecken und erreicht wieder den Rundweg um den See. Verzichtet man auf den 2 km langen Schlenker, geht man vom Beobachtungshügel weiter nach Norden und dann entlang des Nordufers, das von Schilf bewohnenden Arten wie Schilfrohrsänger und Rohrammern genutzt wird, und daraufhin weiter am Westufer in Richtung Süden. Entlang der Westseite (4) ergeben sich erneut Blicke auf den See. Außerdem lohnt es sich, das Südende der Insel nach rastenden Limikolen abzusuchen. Der Weg schlängelt sich entlang des Seeufers, bis schließlich wieder der Ausgangspunkt der Wanderung erreicht wird.

Auch der Beeder Bruch im Osten des Saarlandes bietet hervorragende Bedingungen für Vogelbeobachter. Der NABU Saarpfalz betreut zusammen mit dem Beeder Biotopverein einen Aussichtspavillon sowie einen Beobachtungsstand. Vom Aussichtspavillon (5) am südlich des Gebietes gelegenen Beeder Sportplatz lässt sich die gesamte Aue der Blies aus etwa 20 m Höhe überblicken. Dadurch hat man uneingeschränkte Sicht über die Wasserflächen und kann diese ideal nach verschiedenen Gänse- und Entenarten absuchen. Sehr gut lassen sich kreisende Greifvögel beobachten. Baumfalken, die hier regelmäßige Nahrungsgäste sind, zeigen sich bei ihrer eindrucksvollen Jagd auf Libellen. Man kann an dieser Stelle auch den brütenden Weißstörchen direkt ins Nest gucken. Vor allem morgens hat man ausgezeichnete Lichtbedingungen. Vom Aussichtspavillon führt ein Weg hinab in den Bruch und hier entlang der Blies nach Nordwesten, bis man nach etwa 300 m einen Beobachtungsstand (6) erreicht. Hier kann man das Gebiet aus einer völlig anderen Perspektive kennenlernen. Es lohnt sich, einen Moment zu verweilen und Augen und Ohren vor allem den verschiedenen Singvogelarten zu widmen.

Im 19. Jahrhundert brüteten noch bis knapp zwanzig Weißstorchpaare im Saarland. Heute sind es lediglich sechs Paare.
Foto: E. Lietzow, Hüde, Juni 2011.

Neben Schwarzkehlchen und Wiesenschafstelzen können auch die prächtigen Gartenrotschwänze beobachtet werden. Zudem sieht man häufig auch Wacholderdrosseln und Eisvögel an der das Gebiet durchfließenden Blies. In der kalten Jahreszeit lassen sich überwinternde Bergpieper entdecken.

Weitere Freizeitmöglichkeiten

Wie am Dillinger See, so brüten auch in einem etwa zehn Kilometer südlich gelegenen Feuchtgebiet bei Lisdorf verschiedene Wasservogelarten. Zu den bemerkenswertesten Brutvögeln gehören Wasserrallen, Neuntöter, Schilfrohrsänger, Orpheusspötter, Schwarzkehlchen und Nachtigallen. Das Feuchtgebiet an der Saarstaustufe entstand 1997 ebenfalls als Ausgleichsfläche, in diesem Fall für den Bau eines bekannten schwedischen Einrichtungshauses. Seit 1998 werden dort Vögel mit Japannetzen gefangen und beringt. Mehr als 70 000 Vögel bzw. 112 Arten wurden auf diese Weise bereits registriert, darunter viele Seltenheiten wie Seggen- und Buschrohrsänger, Zitronenstelze oder Zwergammer. Rekordverdächtig ist ein Teichrohrsänger, der den Beringern über zehn Jahre hinweg ins Netz ging. Es konnte damit bewiesen werden, dass der gerade einmal 13 g schwere Rohrsänger die Strecke Saarlouis über die Sahara bis ins südliche Afrika bereits 22 Mal geflogen ist. Interessierten Vogelbeobachtern gewähren die ehrenamtlichen Beringer gerne Einblick in die spannende Vogelberingung. Neben öffentlichen Exkursionen des NABU können auch individuelle Termine vereinbart werden (siehe Kontaktadressen).

Christopher König, Christoph Moning, Christian Wagner, Felix Weiß

Infomaterial/Literatur

Bos J, Buchheit M, Austgen M, Elle O 2005: Atlas der Brutvögel des Saarlandes. Ornithologischer Beobachterring Saar. Mandelbachtal.

Moning C, Wagner C 2005: Vögel beobachten in Süddeutschland. Kosmos, Stuttgart.

Ein besonderer Dank gilt Christoph Braunberger, Sebastian Kiepsch und Rolf Klein für wichtige Informationen und die Durchsicht des Artikels.

Anfahrt

Mit Bahn und Bus

Der Dillinger See liegt nur etwa 1 km westlich des Bahnhofs Dillingen/Saar entfernt und kann von dort aus bequem zu Fuß erreicht werden.

Der nächste Bahnhof zum Beeder Bruch liegt im wenige Kilometer entfernten Homburg/Saar. Von dort aus kann man stündlich den Bus 501 in Richtung Kleinbittersdorf nehmen. Die nächstgelegene Haltestelle ist „Beeden Schule". Von hier sind es noch ca. 300 m Fußweg bis zum Beobachtungspavillon am Sportplatz.

Mit dem Auto

Den Dillinger See erreicht man am besten über die Autobahn A 8. Diese verlässt man an der Abfahrt 8 „Dillingen-Mitte" und folgt der Konrad-Adenauer-Allee (L 355) über die Saar in Richtung Dillingen. Hat man die Saar überquert, biegt man links in die „Mathildenstraße" ein, an der sich direkt ein Parkplatz befindet.

Zum Beeder Bruch verlässt man die A 8 an der Abfahrt 28 „Limbach" und folgt der L 119 in Richtung Limbach/Homburg. Nach etwa 1,2 km biegt man rechts in die Zweibrücker Straße (L 222) in Richtung Wörschweiler ab. Nach Verlassen des Ortes Limbach fährt man an einer Kreuzung der Straße nach links in Richtung Beeden. Dort folgt man dem Wegweiser „Biotop Beeden" und biegt in den „Sandweg" ein, der zu den Parkmöglichkeiten am Sportplatz führt.

Adressen

NABU-Beringungsstation „Mittleres Saartal", Rolf Klein, Zum Tunnel 11, 66780 Rehlingen-Siersburg; Tel.: 0176/41015983, rolf.klein@beringung-saar.de; www.beringung-saar.de

NABU Saarpfalz, Christoph Braunberger, Scheidterstr. 263, 66125 Saarbrücken, Tel.: 0175/8581208, christoph.braunberger@nabu-saar.de

Ornithologischer Beobachterring Saar (OBS) e.V. – Arbeitsgemeinschaft für Vogelkunde im Saarland, Auf Drei Eichen 3, 66679 Losheim am See; info@ornithologie-saarland.de; www.ornithologie-saar.de (Internetseite mit Beobachtungsforum und umfangreichen Informationen rund um die Avifaunistik im Saarland)

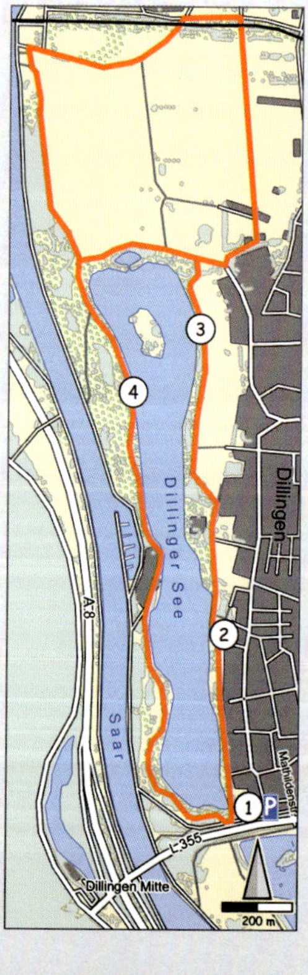

GPS

Parkplatz Dillinger See	49°20'48.21"N	6°42'30.66"O
Beobachtungshügel Dillinger See	49°21'28.56"N	6°42'20.86"O
Beobachtungspavillon Beeden	49°18'23.31"N	7°18'24.15"O
Beobachtungsstand Beeder Bruch	49°18'22.69"N	7°18'13.02"O

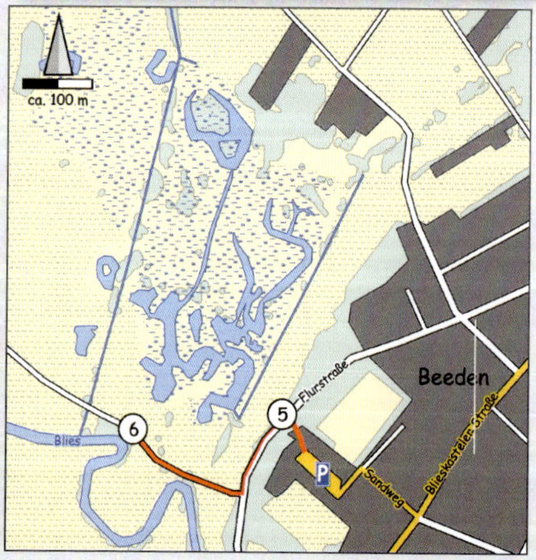

Register der Arten

Die Zahlen verweisen auf die empfohlenen Beobachtungsplätze im jeweiligen Bundesland. Mit * markierte Arten finden sich ausschließlich in Beobachtungsgebieten des "Bandes Süd", alle anderen auch in "Band Nord".

Vogelart	Nordrhein-Westfalen (S. 7)	Hessen (S. 81)	Thüringen (S. 121)	Sachsen (S. 145)	Bayern (S. 164)	Baden-Württemberg (S. 348)	Rheinland-Pfalz (S. 380)	Saarland (S. 406)
Alexandersittich*		2						
Alpenbraunelle					2, 11, 13			
Alpendohle*					2, 4, 11, 13			
Alpenschneehuhn*					2, 4, 13			
Alpensegler*						2, 8		
Alpenstrandläufer	16	3, 9	1, 2, 3, 5	4	3, 14, 35	4	2	
Auerhuhn					2, 4, 11, 31	2		
Austernfischer	16							
Bartgeier*					2			
Bartmeise			1	2		1, 6		
Baumfalke	1, 2, 3, 4, 5, 7, 8, 10, 11, 13, 14, 15, 16	1, 3, 6	2, 5		3, 8, 9, 10, 14, 17, 21, 22, 28, 29, 34	1	3, 4	1
Baumpieper	1, 2, 3, 4, 11, 13, 14, 15		4		2, 6, 10, 12, 18, 19, 21, 31, 36, 37, 38, 39	7, 8		
Bekassine	4, 5, 7, 10, 11, 14, 16	3, 4, 6, 9	1, 2, 3, 5	2, 3, 4	1, 3, 7, 8, 10, 14, 17, 18, 20, 21, 23, 24, 29, 33, 34, 35, 37, 39	6	1, 2	1
Bergente	6				5, 27	5		
Berghänfling			3					
Berglaubsänger*					2, 4, 11, 39			
Bergpieper	14, 16	4, 6, 9	1, 2, 3, 5		2, 3, 5, 11, 13, 22, 29	1, 2, 4, 6	1, 5	1
Beutelmeise		1, 4, 5	1, 2, 3	1, 2	1, 27, 28, 29		1	
Bienenfresser	8				19, 34	8	5	
Birkenzeisig					4, 11, 13			
Birkhuhn					2, 4, 11, 18			
Blässgans	2, 4, 5, 7, 10, 11, 16	1, 4	5	2	33			
Blässhuhn					9, 29		1	
Blaukehlchen	11	1, 2, 4, 6, 9	1, 2, 5	2	1, 3, 7, 8, 10, 17, 22, 23, 26, 30, 32, 33, 34, 35, 36, 37, 38	1	1	
Bluthänfling	8, 12, 13, 15		4			8		
Brachpieper		7		1	6	7		
Brandgans			1		12, 14, 27, 28, 32	4		

Vogelart	Nordrhein-Westfalen (S. 7)	Hessen (S. 81)	Thüringen (S. 121)	Sachsen (S. 145)	Bayern (S. 164)	Baden-Württemberg (S. 348)	Rheinland-Pfalz (S. 380)	Saarland (S. 406)
Braunkehlchen	1, 2, 5, 8, 10, 11, 12, 14, 16	4	2, 4	4	1, 3, 6, 7, 8, 13, 18, 22, 35, 37, 39	1, 2, 7		
Bruchwasserläufer	7, 14, 16	3, 9	1, 2, 5	1, 4	3, 7, 14, 17, 20, 21, 22, 23, 26, 29, 30		1, 3, 4, 5	
Buchfink		8						
Buntspecht		2, 8						
Chileflamingo*	2							
Dorngrasmücke	8		2					
Dreizehenspecht*					2, 4, 11, 31	2		
Drosselrohrsänger			1, 3, 5	1, 2, 3, 4	3, 10, 14, 17, 20, 23, 25, 28, 29, 30, 32, 34, 35, 36, 39	6	4, 5	
Dunkler Wasserläufer	16		1, 2	1	14			
Eichelhäher*		8						
Eiderente						5		
Eistaucher*						5		
Eisvogel	1, 6, 7, 10, 14, 16	2, 5, 6	5	1, 3, 4	1, 12, 16, 20, 24, 29		2	1
Erlenzeisig*						2		
Feldlerche	8, 9, 11, 12, 13, 14, 15	6, 7		2	19, 37			
Feldschwirl	3, 4, 5, 7, 12, 15, 16	6	2, 4, 5	4	39	1	5	
Feldsperling*						3		
Felsenschwalbe*					2, 4, 11, 13			
Fichtenkreuzschnabel	13, 14				2, 19	2		
Fischadler	1, 6, 7	1, 3, 4	1, 2	1, 2, 4	1, 5, 10, 19, 24, 27, 30, 34, 35	1	1, 3, 4	1
Flussregenpfeifer	16	3, 5, 7	1, 5	3	4, 17, 19, 20, 21, 25, 34		1	1
Flussseeschwalbe	16		2	1	1, 3, 5, 12, 20, 27, 28, 29, 34	1, 4	1	
Flussuferläufer		3, 5	1	4	9, 14, 29		2	1
Gänsegeier*					2			
Gänsesäger	6, 14, 16	4, 5, 6	3	4	1, 5, 9, 12, 16, 17, 19, 22, 24, 25, 26, 27, 28, 29, 30, 34	1, 4, 5	1, 2, 3	
Gartenrotschwanz	1, 2, 3, 5, 10, 12, 16	1, 2, 6, 7	4		6, 15, 19, 31, 38	2, 3, 7, 8		1
Gebirgsstelze	1, 6	7			2	2		
Gelbspötter	11, 15	5						
Goldammer*	9							
Goldregenpfeifer	8	4, 9	1		8			

Vogelart	Nordrhein-Westfalen (S. 7)	Hessen (S. 81)	Thüringen (S. 121)	Sachsen (S. 145)	Bayern (S. 164)	Baden-Württemberg (S. 348)	Rheinland-Pfalz (S. 380)	Saarland (S. 406)
Grauammer	8, 16	1, 4, 9	1, 4	1, 4	1, 7, 16, 27, 36			
Graugans	1, 4, 6	1, 2, 7	1		1, 17, 20			
Graureiher	6					1	1	
Grauschnäpper*					39			
Grauspecht	3, 6, 9, 12, 13, 14	1, 6, 8	1, 2, 4, 5		1, 2, 4, 5, 6, 11, 12, 15, 16, 17, 19, 21, 22, 28, 30, 31, 32, 34, 39	3, 4, 7, 8	1, 2, 4	
Großer Brachvogel	1, 2, 4, 5, 7, 10, 11	4	1, 3	4	1, 3, 5, 7, 8, 14, 25, 26, 27, 33, 34, 37, 39	4, 6		
Grünschenkel	5, 7, 16	3	1, 2, 5	1, 4	14, 35		4, 5	
Grünspecht	1, 2, 3, 6, 12, 13, 14	1, 2, 5, 6, 8	4		1, 4, 11, 15, 16, 19	3	1	
Habicht	5, 9, 13, 15		4		2, 4, 6, 15, 18, 25			
Habichtskauz*					31			
Halsbandschnäpper*					1, 12, 15, 25, 28, 29, 30, 36	3		
Halsbandsittich*		2, 6						
Haselhuhn*					2, 4, 31			
Haubenmeise						2		
Haubentaucher	6	1, 2, 3, 5	1	2	1, 17, 20	4	1, 2	1
Heidelerche	1, 3, 15			1	6, 34, 38	7		
Heringsmöwe						5		
Höckerschwan	6	5					2	1
Hohltaube	1, 3, 8, 9, 13, 14	8	4		5, 15, 31, 34	7, 8		
Kampfläufer	5, 7, 10, 16	1, 3, 9	1, 5	4	3	6		
Kanadagans	6, 7, 14	7			5, 16, 24			1
Karmingimpel					3, 18, 22, 39			
Kernbeißer		2						
Kiebitz	1, 2, 4, 11	4, 9	1, 2	1, 2	1, 14, 17, 19, 20, 29, 33, 34, 35, 37, 38			1
Klappergrasmücke*			2		13			
Kleiber		8						
Kleines Sumpfhuhn					29			
Kleinspecht	3, 6, 13, 15, 16	1, 6, 8	4, 5		1, 15, 19, 30, 32, 39	3	1, 2, 3, 4	
Knäkente	2, 4, 5, 7, 10, 11	3, 4, 9	2, 3, 5	1, 2	1, 8, 23, 26, 28, 34, 35	1	5	
Kolbenente			1	2	1, 3, 5, 9, 12, 14, 19, 20, 23, 25, 28, 32, 34, 35, 36, 38	4, 5, 6	1	

Vogelart	Nordrhein-Westfalen (S. 7)	Hessen (S. 81)	Thüringen (S. 121)	Sachsen (S. 145)	Bayern (S. 164)	Baden-Württemberg (S. 348)	Rheinland-Pfalz (S. 380)	Saarland (S. 406)
Kolkrabe	1, 9, 12, 13, 14, 15	3	4		2, 4, 6, 7, 11, 13, 15, 21, 31, 34	2, 7		
Kormoran	6, 9	3, 4, 6			5, 12		1	
Kornweihe	1, 3, 4, 5, 8, 10, 11, 15	1, 3, 4	3	4	1, 5, 7, 8, 33, 34, 37, 39	1		
Kranich	1, 4, 7, 9, 11	1, 4, 7, 9	1, 2, 3, 5	1, 4	7		2	
Krickente	2, 4, 5, 7, 10, 11, 14, 16	1, 3, 4, 9	5	4	1, 3, 9, 10, 12, 14, 20, 21, 22, 23, 30, 35		1, 4, 5	1
Kuckuck	3, 4, 11, 16	6	4		2, 13, 15, 21, 28, 31, 33, 34	8	1	
Lachmöwe	2, 4, 6			2, 3	10, 20, 24			
Löffelente	2, 4, 5, 7, 11, 16	2, 3, 4, 5, 9	3	1, 2, 4	5, 8, 10, 12, 21, 23, 24, 26, 27, 28, 32, 35		1	
Löffler	16							
Mandarinente		5						
Mauerläufer*					2, 4, 13			
Mauersegler		5			15			
Mäusebussard*		8						
Merlin		3, 4				1		
Misteldrossel					2			
Mittelmeermöwe			1		3, 9, 10, 16, 17, 22, 24, 25, 26, 28, 30, 33	1, 4, 5	3, 4	
Mittelsäger					27		3	
Mittelspecht	3, 6, 9, 13, 15	1, 2, 5, 6, 8	4, 5		1, 5, 12, 15, 17, 19, 28, 30, 34	3, 8	1, 2, 3	
Moorente*						5, 6		
Mornellregenpfeifer*	8	4, 7, 9			17	2		
Nachtigall	1, 4, 16	2, 4, 5, 6	1, 4	1	7, 15, 17, 28, 36	4	1, 3, 4, 5	1
Nachtreiher*					14, 23, 29		5	
Neuntöter	1, 3, 4, 5, 7, 8, 9, 11, 12, 13, 14, 15	3, 6	1, 2, 4, 5	1, 3, 4	1, 7, 17, 18, 19, 36, 37, 38, 39	1, 3, 7, 8	3, 4, 5	1
Nilgans	6, 14	2, 5, 7		2	12, 17, 20, 24			
Nordische Gänse			1		9			
Orpheusspötter*	3, 9	9						1
Ortolan					17, 36			
Pfeifente	6, 7, 14, 16	1, 9	1, 5	4	3, 9, 12, 24, 25, 26, 27, 28	5		1
Pfuhlschnepfe								

Vogelart	Nordrhein-Westfalen (S. 7)	Hessen (S. 81)	Thüringen (S. 121)	Sachsen (S. 145)	Bayern (S. 164)	Baden-Württemberg (S. 348)	Rheinland-Pfalz (S. 380)	Saarland (S. 406)
Pirol	1, 2, 4, 5, 7, 10, 11, 15	1, 3, 6	3, 4	3	1, 7, 12, 14, 19, 25, 28, 29, 30, 32, 34, 38	3, 8	1, 3, 4, 5	
Prachttaucher	6				3, 5, 22, 24, 27	4, 5		
Purpurreiher*		6			17, 23, 26, 36		1, 4, 5	
Raubwürger	1, 3, 5, 9, 11, 12, 13	3, 4	1, 2, 3, 4, 5	1, 4	5, 7, 8, 18, 26, 27, 32, 34 37, 39	1, 6		
Raufußbussard	8		3	4	7			
Raufußkauz	1, 9	8	2		2, 4, 6, 11, 15, 16, 31	2		
Rebhuhn	5, 8, 11	6, 7			16, 33, 38			1
Regenbrachvogel								
Reiherente	1, 6		1	3	9, 10		1, 2	
Ringdrossel	12, 13				2, 4, 11, 13, 31	2		
Ringeltaube		8						
Rohrammer	8			4			2	1
Rohrdommel				1, 2	8, 32	1		1
Rohrschwirl		9		1, 2	3, 5, 10, 17, 23, 25, 26, 29, 30, 32, 34, 35, 36, 39	1, 6	4, 5	
Rohrweihe	4, 5, 7, 8, 11	1, 3, 4, 9	1, 2, 5	1, 2, 3, 4	5, 7, 10, 14, 17, 20, 22, 23, 25, 26, 27, 28, 29, 32, 33, 34, 35, 36, 37, 39	1, 2	1, 5	1
Rosaflamingo*	2							
Rostgans*	14, 16					5, 6		
Rotfußfalke					5, 19, 21, 22			
Rothalsgans								
Rothalstaucher	6	4, 9		1, 2		5	2	
Rotmilan	5, 9, 12, 13, 14, 15	1, 6, 7, 8	1, 2, 4, 5	1, 3	1, 5, 7, 15, 22, 27, 28, 33, 35, 37, 39	3, 7		1
Rotschenkel	2, 5, 16				8, 27			
Saatgans		1		2				
Saatkrähe		2			5, 37			
Samtente	6				27	5		
Sandregenpfeifer		9	5	4	24			
Schafstelze		1						
Schellente	1, 6	9		1, 4	1, 3, 5, 8, 9, 10, 12, 17, 19, 22, 28, 38	4, 5, 6	3, 4	

Vogelart	Nordrhein-Westfalen (S. 7)	Hessen (S. 81)	Thüringen (S. 121)	Sachsen (S. 145)	Bayern (S. 164)	Baden-Württemberg (S. 348)	Rheinland-Pfalz (S. 380)	Saarland (S. 406)
Schilfrohrsänger		4		1, 2	3, 8, 23, 26, 39	1		
Schlagschwirl			5	1	8, 30			
Schlangenadler*	3							
Schnatterente	4, 7	1, 3	1		1, 3, 9, 10, 12, 14, 16, 17, 20, 22, 23, 34, 35		1	1
Schneesperling*					2, 13			
Schwanengans*		6						
Schwarzhalstaucher	2, 4	3, 4	1, 3, 5	1, 2, 3, 4	1, 3, 8, 9, 10, 12, 19, 21, 22, 23, 27, 29, 38	5, 6	2	
Schwarzkehlchen	1, 2, 3, 4, 5, 8, 10, 11, 12, 14, 15, 16	1, 4, 9	1, 4, 5	1, 4	3, 5, 7, 16, 21, 22, 28, 35, 37, 39	1, 2, 6, 7, 8		1
Schwarzkopfmöwe	2	4		2	5, 8, 9, 10, 20, 24, 26, 27, 28, 30		3	
Schwarzkopf-Ruderente								
Schwarzmilan	7, 12, 13, 14, 16	1, 2, 6, 7	1, 2, 5	1	1, 5, 12, 17, 21, 22, 23, 26, 32, 33, 34, 36, 37, 39	1, 4, 6	1, 3, 4, 5	1
Schwarzspecht	1, 3, 5, 6, 9, 12, 13, 14, 15	6, 8	4, 5		1, 2, 4, 6, 11, 15, 19, 32, 39	2, 3, 7, 8	2	
Schwarzstorch	1, 6, 9, 12	1, 3, 7, 8	2, 5		3, 8, 10, 15, 21, 24, 31, 39			
Seeadler	16	4	3	1, 2, 4	3, 10, 14, 26, 27, 28, 30, 32, 34			
Seidenreiher*					14, 26, 29, 30, 32		4	
Silbermöwe						5		
Silberreiher	1, 4, 5, 6, 7, 8, 11	3, 4, 6	2, 3	1	1, 3, 5, 8, 9, 10, 12, 14, 17, 22, 29	1, 4, 6		1
Singschwan			5	1, 2	3, 12, 24, 28	4, 5		
Sperbergrasmücke			3, 4	1				
Sperlingskauz		8			2, 4, 6, 11, 31	2		
Spießente	5, 7	1, 4, 9		2, 4	9, 28, 32	5		
Star						3		
Steinadler*					2, 4, 11, 13			
Steinkauz	10, 11, 16	4, 7			15	8	5	
Steinrötel *					13			
Steinschmätzer	8, 11, 12, 13			1	2, 6	2, 7		
Steppenmöwe			1		22	4, 5		
Steppenweihe*	8							

Vogelart	Nordrhein-Westfalen (S. 7)	Hessen (S. 81)	Thüringen (S. 121)	Sachsen (S. 145)	Bayern (S. 164)	Baden-Württemberg (S. 348)	Rheinland-Pfalz (S. 380)	Saarland (S. 406)
Sterntaucher							3, 4	
Streifengans*					16			
Sturmmöwe					9			
Sumpfohreule	8, 11, 15	9			37			
Tafelente	6		1	3	1, 9, 10, 16, 22, 23, 29		1, 2	
Tannenhäher					2, 4, 11, 13, 18, 31	2		
Tannenmeise						2		
Teichrohrsänger		3		3			2	
Temminckstrand-läufer		9						
Trauerschnäpper	3, 10, 13	8	4		4, 15, 34			
Trauerseeschwalbe	6	4	2	2, 4	1, 3, 9, 10, 12, 14, 17, 24, 29	1, 4, 6	1, 2, 3	
Tundrasaatgans	5, 7, 10, 11	4		4	33			
Tüpfelsumpfhuhn		3, 4	2		8, 14, 29, 39	1, 6	2	
Turteltaube	2, 12, 15	6	4	1	7, 15, 17, 30, 34, 36	8	1, 4, 5	
Uferschnepfe	2, 5, 11, 16				8, 27			
Uferschwalbe	7	7	3	4			1	
Uhu	1, 9	7			4, 7	8		
Wachtel					16, 18, 28, 33, 34, 37			
Wachtelkönig	7		3		1, 8, 18, 22, 39	1		
Waldbaumläufer	6, 13	6	4		2	2		
Waldkauz	15	8	4		16			
Waldlaubsänger	10, 13, 15	8	4		31, 34			
Waldohreule	1							
Waldrapp*					32			
Waldsaatgans		4						
Waldschnepfe	10, 15				2, 6, 18, 31, 34	2		
Waldwasserläufer	4, 7, 14	3		4	3, 9		2, 5	
Wanderfalke	1, 8	4			2, 4, 7, 11, 16, 25, 35, 37, 38	2, 8		
Wasseramsel	1, 6, 9, 11	7, 8			2, 4, 11, 16, 19	2		
Wasserralle	4, 7	2, 4, 9	1, 2	1, 2, 3	1, 3, 5, 7, 8, 10, 17, 21, 25, 26, 30, 32, 35	1, 6	2	1
Weidenmeise		5						
Weißbart-Seeschwal-be					5, 9, 29			
Weißflügel-See-schwalbe					3, 9, 29			
Weißrückenspecht*					2, 4, 11, 31, 39			

Vogelart	Nordrhein-Westfalen (S. 7)	Hessen (S. 81)	Thüringen (S. 121)	Sachsen (S. 145)	Bayern (S. 164)	Baden-Württemberg (S. 348)	Rheinland-Pfalz (S. 380)	Saarland (S. 406)
Weißstorch	4, 5, 7, 11, 14, 16	1, 2, 4, 7, 9	5	1, 2, 3	1, 5, 22, 23, 27, 33, 34	1	5	1
Weißwangengans	16				16			
Wendehals	3	7	4, 5		6, 15, 16, 34, 36, 38, 39	3, 7 ,8		
Wespenbussard	1, 3, 4, 5, 11, 13, 14, 15	1, 8			1, 2, 4, 6, 12, 15, 18, 19, 21, 29, 31, 39	2, 3, 7 , 8		
Wiedehopf				1		8		
Wiesenpieper	3, 4, 8, 11, 12, 13, 14, 15, 16		2		3, 8, 18, 21, 33, 39	1		
Wiesenschafstelze	4	4	1, 2		7, 8, 33			1
Wiesenweihe	8				7, 17, 36, 39	2		
Zaunammer*						8		
Ziegenmelker	1, 11, 15			1	6			
Zippammer*					15, 17			
Zitronenzeisig*					4, 11, 13	2		
Zwergdommel				2	3, 8, 17, 20, 21, 23, 34, 35, 36			1
Zwergmöwe		9		4	3, 9, 10, 24, 29			
Zwergsäger	6, 16	1, 4, 5			8, 9, 26, 28, 32	6	1, 3	
Zwergschnäpper			4		2, 4, 31			
Zwergschnepfe				3	38			
Zwergschwan						5		
Zwergstrandläufer		9		4	24			
Zwergtaucher	1, 4, 5, 11	1, 3, 4	1	3	1, 12, 16, 34		1, 2, 5	

Liste der wissenschaftlichen Artnamen

A

Acanthis flammea – Birkenzeisig
Accipiter gentilis – Habicht
Acrocephalus arundinaceus – Drosselrohrsänger
Acrocephalus schoenobaenus – Schilfrohrsänger
Acrocephalus scirpaceus – Teichrohrsänger
Actitis hypoleucos – Flussuferläufer
Aegolius funereus – Raufußkauz
Aix galericulata – Mandarinente
Alauda arvensis – Feldlerche
Alcedo atthis – Eisvogel
Alopochen aegyptiaca – Nilgans
Anas acuta – Spießente
Anas clypeata – Löffelente
Anas crecca – Krickente
Anas nyroca – Moorente
Anas strepera – Schnatterente
Anser albifrons – Blässgans
Anser anser – Graugans
Anser cygnoides – Schwanengans
Anser fabalis – Waldsaatgans
Anser indicus – Streifengans
Anser serrirostris – Tundrasaatgans
Anthus campestris – Brachpieper
Anthus pratensis – Wiesenpieper
Anthus spinoletta – Bergpieper
Anthus trivialis – Baumpieper
Apus apus – Mauersegler
Aquila chrysaetos – Steinadler
Ardea alba – Silberreiher
Ardea cinerea – Graureiher
Ardea purpurea – Purpurreiher
Asio flammeus – Sumpfohreule
Asio otus – Waldohreule
Athene noctua – Steinkauz
Aythya ferina – Tafelente
Aythya fuligula – Reiherente
Aythya marila – Bergente

B

Botaurus minutus – Zwergdommel
Botaurus stellaris – Rohrdommel
Branta canadensis – Kanadagans
Branta leucopsis – Weißwangengans
Bubo bubo – Uhu
Bucephala clangula – Schellente
Buteo buteo – Mäusebussard
Buteo lagopus – Raufußbussard

C

Calidris alpina – Alpenstrandläufer
Calidris minuta – Zwergstrandläufer
Calidris pugnax – Kampfläufer
Calidris temminckii – Temminckstrandläufer
Carduelis citrinellus – Zitronenzeisig
Carpodacus erythrinus – Karmingimpel
Certhia familiaris – Waldbaumläufer
Charadrius dubius – Flussregenpfeifer
Charadrius hiaticula – Sandregenpfeifer
Charadrius morinellus – Mornellregenpfeifer
Chlidonias hybrida – Weißbart-Seeschwalbe
Chlidonias leucopterus – Weißflügel-Seeschwalbe
Chlidonias niger – Trauerseeschwalbe
Chroicocephalus ridibundus – Lachmöwe
Ciconia ciconia – Weißstorch
Ciconia nigra – Schwarzstorch
Cinclus cinclus – Wasseramsel
Circaetus gallicus – Schlangenadler
Circus aeruginosus – Rohrweihe
Circus cyaneus – Kornweihe
Circus macrourus – Steppenweihe
Circus pygargus – Wiesenweihe
Coccothraustes coccothraustes – Kernbeißer
Columba oenas – Hohltaube
Columba palumbus – Ringeltaube
Corvus corax – Kolkrabe
Corvus frugilegus – Saatkrähe
Coturnix coturnix – Wachtel
Crex crex – Wachtelkönig
Cuculus canorus – Kuckuck
Curruca nisoria – Sperbergrasmücke
Curruca curruca – Klappergrasmücke
Cygnus columbianus – Zwergschwan
Cygnus cygnus – Singschwan
Cygnus olor – Höckerschwan

D

Dendrocopos leucotos – Weißrückenspecht
Dendrocopos major – Buntspecht
Dendrocoptes medius – Mittelspecht
Dryobates minor – Kleinspecht
Dryocopus martius – Schwarzspecht

E

Egretta garzetta – Seidenreiher
Emberiza calandra – Grauammer
Emberiza cia – Zippammer
Emberiza cirlus – Zaunammer
Emberiza citrinella – Goldammer
Emberiza hortulana – Ortolan
Emberiza schoeniclus – Rohrammer

F

Falco columbarius – Merlin
Falco peregrinus – Wanderfalke
Falco subbuteo – Baumfalke
Falco vespertinus – Rotfußfalke
Ficedula albicollis – Halsbandschnäpper
Ficedula hypoleuca – Trauerschnäpper
Ficedula parva – Zwergschnäpper
Fringilla coelebs – Buchfink
Fulica atra – Blässhuhn

G
Gallinago gallinago – Bekassine
Garrulus glandarius – Eichelhäher
Gavia arctica – Prachttaucher
Gavia immer – Eistaucher
Gavia stellata – Sterntaucher
Geronticus eremita – Waldrapp
Glaucidium passerinum – Sperlingskauz
Grus grus – Kranich
Gypaetus barbatus – Bartgeier
Gyps fulvus – Gänsegeier

H, J
Haematopus ostralegus – Austernfischer
Haliaeetus albicilla – Seeadler
Hippolais icterina – Gelbspötter
Hippolais polyglotta – Orpheusspötter
Hydrocoloeus minutus – Zwergmöwe
Jynx torquilla – Wendehals

L
Lagopus muta – Alpenschneehuhn
Lanius collurio – Neuntöter
Lanius excubitor – Raubwürger
Lanius minor – Schwarzstirnwürger
Larus argentatus – Silbermöwe
Larus cachinnans – Steppenmöwe
Larus canus – Sturmmöwe
Larus fuscus – Heringsmöwe
Larus melanocephalus – Schwarzkopfmöwe
Larus michahellis – Mittelmeermöwe
Limosa limosa – Uferschnepfe
Linaria cannabina – Bluthänfling
Linaria flavirostris – Berghänfling
Locustella fluviatilis – Schlagschwirl
Locustella luscinioides – Rohrschwirl
Locustella naevia – Feldschwirl
Lophophanes cristatus – Haubenmeise
Loxia curvirostra – Fichtenkreuzschnabel
Lullula arborea – Heidelerche
Luscinia megarhynchos – Nachtigall
Luscinia svecica – Blaukehlchen
Lymnocryptes minimus – Zwergschnepfe
Lyrurus tetrix – Birkhuhn

M
Mareca penelope – Pfeifente
Melanitta fusca – Samtente
Mergellus albellus – Zwergsäger
Mergus merganser – Gänsesäger
Mergus serrator – Mittelsäger
Merops apiaster – Bienenfresser
Milvus migrans – Schwarzmilan
Milvus milvus – Rotmilan
Monticola saxatilis – Steinrötel
Montifringilla nivalis – Schneesperling
Motacilla cinerea – Gebirgsstelze
Motacilla flava – Schafstelze
Motacilla flava flava – Wiesenschafstelze
Muscicapa striata – Grauschnäpper

N
Netta rufina – Kolbenente
Nucifraga caryocatactes – Tannenhäher
Nycticorax nycticorax – Nachtreiher

O
Oenanthe oenanthe – Steinschmätzer
Oriolus oriolus – Pirol

P
Pandion haliaetus – Fischadler
Panurus biarmicus – Bartmeise
Passer montanus – Feldsperling
Perdix perdix – Rebhuhn
Periparus ater – Tannenmeise
Pernis apivorus – Wespenbussard
Phalacrocorax carbo – Kormoran
Phoenicopterus chilensis – Chileflamingo
Phoenicopterus roseus – Rosaflamingo
Phoenicurus phoenicurus – Gartenrotschwanz
Phylloscopus bonelli – Berglaubsänger
Phylloscopus collybita – Zilpzalp
Phylloscopus sibilatrix – Waldlaubsänger
Picoides tridactylus – Dreizehenspecht
Picus canus – Grauspecht
Picus viridis – Grünspecht
Platalea leucorodia – Löffler
Pluvialis apricaria – Goldregenpfeifer
Podiceps cristatus – Haubentaucher
Podiceps grisegena – Rothalstaucher
Podiceps nigricollis – Schwarzhalstaucher
Poecile montanus – Weidenmeise
Porzana porzana – Tüpfelsumpfhuhn
Prunella collaris – Alpenbraunelle
Psittacula eupatria – Alexandersittich
Psittacula krameri – Halsbandsittich
Ptyonoprogne rupestris – Felsenschwalbe
Pyrrhocorax graculus – Alpendohle

R
Rallus aquaticus – Wasserralle
Remiz pendulinus – Beutelmeise
Riparia riparia – Uferschwalbe

S
Saxicola rubetra – Braunkehlchen
Saxicola rubicola – Schwarzkehlchen
Scolopax rusticola – Waldschnepfe
Sitta europaea – Kleiber
Somateria mollissima – Eiderente
Spatula querquedula – Knäkente
Spinus spinus – Erlenzeisig
Sterna hirundo – Flussseeschwalbe
Streptopelia turtur – Turteltaube
Strix aluco – Waldkauz
Strix uralensis – Habichtskauz
Sturnus vulgaris – Star
Sylvia curruca – Dorngrasmücke

T
Tachybaptus ruficollis – Zwergtaucher
Tachymarptis melba – Alpensegler
Tadorna ferruginea – Rostgans
Tadorna tadorna – Brandgans
Tetrao urogallus – Auerhuhn
Tetrastes bonasia – Haselhuhn
Tichodroma muraria – Mauerläufer
Tringa erythropus – Dunkler Wasserläufer
Tringa glareola – Bruchwasserläufer
Tringa nebularia – Grünschenkel
Tringa ochropus – Waldwasserläufer
Tringa totanus – Rotschenkel
Turdus torquatus – Ringdrossel
Turdus viscivorus – Misteldrossel

U, V, Z
Upupa epops – Wiedehopf
Vanellus vanellus – Kiebitz
Zapornia parva – Kleines Sumpfhuhn

Liste der Beobachtungsplätze